KB126081

지난 수십 년간 우리는 문자주의적 기독교인들과 그들만큼이나 근본주의적인 극단적 다윈주의자들 사이의 출구 없는 분쟁을 목도해왔다. 이 싸움 앞에서 다윈조차 혀를 내두를 것이다. 이제서야 서로에게 소모적인 싸움을 해결할 단초를 보여주는 신중하고도 멋진 작품이 등장했다.

**이언 태터슬 | 미국 자연사 박물관**

열정적으로 쓰였으며 놀라운 접근을 보여준다. 커닝햄은 그가 반대하는 의견을 아주 신중한 태도로 대하면서도 번뜩이는 해학은 잊지 않는다. 최근의 논쟁에 대한 작품 중 최고이며 가장 반가운 작품이다.

**윌리엄 데스몬드 | 루뱅 대학교**

커닝햄은 너무나도 자주 편견과 논쟁, 이데올로기의 안개 속에 가리워지는 주제에 대해 놀라우리만치 명쾌하고 적실한 지성을 보여준다. 이 책은 놀라운 작품이다!

**데이비드 벤틀리 하트 | 『만들어진 무신론자』의 저자**

코너 커닝햄은 도킨스와 데닛의 극단적 다윈주의를 주저 없이 공격한다. 그러나 그의 주장은 반진화적 비판이 아니다. 커닝햄은 근대의 창조론을 향해서도 거침 없는 비판을 가한다. 그리고 그것이 전통적인 정통 기독교로부터 얼마나 큰 탈선인지를 지적한다.

**존 헤들리 브룩 | 옥스퍼드 대학교**

놀라운 책이다! 유전과학에 대한 커닝햄의 해석은 흠잡을 곳이 없다!

**미셸 모랑쥬 | 『분자 생물학의 역사』의 저자**

눈이 번쩍 뜨일 만큼 대단한 책이다! 과학, 문화, 종교 간의 대화에서 독보적인 위치를 차지할 책이다.

**요제프 주신스키 대주교 | 폴란드 루블린 가톨릭 대학교**

이 책은 과학자, 철학자, 신학자 모두가 읽어야 한다. 또한 우리가 종으로서 누릴 현재와 미래에 큰 영향을 미칠 현대 공공 담론의 향방을 알고 싶은 이들도 놓쳐서는 안 될 책이다.

**E. J. 로우 | 더럼 대학교**

커닝햄은 이미 그의 수작 『허무주의의 계보』를 통해 명성을 쌓았다. 최근 몇 년간 '모래 상자' 무신론자들이 미디어에 등장하며 다윈과 진화를 통해 그들의 주장을 방어하는 모습을 자주 본다. 재기 넘치면서도 엄밀한 이 책은 진화론에 대한 철학적 차원과 신학적 함의를 다룬다. 이 문제에 대해서 제대로 된 논의에 목말라하던 이들은 이 책을 반드시 읽어야 할 것이다.

**켄 서린 | 듀크 대학교**

다윈주의 과학에 대한 한결같은 철학적 · 신학적 접근이다. 진보적인 과학과 무지몽매한 신앙 사이의 대결이라는 식상한 이미지를 삼가면서, 커닝햄은 기독교 전통이 진화론과 어떻게 건설적 논의를 이뤄갈 수 있는지를 보여준다. 주제에 대한 풍성하고 선명한 대답이다.

**데이비드 퍼거슨 | 에딘버러 대학교 뉴 칼리지**

커닝햄은 당차게 새로운 무신론은 제대로 된 과학이나 어떤 것에도 기반을 두지 않은, 또 하나의 유사 종교라고 당차게 주장한다. 이 무신론자들이 과학이라고 믿는 것은 사실 질 나쁜 형이상학에 가까우며, 과학이라고 부르기도 어려운 것이다.

**데이비드 드퓨 | 『진화하는 다윈주의』의 저자**

참으로 멋진 개입이다!

**데이비드 N. 리빙스턴 | 벨파스트 퀸즈 대학교**

과학자는 신학자로부터 배울 것이 없다고 생각하는 이들은 이 신학자의 말에 귀 기울일 필요가 있다. 그로부터 뭔가 배울 수도 있으며, 어쩌면 그로부터 과학에 대해 배울지 모른다.

**저스틴 L. 바렛 | 옥스퍼드 대학교**

과학, 신학, 현대 문화를 다루면서 커닝햄은 그의 기념비적 작품을 통해 다윈의 진화론에 대한 신학적 진실을 마음을 다해 호소한다.

**마이클 S. 노스코트 | 에딘버러 대학교 뉴 칼리지**

고함만이 가득한 세계로 들어가 고함을 가치 있는 대화로 전환시키는 것은 쉬운 일이 아니다. 커닝햄은 이 이슈에 대한 최상의 논쟁을 면밀하고도 공정하게 다루며 이 일을 놀랍게 이루어냈다.

**댄 로빈슨 | 옥스퍼드 대학교**

커닝햄의 대표작이 될 이 책에서 그는 극단적 다윈주의와 환원주의적 유물론의 자기 모순을 지속적으로 밀어붙인다. 그들의 과학이 과학주의가 됨을 폭로하고, 기독교의 창조 신학이 과학과 상호보완적 관계가 될 수 있음을 시사한다. 그리고 자연과 인간, 생명이 그리스도와의 만남으로 풍성해졌음을 보여준다. 이 책은 충분히 도발적이고 감동적이며 자극적이다.

**홈즈 롤스턴 3세 | 콜로라도 주립대학교**

코너 커닝햄은 다윈주의와 종교 간의 대립을 단순히 정리하는 수준에 머무르지 않는다. 그는 진화론이 세상과 인간을 마법으로부터 깨우는 주문이 아니라 세상의 숨겨진 가치를 드러내는 것임을 보여준다. 명쾌하고도 다채로운 커닝햄의 설명은 논쟁 이면의 과학과 역사, 용어들을 들춰낸다. 그의 놀라운 백과사전적인 지식은 과학과 철학, 신학을 자유로이 넘나든다.

**로버트 소콜로우스키 | 미국 가톨릭 대학교**

# Darwin's Pious Idea

*Why the Ultra-Darwinists and Creationists*
*Both Get It Wrong*

# 다윈의 경건한 생각

## 다윈은 정말 신을 죽였는가?

코너 커닝햄 지음 | 배성민 옮김

새물결플러스

크리스털에게 바칩니다.

모든 것에는 틈이 있다.
그리고 그 틈으로 빛이 들어온다.
_ 레너드 코헨의 앨범 〈미래〉 중 "찬가" 가사

표범이 사원으로 들어와 성배에 담긴 물을 마셨다. 이 일은 반복해 일어났다. 결국 사람들은 이 일을 미리 예상하게 되었고, 이는 예식의 일부가 되었다.
_ 프란츠 카프카 단편 『만리장성 축조에 대한 보고서』 중 "죄, 고통, 희망 그리고 참된 길"

태초에 말씀이 계시니라.
*In principio erat Verbum.*

# 감사의 말

나는 이 책을 쓰면서, 생각하는 무신론자와 생각하는 기독교인이 근본주의—세속적이든 종교적이든—가 만들어놓은 막다른 골목에서 벗어나길 간절히 바랐다. 생각하는 무신론자의 저작을 읽을수록, 생각하는 무신론자는 기독교인이 말하는 "어리석은 지혜"를 보여주는 것 같다. 물론 나는 여기서 많이 배웠다. 반면 생각하는 기독교인은 "박학한 무지"를 보여준다(어리석은 지혜는 아레오파고스의 디오니시우스에게서, 박학한 무지는 니콜라우스 쿠자누스에게서 가져온 말이다). 생각하는 무신론자와 생각하는 기독교인의 관심은 여러모로 수렴된다. 그들은 모두 특정한 윤리적·학문적·형이상학적·정치적 문제에 집중한다. 그들 모두 하나님에 의해 창조되었으므로 그들의 관심이 특정 주제로 모인다고 나는 주장하고 싶다. 물론 나는 이것을 증명할 수 없다. 이 증명이 책의 요점은 아니다. 아마 기독교인과 무신론자는 이 책을 읽으면서 때때로 깜짝 놀랄 것이다. 미셸 드 세르토가 말했듯이 "사람들은 놀랄 때, 말하기 시작할 것이다."[1] 실제로 나는 이 책을 쓰면서 깜짝 놀랐다. 수많은 학문분과에서 일하는, 수많은 학자들과 교류할 수 있다니! 더구나 이들 가운데 서평과 논문, 심지어 미발표 원고까지 보내준 분들도 많았다. 내가 교류한 유전학자와 생물학자, 철학자 등, 이들은 대부분 무신론자였다(최소한 내가 보기에 그랬다). 그러나 생각을 교환하면서 우리는 이런 차이를 넘어섰다. 나는 정말 여기서 많은 것을 배웠다고 말할 수밖에 없다. 여기서 제리 포더와 토마스 네이글, 레온 버스, 산드라 미첼, 테렌스 디컨, 티모시 섀너핸, 제롬 케이건, 마크 반 레겐모르텔, 데이비드 스타모스, 홈즈 롤스턴 3세, 레니 모스, 어난 맥멀린, E. J. 로우, K. 웨이스에게 특히 감사드리고 싶다.

힘겹게 이 책을 써나갈 때, 나는 BBC에서 제작한 다큐멘터리의 대본을 작성하고, 다큐멘터리를 진행하는 일을 맡았다. 정말 영광스럽고 즐거운 일이었다(다큐멘터리의 제목은 '다윈은 정말 신을 죽였는가?'다). 다큐멘터리를 만들면서 나는 정말 탁월한 학자들을 만났고, 내게 잊을 수 없는 기억이 되었다. 프랜시스 콜린스(휴먼게놈프로젝트의 책임자였던)와 다니엘 데닛, 마이클 루스, 사이먼 콘웨이 모리스, 테리 모텐슨, 닉 스펜서, 피트로 코시, 그레고리 테이텀 신부 등. 그리고 BBC 제작진 덕분에 너무 즐거웠다. 나를 향한 제작진의 인내심은 놀랍고도 고맙다! 그들이 "무신론자" 무리일지라도 그들은 지적이고 열정적이며 장인다웠다. 우리의 다큐멘터리는 정말 성공할 수밖에 없었다. 특히 더그 해링턴과 로저 루카스, 토니 버크, 마이크, 잭슨, 캐서린 롱워스, 알 로저스, 로드리고 살바티어라, 앤디 러쉬턴, 장 클로드 브레거드에게 감사드린다. 앤디 러쉬턴은 진짜 예술가이며, 브레거드는 나처럼 방송을 처음하는 이를 카메라 앞에 세울 만큼 용감하고 친절했으며, 이 다큐멘터리를 처음으로 기획할 만큼 선견지명이 있었다. 하여간 에밀리 데이비스에게도 감사드린다. 그녀의 전문기술과 호의 덕분에 나는 놀랍게도 안전하게 다큐멘터리를 마무리했다.

사람은 밥만 먹고 살지 않는다. 그러나 분명 밥도 먹는다. 책을 쓸 때 나의 가족을 재정으로 지원한 분들이 있다. 빚진 자의 마음으로 그분들께 감사드린다! 그분들이 없었다면, 우리 가족은 살아남지 못하고, 이 책도 세상에 나오지 못했을 것이다. 특히 레이첼 데이븐포트와 로빈 허튼, 자넷 허튼, 사라 커닝햄 벨, 머레이 벨, 로지 프레이저, 토마스(데스몬드) 머피, 캐서린 머피, 그램 팩스턴에게 감사드린다. 이 책을 쓰는 계획을 실행하려면 재정적 뒷받침이 되어야 하는데, 여기서 정말 중요한 역할을 맡은 분을 잊을 수 없다. 바로 우리 우체부 아저씨. 아내인 크리스털은 한번은 나에게 이런 말을 했다. 내가 책이 아니라 마약에 중독되는 편이 가정 경제에 도움이 될 것이다. 우체부 아저씨인 존은 우리 가정에 평화를 전하시려고 책 소포를 앞마당 수풀 밑에 숨겨두신다. 아내가 학교에 가고 나면 나는 책 소포를 수거한다. 만세!

나는 무척 탁월한 기관과 연구할 수 있는 특권도 가지고 있다. 노팅엄 대학교의 신학과 철학 센터와 종교학과가 바로 그 기관이다. 나를 가장 지원하고 격려하는 사람들도 바로 동료학자들이다. 특히, 앨런 포드와 카렌 킬버, 필립 굿차일드, 리처드 벨, 앨리슨 밀뱅크, 애드리언 팝스트, 사이먼 올리버. 그리고 마지막으로 존 밀뱅크에게 감사드린다. 존 밀뱅크의 관대함과 탁월함 덕분에 나는 늘 영감과 힘을 얻었다.

애런 리치가 가진 놀라운 신학적 지성은 글을 쓰는 중 토의 상대가 되어주었다. 확실히 리치가 없었더라면, 책이 훨씬 나빠졌을 것이다. 피터 M. 캔들러 2세의 도움이 없었더라면, 나의 노력도 빛을 발하지 못했을 것이다. 캔들러가 내뿜는 예술적 창조력은 필요할 때 곧바로 흘러나오는 것 같다. 캔들러와 이야기를 나누다 보면, 영혼에 생기가 돌고, 신학적·철학적으로 사고할 수 있는 원료를 얻는다. 그래서 책 쓰기의 불안도 점점 줄어들었고, 작업이 점점 나의 것이 되어갔다. 물이 포도주가 되고 포도주가 피가 된다면, 우정도 똑같이 그렇게 변할 수 있다. 이런 맥락에서 캔들러는 분명 나의 진짜 형제다.

어드만 출판사에게도 감사드린다. 수년 전, 스페인에서 나는 빌 어드만과 샘 어드만과 이야기를 나누면서 이 책을 내용을 떠올리게 되었다. 최근에는 존 포트가 인내와 지지, 열심으로 나를 도왔다. 스페인에서는 자비에 마르티네즈 그라나다 주교가 성직자로서 나와 나의 가족을 꾸준히 도왔다. 정말 마르티네즈 주교 같은 분이 있을까!

나는 이 책의 내용을 미리 발표했는데, 청중은 나의 발표를 듣는 고문을 당했다. 에딘버러 대학교, 베일러 대학교, 세인트 에드워드 대학교, 옥스퍼드 대학교, 드 폴 대학교, 워싱턴 D.C.의 JPII 연구소, 스완시 대학교, 노팅엄 트렌트 대학교, 노팅엄 대학교, 스페인의 그라나다에서 나는 진화에 대해 처음으로 강연했다. 강연 후에 루이스 듀프레는 대단히 관대하게 논평했는데, 그 논평 덕분에 나는 내 생각을 책으로 써보기로 결정할 수 있었다(그래서 독자는 듀프레를 조금 비난해도 된다). 조금 더 최근에는, 로완 윌리엄스 대주교가 무척 감사하게도 나를 강사로 초청했다. 나는 램베스 궁에서 과학과 종교에 대한 강연을 했다. 윌리엄스 대주교에게도 진심으로 감사드린다. 윌리엄스 대주교는 진화에 관한 책을 써보라고 용기도 주셨다.

다른 분들도 이 주제로 함께 토의했다. 여기서 꼭 언급하고 싶은 분들이 있다. 아이라 브렌트 드리거스는 이 책의 초고 전체를 읽었다(드리거스는 이 체험을 통해 성서학자가 되는 법을 배울 것이다). 토니 베이커와 네일 턴불, 마이클 버드(이발 좀 하세요!), 알렉산드리아 게롤린, 크리스 핵켓, 존 라이트, 마커스 파운드, 마지막으로 사이먼 콘웨이 모리스. 나는 사이먼 콘웨이 모리스의 저작을 보면서 정말 영감을 얻었다(그러나 이 책의 내용에 대해 그의 책임은 없다고 확실하게 말할 수 있다). 에릭 리의 천재적 능력이 없었다면, 나는 최소한 60살 정도가 되어야 이 책을 출판할 수 있을 것이다. 하여간 모든 것에 감사합니다! 페트리샤 데븐과 마이클 데븐도 언급하고 싶다. 내 어린 시절에 나를 돌본 이분들의 도움이 없었더라면, 생존이 더욱 힘들었을 것이다. 생존이 불가능하지야 않았더라도 말이다(다윈주의 역시 이런 분들의 도움이 없었더라면, 생존이 더욱 어려웠을 것이다). 그리고 집에 페인트 칠을 한 것은 잘못했습니다. 제 탓입니다.

진화론을 반박하는 훌륭한 논증만을 발견하고 싶어하는 창조론자가 있다면, 그런 분은 내 아내에게 연락해보시라. 아내는 확실히 퇴화를 목격한다. 시간이 지나면서 나는 점점 호모 사피엔스의 지위를 잃어버리고 네안데르탈인으로 후퇴하는 것 같다(네안데르탈인을 모욕하려는 뜻은 없다). 그래서 나는 처음으로, 아름다운 아내에게 이 책을 바친다. 크리스털, 당신에게 늘 감사하며, 특히 나의 어린 "운반자들"인 조지나, 파드라이그, 마사에게도 감사한다. 이들은 나의 이기적 유전자를 다음 세대로 가장 잘 전달할 대단한 존재들이다.

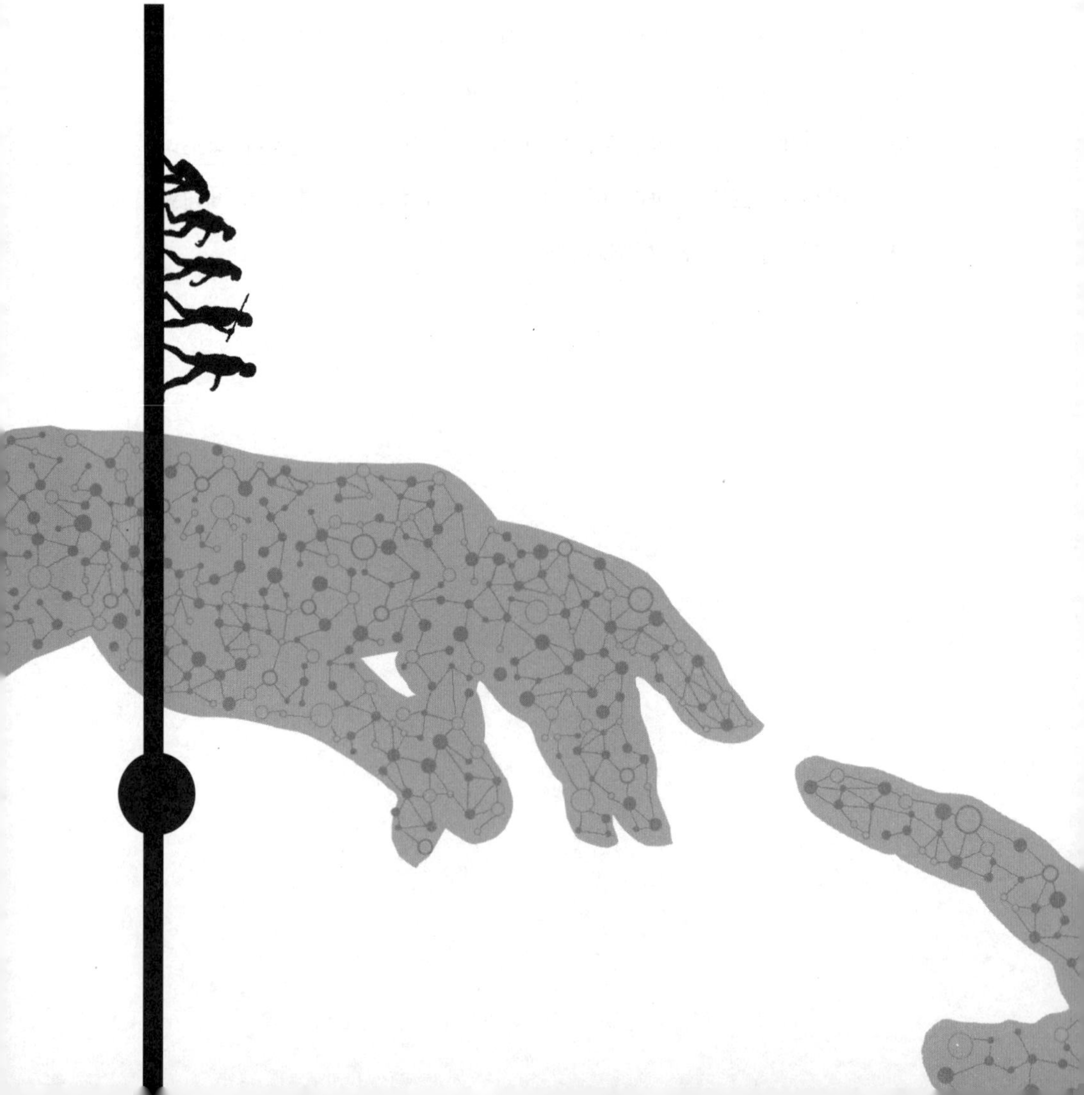

# 차례

"보세요. 나는 좋든 싫든 『종의 기원』에게 세례를 주려고 합니다.
이 세례는 책의 구원이 되겠지요."
_아사 그레이 교수(1862년 3월 31일, 찰스 다윈에게 보낸 편지에서)

# 서론

진화도 진화하는 시대다. 진화론자가 사용한 사상도, 이론도, 일반화도 진화했고, 여전히 진화한다.

_ 헨리 드루먼드(1883)[1]

유물론이 완전한 승리를 거둔 것처럼 보였을 때, 그 일이 일어났다.
유물론이 안착된 것처럼 보인 순간, 유물론이 사용한 도구인 "진화"가
유물론의 용어를 뛰어넘어 새로운 존재론적 질문을 내놓았다.

_ 한스 요나스[2]

최근 유물론 사유는 마음껏 조작할 수 있는 세계를 세우자고 제안한다.
우리는 이런 사유에서 빠져나올 수 있다.
하지만 유물론 사유에서 벗어나려고 과학에 반대해야 할까?
전혀 그렇지 않다. 진화는 일단 사실이다. 하지만 끊임없이 해석해야 할 사실이다.

_ 사이먼 콘웨이 모리스[3]

많은 사람이 찰스 다윈을 종교의 적으로 여긴다. 다윈은 정말 최고의 적수로 제시된다. 진화론 지지자나 반대자 모두 다윈의 진화론이 신神 개념을 공격하고 경건한 종교인의 어리석음을 폭로한다고 생각한다. 그렇다면 무신론자와 종교인은 모두 똑같은 찬송가를 보고 노래를 부른다고 말할 수 있다. 그들은 모두 다윈주의 진화론이 종교의 근간을 흔든다고 말한다. 하지만 나는 이어지는 장에서 이런 주장만큼 진실과 거리가 먼 것도 없다는 사실을 밝힐 것이다. 무신론자와 근본주의 종교인은 불경한 동맹을 맺고서 다윈의 이론을 오해한다. 나는 또한 다윈의 이론은 종교, 특히 기독교를 반대하지 않으며 기독교에 유익함을 보여줄 것이다. 따라서 진화론은 "위험한 생각"이라는 다니엘 데닛의 말과는 달리, "경건한 생각"이다.

그렇다. 진화론은 어떤 기독교인에게 위험할지 모른다. 진화론은 어떤 특정한 종류의 "기독교"의 기반을 뒤흔든다. 하지만 낯선 현대적 관점에서 기독교 신앙을 이해하는 기독교인에게만 그렇다. 이들이 사용하는 현대적 관점은 기독교의 전통이나 교회의 정통 교의와 뿌리부터 다르다. 이렇게 다윈의 생각은 "경건"하다는 것이 드러날 것이다. 다윈의 생각을 통해 우리 신앙의 "정통성"을 상대적으로 검사할 수 있기 때문이다. 물론 다윈주의로 정통 기독교를 충분히 "검증"할 수 있다는 주장은 틀렸다. 게다가 이런 검증은 필요하지도 않다. 그럼에도 다윈주의는 오늘날 우리가 처한 상황에서 흥미롭고 유익한 검사 도구이다. 다윈주의가 "위험하다면", 가장 명성 있는 소위 다윈주의자라 하는 사람들이 내놓은 대중적 다윈주의가 다윈주의를 보편적 철학으로 변신시키려 하기 때문이다. 오늘날 이 명성 있는 다윈주의자들을 보통 "극단적 다윈주의자"Ultra-Darwinist, 혹은 "다윈 근본주의자"Darwinian fundamentalist라고 부른다(종교인이 아니라, 동료 다윈주의자와 무신론자가 이런 이름을 붙였다). 이런 다윈주의는 종교에도 "해롭지만", 과학과 심지어 신중한 무신론자에게도 해롭다. 결국 극단적 다윈주의가 종교를 강하게 공격한다면, 이 공격은 과학과 문화 전체를 공격하는 행위와 마찬가지다. 극단적 다윈주의가 옳다면, 우리는 합리성과 윤리, 철학, 과학을 빼앗겨버린다. 심지어 극단적 다윈주의는 은근히 우리를 홀로코스트를 부인하는 자로 만들어버린다. 다행히 극단적 다윈주의는 구식이며, 지적으로 알맹이 없고, 잘못된 사상임이 밝혀질 것이다. 정확히 말해서, 극단적 다윈주의는 다윈 진화론의 올바른 제시라기보다는 오히려 기독교 이단에 더 가깝다. 극단적 다윈주의는 서구 지성을 뒤덮은 어두운 그림자이다. 종교인이든 아니든, 누구도 극단적 다윈주의를 환영하지 않을 것이다.

리처드 도킨스를 예로 들어보자. 이어지는 장들에서 도킨스가 다윈주의를 이해하는 방식을 파헤칠 것이다. 도킨스는 괴상한—아니, 저속한—도킨스식 무신론을 전파하기 위한 도구로 다윈주의를 이용하려 했으나 그의 시도는 익살극 같은 쇼로 그쳤다. 도킨스가 『만들어진 신』*The God Delusion*을 쓴 동기를 추측해보자. 그는 도킨스식 다윈주의가 무너졌음을 어렴풋이 짐작했을 것이다. 그래서 도킨스는 진화론에서 손을 떼고 철학으로 뛰어들 수밖에 없었다. 풋내기 철학자처럼 도킨스는 오래된 철학 논증을 재탕하며, 다윈의 등장 이전 수백 년 동안 논의된 논증을 써먹었다. 일단 우리는 진지한 독자에게 이 철학 논증을 더 참되게 더 지적으로 소개할 것이다. 왜냐하면 새로운 무신론자들은 이 논증들을 너무 촌스럽게 제시했고, 그만큼 이들에게서 절박함이 느껴지기 때문이다. 다윈의 진화론이 위험하지 않다면, 새로운 무신론자는 왜 그렇게 절박했을까? 지나치게 의도적으로 이데올로기를 추구하며 자기 이익만 챙기다 보니 이들은 한참 후에야 지적 거리낌을 느낀 것 같다. 그리고 9/11 이후 서구 문화—신을 믿든 그렇지 않든 간에—는 이렇게 해로운 지적 허영을 받아들일 여유가 없다. 반대로, 이 책을 저술하면서 느꼈던 즐거움 중 하나는 많은 과학자(화학자, 진화생물학자, 유전학자 등), 철학자, 심리학자, 인류학자와 교류한 것이었다. 그들 대부분은 연구논문과 서평을, 그리고 몇몇은 책의 전체 초고까지 내게 제공해주었다. 이들 대부분은 무신론자였고 나는 정통 기독교가 진리라고 믿는 사람이었음에도 불구하고, 그들과의 지식 교류를 통해 많은 것을 배우고 깨닫게 되었다(적어도 나는 그랬다). 실제로 우리는 새로운 무신론자와 극단적 다윈주의자, 창조론자가 저지르는 유치한 분탕질을 넘어서려고 했다.

사랑은 두려움을 내쫓는다고 한다. 첫발을 내딛는 사람은 틀리지 않았는지 두려워하는 법이다. 우리가 다루는 주제가 "절대적으로 옳거나 틀릴" 수는 없다. 우리는 신이 아님을 명심하자(내가 면담한 사람이 지적했듯이, 신이 있다면 말이다. 우리는 "신"이란 단어가 실제로 무엇을 뜻하는지 알아볼 것이다). 서구 역사를 살펴보기만 해도 과학과 철학에서 말한 수많은 "진리"들이 어떻게 사라졌는지 알 수 있다. 그것이 바로 우리 인간, 호모 사피엔스의 운명이다. 우리는 지적인 영역에서나 다른 영역에서 순례자의 길을 항상 걸어간다. 따라서 생각과 의견의 차이는 여전히 남아 있고, 계속 존재할 것이지만, 이런 차이는 서로 싸우라는 명령이 아니라 서로 배우고 논의하고 생각을 나누라는 부름이다. 알다시피 세계가 끝날 때까지 이 부름은 계속될 것이며, 계속되어야 한다. 우리는 어느 비 오는 날 버스 정류장에서 우연히 만나 담배를 나눠 피울지도 모르기 때문이다.

1장 "다윈주의 입문: 우리가 아는 다윈주의 해체하기"에서는 통속적 다윈주의를 소개한다. 즉 진화론은 모든 사상을 뿌리부터 전복시키고, 진화론 때문에 주로 부정적인 결과만 발생한다는 신화를 다룰 것이다. 1장에서 나는 독자를 다윈의 진화론의 가장 기초적인 견해들로 무장시킬 것이다. 2장에서 4장까지는 다윈주의 안에서 들끓는 주요 논쟁들을 소개한다. 이 논쟁을 통해 기독교가 많은 분파—제칠일 안식교부터 로마 가톨릭까지—를 가진 것처럼, 다윈주의에도 단 하나의 목소리가 아니라 다양한 분파가 있음을 알게 될 것이다. 그리고 다윈주의 분파들도 종교인처럼 굉장히 살벌하게 논쟁한다는 것을 느낄 것이다. 다윈은 진화가 그가 명명한 "자연선택"이라는 기제로 전개된다고 말했는데, 그렇다면 이 명확한 기제가 선택하는 것은 무엇인가? 도킨스가 우리에게 주입하려던 개념인 이기적 유전자일까? 개체일까? 아니면 전체 종일까? 2장 "재생의 단위"에서 이 문제에 얽힌 논쟁을 소개한다. 자연선택은 여러 수준에서 일어나며, 이기적 유전자—적어도 도킨스가 제시하고 사용한—개념은 터무니없는 것임을 알 수 있을 것이다. 그래서 3장 "비자연적 선택"에서 자연선택의 역할을 검토한다. 자연선택은 전능한 기제인가? 아니면 여러 기제 가운데 하나인가? 이 장에서 독자는 깜짝 놀랄 만한 사실을 알게 될 것이다. 도킨스가 자연선택을 해석한 것을 보면 그의 해석은 윌리엄 페일리의 설계자 "신"과 상당히 비슷하다. 페일리의 설계자 신 개념이 이단적인 기독교 신관에서 기인한 것과 마찬가지로, 도킨스의 자연선택설—적어도 그가 대중에게 제시한—은 진화론과 비교해 보면 이단적이다. 4장 "진화: 진보인가?"에서는 진화에 방향이 있는가라는 문제를 다룬다. 진화는 완전히 무작위 과정일까? 아니면 진화는 불가피성을 띠는 구조를 보여주나? 나는 무작위도 진화의 중요한 요소이기는 하지만 진화에 고유한 방향이 있음을 주장할 것이다(솔직히 말하자면, 무작위야말로 우리가 탐구할 유일한 대상이다). 5장 "정신을 다스리는 물질: '우리는 결코 근대인이었던 적이 없다'"에서는 다윈의 이론을 생물학을 넘어 인간 정신에도 적용하려는 시도를 비판한다. 다윈 이론의 확장을 비판하면서 우생학과 사회생물학, 최근의 진화심리학까지 탐구할 것이다. 몸과 마음의 특징을 분석할 때 다윈주의의 통찰력은 유익하다. 인간은 결국 몸을 입고 사는 존재이기 때문이다(신이 사람이 되었다고 믿는 기독교인에게는 그리 당황스런 이야기가 아니리라!). 하지만 사람들이 과학이나 사실로 제시한 것은 상당수 터무니없고 유해한 주장이다. 6장 "자연주의를 자연주의적으로 이해하기: 유물론의 망령"에서는 과학과 종교가 서로 대치한다는 신화를 설명하고 탐구한다. 일단 유물론을 비판한 후에 자연주의를 비판할 것이다. 자연주의 가운데 가장 극단적인 자연주의를 비판할 것이다. 극단적 다원주의와 마찬가지로 자연주의라는 철학적 관점은 천국은 위협하지 못하더라도, 땅은 확실히 파괴한다. 6장은 독자에게 자연과 초자연의 대결 구도 너머를 보도록 독려할 것이다. 자연주의에서 문제가 되는 것은 자연적이라는 그들의 철학적 입장 그 자체다. 철학이 인간 정신을 어떻게 다루는지 요약하는 6장의 마지막 부분에서 자연주의의 문제점이 더욱 분명해질 것이다. 인간 정신에 대한 대부분의 철학 관점은 신을 향한 믿음을 없애지 않는다. 그러나 자연주의는 어떤 것도—진화론에 대한 믿음조차—믿지 못하도록 만든다. 다시 말해, 오늘날 철학적 관점은 신이나 초자연적인 어떤 것도 믿을 수 없다고 말하지만, 결국 그 관점은 우리 자신과 자연조차도 믿을 수 없게 한다. 따라서 우리는 상식이 통하는 자연세계에 살면서 신을 얼마든지 거부할 수 있다는 생각은 완전히 잘못되었다. 이러한 철학 관점은 대부분 끔찍한 재난과 같다. 심지어 질병과 살인, 폭력, 가난, 잔학한 테러리스트, 대량학살을 합한 것보다 더 끔찍하다.

따라서 이 문제를 둘러싼 우리의 문화적 논쟁은 새로운 무신론자들의 작품에서 나타나는 것보다 더 높은 수준의 정교함을 갖춰야 한다. 이는 우리 모두에게 많은 것이 달려 있는 과제다. 철학에서 여러 가지 모습으로 나타나는 환원주의와 유물론이, 어떤 각도에서는 신학에 기여하는 것으로 읽힐 수 있다는 6장의 결론은 우리의 상식에 반하는 것이 될 것이다. 다시 말해, 가장 사악하고 해로운 철학도 신학의 시녀로—그들이 좋아하든 그렇지 않든 간에—재해석될 수 있다.

그래서 마지막 장 "또 하나의 생명: '우리는 결코 중세인이었던 적이 없다'"는 앞 장의 논쟁점들의 신학적 입장을 밝히고, 정통 기독교가 현대 허무주의에 빠지지 않으면서도 생명과 자연을 설명할 수 있다고 주장한다. 이런 설명을 통해 우리는 상식이 통하는 세계를 회복하고, 아름다움, 진리, 선, 그리고 결국 진화에 대한 신뢰도 회복하는 것이 가능하다. 특히 마지막 장에서 창세기 1장과 2장을 읽으면서 아담과 하와의 정체와 원죄, 타락, 죽음을 논할 것이다.

나는 과학자가 아니라 신학과 철학, 법을 공부한 사람이다. 이 책을 쓰면서 과학용어가 낯선 독자를 특히 염두에 두었고, 비전문가도 이 책을 이해할 수 있도록 공을 들였다. 결국 나 자신도 전문 과학자가 아니기 때문이다. 그러나 우리가 가진 사상 체계 바깥의 사람들과 교류하도록, 특히 진화에 관한 책을 읽도록 이끄는 것은 바로 문화적·신학적 필요성을 절감하기 때문이어야 한다. 어쨌거나 우리가 귀하게 여기는 철학적·신학적 견해들 중 다수에 도전하는 데 자연에 대한 과학자의 설명이 이용되었기 때문이다. 이런 공격이 무엇을 뜻하며, 어떤 관점에서 문제가 제기되는지 알아야 한다. 사도 바울도 우리들이 일견 낯설어 보이는 세상의 시인과 사상가들에게서 배우고 그들에게 익숙해져야 한다고 요구했을 것이다. 그리고 진화는 오늘날 가장 긴급한 사안이다. 이를 잘 배우지 못하면 우리는 사회의 구석에서 예배당에 앉은 성가대에게만 설교하는 운명에 처할지도 모른다. 하지만 세상과 제대로 만날 때, 우리에게 분명하고 익숙했던 것을 더 깊이 이해할 수 있다. 바로 신을 향한 믿음을 온전히 알 수 있다. 교황 베네딕토 16세도 이렇게 말했다. "진화론은 신앙을 무효로 만들거나 확증하지 않는다. 하지만 진화론의 도전 덕분에 우리는 신앙을 더 깊이 이해할 수 있으며, 자기 자신을 더 이해하고, 영원한 하나님을 당신이라고 부르게 되어 있는 인간 본래의 모습을 찾아가게 될 것이다."[4]

# 1

# 다윈주의 입문

## 우리가 아는 다윈주의 해체하기[1]

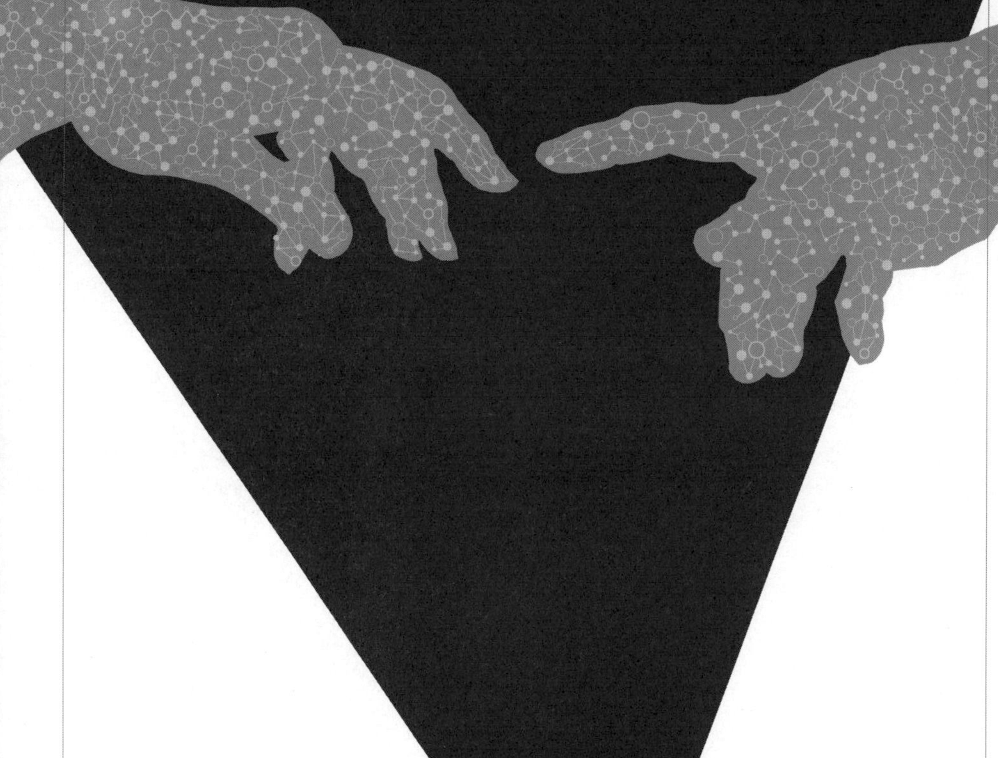

인간이 스스로 사소하게 되는 일이, 자신을 스스로 사소하게 하려는 의지가
코페르니쿠스 이후에 꾸준히 진행된 것 아닌가.
아아, 사람들은 인간이 존귀하고 유일하며
거대한 존재의 사슬에서 독보적 위치에 있다고 믿었다.
하지만 이런 믿음도 과거사가 되어버렸다. 이제 인간은 동물이 되었다.
말 그대로, 거리낌 없이. 오래된 신앙의 용어로 말하자면 인간은 거의 신이 되었다.…
코페르니쿠스 이후에 인간은 마치 한쪽으로 기울어진 평면 위에 있는 것 같다.
즉 인간은 중심에서 점점 멀어지면서 한쪽으로 빠르게 떨어지고 있다.
어디로 떨어지나? 무(無)로? 잘된 일!

_ 프리드리히 니체[2]

넓혀지는 가이어에서 돌고 돌아,
매는 매 부리는 이의 말을 들을 수 없다.
만물은 무너지고, 중심이 제구실을 할 수 없다.
단지 무질서가 세상에 풀어지고
피로 흐려진 조수가 풀어지고,
도처에서 순결한 의식이 익사한다.

_ 윌리엄 버틀러 예이츠[3]

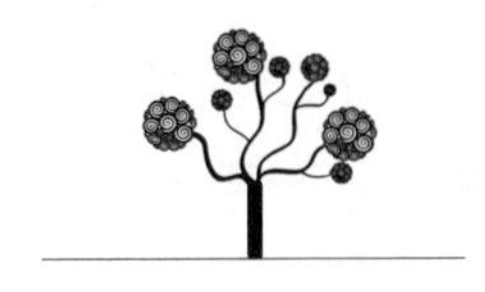

많은 사람들이 "과학 혁명"이 1543년에 지구가 태양을 중심으로 공전한다고 주장한 코페르니쿠스의 저서 『천구의 회전에 관하여』*De revolutionibus orbium coelestium*의 출간으로 시작되었다고 주장한다. 이 주장은 당시 사람들에게 충격으로 다가왔다. 태양 중심 천체 모델은 지구의 중심적 역할을 빼앗았고, 이는 결국 지구의 중요성뿐만 아니라 인류의 중요성까지도 위협한 것이기 때문이다. 미국인 작가 메리 맥카시Mary McCarthy는 『점점 심해지는 치욕의 역사』*A History of Increasing Humiliation*에서 "현대의 신경증은 코페르니쿠스와 함께 시작되었다"고 썼다.[4] 문제는 더 나빠졌다. 144년 후, 아이작 뉴턴은 『자연철학의 수학적 원리』*Philosophiae Naturalis Principia Mathematica* (1687)를 출판했다. 이 책에서 뉴턴은 목적인目的因을 지향하는 아리스토텔레스의 옛 우주론을 현대 물리학이나 자연철학에서 걷어냈다. 결국 하늘의 일은 세속에 미치지 못하게 되었다. 이제 우주는 무한하기에, 중심이라는 개념을 버려야 한다. 어떤 천상도 존재하지 않으며, 하늘도 땅을 지배하는 법칙 아래에 있는 곳이 되었다. 이제 기계론적인 세계의 그림이 주류가 되었고, 신성이 존재할 곳은 거의 남지 않았다. 신성이 존재한다 하더라도, 그는 자리를 비운 지주나 하루 만에 전체 계획을 진행하고 엿새 동안 쉬는 기술자의 모습으로 다시 묘사되었다. 이때부터 우주론에 대한 의구심이 생겨났다. 그래서 밤하늘을 바라보더라도 영광스러운 천상은 더 이상 보이지 않는다. 조금이라도 의미가 있을 거라는 소망은 물거품이 된다. 밤하늘은 이제 공허함만이 가득한 심연이다. 광대한 공허를 쳐다보고 있으면 그것을 바라보는 우리도 역시 의미 없는 공허한 존재라는 암시로 우리를 공포에 젖게 한다. 천상이 땅으로 추락하고 나자, 천상은 우리도 함께 추락시켰다.

하지만 코페르니쿠스까지는 상황이 예상만큼 나쁘지 않았다. 17세기의 과학은 아직 많은 일을 설명하지 못했고, 지성이 탐구해야 할 개척지가 여전히 남아 있었기 때문이다. 예를 들어 인간의 지성도 미지의 영역이었다. 영국의 철학자 존 로크는 이렇게 기술했다. "영원한 것이 확실히 있다면, 그것이 어떤 종류의 존재인지 보여달라. 그것은 반드시 사고할 수 있는 존재라고 추론할 수 있다. 이 추론은 매우 분명하다. 전혀 사고할 수 없는 존재, 또는 무에서 사고하는 지적 존재가 나온다고 상상할 수 없기 때문이다."[5] 지성이 만물의 뿌리임이 분명하다는 생각을 다윈주의자인 다니엘 데닛은 "정신 제일 관점"mind-first view이라고 부른다.[6] 정신 제일 관점은 거대한 존재의 사슬*scala naturae*이라는 고대 사상을 낳았다. 존재의 사슬 개념에 따르면 실존은 개별적이며 위계질서를 따른다(예를 들어 벌레는 돌고래 밑에 있다). 가장 밑에는 생기 없는 물질이 있고, 가장 꼭대기에는 "제1지성"인 신이 있다. 중요함의 서열이 있다. 만물에는 자기 자리가 있으며, 벌레에게도 그 존재의 의미가 어느 정도 존재한다.

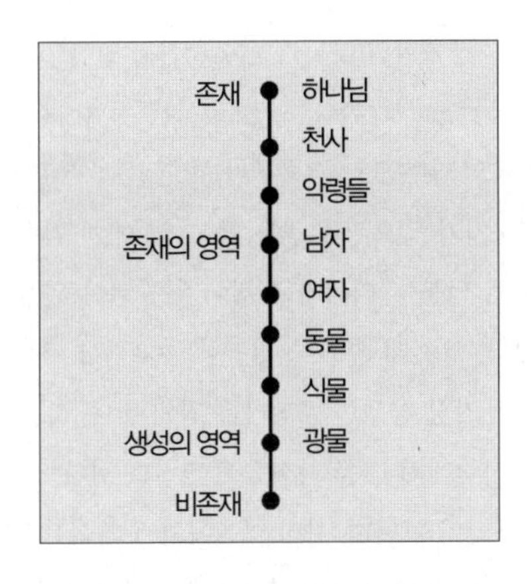


그림 1. 거대한 존재의 사슬 개념에 따르면, 자연은 중요성에도 위계질서가 있다고 분명하게 말한다. 그래서 무생물보다 생물이 더 중요하다. 가장 중요한 존재는 신이다. 코페르니쿠스가 태양 중심 우주관을 주장하고, 뉴턴이 기계론으로 자연을 설명하며, 마지막으로 다윈이 진화론을 내놓았을 때 존재의 사슬 개념이 무너졌다고 주장하는 사람도 있다. 정말 그럴까? 양상추를 먹었다고 감옥에 간 사람은 한 명도 없다. 하지만 사람을 먹는 사람은 감옥에 간다. 마찬가지로 우리는 풀은 자르지만 이웃집 강아지의 목은 자르지 않는다.

코페르니쿠스에 이어 뉴턴이 위계질서가 있는 우주 개념을 공격했다면 다윈은 확실히 이 공격을 마무리한 사람일 것이다. 프로이트도 이렇게 말한다.

> 역사에서 인간은 결국 과학이 저지른 두 개의 끔찍한 폭행 때문에 순진한 자기애가 무참히 짓밟혔다. 우리가 사는 지구가 우주의 중심이 아니며, 지구는 거대한 우주 체계에 비하면 거의 알아볼 수도 없는 작은 티끌임을 인간이 알았을 때 인간의 자존심이 무너졌다. 물론 알렉산드리아인(에라스토테네스)이 이와 비슷한 것을 가르치기는 했지만, 우리 마음에서는 이 깨달음이 코페르니쿠스와 결부되어 있다. 이것이 과학이 저지른

첫 번째 폭행이다. 생물학의 조사가 이어지면서 인간은 특별하게 창조되었다는 유별난 특권을 상실했다. 인간은 이제 지워버릴 수 없는 동물의 본성을 지닌 동물의 후손으로 전락했다. 오늘날 찰스 다윈과 월리스, 그리고 그들의 선구자가 일으킨 반란은 동시대인에게 엄청난 반격을 받았지만 이들의 작업 덕분에 가치가 뒤집어지는 일이 완성되었다. 이것이 두 번째 폭행이다. 그런데 자신이 굉장한 존재라고 우쭐거리는 인간의 욕망은 세 번째로 가장 끔찍한 치명타를 입게 된다. 바로 오늘날 심리학 연구는 우리 각 사람에게 다음 사실을 증명하려 한다. 개인의 자아는 자기 마음에서도 주인이 아니며, 자기 마음에서 무의식적으로 일어나는 일을 일부만 담고 있는 정보 조각에 만족할 수밖에 없다.[7]

자아를 향한 심리학의 공격은—극단적 다윈주의자들이 주장하듯이—결국 프로이트가 아닌 다윈에게서 나왔다. 다윈이 우리에게 선사한 생물학적 통찰은 광범위하게 적용되어 인간의 행동까지 포함하게 되었다. 다윈이 『종의 기원』*Origin of Species*에서 암시한 이런 경향은, 『인간의 유래』*The Descent of Man*에서 더욱 발전되었다.[8]

인간을 단순한 동물의 지위로 끌어내린 일(물론 진화론적 입장에서는 "순수한" 동물이 존재할 수 있는가 따져봐야 한다)은 바이어트A. S. Byatt의 소설 『모르포 유제니아』*Morpho Eugenia*에서 잘 표현되었다. 이 소설에서 확신에 찬 다윈주의자 아담슨이라는 인물과 영국 성공회 교구 목사인 알라바스터가 등장한다. 알라바스터는 다윈주의가 함축하는 의미에 문제가 있음을 염려하며, 아담슨에게 말한다.

세상이 참 많이 변했어. 이제 난 에덴동산에 살던 인류의 첫 번째 부모를 믿을 만큼 늙은이지. 어린아이였을 때 난 뱀 안에 숨은 사탄과, 불을 내뿜는 칼을 든 천사장이 문을 닫는다고 믿었던 것처럼. 난 정말 늙었다네. 차가운 밤에 탄생한 구세주를 찬양하며 천사들이 하늘을 가득

메웠고, 목동들은 그 광경을 넋을 잃고 바라봤으며, 이국의 왕들이 낙타에 선물을 싣고 사막을 건너왔다고 믿으니까. 그리고 지금 내가 사는 세상에서 나는 이런 말을 듣는다네. 부드러운 젤리 같은 석회질 뼈 물질이 엄청나게 오랜 시간 동안 변형되어 우리 인간이 되었다고 하지. 우리가 사는 세상은 천사와 악마가 선과 악을 지키려고 싸우는 세상이 아닐세. 먹고 먹히면서 우리는 다른 존재의 살과 피가 되는, 바로 그런 세상에서 산다네.[9]

알라바스터에 따르면, 우리가 사는 세계는 세계의 창조, 선과 악의 대결, 구원과 저주의 위대한 드라마를 목격하고 신의 의미가 구현되거나, 최소한 신적 의도의 증거가 되는 세계가 아니다. 이 세계는 살덩어리가 끊임없이 흐르는 끔찍한 무대이거나 교란된 물질이 춤을 추는 서커스가 일어나는 곳에 불과하다. 알라바스터는 다시 말한다. "이 세상에서 내가 얼마나 잃어버렸는지 헤아릴 수 없다네. 그렇게 하다간 절망하고 말겠지.…[우리는 이제] 흙으로, 부식토로 되돌아가고 말겠지. 부엉이가 쪼아먹은 쥐처럼, 도살장으로 끌려가는 소처럼, 어느 문으로 들어가든 한 곳에 이르게 되지. 피와 먼지, 파괴로 끝나버리겠지."[10]

다니엘 데닛은 이 끔찍한 시나리오를 상상으로 직접 보여준다. 데닛에게 다윈의 이론은 만능 산universal acid과 비슷하다(존 듀이는 1910년에 이미 다윈의 진화론을 가리켜 "가장 강력한 용매"라고 불렀다).[11]

만능 산이라고 들어봤는가? 이 가상의 존재는 나와 내 학교 친구들에게 무척 흥미로운 생각거리였다.…만능 산은 산화력이 너무 뛰어나 어떤 것이든 녹여버릴 것이다! 당신은 만능 산을 어디에 보관하겠는가? 이것이 골칫거리다. 만능 산은 유리병을 녹이고 스테인리스 캔도 종이봉투 녹이듯이 녹여버린다. 당신이 만능 산을 발견하거나 만들게 되면 무슨 일이 벌어질까? 지구가 결국 파괴되어버릴까? 만능 산이 지나간 자리에 무엇이 남아 있을까? 만능 산과 접촉하면서 모든 것이 변해버렸다면 이 세계는 어떤 모습을 하고 있을까? 몇 년 전에 다윈의 생각과 접촉했을 때는 만능 산과 틀림없이 비슷하다는 사실을 거의 깨닫지 못했다. 다윈의 생각은 거의 모든 전통적 개념을 부식하면서 혁신된 세계관을 남긴다. 물론 오래된 개념이나 세계관의 형체는 여전히 알아볼 수 있으나 근본적으로 완전히 바뀌었다. 다윈의 생각은 생물학에서 제기된 문제에 대한 답이었다. 하지만 다윈의 생각은 위험하게도 다른 곳으로 번져나가려 했다. 다윈의 생각은 한편으로 우주론의 질문에 답하면서, 다른 한편으로 심리학의 질문에도 답한다. 정신활동 없이 알고리즘에 따라 진화가 이뤄지면서 재설계될 수 있다면, 재설계가 처음부터 끝까지 진화를 통해 생겨날 수 없는 걸까? 생명계가 낳은 놀랍도록 정교한 구조물을 정신활동 없이 이뤄지는 진화가 설명할 수 있다면, 우리가 가진 "진짜" 정신이 낳은 생산물이 진화론의 설명을 빠져나갈 수 있을까? 따라서 다윈의 생각은 모든 영역으로 속속들이 스며들면서, 나는 내 자아의 주인이며, 창조력과 이해력을 겸비한 신의 불꽃이라는 환상을 해체해버릴지 모른다.[12]

데닛에 따르면, 다윈의 생각에 내포된 위험을 "허공에 달린 갈고리" skyhook와 반대되는 "크레인"cranes에 비유할 수 있다.[13] 데닛이 말하는 갈고리는 앞에서 다룬 로크적 지성관을 말한다. 반면, 데닛은 크레인 비유를 통해 물질을 창조하는 것은 정신이 아니라고 말한다. 오히려 물질이 정신(또는 적어도 우리가 정신이라고 부르는 그 존재; 정신의 존재 여부를 놓고 많은 논쟁이 있기 때문이다)을 "창조하거나" 낳는다.[14] 우리 머리 안에 있는 것을 "회색질"이라 부른다 해도 놀라지 말아야 한다. 거대한 존재의 사슬은 이렇게 끊어졌고, 이제는 위도 아래도 없다.[15] 천상의 세계는 높이와 위엄을 잃고 무너져 내려 우리의 무릎 언저리로 흩어졌다. 지구가 더 이상 중심이 아니듯 생명도 생기를 잃어버렸다. 오늘날은 생명을 기계처럼 다룬다. 정신도 정신다움을 잃는다. 신의 불꽃도, 애매함도, 이해할 수 없는 영혼도 없다. 그저 물질의 복잡한 배치만이 있다. 인간이란 종은 동물의 종과 다르지 않다. 스티븐 굴드Stephen J. Gould는 다음과 같이 말한다. "기생충의 변성 과정은 가젤의 걸음걸이만큼이나 완벽하다."[16]

하지만 정말 그렇다면, 왜 다음과 같은 환상을 계속 품어야 할까? 풀은 잘라도 되지만 강아지 목을 잘라선 안 된다고 계속 믿을 필요가 있을까? 이웃집에 아이가 다섯 명이나 있고, 게다가 시끄럽기까지 하지만, 우리는 닭이나 또는 당근을 먹지 아이를 잡아먹어선 안 된다고 생각하는 게 과연 맞을까? 존재의 위계질서를 모두 거부하고, 존재는 모두 연속되어 있다는 관점에 대해 프레데릭 터너Frederick Turner는 요점을 제대로 짚는다. "내가 얼굴을 씻으면서 죽인 진드기도 동물이다(어떤 진드기 종은 인간의 속눈썹에서만 서식한다). 인간과 동물을 도덕적으로 구분하는 위계 원리를 버린다면, 위계질서를 부정하는 추론이 요구하듯이, 진드기(또는 말라리아 균과 포진 바이러스)와 하프 물개, 긴꼬리 원숭이, 개와 고양이를 구분하는 위계질서도 버려야만 할 것이다."[17]

다윈 자신도 『인간의 유래』에서 인간과 동물이 존재론적으로 연속되어 있음에 주목한다. "인간에게는 고상한 특징이 있다.…태양계의 움직임과 구성을 꿰뚫어보는 신과 같은 지성이 있다. 인간에게 이렇게 칭찬할 만한 능력이 있다. 하지만 인간의 신체 구조를 보면 인간은 하등한 존재에서 나왔다는 것을 부정하기 힘들다."[18] 인간도 유인원과 공통 조상을 가지며, 모든 생명체가 공통 조상을 가진다. 그래서 생명을 가진 모든 유기 생명체는 동일한 원시 수프primordial pudding에서 기어나온 것 같다. 다윈은 "어떤 하나의 원시 형태"를 말한다.[19] 여기서 모든 생명이 시작되었다. 생명은 모두 다윈이 말한 "따뜻하고 작은 연못"에서 발달한 것으로 보인다. 따라서 생명은 단일계통적이다. 다시 말해, 생명은 하나의 혈통을 가진다. 결국 굴드는 우리에게 알려준다. "서구세계는 다윈과 그의 이론의 의미와 아직 화해하지 못했다. 우리가 인간과 자연이 연속되어 있음을 거부하고, 인간이 유일무이한 존재라는 증거에 필사적으로 목을 매는 태도가 화해의 가장 큰 걸림돌이다."[20] 우리의 이런 모습을 머릿속으로 그려볼 수 있다. 아내와 남편은 화창한 날 개를 데리고 산책에 나선다. 개는 분명히 줄에 묶여 있다. 그러나 다윈주의의 렌즈로 이 활동을 해석하면, 개가 인간을 데리고 산책한다고 말할 이유도 있음을 알 수 있다. 두 명의 인간은 공통 조상을 가지는데, 그들과 개가 공유하는 공통 조상은 두 사람의 공통 조상보다 일찍 출현했다. 여기서 차이점을 잡아내는 법은 연대기와 계보밖에 없다. 우리가 눈으로 보는 분명한 차이점은 모두 덧붙여진 이름이지 실재는 아니다. 제레드 다이아몬드Jered Diamond는 이것을 훌륭하게 요약한다. "평범한 사람을 잡아다가 옷을 벗기고 소유물도 모두 빼앗고 언어 능력을 빼앗아 으르렁거리는 수준으로 만들었다고 상상해보자. 그리고 그의 신체 구조는 고스란히 남겨둔다. 이제 이 사람을 동물원의 침팬지 우리 옆의 우리에 가둔다. 다른 모든 사람들은 옷을 입고 대화를 나누면서 동물원을 방문하게 해보자. 다른 사람들의 눈에는 우리에 갇혀 말도 못하는 이 사람이 정말 어떤 존재인지 드러날 것이다. 이 사람은 바로 털이 적고 직립 보행하는 침팬지다."[21] 이 말이 처음에는 불편하게 들리고, 또 어떤 면에서는 설득력 있게 다가올지도 모른다. 하지만 이런 주장이나 결론을 낳은 논리는 논점을 완전히 회피한다. 그러나 더욱 중요한 점은 이 주장은 기본적으로 다윈 이전 시대에 속하는 것이라는 점이다. 그렇다면 이 주장은 어떻게 반증 가능하면서도 다윈주의적인가라는 질문이 제기될 것이다. 다시 말하자면, 다이아몬드는 진화가 이미 인간에게 선사한 특징을 제거하면 진정한 "인간"의 모습이 드러난다고 주장한다. 사실 우리의 언어 능력은 동물적 유산의 일부분이다. 만약 그렇지 않다면 다른 어디에서 왔겠는가? 따라서 우리는 인간이 나타나게 된 진화과정을 옷을 고르듯 선택할 수 없다. 고를 수 있다고 말하면 우리는 앞뒤가 맞지 않는 이야기를 늘어놓을 수밖에 없다. 한마디로, 다이아몬드는 진화를 버렸다. 그는 역사의 한 시기를 발견하고는 그것을 본질적인 것이라고 정해버렸기 때문이다. 그렇지 않다면, 인간이 생겨나기 위해 특별 창조가 필요하다고 말해야 한다. 그래서 다이아몬드의 논리에 포함된 전제는 다음과 같다. 실재하는 진짜 차이점을 발견하려면 고정적이고 해체되지 않는 핵심이 꼭 있어야 한다. 다이아몬드는 이런 차이점을 발견하지 못했다. 따라서 진정한 존재론적 차이는 없다는 것이다. 이것은 어긋난 분석 양식이며 은밀한 본질주의다. 다이아몬드 같은 이는 우리의 동물 조상을 참된 실재로 여기는데, 여기서 은밀한 본질주의가 분명히 드러난다. 극단적 다윈주의자는 여기서 기독교 근본주의자와 닮았다. 기독교 근본주의자는 신학교에 가서 비로소 모세가 모세오경의 저자가 아닐지 모른다는 것을 배우게 된다(사실 그리 놀랄 일은 아니다. 모세오경에는 모세의 죽음이 나와 있다!). 근본주의자는 결국 믿음을 잃게 된다. 하지만 그는 평생 근본주의자로 남을 것이다. 그가 실존을 대하는 방식을 지배해온 그만의 진실의 모형은 전혀 의심하지 않기 때문이다.

하늘과 땅이 완전히 다른 종류가 아니듯이, 정신과 물질, 인간과 동물도 근본적으로 다르지 않다. 한 걸음 더 나아가 이렇게 말할 수 있다. 더 극단적으로 말하자면, 어떤 것을 향해 나아가는, 생기 있는 생명과 단순한 물질도 존재론적으로 환원 불가능하게 다른 것은 아니다. 정말 충격을 주는 가설이다. 프랜시스 크릭Francis Crick(DNA 이중 나선의 공동발견자)은 이렇게 설명한다. "당신과, 당신이 느끼는 기쁨과 슬픔, 당신의 기억, 당신의 야망, 당신의 자아와 자유의지는 신경세포와 그것에 연결된 분자의 거대한 집합이 만들어낸 행동에 불과하다. 루이스 캐롤의 앨리스가 한 말을 빌리자면, '당신은 한 줌 뉴런일 뿐이다.'"[22] 칼 세이건Carl Sagan도 비슷하게 생각한다. "나는 물과 칼슘, 유기분자의 집합체다. 칼 세이건이라 불리는 집합체. 당신도 마찬가지다. 당신도 나처럼 거의 같은 분자를 가지지만, 다른 이름표가 붙어 있을 뿐이다."[23] 크릭과 함께 DNA 이중 나선을 발견한 제임스 왓슨은 크릭과 세이건이 드러낸 다윈 이전 시대적 분위기를 한마디로 간추린다. "과학은 하나밖에 없다. 바로 물리학이 유일한 과학이다. 다른 학문은 사회적 작업이다."[24] 주여! 생물학을 도우소서. 일단 왓슨의 말대로 생각한다면, 우리가 사는 세상을 다음과 같이 상상해야 한다. 당신이 어떤 방에 들어갔다고 상상해보라. 그 방에는 모래더미가 몇 개 있다. 대충 여섯 개가 있다고 해보자. 각 모래더미 위에 이름(빌, 수전, 샐리 등)이 적힌 작은 종이들이 올려져 있다. 그러나 그곳에는 어떤 외부의 침입도 없다. 광선검이 나타나 살덩어리들을 눈에 보이지도 않을 만큼 잘게 썰어 놓지도 않았다. 왓슨과 크릭의 생각을 따르면, 이것이 우리의 현실이다. 이름표에 적힌 이름만이 우리를 구별한다. 다윈주의의 산acid이 만들어낸 보편적 탈마법화가 일어난 후에 우리는 이렇게 종말 이후의 풍경을 보게 될 것이다.

그러나 우리가 원시 수프에서 나왔다면, 결국 우리와 유인원은 공통 조상을 가지며, 더 나아가 모든 생명체와도 그렇다면, 우리는 자연에서 선포하듯 울려 퍼지는 차이(다름)의 교향곡을 어떻게 설명해야 하는가? 더 나아가 생물발생을 말하면서 수학, 물리학, 예술—물론 진화론도 포함—을 생각해내는 뇌의 회색질과 알바트로스의 비행, 개구리의 도약, 벼룩의 물기, 바이러스의 유해성도 같은 맥락에서 보아야 하는가? 다윈은 자기 이론이 깜짝 놀랄 만큼 단순하게 이런 현상을 설명한다고 주장한다. 나중에 "다윈의 불독"이라 불린 토마스 헉슬리Thomas Huxley는 다윈 이론을 처음 듣고 이렇게 말했다. "이런 생각을 해보지 못하다니! 나는 얼마나 어리석은가!" 이러한 칭송을 받으면서도 동시에 미움을 받은, 이 이론의 정체는 무엇인가?

다윈은 비글호에서 5년간 일하고 나서 1836년에 영국으로 돌아왔다. 그때 다윈은 27세였다. 영국을 떠날 때만 해도 다윈은 종은 변하지 않는다고 믿었다. 즉 종은 어떤 의미에서 "형상"types이며 본질적 특성을 가지고 있다(결국 고양이는 고양이고 개는 개다). 하지만 다윈이 영국으로 돌아왔을 때는 종도 변화한다는 "변성 진화"transmutation를 믿었다. 그렇게 믿은 것은 다윈만이 아니다. 19세기에 이미 종의 변형을 주장하는 여러 가지 진화론이 존재했다. 다윈은 종의 진화 이론을 제시하면서 진화가 일어나는 방식을 제시했는데, 이것이 다윈이 이룩한 혁신이다. 에든버러의 인쇄업자인 로버트 체임버스는 종의 변형을 주장하는 『창조세계 자연사의 자취』*Vestige of the Natural History of Creation*를 1844년에 출판했다. 체임버스는 인간 기원과 문명 진보는 우주적 발전과정의 일부라고 제안했다. "한 종이 또 다른 종을 낳아야 한다는 계획은 섭리와 맞아떨어진다. 두 번째 최상위 존재가 인간을 낳을 때까지 그랬다." 또한 "발전을 닮은 진보는 인간의 본성—개인이나 집단이나 동일한—에서 그 자취를 찾을 수 있다. 이런 진보는 시계의 분침처럼 움직이고, 이에 따라 시침은 이 종에서 저 종으로 움직인다."[26] 체임버스는 이 저작을 익명으로 출간했는데, 그만큼 종의 변형은 당시 민감한 주제였다. 체임버스가 익명으로 책을 낸 것은 아주 신중한 행동이라고 평가를 받는다. 이 책에 대한 논평은 한결같이 비판적이었고, 비판은 활활 타오르는 듯했기 때문이다. 다윈은 사람들의 이러한 반응을 지켜보며 두려움을 느꼈고, 결국 자신의 이론을 출판하는 일을 미뤘다. 다윈은 1842년에 이론을 상당 부분 정리했고, 1844년에는 이론의 폭을 더욱 넓혔다. 체임버스는 바로 1844년에 자기 책을 출판했다. 일단 다윈은 이론을 뒷받침할 증거를 많이 수집했는데, 너무 열심을 낸 나머지 14년이 넘게 흘러가버렸다. 아마 알프레드 러셀 월리스가 없었더라면 시간이 더 흘렀을지 모른다. 월리스는 다윈처럼 자연주의자였다. 지질학자인 찰스 릴은 다윈에게 월리스의 논문을 보라고 권했다. 이 논문의 제목은 「새로운 종의 도입을 규제하는 법칙에 대하여」On the Law Which Has Regulated the Introduction of New Species였다. 여기서 월리스는 새로운 종이 옛 종에서 나온다는 종의 변형을 주장했다. 이 논문의 존재를 알게 된 일도 다윈이 책을 출간하게 만들지는 못했다. 그러나 다윈은 이 논문에 자극받아 그의 저작 『자연선택』*Natural Selection*에 천착하면서, 월리스와 편지를 교환하며 의견을 나누게 되었다. 1858년 6월 18일, 다윈은 월리스가 쓴 논문인 「최초 유형에서 모호하게 시작되는 변이 경향에 대해」On the Tendency of Varieties to Depart Indefinitely from the Original Type[27]를 받았다. 월리스에 따르면, "초기에, 덜 조직된 형태의 군집에서 여러 변이가 일어난다. 여러 변이 가운데, 먹이를 잡는 데 가장 탁월한 능력을 가진 변이(형)가 늘 가장 오래 살았다."[28] 적어도 이것은 다윈의 생각과 비슷했다. 다윈은 친구인 찰스 릴에게 편지를 쓰면서 이 사실을 인정했다. "월리스가 1842년에 내가 쓴 초고 개요를 가졌다 하더라도 그보다 더 나은 논문요약문을 쓸 수 없었을 거네!"[29] 다윈은 이 논문 때문에 자신의 이론을 출간했다. 이뿐 아니라 더욱 극적인 일도 있었다. 다윈은 릴을 통해서 월리스의 논문이 1858년 7월 1일에 열린 린네 학회에서 발표되도록 했다. 다윈은 바로 이 학회에서 아사 그레이Asa Gray 하버드 대학교 교수에게 1857년 9월에 보낸 편지를 공개하고, 1844년에 자신이 쓴 필기본 논문을 공개하면서, 자신의 이론이 다른 사람들의 것보다 먼저 나왔음을 확실히 못 박으려 했다. 하지만 패트릭 매튜Patrick Matthew가 전문성이 결여되기는 했지만, 다윈과 월리스보다 앞섰다는 사실을 주목해야 한다.[30] 그런데 기이하게도 린네 학회는 1858년 연차보고서를 이렇게 기록했다. "올해는 충격적이거나 과학계를 단박에 혁신할 만한 발견은 없었다." 만능 산이라 불리는 다윈의 이론마저 그랬다.

종의 변형을 잠시 제쳐둔다면, 다윈은 과연 자기 이론에서 무엇을 고수하려고 했을까? 공교롭게도 다윈은 1838년에 읽은 책에서 확실히 영감을 받았다. 그 책은 "우울한 교구목사"인 토마스 맬서스가 쓴 『인구론』*An Essay on the Principle of Population, as It Affects the Future Improvement of Society*이었다. 그런데 왜 이 사건이 "공교"로울까? 월리스도 이 책 덕분에 비슷한 방향으로 사고할 수 있었기 때문이다. 다윈은 자서전에서 이렇게 말한다. "그때부터 나는 연구를 체계적으로 수행했다. 15개월이 지났을 무렵 재미 삼아 맬서스의 인구론을 집어들었다. 당시 나는 생존을 위한 투쟁이 무엇인지 제대로 평가할 만큼 그 문제를 잘 알고 있었다. 동물과 식물의 습성을 오랫동안 관찰하면서 어디에나 생존 투쟁이 일어나고 있다는 사실을 확인했다. 이 책을 읽으며, 생존 투쟁이 일어날 때 생존 투쟁에 유리한 변이형이 보존되고 불리한 변이형태는 없어지는 경향이 있다는 생각이 들었다. 이런 일이 일어나면 결국 새로운 종이 생겨날 것이다. 비로소 나는 내 생각을 발전시킬 이론을 가지게 되었다."[31] 그때부터 다윈은 맬서스의 안경으로 자연을 봤다. 다윈은 다음 사실을 봤다. "자연은 우리에게 활짝 웃는다. 자연에는 먹이가 풍부하다. 우리는 이것을 자주 목격한다. 하지만 주변에서 한가로이 지저귀는 새는 아주 편하게 벌레와 씨앗을 먹어 치운다. 그래서 새는 생명을 계속 파괴한다. 벌레와 벌레가 전쟁하고, 벌레와 달팽이가 새와 맹수와 전쟁한다. 이렇게 모든 생물이 증식하려고 하고, 모든 생물이 서로 잡아먹으려고 한다. 생물은 나무와 씨앗, 어린 식물도 먹이로 이용하며, 땅을 뒤덮으면서 나무의 성장을 저해하는 식물도 먹이로 이용한다."[32] 생물이 이렇게 전쟁하는 이유를 다윈은 간단하게 설명한다.

> 모든 생물은 빠른 속도로 증가하는 경향이 있다. 그래서 모든 생물은 생존 투쟁을 피할 수 없다. 모든 생명체는 자연적 생존기간 동안 몇 개의 알이나 씨앗을 낳는다. 계절을 지나면서, 또는 해를 넘기면서 모든 생명체는 수명이 다해 죽음을 맞게 된다. 그렇지 않으면, 개체수는 모두 기하급수적 증가 원리에 따라 가파르게 증가할 것이다. 이렇게 개체들이 증가하면서 개체 간의 생존 투쟁도 반드시 일어날 것이다. 어떤 개체는 같은 종에 속한 개체와 싸우거나, 다른 종과 싸우며, 물리적 생활조건과도 싸운다. 맬서스의 학설은 다양한 강도로 전체 동물계와 식물계에 적용된다.[33]

확실히 이것은 홉스의 만인에 대한 만인의 투쟁을 가장 폭넓게 적용한 사례다.

기하급수적 성장을 설명하려고 다윈은 코끼리를 예로 든다. 코끼리는 기하급수적 성장에 수사적 효과를 부여한다. 코끼리는 가장 느리게 번식한다고 알려져 있기 때문이다. 하지만 다윈이 계산한 대로 말하자면, 한 쌍의 코끼리는 500년 동안 무려 1,500만 마리로 불어날 것이다. 여기서 우리는 자연스럽게 질문하게 된다. 코끼리보다 더 빨리 번식하는 동물은 도대체 얼마나 많이 낳을까?(비슷한 수사법이 이민자에 대한 토론에서도 자주 나타난다) 이렇게 생각하면, 끊임없이 위협을 느낄 수밖에 없다. 다윈은 이렇게 기술한다. "자연을 살필 때 절대 잊지 말아야 할 사실이 있다. 우리를 둘러싼 생명체는 모두 개체수를 늘리려고 무던히 애쓴다고 말할 수 있다. 개별 생명체는 투쟁하면서 일정 시기를 살아간다. 그리고 개체는 어릴 때나 늙었을 때, 또는 그 세대나 다음 세대에서 엄청나게 많은 죽음을 당한다. 자기가 속한 세대나, 세대가 바뀔 때 그런 일을 겪는다. 위험요소를 줄이고 개체가 받는 피해도 최대한 줄여보자. 그러면 종의 개체수는 곧바로 치솟을 것이다. 자연의 표면은 말랑말랑한 표면과 비슷하다. 이 표면에는 수만 개의 날카로운 쐐기가 촘촘하게 몰려 있으며, 쐐기는 표면으로 박히도록 계속 힘을 받고 있다. 때때로 한 쐐기가 힘을 받으면, 다른 쐐기는 힘을 더 세게 받는다."[34] 다소 무시무시한 이 이미지는, 사방에서 경쟁과 투쟁이 일어나며 모든 생명체는 희소성의 지평 아래서 경쟁한다는 생각과 엮인다. 이것이 뉴턴의 제1법칙에 견줄 만한 다윈의 제1법칙이다. 관성의 법칙을 보통 뉴턴의 제1법칙이라 하는데, 등속 운동을 하는 물체는 외부에서 힘이 가해지지 않는 한 운동 상태를 그대로 유지한다.[35] 이 법칙은 다윈주의와 상관은 없다. 하지만 다윈은 뉴턴의 제1법칙과 유사한 법칙을 제시했다. 생명체는 자원의 한계치까지 계속 번식하려는 관성 같은 경향이 있다. 이렇게 계속 번식하려는 경향은 다윈 이론의 엔진을 돌리는 기능을 한다. 이 경향은 점점 깊이 박히는 쐐기 아이디어를 구현한다. 이것을 잘 이해하면 계속 번식하려는 경향에 혁신적 잠재력이 숨어 있음을 알 수 있다. 따라서 더 좋아지고, 정교해지고, 형태를 바꾸고, 다르게 행동하지 않으면 멸종한다. 멸종하지 않는다 해도 진화적 적합성이 감소할 것이다. 다시 말해 번식 잠재력이 요점이다. 하나의 종과 다른 생명체가 되도록 많은 자손을 낳으려고 경쟁한다. 공교롭게도 영국의 지방 속어를 보면 적합성의 개념을 쉽게 이해할 수 있다. 그리 섬세한 표현은 아니지만, "그 여자는 딱 내 타입이야"라는 말은 토요일 밤 끈적거리는 술집에서 울려 퍼진다. 중요한 것은 많은 자손을 낳기 위한 경쟁은 자연계에서도 동일하게 일어난다는 점이다. 이런 경쟁의 요점은 자연 바깥에서 새로운 장소를 찾는 것이 아니라, 언제나 자연 안에서 움직이면서 새로운 생태적 지위를 만들어내는 것이다. 즉 같은 얼굴의 다른 측면을 점유하는 것이 중요하다.

이 현상은 루이스 캐롤의 소설 『거울 나라의 앨리스』의 인물을 따 "붉은 여왕 효과"라고 불린다.[36] 소설에서 여왕은 "같은 자리를 유지하려면 멈추지 말고 뛰어야 해!"라고 말한다. 다윈도 그와 같이 말한다.

> 여러 세대가 지나는 동안 생명체가 다양한 생활조건을 거치면서 일부 기관이 완전히 변한다면, 나는 이 주장을 반박할 수 없다고 생각한다. 종들이 기하급수적으로 증가하려는 경향 때문에 어떤 시대나 계절, 어떤 해에 생존 투쟁이 극심하게 일어나면서 일부 기관이 완전히 변한다면, 역시 나는 이 주장이 확실하다고 생각한다. 모든 생명체가 다른 생명체와 맺는 무한히 복잡한 관계성을 고려하면, 그들의 구조, 구성, 습성이 그들을 이롭게 하기 위해 변화하는 것은 당연하다. 오히려 생명체 자신의 복지에 유리한 변이가 전혀 일어나지 않았다면 그것이 더욱 믿기 어려운 일일 것이다. 이와 같이, 인간에게도 생존에 유리한 변화가 이미 일어났다. 생명체에 유리한 변이가 정말 일어난다면, 이렇게 변이된 개체는 생존 투쟁에서 살아남을 가능성이 가장 클 것이다. 또한 강한 유전원리에 따라 그 개체는 비슷하게 변이된 자손을 낳기 쉽다. 나는 이 보존의 원리를 감히 자연선택이라 불렀다.[37]

그러나 다윈이 말한 자연선택은 보존만 하지 않는다. 자연선택은 보존하면서 발달이나 다양화를 이루고 부추긴다. 자연선택은 가축 사육자의 의도적 선택(즉 인위선택)의 개념을 따른 것이지만, 이 과정은 맹목적으로 이루어진다. 특정한 형질을 얻으려고 비둘기를 선별하여 교배하는 행위를 생각하면서 다윈은 유비적으로 사고했다. 자연선택이 진행되면 "특성의 분화가 이루어진다. 더 많은 생명체가 같은 영역에서 살아갈 수 있다. 생명체의 구조와 행동, 구성의 다양한 분화가 이루어질수록 생존 경쟁에서 승리할 가능성도 그만큼 늘어날 것이다. 따라서 작은 차이점은 같은 종에서 개체를 구별하는 기준인데, 이 차이점은 꾸준히 커져서 같은 속屬에 포함된 종들을 구별하는 더 큰 차이점이 될 것이다. 심지어 속을 구별하는 차이점이 되기도 한다."[38] 다윈 시대에 등장한 새로운 지질학이 내놓은 시간 범위에서 이런 일이 일어난다. 새로운 지질학에 따르면, 세계는 정말 오래되었으며, 대주교 제임스 어셔James Ussher(1581-1656)가 1654년에 내놓은 계산—세계는 기원전 4004년 10월 23일에 창조되었다—이 틀렸음을 보여주었다.[39]

따라서 자연선택이 일으키는 변이는 미세하지만 중요하며, 강한 유전 원리를 동반한다. 물론 다윈은 유전학에 대한 어떤 지식도 없었는데,[40] 아직 유전학이 발견되기 전이었기 때문이다. 그래서 다윈이 말한 강한 유전 원리strong principle of inheritance는 당시 상당한 반대에 부딪혔다(강한 유전 원리는 다윈 이론에서 매우 중요하다. 다윈은 이 원리를 자기 이론의 "뼈대"라고 불렀다). 특히 글래스고 대학교의 물리학자이자 공학자인 플리밍 젠킨Fleeming Jenkin이 강력하게 반박했다. 젠킨에 따르면, 유전될 수 있는 어떤 특질도 다음 세대에서 다른 특질과 섞이면서 얼마든지 사라질 수 있다. 젠킨의 말을 인용해보자. 이 말은 젠킨의 요점을 드러낼 뿐만 아니라 빅토리아 시대의 지성인이 어떻게 생각했는지를 보여준다. "배가 난파되어 흑인들이 거주하는 섬에 표류한 백인이 있었다고 가정해보자.… 백인이 원주민보다 더 나을 것이라 생각되는 모든 이점을 그가 갖추고 있다고 하자.…하지만 이 사실을 인정하더라도 몇 세대를 지나거나, 무수한 세대를 지나더라도 섬의 주민이 모두 백인일 것이라는 결론에 이를 수 없다. 섬에 표류한 백인은 아마도 그곳의 왕이 되었을 것이고, 생존하기 위해 투쟁하면서 많은 흑인들을 죽였을 것이다. 또 그는 많은 아내와 아이들을 거느렸을 것이다.…그럼에도 그의 모든 흑인 백성들을 백인으로 바꾸기에는 아무리 많은 세대가 지나도 부족할 것이다."[41] 젠킨의 어조는 상당히 불편하다(물론 다윈주의로는 이 불편함을 꼭 집어 말할 수 없다). 일단 어조를 놔두고 젠킨의 요점을 보자. 다윈은 "강한 유전" 현상을 설명할 기제를 제시하지 않았다는 것이다. 강한 유전이란 표현형의 유전을 말한다. 예를 들어 길고 강한 이빨이 유전된다는 뜻이다. 반면 "약한 유전"도 있다. 행동패턴의 모방이나 환경의 효과를 약한 유전이라 한다. 다윈은 "미립"이나 "소아체"를 말했다. 이것들이 번식정보를 실어 나른다고 생각했다. 다윈은 이것을 "범생설"pangenesis이라 불렀다. 하지만 당시에 이것을 증명할 길이 없었다. 다윈주의가 모라비안 수사 그레고어 멘델Gregor Mendel(1822-1884)의 유전학과 결합하기 전까지는 적합한 이론이 아니었다고 말하기도 한다. 물론 그런 면도 없지 않지만, 과학은 언제나 검증을 기다려야 한다. 다윈은 자신의 초기 이론을 다음과 같이 설명한다.

> 신체의 세포나 단위는 자기 분열이나 증식으로 늘어나지만 그 본성은 똑같이 유지된다. 그리고 세포나 단위는 결국 신체 조직과 구성물질로 전환된다는 것은 널리 인정되는 사실이다. 그런데 나는 이런 현상과 함께 신체 단위가 미세한 입자를 방출하고 그 입자가 신체 전체로 퍼진다고 가정한다.…이런 미립자를 소아체라고 부른다. 신체의 모든 부분에서 소아체가 수집되어 성기를 구성하고, 이것이 발달하여 다음 세대에서 새로운 생명체가 생겨난다. 하지만 소아체는 휴지상태에서 다음 세대에게 전달되고 발달될 수 있다.…소아체는 새로운 생명체를 낳는 생식기관이나 식물의 눈이 아니다. 소아체는 개체를 이루는 요소 단위이다. 일단 이렇게 가정하면 잠정적으로 가설을 세울 수 있다. 나는 이 가설을 범생설이라 불렀다.[42]

다윈도 범생설이 상당히 사변적임을 잘 알았다. 하지만 다윈은 범생설이 타당하다고 확신했다. 다윈은 1868년 2월 23일, 조셉 후커에게 보낸 편지에서 이렇게 쓴다. "이렇게 선언하면 아마 내가 너무 자신감이 넘친다고 생각하실지도 모릅니다. 범생설은 이제 막 태어난 가설입니다. 감사하게도, 이 가설은 앞으로 분명히 다시 나타날 겁니다. 다른 사람이 이 가설을 다시 제시하고 이 가설에 다른 이름을 붙여서 세례를 주겠지요."[43]

변이는 희귀한 자원을 놓고 결투를 벌이는 경기장에서 일어나며, 종이 나뉘거나 새로운 종이 탄생하기도 한다. 고래부터 고양이까지—물론 이 경우 아주 멀리 거슬러 올라가야 하겠지만—계속해서 거슬러 올라가기만 한다면 같은 조상이 나타날 것이다. 생명체가 가진 미세하지만 중요한 장점이 생존 여부를 가늠하는 기준이 된다는 것은 상당히 중요한 사실이다. 그러나 어떤 특징이 장점인지 미리 알 수 없기 때문에 생존의 기준을 예상할 수 없다는 것도 기억해야 한다. 변이가 알아볼 수 없을 만큼 미세하게 일어나는 경우도 있는데, 유전을 거듭해 식별이 가능할 정도로 발달되어야 변이를 알아볼 수 있다. 처음에 변이가 일어난 생명체와 비교할 때, 후손의 특징이 뚜렷하게 드러난다는 뜻이다. 다윈은 이렇게 말한다. "많은 개체가 태어나지만 일부만 살아남는다. 어떤 개체가 살고 어떤 개체가 죽을지는 미세한 차이가 결정할 것이다. 또한 그것이 어떤 종의 개체수가 증가하고 어떤 종은 줄어들어 멸종할지 결정할 것이다."[44] 여기서 멸종이란 단어는 다윈이 맬서스에게 영감을 받아 생각해낸 생존 투쟁을 강렬하게 표현한다. 지금은 지상에서 멸종해버린 종들은 계속 살아갈 능력이 없음을 스스로 증언하기 때문이다. 그 종들은 수백만 년 살아갈 수 있었다. 하지만 유한한 모든 것과 마찬가지로 한 종의 수명이 수백만 년이나 수천 년인 것이 무슨 의미가 있겠는가?(도킨스는 이 요점을 놓친다)

다윈은 목축업자의 선별 사육을 유비로 사용하면서 자연선택을 사고했다. 다윈은 뉴턴의 물리학에 영향을 받아 생명계에서도 뉴턴의 법칙과 비슷한 법칙을 구축하려고 했다. 생명계는 물리학 같은 자연과학이 아직 탐구하지 않은 개척지였다. 다윈은 아담 스미스의 작품에서도 중요한 유비를 끌어왔다. 아담 스미스의 『국부론』(1776)[45]은 조금은 뉴턴적인 경제이론을 만들려는 시도였다.[46] 다윈과 스미스는 세 가지 주장에서 서로 비슷하다. 먼저 스미스는 사리사욕을 숭배한다. "고깃간 주인, 양조업자, 제빵업자가 자선을 베풀었기 때문에 우리가 저녁 식사를 할 수 있는 것이 아니다. 오히려 그들이 낮은 가격에 사들여서 높은 가격에 판매하고자 하는 사리사욕 때문에 저녁 식사를 할 수 있는 것이다"(『국부론』 1권 2장). 둘째, 스미스에 따르면, 집단이 아니라 개인이 세계를 이룬다고 전제할 때만 자기 이익을 유지하고 표출할 수 있다. 셋째, 스미스가 말하는 "보이지 않는 손"이 간섭 없이 작동하면 균형을 잡고 경제에 부를 가져올 수 있다. 우리 또는 정부보다는 "보이지 않는 손"이 경제를 움직여야 한다(그래서 스미스는 자유방임주의를 요구한다).

다윈도 이미 비슷하게 말했다. 자연선택의 근거는 종이 추구하는 자기 이익이다. 스미스처럼 다윈은(적어도 다윈주의는) 개인만 있다고 가정하는 존재론을 받아들였다. 드퓨David Depew와 베버Bruce Weber도 이 사실을 분명히 지적한다. "개체 중심적 존재론을 수용하면서 다윈이 시도한 뉴턴적인 프로그램은 상당히 발전한다. 서로 투쟁하는 개인이 기본이 되는 실재라면, 다윈은 고전적·신고전적 생물학이 전제하는 본질주의적 가정을 손쉽게 버릴 수 있다."[47] 이런 움직임은 스코틀랜드 철학자 데이비드 흄의 유명론적 인식론이 활용되면서 더욱 거세졌다.[48] 유명론적 인식론에 따르면, 우리가 알 수 있는 유일한 것은 우리가 실재한다고 여기는 것은 개인(개체)밖에 없다. 자연선택은 보이지 않는 손과 정말 비슷하게 작동한다. 자연선택은 생존 투쟁의 경제에서 승자를 고르고 패자를 찍어내 버린다. 그래서 굴드는 다윈주의가 "자연에 적용한 아담 스미스의 경제학"이라는 참으로 정확한 표현을 했다.[49] 다윈도 자연선택을 "끊임없이 행동을 준비시키는 힘"이라고 부른다. 다윈은 자연선택의 작용을 아주 적나라하게 묘사한다. "자연선택은 매일 매시간 변이 하나하나를 가장 사소한 변이까지도 꼼꼼히 점검한다. 그래서 자연선택은 나쁜 것을 거부하고 좋은 것을 보존하고 강화한다. 자연선택은 소리 없이 조용히 작동한다. 언제 어디서나 기회가 생기면 각 생명체가 유기적·비유기적 생활환경에서 자신을 향상하도록 자연선택이 작동한다."[50] 여기서 다윈과 알프레드 월리스Alfred Wallace(다윈과 함께 자연선택의 공동발견자)의 의견이 갈라서는데, 월리스는 자연선택을 모든 영역으로 파고드는 힘이 아니라 불필요한 부분을 제거하는 도구로 본 반면, 다윈에게 자연선택은 보편적 힘이었다.

진화에 대한 다윈의 이해에 따르면(적어도 다윈에 대한 "통념"에 따르면), 종이라는 것은 존재하지 않는다. 다윈은 분명하게 개인주의적 존재론을 사용하기 때문이다. 이 존재론은 원래 본질주의에 반대한다. 다시 말해, 다윈은 종이 본질적 특성을 가진다고 생각하지 않는다. 예를 들어 "고양이는 X이다"라는 명제에서 X가 반드시 있으며 변하지 않는다고 다윈은 생각하지 않는다. 한때 마거릿 대처가 사회라는 것은 실재하는 것이 아니라고 말했듯이—그녀에게는 오직 개인들만이 존재한다—다윈도 종에 대해 비슷한 결론을 내리게 되었다. "우리는 자연주의자가 속genera을 다루는 방식대로 종을 다뤄야 한다. 자연주의자는, 속이 편의를 위해 일부러 만든 복합명칭일 뿐이라고 인정한다."[51] 아주 간단히 말하자면, 조상이 같고 서로 교배하는 개체의 집합이 종이다. 조금 더 정확히 표현하면, 공통 조상과 떨어진 거리가 상대적으로 비슷한 개체의 집합이라고 해야 한다. 이것을 이소성allopatric 종 분화라고 한다(allo는 "다른"이란 뜻이고,

patra는 "조국"이란 뜻이다).[52] 여기에는 아주 급진적인 의미가 담겨 있다. 종을 이렇게 정의할 때 종은 역사적 존재가 되기 때문이다. 예를 들어 고양이는 그저 우발적으로, 그리고 역사적으로 형성된 혈통일 뿐이다.

**분자생물학의 중심원리**

RNA 중합효소(RNA polymerase)는 전사(transcription)를 수행한다.
번역(translation)은 리보솜(ribosomes)에서 진행된다.
DNA 중합효소(DNA polymerase)는 복제(replication)를 수행한다.

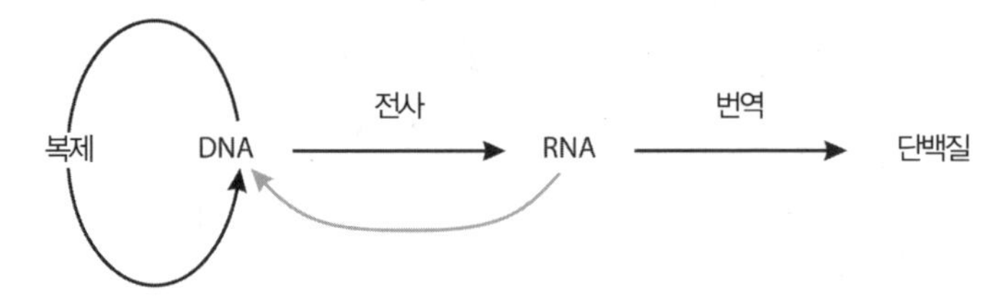


역전사효소(reverse transcriptase)는 RNA를 복사하여 DNA를 만든다.

그림 2. 분자생물학의 중심원리에 따르면 정보는 한쪽으로 흐른다. DNA → RNA → 단백질. 따라서 정보가 단백질에서 RNA나 RNA를 거쳐 DNA로 가지 않는다. "중심원리"는 DNA가 최정점에 있다는 아주 단순한 인과관계가 있다고 암시하는 것 같다. 하지만 오늘날 이 주장이 절대로 무너지지 않는다고 생각하는 사람은 거의 없다. 지금은 이 주장의 중요성도 많이 줄어들었다. RNA 종양 바이러스가 발견되면서 RNA가 DNA에 정보를 주며, "정보"는 확률적 후성(後成, epigenesis)에 의해 전달되기도 한다는 사실이 증명되었다. 더구나 DNA에서 단백질 구조가 형성되는 과정도 전혀 추적할 수 없을 정도는 아니더라도 엄청나게 복잡한 것 같다(예를 들어, 단백질 접힘은 아예 해명할 수 없는 현상처럼 보인다). 하지만, "정보"도 때때로 아무 뜻도 없는 하나의 은유일 뿐이다. 요컨대, 분자생물학에서 "정보"에 대한 분명한 정의는 없다. 따라서 분자생물학의 "원리"라는 말은 그만큼 우리를 헷갈리게 한다.

여기서 다윈은 중요한 또 다른 학자와 자신을 분명하게 구분한다. 그 학자도 종은 그저 이름이라고 생각하면서, 종 변형론을 주장했다. 그는 바로 라마르크Jean Baptiste Pierre Antoine de Monet Chevalier de Lamarck(1744 -1829)다. 라마르크는 환경이 생물을 변화시킨다고 생각했는데, 생명체에 존재하는 습성적 필요에 의해 변화가 이루어질 수 있다고 보았다. 예를 들어, 먹이를 얻으려고 나뭇가지까지 목을 뻗어야 한다면, 기린처럼 목이 길어질 것이다(이런 요구나 필요를 욕구besoin라고 부른다.) 이것을 획득 형질(후천성 형질)의 유전이라 부른다. 지금 생각해보면 다소 웃음이 나오는 주장이지만, 아우구스트 바이스만August Weismann의 연구가 나온 후에야 라마르크의 주장은 폐기되었다.[53] 바이스만은 유전물질을 두 가지 물질—생식질germplasm과 체질germplasm—로 나누었다. 생식질은 사라지지 않는 반면, 체질은 육체처럼 썩어 사라진다(이것은 오르페우스의 생각을 다시 끄집어낸다. 즉 영혼은 몸의 감옥에 갇혀 있다. *soma - sema*).[54] 결국 표현형(육체)은 절대 반복되지 않는다. 즉 육체는 유일무이한 존재다. 따라서 소크라테스의 특이한 코는 이 땅에 단 한 번만 나타났다.[55] 하지만 유전형은 반복될 수 있다. 유전형과 표현형을 구분하는 경향 때문에 어떤 진화론자(도킨스 같은)는 생물학의 세계를 복제자와 운반자, 즉 유전자와 신체로 구분한다.[56] 생식질과 체질을 구분하려는 생각은 분자생물학과 유전자생물학의 "중심원리"를 뒷받침하는 바이스만의 장벽 개념에도 나타난다. 이 개념에 따르면 정보는 DNA에서 단백질로 전해질 뿐 반대 방향으로 흐르지는 않는다. 크릭은 이것을 다음과 같이 정의한다. "'정보'가 단백질로 이미 갔다면 그 정보는 다시 빠져나올 수 없다. 더 자세히 말해보자. 정보가 핵산에서 핵산으로 가거나 핵산에서 단백질로 갈 수 있다. 하지만 단백질에서 단백질로 전달되거나 단백질에서 핵산으로 갈 수 없다."[57] 라마르크와 달리, 다윈은 계통발생론을 따라갔다. 이 사실은 이 장의 요점이기도 하다. 간단히 말해, 계통발생론은 연속되는 변화가 계통에서 나타나는 특징이라고 주장한다. 반면, 라마르크가 활용한 개체발생론은 개체가 연속되는 변화를 겪는다고 말한다.[58] 그렇다면 기린 개체는 왜 목이 길까? 알프레드 월리스는 다윈의 관점을 대변한다. "기린 개체가 목을 계속 뻗으면서 목이 길어진 것이 아니다. 목이 긴 개체는 일반형과 다른 대조형이다. 대조형에서 나타나는 변이들도 목이 짧은 동료 개체와 같은 땅에서 신선한 목초를 함께 공유한다. 따라서 목초가 처음으로 부족해지면 목이 긴 개체들이 더 오래 살 수 있다."[59] 기린은 목을 길게 하는 유전자를 물려받았으므로 목이 길다. 그러면 하나의 종으로서 기린은 왜 긴 목을 갖고 있을까? 다윈에 따르면, 목이 긴 기린 개체들이 더 많이 살아남는 경향이 있었다. 그래서 다른 경쟁 개체보다 더 많이 번식할 수 있었다.[60] 계통발생론(계통에만 집착하는)에 따라 사고하면, 모든 종의 본성은 역사적이라고 더욱 강하게 주장하게 된다. 즉 변화가 왕이다. 다르게 말하자면 변화는 실재한다(비록 우리의 눈에는 천천히 일어나더라도). 반면 고정성이야말로 환상이다. 고정성은 시간을 편협하게 사고할 때 나타나는 신기루다. 과거로 멀리 거슬러 올라가면 (지금 우리가 보는) 고양이도 더 이상 보이지 않을 것이다. 다윈은 이렇게 말한다. "시간의 손이 기나긴 세대에 흔적을 남겨야 우리는 비로소 느리게 진행된 변화를 볼 수 있다. 오래 지속된 지질학적 시대를 바라보는 우리의 관점은 변화를 감지하기에 턱없이 부족하다. 그래서 우리는 생물의 예전 모습을 모르면 생물 형태의 변화를 감지할 수 없다." 우리는 서로 다른 동물 형상들의 차이점을 감지하고 나서 변화가 일어났다고 생각한다. 예를 들어 인간과 원숭이를 비교하고 나서 변화가 있었다고 말한다. 하지만 실재는 고정된 형상이 아니라 끊임없는 흐름이다. 그 흐름이 아무리 느리게 진행되어도. 다시 말해 인간과 원숭이는 참으로 다르지 않다. 변화만이 참으로 실재하기 때문이다*ontos onta*. 반면 고정성은 구성된 것이다. 에른스트 마이어Ernst Mayr는 이렇게 설명한다. "유형학으로 사고해보면 고정되고 바뀔 수 없는 제한된 수의 '이데아'는 관찰되는 변화를 떠받친다. 형상*eidos*은 붙박힌 채 존재하는 유일한 실재다. 유형학자에게 형상은 실재하며 변이가 환상이다. 반면 집단론자populationist(또는 다윈주의자)에게 형상은 평균이며 추상적 개념이다. 오직 변이가 실재한다. 이 두 가지 자연관은 완전히 대립적이다."[61] 모든 사람이 마이어의 해석에 동의하지는 않을 것이다. 어먼드슨Amundson은 이런 해석은 그가 말한 종합론적 역사기술의 산물일 뿐이라고 생각한다.[62] 본질주의는 다윈 이전 시대의 사고양식이며, 다윈주의는 이런 사고양식을 반박하고 대체했다고 한다. 어먼드슨에 따르면, 이런 견해가 바로 현대 종합설의 "중심 기둥"이다.[63] 하지만 어먼드슨은 이 주장이 전혀 사실이 아니라고 말한다. "본질주의와 유형학은 종 불변론의 근거가 아니었고, 생명체를 자연계로 분류하려는 초기 계통학적 시도에 가담하지도 않았다."[64] 어먼드슨은 이렇게 말한다.

> 생물학적 종이 고정되어 있다는 것은 오래된 믿음이 아니다. 18세기에 자연주의자와 신학자는 처음으로 종의 고정성을 받아들였다. 다윈의 이론이 나오기 약 100년 전에 그랬다.…종이 고정되어 있다는 주장이 확립되기 전에 자연주의자와 신학자, 일반인은 어지러울 만큼 다양한 종 변형론을 믿었다.…종 불변론(고정론)은 고대 기독교 교리가 아니다. 고정된 종 불변론을 논한 저자는 극히 드물다. 이 저자 가운데 상당수가 다음 사실을 보고한다. 토마스 아퀴나스와 아우구스티누스, 교회 지도자인 성 바실리우스, 알베르투스 마그누스…등은 하나님이 첫 6일간 모든 종을 창조했다는 것을 단박에 부정했다.[65]

변화냐, 고정성이냐. 이 문제로 돌아가보자. 스티븐 툴민Stephen Toulmin에 따르면, 모든 과학적 설명은 이상적인 자연질서를 전제한다. 예를 들어, 아리스토텔레스는 휴식상태가 자연스럽고 운동은 자연스럽지 않다고 말했다.[66] 그러나 뉴턴에게는 운동이 자연적이며 이상적 상태였다. 다윈의 경우 변화가 이상적 상태다. 종의 지속 같은 고정된 현상은 자연스럽지 않다. 섀너핸Timothy Shanahan의 설명에 따르면, "다윈의 설명에서는 설명되는 대상*explanadum*과 설명하는 것*explanan*이 뒤바뀐다."[67] 다윈이라면 이렇게 말할 것이다. "생명을 기록한 테이프"를 틀면 끊임없는 변화만을 보게 될 것이다[생명을 기록한 테이프는 스티븐 굴드의 용어에서 가져온 것이다. 굴드는 이 용어를 영화 〈멋진 인생〉(It's a Wonderful Life)에서 빌려왔다]. 생명을 기록한 테이프를 천천히 돌리는 체하는 이는 바로 우리 자신이다. 비유로, 사과를 상상해보라. 우리는 사과의 과거와 미래를 고려하지 않고 사과를 상상한다. 하지만 사과를 녹화한 테이프를 앞으로 빠르게 돌리면 사과는 썩어서 흙으로 돌아간다. 이것이 자연적이다. 즉 사과의 참된 상태다. 다윈도 비슷하게 말한다. 우리는 없다. 역사만이 우리를 이루기 때문이다. 신문이 하루를 연속극처럼 소개하더라도 신문은 휴지조각이 되어버린다. 우리도 우리가 사는 시간을 진지하게 대하지만 그것도 잠시에 불과하다. 사과는 결국 썩어서 흙으로 돌아간다. 우리가 쓰는 개념은 우리가 세계를 쪼개는 방식이다. 이 개념은 대체로 "참된 거짓말"의 집합이다(참된 거짓말은 니체의 용어다). 참된 거짓말은 우리에게 참된 거짓말이 필요하다는 뜻에서 참되다. 하지만 존재론적 가치를 가지지 않는다는 뜻에서 거짓말이다. 존 듀이는 이렇게 논평한다. 다윈주의는 "결국 절대적 영속성이란 범주를 공격한다."[68] 이런 식으로 우리는 다윈주의가 "변화 이론적"임을 인식해야 한다.[69] 기슬린Michael Ghiselin은 이 말에 숨은 중요한 뜻을 끄집어낸다. "인간 생명은 언제 시작될까? 인간 생명은 절대 시작되지 않을 것이다. 인간

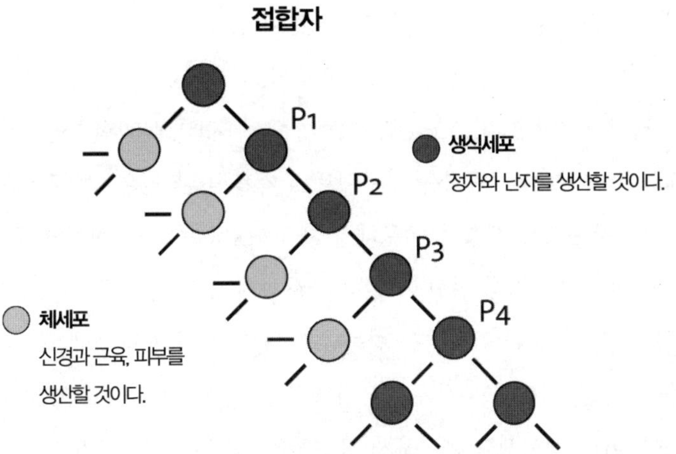

접합자

P1

생식세포
정자와 난자를 생산할 것이다.

P2

P3

체세포
신경과 근육, 피부를
생산할 것이다.

P4

그림 3. 생식세포 계열. 신다윈주의는 아우구스트 바이스만의 작업을 따르면서 세포를 체세포와 생식세포를 형성하는 세포로 구분한다. 체세포는 유전력에 관여하지 않는다고 한다. 하지만 생식세포는 유전력의 유일한 원천이다. 이 구분을 바이스만의 장벽이라 부른다. 이 구분은 복제자와 운반자를 나누는 도킨스의 이원론을 수용한다. 도킨스의 이원론은 도킨스식 진화 이해의 기초이다. 그러나 대체로 바이스만의 장벽은 이제 수용되지 않는다. 분자생물학과 발달생물학이 발전하면서 적어도 바이스만 장벽을 그다지 중요하지 않게 여기게 되었다.

생명은 계속 이어지는 세대에 속하며, 이 세대를 거슬러 올라가면 다윈이 말한 원시 수프가 나오기 때문이다."[70] 다시 말하지만, 변화가 실재하지 고정성은 실재하지 않기 때문이다. "다윈은 변화가 실제로 있다고 생각했다. 변화는 실재의 근본에 속했다.…변화를 겉으로 보이는, 사소한 현상이라고 무시하거나 얼버무릴 수 없다.…헤라클레이토스처럼 다윈에게 변화는 근본 실재였다."[71] 이 주장은 극적으로 보이지만, 이 주장이 함의하는 형이상학은 한참 부족하다. 변화는 변하지 않는 것을 요구하거나, 변하지 않는 것에 의존하기 때문이다.

아마도 왓슨이 옳았을지도 모르겠다. 물리학이 아닌 다른 모든 학문은 사회적 작업일지도 모른다(생물학도 마찬가지다). 물리학자인 막스 델브뤽Max Dellbrück이 생물학을 조사해보고 깜짝 놀란 일은 당연하다고 해야겠다. "처음으로 생물학의 문제를 조사해보고는, 노련한 물리학자조차 생물학에서는 '절대 현상'이 없다는 사실에 대해 당황해한다. 어떤 사건이든 시간과 공간의 제약을 받는다. 그 물리학자가 탐구할 때 마주치는 동물, 식물, 미생물은 계속 형태가 변하는 진화사슬에 속한 고리에 불과하다. 어느 생명체도 계속해서 유효하지 않다. 물리학자가 관찰하는 분자 형태의 종과 화학반응조차 그저 지금의 형상이며 진화가 진행되면서 다른 형상으로 바뀐다.…생물학적 현상은 모두 밑바탕부터 역사적이다. 무한히 복잡한 생명이 전개되는 상황에 맞는 현상일 뿐이다."[72]

다윈의 진화 개념을 이루는 3대 핵심요소—변이, 생식, 유전력—가 있다. 이 3대 요소가 갖춰지면 종의 진화가 일어날 수 있다. 이 진화는 개체의 진화가 아니라 종의 진화라는 사실에 주의하자. 한 종의 조상은 다른 군의 조상보다 시간상 더 가까이 있다. 종이란 바로 이런 개체군일 뿐이다. 변이가 적응을 암시하지 않는다는 것을 반드시 이해해야 한다. 이 세계에서 일어나는 변이는(어떤 개체군에서 일어나는 변이는), 환경에 적응했다는 뜻이 아니다. 오히려 변이된 개체들이 정말 번식할 때(번식한다면), 종은 비로소 환경에 적응하게 된다. 이런 식으로 종은 자연선택이란 불 세례를 통과한다. 이런 상황을 보면 자연에 설계나 목적이 있다는 느낌이 든다. 그러나 설계나 목적 개념은 모두 소급적이다. 즉 사건이 일어난 후에야 개념이 나타난다. 예를 들어 어떤 사람은 복권에 당첨되고 나서 정말 행운이라고 생각한다. 하지만 복권에 당첨되고 나서야 그는 회고적으로 행운을 느낄 수 있다. 그는 이 사실을 놓친 것이다. 결국 복권 당첨자가 자신은 정말 유별나게 운이 좋았다고 생각할 수 있는 것은 복권을 산 5백만 명은 당첨되지 않았다는 냉혹한 현실에 오직 기초하고 있다. 비슷하게, 다윈이 말한 맬서스적 생존 투쟁에서 승리한 종은 승리하고 나서야 행운을 느낄 수 있다. 더구나 승리하지 못한 종이 있어야 그렇게 느낄 수 있다. 적어도 논리를 따진다면 그렇다. 이 모든 경제의 기본은 파괴이거나 소멸이다. 하지만 여기서 기슬린의 말을 기억해야 한다. "자연선택에서 투쟁은 기초 요소가 아니다. 투쟁은 자연선택이 정말 일어나는 상황을 기술한 말일 뿐이다. '자연선택'은 투쟁을 지시하는 게 아니라 우세한 종이 보존된다는 사실을 지시할 뿐이다. 우세한 종이 보존되면서 투쟁이 일어난다.…나름의 원인에 의해 일어나는 차별적 재생산이 바로 자연선택이다."[73]

비유를 하나 더 들어보자. 다윈주의 세계는 수영경기와 같다. 열 명의 선수들이 경기를 벌이는데, 그중에서 승자만이 배우자를 골라 자식을 낳을 자격을 받는다. 처음에 다섯 명이 이겼다. 이들은 배우자를 골라 자식을 낳았다. 이긴 다섯 명이 다시 경기를 했는데, 두 명이 이겼다. 두 명은 다시 배우자를 골라 자식을 낳았다. 여기서 승자가 낳은 자식들은 십중팔구 부모가 물리친 다른 경기자보다 더 빨리 수영하는 능력을 물려받았을 것이다. 이 비유에서 두 개의 요점을 끄집어낼 수 있다. 첫째, 적합성을 높이는 장점은 모두 상대적이다(적합성을 높인다는 말은 번식능력을 높인다는 뜻이다). 빠르게 수영하는 경기자가 승자가 아니라 상대방보다 더 빨리 수영하는 경기자가 승자다. 마찬가지로, 느리게 수영하는 경기자가 패자가 아니라 다른 상대보다 더 느리게 수영하는 경기자가 패자다. 둘째, 심판이 수영 규칙을 바꿨다고 가정해보자. 경기자는 이제 자유형이 아니라 배영으로 수영해야 한다. 아니면 경기 시기를 겨울로 바꿀 수 있다. 규칙이 이렇게 바뀌면 추위를 더 잘 견디거나 배영을 더 잘하는 경기자가 승자가 될 것이다. 마지막으로 중국식당을 생각해 보자. 1970년대 영국에 중국식당이 들어왔다. 한 거리에 세 개의 중국식당이 들어섰고 곧바로 경쟁에 뛰어들었다. 손님은 어느 식당을 단골로 할지 선택한다. 식당 모두 이 거리에서 장사를 하려면 식당을 바꿔야 한다고 생각했다. 손님을 끌려고 주인들은 식당을 개조하고 할인을 제공하며, 서비스를 덧붙였다. 몇 년이 지나자 식당이 진화했다. 처음 식당들은 기본 메뉴가 몇 개밖에 없고 음식의 질도 떨어지는 간이음식점이었다. 하지만 몇 년 후 미식가에게도 흥미롭고 세련된 명소로 바뀌었다. 그러나 한 곳이 문을 닫고 말았다. 식당 주인이 너무 고지식해서 변화를 거부했기 때문이다. 나머지 두 곳이 시장을 나눠 가졌다. 하지만 경쟁은 막연하게 계속될 뿐 결코 끝나지 않는다. 주변지역의 입맛이 바뀔 수 있다. 채식주의자가 늘어나거나 유기농을 선호하는 사람이 많아질지 모른다. 그러면 식당은 변화를 꾀하거나 망할 것이다. 아니면 경제적 적합성이 떨어질 것이다. 이것은 끝도 없는 과제다. 속담대로 삼대 만에 부자가 되지만 망하는 건 한 세대밖에 안 걸린다. 중국식당 비유에서 우리는 다윈주의 이론과 자본주의의 유사점을 알 수 있다.

이런 맥락에서 우리가 살펴볼 요점이 하나 더 있다. 1869년에 출판된 『종의 기원』 5판에서 다윈은 허버트 스펜서Herbert Spencer에게서 빌려온 "적자생존"이란 용어를 도입한다. 스펜서는 1864년에 나온 『생물학의 원리』*Principles of Biology*에서 이 용어를 처음 사용했다(공정하게 말하자면, 스펜서는 다윈을 읽고 난 후에야 이 용어를 생각해냈다). 스펜서는 말하기를, "나는 적자생존을 기계론의 용어로 기술하려고 했다. 적자생존은 다윈이 말한 '자연선택'을 말한다. 혹은 생존 투쟁에 유리한 종이 보존되는 현상을 뜻한다." 하지만 다음 사실을 확실히 해두자. 다윈은 최고 적자의 생존이 아니라 비교 적자의 생존을 말한다(최고로 적합한 자가 아니라 더 적합한 자가 생존한다). 생존 투쟁은 완전히 상대적이며 계속되기 때문이다. 생존 투쟁에서 절대적인 것은 없다. 어떤 종이 승자가 되었더라도 나중에 상황이 바뀌면 패자가 된다. 그래서 멸종되기도 한다. 다윈이 스펜서의 용어를 받아들이면서 다윈 이론은 순환적이라는 반박이 일어났다. 동어반복이라는 말이다(예를 들어, 독신 남성은 모두 미혼이다). 최적자가 살아남는다는 사실은 맞긴 맞지만 확실히 내용이 없는 것 같다. 그런데 "최고 적자"라는 칭찬을 듣는 자는 살아남는 자다. 이것은 동어반복인가? 칼 포퍼Karl Popper도 그렇게 생각했다는 것은 정말 눈여겨볼 만한 일이다. 적어도 포퍼는 처음에 그렇게 생각했지만 많은 사람이 포퍼의 이런 견해를 비판하자 자신의 주장을 거두었다. 적자생존이란 다윈의 생각은 왜 동어반복이 아닐까? 다윈은 공평한 상황에서 논의를 시작하지 않았기 때문이다. 다윈이 공평한 상황에서 적자생존을 말했다면 이것은 완전히 동어반복이었을 것이다. 하지만 다윈은 변이가 일어난다는 공리에서 시작한다. 무엇이 진화 적합성을 높일지는 시간을 두고 관찰해야 알 수 있다. 진화 적합성이 높아지는 일은 여러 세대를 거치면서 완전히 우발적으로 일어나기 때문에 어떤 필요가 생겨날지, 어떤 선택압selection pressure이 생길지 미리 알 수 없다. 따뜻함이나 차가움, 젖은 상태와 마른 상태, 기근이나 풍년, 배영이나 자유영. 어느 것이 선택압이 될까? 하지만 이른바 극단적 다윈주의가 선택압을 결정하려고 애쓸 때 동어반복 문제는 계속 고개를 치켜든다.

이제 마무리하면서 앞으로 논할 중요한 요점을 간단히 기술해보자. 알다시피 다윈 이론에 대한 통념은 탈마법화를 말한다. 왜 탈마법화인가? 우리는 더 이상 우주의 중심이 아니며(이제 태양 중심 모형이 일반적으로 용인된다),[74] 이제 세계를 기계라고 이해하고, 원숭이뿐만 아니라 모든 생명과 조상을 공유하기 때문이다. 그런데 이것이 왜 나쁜 일일까? 이런 결론에 덧붙여진 부정적 뜻은 도대체 어디서 왔을까? 20세기의 위대한 진화과학자인 테오도시우스 도브잔스키Theodosius Dobzhansky는 탈마법화를 부정적으로 해석하는 것을 꼬집는다. "다윈이 발견한 생물학적 진화는, 코페르니쿠스와 갈릴레오가 시작한 인간의 품위 떨어뜨리기와 인간 낯설게 하기를 완성했다는 생각은 이제 상식이 되었다. 이 상식보다 더 어긋난 생각을 상상하기 힘들 지경이다."[75] G. K. 체스터튼Chesterton도 비슷하게 생각한다. 체스터튼은 허버트 스펜서에 대답하며 무엇이 짜증나는 생각인지 지적한다. "[이제 텅 비어버린] 태양계의 크기가 인간에 대한 영적 교리를 압도해야 한다니, 정말 짜증나는 생각이다. 그렇다면 인간이 자신의 존귀를 태양계 앞에서 굴복할 수 있다면, 왜 고래 앞에서는 할 수 없는가? 인간이 신의 형상이 아니라는 사실을 단지 크기가 증명한다면, 아마 고래가 신의 형상일 것이다.…인간이 우주에 비해 무척 작다는 말은 쓸데없다. 인간은 가장 가까이 있는 나무보다 늘 작았기 때문이다."[76]

여러 영역을 파고드는 "창조론"은 분명 코페르니쿠스 혁명과 다윈주의에 대한 대안적·부정적 해석을 낳았다. 우리가 볼 때, 창조론은 물질이 영적 일에 맞서 있다고 가정한다. 이것이 기독교다운 견해일까? 아니다. 이런 생각은 문화적, 심지어 신학적 영지주의에서 나온 증상이다. 쿨Kuhl은 이렇게 말한다. "영지주의는 창조를 부정하는 영성이다. 그래서 영지주의는 인간의 본질이 창조된 세계가 아니라 신성 자체와 같다고 생각한다. 많은 '기독교인'이 오늘날 '공통의 조상'을 부정할 수 있다고 생각한다면, 참으로 성서적·보편교회적·정통적으로 기독교를 이해했기 때문에 그렇게 생각한 것은 아니다. 오히려 '기독교 영지주의'가 많은 사람의 마음과 생각에 다시 한 번 등장했기 때문에 그런 생각을 한다."[77]

공통의 조상 개념을 불쾌하게 여기는 사람은 다윈주의보다 자신의 존재론적 자존감을 더 많이 이야기하고 있다. 이런 태도가 왜 잘못인가? 왜 우리는 천사가 되려고 할까? 창세기에서 하나님이 "네가 벗었다고 말한 이는 누구인가?"(창세기 3:11)라고 질문한 것을 아마 이렇게 바꿔 물을 수 있겠다. 네가 단지 물질이라고 혹은 물질만 있다고 말한 이는 누구인가? 제인 베넷Jane Bennett은 물질성을 부정적으로 읽으려는 버릇에 문제가 있다고 말한다. "'물질'은 생기가 없으며, 과학은 유물론을 이용하고, 유물론의 물리학은 기본적으로 뉴턴적이라고 가정해야만, (인간 존재는) 무의미하다는 문제가 생긴다.…[하지만] 물질은 생생하고 복원력이 있으며, 예측 불가능하거나 나름대로 관성이 있다. 이런 특성은 우리를 늘 놀라게 한다."[78] 앞에서 생물학의 정체성 결여라는 주제에 대해 인용한 물리학자 델브뤽은, 이것이 그에게 "마술"처럼 보인다며 몹시 놀란다. "물리학과 화학에서 똑같이 등장하는 물질은 질서 있고, 재생산되며, 상대적으로 단순한 속성을 보여준다. 이런 물질이 일단 생명체의 생활에 흡수되자마자 깜짝 놀랄 만큼 자신을 스스로 배열해나간다. 어떻게 이런 일이 일어날까? 생명체에서 물질이 어떻게 행동하는지 자세히 살필수록 물질이 펼치는 무대는 점점 감동을 준다.…살아 있는 세포는 선조 세포가 수십억 년간 실행한 실험의 경험을 고스란히 실어나른다."[79] 더구나 우리는 공통의 조상이라는 개념을 싫어하면서도, 탄소와 생명을 유지하는 화학물의 유산을 기꺼이 공유한다.[80] 과학 혁명—특히 찰스 다윈의 업적—이 이끌었다고 하는 탈마법화를 받아들일 때, 이 관점을 명심하는 것이 현명할 것이다. 그리고 우리는 늘 이렇게 물어봐야 한다. 운명의 대제사장들이 말하듯이, 탈마법화가 일어나지 않았다면 어떻게 되었을까?

2장에서 선택 단위 논쟁을 살필 것이다. 자연선택이 골고루 작용한다고 가정한다면 무엇이 선택 단위가 될까? 다시 말해, 자연은 무엇에 작용할까? 생명체인가? 종인가? 유전자인가? 물론 이 질문은 무미건조하고 지루해 보일 수도 있다. 또한 생물학을 전공하는 사람들에게 맡기는 편이 좋아 보일 수도 있다. 하지만 이를 어쩌나. 도킨스 같은 사람들은 선택 단위 논쟁을 자신들이 고수하는 허무주의적 접근방식에 짜맞춘다. 2장에서 우리가 수행할 주요 과제는 이미 지적한 영지주의가 어떻게 머리를 치켜드는지 자세히 살피는 것이다.

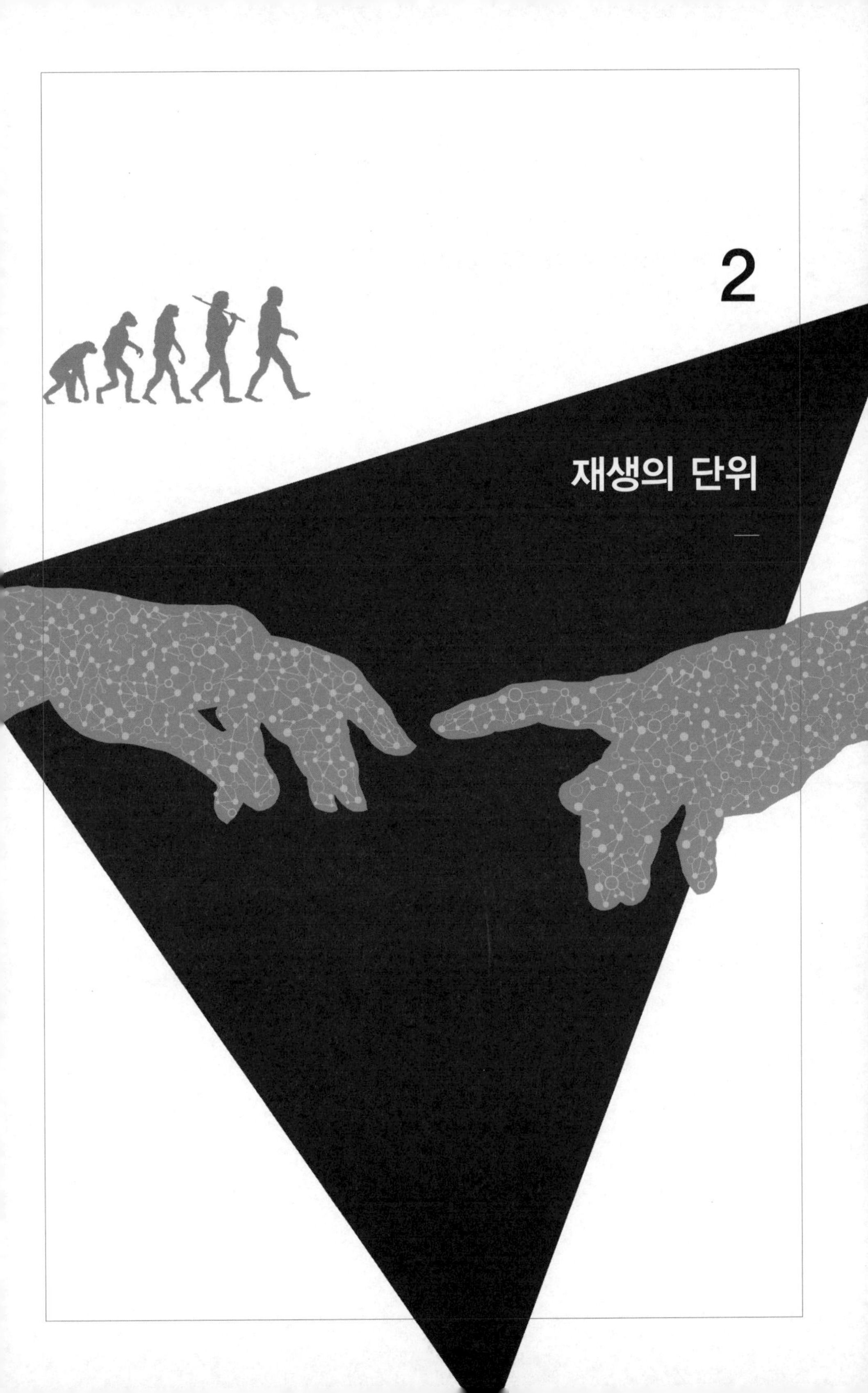

# 2

# 재생의 단위

"여긴 태양 안의 내 자리야!" 이렇게 모든 세계의 찬탈이 시작되었다.

_ 블레즈 파스칼 [1]

자기가 있으므로 이기심이 끊임없이 생길 수 있다.

_ G. K. 체스터튼 [2]

이 장에서 소위 선택 단위 논쟁을 살필 것이다. 이 논쟁은 『종의 기원』이 출판된 이후 다윈주의 진영 안에서 뜨겁게 다뤄지는 주제이며, 적어도 모든 사람들이 받아들일 만한 답은 아직 나오지 않았다. 선택 단위 논쟁은 일견 생물학 교과서에 등장하는 다소 허망한 기술적 논쟁으로 보일 수 있다. 그러나 몇몇 사람들은 이 개념을 적용하여 생명의 가장 깊은 본성을 우리에게 알려줌으로써 상식이라고 믿어온 이론들에 도전한다(그 이론들을 완전히 없애지는 못할지라도). 지금까지 선택 단위 논쟁은 형이상학 논쟁과 같은 수준에 있다고 사람들은 가정했다. 생물학의 이론을 보편 원리(또는 만능 산)의 높은 수준으로 끌어올린다는 가정의 위험성은 잠시 차치하고, 우리는 익숙하게 세계를 보아온 방식이 상당 부분 틀렸다는 것을 살펴볼 것이다.

앞 장에서 요약했듯이, 다윈주의는 고정성보다 헤라클레이토스처럼 변화를 숭배한다. 우리의 자연스레 본질주의적으로 세계를 보는 방식(고양이는 고양이, 개는 개)은 이제 버려야 한다. 비슷하게, 생물학이 연구하는 대상인 생명체는 실제로 존재하지 않는다고 주장하는 이들도 있다. 적어도 신다윈주의와, 최근 나타난 극단적 다윈주의에 따르면 생명체는 존재하지 않는다. 놀랍게도 생명체는 분해되어 흩어지고 자연계와 생물계에서 핵심 행위자로 활동하지 않는다(우리는 이제 그렇게 가정하는 것 같다). 이렇게 생명체가 사라지고 빈 공간이 생기자 생명체를 대신할 유전자—더 정확하게는 "이기적 유전자"—라는 행위자가 나타난다. 이기적 유전자 개념이 등장—"숭배"의 대상으로 격상—하면서 우리가 사는 삶의 가치뿐만 아니라 다른 생물학적 존재들의 주요한 지위도 잃어버렸다. 호모 사피엔스를 포함한 모든 동물의 행동은 이제 자연계를 보는 새로운 관점으로 설명되어야 한다. 예를 들어 우리가 생각하는 이타적 행위는 이제 이기적임이 밝혀지거나, 혹은 사실은 이기적 행위였다고 주장된다. 이제 우리는 생동력이라고는 찾아볼 수 없는 세계에 살게 되었다. (옛 원자론이 원자만이 있다고 했듯이) 이기적 유전자만이 시간이 흘러도 변하지 않고 그대로 남아 있을 수 있다. 따라서 우리가 사는 세계에 참된 이타적 행위는 없다. 참으로 있는 것은 이기주의이기 때문이다. 다른 분명한 유형의 행위는 모두 생물학적 또는 유전적 자기 이익을 위해 하는 계획과 도식의 그림자일 뿐이다.[3]

도킨스는 유전자를 선택의 유일한 단위로 설정하면서 유전자를 이기적이라고 선언한다. 따라서 유전학자인 케네스 웨이스Kenneth Weiss의 말을 일단 기억하는 것이 좋을 것이다. "명칭도 공공정책이나 연구의 방향을 잘못 지도한다면, 돌이나 막대기처럼 다른 사람을 다치게 할 수 있다."[4] "이기적 유전자"는 사리에 맞지 않다. 보통 우리가 이해하는 유전자는 진리가 아니라 (진리의) 근사치일 뿐이며, 그것도 대단히 무모한 근사치다. 이기적 유전자 개념은 일부 서구 철학 사상에서 전형적으로 나타나는 이원론을 보여주는 사례다. 그래서 우리는 이기적 유전자 개념이 존재론적 환원주의와 겹친다고 주장할 것이다. 한스 요나스Hans Jonas의 소중한 통찰을 미리 기억해두자. "사유하는 것*res cogitans*은 그 자체를 위해서보다는 연장성을 지닌 것*res extansa*을 위해 만들어진 것 같다."[5] 즉 정신은 물질을 위해 만들어졌다. 존 할데인John Haldane은 비슷한 어조로 이렇게 말한다. "데카르트의 이원론은 객관적으로 관찰할 수 있는 사태를 모두 환원주의에 따라 설명하면서 과학주의를 세웠다고 말할 수 있다. 그런데 이 이원론은 경험으로 남김없이 설명할 수 없다는 이유로 그 나머지(정신)를 쉽게 없애버릴 수 있다. 역설적이다."[6] 또는 데이비드 브레인David Braine이 주장하듯, "유물론이 지금의 주류 형태로 존재하기 위해서는, 인간의 삶에서 일어나는 모든 일에 대해 이원론에 따라 분석을 완성한 절대적인 상태가 필요하다."[7] 또한 도킨스와 다른 이들이 유전형*res extensa,* 연장과 표현형*res cogitans,* 사유이나, 즉 복제자와 운반자를 엄격하게 나누면서 이 "데카르트주의"를 다시 반복하고 있지 않은가? 도킨스의 극단적 다윈주의가 생물계를 진화론에 맞지 않게 설명하거나 적어도 매우 제한된 방식으로 설명한다면, 도킨스의 극단적 다윈주의는 사실상 다윈의 이론에 반대하고 있는 것이다.

## 논쟁 살펴보기

논쟁에서 지적 위계질서가 특징적으로 나타났다. 지적 위계질서를 보면, 당연한 행태에 대해 이기심에 기반한 설명이 아무리 인위적이라도 이타심에 기반한 설명보다 선호된다. 심지어 두 설명을 분간할 경험적인 증거가 없어도 그렇다.

_ 엘리엇 소버와 데이비드 슬로언 윌슨 8

도킨스는 이기심을 찬양하는 현대적 경향에 무의식적으로 매료되어 다윈주의를 해석했다는 견해가 있다. 아무런 근거가 없는 견해는 아니다. 정말 이렇게 말해도 된다. 아담 스미스의 작업이 다윈에게 영향을 주었듯, 자본주의에서 우세한 밈(meme)인 이기주의가 도킨스의 다윈주의 해석에 영향을 준다.

_ 비토리오 회슬레 9

---

선택 단위 논쟁은 자연선택이 무엇을 "볼" 수 있고 어떻게 작용하는지에 관한 것으로, 과연 "자연"은 실제로 무엇을 선택할 수 있는가에 대한 것이다. 비유하자면, 시 경연대회의 심사자들을 생각해보라. 그들은 최고의 시를 선발하고, 그에 상응하는 상을 수여한다. 여기 여섯 명의 참가자가 있는데, 그중 한 명이 시를 잃어버렸다. 심사자는 이 시를 볼 수 없지만, 이 시가 다른 시들보다 더 좋았을 가능성은 있다. 그러나 이 시를 말 그대로 볼 수 없기 때문에 이를 선택하지 않을 것이다. 이와 같이, 자연도 생존율을 높이고 적응력을 부여하는 변이를 볼 수 있어야 한다. 일단 이 말은 생명체가 선택 단위라는 뜻처럼 들린다. 생명체는 진화의 요구사항을 만족시키지 않는다고 상상하는 것은 좀처럼 쉬운 일이 아니다. 더구나 다윈은 자연선택이 오직 개체에게 유익하도록 작동한다고 말한다. 다윈의 주문을 따라해보자. "생존할 수 있는 수보다 더 많은 개체들이 태어나기 때문에 생존을 위한 투쟁은 필수적이다. 한 개체는 같

은 종에 속한 개체와 투쟁하거나, 다른 종 또는 물리적 생활조건과 투쟁한다."[10] 하지만 모든 것이 다윈의 말대로 돌아가지 않는다. 다윈도 스스로 "나의 이론이 직면한 심각하고 특별한 장애물"을 말한다.[11] 특별한 장애물이란 무엇일까? 두 개의 장애물이 있는데, 두 개 모두 같은 주장을 한다. 첫째는 이타적 행동이다. 이것은 자신보다 다른 사람을 먼저 고려하는 행동이다("이타심"은 "다른"이란 뜻을 지닌 단어에서 나왔다). 둘째, 생식하지 못하는 생명체가 있다. 사회생활을 하는 곤충인 개미가 대표적 예다. 자연선택 이론을 고려할 때, 이런 생명체가 있다는 사실을 이해하기 어렵다. 진화론에 따르면 이런 생명체는 자손을 남길 수 없기 때문에 "적응"할 수 없다. 하지만 이들이 절대 적응할 수 없다면, 왜 존재할까? 자연선택은 확실히 이런 생명체를 제거했어야 하지만, 아직 남아 있기에 이들을 "적자생존"의 사례라고 해야 할 것 같다(물론 "비교 적자의 생존"이라고 말하는 것이 더 정확하겠다).

이타적 행동도 비슷한 논리로 도전한다. 이타적 행동과 이런 행동을 하는 사람은 왜 제거되지 않을까? 이들의 이타적 행동은 생존하고 번식하기 위한 진화 적합성을 높이는 데 도움이 되지 않을 뿐만 아니라 이를 떨어뜨리기까지 한다. 이타심은 자주 위험을 몰고 오고, 결국 죽음을 가져온다(이런 점에서 이타적 행동은 "치명적"이다). 하지만 정말 중요한 질문이 남아 있다. 우리가 모든 영역에서 일어나는 생존 투쟁에 엮여 있다면—종의 개체는 기하급수적으로 성장하지만 자원은 언제나 부족하기에 생존 경쟁은 필연적이다—개체는 왜 스스로 위험을 무릅쓸까? 자연선택의 단위나 통화는 개체이며, 개체를 둘러싼 친구, 가족, 부족, 종, 외부인은 자연선택의 단위가 아니라면, 개인이 위험을 무릅쓴다는 사실을 진화론으로 이해하기 어렵다. 개를 구하려고 강에 뛰어드는 사람을 상상해보라! 이것은 도대체 어떤 광기일까? 다윈 이론의 렌즈로 볼 때 이 사람의 행동은 분명 잘못되었다. 생식을 못하는 생명체에 대해 다윈은 이렇게 말한다. "이 거세된 생명체는 생식 가능한 암컷과 수컷과 비교했을 때 구조와 본능에서 상당히 다르다. 이 생명체는 번식할 수 없으므로 자신이 속한 종kind을 퍼뜨릴 수 없다."[12] 따라서 "이런 생명체에서 어떻게 상호 연관된 구조의 변형이 자연선택으로 서서히 축적될 수 있었는지 이해하기 어렵다."[13] 자연이 이런 생명체를 선택했다는 것은 도무지 설명할 수 없는 현상처럼 보인다. 이 생명체는 자기의 안녕을 희생하여 집락colony의 안녕을 도모하는 것처럼 보이기 때문이다. 이들은 정말 집락을 위해 존재하는 것처럼 보인다. 하지만 자연선택은 개체의 이익만 겨냥하여 작동한다. 그리고 자연선택은 번식능력이 뛰어난 생명체를 선호해야 한다. 하지만 이 특이한 생명체는 생식할 수 없다! 이 사실은 다윈 이론을 심각하게 위협하는 것 같다. 하지만 다윈은 이것을 아주 가볍게 제쳐놓는다. "이 일꾼들이 어떻게 생식할 수 없게 되었는지 따지는 것은 어려운 과제다. 하지만 이 문제가, 구조가 급격히 변형되는 문제보다 훨씬 어렵지는 않다. 자연에 서식하는 어떤 곤충과 관절(체절) 동물은 때때로 생식능력이 없어진다는 사실이 밝혀질 수 있다. 이런 곤충은 사회생활을 했으며, 군집community에 이익이 되므로 매년 일정 수가 분명 태어났을 테지만 스스로 생식할 수 없었다면, 자연선택이 이런 상황을 낳았다고 그리 어렵지 않게 말할 수 있다."[14]

이것이 그가 말하는 전부다. 하지만 재미있는 것은 다윈이 문제를 회피하면서 또 다른 난관에 부딪히는 것이다. 방금 인용한 구절에서 다윈은 생식을 못하는 일꾼 곤충의 존재를 설명하면서 일꾼 곤충의 희생에서 유익을 얻는 대상은 군집이라고 지적하기 때문이다. 여기서 다윈은 "군집에 이익이 되기 때문"이라고 말한다. 이 말은 생식능력이 없는 일꾼 곤충만큼이나 자연선택 이론이 설명하기 어려운 문제다. 이유는 간단하고 분명하다. 군집은 어떻게 생각하더라도 개체가 아니기 때문이다. 여기서 문제가 더 복잡해진다. 우리는 이미 자연선택은 오직 개체의 선(이익)을 겨냥하여 작동한다는 말을 들었다. 하지만 우리가 보는 개체는 집락의 이익을 위해 생식능력을 희생했을 뿐만 아니라 자연선택에 따라 집락을 위해 존재하는 것처럼 보인다. 또한 다윈은 유명론적 인식론(우리는 개체만을 인식할 수 있다)을 받아들이면서 유명론적 존재론(개체만이 존재한다)까지 수용했다. 자연이 볼 수 있는 것은 개체뿐이고 개체만이 자연이 볼 수 있는 모든 것이기에, 자연은 그저 개체에만 작용한다. 당신은 집락을 볼 수 없다. 집락은 어디서 시작되어 어디서 끝난다는 말인가? 집락은 언제 생겨나서 언제 사라지는가? 즉 집락이 지속되는 조건은 무엇인가? 이것은 모래 입자가 언제 무더기가 되는가라는 패러독스와 비슷하다. 모래 입자들은 정확히 언제 모래 무더기로 바뀔까? 엄밀히 말해 무더기는 실재하지 않기 때문에 문제가 되는 것이다. 단지 개념만 존재하기에 명칭만이 존재할 뿐이다. 결국 모래 입자와 모래 무더기를 구분하더라도 입자와 무더기를 구분하는 경계는 늘 자의적이다. 도시가 어디서 시작해서 어디서 끝나는지 결정하는 일과 비슷하다. 우리는 도시 경계선을 자의적으로 긋기 때문이다.

다윈은 다소 문제를 일으키는 개념을 자기 이론에 끌어들인다. 다윈은 바로 집단 선택group selection을 도입한다. 집단 선택의 뜻은 간단하다. 자연은 개체에 작용하는 대신—개체를 선택하는 대신—집단에 작용하거나 집단을 선택한다. 다시 말해, 자연은 집단을 볼 수 있다. 다윈은 이 개념이 문제를 풀어주리라 기대했지만, 이 개념은 더 많은 문제를 일으키는 것 같다. 그래서 많은 다윈 연구자는 다윈이 진화를 설명할 정당한 개념으로 집단 선택을 정말 받아들였다는 것을 수용하지 않으려 했다. 예를 들어 마이클 루스Michael Ruse는 재빨리 이렇게 주장한다. "다윈이 개체 선택을 옹호할 때 거기에 다른 어떤 함의는 포함되어 있지 않았다. 다윈은 오랫동안 세심하게 집단 선택을 살펴보고서 그것을 거부했다."[15] 루스는 계속해서, "인간을 제외한 세계에 대해 다윈은 개체 선택론을 단호하게, 그리고 심지어 공격적으로 옹호했다.…개체 선택론자는 인간이 아닌 생명체의 경우…분명하게 개체 선택이 적용된다고 주장한다." 생식능력이 없는 일꾼(곤충)이 군집에 유익하다고 다윈이 직접 말했는데, 루스 같은 사람은 이 구절을 어떻게 해석할까? 다윈은 "이 구절에서 개체 선택에 대한 믿음이 흔들리면서, 집단이 진화의 단위가 될 수 있다고 잠시 인정한 것뿐이다."[16] 물론이다. 루스는 다윈의 이 구절을 설명하기 위해, 다소 시대착오적인 친족 선택kin selection 개념에 호소한다. 친족 선택의 뜻은 아주 간단하다. 분명히 더 높은 차원에서 일어나는 군집 선택은 실제로 더 높지 않다. 왜냐하면 군집에 유리한 일을 할 때, 실제로 자신의 유전물질을 퍼뜨리는 일, 즉 "혈통"을 보호하기 위해서 하는 것이기 때문이다. 이것을 "포괄적 적합성"라 말한다. 예를 들어 우리 자식은 우리 자신의 적합성에 포함된다. 그래서 에드워드 윌슨Edward O. Wilson은 포괄적 적합성을 이렇게 정의한다. "개체의 적합성과 상관있는 친족의 적합성에 개체가 미치는 모든 효과를 개체 적합성과 합하면 포괄적 적합성을 구할 수 있다."[17] 예를 들어 부모가 자기 생명을 희생하여 자기 자식을 구했다고 하자. 유전계통을 고려하면 이 사건을 쉽게 이해할 수 있다. 즉 부모는 자기 씨의 열매를 보호한 것이다. 자식은 부모가 다음 세대에도 생존할 수 있는 가장 좋은 방법이기 때문이다. 다윈은 진화 적합성을 생존과 번식 행위로 정의했다는 사실을 기억하자. 따라서 자식을 보호하는 행위는 다윈주의에서 간단히 설명된다. 집락도 마찬가지다. 생식할 수 없는 일꾼이 자신의 유산을 남기는 유일한 방법은 군집이기 때문이다. 당신이 자식을 낳을 수 없다면, 당신이 속한 군집을 보호하는 행위는 당신 자식을 보호하는 행위와 같을 것이다. 존 메이너드 스미스John Maynard Smith는 이렇게 기술한다. "개체에게 영향을 주는 근친이 생존하는 데 유리한 특성이 진화"할 때, 이것을 친족 선택이라 한다.[18] 친족 선택이 왜 중요할까? 윌리엄 해밀턴William Hamilton은 이 질문에 훌륭하게 답했다. "친족 선택 모형은 다윈주의의 틀에 잘 들어맞는다. 또한 예측 능력도 분명하게 입증되었다.…이 관점에서 친족 선택으로 설명되는 행동은 진정한 자기 희생으로 볼 수 없다. 개체가 근친을 도울 때, 개체는 근친의 유전자에 구현된 자기를 도울 뿐이다."[19] 이타심이 제기하는 "특별한 장애물"은 친족 선택을 통해 사라지기 때문에 다윈주의를 더 이상 괴롭히지 않는다. 다윈주의는 가슴을 쓸어내리며 안심할 수 있다. 그리고 "호혜적 이타심" 개념을 사용해도 이타심이 제기하는 문제를 작게 만들 수 있다.[20] 마이클 기슬린은 이런 관점을 취하면서 말한다. "자연의 경제는 처음부터 끝까지 경쟁이 관통한다.…이타주의자의 피부를 벗겨보라. 위선자의 피가 나올 것이다."[21]

친족 선택 개념을 활용해도 문제가 생긴다. 예를 들어 다윈은 유전학에 대한 지식이 없었기 때문에 친족 선택을 떠올릴 수 없었을 것이다. 『종의 기원』이 출판되고 1세기가 지난 후에야 그레고어 멘델이 처음 발견한 유전학이 다윈주의와 결합했다. 그래서 흔히 말하는 현대 종합설Modern Synthesis이 생겨났다. 현대 종합설이란 단어는 토마스 헉슬리의 손자인 줄리안 헉슬리가 1942년에 펴낸 책에서 나왔다.[22] 현대 종합설은 유전학과 다윈의 진화론을 하나로 묶는다. 하지만 종합설은 치열한 논쟁의 대상이었으며 그럴듯하지 않았다는 것을 알아두자. 조지 게이로드 심슨George Gaylord Simpson은 종합설 이전에 논의된 분열을 제대로 이해했다. "얼마 지나지 않아, 고생물학자는 이렇게 느꼈다. 유전학자는 방문을 잠그고 커튼을 친 다음 유리병 속에서 돌아다니는 작은 파리들이 스스로를 분류하는 것을 보면서 자연을 연구한다고 생각하는 사람이다.…반면 유전학자는 고생물학자가 더 이상 학문적 기여를 하지 않는다고 말했다.…유전학자의 눈에 고생물학자는 거리 구석에서 자동차가 쌩쌩 달리는 걸 보면서 내연기관의 원리 연구를 수행하고 있다고 생각하고 사람과 같다."[23]

다윈은 유전에 대해 전혀 몰랐기에, 후대에 가능한 개념을 투사해 다윈을 읽는 것은 불가능하다. 다윈은 유전학에 대한 이해 없이, 생식 능력이 없는 개미에 대해 말한다. "일개미의 경우, 일개미를 낳은 부모가 있지만, 일개미는 전혀 생식할 수 없다.…따라서 이 사례와 자연선택설을 어떻게 조화시킬지 물을 수 있겠다."[24] 일개미가 불임이 된 과정이 이 문제의 전부는 아니다. 일개미의 불임은 분명 특수하고 다른 점인데, 이 특성도 분명 앞 세대에서 어떤 것을 전달받았을 것이다. 이것도 이 문제의 요점이다. 하지만 불임인 일개미는 다음 세대에 뭔가를 물려줄 수 없다. 또한 생식할 수 있는 수컷과 암컷 사이에서 태어난 새끼가 어떻게 생식할 수 없는 일개미가 될 수 있을까? 자식의 본능이나 행동이 부모와 다른 이상한 현상을 어떻게 이해할까? 다윈은 실제로 대답을 하지 않은 것 같다. 다윈은 그저 집단 선택 개념을 다시 끄집어낸다. "곤충 군집에 속한 일부 개체에서 나타난 불임은 그 곤충의 특징과 연결되어 있다고 얼마든지 말할 수 있다.…선택은 개체에도 적용되지만 과科, family에도 적용되어 선택의 목적을 이룰 수 있음을 기억해보자.…따라서 나는 불임이 사회생활을 하는 동물에게 있었다고 생각한다. 즉 구조나 본능에 미세한 변형이 일어났고, 그것이 군집에 속한 일부 개체의 불임과 연결되었다. 불임은 군집에 이득이 되었다. 결국 같은 군집에 속한 생식 가능한 암컷과 수컷은 번성하며, 똑같이 미세하게 변형된 불임 개체를 낳을 경향성을 생식 가능한 자손에게 물려준다."[25] 다윈은 여기서 분명하게 과나 군에도 선택을 적용한다. 이처럼 어떤 특징이나 성질은 진화 적합성을 따질 때 개체에게 불리할 수 있어도 실제로 선택될 수 있으며, 개체 선택과 완전히 반대로 작동될 수 있다. 다시 말해 그런 특징이나 성질은 개체가 아닌 과에만 유리할 수 있다. 아마 이렇게 추측할 수 있다. 이른 시기에 어떤 계통에서 돌연변이가 일어나서, 일부 자손이 불임이 되었다. 이 혈통은 다른 혈통과 같은 자원을 두고 경쟁했다. 불임인 일꾼 개체를 가진 계통은 다른 군집보다 더 강한 생존능력을 가질 수도 있었다. 따라서 자연선택은 불임 일꾼 개체를 가진 군집을 선호할 것이다. 생존에 유리한 특성은 결국 다시 나타날 것이다. 이 성질은 제거되지 않을 것이다. 다윈은 아예 다음과 같이 명시해버린다. "사회생활을 하는 동물의 경우 자연선택은 군집에 유리하도록 각 개체의 구조를 적응시킬 것이다." 그러나 다윈은 이 구절 끝에 이렇게 덧붙인다. "그래서 선택된 변화 덕분에 개체가 이득을 본다." 불임인 일꾼 개체를 가진 군이 적응에 성공하듯이, 불임 때문에 군집은 번성한다. 그러나 불임 일꾼 개체가 계속 나타나기 때문에, 불임 일꾼 개체가 군집에 봉사하는 것이다. 불임 일꾼 개체 역시 살아남는다. 그러나 『종의 기원』 6판에서 이 구절은 약간 바뀐다. "사회생활을 하는 동물의 경우 자연선택은 군집 전체에 유리하도록 각 개체의 구조를 적응시킬 것이다." 그 다음 이어진 구절도 변한다. "선택된 변화 덕분에 군집이 이득을 본다." 『종의 기원』 6판이 나올 때 다윈은 집단 선택을 받아들이는 쪽으로 생각을 바꾼 듯하다.[27] 6판에서 바뀐 구절 가운데 "전체"라는 단어에 주목할 수도 있겠다. 개체는 군집의 일부라고 정당하게 가정할 수 있기 때문이다. 따라서 자연선택에 의한 변화는 개체에도 유익해야 한다. 그러나 이렇게 말하면서, 다윈이 집단 선택의 사례를 받아들였다는 생각을 반박하는 논증을 만들어내려는 것은 단어 뜻에만 지나치게 매달리는 행위다.

자기를 희생하는 행동이나 이타적 행동도 비슷하게 다윈을 괴롭힌다(후대의 다윈주의자가 아니라 다윈 자신을 괴롭힌 문제였다). 다윈이 말하는 진화에서 요점은 생존과 번식이기 때문이다. 왜 생명체는 자기를 희생하거나 이타심을 발휘하는 위험한 짓을 할까? 다윈은 『인간의 유래』에서 이렇게 말한다.

> 훨씬 너그럽고 공감하는 개체의 자손이거나 자기 동료에게 가장 신실한 개체의 자손이, 같은 종에 속하지만 이기적이고 쉽게 배신하는 개체의 자손보다 더 많이 양육되고 있을까? 거의 그렇지 않을 것 같다. 동료를 배신하느니 차라리 생명을 기꺼이 버리고자 하는 사람은 종종 그런 고귀한 품성을 이어받을 자손을 남기지 않는다(야만인도 그렇게 생명을 버릴 각오를 했다). 가장 용감한 자는 전투에서 늘 앞장서려고 하며 남을 위해 목숨을 스스럼없이 내놓으려 한다. 그런데 이런 사람은 대체로 다른 사람보다 많이 사망할 것이다. 따라서 이런 덕성과 고상함을 겸비한 사람의 숫자가 자연선택으로 늘어나는 일은 거의 일어나지 않을 것이다.[28]

다윈은 이 난제를 어떻게 풀까? 여기서 다윈은 집단 선택을 끌어들인다. "개인과 그의 자손이 높은 도덕성 덕분에 같은 종족의 다른 사람에 비교해서 누릴 수 있는 이점은 없거나 있더라도 너무 작다. 하지만 도덕성의 기준이 높아지고 훌륭한 심성을 가진 사람이 늘어나면, 이 종족은 다른 종족보다 엄청난 이득을 볼 것이다. 이 사실을 잊지 말아야 한다. 애국심과 충실함, 복종, 용기, 동정심으로 가득 찬 사람은 기꺼이 남을 돕고, 공동선을 추구하며, 자신을 희생할 각오가 되어 있다. 이런 사람이 많은 종족은 나머지 다수 종족을 이길 것이다. 이것이 자연선택이다."[29] 이 말은 개체 선택을 넘어선 선택을 암시하는 듯하다. 신다윈주의자(종합설 이후의 다윈주의자)는 멘델의 유전학을 자연선택설과 통합했다. 이들은 개체 선택을 넘어선 선택 개념에 강하게 반대한다(그리고 조지 존 로만즈George John Romanes는 "신다윈주의"라는 말을 만들어 바이스만주의 이전과 이후를 구분했다).[30] 신다윈주의 계열의 반응을 대변하는 루스를 다시 인용해보자. "다윈은 선택과정의 주요 단위는 개별 수컷과 암컷이라고 생각했다. 그러나 다윈이 그가 속한 인간에 대해 다룰 때에는 갑자기 태도를 바꾸어 집단을 진화 기제의 핵심으로 올려놓았다는 것은 의심할 여지가 없다."[31] 루스는 다윈에게서 나타나는 미세한 애매함(루스는 예전에 이것을 망설임이라고 지적했다)을 일단 차치하고 이렇게 주장한다. "다윈은 선택이 언제나 집단보다 개체 수준에서 작동한다는 가설을 견지했다."[32] 하지만 루스는 이렇게 말할 수밖에 없다고 느낀 것 같다. 다윈은 다윈의 제자들이 사용한 악보를 가지고 노래를 했다고 말해야 한다는 의무감이 루스를 사로잡았을 것이다. 다윈의 제자들은 대체로 집단 선택 개념을 거부했으며 일부는 지금도 계속 거부한다. 하지만 다윈의 입장은 애매하지 않고 분명한 것 같다. "사회생활을 철저하게 하는 동물의 경우, 자연선택은 때때로 개체에게 에둘러 작용한다. 오직 군집에게 유익한 변이를 보존하면서 자연선택은 개체에게 간접적으로 작용한다. 좋은 형질을 물려받은 개체가 많은 개체군은 수가 늘어난다. 그리고 상대적으로 좋지 않은 형질을 물려받은 개체군들을 이긴다. 그렇지만 각 개체는 같은 개체군에 속한 다른 개체들보다 더 많은 이득을 보지 못할 수 있다." 여기서 다윈은 집단 선택을 인정한다. 단지 다윈은 집단 선택을 개체에 대한 간접적 작용으로 본다. 그런데 이 말이 나온 페이지에서 다윈은 다시 이렇게 말한다. "군집에 가장 이익이 되도록 또는 군집에만 유리하도록 하는…어떤 정신 능력이 존재한다."[33] 이 구절이 다윈이 개체 선택과 함께 집단 선택도 인정한다는 증거로 보인다. 그러나 재미있게도 다윈은 월리스에게 쓴 편지에서 말한다. "자연선택은 개체에게 유리하지 않은 것을 야기할 수 없다고 생각합니다." 하지만 우리는 방금 다윈의 말을 들었다. 오직 군집에게 유익을 주는 정신 능력이 있다는 것이다. 다윈이 지금 횡설수설하는지 묻지 않을 수 없다. 방금 인용한 월리스에게 쓴 편지의 (같은 줄에서) 다윈은 "이 용어(개체) 안에 사회적 군집을 포함한다"[34]고 덧붙인다. 그렇다. 자연선택은 개체에게 작용하며 개체에 반대할 수 없다. 하지만 무엇을 개체로 간주할 수 있는지 그렇게 뚜렷하지 않다. 다윈은 방금 군집도 개체의 자격을 가진다고 터놓고 말하기 때문이다. 다윈은 개체의 자격을 가지는 것을 폭넓게 규정한다. 따라서 다윈은 정말 개체 선택론자였다고 말한 루스도 얼마든지 옳다. 다윈이 생각한 개체는 하나의 생명체가 아니라 여러 종류의 요소들인 것 같다(개체라고 해서 반드시 생명체일 필요가 없다는 뜻이다). 생물학적으로 개체가 형성되는 과정을 보면 생물학적 개체가 이미 집단 선택의 산물임을 알 수 있다. 이 사실을 생각할 때 다윈의 생각은 더욱 흥미롭다.

여기서 다윈은 자연선택이 무엇을 할 수 없는지 분명히 한다. "어떤 종이 자연선택으로 변형될 때, 다른 종의 이익만을 위해 변형되는 일은 없다. 물론 자연을 보면, 어떤 종은 다른 종의 구조에서 이익을 얻으며 그것을 끊임없이 이용하기도 한다.…어떤 종이라도 일부 구조가 오직 다른 종에게 유익하도록 형성되었다는 사실이 증명된다면 나의 이론은 무너지고 말 것이다. 자연선택은 그런 구조를 만들어낼 수 없기 때문이다." 다시 말해, "자연선택은 어떤 존재에서도 자신을 해를 끼치는 경향을 절대 만들어내지 않을 것이다. 자연선택은 오직 개체의 이익을 통해 작동하며, 개체의 이익을 목표로 작동하기 때문이다."[35] 그러나 선택 개념을 더 넓게 규정한다면, 모든 것이 개체에 유익하지 않아도 된다. 자연의 패턴을 분별하고, 자연선택이 어떻게 얼마나 작동하는지 살피려 한다면 우리는 자연을 보는 관점을 다시 평가해야 할지 모른다. 군집 분석은 이 논점을 잘 드러낸다. 군집은 자원과 관련하여 개체수를 어떻게 통제할까? 이것은 자원을 얻으려고 개체가 떼지어 싸우는 문제일까? 아니면 다른 요인이 작동하는가? 다윈은 그저 이렇게 결론 내릴 수밖에 없었다. "어떤 종이든 살아가면서 많은 장애물을 만나게 된다. 장애물과 씨름하는 기간도 다양하다. 수년이나 수십 번의 계절이 될 수 있다. 장애물은 하나이거나 몇 개가 있을 수 있다. 그런데 이런 장애물은 모두 종의 평균 개체수나 심지어 종의 생존을 결정한다."[36] 물론 이 말은 분명 모호하다. 그러나 어떤 생물학자는 이것을 도전 과제로 받아들여 개체군이 어떻게 유지되는지 탐구하려 한다. 그리고 자연선택이 어디서 어떤 것에 작용하는지 설명하려 한다. 자연선택은 무엇에 작용할까? 개체인가? 군인가? 개체로서의 군인가? 유전자인가? 아니면 발달생물학자가 주장하는 것처럼 생명의 순환 전체인가?

데이비드 랙David Lack(1910-1973)은 처음으로 개체군 문제를 다뤘다.[37] 랙은 1954년에 『자연의 개체수 조절』*The Natural Regulation of Animal Numbers*을 출판했다.[38] 랙은 다윈이 주장한 맬서스적인 생각을 받아들였다. 즉 개체의 번식은 기하급수적으로 증가할 수 있음을 랙은 인정했다(다윈이 예로 든 코끼리를 다시 떠올려보자. 코끼리는 천천히 번식하지만, 두 마리가 천오백만 마리가 되는 데 500년밖에 안 걸린다). 개체수는 "밀도 의존 요인"으로 분명한 균형을 이룬다고 랙은 생각했다. 랙에 따르면 밀도 의존 요인은 번식률과 사망률에 영향을 준다. 사망률이 증가할 때 번식률이 증가해야 한다고 랙은 생각했다. 사망률과 번식률의 이런 관계는, 개체군에서 진화적 안정성을 유지하는 기제가 작동한다는 증거다. 랙은 이것을 확인하려고 이론 모형을 개발했다. 랙은 이 모형을 통해 다음과 같이 묻는다. 새는 대체로 알을 몇 개 낳을까? [이것을 "한배 산란수"(clutch size, 한 마리의 어미가 1회 번식에 낳는 알의 수—편집자 주)라고 한다.] 다소 지루해 보이는 이 질문도 다윈주의자들에게는 그렇지 않다. 이론상 새는 되도록 알을 많이 낳으려 하기 때문이다. 하지만 현실은 그렇지 않다. 랙은 여기서 이론과 현실이 다른 이유를 세 개 제시한다.

1. 종들의 변동률은 그저 각 종의 생리학적 한계를 반영한다고 주장할 수 있다. 하지만 랙은 그렇지 않다고 말한다. 당신이 알을 하나 훔치면 새는 알을 하나 더 낳아서 없어진 알을 보충한다고 랙은 주장한다.
2. 새가 일반적으로 낳은 알의 수는 새 한 마리가 실제로 품을 수 있는 알의 수와 같을 것이다. 하지만 랙은 이것도 사실과 다르다고 말한다. 알을 15개 낳은 새도 20개까지 쉽게 품을 수 있기 때문이다.
3. 번식률은 나이와 관계된 사망률에 맞게 조절되는 것 같다. 따라서 오래 살면 알을 더 적게 낳고, 빨리 죽으면 알을 더 많이 낳을 것이다. 그러나 이것마저 틀린 것으로 나타났다.

이런 사실 때문에 랙은, 자손을 되도록 많이 낳아야 한다고 말하는 다윈주의의 교리를 낱낱이 살폈다. 랙은 이 이론을 다음 관점으로 관찰했다. 새끼를 몇 마리 키워야 가장 잘 키울 수 있을까? 스스로 충분히 먹이를 섭취하면서 번식을 계속하려면 새끼를 몇 마리 키워야 할까? 랙은 이런 탐구를 거쳐 결론을 끌어냈다. "가장 자주 나타나는 한배 산란수는 가장 많은 새끼들이 살아남게 되는 수와 일치한다.…이런 일치는 자연선택에 의한 적응이라고 가정하는 것이 합리적이다."[39] 다시 말해 자연선택은 더 높은 수준에서 일어난다는 뜻이다.

윈-에드워즈Vero Copner Wynne-Edwards(1906-1997)는 1955년에 랙의 저서에 서평을 썼으며 1962년에 『사회적 행동에 따른 동물의 확산』*Animal Dispersion in Relation to Social Behaviour*을 출간했다.[40] 윈-에드워즈는 어업 분야에서 일하면서, 어부가 어류자원을 남획하지 않도록 감시하는 일을 했다. 정말, 지나치게 어류를 많이 잡으면, 어류 개체군은 감소하며 개체수도 다시 회복되지 않는다. 그러나 자연에서 동물의 수는 항상 많으며, 굶어 죽는 일은 극히 드물다. 즉 개체군은 스스로 성장을 조절하는 것처럼 보인다. 윈-에드워즈에 따르면, "동물의 활동 때문에 개체수 밀도 차이가 난다. 즉 개체수 밀도는 효율적 내부통제의 대상이 된다. 개체군 스스로 개체수 밀도를 규제한다는 말이다."[41] 개체군은 가능한 자원을 모두 사라지지 않게 하기 위해 자신의 수를 통제한다. 자원이 사라지면 종 전체가 위험에 처하기 때문이다. "(1) 개체수 밀도를 스스로 통제한다. (2) 개체군이 서식하는 서식지에 가장 알맞게 개체군의 수를 유지한다. 이 두 가지 행동은 종의 생존에 분명 유리하며, 자연선택은 이런 행동을 강하게 선호할 것이다."[42] 윈-에드워즈는 동물에게 스스로 균형을 잡는 항상성 체계(자동온도조절장치 같은)가 있어야 이런 일이 일어날 수 있다고 생각했다.[43] 종은 먹이가 줄어들면 적게 낳고, 먹이가 늘어나면 많이 낳는다. 윈-에드워즈는 동물이 가진 "자동조절장치"는 "과시적" 행동 epideictic display에서 분명하게 드러났다고 주장했다. 예를 들어, 새의 군비群飛, 물고기의 무리 형성, 동물의 떼 짓기, 플랑크톤이 수면으로 수직 이동하는 행동이 과시적 행동이다. 윈-에드워즈에 따르면, 종은 이런 행동을 보고 개체군의 상태가 어떤지 정보를 얻는다. 진화를 통해 형성된 사회적 관습이 이 정보를 전달한다. 사회적 관습은 특정 지역에 대한 권한을 할당한다. 그리고 이런 관습은 위계질서를 만들며 개체의 행동은 다시 위계질서를 따른다.

학교 댄스 파티를 생각해보자. 담당교사는 오후 8시부터 10시까지만 파티를 하라고 말한다. 정말 아주 부족한 시간(자원)이다. 하지만 두 시간이면 모든 사람이 충분히 춤출 수 있다. 그런데 담당교사는 집에 빨리 가고 싶어서, 춤추기는 죄이므로 댄스 파티를 45분 만에 마치라고 선언한다! 자원은 이제 더욱 희귀해졌다. 결국 사회적 관습이 작동하기 시작한다. 먼저 가장 잘나가는 아이들이 무대를 장악한다. 잠시 후 덜 잘나가는 아이들이 무대를 쓸 수 있지만, 시간은 아주 제한적이었을 것이다. 인기 없는 아이들은 무대 구석에서 춤을 춰야 한다. 춤 출 자리가 나더라도 아이들은 아주 약간의 공간만 사용할 것이다. 그러나 이런 위계질서가 없다고 상상해보라. 모든 사람이 동시에 무대로 쏟아져 나올 것이다. 아무도 춤을 출 수 없게 될 것이고, 이는 모든 아이들에게 손해다. 이런 세상은 조금은 동물 세계를 닮았다. 댄스 파티 비유가 현실이라면, 자연선택은 개체보다 더 높은 수준에서 작동해야 한다. 결국 개체군 조절의 진화는 집단 선택의 문제이다.

> 생존은 진화과정에서 받을 수 있는 최고의 상이다. 따라서 특정 지역에 서식하는 군들은 상당히 다양하게 선택된다.…어떤 군은 사회적·개체적으로 잘 적응하여 다른 군을 앞지를 것이다. 다른 군보다 오래 생존하고 조만간 주변으로 퍼지면서 그들보다 적응력이 떨어졌던 군집들이 떠난 서식지를 차지하면서 번성할 것이다. 이렇게 전개되는 진화를 개체 수준의 선택보다 훨씬 중요한 집단 진화라고 표현할 수 있다.…개체가 얻는 단기 이익이 장래의 종의 안전을 위협할 때, 개체 수준의 진화와 집단 진화가 충돌한다. 여기서 집단 진화는 개체 수준의 진화를 이길 수밖에 없다. 종이 어려움을 겪고 점점 줄어들면서 다른 종이 그것을 대체한다면, 개체가 종을 거슬러 발전하려는 경향은 훨씬 강하게 금지되기 때문이다.[44]

집단 선택은 군집이 생존하는지에 주목한다. 집단 선택은 개체를 겨냥하지 않는다. 다윈처럼 윈-에드워즈는 진사회성 곤충을 집단 선택을 보여주는 사례로 제시한다. "자연선택은 자손을 많이 낳는 개체를 선호하고, 그렇지 않은 개체는 멸종이라는 운명을 맞을 수밖에 없다. 그러나 생식능력이 없는 개체들도 지금까지 진화해왔다." 윈-에드워즈는 이런 현상이 인간 도덕성이 무엇인지 보여준다고 생각한다. "개인에게 유익한 이기적 행동이 집단의 장기적 안녕을 위해 종속되는 현상을 통해 관찰할 수 있는 것은 집단 선택의 압도적 힘의 작용이다." 그래서 자손을 생산할 나이가 지난 세대를 돌보는 사회를 볼 때 놀랄 필요가 없다. 물론 이것은 진화론의 관점—개체를 선택 단위로 사용하는—에서는 사리에 맞지 않는 행동이다. 윈-에드워즈는 이렇게 말한다. "집단 선택 개념으로 사고할 때…원로 정치인 자문회의에서 유익한 정보를 최대한 끌어낼 수 있는 인간 집단이 주도권을 잡는 현상을 쉽게 이해할 수 있다."[45]

모든 사람이 윈-에드워즈의 분석에 찬성한 것은 아니었다. 존 메이너드 스미스는 1964년에 윈-에드워즈 책 서평을 「네이처」에 실었다. 서평에서 스미스는 윈-에드워즈가 집단 선택이라고 생각한 현상을 다시 해석하려고 노력했다. 스미스는 이 현상을 개체의 행동으로 해석했다. 스미스에 따르면, "개체의 번식 영역의 진화나 서식지의 환경과 먹이 공급에 따라 조절하는 행동을 설명하는 데 굳이 집단 선택의 논리를 꺼낼 필요는 없다."[46] 진화를 통해 형성된 습성이라는 영역은 집단의 행동에 의해 결정된 것이 아닌 개체의 생존 투쟁이 가져온 효과일 수 있기 때문이다. 따라서 진화를 통해 형성된 습성은 영역으로 작용하는데, 이 영역은 집단의 활동이 아니라 개체의 투쟁에 따른 효과일 것이다. 댄스 파티 비유로 돌아가자면, 춤을 가장 잘 추는 아이가 무대로 올라와 자리를 차지할 것이다. 그는 사자가 차지하는 몫을 차지할 것 같다. 그 다음으로 조금 덜 멋진 아이가 올라올 것이고, 모든 사람이 춤을 출 때까지 순서는 계속될 것이다. 결과적으로 어떤 아이는 아예 춤을 추지도 못할 것이다. 윌리엄스가 주장하듯 재빠른 사슴 무리는 재빠른 사슴들의 모임일 뿐이다. 다시 말해 사슴 무리는 실재하지 않으며 단지 사슴이 있을 뿐이다. 개체 중심적 관점은 조금은 외연 논리extensional logic와 비슷하다. 외연 논리에 따르면, 집합이란 원소를 모두 모아 놓은 것에 불과하다. 모든 원소가 만족시켜야 하는 관념은 없다. 집합을 떠받치는 관념은 없다. 비슷하게, 우리가 폭포를 보러 갔을 때 우리는 떨어지는 물을 본다. 그것이 전부다. 이타심에 대해 스미스는 이타주의자가 실제로 존재한다면 그는 쉽게 공격받을 것이라고 주장한다. 어떤 개인은 이타주의 규범을 어기면서 진화적 잠재력을 최대로 끌어올리려 한다. 이런 개인이 있을 수 있으므로 이타적으로 행동할 수 있는 가능성이 없어지는 것 같다.

스미스의 비판과 비슷한 비판이 이어지면서 집단선택설은 사라졌다. 하지만 집단선택설은 "나사로처럼 부활"(섀너핸의 표현)했으며[47] "불사조처럼"(소버와 굴드) 다시 일어났다.[48] 오스트레일리아에서 토끼 개체군을 제어하려고 점액종증을 일으키는 점액종 바이러스를 퍼뜨린 일이 있었다(만화영화로도 만들어진 소설 『워터십 다운의 열한 마리 토끼』에는 "반짝이는 눈"이란 노래가 있다. 가사 가운데 "불처럼 타는"이란 구절이 있는데, 그것이 점액종 바이러스에 감염되었을 때 나타나는 증상이다). 1950년에 오스트레일리아는 바이러스를 퍼뜨렸고 감염된 토끼의 99.5%가 죽었다. 그러나 1964년이 되자 사망률은 고작 8.3%에 그쳤다. 처음에는 자연선택으로 사망률이 떨어졌다고 생각했다. 바이러스에 강하게 저항하는 유전자형을 가진 개체들이 더 많이 살아남아 자연선택을 통해 더 많이 번식할 수 있었고, 이런 유전자형이 개체군으로 널리 퍼졌다고 본 것이다. 실제로 연구자들이 야생 토끼와 실험실 토끼에게 바이러스를 주입하는 실험을 했을 때 야생토끼가 훨씬 많이 살아남았다. 그런데 이야기는 여기서 끝나지 않는다. 연구자들은 야생 토끼와 실험실 토끼에게 똑같이 야생주(자연에서 발생하는 바이러스—역자 주)를 주입했다. 토끼 개체군을 실제로 감염시킨 바이러스를 주입한 것이다. 그러고 나서 두 마리 토끼에게 최초의 점액종 바이러스—1950년에 처음으로 도입된 바이러스—를 주입했다. 이 실험에서 토끼 두 마리는 거의 반응을 보이지 않았다. 어떻게 된 일일까? 바이러스를 견딜 수 있는 저항력이 생겨서 사망률이 떨어진 것은 분명 개체 선택과 일치한다. 하지만 두 번째 실험은 바이러스의 독성이 줄어들고 있다고 암시하는 것 같다. 바이러스가 약한 병원균이 된 것이다. 바이러스의 독성은 번식률에 의해 결정된다. 즉 강한 바이러스는 더 높은 번식률을 가지며, 숙주 안에서 더 많은 바이러스를 만들어 결국 숙주를 죽음에 이르게 한다. 개체 선택은 독성이 강해지는 현상을 설명할 수 있지만(바이러스의 높아진 적응력의 결과), 독성이 약화되는 현상은 설명할 수 없다. 이는 번식률이 제한받아야 하는 경우이기 때문에 다윈주의의 중심원리—되도록 많이 낳을 것—에 어긋난다. 리처드 르원틴Richard Lewontin은 이 현상을 설명한다. "점액종 바이러스를 모기가 퍼뜨린다는 사실이 열쇠다. 모기는 바이러스 입자를 기계적으로 토끼에게 옮긴다.…바이러스가 보기에 토끼 한 마리는 딤deme, 독립 개체군이다. 토끼가 죽으면 딤도 사라진다. 바이러스는 죽은 토끼에게서 생존할 수 없기 때문이다. 게다가 바이러스는 딤으로 퍼져 나갈 수도 없다. 모기는 죽은 토끼를 물지 않기 때문이다. 그런데 딤의 사망률은 엄청나게 높았다. 따라서 살아남은 딤에 있는 바이러스는 가장 독성이 약하다. 이런 사실 때문에 병원균의 독성이 점점 줄어든 것이다. 물론 약한 독성은 자연선택이라는 면에서는 전혀 유리한 점이 없지만 말이다."[49] 이 현상은 개체 수준에서 풀기 어려운 수수께끼지만—번식률의 저하로 진화가 이루어지기 때문에—집단 관점에서는 논리적이고 예상할 만한 일이다.

소버와 윌슨은 중요한 주장을 하나 더 말한다. 흔히 이타심은 가능하지 않은 것으로 배제되는데, 이런 생각은 소버와 윌슨이 "평균화의 오류"averaging fallacy라고 명명한 오류 때문이다. 메타 개체군(잠재적 교류 개체군)만 주목하기 때문에, 군집 내의 경쟁과 군집 간의 경쟁의 차이는 사라지게 된다.[50] 평균화의 오류에 따르면, "군집 안에서 적합성을 비교하거나, 군집들의 적합성 평균을 구하여 각 군집의 적합성을 평균값과 비교할 수 있다. 두 개의 비교방법 가운데 어느 쪽을 선택하느냐에 따라 단일 형질은 이타적으로 보이기도 하고 이기적으로 보이기도 한다."[51] 소버와 윌슨은 자신들의 주장을 설명하려고 심슨의 역설Simpson's paradox(전체 개체군에서 일어난 현상이 하위 개체군에서는 반대로 일어날 수 있다)를 인용한다.[52] 예를 들어, 여기 3개의 통계치가 있다. (1) 아프리카계 미국인의 사망률은 뉴욕보다 리치몬드에서 더 낮았다. (2) 백인의 사망률은 뉴욕보다 리치몬드에서 더 낮았다. (3) 하지만 아프리카계 미국인과 백인을 합하여 사망률을 계산해보니 뉴욕보다 리치몬드가 더 높았다. 유명한 예가 하나 더 있다. 캘리포니아 버클리 대학교가 여성을 차별한다는 의혹을 받았다. 남학생에 비해 적은 비율의 여학생이 입학 허가를 받았다는 것이었지만, 확인 결과 비슷한 비율의 학생이 입학 허가를 받았음이 밝혀졌다. 결국 최종 수치에 집중한 나머지 이 사실을 지나친 것이다. 여기서 소버와 윌슨은 분명히 지적한다. "심슨의 역설을 보면, 구성요소의 인과요인을 추적하지 않고 순 성과만 보면, 쉽게 혼동한다는 것을 알 수 있다. 군집 안과 군집 사이에서 선택이 일으키는 개별 효과들이 단일한 양으로 드러날 때, 진화생물학에서도 똑같은 혼란이 일어난다."[53] 심슨의 역설을 진화에 적용하면 이렇게 말할 수 있다. 이타주의자는 군집 안에서 감소하더라도 군집 사이에서 증가할 수 있다.

현대 사회생물학의 아버지 에드워드 윌슨은 다윈이 물었던 질문을 똑같이 사용한다. "정의상 이타심은 개인의 적합성을 줄인다는 뜻인데 이타심이 어떻게 자연선택으로 진화할 수 있을까?" 다윈주의 현대 종합설을 옹호하는 측, 특히 극단적 다윈주의자처럼 옹호하는 측에서는 이 문제를 다루면서 선택 단위 논쟁의 골대를 옮기려고 한다. 현대 종합설의 옹호자는 이미 집단선택설을 완전히 거부해버렸기 때문이다. 하지만 그는 개체 선택도 완전히 받아들이지 않는다. 왜 그렇게 집단 선택에 반대할까? 이렇게 추측해볼 수 있다. 집단선택설은 유명론적 존재론에 반대하기 때문이다. 현대 종합설의 옹호자는 생물학적 실존을 상당히 줄여서 설명하며 오직 개체만이 존재한다고 말한다. 그런데 개체마저 너무 복잡하고 분명하지 않다. 다소 신생 과학인 생물학이 온전한 학문적 과학이며 자연 과학으로 인정받으려면, 개체라는 복잡하고 불분명한 개념도 벗어야 한다. 그리고 생물학에도 "원자"같은 개념이 필요했다.[54]

## 홉스적 유전자를 보라

유전자를 우선적으로 고려해야 한다는 주장은 생물학 전체를 왜곡했다.
_ 사이먼 콘웨이 모리스[55]

집단유전학은 지나치게 단순하다. 유전자와 유전형을 마치 스스로 있는 실체처럼 다루면서 유전자와 유전형의 빈도에 집중하기 때문이다. 집단유전학이 실제 과정을 그저 단순하게 이해하게 만드는 데 그치지 않고, 진화를 충분히 설명한다고 사람들이 생각한다면, 집단유전학은 아예 환원주의를 추구하고 있는 것이다. 분자유전학과 세포유전학의 모든 지식을 동원해도 우리는 유전자와 염색체 수준에서 일어나는 돌연변이를 겨우 설명할 수 있을 뿐이다. 발달생물학의 성과를 모두 활용하지 않는다면 우리는 그저 모든 현상을 단순하게 만들거나 환원하게 된다(또는 단순화와 환원 모두 일어난다). 즉 우리는 살아있는 실체를 다루지도 않는 것이며, 생물학을 제대로 하고 있다고 말할 수 없다.

_ 마리오 붕헤와 마틴 마너 [56]

---

연구자들은 "집단" 수준을 거부하면서 개체를 곧바로 수용했다. 하지만 개체마저 버린다면, 자연선택을 통한 진화에서 과연 무엇이 진화한다는 걸까? 자연은 무엇을 선택할 수 있을까? 여기서 "유전자"가 등장한다. 리처드 도킨스는 G. C. 윌리엄스의 말을 인용하며 이렇게 말한다. 유전자는 "염색체 물질의 일부로서 세대가 흘러도 충분히 생존할 수 있으며, 자연선택의 단위로서 기능한다."[57] 그러나 유전자가 선택 단위로서 작동한다면, 유전자의 적합성을 어떻게 이해해야 할까? (여기서 유전자는 단위로 그치지 않는다.) 테오도시우스 도브잔스키는 눈에 띄는 정보를 우리에게 내놓는다. "진화는 개체군의 유전적 구성에서 일어나는 변화"다.[58] 윌리엄 해밀턴은 이 새로운 관점을 넓힌다. "유전자 복제물 집합이 전체 유전자 풀에서 차지하는 몫이 점점 커지면, 이 유전자는 (다른 유전자보다) 자연선택에서 유리하다." 다시 말해, 특정 유전자가 있다고 해보자. 이 유전자를 X라고 부르자. X가 개체군에서 X의 대리자를 증가시킨다면(예를 들어 20개의 X가 6개의 Y와 맞서 있다면), X가 Y보다 적응을 잘했다고 말할 수 있다. 자연은 Y보다 X를 더 자주 선택한다고 추론할 수 있기 때문이다. 이 설명의 요점은 복제자와 운반자의 차이다(도킨스의 운반자를 데이비드 헐David Hull은 반응자interactor라고 부른다). 복제자와 운반자가 구분된다고 잠시 인정해보자. 하지만 아래에서 우리는 다음과 같이 주장할 것이다. 복제자와 운반자를 구분하는 것은 잘못된 추론이며, 다윈 이전의 사고

방식이며, 실제로 진화론에 반대되는 생각이다.

복제자는 "계속 복제되지만 대체로 그대로 유지되는 구조를 다음 세대에 전달하는 존재"로 정의된다.[59] 그렇게 하기 위해서는 운반자나 반응자가 필요하다. 운반자는 "꾸준히 자신을 유지하면서 환경과 상호 작용하며, 이 작용으로 복제가 차별화된다."[60] 일단 복제자와 운반자를 이렇게 정의하면 선택을 다음과 같이 정의할 수 있다. "운반자의 멸종과 번성을 나누는 과정으로서, 이는 운반자와 관계된 복제자의 지속 여부를 결정한다."[61] 선택을 자동차 경주로 생각해보자. 이 경주에 여러 자동차가 참여한다. 자동차는 각각 소포를 전달해야 한다. 이 소포는 세대나 번식의 종착점을 넘어서 전달되어야 한다. 1번 라인에 페라리가, 2번 라인에 미니가 있다. 페라리가 결승선을 넘었다면 페라리는 소포를 다음 주자에게 전달할 수 있다. 반면 페라리에게 진 자동차는 소포를 전달하지 못한다(아니면, 자동차가 주어진 시간에 경기구간을 몇 번 완주하는지 헤아려 순위를 결정할 수 있다). 소포에는 페라리나 미니를 만들 수 있는 설계정보가 있다. 페라리가 종착점을 자주 넘을수록 설계정보나 설계 템플릿이 더 많이 전달될 것이다. 결국 우리는 거리에서 미니보다 페라리를 더 자주 보게 될 것이다. 수년이 흐르면 페라리는 계속 보이지만 미니는 아예 사라질지 모른다. 페라리의 경우 다양한 형태의 페라리가 나타날 것이다. 페라리 변종이다. 변종이 많아질수록 페라리 변종 가운데서 다시 선택이 일어난다.

자연의 관점으로 보면, 무엇이 복제자("소포")이며, 무엇이 반응자(자동차)일까? 도킨스는 생명체의 진화는 40억 년 전에 시작되었다고 말한다. 이때 복제자 분자는 자기 주변에 보호막 같은 "생존 기계"survival machine를 세웠다. 카우보이 영화를 떠올려보자. 카우보이는 날아오는 화살을 막으려고 시체를 방패로 삼는다. 복제자의 전략도 카우보이와 비슷하다. 하지만 비유가 깨지는 지점은, 카우보이와 방패(시체이기는 하나)는 같은 사람이라는 점이다. 그러나 복제자가 사용하는 방패는 복제자와 질적으로 다르다. 도킨스는 이렇게 말한다.

> 새롭게 등장하는 경쟁자가 가진 생존 기계는 더 훌륭하고 더 효과적이기 때문에 생존은 갈수록 어려워지고 복잡해진다. 생존은 더 크고 복잡한 문제가 되고, 그 과정도 축적되며 진보한다.…복제자가 이 세계에서 계속 생존하기 위해 사용하는 기술과 구조물은 지속적으로 발전한다. 여기에 어떤 목적이 있을까?…복제자는 과거에 쓰인 생존 기술을 연마한 달인이기 때문에 죽어서 사라지지 않는다. 하지만 대양을 자유롭게 떠다니는 복제자를 찾지는 마라. 그 복제자는 호탕하고 거만한 자유를 버린지 오래되었다. 이제 복제자는 거대한 군체에 떼지어 몰려 있다. 이들은 거대한 로봇에 둘러싸여 안전하게 거주하면서, 복잡한 간접 경로를 통하여 외계와 연락하고 원격 조정기로 외계를 조작하고 있다. 그것들은 당신 안에도 그리고 내 안에도 있다. 또한 그것은 우리의 몸과 마음을 창조했다. 그리고 그것들의 유지야말로 우리가 존재하는 궁극적인 이론적 근거이기도 하다. 자기 복제자는 기나긴 길을 지나 여기까지 걸어왔다. 이제 그것들은 유전자라는 이름으로 계속 나아갈 것이며, 우리는 그것들의 생존 기계다.[62]

우리 유기체는 그저 운반자(또는 반응자)다. 우리는 선택 단위가 아니다. 생명의 거대한 경주에 참여한 배달차이며, "우리가" 운반할 소포(이기적 유전자)를 종착점을 넘어 전하려 한다. 그렇게 해야 같은 종류의 소포가 똑같은 경주를 통해 전달될 수 있다. 이 소포도 똑같은 이유로 전달된다. 우리는 왜 선택 단위가 될 수 없는가? 이유는 간단하다. 우리는 너무 개별적이고 너무 쉽게 변한다. 즉 우리는 죽어서 썩는다. 이것으로 끝이다. 우리가 낳은 자식은 우리의 유전 물질을 (감수분열 때문에) 절반만 전달한다. 다시 말해 우리는 복제자로서 자격 미달이다. 조지 윌리엄스는 이렇게 기술한다. "표현형phenotype은 자연선택되더라도 누적되는 변화를 일으킬 수 없다. 표현형은 잠깐 나타난 표현물이기 때문이다. 소크라테스라는 존재는 부모가 그에게 준 유전자와 성장하면서 그의 환경에 따른 경험으로 이루어졌다. 그는 진화적 관점에서는 아주 성공적이었을 수도 있으며, 많은 자식을 남겼을 수도 있다. 그러나 독약은 소크라테스의 표현형을 완전히 파괴해버렸다. 그의 표현형은 다시 복제되지 않는다. 만약 그가 독약 때문에 죽지 않았더라도 얼마 지나지 않아 다른 이유로 죽었을 것이다. 즉 자연선택은 기원전 4세기 그리스 표현형에 작용했을지도 모르지만, 그 표현형은 다시 복제되지 않았다."[63] 다시 말해, 우리는 자연선택의 어떤 흔적도 볼 수 없다. 소크라테스의 유명한 매부리 코를 찾으려는 것은 마치 오래전에 먼지로 변한 시체를 체로 거르는 것과 같은 짓이기 때문이다. 소크라테스의 코는 소크라테스와 함께 사라졌다. 그런데 윌리엄스는 표현형이 덧없이 사라지는 현상이듯 유전자형도 마찬가지라고 주장한다. 즉 생명체의 유전 조성도 순식간에 사라진다. 소크라테스가 가진 특정한 유전자 집합도 덧없이 사라졌다. "소크라테스가 얼마나 많은 아이를 낳을 수 있었을까? 이렇게 상상하더라도 소크라테스의 유전자형이 없어졌다는 사실은 바뀌지 않는다. 소크라테스의 유전자는 우리와 함께 있을 수 있다. 그러나 그의 유전자형은 그렇지 않다. 죽음이 유전자형을 확실히 파괴하듯, 감수분열과 재조합도 유전자형을 파괴하기 때문이다.…감수분열로 분리된 유전자형 조각만이 유성생식으로 전달된다. 다음 세대에서 감수분열이 일어나면서 이 조각은 다시 쪼개진다. 그렇다면 정의상 더 이상 쪼개지지 않는 조각이 있다면 유전자—집단유전학의 추상적 논의에 등장하는—다."[64]

도킨스도 이에 동의한다. 도킨스는 윌리엄스의 설명을 반복하며 이렇게 말한다.

> 유전자는 늙지 않는다. 유전자는 백만 년이 지나도 백 살이 되었을 때만큼 한결같을 것이다. 유전자는 나름의 목적을 가지고 이 몸에서 저 몸으로 옮겨다닌다. 유전자는 자기가 늙어서 죽어버리기 전에 죽을 수밖에 없는 몸을 버리고 떠난다. 즉 유전자는 불멸의 존재다.…유전학에 따라 말하자면, 개체와 군집은 하늘에 떠다니는 구름이나 사막의 모래 폭풍과 같다. 이것들은 진화하는 시간을 견딜 만큼 안정되어 있지 않다.…개체의 신체는 살아 있을 때는 독립되어 있는 것 같지만, 그들이 살아봐야 얼마나 오래 살까? 각 개체는 유일하다. 각 개체의 복제물이 하나밖에 없을 때 당신은 개체들의 선택을 통한 진화를 볼 수 없을 것이다. 유성생식은 복제가 아니다. 개체군은 다른 개체군과 유전적으로 섞이듯이, 개체의 후손은 배우자가 가진 유전자를 포함한다.…개체는 고정되어 있지 않다. 개체는 빠르게 사라진다. 염색체는 계속 뒤섞이는 바람에 그냥 잊혀진다.…하지만 카드를 뒤섞어도 카드는 여전히 남아 있다. 이 카드가 유전자다.[65]

도킨스는 섹스를 부정적으로 해석한다. 미초드Richard E. Michod가 지적하듯 이것은 다소 특이하다. "섹스는 개별성을 침해하는 것 같다. 하지만 새로운 개체가 섹스를 통해 진화과정에서 나타날 때마다 섹스는 재발견되었다. 섹스는 더 나은 미래와 온전한 개체가 나타날 것이라는 희망의 의미를 담고 있다." 그리고 미초드는 이렇게 덧붙인다. "섹스는 일종의 불멸성을 낳는데, 생명을 지속시키는 데 꼭 필요한 정자와 난자 세포의 유전자를 보완하기 때문이다. 복제cloning는 다시 젊어지는 것과는 거리가 멀다. 복제는 유전자의 지속적인 진화적 안정성을 위협할 가능성이 있다. 세포와 생명체, 심지어 종의 본성까지 방해할 수 있다."[66] 개체(또는 표현형)의 본성은 일시적이고 단회적이기 때문에, 선택 단위가 될 수 없다. 물론 그들도 선택되었지만, 그들이 아닌 유전자가 선택된 것이다. 반면 유전자와 복제자는 표현형이나 운반자를 만들고 거기에 거주한다. 유전자와 복제자만이 지속한다. 이들만이 선택 단위가 될 가능성이 있다. 이들은 진화가 일어나도 충분히 지속될 만큼 안정되어 있기 때문이다. 결국 어떤 것이 변하거나 진화하려면, 그것은 조금은 지속되어야 한다. 즉 그것은 연속성을 지녀야 한다. 예를 들어 화요일이 지나면 수요일이 온다고 나는 알고 있다. 다시 말해, 화요일과 수요일은 완전히 따로 떨어진 개체는 아니다. 요일은 주와 월에 포함되어 있기 때문이다. 화요일과 수요일은 어떤 연속된 단위에 속해 있다. 유전자도 어떤 종류로서 생존한다. 카드 한 벌(카드 52장)을 생각해보자. 당신이 어린 시절 카드놀이를 했을 때, 에이스 스페이드가 있었을 것이다. 그리고 지금 카드놀이를 할 때도 에이스 스페이드가 있지만, 그 카드는 어릴 때 당신이 가지고 놀던 에이스 스페이드와 (물리적으로) 같지 않다. 카드는 다르지만 같은 모양—어떤 유형의 예—이 인쇄되어 있다. 이 모양은 카드를 다이아몬드 2가 아니라 스페이드 에이스라고 식별하는 데 필요한 시각 패턴을 만들어낸다. 유전자는 짧은 DNA 다발로서 화학적으로 코드화된 정보에 관여한다. 간단하게 말하자면, 이 정보는 패턴으로서 표현형으로 나타날 때는 귀와 비슷한 모양이 될 수도 있다. 유전자를 케이크 만드는 법이라고 생각해보자. 여기 있는 케이크를 본다고 해도 그것을 만드는 법은 생각해낼 수 없는 것처럼, 우리는 유전자가 표현형의 특징으로 나타난다고 알 뿐이다. 유전자가 전부이고, 유전자가 복제자이며 불멸하는 요소로서 진화할 수 있다면, 자연에서 나타나는 유전자의 대리물은 정말 실재한다고 생각할 수 있다. (적어도 진화가 일어난다고 가정한다면) 여기서 자연은 거대한 유전자 풀로 해석된다(불멸하는 요소가 확산되는 과정이 진화이므로 유전자는 불멸하는 요소로서 진화할 수 있다). 따라서 생물학적 세계를 바라보는 이런 관점은 상식적 자연관과 상당히 거리가 먼 것 같다. 다시 말하지만, 이렇게 전제하고 시작했다고 해서 이것이 곧 논증이 되지는 않는다. 사태에 대한 우리의 생각과 사태의 진리는 분명히 다르며, 도킨스도 이것을 제대로 이해한다. "원숭이는 나무 위에서 유전자를 보관하는 기계이며, 물고기는 물에서 유전자를 보관하는 기계다. 심지어 작은 벌레는 독일 맥주 받침대에서 유전자를 보관한다." 이제 도킨스는 창문을 내다보면서 극단적 다윈주의자의 눈으로 보는 세상을 말한다. "바깥에서 DNA의 비가 내린다.…수로의 위와 아래, 내 쌍안경의 시야가 미치는 범위까지, 물은 온통 흰 솜으로 덮혀 있다. 그 흰 솜은 다른 방향으로도 같은 반경만큼 땅을 뒤덮었을 것이 확실하다. 그 솜은 대체로 섬유소(셀룰로오스)로 만들어진 것이다. 그 솜은 DNA, 즉 유전정보를 담은 작은 캡슐을 떠받친다.…DNA가 중요하다. 섬유소 솜뭉치, 버드나무, 꽃이삭 그 밖의 모든 것이 하나의 일, 단지 한 가지 일을 하려고 존재한다. DNA를 퍼뜨리려고 존재하는 것이다. 이것은 은유가 아니다. 이것은 분명한 사실이다. 플로피 디스크가 비처럼 내린다고 말하는 만큼이나 확실한 사실이다."[67]

이 말은 생물학적 생명의 근본 진리를 깊이 마음에 새겨야 한다는 것처럼 들린다. 생명체는 DNA의 (소멸할 수 있는) 도구일 뿐이라는 진리를 받아들여야 한다(그리고 우리의 삶과 문화도 그러하다). 우리는 죽을 수밖에 없고 잠시 왔다 사라지는 현상적 존재일 뿐이다. 영원한 존재인 DNA의 그림자에 불과하다.[68] 우리는 개체이며, 우리는 출생이란 "악마"와 죽음이란 "심해" 사이에 갇혔기 때문이다. 따라서 우리는 복제될 수 없다. 이것이 우리가 개별성을 갖는 대가로 치르는 값이다. 다시 말해, 유한한 존재는 모두 어쩔 수 없이 사멸한다. 새뮤얼 베케트의 『고도를 기다리며』에 나오는 포조의 말이 맞는 것 같다. 우리는 정말 "태어날 때부터 무덤에 걸터앉아 있다." 적어도 신다윈주의와 극단적 다윈주의에 따르면 그렇다. 구디너프Ursula Goodenough는 다소 들뜬 말투로 이렇게 말한다. "육신의 삶은 다가올 죽음이 만들어 내놓은 멋진 선물이지."[69] 여기서 육신은 우리 신체가 살아가는 삶을 말한다. 육신과 유전자를 이렇게 구분할 때, 오르페우스의 이원론*soma/sema*이 다시 반복된다. 이처럼 우리의 신체는 감옥이지만 유전자는 불멸의 존재로서 자유롭게 활동한다. 유전자는 우리가 영혼에 대해 상상하는 것처럼 움직이는데, 단지 여기서는 정보라는 형태로 나타나는 것뿐이다. 어떤 정보이든 간에. 우리가 바로 이 무서운 상황을 살아간다. 윌리엄 클락도 다소 모호하게 한탄하긴 하지만 이 상황을 지적한다. "일부 체세포는 우리가 가장 소중하게 여기는 것들—생각하고 느끼고 사랑하고 쓰고 읽는 능력—을 포함한다. 하지만 이 사실은 사물의 구성에서 전혀 중요하지 않다. DNA가 한 세대에서 다른 세대로 전달되는 것을 생명의 기본과정이라 고려할 때, 우리가 가진 이런 능력은 큰 의미 없는 소음이거나 아무것도 아니라고 말할 수 있다."[70]

이와 반대로, 유전자는 스스로를 복제하고, 꽤나 오랜 시간 동안 그렇게 할 수 있다. 다시 말해 유전자는 장수(오랜 수명)란 중요한 기준을 만족시킨다. 물론 장수 개념은 우리를 엉뚱한 곳으로 인도한다는 것을 아래에서 지적할 것이다. 그러나 극단적 다윈주의자인 도킨스에게 복제하는 능력—상당한 통일성을 요구하는(그래서 "복사"라는 은유를 자주 사용한다)—과 장수는 유전자가 유일한 선택 단위임을 뜻한다. 정확히 말해 유전자 객체instance가 아니라 유전자(라는) "종류"kind가 선택 단위다. 이것을 철학적 용어로 표현해보자. 앞에서 언급한 스페이드 에이스와 마찬가지로 빨간색은 "종류"다. 그러나 빨간색을 띤 어떤 물체는 빨간색의 "객체"(형상)를 보여주는 것이다. 빨간 물체는 결국 사라지겠지만, 빨간색을 띤 객체가 계속되는 동안 빨간색이란 색의 종류는 지속된다. 이처럼 객체는 원본의 복제물이나 복사물과 비슷하다. 유전자도 마찬가지다. 이런 관점을 "유전자 선택"이라고 한다. 선택은 모두 단일 유전자를 선택하거나 버린다고 유전자 선택은 주장한다(더 정확하게 말하자면, 유전자 선택은 그렇게 전제한다). "X를 위한 유전자"(예를 들면, 검은 머리를 만드는 유전자가 있다는 사실)라고 충분히 말할 수 있다는 것이 유전자 선택이 세운 전제다. 하지만 이 전제는 완전히 틀렸다.

단일소재이론(하나의 유전자에 하나의 성질이 대응)이 논리적이지 않다고 말하기 전에, 도킨스가 제시한 개념에 어떤 문제가 있는지 살펴보자. 도킨스는 유전자가 유일한 선택 단위라고 말하는데, 그는 여기서 복제와 선택을 혼동한다. 어떤 것이 복제할 능력을 가진다는 사실이 선택 단위가 될 자격을 부여하는 사항에 대한 어떤 설명을 제시하는 것은 아니다. 이 둘은 서로 다른 문제다. 엘리엇 소버Elliott Sober는 말한다. "유전자가 갖는 복제 단위로서의 특징은 선택 단위로의 특징과 그다지 연관성이 없다. 기본적으로 어떤 특징이 여러 세대에 걸친 선택 과정에 따라 보존된 것이라면, 그 특징은 하루 사이에 사라지지 않고 오랫동안 남을 것이다. 하지만 이러한 주장은 너무 큰 여지를 남긴다. 즉 유전자 복합체와 표현형 특성도 선택 단위가 될 수 있는 것이다."[71] 샌드라 미첼Sandra Mitchell도 똑같이 지적한다. "도킨스는 유전자가 왜 선택 단위로서 적합한지 논증한다. 그런데 이 논증은 유전자가 복제 단위로서 적합한 이유를 제시하는 논증으로 변질되어버린다."[72] 그런데 복제 개념은 내용이 없고, 순환논리이며, 역사적이지도 않다. 그래서 이 개념은 다윈 이전 시대에 속한다. 심지어 다윈주의에 반대하는 것 같다. 도킨스의 이론이 논리적이라는 겉모습을 유지하려면, 정말 "특별 창조"의 세속판이 필요하다.

## 논쟁 다시 살펴보기

도킨스도 자기 관점이 쉽게 공격받을 만큼 약하다는 것을 아는 듯하다. 몇몇 저서에서 도킨스는 그의 생각은 하나의 관점일 뿐이라고 강조한다. 이는 관점을 발견하는 데는 유익하겠지만, 아쉽게도 그 이상은 될 수 없다. 게다가 그는 자신의 입장은 증명될 수 없으며, 선택의 문제라고 이야기한다. 도킨스의 말을 들어보자.

> 내가 지금 주장하는 것은 새로운 이론이 아니다. 검증되거나 반증될 수 있는 가설도 아니고, 예측 결과를 보고 평가할 수 있는 이론적 모형을 제시하는 것도 아니다.…내가 주장하는 것은 바로 관점이다. 익숙한 사실과 생각들을 바라보는 방법이나, 그에 관해 질문하는 방법이다. 설득력 있는 새로운 이론을 기대한 독자는 아무래도 실망하면서 "그래서 어쩌라는 겁니까?"라고 반드시 물을 것 같다. 하지만 나는 어떤 사실 명제의 진리라도 그것을 다른 사람에게 확신시킬 생각은 없다. 오히려 생물학적 사실을 보는 법을 독자에게 보여주려고 한다.…내 주장을 증명할 실험을 과연 할 수 있을지 잘 모르겠다."[73]

도킨스는 착시 현상을 예로 들며 자신의 관점이 그저 게슈탈트 전환과 닮았다고 말한다. 자신의 관점은 유형의 이론이 아니라 사물을 보는 방식에 불과하다는 것이다. 이것은 "울타리 없는 울타리"hedgeless hedge를 분명하게 보여주는 사례가 틀림없다. 로저 맥케인Roger McCain은 울타리 없는 울타리에 대해 설명한다. "자기 이론에 이상이나 문제가 있다고 인정하는 사람이 있다. 그런데 그는 인정만 하고서 자기에게 그런 문제가 없다는 것처럼 논의를 이끌어간다. 어떤 사람이 예외를 무시한다는 비판을 받았다고 가정해보자. 그는 일단 예외가 있다고 인정하고는, 인정했기 때문에 자신은 그런 비판으로부터 자유롭다고 결론을 내린다."[74] 엘리자베스 로이드Elizabeth Lloyd는 이런 전략에 속하는 또 다른 사례를 제시한다. 그는 이것을 "제의적 인용"ritual citation이라고 부른다. 어떤 사람은 자기 관점에 도전하는 저자의 연구를 일단 인용하기만 할 뿐 그 이상은 아무것도 하지 않는다.[75] 로이드는 이렇게 말한다. 어떤 사람은 "이론에 심각한 문제가 있으며 증거도 부족하다고 겉으로는 인정하지만, 그것은 그가 실제로 증거를 평가하고 그에 기초해 이론을 다시 세운다는 것을 의미하지는 않는다."[76]

도킨스의 입장을 고려하면, 울타리 없는 울타리 전략을 쓰는 것도 충분히 이해할 만하다. 현대 생물학, 특히 분자생물학이 제시한 증거를 볼 때 도킨스의 입장은 전혀 유지될 수 없다. 따라서 그의 논의는 수사학의 수준에서만 성공적일 뿐이다. 하지만 어떤 사람은 이렇게 생각할지 모르겠다. 종교문제를 논할 때 그렇게 검증을 강조하던 도킨스가 울타리 없는 울타리 술책을 쓰다니 이상하지 않는가? 더구나 어떤 사람은 도킨스가 다윈주의 연구에서 손을 떼고 종교 서적을 쓰는 것—그마저도 어설픈—을, 종교에 복수하기 위해 과학을 이용하는 일을 그만두겠다는 무언의 인정으로 생각하고 싶을지도 모르겠다. 도킨스는 왜 그랬을까? 그의 이기적 유전자 이론은 최근 생물학 연구를 전혀 따라잡지 못하고 있음이 드러났다. 사이먼 콘웨이 모리스의 말처럼 이기적 유전자는 정말 "격동적인 개념이었는데, 대중에게 퍼져 나가기 무섭게 유통기한이 거의 지나버렸다."[77]

도킨스는 종교에 대한 복수를 논하면서 이렇게 말한다. "인간 정신을 병들게 한, 두 거대한 질병이 있다. 하나는 세대를 이어가며 계속 복수하려는 열망이고, 다른 하나는 사람들을 개인들로 보는 게 아니라 그들에게 집단의 이름표를 사람들에게 붙이려는 경향이다."[78] 도킨스는 두 거대한 질병이 모두 아브라함을 조상으로 섬기는 종교에서 나왔다고 말한다. 그러나 지금은 명백해진 것이지만, 도킨스의 유전자 이론이 어떤 영향을 끼쳤는지 살펴보자. 먼저 모든 생명체의 동일성도 유효하지 않다. 생명체가 잠시 있다 사라지는 존재라면 유전자만이 실재하게 된다. 그 결과 모든 생명체는 여러 세대를 걸쳐 복수를 실행해온 이기적 유전자의 덩어리에 불과한 존재가 되었다. 그러나 이런 광적인 근본주의적 유전자는 다행히도 존재하지 않는다. 이기심이라는 것도 존재하지 않는다. 이기적 성향은 스팬드럴spandrel, 즉 사람들이 의도적 설계라고 오해할 수 있는 건축구조적 부산물일 뿐이다. 이기적 성향은 방법론으로는 전제될 수 있지만, 존재론적으로는 실재하지 않는다. 우리가 유전자라고 부르고 싶은 유혹을 느끼는 사물은 스팬드럴이거나 화법façon de parler에 불과하다. 이것은 방법론상 유용하지만 존재론적 의미는 없다. 다윈주의의 반대자들이 아니라 유전학자와 분자생물학자가 이런 주장에 반대한다. 이 연구자들은 유전자를 생물학의 원자 후보라는 권위에서 끌어내려, 여전히 중요한 개념이기는 하지만 조금은 겸손한 자리에 놓았다. 이들이 유전자를 어떻게 기술했는지 보자. 유전자는 한때 불멸의 존재였다. 오늘날 유전자는 "동력이 없고",[79] "죽었고",[80] "사로잡혀 있으며",[81] "지도자가 아니라 추종자"이며,[82] "수감자"이다.[83] 유전자는 독자적 존재로서 "무력하다."[84] 즉 유전자는 "자율적이지 않으며",[85] "독립적"이지 않다.[86] 유전자에 "특수성이 없다."[87] 그리고 유전자는 "경계가 분명하지 않고",[88] "감지할 수 없는" 것이다.[89] 유전자에 있다고 하는 내벽도 "흐릿하고",[90] 이 흐릿한 벽마저 "무너지기" 시작했다.[91] 유전자는 정말 "붕괴"를 겪었다.[92] 유전자의 붕괴는 유전자를 "추상적"[93]이지만, "적용 가능성은 별로 없는 단어"나 "과거에 쓰였던 이상한 용어"로 전락시켰고,[94] 이제는 케케묵은 단어passé가 되었다.[95] 유전자는 이제 "이해의 장애물"이며 "버려야 할" 용어처럼 보인다.[96] 유전자에 대한 생각은 이렇게 변했다. 이런 맥락에서 미디어가 유전자 개념의 쇠퇴에 주목하지 않았다는 사실은 조금 수상하다. 아마 쇠퇴가 너무 심해 전혀 흥미롭게 들리지 않았나 보다.

우리는 유전자를 불멸의 존재로 보는 관점에서 출발해서 이제는 그와 전혀 다른 관점을 받아들이는 단계에 온 것 같다. 그러나 이것은 정확한 생각이 아니다. 우리는 유전자에 대한 초기 관점으로 마침내 돌아왔다는 것이 더 정확한 표현일 것이다. 유전자란 단어를 만든 빌헬름 요한센Wilhelm Johannsen은 유전자에 대한 초기 관점을 대변하는 인물이다. 그는 1909년에 유전자를 이렇게 기술한다. "유전자란 단어에 어떤 가설도 끼어들지 않았다. 어떤 생명체라도 그 특징은 대체로 특수한 조건과 기반, 결정인자를 통해 생식세포에 기입되어 있다. 이 요인들은 유일하고, 개별적이며, 그래서 독립적인 방식으로 생명체와 함께 있다. 정확히 이런 것을 우리는 유전자라고 부르고 싶다."[97] 앞으로 우리는 도킨스가 말한 죽지 않는 유전자는 왜 계속 살 수 없었는지 살펴볼 것이다. 우리는 다음 사실도 보여줄 것이다. 극단적 다원주의는 (사유와 연장*res cogitans*/*res extensa*을 구별한 데카르트의 구분법을 따르거나, 적어도 떠올리면서) 이원론을 기초로 삼는다. 극단적 다원주의가 의지하는 이원론은 적어도 우리를 잘못된 길로 이끌며, 심한 경우 진화론에 반대하게 만든다. 극단적 다원주의가 기초로 삼은 이분법은 다음과 같이 구분한다. 하드웨어/소프트웨어, 정보/물질, 육체/영혼, 자기 복제자/운반자, 불멸/사멸, 이기심/이타심, 그리고 결국 유전자형/표현형. 그러나 도킨스의 유전자, 즉 극단적 다원주의적 유전자는 많은 비판을 받았다. 진화 개념을 살리려면 도킨스의 유전자를 배제해야 한다. 먼저 왜 이렇게 되었는지 살펴보자.

## 분자의 도전

생물학이 지금처럼 나약해진 것은 처음이다. 말 그대로 위기 상황이며, 이 위기는 과학자들이 유전물질의 기본 기제와 구조를 밝혀내는 놀라운 성과 때문에 나아지기는커녕 더욱 심각해지는 역설적인 상황이다.

_ 리처드 버드 [98]

분자생물학은 생명과학의 여러 영역을 근본부터 바꿔놓았다. 예를 들어 유전자는 "명령하지" 않았고, 단백질도 유전자의 명령을 실행하지 않았다. 1960년대의 중심원리에 따르면 방향이 하나뿐이겠지만, DNA에서 단백질로 가는 정보 흐름의 방향도 단일하지 않았다. 게놈의 핵산서열에 의해 특정 단백질이 결정된다는 말도 정확하지 않다. 단백질은 스플라오솜의 형태로 게놈 순서를 편집하여 단백질의 아미노산 구조를 결정한다. 단백질의 3차 구조를 결정하려면 종종 샤페로닌 형태의 단백질이 필요하다.

_ 얀 샙 [99]

역설적이지만, 분자유전학을 통해 유전물질에 대해서 알아갈수록, 유전자가 정말 무엇인지 갈수록 모호해진다.

_ 마리오 붕헤와 마틴 마너 [100]

---

꿈이 있었다. 이 꿈은 악몽이 되었다. 이 꿈은 유전자 선택주의라고 불렸고, 이 꿈은 두 가지 면에서 악몽이다. 먼저 이 꿈이 그려내는 세상은 우리에게 가장 낯설고 불쾌하게 보인다. 이 세상에는 이기적 유전자와 자기 복제자, 사멸하는 생명체가 살며, 이것들은 그저 덜거덕거리는 로

봇이다. 이것도 우리가 말한 틈새의 악마를 보여주는 사례다. 틈새의 악마란 "최신 과학" 가운데 하나를 자의적으로 편협하게 선택하고,[101] 그것이 형이상학을 생산하도록 밀어붙이는 행위를 가리킨다. 이 형이상학은 현실을 생물학이나 다른 학문으로 과격하게 종속시킨다. 도킨스마저 다윈주의가 언젠가 사라질지도 모른다고 인정한다. 진화의 경우, "다윈이 20세기 말에 왔더라도 다윈은 승리했을 것이다. 하지만, 새로운 발견은 우리의 자손인 21세기 사람들이 다윈주의를 버리거나 머리부터 발끝까지 수정하게 할지 모른다는 것도 인정해야 한다."[102] 정말 그렇다면, 도킨스는 왜 진화에 대한 대안적·확장적 이해를 반대하는 입장을 선도하고 있을까? 스스로 다윈주의의 연약함을 인정하면서도 말이다.

유전자 선택주의가 보여주는 악몽은 또 다른 쪽으로 펼쳐진다. 유전자 선택주의가 구사하는 수사학의 기초—생물학의 원자 같은 존재인 유전자—는 처음부터 아르키메데스 점처럼 작동했다. 유전자는 세계의 인과관계를 깔끔하게 설명하는 것 같다. 그러나 세계는 다시 돌아와 이 악몽을 물어뜯는다. 야블론카Eva Jablonka와 램Marion Lamb이 올바로 지적하듯, "유전자 점성술의 꿈은 결국 꿈일 뿐이다."[103] 여기서 "점성술"이란 단어를 사용하는 이유는, 모든 생물학적 세계를 형성하는 제1원인으로서의 실재로서 유전자의 모습을 그리고 있기 때문이다. 이렇게 본다면 다윈은(적어도 신다윈주의는) 참으로 칸트가 불가능하다고 말한 풀잎의 뉴턴(칸트는 생물학에서는 물리학에서의 뉴턴과 같은 놀라운 혁신이 일어날 수 없다고 단언했다—편집자 주)과 같다고 할 수 있다.[104] 그런데 유전자(또는 유전물질)를 탐구할수록, 분자 단위를 탐구하게 되었고, 상황은 더욱 복잡해졌다. 그래서 뉴턴 이론을 닮은 깔끔한 패러다임을 세울 수 없게 되었다. 이런 패러다임은 적어도 생물학의 영역에서 환원주의를 허용하지만, 환원주의 역시 이제 가능하지 않다. 이런 패러다임을 세울 수 없다는 사실에서 무엇이 우리의 눈길을 끄는가? 집단유전학이(또한 극단적 다윈주의가) 실패했다는 사실에서 우리는 무엇을 봐야 할까? 이런 실패는 바로 "데카르트적 이원론"을 드러냈다. 이 이원론은 뉴턴적 패러다임과 집단유전학을 세우려는 시도를 후원했다. 처음부터 데카르트적 이원론은 실제로 여기 있는 어지럽고 놀랄 만큼 복잡한 물질 세계를 혐오한다.

분자생물학은 DNA를 발견하면서 첫발을 내디뎠다. 분자생물학은 결국 고전적인 멘델적 유전자와 결별하면서 자기 영역을 세워나갔다. 분자생물학에 따르면, 고전적인 멘델적 유전자는 대체로 쓸모없다(기껏해야 일부 생물학 연구에서 문제를 발견하는 데 유용할 뿐이다). 생물학자인 미셸 모랑쥬Michel Morange는 이렇게 기술한다. "유전자의 역할과 중요성에 대한 토론은…바늘 끝에서 천사가 몇 명이나 춤출 수 있는가라는 질문 만큼이나 실생활에서 멀리 떨어져 있다."[105] 유전자에 대한 토론은 왜 그런 운명을 맞이했을까? 생물학이 분자의 세기로 접어들면서 원자론적·정보 중심적 유전자 해석은 도전받았다. 원자론적 해석에 따르면, 유전자는 개별적이고 분리되어 있어서, 유전자를 둘러싼 환경과 상관없이 유전자를 정의할 수 있다. 유전자를 둘러싼 환경에는 다른 유전물질이 포함되어 있다고 한다. 피아티고르스키Joram Piatigorsky는 말한다. "유전자를 한 번에 하나씩 조사해서는 게놈, 발달, 유전을 이해할 수 없을 것이라는 사실은 이미 분명해졌다. 일단 이 사실을 알게 되자 연구자들은 유전자가 무엇인지 정의하기도 전에 유전자들이 어떻게 상호 작용했는지를 고려하도록 압박했다."[106] 역사를 따져보면 분자생물학의 도전은 그 발생 초기부터 시작되었다. "하나의 유전자에 하나의 효소가 대응한다"는 가설이 유전자 선택주의의 핵심이었다.[107] 이 가설을 옹호한 조지 비들George Beadle은 흥미로운 과거를 떠올린다. 1953년에 열렸던 콜드 스프링 하버 심포지움[108]이 끝났을 때 이 가설을 믿는 사람은 비들과 다른 두 사람뿐이었다.[109] 막스 델브뤽은 1946년에 유전자 하나에 효소 하나라는 환원 모형을 가차 없이 비판했다. 델브뤽에 따르면 환원 모형을 뒷받침하려고 모은 자료는 기껏해야 양립 가능성을 드러내는 것이었다. 다시 말해, 이 자료는 아무것도 증명하지 못했다. 더구나 환원 모형의 방법은 대안 이론이 나오지 못하게 가로막는다. 델브뤽은 유전자 하나에 효소 하나라는 가설을 증명하려면 적합한 실험을 고안해야 한다고 유전학자를 비판했다. 델브뤽에 따르면, 적합한 실험을 고안할 수 없다면 양립 가능한 증거가 아무리 많다 하더라도 가설을 지지하는 어떤 힘도 가질 수 없을 것이다. 따라서 유전자가 정말 하나 이상의 효소를 제어한다면, 이런 유전자에서 일어나는 어떤 돌연변이도 감지되지 않을 것이다.[110]

주제를 잠시 벗어나 재미있는 사실을 살펴보자. 도킨스의 이기적 유전자 개념도 이와 비슷한 상황에 몰려 있다. 도킨스의 말을 다시 인용해보자. "오늘날 자기 복제자는 덜거덕거리는 거대한 로봇 속에서 바깥 세상과 차단된 채 복잡한 간접 경로로 바깥 세상과 소통한다. 안전하게 집단으로 살면서, 원격 조정기로 바깥 세상을 조종하는 셈이다. 그들은 당신 안에, 그리고 내 안에 있다. 그들은 우리의 몸과 마음을 창조했다. 그리고 그들이 살아 있다는 사실이야말로 우리가 존재하는 궁극적 근거이기도 하다. 자기 복제자는 기나긴 길을 지나 여기까지 왔다. 이제 그들은 유전자라는 이름으로 살아간다. 우리는 유전자의 생존 기계다."[111] 노블은 이 구절을 다음과 같이 수정한다. "이제 그것은 거대한 집락 안에 발이 묶여 있으며, 높은 지능을 가진 존재에 갇혀 있다. 외부 세계에 의해 형성되었고, 세계와 소통하지만 아주 복잡한 과정을 통해 소통한다. 이 복잡한 과정 속에서 마술처럼 기능이 생성된다. 그것은 당신에게도 내 안에도 존재한다. 우리는 그것의 암호를 해석하게 하는 체계이며, 우리가 번식하면서 느끼는 즐거움은 그것의 보존에 필수적이다. 우리야말로 그것이 존재하는 궁극적 이유다."[112] 노블의 말은 일대일 대응 이론(유전자 하나에 효소 하나)에 대한 델브뤽의 비판을 떠올리게 한다. 노블은 이렇게 대안 시나리오를 구성하면서 도킨스의 해석이 자의적이라고 지적한다. "어떤 논증에 경험적·과학적 근거가 있는지 확인하는 결정적 방법이 있다. 당신이 그 논증을 설명하면서 논증을 반박해보고 그 논증과 당신의 반박 가운데 어느 것이 맞는지 확인할 수 있는 실험을 요구해보라. 그때 무슨 일이 벌어지는지 보면 된다. 그런 실험을 할 수 없다면, 우리는 과학이 아닌 사회학적·논쟁적 관점을 다루는 것이다. 이런 관점은 논쟁자의 입장에 따라 달라질 수 있으며, 또는 우리가 다루는 것은 단지 은유일 뿐일지도 모른다."[113]

다시 분자생물학의 도전으로 돌아가보자. 고전적 유전자 개념의 문제는 유전자형과 표현형(간단하게 말하자면, 유전자와 신체)이 동질 관계이거나 이와 비슷해야 한다고 요구한다는 것이다. 다시 말해, 유전자는 분명한 인과관계를 맺으므로 확인 가능한 결과를 가져온다고 가정된다(유전자 A 때문에 B가 생긴다). DNA는 단백질(아미노산 서열) 생산을 위한 암호라고 생각되었고, 이 암호는 분명한 표현형 효과를 생산한다고 생각했다(분명한 물질적 효과를 낸다). 하지만 단순한 일대일 관계는 없었다. 오히려 DNA와 단백질의 관계는 다수 대 다수many to many 관계였다. 또는 다수 대 일이면서 일 대 다수다. 많은 유전자가 여러 효과를 내기도 하지만, 동일한 효과를 내기도 한다. 또한 하나의 유전자가 다양한 효과를 내기도 한다. 그래서 노블은 이렇게 말한다. "유전자에 대해 'X에 대한 유전자'라고 말하면 늘 틀린다."[114] 이유는 많다. 중요한 이유 하나만 들어보자. 유전자는 환경에 의존적이다. 즉 유전자는 어떤 체계에서만 온전한 의미를 지닐 수 있다. 상당히 의도적인 개입이 있어야 유전자를 환경과 분리할 수 있다.[115] 이와 비슷하게, 유전자가 선택되기 위해서는 일정한 환경이 유지되어야만 한다. 로버트는 말한다. "형질 x가 유전자 y때문에 생겼다면 형질 x가 나타나도록 지원하는 요인(조건)이 지속적으로 존재해야 한다. 이런 요인이 없다면 x도 여기 없을 것이다(y는 있더라도 x는 없을 것이다)."[116] 놀랄 일은 아니지만, 게르트너Gärtner는 유전적으로 동일한 쥐들을 동일한 환경조건에서 키웠다. 하지만 쥐의 표현형은 다르게 나타났다(쥐들은 물리적으로 달랐다). 따라서 여기에는 개체 발생이란 제3의 요인, 즉 생명체의 발달사가 있는 것이다.[117] 문제는 더 복잡해진다. 신체는 원자처럼 만들어 자연선택이 선택할 수 있는 속성으로 해체될 수 없다. 톰슨Evan Thompson이 지적하듯 "유기체는…원자 같은 속성을 구성요소로 가진 체계가 아니기 때문이다. 원자 같은 속성이란 이론적으로 추상된 개념이다."[118] 테이크아웃 중국 음식점에 간다고 상상해보자. 당신은 72번 음식을 주문한다. 당신이 즐겨 먹는 음식이다. 매주 가기 때문에 굳이 무엇을 시켜야 할지 당신은 고민하지 않는다. "예, 72번이요. 닭고기와 검은 콩 소스입니다." 그런데 어느 날 당신은 당황한다. 분명 72번을 시켰는데 달고 신 음식이 나왔다. 당신은 말한다. "저기요. 72번을 시켰는데요." 지금까지 당신이 72번을 주문했을 때마다 닭고기와 검은 콩 소스가 나왔기 때문이다. "아…" 주문을 받은 종업원이 이렇게 대답한다. "저희 음식점은 때때로 메뉴를 바꿉니다. 그래서 72번이 어떤 때는 검은 콩이었다가 어떤 때는 달고 신 맛이 나죠. 어떤 때는 오리고기가 나옵니다." 이것이 에른스트 마이어가 말하는 "유전자의 상대성 이론"이다. 또한 로버트 브랜든Robert Brandon은 도킨스의 생각을 반박하는 흥미로운 논증을 펼친다. 도킨스는 자기 복제자가 선택 단위라고 하지만, 브랜든은 차단효과를 내세우며 도킨스를 반박한다. X가 Y에 칸막이를 쳐서 Z를 차단한다면, Y는 Z와 관계를 맺지 않을 것이다. 예를 들어, 표현형 형질이 적합성에 영향을 준다면, 어떤 유전자형이 표현형 형질을 뒷받침하는가라는 질문은 이 문제와 상관이 없어진다. 하나의 표현형 형질은 여러 다른 유전자형에서 나올 수 있다. 거꾸로 여러 표현형 형질은 하나의 유전자형에서 나올 수 있다. 이런 사실을 고려하면, 앞에서 말한 질문이 왜 문제와 상관이 없는지 더욱 강하게 느낄 수 있다. 따라서 로버트 윌슨이 경고하듯 "어떤 성질이 선택되고, 어떤 과정이 선택을 지배하는지 우리는 결정할 수 없다. 이 불확정성은 우리 인지능력의 한계를 가리키는 표시가 아니다. 생물학적 실재가 이미 불확정적이다. 생물학적 실재는 늘 깔끔하게 어떤 수준으로 구분되지 않는다."[119]

이처럼 생물학적 실재는 깊이 있고 광범위하게 복잡하다. 사르카르Sahotra Sarkar는 이 사실을 고려하면서 이렇게 경고한다. "DNA 서열을 단순히 읽는다고 해서 아미노산 서열을 예측할 수 있는 것은 아니다(DNA 조절부위가 모두 알려졌더라도 그렇다)."[120] 다시 말해, 유전자와 신체의 관계에서 우리는 테이크아웃 중국 음식점 비유와 정말 비슷한 상황에 있는 것 같다. 하나의 표현형질도 여러 다른 유전자형 구조의 결과일 수 있다. 왜 그럴까? 아미노산은 코돈에 수반되기 때문이다(코돈은 단백질의 아미노산 배열을 규정하는 전령 RNA의 3중 염기 배열을 뜻한다. DNA를 구성하는 네 종류의 염기는 아데닌, 티민, 구아닌, 시토신이다. 줄여서 A, T, G, C로 쓴다).[121] 서로 다른 코돈이, 같은 아미노산 유전암호를 지정할 수 있으며, 이 아미노산이 표현형을 낳는다. 예를 들어 코는 어떤 유전자를 기반으로 생긴 것은 아니다. 적어도 환원주의자가 생각하는 그런 유전자 기반은 없다. 조너선 마크스Jonathan Marks도 이렇게 기술한다. "우리는 신체가 쇠약해지는 현상을 탐구하려고 유전자를 조사한다.…우리는 코를 생기게 하는 유전자를 조사하지는 않는다."[122] 고전적 유전자 개념의 위치는 나우타Walle Nauta와 파이어탁M. Feirtag이 작성한 시나리오에 잘 나와 있다. "시상하핵subthalamic nucleus을 생각해보자. 이것이 손상되면 편무도병hemiballism이란 운동장애가 나타난다. 환자는 공 던지기와 비슷한 행동을 하는데, 이를 통제할 수 없다. 그렇다면 시상하핵의 주된 기능은 공 던지기와 비슷한 행동을 억제하는 것인가? 그렇지 않다. 편무도병의 증상은 시상하핵이 손상되었을 때 중추신경계가 어떻게 작동하는지 보여줄 뿐이다."[123] 뇌의 일부가 손상되면 정말 괴상한 행동을 하더라도, 괴상한 행동을 막기 위해 뇌의 일부가 존재하는 것은 아니다. 리하르트 볼테레크Richard Woltereck는 1909년에 흥미로운 반응 규칙Reaktionsnorm을 내놓았다.[124] 우리는 유전자형을 보고 표현형을 예측할 수 없다. 바로 반응 규칙 때문이다. 유전자형에서 나타날 수 있는 표현형에는 범위가 있다. 이 표현형들은 다양한 환경조건에서 나타난다. 따라서 시간이 흐를수록 표현형 병인론이 사태를 과도하게 단순하게 만든다는 것을 알 수 있다. 포크Raphael Falk도 말한다. "유전자형과 표현형이 결정론처럼 연결되어 있다는 생각은 반응 규칙과 충돌한다. 유전자나 유전자형이 표현형을 이끌며, 환경 영향은 방해 요소로서 변이를 일으킬 뿐이라고 사람들은 생각한다. 하지만 반응 규칙의 개념은 다음 사실을 강조한다. 유전자형이 표현형의 변이 가능성을 좌우하는 만큼 유전자형(유전자)이 발달하거나 기능하는 조건도 표현형의 변이 가능성을 좌우한다."[125] 유전자 코드가 유일한 가능성은 아니므로 우리가 주목하는 특정한 표현형은 불특정 이접적 분자 염기에 수반될 것이다.[126] 다시 말해, 많은 유전자는 다중으로 표현된다(유전자형 하나에서 여러 물리적 특성이나 표현형이 나온다). 그리고 물리적 특성은 대부분 다중 유전적이다(여러 유전자에서 나온다). 결국 유전자형과 표현형의 관계는 완전히 복합적이다.[127] 여러 학자처럼 톰슨도 올바로 지적한다. "DNA 서열과 표현형 특성의 인과고리는 직접적이지 않고 복잡하며 다중적이다. 그래서 DNA 서열과 표현형이 분명하게 일대일로 대응하지 않는다. 따라서 표현형 특성은 DNA 서열에 의해 '유전암호가 지정한다'고 말할 수 없다."[128] 그렇다. 분자생물학은 유전학 지식을 발전시켰지만, 그만큼 상황이 더 복잡해졌다. 분자 수준에서 우리는 원자처럼 고립된 유전자가 아니라 연속되는 상호작용을 대면하고 이론으로 파악해야 한다. 뷰리언Richard M. Burian도 분명하게 말한다. "유전자의 범위를 정할 때 개념요소와 사실요소가 뗄 수 없이 얽힌다. 확실히 '가장 낮은 수준'(분자 수준)은 단순하게 관찰해서 알 수 있는 영역이 아니다. 하지만 고정된 환경 안에 있는 기초적 사실을 분자 수준에서 쉽게 논할 수 있다. 하지만 분자 수준에서 논의를 해도 문제는 남는다. 즉 분자의 생리학적 환경을 고려하면서, 관련된 거대 분자의 상호작용을 모두 다뤄야 한다. 결국 유전자를 정확히 정의하려는 희망을 버려야 한다. 너무 많은 종류의 유전자들이 있기 때문이다. 따라서 유전자의 뜻을 여러모로 규정해야 한다."[129] 우리는 특정한 유전자 개념을 버리고 유전물질과 유전 분자적·생물학적 성질과 관계를 논해야 한다. 고전적인 멘델적 유전자 개념을 옹호한다면 이런 생물학적 관계와 이에 수반되는 상호작용—이것은 전혀 간단하지 않다!—을 파악할 수 없다. 적어도 도킨스가 구사하는 수사를 보면 도킨스는 고전적인 멘델적 유전자를 지지한다(물론 도킨스의 수사학과 유전자 개념을 분리하기는 어렵다). 피아티고르스키는 유전자 분자세계의 복잡한 실체를 우리에게 보여준다.

> 유전자계(gene family, 같은 유전자의 복제판)와 분할 유전자(엑손과 인트론), 위유전자(단백질을 암호화하는 유전자이며 비활성 돌연변이를 포함), 이동유전자(종종 트랜스포존이라 불리며, 게놈 주위를 계속 이동한다), 재배열된 유전자(예를 들어 면역글로빈), 중합 유전자(유전자 안에 있는 유전자), 중첩 유전자(DNA의 여러 지점에서 전사가 시작되거나 끝나면서 만들어진 유전자) 그리고 대체 RNA 스플라이싱(이 작업은 다른 엑손들을 함께 꿰뚫는다)과 mRNA 편집, mRNA의 새로운 시작과 종결을 통해 여러 단

백질을 생성하는 유전자. 이렇게 여러 가지 유전자가 발견되었다. 그래서 새로운 개념이 많이 만들어졌다. 이제 하나의 유전자가 하나의 기능을 수행하는 폴리펩타이드를 만든다는 생각은 일반적으로 받아들일 수 없게 되었다.[130]

고전적 유전자 개념의 관점에서 상황은 더욱 곤란해졌는데, 유전자 공유 현상이 발견되었기 때문이다. 폴리펩타이드(단백질)는 유전자 복제가 일어나지 않더라도 하나 이상의 분자 기능을 발달시킬 수 있다.[131] 다시 말해, 둘 이상의 완전히 다른 폴리펩타이드 기능들이 단 하나의 유전자를 공유한다.[132] 흔히 말하는 위치 효과도 고전적 유전자 개념에 도전한다. 유전자의 위치가 바뀌면 유전자의 효과도 바뀐다. 따라서 게놈 개념이 상당히 역동적이듯 유전자 개념은 훨씬 더 유동적이다.[133] 울프Ulrich Wolf는 이렇게 말한다. “분자를 분석해보면, 유전자를 구조적 단위나 기능 단위로 정의할 수 없음을 알 수 있다. 실제로 유전자는 따로 떨어져 있지 않으며, 연속적이지도 않다. 즉 유전자의 경계는 쉽게 변하며, 위치도 다양하다. RNA나 폴리펩타이드의 형태로 존재하는 유전자의 생산물로 유전자를 정의할 수 없다. 생산물은 DNA가 직접 투사된 것과는 다른 서열을 가질 수 있기 때문이다.”[134] 이제 우리는 불감증에 걸린 독신 처녀 같은 유전자 이미지를 버려야 한다. 이런 처녀와 같은 유전자는 근친상간적 자기 복제에 몰두한다. 오히려 우리는 난잡한 유전자 이미지를 받아들여야 한다. 유전자는 여러 지역에서 매우 다양한 방법으로 끊임없이 관계를 맺고 연락하는 것처럼 보이기 때문이다.[135] 유전자는 난잡하며 “사생아”이기도 하다. 유전자의 부모가 누구인지 도무지 분명하지 않다.

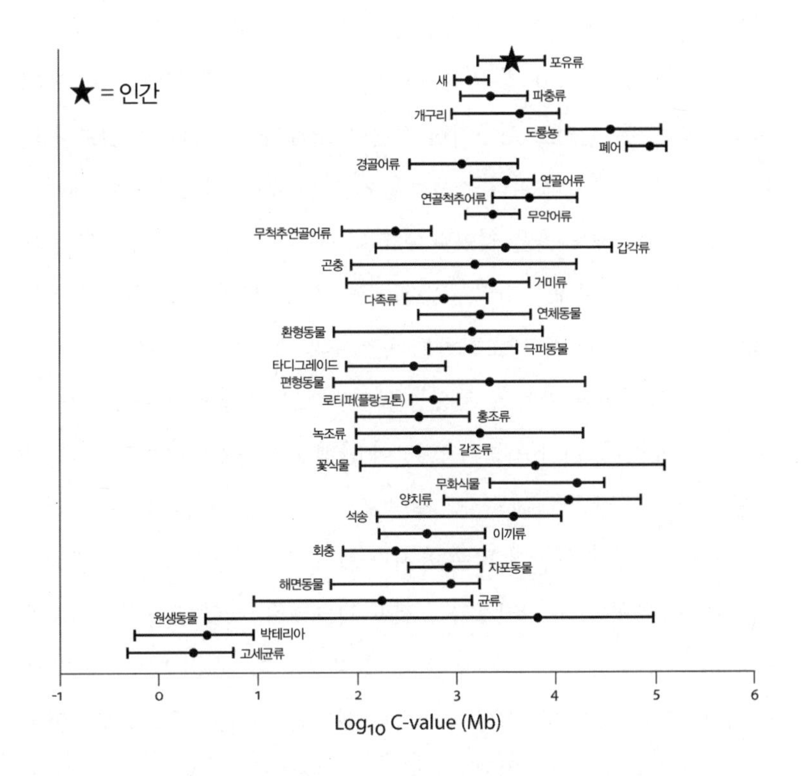


그림 4. C 값 역설(C-value paradox): 생물학에서 유전자는 물리학의 원자와 같은 존재라고 말하던 시절이 있었다. 그래서 게놈의 크기는 유기체 복잡성과 상관관계가 있다고 생각했다. 즉 게놈이 클수록 유기체도 더 복잡할 것이라고 예상했다. 하지만 이 생각은 사실과 전혀 다르다. 쌀처럼 단순한 유기체도 인간보다 더 큰 게놈을 가진다. 이 사실은 무엇을 뜻할까? 게놈은 고정적인 실체가 아닌 역동적인 실체로 봐야 한다. 따라서 유전자는 원자에 상응하는 생물학적 실체가 아니었다.

그래서 사르카르는 인간 게놈 프로젝트가 "완벽한 실패"였다고 주장한다.[136] 흔히 말하는, G 값G-value 역설과 C 값C-value 역설만 지적해도 이 실패를 이해할 수 있다.[137] 이 역설을 통해 우리는 겉보기에 반직관적 상황에 주목하게 된다. 여기서 유전자의 개수는 유기체 복잡도와 분명하게 연결되어 있지 않다.[138] 우리는 아마 조금은 두루뭉술하게 산이 조약돌보다 더 많은 원자로 이루어진 것처럼, 고래가 당근이나 버섯보다 더 많은 유전자를 가질 것이라고 생각을 하는 것 같다. 아마 원자에 대해서라면 그렇게 말해도 옳을 것이다. 그러나 유전자는 원자가 아니다. 린치Michael Lynch는 이렇게 말한다. "인간 게놈 프로젝트에서 발견한 가장 놀라운 사실은 단백질을 암호화하는 유전자의 개수(약 24,000개)가, 우리가 인지하는 표현형과 행동의 복잡성을 기반으로 예상한 개수에 훨씬 못 미친다는 것이다. 인간 게놈의 1%만이 단백질을 암호화하는 DNA다."[139] 예를 들어 애기장대Arabidopsis thaliana는 26,000개의 유전자를 가진다. 피노누아 포도도 인간보다 더 많은 유전자를 가지고 있음이 최근에 밝혀졌다. 어떤 종류의 쌀은 인간보다 유전자 개수가 두 배나 많다.[140] DNA 개수를 생물학적 복잡성과 연결시켜서 생각하는 한(DNA가 모든 것을 결정하는 "왕"이라고 생각하는 한), 역설적으로 보이는 현상은 객관적 실재가 아니라 주관적이며 시간이 지나면서 바뀐다. 하지만 이런 단순한—또는 의도적인—생각을 내려놓고, "이기적 유전자"가 없는 게놈 이후의 세계로 들어간다면 이 역설은 해결되거나, 적어도 연구를 자극할 것이다. 뮐러Gerd Müller와 뉴먼Stuart Newman은 이렇게 설명한다. "이제 게놈 지도가 모두 작성되었다. 게놈 중심 접근법은 생물학적 복잡성을 설명할 수 없다고 한다. 그래서 이 문제가 앞으로의 연구의 초점이 될 것이다."[141] C 값 역설 같은 딜레마가 게놈 중심 접근법을 벗어난 생물학의 필요를 이끌어냈고, 이론적 종합의 범위도 넓어질 수 있다. 이론의 발달을 저해하는 극단적 다윈주의의 틀과 원자에 집착하는 경향에서도 벗어날 수 있을 것이다(아마 원자 선호 경향은 물리학을 시기하면서 생겨난 것 같다). 극단적 다윈주의와 원자 선호 경향을 넘어서려는 동기를 부추기는 역설이 하나

더 있다. 바로 릴리의 역설Lillie's Paradox이다. 릴리는 이렇게 설명한다. "배아세포 분열 과정을 설명하면서 유전학은 자신이 세운 기준의 희생양이 되어버렸다. 오늘날 유전학이 거의 보편적으로 받아들이는 교리가 있다. 개별 세포는 전체 유전자 복합체를 받는다는 교리다. 따라서 가설로 존재하는 유전자의 행동을 관찰함으로써 배아 분열을 설명하려는 시도는 자기 모순에 빠질 것이며, 이는 다른 모든 세포에서도 적용된다.… 유전학을 발달생리학의 기초로 삼으려는 사람은 변하는 않는 유전자 복합체가 순서가 정해진 발달 과정을 어떻게 이끌어갈 수 있는지 설명해야 한다."[142] 쉽게 말해보자. 각 세포가 모두 동일한 유전자 정보를 가진다면, 생물학적 복합성과 차이는 어떻게 생길까? 여기에는 어떤 기제가 작동하며, 이것은 집단유전학이 예상한 기제와 다른 것일까? 극단적 다윈주의의 유전자 개념은 일단 적절하지 않은 걸까? 이런 의문을 품고서 모랑쥬는 우리를 일깨운다. "신다윈주의 이론이 아무리 견고해 보일지라도 우리는 다음 사실을 분명히 알아야 한다. 신다윈주의는 분자생물학 이전 시대의 유전자 개념을 기초로 구축되었고, 지금도 그것을 기반으로 삼는다.…집단유전학자에게 유전자는 그저 블랙박스다. 이 블랙박스에 몇 가지 견고한 형태가 있으며, 각 형태는 유기체에 다른 성질을 부여할 수 있다.…집단유전학자는 유전자가 무엇인가라는 질문을 소홀히 다룬다."[143]

유전자 자체를 제대로 살피지 않는다는 사실은 극단적 다윈주의가 다윈 이전 시대에 속한다는 증거이기도 하다. 극단적 다윈주의는 새로운 "본질"을 다시 가정하고서, 다윈이 강조한 생물계의 역동적 본성을 놓쳐버린다. 모랑쥬는 계속해서 이렇게 말한다. "컴퓨터 프로그램이 진화 과정을 효과적으로 재현할 수 있다고 생각하는 접근 방식에는, 유전자의 생화학적 구성과 암호화된 단백질은 중요하지 않다."[144] 이것은 생물학에서 돈과 비슷한 존재이다(또는 열정적이고 관능적이며 실제적인 결합이 없는 가상 섹스와 비교할 수도 있다). 돈은 가치를 정하지만, 돈에는 내재적 가치가 없다. 예를 들어 월요일에 어떤 대상의 값은 1달러지만, 화요일에 백만 달러가 되고, 수요일에 50센트가 될 수 있다. 결국 어떤 것의 가치는 완전히 유동적이고 자의적이다. 반면 돈은 명목 가치를 할당하는 유일한 배분자이며, 다른 것을 움직이면서도 자신은 움직이지 않는 원인의 지위에 올랐다(자연선택개념도 이렇게 사고해볼 수 있다). "유전자"가 화폐라면 자연선택은 경제다. 따라서 생물계의 변화도 통화나 경제에서 일어나는 변동처럼 이해할 수 있다. 그러나 자연세계에서 일어나는, 복잡하고 어지러운 실제 진화는 어디에 있는가? 이 진화는 유전자와 함께 블랙박스에 들어 있다. 다시 말해, 세계는 실제로 진화에 그다지 민감하지 않다. 세계는 그저 변이를 허용할 뿐이며, 이 변이가 일어나려면, "이미 정해진" 유동적이지 않은 기초적 구조들이 있어야 한다. 어떤 놀라운 정보(또는 총액)도 영혼의 세속적 등가물이 아니다. 영혼은 물질 세계의 운명에 휩쓸리지 않는다.

신다윈주의(또는 극단적 다윈주의)는 솔직히 유전자에 관심이 없다. 극단적 다윈주의의 무신론이라는 "거대 내러티브"가 쉽게 펴지게 하려고 유전자를 전제하는 것처럼 보이지만 실제로는 무시한다. 신다윈주의는 정보 은유를 받아들이고 널리 전파하면서 그 책임—실제 생물계를 설명할 생물학의 책임—을 저버리게 만든다. 정보 은유는 복제자/운반자란 수상한 이원론을 위한 자리를 마련한다. 이원론에는 세계를 정신과 물질로 나누려 의도가 서려 있다. 더구나 정보 은유는 우리를 어긋난 길로 인도하면서 극단적 다윈주의가 유전자와 "유전자와 관련된 것"을 아예 무시하도록 부추긴다.[145]

르원틴은 공정하게 지적한다. "과학을 하려면 은유에 흠뻑 젖은 언어를 사용할 수밖에 없다. 실제로 현대 과학의 전 분야는 인간이 직접 설명할 수 없는 현상을 해명하려고 한다.…물리학자는 '파동'과 '입자'를 이야기하지만, 실제로 파동은 매질 없이 움직이고 입자는 일정한 형태를 갖지 않는다. 생물학자는 유전자를 '청사진'처럼, DNA를 정보처럼 다룬다."[146] 하지만 르원틴은 현명하게도 이런 은유를 그냥 허용하지 않는다. "은유를 사용하는 대가는 끝없는 경계를 서는 것이다"라고 르원틴은 우리에게 말한다.[147] 안타깝게도 도킨스와 데닛 모두 르원틴의 지적을 마음에 새기지 않은 듯하다. 도킨스가 어떻게 애쓰는지 보라. "살아있는 생명체의 심장에 무엇이 있는가? 거기에 불은 없으며, 따뜻한 숨결이나 '생명의 불꽃'도 없다. 대신 정보와 말과 지침이 있다. 당신이 은유를 사용하고 싶다면 불이나 불꽃, 숨결을 쓰지 마라. 오히려 크리스털 타블렛에 새겨진 10억의 개별적인 디지털 문자들을 생각하라. 생명을 이해하고 싶다면 부글거리는 젤라틴과 분비물을 떠올리지 말고 정보 테크놀러지를 생각하라."[148] 데닛의 충고는 훨씬 괴상하고 낯설다. "당신은 바로 조직된 정보이며, 이 정보가 당신 신체의 통제체계를 구축했다면 당신은 원리상 당신 신체가 죽어도 계속 생존할 수 있다. 프로그램이 만들어지고 실행되는 컴퓨터가 부서져도 프로그램이 계속 유지되는 것처럼 말이다."[149] 도킨스와 데닛의 지적을 우리는 어떻게 이해해야 할까? 이들의 지적은 하드웨어와 소프트웨어를 구분하는 이원론을 기반으로 삼는다. 그래서 이들은 단백질과 유전자도 그렇게 구분된다고 생각한다. 그러나 이들의 생각은 사실과 다르다. 단백질과 유전자를 단백질과 유전자의 구성원료에서 떼어낼 수 없기 때문이다(이 구성원료는 뒤죽박죽 엉켜 있다). 따라서 단백질과 유전자를 이루는 물질을 인지하려고 노력하자마자 생물계와 분자세계가 점점 눈에 들어온다. 간단함을 추구하는 계획된 이원론은 생물계와 분자세계를 전혀 파악하지 않는다.[150] 더구나 프로그램의 은유는, DNA 내부에 단백질을 통제하는 위계가 있다는 것을 함의한다. 하지만 모랑쥬는 말한다. "DNA는 단백질에게 명령하는 상관이 아니다. DNA가 재생산되려면 단백질이 필요하다는 점에서 DNA는 단백질을 섬기는 노예다."[151] 프로그램이나 상관 같은 은유에 따르면 "계획"은 실행과 구분 가능한 것처럼 보인다. 그러나 이것은 사실이 아니다.[152] 사르카르의 말처럼 "은유도 자신을 이론적 개념으로 가장한다."[153] 정보 은유에 바로 이런 문제가 있다("프로그램" 은유가 의심스러운 이유도 바로 이것이다). 사르카르는 왜 이렇게 말했을까? 분자생물학은 깔끔한 기술용어인 "정보"를 실제로 소유하지 않기 때문이다. 결국 정보라는 주문呪文 때문에 "우리는 분자생물학이 시도하는 가능한 설명을 오해하게 되었다."[154] 우리가 지금 다루는 것은 은유가 아니라고 도킨스는 강조한다. 하지만 우리가 다루는 그 대상은 분명 은유다. 톰슨이 주장하듯, "정보 은유나 프로그램 은유 역시 그다지 좋지 않다."[155] 그 은유는 유전학과 분자생물학이 탐구하는 실제 세계를 블랙박스에 집어넣으라고 부추기기 때문이다. 붕헤와 마너도 이렇게 지적한다. "그것이 무엇인지 모른다면, 그냥 그것을 정보라고 불러라."[156]

실제 생물계에서 벗어나 휴가를 즐기는 극단적 다윈주의자는 만능산과 이기적 복제자에 빠져 몽상을 펼친다. 이 개념은 오해를 낳는 은유를 넘어 영혼을 대체하는 세속의 신화이기도 하다.[157] 이 신화는 물질에서 벗어나라고 우리를 부추긴다.[158] 톰슨에 따르면 "이것은 과학이 아니라 정보를 섬기는 미신이며 우상숭배다."[159] 왜 이것이 미신인가? 유전자 프로그램이란 존재는 없기 때문이다. 유전자형과 표현형의 관계는 그렇게 단순하지 않다.[160] 러셀E. S. Russell은 80여 년 전에 이것을 아주 탁월하게 기술했다. "배형질胚形質은 물질적 현실성entelechy(또는 생명력)이다. 유전과 발달의 내재적 생성 기제, 즉 유전과 발달의 원인을 찾으려는 사람은 행위자와 물질을 어쩔 수 없이 구별하게 될 것이다(현대적 이론은 거의 모두 이런 생성기제를 찾으려 한다). 마찬가지로 생기론자도 유기체를 뜻하는 기계론적 추상개념에 생명을 다시 도입하려 하지만 비물질적 행위자와 물질적 기제를 구분하는 이원론에 빠지고 만다. 어느 쪽이든 간에 그것은 기계의 신(*deus ex machina*: 극이나 소설에서 절망적인 상황을 해소하기 위해 갑자기 등장하는 힘이나 사건)이라는 결론에 이르고 만다. 다시 말해, 현대 생물이론은 핵 형성과 배형질, 유전자 복합체에 (생명체를) 통제하는 마술 같은 힘이 있다고 주장하는 것이다."[161] 헤르트비히Hertwig도 1894년에 비슷하게 주장했다. "생물학자는 인과관계를 밝히려는 열정 때문에 성숙한 생명체에서 나타나는 복잡성을 미생물의 잠재적 복잡성으로 대체하고 상상력의 상징으로 삼는다.…생물학자는 잠을 불러오는 베개를 만들려는 우리의 소망을 만족시킬 준비를 한 것이다.…우리는 적어도 보이는 특징을 조금은 조사함으로써 문제를 풀려고 하지만, [바이스만의 방법은] 그 문제의 해법을 보이지 않는 것으로 만든다." 이것은 몰리에르의 희곡에서 등장하는 최면 성분*virtus dormitivus*이 함유된 수면제와 비슷하다.[162] 하지만 확실히 이것은 단순한 플라톤주의를 보여준다. 이 플라톤주의는 전성설preformationism의 형태로 나타나며(러시아 인형을 생각해보라), 생명체를 부수적인 현상으로 만들어버린다. 더구나 이 단순한 플라톤주의는 유전자 애니미즘을 명분으로 내세우며 진화조차 부수적인 현상으로 만든다.[163] 표현형은 유전자형이 유전자형을 만드는 또 다른 방법이라는 생각도 전성설을 반영한다. 기슬린은 말한다. "도킨스 같은 사회생물학자들이 바로 이 생각을 우리에게 주입하려 한다. 그러나 이 생각은 새뮤얼 버틀러가 진화론에 반대하면서 말한 닭은 달걀이 또 다른 달걀을 만드는 방법일 뿐이라는 격언을 다시 생각나게 한다. 하지만, 규칙은 규칙이 또 다른 규칙을 만드는 방법일 뿐이라고 우리는 말할 수밖에 없다. 암탉

이 먼저냐 달걀이 먼저냐, 이런 문제는 이제 잊어버려라. 병아리와 수탉, 야생 닭도 잊어라. 존재론적 허무주의를 잘 보여주는 사례를 원한다면, 이것이 바로 당신이 원하는 사례다."[164]

## 유전자의 성

유전자 개념의 내부적 붕괴는 근본주의자의 입장에서는 슬픈 일이겠지만…그렇다고 생물학자가 유전자 개념을 생산적으로 사용하여 작업하지 못할 이유는 없다.

_ 미셸 모랑쥬[165]

진화는 게놈을 특별히 보존하지 않는다. 일시적 표현형도 조금은 지속되며, 우리가 이해해야 할 대상이라고 가정해보라. 일단 이렇게 가정한다면, 유전자는 표현형의 진화과정이 남겨놓은, 어지러운 발자국일 뿐이다.

_ K. 웨이스와 S. 풀러튼[166]

극단적 다윈주의가 말하는 이기적 유전자가 성castle이라고 상상해보자.[167] 이기적 유전자는 홀로 표현형의 변이에서 벗어나, 바이스만의 장벽 뒤에서 안전하게 거한다고 상상해보자. (극단적 다윈주의의) 중심원리— 유전자가 할 일은 단지 자연이 자신을 선택하기를 기다리는 것뿐이다—가 이기적 유전자를 보호한다. 일단 이런 주장을 결론으로 받아들이면, 이기적 유전자가 요구하는 불멸성도 거의 실현될 것이다. 이기적 유전자 개념은 이미 지적한 복제자와 운반자를 구분하는 이원론을 기초로 삼는다. 하지만 이런 구분은 또다시 자의적이기에 다윈주의에 그다지 도움이 되지 않는다. 다윈주의의 설명은 순환논리이며 논점을 회피한다. 그 이유는 첫째, 다윈은 유전학을 몰랐다. 따라서 유전학이 생겨나지 않고 교잡개념만 통했다면, 다윈의 이론은 무너지지 않았을 것이다. 다시 말해, 복제자와 운반자를 구분하는 것은 필수적이라기보다는 역사적 필요에 의한 것이다.[168] 결국 필요한 사실은 부모와 자식의 유사성뿐이다(우리보다 당신이 당신 부모를 더 닮았다). 유전이라는 개념 자체는 유전의 발생 배경—행동? 유전자? 문화?—을 중요하게 여기지 않는다는 점에서 상당히 어설픈 개념이다.[169] 상당히 발달된 개념인 복제도 일관성이라는 면에서 평가한다면 독립적인 실재로서 남아 있기 어려웠을 것이다. 과거를 돌아보면, 과거의 실험은 그다지 정확하지는 않았을 것이다. 따라서 느지막이 게임에 들어와서는, 제멋대로 규범을 정하려는 현상을 아무런 의심 없이 받아들일 수는 없다. 그리스머James Griesemer는 이렇게 말한다. "유전학자는 대체로 짧은 수명을 가진 유전 체계에 관심이 없다. 하지만 복제 정확도가 높은 유전 매커니즘이 진화하기 전에는 정확성이 낮은 유전체계가 아마 중요했을 것이다."[170]

오카사Samir Okasha도 그리스머와 비슷하게 주장한다. "복제자(유전자 등)의 수명, 복제의 정확성, 반응자(유기체)와의 긴밀성은 상당히 진화된 속성이며, 누적 선택이 여러 차례 반복되면서 나타난 결과다. 아마 초기의 복제자는 원본을 정확하게 복사하는 능력이 분명 형편없었을 것이다."[171] 육신은 유한하기 때문에, 즉 죽어 사라질 수밖에 없는 존재이기에 도킨스는 육신(육체적인 삶)을 낮게 평가한 것이다. 여기서 도킨스 추종자의 모순이 그대로 드러난다. 어떤 것이 존재한다면 그 일부분이라도 유한한 부분이 있을 것이다. 만약 그것이 유한하지 않다면 우리는 그것을 식별해낼 수 없을 것이다. 따라서 유한성은 동일성(정체성)의 필요조건이다.[172] 더구나 유전자가 정말 사멸하지 않는다면, 유전자는 호메로스가 그리는 신과 같은 존재가 될 것이다. 호메로스의 신은 사멸하는 존재가 활동하는 모습을 시기하면서 쳐다보다가 결국 생명 진화의 연속극에 자신이 직접 참여한다. 이런 점에서 "이기주의"는 정체성을 유지하기 위한 수사에 불과하다. 그러나 유전자가 유한하므로 불멸하지 않으며 정말 진화될 수 있다 해도, 어떤 유한한 것으로 다른 유한한 것을 판단하는 행위는 이데올로기적이지는 않더라도 항상 자의적이다. 노블을 다시 인용해보자. "어떤 논증이 경험적·과학적인지 판단하는 결정적 방법이 있다. 일단 논증을 설명하면서 논증을 반박해보고, 논증과 반박을 검증하는 실험을 제안해보라. 이런 실험이 존재하지 않는다면, 우리가 지금 다루는 논증은 말하는 사람의 입장에 따라 달라질 수 있는 사회학적·논쟁적 관점이거나 은유다."[173] 그러나 도킨스는 왜 신체를 유전자와 왜 대비하는지, 그리고 왜 이 구분이 정당한지 설명할 수 없다. 도킨스는 반역사적이며 반진화적인 장수를 찬양하는 것으로 논점을 회피하려 한다. 조셉 바이닝의 지적처럼 "십억 년은 짧지도 길지도 않다. 일단 생명계의 입장에서는 짧거나 길다는 것도 없다."[174] 이것은 생명계뿐만 아니라 복제자에게도 적용된다. 도킨스에게 지속성이나 내구성은 중요한 개념이다. 하지만 도킨스 자신은 규범에 관련된 어떤 것도 받아들이지 않는다. 도킨스는 상대적으로 수명이 짧은 생명체를 "존중하는 체"하지만 굴드는 도킨스의 이런 모습을 정확하게 포착했다. 굴드는 이렇게 말한다. "생명체의 수명은 심리적인 면에서 그리 긴 시간으로 느껴지지 않는다. 정확하게 복제되는 유전자의 수명 기준에서도 짧은 시간이고, 지질학적 시간과 비교했을 때도 그렇다. 그러나 이렇게 시간을 비교하는 것은 무의미하다."[175] 결국 하나님에게는 하루가 천 년 같지 않은가!

다윈주의의 억지스러운 해석 때문에 생긴 또 하나의 폐해는 복제도 "블랙박스"에 가둬버린 것이다. 복제도 어떤 과정처럼 발달한다고 생각할 근거가 전혀 없기 때문이다.[176] 그리스머는 이렇게 말한다. "복제라는 것은 DNA 수준에서 일어나는 번식의 인과과정을 보여주는 모델이다. 하지만 어떤 종에서 일어나는 번식의 특정한 매커니즘은 진화의 산물이다. 복제 과정은 생물학적으로 우연한 기제의 특성에 의존한다. 그러므로 복제 과정을 분석하더라도 복제 과정의 필요조건을 알 수 없다."[177] 다시 말해, 진화가 반드시 DNA에 의존한다면 DNA의 기제는 진화할 수 없었을 것이다(DNA는 늘 지금 있는 그대로 있었을 테니까). 그렇다면, 여기서 진화는 어디에 있는가? 길버트는 이런 문제를 멋지게 지적한다. "도브잔스키는 '진화의 관점으로 봐야 생물학을 이해할 수 있다'고 말했다. 유전자의 기능도 똑같다."[178] 유전자는 진화의 산물이다. 따라서 유전자는 진화와 동일시할 수 없다. 이것은 마치 콩코드 항공기를 유일하게 참된 운송수단으로 여기거나, 핵무기를 유일하게 참된 무기라고 생각하는 사람과 같다. 교통수단이란 단순히 A지점에서 B지점으로 이동하는 것이고(고급 리무진이건 아니건), 무기라는 것은 기본적으로 신체에 해를 입히는 것을 목적으로 하기에 돌을 던지는 행위와 별 차이가 없는데도 말이다. 극단적 다윈주의는 이렇게 은근히 진화에 반대한다. 극단적 다윈주의자는 자연도 움직인다는 사상을 대하고 창백해진 옛 귀족과 비슷한 것 같다. 역동적 자연관은 귀족의 특권을 떠받치는 고정적 자연관을 위협했기 때문이다. 극단적 다윈주의자(그들의 말로 지배적 밈)도 진화의 참된 본성과 범위를 보고 두려워한다. 그들은 진화의 본성과 범위를 단속하면서 생물계를 축소하여 설명하려 한다. 이것이 극단적 다윈주의가 은근히 부추기는 보수주의다. 개별성/개체성 같은, 아주 분명한 기초 개념도 극단적 다윈주의에서는 파생된 개념이다. 즉 개체성도 진화한다.[179] 따라서 선택도 파생된 개념이다. 선택될 대상이 있어야 선택이 일어날 수 있기 때문이다. 예를 들어 일단 축구팀이 있어야 어느 팀이 리그에서 이기는지 관찰할 수 있다. 다시 말해 우리는 진화적 이행을 고려해야 한다. 하지만 도킨스와 다른 사람들은 그것을 고려하지 않는다. 그리스머도 말한다. "기원을 설명하려는 연구 프로그램에서 공리 세우기 단계는 접근이 금지된다."[180] 따라서 우리는 개체, 위계질서, 복제자/운반자를 거리낌 없이 당연한 것으로 전제할 수 없다. 이처럼 "다윈주의자의 개체"는 이야기의 전부가 아니다. 진화를 온전히 설명하려면 개체가 전부라는 식으로 말해선 안 된다. 실제로 어떤 학자들은 개체들은 아예 진화라는 이야기의 일부도 아니며, 기껏해야 개체는 "상속인" 집합에 속한다고 주장한다.[181] 진화에 대한 모든 일반 이론은 개체가 어떻게 등장하는지 설명해야 한다. 하위 수준에서 이것들은 전혀 개체가 아니었기 때문이다. 따라서 도킨스는 시간 순서를 완전히 오해하면서 다윈주의의 설명력을 상당 부분 줄여버린다.

극단적 다윈주의가 자연계를 주로 통시적으로 분석한다는 것은 사실이지만 절반의 사실이기도 하다. 통시적 접근법이 이미 공시적 설명의 부산물이기 때문이다. 즉 복제자와 운반자를 순수하게 공시적으로 설명하고서 나중에야 통시적 접근법을 도입했다. 복제자와 운반자에 대한 공시적 설명은 완전히 추상적이며 기능주의를 추구한다.[182] 공시적 설명에서 복제자와 운반자는 순수하게 기능적 용어로 규정된다. 그래서 다른 요소들은 거의 무시되고 계통발생의 통시적 바다(진화 역사의 흐름)에 휩쓸려 들어간다. 그러나 위계질서를 전제로 삼아 복제자 개념을 추정하기 위해서는 분명한 위계질서의 수준이 존재해야 한다는 점에서 이 주장은 이미 논쟁적이다. 다시 말해, 매우 구체적이고 국지적 현상을 정의하고 나서 그것을 주변 환경에서 떼어내어 모든 영역에 적용할 수 없다는 뜻이다. 도킨스는 위계질서 개념—유전자가 왕의 역할을 하는—을 기반으로 추론한다. 하지만 도킨스가 복제자를 일반화해도 위계질서를 설명할 수 없다. 그런 일반화는 원래 추상적이기 때문이다. 복제자는 사실 개별적이다. 즉 복제자는 동물원에 사는 한 마리 동물이지 전체 동물원이 아니다. 결국 오카샤가 말하듯 "진화이론의 일반적 경향을 보면, 선택수준을 추론할 때 공시적 접근법보다 통시적 접근법이 점점 선호된다. 즉 예전에는 외인성外因性 매개변수로 간주했던 것을 차츰 내부적 변수로 바꾸고 있다.…예전에 한때 외인성 매개변수로 간주했던 것도 진화론으로 설명되어야 한다."[183] 이런 분석은 통시적 관점에서 시작된다. 또한 이렇게 분석하려면, 변화는 정말 일어나지만 안정성은 잠시 유지된다고 봐야 한다. 그러나 이런 분석은 완전히 추상적이고 공시적인 해석으로, 복제자/운반자의 이원론을 강화하고자 하는 극단적 다윈주의의 요구에 따르는 것이다. 그래서 극단적 다윈주의는 현실에서 일어나는 진화를 무시해버린다. 다윈이여 참 딱하구려! 그러나 진화론이 제시한 통시적 분석을 교정하고 질을 높여서 분해되지 않는 과정에 주목하라는 요구도 강해진다. 우리가 어떤 것을 분석하려면, 이 과정은 더 이상 분해되지 않고 보존되어야 한다. 하지만 다윈주의적 흐름Darwinian flux(계통발생의 바다)에 대해 이 사실은 중요한 뜻을 품는다. 즉 다윈주의적 흐름은 순수하지 않다는 것이다. 다윈주의적 흐름 개념을 있는 그대로 사용하거나 적어도 순수하게 사용할 수 없다. (존재론으로 말하자면) 생명 흐름은 지양Aufhebung되거나 안정된다. 변화는 이제 순수한 변화가 아니다. 변화는 조직되어 구조로 나타나기 때문이다. 똑같이, 물질도 이제 순수한 물질이 아니다.

순수한 물질이란 개념은 이미 연장*res extensa*과 사유*res cogitans*를[184] 이분법적으로 나누는 "데카르트적 전제"에서 나온 산물임을 알게 된다면, 우리는 물질이 왜 그냥 물질이 아닌지 쉽게 이해할 수 있다. 순수한 물질 개념에 따르면, 존재하는 어떤 것도 순수 생성이란 다원주의적 "습지"에서 생긴 거품일 뿐이다. 이 습지야말로 오늘날 우리가 믿는, 우리 자신의 기원이다. 도킨스와 그의 추종자는 유전자형(연장)과 표현형(사유)을 엄격하게 나누면서 유사 데카르트주의를 재생산한다.[185] 이 유물론자들은 유사 데카르트적인 용어를 사용하면서 난쟁이homunculus 근본주의를 낳는다. 즉 이들은 영혼이 사람 안에 사는 난쟁이와 같다고 가정한다. 이런 난쟁이를 사람 안에서 찾지 못하자, 영혼이 없다고 주장한다. 그런데 이들은 사람 안에서 단 한 명의 난쟁이를 발견했다. 그것은 불멸하는 복제자인 유전자다. 순수한 물질은 순수 정신이 만들어낸 그늘 아래서만 표현된다는 사실을 알아야 한다. 우리가 순수 정신을 먼저 생각해냈기 때문에 순수 정신이란 생각을 즐길 수 있는 것이다. 데카르트의 순수 정신 개념을 전제하면, 요나스가 말한 "나머지를 데카르트적으로 처리"할 수 있다.[186] 극단적 다윈주의자(또는 제거적 유물론자)는 뇌 안에 정신이 있다는 그림(또는 영혼이 몸의 안이나 바깥에 있다는 그림)에 집착하며 능글맞게 웃는다. 극단적 다윈주의자는 우리의 스커트를 위로 걷어올리며 정신이란 난쟁이가 없다고 소리친다. 하지만 자세히 들여다보면 극단적 다윈주의자의 접근법에 대단히 낡은 사고가 있다는 것을 알아차릴 수 있을 것이다.

요나스는 진화 때문에 상식이 회복된다고 주장한다. "인간이 동물과 친척이라면, 동물도 인간과 친척이다. 인간은 동물의 친척 가운데 가장 발달한 종이며 자신을 의식한다. 동물도 이런 내면성을 조금은 가지고 있다."[187] 데카르트주의가 동물을 다루는 방식은 이미 사라졌다. 데카르트주의는 심지어 동물에게 고통이 없다고 말했다(이제 우리에게도 고통이 없다고 말한다). 동물은 순수 정신이 없기 때문에(이제 우리에게도 순수 정신이 없다) 그저 연장*res extensa*일 뿐이다. 이런 생각의 결과는 무엇일까? 정확히 말해, 우리는 이제 순수한 물질의 자리마저 정할 수 없다. 형편없는 이원론이나 물질을 혐오하는 영지주의를 선택하면 가능하겠지만. 다원주의자가 말하는 "습지"도 찾을 수 없다. 우리는 순수한 물질을 찾을 수 없다. 순수한 물질을 발견하려면 순수한 물질과 완전히 반대되는 것을 가정해야 하기 때문이다. 하나님은 창세기에서 묻는다. "네가 벗었다고 누가 너에게 말했느냐?"(창세기 3:11)[188] 이 구절을 다음과 같이 바꿔 쓸 수 있다. "네가 순수한 물질이라고, 물질만이 있다고 누가 너에게 말했느냐?"[189] 인간은 동물에서 나온 존재이므로 인간은 동물일 뿐이라고 주장하는 사람은 정신을 사유*res cogitans*라고 가정하는 논리를 사용한다. 물질이나 동물성을 이렇게 사고하는 것은 정확하게 다원 이전 시대의 사고에 속한다. 동물성을 유감으로 생각할 필요가 없다(일단 동물성은 완전히 추상적 개념이며, 이 개념의 본질도 수상하다는 점은 잠시 놔두고 생각해보자). 방금 지적한 요나스의 말을 조금 더 인용해보자. "인간이 동물로부터 유래했다는 교리가 인간의 형이상학적 지위를 경멸했다고 강하게 항의하는 사람들이 있다. 하지만 똑같이 생명의 영역이 모두 존엄을 회복했다는 사실은 간과되었다. 인간이 동물과 친척이라면, 동물도 인간과 친척이다. 인간은 동물의 친척 가운데 가장 발달한 종이며 자신을 의식한다. 동물도 이런 내면성을 조금은 가지고 있다."[190] 무엇보다 자연은 순수하게 외부적인 존재가 아닌 측량이 가능한 부분*partes extra partes*임을 알아야 한다. 톰슨은 이렇게 주장한다. "자연은 순수하게 외부적인 존재가 아니다. 생명을 생각해보면 자연은 나름대로 내면성을 가지며 정신을 닮았다. 반면, 정신도 순수하게 내면만 있는 존재는 아니다. 정신은 오히려 형상이거나 세계에 개입하는 구조라는 점에서 생명을 닮았다."[191]

극단적 다윈주의가 말하는 유전자 개념으로 다시 돌아가보자. 그들이 말하는 유전자 개념은 진화론에 맞지 않다. 더구나 "이기적"이란 형용사는 상당한 문제를 일으킨다. 그런데 흔히 말하듯, 의도를 나타내는 언어를 유전자에 적용했다고(마치 유전자에 정신이 있다는 것처럼) 문제가 생기는 것은 아니다. 극단적 다윈주의가 말하는 유전자는 완전히 자의적이며 아예 영지주의적이라는 것이 훨씬 심각한 문제다. "이기적"을 "자기"나 개체란 단어로 쉽게 바꿀 수 있기 때문이다. 이것을 잘 이해하면 도킨스의 일반화가 순환논리라는 사실을 밝힐 수 있다. "이기주의"를 피하려고 도킨스는 자아는 없다고 주장한다. 진화적 이행이 일어날 때, 독립적으로 자유롭게 살 수 있는 존재도 계속 생존할 수 없다. 이때, 새로운 개체가 생긴다.[192] 미초드는 이렇게 묘사한다. "개별 유전자에서 유전자 연결망으로, 유전자 연결망에서 박테리아 같은 세포로, 박테리아 같은 세포에서 세포기관이 달린 진핵 세포로, 세포에서 다세포 유기체로, 단일 유기체에서 사회로 진화 단위는 변했다."[193] 갈등을 억제하는 기제가 진화할 때 비로소 이런 이행이 일어날 수 있다. 이식된 기관을 생각해보라. 몸은 이식된 기관을 거부하기도 하고 받아들이기도 한다. 이제 협력은 낮은 수준에서 높은 수준으로 이전된다.[194] 우리에게 중요한 것은 정체성에 대한 도킨스의 해석은 레비나스적이거나 데리다적이라는 것이다. 이기주의를 피하려면 우리는 존재가 아닌 다른 것이 되어야 하고 어떤 선물도 불가능한 것으로 만든다. 레비나스가 파스칼의 팡세의 구절인 "'여기는 내가 햇빛을 쬐는 장소야.' 이것이 온 세상의 찬탈이 시작되는 장면이다"를 오독한 것과 마찬가지로, 도킨스는 이기주의를 오독한다.[195] 이 잘못된 논리에 체스터튼이 어떻게 답했는지 기억해두자. "자아가 존재한다는 사실만으로도 이기주의가 발생할 수 있는 가능성은 언제나 열려 있다."[196] 다시 말해, 도킨스의 입장은 반증될 수 없으므로 그의 입장은 진화론에 반대하고 있다(반증할 수 있다는 것은 어떤 주장이 참이 아닐 수 있는 시나리오가 없다는 것이다). 이것은, 선택 단위 논쟁을 다시 떠올려보면 분명하게 드러난다. 여기서 미초드의 지적은 중요하다. "다양한 수준의 선택은 유기체의 기원을 설명하기 위해 필요하다. 그러나 진화생물학의 유기체는 다양한 수준의 선택의 유용성을 부인해야만 한다."[197] D. S. 윌슨은 훨씬 극적으로 표현한다. "더 높은 수준에서 일어난 선택은 더 낮은 수준의 선택보다 늘 약하다고 주장하게 내버려두지 마라. 당신과 나 같은 개별 생명체가 이미 이 주장의 모순을 보여주고 있다."[198] 로버트 윌슨도 지적한다. "복제자가 먼저이고 유기체가 나중이란 관점으로 살아 있는 행위자를 관찰하면 모순에 빠진다."[199] 복제자도 먼저 유기체가 되어야 했기 때문이다. 우리가 흔적기관(맹장 등)들을 가지고 있는 것처럼, 오늘날의 복제자는 실제로는 흔적 유기체일 뿐이다.[200] 따라서 진화는 집단 선택이라고 결론 내릴 수 있다. 물론 진화는 개체도 낳는다. 도킨스는 다수준의 선택과 하나 이상의 선택 단위가 존재한다는 생각에 저항하면서 결국 진화까지 멀리하게 되었다. 이와 비슷하게, 그의 이기주의에 대한 찬사는 그를 결국 절대적인 반진화의 길로 들어서게 만들었다(창조론이 반신학적인 것과 마찬가지다).

한때 유명했던 에드워드 윌슨의 유비를 생각해보자. 그는 유전자가 문화를 끈으로 묶어둔다고 말했다. 그럴지도 모르지만, 그 반대의 경우도 가능하다. 우리가 시간을 거슬러 올라간다면, 다른 자연 존재들 가운데 유전자가 선캄브리아기의 혼돈을 잠재웠다고 이해할 수 있을 것이다. 불규칙한 깊이에서부터 유한한 개체의 무한한 심연이 떠올랐다. 그리고 이것이 누적되면서 더 낮은 수준의 개체는 새로운 개체에게 자리를 내주었다. 이 개체들의 이기주의는 개별화를 지칭하는 다른 이름이다. 개별화가 진행되면서 자연선택이 생겨났고 진화했다. 이것이 바로 자연선택이 진화의 원인이 아니라 진화의 결과라는 증거다.[201] 자연선택은 자기 보호를 위해 작동하기 때문에 새로운 종의 등장을 막으며 진화의 걸림돌이 될 수 있다. 이제 유전자가 "혼돈"을 묶어두었듯이, 내재된 위계질서들은 순수한 단순함을 더 강하게 묶는다. 존재론적 환원주의는 우리를 순수한 단순함으로 환원하려고 한다. 비슷하게, 문화도 유전자를 묶어두면서 협력을 더 높은 수준으로 퍼뜨린다. 언어가 생기면서 새로운 인과관계도 생겨난다. 이제 자연은 자신이 통제할 수 없는 존재를 선택했다는 사실을 우리는 볼 수 있다. 따라서 진화심리학이 나눈 근접 원인과 궁극 원인의 순서도 뒤집어질 수 있다.[202] 근접 원인은 지금까지의 진화사지만, 궁극 원인은 새로운 수준의 명령이다. 이런 생각이 인간의 많은 행동을 좀더 명백하게 설명할 것이다. 생물학적 수준이 중요한 이행을 겪는 것처럼, 다윈주의 패러다임도 기본 성격이 혁신될 수 있다(도킨스도 이 부분은 인정한다). 하지만 실제로 도킨스는 진화에 저항한다. 도킨스는 극단적 다윈주의를 고수하는데, 여기에서 다윈 이전의 본질주의가 부활하기 때문이다. 이 본질주의는 여러 가지 모습으로 나타나지만, 바뀔 수 없는 공통점은 이원론에 의지해서 생물계를 분석하려는 유혹이다. 예를 들어보자. 이제 우리는 복제자/운반자 이원론이 상당히 잘못되었음을 알고 있다. 이제 이기주의/이타주의 이원론에 주목해보자. 도킨스가 정의하는 생명체의 정체성은 이기적인 존재라는 것이다. 이런 관점은 반증 불가능하다. 이기주의에 대한 도킨스의 생각은 바이스만의 장벽으로부터 나왔다. 바이스만의 장벽에 따르면, 생식계열만 복제되고 체세포계열은 사멸한다. 따라서 생식계열은 이기주의의 유산이다. 이 유산은 세대를 넘어서 세대를 거쳐 전달된다. 하지만 버스Leo Buss는 이렇게 지적한다. "생식세포계열의 격리는 이기적인 혁신이다. 하지만 이 혁신은, 체세포 환경에서 점점 복제를 늘여가는 일부 체세포에서 일어난 이기적 행동임을 강조해야 할 것 같다. 생식세포계열은 유사분열이 멈춘 계통이며, 세포 계통 경쟁의 패배자다. 여기서 이기적 세포는 바로 체세포다."[203] 결국 "생식세포계열의 격리는 복제자의 단순한 이기적 행동 이상을 표현한다. 생식세포계열은 세포 수준에서 개체가 이겼음을 나타낸다."[204] 도킨스처럼 생식세포계열을 잘못 이해하는 것은 상당히 불공정하다(이기적이기까지 하다). 하지만 더 중요한 것은, 회슬레가 지적하듯이 "생명은 처음부터 이기주의와 이타주의가 놀랍게 섞이면서 나타난 현상이며, 자기를 보존하면서도 자기를 넘어서는 현상이다. 복제자의 본성이 자연스럽게 이런 융합을 가능하게 한다. 복제자는 증식하면서 자신을 반복하지만 자신을 넘어서고자 애쓴다."[205]

이는 애초부터 그러했다. 모든 생물학적 실체(실체라고 불릴 만큼 안정적인 상태)는 이미 과거에 일어난 협력의 산물이라는 것을 분명히 기억해야 한다. 모든 생물학적 단위는 과거 군집이 남긴 흔적이며, 지속적인 협력으로 개체가 등장했다. 따라서 바렐라Francisco J. Varela는 "자기 없는 자기들"Selfless-selves이 휘감긴 것이 바로 유기체라고 기술한다. 따라서 이기주의가 독창적이라 해도 이기주의는 처음부터 있을 수 없다. 이타주의는 바로 이기주의를 통해서 정말 퍼져나갈 수 있기 때문에, 이기주의야말로 이타주의를 실어나르는 운반자라는 사실이 더 이상 놀랍게 느껴지지 않을 것이다. 회슬레는 "더 자세히 보고 종합적으로 생각한다면, 이기주의는 이타주의의 승리를 위한 유일한 방법이라는 사실에 우리는 놀라게 된다. 동물이 자기 새끼를 위해 기꺼이 자신을 희생하려 하기 때문에, 이를 통해 또 다른 후손이 자기 희생 전략을 사용하게 된다. 다른 동물의 새끼를 위해 희생하려한다면 후손이 자기 희생전략을 사용할 가능성을 훨씬 낮아질 것이다."[206] 저수지를 생각해보라. 저수지의 물을 내보내기만 하고 저장하지 않으면 저수지 물은 모두 말라버린다. 더구나 어떤 생명체가 자손을 위해 자신을 희생한다면 미래에 이러한 포괄성이 증가할 수 있다. 생물계는 이기주의를 복잡화를 위한 운반자/수단으로 이용하면서, 쉽게 말하자면 덜 복잡한 형태에서 더 복잡한 형태로 변하며 결국 포괄성을 늘려간다. 문화가 상당 부분 주도권을 쥘 때까지 우리는 다른 사람의 행동을 따라한다. 정말 이기적 복제자가 있다고 해보자. 아니, 이기주의가 처음부터 존재했고 원초적인 것이라고 생각해보자. 그렇다면 진화도 일어날 수 없다는 점이 바로 이론의 맹점이다. 본성적으로 이기적 존재는 복제할 수 없으며, 복제하려고 애쓰지도 않기 때문이다. 이기적 존재는 복제할 수 없다. 오직 유형만이 살아남기 때문이다. 어떤 유형의 사례는 살아남지 않는다. 표현형도, 사례가 아니라 유형이 살아남는다. 이렇게 되려면, (어떤 뜻에서) 복제자는 전제정치에서 나타나는 독재자 같은 명령을 포기해야 한다. 프로이트의 용어로 이것을 기술해보자. 이기적 복제자가 되려는 존재가 가진 유일하게 참된 본능이 하나 있다. 그것은 타나토스Thanatos(죽음의 충동)다. 자기 정체성은 유한하고 깨어지기 쉽지만, 바로 이타주의를 구성하는 핵심적인 요소이기 때문이다. 이 주장은 일견 상식과 어긋나는 것처럼 보이지만, 사실 아주 당연한 것이다. 영속성이라는 것은 끊임없는 교환을 통해 이루어지는 것이다. 따라서 우리의 존재도 **근본적 호혜성**이 낳은 산물이다. 요나스는 이렇게 말한다. "더욱 견고한 자아의 배경에는 더 견고한 세계가 있고, 자아는 이에 맞선다. 자아가 세계에 자신을 드러낼수록 자아의 의식도 함께 성장한다. 자신이 멸절당할 수 있다는 사실은 자아의 두려움의 대상이다. 마치 혹시 있을지 모르는 만족감을 우리의 욕구의 목표로 삼는 것처럼 말이다."[207] "존재"는 연약함이다. "존재"는 자신의 자아로부터 한 발짝 떨어질 수 있는 것이다. "존재"는 기꺼이 타자가 될 수 있음이다. 다르게 혹은 다른 것이 될 수 있음이다.

다시 말하지만, "자기"라는 개념은 군집이나 협력의 열매인 차이가 낳은 산물이다. 이처럼 생물계 전체는 정확하게 이기주의의 반대편에 서 있다. 그렇다고 이기주의는 현존하지 않다거나 중요하지 않다는 말은 아니다. 우리는 이기주의의 정체를 알고 있으면서도, 이기주의의 부차적인 면만을 은근히 숭배한다. 요나스에 따르면, "즐거움에도 고통이란 그늘이 있다면, 소통의 이면에는 고독이 있다."[208] 이기주의는 개별화의 존재론적 이타주의를 드러내는 부산물일 뿐이다. "영속성의 보장만이 목적이었다면, 생명은 처음부터 시작조차 하지 않았을 것이다. 생명은 원래 쉽게 깨어지며 썩어 없어진다. 생명은 사멸하는 모험이다."[209] 그래서 원래 생명은 더 큰 위험을 향해 가는 이야기다. 피터 코슬롭스키Peter Koslowski도 비슷하게 말한다. "유전자의 목적이 그것의 생존이며, 유전자 생존 프로그램이 살아 있는 존재의 현실을 이끈다면 우리가 인지할 수 있는 현실은 대부분 기능하지 않을 것이다.…유전자가 유전자 자료를 변형하여 특정한 형상을 만들지 않고, 유전자 자료를 잠재성의 상태로 계속 보존하면서, 원시 수프에서 영원히 헤엄치는 것이 더 경제적이다. 존재론으로 따진다면, DNA 정보를 특정 물질로 만드는 일은 무익하다."[210] 따라서 순수한 이기주의를 전제하면 진화가 일어나지 않을 것이다. 살아남으려는 노력도 살아남지 못할 것이다. 미초드도 주장한다. "유기체는 극대화하는 행위자가 아니다. 그렇다고 도킨스의 주장처럼 유기체가 선택 단위가 아니라는 것은 아니다. 오히려 자연선택은 적합성의 극대화 그 이상의 기능을 갖고 있다는 것이다. 조직적 요인(다중 수준에서 일어나는 선택 등), 유전적 요인(우위epistasis, 연쇄, 재조합 등), 생태적 요인(유전적 요인, 개체군 밀도, 빈도, 연령 구성 등), 이 세 가지 요인의 간섭은 유기체의 적합성과 진화를 별개의 것으로 만들 수 있다."[211] 따라서 폭넓은 형태의 진화가 있다. 아무리 그 진화가 과도기적인 것으로 보이더라도 말이다. 더 낮은 수준의 개체는 발달된 모나드monad(무엇으로도 나눌 수 없는 궁극적 실체)를 포기하기까지 하면서, 생물학적 적합성을 위한 노력을 포기한다. 따라서 다윈주의는 반드시 적합성을 높이지는 않는다. 요나스의 말처럼 생명이 사멸하는 모험이듯(또는 위험이듯), 진화도 적합성이 점점 감소한다는 이야기일까? 이것은 분명 논란거리다. 위험이 커질수록 고통도 더욱 강렬해지고 실제적이 된다. 다시 요나스를 인용해보자. "생물학적 안전의 면에서 생각한다면, 동물이 식물보다 더 나은지 정말 의심스럽다."[212] 복잡한 생명의 핵심에는 신진대사가 있다. 신진대사는 꼭 필요한 자유가 펼치는 변증법이며, 원초적 이타주의와 독창적 이기주의가 보여주는 춤이다.[213] 요나스는 이 변증법을 우리에게 상기시키면서 이렇게 말한다.

> 자신을 스스로 유지하는 생명체의 과정에서 유기체와, 그것을 구성하는 물질 기반의 관계는 이중적이다. 물질과 유기체의 관계는 분명 필연적이다. 그러나 동시에 그들의 관계는 우연적이다. 유기체는 어떤 순간에는 물질의 집합과 동일하다. 그러나 유기체는 연속적인 시간에 있는 어떤 물질 집합에도 매이지 않는다. 파도를 타듯 변화를 "타면서" 스스로 견딜 수 있는 물질 형태에만 매인다. 물질로서 사용 가능할 때 유기체가 존재할 수 있지만, 그 물질이 동일성을 반드시 유지할 필요는 없다. 유기체가 기능적 통일성을 위해 일시적으로 물질을 통합시키는 것은 다른 차원의 문제다. 즉 유기체의 형태는 꼭 필요한 자유와 물질 사이의 변증법적 관계 한가운데 존재한다.[214]

분자가 교체되는 현상molecular changeover을 보자. "5일마다 새로운 위벽이 생겨나고, 2개월마다 새로운 간이 생겨난다. 당신의 피부는 6주마다 바뀌며, 신체를 구성하는 물질의 98%가 1년마다 교체된다. 중단 없이 계속되는 화학적 교체작업이 바로 신진대사다. 이것은 생명이 있다는 확실한 표시다."[215] 이런 맥락에서, 다윈 이전의 사고라고 비난받을지도 모르지만, 호혜적 이타주의와 친족 선택 개념을 이 개념들이 분명하게 함의하는 뜻에 맞게 거꾸로 사용해야 한다. 호혜적 이타주의와 친족 선택 개념은 더 이상 이타주의를 설명하기에 부족한 개념이라고 취급받지 않는다. 오히려 진화에 수반하는 혁신—무생물에서 생물로, 그리고 자기 의식을 가진 존재로 변화하는—으로 인정받는다. 미초드는 이렇게 말한다. "개체군의 구조, 친족 관계, 학습 같은 조건은 진화 방향을 이기주의에서 다차원적 환경으로 바꿀 수 있다."[216] 더구나 개체의 선호를 조절하지 못하면(이기주의를 절대적으로 만들면), 진화를 버리고 특별 창조 교리를 주장해야 한다. 진화를 버리고 종별 창조를 전제한다면, 생명체의 행동은 환경에서 정말 분리될 수 있고, 생명체의 이기적 행동도 성공할 수 있다. 이처럼 다윈 이전 시대의 사고방식대로 생각한다면, 이기적 복제자를 찬양하는 것은 본질주의적 사고방식으로의 회귀를 의미하는 것이다. "공통 조상"을 열띠게 가정하거나 홍적세Pleistocene 시대만을 지나치게 중요하게 여기는 사람도 마찬가지다.

앞에서 우리는 도킨스의 유전자 중심적 견해를 성castle에 비유했다. 노블은 어떤 유전자에 대응하는 DNA 코드는 터무니없는 개념이라고 지적한다. "적어도 이 개념이 유효하려면, 먼저 세포/단백질 장치가 DNA 코드를 기능적으로 해석하고 나서, 체계 수준에서 서로 작용하는 단백질이 DNA 코드를 기능적으로 해석해야 한다. 세포/단백질 장치는 전사와 전사 이후의 변형을 개시하고 통제하며, 단백질이 체계 수준에서 서로 작용할 때 상위 수준의 기능이 생겨난다."[217] 따라서 유전자의 성이란 은유는, 유전자가 의존하는 하위 수준의 통제에 실패하면서 그 기초가 사라졌다. 유전자 환경을 조성하는 필수 화학적 조건을 유전자는 통제할 수 없다. 예를 들어, 물의 속성을 겨냥한 유전자나, 세포막을 형성하는 (지방)지질을 겨냥한 유전자는 없다. 유전자의 성을 덮으면서 피난처를 제공하는 지붕도 없어졌다. 생물학적 분절현상은 바로 체계 수준에서 수용되기 때문이다. 그래서 특정한 발달 환경에서만 유전자를 기능에 따라 정의할 수 있다.[218] 결국 노이만-헬트Neumann-Held가 말하듯 "DNA에 있는 구성성분(도메인, 부위, 조절 서열)은 발달환경과 떨어질 수 없다."[219] 유전자의 성을 둘러싸고 마지막 골격을 이루는 벽도 사라졌다. 상호작용을 가능하게 하는 유전자는 없기 때문이다. 다시 말해 의미semantic는 유전자가 아닌 다른 곳에서 나온다. 더구나 이것이 유전된다고 주장하기도 어렵다. 유전자가 유전의 유일한 통로가 아니기 때문이다. 우리는 어머니에게서 난자 세포를 받는다. 이때 우리는 난자 세포의 구성요소—미토콘드리아, 리보솜, 그리고 세포핵으로 들어가 DNA 전사를 시작하게 하는 단백질 같은 세포질 구성요소 등—까지 모두 받는다. 따라서 우리는 환경을—더 정확하게는 세계를—상속받는 것이다. 우리는 화학적·물리적 법칙과 함께 문화적 법칙까지 물려받는다.[220] 이렇게 되려면 반드시 유전 기제가 먼저 존재해야 한다. 그것을 위해서는 유전 기제는 상당히 진화되어 있어야 한다. 따라서 자연선택은 유전 기제를 설명할 수 없다. 오히려 유전 기제가 자연선택을 설명한다.[221] 노블이 바이스만 장벽의 중심원리는 상당히 "매혹적"이라고 주장한 것은 옳은 것처럼 보인다.[222] 중심원리가 바이스만의 장벽을 지탱하는 근거이며, 바이스만의 장벽에서는 생식세포계열은 아주 중요한 요소지만, 체세포계열은 다소 불필요하게 보인다. 중심원리는 생물학을 물리학 같은 진짜 과학으로 만들어줄 것처럼 유혹한다. 톰슨에 따르면, 서로 연결된 세 개의 생각이 바이스만주의를 이룬다. 첫 번째 생각은 분리 원리다. 분리 원리에 따르면 생식세포계열이 분리되면서 체세포계열이 생긴다. 두 번째 생각은 유전 원리다. 이것은 바이스만 장벽—중심원리—이라고 불리는데, 유전은 생식세포계열에서만 이루어진다는 원리다. 세 번째 생각은 비대칭적 인과 원리로서, 유전자를 제외한 요소는 유전자에 의존적이며, 유전자 외의 물질에 의존적인 유전자는 없다는 것이다.[223] 분리 원리부터 살펴보자. 일단 분리는 확고한 규칙은 아니다. 버스는 발달에 세 가지 유형—체세포배발생, 후성설, 전성설—이 있다고 주장한다.[224] 우선 체세포배발생을 살펴보면, 분명하게 구분되는 생식세포계열은 실제로 존재하지 않는다. 반면 후성설에서 생식세포계열은 발달 후기에 나타난다. 따라서 생식세포계열과 체세포계열이 완전히 분리되기 전에, 체세포계열에서 변화가 일어나면 후손progeny이 영향을 받을 것이다. 전성설의 경우 분리 원리가 정말 유효하다. 유전 원리에도 몇 가지 심각한 문제들이 있다. 먼저 개념에 문제가 있다. 톰슨은 유전 원리가 유전 현상과 유전의 물리적 기제를 뒤섞었다고 지적한다.[225] 한마디로 진화는 실제로 작동하는, 우연한 역사적 기제를 염두에 두지 않는다. 생물체의 발달에 필요한 자원을 다음 세대에도 계속 전달하고 보존하는 일이 진화의 유일한 관심사다. 따라서 유전자 외부적 유전 양식은 진화와 완벽하게 조화되며, 구체적으로 다윈주의와도 완벽하게 조화된다. 톰슨은 말한다. "유전자 외부적 유전 기제는 없다고 주장할 만한 이론적 근거는 없다. 유전될 만한 성질이 있는 한 진화는 일어날 것이다. 진화는 유전이 일어나는 기제에 신경 쓰지 않을 것이다."[226] 일단 이렇게 이론적으로 반박하지 않더라도 유전자 외부적 유전 양식이 있다는 훌륭한 증거가 정말 있다. 이 유전 양식은 유전자 내의 유전 양식과 함께 작동한다.[227] 유전자 외부적 양식을 후성설적 유전체계라고 부르는데, 이 양식과 체계는 모두 DNA와 관계 없이 작동한다. 야블론카와 램이 지적하듯, "유전체계를 떠받치던 오래된 가정들이 신다윈주의의 기초를 이루고 있다. 그런데 분자생물학은 이런 가정 가운데 상당수가 틀렸다는 사실을 밝혀냈다. 그리고 세포는 DNA 외부적(후성설적) 유전을 통해 정보를 딸 세포에 전달할 수 있다는 것도 분자생물학이 밝혀냈다. 유기체에는 적어도 두 가지 유전체계가 있다는 뜻이다. 또한 많은 동물이 행동이라는 수단을 통해 다른 동물에게 정보를 전달한다. 행동 수단을 통해 동물은 세 번째 유전체계를 가지게 된다. 우리 인간에게 네 번째 유전체계가 있다. 인간이 진화할 때, 상징 기반 유전이 중요한 역할을 맡는다. 특히 언어의 기능이 중요하다."[228] 오카샤도 비슷하게 지적한다. "문화적·행동적·유전적 유전으로 부모와 자식은 닮는다. 이것이 자연선택에 대한 진화론적 반응에 필요한 유사성이다."[229] 여기서 메틸화methylation가 중요하다. 샙Jan Sapp은 이렇게 말한다. "세포유전에서 우리가 가장 잘 이해하는 부분은 유전자 발현을 조절하는 기제다. 이 현상은 메틸화에 의해 염색질 구조가 변하는 현상에 의해 유전자 발현을 조절한다. 많은 진핵생물에서 DNA의 일부 시토신은 메틸methylation가 효소로서 첨가되면서 변형될 수 있다. 메틸기는 염기의 암호화 성질을 변화시키지 않는다. 하지만 메틸기는 유전자 발현에 영향을 준다.…DNA 메틸화 패턴은 한 세포 세대에서 다음 세포 세대로 유전된다. 메틸화는 체세포 유전의 중요한 기제다. 어떤 방향으로 나가는 변화는 유성생식으로 전달된다고 암시하는 증거도 있다. 따라서 메틸화는 획득형질 유전의 사례인 것 같다."[230] 신다윈주의의 중심원리에 도전하는 또 하나의 현상은 바로 RNA가 DNA를 변화시키는 역전사효소reverse transcriptase다.[231]

극단적 다윈주의의 유전자 개념을 칼슨Elof Axel Carlson은 이렇게 논평한다. "유전학자는 유전자가 인지될 수 있는 다양한 수준을 인식한다. 이 수준 가운데 하나를 선택하여 자의적으로 유전자의 보편적 정의로 삼는 것은 적절하지 않다."[232] 포르틴Petter Portin은 더 강하게 주장한다. "옛 유전자 개념은…이제 쓸모없다고 주장할 수 있다."[233] 레니 모스Lenny Moss의 탁월한 저작도 인용할 만하다. 레니 모스는 오늘날 우리가 믿는 유전자 모형은 두 개의 유전자 유형을 뒤섞는다고 지적한다. 모스는 D 유전자형(발달 자원)과 P 유전자형(전성설)을 구분한다. 표현형으로 P 유전자형이 정의되지만, DNA로 P 유전자형은 규정되지 않는다. 반면 DNA로 D 유전자형이 정의되지만, 표현형으로 D 유전자형은 규정되지 않는다. 일단 D 유전자형과 P 유전자형이 다르다는 사실을 망각해야만 모스가 말한 "통속 다윈주의"의 유전자를 생각해낼 수 있다.[234] 통속 다윈주의의 유전자 개념은 분명 이데올로기(기껏해야 편의)라는 모래 위에 지은 성이다. 카드로 지은 이 성에는 의미론이 없을 뿐만 아니라, 건축 계획—건축을 위한 핵심적 구문—도 없는 셈이다. 예를 들어 유전자형/표현형은 이차적 조건이기에, 처음부터 있었던 조건이 아니다.[235] 비슷하게 운반자/복제자 구분도 결국 우리를 잘못된 길로 이끈다. 물론 (개별) 몸은 죽음을 이길 수 없다. 몸은 복제가 불가능하기 때문이다. 유전자형도 마찬가지다. 개별 DNA의 화합물은 모두 사라지고, 그 유형 정도가 복제되어 살아남는다. 이렇게 생각한다면 표현형도 살아남는다고 생각할 수 있다. 표현형도 유형이 살아남는다. 우리가 말하는 종species이 바로 이런 존재가 아닐까? 예를 들어 다음과 같이 말해도 될 것 같다. 잠자리는 꽤나 오랜 시간(공룡들의 시대부터) 지구 상에 존재했다. 샌드라 미첼은 다음과 같이 말한다.

> 개별 복제자가 아니라 복제자 유형을 선택 단위로 이해해야 우리는 복제자의 생존을 이야기할 수 있다. 도킨스는 복제자의 생존은 "복사본"의 존재 여부에 달려 있다고 암시한다. 그러나 살아남는 것은 생물 유형의 최초 분자가 아닌 다른 개체들이다. 물론 도킨스는 개별 유기체는 수명

을 넘어 생존하지 않기 때문에 적응의 이점을 누릴 수 없을 것이라고 재빠르게 지적한다. 그러나 DNA의 물리적 파편 역시 적응의 이점을 누릴 수 없다. 유형/사례 간의 구분을 인정한다면, 긴 수명이 적응의 결과라고 강조해도 전달자와 반응자를 명확하게 구분할 수 없을 것이다. 예를 들어, 검은 날개를 가진 유형의 수가 개체군에서 늘어나거나 다른 유형의 개체에 비해 자주 발견된다면, 검은 날개를 가진 유형이 오래 살아남는다고 간단하게 말할 수 있을 것이다. 복제가 직접적으로 이루어지는 것은 물리적 실체인 DNA 분자 조합이다. 둘러싼 환경에 가장 자주 접촉하는 것은 개별 생물이다. 그러나 시간이 흘러도 살아남는 것은 유전적 물질 아니면 개별 생물의 유형이라고 말한다.[236]

어쩌나. 극단적 다윈주의자의 유전자가 너무 불쌍하다. 우리는 이 유전자를 "원자"로 대접할 것이라 기대했는데 말이다. 버튼 Peter J. Beurton 은 이 상황을 "파급효과가 큰 유전자의 해체"라고 부른다.[237] 이것은 "이 세기가 끝날 때 원자 이론이 어떻게 되었는지 생각나게 한다."[238] 심지어 버튼은 진화라는 연속극에서 유전자는 생산자가 아닌 생산물이라고 말한다. "개별적으로 본다면, 유전자는 마지막 입자이며 유기체를 조정한다. 그러나 종합적인 측면에서는 상황이 뒤집어진다. 유전자는 개체군에서 작동하는 진화 역학의 산물이며, 하향식 인과작용에 의해 생긴다."[239] 버튼은 계속해서, "개체군 안의 선택 작업을 통해서만 유전자가 실체화된다는 나의 주장은, 결국 DNA 조각 자체는 유전자를 구성하는 능력을 보여주지 않는다고 말하는 것과 마찬가지다. 원래 화학물질인 DNA에 누군가 유전자로서의 기능을 부여한 것이다. 즉 DNA 조각이 선택 단위로 선택될 때, 그것이 유전자라는 지위를 갖게 되는 것이다. 그리고 이것은 DNA가 타고난 특징도 아니다. 그러나 유전자를 DNA의 조각으로만 생각한다면, 물리학과 화학으로의 성공적인 환원은 논점을 회피하는 결과를 낳을 것이다. 환원은 유전자가 DNA 조각일 뿐이라는 전제에 이미 포함되어 있기 때문이다."[240] 이 주장이 놀라운가? 당신이 진화를 다윈 이전 시대의 눈으로 보기 때문에 버튼의 주장에 놀라는 것이 아닐까? 다윈 이전 시대의 진화 해석은 진화를 축소한다. 이 해석에 따르면 불멸자는 진화에 영향을 받지 않는다. 다윈 이전 시대의 진화 해석은 이원론을 기반으로 삼기 때문이다. 그런데 이 이원론은 하늘에서 뚝 떨어진 것—특별 창조의 산물?—같다. 진화를 제대로 이해할 때 유전자는 이미 다양한 과정에서 생겨난 창발적創發的, emergent 산물로 볼 수 있다. 그렇다면 웨이스와 풀러튼이 왜 표현형이 유전자가 남긴 흔적이 아니라 유전자가 표현형이 남긴 흔적에 불과하다고 말한 이유를 이해할 수 있을 것이다.[241] 웨이스는 다른 곳에서 똑같이 주장한다. "우리는 유전자형이 일차적이고 영속적인 생물학적 존재라고 주로 생각한다. 이런 생각은, 우리의 기원은 생물학적 실재와 상관이 없다고 생각하고 싶어하는 시대와 비교할 때 다소 역설처럼 보인다. 각 세대의 수정된 난자에서 표현형이 새롭게 생겨나야 할 것 같다. 기초적 유전형보다 표현형이 생물학적 영속성(생물학적 실체)을 지니고 있는 듯하다."[242] 여기서 도킨스의 추종자들이 왜 유전형을 그렇게도 숭배했는지 궁금해진다. 아마도 그들은 진화의 복잡함을 싫어한 모양이다. 도킨스의 추종자들은 진화에서 눈을 돌려 컴퓨터를 켜고 프로그램을 실행하는, 그들만의 게임을 즐기고 싶었는지도 모른다. 그래서 그들은 눈을 들어 창문 바깥의 세상을 바라보지 못했다. 이것이야말로 널리 퍼진 영지주의의 또 다른 예가 아니겠는가? 이런 맥락에서 우리는 진화를 통하지 않고는 생물학의 어떤 주제도 이해할 수 없다는 생각을 받아들여야 한다. 유전자도 마찬가지다. 진화의 빛으로 유전자를 보지 않으면 유전자를 이해할 수 없다. 따라서 유전자는 움직이지 않는 성보다 렌트한 승합차에 더 가깝다.

## 생명의 형상: 더 많아야 다르다

> 살아 있는 구조물은…단순한 물리적 구조물과 다르게 존재론적으로 창발한다. 살아 있는 구조물은 단순한 물리적 질서와는 다른 새로운 자연질서를 세운다.
>
> _ 에반 톰슨 243

우리는 이어지는 장에서 유전자 환원주의와 그 환원주의가 선호하는 무작위 대신에, 분명하게 드러난 자연본성에 주목할 것이다. 예를 들어 수렴현상이나 성인적成因的 상동현상, 그리고 형상이 담당하는 중요한 역할이 바로 분명한 자연현상이다. 진화는 구조를 보여준다. 구조를 통해 생존과 적합성을 이야기할 수 있게 되었고, 연구가 발전되는 기틀이 마련되었다. 요약하자면, 유전학만을 이야기하는 것만으로는 부족하다. 길버트Gilbert, 오피츠Opitz, 라프Raff는 정확하게 지적한다. "유전학은 소진화를 적절하게 설명할 수 있다. 하지만 유전자 빈도의 소진화적 변화가, 악어를 포유류로 바꿔놓거나 물고기를 양서류로 전환시킬 수 없다고 사람들은 생각했다." 244 노벨상을 받은 필립 앤더슨은 "더 많아야 다르다"more is different고 말한다. 이 말은 진화를 상당히 적절하게 묘사한다. 많은 극단적 다윈주의자는 이것을 이해하지 못했다. 245 미셸 모랑쥬도 이것을 분명히 해둔다. "현대 생물학의 체계가 그대로 유지되기 위해서는, 더 높은 수준의 분석을 위한 대화가 필수불가결하다. 더 높은 수준을 참고함으로써 분자생물학자와 생화학자는 그들이 연구하는 생물학적 현상의 결말을 이해할 수 있다." 246 우리는 문화적·행동적 패턴이 진화론적 복제 사례이거나 복제 사례를 대체할 수 있다고 주장했다. 그러나 진화는 문화와 자연을 명확하게 구분하고자 하는 모더니즘의 꿈을 끝장낸다. 브뤼노 라투르Bruno Latour는 이런 나눔이 현대성의 중심에 있는 이원론이라고 정확하게 지적했다. 이렇게 다원주의가 주장하는 흐름flux이 지양Aufhebung을 겪듯이, 자연과 문화를 구분하지 않는다면 두 영역 모두 지양을 겪는다. 자연과 문화가 갈라지고, 어느 한쪽이 찬양을 받으면서 포스트모더니즘과 기계론의 공모가 폭로된다. 회슬레를 인용해보자. "인간 진화의 어떤 시점에서 문화적 진화는 생물학적 진화만큼이나 중요해졌다. 그리고 결국, 문화적 진화가 훨씬 더 중요해졌다"[247] 그러나 도킨스도 이 부분에 있어서는 상당히 애매한 위치에 설 수밖에 없다. "문화적 속성이 진화한 방식도 다른 것과 마찬가지로 그것에 유리한 방향으로 진화해왔다. 그러나 문화적 속성의 진화는 상당히 유별난 특권이다."[248] 이런 권리를 고려하면, 문화인류학자인 헬무트 플레스너Helmuth Plessner가 왜 인간을 "탈중심적 존재"라고 불렀는지 알 수 있다. 인간은 중심에서 벗어났으므로 인간은 "흐트러진다"ausgehäengt. 헤르더Johann Gottfried von Herder도 비슷하게, 인간을 "자연에서 해방된 죄수"라고 말한다. 즉 인간은 동물적 환경에 적응해야 하는 중요한 과제에서 스스로 벗어났다. 인간은 상징을 다루는 종species이기 때문이다.[249] 다시 말해, 생물학은 테런스 디콘Terrence Deacon이 주장하듯 기호론을 기반으로 삼은 과학이다. 이 과학의 중심 요소는 의미와 재현이다. 따라서 진화생물학은 물리학과 기호학의 경계에 있는 학문이다.[250] 인간도 거기에 있다. 이처럼 육체적인 문화, 특히 언어 같은 창발적 현상은 자연선택을 통한 진화를 밝히 드러내면서 동시에 끝장낸다. 이것을 받아들이면 우리는 "이기주의"도 일관적으로 논할 수 있다. 이기주의가 존재하기 위해서는 또 하나의 차원이 나타났어야 하기 때문이다. 크레이그 네슨Craig Nessan도 이렇게 주장한다. "인간 동물은 이제 순진하게 생존을 도모하지 않는다. 타인도 나와 같은 자기로서 생존하겠다고 스스로 주장한다는 사실을, 인간은 인정할 수 있기 때문이다.…인간의 죄책감은 동물적 순진성에 앞선다."[251] 소버도 비슷하게 지적한다. "도덕성은 이기주의를 배제하지 않는다. 도덕성이 정말 배제하려는 대상은 무조건적 이기주의다. 자기와 타인이 어떤 상황에 있는지 전혀 고려하지 않는 이기주의를 도덕성은 배제한다."[252] "이기주의"란 말을 사용하면서 당신도 소버가 지적한 사실을 느꼈을 것이다. 이기주의는 언제나 위협적이지만, 개념을 설명하면서 우리는 그 위협을 넘어서기 때문이다. 여기에 엄청난 뜻이 있다. 첫째, 새로운 수준이 창발하면서 진화가 이뤄진다. 새로운 수준은 더 높은 복잡화와 새로운 형태의 인과관계를 낳는다. 새로운 수준이 창발하는 이행이 일어날 때 새롭고 환원 불가능한 수준이 분명하게 나타난다. DNA와 표현형의 관계는 자연을 형성하는 창발 현상이 급진적이라는 증거다. 쉴리히팅Carl Schlichting과 피글리우치Massimo Pigliucci도 말한다. "환원주의가 설명도식으로서 유효하다고 굳게 믿어도, 생명체 표현형의 본성을 기계론으로 설명해버릴 수 없다. 심지어 우리가 생명체 게놈의 DNA 서열을 완전히 알아도 그렇다. 전사와 번역이 이뤄지는 환상적인(몽롱해질 만큼이나) 과정이 해명될 때, 환원주의의 꿈은 확실히 뭉개졌다. 따라서 '창발 현상'은 DNA와 표현형 사이에서 일어난다."[253] 그런데 창발 현상은 거기서 멈추지 않는다. 문화가 나타났다. 문화의 창발도 본질상 자연에서 벗어난 사건은 아니다. 문화도 자연이나 진화의 산물이다. 하지만 문화가 창발되면서 이전에 형성된 과정이 요약·반복된다. 하지만 문화가 창발하면 다시 되돌아갈 수 없다. 이전까지와는 다른 새로운 수준의 생명이나 인과성이 생겨나기 때문이다. 모랑쥬는 이것을 명확하게 기술한다. "인과관계의 사슬은 여러 조직화 수준들을 통과한다. 각각의 수준에서 인과 사슬은 변형되어 다른 규칙을 따른다.…생명 조직화의 각각의 수준은 나름의 자기 논리를 부과한다."[254] 조직화의 중요한 수준은 물론 유기체다. 오늘날 문화에 적응한 유기체는 불안정하다(비자연적이지는 않다). 여기서 나타난 하향식 인과작용은 뚜렷하게 선포되는 목소리처럼 들린다. 루퍼트 리들Rupert Riedl은 이렇게 말한다. "피드백 주기와 서로 다른 복잡성 수준을 연결할 수 있다면, 예를 들어 유전형과 표현형을 연결할 수 있다면, 원인과 결과의 방향이 양방향이라고 인정해야 한다. 복잡성 피라미드에서 인과 방향은 아래에서 위로 가기도 하고 위에서 아래로 가기도 한다는 뜻이다. 그래서 하나의 체계인 생명계에서 나타나는 인과관계의 경우, 결과가 결과의 원인에 영향을 줄 수 있음을 인정해야 한다."[255] 피터 코닝Peter Corning은 리들의 통찰에 기반해서 다음과 같이 주장한다. "과학의 '여왕'(물리학)은 엄격한 법칙으로 통치하며, 젊은 과학은 이런 모습을 모방하고자 한다. 그래서 젊은 과학에게 기계론적·유전자 중심적 패러다임이 매력적으로 보인다. 그러나 이 패러다임은진화의 역학을 충분히 설명하지 못한다. 이것은 유기체를 제대로 다루지 않기 때문이다. 이 패러다임에서 '표현형'은 수동적 대상(블랙박스)으로서, 유전자와 환경이란 비인격적 힘에 의해 그 운명이 결정된다. 하지만 어떤 이론가들은 생명계를 '로봇 운반자'라고 생각할지 모르지만, 생명계는 이를 넘어선 존재다. 생명계는 진화과정에 능동적으로 참여한다."[256] 생명체가 능동적 참여자라는 생각은 적극적 다원주의를 주장한 칼 포퍼를 떠올리게 한다. 자연은 수동적이기보다는 새로움을 추구하며 혁신을 이룬다고 적극적 다원주의는 가정한다.[257] 문화 자체가 이미 적극적 다원주의를 보여주는 증거다. 마찬가지로, 자연에서 일어나는 혁신과 진화과정의 전환도 종의 등장과 창발에 맥을 같이한다.

다음 장에서 이 문제를 좀더 자세히 살펴보겠다. 이제 이 장의 결론을 요약하자. 이 장에서 우리는 다음 사실을 살폈다. 진화는 집단 선택의 작용으로 일어나는 주요한 전환으로 이루어지며, 모든 개체에는 전환의 증거인 흔적기관이 남아 있다. 또한 개체에 수반되는 모든 생물학적 수준과 존재들은 급진적으로 창발한다. DNA와 표현형의 관계, 하향식 인과 방식으로 일어나는 유전자의 창발 과정, 그리고 자연선택 등이 그 증거다. 이 모든 것이 다윈주의적 흐름이 지양을 경험하게 한다(자연은 순수한 외부가 아닌 인식 가능한 부분이기 때문이다). 유기체가 등장하면서 다윈주의적 흐름은 더욱 철저하게 지양된다. 그래서 이제 문화와 자연은 오직 변증법에 따라 서로 구성될 수 있으며, 심지어 진화마저 심각하게 수정된다. 로베르트 슈패만은 말한다. "죽음을 숙고하면 생명체의 박동에서 우리가 이끌어낸 뜻은 모두 상대화된다. 오직 생명이 생명유지에 대한 목표에 의미를 부여한다. 그러나 목표는 생명에 의미를 부여할 수 없다."[258] 하지만 우리는 우리 자신보다 앞서 나가고 있다.

이 장에서 다룬 핵심 질문으로 돌아가보자. 무엇이 선택 단위일까? 그런데 이것은 다윈 이전 시대에 속하며, 제대로 된 질문이 아니다. 이 질문에 대한 분명하고 확실한 답은 없기 때문이다. 더구나 진화를 인정한다면, 이 질문에 대한 답은 늘 잠정적일 수 밖에 없다. 진화하는 세계의 복잡성을 고려할 때 간결한 답은 없다. 지금 이 상황에서 간단하게 말하자면 이기적 유전자—적어도 도킨스가 제안한—는 평평한 지구 개념만큼이나 구닥다리 같은 생각이다. 다음 장에서도 우리는 이와 비슷하게 나쁜 형태의 질문에 부딪힐 것이다. 예를 들어 자연선택은 진화에서 얼마나 중요한 역할을 할까? 자연선택은 전능한가? 또는 여러 원인 가운데 하나일 뿐인가? 자연선택은 통계학적 현상인가? 그런데 우리를 놀라게 하는 논증이 있다. 자연선택은 물리주의적 환원주의에 진지하게 도전한다(그래서 다윈의 생각은 "경건하다").

# 3

# 비자연적 선택

철학이 앓는 질병의 주요 원인: 편식. 오직 한 종류의 사례만 들면서 사고를 늘려나간다.

_ 루드비히 비트겐슈타인[1]

절반의 지식은 선례가 없는 폭군이다. 이 폭군은 자신을 섬기는 사제와 종을 거느린다. 그의 신민은 엄청나게 두려워하고 아첨하면서 그를 숭배한다. 과학마저 이 폭군 앞에서 아첨하고 굽신거린다.

_ 도스토예프스키[2]

『종의 기원』 초기 판본에서 나는 너무나 많은 사태의 원인을 적자생존을 위한 자연선택이라고 생각한 것 같다.…나는 어떤 구조들이 있음을 충분히 생각하지 못했다. 적어도 지금 우리의 판단능력 안에서 말하자면 이런 구조들은 유익하지도 않고 해롭지도 않다. 하지만 나의 책의 가장 큰 실수가 언젠가는 드러날 것이다.

_ 찰스 다윈[3]

티베트의 기도 바퀴처럼, 선택이론은 지치지도 않고 중얼거린다. 즉 "모든 것이 유용하다." 하지만 정말 무슨 일이 일어났는지, 진화는 실제로 어떤 경로로 진행되었는지 선택이론은 전혀 말하지 않는다.

_ 루드비히 폰 베르탈란피[4]

## 논쟁 살펴보기

이 장에서는 까다로운 문제인 "적응주의"에 대해 논할 것이다. 적응주의는 일부 다윈주의자가 주장하는 이론으로서, 유기체 표현형의 세세한 부분이—모든 성질이나 특징까지—자연선택의 결과라고 주장하는 이론이다. 적응주의자는 자연선택을 어떤 속성(예를 들어 날카로운 이빨)의 유일한 원인으로 이해한다. 자연선택이 유일한 원인이 아닌 경우에도, 주요 원인이라고 이해한다. 따라서 자연이 일으킨—그보다는 선택한—속성을 모두 적응으로 봐야 한다고 주장한다. 여기서 적응이란 모든 곳에 존재하는 선택압의 작용으로 몸이 서서히 변형되는 현상을 가리킨다. "생존 투쟁"이 생명체에게 한 질문에 대해 진화는 적응을 답으로 내놓는다. 결국 모든 생물학적 현상, 형태, 색, 구조, 행동은 강력한 단일 원인인 자연선택의 결과로 해석할 수 있다. 우스꽝스러운 코와 이상한 꼬리를 가진, 낯설고 신기한 생명체를 본뜨고 조각하고 세운 행위자는 자연선택뿐이다. 그래서 바이스만 같은 사람은 자연선택을 전능하다*allmacht*고 기술한 것 같다.[5]

이 주장의 직접적인 결과(최소한 그로 인한 유혹)는 무엇일까? 이 주장대로라면 우리는 모든 현상을 어떤 면에서 "완벽"하다고 생각하려 할 것이다. 여기 있는 모든 것에는 정확한 기능이나 이유가 있기 때문이다. 즉 우리는 눈앞에 있는 것을 볼 때마다 효용성에 따라 이해한다. 다윈이 살던 시대에도 비슷한 관점이 있었다. 이것을 효용 창조론이라 불렀다. 효용 창조론은 존재하는 모든 것이 어떤 목적을 이루는 수단이라고 주장한다. 이 목적 덕분에 모든 것은 자연적으로 완벽하게 유용하다. 하지만 다윈은 효용 창조론자와 다르게 생각했고, 그들과 팽팽하게 맞섰다. 하지만 다윈은 여전히 다음과 같이 말했다. "선택과정은 느리지만… 얼마나 변할지 도무지 한계를 알 수 없다. 생명이 함께 적응하는 과정이 얼마나 복잡하고 아름다운지 도무지 헤아릴 수 없다. 이런 현상은 자연의 선택하는 힘이 오랫동안 작용한 결과인 듯하다."[6] 다윈은 계속 말한다. "신체와 정신의 자질은 모두 완벽을 추구한다."[7] 어떤 속성이나 형질이 유기체를 둘러싼 환경의 요구에 상응하는 적응일 뿐이라면, 우리는 그런 속성이나 형질을 완벽함의 관점에서 이해하려고 할 것이다(여기서 환경은 유기체가 생존 투쟁을 벌이면서 살아가는 조건을 말한다). 눈은 보고, 손은 잡는다. 손은 잡으라고 있듯이 눈은 보라고 있다. 아리스토텔레스도 일단 겉보기에 비슷한 주장을 한다. "자연은 아무 목적 없이 어떤 것을 만들지 않는다. 생명체 종류의 본질적 구조와 비교할 때, 자연은 늘 최선의 생명체를 만들어낸다. 따라서 어떤 길이 다른 길보다 더 낫다면, 자연은 더 나은 길을 선택한다."[8]

물론 다윈의 견해는 그렇게 간단하게 마무리되지 않는다. 일단 『종의 기원』 1판에서 다윈은 적응주의자와 상당히 비슷한 견해를 보였다. 다윈은 모든 속성이 자연이 선택한 적응이라고 주장했다. 생명체는 이 속성 덕분에 자연에 잘 적응한다. 이 속성은 생식능력과 생존능력을 강화하는 데 유리하다. 그렇지만 다윈은 실제로 자연설계의 단점을 자주 지적하면서 불평했다. 모든 것이 적응이라면, 상황은 더 좋았어야 하기 때문이다. 다윈은 정말 그렇게 믿었다. 다윈은 『종의 기원』 끝부분에서 이렇게 말한다. "자연이 고안한 발명품이 우리의 관점에서 완벽하지 않고, 일부 발명품은 우리가 생각하는 적합성에 훨씬 미치지 못한다면, 우리는 놀라지 않을 수 없다. 우리는 다음 사실에 놀랄 필요는 없다. 벌이 가진 침 때문에 벌이 죽는다. 꿀벌의 수벌은 단 한 번의 행동을 위해 엄청나게 많이 태어난다. 그리고 생식능력이 없는 자매 벌에게 살해당한다. 전나무는 꽃가루를 굉장히 낭비한다. 여왕벌은 자기가 낳은 딸 벌이 생식능력이 있다는 것을 본능적으로 싫어한다. 말벌은 애벌레의 몸 안에서 영양분을 섭취한다. 이런 사례는 상당히 많다. 그런데 절대적인 완전성을 추구하는 생명체의 사례가 이보다 더 많지 않다는 것이야말로 자연선택이 풀어야 할 수수께끼다."[9]

한편 다윈은 꿀벌이 수학문제를 푸는 능력을 논한다. 또는 꿀벌이 최소의 밀랍을 사용하여 최대의 꿀을 저장하여 벌집을 만드는 능력을 논한다. 벌집의 육각형 모양은 이 목적에 정확히 맞다. 이 사실에 힘입어 다윈은 상당히 감정적으로 말한다. "자연선택은 육각형 벌집이 보여주는 완벽함보다 더 뛰어난 완벽함을 추구할 수 없다. 적어도 우리가 보기에, 꿀벌의 벌집은 밀랍을 완벽하게 경제적으로 이용하기 때문이다."[10] 스펙트럼에 비유하자면 꿀벌의 완벽함은 한쪽 끝에 있다. 반면, 분명한 기능을 수행하지 않는 기관은 맞은편 끝에 있다. 다윈은 이런 기관을 흔적기관이라 불렀다(맹장이 흔한 예다). 그런 흔적기관은 생명체를 위험에 빠뜨릴 수 있다. 더구나 다윈이 보기에 흔적기관의 존재는 효용 창조론자나 자연신학자에게 걸림돌이다. 윌리엄 페일리William Paley 같은 자연신학자는 자연의 복잡성을 이용하여 신이 있다고 주장하는 설계논증을 구성했다. 페일리는 눈의 복잡성은 설계자가 있다는 증거라고 생각했다. 어떤 사람이 벌판에서 시계에 걸려 넘어졌다면, 그는 이 시계를 보고 시계를 만든 사람이 있다고 추론할 것이라는 것이다. 나중에 도킨스는 이 은유를 오히려 창조자를 반박하는 데 사용했다. 도킨스는 눈먼 시계공을 말한다. 설계과정에서 작용하는 정신적 존재가 없다는 뜻이다(그러나 시계공이 눈이 멀었든 멀지 않았든, 시계공은 시계공이다). 다윈은 흔적기관에 대해 이렇게 말한다. "똑같이 추론할 때, 우리는 두 가지 주장을 함께 말할 수 있다. 즉 일부 기관은 대부분 어떤 목적에 탁월하게 들어맞지만, 쇠퇴하고 퇴화한 기관은 불완전하고 쓸모없다."[11] 그러나 다윈은 흔적기관이 계속 존재하는 이유를 설명할 수 있을까?(이때까지 다윈은 적응주의자였다) 다윈은 이 기관을 단어를 이루는 문자와 비교한다. "단어에 포함된 어떤 문자는 발음할 때 전혀 필요 없지만, 단어가 어떻게 파생되었는지 찾는 단서를 제공한다."[12] 우리의 식단이 주로 채식이었을 때, 우리는 식물의 구조에 포함된 물질인 셀룰로오스(섬유소)를 소화하려고 분명 맹장을 사용했다. 따라서 맹장은 우리 조상이 무엇을 했으며 어떤 사람이었는지 말해준다. 자연이 과제나 기능을 수행하려고 맹장을 선택했다면, 맹장은 적응이라고 할 수 있다. 생명체의 적합성은 자연선택을 통해 증가하기 때문이다. 하지만 맹장은 거의 확실히 적응이지만, 더 이상 적응에 도움이 되지 않는다. 맹장은 적합성을 제공하기보다는 떨어뜨린다(오늘날 어떤 사람은 맹장이 유익한 박테리아를 보관한다고 주장하지만, 우리의 논의를 바꾸지 못한다). 반대로 말해도 맞다. 적응에 도움이 된다 해도 그것이 반드시 적응의 결과는 아니기 때문이다. 새의 깃털이 아주 놀랄 만한 사례다.

흔적기관의 사례는 다윈의 "변형을 동반한 상속"descent with modification (다윈은 1판에서는 진화라는 단어 대신 이 단어를 사용했다—편집자 주) 개념을 잘 보여준다. 예를 들어 인간과 유인원은 공통의 조상을 갖고 있다. 오랜 기간의 선택을 통해 점진적으로 변화되면서 차이가 생겨났다. 우리 신체에 있는 결함은 이런 과정을 증언한다. 즉 살아 있는 역사다. 『종의 기원』 1판을 쓴 다윈은 강력하게 적응주의를 옹호했지만, 다윈은 여전히 결함 있고 쓸모없는 기관을 논했다. 그래서 다윈은 현재의 형태를 기준 삼아, 적응으로 모든 것을 설명하려는 유혹에 빠지지 않았다. 예를 들어 다윈은 이렇게 말한다. "어린 포유류의 두개골에 있는 봉합은 분만을 위한 적응으로 발전해왔다. 그것이 도움이 된다는 사실은 의심의 여지가 없고, 분만 행위를 위해 꼭 필요한 것일 수도 있다. 그러나 봉합은 알을 깨고 나오는 새와 파충류의 어린 개체에서도 발견된다. 따라서 봉합은 성장 법칙에서 유래했고, 상위 동물이 분만할 때 이용되었을 것이라고 추론할 수 있다."[13] 성장 법칙은 제약 조건에 기인한다. 자연선택이 어떤 경로를 따르고 다른 경로를 피하도록 만들면서 선택에 영향을 미치기 때문이다. 성장 법칙은 모든 발달이 분명 매개변수 안에 있다는 것을 가리킨다. 즉흥적으로 일어나는 발달은 없다. 다윈에 따르면, 어떤 유용한 기관은 자연선택의 결과가 아닐 수도 있다. 그리고 단순히 쓸모없는—"소유자에게 직접적인 용도가 없는"—기관은 과거를 보여주는 흔적으로서의 가치만을 가진다.[14]

그럼에도 다윈은 여러 기관의 완벽함을 자주 지적했다. 하지만 다윈이 생각하는 완벽함은 맥락에 따라 달라진다. "자연선택은 개별 생물을, 같은 지역에 살면서 생존 투쟁에 참여하는 다른 거주자와 동일한 수준으로 완벽하게 만든다. 자연에서 획득된 완전함의 정도를 보면 이것을 확인할 수 있다." 따라서 "자연선택은 절대적인 완벽함이나, 우리 기준의 완벽함도 이루지 않을 것이다. 자연의 기준은 우리보다 언제나 높다."[15] 이와 같은 구절들이 『종의 기원』 초판에 쓰였기 때문에, 다윈의 비판자들은 그가 모든 것을 불완전하게 보려 한다고 지적했다. 다윈은 보이지 않는 기준으로 판단하는 것처럼 보였기 때문이다. 그래서 다윈은 『종의 기원』 4판에서 다음과 같이 해명한다. 그가 말한 불완전함은 생명체가 가진 기능이 더 효율적이고 적합성이 높아질 수 있는 가능성을 의미한다. 다윈은 1871년에 『인간의 유래』를 출판했다(이 책은 『종의 기원』 5판과 6판 사이에 출간되었다). 『인간의 유래』에서 다윈은 자연선택에 너무 많은 힘을 부여했다고 스스로 인정했다. "유리하지도 불리하지도 않은 구조가 많다는 것을 충분히 고려하지 않았던 것으로 판단한다."[16] 다윈은 자신이 이런 실수를 범한 이유를 설명하는데, 이 부분이 흥미롭다. 다윈은 자연선택을 신적 설계자로 상상했고 그것이 실수의 이유라고 인정했다. 신적 설계자가 있다면 모든 사건에 목적이 있으며 쓸모없는 것은 없을 것이다. 다윈이 목적 논리에 사로잡혀 있었던 이유가 바로 이것이다. 하지만 다윈은 다음 사실을 깨닫게 되었다. 자연선택이 복잡하고 기능적인 생명체를 만들면서, 이상적 완벽함을 기준으로 삼아 만들 필요는 없을 것이다. 그래서 다윈은 처음에 완벽함을 절대적 개념으로 생각했지만, 완벽함에 맞는 대상이 전혀 없었기에, 이를 다시 상대적 개념으로 규정했다. 그래서 다윈은 자연선택의 작용 능력을 제한했다. 더 정확하게 말하자면, 다윈은 선택 이외의 작용이 존재하는지 탐구하기 시작했다.

결론적으로, 다윈은 다중 원인론자causal pluralist로 규정하는 것이 정확할 것 같다. 다윈은 실제로 분명하게 다음과 같이 말한다. "변이를 일어나게 하는 수단 가운데 자연선택은 가장 중요하지만 유일하지 않다." 예를 들어, 성(性)선택도 변이를 제공할 수 있다. 공작의 깃털은 분명 자연선택의 결과이지만 성선택의 결과이기도 하다. 즉 깃털이 가장 화려한 공작이 "여자를 얻는다." 하지만 공작은 화려한 깃털 때문에 위장능력을 희생하고, 포식자의 더 쉬운 먹이감이 된다(화려한 깃털 때문에 여우에게 쉽게 발각된다). 다윈은 이렇게 기술한다.

> 말레이산 청란(argus pheasant, 공작새의 일종)은 아주 흥미로운 사례다. 가장 정교한 아름다움은 성적 매력으로만 기능할 수 있다는 증거를 보여준다.…암컷 새가 정교한 명암과 무늬의 아름다움을 느끼는 것은 믿을 수 없다고 사람들을 생각할 것이다. 암컷 새가 인간과 같은 수준의 취향을 가진다는 것도 놀라운 점이다. 하등동물의 분별력과 취향도 충분히 판단할 수 있다고 생각하는 사람에게조차 암컷 청란이 아름다움에 대해 지닌 취향은 인정하기 어려울 것이다. 하지만 수컷이 구애를 하면서 깃털을 완전히 펼쳤을 때 드러나는 놀라운 아름다움을 보면, 이것이 특별한 행태임을 인정할 수밖에 없을 것이다. 그럼에도 이 행동이 아무런 목적이 없다고 결론을 내린다면, 나는 이를 절대 인정하지 않을 것이다.[17]

다윈은 계속 말한다. "인간과 하등동물에게 내재된 지각능력이 있다는 사실은 의심할 여지가 없다. 화려한 색깔과 형태, 아름다운 곡조와 박자를 들으면서 즐거워하고 이를 아름답다고 표현한다."[18]

진화론적 적합성과 어긋나게 보이는 성선택의 놀라운 사례가 있다. 바로 아일랜드산 엘크Megaceros다. 엘크가 가진 뿔은 정교하고 크게 자라는데, 그것이 그들의 멸종의 이유가 되었다. 적응주의적 설명을 고수하려는 사람은 이 사실을 반박하는 논증을 제시할 것이다. 예를 들어 아모츠 자하비Amotz Zahavi가 말한 "핸디캡 모형"[19]이 잘 알려져 있다. 이 모형에 따르면, 어떤 동물은 거추장스럽고 눈에 띄는 장식적인 속성을 보여주면서, 자신은 그런 장식을 가지고도 충분히 도망칠 수 있을 만큼 적응되었다고 암시한다. 즉 "난 너무 멋져. 그래서 이렇게나 쓸데없이 위험을 무릅쓸 수 있지"라는 메시지를 던지면서 암컷을 유혹한다. 물론 이 주장도 일리 있다. 호모 사피엔스 수컷도 배우자가 될 수 있는 암컷을 감동시키려고 낙하산을 메고 뛰어내리거나 번지 점프 등을 할 것이다. 하지만 사람들은 대체로 알렉스 로젠버그Alex Rosenberg와 다니엘 맥쉬Daniel McShea의 주장에 동조한다. "유성생식은 생물학적으로 중요하다고 여겨진다. 그리고 유성생식이야말로 적응주의자가 대안적 설명을 생각하지 않으려 한다는 사실을 가장 훌륭하게 보여주는 사례인 것 같다. 역설적이지만, 일부 유성생식의 특징은 자연선택 이론에 전혀 맞지 않는 것처럼 보이기 때문이다."[20] 감수분열에서 유기체 유전물질의 절반만 세대의 장벽을 넘어 전달된다는 것도 골칫거리다. 적합성을 엄청나게 희생하는 이런 일이 왜 일어날까? 윌리엄 해밀턴은 이 질문에 대한 답을 하나 만들어냈다. 감수분열 덕분에 우리는 기생체에 대항할 수 있다고 해밀턴은 주장했다. 이 주장을 그대로 놔두더라도, 성선택은 자연선택의 효과—정말 그것이 전능하다고 생각한다면—에 정말 도전하는 것 같다는 문제는 남는다. 회슬레는 이렇게 말한다. "짝짓기 취향은 자연선택 원리의 반대 방향으로 진행됨에도 불구하고, 놀랍게도 지속된다는 사실이야말로 경이로운 것이다."[21]

다시 적응주의를 살펴보자. 다윈을 고민에 빠뜨린 또 하나의 문제는 우연이 진화에 개입한다는 것이다. "건축가에게 절벽에서 떨어진 돌로 건물을 지으라고 명령해보자. 절벽에서 떨어진 돌의 모양은 우연에 의한 것이라고 할 수 있다. 그러나 모양을 결정지은 것은 중력의 힘과 절벽의 각도, 돌의 속성 등 자연법칙이다. 하지만 건축가가 돌 조각을 사용하는 목적과 의도는 자연법칙과 아무런 상관이 없다. 생명체의 변이

형도 똑같이 변하지 않는 법칙에 의해 결정되지만, 선택의 힘에 의해 오랜 시간 형성된 살아 있는 생명체와는 어떤 연관성도 없다."[22] 물론이다. 물론 자연선택은 우리가 주변에서 보는 복잡성을 아주 오랜 시간에 걸쳐 만든다. 자연선택은 변이를 통해 차이를 만들어내면서 복잡성을 만든다(예를 들어, 어떤 이빨은 다른 것보다 약간 길다). 하지만 변종 자체는 어떤 종류의 자연선택에서 나오지 않는다. 오히려 모든 변종이 우연히 생겨난다. 성장 법칙이나 물리 법칙이 명령을 내리고 그래서 변종이 변종이 되려면 "선택"되어야 한다. 그래서 변종은 유용할 수 있다. 변종을 이렇게 이해한다면, 변종을 마치 미리 적응한 존재preadaptations, 전적응처럼 다루는 것이다. 이것은 진화는 미래를 내다보며 목적을 겨냥하여 일어나기 때문에, 자연적 다양성(돌의 모양)은 단지 누군가에 의해 다듬어지기를 기다리고 있었다는 주장을 내포하고 있는 것이다. 즉 진화는 역사와 상관없이, 목적론적으로, 목적을 겨냥한다. 제2차 세계대전 때 영국 공습도 중요하고 실제적인 사건이라고 말할 수 없게 될 것이다. 대신에 영국의 하늘은 그런 사건이 일어나길 기다리고 있었다는 식으로 말해야 한다. 또는 밀림에 살면서 창으로 사냥하는 부족의 모습을 상상해보자. 여러 세대를 걸쳐 부족민은 창 제조 기술을 최고로 끌어올렸다. 그러나 지금의 창의 모습에서 수년 전에 만들었던 부족한 창의 모습을 찾을 수 없다. 진화에도 비슷한 비유가 통한다. 창이 만들어질 때마다 창은 아주 조금씩 나아진다. 하지만 지금의 복잡한 창을 조사해도, 처음에 만든 창을 추적해낼 수 없다. 처음에 만든 창이 미래의 쓰임새를 예견한다고 가정한다면 우리는 최초의 창을 알아낼 수 있을 것이다. 물질 자체는 자신이 창이 될 수 있다는 잠재력에 무심하다. 물질은 그런 잠재력을 볼 수 없다(문자의 예를 보자. 문자는 자신이 만들어낼 단어를 알 수 없고, 단어는 문장을, 문장은 미래의 책의 모습을 알 수 없다). 이와 같이, 생명체는 정교하며 복잡하다. 그러나 차이를 만드는 변이는 우연히 일어난다. 가상의 부족민은 창을 만들 때 이 재료가 아니라 저 재료를 택할 수 있었다. 하지만 부족민은 자신이 선택할 재료가 두 개밖에 없다는 사실은 바꿀 수 없다. 또는 창이 될 잠재력을 만들어낼 수 없다. 다윈은 페일리의 시계공 창조자 개념으로부터 거리를 두기 위해 이 주장을 한 것 같다. 더 적은 우연을 추구하면 궁극 원인에 접근하는 어떤 것이 있다는 증거가 될 수 있기 때문이다. 즉 어떤 재료나 변이가 일단 여기 있으면, 그것들은 결국 정교한 창이 되거나 복잡한 기관이 될 수 있다. 하지만 현실은 그렇지 않다. 재료와 변이는 전적응이 아니다. 다윈은 변화와 안정성의 질서를 뒤집어 놓았다. 다윈은 안정성은 자연스럽지 않으며 변화가 자연스럽다고 생각했다. 비슷하게 다윈은 우연을 비역사적으로 만들고 목적을 역사적으로 만든다. 다시 말해, 기관의 기능적이고 합목적적인 작용은 우연으로 점철되었지만, 동시에 순수하게 사적이다(라고 말할 수 있다).

적응주의자의 프로그램과 자연신학 프로그램의 기묘한 유사성은 주목해볼 만하다. 자연선택의 영향력이 지나치게 크다고 가정하면, 어디를 가나 끊임없이 작동하는 자연선택의 산물을 보게 될 것이다. 줄리안 헉슬리는 말한다. "19세기 후반에 다윈주의는 19세기 초반의 자연신학 학파와 비슷해졌다. 죽은 페일리가 다시 살아나서, 기계의 신 역할을 하는 신적 설계자의 자리에 자연선택을 앉혀둔 모습이다."[23] 그리스 희곡에서는 신이 개입하여 도무지 풀 수 없는 위기를 해결했다. 신이 정교한 기계 장치를 이용해 무대에 갑자기 등장한 것이다. 현대 희곡에서는 줄에 매달려 허공을 떠다니는 신은 거의 등장하지 않지만, 기계의 신이라는 용어는 극작가가 밑도 끝도 없는 상황에서 탈피하기 위해 사용하는 개연성 없는 플롯 장치를 가리킬 때 사용된다. 고난은 재빨리 지나가고, 가난한 주인공은 뜻밖의 유산을 상속받아 부자가 되는 식이다. 우리에게 익숙한 문화적 개념의 특징을 스티브 풀러Steve Fuller는 제대로 기술한다. "다윈을 되돌아온 창조론자로 본다고 해서 사리에 맞지 않는 것은 아니다. 일단 다윈을 이렇게 본다면, 다윈이 '자연선택'에 호소한 이유를 확실히 설명할 수 있다. 자연선택은 '설계자 없는 설계' 개념을 생각나게 한다. 다윈의 말을 유심히 들어보면, 무알콜 맥주를 강박적으로 마시는 양을 보고 그가 술에 통달했다고 주장하는 것처럼 들린다."[24] 생물학자인 마이클 린치Michael Lynch는 풀러와 비슷하게 지적하면서 이렇게 말한다.

> 자연선택이 모든 생물 다양성을 설명할 수 있다고 비판 없이(직접적 증거 없이) 받아들이는 것은 지적 설계자를 (직접적 증거 없이) 끌어들이는 것과 별반 차이가 없다. 자세히 기록된 표현형 진화 사례를 읽으면서 우리는 자연선택이 작동함을 확인했다. 하지만 자연선택이 진화하면서 일어나는 변화를 모두 설명하며, 분자와 세포 수준에서 일어나는 변화까지 설명한다고 전제한다면, 이것은 비약이다. 진화생물학은 자연선택을 무작정 숭배하지 않는다. 그런 행위는 아예 과학이 아니라고 말할 수 있다. 자연선택은 여러 진화 기제 가운데 하나일 뿐이다. 이 사실을 인식하지 못하는 것이 분자생물학, 세포생물학, 발달생물학의 의미 있는 통합을 가로막는 가장 큰 장애물인 것 같다.[25]

따라서 일부 자연신학자들이 자연스럽게 진화를 받아들인 것은 전혀 놀랍지 않다. 이들은 보통 진화론적 유신론자evolutionary theists라고 불린다. 하지만 진화론적 유신론자와 다윈은 앞에서 말한 변이에 대한 차이로 갈라진다. 진화론적 유신론자는 변이가 가능성으로 배태되어 있다고 주장했다. 즉 기초 요소는 복잡한 기관이 되길 고대하고 있다. 자연선택은 이런 가능성을 설명할 수 없다. 아주 적나라하게 기술해보자. 하나님이 자연선택(기제)을 선택해야 했다(즉 자연선택은 정말 상당히 파생된 "기제"

다). 이제 진화론적 유신론자의 문제가 곧바로 드러난다. 즉 진화과정은 상당히 혼잡하다. 진화과정은 무작위로 혼란스럽고 심지어 앞뒤가 맞지 않는 부분도 상당하다. 많은 진화는 결국 막다른 길—멸종—에 이른다. 이렇게 가끔씩만 성공하는 난장판을 신이 주관한다고 생각하면, 이 신은 상당히 괴상하다고 생각할지 모른다. 복권에 당첨되어 행운이라고 생각하는 사람을 생각해보자. 행운이라는 판단에 오류가 있거나 이 판단은 아예 틀렸음을 그는 모르고 있다. "행운"이나 "운" 같은 고유의 속성을 이해하지 못하고 있기 때문이다. 그의 복권 당첨은 수백만의 사람들이 당첨되지 못했다는 것을 의미한다. 자크 라캉의 말은 이것을 잘 예시한다. "침묵은 고요를 배경으로 삼지 않는다. 오히려 외침이 침묵을 침묵으로 드러나게 한다."[26] 비슷하게 당첨된 복권은 수백만의 실패를 드러낸다. 이와 비슷하게, 성공한 진화는 모두 실패한 시도—사라진 수많은 비효율성—를 가리킨다. 따라서 진화론적 유신론자는 선택적이 될 수밖에 없다. 하지만 자신의 이론과 데이터를 쉽게 조화시키지 못하는 것은 진화론적 유신론자만이 아니다. 적응주의자도 동일한 어려움을 겪는다. 자연선택이 완벽하게 작동했다면 어째서 비적응 형질—이타주의, 불임, 성 선택 등—이 아직까지 남아 있는가?

현대 종합설을 혁신한 주동자는 R. A. 피셔Fischer(1890-1962)다. 피셔는 강한 적응주의적 진화 해석을 개발했다. 그의 진화 해석에 따르면, 생명체의 세계는 동질적 개체군 집합이다. 피셔는 자연선택이 모든 형질의 원인인 동시에 이유라고 믿었다(몇몇 부차적 성적 특성은 제외된다). "진화는 진보하는 적응이다. 이것이 진화를 이루는 유일한 요소다. 체계론자는 비적응적 차이점을 가정하면서 그것이 생겨나는 것을 인지할 수 있다고 말한다. 하지만 이런 차이점은 이차적 부산물이다. 비적응적 차이점은 더 잘 적응하는 과정에서 자연스럽게 생겨난다."[27] 여기서 피셔가 말하는 진화는 분화되지 않은 거대한 개체군에서 유리한 변이가 선택되는 현상을 말한다. 서얼 라이트Sewall Wright(1889-1988)는 이렇게 말한다. "자연 지리적 종과 하위종에서 나타나는 차이점은, 대체로 적응과는 상관 없는 무작위 부동random drift의 결과로 나타난 것이다."[28] 라이트는 이 현상을 유전자 부동genetic drift이라 부르며 자연선택설에 도전한다. 물론 라이트는 자연선택이 작동한다고 생각한다. 하지만 자연선택은 어떤 수준에서만 작동한다. 여러 군에서 나타나는 특이점은 적응과 상관 없는 이유 때문에 생긴다. 이런 특이점은 대체로 진화적 변화의 원인이며, 새로운 종이 탄생하는 종 분화의 원인이기도 하다. 라이트는 다음과 같이 주장한다. 우리는 (생물)군을 구별할 때, 적응이 아니라 유전적 부동으로 생겨난 특징을 보고 판단한다. 당신이 동전을 8번 던졌는데 모두 앞 면이 나왔더라도, 이 사건은 대수의 법칙(사례가 많아야만 확률의 신뢰도가 높아진다—역주)을 반박하지 않는다. 왜 8번 모두 앞 면이 나왔을까? 표본 추출에서 이유를 찾을 수 있다. 월시Walsh와 르윈스Lewens, 아리Ariew는 이렇게 말한다. "통계 오류의 이유는 원인에 대한 무지가 아니라, 표본 추출의 오류다."[29] 아주 작은 수의 개체군에서 일어나는 유전적 변이는 선택이 아니라 유전자 부동 때문에 일어나기도 한다. 개체군의 크기가 자연선택에 쉽게 반응하지 않기 때문이다. "부동 drift은 개체군 내의 적합성에 의해 예측되는 결과의 차이로 드러난다. 대수의 법칙에 따르면, 예상 수치에서 유의미하게 벗어날 가능성은 개체군의 크기와 역비례한다. 개체군의 크기가 작으면 오류 확률이 높아진다."[30] 마이클 린치는 이렇게 기술한다. "자연선택은 어디서나 일어난다. 그러나 게놈 진화의 여러 양상에서 드러나는 자연선택의 힘은 상당히 미미하다. 개체군이 매우 작을 때, 무작위 배우자 추출에 따른 잡음은 약한 선택의 힘을 완전히 압도할 수 있다. 그래서 자연선택이 전혀 일어나지 않는데도 개체군이 진화하는 일이 벌어질 수 있다."[31] 그래서 서얼 라이트는 "『종의 기원』에서 작동하는 기본적 진화 기제는 원래 적응과 상관 없는 기제"였을 거라고 주장한다.[32] 다른 곳에서 라이트는 말한다. "작은 하위 군들에서 비적응적 분화가 일어나고, 그 후에 이런 군들에서 선택이 일어난다. 이 자연선택은 개체에서 일어나는 자연선택보다 훨씬 효과가 있다. 작은 하위 군에서 일어나는 비적응적 분화와 자연선택의 효과는, 특이한 적응이 시작되고 개선이 이뤄질 때 중요한 요인으로 작용하는 것 같다."[33] 즉 비적응적 변이에도 자연선택이 원래 작용한다. 그러나 자연선택이 그렇게 작용할 때, 적합한 특성을 통한 개선이 이뤄진다.

이런 맥락에서 현대 종합설을 진지하게 신봉하는 사람들이, 자연선택의 힘을 축소한 라이트의 연구를 수용했다는 사실은 다소 놀랍다. 하지만 사람들은 라이트가 변이의 기원에 대한 문제에만 영향을 줬다고 말할 수 있었다. 섀너핸은 이렇게 말한다. "단순한 적응주의적 관점과 비적응주의적 관점은 정교한 헤겔주의의 방식으로 종합되어 훨씬 흥미로운 결과를 낳았다."[34] 스티븐 굴드가 쓴 고전적 논문 가운데 한 편을 보자. 굴드는 주요 진화론 교과서를 두루 살피면서 교과서 내용이 어떻게 변했는지 분석했다. 굴드는 이 작업을 통해 현대 종합설이 경직되는 현상을 조사했다. 굴드에 따르면, 교과서는 점점 다원주의와 다윈주의—그가 상상하는—로부터 멀어지고, 단일적이고 단일 원인적인 관점을 취한다. 굴드는 이런 경향을 이단적이라고 생각했다. 진화론 교과서는 생명체와 그 기원을 이해할 때도, 생명체는 단 하나의 과정 또는 단 하나의 원인의 결과라고 설명했다. 굴드는 이런 경향을 이론의 경직화라고 불렀다. 다시 말해, 자연선택은 확실히(또는 거의) 전능하고, 자연계 어디에서나 적응을 알아볼 수 있다고 주장한다. 자연선택이 생물학이 말하는 주요하거나 유일한 힘—물론 그것이 진짜 힘이라면—이라면, 우리가 자연에서 관찰하는 모든 생물학적 현상은 적응이어야 한다. 자연은 적합성을 높이려고 이런 적응현상을 선택한다. 적응현상(구조)은 생명체에게 적응할 능력을 준다. 이런 일들은 우연히 일어나지 않을 것이다. 여기서 굴드는 말한다. "종합설은 1930년대 정립되어 1940년대 후반에 경직되었다. 종합설의 기획은 그 사이에 상당히 변했다. 생물학자는 대부분 이런 변화를 눈치채지 못했다. 우리는 유명한 저작의 최신판만 읽기 때문이다."[35] 굴드가 말한 유명한 저작에는 도브잔스키와 심슨, 랙, 서얼 라이트의 저작이 포함되어 있다.[36]

굴드에 따르면, "다원주의적 진화 해석은 천천히 조금씩 바뀌었다. 무엇보다 1940년대에 이런 변화가 일어났다.…학자들은 기존의 유전학으로 진화를 설명하다가 나중에는 신다윈주의라는 이론으로 설명하기 시작했다. 신다윈주의에 따르면, 누적된 자연선택은 적응을 진화적 변화 기제 가운데 최고의 자리에 올려놓았다.…신다윈주의는 자연선택과 적응이 모든 것에 관여한다고 주장하면서 이 주장을 교리와 웃음거리로 만들었다."[37] 이렇게 이론이 경직되면서, 학자들은 굴드와 르원틴이 지적하는 것처럼 적응주의 프로그램을 숭배하기 시작했다.[38] 예를 들어 1950년대에 케인Arthur J. Cain과 쉐퍼드Philipp Shepherd는, 마이클 루스의 표현대로 "최신 적응주의"을 표현했다.[39] 케인은 유전적 부동이 정말 일어난다고 인정했지만, 유전적 부동은 적응주의를 포기할 근거로 사용되어선 안 된다고 강조했다. "이 절차는 틀렸다. 그들은 부동이 작용함을 증명하지 않았다. 동시에 자연선택이 작동한다는 것도 증명하는 데 실패했다. 그리고 이런 의도를 덮으려고 유전자 부동을 들먹였다. 설명의 성공 여부가 연구자의 의도에 따라 바뀐다면, 그 설명은 충분한 설명이 될 수 없다."[40] 다른 곳에서 케인은 이렇게 말한다. "이것은 무작위 변위나 무작위 부동에 대한 모든 가설을 떠받치는 참된 기초다. 연구자는 변이 사례에서 어떤 상관관계도 찾을 수 없다고 스스로 생각한다. 그래서 어떤 상관관계도 없다고 결론 내린다." 하지만 케인은 다음과 같이 주장한다. "무작위성(또는 선택)을 아무런 증거도 없이 가정해선 안 된다."[41] 자연선택을 함부로 가정하지 말라고 경고하지만 케인은 사실 부드러운 적응주의를 계속 주장한다고 볼 수 있다. 또한 그저 일반적 주의사항—증거 없이 자연선택이나 부동임을 확신하지 말 것—을 지적한다고 볼 수 있다. 그런데 케인은 계속 이렇게 말한다. "선택 효과를 계산한 후에도 선택에 영향을 받지 않은 변이를 발견한다면, 이 변이는 확실히 유전적 부동 때문에 일어났다고 말할 수 있을 만큼, 자연에서 일어나는 변이 사례를 완벽하게 분석할 수 있을까? 그렇게 할 수 있을지 의심스럽다. 선택 효과를 완벽하게 분석하지 못할 가능성은 늘 있다(정말 그런 개연성은 늘 있다)."[42]

어디서나 적응을 찾아내는 것에 대응하려고 굴드와 르원틴은 지금은 유명해진 논문인 「산 마르코 성당의 스팬드럴과 팡그로스 패러다임: 적응주의 프로그램 비평」을 출판했다. 이 논문의 요점은 볼테르의 소설 『캉디드』*Candide*의 주제와 비슷하다(캉디드는 "순진함"을 뜻한다). 볼테르는 리스본에서 지진이 일어나 6만 명이 사망했던 1744년에 『캉디드』를 썼다.[43] 볼테르는 이 책에서 이 세계가 모든 가능한 세계 가운데 최선이라는 라이프니츠의 신정론을 꼬집었다.[44] 아주 간단하게 설명하자면—실제로는 훨씬 복잡하다—지금의 세계는 최선의 세계이기 때문에, 어떤 면에서 악의 존재는 필연적이다. 또한 악의 존재는 신의 실수가 아닌 계획이다. 볼테르 소설의 인물인 팡그로스 박사는 말한다. "여기 있는 모든 것이 사물의 올바른 모습을 선포하고 있네. 따라서 리스본에 화산이 있다면, 이 화산이 다른 곳에 있을 수 없겠지. 사물이 지금 있는 곳이 아닌 다른 곳에 있을 수 없다네. 모든 것이 제대로 돌아가고 있기 때문이지." 팡그로스 박사는 성병에 걸렸는데, 어떤 사람이 이것에 대해 질문하자 팡그로스 박사는 낙관론에 취해 이렇게 대답한다. "최고의 세계에도 질병은 필요하지. 콜럼버스가 서인도 제도에 가서 성병에 걸리지 않았더라면 어땠을까 생각해봐. 분명, 이 병은 씨를 남기지 못하게 하고, 세대가 이어지지 못하도록 하지. 분명 자연의 위대한 목적에 반하는 일이야. 그러나 그 병이 없었더라면 우리는 초콜릿의 맛도 몰랐겠지." 이것이 적응주의와 무슨 상관이 있을까? 굴드와 르원틴은 터무니없는 생각이란 어떤 것인지 보여준다. 자연선택의 힘을 지나치게 큰 것으로 해석하여, 그것이 진화를 이끄는 유일하게 실제적이고 중요한 힘이라고 생각하는 것이다. 자연선택에 이런 힘을 부여하면, 우리는 모든 곳에서 적응을 발견하는 방식으로 사고할 것이다. 우리는 팡그로스 박사처럼 생각하게 된다. 팡그로스 박사는 우리에게 말한다. "사물이 지금 모습과 다르게 있을 수 없지.…모든 것이 최선의 목적에 맞게 만들어졌어. 코는 안경에 맞춰서 생겨났기 때문에 우리가 안경을 쓰는거지. 다리는 분명 반바지에 맞게 설계되었지. 그래서 우리는 반바지를 입잖아." 팡그로스 박사의 논리는 적응주의 논리와 비슷하다며, 굴드와 르원틴은 이를 비판했다. 즉 어떤 사람은 모든 형질이나 행동이 자연선택의 손길을 증언한다고 가정한다. 여기서 다윈주의와 자연신학을 비교한 헉슬리가 떠오른다. 다윈주의와 자연신학은 원인을 규정하는 상수를 가진다. 다윈주의는 자연선택을, 자연신학에서 신을 상수로 삼는다. 늘 자연선택에 호소하는 일은 창조론자가 그냥 "신이 했다"고 무의미하게 주장하는 것만큼이나 공허하다. 이런 행동은 분석을 가로막아버리는 것과 같다.

"스팬드럴"(흔히 "삼각 궁륭"이라고 하는)은 세모꼴 면이다. 인접한 아치가 천장 기둥과 이루는 면이다. 베네치아에 있는 산 마르코 성당에 들어가면, 기독교 신앙을 표현한 아이콘 그림을 중앙 돔에서 볼 수 있다. 사복음서 저자의 형상이 네 개의 스팬드럴에 하나씩 그려져 있다. 이것은 안경을 위해 코가 존재한다는 팡그로스의 논리와 얼마간 비슷하다. 만약 우리가 건축에 대해서 전혀 모르는 상태에서 들어가 사복음서 기자들의 그림이 그려진 스팬드럴을 보면서 이렇게 생각할지 모른다. 이 그림을 그리기 위해 이 스팬드럴이 존재한다. 최소한 주요한 이유 중 하나일 것이다. 건축가가 이렇게 이야기하는 것도 상상할 수 있다. "우리는 네 명의 복음서 기자의 모습으로 장식하기 위해서 이 돔을 이런 방식으로 만들었습니다." 하지만 굴드와 르원틴은 스팬드럴이 장식이나 성스러운 상징을 넣기 위해 사용되기는 했지만, 그런 목적으로 이용되었을 뿐이라고 지적한다. 스팬드럴은 원래 우연히 생겨난 부산물이기 때문이다. 즉 둥근 아치 위에 돔을 세우면 스팬드럴이 생길 수밖에 없다. 이것을 생물학으로 표현해보자. 건축도면 같은 설계는 다소 억지스럽다. 산 마르코 성당 같은 돔을 만들다 보면 불가피한 상황이 생기기 때문이다. 당신이 산 마르코 성당을 지어보라. 건물을 지을 때 스팬드럴이 생길 수밖에 없다. 그리고 스팬드럴은 그림을 넣는 장식으로서의 이차적 목적에 이용될 수 있다. 하지만 이 돔을 올려다보면서 이 스팬드럴을 일부러 만들었다고 생각한다면 실수다.[45]

여기서 생물학적 현상을 조사할 때도 비슷하게 생각하고 싶어진다. 굴드와 르원틴은 적응주의를 세 갈래로 비판한다. 무엇보다, 적응을 식별하려면 우리는 먼저 생명체를 원자처럼 파악해야 한다. 어떤 동물을 선택하고 나서 동물을 부분으로 나눈다. 개별 동물은 통합된 전체라는 사실을 잠시 제쳐둔다. 이렇게 적응주의 프로그램은 속성이나 형질이 뚜렷하게 분리된다고 생각한다. 이런 사고법은 유전자 선택주의가 자기 논리를 세우는 방식과 비슷하다. 하지만 뚜렷하게 분리된 속성이 있다고 생각하면, 표현형을 전체로 생각해야 함을 반드시 잊게 된다. 표현형이 형성될 때 제약조건이 작용한다는 사실도 잊어버린다. 우리는 아리스토텔레스에게서 한 수 배울 수 있겠다. 아리스토텔레스는 몸에서 떨어져나간 손은 참된 손이 아니라고 말한다. 생명체에서 떼어낸(이론적일 뿐이라도) 속성도 유효하지 않다.[46] 더구나 속성이나 부위가 완전하지 않고, 최적 상태가 아닌데도 적응주의 프로그램은 이런 속성이나 부위를 자연선택으로 설명한다. 굴드와 르원틴은 이렇게 말한다. "어떤 부분의 최적합성을 판단할 때, 전체에 대한 가장 최선의 설계를 가정하고 나서 그 부분이 최선의 설계에 얼마나 기여하는지 따진다. 부분 최적합성이 자연선택의 직접 작용이 아닌 다른 것을 나타낼 수 있다는 생각은 보통 환영받지 못한다"[47](팡그로스 박사의 말을 기억하라). 굴드와 르원틴은 이 생각에 반대하면서 다음과 같이 말한다. "생명체를 분석할 때 통합된 전체로 다뤄야 한다. 발달경로, 계통발생적 유전, 일반 구조는 생명체의 신체설계baupläne를 상당히 제약한다. 그래서 발달과정의 제약조건이, 변화가 일어날 때 매개하는 자연선택보다 더 흥미롭고 중요하다."[48] 이렇게 생명체를 원자처럼 다룰 때 문제가 생긴다. 예를 들어, 생명체에서 분리된 속성은 이론적 추상화의 산물이다. 린치는 이것을 "추상화된 다윈주의적 적응"이라 부른다.[49] 톰슨은 이렇게 말한다. "생명체는…원자적 속성을 가진 부품이 모여 만들어진 것이 아니다. 원자적 속성은 이론적 추상의 산물이다."[50] 최근의 학자들만 이것을 문제 삼은 것은 아니다. 현대종합설의 창시자들도 이것의 문제를 지적했다. 도브잔스키는 이렇게 기술한다. "속성을 마치 독립 개체처럼 논하면서 생물학, 특히 진화론 연구는 상당히 혼란스러워졌다."[51]

조엘 푸스트Joel Pust는 이 논증을 흥미롭게 변주한다. 푸스트는 자연선택과 속성(형질)이 두 가지 방식으로 연결되어 있다고 한다. 첫째, 자연선택은 특정한 유기체가 왜 특정한 속성을 가지는지 설명한다. 둘째,

자연선택은 그 속성을 가지는 유기체가 왜 존재하는지 설명한다.[52] 두 개의 명제 가운데 첫 번째 명제가 논란거리다. "자연선택은 어떤 계통이 존재할 것인지 결정하는 것으로 작동한다. 유기체를 생산하려면 이런 결정이 꼭 필요하다. 자연선택이 이런 결정을 하지만, 자연선택은 유기체가 왜 그런 형질을 가지는지 설명할 수 없다. 이를 설명하기 위해서는 (불가능하겠지만) 다른 형질을 가진 똑같은 생명체가 존재해야 한다.[53] 다시 말해, 우리는 유기체를 원자적 존재로 여길 수 없다. 다면발현pleiotropy과 상대성장allometry, 상위epistasis는 형질을 원자처럼 여기려는 생각을 반박하기 때문이다. 생명체의 물리적 형질이 선택의 결과지만, 모호한 경우 이를 다면발현이라 한다. 자연선택은 분명 있었지만 어떤 것을 향한 선택은 없었다. 예를 들어, 아래 턱과 남자의 젖꼭지, 여성 성기의 오르가즘을 목적으로 한 선택은 없었다.[54] 상대성장은 크기 의존적 관계가 놀랄 만큼 확산되는 현상이다. 우리는 자연계에서 이 현상을 본다. 식물은 거의 모두 같은 비율을 보여준다. 라프Raff는 여기서 흥미로운 주장을 한다. "서로 뚜렷이 구분되는 종이 공유하는 상대성장 법칙에서 흥미로운 사실이 있다. 이 법칙들은 자연선택에 반드시 구속되지 않는 발달규칙에서 나오는 것 같다. 실제로 그렇다면, 극단적 크기를 가진 동물을 사례로 제시할 수 있어야 한다. 이런 동물의 신체 비율은 적응과 상관없이 상대성장 법칙에 따라 정해진다."[55] 아일랜드 엘크는 과다한 비율을 잘 보여주는 사례이다. 자연선택은 또한 희귀한 속성이 어떻게 흔한 속성이 되었는지를 설명하지만, 그 속성이 어떻게 생겨났는지 설명하지 않는다. 극단적 다윈주의에는 생성 이론이 없다.[56]

굴드와 르원틴이 제기한 두 번째 비판을 보자. 모든 형질은 적응이라고 가정하는 바람에 엄격한 적응주의자는 현재와 과거의 효용을 구별하지 못한다. 그래서 엄격한 적응주의자는 형질의 기원을 역사적으로 정확하게 설명할 수 없다. 더구나 어떤 속성이 생명체의 적합성에 도움이 된다면 그 형질은 적응이라고 가정하는데, 이것은 지나치게 단순한 생각이다. 많은 생물학자는 깃털은 처음에 체온 유지를 위해 변형되었다고 주장한다. 그러나 이것은 나중에 이용된 속성이다. 따라서 새의 깃털을 적응이라고 말하는 것은 틀렸다. 적어도 비행의 관점에서 그렇게 말하는 것은 틀렸다. 차라리 깃털은 적합성에 기여한다고 말해야 한다. 하지만 깃털의 기원이나 역사를 본다면, 깃털은 우리가 당연하다고 생각하는 방향과는 다른 방향을 목표로 진화되었다(물론 모든 사람이 이 해석에 동의하는 것은 아니다).[57] 뮐러와 바그너Günter P. Wagner는 흥미로운 사실을 지적한다. "새로운 신체부위나 구조의 기원은 쉽게 해명되지 않는다. 조상과 자손은 표현형에서 분명하게 차이가 나기 때문이다.…[일부] 사례들은 기계론적으로 뜻이 있다. 진화적 이행이 일어나려면, 종종 발달하면서 변형이 일어나야 하기 때문이다. 발달하면서 일어난 변형은 조상 형질이 돌연변이를 일으키는 범위 바깥의 것이다. 이것을 보여주는 사례는 깃털의 기원이다. 깃털은 완전히 다른 형태다. 깃털을 설명할 때, 파충류 비늘의 형태가 서서히 변하여 깃털이 되었다고 말할 수 없다. 깃털 같은 완전히 다른 형태를 설명할 때, 자연선택만으로 온전히 해명할 수 없다."[58] 손가락도 마찬가지다. 형태와 기능만으로 손가락을 쉽게 설명할 수 없다. 어떤 사람은 다음과 같이 주장한다. 손가락의 기능은 분명하므로 우리는 어떤 적응이 있었다고 가정한다. 하지만 그것은 적응이 아닐지 모른다. "손가락"이 있는 동물은 많다. 하지만 동물은 인간만큼 손가락을 자유롭게 움직이지 못한다.[59] 또한 리처드슨은 인상적인 주장을 한다. "도구를 잡고 사용하는 능력은 분명 자연선택의 영향을 받았다. 그러나 어떻게 영향을 주었는지 제대로 설명하는 일은 그리 간단치 않다.…이렇게 시작한다면 설계를 원칙적으로 분석하여 설명할 수 있는 것이 거의 없다는 것을 알게 될 것이다."[60]

이렇게 꼬인 문제에 답하려고 굴드와 브르바Vrba는 "굴절적응" exaptation이란 용어를 만들어냈다.[61] 굴절적응이란 특성이 생겨난 처음의 목적과는 다른 용도로 우리의 적합성을 높이는 적응을 의미한다. 굴절적응에 따르면, 우리는 진화를 앞을 내다보며 의도를 품는 설계자로 생각해선 안 된다. 오히려 진화를 수선공으로 봐야 한다. 수선공은 현재 기능이 앞으로 어떤 결과나 잠재력을 가질지 볼 수 없다.[62] 다윈은 말한다. "어떤 사람이 특별한 목적을 세우고 기계를 만들면서, 중고 바퀴과 스프링, 도르래를 조금만 고쳐서 부품으로 사용했다. 그럼에도 전체 기계는 현재의 목적을 위해 제작되었다고 말할 수 있다. 마찬가지로 생명체의 모든 부분은 조금씩 다른 조건에서 다양한 목적을 위해 사용됐을 것이다. 그리고 오래전부터 명확한 형태를 가진 기계에서 작동했을 것이다."[63] 적응과 적합성 향상, 굴절적응을 구분하면 확실히 유익하다(여기서 말하는 적합성 향상은 현재 적합성을 높이지만, 현재 기능을 수행하려고 선택되지 않았다는 뜻이다). 하지만 다른 사람은 굴절적응 개념이 사소해질 수 있다고 주장한다. 어떻게 보면, 우리는 거의 모든 형질의 과거를 추적하여, 형질이 수행할 수 있는 다른 기능을 발견할 수 있기 때문이다. 진화는 정말 이런 가능성을 암시하지 않는가? 그러나 일단 이런 가능성을 인정하면, 확실히 우리는 처음에 생겨난 이유와 앞으로 변해나가는 이유가 다른 변이에 자연선택이 어떻게 작용하는지 쉽게 알아차릴 수 있다. 따라서 자연선택에 영향을 받는 변이는 늘 조금은 중립적인 것 같다(다윈이 진화론적 유신론자와 어떻게 거리를 뒀는지 기억해보자). 종이 그저 역사적인 존재인 구분이듯, 모든 기능도 역사적이다(본질적인 차이가 아니다). 손은 물건을 집는다. 하지만 손은 우연히 잡을 수 있었다. 언제일지 모르지만, 앞으로 손은 날개처럼 펄럭거릴지 모른다.

엄격한 적응주의를 반박하는 굴드와 르원틴의 세 번째 비판은 자연선택을 향한 무한한 믿음에 대한 것이다. "우리의 정신이 생산적인 만큼, 어떻게 적응했다는 이야기도 범위가 넓다. 그래서 새로운 이야기를 늘 지어낼 수 있다."[64] 특정한 동물이 어떤 형질을 왜 가지게 되었는지 설명하는 시나리오를 아주 쉽게 지어낼 수 있다. 그렇다고 그것이 진실이라는 뜻은 아니다. 굴드와 르원틴은 이것이 루디야드 키플링의 동화 『표범의 얼룩무늬는 어떻게 생겨났을까』를 생각해보자. 이 이야기에서 "그냥 그렇게 생겼다"just-so라고 설명하는 것과 비슷하다고 지적한다. 그러나 "그냥 그렇게 생겼다"라는 이야기가 인간에게 적용될 때에는 훨씬 진지해졌다. 인간의 진화 역사를 가설적으로 구성하고 그것을 근거로 인간 행동을 분석하게 된 것이다. 다시 말해, 인간 행동을 진화론의 렌즈로 보면서, 강간이나 연쇄 살인까지 설명하는 시나리오를 구성한다.

여러 진화생물학자와 생물철학자가 굴드와 르원틴의 비판에 답변했다. 에른스트 마이어는 이렇게 대답했다. "진화론자는 먼저 생물학적 현상과 과정을 자연선택의 산물로 설명하려고 애써야 한다. 그럼에도 제대로 설명할 수 없을 때, 그것은 우연의 산물이라고 진화론자는 정당하게 말할 수 있다."[65] 다니엘 데닛도 비슷하게 대답한다. 데닛은 굴드와 르원틴이 말한 스팬드럴 사례에 오류가 있다고 지적한다. 데닛은 스팬드럴은 적응의 예가 될 수 있다고 추론한다. 한정된 가능성과 제약에 의해 이루어진 결과이기 때문이다(하지만 제약이 없는 경우도 있을까?). 하지만 이런 제약이 의도적 선택을 배제하지 않는다. 따라서 데닛이 보기에 굴드와 르원틴의 비유는 여전히 자연선택을 보여준다. "이렇게 결론 내려야 한다. 산 마르코의 스팬드럴은 스팬드럴이 아니라…적응이다. 동등한 가능성을 가진 대안 중에서 미적美的 이유 때문에 선택된 것이다."[66] 평소 데닛의 반대편에 서 있는 사이먼 콘웨이 모리스도 이 부분에서는 데닛의 편을 든다.[67] 아마 굴드는 이런 비판을 받아들이지 않을 것 같다. 굴드가 보기에, 스팬드럴은 건축 후에 생긴 공간이며 남는 여백이다. 여백을 사람들이 유용하게 활용하고 특정 기능을 위해 사용한 것이다. 여기서 굴드는 흥미롭고, 강한 인상을 주는 답변을 한다. 그의 말은 마치 독일 철학자 프리드리히 니체의 영향을 받은 것처럼 들린다. 니체는 이렇게 썼다. "어떤 생리학적 기관—또는 사법기관, 사회 관습, 정치적 어법, 예술, 종교적 의례—의 유용성을 당신이 완벽하게 이해했어도, 당신은 그것이 어떻게 발생했는지 이해한 것은 아니다. 이 말이 불편하고 불쾌하게 들리겠지만…여러 세대를 거치면서 사람들은 사물과 사물의 효용, 형식, 형태가 가진 분명한 목적이 그런 것이 존재하는 이유라고 믿었다. 예를 들어 눈은 보려고 만들어졌고, 손은 잡으려고 만들어졌다. 그래서 사람들은 처벌하려고 형벌이 발전되었다고 생각한다. 하지만 목적과 용도는 모두 권력 의지가 힘이 약한 것을 장악하게 되었다는 표시일 뿐이다."[68] 하지만 어떤 사람들은 효용으로 생명체를 이해하려는 유혹을 뿌리치지 못한다. 데닛은 우리에게 말한다. "적응주의적 추론은 그냥 선택사항이 아니다." 그리고 "적응주의적 추론은 진화생물학의 심장이고 혼이다. 적응주의적 추론을 보충하고 결함을 수정할 수 있다. 하지만 적응주의적 추론을 생물학의 중심에서 쫓아낸다면, 이것은 단순히 다윈주의를 넘어지게 하는 행위가 아니라 현대 생화학과 생명과학을 모두 허무는 짓이 될 것이다."[69] 여기서 데닛은 다윈이 지지한 다윈주의를 거부하면서, 정통 적응주의가 다윈주의를 대치하도록 힘쓰는 것이 아닌가? 붕헤와 마너의 말처럼, "물론 적응주의는 탐구를 돕는 유익한 전략이다. 하지만 거부된 적응주의 시나리오가 다른 적절한 대안을 고려함 없이 다른 적응주의 시나리오로 계속 대체된다면, 적응주의는 반박할 수 없는 독단적 교리로 전락할 수 있다."[70] 이것이 굴드와 르원틴이 쓴 논문의 요점인 것 같다.[71] 굴드와 르원틴을 공정하게 다루려면 이것을 지적해야 할 것 같다. 굴드와 르원틴은 진화론이 반증될 것을 걱정하지 않았다. 정확히 말해, 그들은 방법론을 고수한 나머지 대안을 무시하는 태도를 염려했다. 그들은 적응 개념이 아니라, 적응 개념을 경험적으로 시험하지 못하게 미리 막아버리는 방법론을 반박하려 했다.[72] 추상화나 이론화를 통해 유기체를 원자처럼 다루면서, 학자들은 적응을 "자물쇠와 열쇠"처럼 이해하려고 한다. 즉 문제가 제작되고 문제에 딱 맞는 답이 제시된다. 또한 열쇠와 자물쇠가 잘 맞지 않을 때(열쇠와 자물쇠가 최적 상태가 아닐 때), 시나리오를 구성하고 문제를 여러 개 기획한다. 그리고 다양하게 시나리오를 바꿔보면서 열쇠와 자물쇠가 잘 맞지 않는 상태를 설명하는 것이다.[73] 범선택주의나 낙관론은 이렇게 유혹하거나 죄를 짓는다.[74] 따라서 특정한 시나리오가 실패해도 적응주의는 검증을 거치지 않을 것이다. 다른 시나리오가 실패한 시나리오를 대체해버리기 때문이다. 이렇게 대체가 끝없이 계속된다. 창조론자가 "하나님이 하셨다"고 외치듯 적응주의는 "자연선택이 했다"고 말한다.[75] 이것은 선험적인 관점이기에, 경험으로 검사해도 수정되지 않는다.[76] 따라서 어떤 이야기가 거부되더라도, 적응주의적 설명 덕분에 그것은 새로운 주의 시작을 알리는 사건으로 돌변한다. 적응주의자가 보내는 주에는 휴일이 없다. 어떤 사람은 이것을 기뻐하겠지만, 적응주의자의 주에는 분명히 정해진 날도 없다. 시시포스처럼 똑같은 반복만 계속된다(혹은 계속되는 것처럼 보일 것이다). 이런 적응주의는 유기적 존재에 작용하는 다양한 요소와 요인을 무시할 수 있는지 살핀다. 이것이 이런 적응주의의 진짜 관심사다. 앞에서 우리는 생명체에 작용하는 다양한 요소와 요인을 말했다. 예를 들어, 발달 제한과 다면발현, 상대성장, 유전자 부동, 그리고 분자생물학이 보여주는 자연선택에 거의 영향을 받지 않는 것처럼 보이는 현상 등.[77] 결국 적응주의자가 원인을 설명할 때, 위험하게도 그의 설명은 때때로 몰리에르의 의사가 한 말처럼 들린다. 어떤 사람이 수면제가 어떻게 작용하는지 의사에게 물었다. 의사는 수면제에 최면성분이 함유되어 있다고 대답했다. 임레 라카토스Imre Lakatos는 좋은 이론의 조건을 지적한다. 좋은 이론은 앞으로 나아간다. 최소한 보조 가설이나 전제가 핵심이론을 앞으로 나가게 한다. 반면, 보조 가설이 그저 핵심이론을 조절한다면 이론은 퇴보한다. 그래서 굴드는 "현대 종합설의 경직화"를 논하면서 신다윈주의적 종합설이 퇴보할 수 있다는 가능성을 밝히 드러내려 했다. 굴드의 걱정이 정말 사실인지 이 장의 끝에서 다룰 것이다. 하지만 콘웨이 모리스의 의견도 귀담아 들어야 한다. "신다윈주의 학파는 매우 열심히 연구했고 엄청난 성과를 거두었다는 사실도 동시에 고려해야 한다."[78]

논쟁 주제를 하나 더 검토해야 한다. 바로 중립 이론이다.[79] 기무라 모토가 발표한 이 이론은 상당한 논쟁을 일으켰다. 기무라에 따르면, 지금 존재하는 종들의 게놈을 비교할 때, 게놈 분자에서 확인할 수 있는 차이들은 대부분 선택에 대해 중립적이다. 다시 말해 단백질의 아미노산 서열은 적응의 결과가 아니다. 분자들의 차이는 종의 적합성에 (혹은 개체의 적합성에) 영향을 주지 않는다. 따라서 중립 이론은 게놈의 특성이 자연선택에 종속되거나 자연선택에 의해 설명될 수 있다고 생각하지 않는다. 중립 이론을 이용하여 적응주의 프로그램을 비판할 수 있다. 기무라도 중립 이론을 설명하면서 적응주의 프로그램에 도전한다. "최적의 자리는 때때로 환경 변화에 따라 변한다. 종은 자신의 평균치를 바꾸면서 환경 변화를 재빨리 따라간다. 하지만 안정화하는 자연선택이 대체로 지배한다. 안정화하는 자연선택이 진행되는 가운데, 돌연변이 대립형질이 무작위로 고정되면서 중립적 진화가 폭넓게 일어난다. 중립적 진화는 분자 수준에서 모든 유전자를 (살아 있는 화석의 유전자까지도) 변형시킨다. 따라서 안정화하는 표현형 선택이 일어날 때, 중립적 분자 진화가 반드시 진행됨을 알 수 있다."[80] 데이비드 헐은 이렇게 기술한다. "근시안인 자연선택은 돌연변이를 대부분 보지 못한다. 돌연변이는 선택에 대해 중립적이다. 중립 이론은 돌연변이 유전자가 아무런 생리적 효과가 없다고 주장하는 것은 아니다. 다른 대립형질도 생명체의 필요를 따라 동일하게 필요한 단백질을 생산한다는 것이다. 따라서 유전성 이질성을 설명하는 데 선택 이익 개념은 필요 없다."[81] 학자들은 중립 이론에 대해 다양하게 답변했다. 어떤 학자에게 중립 이론은 이념적 모욕이었다. 정통 학설을 독단적으로 신봉하는 사람은 극단적 다윈주의의 찬송집에서 조금이라도 어긋나는 이론을 단속했기 때문이다.[82] 굴드는 이단적 학설도 허용하면서 중립 이론이 현대 종합설의 주도권에 도전했다고 주장했다.[83] 스트레벤Strebben과 아얄라Ayala 같은 사람들은 중립 이론이 현대 종합설에 속한다고 생각했다. 하지만 굴드에게 이것은 솔직하지 못한 주장이었다. 그들은 "용어를 다시 정의하여 논증에서 승리하려고 했기 때문이다. 다윈주의의 중심원리가 분명 현대 종합설의 본질이다. 진화에서 일어나는 변화가 대부분 중립적이라면 종합설은 심각하게 손상된다."[84] 어떤 학자는 중립 이론의 중요성을 깎아 내리기도 했다. 말 그대로 변화가 중립적이라면 변화는 적어도 적응과 상관이 없기 때문이다. 기무라는 이런 답변에 대해 다음과 같이 답했다. "많은 사람이 여러모로 나에게 말했다. 중립 이론은 생물학으로 판단할 때 중요하지 않다. 중립적 유전자는 말 그대로 적응에 관심이 없기 때문이다. 진화에서 중립적 대립형질이 하는 일을 기술하려고 '진화적 소음' 개념을 자주 사용했다. 바로 위와 같은 반론을 고려하면서 이 개념을 사용한 것이다. 나는 이것이 지나치게 좁은 관점이라고 생각한다. 무엇보다 진실을 발견하는 일이 과학에서 중요하다. 그렇다면 중립 이론도 다른 과학적 가설들만큼이나 가치를 인정받아야 한다."[85] 기무라는 중립 이론을 수세적으로 방어하려고 한다. 이런 태도에도 문제는 있다. 기무라의 태도에는 본질주의가 전제되어 있기 때문이다(어떤 것이 한때 중립적이었으면, 계속 중립적이어야 한다는 것이다). 하지만 이런 본질주의는 사실과 다르다. 와그너 Andreas Wagner가 말한 것처럼, "중립적 변화는 지금 적합성에 영향을 주지 않거나, 앞으로 영향을 주지 않아야 한다는 생각을 버려야 한다."[86] 돌연변이의 중립성은 돌연변이의 속성에도 의존하지만 환경과 유전자에도 의존한다. 환경과 유전자는 돌연변이의 중립성을 바꿀 수 있다.[87] 유기체의 생물학적 특징 가운데 견고함은 흥미로운 특징이다. 환경의 섭동을 견디면서 변화에 저항하는 능력이나 수용하는 능력이 바로 견고함이다.[88] 견고함은 왜 중요할까? 견고함은 중립적 돌연변이를 촉진하기 때문이다. "특정한 체계 기능에 영향을 주지 않는 돌연변이를 촉진한다. 하지만 이런 돌연변이도 체계의 다른 속성에 영향을 줄 수 있다. 여기서 다른 속성이란 앞으로 손해나 이익의 근원이 되거나 (진화에서 나타나는) 새로운 종의 근원이 될 수 있는 속성을 뜻한다."[89] 유기체는 견고함과 함께 유연성flexibility과 가소성plasticity을 가진다. 변화를 수용할 능력이 유기체에 있다.[90] 톰슨은 이렇게 말했다. 이런 능력들이 결합될 때, 진화는 "놀라운 태피스트리처럼 보일 것이다. 보존과 혁신, 영속성과 변화, 필연과 우연이 완벽하게 어우러진 태피스트리다."[91] 이 주장에 또 다른 뜻도 포함되어 있다. 즉 견고함과 우연성 덕분에 진화 가능성도 진화한다.[92] 중립성은 분명 가장 강한 적응주의에 도전한다. 중립주의는 여러모로 자연선택이 아니라 귀무 모델null model이 되었기 때문이다. 미첼과 디트리히는 이렇게 지적한다. "열광적 범선택주의자는 마지막으로 범선택주의의 설명력에 기댈 수 있다.…[하지만] 생물학이 게놈 이후 시대로 들어서면서 범선택주의의 설명력을 진지하게 받아들이는 생물학자는 거의 없다."[93] 이유는 간단하다. 범선택주의를 받아들이면 엄청난 대가를 치러야 하기 때문이다. 즉 현대 생물학의 많은 부분을 무시해야 한다. 따라서 범선택주의의 아름다운 노래는 사라졌다. 최소한 강한 형태의 범선택주의는 무너졌다.[94] 이렇게 중립성 이론은 다윈주의적 종합설을 좁게 해석하는 것에 반대하는 것 같다. 특히 더욱 환원주의스럽고 신실증주의스러운 해석에 반대한다. 드퓨와 베버는 이것을 분명하게 설명한다.

> 환원주의적 기준을 전제해야, 중립주의가 다윈주의를 정말 혼란하게 만든다고 말할 수 있다. 환원주의적 기준에 따르면, 성숙한 이론의 경우 가장 기초적 현상이 상위 수준의 현상을 설명해야 한다. 중립주의가 다윈주의에 상당한 어려움을 준 문제가 바로 이것이다. 환원주의적 전제와, 이론을 검증하는 신실증주의적 기준에 따르면, 단백질 진화와 분자 진화는 일반적으로 선택주의를 따라야 한다. 그렇지 않다면 자연선택이 모두 반증된다. 반면, 진화의 가장 기초 수준이 비선택주의적 분자 시계에 따라 움직인다면, 기초 수준보다 더 높은 수준에서 자연선택은 분명 약해질 것이다. 중립주의가 다윈주의를 반증했다고 생각하는 사람은, 자신이 (위에서 말한) 환원주의자라고 스스로 밝힐 것이다. 다윈주의자가 이런 속박에서 가장 빨리 벗어나려면, 환원주의적 이상은 복합학문(complex sciences)에 더 이상 적절하지 않으며, 물리학을 시기하는 마음이 만들어낸 산물임을 알아야 한다.[95]

환원주의에 가장 많이 영향을 받은 다윈주의는 이론적으로 추상된 자연선택개념을 옹호한다. 그리고 이 다윈주의는 자연선택은 실행이나 기질에 중립적이며, 자연선택이 작용하는 물질에 영향을 받지 않는 알고리즘이라고 가정한다(여기서 데닛이나 도킨스의 사고방식이 떠오를 것이다).

## 논쟁: 다시 살펴보기

켈틱 관점에서 볼 때, 정말 중요한 것은 장례식이 아니라 그 후의 경야다. 이때 죽은 자의 과거가 도마에 오르고, 사랑받은 자는 칭송과 때때로 비난을 받기도 한다.
_마이클 로즈와 조지 로더[96]

굴드와 르원틴이 쓴 "스팬드럴" 논문이 나온 지 20년이 흘렀다. 그 동안 진화생물학에서 훨씬 절충주의적이고 다원주의적 연구 프로그램이 나타났다(논문이 연구를 촉진한 유일한 이유가 아님을 밝혀둔다). 이 연구 프로그램은 발달 제한에 얽힌 문제를 훨씬 민감하게 다루었고, 기초적 유전 기제에서 나타나는 현상유지 경향, 계통발생분석, 확률적 영향의 중요성을 더 많이 의식했으며, 자연선택의 작용을 더욱 세심하게 이해했다.
_로버트 리처드슨[97]

논리적 실증주의 과학철학이 부상하면서 현대 종합설이 더욱 경직되었듯이, 현대 생물철학자 사이에서 실증주의적 이상이 사라지면서 확장되어야 한다는 생각이 퍼졌다.
_데이비드 드퓨와 브루스 베버[98]

지나친 낙관론이 진화론의 분석을 사로잡고 있다면, 다음 이야기는 이런 현상이 왜 위험한지 잘 보여준다. 유명한 은행강도인 윌리 서튼은 체포된 뒤 기자들에게 이런 질문을 받았다. "왜 은행을 털었습니까?" 서튼은 간단하게 대답했다. "은행에 돈이 있으니까." 서튼의 법칙은 이 이야기에서 나왔다(이야기의 출처는 의심스럽지만). 지금은 의대 학생이 서튼의 법칙을 사용한다. 진단을 확증할 수 있는 실험을 하라는 지시를 받을 때 의대 학생은 가장 그럴듯한 실험을 함으로 서튼의 법칙을 이용한다. 서튼의 법칙이 진화에도 적용될까? 자연선택이 정말 생물학적 현상을 일으킨 가장 그럴듯한 원인일까? 일단 이 문제를 탐구하기 전에 어떤 유형의 적응주의와 얽힌 문제를 살펴보자. 적응주의를 협소하고 규제하는 법처럼 이해할 때 이런 문제가 생긴다. 많은 문제가 극단적 다윈주의를 괴롭힌다. 종합설도 확장되어야 한다. 그래도 자연계를 진화론으로 설명할 때 자연선택은 여전히 중심개념으로 작동한다. 물론 자연선택은 독립적으로 존재할 수 없지만 말이다.

적응은 겉보기에 단순한 개념이다. 3개의 조건이 충족되면 적응이 이뤄졌다고 생각할 수 있다.

1. 생식이 일어날 때 어떤 형질이 다음 세대로 유전된다.
2. 각 세대에서, 유전된 형질 가운데 늘 변이가 있다.
3. 유전된 변이들은 적합성이 서로 다르다. 환경에 적응하는 정도도 서로 다르다.[99]

하지만 적응을 보여주는 자료가 상당히 부족하다는 사실이 머리를 갸우뚱하게 한다. 붕헤와 마너는 적응의 뜻을 8개나 제시한다.[100] 더구나 적응주의의 유형도 하나 이상이다. 피터 가드프리-스미스Peter Godfrey-Smith의 주장이 그래도 상당히 유용하다. 스미스는 적응주의의 세 가지 유형을 제시한다. 첫 번째, 경험적 적응주의가 있다. 이 적응주의는 자연선택이 자연에서 작용하는 강력하고 특이한 힘이라고 가정한다. 즉 자연선택은 어디서나 작용한다. 두 번째, 해설적 적응주의가 있다. 이 적응주의는 자연선택을 이용하여 복잡한 적응을 설명한다. 그렇다고 자연선택이 아무런 제한조건 없이 작동하는 개념이란 뜻은 아니다. 자연선택은 "무엇이 복잡한 적응을 설명하는가"에 대한 답이다. 하지만 자연선택에 제한조건이 있다. 세 번째, 방법론적 적응주의가 있다. 적응이 자연을 이루는 것처럼 가정하면서 자연을 관찰하는 방법이 방법론적 적응주의다. 생물학자는 이 방법이 문제를 발견하는 데 유용함을 쉽게 확인할 수 있다(적응이 자연을 이룬다는 가정은 절대 강력한 가설은 아니다).[101] 경험적 적응주의는 당연히 경험적 주장을 한다. 이 주장을 검증하려면 끊임없이 조사하고 연구해야 한다. 지금까지 우리가 토의한—그리고 앞으로도 토의할—논쟁거리를 볼 때, 우리는 경험적 적응주의를 방어할 수 없다. 두 번째 적응주의(해설적 적응주의)는 아마 가장 흔한 입장일 것이다. 도킨스조차 첫 번째 적응주의보다 두 번째 적응주의를 받아들이는 것 같다. 하지만 해설적 적응주의도 문제에 부닥친다. 가드프리-스미스가 지적하듯이 적응주의는 주관적·편파적으로 문제에 접근하는 듯하다. 예를 들어, 해설적 적응주의를 이용하는 사람은 어떤 생물학적 현상에 주목하거나 그 현상을 선택한다. 그리고 자연선택의 작용을 고려하면서 현상의 원인을 분석한다. 이 현상은 설계 문제에 대한 진화론의 대답으로 간주된다. 분석과정을 방해하는 난점들은 일단 제쳐놓는다. 이렇게 하면서 다른 생물학적 현상을 자의적으로 임시적인 괄호에 넣어버리는 것이다. 특정한 속성을 선택하여 관찰하지만 다른 속성을 무시하고, 생명체를 형질의 집합으로 분해해버리는 문제를 다루지 않으면서, 다른 흥미롭지 않은 사소한 문제를 그냥 남겨놓는다면, 이것이 합리적으로 원칙에 따라 사고한 것일까? 가드프리-스미스도 이렇게 말한다. "눈도 진짜인 만큼, 발가락도 진짜이고, 발가락이 진화한 역사도 있다. 도킨스는 눈에 대해 열심히 이야기를 지어내지만, 발가락은 그냥 놔둘 것 같다. 이런 이야기는 교양

과학서에 나올 만하다. 하지만 냉정한 생물학자도 이런 이야기에 주목해야 할까?…해설적 적응주의도 결국 일단의 생물학자와 철학자의 선호임이 드러낸다. 이 생물학자와 철학자는 자연선택이 중요하다고 생각하는 자들이다. 이들이 관심을 가진 문제에 자연선택이 답하기 때문이다."[102] (생물학자를 잠시 제쳐두자. 그래도 과학 교양서를 이렇게 쓰는 것은 엄청나게 무책임하다. 많은 사람이 과학 교양서 수준에서만 과학을 접하기 때문이다. 따라서 해설적 적응주의는 순수한 이데올로기다.) 적어도 세속적 세계관을 그대로 유지하더라도, 자연에서 나타나는 설계는 설명을 요구한다.[103] 적응주의는 문제에 대해 답을 하는 역할을 맡는다. 따라서 적응주의는 단순한 선택사항이 아닌 것이다.[104] 하지만, 가드프리-스미스도 인정하듯, 과학 바깥의 관심이 과학을 착취하는 한, 이 논리도 논점을 피한다(이것도 "틈새의 악마"다).[105] 과학 바깥의 대의나 철학적 관점을 위해 과학을 착취하지 않으면서 자연을 최대한 객관적으로 연구하려면, 진화생물학을 가만히 놔둬야 한다. 따라서 진화생물학은 모든 자연현상에 관심을 가져야 한다. 더구나 자연세계에 대한 세속적 해석을 뒷받침하는 것 같은 자연현상만 관찰해선 안 된다.

심지어 어떤 사람은 다음과 같이 주장하기도 한다. 다른 관심에 맞게 과학을 이용하면 자연선택개념을 부풀리게 된다. 우리는 이렇게 부풀려진 자연선택개념을 숭배할 것이다.[106] 여기서 톰슨의 주장은 정곡을 찌른다. "부풀려진 자연선택개념에 어떤 문제가 있을까? 이렇게 자연선택개념을 부풀리면, 자연선택을 온전히 자연주의적으로 설명할 수 없게 된다(다윈주의를 세속적 유사 종교로 만들려고 해도 똑같은 문제에 부딪힌다. 마르크스주의와 프로이트주의도 한때 부풀려져 세속적 유사 종교로 기능했다)."[107] 특히 세속적 광신도가 활용하는 해설적 적응주의는 생물학적 자료의 비결정성을 종종 무시하면서, 자신이 선택한 생물학적 속성을 분해공학reverse engineering으로 분석하려 한다고 어떤 사람들은 주장한다. 리처드슨은 이렇게 말한다. "분해공학은 생명체 형태를 관찰하면서 생명체가 형성된 역사를 추론하려 한다. 역사에서 형성된 기능을 추론하고, 그것을 바탕으로 현재 형태를 설명하는 것이 분해공학의 목표다.…분해공학은 구조에서 기능을 추론하고 기능에서 다시 역사를 추론하려 한다."[108] 시조새를 보자. 시조새는 분명 새와 공룡의 중간형태다. 헉슬리는 시조새가 새의 조상이라고 주장했다(시조새 화석은 1861년에 H. 폰 마이어가 최초로 발견했다). 시조새에 대한 주요 논쟁은 그것이 나무에 살았는지, 지상에 살았는지 하는 것이다. 시조새는 나무 위에 살면서 초기 형태의 날개를 사용해 이리저리 뛰어다녔는가, 또는 지상에 서식하면서 원시적 날개로 재빠르게 먹이감을 추적하는 공룡이었는가? 데닛 같은 적응주의자는 이런 동물의 화석을 분석에 공학 용어를 사용한다. "시조새의 발톱 굴곡의 분석과 날개의 공기역학적 구조를 통해, 시조새가 비행에 알맞게 설계되었음이 분명해진다."[109] 리처드슨은 이런 접근법에 반대하면서 "구조는 일단 기능을 완전히 결정하지 않는 것 같다"고 지적한다.[110] 다시 말해, 구조에 대한 정보는 상당히 모호하거나, 추론의 근거가 부족하다. 또한 추론에 오류 가능성도 있다.[111] 그러나 데닛에게 적응은 기본적으로 승리한다. 경험적으로 시험해서 적응을 결정하기보다, 적응은 처음부터 통한다고 전제하는 것이다.[112] 적응주의에 반대하는 사람은 분해공학을 반박하지만 적응을 무조건 거부하지 않는다. 오히려 그는 이렇게 호소한다. 생물계는 우리가 만든 모형과 우리의 사고방식보다 복잡하며, 우리는 적응과 함께 다른 많은 요인을 고려해야 한다. 예를 들어, 적응하는 과정과 적응 결과는 일대일로 대응하지 않는다. 또한 형질은 부동이나 우연의 산물일지 모른다. 또한 발달 제약이 형질을 특정한 방향으로 기울게 할 수 있고, 적합성을 향상시킬 수 있다. 하지만 적합성이 향상되더라도, 이런 형질은 적응이 되지 않는다. 단지 적합성이 향상되면 이런 형질은 적응하는 데 도움이 된다. 따라서 적응에 기여하는 요인은 여러 가지다. 그런데 이런 요인을 구분하는 표시를 어떤 원리대로 만들기 어렵다. 이런 상황 때문에 브루난더Björn Brunnander는 다음과 같이 주장한다. "특정 개체의 상호작용이 자연선택의 사례인가? 이 질문은 해석되지 않은 채 덩그러니 남아 있다. 자연선택과 부동을 계속 구분하려 한다면, 어떤 종류의 환경과 생명체의 상호작용이 자연선택을 구성하는지 판단하는 데 있어, 최신 이론은 도움이 되지 않는다. 이것은 문제를 푸는 믿을 만한 방법이 '단지' 없다는 뜻이 아니다. 오히려 이것은 우리가 문제 자체를 이해하지 못하고 있다는 뜻이다. 하여간 진화생물학은 지금 이대로 우위를 차지할 수 있을 것이다.[113] 더구나 적응은 생리학적 제약이라는 어두운 영역에 잠겨 있기 때문에, 자연선택의 작동을 분별하는 것은—또는 그것을 지적만 하는 것도—더 어려워졌다.[114] 생리학적 제약은 자연선택의 범위를 정하지 않으며, 선택이 작용할 기회를 단순하게 제한하지도 않는다. 제약은 자연선택의 경로를 지정하면서, 진화의 방향을 한쪽으로 기울게 한다.[115] 선택압의 결과가 아니고 옛 부분들이 카드처럼 섞인 결과로 나타나는 적응도 얼마든지 많다. 이 사실은 분해공학을 더욱 난감하게 한다.[116] 길버트Gilbert와 뷰리언Burian은 말한다. "발달을 규제하는 유전자가 시공간에서 표현되면서 변화가 일어난다. 여기서 새로운 구조가 생긴다. 발달생물학은 이 과정을 주로 연구한다."[117] 시간의 변화를 이시성異時性, heterochrony이라 하고, 공간의 변화를 이좌성異座性, heterotopy이라 한다. 따라서 진화는 곧바로 설계되었다기보다 "즉흥작품"에 가깝다.[118] 물질이 다시 사용되는 현상이 아주 중요하듯이, 진화는 다르게 반복되는 현상에 늘 관여한다.

다윈주의의 본질에 대해 의견이 분분하기 때문에 적응주의를 둘러싼 논쟁이 생겼다. 다윈주의는 순수하게 역사적 과정인가? 아니면 원래 역사와 다소 무관한 법칙 진술을 수용하는가? 다른 온건한 다윈주의자인 콘웨이 모리스와 미초드, 그리고 데닛은 다윈주의의 본질이 적응이라고 생각한다.[119] 하지만 기슬린과 데이비드 헐은 다윈주의는 순수한 역사적 과정이므로 다윈주의에는 본질이 없다고 논증한다. 결국 우리는 "무엇이 좋은가?"라고 묻기보다는 "무슨 일이 벌어졌나?"라고 물어야 한다.[120] "진화"라는 용어가 이미 자연계가 진화한다는 것을 함축하고 있으며, 진화의 "결과"로서 자연계가 존재하지 않는다는 뜻이라는 이유 등으로, 헐의 논증을 지지하는 사람이 있을지도 모르겠다. 분석적으로 말하자면, 여기에서 그만두는 것은 성급할 뿐 아니라, 어떤 면에서는 과학적인 태도가 아니다. 적응주의자와 생물학자가 서로 토론할 때 이 사실은 은근히 영향을 준다. 생물학자는 더욱 다윈주의적으로 접근하거나, 자연계를 더욱 역사적으로 설명하는 것을 옹호한다. 그래서 그는 우연성을 더 앞에 세운다. 헐의 접근법은 아무래도 틀린 것 같다. 하지만 린치에 동의하면서 다음과 같이 지적해야 공정할 듯하다. "세포를 정말 믿는다고 해서 어떤 사람이 세포생물학자가 되지는 않는다. 자연선택이란 다윈의 원리를 정말 믿는다고 진화를 충분히 이해한 것은 아니다."[121] 그렇다. 자연선택을 믿어도 진화를 충분히 이해할 수 없다. 그러나 자연선택에 대한 믿음은 확실히 진화를 이해하는 데 필요하다. 하지만 어떤 이는 자연선택의 범위와 작용을 매우 축소하면서 자연선택을 설명한다.

저명한 생물철학자인 엘리엇 소버는 자연선택을 "힘"으로 해석하자고 강력하게 주장한다. 소버가 말하는 이 힘은 표현형을 낳은 유일하게 의미 있는 원인이다. 엘드리지, 붕헤, 마너는 소버의 해석을 반박한다.[122] 그래서 소버의 접근법을 "힘 해석"이라 부르며, 다른 해석은 "결과 해석"이라 부른다(소버의 접근법을 긍정적 견해로, 결과 해석을 부정적 견해로 부르기도 한다).[123] 힘 해석을 하는 측은 자연선택 때문에 생명체가 특정한 형질을 가진다고 주장한다. 반면 결과 해석을 하는 측은 자연선택이 개체군에서 대표적 형질과 관련해 일어난 변화를 설명한다고 말한다. 하지만 자연선택은 그런 형질이 왜 존재하는지는 설명하지 않는다.[124] 더구나 결과 해석에 따르면, "개체가 어떤 형질을 가지게 하는, 유전과 발달 과정은 자연선택을 선취했다. 따라서 개체가 왜 그 형질을 가지는지 설명할 때 자연선택을 언급하지 않아도 된다."[125] 힘 해석은 자연선택이 행위자와 비슷하다고 제안한다. 즉 자연선택은 적어도 외부적 힘이다. 이 힘은 자연계의 모양을 만들고 주조하고 결국 설계한다. 하지만 여러모로 이런 견해를 불쾌하게 여기는 학자가 많다.[126] 이들이 보기에, 힘 해석은 창조론자가 페일리의 자연신학적 신에게 기대는 것과 별반 다르지 않다.[127] 이들에게 힘 해석은 그저 은유이며 민담 수준으로 보인다.[128] 또한 힘 해석은 자연계의 형성을 부동으로 환원하거나 자연선택으로 환원한다. 하지만 어떤 사람은, 이렇게 환원되지 않으며 아마 이렇게 환원할 수 없다고 지적하면서 이 문제는 매우 까다롭다고 말할 것이다. 결국, 자연선택을 일으킨 과정이 부동도 일으킨다는 주장이 나왔다.[129] 더구나 브루난더는 이렇게 주장한다. "공통 가계에 속한 모든 개체는 자신의 공통 조상이 번식에 성공해야 생존할 수 있다. 이렇게 개체는 과거 상황에 의존하는데…과거에 대한 의존이 적응과 '스팬드럴', 역기능 형질 같은 다른 구조를 구분하는 표시는 아니다."[130] 자연선택은 적응을 낳지만 역기능 형질은 낳지 않는다고 말할 때, 우리는 확실히 목적론적 세계관을 전제한다.[131] 결국 "자연선택"은 진화의 원인을 지시한다고 간결하고 분명하게 제안할 수 없다고 브루난더는 지적한다. 기슬린은 이 지적을 강조하면서 힘 해석은 옷을 벗지 않고 욕조에 들어가는 꼴이라고 주장한다. 여기서 우리는 이렇게 물을 수 있다. "옷을 벗지 않아서 어떻게 되었나요?"

대답은 단순하다. 아무런 일도 일어나지 않았다.[132] 붕혜와 마너는 흥미로운 유비를 하나 더 내놓는다. "자연선택이 개체군에서 어떤 표현형을 선호하거나 제거한다는 사실은 창조성과 아무런 상관이 없다. 창조성은 새로운 것이 만들어진다는 것이다. 좋아하거나 싫어하는 것은 관객이지만, 그들에게 창조성이 있다고 말하지는 않는다. 오직 예술가만이 참으로 창조적일 수 있다."[133]

그러면 우리는 자연선택을 어떻게 해석해야 할까? 자연선택을 부기bookkeeping로 볼 수 있을까? 자연선택이 부기라면 자연선택은 무엇을 기록할까?[134] 자연선택은 형질이 세대를 거쳐 퍼지는 것을 기록한다. 하지만 형질의 형성을 기록하지 않을 것이다. 즉 유기체가 왜 이런저런 형질을 가지는지 기록하지 않을 것이다.[135] 따라서 자연선택은 순수하게 통계적 현상이지 원인은 아니다.[136] 따라서 우리는 자연선택이 무언가를 만들어낸다고 생각해서는 안 된다. 오히려 자연선택은 분류하고 정리하는, 저자보다는 편집자와 가까운 역할을 한다.[137] 이렇게 자연선택을 소극적으로 해석하는 견해를 뒷받침하는 주장을 마지막으로 하나 더 살펴보자. 다윈에게 유감스러운 말이지만, 자연선택은 적합성을 최대화하지 않을 수 있다(적어도 늘 최대화하는 것은 아니다). 미초드도 지적한다. "자연선택이 개체의 평균 적합성을 낮추고 개체군을 쇠퇴하게 만들 수 있다.… [실제로] 적합성을 최대화한다는 개념으로 자연선택을 온전히 이해할 수 없으며, 자칫 오해할 수 있다. 자연선택은 복잡한 역동적 과정으로서 그 결과도 각양각색이다."[138] 자연선택은 정말 최적자가 생존하도록 만들지만, 적자가 아닌 다른 존재가 생존하도록 만들 수 있다. 자연선택을 통해서, 가장 먼저 나온 자가 생존하기도 하고, 평범한 자가 생존하기도 하며, 정말 누구나 생존하게 만들 수도 있다.[139] 로버트 리드Robert Reid는 아예, 자연선택은 편집자도 아니라, 보수적인 무대감독이라고 주장하기도 한다.[140] 자연선택은 급격한 변화를 억누르고 안정상태를 부추기며,[141] 심지어 새로운 종을 없애버리기도 한다. "자연선택은 복잡성으로 나가는 길을 막으면서, 다윈이 말한 역행을 낳기도 한다. 역행이 일어나면, 복잡하고 적응력이 높은 생명체가 더 단순한 분화 상태로 돌아간다. 이것은 기생충에게 흔한 일이지만, 기생충에게만 일어나는 일도 아니다. 예를 들어 우리는 아스코르브산, 즉 비타민 C를 필요로 한다. 인간의 포유류 조상에게 있었던 합성경로가 퇴화하자 우리는 비타민 C를 섭취해야 했다."[142] 리드는 자연선택의 무능함이 드러났다고 말하면서 흥미롭게도 인공사육을 지적한다. 자연선택의 작용을 없앰으로써 부가적으로 유용한 계통이 개발되어 "큰 씨앗, 곡물, 즙이 풍부한 과일을 생산하는 작물들이 생존하게 되고, 사육자가 자연선택을 가로막았기에 수많은 가축들의 '바람직한 기형'이 이제는 평범하게 보이는 것이다." 이런 생물들이 자랄 수 있었다.[143] 따라서 리드는 자연선택이 거의 불필요한 과잉이라고 생각한다. 하지만 리드의 주장은 상당히 의심스럽다.[144] 솔직히 자연선택을 어떤 존재의 원인으로 설명하려는 경향이 우리에게 있다. 하지만 자연선택은 결과이기도 하다.[145] 데닛에게 동조하는 사람들은 자연선택도 결과라는 사실을 제대로 드러내지 않는다. 데닛이 자연선택을 순수하게 비역사적 · 선험적으로 다루는 것처럼 말이다. 하지만, 우리는 어떤 과정의 결과인 자연선택을 창발적 현상으로 봐야 한다. 따라서 자연선택은 데닛의 관점에 도전하면서, 동시에 물리주의 전체에 도전한다.

자연선택이나 적응주의를 둘러싼 논쟁의 모양새는 기능과 구조 가운데 무엇을 강조하느냐에 따라 정해진다. 상동 현상에 대한, 두 개의 주요 가정을 보면 기능과 구조의 대립이 뚜렷하게 드러난다.[146] 상동homology은 공통 가계에 속했기에 나타나는 구조들의 유사성이며, 상사

analogy는 기능의 유사성이다. 단지 이 기능은 계통에서 발달하지 않았다(상사를 수렴하는 동류형성homoplasy이라 한다). 어먼드슨이 말한 "충격적 유전 상동"shocking genetic homologies은 아주 흥미로운 상동 유형이다.[147] 충격적 유전 상동은 계통발생적 관계를 증명한다. 이 관계에서 사람들은 충격적 유전 상동이 있을지 기대하지 않았을 것이다. 적어도 신다윈주의 패러다임을 따르는 사람이라면 기대하지 않았을 것이다. 신다윈주의 패러다임에서 차이는 주로 자연선택의 "작용"으로 생겨난다. "충격적 유전 상동"의 경우, 차이는 오히려 자연선택이 아닌 발달 차이 때문에 생긴 결과로 보인다. 더 정확하게 말해, 새로운 종이나 본질적 차이는 자연선택의 결과가 아니라 발달의 결과다. 가까운 예로는 곤충의 눈과 척추동물의 눈을 들 수 있다. 두 종류의 눈은 큰 차이가 있지만, 상동 유전자의 산물이다. 따라서 이런 결론이 나온다. 유전자의 표현형 효과로 유전자를 식별할 수 없다(표현형 효과가 없을 수도 있다). 오히려 "여러 종류의 생명체의 몸이 배아 단계에서 발생할 때, '유전적 도구 상자'에서 유전자가 하는 일을 통해 유전자를 식별할 수 있다."[148] 즉 차이는 유전자와 표현형 효과(자연선택에 따라서 행동하는) 사이의 동형적 관계의 일종이 아니다(동형 이성적 관계일 때도 차이는 생기지 않는다). 동형 이성적 관계는 동일한 반복을 수용하고 전제할 것이다. 차이는 같은 유전물질이 동일하지 않게 반복되면서 나타난다.

신다윈주의 패러다임은 "전달유전학"(혹은 개체군유전학)을 기초로 삼는다. 이 패러다임은 유전자의 표현형 효과를 추적하면서, 똑같이 이상화된 개체군에서 그 효과가 어떻게 분포되는지 주목함으로써, 유전자를 이상적 개념으로 만든다. 이에 반해, 새로운 패러다임은 "발달유전학"을 논한다(단지 말의 논리상 "새롭다." 새로운 패러다임에 깔려 있는 논리는 조르쥬 퀴비에까지 거슬러 올라가고, 드 브리스와 리하르트 골드슈미트, 초기 토마스 헌트 모건 같은 사람들에게서 다시 나타나기 때문이다. 이들의 생각은 서로 다르기는 하지만 말이다). 신다윈주의로 사고할 때 상동은 역사—과거 선조—가 남긴 유물일 뿐이다. 어먼드슨은 이것을 "찌꺼기"라고 부른다.[149] 정말 그렇다면, 상동은 원인으로서 작동하지 않는다. 하지만 발달에 초점을 맞춘 진화론자가 볼 때, 상동은 원인으로서 작동한다. 상동은 생명체의 생성에 영향을 주는 기초발달과정을 가리킨다고 생각할 수 있기 때문이다. 기능과 구조 가운데 어느 쪽을 강조하는지 살펴보면, 신다윈주의와 새로운 패러다임의 차이가 보인다. 그리고 기능과 구조에 대한 문제는 "적응 대 제약" 논쟁을 상기시킨다.[150] 간단하게 말해, 기능(적응)을 먼저 생각해야 한다고 주장하는 사람은 자연선택이 생물학적 혁신과 그에 따른 확산의 원동력이라고 생각한다. 물론, 확산이 생물학적 혁신을 포괄하는 증거처럼 보이지만, 이 둘은 모두 복합적으로 연결되어 있다. 신종이 생겨나고 확산될 때 정말 자연선택이 일어난다. 최소한, 겉으로 보기에 자연선택과 신종의 확산이 뒤섞여 나타나는 현상을 볼 수 있다. 반면 구조를 우선시하는 사람은 자연선택은 다소 부수적인 것이라고 주장할 것이다. 적어도 무엇이 선택될 수 있는지는 백지 위임장carte blanche의 문제가 아니라, 선택a la carte의 문제이기 때문이다. 르원은 이 주장의 요점을 정확히 잡아냈다. "대체로 육지 척추동물은 왜 네 개의 다리를 갖고 있을까? 다리 네 개가 최적 설계라는 대답이 가장 그럴듯하다. 하지만 이 대답은 육지동물의 조상인 어류도 네 개의 다리, 즉 지느러미를 가진다는 사실을 무시하려고 한다. 다리가 네 개 있으면 육지에서 쉽게 이동할 수 있다. 하지만 육지동물이 다리 네 개를 가지고 있는 진짜 이유가 있다. 육지동물의 선조도 똑같이 다리를 네 개 가졌기 때문에 육지동물도 다리가 네 개다."[151] 즉 다리가 네 개 있는 이유는 자연선택보다는 계통발생적 관성에 따른 것이다. 에른스트 마이어는 발달은 그저 근접 원인의 문제라고 생각한다. 하지만 다른 사람은 자연선택보다 발달이 궁극적 원인이라고 본다. 무엇이 선택될 수 있는지 발달이 결정하기 때문이다. 다시 말해, 발달이 허용하거나 제공한 변이에만 자연선택이 작용할 수 있다. 어먼드슨은 유미목 양생류 도롱뇽의 다리를 예로 든다. 어먼드슨은 이 사례를 "추상적 이론적 존재라고 생각한다. 이 추상적 이론적 존재는 진화를 개체발생에 연결시키는 이론에 뿌리박혀 있다. 따라서 이런 관점으로 생각할 때, 양생류의 다리는, 특정한 양생류의 변형된 다리를 생산한 자연선택 과정 이전부터 존재했다."[152]

다르게 말하자면, 선택은 특정한 제약 아래서 일어난다. 생물계는 보수적이기 때문이다. 어먼드슨은 이 문제를 훌륭하게 요약한다. "진화과정에서 변화가 일어나지만 상동성은 유지된다. 이것은 발달에 반영하는 상동성의 역할이 다른 것에 비해 덜 유동적이라는 것이다.…신체가 발생하는 과정이 어떻게 바뀔 수 있는지 이해하려면(진화가 어떻게 일어날 수 있는지 이해하려면), 신체가 어떻게 발생하는지 이해해야 한다."[153] 신체가 있다고 전제해버리거나 신체의 발생을 논의에서 제외할 수는 없다는 말이다(개체도 마찬가지로 전제해버릴 수 없다). "적응주의자는 진화의 '편의주의'에 대해 말한다. 자연선택은 사용 가능한 변이는 무엇이든 '이용한다'는 뜻이다. 이렇게 진보적 뜻을 풍기는 은유는 진화의 결과에는 주목하게 하지만, 변이의 사용 가능성을 규정하는 원인을 간과하게 만든다."[154]

이제 논의를 마무리해보자. 자연선택이 정말 전능하다면, 상동성은 확실히 사라질 것이다. 그렇지만 우리가 자연선택개념을 완전히 내팽개치자고 주장하거나, 통계적 의미를 제외한 다른 것을 폄훼할 생각은 없다. 우리가 주장하는 것은 자연선택이 맡은 역할을 조정해야 한다는 것이다. 자연선택은 전능하며 역사와 상관없는 알고리즘이라고 생각해선 안된다. 또한 자연선택을 그저 통계적 이상현상으로 봐서도 안 된다. 우리는 오히려 현대 종합설이 확장되어야 한다고 주장한다.[155] 즉 현대 종합설은 자연선택이 주도적 역할을 한다고 계속 주장하지만, 없애버릴 수 없는 요인과 관점에 의해 자연선택이 조율된다는 것이다. 이처럼 진화는 매우 복잡하여 수많은 단계로 진행된다. 그래서 진화는 개체군에서 유전자의(또는 대립유전자의) 분포처럼 단순하게 "통계상의" 문제가 될 수 없다. 극단적 다윈주의 패러다임은 진화의 중요성을 정말 위협한다. 극단적 다윈주의 패러다임은 진화론에 등을 돌리며, 지나치게 경직된 입장을 취한다. 특히 자연선택의 창발(즉 진화)을 무시하면서 더욱 반진화적이 되었다. 또한 복제자와 유전자 등의 진화도 무시한다.

## 최적자의 도래: 자연적인 선택

다윈주의가 자연선택개념을 다르게 사고하면(혹은 해석하면) 다윈주의는 새롭게 거듭날 수 있을 것이다. 우리는 그렇게 추측한다.
_ 데이비드 드퓨와 브루스 베버[156]

현대 종합설이 확장되어야 한다는 요청은 어떤 사람에게 암울한 미래를, 실제로 위기를 알리는 예고처럼 들릴 것이다. 예를 들어 리드는 이렇게 말한다. "진화론 패러다임이 위기에 빠졌다고 하는데, 도대체 진화론 패러다임이란 무엇일까? 때때로 '현대 종합설'이라고 대답하는 사람도 있다. 진화론 패러다임이란 일단 지식, 해석, 가정, 추정이 엮여 있는 구성체다. 자연선택이 진화를 일으키는, 완전히 충분한 원인이라는 믿음이 이 구성체와 결합되어 있다."[157] 리드가 요점을 잡아냈다. 어떤 사람이 자연선택을 지나치게 좁게 이해해서, 자연계의 진화에 상당한 영향을 주는 요인들을 간과하고, 자연선택만을 추켜세운다고 해보자. 다윈주의를 반드시 조정해야 하거나 보충해야 하는 상황이 되면, 그는 분명 당황할 것이다. 하지만 근본주의자 같은 관점이 세계관—과학적이거나 다른 세계관—을 대표한다고 생각하는 것은 현명하지 않다. 남용은 적절한 사용이 아닌 것처럼, 다윈주의도 마찬가지다. 여기서 궁금해진다. 다윈주의를 확장하거나 보충해야 한다고 요청할 때 어떤 사람은 갈등에 빠져버린다. 왜 그럴까? 극단적 다윈주의는 원래 진화론에 반대하므로 이런 일이 벌어진다(마찬가지로 다윈주의에 반대하는 종교인은 유신론적으로 이단이라고 말할 수 있겠다).

원래 진화론에 반대하는 극단적 다윈주의의 모습은 페일리의 신神 형상에 새겨져 있다. 극단적 다윈주의도 현상을 해석하는 단일하고 절대적인 존재를 만들고 싶은 유혹에 시달린다. 세속적 유물론 이념이 보통 이런 짓을 부추긴다. 물질에 대한 세속적 견해를 우리는 이제 기억하지 못한다. 세속적 유물론자를 세속적 양봉업자라고 부를 수 있겠다. 적응주의 프로그램을 보면 진화에 대한 거부감이 분명히 드러난다. 그런데 진화에 대한 거부감은 적응주의 프로그램을 가장 두드러지게 비판한 반대자의 작업에서도 나타난다(굴드도 이런 반대자다). 적응주의는 때때로 이데올로기적 편향성을 드러내는데, 그 이유는 간단하게 말해 자연선택을 늘 사실이었던 것으로 가정하기 때문이다. 다시 말해, 적응주의자는 자연선택을 진화에서 해방시킨다(그리고 이것은 다윈주의와 어긋난다). 그래서 적응주의자는 자연선택을 "자연에 역행하게" 만든다. 반면, 진화는 법칙대로 진행되지만 결말이 정해지지 않은 현상이다. 자연선택은 상당히 파생적 현상이므로(자연선택도 진화하므로), 진화가 일단 도래하면 진화는 불필요한 현상이 될 수 없다. 여기서 "도래한다"는 단어는 굉장히 중요하다. 다윈이 1859년에 쓴 책은 선택된 종류의 발생이 아닌 "선택된 종류의 보존"을 이야기한다. 하지만 이 핵심은 시간이 지날수록 잊혀지는 것 같다. 드 브리스는 1904년에 다시 언급했다. "자연선택은 최적자의 생존을 설명할 수 있다. 하지만 자연선택은 최적자의 도래를 설명할 수 없다."[158] 드 브리스 이전에 E. D. 코프는 이미 의미심장한 제목이 붙은 책을 출판했다. 바로 『최적자의 기원』 *the Origin of the Fittest*이다.[159] 드 브리스의 진술에 대해 버스와 폰타나는 이렇게 말한다.

> 이런 말을 하게 만든 논쟁거리는 다음과 같았다. 모든 새로운 종이 돌연변이에서 나와야 한다. 반면 자연선택은 그저 적응하지 못한 존재만 제거한다. 따라서 진화에서 중요한 문제는 돌연변이가 새로운 표현형을 어떻게 일으킬 수 있는지 이해하는 것이다. 드 브리스가 주장하듯, 자연선택에 생성하는 능력이 없다. 따라서 무엇이 적응자를 생성하는가? 진화는 대체로 이런 문제를 다뤘다. 오늘날 생물학자는 변이를 설명할 일관된 이론을 가지고 있지 않다. 대체로 이 문제를 기술적으로 무시할 수 있는 도구를 사용함으로써 집단유전학은 부흥할 수 있었다. 집단유전학에서 유전자는 대립유전자로 간주되며, 대립유전자는 표현형 형질에 의해 인식된다. 표준용어를 보면, 유전자는 표현형과 같은 말로 사용되며, 표현형은 유전자로 환원된다. 개념을 이렇게 사용하는 것에 대해 사람들은 이것이 밑바탕부터 다른, 두 개의 도식을 하나로 합쳐버린다고 판단했다.[160]

따라서 복제자와 운반자, 조직화의 패턴, 생물학적 실체는 당연한 것으로 전제되고, 이런 현상의 기원은 검토되지 않는다. 그래서 신 페일리적 neo-Paleyan 패러다임이 지속된다.

우리는 이런 생각에 반대한다. 우리가 지금 관찰한 생물체의 발생도 설명해야 하며, 지금도 지속되고 있는 생물체의 발생과 자연선택의 관계도 설명해야 한다. 버스와 폰타나는 이것을 다윈주의가(진화가), 풀어야 할 존재발생문제라고 말한다. 이것은 어떻게 생겨났을까? 이것이 존재발생문제다. 이 문제는 지금 이것은 무엇인가라는 문제와 다르다. 우리는 존재발생문제를 다룰 때, 지금 그것이 무엇인가라고 묻지 않고, 처음에 그것을 어떻게 생겨났는가를 묻는다. 이런 맥락에서 기능은 구조를 뒤따른다.[161] 버스와 폰타나는 이렇게 설명한다.

> 존재발생문제는 겉보기에 생명의 기원에 한정된 문제를 다루는 듯하다. 다윈주의(진화) 과정에 얽힌 생명체가 나타나면 다윈주의 과정은 어김없이 시작된다. 하지만 조직화의 기원은 설명해야 할 숙제로 남아 있다. (생명체의) 조직화에 관련된 문제들은 아직도 풀리지 않은 채 남아 있다. 이 문제들의 핵심에는 조직화의 기원이 있다. 집단유전학에서 유전자형과 표현형을 구분하여 기술하는 문제는 아직도 풀리지 않았다. 우리는 표현형이 어떻게 생겨나는지 기본적으로 이해하지 못했기 때문이다. 마찬가지로 우리는 변이의 기원에 한계가 있음을 이해하지 못했다(예를 들어, 발달 제약). 개체가 어떻게 나타나는지 이해하지 못했기 때문이다. 더구나 생명 기원이란 여러 기원들이 나타나는 첫 번째 지점을 뜻한다.… 생명 역사를 보면, 조직화에서 다양한 수준이 나타났다. 그래서 생명 기원을 설명해야 하듯, 다양한 수준들이 나타날 때도 똑같이 존재발생문제가 생긴다.[162]

요즘 가장 뛰어나다는 학자들도 이런저런 이유를 들어 무시하는 듯한 주제를 이 글은 아주 뚜렷하게 드러낸다. 예를 들어, 새로운 표현형의 등장은 생존문제보다 앞선다. 다시 말해, 새로운 종이 나타나고 시작되는 이유를 종의 생존능력으로 설명할 수 없다. 이 이유는 종의 생존능력만큼이나 탐구되지 않은 문제다. 결국 새로운 생명체의 발생을 생존으로 설명할 수 없다.[163] 적어도 생명체의 발생단계를 생존으로 설명할 수 없다. 그렇지 않다면, 우리는 여기 없는 존재를, 적어도 아직 여기 없는 존재를 설명할 때 생존을 사용했을 것이다. 마르티네즈 휴렛Martinez Hewlett은 흥미로운 주장을 펼친다. "생명계에 한계조건을 정한다는 스팬드럴 같은 적응과 무관한 구조에 대한 생각은 적어도 창발론을 겨냥하고 있다."[164] 이 지적은 옳은 것 같다. 그러나 구조의 발생을 살펴보면 모든 구조가 자연선택의 범위를 벗어나 있다는 주장이 휴렛의 지적과 더 긴밀하게 얽혀 있다. 그렇지 않으면, 동어반복의 유령이 꼴사납게 생긴 머리를 쳐든다. 자연선택을 매우 좁게 해석하는 적응주의자가 갈 수 있는 길은 하나밖에 없다. 새로운 생명체의 도래는 순수하게 무작위적이며 생존이 여기 있는 존재의 원인이라고 말할 수밖에 없다. 그러나 그렇게 말하면, 다윈의 멋진 생각인 자연선택은 정말 빈 깡통 같은 주문으로 쪼그라들 것이다. 즉 여기 있는 존재자는 살아남은 존재자다. 증명 끝. 즉 살아남은 존재자는 반드시 더 적합하다는 뜻이다. 우리는 훌륭한 이론을 이렇게 모욕하고 싶지 않다. 다행스럽게도 모욕을 피할 방법이 있다. 우리는 짜릿한 진화의 모험을 모든 장면에서 끌어안기만 하면 된다. 일부 장면만을 취사선택하는 것이 아니라, 모든 장면에서 진화의 모험을 수용하면 된다(일부 장면이 아무리 중요하다 해도). 또한 자연선택은 결말도 아니다.

존재발생문제에서 우리가 살펴야 할 요점은 두 가지다. 첫째, 자연선택에도 시작이 있다. 자연선택도 진화의 산물이란 뜻이다. 둘째, 자연선택 자체가 새로운 종을 낳지 않는다. 자연선택은 무언가 낳지 않고 오히려 이미 있는 변이를 주조한다. 사르카르는 이렇게 말한다. "적응이 우리가 전통적으로 생각해온 것만큼 보편적으로 발생하지 않는다면, 자연선택을 통해 기원에 얽힌 모든 문제를 설명하지는 못할 것이다."[165] 또한 확실히 자연선택은 어디서나 일어나지 않으며, 그럴 수도 없다. 자연선택이 적용되는 존재가 있어야 자연선택이 시작될 수 있기 때문이다. 따라서 현대 종합설을 넓혀야 한다고 요구할 때, 우리는 새로운 종의 발생(기원)을 설명하는 이론을 요구한다. 칼레보Werner Callebaut는 지적한다. "새로운 종은 종종 발달측면에서 자연선택의 부수효과로 나타난다. 자연선택은 신체 크기나 비율 같은 매개변수에 작용하며, 발달과정이 변형되면서 생긴다. 예를 들어, 세포 행동이나 발달 시점이 바뀌면서 자연선택의 부수효과가 나타난다.…[따라서] 자연선택은 새로운 생명체의 발생을 돕는 촉진 요인이거나 일반적 제한조건이지, 직접 원인이라고 보기 어렵다."[166] 동류형성과 상동, 돌연변이,[167] 모듈성, 새로운 종, 생물발생. 일단 이렇게 몇 개만 나열했지만, 이 모든 개념은 극단적 다윈주의 패러다임을 벗어나 있다. 극단적 다윈주의 패러다임은 이런 개념들을 그냥 전제하거나 무시한다.[168] 더구나 드퓨와 베버는 우리에게 하나의 사실을 상기시킨다. "적절하게 소위 자연선택이라고 불러야 할 것이 정의상 존재하지 않는 세상에서 생명이 기원한 것을 우리는 너무 쉽게 잊어버린다."[169] 결국 자연선택은 자연선택의 기원을 설명할 수 없다(물론 우리는 그렇게 요구해서도 안 된다). 마찬가지로, 자연선택은 자연선택 덕분에 발생한 생명체를 조정할 수 없다. 진화는 처음부터 끝까지 열려 있다. 진화는 내용이 정해진 그림의 최종본이 절대 아니다. 우리는 이 주장에 놀라지 말아야 한다. 진화는 말 그대로 진화이기 때문이다.

적응이 나타나기 이전의 진화사를 고려할 때(적응이 나타나기 이전의 진화사는 자연선택으로 귀결되거나 자연선택과 나란히 진행된다), 같은 분자기제와 발달체계를 공유하지 않는, 계통발생적으로 독립적인 계통들에서 형태학적 설계해답이 왜 반복해서 나타나는지 탐구해야 한다(뮐러와 뉴먼도 이렇게 묻는다). 또한 거의 모든 후생동물의 기초 신체구조는 왜 비교적 빠르게 세워지는지 탐구해야 한다(다세포질이 생기고 나서 곧 기초 신체구조가 잡힌다). 그리고 신체구조를 세우는 요소들은 왜 신체구조에 고정되는지 탐구해야 한다.[170] 여기서 신체구조는 계통발생적 계통에서 대체로 변하지 않고 그대로 있다. 앞에서 살펴본 논의를 기초로 삼아 뮐러와 뉴먼은 최적자의 도래가 다윈주의 이전의 세계에서 일어난다고 생각했다. 그들의 논의에 따르면 기능은 구조 다음에 오기 때문이다. 이질적 유기체 형상들은 경쟁이나 차등적 적합성을 요구하지 않으면서도 형성되었다.[171] 신체구조baupläne는 대략 30가지가 있다고 한다. 이런 구조가 지속되는 현상을 유형의 단일성이라 한다.[172] 라프는 유형의 단일성을 논하면서 이 현상을 올바로 관찰한다. "척추동물와 절지동물, 극피동물을 보면, 곧바로 확실히 구분되는 신체구조를 볼 수 있다. 신체구조에는 특별한 역설이 새겨져 있다. 중요한 동물 신체구조는 5억 년 이상 묻혀 있던 초기 캄브리아기 암석의 화석에서 처음 발견되었다. 최초의 동물이 퍼져 나가면서 신체구조가 빠르게 세워졌다. 그런데 이 구조가 일단 세워지자 이것은 꾸준히 보존되었다. 신체구조가 세워진 후에 발달과 형태는 엄청나게 바뀌었지만, 캄브리아기 이후에 새로운 문phyla은 나타나지 않은 것 같다. 신체구조는 계속 보존되었지만 동물계는 진화를 통해 엄청나게 변했다."[173] 라프의 설명에서도 자연선택은 다소 늦게 나타난다. 자연선택이 시작될 때도 발달 형식이 자연선택의 작용을 제한한다.[174] 이런 맥락에서 우리는 자연선택을 창발적 현상으로 봐야 한다. 베버처럼 말하자면, 자연선택은 "화학적 선택과 자기 조직화가 서로 작용하면서 발생한다. 전체 원시세포에서 일어나는 자가촉매순환에서 이런 상호작용이 일어난다.…다시 말해, 자연선택은 특정한 물리적·화학적 체계의 범위에서만 나타날 수 있다. 자연선택은 선택이 일어나는 기질의 속성에 철저히 의존한다."[175] 그래서 자연선택은 적응이 일어나기 이전의 세계에 달려 있고, 그 세계는 지금도 남아 있다. 하지만 창발적 현상인 자연선택은 진화에서 극적이고 힘찬 장면을 연출한다. 이 장면이 물리주의나 환원주의를 가장 엄하게 질책한다. 이 주제로 넘어가기 전에 데닛이 주장하는 기질 중립성을 살펴보자. 이 주제는 복잡하다. 자연선택의 출현과 작용을 고려해도 자연선택은 확실히 기질 중립적이지 않기 때문이다. 하지만 자연선택이 나타날 때, 이전에 존재하던 "부분들"을 자연선택은 넘어서는 것 같다. 형질이 창발하듯 자연선택도 분명히 창발한다.

데닛은 형질을 기존에 존재해온 성질로 여길 뿐 아니라 자연선택을 역사와 상관없는 알고리즘으로 해석한다. 더구나 데닛은 이 알고리즘을 위험한 생각으로 여긴다. 하지만 이것은 데닛의 사고방식에 붙박여 있는 문제다. 어하우스Jeremy Ahouse는 범선택주의를 논하면서 이렇게 주장한다. "데닛은 상황을 설명할 때 언제나 자연선택에 초점을 맞춘다. 데닛에게 이것은 선험적 결정이다. 이것은 결국 말 앞에 마차를 놓고 마차와 사랑에 빠지는 짓과 같다."[176] 어하우스의 지적은 옳다. 자연선택(실제로 적합성)은 그냥 전제되기 때문이다. 즉 진화에 대한 이런 설명은 대단히 부족할 것이다. 붕헤와 마너도 다음과 같이 주장한다. "[데닛의] 자연선택론은…충분하지 않다. 유전자와 생명체, 개체군이 차등적으로 생존하고 생식한다는 것에 집중하는 선택 이론은 무언가를 놓치고 있는 것이다. 자연선택은 당연히 유전자, 생명체, 개체군의 차등적인 세대간 분포와 서식지에서의 확산의 패턴을 설명한다. 하지만 이 자연선택은 적합성 개념을 당연하게 전제해버린다. 다시 말해, 이 이론은 적합성을 블랙박스로 여기면서, 자연선택의 본질을 생명체와 환경의 상호작용과 무관한 것으로 만들어버린다. 생명체와 환경의 상호작용을 설명하려면, 생명체와 개체군 수준에서 기능형태학과 생태학을 사용해야 한다."[177] 데닛은 중요한 진화요인을 설명하고 분석하지 않은 채 그냥 무시해버릴 뿐 아니라, 자연을 아예 제외해버린다. 데닛은 생물학의 설명을 도외시하고 알고리즘으로 다윈주의를 해석한다.[178] 데닛의 해석은 실제 생물학이 다루는 혼탁한 세계를 다루기보다, 진화를 철저하게 비물질적·기능적으로 설명하는 것을 선호한다. 이것이 바람직한 연구방향일까? 어떤 사람은 이런 방향에 반대한다. "생물학자는 순수한 적응주의의 수정궁전에 살고 싶어한다고 데닛은 믿는 듯하다. 하지만 여러 생물학자는 우연성과 적응, 제약이 절묘하게 섞이는 현상을 뿌듯하게 여긴다. 이 현상은 수많은 절충과 타협이 이뤄졌음을 증거한다. 특정한 때에 우리가 관찰하는 특정한 생태계는 이런 절충과 타협을 통해 생겨난다."[179] 우리가 알다시피, 데닛은 다윈주의를 위험한 생각이라고 생각한다. 하지만 그가 가정하는 이유(다윈주의는 만능 산이며, 우리가 사는 상식세계 등등을 부식시킬 것이라는) 때문에 위험한 생각이라고 한 것은 아니다. 다윈주의가 여러 존재자를 정말 녹여버린다는 말은 맞다. 하지만 불행하게도, 다윈주의가 녹여버린 존재자들은 생물학이 연구해야 할 대상들이다. 붕헤와 마너는 정확하게 이것을 꼬집는다.

> 데닛의 생각은 위험하다. 그의 생각은 기능주의의 또 하나의 예다. 기능주의에 따르면, 기질은 체계 기능과 무관하다. "과정의 논리적 형식"만이 중요하기 때문이다. 하지만 진화뿐만 아니라…생명과 정신도 모두 기질 중립적이라면, 자연선택론과 함께 이에 대응하는 이론도 모두 "생물학에서 자리를 잃고 뽑혀나갈 수 있다." 형식주의적·비유물론적 생물학 개념은 어떤 사람에게 멋지게 보일지 모른다. 그런 개념만 있으면 이제 생물학에서 무언가를 배우지 않아도 되기 때문이다.…생물리학과 생화학 같은 관련 분야까지 공부할 필요도 없어지기 때문이다. 결국, 순수 수학자가 생물학을 수행할 수 있다는 생각은 과

> 학이 모두 순수이론과학으로 환원된다는 주장과 같다. 순수이론과학은 정말 기질 중립적이다. 이 과학은 물질적 대상이 아니라 개념 대상을 다루기 때문이다. 이것이 바로 위험한 생각이다. 다윈의 생각이 아니라 '기능주의자'의 생각이 위험하다.[180]

더구나 데닛의 알고리즘은 다소 부조리한—심지어 공허한—구석이 있는 듯하다. 알고리즘 과정에 대한 데닛의 호소는, 그의 알고리즘이 진화의 모든 것을 표현한다는 것이 되기 때문이다. 그런데 상황은 데닛에게 점점 불리해진다. 붕헤와 마너는 이렇게 지적한다. "'진화'는 모든 개별 진화과정의 집합을 가리키는 단어다. 우리는 보통 진화과정을 말할 때 진화라는 말을 쓴다. 따라서 우리는 데닛의 진술을 다시 고쳐 써야 한다. 즉 '진화과정의 산물은 모두 어떤 과정의 결과다.' 이 주장이 진화를 이해하는 데 보탬이 된다고 누군가 정말 믿어야만 이 주장은 위험할 것이다."[181] 그래서 어하우스는(더글라스 아담스의 주장에 따라) 데닛의 생각이 거의 무해하다고 주장한다. 의미도 없으며, 생물학과 철학을 고려해도 아무 소득이 없는 주장이다.[182] 더구나 데닛은 자연선택이 어떤 수준에서도 작동할 수 있으며, 실행에 독립적이라고 전제한다. 즉 자연선택은 자연을 마치 기질 중립적인 실체처럼 다룬다. 하지만 현실은 그렇지 않다. 따라서 톰슨이 말하듯, "자가생성하는 최소 생명체까지 자연선택으로 설명할 만큼 자연선택을 확장할 수 없다. 자연선택은 자가생성하는 조직을 전제해야 하기 때문이다."[183] 그렇다. 자연선택은 창발적 현상이다(처음에는 굴절적응이었을 것이다). 창발적 현상은 자기가 따라야 할 규칙을 스스로 만들어낸다. 하지만 창발적 현상은 대단히 파생적이며, 다른 현상에 계속 의존한다. 기질 중립성은 모스가 말한 통속적 다윈주의가 전제하는 기본 관점이다. 통속적 다윈주의는 변이가 엄격하게 무작위이며, 생명의 역사나 적응능력에 영향을 받지 않는다고 가정한다. 모스의 주장처럼 일단 통속적 다윈주의가 옳다고 가정하면, 다음 주장들을 계속 견지해야 한다. "(1) 유전 가능한 변이를 이루는 기질(물질)은 변화를 겪어야 한다. 하지만 살아 있는 생명체가 자기를 유지하고 목적을 추구하는 활동은 이런 변화에 간섭하지 않는다. (2) 이런 변화를 통해서 생명체 표현형도 나름대로 변화를 겪어야 한다. 그러나 생명체가 목적을 추구하는 활동은 표현형에서 일어난 변화를 매개하지 않는다(여기서 생명체가 목적을 추구한다는 말은 일단 그렇게 보인다는 뜻이지 정말 목적을 추구한다는 뜻은 아니다). 어떤 생명체가 두 개의 기준 가운데 하나라도 만족시키지 못하면, 적응능력을 가지고 스스로 살아가는 생명체도 나름대로 진화 역사를 가진 행위자로 봐야 한다."[184] 여기서 생명체(유기체)는 설명되지 않고 그냥 전제된다. 이렇게 생명체가 그냥 전제되기 때문에 다윈주의는 칸트적 사고구도에서 기본적으로 벗어나지 못한다고 모스는 생각한다. 생식계열과 신체계열을 엄격하게 구분하는 바이스만의 생각이 틀렸음은 이제 널리 알려진 사실이다. 잘 적응하는 돌연변이는 "다시 돌연변이를 유도하기 때문이다."[185] 이렇게 잘 적응하는 돌연변이는 유기체가 적극적 역할을 맡고 있다는 "공시적 증거"를 구성한다(공시적 증거는 모스의 용어다). 그런데 모스에 따르면 "통시적 증거"도 있다. DNA 서열에서 일어나는 엑손 재편성도 통시적 증거다. 엑손은 진핵생물 유전자의 일부이며, 결국 단백질로 번역된다(진핵생물은 세포막과 세포골격을 갖춘 복잡한 구조로 성장한다). 엑손은 유전자 내 구역이나 인트론(암호화되지 않은 DNA)에 의해 분리된다. 엑손과 인트론이 함께 있을 때, 엑손이 이동하거나 다시 편성되면서 새로운 유전자가 생길 수 있다. 모스는 말한다. "이렇게 새로 생겨난 유전자(누더기 같은 연결자) 덕분에 복잡한 생명체의 세포는 미묘한 환경 차이에 서로 다르게 반응할 수 있다. 그런데 이 유전자는 단일 핵산의 단계식 무작위 돌연변이를 통해 생길 수 없다. 오히려 DNA 전체 구간이 특정하게 제거되고 묶여질 때만 생길 수 있다. 이렇게 제거되고 묶여지면서 효소가 전달된다."[186] 결국 위에서 말한 첫 번째 기준은 생물학적 사실과 맞지 않다. 유전자형과 표현형의 관계는 고정되어 있지 않으며 상당히 복잡하다는 사실을 이미 살펴봤다. 모스는 이렇게 지적한다. "DNA 염기서열뿐만 아니라 적응에 도움이 되는 발달능력이, DNA가 변할 때 표현형에서 어떤 일이 벌어지는지 결정하는 요인이라면(다시 말해, 유기체가 여러모로 '염기서열을 해석'하거나, '사용 가능한 염기서열을 배치'한다면), 분자가 아니라 생명체가 진화를 이끄는 운전자다."[187] 따라서 데닛과 그의 동조자는 두 번째 기준도 충족시키지 못한다. 따라서 유전적 변이는 확정되지 않은 자원이며, 발달하는 생명체는 다른 때에, 다른 장소에서, 다른 방법으로 이 자원을 이용함을 이해해야 한다."[188]

이단적 돌연변이 양식은 변이를 완전히 무작위 현상으로 여기는 극단적 다윈주의의 가정에 도전한다. 하버드 공중보건대학의 존 케언즈 John Cairns가 처음으로 이 문제를 조사했다. 케언즈의 조사는 논쟁을 불러왔지만 확실히 믿을 만하다. 로체스터 대학교의 베리 홀Barry Hall은 후속 연구를 통해 케언즈의 조사를 뒷받침했다. 이 주제를 다룬 케언즈의 첫 번째 논문은 1988년 「네이처」에 실렸다. 이 논문은 엄청난 반응을 불러왔다. 논문의 요점은 간단했다. 케언즈는 락토스를 처리하는 효소가 없는 대장균의 세포를 사용했다. 케언스는 일단 이 세포에게 락토스를 주입했다. 당연히 이 세포는 연약해지기 시작했다. 이렇게 환경에 스트레스를 가하자 이전에 없던 락토스 처리 효소를 가진 돌연변이가 늘어난다는 사실이 드러났다. 이 현상을 "스트레스에 의한 고정단계 돌연변이"라 한다.[189] 와그너는 이렇게 논평한다. "자연 분리한 대장균Escherichia coli 787마리를 관찰한 결과, 40%의 분리균의 돌연변이율이 이전의 영양부족 샘플군보다 10배나 증가했다. 13%의 경우, 돌연변이율이 100배 이상 늘어났다. 이런 돌연변이 증가는 환경 스트레스를 제거하면 사라진다. 그리고 이런 현상은 유전자의 통제도 받는다."[190] 이처럼 유도된 돌연변이는 신다윈주의 정통설과 어긋난다. 신다윈주의 정통설은 돌연변이는 무작위로 일어나며 환경요인에 영향을 받지 않는다고 전제하면서 돌연변이율이 한결같다고 예상했을 것이다. 따라서 유도된 돌연변이 현상은 방향이 잡힌(논란이 적은 용어를 사용하자면), 적응에 도움이 되는 돌연변이라고 "이단적으로" 규정할 수 있다. 물론 이것에 대해 의견이 여러 갈래로 갈린다. 일단 다음과 같이 말해야 공평할 것 같다. 우리가 지금 논하는 돌연변이는 어떤 방향으로 나가는 돌연변이라기보다 신 라마르크적인 돌연변이다. 이는 극단적 다윈주의의 교리—기질 중립성, 무작위적 돌연변이, 형질은 DNA를 통해서만 유전된다는 생각—에 도전한다.

이런 맥락에서 우리는 베버와 드퓨의 지적에 동의해야 할 것 같다. 그들은 이렇게 말한다. "자연선택은 기질 중립적 원리가 아니다. 생명이 나타날 때 유효했던 사실은 아마도 그 이후에 일어난 진화에도 유효할 것 같다. 그래서 자연선택과 자기 조직화가 계속 상호작용했을 것이다." 통속적 다윈주의, 즉 우리가 말한 극단적 다윈주의는 범외재론panexternalism이 주장하는 전망을 전제한다. 이것이 문제다. 범외재론에 따르면, 생명체와 환경은 변증법적 관계를 맺지 않고 서로 맞서 있다. 범외재론을 받아들이면, 환원이 허용되며 사태를 제대로 파악하지 못하게 된다. 환경에서 생명체로, 생명체에서 유전자형으로 환원이 가능하다는 것이다. 일단 이렇게 환원이 시작되면 거의 무한히 계속된다. 우리는 이 과정을 멈추지 못할 것 같다. 결국 우리는 원시 수프, 또는 아페이론적인 수준apeirontic depth에 이르게 될 것이다. 하지만 르원틴은 지적한다. "환경이 없으면 생명체도 살 수 없듯이, 생명체가 없으면 환경도 있을 수 없다.…환경은 감싸거나 둘러싼다. 그런데 둘러싸는 주변이 존재하려면, 둘러쌀 중심이 있어야 한다."[191] 자연선택을 매우 좁게 해석하려는 버릇에서 벗어난다면, 진화를 더 넓고 깊게 설명할 수 있다. 굿윈Brian Goodwin은 더욱 개방적인 종합설을 제안하면서, 이렇게 설명한다. "확장된 생물학에서 자연선택과 유전은 계속 중요한 개념으로 작용할 것이다. 하지만 이 요인들은 종합적이고 역동적 생명이론의 구성요소가 될 것이다. 이 생명이론은 창발적 과정의 역학에 초점을 맞춘다.…생명체는 이제 단순한 생존 기계가 아니라 원래 나름대로 가치를 가진다."[192] 원래 나름대로 가치를 가진 존재인 생명체와 환경은 외부적이며 내부적이다. 이것들은 형성된 형상*forma formata*일 뿐 아니라 형성하는 형상*forma formans*이다.[193] 이제 확장된 종합설에서 어떤 결론이 나올지 간단하게 살펴보자. 그리고 확장된 종합설을 고려할 때 자연선택의 역할이 어떻게 바뀌는지 살펴보자.

## 생명체의 귀환을 준비하라

자생적 질서가 존재한다는 사실은 다윈 이후에 세워진 생물학 개념을 엄청나게 뒤흔든다. 생물학자는 대부분 100년이 넘도록 자연선택이 생물학에서 나타나는 질서의 유일한 근원이라고 믿었다. 자연선택만이 형상/형식을 만들어내는 "수선공"이다. 하지만 자연선택이 고르는 형상/형식이 복잡성 법칙에 의해 생성되었다면, 자연선택은 언제나 하녀였을 것이다. 자연선택은 질서의 유일한 근원이 아니다. 생명체는 이리저리 기워 붙인 가공제품이 아니라 심층적 자연법칙의 표현이다.

_스튜어트 카우프만[194]

이미 우리가 아는 관점으로 자연선택을 계속 생각하면, 우연과 자기 조직화는 자연선택과 대치한다고 볼 수밖에 없을 것이다. 따라서 새로운 생명 역학은 다윈주의 전통에 위기를 가져오는 것처럼 보일 것이다.…반면 다윈주의와 새로운 생명 역학은 늘 중요한 관계를 맺었고, 이 관계를 중요하게 만들었음을 깨닫는다면, 다음 사실을 더 쉽게 알 수 있을 것이다. 자연선택은 복잡한 과정을 이루는 부분으로서, 우연과 자기 조직화에 맞서지 않는다. 복잡한 과정에는 자연선택과 우연, 자기 조직화가 모두 관여한다. 복잡한 과정 자체는 다른 요인들의 놀이를 통해 진화했다.

_데이비드 드퓨와 브루스 베버[195]

---

최적자의 도래와 자연선택의 등장, 새로운 생명체의 발생, 고유한 잠재성, 수렴, 진화 가능성. 이런 주제들이 확장된 종합설이 관심을 쏟는 주제다. 확장된 종합설을 반대하는 목소리가 있다. 이런 목소리는 반드시 다윈주의 자체의 한계를 드러내지 않는다. 확장된 종합설에 반대하는 목소리 덕분에 우리는 다윈주의를 매우 좁게 해석하는 관점을 조종하는 전제가 무엇인지 물을 수 있다. 다윈주의를 매우 좁게 해석하는 관점은 (라카토스에 따르면) 위험하게도 퇴보하는 연구 프로그램이 될지 모른다. 이 관점을 조종하는 전제에는 인식론적·존재론적 유명론과 원자론이 포함될 것이다. 이 전제는 완전히 가산적이고, 점진적이며, 분해지향적 논리를 따른다.[196]

진화는 아무 생각이 없이 기질 중립적으로 작동하는 알고리즘이 아니다. 물질의 속성은 풍부한 잠재성을 보여주기 때문이다. 풍부한 잠재성에는 조직화하거나 창발하는 고유한 능력이 숨어 있다. 콘웨이 모리스는 이것을 "여전히 풀리지 않은 고유한 잠재성inherency의 비밀"이라고 불렀다.[197] 고유한 잠재성은 불가피한 현상(예를 들어 엔트로피)이나, 방해물이 있어 아직 실현되지 못한 잠재성을 뜻한다.[198] 다시 말해, 고유한 잠재성은 예외를 허용하는 규칙이다. 고유한 잠재성의 한 가지 예는 자기 조직화다. 이 현상은 말 그대로 어디서나 나타나는 현상이다. 윔셋William C. Wimsatt은 이렇게 말한다. "스스로 조직되는 상태나 속성이 생길 때, 특별한 조건—또는 선택—은 필요 없다. 반대로, 그런 상태나 속성을 막으려면 특별한 조건이 필요하다."[199] 자기 조직화는 생물학뿐만 아니라 물질 자체에 뿌리 박힌 심층 구조가 있음을 암시한다. 그런데 자기 조직화의 뜻은 여기서 마무리되지 않는다. 고유한 잠재성은 청사진이나 프로그램과 같지 않다. 더구나 질서는 바깥에서 부과되지 않고 안에서 솟아난다. 이것은 자연선택에 대한 좁은 해석이나 통속적 다윈주의에 반격을 가한다.[200] 카마진Scott Camazine은 말한다. "체계의 거시 수준에서 나타난 패턴은 미시 수준의 요소들이 수없이 서로 작용하면서 나타난 과정일 뿐이다. 자기 조직화가 일어날 때 바로 이런 일이 벌어진다. 또한 체계 요소들의 상호작용을 규정하는 규칙은 거시 패턴을 참조하지 않은 채 국지적 정보만 사용해서 실행된다. 체계의 창발적 속성은 외부적 질서의 영향이 체계에 강제한 것이라기보다 짧은(부분) 패턴에 들어 있다."[201] 더구나 이런 창발현상은 비선형적이다. 따라서 창발현상은 신다윈주의의 가산 논리 바깥에서 일어난다.[202] 하지만 비선형성(또는 비가산적 논리)은 유기적 생명과 게놈 활동의 중요한 속성이다(다면발현과 상위에서도 마찬가지다). 다면발현pleiotropy은 유전자 하나가 여러 효과를 내는 현상을 뜻하며, 상위epistasis는 여러 유전자와 연결되어 있는 형질을 말한다. 다시 말해, 형상(형식)이 복잡하다고 해서 유전체도 똑같이 복잡해야 하는 것은 아니다. 우리는 이 사실에 오히려 감사해야 한다. 그렇지 않으면, 진화는 절대 일어나지 않을 것이다. 이전 수준의 세대는 다음 수준의 세대가 소유한 복잡성과 똑같은 복잡성을 요구하는 것처럼 보이기 때문이다. 일단 이렇게 되면 우리는 전성설로 돌아가게 된다. 전성설을 받아들이면 진화 개념은 대체로 허황하게 되거나, 적어도 유효성이 줄어든다. 발달에 대한 생물학도 매우 복잡하며 여러 차원으로 전개된다. 제이슨 로버트Jason Scott Robert는 이것을 다음과 같이 기술한다. "유전자-유전자, 세포-세포, 세포-조직, 환경과의 상호작용은 모두 유전자에서 표현형으로 가는 '통로'에 속한다. 후성유전적 효과와 발달에서 나타나는 불확정성도 유전자에서 표현형으로 가는 통로다.…요컨대, 발달은 이미 과정의 역동적 · 시간적 내용이며, 유전자형과 표현형이 맺은 다수 대 다수 관계의 여러 측면을 결정한다."[203] 이런 사례를 살펴보면, 다윈주의와 창발현상(혹은 자기 조직화)이 반드시 충돌하는 것은 아님이 명백해진다. 그런데 다윈주의와 창발현상을 광신적으로 옹호하는 사람은 다윈주의와 창발현상이 서로 싸우도록 부추긴다. 그러한 갈등은 놀이터에서 두 명의 가장 인기 있는 아이들이 각각의 추종자들에게 서로 한번 싸워보라는 부추김을 받을 때라야 벌어진다. 통속적 다윈주의를 차치한다면, 우리는 자기 조직화와 자연선택이 지독하게 싸우지 않고, 오히려 협력하면서 결혼하는 관계를 맺는다고 이해할 수 있다.[204] 창발현상과 자연선택이 서로 주도권을 잡으려 할 때만 두 개념은 충돌하며, 주도권 다툼은 진화론과 맞지 않다(고전 뉴턴물리학과 양자물리학의 연대가 적절한 유비가 될 듯 하다). 일단 이런 주장을 인정한다면 자기 조직화의 관점에서 자연선택이 조정되어야 한다. 자연선택이 이런 질서를 낳는다고 생각할 수 없기 때문이다. 카우프만은 분명히 이렇게 주장한다. "생명체에서 나타나는 질서는 대부분 자연선택의 결과가 아닌 것 같다. 오히려 자기 조직된 체계에서 자생적으로 일어난 질서의 결과인지 모른다. 질서는 광대하고 생성적이다. 질서는 엔트로피 흐름에 거스르고자 애쓰지 않는다. 우리는 질서에 자유롭게 접근할 수 있다. 질서는 질서 이후에 일어나는, 모든 생물학적 진화를 뒷받침한다. 생명체의 질서는 자연적이지만, 단순히 자연선택의 뜻하지 않은 승리만은 아니라는 것이다.…우리의 생각이 옳다면, 진화론을 다시 검토해야 한다. 생명계에서 질서의 근원은 이제 자연선택과 자기 조직화를 아우르기 때문이다."[205] 창발현상이나 자기 조직화의 비선형성을 고려할 때, 우리는 진화하는 형질에 접근하는 방식을 다시 검토할 수밖에 없다. 또한 생명체를 부분으로 분해하려는 경향에도 맞설 수밖에 없다. 변하지 않는 형질이 많은데, 이 형질들은 자연선택의 영향권 바깥에 있다. 예를 들어, 어먼드슨이 지적하듯, 파리에게 털이 나기 전에 등이 먼저 존재해야 한다. 따라서 "변하지 않는 형질은 진화라는 그림이 그려지는 도화지다."[206] 이 변하지 않는 형질은 멘델 유전학의 맹점이다(고전적 유전자 개념은 이런 형질을 볼 수 없다).[207] 더 중요한 사실이 있다. 형질이 이미 창발적 현상이라는 것이다. 창발적 현상인 형질은 적응을 분석하기 전에 전제해야 하는 개념이다. 적어도 기원을 따질 때 그렇다. 일단 이것을 이해하면 자연선택이 고정된 형질에 작용한다는 생각에 빠지지 않을 것이다. 오야마 Susan Oyama는 우리에게 이렇게 경고한다. "자연선택, 발달, 유전의 관계를 이해하고자 한다면, 자연선택을 고정된 형질에만 연결시키지 말아야 한다."[208] 진화에서 나타나는 여러 특징은 기원을 따져보면, 적응이 일어나기 전에 나타난다. 그 특징들도 선택적 이익이 주어지기 이전의 시기를 포함하고 있기 때문이다. 그리고 이는 이런 특징들은 생명체의 다른 부분과 확실히 구분되지 않으며, 분리될 수 없음을 뜻한다.[209] 카우프만과 클레이트은 이런 상황을 논하면서 굉장히 중요한 지적을 한다. "다윈주의가 말하는 적응 이전의 일이 진화에서 하는 역할을 고려할 때, 우리는 존재론적 창발을 거부하기 어려워진다. 적응이 새롭게 일어나면, 새로운 존재가 일어나고 새로운 기능이 생긴다. 이런 것은 원칙상 미리 확정될 수 없다. 이런 존재나 기능은 나름대로 무언가의 원인이 된다(날개 덕분에 동물은 날 수 있다). 일반적으로 과학에서는 원인 역할을 하는 존재가 현상을 설명하는 역할을 한다(어떤 존재가 생명계에 생겨날지 결정한다). 원인 역할을 하는 것은 과학으로 설명할 때도 꼭 필요하다. 과학자는 원인이 일단 있다고 여기고, 이것을 정당화한다. 따라서 우리가 논하는 창발은 존재론적이다."[210] 카우프만과 클레이트은 트랙터를 만드는 작업을 유비로 사용한다. 트랙터를 만들려는 공학자를 상상해보자. 그는 거대한 모터가 필요하다고 생각한다. 그런데 공학자가 이 엔진을 섀시에 설치하자 엔진 대가 부러지고 말았다. 공학자는 섀시를 더 만들었지만 역시 부러졌다. 그때 어떤 공학자가 엔진 자체를 섀시로 사용하면 어떻겠냐고 제안했다. 이 방법을 사용하면 트랙터가 만들어질 수 있다.[211] 엔진 자체를 섀시로 사용할 수 있는 잠재력은 청사진이나 프로그램의 결과는 아니다. 엔진에 내재한 잠재적 능력 때문에 엔진이 섀시로 사용된 것이다. 이 능력은 섀시로 사용될 때까지 그냥 잠자고 있었다(카우프만과 클레이튼은 결국 이렇게 우리에게 말한다. 자기 조직화는 외부적 영향의 결과가 아니며, 형질은 존재론적으로 창발적이며 고정되어 있지 않다). 이것을 생각할 때, 우리는 전달유전학transmission genetics이 고수하는 진화론을 멀리해야 한다(전달유전학은 유기체를 무시하며 유전자 빈도의 변화만 줄곧 이야기한다). 오히려 진화의 모험에서 생명체가 주인공이라고 다시 선언하는 견해에 주목해야 한다.[212] 카우프만은 말한다. "이렇게 스스로 정돈된 속성들이 자연선택의 효력을 어떻게 허용하고, 제한하고, 작동시키는지 이해해야 한다. 우리는 생명체를 새로운 눈으로 봐야 한다. 이미 있는 질서를 주조하려고 자연선택이 작동할 때, 균형이 잡히고 협력이 이뤄지는 것으로 보아야 한다. 요컨대, 자연선택은 생명체에서 나타나는 질서의 유일한 근원이 아니라는 사실까지도 받아들여야 한다."[213] 복잡성을 연구하는 과학에 따르면, 생명체는 창발적 속성의 일차 근원이다. 이런 속성은 부분을 모아놓은 집합을 넘어서기 때문이다.[214] 어떤 사람은 다음과 같이 주장한다. 생명체는 새로운 표현형을 낳는다. 그 후에 자연선택은 표현형을 정교하게 만든다. 자연선택은 이것이 확산되도록 돕기도 하고 막기도 한다. 이런 관점에서 보면 자연선택은 리드의 주장처럼 우발적 현상은 아니더라도 부차적 현상이라 볼 수 있다.[215] 분명 자연선택은 형태발생에 의존하며, 후성유전적 기제와 과정에도 의존한다(의존해야 할 것 같다). 형태발생과 후성유전적 기제와 과정이 새로운 종이나 존재를 제공하기 때문이다. 뉴먼과 뮐러는 이렇게 마무리한다. "발달기제의 출현과 변형은 진화론이 원래 다뤄야 할 문제라고 생각하면서 우리는 다음과 같은 견해에 도달했다. 유전적 변화보다 후성유전적 기제가 진화에서 나타나는 형태학적 변형의 주요 근원이다."[216] 생명체의 창발적 속성은 앞으로 나아가면서 점점 복잡해진다(카우프만의 주장).[217] 그래서 자연선택이 취할 수 있는 경로를 제한한다. 창발적 속성은 자연선택을 억제하지만, 동시에 자연선택을 부양한다.

## 법칙이 있기 전에: 법칙을 세우는 생물학

창발현상의 층이 쌓이고 쌓여서 현재 우주가 이뤄졌다. 창발현상을 이해하는 데 꼭 필요한 개념과 법칙은 어떤 경우에 매우 복잡하고 미묘하지만, 입자마저도 쉽게 따를 것 같은 법칙처럼 보편적이기도 하다. 또한 창발현상 덕분에, 과학은 환원주의자가 상상하는 나무를 닮은 위계구조가 아니라, 여러 방향으로 연결된 그물 같은 구조를 가진다고 믿을 수 있다. 그물 같은 구조에서는 한 가닥이 다른 가닥을 지탱한다. 다른 모든 존재와 마찬가지로 과학도 성장하면서 질적으로 분명히 달라진다.

_ 필립 앤더슨[218]

1859년에 탄생한 진화생물학은 물리주의를 죽였다.

_ 마리오 붕헤[219]

---

노벨상 수상자인 필립 앤더슨은 「많아지면 달라진다」More is Different라는 논문에서 자연계는 풍부하고 법칙 같은 구조를 보여준다고 주장한다. 이 구조는 단순한 환원주의를 모두 비켜간다. 마찬가지로 생명체에도 창발적 속성이나 특징이 가득하다.[220] 여러 수준에서, 물질의 수준에서도 각 수준에 고유한, 환원되지 않는 법칙이 있으며, 이것이 자연선택의 영역에서 벗어나 있다면, 다윈주의를 지나치게 좁게 해석해선 안 된다. 에델만J. B. Edelmann과 덴튼M. J. Denton은 생물계의 본성이 법칙을 따른다는 것을 이해하라고 촉구한다. "헤모글로빈 폴드에서 곤충의 체절까지, 모든 진화 경로는 자연에 붙박여 있으며, 물질의 창발적 속성에 의해 결정되는 것 같다."[221] 예를 들어, 식물의 잎차례phyllotaxis(식물 줄기에서 잎이 배열되는 순서)를 보자. 잎차례는 간단한 수학 법칙을 따른다. 눈송이의 6각형 대칭구조도 마찬가지다. 두 현상 모두 자연선택 영역 바깥

에서 질서가 발생했음을 증명한다. 여기서 다시 자기 조직화를 묻게 된다. 카우프만은 자기 조직화를 자유를 지향하는 질서라고 부른다. 놀랍게도, 이런 질서는 기능보다 형상을 우선한다. 이 형상도 원칙에 따르거나, 더 정확히 말하자면 보편적 법칙과 상관이 있다. 이것이 사실이라면, 형상의 창발과 진화는 다윈주의 세계관을 보충하는 핵심 개념일 것이다. 하지만 형상의 창발과 진화는 다윈주의 세계관과 얼마든지 일치할 수 있다. 적어도 우리가 다윈주의를 통속적으로, 유전자 중심적 관점으로 받아들이지 않는다면. 그래서 캐롤Sean Carroll은 이렇게 말한다. "생물학을 공부하는 수백만의 학생은 집단유전학이 가르치는 '진화는 유전자 빈도의 변화'라는 견해를 배운다. 이 말이 정말 통찰력을 주는가?…형상의 진화가 생명 이야기를 보여주는 핵심 연속극이다. 형상의 진화와 생명 이야기는 생물체의 다양성과 화석 기록에서 발견된다."[222] 이런 형상이 있다는 것은, 자연이 드러내는 법칙은 자연선택에 의해 생겨나지 않지만 자연선택에 영향을 받을 수 있음을 암시한다. 그런데 이 형상의 존재는 그 이상의 뜻도 있다. 다시 말해, 자연이 선포하는 법칙은 자연선택을 수용하거나 나중에 자연선택을 부추긴다. 슐로서Schlosser의 지적은 맞다. "보편적이고 변하지 않는 변형 법칙들('자연 법칙들')은 무엇이 물리적으로 가능한지 결정한다. 또한 우리가 가진 우주 이론이 허용하는 초기 조건들도 무엇이 물리적으로 가능한지 결정한다."[223] 다윈도 이미 다음과 같이 주장했다. 우리가 무생물을 다루다가 생명체를 다루게 되면, 새로운 법칙들을 고려해야 한다.[224] 이 새로운 법칙을 보여주는 흥미로운 사례는 바로 단백질 접힘folding에서 나타난다. 환원주의자에게 단백질 접힘은 걸림돌이다. 사르카르는 이렇게 논평한다. "다양한 문제들…특히 단백질 접힘 문제는 어떤 해법도 보이지 않는다. 그래서 DNA 염기서열과, 심지어 단백질 구조도 우리는 해명하지 못했다. 더 높은 수준의 조직화를 설명하는 생물학도 아직 없다."[225] 최근에 마이클 덴튼은 크레이그 마셜, J. B. 에델만과 함께 단백질 접힘에 대한 가장 혁신적인 설명을 내놓았다. 덴튼과 에델만이 단백질 접힘을 어떻게 설명하는지 보자. "유전자 프로그램 안에 단백질의 복잡한 3차원 형상은 규정되어 있지 않다. 이 형상은 오히려 자기 조직화를 거쳐 후성유전적으로 발생한다. 접힘 과정은 원래 상 전이phase transition다. 즉 처음의 무질서한 연결 고리가, 나중에는 고유한 배치를 가진 단단하게 짜여진 3차원 결정으로 나타나는 현상이다. 약 천 개의 접힘은 각각 자연스럽게 자기 조직된 최초의 형상을 표현한다(예를 들어 원자나 결정 같은 형상을 표현한다). 적응은 물리학이 제시한 최초의 형상을 나중에 변형한 것이다."[226] 단백질 접힘처럼, 복잡한 존재가 자연에 내재하는 특징이라면, 단백질보다 더 상위의 생물학적 형상도 법칙으로 설명될 수 있을 것이다(여기서 말하는 법칙은 생물학에서 출발한 것이 아닌 물리학이 제시한 법칙이다. 특히 이 법칙은 자연선택에서 나온 것이 아니다).[227] 더구나 덴튼에 따르면, "단백질 접힘은 자연법칙이 결정하는 고유한 자연 형상이다. 물과 이산화탄소, 원자와 결정 같은 자연 형상은 자연질서에 따라 '이미 거기 있는 것'이다. 이미 거기 있는 것은 보편적으로 나타난다. 이런 것의 기초 설계와 핵심기능은 생명이 나타나기 전부터 '있었다.'…이것은 탄소 기반 생명에 사용되는 보편적 '도구함'으로 기능하도록 적절하게 조정되어 있다."[228] 기초 설계와 핵심기능이 생명이 나타나기 전에 있었다면, 이것은 생물학과 자연선택이 나타나기 전에 있었을 것이다. 따라서 기능은 참으로 형상을 뒤따를 것이다. 일단 이것이 사실이라면 우리에게 새로운 주기율표가 필요하다고 덴튼은 생각한다. 왜? "단백질 접힘 현상이 만들어지는 법칙은 추상적 처방들이 이미 있음을 나타낸다. 이런 처방들은 존재할 수 있는 '물질 형상'의 집합을 규정한다. 따라서 이미 존재하는 추상적 처방들을 고려하면서, 가능한 모든 접힘 형태학을 합리적으로 연역할 수 있다. 이런 처방들은 생물학적 형상 법칙을 나타낸다."[229] 덴튼만 이런 이야기를 한 것은 아니다. 제이안스 바나바Jayanth Banavar와 아모스 마리탄Amos Maritan도 거의 같은 결론에 이르렀다. 이들은 단백질 접힘은 변하지 않거나 플라톤의 이데아 같다고 결론 내린다. "진화가 생명 극장에서 연기하면서 서열과 기능성을 분명하게 규정한 것 같다. 그런데 플라톤적 접힘의 고정된 배경 안에서 이런 일이 일어난다."[230] 하지만 이 주장은 유전자 중심적 전성설이 주장하는 통속적 플라톤주의가 아님을 강조해야 한다. 덴튼과 동료들의 주장은 이원론의 함정을 피하는 좋은 플라톤주의에 가깝기 때문이다. 하여간 요점은 이들의 주장이 경험을 근거로 삼는다는 것이다. 하지만 극단적 다윈주의의 해석은 완전히 파생적(연역적으로 도출된 것)이며, 그 해석은 다윈주의에서 매우 중요하지만 아주 작은 영역을 차지할 뿐이다. 이 사실을 부정하는 것은 진화를 부정하는 것과 마찬가지다.

자기 조직화는 생명체를 복권시킨다. 생명체는 부분을 모아놓은 집합을 넘어, 원인이 될 수 있는 힘을 가지기 때문이다. 이 힘은 하향 작용한다. 생명체와 생명체의 창발적 특징은 환원될 수 없으며, 생명의 생생한 증거다. 카우프만과 클레이튼은 이렇게 지적한다. "생물학적 기능은 원인에 대응하는 결과에 속한다. 그래서 이 기능들은 전체 유기체와 유기체를 둘러싼 환경, 유기체의 진화사 수준에서 분석되어야 한다.…여기서 우리가 논하는 존재들을 자율적 행위자의 수준에서 논하지 않는다면, 과제와 기능을 규정할 수 없다. 순수하게 물리적 수준에서 이 존재들을 기술한다면 과제와 기능을 규정할 수 없을 것이다."[231]

예를 들어, 심장은 기괴한 수수께끼를 우리에게 낸다. 대충 이렇게 예상할 수 있다. 다윈주의는 심장이 하는 일을 간단히 지적한 다음, 자연선택 때문에 심장이 그런 일을 하게 되었다고 주장할 것이다. 물론,

이것보다는 복잡하게 이야기하겠지만 요점은 비슷할 것이다. 그러나 계통발생이 개체발생보다 우세하다면, 다윈주의자가 보기에 기능성 개념은 순수하게 통시적이다(혹은 통시적으로 보일 것이다). 일단 이 생각이 사실이라면, 문제가 생긴다. 제리 포더Jerry Fodor는 이 문제를 지적한다. "직관적으로 생각할 때…내 심장 기능은 진화적 기원보다, 반사실적 가정이 품고 있는 진리에 더 가깝다. 즉 심장이 내 피를 뿜어내지 않으면 나는 죽을 것이다."[232] 바로 여기서 자기 조직화와 자연선택이 손을 잡고, 형상과 기능이 손을 잡으면서 함께 작용한다. 카우프만은 이렇게 주장한다. 생명체 부분이 맡은 기능은 원인에 대응하는 결과에 속한다. 하지만 생명체의 전체 생애 주기를 살피지 않고서 이 결과를 분간할 수 없다. 우리는 어떤 것이 어디에 유용한지 알아야 하지만, 그것이 어떻게 생겨났는지도 알아야 한다. 하지만 통속적 다윈주의는 이런 질문에 답할 의무가 없다고 생각한다. 환원주의로 이런 질문에 제대로 답할 수 없다는 사실이 더 중요하다. 물리학자는 생물학자(환원의 목적을 무산시키는)가 되지 않고서는 심장의 기능을 분별하지 못할 것이다. 게다가 환원을 위한 어떠한 시도도 심장이 어떻게 존재하게 되었는지 대답해야 할 것이다. 심장이 어떻게 생겨났을까? 잠재적 환원주의자는 심장의 여러 특성—심장이 내는 소리 등—들을 어떻게 구별하며, 핵심 특성을 어떻게 식별할까? 마지막으로, 심장은 정말 원인처럼 무언가를 낳을 수 있다. 즉 심장이 정말 존재하기 때문에, 우리도 산다. 그러나 물리학은 이런 사실을 고려하지 않는다. 카우프만은 말한다. "물리학자는 개념을 고려하면서 심장의 속성을 모두 연역할 수 있다. 그러나 물리학자는 피를 내뿜는 기능을 심장이 있는 이유를 설명하는 원인 같은 특성이라고 절대 해석하지 않을 것이다."[233] 따라서 우리는 심장을 진짜 창발하는 존재로 이해해야 한다. 생명체도 그렇게 이해해야 한다. 하지만 잠재적 환원주의자에게 상황이 점점 어려워진다. 심장도 도무지 풀리지 않는 문제처럼 보이며, 생명체의 생명도 그렇게 보이기 때문이다. 생명체는 자기를 둘러싼 환경을 바꾸는 것 같다. 유기체는 창발현상을 부추기고 물리적 세계를 변형하면서 환경을 바꾸는 것 같다. 메를로 퐁티Maurice Merleau-Ponty가 생명체의 이런 작용을 설명하려고 성만찬을 언급한 것은 오히려 자연스럽다. "성만찬은 느낄 수 있는 종(인간)에게 은총의 작용을 상징으로 보여준다. 또한 성만찬이 곧 하나님의 현존이기도 하다. 성만찬을 통해 하나님은 특정한 자리를 차지하고, 쪼개진 빵을 먹는 사람과 소통한다.… 마찬가지로, 느낄 수 있음은…세계 안에서 사는 방식이다. 우리는 특정한 지점에 머물고, 우리 몸은 세계를 붙잡고, 세계에 작용한다.…그래서 감각은 말 그대로 성만찬의 형상이다."[234] 메를로 퐁티가 우리에게 "행동은 형상이다"라고 말한 것은 전혀 놀랍지 않다. 이 말은 참으로 옳다.[235] 메를로 퐁티의 말을 설명하면서 톰슨은 이렇게 말한다. "생명체는 물리화학적 환경을 사회적 환경으로 바꾼다. 물리화학적 수준에서 여기에 실제로 있는 것을 기준으로 관찰할 때, 사회적 환경은 가상적이다. 그것은 잠재적이며 실현되어야 한다. 사회적 환경은 다른 수준에서 실현된다. 중요한 규범과 뜻의 수준에서 실현되는 것이다."[236] 물리화학적 환경이 사회적 환경으로 바뀌는 질적 전이를 보여주는 사례가 바로 자당sucrose이다. 자당은 물리적 질서에 속하며, 영양분으로서 생명체 질서에도 속한다. 다시 말해, 영양분인 자당은 오직 생명체의 질서에서 존재한다. 유기체가 활동함으로써 화학물질이 실체적 변환(성찬식처럼)을 일으킨 것이다.[237] 톰슨은 계속해서 이렇게 말한다. "단순한 물리적 구조와 비교할 때, 살아 있는 구조는 존재론적으로 창발한다. 살아 있는 구조는 새로운 단순한 물리적 질서와는 질적으로 다른 자연질서를 세운다."[238] 자당은 세계 안에 있지 않으면서도 세계의 일부분이다. 즉 물리학과 화학은 필요하지만 충분하지 않다. 생명체가 자신을 둘러싼 환경과 관계를 맺을 때, 바렐라의 용어를 따르면, 제거할 수 없는 "의미의 잉여", 또는 의미가 생겨난다. 생명체가 환경과 맺는 관계도 창발적 활동이다. 창발적 활동은 "세계 위에 보편적 가치 척도라는 새로운 격자를 올려놓는 것이다."[239] 바렐라에게 있어, 살아 있음은 의미를 만들어가는 것이다.[240] 그런데 이런 창발현상은 화학물질에서도 볼 수 있으며, 소화과정에서도 나타난다. 앤더슨은 대칭 파괴 현상을 지적한다. 예를 들어, 평면에 선 수직축은 360도 대칭이다. 하지만 수직축이 쓰러지면, 대칭은 파괴되고, 거시적 특징이 새로 생겨난다. 앤더슨은 대칭 파괴를 글루코스 등의 분자에 적용한다. 글루코스는 6개의 탄소 원자를 가진 당으로 우리 세포 내에서 합성된다. 이런 분자들에는 손대칭성chirality, 카이랄성이 있다(그리스어 *cheir*는 손이란 뜻이다). 손대칭성이 거울상체enantiomer 또는 거울상이성질체enantiomorph를 낳는다. 앤더슨은 글루코스에서 좌우대칭이 파괴된다는 사실을 보여준다. 글루코스 분자는 오직 오른손잡이성이기 때문이다. 하지만 물리법칙은 그대로 유지된다. 그런데 바로 이 물리법칙은 유기체가 효소를 통해 왜 오른손잡이성을 가진 당만 합성하는지(단백질을 만드는 아미노산은 왜 왼손잡이성인지), 우리에게 말해줄 수 없다.[241] 이런 생명현상은 물리법칙에서 연역되지 않는다. "자유로움을 겨냥하는 질서"에 따르는 자기 조직화에서, 분자와 유기체에서 나타나는 창발적 특징까지, 이런 현상은 창발적 속성이다. 물리세계와 관계를 맺으면서 물리세계를 변형하는 유기체까지. 이렇게 복잡한 존재가 우리 눈앞에 널려 있다. 이 존재는 물리학으로 환원될 수 없으며, 오직 유전자 빈도로 해석될 수 없다. 지금부터 이야기할 두 개의 결론은 창발적 현상을 더욱 뚜렷하게 보여줄 것이다.

생명체만이 창발적 특징의 원인은 아니다(생명체 역시 창발적 존재이다).

정말 무엇이 창발할지 선험적으로 범위를 정해놓을 수 없다. 자연선택은 파생적, 즉 진화의 산물이란 뜻이다. 그렇지 않으면, 페일리의 신이 우리를 홀리려고 다시 돌아올 것이다. 그렇다고 자연선택이 다윈주의의 핵심이라는 사실을 하찮게 여기서는 안 된다. 단지 자연선택이 이미 진화가 이루어진 상태이듯이, 자연선택도 계속 진화한다는 사실에 주목해야 한다. 자연은 단순하게 자연선택을 통제하는 일을 넘어 진화의 형식까지 낳을 수 있다. 결국 우리는 진화가 일어난다고 전제해야 한다. 소버는 "자연선택이 자유롭게 떠다니는 자연선택 과정까지 낳았다"고 지적한다.[242] 자유롭게 떠다니는 자연선택 과정이 바로 문화다. 다시 소버를 인용해보자. "문화적 선택은 생물학적 선택보다 더 강력할 수 있다.…사고는 인간의 생식활동보다 더 빠르게 퍼져 나간다."[243] 이처럼 우리는 문화 자체가 창발적 현상이며 무언가를 일으키고 변화시키는 힘을 가진다고 생각해야 한다(언어가 바로 그런 힘을 가진다). 하지만 이런 힘은 자연 위에 군림하거나 자연을 거스를 수 없다. 더구나 이것은 자연 위에 군림해서도 안 되고 할 수도 없다. 앙리 드 뤼박Henry de Lubac이 지적하듯, 자연과 문화 모두 안정된 실체가 아니기 때문이다. 순수한 자연은 없으며, 헤겔이 올바로 주장하듯 순수한 문화도 없다. 따라서, 내러티브가 생물학에서도 중요한 일을 한다는 것이 뜻밖의 일은 아닌 듯하다. 르원틴은 이렇게 표현한다. "지금까지 축적된 생물학적 연구와 지식은 내러티브 서술로 구성되어 있다."[244] 드퓨와 베버가 주목하듯, 왜 내러티브 서술로 되어 있을까? "생물학에서 나타나는 내러티브 구성은 복잡성을 부인할 수 없게 하는 요인이다."[245] 카우프만도 비슷한 이유를 내놓으며 말한다. "자기 조직화는 자연선택과 우리가 이해하기 어려운 방식으로 얽혀 있다.…생명은 우리의 상상보다 훨씬 다채로운, 말 그대로 헤아릴 수 없는 일을 한다.…결국 생명계는 자신만의 셰익스피어와 뉴턴을 필요로

한다."[246]

우리는 이제 다음 사실을 확인했다. 자연선택은 창발적 현상이며, 무엇을 선택할지 결정되어 있지 않다. 자연선택도 생명체와 비슷하게 구성요소의 합을 넘어선다. 자연선택은 어떤 기제에 무관심하며 결과에만 신경 쓴다는 사실을 일단 알게 되면, 자연선택을 훨씬 쉽게 식별할 수 있다.[247] 결국, 다중 실현이나 다중 플랫폼, 또는 다중 해결책이라 불리는 현상을 보여주는, 또 다른 사례가 바로 자연선택이다. 그래서 생물학이 대체로 물리주의를 궁지에 몰아넣듯이 자연선택은 물리주의를 정말 궁지에 몰아넣는다. 카우프만과 클레이튼은 이 역설을 제대로 포착했다.

> 다윈주의가 말하는 진화는 물리적 기초—아마도 셀 수 없이 많은—에 대해 중립적이다. 그런데 이 물리적 기초는 생식을 통해 유전되는 변이를 전달하여, 자연선택에 의한 진화를 촉진할 수 있다. 진화는 다중 "플랫폼"에서 실행될 수 있다는 가능성을 고려한다면, 물리학에서 설명을 시작해야 생물학적 현상을 온전하게 설명한다고 주장할 수 없다. 생물학적 과정을 물리적으로 아무리 설명해도 그 과정을 완전히 설명할 수 없다. 진화를 일으키려고 자연선택이 작동할 수 있다. 하지만 다윈주의가 말하는, 적응에 도움이 되는 진화를 알아도, 생식과 유전 가능한 변이의 정확한 물리적 기제를 해명할 수 없다.…다시 말해, 다윈주의적 자연선택은 (물리학 같은) 기초과학적 설명으로 환원되지 않는다. 따라서 기초과학적 설명은 자연선택을 해명할 수 없다.[248]

하지만 자연선택은 실행에 대해 중립적이라는 의미는 아니다. 자연선택의 등장은 특수하며, 의존적인 현상이다. 도킨스의 시계공은 확실히 눈이 멀었다. 하지만 눈이 멀었다는 것이 정말 장애라면, 다중 구조(또는 카우프만의 다중 해결책)는 같은 기능을 쉽게 실행할 것이다. 따라서 환원주의는 상당히 문제가 많다. 이 말을 듣고 놀랄 필요는 없다. 도브잔스키의 금언—진화의 관점으로 관찰하지 않는다면 생물학의 어떤 것도 이해할 수 없다—이 옳다면, 물질적 기초는 모두 역사적 존재로 변하기 때문이다. 기제도 시간이 흐르면서 변한다. 자연선택이 정말 기제라면, 분명 시간이 흐르면서 변할 것이다. 생물학적 현상이 다중적으로 실현된다는 사실은, 환원주의가 요구하는 일대일 대응관계가 가능하지 않음을 뜻한다. 로젠버그는 이렇게 말한다. "특정한 생물학적 과정, 사건, 상태를, 이를 실현하는 특정한 물리적 구조로 제한하면, 동일한 효과를 내는 다른 물리적 구조와 공유하는 특징이 가려지고, 흐릿하게 되며, 무시될 것이다."[249] 분자생물학은 바로 이 문제로 고심한다. 분자생물학은 유기화학을 동원하여 DNA와 RNA가 어떻게 합성되는지 설명할 수 없기 때문이다. 설사 분자생물학자가 전지하다고 해도 말이다(라플라스의 악마라도 마찬가지다!). 오히려 분자생물학은 자연선택을 끌어들여야 한다.[250] 하지만 이것은 다른 심각한 문제를 일으킨다. 로젠버그는 이런 상황을 아주 훌륭하게 요약한다. "환원주의자가 자연선택을 물리 과학의 영역으로 끌어들일 방법을 찾지 못한다면, 물리주의를 포기하든지 제거주의를 받아들여야 하는—환원주의를 포기해야 하는—딜레마에 봉착할 것이다. 일단 자연선택은 확실히 생물학적 과정으로 보인다. 그래서 물리적 사실이 원칙상 자연선택을 결정할 수 있음을 설명하지 못한다면, 물리주의를 포기할 수밖에 없다."[251] 물론 여기서 제거주의를 받아들인다면 생물학은 통째로 사라질 것이다. 다윈주의도 마찬가지로 사라질 것이다. 그리고 도킨스의 무신론 논증의 근거는 어디 있는가? 도킨스와 동료들이 자연선택을 계속 옹호한다면, 그들은 물리주의를 버려야 한다. 하지만 물리주의를 버리면 또 다른 딜레마가 그들을 기다린다. 그들은 상위 수준의 현상을 설명해야 한다. 혹은 상위 수준의 현상이 어떻게 생겨나는지 설명해야 한다. 무엇보다 자연선택이 어떻게 생겨났는지 설명해야 한다. 자연선택의 진화와 도래, 그리고 다소 부분적이지만 자연선택을 초월하는 현상까지도 설명해야 한다. 자연선택은 물리주의가 말하는 단순한 기제가 아니라 새로운 수준에 속하는 현상이다. 자연선택은 어떤 현상의 산물이지만 또 다른 수준을 생산하며, 생산한 또 다른 수준을 자연선택은 제대로 통제하지 못한다. 이제 자연선택이 새롭게 생산된 수준보다 아래에 있기 때문이다. 새롭게 생산된 수준은 자연선택의 효과를 반복하면서 요약할 수 있고, 이 수준의 뜻도 바꿀 수 있다. 자연에는 변증법적 지양이 일어난다. 물리주의(유물론적이지 않다면)는 비역사적이며 고정적이라는 점에서 반진화적이다. 반면 다윈주의는 시간의 자궁을 끌어안으면서 다윈주의의 결과를 보고 놀란다. 자연선택은 물론 그 결과 중 하나다. 무척이나 흥미롭게도, 훌륭한 다윈주의자는 마치 크리스마스를 맞아 쿠키와 우유(우리 집에서는 포도주)를 준비하고 산타를 기다리는 아이와 비슷하다. 산타가 어떤 선물을 가져올지 기다리지만(무엇보다 산타는 지저분한 굴뚝으로 들어와서 선물을 준다. 화려한 백화점을 기대해서는 안 된다), 무슨 선물을 받을지 아이는 전혀 알 수 없다. 하여간 진화는 의식 있고 감각할 수 있는 존재를 가져온 것 같다. 그 존재는 『종의 기원』도 쓸 수 있다. 이런 존재가 도래한다고 상상이나 했겠는가! 콘웨이 모리스는 현명하게도 진화를 계속 해석해야 한다고 강조한다. 따라서 우리는 『종의 기원』을 치워놓고 그냥 자리에 앉아, 처음부터 한계가 있으며 완전히 잠정적인 관찰을 기반으로 책을 쓸 수 없을 것이다(그런 관찰은 과학과 상관없는 논쟁을 불러일으킨다). 결국 『종의 기원』 제2부가 나올 것 같다. 제2부에는 예를 들어 최적자의 도래와 생명발생, 기원들의 기원 등, 매우 특이한 주제가 등장할 것이다. 다윈주의자가 이런 가능성을 거부한다면, 나머지 생물학적 존재들을 자연선택으로 설명하는 데 그쳐버린다면, 그는 그저 “헛수고를 한 것이다.” 여기서 그는 창조론자와 비슷하다. 창조론자는 경험적 사건을 설명하려고 계속 “신”을 들먹인다(그리고 조직 신학자가 절실히 필요하다). 더구나 이 다윈주의자는 데닛처럼 기질 중립적 접근을 하는 사람과 비슷하다. 데닛은 알고리즘에 호소하지만 안타깝게도 자연선택이란 오래된 개념까지 결국 무시해버린다(이것은 자주 무시되지만 매우 심각한 문제다). 도킨스적 수사학에서 이런 일이 벌어진다. 우주에서 발생하는 어떤 생명체도 다윈주의 원리를 따를 거라고 한다. 어서 저 고기에게 물안경을 던져주세요! 재미있는 것은, 다중우주론을 주장하는 사람의 논의도 도킨스적 생각을 반영한다.

이 장에서 우리는 다윈주의에서 자연선택이 맡은 역할과 진화를 옹호하는 사람이 내놓은 여러 해석을 살펴봤다. 자연선택은 어떤 현상도 설명할 수 있는가? 아니면, 자연선택은 그냥 통계적 현상인가? 우리가 내린 결론은 이렇다. 자연선택은 창발적 현상이었다. 이 현상은 (여러 물리 법칙처럼) 새로운 법칙과 가능성을 낳는다. 모든 유기적 생명체와 모든 생물학을 포함한 가능성을 낳는다. 앞으로 이 장에서 다룬 논제를 다시 검토하면서 발전시킬 것이다. 다음 장에서 진화에 나타난 진보 이념을 탐구한다. 진보에 대한 우리의 해석이 신학과 철학에서 어떤 뜻을 품는지 살펴볼 것이다.

# 4

# 진화

## 진보인가?

산 것과 죽은 것. 다시 말해 생물과 무생물, 세상의 거주자인 우리와 우리가 거주하는 세상은 모두 물리법칙과 수학원리에 묶여 있다.

_ 다아시 톰슨[1]

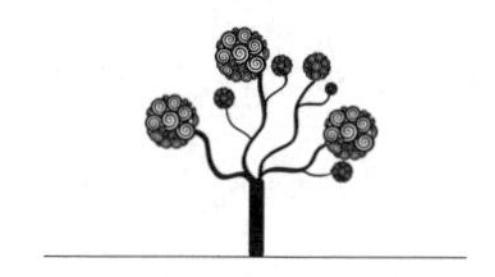

## 들어가기: 발전, 진보, 그리고 우연성이라는 복음

이 장에서는 간단해 보이지만 사실 복잡한 문제를 다뤄보자. 다윈주의는 진보 개념을 전제할까? 자연선택으로 진화한다는 다윈의 주장은, 간단한 것에서 간단하지 않은 것으로 진행된다는 뜻일까? 정말 그렇다면 진화에도 "방향"이 있다고 해야 할까? 진화하면 자연스레 더 복잡한 형태가 나타나는 걸까?[2] 다윈주의에 "방향"이 있다면, "목적"telos이 있다고 말해도 될까? 우리가 여기 존재해야 한다는 것이 진화의 목적일까? 한 걸음 더 나아가, 생명조건이 이렇게 풍성한 것을 보면 인간과 같은 지적 생명체의 출현은 예고된 사건이라고 말해도 될까? 종은 오랜 자연선택을 거치면서 조직되고 정리되었다. 이 과정은 지적 생명체로 수렴되는 것일까? 결국 "모든 길은 로마로 통할까?"

자연선택에 의한 진화는 일단 진보하는 것 같다. 자연선택은 결국 약한 것(생존 투쟁에서 패배한 것)을 뽑아내고, 더 잘 적응하는 것을 늘인다. 이렇게 되면 복잡한 생명체, 또는 환경에 잘 적응하는 형태가 많아진다. 이 생명체는 이전의 생명체보다 더 발달되었다고 말할 수 있다. 다윈은 이렇게 말한다. "자연선택은 매일, 매시간 모든 변이와 가장 드문 생명체까지 정교하게 만든다. 즉 나쁜 것을 거부하지만 좋은 것은 보존하면서 보충한다. 자연선택은 조용히 눈에 띄지 않게 작동하면서, 기회가 생기면 때와 장소를 가리지 않고, 유기적·비유기적 환경과 관계를 맺는 모든 생명체를 향상시킨다."[3] 여기서 다윈은 누적되는 이득이 있다고 강하게 암시한다. 복잡성과 정교함, 적합성이 증가되는 것이다. 이제 다윈의 시나리오대로 생명의 시작을 상상할 수 있겠다. 먼저 다윈주의가 말하는 따뜻한 연못, 즉 원시 수프를 기억해보자. 여기에서 첫 생명 형태가 나온다. 이것을 원형*Ur*-Form이라고 하자. 당연히 이것은 단순하다. 이 형태에 생명이 깃들면서 복잡한 형태의 생명이 진화했다. 또한 우리는 이렇게 가정할 수 있다. 무생물에서 생명체가, 단세포 생명체에서 다세포 생명체가, 포유류가 아닌 생명체에서 포유류가 나오고 포유류에서 의식을 가진 종이 나왔다. 이 종은 의도와 합리성을 추구하는 의식을 발달시켰고, 그것이 바로 우리 인간이다. 이런 맥락에서 생각한다면, 인간의 뇌는 어류의 뇌나 버섯보다 훨씬 복잡하다고 말할 수 있지 않을까? 인간의 뇌는 생물학적으로 버섯이나 나무토막보다 더 복잡하다고 말하는 것이 정당하다면, 복잡성이 증가한다고 주장할 수 있지 않을까? 그렇다면 우리는 진보를 논할 수 있다. 아니면, 우리는 오히려 다음 사실을 받아들여야 하나? 우리는 우리 조상을 낳은 원시 수프보다 나을 것이 없다는 것을 인정해야 할까? 원시 수프가 아무리 오래되었더라도? 이것은 호모 사피엔스와 원숭이가 공통 조상을 가졌냐는 문제가 아니다. 오히려 이 이론은 훨씬 멀리 돌아간다. 우리가 원시 수프보다 더 낫지 않다는 생각은 원시 수프와 의식이 같은 차원에 속한다고 가정한다. 이런 연속성의 가정은 질적 단절을 허용하지 않는다. 다시 말해, 원시 수프와 의식이 다르긴 하지만, 의식의 가치와 원시 수프 사이의 실제적이고 확실한 차이점은 없다는 것이다. 진보라는 개념은 가치 철학적인 것으로 보이기 때문이다. 진보는 가치 판단적인 용어이며, 우리가 저기에 있었고 지금은 여기에 있다는—그리고 지금의 여기는 이전의 저기보다 더 좋다는—사실을 함축한다. 우리는 웅덩이에 서식하던 단세포 유기체였다. 하지만 지금 우리는 자연선택에 의한 진화라는 이론을 생각해낼 수 있다. 따라서 이렇게 물어봐야 한다. 우리가 이렇게 진화했다는 사실에 가치가 있는가? 우리가 단세포와 다르다는 것에 가치가 있는가?

사태는 그렇게 간단하지 않다. 데닛이 상상한 '모든 것을 녹이는 산'은 다음과 같은 뜻을 품는다. 인간의 지능은 질적으로 다르며, 다른 지능과 종류가 다르다는 생각은 착각이다(물론 우리는 인간의 지능이 질적으로 다르다는 생각에 환호한다). 다윈의 위험한 사상은 인간 지능이 질적으로 다르다는 생각을 녹여버린다. 그래서 과거가 항상 우리를 따라다닌다고 말할 수 있다. 즉 우리는 원시 수프에서 나왔으며, 아무리 우리가 높은 곳으로 올라간다 하더라도 우리 종의 기원과 생명으로부터 벗어날 수 없다. 이런 면에서 우리는 결코 원시 수프로부터 떨어질 수 없다. 그것이 우리의 진실이다. 그런데 유물론을 엄격하게 적용해서 말하자면 우리는 그저 신경이 곤두선 물질이며 원자(또는 유전자)가 중얼대는 주문이다. 생명의 기원과 나란히 종의 기원도 우리를 사로잡는 주제다. 다윈은 이렇게 말한다. "하지만 우리는 다음 사실을 인정해야 할 것 같다. 고상한 자질을 갖춘 인간도…신체구조를 보면 인간의 기원을 상기시키는 지울 수 없는 표식을 가지고 있다."[4] 그렇다. 당연하다. 그러나 더 이상할 말이 없다면, 이것이 논의의 마지막 결론이라면, 우리가 발생학적 오류에 빠진 것이 아닌지 물어봐야 한다. 지금 독일의 총리가 세 살 때 히틀러 청년단에 가입했다고 상상해보자. 그렇다면 총리가 최근에 기획한 개혁은 분명 파시스트 프로그램이라는 뜻일까? 발달의 역사가 아무리 복잡하고 오래되고 다양해도, 우리의 기원이 여전히 우리에게 영향을 주거나 아니면 우리를 제한하는가? 성당의 첨탑이 아무리 높게 솟아 있더라도 결국 땅에 붙어 있는 것과 마찬가지인가? 성당의 높이는 그저 환각일까? 인간이 다른 생명체와 아무리 달라도, 진화가 아무리 오랫동안 진행되었어도, 인간은 그저 물질과 시간이 흐르면서 생겨난 산물에 지나지 않을까?[5] 이렇게 인간을 생명의 기원으로 환원하려는 사람은 발생학적 오류를 범한다. 환원적 관점은 창발적 속성과 차원을 인정하지 않는 듯하다. 창발적 속성과 차원을 인지하지 않으면 또 다른 오류, 즉 구성의 오류를 범한다. 예를 들어 개는 쿼크로 구성되어 있다. 따라서 개는 쿼크의 집합체다. 논증 끝. 이 결론은 허무주의와 유사하다. 좀 더 낙관적 결론은 없을까? 아마 엄격한 유물론은 근본주의적 자연관이 자라나는 온상일 것이다. 엄격한 유물론을 대신하는 유일한 대안이거나 그 배경적 전제이기 때문이다. 엄격한 물질주의와 종별 창조를 맞세우는 주장은 신학적 관점에서 완전히 부당하다. 이것은 성육신의 관점에서 볼 때, 그리고 무에서의 창조라는 관점에서 볼 때도 근거가 없다. 콘웨이 모리스는 이렇게 말한다. "통념과는 반대로, 진화론은 우리를 사소한 존재로 만들지 않는다." 도브잔스키를 인용하면서, 콘웨이는 이런 주장을 한 학자들을 높이 평가한다.[6] 그런데 극단적 다윈주의가 물질을 혐오하면서 물질이 정신에 해가 된다고 생각한다는 점에서, 이를 "영지주의"로 규정할 수 있다.

어떤 생물학자는 진보라는 개념에 시큰둥하다. 진보 개념을 어떻게 설명할지 몰라서 그런 것 같다. 생물학자가 과연 유명론적 인식론과 존재론을 포기하지 않고 진보 개념을 해명할 수 있을까? 다윈주의 관점은—적어도 엄격한 측에서는—유명론적 인식론과 존재론을 요구하는 듯하다. 더구나 목적론으로 다시 후퇴하려는 생물학자는 별로 없다. 목적론은 다윈 이전의 세계관을 전제하기 때문이다. 폴 어비치Paul Erbich가 지적하듯, "컴퓨터가 바이러스에 감염되지 않아야 하는 것처럼, 생물학은 목적론과 분리되어야 한다."[7] 폴 어비치는 서구 문화의 본성을 논하면서 서구 문화는 목적론을 "한사코" 피하려 한다고 말한다. 예를 들어 마이어는 아예 "텔레오노미"teleonomy라는 조어를 만들어가면서 목적론을 피하려 한다. 목적론으로 자연계를 파악하지 않게 하려는 것이다. 하지만 라자라Salvatore Lazzara가 지적하듯 이것은 속임수escamotage다. 단어를 새로 만들어 문제를 덮으려는 짓이다.[8] 아마 이런 술책은 우리 시대의 유행인 것 같다. 오늘날 세속주의가, 대체로 자본주의가 유행을 이끈다. 중세에 "어린 양"들이 교회에 나갔다면, 오늘날 "어린 양"들은 교회에 다니지 않는다. 오늘날 어린 양은 텔레비전을 보고, 인터넷을 검색하고, 쇼핑하고, 축구경기를 보러간다. 그런데 정치적 이유로 진보라는 단어에 거부감을 가지기도 한다. 존 메이너드 스미스는 이렇게 말한다. "진화생물학에서 진보 개념은 기피 대상이다."[9] 생물철학자인 마이클 루스는 이런 경향을 생생하게 기술한다. "진화생물학을 진지하게 연구하는 학자들에게 진보라는 단어를 사용하는 것은, 목사와 차를 마시며 '씨X'이라고 말하는 것과 같다."[10] 어떤 진화론자는 진보를 아예 금지어 목록Index Librorum Prohibitorum에 포함시키려 한다.[11] 왜? 피터 보울러Peter Bowler가 정확한 이유를 찾은 것 같다. "진보라는 생각을 조금이라도 허용하지 않으려는 것은 유물론 이데올로기의 부산물이 아닌지 생각해보아야 한다."[12]

하지만 현명하고 분별력 있는 학자들도 있다. 사회생물학의 아버지인 에드워드 윌슨이 바로 그런 사람이다(물론 윌슨도 다른 문제에서 상당히 극단적 의견을 내놓는다). 윌슨은 이렇게 지적한다. "퇴보하는 사례도 상당히 많았다. 하지만 생명역사를 두루 훑어보면 소수의 단순한 생명형태가 다수의 복잡한 형태로 진화했다. 수억 년이 지나면서 동물은 대체로 이렇게 진화했다. 몸집이 커지고, 사냥하고 방어하는 기술을 익히고, 뇌와 행동이 복잡해지고, 군집을 조직하며, 정교하게 환경을 통제한다. 세대가 지날수록 동물은 생기 없는 상태에서 벗어났다. 다시 말해, 이전 세대에 나타났던 (탁월한) 특성은 대체로 더 좋아졌다."[13] 형질의 복잡성을 종합적으로 평가한다면 진보했다는 증거를 찾을 수 있다고 윌슨은 주장한다. 그리고 윌슨은 과거보다 지금 복잡성이 더 증가했으며, 복잡성이 없는 것보다 있는 것이 더 낫다고 말한다. 복잡성은 유기체가 환경 적응에 점점 성공한다는 증거이기 때문이다. 유기체는 계속 혁신된다. 한 가지 형태의 새가 수백 가지 형태가 되었고, 종마다 서식지가 다르고, 적응능력도 더욱 정교해졌다. "그래서 진보는 대체로 생명진화의 속성이다. 어떤 직관적 잣대로 평가하더라도 그렇다. 예를 들어 동물은 목표와 의도를 품고 행동하게 되었다. 목표와 의도를 따지지 않고 동물의 행동을 평가하기 어렵다. 진리라고 마음으로 인정하면서도 철학적으로는 부정하는 척해서는 안 된다는 C. S. 퍼스Peirce의 충고를 기억하자."[14] 다시 말해, 생명의 초기 형태는 분명히 지금의 우리보다 덜 발달되었을 것이다. 따라서 우리 자신이 진보의 표지다. 마이어도 맞장구를 쳤다. "어떤 기준을 적용하더라도 오징어와 사회생활을 하는 벌, 영장류는 원핵생물보다 더 진보했다고 말할 수 있다."[15] (원핵생물은 상대적으로 단순한 단세포 유기체이다. 예를 들어 박테리아가 있다. 이 생물에는 세포핵이 없고 특정한 세포구조도 없다.) 이것은 아주 분명한 사실처럼 보인다. 하지만 스티븐 굴드는 이 주장에 반대하면서 말한다. "진보는 해로운 생각이다. 문화적으로 규정되었고, 검증도 불가능하고, 사용될 수 없으며, 다루기 어렵다. 역사의 패턴을 이해하고 싶다면 진보 개념을 다른 것으로 대체해야 한다."[16] 굴드의 이런 반대의 이면에는, 아마도 굴드가 역사에서 목격한 진보의 오용 사례들이 반대의 이유로 자리 잡고 있는 게 아닐까 싶다. 진보라는 생각은 끔찍한 정치사상이 저지른 사건들—우생학, 파시즘 등—에 이용된 전례가 있기 때문이다. 유대계 캐나다인 철학자 에밀 파켄하임Emile Fackenheim이 말했듯이 "때때로 중단되기도 하지만 역사는 반드시 진보한다는 생각은 미국에서 여전히 인기 있다. 퇴보도 일어날 수 있지만, 과거에 일어났던 퇴보보다 훨씬 심각한 퇴보는 일어나지 않는다. 하지만 내가 보기에 나치즘은 완벽한 퇴보였다. 역사를 필연적 진보로 보는 이는 사악한 역사적 사건과 상대적으로 멀리 떨어져 있는 사람이다. 따라서 나는 이렇게 마무리하고 싶다.…한 사람의 용감하고 정직한 행위가 헛된 것이 되고, 누군가의 부당한 고통이 드러나지 않는다면, 역사는 아무 의미도 없다. 일단 이 주장이 맞다면, 진보사관은 적어도 내가 보기에 완전히 좌초했다."[17] 파켄하임의 생각은 일정 부분 프랑크푸르트 학파의 관점을 반영한다. 간단하게 말하자면, 프랑크푸르트 학파는 계몽주의 기획은 전체주의를 지향한다고 생각했다. 따라서 어떤 계몽이든—역사적으로는 프랑스 혁명이든, 철학적으로는 칸트의 철학이든—계몽의 이념은 다음과 같이 가정한다. 모든 행위는 나름대로 타당하다. "하나님이 당신 편인데 질문은 왜 해"라는 밥 딜런의 노래 가사처럼, 진보나 계몽이 당신 편이라면 질문을 왜 해. 일단 이렇게 생각하면 자기 행위에 대해 너그러워진다. 프랑크푸르트 학파에 따르면 나치가 집권한 독일에서의 이런 문화가 계몽의 모순을 적나라하게 보여주는 예다. 게슈타포는 바흐의 곡조를 흥얼거리며 유대인—바로 자신과 똑같은 인간—을 가스실로 밀어넣었다. 진보의 논리에 따르면, 진보하는 데 실패한 사람이나 충분히 진보하지 않은 사람들은 진보의 과정에서 배제되어야 한다. 따라서 진보는 더 정교하게 진보한 자가 실패한 자를 처리해야 한다는 의무를 부과한다. 우리도 종종 "원시" 사회를 하찮게 여긴다. 그렇지 않나?

좌파 자유주의자인 굴드는 나름대로 적절한 역사관을 보여준다. 그래서 진보 이념을 강하게 반대했다(굴드는 지금은 진화생물학이라고 부르는 사회생물학도 반대할 것 같다. 이 학문은 인간행위도 생물학적으로 분석한다). 하지만 굴드처럼 진보 이념에 반대하는 것도 결과주의 오류에 가깝다. 어떤 생각을 평가하면서 그 생각의 진리 여부나 배경과는 상관없이, 생각이 수반하는 결과만으로 평가하는 것이 결과주의 오류다.[18] 진보 이념을 반대하는 사람은 진보 이념이 함의하는 신학에도 반대한다. 강한 적응론을 고수하는 도킨스는 진보의 개념에 깊은 애정을 갖고 있을 것이며, 우습게 이야기하자면, 그는 개종한 페일리라고 묘사될 수 있을 것이다. 도킨스도 설계된 듯한 사물을 계속 주목한다. 하지만 도킨스에 따르면 설계는 맹목적 자연선택의 결과다. 진보 이념을 반대하는, 조금은 덜 매력적인 또 하나의 이유가 있다. 진보를 판단하는 객관적 기준을 세우기가 힘들다는 것이다. 프로빈은 말한다. "진화과정에서 진보를 확증할 수 있는 궁극적 근거를 찾을 수 없다는 것이 문제다."[19] 결국 J. C. 그린Greene의 말처럼 진보는 "생물학의 딜레마"다.[20] 다윈도 1838년에 쓴 초기 노트에 이렇게 썼다. "어떤 동물이 다른 동물보다 더 높은 위치에 있다는 말은 터무니없다(우리는 뇌 구조 또는 지능이 가장 발달한 동물을 가장 높은 위치에 있다고 생각한다). 그렇다면 벌의 본능은 분명 가장 발달했다고 말할 수 있다."[21] 다른 수고에서 다윈은 이렇게 말한다. "수많은 동물이 다양한 구조와 복잡성에 의존한다(동물은 형태가 복잡할수록 복잡성을 증가시킬 새로운 수단에 접근할 수 있다). 하지만 단순한 형태의 동물이 반드시 복잡해져야 하는 것은 아니다. 물론 어떤 동물들이 복잡해질수록, 다른 동물들도 새로운 관계를 맺으면서 복잡해질 것이다."[22] 그러나 다윈은 『종의 기원』에서 이렇게 말한다. "지구 역사의 각 단계에 출현한 거주자는 생명을 보존하려고 경쟁하면서 이전 거주자를 포식했다. 이들은 지금까지는 자연의 척도에서 더 높은 위치에 있다." 보통 존재의 거대한 사슬을 코페르니쿠스와 뉴턴, 다윈이 파괴했다고 하지만, 다윈은 중요한 구절을 쓰면서 "자연의 척도"라는 말을 사용한다. 놀랍지 않은가?

다윈은 지금 이렇게 말한다. 필연성을 띠는 어떤 진보가 있다는 것은 사실이다. 하지만 다윈은 필연적 경향은 없다고 못 박으면서, 본성상 실현되는 필연성 개념을 배제한다. 약동하는 생명의 내적 충동은 없다는 뜻이다. 복잡성을 구현하려는 형이상학적 경향은 없다. 간단히 말해 다윈은 텔로스와 목적, 타고난 경향은 없다고 생각한다. 세계에 서식하는 동물은 어떤 동기를 품고 어디로 가려고 하지 않는다. 물론 아리스토텔레스의 철학과 생물학에 따르면 동물은 정말 그렇게 할 수 있다. 그러나 필연성은 모두 외부에서 주어진 것이다. 다시 말해 환경이 동물에게 압력을 가하므로 동물은 발달한다는 뜻이다.[23] 노트상의 다윈에게는 진보는 분명히 있으나, 그 진보는 외부의 영향에 의한 것이며 의도적이지 않다. 진보를 이끄는 것은 외부적인 조건이다.

다윈은 1844년에 쓴 글에서 처음으로 진화론을 기술했다. "선택이 오래 계속될 때 어떤 형태는 더 단순해지기도 하고 더 복잡해지기도 한다.…우리의 이론에 따르면 종을 계속 향상시키는 힘은 정말 없다. 오직 개체들이 서로 싸우고, 개체가 속한 강class들이 서로 싸울 때 종은 향상될 수 있다. 하지만 유전현상은 강력하고 일반적이므로 새로운 형태의 유기체가 연속적으로 출현할 때 소통능력이 진보하는 경향이 있다고 예상할 수 있다." 여기서 다윈은 다시 진보 개념을 인정한다. 그렇다. 진보한다. 하지만 타고난 진보는 없다. 진보는 반대 방향으로 이뤄지기도 한다. 어떤 생명체는 더 단순해질 수 있다. 복잡해지려는 충동이 원래 있었다면 유기체는 퇴보하지 않을 것이다. 여기서 가위바위보 놀이를 떠올려보면 진화를 쉽게 이해할 수 있겠다. 예를 들어 경쟁자가 누구냐에 따라 당신의 우수함과 열등함이 결정된다(가장 적합한 자의 생존은 정확하지 않은 말이다. 더 적합한 자의 생존이라고 말해야 한다). A, B, C 세 사람이 가위바위보를 한다고 상상해보자. A가 가위를 내고, B가 보, C가 바위를 냈다면, 세 사람의 관계는 이행적이지 않다. 즉 A(가위)는 B(보)를 이기고, B(보)는 C(바위)를 이긴다. 하지만 A가 C보다 우월하다거나, B가 C보다 우월하다고 말할 수 없다. C는 A를 이기기 때문이다.[24] 다윈주의에서도 이 사례가 통한다. 당신이 바로 선조를 이겼으므로 당신이 선조의 선조보다 더 낫다고 단순하게 말할 수 없다. 당신의 우수성은 절대적이 아니라 상대적이다. 당신의 우수성은 상황에 따라 달라진다. 드퓨는 이렇게 말한다. "현대 종합설은 진화의 방향을 자의적으로 규정함으로써 자연선택을 방어했다. 예를 들어 어떤 관점에서 보면 진보가 보이지만, 다른 관점에서 전혀 보이지 않을 것이다."[25] 마이클 루스의 주장도 아주 인상적이다. "자연선택은 상대주의를 따른다. 이 상대주의는 진보에 반대한다. 하지만 다윈은 생물학적 진보를 기대했다. 그래서 다윈은 진보를 찾아냈다. 다윈은 진보가 정말 일어난다고 규정해버렸다. 그리고 진보를 보여주는 주요 현상으로 '군비 경쟁'을 꼽았다. 오늘날 진화론자가 말하는 '군비 경쟁'에 따르면, 생물 계통은 서로 경쟁하며 결국 한쪽이 이긴다. 이렇게 경쟁하다 보면 결국 마지막 승자가 탄생한다."[26]

다윈은 결국 더 높은 지위라는 개념을 받아들이면서 자연에서 이 개념을 확인할 수 있다고 말했다. 여기서 다윈은 헨리 밀네 에드워드Henry Milne Edwards와 칼 에른스트 베어Karl Ernst von Baer의 저작에 상당히 의존한다. 다윈은 1854년 조셉 후커에게 보낸 편지에서 이렇게 쓴다. "같은 계kingdom에서 '가장 높은 위치에 있는 것'은 공통배아나 초기 형태에서 더 많은 '형태학적 분화'를 겪은 것이 아닐까 생각한다.…이것은 몸의 부분이 여러 기능으로 특화되는 것, 또는 밀네 에드워드의 용어대로 '생리학적 기능의 분화'라고 하는 것이 가장 정확한 정의다."[27] 다윈은 『인간의 유래』(1871)에서 이 의견을 다시 인정한다. "아마 이렇게 정의하는 것이 가장 낫겠다. 더 높은 위치에 있는 생명형태가 가진 기관은 더 분명하게 특화된 기능들을 수행한다. 생리학적 기능이 이렇게 분할되면 개체에 이득이 되는 것 같다. 더욱 변이된 후기 형태는 자연선택을 거치면서, 초기 선조보다(또는 약간 더 변이된 후손보다) 더 높은 지위에 오를 것이다. 자연선택은 계속 그렇게 작동할 것이다."[28] 따라서 더 높은 지위(우수성)는 몸의 부위에서 이질성이 더욱 증대되는 현상을 가리킨다. 따라서 당신 몸의 부위가 상당히 비슷하며, 점점 하나의 유형을 보여준다면(동질적이라면), 당신은 더 단순한 생명형태이며 덜 발달한 것이다. 반대로 당신의 몸이 정교하며 여러 부분이 있으며, 여러 부분도 다양한 유형으로 나뉜다면, 당신은 더 높은 지위에 있고 더 발달한 것이다. 그러나 다윈이 설명하는 진보는 분명히 미묘하다. 예를 들어 자연선택이 생명체의 생존에 도움이 된다면, 자연선택은 생명체를 때때로 더 간단한 형태로 변형시킨다. 이 현상을 다윈은 "조직화의 역행"이라고 불렀다. 조직화의 역행은 대단히 단순한 서식조건에서 일어난다. 장님 동굴어cave fish는 빛이 완전히 차단된 곳에서 서식하면서 눈 기관이 없어졌다.[29] 암흑환경에서 눈이 있으면 더 위험하다(더 많은 감염에 노출이 될 수 있다). 그래서 이런 조건에서 눈이 없는 생명체가 "더 우수하다."

다윈은 우리에게 말한다. "수많은 생명체의 조직은 자연선택을 거치면서 점진적으로 개선된다. 이 과정을 피할 수 없다."[30] 하지만 다윈의 주장을 두 갈래로 비판할 수 있다. 먼저 살아 있는 화석이 문제다. 어째서 더 단순한 형태의 생명체가 복잡한 형태보다 더 많이 생존하고 있을까? 둘째, 더 우월한 생명 형태가 모든 곳에서 열등한 형태를 대체하지 않은 이유는 무엇일까? 이 반론에 답하면서 다윈은 이렇게 주장한다. 개선은 항상 복잡화를 뜻하지 않는다. 따라서 다윈은 한 방향으로 반드시 개선된다는 보편 법칙은 없다고 생각한다. "나는 고정된 발달 법칙을 믿지 않는다."[31] 하지만 생각보다 다윈의 주장이 명쾌하지는 않다. 다윈은 『종의 기원』 6판에서 이렇게 말한다. "원래 진보하는 경향을 가진 생명체가 있다는 믿을 만한 증거는 아직 없다. 하지만 자연선택이 계속 진행된다면…이런 생명체는 반드시 나타날 것이다."[32] 모든 진보, 또는 역행은 상황이 만들어내는 것이다. 예를 들어 어떤 지역에서 생존경쟁이 일어나지 않는다. 다윈은 경쟁에도 여러 수준이 있으며, 다른 강과 경쟁하지 않는 강도 많다고 생각했다. 따라서 이런 생명체는 자신과 경쟁하지 않는 생명체보다 더 발달할 필요가 없다. 또한 이런 생명체는, 자신과 경쟁하지 않는 생명체를 반드시 대체하지는 않을 것이다. 이 문제는 이렇게 미묘하고 모호한데도 다윈은 『인간의 유래』에서 아주 분명하게 못 박는다. "조직화 과정은 느리고 방해도 받지만, 대체로 개선된다."[33]

"진화"는 라틴어 evolvere펼치다에서 나온 말이다. 이 단어는 어떤 것이 펼쳐졌거나 펼쳐질 것이라는 뜻으로 진보의 개념을 담고 있다. 하지만 이미 말했듯이, 다윈이 말하는 자연선택에 의한 진화는 국지적 진보를 뜻하는 듯하다. 다윈식 진화는 보편적 방향성을 완전히 부정한다. 굴드는 이렇게 말한다. "[자연선택은] 빅토리아 시대에 별로 인기가 없었다. 진화과정이 내포하는 전반적인 진보라는 개념을 자연선택이 부정하기 때문이다. 자연선택 이론에 따르면 변하는 환경에 대한 적응은 국지적으로 일어난다. 자연선택 이론은 완벽한 원리를 제안하지 않으며, 자연선택은 개선을 보증한다고 주장하지 않는다. 요컨대, 자연이 원래 진보한다는 주장이 당시 정치적 분위기에서 힘을 얻었지만, 자연선택 이론은 이런 분위기를 승인하는 근거를 제공하지 않는다."[34] 다른 요인을 무시하고 자연선택만 본다면 굴드처럼 말할 수 있다. 굴드도 다윈이 진보를 모호하게 다룬다고 느꼈다. 하지만 굴드는 이렇게 말한다. "자연선택의 논리와 사회적 선입견은 서로 다른 방향으로 나갔다. 그러나 다윈은 양쪽 모두 품으려 했다. 다윈은 자신의 이론의 일관성을 위해 역설을 없애려 하지 않았다."[35] 마이클 루스는 굴드의 말을 간결하게 압축한다. "다윈이 모호하게 만든다는 사실은 모호하지 않다."[36] 그러나 조금은 당연한 일이지만, 다윈이 진보를 받아들이지 않았다는 해석에 로버트 리처드 같은 사람들은 단호하게 반대한다. "멜서스 이전과 이후를 모두 살펴보면 다윈은 진화과정에서 진보가 일어난다고 계속 주장했다." 로버트슨은 역사 기술의 관점에서 이렇게 주장한다. 다윈 이론의 후계자들은 다윈이 신다윈주의자가 되어야 한다고 다윈을 몰아세웠다. 신다윈주의자는 진화에 대한 해석으로서 어떤 진보 개념도 혐오했다.[37]

이제 다윈 이론의 후계자를 살펴보자. 진보에 대한 애호와 혐오가 이들에게서도 다시 나타난다. 줄리안 헉슬리는 말한다. "평범한 사람이 볼 때, 인간은 당연히 벌레보다 우수하다.…벌레는 당연히 원생동물보다 우수하다. 우수함과 열등함을 정확히 정의할 수 없어도 그렇다."[38] 헉슬리의 견해에 대한, 네 가지 비판이 있다. 네 가지 비판 가운데 다윈이 직접 부닥친 비판도 있다.[39] 첫째, 적응을 고려할 때 우리는 벼룩이 인간보다 못하다고 말할 수 없다. 환경에 적응하는 능력은 벼룩이 인간보다 정말 더 낫다. 그렇다. 호이마 폰 디트푸르트Hoimar von Ditfurth도 지적하듯이 "생명체의 각 단계는 원래 완벽하다.…[그러나] 이런 사실을 고려할 때, 진화과정에서 진보가 계속 일어난다는 것은 수수께끼다."[40] 둘째, 복잡성은 증가하지만, 복잡성 자체는 중요하지 않다. 셋째, 살아 있는 화석을 근거로 내세우는 비판이 있다. 살아 있는 화석은 여전히 생존하는 원시 생물을 말한다. 넷째, 퇴화 사례가 있다. 앞에서 지적했듯이 장님 동굴어가 퇴화 사례다. 헉슬리는 네 개의 비판에 답하면서 이렇게 말한다. 네 개의 비판은 모두 진보가 모 아니면 도라고 가정한다. 다시 말해 모든 생명형태는 개선되어야 한다고 가정한다. "퇴화 사례가 있으므로 진보를 인정할 수 없다고 주장하는 것은 부당하다. 이것은 파도는 잠시 후퇴했다가 앞으로 쏟아지므로 조수는 절대 변할 수 없다고 말하는 것과 같다."[41] 흥미롭게도 마이클 루스도 같은 은유를 사용한다. "생명은—모든 것은—밀물과 같다.…바닷물은 앞으로 밀려들었다가 잠시 멈추었다 다시 밀려든다. 이런 과정이 계속 반복된다."[42] 헉슬리는 진화과정에서 나타나는 방향성이 진보를 증거한다고 생각했다. 예를 들어 생명체의 크기는 세대가 지날수록 점점 커진다. 이것이 코프의 법칙이다. 복잡성도 증가한다. 헉슬리에 따르면, 분리된 부분들이 결국 조화를 이루는 방향으로 나갔다. 다시 말해, 분리된 부분들이 스스로 조직된다. 조지 게이로드 심슨은 헉슬리가 인간중심주의 오류를 범하고 있다고 지적했다. 헉슬리가 기술한 진보에 딱 들어맞는 존재는 인간밖에 없다.[43] 하지만 비토리오 회슬레와 크리스티안 일리스Christian Illes는 조금 다르게 논평한다. "자연사에서, 복잡성의 수준은 점점 증가한다는 것은 명백하다(원시 생명체가 계속해서 생존한다는 것은 차치하고). 인간 정신은 다윈주의와 일반 생명이론을 개발할 만큼 유별나게 중요하다고 생각하는 사람은 다소 편협한 인간중심주의에 빠진 것이다."[44] 심슨은 헉슬리의 견해를 인간중심주의라고 비판하면서 진보라는 개념은 빈 깡통이라고 강조했다. "모든 진화과정에서 진보가 일어난다고 판단할 수 있는 기준은 없기 때문이다." 심슨은 『진화의 의미』*The Meaning of Evolution*에서 진보라고 부를 만한

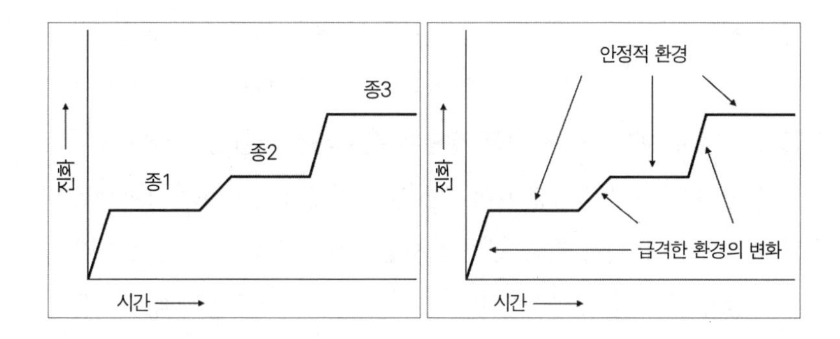


그림 5. 단속평형설: 단속평형설은 신다윈주의자의 생각과 다르다. 신다윈주의자는 진화가 점진적으로 일어난다고 말한다(계통 점진론). 즉 단일하게, 점진적으로 증가하면서 자연세계가 형성되었다. 반면 단속평형설에 따르면, 진화는 오랫동안 균형을 이루다가 갑자기 급변한다. 한 종이 두 개의 종으로 갈라지거나, 한 종이 점점 다른 종으로 변할 때 급변이 일어난다.

현상을 12개 제시한다. 하지만 12개의 현상이 가능하긴 하나, 12개의 현상은 실제로 존재하지 않았다.[45] 굴드는 심슨의 생각을 발전시키면서 이렇게 주장한다. 진보는 인간중심주의적 생각이다. 정말 자아 중심적 생각이며, 식민주의와 제국주의, 전제정치의 냄새를 술술 풍긴다. 또한 진보는 가혹한 진실을 외면하려고 우리가 스스로 만들어낸 동화다. "우리는 진보를 갈망한다. 진화하는 세계에서 우리의 오만함을 유지하는 가장 좋은 방편이 바로 진보다. 그러나 지금도 우리를 사로잡는 진보를 주장하는 논증은 개연성도 없는 형편없는 것이다. 지질학적 관점에서는, 우리 인간은 측정 가능한 시간의 끄트머리에만 나타난다. 그렇다면 인간은 창조의 목표가 아니라 운 좋은 사건이 아닌지 묻지 않을 수 없다. 이 섬뜩한 생각을 몰아내는 교리가 바로 진보다."[46] 이런 맥락에서 굴드는 다음과 같이 주장한다. 진보를 암시하는 표시는 자연계에서 나타난다. 하지만 이 표시는 "단순한 시작점에서 출발한 무작위 운동이지, 기본적으로 유익한 복잡성을 산출하는 힘을 가리키지 않는다."[47] 이 문제를 잠시 생각해보자. 모든 생명은 단순한 형태에서 시작되었다. 동일 수준 형태 간의 경쟁을 피하려면 생물은 더 복잡해지는 방향으로 나갈 수밖에 없다. 다시 말해, 간단한 생명 형태가 취할 수 있는 생태적 지위는 남아 있지 않다. 따라서 우리가 복잡해져야 다른 생태적 지위를 차지할 수 있다. 지구가 꽉 찼다고 상상해보자. 생명체가 육지에 있는 서식지를 모두 차지했다고 상상해보자. 이런 상황에서 우리 인간이 나는 법을 배우지 않는다면 우리는 멸종할 것이다. 따라서 우리가 보는 복잡성이란 그저 환경조건에 대한 대응현상이다. 굴드는 이 주장을 증거하는 표지로 박테리아를 꼽는다. 박테리아는 생명 시작단계에 있었으며 지금도 생존한다. 게다가 다른 어떤 생명체보다 많다. "지구는 박테리아로 득실댄다. 곤충은 다세포 생명체 가운데 단연 우세하다. 예를 들어 포유류는 고작 4,000종이지만 곤충은 대략 백만 종이다. 진보가 진짜 분명하게 일어난다면, 개미가 우리의 소풍을 망치고 박테리아가 우리의 생명을 앗아가는 사실 앞에서, 진보라는 알송달송한 개념을 도대체 어떻게 정의해야 할까?"[48] 굴드는 닐스 엘드리지Niles Eldridge와 더불어 새로운 진화이론을 개발했다. 진화는 점진적 변이가 축적되면서 일어나지 않는다. 이들은 오히려 단속평형설을 주장했다. 간단히 말해, 변화가 점진적으로 계속 이어지지 않는다는 뜻이다. 종이 오랫동안 평형상태를 유지하다가 갑자기, 그리고 무작위로 급변한다. 단속평형설은 진화가 시간의 화살처럼 진행한다는, 방향과 진보를 암시하는 점진주의 모형에 도전하는 듯하다. 프랭크 카프라의 영화 〈원더풀 라이프〉에서 아이디어를 얻은 굴드는 이렇게 주장했다. 생명현상을 찍은 비디오를 거꾸로 돌려서 다시 재생한다면 완전히 다른 내용이 나올 것이다. "이 비디오를 다시 재생하면 지금까지 진화과정과 완전히 다른 과정을 보게 될 것이다.…우리가 예상할 수 있는 진화과정은 다양하다. 따라서 진화과정의 결과를 처음부터 예측할 수 없다. 진화과정의 단계들이 진행되는 이유는 있다. 하지만 결말은 미리 정해지지 않았다. 각 단계가 똑같이 두 번 반복되지 않을 것이다. 진화가 진행되는 무수한 잠재적 통로가 있기 때문이다."[49] 그래서 굴드는 이렇게 추론한다. 자연에 고유한 경향성은 없다. 생명이 거쳐가는 통로는 "대단히 넓기 때문이다." 다시 말해, 우리가 생명에 내재한다고 생각하는 속성은 반사실적으로 재생될 수 없다. 생명현상을 찍은 비디오를 재생해도 그 현상을 또 본다고 가정할 근거가 없다는 말이다.[50] 존 메이너드 스미스도 굴드에게 동의하면서 이렇게 말한다. "동물 진화과정을 캄브리아기부터 다시 재생해서 본다면 (라플라스가 기뻐하는 방식대로 재생하려면, 동물 개체들을 70센티미터 간격으로 줄 세워놓고), 똑같은 장면을 본다는 보장이나 가능성은 없다. 육지에서 서식하는 생명체는 아주 적을지 모른다. 포유류가 등장하지 않을 수 있다. 그러면 인간도 나타나지 않을 것이다."[51] 진화를 이렇게 해석하는 학자는 인간이 지구상에 있지 않을 가능성을 은근히 지적하려는 것 같다. 심슨은 주장한다. "목적 없는 유물론적 과정은 인간의 존재를 고려하지 않았다. 인간은 미리 계획된 존재가 아니다."[52] (인간이 미리 계획된 존재라면 어떻게 될까? 우리가 그렇게 가정할 수 있다면, 인간이 미리 계획된 존재라는 주장이 신학적으로 정통이 아닐까?)

노벨상 수상자인 크리스티앙 드 뒤브는 심슨의 견해를 "우연성의 복음"이라고 부른다.[53] 극단적 다윈주의자인 데닛은 우연성의 복음을 반대하려고 애쓴다. "우연성에 대해 굴드는 도대체 무슨 말을 했나? 굴드는 이렇게 말한다. '지금 우리의 모습은 조금은 필연적 결과이며 우리가 가진 이론으로 예측될 수 있다. 하지만 이것은 대중문화에서 가장 흔하게 나타나는 오해다.' 우리의 모습이라니? 무슨 뜻인가? 여기서 굴드는 불안정한 기준을 들이대며, 진화를 보여주는 비디오 되감기에 대한 주장이 무엇을 뜻하는지 규정하지 않는다."[54] 굴드가 근거하는 불안정한 기준은 일반 유형과 함께 개별 생명체에도 적용된다. 그렇다. 생애 비디오를 다시 재생하면 밥 딜런은 다시 등장하지 않을지도 모른다(그리고 이건 우리에게 아주 불행한 일이다). 하지만 데닛은 이 주장을 교정한다. 즉 밥 딜런이란 개체를 포함하는 종과 유사한 종은 비디오 되감기를 해도 나올 수 있다. 데닛이 지적하듯, 굴드의 어머니와 데닛의 어머니가 현재 남편들을 만나지 않았다면, 굴드와 데닛은 지금 여기 없을 것이다. 그러나 이런 논리가 개체에 적용된다고 해서 종에도 적용된다고 추정할 수 없다. 굴드는 괜한 사족을 단 것이며, 간단히 말해 실수한 것이다. 생명 현상 비디오를 되감아본다는 굴드의 생각에 헛점이 있다(굴드는 이것을 통해 심각한 우연성을 말하려고 했다). 예를 들어 굴드의 생각은 각 진화단계가 독립적이라고 가정한다. 하지만 데이비드 바톨로뮤David Bartholomew와 다른 학자들이 설득력 있게 논증했듯이, 각 진화단계는 독립적이지 않다.[55]

데닛과 나란히 도킨스도 같은 편끼리 물어뜯는 논쟁에 가담한다. "등장한 종에 따라 시대를 구분하는 최근의 경향을 굴드는 의심했다.… 염색체, 유막 세포, 유기체의 감수분열, 두배수체, 섹스, 진핵세포, 다세포, 낭배형성, 연체동물의 내장회전능력, 세분화…이런 사건들은 생명 역사에서 분수령이 될 수 있었다. 진보라는 이름표를 붙일 만큼 진화를 부풀리는, 평범한 다윈주의를 따르지 않더라도 그렇게 말할 수 있다. 다세포가 생겨난 후, 아니면 세분화가 진행된 후, 진화는 과거와 완전히 달라졌다고 말해도 된다. 이런 맥락에서 이 사건들을, 진보하는 혁신이라고 말할 수 있다. 이것은 한 방향으로 돌아가는 톱니바퀴와 같다."[56] 도킨스는 다른 글에서 이것을 진화하는 능력의 진화라고 부른다.[57] 도킨스는 굴드의 『풀하우스』*Full House*를 서평하면서 이렇게 주장한다. "당신이 진보를 지나치게 맹목적으로 정의하지 않는다면—동물이 스스로를 규정하도록 내버려둔다면—당신은 진보를 보게 될 것이다. 참으로 흥미롭다는 뜻에서 진보다." 예를 들어 "척추동물의 눈은 진보했다고 말해야 한다.…그 진행이 느려 느낄 수 없었을 뿐이다."[58] 도킨스와 콘웨이 모리스는 상당히 다르지만(적어도 종교와 형이상학에 대해서는), 콘웨이 모리스는 도킨스와 비슷하게 굴드에게 답한다. "동물계에서 다음 현상을 볼 수 있다. 뇌가 커지고 복잡해지며, 목소리도 정교해지고, 반향정위와 전기 지각이 가능해지고, 진보한 사회체계가 등장한다. 진사회성eusociality과 태생, 온혈, 그리고 농업이 나타난다. 이런 현상은 모두 수렴한다. 그래서 나에게 이런 현상은 진보처럼 보인다."[59] 하지만 굴드는 이런 주장을 여전히 거부한다. 굴드는 이렇게 말한다. "도박꾼이 포커를 하면서 판돈을 올릴 때 당신은 포커가 진보했다고 말하나? 보통 그렇게 말하지 않는다. 판돈은 많아졌지만 포커 규칙은 변하지 않았다. 풀하우스는 여전히 플러시를 이긴다.…두꺼운 껍질을 가진 달팽이가 얇은 껍질을 가진 선조 달팽이보다 더 낫다. 왜냐하면 포식자를 물리치는 힘이 증가하려면 선조에 뒤지지 않는 적합성을 기를 힘이 있어야 하기 때문이다."[60] 우연성이 우세하다고 주장하면서 굴드는 이렇게 덧붙인다. 지금만큼 복잡한 기관이 많이 등장한 시대는 없었다는 주장도 상당히 의심스럽다. 다양성은 증가했지만, 본질적 차이는 증가하지 않았다고 굴드는 말한다. 몸의 기본 골격의 종류는 더 많아지지 않았다. 생명체의 유형types도 더 늘어나지 않았다. 굴드는 이렇게 지적한다. 캄브리아기에 오히려 더 많은 유형이 있었다. 유형 사이에 본질적 불일치가 있었다는 말이다. 설사 그렇지 않았다 해도 지금이 그때보다 복잡성이 더 줄어들었다. 굴드는 찰스 월콧의 발견을 지적하며 자기 주장을 뒷받침하려 한다. 찰스 월콧은

베제스 세일 화석군Burgess Shale fauna이라는 화석층을 발견했다. 화석층에는 우리 시대에 없는 유형이 있었다. 그래서 굴드는 이렇게 추론한다. 5억 3천만 년 전, 화석층이 보여주는 복잡성은 우리 시대를 능가한다.

굴드가 전파하는 우연성의 복음에 맞서, 콘웨이 모리스는 생명이 대체로 특정한 방향으로 기운다고 지적한다. 생명이 거쳐가는 통로도 매우 좁으며 전혀 넓지 않다. 생명 탄생을 거대한 물살에 비유해보자. 거대한 물살이 어떤 통로를 통과하거나 용기에 담긴다고 해보자. 그러면 물살은 불가피하게 특정한 모양을 가지게 될 것이다. "생일 축하합니다"라는 모양의 틀에 반죽을 주입하면, 언제나 같은 모양이 만들어질 수밖에 없다. 생명도 마찬가지다

예를 들어 생명현상 비디오를 다시 재생하면 처음과 똑같은 장면을 보게 될 것이다(이 비디오의 주요 장면은 수렴현상이다). 조지 맥기는 이렇게 말한다. "생물학적 진화에 예측 가능한 결과가 없다고 자주 말한다. 하지만 이 주장이 틀렸음을 입증할 수 있다."[61] 또한 맥기는 상당히 중요한 요점을 말한다. 화학자가 굴드와 같은 말을 한다면 그는 바로 실험실에서 쫓겨날 것이다. 케네스 제임스와 앤드류 엘링턴도 비슷하게 말한다. "굴드는 생명현상 비디오를 재생하면 늘 다른 장면이 나올 거라고 말한다. 하지만 이 결과가 다세포 생명체와 동일하게 분자 수준에서도 적용될까? 확실하지 않다. 엄밀한, 생물발생 이전의 화학은 자기 복제하는 유기분자를 훨씬 협소하게 정의할 것 같다.…[따라서] 생명이 취해야 하는, 중간 형태가 있다는 가설을 세울 수 있다."[62] 화학물질은 생명의 형태와 방향에 놀랄 만큼 영향을 주지만, 화학물질만이 생명현상의 불가피성에 관여하는 것은 아니다. 일반적으로 생명이 불가피하게 생긴다. 그래서 레이 반 발렌Leigh van Valen은 생명현상 비디오를 재생하면 다른 장면이 나올 것이라 인정하면서도 다음과 같이 주장한다.

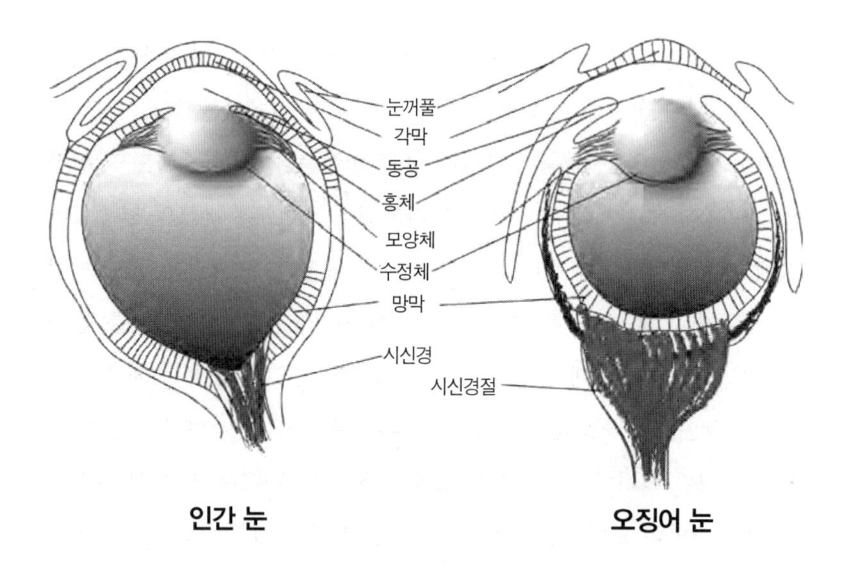


그림 6. 상관없는 계통들이 진화하면서 거의 똑같은 생물학적 속성을 가지게 되는 현상을 수렴(혹은 불계적 유사성)이라 한다. 진화가 수렴한다면 자연선택에 특정한 제약이 있다고 말해야 한다. 다시 말해 자연선택이 택할 수 경로는 단지 몇 개밖에 없다는 뜻이다. 따라서 자연선택은 생물학적 문제를 풀기 위해 몇 가지 해답만 내놓을 수밖에 없다. 수렴을 보여주는 고전적 사례는, 인간과 오징어의 눈에서 보여지는 카메라 눈이다. 어떤 과학자는 생물학의 대상이 되는 근본 구조가 있다는 증거로서 수렴현상을 지적한다. 그래서 그는 자연세계의 진화에 어떤 불가피성이 있다고 선언한다. 사이먼 콘웨이 모리스는 이런 주장을 대변하는 거물이다.

비디오를 재생하면 우리는 비슷한 "요소들이 리듬처럼 나타날 것이며, 장면의 전체 구조는 상당히 비슷할 것이다.…비디오의 전체 내용을 본다면 우연성의 역할은 사라져버릴 것이다 비디오의 전체 내용을 보라. 이것은 나름대로 교향곡을 닮았다. 물론 교향곡은 다른 악기들과 합주 중에 내부적으로 생겨난 곡이기는 하지만 말이다."[63] 무기화학자인 윌리엄스R. J. P. Williams와 프라우스토 다 실바Frausto da Silva는 훨씬 강하게 주장한다. "생명은 단 하나의 출구를 가진 물리적 터널을 통과하고 있었다."[64] 그러면 굴드의 무작위 개념을 버리고 어떤 개념을 취해야 할까? 브라이언 모러Brian Maurer는 확실한 답을 내놓는다. 우리는 굴드의 무작위 개념을 버리고 "예정된 결과를 강조해야 한다. 종 분화와 멸종이란 생태학적 과정에서 대체로 예정된 결과가 나온다."[65] 그런데 굴드는 필연성은 겉모습이며 왼쪽 벽 현상의 부산물이라고 생각한다. 예를 들어 술취한 사람이 집안에서 왼쪽 벽으로 넘어졌다. 그는 왼쪽 벽에 부딪치고 오른쪽으로 튕겨나갔다. 오른쪽으로 갈 수밖에 없었으므로 오른쪽으로 튕겨나간 것이다.[66] 하지만 진화에 대한 이런 견해를 많은 사람이 반박한다. 콘웨이 모리스도 비판자 가운데 한 사람이다. 수렴과 제약이란 개념을 함께 고려하면, 진화에 대한 두 가지 해석이 엄청나게 다르다는 것을 이해할 수 있다. 다른 중요한 문제도 마찬가지다.

대체로 제약을 내재적 제약과 외재적 제약으로 나눈다. 내재적 제약은 생명체의 물리적·화학적·신진대사적 본성에 내재하는 제약을 말한다. 반면 외재적 제약은 물리학과 지리학이 부과하는 제약을 말한다. 혹은 특정한 환경에서 작동하는 제약을 말한다.[67] 내재적 제약이 진화의 흐름과 패턴에 상당한 영향을 주거나 결정해버린다는 주장은 주목할 만하다. 심지어 어떤 학자는 이렇게 주장한다. 내재적 제약은 슐로스Schloss가 말한 "신진대사metabolism의 일반 또는 주요 방정식"을 가리킨다.[68] 콘웨이 모리스는 수렴에 대해 이렇게 말한다. 진화적 수렴이 나타나는 증거는, 수렴이 다윈주의 기제가 작용하는 그림을 그리는 데 자연선택만큼이나 유용하다는 것을 보여준다.[69] 콘웨이 모리스는 수렴이 "다윈의 나침반"과 유사하다고 주장한다.[70] 굴드의 나침반이 우연성의 복음이라면, 진화와 전체 우주를 볼 때 인간이란 존재는 그렇게 중요하지 않다고 말하는 사람의 편에 굴드가 선다면, 콘웨이 모리스와 드 뒤브는 사트

마리Szathmáry가 말한 "불가피성의 복음"[71]을 지지한다(아마도 사트마리는 냉정하게 비꼬며 이 말을 했다). 이것은 생물학적 현상에 대한 콘웨이식 해석을 적절하게 표현하는 이름이다. 적어도 불가피성의 복음은 진화를 결정론에 따라 이해하거나 진화에 제약조건이 있다고 주장한다. 『우연과 필연』이란 고전을 저술한 자크 모노Jacque Monod는 이렇게 주장했다. 인간은 철저하게 우발적으로 생겨났다. "우주는 생명을 임신하지 않았고, 인간을 포함한 생명계도 임신하지 않았다.…거대한 우주의 무관심 아래 인간은 홀로 있다. 이 우주에서 인간은 우연히 나타난 것이다." 크리스티앙 뒤브는 모노의 결론이 낭만적이면서 스토아 철학적이라고 지적한다. "모노의 주장은 당연히 말도 안 된다. 모노의 말이 사실임을 어떻게 아나? 그렇다고 모노의 말이 틀렸다는 증거도 없다. 하지만 시간과 물질이 존재하는 한, 우주가 생명과 생명계를 잉태하지 않았다면, 인간뿐 아니라 세포를 닮은 존재들이 철저한 우연에 의해 만들어졌을 확률은 거의 없다는 사실을 알아야 한다."[72] 드 뒤브는 사람들이 무작위와 제약 없는 가능성의 개념을 혼동한다고 지적한다. 그런데 우연은 불가피성을 배제하지 않는다.[73] 다른 글에서 드 뒤브는 이렇게 쓴다. "생명은 우세한 환경조건에서 생겨났을 것이다. 같은 조건만 주어진다면, 생명은 언제 어디서나 비슷하게 생겨날 것이다. 생명이 점진적으로, 여러 단계를 거쳐 등장할 때 '운 좋은 사건'이 일어날 가능성은 거의 없다.…생명과 정신은 괴상하고 우연한 사건의 부산물이 아니라 물질의 자연스러운 발현이다. 생명과 정신은 우주의 구조에 새겨진 글자와 같다. 내가 생각하기에, 우주는…생명과 정신을 생성하고, 생각하는 사물을 낳기 위해 만들어진 것이다."[74] 생명 생성에 대한 드 뒤브의 해석이 타당하다는 것을 보여주는 사례가 있다(드 뒤브는 생명생성을 불가피성의 일반 법칙으로 이해한다). 3명의 노벨상 수상자들이 드 뒤브의 해석에 동의한다. 조지 월드George

Wald는 이렇게 말한다. "우주는 불가피하게 생명을 낳는다."[75] 또한 멜빈 캘빈Melvin Calvin은 여러 화학물질의 구조에 고유의 선택성이 있다고 주장한다. 화합물의 구조는 우연을 몰아낸다. 그래서 생명은 이런 화학물질의 본성이 빚어내는 논리적 결과다.[76] 맨프레드 아이겐Manfred Eigen도 말한다. "생명진화를 불가피한 과정으로 봐야 한다. 물론 진화의 경로는 결정되어 있지 않더라도 말이다."[77] 노벨상 수상자만 이렇게 말하는 것은 아니다. 다른 과학자도 비슷하게 생각한다. 카우프만은 "생명이 시작된 사건은 거의 일어날 것 같지 않은 일이었다고 한다. 하지만 나는 이 견해를 믿지 않는다. 오히려 생명은 법칙에 따라 시작되었다. 그물같이 복잡하게 얽힌 촉매들이 스스로 조직된다는 새로운 원리가 생명에도 통한다."[78]

수렴(불계적 유사성)은 똑같은 진화문제에 대한 반복되는 대답으로 볼 수 있다. 다시 말해 수렴현상은 계통학적으로 공통 조상의 산물이 아니라는 말이다.[79] 콘웨이 모리스는 카메라 눈을 수렴현상의 사례로 제시한다. 문어와 모든 척추동물은 카메라 눈을 가진다. "수천만 년 전에 불가능했던 일도 지금은 점점 피할 수 없는 일로 바뀐다. 다시 말해 진화에는 궤적(또는 흐름)이 있다. 진보는 희망 섞인 용어에서 생겨난 해로운 오해가 아니라, 우리를 둘러싼 현실이다."[80] 콘웨이 모리스는 정말 "기괴한" 수렴을 말한다. 이론적 가능성은 워낙 넓어서 광대한 사막과 같다. 진화는 이 사막을 가로지르는 경로를 보여준다. 그런데 진화는 항상 실현 가능한 지점에 도착한다.[81] 조지 맥기는 이렇게 말한다. "수많은 종이 진화하면서도 비슷한 형태로 수렴된다. 계속 반복해서, 그것도 우연히 그렇게 된다는 것은 거의 불가능한 일이다. 그런데 화석기록은 바로 이런 일을 우리에게 보여준다. 즉 다양한 생명체 군의 형태는 진화하면서 반복해서 수렴했다."[82] 더구나 수렴현상은 드물지도 않다. 대부분의 생명체에게서 수렴현상이 나타난다.[83] 따라서 자연계에서 생명체가 만들어지는 방법은 그렇게 많지 않을 것이다. 진화과정에서 실현 가능한 방법은 몇 개밖에 없다. 그래서 똑같은 해답이 계속 반복되는 것이다. 이 해답은 생명조건이 설정한다.[84] 맥기는 알락돌고래porpoise와 어룡ichthyosaur의 형태가 진화하는 문제를 논하면서 이렇게 주장한다. "육지에 서식하는 네발짐승tetrapod에게 네 발과 꼬리가 있는데, 이 짐승들의 덧붙여진 네 발과 꼬리는 퇴화되어 어류의 지느러미처럼 변해버릴 수 있다. 충격적이라고 해야 정확한 표현이겠다. 불가능하지 않지만 거의 있을 수 없는 일이지 않은가? 하지만 이런 일이 정말 두 번이나—파충류와 포유류에서—일어났다. 두 동물군은 계통적으로 가깝지도 않다."[85] 이런 수렴현상을 고려할 때 우리는 맥기에게 동의해야 할 것 같다. "목성의 위성 유로파에, 크고 빠르게 헤엄치는 생명체가 산다면, 이 생명체는 유선형의 방추 모양의 신체를 가질 것이다. 다시 말해 이들은 알락돌고래나 어룡, 황새치, 상어와 비슷할 것이다."[86] 수렴현상에서 가장 흥미로운 사실은 계통발생적으로 같은 혈통에 속한 생물에게서 늘 불계적 유사성homoplasy이 나타난다는 것이다. 따라서 우리는 진화를 통시적인 사건으로 볼 수 없다.[87] 콘웨이 모리스에 따르면 생물의 자연적 형태/구조에는 여러 가지 "논리적" 가능성이 있다(이것을 생물학적 하이퍼 스페이스라고 부를 수 있다). 그런데 이 가능성에 분명한 제약이 있다. 결국 안정성이 모여 있는 자리가 있으므로 수렴이 일어난다. 콘웨이 모리스는 안정성이 모인 자리를 카오스 이론에서 말하는 어트랙터attractor와 비슷하다고 지적한다. 생물이 생존 가능성을 획득하는 것은 대단히 드물다. 생존력으로 가는 좁은 길을 부적응의 황량한 사막이 둘러싸고 있다. 이 사막에 "생명력의 은빛 길"이란 이름을 붙일 수 있다.[88] 생존력을 획득하는 사건은 자연선택보다 먼저 일어난다. 환경에 적응한 생명형태의 생존력은 어느 정도 "빅뱅이 일어날 때 이미 결정되어 있었다."[89] 피에르 루이기 루이지Pier Luigi Luisi도 비슷하게 말하면서 깜짝 놀랄 만한 주장을 한다. "이론적으로 가능한 단백질과 실제로 있는 단백질의 비율은 사하라 사막의 전체 모래수와 한 줌 모래수의 비율보다 작다."[90] 그래서 우리는 이런 현상까지 설명할 수 있는 심층 생물학을 찾아야 한다. 우리는 생물학의 기초 구조와 심층적 조직을 찾아내야 한다. 다르게 말하자면, 생명은 제한적이다. 주사위는 생물학적으로 생존 가능한 것에 유리하게 움직인다. 따라서 자연선택은 홀로 작동하는 것이 아니라, 함께 작동하는 요인들이 존재한다. 콘웨이 모리스가 지적하듯 이 주장은 놀라운 함의를 갖고 있다. 우리는 모든 생명현상에 통하는 일반법칙을 연구하는 생물학으로 다시 돌아가고 있다. 따라서 적어도 생물학의 기초를 탐구할 때, 확률적 과정의 중요성을 과대평가하지 말아야 한다.[91] 물론 무작위 현상은 있다. 하지만 무작위는 이기심처럼 파생적이다. 하딘Jason Hodin의 경고는 극단적 다윈주의에도 적용된다. "최근의 진화론은 최대 단순법parsimony을 강조하지만, 형태학적 진화에서 나타나는 수렴과 평행 진화를 제대로 설명하기에 부족할지 모른다."[92] 우리는 유전적 · 물리적 기제를 그냥 무시해버릴 수 없다. 유전자 구조는 이 기제를 언제나 고려하기 때문이다(예를 들어, 이중 나선double helix은 자연계 어디에서나 나타난다).[93] 이런 사실들을 고려할 때 웨스트Geoffrey B. West와 브라운James H. Brown은 중요한 질문을 했다. "자연선택이 진행될 때 고정점도 나타나고 유인attraction이 깊이 추락하는 지점도 나타난다. 이 사실을 근거로 삼아, 모든 생명체는 몇 가지 기본 법칙을 따르며, 모든 변수 가운데 생물학적 구조와 역학을 결정하는 주요 변수는 에너지라고 말할 수 있을까?"[94] 이 말에 스며 있는 진짜 메시지는, 거칠고 서툰 생명체의 행동은 정량화가 가능한 일반법칙을 따르는 것처럼 보인다는 것이다.[95]

어떤 생물학자에 따르면, 생명체가 따르는 일반법칙이 있다는 증거는 코프의 법칙으로 나타난다. 특히 생물학에서 나타나는 진보현상을 고려할 때. 코프의 법칙에 따르면, 시간에 따른 생명체 크기의 증가에는 규칙이 있다. 예를 들어 더 큰 몸집을 가진 생명체는 계통발생순서에서 나중에 나타난다.[96] 존 알로이John Alroy는 이렇게 말한다. "기본 양상은 너무나 분명하다.…새로 나타난 종은 동일유전계열에 속한 선조보다 9.1% 크고, 분명하게 차이가 난다.…이런 양상의 출현을 예측하는 간단한 가설은 하나뿐이다. 계통lineages 안에서 특정한 방향으로 나가는 흐름이 있다는 것이다. 이 가설은 코프 규칙을 가장 좁고 결정론적으로 해석한다."[97] 진화를 관찰할 때 우리는 크기의 증가 외에도, 생물군 내부와 전체에 걸친 에너지의 강렬함이 있다는 것을 볼 수 있다. "생물군과 개별 생명체에서 에너지의 양은 일반적으로 상승한다. 생물량 밀도와 1차 총 생산량, 생산효율, 2차 생산량은 모두 증가한다. 더욱 중요한 것은, 생명체 당 에너지 사용량은 몸의 질량과 비례하여 증가한다. 질량 대비 대사율도 단세포 생물에서 변온ectothermic 후생동물, 정온endothermic 후생동물까지 계속 증가한다. 이런 경향은 어떤 필요조건이 확고하게 구비되어 있음을 뜻한다. 이 필요조건은 생명체가 환경에 작용하면서 점진적으로 생겨났다."[98] 게다가, "생물량과 신진대사가 정비례관계라는 것은 아주 중요하다. 혹자는 보편적 수렴진화 패턴을 나타낸다고 말한다."[99] 몸집의 진화는 특정한 방향으로 질서 있게 이루어진다. 그래서 모든 생명체는 "1/4 측량법칙quarter-power scaling law을 따른다. 예를 들어, 몸집은 신진대사율에 대해서 3/4이며, 생체시간과 인체계측치에 대해서 1/4이다. 이 법칙은 생화학적 경로와 유전코드처럼 모든 생명체에 보편적으로 통한다."[100]

따라서 이렇게 마무리할 수 있겠다. 진화에 진보패턴이 나타난다. 하지만 진화가 보여주는 것이 역사의 진보는 아니다. 진화하는 것은 구조,

법칙, 형태다. 정말 그렇다면, 헤라클레이토스의 철학도 조금은 부족했다고 말해야 한다. 생성의 생물학과 철학은 존재의 생물학을 수반하기 때문이다. 하지만 헤라클레이토스는 우리에게, 자연은 무언가를 숨기려 한다고 말한다. 극단적 다윈주의와 과학주의 같은 이데올로기에 따르면, 자연은 무언가를 숨길 수밖에 없다. 정말 그럴까?

## 존재의 생물학

계통발생의 흐름이 생물학에서 말하는 진화의 전부는 아니다. 구조와 형태도 자연에서 나타나기 때문이다. 진화에서 진보와 불가피성이 나타난다. 그런데 이 진보와 불가피성은 법칙을 따르므로 다른 것으로 환원되지 않는다. 또한 이 사실은 지금까지 우리의 주장—진화의 기초는 이기심이 아닌 협동이다—을 뒷받침한다. 따라서 이기심은 파생적이며, 이차적이며, 일시적이다. 그리고 덜 중요하다고 말할 수 있다. 요컨대, 존재의 사슬을 다시 긍정하면서, 인류는 상당히 중요한 존재로서 피조물의 "왕관이자 십자가"라고 우리는 다시 주장할 수 있다(물론 계몽 이후, 존재의 거대한 사슬은 인간 허영심이 만들어낸 허구로서 제거되었다). 그런데 인류가 피조물의 "왕관이자 십자가"이더라도 우리는 인간중심주의를 도입하지 않고 오히려 배제할 수 있다. 인류의 지위는 배타주의가 아니라 관여methexis에 속하는 문제이기 때문이다. 인류의 탁월함과 유별남을 의식할수록 우리는 인류의 연약함과, 심지어 위험성까지 느끼게 된다. 이 주장은 일단의 문화적 흐름에 어긋난다. 콘웨이 모리스는 이렇게 설명한다. "인류의 탁월함과 유별남을 강조하는 것은, 근본을 잃고 허무주의에 빠진 오늘날의 문화에서 우연히 일어난 일은 아니다. 이 주장은 특히 생물학에서도 나타난다. 지난 세기에 생물학은 무의미한 과정인 진화를 의미 있게 만들어보려고 애썼다. 모든 곳에서 뜻을 찾는, 의식하는 존재가 진화를 통해 나타난다."[101] 세계는 목적이 있다는 압도적 인상을 준다. 도킨스도 이를 느꼈으나, 이것은 잘못된 환상이라고 말한다. 왜 우리는 목적이 환상이라고 생각할까? 목적이란 신기루를 설명할 기제가 있기 때문이다. 하지만 이 주장은 논점을 피하는 것 같다. 자연주의를 전제한다면, 목적을 설명할 기제가 있다는 주장을 틀렸다고 입증할 수 없다. 예를 들어 어떤 기제가 목적을 설명하지 못한다면 어떻게 될까? 어떤 자연주의적 가설이 실패한다면, 다른 자연주의적 가설이 분명 등장할 것이다. 기적 같은 사건이 일어나도 자연주의를 포기할 수 없을 것이다. 적어도 과학자는 포기할 수 없다. 물론 기적처럼 보이는 것이 있다. 적어도 뜻과 목적이 넘쳐나는 것이 있다. 바로 자연세계다. 그러나 창조론자는 갖은 수를 부리며 진화를 반박한다. 똑같이 극단적 다윈주의자도 그냥 그렇다는 식의 목적 없는 목적(참으로 형이상학적이다)을 만들어낸다. 로버트 폴리Robert Foley가 올바로 물었다. "목적이 없는 생물학이 어떻게 목적을 가질 수 있는가?"[102] 어떤 기제에 기대어 어떤 것을 설명해도 신비는 물러가지 않는다. 이것은 세잔의 그림을 누가 그렸는지 알기 때문에 세잔 그림에 아무런 가치가 없다고 말하는 것과 같다. 혹은, 세잔이 물감을 캔버스에 어떻게 바르는지 분석적으로 기술할 수 있으므로, 세잔의 그림이 우리의 이해력을 넘어간다는 주장을 반박할 수 있다고 말하는 것과 같다. 일단 이 주장은 틀렸다. 역설적이지만, 이 관점이 반증 가능하기 위해서는, 유일하게 가능한 "세계"는 "천국"(그것도 이교적인)이어야 한다. 진정한 존재론적 차이는 없을 것이다. 이런 오해는 헛된 논쟁을 불러왔다. 하지만 유대교-기독교적 전통은 이런 논쟁의 타당성을 인정하지 않을 것이다. 다윈도 그렇다. "창조자는 물질에 법칙을 새겨놓았고, 우리는 이 법칙을 알고 있다. 다음 사실은 우리가 아는 법칙과 잘 어울린다. 지구에 서식하는, 과거와 현재의 생명체는 번식하고 멸종한다. 분명 2차 원인 때문에 이런 일이 벌어지는 것 같다. 예를 들어 개체의 탄생과 죽음을 결정하는 원인이 있다. 나는 모든 생명체가 종별로 창조되지 않았고, 오히려 소수 생명체가 낳은 자손에 속한다고 생각한다. 소수 생명체는 캄브리아기 초기보다 훨씬 더 이른 시기에 살았다. 그런데 생명의 기원을 이런 식으로 사고할 때, 아주 오래전에 살았던 소수 생명체는 소중한 존재가 되는 것 같다."[103] 더구나 다윈의 관점은 기독교 전통과 온전히 공명한다. 예를 들어 토마스 아퀴나스는 이렇게 주장했다. "분명히 자연은 사물에 새겨진 하나님의 작품이다. 하나님의 작품을 통해 사물은 분명한 목적을 향해 나아간다. 배를 제조하는 자는 목재에 어떤 목적을 새긴다. 이 목적을 통해 목재는 배의 형상을 취하려고 움직인다."[104] 하워드 반 틸Howard Van Til은 이것을 "온전한 선물인 우주"라고 불렀다.[105] 하지만 극단적 다윈주의자와 창조론자는 이렇게 믿는다. 신이 존재한다면, 그 신은 설계자 "신"이다. 극단적 다윈주의자는 설계자 신이 없다고 믿으며, 있다 하더라도 눈먼 시계공blind watchmaker이라고 믿는다. 이것이 극단적 다윈주의자와 창조론자의 차이점이다. 반면, 정통 기독교는 이천 년이 넘게 창조자 하나님을 믿어왔다. 창조자 하나님은 절대 설계자가 아니다. 다시 말하지만, 설계자 신의 존재는 기독교인을 무신론으로 몰아갈 것이다. 이런 신은 단지 우리 자신의 확장판이기 때문이다. 윌리엄 캐롤William Carroll이 이 주장을 잘 기술했다.

> 창조를 신학 개념으로서 올바로 파악한다면, 창조는 우주의 기원을 가리킨다고 말해야 한다. 즉 창조는 기원과 무에 대한 절대적이고 완전무결

한 개념이다. 이런 기원은 변화가 아니며, 변화에 관여할 수도 없다. 이 기원이 변화에 관여한다면, 이 기원은 제한적이고 완전하지 않은 기원을 뜻할 것이다.…창조와 자연과학에 대한 토론은 대부분 잘못된 길로 빠진다. 다시 말해 창조를 어떤 변화라고 생각해버린다. 진화—우주나 생물 모두—는 변화를 설명하는 개념이다. 따라서 진화는 자연과학의 관심사다. 창조는 사물의 존재를 설명한다. 다시 말해 창조는 자연과정이 어떻게 작동하는지 설명하지 않는다. 자연과정이 아무리 오래되었고 크더라도 말이다. 자연과학의 이론은 창조교리를 반박할 수 없다. 창조는 과정을 전혀 설명하지 않는다. 오히려 모든 존재가 존재의 질서에 형이상학적으로 의존한다는 것을 설명한다. [106]

그래서 우리는 온전한 선물인 우주를 말할 수 있다. 그래서 창조에 스며 있는 차이를 강조할 수 있다. 다시 말해, 아퀴나스가 말한 자연에 수여된 "인과질서의 위엄"을 논할 수 있다. 하지만 하나님의 초월성이 무엇을 뜻하는지 오해하지 말아야 한다.[107] 오해하지 않기 위해서 어난 맥멀린Ernan McMullin의 주장을 명심하자. "복잡화가 수천만 년간 서서히 일어나면서 호모 사피엔스가 불가피하게 등장했는가? 아니면, 사람이 봤을 때 완전히 예측 불가능하고 우연한 사건이 이어지면서 나타났는가? 이 질문들은 그렇게 중요하지 않다. 어느 쪽이든, 호모 사피엔스는 하나님의 작품이다. 성서의 관점에서 말하자면 호모 사피엔스는 하나님의 계획이었다."[108] 또한 "시간 요소를 배제한다면, '계획'이라는 단어의 뜻이 바뀐다. 하나님에게 있어, 계획하심은 곧 결과로 나타난다. 결심과 성취 사이에 시간의 틈이 없다. 따라서 사람의 눈으로 보면, 어떤 과정이든 시작과 성취는 구분된다. 생물의 발생과정이든 진화과정이든, 이런 과정은 창조자가 세운 목적이 있는가라는 문제와 아무런 상관이 없다."[109]

다시 진화를 살펴보자. 우리에게—그리고 하위학문인 발달진화론과 시스템생물학에도 분명히—필요한 것은 바로 존재의 생물학이다. 존재의 생물학은 신다윈주의가 제시한 생성의 생물학과 공존할 수 있는 영역이다. 신다윈주의의 생성의 생물학도 분명 근거가 있고 설명력이 있다. 하지만 생성의 생물학만 고수한다면 진화를 온전히 파악하지 못할 것이다. 심지어 진화를 오해하거나 왜곡할 수 있다. 콘웨이 모리스는 이렇게 말한다. "진화한다는 사실만으로, 진정한 복잡성과 정교한 균형, 생명체의 잠재력을 설명하기 어렵다."[110] 그래서 생명에 대한 설명은 통시적이면서 공시적이어야 한다. 마이어의 궁극 원인과 근접 원인의 구분은 흥미롭다(마이어가 말한 궁극적 원인은 정확하게는 멀리 있는 원인으로 표현해야 한다). 멀리 있는 원인은 과거에 시작되어 주로 적합성을 기준으로 현재 상황을 만들어낸다. 반면, 근접 원인은 현재의 생물학적 형태다. 여기서 형태란 구조의 관점에서 기술된 형태를 말한다. 멀리 있는 원인은 시간의 순서를 암시한다. 즉 멀리 있는 원인은 연대기상 먼저 나타난다. 하지만 현실은 전혀 그렇지 않다. 근접 원인은 늘 먼저 온다(적어도 어떤 감각 측면에서). 더구나 모든 멀리 있는 원인을 수반한다. 따라서 멀리 있는 원인은 최적자the fittest 생존에 대해 말하지만, 최적자가 어떻게 등장했는지 말하지 않는다. 이것을 제대로 고려하지 못하면 생명체의 정체성은 사라지고, 계통발생의 거대한 바다는 존재를 삼켜버린다. 다시 말해, 멀리 있는 원인과 근접 원인을 고려하지 않으면 우리는 모든 동일성을 존재론적으로 쉽게 해체될 수 있는 것으로 만들어버린다. 동일성(정체성)을 그저 우연한 속성이며 역사의 단면으로 생각해버린다. 계통발생은 개체발생보다 우선한다. 다시 말해, 다윈주의자에게 기능성 개념은 순수하게 통시적이다. 이런 생각은 문제를 일으킨다. 제리 포더가 심장에 대해 말한 것을 떠올려보자. "직관적으로 생각할 때…내 심장의 기능은 진화적 기원보다, 반사실적 가정이 품고 있는 현재의 진실에 더 가깝다. 즉 심장이 내 피를 뿜어내지 않으면 나는 죽을 것이다." 모랑쥬는 아예 "분자 기능은 없다"라고 표현한다.[111] 이런 논의를 볼 때 극단적 다윈주의자의 진화론이 고정된 것을 원래 선호함을 알 수 있다. 예를 들어 극단적 다윈주의자의 진화론에서 공통 조상은 새로운 "본질"처럼 작용한다. 즉 모든 것은 자신의 고정된 과거의 산물이라는 뜻이다. 더구나 다윈주의는 보편 철학이며 다윈주의적 진화론은 진화를 충분히 설명한다는 주장은, 회의주의로 귀결될 위험성이 있다. 통시적 관점만 고집하면 계통발생이 전부이며 자연선택만이 유일한 기제라고 말해야 한다. 모든 활동, 이성의 활동까지도 계통발생의 바다에서 표류할 것이다. 유기체의 기능까지도 말이다. 네이글Thomas Nagel은 이렇게 지적한다. "이성이 제시하는 정당화 논증은 이성 자신이 발견하는 근거에서 출발한다.… 이런 근거들은 자연선택을 통해 권위를 얻을 수 없다.…다시 말해 자연선택이 이성을 뒷받침할 필요가 없을 때, 즉 이성이 자연선택을 근거로 삼을 필요가 없을 때, 오직 그때 진화론의 가설을 수용할 수 있다."[112] 네이글은 다른 곳에서 이렇게 쓴다. "객관적 이론을 만들어내는 능력이 자연선택의 산물이라고 믿는다면, 객관적 이론에서 나온 것을 심각하게 의심해 볼 만하다."[113] 다윈은 이미 이런 가능성을 걱정했다. "인간 정신은 더 낮은 정신이 발달하여 생겨난 것이다. 그렇다면 인간의 확신이 과연 가치가 있으며 믿을 만한가? 이런 끔찍한 의구심이 늘 생긴다. 원숭이가 확신을 품을 수 있다 해도, 원숭이의 확신을 신뢰할 사람이 있을까?"[114] 따라서 포더가 옳은 것 같다. 포더는 이렇게 말한다. "모든 것을 설명한다는 다윈주의는 과학의 기획을 망친다. 마치 먹이를 주는 손을 무는 강아지의 입과 같다."[115] 왜 그럴까? "다윈주의에 따르면, 인간이 진심으로 무엇을 믿는다고 생각할 만한 근거는 없다."[116] 과학에 근거한 믿음이든 아니든, 믿음은 이제 바뀔 수 없는 것이 아니다. 이것은 다음과 같이 말하는 신경과학자와 비슷하지 않을까? 그는 종교적 체험은 뇌에서 일어나는 현상이며 객관적 대상을 경험한 것이 아니라고(성급하게) 추론하면서도, 과학적 추론도 뇌에서 일어난다는 사실은 쉽게 간과한다. 그렇다면 과학적 추론도 의심해야 하는 것이 아닌가? 네이글의 지적은 올바른 것 같다. "논증이 객관적으로 타당하다고 인정하는 것은, 진화론의 이야기를 수용 가능하게 하는 선결조건이다. 다시 말해, 이성을 진화론으로 뒷받침할 필요가 없을 때 진화론적 가설을 받아들일 수 있다.…추론의 기본 절차는 그저 인간에게서 나온 것이 아니라, 정신의 일반범주에 속한다. 인간 정신이 이를 예시한다."[117]

좀더 범위를 넓혀서 진화를 고려해도 상황은 비슷하다. 다른 형태의 생물학으로 신다윈주의를 보완해야 한다. 다시 말해, 멀리 있는 원인과 근접 원인을 함께 고려해야 한다. 그리고 멀리 있는 원인을 우선시해서는 안 된다. 그렇지 않으면, 진화론은 거의 빈껍데기만 남을지 모른다. 우리는 발달생물학과 시스템생물학의 업적을 수용해야 한다. 부헤흐트는 이렇게 말한다. "진화생물학은 생명계가 어떻게 생겨났는지 연구한다. 반면 시스템생물학은 생명계가 어떻게 존재하는지 연구한다. 즉 진화생물학이 생성의 생물학이라면 시스템생물학은 존재의 생물학이다. 두 생물학은 완전히 다르다.…오늘날 생물철학은 상당히 중요한 문제를 제기하지 못했다. 즉, 살아 있는 것과 죽은 것을 구분하는 근거를 묻지 않은 채 생물철학은 그저 이렇게 말한다. 어떤 것은 살아 있다. 이전에 선조가 살았기 때문이다."[118] 솔직히 말해 이런 주장에 신경 쓰는 사람은 없는 것 같다. 기슬린의 주장을 생각해보자. "인간 생명은 언제 시작될까? 인간의 생명은 시작되지 않았다. 인간 생명은 끊어지지 않고 계속 이어온 세대의 일부이기 때문이다. 이 세대는 다윈이 말한 원시 수프까지 거슬러 올라간다."[119] 린 로스차일드Lynn Rothchild도 비슷하게 말한다.

"환원주의로는 죽음이 무엇인지 분명하게 규정할 수 없다."[120] 윌포드 스프래들린 Wilford Spradlin과 페트리샤 포터필드Patricia Porterfield도 내심 기쁘게 이런 주장에 동의한다. "절대적인 것이 사라져버렸다면, 우리는 이렇게 사유해볼 수 있겠다. 신이나 인간이란 오래된 개념은 죽거나 사라지고 단일한 연속체란 개념이 나타난다. 단일한 연속체의 관점에서 신과 인간이 하나로 합병되면서 죽음도 극복된다. 다시 말해, 규정된 사건이나 존재자는 사라지고 유동적 과정이 등장한다. 유동적 과정에서 생명과 죽음은 서로 연결된, 조직화의 패턴이다."[121] 사실 윌포드와 페트리샤는 오래된 관점을 살짝 비틀고 있다. 윌리엄스는 이렇게 요약한다. "생명을 환원주의로 분석하는 것은 엄청나게 어려운 작업이라고 할 수 있다."[122] 클로드 데브루Claude Debru도 "환원주의는 이제 과학적 근거를 잃었다"라고 주장한다. 환원주의는 19세기의 영향이 남긴 숙취와 같다. 유독한 반동적 이데올로기가 환원주의를 고수한다. 하지만 올바른 실천과 이론은 환원주의를 뒷받침하지 않는다. 이 상황은 "빅뱅" 개념을 둘러싸고 벌어진, 수십 년의 논쟁과 다소 비슷하다(호일은 홧김에 빅뱅이란 이름을 붙였다고 한다). 그렇게 논쟁한 이유는 간단하다. 빅뱅 개념은 과학자 공동체의 세계관을 위협했다. 생물학에서 환원주의 관점을 취하려는 사람은 억지로 환원주의를 설명하려고 애쓸 필요가 없겠다. 환원주의는 생물학에서 끝장난 듯하다. 그래서 환원주의 옹호자는 생물학이 어렵게 획득한, 과학이란 지위를 강조하지만 까다로운 문제를 은근히 피한다(누워서 침 뱉는 꼴이다). 데브루는 이렇게 말한다. "환원주의가 어떤 것을 훨씬 단순하고 덜 복잡한 것으로 환원하거나 훨씬 추상적이고 일반적인 것으로 환원한다는 뜻이라면, 생물학은 환원주의를 추구할 수 없다.…다중차원 인과성은 이제 생물학의 주요 개념이다. 이 개념 덕분에 우리는 새로운 속성이나 행동의 출현을 이해할 수 있다."[123] 따라서 분자생물학이 멘델

유전자 개념에 도전했듯이, 생물학이 발전하면서 옛 생물학도 다시 검토되었다. 데브루는 이렇게 말한다. "보통 분자생물학을 19세기 환원주의 기획의 완성으로 본다. 하지만 40년간 분자생물학이 발전하면서 생명에 대한 새로운 그림이 등장했다. 이것은 19세기 환원주의 기획이 주장해온 단순함의 원리에 전혀 맞지 않다. 그래서 새로운 방법론이 나타나면서 19세기 환원주의 기획도 도전받았다."[124] 모든 생물학적 체계에는 창발하는 속성이 있다. 환원주의로 창발현상을 온전히 설명할 수 없다. 환원주의는 창발현상을 간단히 무시해버린다.[125]

그러나 창발현상과 관련된 과정을 이해하고 나면, 이를 그냥 무시할 수 없다.[126] 반 레겐모르텔Van Regenmortel은 물의 점도를 언급하는데, 물론 더 낮은 수준으로 내려가면 물의 점도는 존재하지 않는다. 레겐모르텔은 여러 가지 창발현상을 말한다. 화학물질의 색깔, 악보에 따라 연주할 때 나오는 멜로디, 염화나트륨의 짠맛, 항체의 특이성, 항원의 면역유전성. 레겐모르텔은 항체에 대해 이렇게 주장한다. 감염병이 중화되는 일은 사건이지, 항체의 구조적 결과가 아니다. 여기서 그는 상당히 중요한 주장을 한다. "생체분자의 활동과 구조 사이에 단일한 인과관계는 없다."[127] 한스 베스터호프Hans Westerhoff와 더글러스 켈Douglas Kell은 이렇게 주장한다. "생물학은 상당 부분 역동적 현상에 의존한다. 역동적 현상은 비선형적 상호작용에서 나타난다. 역동적 현상을 개별요소의 행위로 설명할 수 없다. 개별요소의 행위가 합해져도 역동적 현상은 나타나지 않는다. 그래서 생물학은 말 그대로 생화학과 분자생물학의 영역 바깥에 있다. 다시 말해, 시스템 구성요소들은 비선형적으로 서로 작용한다. 시스템이 해체되면, 비선형적 상호작용은 변하거나 사라진다. 따라서 시스템과 시스템의 구성요소는 다르다."[128] 시스템생물학을 낳은 직관이 있다. 예를 들어, 살아 있는 유기체를 이해하려면 분자 하나하나를 헤아리려는 사고방식과 사건 하나하나를 장부에 기록하려는 감각을 버려야 한다.[129] 살아 있는 생명체는 그저 화학반응의 연쇄라는 생각을 버린다면, 생명을 더 깊이 이해하고 진화를 온전히 설명할 수 있을 것이다.[130] 한마디로 묘사는 설명이 아니다. 카네코Kaneko는 우리가 덧셈에서 벗어나야 한다고 말한다. "살아 있는 구조에는 기본적으로 보편적 구조가 있기 때문이다." 우리가 분자만 관찰하고 생명을 분해해서 보려고 하면, 보편적 구조는 보이지 않을 것이다.[131] 집단유전학은 이런 방식으로 생물학을 무시하고, 창조론처럼 집단유전학은 무슨 일이 벌어지는지 설명하지 못한다. 어떤 성서 근본주의자같이 집단유전학은 먼지 날리고, 지루하고, 한없이 긴 계보를 훑으면서 현재를 설명하려 한다. 하지만 집단유전학의 설명은 항상 이미 현재를 놓친다.

베히텔Bechtel은 흥미로운 사실을 지적한다. 생기론이 보이지 않는 힘을 가정했으므로 역사에서 돋보이는 것은 아니다(신학자가 보기에, 보이지 않는 힘은 유물론과 더 잘 어울리지만 창조와 조화될 수 없다). 오히려 생기론은 기계론을 적절하고 정직하게 표시했다는 점에서 중요하다.[132] 시스템생물학은 분명 기계론에 대한 불가피한 대답이다. 시스템생물학은 이데올로기에 매이지 않는다는 장점도 가진다(적어도 그렇게 말할 수 있다). 여기서 부헤흐트가 시스템생물학의 특징을 어떻게 기술하는지 살펴보자. "시스템생물학은 분자와 세포의 관계를 추적한다. 시스템생물학에 따르면, 조직되면서 조직하는 시스템이 분자다. 분자 시스템은 분자와 세포의 속성을 모두 지닌다. 생명과, 생명을 이루는 기능은 분자에 없다. 하지만 분자과정이 특정하게 조직되고 서로 작용하면서 생명과 생명기능이 창발한다.…시스템생물학이 지적하는 기능 중에는 물리학에서 불가능하다고 말하는 부분도 있다. 시스템생물학은 최소 복잡성을 말하는데, 최소 복잡성은 우리가 아는 어떤 물리화학적 체계의 복잡성보다 더 복잡하다. 시스템생물학은 어떤 체계를 기본 구성요소의 집합으로 보지 않으려 한다. 시스템생물학은 물리학의 철학적 토대를 상당히 위반하는 듯하다. 심지어 현대 물리학도 예측하지 못할 정도로 말이다."[133] "시스템"이라는 개념이 암시하듯, 시스템생물학은 19세기의 유물인 원자론적 해석에 사로잡힌 사고방식을 지양한다. 따라서 우리는 어떤 사태를 분석할 때 고립된 원자가 아니라 전체 시스템을 봐야 한다. 결국 이 시스템이 우리가 이해하려는 현상을 생성한다. 그물처럼 엮인 상호작용이 일어나는 시스템의 복잡성을 무시한다면, 우리는 시스템이 생성한 현상을 다른 것으로 환원하면서 현상을 놓치고 말 것이다. 이렇게 환원하면 현상은 파괴될 뿐이다. 여기서 호프마이어Hofmeyr의 지적은 중요하다. "생명의 본질은 분자에서도, 살아 있는 자율적 다세포 유기체에서 찾을 수도 없다. 생명의 본질은 분명 다른 곳에 있을 것이다. 현대 생물학은 생명체를 계통의 목걸이에 달린 유리구슬로 본다. 다시 말해 현대 생물학은 생명을 진화론의 관점에서 설명하려 한다. 그래서 세포의 재생과 DNA 복제가 중요한 현상으로 떠오른다. 그러나 시스템생물학은 유기체라는 유리구슬 하나하나를 자율적 존재로 인정하고 이것을 연구한다."[134] 일단 생명체를 자율적 존재로 인정한다면, 탐구 양식을 넓게 하고, 새로운 관점으로 자연계를 깊이 이해할 수밖에 없다. 시스템생물학 같은 새로운 접근법과 쌍벽을 이루는 생각이 있다. 즉 선택 개념으로 진화를 온전히 설명할 수 없다는 것이다. 모레노Alvaro Moreno가 이것을 분명히 지적한다. "생명계의 기초 조직화는 다윈 진화의 기제를 만들어내며, 이를 이끄는 추동력이기도 하다. 이 추동력은 장기간 생존과 복잡성 증가를 확실히 보장한다. 그러나 생명계가 이렇게 조직되므로 진화과정의 결말도 궁극적으로 열려 있다."[135] 더구나 생명체에서 분명히 나타나는 자율성은 자연선택이 일어날 공간을 제공한다. 반대로, 자연선택은 자율성이 일어날 공간을 제공하지 않는다. 극단적 다윈주의는 이런 내용을 제대로 다룰 수 없다. 카네코는 이렇게 지적한다. "다윈의 진화론으로 어떤 기능과 속성이 존재할 수 있는지 제대로 판단할 수 없다는 점을 명심해야 한다. 또한 특정한 속성이 실현될 수 있는지 판단할 때도 마찬가지다. 이런 사실을 고려할 때, 가장 기본이 되는 문제를 지적할 수밖에 없다. 살아 있는 생명체에 내재한 속성이 창발하는 현상을 설명하는 보편 논리는 없을까?"[136]

지구에 출현하여 진화한 생명을 이해하고, 그 생명에 접근하려면 원자론적 사고를 기초로 삼는 환원주의 방법을 버려야 한다. 우리가 탐구하는, 풍부하고 복잡한 현상의 본성을 환원주의 방법으로 이해할 수 없다. 생명체와 생명은 서로 구성하면서 관계를 맺는데, 생체 해부론자가 되고 싶어하는 자의 사고구조는 이런 관계를 거부할 것이다. 바렐라가 적절한 사례를 제시한다.

> 개미 군체를 생각해보자. 수많은 개미들이 서로 작용할 때 국지적 규칙이 분명 작동한다. 또한 개미탑도 거시수준에서 분명 하나의 개체다.… 이제 개미 군체가 어디에 있냐고 물어보자. 개미 군체는 어디 있는가? 손가락으로 개미탑을 찔러보면 당신은 개미 몇 마리를 잡을 수 있을 것이다. 개미 몇 마리는 바로 국지적 규칙을 따른다. 더구나 당신은 다음 사실을 알게 될 것이다. 중심 통제단위의 위치를 정할 수 없다. 중심 통제단위는 독립 개체가 아니라 관계이기 때문이다. 개미는 분명 존재하지만, 개미가 서로 관계를 맺으면서 어떤 존재가 창발한다. 우리는 이 존재를 직접 경험할 수 있다. 이 존재는 정말 있다. 그러나 우리는 예전에 이런 존재양식을 몰랐다. 다시 말해, 어떤 관계에서 창발한 존재의 경우, 우리는 그 존재의 정체성을 인지하지만, 그 정체성에는 규정 가능한 실체도, 위치를 지정할 수 있는 핵심도 없다.[137]

원자론적 관점에서 시스템적 관점으로, 이산적 관점에서 창발적 관점으로 게슈탈트 전환이 일어나면 새로운 생명 수준과 인과양식을 알 수 있다. 여기서 우리는 선형적 접근법을 버리고 비선형적 접근법을 취한다. 세포와 생명체 같은 창발적 체계에서 나타나는 행동양식은 새로운 사고방식을 요구한다. 때때로 우리는 유전자와 환경이 생명체를 결정한다고 쉽게 믿어버린다. 물론 유전자와 환경이 중요한 역할을 하는 것은 사실이지만, 카네코가 지적하듯이 생명체의 내부 상태와 생존한 역사도 고려해야 한다. 이런 요인도 생명체 전체에 영향을 주기 때문이다. "심지어 세포 하나의 행동도 유전자와 환경이 완전히 결정하지는 않는다. 오히려 세포 하나의 행동은 내부 '상태'에 의존한다. 여러 대사 산물의 농도도 내부 상태의 사례다."[138] 이것이 사실이라면 생물체에서 투입과 산출의 관계는 반드시 "부드럽고" 유연할 것이다. 즉 투입과 산출의 관계는 일대일의 관계가 아니며, 창발적 관계로 발전하기도 한다. 결국 우리는 메를로 퐁티에게 동의할 수 있다. "감각기관의 본성과 신경중추의 문턱(역치), 기관의 운동을 보면, 물리세계의 자극을 선택하는 것은 생명체다. 생명체는 물리세계에 민감하다. 생명체의 존재나 생명체가 구현되면서 환경이 창발한다."[139] 카네코는 충격적 관찰결과를 들이민다. 생명계의 구성요소는 생명계의 상태를 "안다는 듯" 행동한다.[140] 예를 들어 "군집효과"community effect가 있다. 군집효과는 흥미롭다. 먼저 알에 있는 덜 분화된 세포를 살펴보자. 이 세포가 분화과정을 거치면 세포는 "약속된" 단계까지 갈 것이다. 다시 말해, 세포는 현재 성숙한 종류의 세포로만 발달한다.[141] 여러 번 실험하면서 다음 사실이 확증되었다. 인접세포의 수와 종류에 따라, 세포가 계속 분화하는 지점이("약속된" 지점이) 결정될 것이다.[142] 윌리엄스와 프라우스토 다 실바는 이렇게 말한다. "다세포 유기체의 세포는 주변부에 의해 통제되고 스트레스를 받는다. DNA와 생명체의 외부 환경이 정보를 주듯, 세포와 세포를 둘러싼 환경이 정보를 주는 것이다."[143] 현상을 분해하여 파악하는 논리로 자연계를 올바로 다룰 수 없다. 이 논리는 전체에 속한 부분을 그저 합하려고 한다. 스스로 주인공이 되어 자기 세계를 만들어가는 유기체는 바로 인간이다. 인간은 흥미진진한 존재다. 인간은 말 그대로 자신이 거주할 세계를 만든다. 요소를 결합하고 합성하여 새로운 실재를 만든다. 여기서 루이지의 설명은 눈길을 끈다. 루이지에 따르면, 방금 설명한 자연적 과정은 위계를 만들지만 관계를 세우며 발달한다. 알기 쉽게 말하자면, 이 과정은 화체설(성만찬에서 사용되는 떡과 포도주가 실제로 그리스도의 살과 피로 변한다는 신학적 주장)과 비슷하다.

> 인지 수준에 위계가 있다. 살아 있는 생명체의 복잡성에 따라 위계가 정해진다. 인지 질서에 따라 생물을 배열해보자. 아메바, 벌, 개, 침팬지, 인간. 감각기관이 발달하면서 편모와 다리, 눈, 손가락, 뇌가 발달한다. 그렇게 발달하면서 인지 수준이 다양하게 분화된다. 인지 수준은 결국 지각과 지능, 의식의 형태를 취하게 된다(다시 말해, 정신활동과 자기 의식이 가능해졌다). 인간 수준에서 인지는 외부대상에 대한 묘사를 기초로 삼지 않는다는 것이 요점이다. 인지할 때, 재귀적 연결이 이뤄지고, 이를 통해 외부세계를 경험할 수 있다. 인간구조가 원래 그렇게 되어 있기 때문이다. 인간 의식 덕분에 바깥세계에 속한 대상이 창발한다.[144]

이 주장은 통속적 관념론이 아니다. 루이지의 말처럼 "우리가 사는 세계가 의식을 만들어내기 때문이다."[145] 루이지는 장미가 그저 원자의 집합체인지 묻는다. 물론 어떤 뜻에서 그렇다. 우리가 진화의 특징인 창발에 주목하지 못한다면 장미는 그저 원자의 집합체라고 대답할 것이다. 루이지는 계속 이렇게 지적한다. "장미는 분명 자신의 본질을, 우리 의식에 존재하는 '장미' 개념에서 가지고 온다. 우리가 영상과 냄새, 시, 음악 전통, 문화를 경험할 때, 장미 개념이 생겨난다. 인간의식이 없다면, 장미란 존재는 어불성설이다. 물고기에게 장미는 장미가 아니다."[146] 하지만 인간의 독특함을 오해해선 안 된다. 그렇다. 인간은 다르다. 그렇다. 인간은 실존의 새로운 차원을 꾸며낸다. 그렇게 하면서 인간은 그저 진화사를 회고하는 것뿐 아니라 진화사를 다르게 반복한다. 진화사의 혁신인 인간은 지나간 과거와 여전히 공명한다. 적어도 인간이 과거를 회고하는 동안에는 말이다. 그런데 인간을 통해 자연의 전체 진리가 마침내 공표된다.

## 진화의 기억과 생명의 반복

반복의 변증법은 이해하기 쉽다. 반복된 것은 존재해온 것이다. 그렇지 않다면 반복이 될 수 없다. 그러나 반복된 것이 여기 있으므로 반복은 새로운 것을 낳는다.…형이상학의 관심사가 반복이다.

_ 죄렌 키르케고르[147]

생명이 있기만 하다면, 적절한 때에 정신이 나타날 것이다.

_사이먼 콘웨이 모리스[148]

물리학자는 원자가 원자를 알아가는 양식이다.

_ 조지 월드[149]

생성과 존재의 생물학을 모두 고려할 때, 극장과 연극 유비는 우리의 이해를 돕는다. 진화라는 연극(아마도 계통발생이 될 것이다)은 극장에서 상연된다. 연극은 극장 구조에 맞게 진행된다. 따라서 극장 구조에 대한 정보가 연극에 반영된다.[150] 슐로스는 이렇게 말한다. "진화라는 연극의 플롯에서 크기와 에너지, 복잡성, 다양성, 수명, 관계를 위한 투자는 증가한다. 진화의 플롯은 실제로 점점 풍성해지는 생명이다."[151] 그리고 생명체에 맞게 조절된, 환경의 적합성 때문에 생명은 점점 풍성해진다. 생명체는 환경에 적응하지만, 환경도 미리 생명체에 적응한다. 환경 적합성도 있는 것이다. 다윈주의자는 생명체의 적합성을 말하지만 환경의 적합성을 놓친다. 슐로스와 다른 학자는 다윈주의자의 맹점을 제대로 봤다. 다윈주의자는 19세기의 원자론 패러다임에 갇혀 있기 때문이다. 헨더슨은 주장한다. "생명체 적합성이 있지만, 환경 적합성도 분명 있다."[152] 그리고 "물질의 속성과 대규모 진화의 경로는 생명체의 구조와 활동과 긴밀하게 얽혀 있다고 한다. 따라서 물질의 속성과 진화 경로는 과거보다 훨씬 중요해졌다. 우주와 생명체를 포괄하는, 전체 진화과정은 하나다. 그래서 오늘날 생물학자는 우주의 본질을 올바로 사고할 수 있다. 우주는 본성상 생명을 중심으로 삼는다."[153] 슐로스가 올바로 지적하듯, 환경 적합성이 분명히 나타난다면, 여기서 적합성은 "생명에 적응한다는 뜻도 되지만, 생명이 출현하도록 적응한다는 뜻도 된다."[154] 환경 적합성은 자연선택이나 생명체보다 먼저 있었다. 이것은 불가피성 논제를 떠올리게 한다.

스미스와 사트마리는 진화에서 진보가 있었다고 주장한다. 하지만 이 진보는 불가피하지도 보편적이지도 않다.[155] 윌리엄스와 프라우스토 다 실바에 따르면, 종species만 관찰한다면, 그러한 관찰은 가능하다. 하지만 생태학과 화학의 관점에서 분석을 시작해야 한다고 주장한다. "환경의 변화를 지적하지 않으면 생명진화를 이해할 수 없다. 환경을 구성하는 기본 요소는 비유기적 화학물질이다.…생명의 화학은 단순하게 '유기적'이지 않다(전혀 다르다!). 생물을 원형에서 분리시키거나 생물을 창발하게 하는 비유기적 환경 변화를 고려하지 않고 생명을 연구할 수 없다. DNA의 본질과 생명 이전과 이후의 환경화학, 생명의 화학을 모두 고려해야 한다."[156] 윌리엄스와 실바는 이제 이렇게 묻는다. 생명 출현은 불가피한 사건이었나? 그들은 그렇다고 대답한다. "생명은 기초 수준에서 분명 출현한다. 우리 인류는 진화한 종이며 우리보다 더 단순한 종과 함께 생존하고, 그 종들에 의존한다. 모든 종을 구성하는 화학원소는 같다. 이 화학원소는 정교한 조율에 의해 만들어진 것이다. 이 정교한 조율은 커다란 별과 지구를 만들고, 땅에서 생명이 탄생하도록 조절하는 바로 그 힘이다. 생명이란, 정교하게 조율된 우주에 속한 가능성으로 나타난 것이며, 우리는 그 사실을 느끼고 있다."[157] 더구나 생명의 불가피성은 방향을 가진다. "연속되는 진화에…방향이 있다고 한다. 그래서 생명체들도 출현한 순서에 따라 세세하게 물리적 · 화학적 차이가 난다. 예를 들어, 원핵생물(혐기성 다음에 호기성), 단세포 진핵생물, 다세포 진핵생물, 뇌가 있는 동물, 인간."[158] 윌리엄스와 실바에 따르면, 생명은 불가피하게 나타나며, 특정하게 조정되어 있다. 그래서 진화과정에서 복잡화의 수준은 반드시 진보한다. 윌리엄스와 실바는 여기서 중요한 주장을 한다. 생명은 유효 에너지를 낮추는 효율적 방법이라는 것이다. 다시 말해, 생명은 환경을 변형하여 생명을 낳고 유지하는 모험을 시작한다. 이 과정에서 에너지가 방출되고 복잡성은 점점 커진다. 생명은 환경을 이렇게 바꾸는 방법을 고안했다.[159] 윌리엄스와 실바의 신선한 관점은 유전자형이나 표현형 대신 화학형chemotype을 근거로 삼는다. "진화를 생각할 때는 화학 차원의 열역학을 항상 고려해야 한다. 우리는 특정 생명체에 맞는 열역학적 명칭(화학형)을 도입해야 한다. 화학형은 특별한 원소들을 포함한다."[160] 윌리엄스와 실바는 화학형의 세 가지 주요 유형인 식물, 진균류, 동물이 빠르게 발달하는 현상을 다루면서 다음 사실을 지적한다. 이들은 모두 다른 생명이며, 선조 단세포 동물이 그랬듯이 종으로부터 나뉘어진 존재다. 이 생물들은 시간이 지나면서 모두 다세포성이 발달한다. 환경에서 일어나는 화학적 변화가 특정한 방향으로 계속 진행된다는 뜻이다."[161] 또한 초기 생물학적 체계는 지금 우리가 목격하는 상태로 발달할 수밖에 없었다. "사용 가능한 화학원소들이 생물학적 체계의 발달단계에서 바뀌면서 생명체가 생겨나기 때문이다. 그러나 기본 구성요소는 충분히 최적으로 구성될 수 있다. 생물학적 체계의 발달단계는 필수 화학반응을 기초로 삼는데, 생물학적 활동은 환원(반응)을 수반하므로 환경은 피할 수 없이 산화하기 때문이다. 그리고 환경은 적응하는 유기체와 다시 상호작용한다. 이것이 진화의 일반원인이다."[162] 생명 가능성은 물질의 속성에 이미 내재하며 우연히 생기지 않았다[163]는 것을 기억해야 한다. 인간의 등장은 초기의 생명 잠재력이 자연스럽게 전개된 결과가 아니다. 인간의 등장은 오히려 생명 잠재력을 강화하고 집중시킨다. 인간은 스스로 활동하면서 진화의 모든 단계를 반복한다. 요제프 라칭거Joseph Ratzinger(교황 베네딕토 16세)는 여기서 중요한 요점을 말한다. 물질은 "정신의 전사prehistory다.…물질은 정신 역사의 한 단면을 뜻한다."[164] 라칭거는 분명 옳았다. 그러나 그 반대로 말해도 옳다. 정신은 물질의 전사이며, 물질 역사의 한 단면이다. 라칭거는 이 논점을 발전시킨다. "기독교의 세계상은 이렇다. 세계 구석구석은 오랜 진화의 산물이다. 그러나 가장 심오한 차원에서 세계는 로고스에서 나온다. 그래서 세계는 합리성을 지닌다."[165] 그렇다면 물질이 원래 합리적이라는 라칭거의 말에 맞장구를 쳐야 한다. 폴 데이비스도 지적한다. "평형상태에서 한참 벗어난 체계의 비선형성 덕분에, 물질은 예측할 수 없게 행동한다는 것을 수학적으로 알 수 있다. 물질은 '평형상태에서 나타나는 덩어리 같은 성질에서 벗어나 놀라운 방식으로 행동하면서, 스스로 변형되어 천둥과 사람, 우산 등이 된다.'"[166] (' ' 안에 있는 문장은 폴 데이비스가 찰스 베넷의 말을 인용한 것이다.) 신학용어로 표현하자면 로고스인 말씀이 육신이 되었고 육신이 결국 말씀(또는 이성)이 되었다. 그러나 육신은 그저 육신의 기원을 회고하고 반복한다.[167] 이런 행위를 통해 피조물은 가장 깊은 진리를 반영한다. 즉 하나님의 다름을 비동일적으로 반복할 때 피조물의 다름이 나타난다. 그래서 키르케고르는 이렇게 지적한다. "하나님이 반복하려고 하지 않았다면 세상은 생기지 않았을 것이다."[168] 이렇게 물질의 합리성은 물질의 원천인 로고스를 반영한다. 물질이 불가피하게 복잡해지고, 진화도 지적 생명으로 향할 때 물질의 합리성이 드러난다. 지적 생명은 자신의 기원을 사고할 수 있다. 다윈은 그의 노트에서, 플라톤의 개념인 상기*anamnesis*에 대해 쓴다. "플라톤은…『파이돈』에서 이렇게 말한다. 우리가 '상상하는 생각'은 선재하는 영혼에게서 나온다. 이런 생각은 경험에서 나올 수 없다. 선재하는 영혼이란 단어를 원숭이로 바꿔서 다시 읽어보라."[169] 새로운 진화단계에서 늘 과거를 상기하는 일이 일어난다. 적어도 그런 뜻에서 다윈의 말은 맞다. 하지만 다윈의 말을 따져봐야 한다. 인간은 원숭이를 상기시킨다. 원숭이도 원숭이 이전의 생명형태를 상기시킨다. 이렇게 계속 진행되면 화학물질과 원자에 이르게 된다. 그러나 원자는 물리법칙과 수학원리를 상기시킨다. 그런데 우리는 과거만 계속 회상하지 않는다. 우리는 회상만 하지 않고 반복도 한다.[170]

조지 월드는 말한다. "물리학자가 없는 우주에 존재하는 원자는 얼마나 서글픈 존재인가. 그리고 물리학자는 원자로 이루어졌다. 물리학자는 원자가 원자를 인식하는 방법이다."[171] 요컨대, 원자는 원자보다 앞선 것을 반복한다. 원자 이후에 오는 것도 과거를 상기시키지만, 과거를 새로운 미래로 이끌기도 한다. 미래는 과거를 거부하지 않으며 오히려 강화하거나 발전시킨다. 드 뒤브도 말한다. "우주는 생명과 정신을 낳았다. 따라서 우주는 분명 생명과 정신을 잠재적으로, 빅뱅부터 품어왔을 것이다."[172] 그렇다면 로베르트 슈패만Robert Spaemann의 말도 맞는 듯하다. "목적론은 어디서 시작될까? 목적론은 인간이 나타나면서 시작되지 않았을 것이다. 목표를 세우기 전에도 우리에게 욕구가 있다. 우리는 욕구를 충족하려는 목표를 세울 수 있다. 배가 고프면 밥을 먹자는 목표를 세울 수 있다. 초기에 나타난 덜 복잡한 유기체에 목적론이 없을 거라고 가정할 근거가 있는가? 정말 목표를 추구하는 활동은 어디서 시작된 걸까? 하늘에서 갑자기 떨어졌나? 그런 활동은 목적을 추구하지 않는 구조에서 발달할 수 없었을 것이다."[173] 진화에서 나타나는 불가피성, 구조, 방향성을 생각해보면, 슈패만의 주장은 일리가 있다. 불가피성, 구조, 방향성은 우연을 배재하지 않는다. 이런 주제를 제대로 이해했다면, 다음 사실에 주목해야 한다. 자연은 이상적 구조와 법칙 같은 행위에 관여한다. 구조와 행위는 놀랄 만큼 명료하며, 외형적으로나 내형적으로나 어디서든 드러난다. 자연은 일반적으로 이해 가능하다는 것을 고려할 때, 다음 사실을 기억해야 한다. 세계를 원자론으로 이해하는 문화적 습관—그래서 이기심과 경쟁심을 숭배하는—을 잠시 내려놓자. 그리고 이원론을 되도록 피해야 한다고 주장해보자. 즉 아무 생각 없이 생명체를 환경이나 다른 생명체와 대립시켜서는 안 된다. 환경은 조금은 유기체를 유도하거나 이끌면서 유기체가 진화하도록 몰아붙이기 때문이다. 윌리엄스와 실바는 주장한다. "전혀 다른 화학형들의 조직은 나란히 화학적으로 발달한다. 대단히 이른 시기부터 화학형들의 발달은 서로 분리되어 진행된다. 발달하는 시기는 유전관계와 상관이 없다. 이것은 모든 생명체의 진화가 환경에 따라 움직인다는 것을 강하게 암시한다. 환경 변화가 먼저 일어나고 모든 생명체가 환경 변화를 겪기 때문이다."[174]

진화를 보는 관점을 이렇게 바꿀 때 어떤 결과를 얻을 수 있을까? 앞 장에서 제시한 신선한 주장을 기반으로 삼아 우리는 다음과 같이 생각할 수 있다. 협동이 자연의 진리이며, 경쟁은 부차적이다. 자연의 기초 형태에 원래 지성과 합리성이 서려 있다. 진화에서 진보가 분명히 나타나고, 인간은 진보의 정상에 서 있다. 인간은 우주를 축소한 소우주이기 때문이다. 인간은 선조의 삶을 상기시키면서, 비동일적으로 반복한다. 교부들은 인간을 기초 화학물질의 단계까지 상기시키고 반복하는 존재로 정확하게 통찰했다. 하지만 인간의 우월함은 그렇게 간단하지 않다. 복잡성이 증가할수록 신학자들이 죄라고 부르는 교만에 다다를 위험도 커지기 때문이다. 결국 인간을 통해 우리는 육신의 생명이 승리하는 것을 본다. 생명의 오랜 역사에서 이 승리는 그렇게 분명히 드러나지 않았다. (한스 요나스처럼 말하자면) 이것은 사멸하는 존재 안에서 일어난 위대한 모험이며, 단순한 생존을 넘어 복잡성을 끝까지 밀어붙이려는 모험이다.

## 자연으로 자연을 넘어서기

이성을 가진 피조물의 궁극적인 목적은 자기 본성의 한계를 초월하는 것이다.

_ 토마스 아퀴나스[175]

원시 지성proto-intelligence의 형성에 관해서 말하면서, 시간이 시작되고 자연이 화학적 생명형태를 통해 복잡해질 때부터 원시 지성이 존재해왔음을 이미 언급했다. 이에 대한 사례 연구로서, 식물에게도 지성과 유사한 것이 있다는 것을 살펴보자. 지성이란 이전의 상태를 능가하는 발전을 이루면서 미래에 더 발전된 모습을 예상하게 하는 것이다. 일반적으로 식물에게는 동물로서의 특징—특히 포유류의 특징—이 나타나지 않는다고 생각한다. 어떤 사람이 식물인간이 되었다는 것은 나쁜 일이라고 생각한다. 그러나 트레워바스Trewavas는 이런 생각을 반박한다. 트레워바스는 우리가 식물을 오해하는 이유를 이렇게 설명한다. 우리는 이동성과 운동능력을 기준으로 지성을 판단한다. 식물은 움직이지 않기 때문에(적어도 우리 눈에는), 식물을 지성이 아예 없는 무생물 바로 위의 생명형태라고 인식한다. 그러나 트레워바스는 이렇게 지적한다. 식물이 광합성을 하게 되면서 움직일 필요가 없어졌다. 이 사실을 고려하면 식물이 거의 움직이지 않는 이유를 이해할 수 있다.[176] 식물은 이동성 대신 유연한 표현형을 가진다. 동물이 먹이를 찾아 이리저리 움직이듯 식물은 주변 환경을 탐사하여 영양분을 얻는다. 식물의 탐사활동을 분석할 때 시간척도가 문제가 된다. 다시 말해 우리는 식물의 탐사활동을 눈치채지 못하거나 쉽게 지나쳐버린다. 트레워바스는 한 걸음 더 나아가 이렇게 주장한다. 지성*inter-legere*의 어원을 따져보면 지성은 "사이에서 선택한다"는 뜻이다. 식물이 정확히 그런 활동을 한다. "다른 생명형태는 동물과 아주 다르게 지성을 개발했다. 예를 들어, 지성의 활동은 뇌 같은 특정영역에 갇혀 있지 않다. 지성은 전체 시스템의 속성이다. 동물이 학습할 때 세포는 나뭇가지 모양으로 연결된다. 그래서 뉴런통로가 새로 만들어지면서 정보 흐름이 바뀐다. 비슷하게, 박테리아도 학습할 때 다른 박테리아와 유전자를 교환한다. 세포는 신경전달통로로 이동하는 정보의 방향을 바꾸면서 학습한다. 식물은 학습할 때 화학물질을 전달하면서 정보의 흐름을 바꾼다. 마치 사회적 곤충처럼 말이다.[177] 이런 맥락에서 트레워바스의 주장은 옳다. "지적 행동의 진화는 모든 생명형태에서 나타났다. 그래서 지적 행동의 진화는 생명진화의 핵심주제가 되었다."[178] 물론 극단적 다윈주의자와 엄격한 자연주의자, 물리주의자, 그리고 영지주의적·데카르트적 근본주의자는 지적 행동이 진화한다는 사실을 인간 지성에 대한 모욕으로 본다. 그러나 이들은 핵심을 놓친 채 논점을 피한다. 인간 정신의 자연적인 상태는—정신이 천상의 창고나 할머니의 반짇고리에 거하는 게 아니다!—기적처럼 신비스러운 일이다. 그리스도도 스타워즈의 제다이가 아니라 목수였다는 사실은, 정통 기독교 교리를 더욱 놀랍게 만든다. 그리스도가 인간이 아니라 완전히 "초자연적"(일단 초자연의 뜻과 상관없이) 존재였다면, 우리는 그리스도 사건을 훨씬 쉽게 이해했을 것이다. 아퀴나스는 이렇게 말한다. "어떤 것이 단순한 하나의 사물이라면 오직 하나의 형상으로 존재할 것이다. 따라서 어떤 것은 하나의 사물로 존재한다. 그리고 다양한 형상으로 묘사되는 것은 단순한 하나의 사물이 아니다.…따라서 인간은 하나의 형태를 갖고(움직이지 않는 영혼과 함께), 감각하는 영혼을 통해 동물처럼 생존하고, 이성적 영혼을 통해 인간으로서 산다면, 인간은 단순한 하나의 사물(실체)이 아니다."[179] 결국 지성은 감각되는 것과 식물적인 면 모두를 갖고 있다. 따라서 지성과 상관없는, 순수한 동물다움은 없다. 인간도 다른 모든 생명체와 함께 공통 조상을 공유한다. 이 사실은 인간에게 존재론적 경멸이 아니라 대단히 경이로운 사건이다. 인간의 신비도 바로 이 사건에 있다. 그러나 공통 조상의 공유에서 우리가 배워야 할 교훈이 있다. 즉 창조가 곧 선물이다. 바울은 빌립보 교회에 보내는 편지에서 이렇게 쓴다. "그는 하나님의 모습을 지녔기 때문에 하나님과 동등함을 당연히 여기지 않으시고 오히려 자기를 비워서 종의 모습을 취하시고 사람의 모양으로 태어났습니다"(빌립보서 2:6-7). 성육신의 관점에서, 인간 존재—다윈주의에서 말하는 공통 조상을 가진 존재—는 빌립보서가 말하는 하나님의 진리를 반영한다.[180] 하지만 인간의 중요성을 논하면서 순수하고 단순한 본질만을 부각시키려는 사람은 "영지주의"와 맺은 은밀한 관계를 스스로 드러내고 있다. (사탄도 영지주의에 끈이 닿아 있다.) 이것은 우리를 혼란스럽게 하는 존재론적 유혹이다.

인간의 본성은 창발적이며 성육신적이다. 다윈주의자인 도브잔스키가 이것을 잘 끄집어냈다. "생물학적 진화는 인간이란 '혁명'을 통해 진화를 뛰어넘었다. 새로운 차원 또는 수준에 이른 것이다.…이렇게 뛰어넘었다고 해서 새로운 에너지와 힘이 하늘에서 갑자기 떨어진 것은 아니다.…동물성에 포함시킬 수 없는 인간성은 없다. 하지만 동물성에 속하지 않는, 인간성의 짜임새는 있다."[181] 반트슈나이더Wandschneider도 비슷하게 말한다. "인간은 피조물의 왕관이자 십자가다."[182] 반트슈나이더는 진화론의 용어로 이 말을 풀이한다. 인간은 자연선택의 산물이지만 "자연선택의 종말"이기도 하다.[183] 가드프리-스미스Peter Godfrey-Smith가 시인한 것을 읽어보면, 반트슈나이더의 말이 얼마나 중요한지 깨달을 수 있다. "자연선택은, 세속적 세계관을 방어하고 개발하려는 광대한 지적 기획의 아주 중요한 부분이다." 그런데 왜 과학은 이렇게 비과학적인 기획을 하려고 할까?[184] 심지어 도킨스마저 아슬아슬한 자리까지 내몰렸다. "문화적 특성도 자연의 특성처럼 진화했을 것이다. 이유는 간단하다. 진화가 문화적 특성에 유리하기 때문이다." 도킨스는 자연선택개념을 지나치게 넓게 사용한다.[185] 도킨스의 주장을 다시 생각해보면, 인류학자인 헬무트 플레스너가 인간을 "탈중심적 존재"이며 "고삐 풀린"ausgehängt 존재라고 부른 이유를 이해할 수 있다.[186] 헤르더가 말한 "자연에서 해방된, 자연의 수감자" 개념이 플레스너의 주장에 묻어 있다. 자연에서 해방된, 자연의 수감자인 인간은 동물적 환경에 적응하는 중요한 과제를 벗어던진다. 인간은 상징적 종이기 때문이다.[187] 다시 말해 생물학은 기호학적 과학이다. 기호학적 과학인 생물학은 뜻과 재현을 기초 요소로 삼는다. 그래서 진화생물학은 물리학과 기호학의 경계선에 서 있다.[188] 사람도 마찬가지다. 이렇게 신체 문화, 특히 언어 같은 창발적 현상은 자연선택에 의한 진화를 드러내면서도, 어떤 면에서는 진화를 종결시킨다. 아퀴나스는 한스 요나스와 비슷하게 주장한다. "인간 영혼은 지평선과 같다. 물질 세계와 비물질 세계가 만나는 경계선이다."[189] 비슷하게 영혼도 "영원과 시간이 만나는 지평선에 존재한다."[190] 따라서 아퀴나스에게 인간은 작은 세계*minor mundus*다. 인간은 지평선이지만 변경이기도 하다*horizon et continuum*. 하지만 우리는 어떤 지평선도 붙잡을 수 없다. 바로 이런 뜻에서 인간은 진화를 상기하고 반복한다. 회슬레의 말처럼 "존재는 인간 안에서 자신을 온전히 선포한다."[191] 아서 러브조이Arthur Lovejoy는 피조물이 인간에게서 집약되어 나타난다는 생각을 제대로 이해했다.

> 다른 지역에 서식하는 생명체가 자신의 본성을 재생산하고 지켜볼 때만, 한 지역에 속한 본성이 다른 곳에서 재생산되는 것은 아니다. 본성은 최초의 모습대로 있다는 듯이 재생산되고 주목을 받기도 할 것이다. 본성은 거기에 살거나, 살았던 존재에 속한다. 오직 이런 조건에서 생명체는 다른 생명체를 다른 생명체로 알아볼 수 있다. 그래서 생명체는 자신이 자연의 부분임을 조금은 인지할 수 있다.…이런 사실을 고려하면서 세계의 형성자(데미우르고스)는 조금 덜 훌륭한 선물에 지식이란 선물을 덧붙였다. 조금 덜 훌륭한 선물은 이미 여러 등급의 생명체에게 분배되었다. 그래서 세계의 형성자는 인간을 창조하여 지식을 안전하게 보관하게 했다.[192]

여기서 세 개의 현상이 돋보인다. 첫째, 인간은 자연의 제한에서 점점 벗어나지만 완전히 자연에 속한 존재다(적어도 비자연적 존재는 아니다). 둘째, 인간은 놀랄 만큼 협동을 잘한다. 인간이 더 많이, 더 철저히 진화했다는 가장 분명한 표시가 협동이다. 셋째, 인간은 굉장한 존재로 진화했지만 취약성도 그만큼 커졌다. 인간은 이것도 민감하게 느낀다. 생산하고 구성하는 협동이란 놀라운 현상에 대해 윌리엄스와 프라우스토 다 실바는 이렇게 주장한다. "대체로 생명체는 체계를 이루는 방향으로 불가피하게 변한다. 그렇게 변하면서 생명체는 환경 변화를 이겨낸다. 환경이 변화할 때 산화반응이 반드시 일어난다. 우리는 화학에 주목했는데, 특히 화학원소의 변화를 세심하게 관찰했다. 우리는 여러 진화단계에 속한 생명체들을 화학형으로 분류했다. 유기체 안에서 반드시 일어나는 전체 화학반응의 복잡성은 후대로 갈수록 증가했다. 생명체의 복잡성은 특히 이전 세대 생명체의 복잡성에 의존했다. 생명체의 화학형을 시간순으로 비교해보면 후대로 갈수록 효율성이 불가피하게 증가한다. 후대에 나타난 생명체의 경우, 번식은 감소하지만, 이전의 생명체와 협력하며 공존할 수 있는 구조상의 이점이 생긴다."[193] 이전에 자생했던 존재를 포함하는 생명체가 나타날 때까지 협동이 확대된다(엽록체가 그 예다).[194] 윌리엄스와 실바는 이렇게 지적한다. 다세포 무척추 생물은 산호충에서 볼 수 있는 세포 군체에서 진화했다.[195] 더구나 지구에 사는 모든 생명체는 서로 의지한다. 우리 인간은 다른 생명체 가운데 가장 복잡하지만, 다른 생명체에 가장 의존적이기도 하다. "인간의 몸은 하나의 '생태계'다. 이 생태계에도 생명체가 필요하다. 또한 인간은 자신을 둘러싼 생태계에 의지한다. 이 생태계에 생명체—식물과 동물—가 산다. 이 생명체들은 다른 작은 유기체에 다시 의존한다. 심지어 원핵생물에게 의지한다.…'유기적 생명체' 피라미드의 바닥에는 '비유기적' 지구화학적 화합물과 에너지원이 있다."[196] 복잡화가 일어나려면 노동이 분화되거나 위임되어야 한다. 이것은 굉장히 흥미로운 현상이다. 생명이 시작될 때부터 구획화는 공생이 일어난다는 분명한 표시였다. 윌리엄스와 실바는 이 현상을 멋지게 기술한다.

> 우리가 발견한 바에 따르면, 질소를 고정시켜 암모니아로 변환시키는 것은 식물이 아니라 공생 세균의 역할이다. 이 변환의 대가로 공생 세균은 식물에게서 탄소화합물을 얻는다. 토양에 있는 진균류는 무기질은 잘 흡수하지만 에너지를 직접 얻기는 어렵다. 유기물을 분해하고 무기질을 흡수하기 위해서 광범위한 균사에게 의존한다. 균사는 식물보다 덜 조직된 것처럼 보이긴 한다. 그래서 식물은 무기질 흡수를 위해 진균류에게 의존한다(다세포 진균류는 밤에 활동하면서 유기물을 분해한다). 반면 식물은 활성화된 탄소/수소 화합물을 진균류에 제공한다. 결국 고등 다세포 식물과, 하등 단세포 식물, 다세포/단세포 진균류, 그리고 원핵생물은 조직화된 생태계에서 협동하는 여러 가지 다양한 화학형을 담고 있다. 화학형들은 조직화된 생태계에서 협동한다. 오늘날 식물은 공생이 없었다면, 거의(전혀?) 발달하지 못했을 것이다.[197]

더구나 동물은 에너지 소비자로서 활동한다. 동물은 움직일 수 있으므로 에너지 소비자가 될 수 있었다. "움직이는 유기체인 동물은 식물 성장을 지원한다. 역학적으로 안정된 합성물질이 생태계에서 순환하면서 분해되고 합성되는 과정에 동물이 기여하기 때문이다. 동물 덕분에 지구에 있는 (화학)원소들이 분배된다."[198] 그래서 식물의 등장 못지 않게 동물의 등장도 불가피했다고 봐야 한다. 적어도 화학을 고려했을 때 그렇다. 화학에서 에너지 보존과 이용이 중요한데, 동물이 등장하지 않았다면, 에너지를 담은 부산물이 소비되지 않고 방치되어 석탄과 석유, 천연가스가 되었을 것이다.[199] 무기화학자인 윌리엄스와 실바에 따르면, 협동이 우위에 서면서 경쟁은 부차적이고 국지적 현상이 되었다. 다시 말해, 협동이 생명체의 궁극적 활동이며 이기심은 상대적 활동이다.

반트슈나이더는 호랑이와 지렁이가 얼마든지 함께 서식할 수 있다고 지적한다. 호랑이와 지렁이는 라이프니츠가 말한 공존 가능한 종들이다. 이 생명체들의 생태적 지위는 다르다.[200] 반트슈나이더의 핵심주장에 따르면, 선택에는 두 가지 유형—수평 선택과 수직 선택—이 있다. 수평 선택은 기존의 생태적 지위를 차지하는 것을 뜻한다. 수평 선택이 일어나면 경쟁이 줄어들면서 공존 가능한 종도 늘어난다. 수평 선택의 주요 결과는 종 다양성 증가다. 반면, 수직 선택은 새로운 생물권이 발달하도록 부추긴다. 예를 들어 식물이 있으면 육식동물이 서식할 수 있다. 반트슈나이더에 따르면 "어떤 단계에 도달하면, 그 단계에서 발달이 새로 일어날 수 있다. 수직 진화가 일어나면 수준에도 계열이 생긴다. 즉 발달에도 위계가 생겨난다. 자연이 스스로 향상된다는 뜻이다."[201] 식물, 초식동물, 육식동물…이렇게 새로운 단계로 올라갈수록 적응전략도 달라지고, 그 결과 복잡성이 증가한다. 그러나 각 단계는 하위 단계의 속성에 상당히 의존한다. 반트슈나이더에 따르면 "초식동물의 조직은 식물과 근본적으로 다르다. 초식동물은 식물보다 훨씬 복잡하게 조직되어야 한다. 초식동물의 존재는 이미 식물의 존재를 전제하므로 초식동물은 식물의 기능을 능가하는 기능을 가지고 있어야 한다. 물론 식물에 있지만 초식동물에 없는 기능도 있다. 식물만이 광합성 기능과 엽록소를 가진다. 그러나 초식동물은 식물을 먹을 수 있기에, 식물과 같은 방법으로 에너지 요구량을 채우지 않아도 된다. 광합성과 엽록소가 초식동물에게 정말 필요 없는 것도 아니다. 광합성과 엽록소는 식물 성장에만 필요하지만, 식물이 성장해야 초식동물의 먹이가 생기기 때문이다."[202]

생존이란 원리는 수직 선택을 이끌어가면서 복잡화를 부추길 수 있다. 그러나 복잡성은 "생존을 위한 적합성을 늘 증가시키지 않는다."[203] 어떤 수준에 있는 동물은 다른 수준의 동물보다 적합성이 더 높지 않다. 따라서 수평 진화와 수직 진화는 생존보다 복잡화와 상관이 있다. 복잡해질수록 다양성은 반드시 증가한다. 그러나 적합성은 우발적으로 증가한다. 반트슈나이더는 이렇게 지적한다. "생존과 더 높은 수준으로의 발달이라는, 두 원리는 연결되어 있다. 이 연관성의 특징을 다음과 같이 요약할 수 있다. 자연은 생명체가 생존하는 것에 만족하지만, 단순한 생명체가 생존하는 것에는 만족하지 않는다. 모호하지만 '목표 지향적' 충동은 자연에서 열매를 맺는다. 이 충동을 통하여 자연은 스스로 향상된다.…더 고등한 형태로 발달하려는 경향은 늘 있다." 반트슈나이더는 이 충동이 다윈주의의 논리와 맞아떨어진다는 것을 논증하려고 애쓴다. 그는 복잡화가 진행되면서 지각도 더욱 정교해진다고 주장한다. 식물은 태양과 화학물질 같은, 환경을 감지한다. 그러므로 트레워바스의 주장대로, 식물에서도 어떤 지성이 작동한다.[204] 동물의 지성은 이것보다 더 발달되었다. 먹이를 찾는 습성 때문에 동물은 환경을 민감하게 의식하게 되었다. 동물의 지각은 "나름대로 주관이 있다." 하지만 이것은 동물에게 해롭지 않다. 이런 주관성은 능력과 선택이 연결되어 있음을 보여주기 때문이다. 그래서 동물은 지금 자신의 존재와 상관이 있는 것을 지각한다.[205] 고등동물의 생활양식은 더 다양하고, 심지어 더 우발적이다. 운동능력이 커지고, 무엇보다 행동도 더욱 유연해졌기 때문이다. 유연성이 커지면, 물리적 환경에서 점점 자유로워진다. 다시 말해, 생존하고 번식하는 여러 가지 방법이 생겼다. 결국 지각과 지각에 수반되는 기술이 복잡해져야 한다는 요구가 점점 커진다. 반트슈나이더는 이렇게 말한다. "지각에는 외부 상황에 대한 자료가 있지만, 피부접촉과 근육긴장 같은 주관적 자료도 있다. 다시 말해, 고통 같은 '실존적' 자료도 환경을 지각할 때 '입력된다.'"[206] 결국 외부 지각과 내부 지각이 서로 교차한다. 예를 들어 우리는 사물을 만지면서 느낀다. 이때 우리는 우리 자신도 느낀다. 반트슈나이더는 이 현상을 "지각의 반사성"이라 부른다. "완전히 새로운 존재영역이 생겨난 것이다. 유기적 주관성, 즉 정신 세계가 나타난 것이다." 이 영역에서 주체는 자신과 마주친다. 클로드 베르나르 Claude Bernard는 이것을 내부 환경milieu interieur이라 불렀고, 멘느 드 비랑 Maine de Biran은 여기 있다는 느낌le sentiment de l'existence이라 불렀다.[207] 내면의 영역에서 감각은 주관을 감각내용으로 만든다. 그러나 이렇게 되면서 자연은 실수와 잘못을 도입하게 되었다. 대뇌가 비대하게 발달하면서 인류는 자연과 맺은 결속을 거의 끊는다(테렌스 디콘도 이렇게 주장했다). "생명력과 이성은 잠시 위태롭게 조합을 이루어 인간을 만들어냈다."[208] 모레노는 "복잡성이 증가하면서 취약성도 함께 증가한다"고 말한다.[209] 발달은 이전보다 더 많은 의존에 기반하기 때문에, 동시에 취약성도 커진다. 즉 생명을 이어갈수록 더 의지하게 된다. 윌리엄스는 이렇게 지적한다. "생명체가 더 복잡한 체계로 진화할 때 번식은 줄어들고 보호의 필요성은 증가한다. 바로 복잡성 때문이다. 내부가 붕괴하면 복잡한 체계는 유지되지 않을 것이다. '고등' 유기체는 하등 유기체를 1차 생산물로 이용하면서 생태계에서 생존을 이어나갔다(비타민과 지방, 당, 아미노산 같은 조효소가 1차 생산물이다). 서로 먹이를 제공하는 것이 생태계의 본질이 되었다.…종은 홀로 생존하는 생명형태가 아니다."[210] 인간은 더욱 정교해질 수 있지만, 화학적으로 반응하는 능력은 더 약해진다.[211] 더구나 우리가 가진 최대의 자산인 뇌도 진화하면서 생물학적 약점을 피할 수 없었다.[212] 인간은 태어날 때부터 약점이 있다(엄마가 돌보지 않으면 갓난아기는 살 수 없다). 또한 인간은 고통과 죽음을 민감하게 의식한다. 윌리엄스와 프라우스토 다 실바는 연약한 갓난아기를 관찰하면서 의미심장한 주장을 한다. "쥐 같은 포유류와 인간이 태어날 때 감각기능은 너무나 약하고, 신경과 근육의 연결상태도 너무 미약하여 스스로 움직이거나 음식을 먹지도 못한다는 사실에 주목해보자. 태아가 자신을 보존하는 능력은 일부러 덜 발달된 것처럼 보인다. 그렇게 덜 발달해야 뇌가 환경에 의존하면서 성장할 수 있다."[213]

그렇다. 인간은 진보한다. 그러나 도덕의 영역에서도 진보했는지는 분명하지 않다. 진보는 강렬하고 민감하게 느끼는 고통과 어려움으로 나타난다. 돌은 울거나 소리지르지 않는다. 인간은 원래 진화에서 나타난 놀라운 모험이다. 하지만 파괴의 가능성은 점점 늘어난다. 팔다리는 복잡하고 정교해질수록 쉽게 부러질 수 있다. 이렇게 악은 아름다운 것만 덮친다. 돌과 나뭇가지가 돌을 부술 수 없고, 단어는 단어를 언급할 수 없다. 돌이란 존재는 견고하게 지속되지 않는다. 돌은 그저 물질이 우연하게 조직된 것이며, 고유한 형상을 가지지 않기 때문이다. 어떤 존재가 고유한 형상을 가질수록 고통도 더 늘어난다. 마찬가지로, 먹이나 음식이 생겨나면서 물질이 영양소로 변화되면서 굶어 죽는 일도 생겨났다. "생명은 어렵사리 나선을 그리며 위로, 더 높은 수준으로 올라간다. 하지만 올라갈 때마다 대가를 치른다. 다세포 생명체는 죽음을 대가로 지불한다. 신경이 통합될 때 고통이 생겨났다. 의식이 생겨나면서 불안이 발생했다."[214] 반 후이스틴J. Wentzel van Huyssteen도 이런 느낌을 공유한다. "탁월한 뇌와, 놀랄 만큼 유연한 인지는 호모 사피엔스의 특징이다. 이 특징은 상상력, 창의력, 언어 능력, 상징을 만들어내는 성향에서 잘 나타난다. 살과 피로 구현된 인격인 인간은 적대감과 자만심, 잔혹함, 교활함에도 동요한다."[215] 문화는 인간의 약점인 동시에 창조의 정점이다. 인간은 진화한 생명 가운데 가장 선견지명이 있고 깨지기 쉬운 존재다.

인간은 앞으로 나아가면서 넘어지는 존재 같다. 그래서 인간은 성서와 『종의 기원』을 써냈지만, 히틀러의 『나의 투쟁』도 쓸 수 있었다.

여기서 반트슈나이더는 깜짝 놀랄 주장을 한다. "자연 존재를 완전히 규정하지만 자연의 형상을 가지지 않은 존재가 인지를 통해 나타난다. 다시 말해, 자연을 알고, 그 본질까지 깨닫게 된다면, 그 존재는 자연이 할 수 없는 것을 성취한다.…자연을 알게 되면 자연의 잠재력을 넘어서게 된다."[216] 반트슈나이더에게 인간 정신은 부정된 자연인 동시에, 적절하게 향상된 자연이다. 인간 정신은 자연을 가장 참되고 강렬하게 상기시키고 반복한다.[217] 그러나 호모 심볼리쿠스로 나타난 인간은 자연을 오염시킬 기회도 마련한다. 반트슈나이더는 이것을 "원죄"로 규정한다.[218] "한 손에는 인지와 자유를 들고, 다른 한 손에는 오류와 죄책을 들고 서 있는 존재가 인간이기에, 이 두 모습은 사실 한통속이다. 은유적으로, 그리고 성서적으로 표현하자면, 지옥은 언제나 천국에 속해 있다."[219] 여기서 유대교에서 말하는 "악한 성향"*yëtser hâ-râ*의 뜻을 음미해보자. 악한 성향은 선을 행할 능력이나 가능성이 커질수록 증가한다고 한다. 그래서 진화심리학자는 동물에게서 원시적 인간 행동(예를 들어, 오리의 강간)을 찾아내려고 애쓴다. 이런 행동을 인간과 동물이 같다는 근거로 사용하려는 진화심리학자의 논증은 어긋나 있다. "비도덕적" 행동의 흔적은 인간의 동물성을 암시하는 것이 아니라, 동물에게 있는 "인간성"을 보여주는 것이다. 즉 진화를 잠재적으로 반복할 때 이성적 동물이 생겨날 수 있다. 이성적 동물은 놀라기도 하고 벌벌 떨기도 한다. 이것은 공통 조상이 남긴 어두운 그림자다. 한스 요나스를 다시 떠올려보자. "인간이 동물의 친척이라면, 동물도 인간의 친척이며, 조금은 내면성을 담지한다. 동물 가운데 가장 발달한 종인 인간은 내면을 통해 자신을 의식한다."[220]

반트슈나이더는 인간이 자연적 시간을 부정하면서 드높인다고 믿는다. 이 생각은 어비치가 말한 "환경제약에서 계속 해방됨"과 통한다.[221] 하지만 인간이 추구하는 어떤 해방도 비자연적이지 않다. 윌리엄스는 이렇게 지적한다. "오늘날 인간이 살아 있는 세포 바깥에서 하는 일은 생명 안에서 일어나는 일과 매우 유사하다. 구조 안에서 그물처럼 얽힌 소통이 점점 정교해지면서 조직이 만들어진다. 이런 피드백 고리는 반드시 필요하다. 따라서 생명을 분자의 속성으로 규정할 수 없다."[222] 상기와 탈주가 아니라, 상기와 반복이 조합되어 생명이 나타난다. 인간 예외론에 따르면 인간은 진화에서 예외적 존재다. 다시 말해 인간은 결국 협동과 성취를 이룬다는 뜻이다. 이런 맥락에서 인간의 특별한 지위를 올바로 이해해야 한다. 어떤 사람은 인간이 하나님의 형상이라고 말하기 위해 "특별 창조"란 개념을 사용한다. 그러나 이는 오해를 불러일으키기 쉽다. 특별 창조에서 중요한 것은 "방법"이 아니라, 특별한 "것"이기 때문이다. 특별 창조란 창조된 것이 특별함을 말하는데, 그것이 바로 인간이다. 따라서 "어떻게"라는 질문은 장식용이다(이 질문이 이교적이지 않다 해도 그렇다). 하나님이 영혼을 "불어넣는다"고 말한다면, 우리도 그런 능력이 있기만 하다면 영혼을 불어넣을 수 있다고 생각할 수 있기 때문이다. 하지만 하나님이 무엇을 할 수 있는지 묻지 말고 하나님이 어떤 분인지 물어야 한다. 하나님의 존재를 믿는 문제를 다루면서 아퀴나스는 유비를 사용한다. "자연은 우리에게 하나님이 있다는 생각을 심었다. 하나님이 바로 인간이 누리는 궁극적 행복이기 때문이다. 물론 혼란스러운 경우도 있지만 우리는 대체로 이 사실을 알고 있다. 인간은 자연스럽게 행복을 추구하는데, 이를 위해서 인간은 자신이 무엇을 욕망해야 하는지 자연적으로 알고 있기 때문이다. 하지만 이것은 하나님의 존재를 완벽하게 인식하는 것과는 다른 문제다. 누군가가 다가오는 것을 알고 있는 것과 베드로가 다가온다는 것을 아는 것은 별개의 문제다. 다가오는 그것이 실제로 베드로라 하더라도 말이다. 예를 들어 인간이 누리는 완벽한 선은 행복이지만, 이를 이루는 것은 물리적 풍요나 쾌락, 또 다른 무언가라고 상상하는 사람이 있다."[223] 예를 들어, 하나님을 힘으로 이해하면, 하나님을 인간의 수준으로 환원하는 결과를 낳는다. 신성은 우리와는 다른 어떤 이에 대한 것이 아닌, 우리의 능력을 뛰어넘는 힘—자연법칙을 넘어서는—에 관한 문제가 된다. 그런데 우리가 할 수 없는 일이 있다면, 논리적으로 나도 그 일을 할 수 없을 것이다. 우리는 자연질서를 중지시킬 수 없다. 하지만 논리적으로 자연질서를 중지시킬 수 있는 가능성은 있다. 그러나 자연질서의 중지는 우스꽝스러울 뿐이다. 베드로는 바울일 수 없다. 따라서 언덕에 도착하는 방법이 아니라 언덕에 도착한 주체를 아는 것이 중요하다. 인간은 "어떻게"가 아니라, "무엇" 때문에 특별하다. 회화를 생각해보자. 당연히 그림은 물감으로 그려졌다. 우리가 그린 한심한 그림부터, 세잔의 그림까지 모두 물감으로 그려졌다. 그런데 세잔이 보통 물감을 사용했을 때 걸작이 등장했고, 이것이 그를 특별하게 만든다. 세잔이 물감을 쓰지 않고, 마법이 걸린 물질을 사용했다고 해보자. 그 사실을 알게 되면, 우리는 그의 그림에 더 이상 감동받지 않을 것이다(세계기록을 깬 운동선수를 생각해보자. 그가 시합 전에 근육증강제를 복용했다는 것이 나중에 밝혀진다면 한숨이 절로 나올 것이다). 마찬가지로 인간이 진화과정에서 등장했다는 것은 정말 놀랍다. 거의 기적에 가깝다. 진화과정을 살필 때 인간은 확실히 기적이 아니기 때문이다. 또한 인간은 확실히 "비자연적"이지도 않기 때문이다. 인간을 이루는 "무엇"이나 "누구"는 인간이 발휘하는 놀라운 능력에서 분명히 드러난다. 이 능력은 대부분 실체변환의 양상을 띤다고 말할 수 있다. 뒤브는 "성찬식"과 비슷하다고 말한다.[224] 언어의 예를 들며, 윌리엄스와 프라우스토 다 실바는 인간 속성이 유별나다고 지적한다. "분명 언어는 진화한 속성으로서 인간이 사용하는 가장 놀라운 도구가 되었다.…언어는 참으로 정교한 첫 번째 전송수단이다. 언어는 암호화된 파동으로 전달된다. 물론 인간 이전에 다른 동물도 이런 식의 소통을 하긴 했다."[225] 공기가 모여 유의미한 패킷이 되고, 파동은 의미로 변환되었다. 그러나 물리요소는 그대로 보존되었다(예전에 "장미" 같은 간단한 단어를 다루면서 이미 살펴본 내용이다). 인류는 강력한 공동체에 살면서 건물을 짓고 끊임없이 개조하면서 정착했다. 다른 하등 동물도 미숙하게나마 구조물(둥지)을 짓는다. 그리고 군집으로 생활한다. 하지만 인간이 짧은 기간에 이룩한 혁신에 비길 만한 작업은 자연에 존재하지 않는다. 인간이 처음으로 공동체를 이루고 건물을 지었을 때, 이런 활동은 유전자적 형태로 전달되지 않았다. 하지만 언어와 기억이라는 도구를 통해 이 활동을 세대를 걸쳐 후대에 전달했다. 언어는 나중에 발전된 작문과 소설로 발달했고, 믿을 만하고 영구적인 암호화된 정보저장소로의 역할을 했다. 또한 이야기라는, 정교한 창작과 소리의 기록에 대한 해석을 통해 전달된다."[226] 인간은 화학적 제한에 구속받지 않고 정보를 전달하게 되었다. 그래서 오늘날 정보전달은 단순한 반사—어떤 요구에 자동적으로 반응할 것을 요구하는—를 넘어, 조언, 요청, 요구, 소문이 될 수 있다. 이런 것들은 인간 이전에 나타난 종에게 아무런 뜻이 없다."[227] 이러한 언어는 하나의 행위로서, 우리가 기술하려는 현상을 보여주는 사례이기도 하다. 테런스 디콘은 이렇게 말한다. "상징적 종인 호모 사피엔스는 수십억 호모 사피엔스의 정신 설계도를, 거대하고 고차원적인 창발적 의미 그물망에 단단히 엮어놓았다.…인간의식은 자율적으로 인과관계를 설정하고, 스스로 조직하며, 암묵적으로 어떤 대상을 지향한다. 인간의식은 의식의 형상을 통해 창발성 논리를 예시한다. 인간의식은 무에서 솟아난 듯하다."[228] 인류는 스스로 환경을 바꾸고 새로운 에너지와 화학원소를 개발한다. "진화사에 등장한 때부터 인간은 기구를 새로 만드는 능력을 발달시켰다. 그래서 화학원소를 사용하여 새로운 물건과 기계를 만들고, 질서 정연한 조직체도 만들었다. 인류는 가장 강력한 화학형으로서 최근에 등장했고, 아마 가장 강력한 최후의 화학형이 될지도 모른다.…일단 이런 생명체(인류)가 나타나면 에너지, 공간, 화학원소를 최적으로 활용하는, 논리적 가능성이 성취되는 시간이 도래할 것이다."[229] 윌리엄스와 프라우스토 다 실바는 이런 시간이 확실히 온다고 생각해선 안 된다고 지적한다. 복잡화가 진행될수록 위험도 늘어난다. 오늘날 생태 재난에서 이 사실을 확인할 수 있다. 적어도 생명 에너지를 복잡하게 이용하고, 향유하고, 방출한다는 사실을 고려할 때, 인간은 가장 특별한 화학형이며 진화의 종점이다. 하지만 인간은 그만큼 다른 존재에 의존한다.[230] 뇌과학자인 마이클 머제니히Michael Merzenich는 이렇게 말한다. 호모 사피엔스의 두뇌는 "정보처리과정을 발달시키고 전문화하며, 뇌의 능력을 개발하고, 스스로 어떤 일을 성취하는 엄청난 능력"을 가진다.[231] 윌리엄스와 실바에 따르면 두뇌의 능력은 표현형이 승리하고 유전형이 패했음을 뜻한다. 육체적 생명은 반드시 승리할 운명이었다. 그러나 이 주장은 다소 오해를 불러온다. 이 육체/영혼soma/sema구분을 도킨스 같은 사람들이 주장하는 것과는 전혀 다르기 때문이다. 로버트 로젠Robert Rosen에 따르면 인식론과 존재론은 생물학에서 만난다. 생명체는, 특히 인간 자신은 제작자이기 때문이다. 즉 생명체는 자신이 거주할 세계를 만든다. "생명체 이론의 핵심에는, 발명과 배치를 다루는 제작이론이 있다. 따라서 생명체 이론을 이루는 필수 존재론적 요소가 바로 제작이론이다. 제작이론만큼 과학에서 생물학의 특이성을 간명하게 보여주는 것은 없다. 그리고 이 생물학의 응용에 있어 제작이론은 독특한 역할을 한다."[232] 인간은 가장 탁월한 제작 사례다. 인간은 무엇보다 시간을 참된 원인으로 바꿔 놓는다. 그래서 역사는 인간의 삶에서 대단히 중요한 역할을 한다. 역사는 화학이란 빳빳한 세계를 넘어선다. 르원틴은 이렇게 말한다. "유전자 덕분에 인간의식이 발달했지만 유전자는 자기의 영향력을 넘겨줬다.… 완전히 새로운 수준의 인과관계가 유전자를 제쳤다."[233] 윌리엄스와 프라우스토 다 실바도 똑같이 말한다.

> DNA와 다르게, 뇌는 생명체의 생명에 새겨진 시간의 흔적과 엮여 있다. 신경은 선(腺, gland)과 기관을 연결하여 다양한 기능을 수행하며, 화학적 결합과 성장을 통해(DNA와는 관계없이) 세포와 연결된다. 이렇게 연결된 신경으로 뇌는 시간의 흔적과 이어져 있다. 신경은 ON과 OFF 스위치처럼 이어지고 끊어지지 않고, 양적으로 연속된 속성을 가진다. 예를 들어 농도와 결합력, 국지적 동적구조 같은 속성을 지닌다. 뇌는 날 때부터 굳어 있지 않으며, 평생을 통해 발달한다. 동물에서 인간으로 갈수록 뇌의 발달이 두드러진다. 뇌는 인간의 지식에서 여러 방법을 찾아냈다. 바로 정보를—구어, 문어, 컴퓨터 언어든—언어로 표현하는 방법을 찾아낸 것이다. 그런 정보(우리가 일반적으로 생각하는 수준의)는 DNA 안에 없지만, 정보는 다음 세대로 전달되면서 사회의 기초를 세운다."[234]

진화가 새로운 단계로 들어섰을 때, 이 사건은 미리 예고되었다고 말할 수 있다. 이런 뜻에서 DNA(도킨스가 이기적이라고 이름 붙인)라는 매개체를 통해 자유가 실현되고, 자연이 자연을 의식하게 되었다(물론 DNA가 매개체 역할을 한 것은 상당히 우발적인 사건이다). 오늘날 원자는 원자 자신을 알 수 있다. 이 사실에 지나치게 놀라지 말자. DNA도 결국 영원하지 않으며, 만들어졌기 때문이다. 즉 DNA도 진화의 산물이다. 마지막으로, 도킨스 같은 사람들이 하는 말을 들어보자. 우리가 유전자의 이기심에 저

향한다면, 마침내 이타주의까지 자유롭게 받아들이는 날이 올 것이다. 여기서 도킨스는 창조론자의 대열에 대놓고 합류한다(하지만 이번이 처음은 아니다). 유전자의 이기심이 극복되고 이타주의가 가능해질 때, 이것도 진화와 무관할 수 없기 때문이다. 이것 역시 진화의 산물이다. 이타주의가 가능해지는 일이 진화의 산물이 아니라면, 도킨스는 특별 창조를 옹호하는 꼴이 된다. 도킨스에게 이런 경향이 있는 것은 도킨스가 진화를 고정된 사건으로 이해하기 때문이다. 도킨스는 기본적으로 복제자와 운반자를 구별하면서 3장에서 논의한 실존 문제를 완전히 무시하기 때문이다. 따라서 도킨스는 자신의 진화 해석에 맞지 않는 것을 늘 탈선으로 이해하려고 한다. 도킨스의 진화 해석에서 벗어난 진화는 반자연적이고, 자연에 대한 반역이라는 것이다. 회슬레와 일리스는 자연이 결국 자신을 넘어가버리는 현상을 말한다. 자연은 결국 자신을 넘어선다. 하여간 이 넘어섬은 반란이 아니라 실현에 속한다.[235] 자연이 자연을 넘어서는 것도 자연현상이기에, 비자연적이라고 말할 수 없기 때문이다. 그렇다고 이 현상을 부차적이거나 우발적이라고 말할 수도 없다. 자연은 자연적으로 자신을 넘어선다. 오크스Edward Oakes의 신선한 생각은 마음을 끌어당긴다. "날개가 공기에 저항해 그에 맞게 진화하고, 눈이 빛에 맞서서 그에 맞게 진화한다면, 뇌는 분명 '정신적 공기'에 맞서면서 그에 맞게 진화했을 것이다. 정신적 공기라는 것은 은유적 표현이며, 선험적·이상적 구조가 이미 우주의 일부라는 뜻이다. 이 구조 덕분에 수학을 할 수 있는 뇌가 처음으로 생겨났다. 다윈주의는 플라톤주의와 양립 가능할 뿐만 아니라 이를 전제한다."[236] 상기와 반복이 함께 일어날 때, 자연은 늘 자신을 넘어섰다. 인간의 등장이 이 현상을 가장 분명하게 드러냈다. 인간은 자연에 대한 지식을 모을 수 있다. 반트슈나이더에 따르면, "이런 지식은 자연에서 일어날 수 있는 일을 넘어선다.…자연법칙은 자연과 완전히 다른 특성을 가지기 때문이다. 행성의 운동 법칙은 운동하지 않는다. 마찬가지로, 지렁이의 법칙은 지렁이가 아니다.…자연법칙은 자연과정을 결정하는 논리와 같다. 돌과 지렁이는 시간과 공간에 있지만, 자연법칙은 시간과 공간에 존재하는 것이 아니라, 형상(이데아)과 비슷하다."[237] 자연을 떠받치는 형상의 구조는 단백질 접힘 법칙에서 분명히 드러나며, 복잡한 생명을 잉태할 잠재력에서도 나타난다. 진화론도 자연을 뒷받침하는 형상의 구조를 언급한다. "자연을 뒷받침하는 형상은 스스로 자신을 드러낸다."[238] 아마 극단적 다윈주의자는 다음 주장에 다소 놀랄 것이다. 자연과학자는 형상의 자기 계시를 전하는 사제다. "자연과학자는 자연에 내재한 논리를 자연을 탐구함으로써 드러낸다. 다윈주의의 눈으로 보면, 자연과학자는 이 논리의 산물이면서 이 논리를 드러내는 자다."[239] 이런 이야기는 몇몇에게는 상당히 불편할 수 있다. 종교에 대한 반감과 비물질적 영역을 암시하는 것을 두려워하는 시대이기 때문이다. 몇몇은 아예 복잡한 현상을 회피하면서 거북한 질문을 피하려 한다. 그가 지적설계 문제를 피하려 한다는 뜻은 아니다(사람들은 종종 그렇게 생각한다). 오히려 사람들이 피하는 거북한 질문은 그저 철학적 문제가 아니라 이 땅에서 벌어지는 사건에 가깝다는 것을 암시한다. 네이글의 글을 인용하자면, 그는 문화적·이념적 긴장과 대면하고 있다고 말할 수 있다. "정신과 세계의 관계가 세계의 근본이라는 생각은 오늘날 많은 사람을 거북하게 한다.…나는 무신론이 진리이길 바라지만, 내가 아는 가장 지적이고 박식한 사람들이 종교인이란 사실은 참 불편하다."[240] 그러나 네이글은 특히 엄격한 자연주의자와 극단적 다윈주의자에게 이렇게 묻는다. "논증의 타당성은 진화에 영향을 받지 않는다고 인정해야 이런 인정행위를 진화론으로 설명하는 것도 받아들일 수 있다. 다시 말해, 진화론을 받아들이려면, 그것을 뒷받침하는 이성이 진화론의 뒷받침을 받지 않아야 한다.…우리가 사용하는 추론의 방법은 그저 인간이 만들어낸 것이 아니라 정신의 일반범주에 속한다. 인간 정신은 정신의 일반범주를 예시한다."[241] 이제 적어도 다윈을 믿을 수 있을 것 같다. 우리는 이제 다윈의 이론을 미신과 신비, 신화의 영역에 속한다고 생각하지 않기 때문이다(본성과 죽음, 지향적 태도, 추론도 그렇다). 요점 하나를 더 다뤄보자. 오늘날 문화는 이런 문제에 대해 자주 논의한다. 그런데 논의가 제시되는 방식 때문에 종교인과 비종교인 모두 혼란스러워한다. 우리는 버릇처럼 자연이 무엇인지 안다고—대충 이루어지고, 명백하고, 순수하게 물질적이라고—생각한다. 또한 자연은 과학의 세계에 속한다고 생각한다. 그러나 이런 사고로 자연을 이해하면, 논리적·형상적 구조는 자연에 속하지 않으며 환원되거나 삭제될 수 있다고 생각하게 된다. 이런 생각은 불가능하며 완전히 모순이더라도 말이다. 이런 생각에 빠지지 않으려면, 다음 사실을 깨달아야 한다. 앞으로 "자연적", "초자연적"이란 말을 쓸 때, 신이 유일하게 참된 자연적 현상이며, 세계도 "초자연적"일 수 있다고 생각하는 편이 낫다(적어도 신학에서 그렇게 생각하는 편이 낫다). 이것이 바로 창조가 상징하는 것이다. 창조는 어떤 뜻을 품은 기표로 볼 수 있다. 하지만 우주에 존재하는 것을 있는 그대로 보려고 애쓸 때, 우리 앞에 있는 현상은 사라져버린다는 뜻을 전하는 기표는 아니다. 오히려 현상은 본질적인 하나의 사실만 나타낸다고 한다. 즉 현상은 무에서 나왔으며, 현상은 원래 무다.

지금까지 논의를 통해서 우리는 존재에 다시 마법을 건 것 같다. 하지만 재마법화를 통해 인간은 자기 자리로 돌아간다. 인간은 창조의 왕관이며 십자가다(재마법화 덕분에 자연에서도 방향과 진보를 탐지할 수 있게 되었다). 오스트리아 동물학자인 루퍼트 리들은 아예 이렇게 말한다. "자기 조직화의 진화론적인 원리는 안정화 이후 조화의 발달에 기여했고, 피조물에 뜻과 목적을 부여하면서, 불가피한 희망의 모습으로 신이 드러나도록 했다."[242] 그러나 우리는 목적지에 완전히 도착하지 않았다. 샴페인 거품은 뚜껑을 밀치고 터져 나오려고 한다. 그러나 뚜껑을 빠져나가는 순간 거품은 터지고 밋밋해진다. 그래서 다음 장에서, 모든 것이 축소되고 환원되는 진화심리학의 지대를 탐사한다. 진화심리학적 사고는 인간과 생명을—그것이 무엇이건 간에—순수한 동물성의 렌즈로 관찰하려 한다.

# 5

# 정신을 다스리는 물질

"우리는 결코 근대인이었던 적이 없다"[1]

언젠가 신이 될 거라고 믿지 않으면, 인간은 분명 벌레가 되고 말 것이다.

_ 헨리 밀러[2]

진화는 신의 존재를 부정한다. 그런데 부정하는 것이 하나 더 있다. 진화는 인간의 존재마저 부정한다.

_ G. K. 체스터튼[3]

유전자에게 가서 뭘 해야 하는지 물어봐. 하긴 제우스에게 물어봐도 돼.

_ 루이스 메나드[4]

조각상에 새똥이 묻듯, 진화에도 유비가 생긴다.

_ 스티브 존스[5]

우가 우가!

_ 프레드 플린스톤(고인돌가족 플린스톤 주인공)[6]

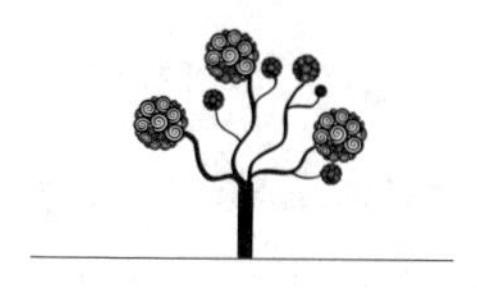

이 장에서 우리는 생물학의 제약조건에 매이지 않고 다윈의 진화론을 적용하려는 시도를 검토하고 비판할 것이다. 그렇다고 생물학의 경계를 넘지 말아야 한다고 단박에 선언하려는 것은 아니다. 오히려 생물학의 경계를 뛰어넘겠다는 헛소리를 꼬집으려 한다. 아마 우리가 내린 결론을 들으면 놀랄 것이다. 우리의 결론은 세속주의가 아니라 성서의 인간관에 더 가깝다. 인간에게 분명 동물다운 본성이 있다. 따라서 폴 리쾨르처럼 첫 번째 통념—인간은 동물과 다르다—을 깨뜨려야 한다. 그러나 단순한 비판이나 냉소보다는 더 나은 대안을 제시해야 한다. 그러한 비판과 냉소는 특별 창조론을 주장하는 사람의 특징일 뿐이다. 우리에게 동물다운 본성이 있다고 해서 하나님의 형상*imago Dei*이란 개념을 버려야 하는 것은 아니다. 그것을 버리는 것은 잘못된 인식 속에, 곧 영지주의일 뿐만 아니라 신학적으로 이단적인 사상 속에 갇혀 있는 것이다.

이제 두 번째 통념을 검토해보자. 두 번째 통념이 이후의 과학적 발견에 의해 전파되었다. 두 번째 통념에 따르면, 우리는 생물학적 본성을 기꺼이 받아들인다. 극단적 다윈주의자보다 훨씬 유연하고 한결같이 진화를 인정하고, 기대에 부풀어서 진화를 기다린다. 진화는 시간과 흙의 자궁에서 나왔기 때문에 자연스럽게 도래하는 것을 무시할 생각이 전혀 없기 때문이다. 요컨대, 첫 번째 통념에 따르면, 인간은 독특하다. 그래서 이것을 비판하려는 사람들은 인간을 순수한 동물이라고 주장한다. 반면, 두 번째 통념은 인간을 동물이면서 동시에  인간으로 이해한다. 우리는 인류가 무엇을 가져올 수 있는지 미리 제한할 수 없다(근본주의자의 반대는 각오해야 한다).

극단적 다윈주의는 철저하게 근본주의적 · 허무주의적이며, 진화론에 반대한다는 것이 이 장의 주요 결론 중 하나다. 5장의 핵심은 네안데르탈인이다. 극단적 다윈주의자는 진화를 거부하면서도, 네안데르탈인의 지위만은 인정하려 한다. 다음 사실을 기억하자. 17세기 신학자인 요아힘 네안더Joachim Neander의 이름에서 네안데르탈이란 명칭이 나왔다. 그는 성만찬을 거부하는 바람에 신학자 직위를 박탈당했다. 네안더는 습관처럼 산길을 산책했는데, 그 계곡은 네안더의 계곡이라고 불린다. 나중에 그곳에서 화석이 발견된다.[6] 이 우연한 일치에 대해 잠시 논해보자. 영지주의적 이단을 따르는 사상이나 종교는, 영지주의와 비슷하게 물질 요소에서 진짜 피와 참된 신체가 생겨난다는 것을 부정한다(세속 유물론도 영지주의다운 이교적 특징을 확실히 가지고 있다). 영지주의적 이교의 논리에 따르면 빵과 포도주는 그저 빵과 포도주, 또는 순수한 물질이다. 이 논리에 따르면, 빵과 포도주는 본체의 고형성의 부수적 현상이나 그림자로 전락하며, 물질적인 가치마저 부정된다. 우리가 스스로 네안데르탈인이라고 선언하면 우리는 정확하게 진화의 열매를 부정하게 된다. 어떤 것이 땅에서 나왔으므로 높이는 아무 의미 없다고 부인하는 것과 같다. 이런 부인은 다윈 이전의 사고방식인데, 네안데르탈인으로 남아 있는 것은 진화를 정면으로 부정하는 짓이기 때문이다. 그런데 극단적 다윈주의자가 이런 짓을 한다. 네안데르탈인은 원시적인 의식 수준을 가졌으며, 그들의 의식은 현재를 벗어나지 못한다. 네안데르탈인은 마치 리얼리티 텔레비전 쇼에서 사는 것 같다. 정당과 국가가 운영되는 논리도 현재만 생각한다(환경 위기만 생각해봐도 그렇다). 루이스-윌리엄스 Louis-Williams는 "네안데르탈인은 타고난 무신론자였다"라고 지적한다.[7] 별로 놀랍지도 않은 말이다. 하여간 윌리엄스의 지적보다 더 정확한 지적은 없었다. 그러나 네안데르탈인은 타고난 무신론자였지만 원래 특별 창조론자이기도 했다. 네안데르탈인은 온전한 인간이 아니었다(정치적 올바름은 잠시 제쳐두자). 이 주장에 대해 로버트 프록터Robert Procter는 초기의 유인원hominoid을 "인간 이하로" 평가하는 주장이라고 말했다.[8] 네안데르탈인은 상징의 진실성을 부정했다는 점에서 온전한 인간이 아니었다(그것은 네안데르탈인의 잘못이 아니다. 하지만 오늘날 우리가 "새로운 무신론자"라고 부르는 촌뜨기 무신론자에게는 그렇게 말할 수 없다). 네안데르탈인을 모범으로 삼으면서 극단적 다윈주의자는 우리가 이전에 지적했던 츠빙글리의 형이상학을 전파한다.

5장의 결론을 하나 더 살펴보자. 문화는 없다. 다른 것이 섞이지 않은, 순수하게 문화적인 것은 없다. 극단적 다윈주의도 이렇게 주장한다. 적어도 이 주장은 옳다. 거꾸로, 순수한 생물학이나 순수한 다윈주의도 없다. 그래서 알래스데어 매킨타이어는 "문화 없이 사는 인간은 허구다. 우리의 생물학적 본성은 모든 문화적 가능성에 분명히 경계선을 긋는다. 하지만 생물학적 본성만 가진 인간이 있다면, 그 인간은 우리가 전혀 모르는 존재다."[9] 나중에 매킨타이어는 자기 사상을 교정하면서 중요한 말을 한다. "생물학을 고려하지 않고도 윤리학을 세울 수 있다고 믿었으나, 그것은 상당히 잘못된 견해였다.…선과 규칙, 미덕은 도덕을 규정하는 요소이지만 이런 요소를 해명하면서, 생물학적으로 규정된 존재가 어떻게 도덕적으로 살 수 있는지 설명하지 못하면(적어도 우리에게 어떤 설명을 내놓지 못하면), 선과 규칙, 미덕을 적절하게 해명했다고 말할 수 없다. 생물학적으로 규정된 존재가 어떻게 도덕적으로 살 수 있는지 해명할 때 우리는 인간이 도덕적으로 발달하는 과정을 설명한다."[10] 모더니스트는 문화와 자연을 분리했지만, 우리는 그것들을 합쳐야 한다. 문화와 자연을 합쳐야 하는 이유가 있다. 이 장에서 일단 다음과 같은 이유를 내놓을 것이다. 우리가 문화와 자연을 합치지 않으면, 고정된 사고틀이 세워지면서 진화를 제대로 이해하기 어려워질 것이다. 따라서 순수한 원시 자연이란 관념은 상당히 의심스럽다는 것을 기억해두자. 이 장에서 진화심리학을 비판할텐데, 무엇보다 잠바티스타 비코 Giambattista Vico의 말을 알아두자. 비코는 『새로운 과학』*New Science*에서 원시 정신과 문명 정신은 상극이라는 생각을 반박한다.[11] 여기서 레비 스트로스의 『야생의 사고』*Savage Mind*를 언급할 수 있겠다. 『야생의 사고』에서 레비 스트로스는 비코를 떠올리게 하면서 순수한 원시 정신이란 개념은 잘못된 개념이라고 주장한다.[12] 다윈의 이론을 생물학 바깥에도 적용하려면, 원시 정신이 필요할 것 같다. 원시 정신 개념은 근대적 정신이 숨은 핵심이나 본질을 가정하게 만든 다음, 거짓 가면을 벗겨버리면서 근대적 정신의 진리를 드러내는 것 같다(동물학자인 프란스 드 발은 이것을 "박판 이론"이라 불렀다). 그래서 원시 정신이 계몽된 우리를 원시적 충동이 넘실대는 바다로 데려갈 때, 우리는 우리의 존재가 생겨나던 때를 다시 돌아보게 된다. 그때는 바로 인간 정신이 아직 탐사하지 못한 미지의 영역이다. 이곳은 워낙 멀리 떨어져 있어, 이 영역에 대한 우리의 사고도 당황한 원숭이가 뒤뚱대는 수준이다. 유물론자도 비슷한 수준이다. 유물론자는 내장, 신진대사, 뇌를 들먹이며, 조금은 가혹하게 우리는 물질적 존재라고 반복하는 논법으로 우리를 설득하려 한다. 때때로 "아하! 봤지?"라고 빤히 들여다보이는 짓을 하면서 말이다. 덕분에 우리는 아직 비난을 받는 위치에 서 있다(최소한 그들의 말에 따르면 그렇다). 유물론자의 논리는 분명 다윈 이전 시대에 속하며, 신학적으로도 이단이다. 그 논리는 이론물리학자는 탄소 화합물이며, 그것이 모든 논쟁의 결론이라고 말하는 것과 같다. 세계가 자신을 상실하고 분열되어 있어야만, 이 주장은 반증 가능해진다. 이런 가정은 이교적 세계관에 가깝다. 요정은 정원에 나타나지만 굴뚝에도 나타난다. 유물론자의 주장에는 육체에 대한 영지주의적 혐오감이 분명히 서려 있다. 사회다윈주의와 그 후계자에게서 이런 혐오감이 가장 확연히 드러난다. 그러나 신학은 우리에게 "이웃을 사랑하라"고 가르친다. 우리 인간의 물질성과 동물성도 사랑하라는 말이다.

다윈주의를 인간에게 적용하려는 세 가지 주된 사상은 사회다윈주의, 사회생물학, 진화심리학이다(이 사상들은 나름대로 인기 있다). 다윈 이론의 경계를 넓히려는 시도를 검토하면서 우리는 생생하지만, 약간은 불쾌한 사건까지 살필 것이다. 강간과 성적 정절, 남성과 여성의 차이를 진화론의 관점으로 살피고 해명할 것이다. 진화론으로 이런 주제를 다루는 것은 뜨거운 논란거리임을 알아둬야 한다. 다시 말해 어떤 사람은 진화론적 설명을 받아들이고 내세우지만, 다른 사람은 비판하면서 아예 헐뜯는다. 필립 키처Philip Kitcher의 경고를 명심해야 한다. "어떤 과학자가, 심지어 전체 과학자 집단이 먼 우주의 기원을 잘못 파악한 이론을 받아들이거나, 개미의 수렵에 대한 적절하지 않은 모형을 세우고, 공룡 멸종에 대한 황당한 설명을 하더라도, 이런 실수가 끔직한 결과로 이어지지는 않을 것이다.…그러나 인간에 대한 그릇된 상을 받아들이는 것은 파국에 이를 수 있다. 따라서 가장 높은 수준의 증거를 확보해야 한다. 통속 다윈주의 심리학자들이 대체로 일상생활을 근거로 삼아 우리에게 제시하는, 인과관계에 대한 해명을 증거로 삼아선 안 된다."[13]

## 정신은 동굴 속에 있을까? 동굴이 정신 속에 있을까?

> 내 심장을 태워 없애다오.
> 욕망으로 병들고 죽어가는 동물에 매달려
> 그것은 자신을 모르나니
> 나를 모아 영원한 예술품으로 만들어다오.
> _ 윌리엄 버틀러 예이츠[14]

우리는 현대적이고 이성적이며 계몽되었다고 스스로 상상한다. 하지만 극단적 다윈주의자는 프레드 플린스톤이 정곡을 찔렀다고 생각한다. 플린스톤이 사는 세계가 바로 우리의 진짜 모습이다. 우가우가! 예를 들어 플린스톤은 자동차를 몰고 현대적 편의를 누린다. 그는 결혼도 했고 볼링도 친다. 하지만 플린스톤은 원시인이다. 따라서 우리는 다음과 같이 상상할 수 있겠다. 아내와 남편은 햇볕을 맞으며 애완견과 산책에 나선다. 그래도 그들은 개의 목에 끈을 묶는다. 그러나 다윈주의의 렌즈로 이 광경을 해석하면 상황이 달라진다. 개가 사람을 산책시키지 말아야 할 이유는 없다(존재론적으로 그렇다). 개가 사람을 묶든, 사람이 개를 묶든,

끈으로 묶는 행위의 정당성은 오직 시간이 결정한다. 다시 말해 인간 두 명의 공통 조상은 인간과 개의 공통 조상보다 나중에 등장했다. 연대기나 계보 같은 시간을 통해서만 우리는 인간과 개의 차이를 식별한다. 그 외의 다른 기준은 모두 허구다. 언론인은 때때로 개가 사람을 무는 것은 뉴스가 아니지만, 사람이 개를 무는 것은 뉴스라고 말한다. 그러나 극단적 다윈주의가 맞다면, 그래도 그 사건이 뉴스가 될까?[15]

다윈주의를 사회에도 적용하려는 욕구를 니체는 잘 잡아냈다.

> 모든 철학자는 인간을 분석함에 있어, 현대의 인간에서 출발하고 그 인간을 분석함으로써 결론에 이를 수 있다고 믿는 공통된 오류를 범하고 있다. 철학자들은 무의식 중에 인간이란 영원한 진리이며, 온갖 소용돌이 속에서도 불변하는 존재, 사물의 정확한 척도라는 생각을 한다. 그러나 철학자가 인간에 대해 말하는 것은, 모두 근본적으로 극히 제한된 시기의 인간에 대한 증언에 불과하다. 역사적 감각의 결여는 모든 철학자가 지닌 유전적 결함이다. 게다가 어떤 철학자들은 특정한 종교, 나아가 특정한 정치적 사건의 자취에서 얻은 극히 최근의 인간 형태를, 우리가 출발점으로 삼아야 할 확고한 형태라고 생각해버린다. 그들은 인간이 생성되어왔고, 사실과 인식 능력 역시 생성되어왔다는 점을 알려고 하지 않는다. 반면 그들 가운데 몇몇은 이 인식능력에서 전체 세계까지도 만들어낸다. 인간 발달의 본질적인 것은 모두 우리가 대강 아는 그 사천 년보다 훨씬 전인 태고시대에 나타났다. 이 사천 년 동안 인간은 크게 변하지 않은 것으로 보인다. 그러나 철학자는 거기에서 근대적 인간의 '본능'을 발견하고, 그것이 인간의 불변적 사실에 속하며 세계 일반을 이해하기 위한 열쇠가 될 수 있다고 생각한다. 모든 목적론은 사람들이 지난 사천 년간의 인간에 대해서 만물이 처음부터 자연적인 방향으로 지향해온 영원한 인간이라고 말하는 것에 기초해서 성립된다. 그러나 만물은 생성되어왔다. 절대적 진리가 없는 것과 마찬가지로 영원한 사실도 없다. 따라서 지금부터 필요한 것은 역사적으로 철학하는 일이다.[16]

니체는 진화심리학에 어떤 지침을 제시한다. 여기서 풀리지 않을 것 같은 문제가 삐죽 고개를 내민다. 즉, 니체의 논의는 본질 개념을 배제하는가? 진화론적으로 배제하는가? 아니면, 다른 방식으로?

『종의 기원』 말미에서 다윈은 이렇게 말한다. "먼 미래에는 지금보다 훨씬 중요한 연구가 시작될 것이다. 사람들은 필연적으로 정신적 힘과 능력을 서서히 획득할 것이다. 이것이 심리학의 새로운 기초가 될 것이다. 인간의 기원과 역사도 점차 밝혀질 것이다."[17] 다윈은 메모노트에서 훨씬 도발적으로 말한다. "인간 기원은 밝혀졌다. 형이상학이 흥해야 한다. 개코 원숭이를 이해하는 인간은 로크보다 형이상학에 더 크게 기여할 것이다."[18] 진화론적 관점은 적용범위가 점점 넓어졌다. 이제 생물을 넘어 생물의 행동까지, 오래된 생명체(영양과 개미 같은)에서 인간까지, 인간의 생리학에서 믿음까지, 심지어 신앙심과 윤리의식, 신뢰, 과학정신까지 넓어졌다. 이 모든 주제가 진화론적 관점으로 분석되었다. 상당히 저명한 학자인 투비John Tooby와 코스마이드Leda Cosmide는 다윈주의를 이렇게 폭넓게 적용하자고 주장한다. "해부학 교과서를 아무 쪽이나 펼쳐서 읽어봐도 당신은 진화한 종에서 전형적으로 나타나는 형태학을 자세히 알 수 있을 것이다. 똑같이, 50년이나 100년 안에 당신은 지금의 해부학 교과서와 쌍벽을 이루는 심리학 교과서를 볼 수 있을 것이다. 이 책은 인간 정신이 탄생하는 적응과정을 정보 처리 과정처럼 차근차근 기술할 것이다."[19] 진화론을 이렇게 확대하기 시작하면 도덕성도 분석 대상이 된다. 마이클 루스도 이렇게 말한다. "도덕성도 손과 발, 이빨과 같은 생물학적 적응이다."[20] 다윈주의가 온갖 분야를 설명하자 심슨은 깜짝 놀랄 만한 주장을 내놓는다. "'인간이란 무엇인가?'란 질문은 인간이 던진 질문 가운데 가장 심오한 것 같다. 이 질문은 철학적 신학에서 늘 핵심을 차지했다. 이천 년 전에도 가장 박식한 인간들이 이렇게 질문했다.…나는 다음과 같이 말하고 싶다. 1859년 이전에 나온 해답은 모두 가치를 상실했다. 오래된 해답들을 완전히 무시해야 우리는 더 나은 답을 찾을 것이다."[21] 도킨스도 심슨처럼 비장하게 말한다. "지적 생물이 자기의 존재 이유를 처음으로 알아냈을 때, 그 생물은 성숙한 것이다. 우주에 사는 우수한 존재가 지구를 방문했을 때, 그들은 우리의 문명 수준을 알기 위해 가장 먼저 이렇게 물을 것이다. "당신은 진화를 발견했는가?" 지구의 생물체는 30억 년간 자기가 왜 존재하는지 모르고 살았다. 그런데 한 생명체가 마침내 진실을 이해했다. 그가 바로 찰스 다윈이었다. 다른 사람도 이미 낌새를 챘겠지만, 공정하게 말해보자. 우리가 왜 존재하는지 한결같이 조리 있게 설명한 것을 종합한 첫번째 사람이 다윈이었다."[22]

1870년에 월리스(자연선택의 공동발견자)는 「자연선택을 인간에게 적용하는 것의 한계」The Limits of Natural Selection as Applied to Man라는 논문을 썼다. 이 논문에는 "자연선택이 할 수 없는 것"이란 절이 있다. 여기서 월리스는 이렇게 말한다. "자연선택은 절대적 완전성을 생산할 힘이 없으며 그저 상대적 완전성만을 생산할 수 있다.…생존경쟁에서 나타나는 자연선택이나 적자생존이 도대체 어떻게 정신능력이 발달하도록 부추길 수 있었을까? 정신능력은 야만인에게 필요한 물질조건과 전혀 상관이 없는데?"[23] 이 문제를 보통 "과잉설계"overdesign라고 한다(아이가 빳빳한 50파운드 지폐를 손에 쥐고 의심스러운 듯 할머니를 바라보며 말했다. "1파운드만 있으면 아이스크림을 살 수 있는데요?").[24] 월리스는 과잉설계가 다음 사실을 가리킨다고 생각했다. 지성의 기원은 자연선택이 아닐 것이다. 다윈은 이 글을 읽고 월리스에게 편지를 보냈다. "당신과 나의 자녀를 완전히 몰살시키지 않았으면 합니다."[25] 여기서 그의 자녀란 물론 자연선택에 의한 진화론이다. 다른 편지에서 다윈은 이렇게 말한다. "월리스는 인간을 논할 때 부수원 인과 근접 원인을 끌어들이지 않아도 된다고 생각한다."[26] 역사가 증언하듯, 월리스의 저작에 힘입어 다윈은 『종의 기원』을 출판하려 했고, 1871년에 『인간의 유래』를 쓸 수 있었다. 『인간의 유래』에서 다윈은 자연이 아닌 지성이나 힘을 끌어들이지 않고, 인간을 완전히 자연주의적으로 해석하려 했다. 다윈은 아주 간단하게 논의를 이어나갔다. 먼저 다윈은 해부학 구조의 상동성을 밝히고, 물리적 공통 가계가 있다는 증거를 내놓았다. 그 후에 정신 특성의 상동성을 밝혔다.[27] 물리적 속성을 설명하면서 특별한 원인이나 힘을 끌어들일 필요가 없다면, 정신능력을 설명할 때 왜 이런 원인이나 힘을 가정하려 할까? 원숭이의 신체를 관찰하면서, 인간의 물리적 속성과 구조상 유사한 속성을 찾아냈다면, 원숭이의 지성과 행동을 보면서 우리의 지성과 행동이 원숭이와 비슷하다고 생각할 수 있지 않을까? 물론 우리는 원숭이와 다르다. 그러나 양의 차이가 있으나 종의 차이는 아니다(우리는 원숭이보다 더 지적이지만, 완전히 다른 종류가 될 만큼 지적이지는 않다). 따라서 다윈은 이렇게 마무리한다. 인간과 동물은 물리적·정신적으로 연속체라고 무난하게 가정할 수 있다.[28] "우리는 야만에 대해서 이렇게 말할 수 있다. 아주 오래전부터 잘 살아남은 부족이 다른 부족을 찬탈했다. 오늘날에도 문명국가는 도처에서 야만상태의 국가를 찬탈한다.…문명국가는 주로 기술을 사용하여 성공한다. 이 기술은 지성의 산물이다. 따라서 인류의 경우, 지적 능력은 자연선택으로 점점 완전해지고 있다. 지금 논의에서 이렇게 마무리하는 것으로 충분할 것이다."[29] 이렇게 빅토리아 시대 영국이 세계를 다스렸듯이, 지적으로 더 발달한 생명체가 덜 발달한 생명체를 다스릴 것이다. 그러나 이런 생각은 문제를 낳았는데, 바로 우생학의 씨앗을 심은 것이다. 도덕에 따라 사고하면서 문명화된 문화에 사는 더 우수한 사람은, 사회 부적응자를 직간접적으로 돕는 경향이 있다. 더구나 지성이 더 뛰어난 사람은 다른 사람에 비해 생식행위를 자제할 것이다. 아마 그들의 도덕 때문에 그럴지 모른다. 하여간 그들이 하는 사업 때문에 그들은 생식행위를 덜 할 것이다. 일하느라 바빠서 생식행위를 할 시간이 없다. 그러나 다소 여유가 있고, 게으르며, 지능이 낮은 사람은 자식을 더 많이 낳을 것이다. 『인간의 유래』에서 다윈은 스코틀랜드 윤리학자인 윌리엄 라스본 그렉 William Rathbone Greg을 인용하며 맞장구를 친다. "덜렁대고 비열하며 현실에 눌러앉은 아일랜드인은 감자로 식사를 하고, 돼지우리 같은 곳에서 살며, 점을 보면서 토끼처럼 번식한다.…검소하고 앞을 내다보며 자부심 강하고 야심만만한 스코틀랜드인은, 도덕을 굳게 견지하고, 신앙심이 깊고, 단련된 지성을 가진다. 그는 인생에서 가장 좋은 때에 독신으로 열심히 일하며, 늦게 결혼하여 자식을 몇 명밖에 낳지 않는다.…'생존경쟁'이 계속 일어났을 때, 열등하고, 불친절한 인종이 흥했다. 훌륭한 자질이 아니라 흠 때문에 흥한 것이다."[30] 따라서 자연선택이 일어났을 때, 자연선택이 성공하여 지적이고 도덕적 인간이 나타났을 때, 오히려 자연선택의 논리를 뒤집는, 자연선택의 방향을 되돌리는 행동이 습득된다. 축산업자는 선발육종을 하여 우수한 형질을 골라내고 나쁜 표본을 막았다. 그래서 인간에게도 이런 논리를 적용해야 한다는 것이다.

## 사회다윈주의: 아버지

인종이 모든 것을 정한다. 다른 진리는 없다.

_ 벤자민 디스라엘리[31]

> 우생학은 어떤 요소가 인종의, 타고난 특성에 영향을 주는지 탐구하는 과학이다. 그리고 우생학은 어떤 요소로 말미암아 타고난 특성이 가장 훌륭하게 개발되는지 탐구한다.
>
> _ 프랜시스 갈톤, 찰스 다윈의 사촌[32]

---

자연선택 이론은 세상이 어떻게 돌아가는지 문명세계에 알려준 것 같았다. 우생학 운동은 자연선택 이론이 제시한 상황에 답하려 했다. 재미있게도 다윈의 사촌이 우생학 운동을 시작했다. 프랜시스 갈톤은 우월하게 태어났다는 뜻의 우생학eugenics이란 말을 만들었고, 1907년에 런던우생학교육협회를 세웠다. 갈톤은 당시 영미권의 "진보적" 세력과 함께 약한 인종표본이 인종을 타락시킨다고 걱정했다. 이런 타락에 맞서기 위해 갈톤은 쇠락을 막고 진보를 일으키는 실천을 북돋우고 싶었다. "이스턴타운 거리를 어슬렁거리는 인도산 잡종개가 바로 우리 때문에 다양해졌듯이, 오늘날의 사람들은 우리가 앞으로 낳기를 바라는 사람들에 대해 책임을 져야 한다."[33] 우생학은 적극적, 소극적 두 가지 모습으로 실행되었다. 좋은 씨를 낳으려고 노력하는 것이 적극적 실행이라면, 나쁜 씨가 나오지 못하게 막는 것은 소극적 실행이다. 소극적 우생학의 사례로 로버트 여크스Robert Yerkes의 저작이 늘 꼽힌다. 제1차 세계대전 때 여크스는 미군의 지능을 분석하라는 명령을 받았다. 여크스는 분석을 마친 후, 유전중심주의를 옹호하자는 결론을 내렸다. 제1차 세계대전이 끝나고 쿨리지Coolidge 대통령은 여크스의 결론을 받아들여 1924년 이민법을 통과시켰다. 이 법은 우수한 인종과 우수한 국가에 속한 사람이 다른 나라로 이민을 가지 못하게 막는 법이었다.[34] 소극적 우생학이 적용된 사례로 인디애나 주의 법을 들 수 있다. 인디애나 주는 "부적응자"가 태

어나지 못하도록 강제불임을 허용하는 법을 1907년에 통과시켰다.[35] 이런 법을 지지하는 발언을 한 사람이 있었다. 미국 우생학자인 찰스 대븐포트 Charles Davenport는 이렇게 말했다. "사회는 스스로 자신을 보호해야 한다. 즉 사회는 살인자의 생명을 빼앗을 권리를 주장하듯이, 무서우리만치 사악한 원형질을 가진 무시무시한 사탄을 없애야 할지 모른다."[36] 그러나 월스트리트가 몰락하고 대공황이 시작되면서 민주주의적 분위기가 퍼졌다. 아니, 어쩔 수 없이 그런 분위기가 만들어졌다. 부자나 빈자나 똑같이 줄을 서서 배급을 기다리는 판국에 어떤 사람은 원래 부하고 다른 사람은 원래 가난하다고 말할 수 있겠는가?

우생학 운동의 발현지인 유럽에서는 아직 우생학 운동이 힘을 얻고 있었다. 줄리안 헉슬리는 이렇게 썼다. "우리는 유전적으로 열등한 혈통을 더 분명하게 골라낼 수 있으며, 우수한 혈통을 빠르게 생산하기 위해 반격에 나서야 한다.…이 과제를 수행하려면 사회체계를 바꿔야 한다."[37] 다른 논평가는 헉슬리보다 다소 정중하게 말했다. "신의 섭리는 피조물에게 어마어마한 생식력을 선사했다. 그러나 피조물이 노력하지 않으면 닿지 않을 곳에 두었다. 이는 정말 올바르고 적절한 일이다. 생존경쟁이야말로 최적자를 골라내기 때문이다." 한 논평가는 헉슬리에게 동의하면서 이렇게 지적한다. "더 잘 적응한 자가 번성하도록 적극적 조치를 취해야 한다. 사회체계는 더 잘 적응한 자에게 종종 불리하기 때문이다."[38] 이 논평자는 바로 『나의 투쟁』을 쓴 히틀러다. 그다지 놀랍지도 않다. 다윈주의가 파시즘과 같다는 뜻은 아니다. 중세 속담처럼 남용이 사용을 없애지 못한다*abusus non tollit usum*. 다윈이 악용된다고 해서 다윈을 무시할 수 없다. 종교도 똑같이 대접해야 한다. 그렇지 않으면 우리는 모순에 빠진다. 하지만 도킨스 같은 사람들은 이것을 무시해버리는 듯하다. 월스트리트가 붕괴하면서 우생학이 인기를 잃었듯이, 제2차 세계대전이 끝나고 홀로코스트가 밝혀지면서 우생학은 생기를 잃어버렸다. 생물학적 약자인 유대인을 없애고 생존경쟁의 강자인 아리아인을 탁월하게 만들기 위해 600만 명이 희생되었다. 민족사회주의는 다음과 같이 주장했다. 사회체계가 자연질서에 처음으로 간섭하자 유대인이 번성했고, 동성애자와 장애인도 생존하게 되었다. 나치는 1933년에 권력을 장악하자 강제 불임을 허용하는 법을 공포했다. 이 법은 미국 우생학자인 해리 러플린Harry Laughlin의 논문을 기초로 삼았다. 해리 러플린은 "우생학 기반의 불임 법안"을 제안했는데, 이 법안은 사회 부적응 계급에 대한 대량불임을 요청하는 내용을 포함한다. 의지가 약한 계층도 불임 대상이다.[39] 우생학은 극단론자의 관점이 아니라 계몽된 서구 문화를 떠받치는 척추에 속했다. 로마 가톨릭이 주요 종교인 나라는 우생학을 허용하는 어떤 법도 통과시키지 않았다는 것만 기억해두자. 그러나 사회다윈주의도 히틀러와 함께 몰락했음을 알아야 한다. 그러나 사회다윈주의는 후계자를 낳았다. 바로 사회생물학과 진화심리학을 낳은 것이다. 이 후계자들은 부모 유전자의 절반만 가진다. 하지만 자식이므로 여전히 사회다윈주의를 닮았다.

자연선택론과 유전학의 산물인 현대 종합설이 등장하면서 사회생물학과 진화심리학이 등장할 터가 생겼다. 이타주의를 분석한 신다윈주의자의 작업을 기반으로 두 이론이 종합되었다. 이타주의는 사실 과격한 변화가 일어났다는 표시였다. 그런 변화를 일으킨 것은 다윈의 위험한 생각이었다(물론 우리는 위험하다고 들었을 뿐이다). 하여간 다윈의 위험한 생각은 모든 것을 녹이는 만능 산과 같다. 왜 이타주의가 변화의 표시였을까? 앞으로 보겠지만, 이타주의가 가면을 벗었을 때, 이기심에 불과하다는—진화 전략이며 생존 양식—것이 드러났다. 양의 털을 뒤집어쓴 늑대나 수녀의 탈을 쓴 암살자를 생각해보라. "이타주의"란 말을 만들어낸 사람은 오귀스트 콩트Auguste Comte다. 그는 이타주의를 "다른 사람을 위해서 살고자 하는 욕망"이라고 정의했다.[40] 콩트가 보기에, 이타주의의 어두운 면(따분하다!) 때문에 이타주의는 행할 수 없는 이상이 되어버린다. 이타주의에 대한 콩트의 생각에서 생겨난 현대 종합설은, 이후 다윈주의 분석을 인간 행동에도 적용했다.

다윈주의의 확장은 왜 중요할까? 2장에서 다룬 주제를 떠올려보자. 생물학자인 윌리엄 해밀턴은 다윈의 적자생존 이론을 폭넓게 적용했다. 해밀턴은 다음 사실을 포착했고 다윈도 이를 어느 정도까지 인식했다. 어떤 사람이 자식을 낳으면서 생존을 도모할 때, 그는 친족의 복지까지 신경 쓴다. 친족의 복지를 신경쓰는 행위에는 번식을 통해 생존을 도모하려는 관심이 서려 있다는 것이다. 그래서 당신이 자녀와 형제, 조카까지 챙긴다면, 당신은 당신의 유전자가 다음 세대로 전달되도록 돕는 것이다. 이렇게 적합성을 확장하는 것을 포괄적 적합성이라 한다(나의 적응도는 나의 자식과 다른 친척까지 포함한다). 여기서 해밀턴은 적합성을 계산하는 공식을 만들었다. 개체가 얻는 이익이 개체가 치르는 비용보다 크면(클 때만), 이타주의 유전자가 개체군에서 전파된다는 것이다. 수혜자(친족)의 이익에 행위자와 수혜자의 유전적 공유도를 곱하여 개체의 이익을 산출한다. 이 이익이 행위자가 치르는 비용보다 크면 이타주의 유전자가 퍼진다는 뜻이다. 이것도 자연선택의 한 형태이고, 자연이 진화 전략으로 선택했을 법한 것이다. 이것을 친족 선택이라 한다. 영국 생물학자인 존 메이너드 스미스에 얽힌 흥미로운 이야기가 있다. 그는 형제를 위해 죽을 수 있느냐는 질문을 받았다. 그는 맥주잔 받침에 긁적대더니 대뜸 이렇게 답했다. "나는 형제 2명과 사촌 4명을 위해 죽을 수 있어요." 조지 프라이스George Price라는 사람은 아예 친족 선택 공식을 만들어냈다. 이 공식을 해밀턴의 공식이라 한다. 프라이스는 이 공식을 사용하여 수학적으로 놀라운 결과를 만들어냈다. 안타깝게도 프라이스의 마지막은 불행했다. 그는 런던 유스턴 역 부근에서 잔뜩 웅크린 채 숨졌다. 프라이스의 시신을 발견한 해밀턴은 그의 죽음을 이렇게 묘사했다. "매트리스와 의자 하나, 탁자 하나, 탄약상자 몇 개. 가구는 이것이 전부였다. 그가 옥스퍼드 광장 근처에 있는 값비싼 아파트에 살 때 책과 가구가 많았다. 그러나 이제 옷 몇 벌과 프루스트의 책 두 권, 타자기밖에 남아 있지 않았다."[41] 프라이스는 왜 자살했을까? 프라이스는 원죄 공식을 발견했다고 스스로 믿었기 때문이다. 해밀턴의 규칙을 적용할 때 우리가 이타적이라고 기술하는 행동은 이기적임이 드러날 것이다. 다시 말해 이타적 행동에 고귀함은 없다. 극도로 우울해진 프라이스는 가위로 자신의 목을 그어버렸다. 해밀턴도 자연선택을 유전자 관점에서 기술했는데, 유전자는 세계를 물들인 악에 책임이 있다. "공격적이고 가학적인 생각은 어떤 분위기에서 아주 쉽게 떠오르는 것 같다. 침팬지 혈통에서 인간이 갈라져 나오면서 폭력성이 생겨났을 것이다."[42] 이처럼 우리의 행동은 고상한 합리적 지성에 속하지 않으며, 오히려 우리의 기원에 깊이 뿌리내리고 있다. 이것이 사실이라면, 우리는 이 사실을 명심하면서 행동을 분석해야 한다. 그러나 친족 선택이 현대 종합설의 전부는 아니다. 조지 윌리엄스는 두 번째 기제를 소개했다. "간단히 말해, 친구는 되도록 많이 사귀고 적은 줄인다면, 그는 진화에서 유리한 자리에 설 것이고, 자연선택은 이런 특성을 선호할 것이다. 즉 개인관계를 최적화하는 특성을 선호한다. 이 진화 요인은 이타주의 능력을 키우면서, 윤리적으로 받아들이기 어려운 성적이고 포악한 공격성을 순화했던 것 같다."[43] 윌리엄스는 호혜적 이타주의를 주장했다. 당신이 사탕 사주면, 나도 사탕 사줄게.[44] 이것이 호혜적 이타주의의 논리다. 호혜적 이타주의는 자기 이익을 이타주의 행동을 위한 수단으로 여긴다. 로버트 트리버스Robert

Trivers는 이렇게 말한다. "우정, 혐오, 도덕성에 대한 공격, 감사, 동정심, 신뢰, 의심, 믿음직함, 죄책감, 위선, 부정직은 이타주의 체계를 유지하는 중요한 적응행동으로 볼 수 있다."[45] 또한 하버드 대학교의 철학자인 마이클 기슬린은 이렇게 말한다.

> 누군가 참으로 자비를 실천해도 사람들은 사회가 나아지리라 기대하지 않는다. 물론 감정에 빠진 사람들은 기대를 하겠지만 말이다. 사람들이 믿는 협동은 사실 기회주의와 착취가 뒤섞이며 나타난 현상이다. 어떤 동물이 자신을 희생하여 다른 동물을 살리려는 충동을 갖는 궁극적 이유도 제3자보다 우위에 서려는 것이다. 어떤 사람이 사회에 사는 한 사람의 선을 위해 행동할 때도, 나머지 사람에게 해를 입히려고 그런 행동을 했다는 것이 밝혀질 것이다. 동료를 도울 때 자기도 이익을 본다면 어떤 생명체도 동료를 도울 것이다. 이 예상은 합리적이다. 다른 방도가 없다면, 사람들은 다른 사람과 함께 굴복할 것이다. 하지만 자기 이익에 따라 행동할 기회가 충분하다면 잔인하게 타인을 꺾어버리고, 심지어 살해—형제, 배우자, 부모, 자녀까지도—도 서슴지 않을 것이다. 이타주의자의 피부를 긁어보라. 위선자의 피가 나올 것이다.[46]

이 논증에 딱 들어맞는 인물이 있다. 잭 런던의 책 『바다의 늑대』*The Sea Wolf*에 나오는 울프 라슨이란 인물이다. 라슨은 이렇게 말한다. "다른 사람의 동기는 분명합니다. 사람은 그저 자기 동기만 오해하죠. 내 생각에는 다른 사람을 위해 생각할 때 뭔가 잘못된단 말이죠. 그렇지 않나요? 효모들이 서로 잡아먹으려 한다고 해봐요. 그런 상황에서 어떻게 상대방의 동기를 오해하겠어요. 효모에게는 다른 효모를 잡아먹으려는 본성이 있어요. 먹히지 않으려는 본성도 있고요. 이런 본성에서 벗어나면 효모는 죄를 짓는거죠."[47] 라슨은 홉스가 말한 만인을 향한 만인의 투쟁을 기술한다. 홉스의 생각은 극단적 다윈주의자가 주장하는 보편적 생존 투쟁으로 놀랍게 거듭났다(보편적 생존 투쟁이란 해석이 옳다는 것을 증명하려면, 사태를 분석할 때 어떤 수준을 물화하고 물신화할 수밖에 없다). 보편적 생존 투쟁은 정말 불편한 아이디어다. 이 아이디어를 통해서 다음 사실(또는 우리가 믿게 되는)이 드러나기 때문이다. 지금 여기서 우리가 향유하거나 그렇다고 믿는 삶은 허구이며, 환상, 이차적 현상이고 부수적인 현상일 뿐이라는 것이다. 요컨대, 이타주의와 사회적 행동의 본질은 표면이 아닌 숨겨진 이면에 있다. 사회생물학과 진화심리학은 바로 다른 면을 가장 솔직하고 정직하게 탐구하는 학문이다. 진화심리학자인 랜디 손힐Randy Thornhill과 크레이그 팔머Craig Palmer는 이렇게 말한다. "살아 있는 생명체의 특성을 탐구할 때, 과연 진화론이 이 특성에도 적용될지 묻지 마라. 진화론의 원리가 어떻게 적용되는지 물어라. 이것만이 정당한 질문이다. 인간 행동을 다룰 때도 똑같이 물어야 한다. 심지어 미용성형과 영화내용, 사법체계, 유행의 흐름같이 다소 부차적 현상에도 진화론을 적용할 수 있다."[48] 진화론을 이렇게 적용한다면, 인간 정신과 행위의 특징은 모두 자연선택을 통해 적응된 뇌에서 나왔다고 말해야 한다.

이런 논증을 비판하기 전에 사회다윈주의가 낳은, 두 명의 자식을 간략하게 살펴보자.

## 털 없는 원숭이와 털 있는 인간—장자 : 사회생물학

1975년에 에드워드 윌슨의 『사회생물학: 새로운 종합』*Sociobiology: The New Synthesis*이 출간되면서, 사회생물학은 처음으로 모습을 드러냈다("종합"이란 단어는 분명 줄리안 헉슬리의 『현대 종합설』의 제목을 반영하길 의도한 것이 분명하다).

윌슨은 처음부터 의도를 뚜렷이 밝힌다. "이제 자연사에 등장한 자유로운 정신을 가진 인간을 생각해보자. 일단 우리는 다른 행성에서 온 동물학자이며 지구에 서식하는 사회적 종을 모조리 조사했다고 가정해보자. 이렇게 거시 관점으로 보면 인문학과 사회과학은 생물학의 특수분과에 불과하다. 그리고 역사와 전기, 소설은 인간행동학의 조사 규약이다. 인류학과 사회학은 모두 사회생물학이란 하나의 학문을 구성한다."[49] 그리고 "과학자와 인본주의자는 이제 하나의 가능성을 함께 고려해야 한다. 즉 윤리학을 철학자의 손아귀에서 잠시 빼앗아 생물학에게 넘겨줄 때가 오지 않았는지 생각해야 한다."[50] 윌슨은 다른 책에서 이 주제를 발전시키며 이렇게 말한다. "과학은 머지않아 인간 가치의 기원과 뜻을 탐구할 위치에 설 것 같다. 윤리 명령과 정치 행위는 모두 이 기원에서 흘러나온다."[51] 과학이 어떻게 이런 자리에 서게 될까? 여기서 윌슨은 학문영역에서 일어난 혁신을 이용하려 한다. 이 혁신은 신다윈주의자의 적응주의 프로그램과, 유전자를 선택 단위로 규정하는 이론이 주도했다. 윌슨은 인간을 설명할 때 인간을 동물 그 이상 아무것도 아니라고 전제한다. 인간이 가장 높게 평가하는 행위도 신다윈주의관점을 결코 피할 수 없다. 시와 슬픔, 욕망, 성욕에서 뭔가 다른 뜻이 메아리친다. 발렌타인데이에 받은 장미 한 다발에 자연선택이란 벌레가 엉금엉금 기어간다. 윌슨에 따르면, "다른 모든 생물학적 현상처럼 행동과 사회구조를 연구할 때, 이것을 '기관' organs으로 간주할 수 있다. 유전자의 연장으로서 유전자처럼 기능하는 기관이라고 가정할 수 있다. 이것은 적응력이 우수하기 때문이다. 인문학과 더불어 사회생물학과 사회과학은 생물학의 마지막 분과라고 해도 지나치지 않은 듯하다."[52] 나처럼 신학과에 속한 교원은 종교를 연구한다. 그러나 종교는 이제 또 다른 진화전략으로 이해된다. "종교행위처럼 가장 고상한 행위도 자세히 검토해보면 생물학적 이익을 전달함을 알 수 있다. 무엇보다 종교행위는 정체성을 공고하게 한다. 혼란스럽고 정신 없는 일상의 한가운데서, 종교는 신앙인에게 정체성을 부여하고, 강력한 힘을 자랑하는 집단의 구성원이 되었음을 선포한다. 그래서 종교 덕분에 신앙인은 자기 이익을 지키면서 목적을 추구할 수 있다."[53] (맞는 말이기는 하다. 그러나 종교가 사실 진리이기에 그렇다는 것이 아귀가 더 잘 맞지 않을까? 종교의 어원은 *re-ligare*인데, 이것은 "다시 묶는다"는 뜻이 아닌가?) 윌슨의 주장에서도 다윈의 만능 산이 작동한다. 종교와 윤리에 대한 전통적 해석이 녹아내린다. 앞으로 보겠지만 다윈의 만능 산은 윤리까지 파괴한다. 물론 계몽된 우리는 이미 신을 믿지 않는다. 하지만 이제 인간에 대한 믿음까지도 버리라고 요구받는다. 인간은 어떤 뜻에서 이제 필요 없는 가설이기 때문이다(라플라스의 생각도 그렇다).[54] 우리의 인간관은 타당하지 않은 세계관의 산물이었다. 이 세계관의 사고구조가 인간을 만들어냈다. 그래서 사고구조가 사라지면, 인간(이란 관념)도 사라질 것이다. 미셸 푸코는 이런 일을 예언했다. "이런 방식이 이전에 사라졌던 것과 마찬가지로 사라진다면, 만약 우리가 지금 할 수 있는 것은 사라질 가능성을 느끼는 것뿐이라면—사라진 상태가 어떤 모습이고 무엇을 약속하는지 알지 못하는 상태에서—18세기 말 고전주의 시대 사상의 근거가 파괴된 것처럼 인간이라는 존재는 모래 위의 그림처럼 지워질 것이다."[55] 다윈주의(적어도 사회생물학)에 따르면, 인간이란 관념은 정말 지워지고 있다. 다윈주의는 우리의 자아 개념도 심각하게 변형시키기 때문이다. 예를 들어 우리는 이제 계몽의 자식이 아니다. 사고와 사상의 기원이 남긴 후유증은 사고와 사상에 깊이 배어 있기 때문이다. 로버트 라이트Robert Wright는 이것을 가리켜 "다윈을 다윈처럼 이해하기"라고 부른다. 이것은 다윈을 진지하게 받아들여 다윈의 요구대로 다윈의 이론이 자유롭게 적용되도록 허용하는 것을 뜻한다.[56] "자연선택은 의식이 진짜 자아를 찾지 못하게 진짜 자아를 숨긴 것처럼 보인다."[57] 이제야 그리스도의 말이 무슨 뜻인지 알 것 같다. "용서하소서. 그들은 자기들이 무엇을 하는지 알지 못합니다." 라이트의 통찰은 흥미롭지만—라이트는 마르크스와 프로이트, 니체의 이론을 보편적으로 우리에게 적용하는 것 같다—우리는 진화심리학자에게 물어야 한다. 진화심리학자는 무슨 근거로 그렇게 주장할까? 진화심리학자는 나머지 모든 사람보다 유리한 자리에 있는 듯하다.

적어도 서구에서 우리는 정신이 투명하고 실재하며 완전히 합리적이라고 생각했다. 우리도 인간을 말할 때 인간은 자연의 부산물이 아니라 목적이며, 장난감이 아니라 주인이라고 생각한다. 그래서 우리에게도 습관처럼 떠올리는 자아상이 있다. 즉 우리는 만들어졌고, 기획되었고, 의도된 존재다. 지질학적 시간에 비교하자면 인간이 생존한 기간은 찰나의 깜박임에 불과하지만, 우리는 인간의 생존기간이 대단히 중요하다고 생각한다. 그렇지 않은가? 예를 들어, 시험을 잘 쳤거나 직업을 구했거나 애인과 사귀게 되었을 때, 세상이 달라보인다. 세상은 더욱 온전하고 정의롭고 환하게 넘실대는 듯하다. 이런 표적은 널렸다. 하지만 세상에 그만큼 고난도 있다. 암, 굶주림, 실패도 있다. 더구나 윌슨의 말처럼, "황당할 만큼 인간을 쉽게 세뇌할 수 있다. 인간은 아예 세뇌당하길 원한다."[58] 말 그대로 우리는 우리가 무슨 짓을 하는지 모른다. 조금 후에 지킬 박사와 하이드의 사례를 다시 논할 것이다. 윌슨과 가장 절친한 하버드 동료들은 윌슨의 사회생물학에 응답했다. 스티븐 굴드와 리처드 르원틴은 사회생물학 연구 집단을 만들어 윌슨의 작업을 비판하는 글을 발행했다. 하지만 그들은 윌슨에게 그 글을 미리 보여줘야 한다고 생각하지 않았다. 이들은 윌슨의 사회생물학은 과학이 아닌 정치이며, 사회다윈주의를 생각나게 한다고 꼬집었다. 사회생물학은 "통속 멘델주의와 통속 다윈주의, 통속 환원주의를 하나로 묶어 현재 상황을 그대로 유지하려 한다."[59] 그런데 실제로 영국 철학자인 메리 미드글리 Mary Midgley는 1980년대에 사회생물학은 대처리즘의 생물학이라고 지적했다.[60] 메리 미드글리의 요점은 이렇다. 사회생물학자는 일상을 관찰하면서 다윈주의라는 렌즈—즉 경쟁—로 일상을 해석한다. 사회생물학자는 다윈주의 세상에서 우리가 예상하는 그런 결과만 내놓는다. 따라서 사회생물학은 자본주의를 방어하는 변증론자 노릇을 했다는 것이다. 또한 학계는 사회생물학의 등장에 긴장했다. 다윈주의의 확장은 다른 학문의 타당성을 위협하기 때문이다. 윌슨에 따르면, 진화를 적절하게 고려하지 않으면 "인문학과 사회과학은 표면 현상을 제대로 기술하지 못할 것이다."[61] 생물학 강의실에서 생겨난 개념이 생물학의 문턱을 넘어 경계선을 허물고 다른 학문으로 쏟아졌다. 그리고 다른 학문까지 집어삼키기 시작했다. 이것이 바로 다윈의 만능 산이다. 윌슨은 신학 같은 학문은 살아남을 것 같지 않다고 말했다.[62] 물론 모든 것을 진화론적 관점으로 살펴보면 많은 것을 배울 수 있기도 하다. 하지만 진화가 없으면 표면 현상밖에 없다거나, 표면 현상 너머의 진실을 보는 학문은 과학밖에 없다고 주장한다면 모두 비웃을 것이다. 적어도 이 주장이 위험하지 않다면(데닛은 위험하다고 생각했다), 사람들은 비웃을 것이다. 왜냐하면 현실은 완전히 반대이기 때문이다. 우리가 과학만 고려한다면, 과학은 우리에게 표면 현상만 보여준다. 다시 말해, 과학에는 철학이 필요하다. 그러나 한 걸음 더 나아가보자. 이런저런 의견이 있겠지만 과학에는 신학도 필요하다. 사회생물학은 나름대로 반격을 받았고, 그런 이유 때문인지 사회생물학의 인기는 재빨리 식었다. 그러나 사회생물학은 진화심리학이란 이름으로 다시 나타나면서 새로운 모양새와 정교함을 갖췄다.

라이트는 우리에게 경고한다. "도대체 사회생물학이 어떻게 되었는가? 이렇게 답할 수 있다. 사회생물학은 지하로 내려갔다. 거기서 사회생물학은 정통 학문의 기초를 갉아먹고 있다."[63] 이것은 정말 극적이고 반항하는 대사처럼 들린다. 그러나 여기서 말하는 "정통" 학문에 일반적으로 합리성이나 과학도 포함될까? 사회생물학이 불행하게도 정통 학문인 진화 과학의 기초도 갉아먹는지 궁금해진다.

## 사회다윈주의의 둘째: 진화심리학

마렉 콘Marek Kohn은 진화심리학을 "1970년대 사회생물학의 확장판"으로 규정한다.[64] 진화심리학은 1970년대식 사회생물학에 역사의식을 불어넣어 사회생물학을 개선했다. 진화심리학은 적응현상과 적응결과를 구분해야 한다고 말한다. 하지만 사회생물학은 두 개념을 구별하지 못하여, 수년 전에 일어난 일을 무시하면서 현재 일을 먼저 고려하는 치명적 실수를 범하고 말았다. 사회생물학은 진화의 관점으로 사회적 행동을 검토하면서 자연선택이 왜 사회적 행동을 남겨놓았는지, 왜 이런 적응이 일어났는지 묻는다. 투비와 코스마이즈는 이렇게 말한다. "분해공학의 과제는 인간 심리학의 얼개를 발견하는 것이다. 예를 들어 우리에게 견본이 주어졌다고 하자. 이 견본은 나름대로 얼개를 가지고 있을 것이다. 우리는 견본을 찬찬히 뜯어보면서 인과관계의 구조를 그려야 한다. 이 구조는 견본의 행위를 설명한다."[65] 우리는 어떤 속성을 적응의 결과라고 여긴다. 그런데 이 속성을 잘 살펴봐야 한다. 이 속성은 지금 우리에게 매우 유익하지만 실제로 적응의 결과가 아닐 수 있기 때문이다. 이 속성에 효용이 있다. 다시 말해 이 속성 덕분에 우리는 계속 생존할 수 있다. 그러나 우리에게 유익해도 그것이 정말 적응의 결과라고 말해선 안 된다. 다시 말해 적응결과를 적응현상과 혼동하지 말아야 한다. 우리는 지금 가지는 많은 적응에 불리한 속성들도 적응의 결과일 수 있다. 적응에 불리한 속성은 지금 우리가 사는 환경에서 적합성을 높이는 데 도움이 되지 않는다. 사자는 먹이사슬의 정점에 있는 포식자다. 사자는 3일 동안 먹지 않아도 일단 사냥에 성공해서 이전의 배고픔을 상쇄할 열량을 섭취하면 생존할 수 있다. 그러나 매일 일정하게 사냥에 성공한다면, 사자는 비만에 걸릴 것이다. 따라서 생존에 유리한 포식자의 속성이 사자를 오히려 죽일지 모른다. 어떤 논평자는 똑같은 문제가 서구사회에도 있다고 지적한다. 과거에 달콤한 고칼로리 음식에 집착하는 적응이 있었다. 하지만 과거에는 이 음식들은 드물었지만, 지금은 이런 음식이 널렸다. 그래서 고칼로리 음식에 끌리는 특성이 과거에는 생존에 유리했지만 지금은 건강에 불리하다. 사회생물학은 이것을 제대로 구별하지 못했다. 반면 진화심리학은 적응현상과 적응결과를 구분하면서 어떤 특성이 발달하는 환경을 자세히 기술하려 했다. 비유적으로 말해보자. 이 특성은 무엇을 위해 설계되었을까? 이 특성은 어떤 문제에 대한 답일까? 투비와 코스마이즈가 말하는 분해공학은 이런 것이다. 어떤 특성이 처음 나타나는 환경과 어떤 특성이 정말 선택되는 환경을, 진화 적응 환경Environment of evolutionary adaptiveness, EEA이라 한다. 존 보울비John Bowlby는 1960년대에 이 용어를 만들었는데, 때때로 이것을 "조상 환경"ancestral environment이라 부르기도 했다. 예를 들어 홍적세에 인간은 아프리카 사바나에서 수렵인으로 살았다. 그때 인간은 환경의 압박에 대응하면서 생존했다. 지금 우리가 이렇게 존재하거나 행동하는 이유는 홍적세의 인간에게서 찾을 수 있다. 우리는 지하철이나 고속도로를 이용하도록 만들어지지 않았기에 교통체증 때문에 짜증을 내는 것이다. 스티븐 핑커Steven Pinker는 이렇게 말한다. "마음은 계산 기관들이 이루는 체계다. 우리 조상은 사냥감을 찾아 돌아다니면서 이런저런 문제에 부딪혔고, 자연선택은 이런 문제를 풀기 위해 마음을 설계했다. 특히 우리 조상은 어떤 사물과 동물, 식물, 그리고 다른 사람의 속내를 알고 허를 찌르려 했다."[66] 다시 말해, 우리 현대인의 머릿속에는 원시인의 마음이 살고 있다. 우가우가! 자연은 우리 마음을 만들기 위해 어떤 기제를 선택했다. 이 기제가 있는 궁극 원인은 진화 적응 환경이다. 그래서 궁극 원인에 대한 설명은 근접 원인과 구별해야 한다. 어떤 사람이 우리에게 왜 외투를 입느냐고 묻는다면 우리는 종종 근접 원인을 지적하며, 예를 들어 "따뜻하니까"라고 말한다. 물론 맞는 대답이다. 그러나 여기에는 더 심층적인 이유가 있다. 근접 원인은 현재에 초점을 맞춘다. 반면 궁극 원인은, 우리가 몸을 따뜻하게 하고, 음식을 먹고, 데이트하는, 진짜 심층 원인을 가리킨다. 궁극 원인은 생존하고 번식하라는 다윈주의의 명령이다. 다윈주의 명령에 따라 우리의 모든 행동을 분석하고 판단해야 한다. 비만인 사람을 생각해보자. 그에게 왜 그렇게 많이 먹는지 물어보라. 분명히 그들은 배고프거나 음식을 좋아해서 많이 먹는다고 답할 것이다. 이런 대답은 확실히 근접 원인을 가리킨다. 반면 궁극 원인은, 많이 먹으라고 명령하는 특성이 처음으로 선택된, 원시 환경(진화 적응 환경)을 가리킨다. 그 특성이 선택된 이후, 환경은 완전히 바뀌었다. 하지만 특성은 그만큼 바뀌지 않았다.

핑커의 말처럼 진화심리학자마다 정신에 대한 견해는 다르다. 일단 진화심리학자의 정신 개념은 영국 철학자인 존 로크가 제시한 유명한 정신 개념을 반박한다. 로크에 따르면 정신은 빈 서판*tabula rasa*이다. 이런 뜻에서 정신은 쉽게 주조될 수 있는 기관이다. 환경이 정신을 조형할 수 있다는 뜻이다. 진화심리학자에 따르면 로크의 정신관은 사회과학에서도 통한다. 사회과학은 문화가 정신을 조형하며 정신에는 본성이 없다고 생각한다. 그래서 이런 생각을 투비와 코스마이즈가 만든 용어인 표준 사회 과학 모형SSSM: standard social science model이라 부른다.[67] 여러모로 이 모형은 세계대전 후에 나타났으며, "본질" 운운하는 모든 담화를 제쳐두고 사회해방을 목표로 삼았다. 나치는 유대인만 가진 본성이 있다고 주장했으며, 성차별주의자는 여자에게 불리한 본성—남성에게 저항하고자 하는—이 있다고 하면서 여자를 감옥에 가두었다. SSSM은 어떤 사람을 본성에 가둬버리고, 판단하지 않으려 한다. 본성이란 각 사람이 스스로 선택하지 않은 것이다. SSSM은 사회해방을 겨냥하면서 이렇게 주장했다. 우리는 "본성"을 세우고, 성차별주의와 반유대주의를 없애버릴 수 있다. 우리는 문화를 통해 본성을 세울 수 있다. 그래서 우리가 문화를, 더 정확히 말해 문화적 환경을 바꾼다면, 우리는 한 사람을 바꿀 수 있다. 나치라도 유대인을 혐오하지 않는 환경에서 자란다면, 왜곡된 선입견에서 벗어날 것이다. 이런 사고방식을 떠받치는 사상은 실존주의에서 가장 완벽하게 드러난다. 장 폴 사르트르Jean-Paul Sarter는 실존주의 철학을 주장하면서 실존이 본질보다 앞선다l'existence précède l'essence고 말했다. 실존이 본질보다 앞선다면 인간은 원래 자유롭다고 말해야 한다. 그러나 사회생물학과 이제 진화심리학까지 이런 인간관은 정확하지 않다고 지적한다. 우리에게 바뀔 수 없는 본성이 있기 때문이다. 1970년대에 윌슨이 다시 말했듯이, "유전학은, 여자가 모든 직업에 평등하게 접근할 권리를 지녔다 해도 남자가 정치, 경제, 과학에서 독보적 역할을 해야 한다는 편견을 갖게 할 것이다."[68] 이 주장에 당장 찬성할 사람은 없을 것이다. 하지만 신학에서 이미 이 논쟁을 예고하는 논쟁이 있었다. 바로 아우구스티누스와 펠라기우스 논쟁이다. 펠라기우스는 표준 사회 과학

모형과 비슷한 주장을 내놓았다. 펠라기우스에 따르면, 인간은 이미 정해진 본성에 매이지 않는다. 반면 아우구스티누스는 인간은 본성을 받았지, 선택하지 않았다고 믿었다. 표준 사회 과학 모형이 주장하는 본성을 살펴보면, 펠라기우스주의를 현대적으로 해석한다고 말할 수 있다.[69] 더구나 래리 아른하트Larry Arnhart는 이렇게 지적한다. "'자유의지'는 원인 없는 원인이며 영지주의의 이상이다."[70] 더구나 "성서가 가르치는 도덕이 자연을 기반으로 한 도덕에 뿌리를 내리고 있지 않다고 주장한다면, 그 주장은 영지주의적 이원론이란 이단으로 기울게 될 것이다."[71]

따라서 우리는 진화심리학 덕분에 인간 본성이 무엇인지 다시 질문하게 된다. 진화심리학은 표준 사회 과학 모형을 거부했다. 진화심리학은 정신을 일반 과제를 처리하는 컴퓨터로 보지 않는다는 뜻이다. 혹은 정신을 모든 과제를 똑같이 처리하는 일반 과제 매커니즘으로 보지 않는다는 것이다(예를 들어, 다리를 움직이려 할 때 지형이 어떠하든 다리가 움직이는 방식은 같다). 진화심리학은 정신을 모듈로 인식한다. 각 영역에 맞는 모듈은 따로 있으며, 나름대로 과제를 수행한다. 모듈의 기능은 날 때부터 고정되어 있다. 모듈은 주로 스위스 군용나이프와 비교된다. 이 나이프는 단일 칼날 나이프와 다르다.[72] 자연은 우리가 사바나에서 살 때 이 모듈을 우리를 위해 선택했다. 지금까지도 모듈이 처음 선택된 환경이 모듈이 속한 진짜 환경이다. 그래서 우리가 특정한 모듈을 관찰할 때, 모듈이 처음에 풀려고 했던 문제가 무엇인지 상상해야 한다. 눈이나 간과 마찬가지로, 인간 정신과 인간 행동은 모두 생물학적 현상이었다. 인종말살과 강간까지, 인간 행동의 여러 유형은 진짜 환경의 도전에 대한 진지한 응답이라고 한다. 여기서 진짜 환경이란 모듈이나 속성이 처음으로 선택될 때 환경을 가리킨다.

## 모듈과 인간

제리 포더는 모듈이론을 이끌어가는 이론가이다. 하지만 역설적으로 포더는 모듈이론을 가장 섬세하게 비판한 이론가이기도 하다. 적어도 진화심리학적으로 모듈이론을 이용하는 것을 비판한다. 포더는 1983년에 『정신의 모듈성』*The Modularity of Mind*를 출간하면서 학계를 뒤집었다. 포더는 모듈을 이렇게 정의한다. "모듈 개념을 생각할 때, 모듈은 특정한 목적을 위해 만든 컴퓨터라고 생각해볼 수 있다. 이 컴퓨터만 사용하는 데이터베이스가 있다. 컴퓨터를 규제하는 규칙이 2개 있다. (1) 컴퓨터가 수행하는 작업은 데이터베이스에 있는 정보만 사용할 수 있다(최근에 영향을 준 자극에 대한 상세한 정보도 사용할 수 있다). (2) 적어도 다른 인지과정에서(어떤 모듈에서), 사용 가능한 정보는 다른 모듈에서 사용될 수 없다."[73]

모듈은 뇌의 다른 곳에 있는 정보에 둔감하다. 이것은 모듈의 주요 특징이다. 쉽게 말해보자. 뇌에서 A지점에 있는 정보는 B지점에 없다. A지점은 B지점이 보유한 정보에 "관심"이 없다. 다음 세 가지의 특징이 있어야 어떤 것을 모듈로 인정할 수 있다. (1) 비범용성nonglobalism — 하나의 기능에 뉴런의 부분집합이 대응한다. 뇌의 나머지 부분과 비교할 때, 뉴런의 부분집합은 작다. (2)해부학적 국지화anatomical localization — 뉴런집합은 뇌에서 확인 가능한 부위에 있다. 예를 들어 브로드만 영역을 생각해보자. 코르비니언 브로드만Korbinian Brodmann은 1909년에 피질부위에 따라 신경세포의 분포가 다르다는 것을 발견했다. 나중에 이 차이는 기능의 차이로 밝혀졌다. 해부학적 국지화를 뒷받침하는 경험적 증거를 처음 보여준 실험들이 있다. 폴 피에르 브로카Paul Pierre Broca(1824-1880)는 외상이 있는 환자, 특히 실어증 환자를 대상으로 이런 실험을 했다. 이 실험은 언어중추가 만들어지는 신경학적 부위를 밝혀냈다. 이 부위를 브로카 영역이라 부른다.[74] (3) 모듈은 노암 촘스키Noam Chomsky의 연구에 기초한 생득설nativism을 가정하고 있다. 생득설에 따르면, 어떤 기능은 날 때부터 있었다. 따라서 사람이 그 기능을 배워서 익힐 필요가 없다.

포더는 입력계인 지각과 중앙체계인 인지를 구별한다. 스위스 군용 나이프에 빗대자면 지각은 칼날과 같다(만지고 보는 활동을 생각해보라). 반면 인지에는 분명한 아키텍처가 없다. 적어도 우리는 인지를 완전히 알 수 없다(아마도 인지현상은 전체론적 특성을 지니고 있어 특정한 뜻에 고정되지 않기 때문일 것이다). 포더에 따르면, 입력계는 캡슐화encapsulated, 다시 말해 캡슐처럼 포장되어 있다. 그래서 입력계에서 영역을 가로지는 현상이 일어나지 않는다(거의 일어나지 않는다). 예를 들어 미각이 시각을 침범하지 않는다. 혹은 환각을 생각해보자. 환각을 경험해도 실제로는 아무것도 변하지 않는다는 사실은, 이와 같은 인지 작용을 맡는 모듈이 불가입적이라는 것을 보여준다. 포더는 입력계는 멍청하다고 지적한다. 입력계는 너무 굳어 있어 변경이나 조정이 거의 불가능하기 때문이다. 우리가 일단 연필을 뱀으로 지각했다면 그 지각은 잘 바뀌지 않는다. 반면, 인지는 지각과 완전히 다르다. 인지는 "캡슐처럼 닫혀 있지 않고, 창의적이며, 전체론적 특성을 지니며, 유비에 강하다."[75] 진화심리학으로 모듈을 평가한다면, 이렇게 말할 수 있다. 모듈이 있다는 것은 모든 것이 문화에 따라 정해지지 않는다는 것을 암시한다(모든 것이 문화에 따라 정해진다면, 그것은 정말 나쁜 일이다). 다시 말해 어떤 것은 이미 정해졌다. 따라서 상대주의는 재고할 가치도 없는 말이다. 포더는 그의 유머를 사용하며 이 논점을 기술한다.

> 당신은 이렇게 물을 것이다. "이봐요. 모듈에 왜 그렇게 집착하십니까?. 당신(포더)은 종신 교수잖아요. 그냥 쉬면서 바다낚시나 즐기셔도 될 것 같은데요." 정말 일리 있는 질문이고, 가끔 나도 궁금해하는 질문이다.… 하여간 내 대답은 이렇다. 나는 다른 어떤 것보다도 상대주의를 싫어한다(유리섬유로 만든 모터보트는 제외하고). 하여간 상대주의는 아마 거의 틀렸을 것이다. 솔직하고 간단하게 상대주의의 헛점을 말해보자. 상대주의는 인간 본성의 고정된 구조를 간과해버렸다.… 인간 본성에 내재한 고정된 구조를 인지심리학은 다음과 같은 용어로 기술한다. 인지 기제의 이질성과 인지 아키텍처의 경직성. 이 경직성은 캡슐화를 야기한다. 능력과 모듈이란 것이 있다면, 모든 것이 다른 모든 것에 영향을 주지 않을 것이다. 즉 모든 것이 마음대로 바꿀 수 있는 것이 아니라는 말이다. 전체가 무엇이든, 적어도 전체를 이루는 부분은 한 개 이상이다.[76]

모든 것이 바뀌지 않는다는 것은 좋은 일이다. 우리의 생존에 보탬이 되기 때문이다. "영원한 미와 진리에 당연히 주목해야 한다. 하지만 잡아먹히지 않는 것이 더 중요하다."[77] 물론 이 주장은 사실이고, 또한 잡아먹히는 일은 대단히 흉측할 것이다. "자연은 두 가지 방식을 모두 사용하여 그것을 하려고 했다. 다시 말해 자연은 빠르지만 멍청한 체계와, 느리게 명상하는 체계를 최대한 이용했다. 그러나 자연은 두 체계 가운데 하나를 선택하지 않았다."[78] 빠르지만 멍청한 체계나 모듈은 내용이 풍부하다. 다시 말해 이것은 아무것도 없는 상태에서 시작되지 않는다. 이 체계나 모듈에 고유한 기능이 있기 때문이다. 이 체계가 기능을 수행하려면 상당히 많은 조건이 미리 구비되어 있어야 한다. 이 말을 이해하기 위해 두 가지 신체의 차이를 생각해보자. 어떤 요구나 필요에 맞게 기관을 발달시키는 일반 신체와, 이미 여러 가지 기능단위로 조직된 신체의 차이를 생각해보라. 포식자가 우리를 잡아먹으려고 덤벼든다고 하

자. 이럴 때 다리를 미리 가지고 있는 것이 유리하다. 따라서 이미 세세하게 "붙박인" 기능을 가진 신체가 일반 신체보다 더 낫다. 정신도 똑같다. 일반 지능만 있는 것보다 세부기능이 달린 지능이 있을 때, 정신은 더 잘 기능할 것이다. 촘스키의 생득설을 살펴보자. 생득설에 따르면, 우리는 풍부한 내용을 가진 모듈(고정된 성향)을 통해 언어를 습득한다. 촘스키의 유명한 논증을 살펴보자. 아이들은 타고난 성향 없이 언어를 배울 수 없다. 아이들이 접하는 것은 부모들이 하는 언어학적 표현 몇 가지뿐이기 때문이다(이를 자극 빈약이라고 한다). 그러나 아이들은 구문과 문법을 익힌다. 그것도 아주 빠른 속도로 익힌다. 생득설이 틀렸다면, 아이가 그렇게 빨리 구문을 익히는 것을 볼 때 아이는 부모가 알지 못하는 비밀 과외를 받는다고 가정해야 한다. 모듈이론 옹호자는 프레임 문제에 주목하라고 말한다. 먹히지 않으려고 애쓰는 동물을 통해 프레임 문제를 이해해보자. 당신을 잡아먹는 포식자를 탐지하는 기제agency는 정교하지 않다. 그래서 포식자가 아닌 동물을 포식자로 인지하는 거짓 양성 문제가 생긴다. 하지만, 이런 오류는 유익하다. 스티븐 호르스트Steven Horst는 우리에게 가상의 상황을 제시한다. 두 명의 조물주가 있다고 상상해보자. 이들은 두 마리의 초식동물을 창조한다. 첫 번째 초식동물은 사슴이다. 사슴은 정말 멍청해서 거의 모든 동물에서 포식자의 낌새를 느낀다. 그래서 늘 긴장하고 조금만 부석거려도 달아난다. 사슴은 자주 오해하지만 이런 습관 덕분에 진짜 포식자를 피할 수 있다. 가끔은 호랑이도 피할 수 있다. 그래서 사슴은 번식에 성공한다. 반면 두 번째 동물은 대단히 지적이고 폭넓은 사고에 익숙하다. 이 동물의 인지 범위는 대단히 좁다. 그래서 이 동물은 특정한 대상을 겨냥한다. 진짜 호랑이가 나타났을 때 이 동물은 어떻게 반응할까? 일단 호랑이가 움직이는 소리가 들리면 이 동물은 철저하게 캐물을 것이다. "저것은 진짜 호랑이일

까? 진짜 호랑이라면, 호랑이는 지금 배가 고플까? 새끼호랑이일지도 몰라." 하여간 이 동물의 경우 진짜 배고픈 호랑이라고 확신했을 때 도망칠 것이다. 하지만 이렇게 판단하다간 잡아먹히고 만다. 이 동물은, 완벽한 신부를 찾으려고, 계속 머뭇거리는 독신남과 비슷하다. 훌륭한 신부감이 나타나도 독신남은 데카르트적 의심에 빠져 터무니없는 상황을 상상하느라 바쁘다. "정말 확실한 신부감일까? 그래. 그녀는 키스를 정말 잘하지. 하지만 키스하는 기술도 사라져버릴지 몰라. 안 그래?" 결국 독신남은 결혼도 못하고 죽는다. 아니면 몬티 파이튼에서 열린 축구경기를 떠올려보자. 철학자들이 축구경기에 나섰는데, 이들은 공 한 번 차면서 무지막지하게 시간을 끈다. 공을 찰 때 무엇을 해야 하는지 생각하느라 공을 못 차는 것이다. 호르스트는 이렇게 말한다. "처음부터 추론하거나 정보를 많이 모으도록 설계된 생명체는 탁월하긴 하지만, 우리가 사는 이런 세상에서는 멸종하고 말 것이다."[79] 여기에도 프레임 문제가 있다. 사고가 완전히 일반적이면, 어떤 개별적 사고도 전체와 어울리기 어렵다는 이야기다. 경계선이 될 만한 것도 얼마든지 경계선 너머로 확장될 것이다. 헤겔처럼 말하자면, 어떤 개별적 사고라도 무한성을 포함해야 한다. 하나의 사물인 컵을 생각해보자. 테이블 위에 컵이 있고, 테이블은 마룻바닥 위에 있고, 마룻바닥은 땅 위에 있고…이렇게 무한히 열거할 수 있다. 노골적으로 말하자면, 카드 패는 어느 시점에서 멈춰야 한다. 그렇지 않고는 어떤 생각도 할 수 없다. 몬티 파이튼의 예를 다시 들자면, 공을 정말 차려면 그만 따져야 한다.

놀랄 일인지 모르지만, 포더는 모듈에 대해서 대단히 보수적 시각을 가진다. 포더의 태도는 어떤 진화심리학자들과 상당히 다르다. 이 진화심리학자들은 (솔직히) 별로 차분하지 않다. 이들은 아예 모듈의 전체 목록을 만들고, 심지어 모듈에 대한 모듈이 나타난다고 주장한다. 모듈에 대한 모듈 같은, 불필요한 모듈에 대해 투비와 코스마이즈는 사례까지 제시한다(포더는 이런 모듈을 만들어내는 짓을 아예 "모듈이 미쳐간다"라고 표현한다).[80] 투비와 코스마이즈는 기본적으로 모든 사태에는 나름대로 모듈이 있다고 생각한다(산타클로스를 막아라. 우리가 거기에서 모듈을 찾아낼지 모른다).[81] 루이스-윌리엄스도 이런 난점을 느낀 것 같다. 그래서 윌리엄스는 이렇게 주장한다. "고대인의 정신 안에 어떤 모듈성이 있었는지 말해주는 정보는 없다. 그래서 진화심리학자는 역사적 궤적을 스스럼없이 창작해버린다. 1억 년 동안 모듈의 특성이 변하고, 모듈 사이에서 정보가 교환되는 과정을 자유롭게 상상하는 것이다."[82] 여기서 진화심리학은 기계의 신 *deus ex machina*을 도입하는 것 같다. 여기서 기계의 신은 자연선택이다. 자연선택이란 신은 절대적 창조자와 똑같은 특징을 가진다.[83] 따라서 자연선택(자연이 선택한 적응)은 사고하는 역할을 맡지만, 우리는 그저 행위자로서의 역할을 맡을 수밖에 없다.[84] 예를 들어 피아노 연주자가 자신의 손을 의식하게 되면 연주는 갑자기 멈추게 된다(니체는 암소에 대해 이렇게 말하지 않았나?). 이 주장은 조금은 맞다. 차를 몰고 어디로 갈 때, 우리의 뇌는 분명하게 행동을 숙고하지 않지만 어떤 행동을 지시한다. 여기서 스티브 미슨Steve Mithen의 주장은 인상적이다. 투비와 코스마이즈가 말하는, 모든 것을 포괄하는 모듈성은 진화심리학자가 즐겨 사용하는 유비—스위스 군용나이프—를 통해 오히려 반박당한다는 것이다. 이 유비를 사용하면서 모듈성은 다른 사고양태에 종속된다고 말해야 하기 때문이다. 모듈이 다른 사고양태에 종속되지 않는다면, 모듈을 위한 모듈이 있어야 한다.[85] 간단하게 이렇게 말할 수 있다. 이 문제는 결합문제 binding problem와 비슷하다. 독립적으로 처리된 여러 정보들이 어떻게 단일한 대상으로 통합되어 지각되는가? 이것이 결합문제다. 예를 들어 컵을 지각할 때 어떤 것이 관여하는지 따져보자. 컵에 관련된 속성은 다양하다. 색깔, 향기, 소리…. 하지만 우리는 컵이란 통합된 대상을 지각한다. 스위스 군용나이프도 똑같다. 나이프에는 많은 칼날이 있지만, 나이프는 칼날을 모두 담고 있다.

투비와 코스마이즈에 반대하고 미슨을 지지하는 사람들은 이렇게 주장한다. 정신은 스위스 군용나이프와는 전혀 다르다. 정신은 일반목적을 추구하는 학습 프로그램이다. 모듈성은 있다. 그러나 모듈성은 발달 이후에 나타나는 산물이다.[86] 또한 발달환경의 특성을 알면 모듈이 어떤 기능을 고착시키는지 규정할 수 있을 것이다. 정신은 군용나이프와 비슷할지 모른다. 그러나 어떤 종류의 칼을 포함할지는 처음부터 정해져 있지 않다.[87] 또한, 영역 특수성은 있다. 하지만 모듈은 카르밀로프-스미스Karmiloff-Smith가 말한 "표상 재기술"representational redescription을 받아들인다. 영역을 가로지르는, 새로운 형태의 지식이 생겨나려면, 특정 영역에서 재현되는 지식이 다시 사용되어야 한다. 카르밀로프-스미스는 이렇게 말한다. "보통 특정한 목적을 위해 이용되는 지식은, 그 목적을 넘어 적용되기도 한다. 그래서 지각이 영역을 가로질러 연결될 수 있다."[88] 예를 들어 깃털을 생각해보자. 깃털은 원래 체온조절을 위해 사용되었다. 하지만 진화는 새가 비행할 때도 깃털을 사용하게 만들었다. 사고(생각)도 원래 특정 영역에서 일어난다. 하지만 사고기능은 새롭게 유별나게 사용된다. 액션영화의 주인공은 일상용품을 무기처럼 사용한다(최근에 본 영화에서 주인공은 잡지를 무기로 사용했다). 생존영화의 주인공은 볼펜 제작자의 의도와 전혀 다르게 볼펜을 사용한다(볼펜의 용도는 원래 하나뿐이다). 이런 기술이 한마디로 표상 재기술이 아닐까? 엄격하게 모듈로 나눠진 정신과 유동적이고 창의적 정신을 구별하는 논증도 있지만, 이런 논증은 사태를 더욱 혼란스럽게 만든다. 댄 스퍼버Dan Sperber는 아예 두 가지 정신 모두 옳다고 주장해버린다. 스퍼버에 따르면 우리에게 "메타-표상을 위한 모듈"이 있기 때문이다. 이 모듈의 기능은 개념들의 개념을 담지하는 것이다(이제 헤겔의 개념마저 다소 평범하게 느껴진다).[89] 그래도 하고 싶지 않은 질문이 또 떠오른다. 무엇이 이 모듈을 담지할까? 일단 이 질문에 답을 하려는 마음을 자제해야 한다(물론 답이 없어서 그렇기도 하다). 미슨은 이 논쟁을 멋지게 해결하려고 했다. 미슨에 따르면, 정신의 구조가 성당과 같다고 생각해야 한다. 이 성당을 세 개의 무대, 혹은 세 단계로 나눌 수 있다. 첫 번째 단계는 성당의 대부분을 차지하는 회중석이다. 미슨이 말한 회중석은 일반 지능을 발휘하는 정신을 뜻한다. 이 성당이 발달하고 진화하면서 부속 예배당들이 생겼다. 부속 예배당들을 구분하는 벽으로 아무것도 통과하지 못한다. 다시 말해 일반 지능에 특수 지능 영역이 첨가된 것이다. 마지막 단계에서 부속 예배당은 서로 연결된다. 미슨이 유비로 사용한 성당은 로마네스크 성당과 후기 고딕 성당 사이에 있다. 미슨이 제시한 성당의 경우, 빛과 소리는 구석에서 나오지만 건물 전체로 퍼진다. 미슨이 보기에 우리 정신도 비슷하다. 정신의 특징은 인지 유동성이다. 인지 유동성은 이전 단계에서 나온 일반 속성이다.[90] 포더는 미슨의 책에 대해 논평하면서 미슨의 제안에 문제가 있다고 지적한다. 미슨뿐만 아니라 모든 인지과학이 직면한 문제는, 무엇이 일반 지능(지성)인지 아무도 모른다는 것이다. 엎친 데 덮친 격으로, "어떤 것이 어떤 것에서 생긴다"는 말이 무슨 뜻인지 아무도 모른다. 포더에 따르면 이것은 스캔들이다. 해소되지 않기에 껴안고 살 수밖에 없는 스캔들.[91]

어떤 사람들은 모듈성이 경직되어 있다고 우리를 설득하지만, 알바로 파스쿠엘 레온Alvaro Pascual-Leone의 실험은 모듈성이 그렇게 경직되지 않았음을 보여준다. 파스쿠엘 레온의 작업은 다음 사실을 지적한다. 특정한 기능을 수행하는 뇌영역은 다른 기능을 수행하는 영역을 자생적으로 포섭할 수 있는 것 같다. 파스쿠엘 레온은 5일 동안 피험자의 눈을 가렸다. 그리고 촉각과 청각으로 수행할 수 있는 작업을 피험자에게 시켰다. 흥미롭게도 피험자가 이 작업을 할 때 후두피질(시각)이 활성화되었다. 피험자는 촉각과 청각으로 작업을 했지만, 시각을 담당하는 후두피질이 이런 작업에 동원된 것이다. 다시 말해 해부학적 영역은 날 때부터 아주 강하게 고정된 것은 아닌 듯하다.[92] 단일 모듈보다 모듈의 협의체가 작업을 수행한다고 말할 수 있겠다.[93] 브로드만 영역은 기능수행과 일대일로 대응하지 않는다. 오히려 다수 대 다수로 대응한다. 브로드만 영역은 진화하면서 다르게 배치된다. 그래서 모듈 모형이 허용하는 것보다 인지 유동성이 더 커진다.[94] 고정된 모듈성 이론에 도전하는 가설이 또 있다. 바로 포괄적 재배치 가설이다. 마이클 앤더슨은 포괄적 재배치 가설의 주요 옹호자다.[95] 앞에서 볼펜이 다르게 사용되는 예를 말했는데, 이 가설은 정확히 그런 사례를 가리킨다. 모듈은 자신이 수행하는 작업과 완전히 다른 작업에도 투입된다. 그러나 포더는 모듈성이 1 아니면 0이라는 논리로 움직이지 않는다고 생각한다. 모듈은 다른 형태의 정보에 지독하게 둔감하지만, 다른 모든 정보에 늘 둔감하지는 않다.

우리가 인지하는 세계를 바이트 단위로 쪼개서 설명하는, "단일 지표 이론"에 기대면, 생명체는 나름대로 지각능력이 있음을 간과할 수 있다. 특정 대상을 지각할 때 마음에 표지판이 생긴다. 이 표지판은 자연적으로 생긴 내적 지표다. 이 지표는 뇌 안에서 특정 대상이 지각되었음을 가리킨다. 우리의 일상 행동도 이렇게 이해할 수 있다. 우리는 내적 표상을 통해 외부 세계에서 어떤 일이 일어나는지 인식한다. 내적 지표가 활성화되면 우리는 그에 맞는 행동을 할 것이다. 예를 들어 돌이 날아오면 머리를 숙인다. 책이 있으면, 우리는 책을 읽거나, 책을 읽으면 어떨까 상상한다. 하지만 내적 표상을 가정하는 이론에 주로 선언지 문제選言脂 問題, disjunctive problem가 있다. 예를 들어, 표상이 생기는 조건을 여러모로 기술할 수 있는데, 이 기술들은 똑같이 타당하다. 아주 일반적으로 말해서 표상에 포함된 정보가 분명하게 규정되어 있지 않다는 것이다. 선언지 문제를 논의할 때 주로 개구리 예를 든다. 개구리가 수련 잎에 앉아 파리를 잡아먹는다. 개구리는 혀를 내밀어 파리를 덥석 삼켜버린다. 그런데 개구쟁이 아이가 조그만 자갈을 개구리에게 던져도 개구리는 파리를 잡을 때처럼 혀를 내밀어 자갈을 삼키려 한다. 이 사례에서 우리는 표상에 어떤 정보가 포함되어 있는지 확실히 말할 수 없다. 개구리의 뇌에서 어떤 표상이 생겼다면, 그 표상은 파리에 대한 표상일까? 아니면 작고 검은 물체에 대한 표상일까? 우리가 인지하는 세계는 엄밀한 모듈성이나, 더 나아가 진화심리학이 보여주는 세계보다 훨씬 복잡하고 신기하게 보인다. 어머니 자연이란 은유를 계속 사용하는 것을 보면, 우리가 인지하는 세계가 얼마나 복잡한지 느낄 수 있다. 이 은유는 우리의 무지에 대한 플레이스홀더다. 이 장의 끝부분에서 선언지 문제가 자연선택과 다원주의에 도전한다고 믿는—포더만큼은 아니지만—학자들을 살펴볼 것이다 자연선택은 법칙이며, 일반적으로 다원주의는 법칙들을 포괄하는 법칙 같은 것을 가진다는 생각에 대해 이 학자들은 선언지 문제가 이런 생각에 도전한다고 생각한다.[96]

## 진화심리학: 귀환

모든 생물학과 사회과학이 전제하는 모든 것의 원인은 바로 "필요"다 (다르게 표현하자면, "충동"이 더 낫겠다). 이것은 형이상학의 주장이다.

이 주장이 함의하는 환원주의에 가장 적당한 이름은…형이상학적 환원주의다. 이 주장은 형이상학에 속하기 때문에, 맞거나 틀리지도 않고, 경험적으로 검사할 수 없다. 이것은 무엇보다 유전자가 중요하다는 신념을 그저 진술한다.

_ 헨리 플로트킨[97]

오늘날 우리가 아는 진화심리학은 과학이 아니다. 기껏해야 신흥 과학이며, 나쁘게 말하자면 공상과학소설이다.

_ 마리오 붕헤[98]

진화가 파괴하는 것이 있다면, 그것은 종교가 아니라 합리주의다.

_ G. K. 체스터튼[99]

---

먼저 진화심리학에 깃들어 있는 혁명적 의지를 읽어야 한다. 서구의 자유주의 문화를 고려할 때, 진화심리학은 혁명적이지 않더라도 반직관적이다. 진화심리학에 따르면 문화에서 온갖 차이가 나타나지만, 그 밑에는 인간 본성이 있다. 그리고 우리가 경험하는 차이는 인간 본성에서 비롯된 결과다. 이런 차이는 진화론적 생존전략이 발달하면서 생겨난 결과일 뿐이다. 적합성을 높이는 환경을 만들어내는 방법이 바로 진화론적 생존전략이다. 문화는 서로 다르지만, 어떤 속성을 공유하는 듯하다. 다시 말해 어떤 속성은 보편적으로 나타난다.[100] 예를 들어 감정을 보자. 자넷 래드클리프 리처드Janet Radcliffe Richards는 이렇게 말한다. "감정 덕분에 생물은 어떤 것을 다른 것보다 더 좋아한다. 감정은 진화하자마자 계통의 생존을 결정하는 요인이 될 것이다. 당신이 섹스를 통해 번식하

는 종이지만 섹스에 관심이 없다면…당신은 아마 자손을 별로 낳지 않을 것이다."[101] 다시 말해, 섹스에 관심이 없는 종은 점점 사라질 것이다. 따라서 사회는 점점 섹스에 마음을 쓰게 될 것이다. 여기서 우리는 자신을 쉽게 속인다는 것을 기억해야 한다. 딱히 재미는 없지만 적절한 사례를 보자. 우리는 경기에서 지면 운이 나빴다고 스스로 속삭인다. 하지만 똑같은 경기에서 이긴다면 내가 잘해서 이겼다고 말할 것이다. 라이트를 인용해보자. "운 때문에 당신은 패하고 상대는 이긴다. 반면, 능력 때문에 당신은 이기고 상대는 패한다."[102] "이건 운 때문이야"라고 말하면서 우리는 자신을 조금이나마 달래본다. 자신감을 잃으면 우리는 평소와 다르게 행동하면서 번식기회를 줄이는 신호—자신감 부족, 움추린 어깨 등—를 낼지 모른다. 그러면 배우자가 그를 기피할지 모른다. 그러나 진화심리학의 도전은 훨씬 과격하다. 진화심리학은 윤리학과 추상적 사고, 자유의지의 기초를 허물려 하기 때문이다. 심지어 과학의 토대까지 침식하려 한다. 진화나 자연선택은 우리와 상관없이 일어나며, 바깥에서 가해지는 힘이라고 생각해선 안 된다. 오히려 진화는 바로 우리 자신이다. 우리는 유전자를 실어나르는 운반자라는 것이다. 진화는 우리를 거짓말쟁이가, 더 정확하게는 거짓말이 되게 한다. 우리 자신이 니체가 말한 참된 거짓말이다. 왜 참된 거짓말일까? 우리에게 정말 기능이 있다는 점에서 참이지만, 그 기능은 우리를 겨냥하지 않는다는 뜻에서 거짓이다. 우리가 바로 거짓이다. 생명은 우리를 겨냥하지 않는다는 말이다. 생명은 복제자를 겨냥하기 때문이다. 적어도 극단적 다윈주의의 관점에서는 그렇다. 결국 우리 행동은 늘 다른 의도로 물들어 있다. 우리 생각에는 늘 숨겨진 이면이 있다. 시야가 끝나는 곳에서 우리의 진심이 털끝만큼 보일지도 모른다. 외국에서 인공위성으로 소식을 전하는 리포터를 떠올려보자. 우리는 집에서 텔레비전을 보면서 세계의 사건과 사고를 듣는다. 하지만 거리가 멀어 시간이 지연된다. 정신생활에서도 비슷한 지연이 일어난다. 정신생활의 중심에는 진화가 있기 때문이다(나중에 우리는 "다윈의 사상도 진화할까?"라는 질문을 살펴봐야 한다). 우리의 동물적 본성과 인간성 사이에는 무지méconnaissance가 존재한다. 결국 우리가 기댈 수 있는 기초나 기준점은 없는 듯하다. 이제 인간은, 자기 집에서 타인의 집에 있는 것처럼 우왕좌왕한다. 익숙했던 것도 이제 이상하고 낯설고, 심지어 위험하게 보인다. 지그문트 프로이트는 이것을 두려운 낯설음uncanny이라 부른다(이 단어의 어원은 heimlich와 unheimlich이다. 전자는 "길들여진, 친근한"이란 뜻이고, 후자는 "편안하지 않은, 낯선"이란 뜻이다).

이런 맥락에서 극단적 다윈주의가 우리에게 제시하는 세계는 영화 〈매트릭스〉가 보여주는 세상과 다르지 않다. 〈매트릭스〉에서 인간은 욕조 같은 용기에서 사육된다. 〈매트릭스〉에서 진리는 기능에 종속된다. 영화의 한 장면에서 어떤 인물은 자신이 먹는 스테이크가 가짜라고 중얼거린다. 하지만 이런 깨달음은 아무런 소용이 없다. 극단적 다윈주의도 오직 기능을 확증하려고 한다. 진리가 아니라 생존에 유리한 기능이 있는지 확인하려 한다. 제프리 밀러Geoffrey Miller는 이렇게 말한다. "인간은 도구를 만들고, 두 발로 걷고, 불을 사용하고, 전쟁을 하고, 사냥을 하고, 채취를 하고, 사바나의 육식동물을 피한다. 인간 두뇌의 신피질은 이런 기능을 수행하는 주된 도구도 아니고, 유일한 도구도 아니다. 인간에게 필요한 이런 기능만으로 인간 종에서 일어난 혁신을 설명할 수 없다.…대체로 신피질은 배우자를 유인하고 간직하는 구애도구다. 다시 말해, 진화를 통해 신피질에 부여된 기능은 타인을 유혹하고 흥겹게 하는 것이다. 또한 나를 자극하려는 타인을 평가하는 것이다."[103] 마이클 스미서스트Michael Smithurst는 제프리 밀러의 요점을 훨씬 다채롭게 풀이하면서 이렇게 지적한다. 인간은 "속이면서 섹스하도록" 만들어진 존재다.[104] 라이트도 이 주장의 핵심을 훌륭하게 요약한다. "유전자는 종종 무의식적으로 통제한다는 것을 먼저 이해해야, 우리는 여러모로 꼭두각시임을 제대로 이해할 수 있다. 조금이라도 꼭두각시 노릇에서 벗어나려면 꼭두각시 조종자가 어떤 논리로 움직이는지 이해해야 한다. 조종자의 논리를 완전히 파악하려면 시간이 꽤 걸릴 것이다. 그러나 이렇게 말했다고 해서 스포일러가 되었다고 생각하진 않는다. 꼭두각시 조종자는 꼭두각시의 행복에는 일절 관심이 없을지 모르기 때문이다." 결국 우리가 한 말과 나눈 대화, 우리가 맺은 관계는 모두 허구다. 이런 것은 부차적이다. 더 정확히 말하자면, 이런 것은 정말 중요한 것이 만들어낸 부산물이다. 무엇이 정말 중요한가? 바로 유전자를 다음 세대로 넘겨주는 것이다. 밈이란 개념을 도입하면 상황이 더욱 복잡해진다. 포괄적 다원주의가 말하는 거대 서사에서 밈이 어떤 역할을 하는지 간단하게 살핀 후에, 진화심리학이 과학과 윤리, 섹스에 어떤 충격을 가했는지 검토해보자.[105]

## Memes "R" Us

> 데카르트는 "나는 생각한다. 그러므로 나는 존재한다"라고 말했다. 철학적 진화론자는 이 경구를 부정하면서 뒤집는다. "나는 없다. 그러므로 나는 생각할 수 없다."
>
> _ G. K. 체스터튼[106]

"밈"meme이란 단어는 "유전자"gene와 "기억"memory의 합성어다. 밈은 도널드 캠벨의 작품에서 나온 말이다. 캠벨은 1960년대에 "기억소"mnemone을 말했다. 기억소는 "문화소"culturgen와 같은 말이었다."[107] 수전 블랙모어Susan Blackmore는 밈을 이렇게 정의한다. "밈은 문화 전파의 단위이자 모방의 단위다.…곡조와 사상, 구호, 패션, 솥을 만들고 구조물을 제작하는 법이 모두 밈이다. 유전자는 난자나 정자를 통해 이 몸에서 저 몸으로 이동하면서 유전자 풀에서 자신의 비율을 늘이듯이, 밈은 대체로 모방이라 부를 수 있는 과정을 통해 이 뇌에서 저 뇌로 이동하면서 밈 풀에서 자기 비율을 늘인다."[108] 도킨스는 『이기적 유전자』를 통해 밈 개념을 유행시켰다. 하지만 이 개념을 처음 사용한 사람은 리하르트 제몬Richard Semon이다. 제몬의 책인 『밈: 유기적 발생의 변환을 포괄하는 원리』*Die Mneme als erhaltendes Prinzip in Wechsel des organischen Geschehen*는 1904년에 출판되었다. 영어 번역본은 1914년에 나왔다.[109]

도킨스에 따르면, "유전자는 유전자 생존 기계를 뇌에 제공했다. 생존기계는 빠르게 모방할 수 있다. 밈은 저절로 모방능력을 인수할 것이다."[110] 하지만 여기서 문제가 생긴다. 밈이 모방능력을 인수하는 충분조건이 빠르게 모방하는 능력이라면, 우리는 밈 없이 어떻게 모방할까? 밈이 (뇌를 만들지 않지만) 정신을 만든다고 믿을 수 있다면, 밈이 생기기 전에 어떻게 모방이 일어났을까? 밈 없이 빠른 모방이 일어나는 시기나 영역은 도킨스에게 타락 이전의 에덴동산과 같은 곳일까? 이 영역은 밈 이론으로 타락하기 전에 존재했던 곳일까? 이 질문을 잠시 건너뛰고 다니엘 데닛을 살펴보자. 밈 이론의 걸출한 옹호자인 데닛은 우리에게 이렇게 말한다. "우리 뇌는 언어 매체가 드나드는 출입구를 만들었다. 그러자 이 출입구에서 무성하게 번식한, 어떤 존재들이 재빨리 언어 매체에 기생하게 되었다(말 그대로 기생한다는 뜻이다). 이 존재들이 밈이다."[111] 데닛에 따르면 모든 밈이 기대는 피난처는 바로 인간 정신이다.[112] 일단 자아가 밈의 산물임을 받아들이면 이 사실은 그렇게 놀랍지 않다. 다시 말해 밈은 우리의 존재를 세우고 짓는다. 밈은 우리를 유혹하여 우리가 스스로 있다고 생각하게 만든다(라캉의 정신분석을 떠올리게 하는 말이다). 거울을 보면 거울상이 다시 나를 쳐다본다. 그러나 밈 때문에 우리는 거울상이 바로 나라고 생각한다. 아직까지 도킨스와 데닛을 옹호하는 블랙모어는 말한다. "자아란 환상은, 밈 세계가 만들어낸 구조물이다."[113] 그리고 "'나'의 신념과 의견은 밈이 자신을 대변하려고 사용하는 생존전략이다. '나'의 창조력은 밈 진화가 만들어낸 구조물이다. 이런 관점으로 보면 인간 본성도 밈의 산물이다."[114] 밈이 효과가 있을수록, 밈은 더욱 치명적이고, 발현율도 더 높아진다고 한다(발현율은 유전학에서 쓰는 용어인데, 유전자가 표현형에 미치는 인과적 영향을 가리킨다). 밈의 발현율이 높아진다는 것은 밈이 문화소로서 문화환경에 미치는 영향이 크다는 뜻이다. 밈이론에 따르면 우리는 유전자 운송수단으로 주로 사용되었고—그래서 우리는 구름이나 모래폭풍만큼의 정체성만을 가진다—밈은 우리의 존재까지 정말 지워버린다. 유전자와 밈에 대한 극단적 다윈주의자의 해석은 자유의지 개념까지 아예 없애버린다. 우리에게 자아가 없다면, 다른 어떤 것으로 환원되지 않는 중핵이 자아에게 없다면, 우리가 어떻게 자유의지를 가질 수 있겠는가? 설사 우리에게 자유의지가 있어도, 적어도 사람들이 우리에게 자유의지가 있다고 말하더라도, 이것은 참된 거짓말일 뿐이다. 즉 자유의지는 유용한 생각이지만 그저 또 다른 밈이다. 블랙모어는 이렇게 말한다. "자유의지는 거대한 밈플렉스를 이루는 이야기에 지나지 않는다. 그리고 그것도 거짓 이야기에 불과하다."[115] (여기서 우리가 누구인지 질문하고 싶어진다. 수전 블랙모어의 이야기가 너무나 황당하기 때문이다. 아마 이렇게 물을 수 있겠다. 밈이론을 전제할 때 거짓 개념을 과연 도입할 수 있을까?) 에드워드 윌슨도 블랙모어처럼 생각한다. 윌슨은 "자유의지는 환상"이라고 지적한다.[116] 적어도 극단적 다윈주의자에게 자유의지는 점점 지루한 주제가 되어간다. 라이트도 이렇게 주장한다. 자유의지는 "유용성을 잃어간다. 10년이나 20년 후의 생물학 연구를 상상해보라. 그때 자유의지 개념은 쓸모도 없는 걸림돌이 되어 있을 것 같다."[117] 나는 그렇게 생각하지 않는다. 하지만 자유의지 개념이 쓸모없다면 자기 생각을 가질 수도 없다는 것, 결국 그것이 문제다! 세 가지의 문제가 이 문제에 얽혀 있다. 첫째, 다음 세대로 전달되는 개별 정보 단위가 문화를 구성하는가? 둘째, 이런 단위가 있다면, 이 단위는 복제자로서 기능할까? 셋째, 첫째 주장과 둘째 주장이 옳다면, 이 복제자가 전달되는 현상을 다윈주의 논리로 분석하는 것이 가장 적절할까?[118] 우리는 세 가지의 질문에 모두 아니라고 답한다. 지금부터 그 이유를 분명히 밝히려고 한다.

데닛이 제시한 밈 개념은 너무 문제가 많다. 개념이 뒤죽박죽된 책을 어떻게 출판할 수 있는지 캐물어봐야 할 지경이다. 일단 밈의 기원은 무엇인지 물어보자. 밈은 정신에서 나왔을까? 밈이 정신에서 나왔다면, 정신이 없다면 밈도 없을 것이다. 따라서 밈이 정신을 만들 수 없다. 데닛은 그게 아니라고 손을 흔들며 밈 운반체를 말한다. 밈 운반체는 인간 정신 안에 있는 밈 둥지에서 번데기처럼 숙성되는 단계를 거친다는 것이다.[119] "아…"라고밖에 달리 할 말이 없다. 하지만—데닛이 너무 진지하여 웃을 수도 없다—일단 데닛의 논의를 더 살펴보자. 데닛은 그림과 책, 속담, 도구, 건물, 발명품도 밈 운반체라고 했다.[120] 하지만 이런 것들이 어떻게 인간 정신에 있는 밈 둥지에서 번데기처럼 숙성될 수 있을까?[121] 케이트 디스틴Kate Distin은 여기서 중요한 주장을 한다. 데닛은 유전자와 유전자 운반체를 유전자의 표현형 효과와 구별한다. 하지만 밈에 대해서는 그렇게 구분하지 않는다. 밈은 바로 운반체 때문에 선택된다.[122] 이것은 분명 혼합의 오류이다. 이 오류로 인해 데닛의 설명은 완전히 일관성을 잃은 채 뒤죽박죽되었다. 우리가 밈을 무엇이라고 생각하든, 이것은 혼합의 오류다(이 정도 오류는 그래도 괜찮다. 이보다 더 심한 것이 기다리고 있다). 이렇게 뒤죽박죽된 것은 데닛이 운반체와 표현형 효과를 혼동했기 때문이다. 물론 운반체는 복제자를 운반하지만 복제를 촉진하기도 한다(우리는 자식을 낳는다. 자, 보시라. 운반체는 이제 다음 세대 안에 있다). 반면, 운반체가 생존에 유리하거나 불리하게 변형되는 방식이 바로 표현형 효과다. 디스틴은 이렇게 데닛의 문제를 지적한다. "데닛은 어떤 것을 반응자로 간주한다. 그런데 이것은 실제로 반응자의 표현형 효과다. 일단 반응자와 반응자의 표현형 표과를 혼동하면, 인간이 만든 물건도 밈의 근원이 될 수 있다고 주장해버릴 수 있다. 예를 들어 만돌린(악기)은 만돌린 밈의 표현형 효과다. 하지만 당신이 만돌린을 운반체나 밈 반응자라고 부른다면, 이것은 만돌린이 만돌린 밈의 근원이라고 말하는 것과 같다." 밈 반응자도 밈의 근원이라고 생각하고 받아들이는 의식도, 인공물에 의해 조성된 밈에 의해서 만들어졌다고 생각해야 한다. "만돌린이 성공하거나 실패함으로써 만돌린 밈이 선택될 것이다. 하지만 만돌린만으로 만돌린 밈을 복제할 수 없다는 것이 현실이다."[123] 다시 말해, 만돌린은 만돌린을 복제할 수 없다. 만돌린은 밈 운반체의 효과가 아니라 밈의 효과다. 밈의 또 하나의 중요한 점은(밈에 대한 의심은 잠시 접어두자), 일반적으로 적용될 수 있어야 한다는 것이다. 밈을 일반적으로 적용해야 한다면, 청사진이나 공식과 같다고 생각해볼 수 있다. 하지만 인공물은 어떤 유형의 사례이기 때문에, 다른 것에 적용할 수 없다. 다시 말해, 인공물이 따로 떨어져 있다면, 정보를 교환하지 못한다. 비트겐슈타인이 찬장에 있는 빗자루를 설명하면서 정확히 이런 이야기를 하지 않았나? 우리가 이미 일반 언어형식 안에서 살고 있지 않다면, 우리는 빗자루를 가져다 쓸 수 없을 것이다. 즉 빗자루는 스스로를 나타낼 수 없다. 빗자루가 일반 언어 형식에 속해 있지 않다면 우리는 빗자루를 빗자루로 인지할 수 없을 것이다. 디스틴은 이렇게 말한다. "밈 운반체와 밈 효과를 구분하지 않으면, 표상과 표상된 것을 기본적으로 구분하지 못할 것이다."[124] 블랙모어도 똑같은 잘못을 범한다.[125] 데닛과 그의 옹호자는 밈이 정신을 구성한다고 주장하지만, 사실 모순을 범하고 있다(놀랍게도 그들은 모순을 범해도 거의 당황하지 않는다). 그러나 밈을 만드는 것은 정신이다. 따라서 밈이 정신을 구성한다고 말할 수 없다. 일반화하거나 복제를 하려면, 외부에 기준점이 있어야 한다. 밈이 정신을 만드는 방법은 메타정신, 즉 원초적 정신*Ur*-mind이 있다고 가정하는 것뿐이다. 아마 데닛은 밈의 존재를 위한 필수조건으로 신을 필요로 할지 모르겠다. 적어도 데닛이 우리의 정신이 밈에 의해 만들어졌다고 정말 주장하고 싶다면 말이다.

그러면 정신은 밈 복합체에 지나지 않는걸까? 정신이 밈 복합체라면, 정신은 우리의 표현형에 속할 수 없고 우리의 유전자와도 관계를 맺을 수 없다. 이전 장에서 살폈듯이 유전자와 환경 모두 생명체의 개체발생과 발달에 영향을 미친다. 엘리엇 소버의 용어를 사용하여 질문해보자. 유전자와 환경 가운데 어느 것이 주요 플러스 효과일까? 즉 생명체 발생에 가장 영향력을 끼친 요인은 어느 것일까? 데닛에게는, 밈이 정신 발생에 가장 영향을 많이 준 주요 플러스 효과이다. 그러나 이 말의 뜻을 잘 살펴야 한다. 같은 유전형을 가진 두 명의 사람을, 각기 다른 두 개의 밈 세계에 집어넣는다면, 완전히 다른 두 개의 정신이 생겨날 것이다. 반대로 완전히 다른 유전자형 두 개를 똑같은 밈 세계에 노출시키면, 짜잔, 두 개의 똑같은 정신이 나타난다. 이것을 고려할 때 데닛의 문제점은 무엇일까? 데닛은 밈이 생명체의 (확장된) 표현형에 속한다고 말한다. 이 주장이 말썽이다. 하지만, 표현형은 유전자의 효과다.[126] 데닛은 이 두 주장을 모두 취할 수 없다. 다시 말해 밈이 정신을 형성하거나, 표현형이 정신을 형성한다(조금 범위를 넓혀서 유전자형도 정신을 형성할 수 있겠다)는 두 주장 가운데 하나를 취해야 한다. 밈과 표현형이 함께 정신을 형성할 수 없다.[127]

다시 도킨스를 살펴보자. 도킨스는 로마 가톨릭을 정신의 바이러스로 여긴다.[128] 도킨스라면 충분히 할 만한 말이다. 정신의 바이러스 개념은 도킨스가 세운 밈의 세계의 이분법을 만들기 위해 필수적이다. 도킨스는 유전자와 비슷한 문화적 아이디어—밈—와, 나쁜 바이러스—종교—를 구별하려 한다. 그렇게 구별해야 어떤 생각과 행동이 좋은지 나쁜지 판결할 수 있기 때문이다.[129] 하지만 이것은 밈과 바이러스를 구분하는 기준이 자의적일 수밖에 없다는 점에서 논점을 회피한다. 도킨스는 이렇게 주장한다. 밈은 이기적이며, "문화적 환경을 자기에게 이롭게 이용하는 밈이 쉽게 선택된다." 하지만 디스틴은 말한다. "이 말이 맞다면, 복제자가 '좋은' 복제자인지 결정함으로써 밈과 정신 바이러스를 구분하려는 시도가 성공할 수 있겠는가? 유전자도, 밈 이론도 복제자가 운반하는 정보의 내재적 가치(좋음/나쁨)에 대해 어떤 말도 하지 않는다."[130] 물론 적합성은 상대적이다. 그렇지 않다면 도킨스는 다윈주의를 부정하고 있는 것이다(다윈주의는 상대적 적합성만 수용한다. 상대적 적합성은 내용과 완전히 무관한 개념이기 때문이다). 따라서 도킨스는 바이러스와 밈을 구별할 수 없다. 즉 생존 개념은 일의적이다(반면 무엇이 살아남는가의 문제는 다의적이다).

도킨스는 자살을 부추기는 밈이 있을지 모른다고 말한다. 여기서 밈 이론의 어처구니없는 측면을 볼 수 있다. "자살 밈도 넓게 퍼질 수 있다. 순교가 공개적으로 상연되면, 사람들은 대의를 진지하게 믿으며 죽으려 할 것이다."[131] 도킨스는 미국 초기 소설가 고어 비달Gore Vidal을 인용하면서 근거를 제시하려 한다. 하지만 그 책은 초기 미국 소설 작품이다.

아담 쿠퍼는 짓궂게 도킨스를 꼬집는다. "사회과학자가 조류학에 관련된 주장을 하려고 히치콕의 영화 〈새〉를 인용한다면 도킨스는 분명 울화통을 터뜨릴 것이다."[132] 아무래도 밈은 있는 듯하다. 도킨스를 논하면서 쿠퍼가 조류학을 지적한 것은 전염되었기 때문이다. 예를 들어 테리 이글턴도 쿠퍼와 비슷하게 도킨스를 꼬집는다. "생물학을 장황하게 떠들어대는 사람이 알고보니 『영국의 조류』라는 책밖에 읽지 않았다는 것이 밝혀졌다고 상상해보라. 리처드 도킨스가 신학을 논한 것을 읽으면서 무엇을 느꼈는지 떠올려보라. 대충 감이 올 것이다."[133] 도킨스의 조류(신)학ornith[e]ology은 정말 우스꽝스럽다. 물론 도킨스의 조류(신)학이 일요일 신문에 난다면, 그럴 수도 있다며 웃어넘길 수 있다. 하지만 그것을 과학이라고 주장하니, 옥스퍼드가 배출한 지성인 가운데 썩은 사과가 있다고 해야겠다. 쿠퍼는 말한다. "종교 신앙을 다룬 문헌은 수없이 많다. 인류학자와 심리학자, 역사학자, 여러 학자들이 집필한 책을 보라. 도킨스는 어떤 책도 인용하지 않는다."[134] 확실히 밈은 유일한 일반-만능기계다. 그것도 진화심리학이 허용하는 기계다. 예외가 규칙을 증명한다고 하듯, 밈은 진화심리학이 허용하는 예외다. 도킨스는 밈을 발견만 하면 된다. 얏! 그리고 종교는 사라졌다. 이런 생각을 관통하는 논리는 끈질기게 당신의 메일함으로 날아드는 스팸메일의 내용을 생각나게 한다. 내용이 기막히다. 굳이 시험을 치지 않아도 대학 학위를 주겠다고 한다. 이 제안은 얼마나 자유로운지, 아마 당신이 죽은 이후에도 학위를 받을 수 있을 것이다. 도킨스의 나라에서도 비슷하다. 당신이 죽어서 천국 문턱까지 가더라도 도킨스의 밈은 당신을 구출할 수 있을 것이다. "밈은 부활이다. 그러니 걱정하지 마시라. 당신은 이미 관 속에 있으니까." 서글픈 구식 검증주의는 아무 쓸모도 없다. 여기서 몰리에르의 희곡에 나오는 최면성분*virtus dormitiva* 이야기가 다시 생각난다(몰리에르의 희곡 「허구적 부당성」에 돌팔이 의사가 나온다. 의사는 아편이 왜 사람을 잠재우는지 알려주겠다고 큰소리친다. 의사는 아편에 최면성분이 있다고 주장한다. 여기서 몰리에르는 의사의 술책을 꼬집는다. 아편에 최면성분이 있다는 말은 아편을 먹으면 잠이 온다는 말과 같다. 즉 의사는 설명이 아닌 설명을 한 것이다—역자 주).[135]

하지만 밈을 어렵고 복잡하게 비판할 필요가 없다. 가장 간단하고 강력한 비판이 있다. 밈 이론은 자가당착에 빠져있지만, 사람들은 이를 애써 무시하려고 한다. 밈이 실제로 있다고 해보자. 밈은 오직 하나밖에 없을 것이다. 즉 밈이 될 가능성을 가진 유일한 후보는 바로 밈이란 아이디어다(그 다음으로 이기적 유전자가 유력한 후보자다). 일단 밈이란 아이디어가 통한다면, 다른 모든 아이디어는 밈이라는 메타 아이디어의 사례이자 표시가 될 것이다. 밈이란 메타 아이디어는 진정으로 이기적이며, 모든 차이를 흡수해버릴 것이다. 따라서 의미가 있는 내용이 완전히 제거된 밈 개념은 동어반복에 그쳐버린다. 더구나 아이디어에서 내용이 제거되어버렸기에 우리는 아이디어를 규정하거나 아이디어를 구별할 수 없을 것이다. 우리가 밈에 대해 이야기할 수 있다는 것은 다음 사실을 분명하게 증명한다. 밈은 인간 정신에 의존하므로 밈 개념이 타당할 수 있는 것이다(밈 개념이 타당할 수 있다면 그렇다. 물론 우리는 밈 개념이 타당한지 의심스럽지만 말이다). 한마디로 우리가 밈을 만든다. 밈이 우리를 만들지 않는다. 밈이 우리를 만든다면 밈을 위한 밈—메타 밈—이 있어야 한다. 우리는 이렇게 개념적으로 계속 역행하고 싶지 않다. 블랙모어와 데닛, 도킨스는 그저 가상의 적과 싸우는 것 같다. C. S. 루이스는 한때 이렇게 지적했다. 프로이트와 마르크스는 궁지에 몰렸다. 그들의 이론이 옳다면 우리는 프로이트와 마르크스를 믿을 수 없기 때문이다. 그들도 자기들이 만든 일반 이론의 적용대상이 된다.[136] 그래서 우리는 정당하게 다음과 같이 추론할 수 있다. 프로이트와 마르크스는 스스로 자기 이론의 경계선 바깥에 섰다. 그래서 자기들이 만든 이론의 범위를 허물어버린다. 프라이팬에서 껑충 뛰어내려 불구덩이로 들어가는 꼴이다. 마르크스와 프로이트—그리고 극단적 다윈주의자—는 자기가 앉아 있는 나뭇가지를 잘라버린 것이다. 그들이 나뭇가지를 자르지 않았다면 나뭇가지는 그들의 생각에 영향받지 않고 남아 있게 된다. 만능 다윈주의도 비슷하다. 만능 다윈주의는 다윈주의를 반박해버리고 진화까지 무효로 만들어버린다. 만능 다윈주의 자체가 또 하나의 밈이 되며, 또 하나의 생존전략도 되기 때문이다. 윤리와 합리적 사고와 함께, 진화마저 신화에 불과하다고 결론 내리고 흐뭇해하는 극단적 다윈주의자도 있다. 네이글은 이렇게 지적한다. "현실을 설명하는 이론이 완성된 이론이 되려면 정신에 대한 이론을 포함해야 한다. 하지만 정신 이론도 정신이 생산해낸 가설이기에 스스로를 뒷받침할 수 없을 것이다."[137]

## 과학을 검토한다

열광하는 사람은 하나의 생각에 들러붙는다. 신다윈주의적 강경론자는 자신이 수집한 증거의 타당성을 한참 넘어가버렸다. 그들은 의식을 무시하는데, 이것은 그들에게 치명적 약점이다. 이 흠은 너무 깊은지라 그들이 내세운 폭넓은 의제마저 의심스러워졌다.…그들은 정신이 [인간 문화를] 만들어낼 만큼 효과가 있음을 부정했기 때문이다. 정신의 이런 능력 덕분에 우리는 인간의 진화를 설명하는 믿을 만한 시나리오를 지어낸다.

_ 멀린 도널드[138]

합리가 불합리보다 우월하다는 주장을 이성이 포기하려면, 이성이 먼저 자신을 버려야 하지 않을까?

_ 교황 베네딕토 16세[139]

진화의 서사는 아마 우리에게 가장 훌륭한 신화가 될 것이다.

_ 에드워드 윌슨[140]

---

극단적 다윈주의 열광자, 또는 탐닉자Schwärmerei는 근본주의자처럼 자신이 사랑하는 대상을 망친다. 여기서 피해자는 진화다. 그들은 추상적 사고가 참되다는 주장을 아예 지워버리면서 탐욕스럽게 만능 이론을 추구한다. 그래서 그들에게 진화는 보편 철학*philosophia universalis*이 되었다. 네이글은 이것을 "다윈주의적 제국주의"라고 부른다.[141] 네이글에 따르면, "우리가 객관적 이론을 만들어내는 능력을 가진 것도 자연선택의 결과라고 믿게 되었다고 가정해보자. 객관적 이론에서 도출된 결과가 익숙하고 한정된 범위를 넘어설 때, 우리는 그 결과에 대해 진지하게 의심할 수밖에 없을 것이다."[142] 네이글이 하는 말은, 객관적 이론을 만들어내는 지성은 그것이 처음 생겨난 환경에서만 신뢰할 만하다는 뜻이다. 즉 포식자를 피하고 사냥하고 채집하는 사바나 환경에서만 지성을 신뢰할 수 있다. 그래서 우리는 특히 수학에서, 넓게는 과학에서 지성이 참된 결과를 이끌어낼 수 있는지 의심해야 한다.[143] 네이글은 이 결론이 현실과 거의 맞지 않다고 본다. 그래서 네이글은 우리의 지성이 "자연선택이 모든 것을 설명한다는 법칙을 반박하는 반례"라고 주장한다.[144] 다윈도 이미 자연선택이 모든 것을 설명할 수 있다는 가능성을 염려했다. 다윈의 말을 다시 인용해보자. "하등동물의 정신에서 발달해온 인간의 정신이 확

신하는 것은 과연 가치 있고 믿을 만한 것인가? 이 의심은 언제나 나를 두렵게 한다. 원숭이의 정신에 어떤 확신이 있다고 하더라도, 누가 원숭이의 확신을 신뢰하겠는가?"[145] 포더도 정확하게 지적한 것 같다. "모든 것을 설명한다는 다윈주의는 과학 기획을 망친다. 당신을 먹이는 손을 물어뜯는 꼴이다."[146] 왜 그럴까? "다윈주의에 따르면, 우리가 진심으로 믿는다고 생각할 만한 근거가 없다."[147] 자연선택을 고려할 때 믿음은 이제 바뀔 수 있다. C. S. 루이스도 똑같은 주장을 한다. "과거에 합성된 것은 미래에도 늘 합성될 것이라는 가정은, 합리적 행위가 아닌 동물의 행위를 이끄는 원리다."[148] 그리고 "자극과 반응의 관계는 지식과 진리의 관계와 완전히 다르다."[149] 그래서 우리는 추론을 하면서 어떤 결론을 이끌어낸다. 하지만 왜 우리가 이것을 알며, 어떻게 아는지 설명할 수 없다. 결국 네이글은 이렇게 주장한다. "독자적으로 타당한 논증을 인식하는 것은 그 인식이 출처에 대한 진화론적 가설을 받아들이는 선행 조건이다. 진화론 가설이 이성을 뒷받침할 필요가 없을 때 비로소 진화론 가설을 수용할 수 있다는 뜻이다."[150] 이 주장의 요점은 다음과 같다. 논리를 이용하여 진화이론을 세우면서도, 동시에 인간의 사고를 그저 심리학적 상태라고 판단할 수는 없다. 밈을 논의할 때와 마찬가지로 이것은 논점을 피하는 것과 같다.[151] 네이글은 이성도 생존 가치를 가진다고 인정한다. 하지만 생존과 진리는 반드시 손을 맞잡고 가지 않는다. 네이글이 지적하듯, 많은 종은 합리성 없이도 잘 살았다.[152] 예상했겠지만, 데닛은 네이글에 반대하면서 이렇게 주장한다. "우리가 가진 믿는 능력이 진리를 믿는 능력이 아니라면 존재할 만한 가치가 없었을 것이다."[153] 포더는 데닛에게 이렇게 응수한다. "그렇지 않다. 다윈주의 이야기가 맞다면, 어떤 생물이 진화하여 기관을 가졌을 때, 기관을 가지는 것이 그 생물의 생존에 적합하다고 주장할 수 있다. 하지만 생물이 진화를 통해 어떤 기관을 얻지 못했다고 해보자. 이 경우를 설명하기 위해, 기관을 얻었다면 오히려 생존에 적합하지 않았을 거라고 주장하는 것은 다윈주의 이야기에 맞지 않다. 또한 실제로 그렇지도 않다."[154]

지금 포더가 말하려고 하는 것은 다윈주의와 적합성의 관계다. 다윈주의는 적합성에 대해 충분조건을 제시한다. 진화하여 기관이 생겼다면, 기관이 있는 것이 적응이다. 하지만 다윈주의는 필요조건을 제시하지 않는다. 진화하여 기관이 생기지 않았더라도, 기관이 있는 것이 적응에 불리하다고 말할 수는 없다는 뜻이다. 결국, 그릇된 믿음이 적응에 유리할 수 없다고 주장할 수 있는 근거—다윈주의적 근거—는 없다. 우리의 믿음은 맞거나 틀리다. 하지만 다윈주의가 지금 이런 주장을 하려는 것은 아니다. 포더의 말을 들어보자. "다윈은 인식론의 문제에 뛰어들지 않는다. 진화는 우리의 믿음이 옳은지 신경 쓰지 않는다. 진화는 믿음의 진위에 대해 중립적이다. 영화 속 주인공 렛 베틀러의 대사처럼, 진화는 그냥 신경 쓰지 않는다."[155] 포더의 말은 일단 옳지만, 충분히 기술하지는 않았다. 어떻게 보면 진화는 렛 버틀러와 다르게 신경을 쓴다. 다시 말해, 진화는 우리가 참된 믿음보다는 거짓된 믿음을 가지길 원한다. 이 주장을 한번 살펴봐야 한다. 여기서 우리가 말하는 믿음은 어떤 특정한 내용이 있는 믿음은 아니다. 우리가 다윈주의 관점을 엄격하게 견지한다면(메타 수준을 가정하고), 믿음이 원래 허구적임을 알 수 있다. 이유는 간단한데, 우리가 바로 허구이기 때문이다. 다시 니체가 말한 참된 거짓말이 등장한다. 결국 도킨스와 그를 따르는 극단적 다윈주의자는 진화를 유전자의 눈으로 해석한다. 이것이 옳고 진화심리학이 따르는 논리가 옳다면, 우리의 믿음은 2000년대가 될 때까지 틀렸던 셈이다. 최근에 도킨스가 나타나 우리에게 친절하게 진실을 알렸다. 우리는 유전자를 실어나르는 운반체일 뿐이다. 존재는 존재론적으로 실재하며,

굳건한 동일성을 가지고 있지 않다는 말이다. 도킨스에 따르면, 우리의 자의식—의식과 자유의지, 설계자 신에 대한 믿음을 통해 정의한 자의식—도 완전히 틀렸다는 것을 우리는 이제 알게 되었다. 환상은 예외가 아니라 규칙이다. 그래서 극단적 다윈주의자가 갑자기 방향을 바꿔 진리라는 텐트로 돌아가려는 짓은 정말 억지스러운 것 같다. 저스틴 바렛Justin L. Barrett은 분명히 옳았다. 바렛의 지적을 들어보자. "우리가 생존하고 번식하는 데 성공한다고 해서, 우리의 정신이 진리를 말한다고 절대 확신할 수 없다.…특히 복잡한 사고를 할 때,…인간 정신을 완벽하게 자연주의 관점에서 평가한다면, 이렇게 말하는 것이 적절하겠다. 우리 정신은 과거에 생존에 유리했다."[156] 다윈주의는 오직 역사적, 또는 통시적 이야기, 기술, 설명을 제시한다(마음에 드는 걸 고르시라). 이러면 문제가 더 꼬인다. 하지만 이 이야기는 지극히 지엽적이고, 심오하고 인식론적 이미가 있는 진리와 전혀 상관이 없다. 네이글도 이렇게 지적한다. 다윈주의는 "이미 생성된 생명체의 가능성에서 어떤 것이 선택되는 현상을 설명한다. 하지만 그런 가능성이 어떻게 생겼는지 설명하지 않는다.…사고하고 보는 생명체가 왜 살아남는지 다윈주의는 설명할 수 있다. 하지만 다윈주의는 시각과 사고가 어떻게 가능한지 설명하지 않는다. 시각과 추론의 가능성을 설명하려면 통시적 관점이 아니라 보편적 관점으로 설명해야 한다."[157] 예전에 이것을 "실존 문제"existence problem라고 불렀다. 다윈주의만 본다면, 다윈주의는 진리나 논리와 거의 상관이 없다는 것이 요점이다. 그래서 인식론적·존재론적으로 진리에 대한 믿음을 결정할 때, 다윈주의에 기대서는 무엇을 믿을지 결정할 수 없을 것이다. 알빈 플란팅가Alvin Plantinga도 비슷하게 주장한다. 진화가 여전히 일관적으로 거짓 믿음을 적합성으로 이용한다는 것이다. 어떤 진화심리학자들은 종교도 적응행위였다고 주장한다. 그러면서도 그들은 종교가 진리가 아니라고 계속 주장한다. 그렇지 않은가? 하지만 자연에 플라시보 적응이 많을지 누가 알겠는가? 정확히 플라시보 적응이 거짓 믿음이므로 플라시보 적응이 살아남을 수 있다. 진화심리학은 반직관적 통찰을 제시하면서 사람들에게 충격을 가하려고 하지 않나? 우리에게 자아가 있고, 자유의지도 있으며, 생각을 스스로 통제하는 능력도 있고, 이런 생각은 심리적 상태가 아니라 합리적이라고 우리는 늘 생각하지 않았나? 밈이 거짓 믿음이 아니라면 도대체 무엇인가? 밈이 거짓 믿음이라면, 우리를 구성하는 것은 거짓일 것이다. 섹스와 윤리의 경우, 모든 것은 오직 거짓말을 통해 작동한다. 여기서 말하는 거짓말은 적응력 있는—적응에 도움이 되는—거짓말을 뜻한다. 세계는 계속 흐르며 고정성은 부차적이다. 이것이 다윈주의가 말하는 진리다. 이 진리마저도 우리를 다윈의 주장으로 이끌지 못했다. 심지어 우리가 이 진리를 알았을 때, 적어도 이 진리를 다른 사람에게 들었을 때도, 이것을 무시하는 것이 현명하다. 이 진리가 맞아도, 이 진리를 수용하고 이 진리에 따라 살면 오히려 우리의 적합성이 거의 확실히 더 낮아지기 때문이다. 니체는 우리보다 먼저 이것을 깨달았다. 그래서 참된 거짓말, 또는 도움이 되는 거짓말에 대해 이야기했다. "정확히 보지 못하는 존재가 모든 것이 흐른다는 것을 알았던 존재보다 분명 유리했다."[158] 더구나 "망각하는 능력이 없었던 인간은 자신조차 불신한 채, 생성의 흐름 속으로 익사해버릴 것이다."[159] 결국 "망각은 모든 유기적 생명에 꼭 필요하다."[160] 니체가 만든 주인공답지 않은 주인공 짜라투스트라는 망각이 없는 상태, 즉 현실의 진리가 과연 어떤 모습을 하고 있는지 상상한다. "전쟁터와 살육의 들판에서 너덜너덜 찢겨진 인간을 보는 것은 정말이지 끔찍하다. 현재에서 과거로 눈을 돌려도 그들은 늘 똑같은 것을 발견할 것이다. 파편과 사지, 끔찍한 사고. 여기에 인간은 없다."[161] 이것이 진리라면, 진리는 적응에 도움이 될 것 같지 않다. 그냥 환상에 머물러 있자. 계속 생존하길, 아침에 무사히 깨어나길 바라면서.

우리 인간도 진화한 생명체가 맞다. 우리의 물리적 특성이 진화의 결과이듯 인지능력도 마찬가지다. 그럼에도 인지능력이 사용되는 방식—진화된 논리—은 진화로 환원되지 않는다. 스스로 규칙을 만들어내는 현상이 창발하는 것은 진화에서(부추기지 않는다면) 허용된다. 여기서 규칙은 진화가 계속 진행되도록 매개한다. 어떤 피드백 고리는, 그것을 만들어내는 조건을 다시 요약해서 표현한다. 여기서 유비를 하나 생각해보자. 완전히 다른 나라에 사는 두 사람이 있다. 이들은 유전적으로 아무런 상관이 없다. 이들의 자녀들이 서로 결혼한다. 그래서 손자도 생겼다. 손자는 할아버지들의 관계를 변화시킨다고 말할 수 있다. 할아버지들은 생물학적으로 다르지만, 손자들이 이런 차이를 중재하면서 차이를 좁힌다. 어떤 측면에서 본다면, 손자들은 할아버지들이 서로 엮이도록 만든 것이다. 법적으로 얽히면서 생물학적으로도 얽힌 것이다. 이것은 대단히 느슨한 유비라는 것은 사실이다. 하지만 이 유비는 요약하면서 표현한다는 개념이 무엇인지 보여준다. 자연선택의 논리를 인지와 합리성의 측면에서 고려할 때, 이제 합리적 선택이나 문화적 선택이 자연선택을 매개한다고 말할 수 있다.[162] 이런 맥락에서 아이디어는 유전자만큼 중요해진다. 여기서 말하는 아이디어란 뒤죽박죽된 생각이 아니라 합리적 생각을 뜻한다. 네이글을 다시 떠올려보자. "우리가 사용하는 추론의 기초는 단순히 인간에게서 나오지 않는다. 그것은 정신의 일반 범주에 속한다. 인간 정신은 이제 일반 범주를 보여주는 사례다."[163] 요컨대 이성은 진화가 만들어낸 산물에 그칠 수 없다. 이성이 진화의 산물이라면 합리적 과학이론인 진화론은 좌초할 것이다(아마 창조론자가 극단적 다원주의자가 되어야 할 것이다. 이것이 가장 멋진 전략이다. 물론 극단적 다원주의자도 창조론자가 될 수 있다. 적어도 극단적 다윈주의자가 페일리적 사고를 가지고 있다는 점에서 그러하다).

용감한 사람들은 극단적 다윈주의의 인식론적 상대주의마저 기꺼이 받아들인다. 그들은 일관성과 정직성으로 칭송받는다. 마이클 루스는 지성에 대한 다윈주의적 해석의 함의까지 받아들인다. 그래서 루스는 과학이론도, "번식을 위해 머릿 속에서 만들어낸 환상"에 불과하다고 인정한다. 루스에 따르면 "생물학적 적합성은 철학적 통찰이 아니라 번식 유용성과 함수관계에 있다. 그래서 우리가 추상적 사고의 참된 본질에 대해 착각함으로써 생물학적으로 이득을 본다면, 이 사실까지도 받아들이겠다. 객관화하려는 경향도, 번식 성공이 치르는 대가다."[164] 이렇게 탁 터놓고 인정하는 사람이 한 명 더 있다. 페트리샤 처치랜드도 루스만큼이나 열심이다. "뇌는 기본적으로 사실을 탐구하고 생각하는 치명적인 경향이 있다.…진화론의 눈으로 본다면, 신경계의 주요 기능은 신체 부위가 제 역할을 하도록 조정하는 것이다.…진리가 무엇이든 진리는 우선순위에서 최하위다."[165] 다시 니체가 떠오른다. 니체는 우리보다 먼저 이것을 깨달았다(그렇게 보인다). 니체는 진리가 은유와 환유, 의인화의 역동적 작용과 비슷하다고 지적했다. 여기서 은유와 환유, 의인화의 역동적 작용은 동전에 새겨진 상이 닳아 없어져 금속이 되어버린 동전과 비슷하다. 극단적 다윈주의자는 바로 이것을 믿는다. 이런 믿음은 과학이론으로서 진화론에도 적용된다.[166] 루스는 이렇게 인정한다. "과학적 추론이나 방법론의 원리도…다윈주의가 인정하는 가치가 있을 때 존재할 수 있고 정당성을 가질 수 있다. 우리 인간의 적응에 도움이 될 때만 가치가 있다는 것이다."[167] 하지만 다윈주의적 가치 개념은 분명 독립적일 수 없다. 인간도 똑같다. 루스가 인식론 앞에서만 과감한 것은 아니다. 윤리학을 논할 때도 루스는 과감하게 다윈주의를 받아들인다.

## 윤리를 검토한다

우리는 기관을 없애고 기능을 요구한다. 심장이 없는 인간을 만들어 놓고 덕성과 업적을 기대한다. 우리는 명예를 비웃으면서도, 우리 가운데 있는 배신자를 발견하고 소스라친다. 말을 거세시키고도 후손을 낳기를 바란다.

_ C. S. 루이스 [168]

인종에서 열등한 인자를 제거하자는 나치의 우생학적 실험은 기계론적 사고의 열매였다. 그런데 이 기계론적 사고는 나치의 기획과 상당히 다른 모습으로, 대부분의 사람이 현대 과학의 위대한 성과라고 생각하는 것에도 기여했다. 진보의 사악한 변증법은 원인을 증상으로 바꾸고, 증상을 원인으로 바꿔버린다. 즉 고문기술자와 피해자의 정체도 순전히 관점에 따라 달라졌다.

_ 어윈 샤가프 [169]

다윈주의에 따르면 우리는 이제 악의 문제에 시달리지 않는다(두려워 말라!). 하지만 우리에게 여전히 선의 문제가 있다(두려워하라!). [170] 요나스도 올바로 지적한다. 고대인에게 죽음이 문제였지만, 우리에게 생명이 문제다. [171] 그래서 바렛도 올바로 지적한다. "직관적으로 도덕성이 무엇인지는 무신론자도 유신론자와 상당히 비슷하게 생각한다. 하지만 무신론자는 도덕성에 대해 분명한 확신을 가질 이유가 없다고 본다. 결국 유신론자와 다르게, 무신론자는 도덕이론을 만들어내야 할 부담을 져야 한다. 무신론자는 그 이론을 통해 자신의 도덕적 확신을 정당화하거나 거부해야 한다."[172] 니체는 바로 이 주장을 가지고, 영국인들이 신은 버렸지만 도덕성은 버리지 못했다고 비웃지 않았던가?[173] 어떤 사람은 니체에게 칭찬을 받을 것이다. 그들은 니체가 지적한 바로 그 일을 했기 때문이다. 그들은 다윈주의의 이름으로, 정확하게는 극단적 다윈주의의 이름으로 도덕성을 버린다. 루스와 에드워드 윌슨은 가차 없이 다윈주의를 옹호하는 것이 어떤 것인지 생생하게 보여준다. "인간은 유전자의 속삭임에 속아서 자기 이익에 물들지 않은 객관적 도덕이 있다고 생각한다. 객관적 도덕은 인간을 구속하고, 이를 지키도록 한다. 이 유전자의 속삭임에 속을 때 인간은 더 잘 기능한다."[174] 왜 그럴까? 루스와 윌슨에 따르면, 도덕성은 번식에 기여하도록 배치된 적응에 불과하기 때문이다. 즉 유전자가 인간을 속여서 인간에게 심어놓은 환상이 바로 윤리다. 인간은 이 환상을 통해 협동한다. 일단 이것이 맞다면, 도덕성은 결국 자기 이익이나 확대된 자기 이익—포괄적 적합성—을 겨냥한다고 말할 수 있다.[175] 우리는 이 사실에 놀라지 말아야 한다. 도킨스는 이렇게 지적한다. "맹목적 물리적 힘과 유전자 복제가 이뤄지는 세계에서 어떤 사람은 피해를 볼 것이고, 어떤 사람은 행운을 잡을 것이다. 당신은 여기서 어떤 조화나 이성, 또는 어떤 정의도 찾지 못할 것이다. 우리가 관찰하는 우주는 우리가 예상할 수밖에 없는 바로 그 속성을 가지고 있다. 우주에 근본적으로 설계도 목적도 악도 선도 없다. 그저 맹목적이고 무자비한 무관심이 있다. DNA는 세상사를 모르며 관심도 없다. DNA는 그냥 있을 뿐이다. 우리는 DNA가 만들어내는 음악에 따라 춤춘다."[176] 악도 선도 없다. 굉장한 일이다. 이것이 도킨스가 옹호하는 과학주의가 내린 결론이다. "과학은 무엇이 윤리적인지 결정하는 방법을 모르기 때문이다." 도킨스에게 과학은 진리를 낳은 유일한 어머니다. 진정으로 진리를 낳는 주체는 오직 과학이다. 따라서 윤리의 문제에서 우리는 옴짝달싹 못하게 된 것 같다.[177] 루스와 윌슨은 이 상황을 받아들인다. "도덕행위에 대한 과학적 해설은 철학이 주목해야 할 결론을 내포한다. 즉 참으로 객관적인 윤리 전제는 있을 수 없다."[178] 이 과격한 도덕 비실재론은 극단적 다윈주의와 일치한다. 그래서 네이글이 말하듯이 "진화론적 자연주의가 우리가 아는 실천이성을 온전히 해명한다면, 실천이성 같은 것은 정말 없다."[179] 그래도 루스와 윌슨은 이 주장 앞에서 당황하지 않는다. 그들은 진정으로 도덕 비실재론을 옹호하며 반사실적 통찰을 내놓는다. "지성을 가진 외계 생명체를 간단하게 상상해보자. 외계인 사회에도 진화한 규칙이 있다. 예를 들어 자기종족을 잡아먹고, 근친상간, 어둠과 부패, 근친살해에 대한 애호, 배설물 먹기가 외계인이 도덕적이라고 생각하는 규칙이다. 외계인에게 이 규칙은 무척 도덕적이지만 인간이 보기는 끔찍하다."[180] 가상의 사례를 통한 논증은 철학적 논증으로 보인다. 하지만 가상의 사례는 결국 신통찮다. 첫째, 앞에서 말한, "인간"이 보기에 끔찍한 행동양식은 다른 인간이 실제로 행하는 행위다. 그래서 (논리적으로 말하자면) 외계인의 그런 행동이 인간에게 끔찍하다고 처음부터 판단할 수 있다. 따라서 "외계인"은 윌슨과 루스의 옆집에 살 수 있을 것이다. 두 번째, 식인 풍습은 끔찍한 행동이라고 외계인은 말할 것이다. 하지만 생존이 유일한 선이라면, 식인 풍습은 당연히 허용될 수 있다. 피터 콜스로프스키Peter koslowski는 말한다. "유전자 생존이란 정언명법 앞에서 다른 모든 정언명법은 가설적 명법이 되어버린다. 일단 유전자 생존이란 명령을 따른다면, 결국 식인 풍습도 정당화될 것이다."[181] 다윈주의에 따르면 생명은 하나의 계통에서 나왔다(단일계통적이다). 종별 창조는 없다. 물론 그렇다(그렇다고 특별한 생명체가 없다는 뜻은 아니다. 예를 들어 인간은 특별하다). 그러나 당신이 다윈주의를 보편화하여 정체성을 결정하는 유일한 이론으로 만들어버리면, 이렇게 모든 것을 삼켜버리는 행위라는 점에서 식인 풍습과 같다. 이제 생물 개체를 구별하는 유일한 기준은 시간뿐이기 때문이다. 그러나 다르게 생각해보면, 다른 인간을 먹는 행위가 계속해서 금지될 수는 없다. 아주 흥미로운 책이 있다. 아이가 어른에게 한 질문으로 가득한 이 책의 제목은 우리의 목적을 고려할 때 가장 흥미롭고 적절한 질문을 던진다. 『아빠도 잘 몰라: "누나를 요리해 먹을 순 없나요?"』[182] 이 질문이 정확한 핵심이다. 진화에 대한 극단적 다원주의의 해석이 선포하는 명령을 받아들인다면, 이 질문에 합당한 대답을 할 수 있겠는가? 물론 언론은 저항에 대한 진부한 이야기를 늘어놓는다(저항에 대한 도킨스의 얄팍한 생각을 보라).[183] 이런 이야기는 위선적이며, 아예 우생학 시대까지 거슬러 올라가는 것 같다. 이런 위선적 태도 때문에 이들이 논하는 주제에 도사리고 있는 난점이 그대로 있는 것이다. G. K. 체스터튼도 한때 이런 문제를 지적했다. "우생학자는 대부분 말을 돌려서 하는 사람이다. 짧은 말은 우생학자를 놀라게 하지만 긴 말은 우생학자를 달랜다는 뜻이다. 우생학자는 정말 긴 말을 짧은 말로 번역할 수 없다. 하지만 짧은 말이든 긴 말이든, 뜻은 똑같다.…우생학자에게 이렇게 말해보라. '영장류와 다른 동물을 이전까지 구분했던 기준이 점차 사라지는 시기가 온다는 것은 전혀 개연성이 없는 이야기가 아니다. 인간과 동물의 행동에 대한 수많은 도덕주장들이 변했고, 인간이 무엇을 먹어도 되는지 기준도 상당히 변했다.' 웅얼거리는 말투와 당신의 아름다운 얼굴 때문에 그들은 별다른 반응을 보이지 않을 것이다. 그러나 이제 무뚝뚝하고 강렬하게, '사람을 잡아먹읍시다!'라고 우생학자에게 말해보라. 우생학자가 깜짝 놀란다면, 이것이야말로 놀랄 일이다. 당신은 계속 똑같은 말을 했으니까."[184] 극단적 다원주의가 수반하는 도덕 비실재론은 분명 인간을 기계론으로 풀이할 때 쉽게 힘을 받는 입장이다. 윌슨은 도덕 비실재론을 너무나 사랑한 나머지 이렇게 말한다. "사람은 결국 지극히 복잡한 기계일 뿐이다."[185] 하지만 곧바로 의심이 생긴다. 윌슨이 말하는 기계는 원칙이 명확한 기계일까? 그렇지 않은 것 같다. 윌슨의 기계가 은유라면 그건 말이 된다. 하지만 웬델 베리Wendell Berry는 이렇게 경고한다. "은유를 등식처럼 생각해버리면, 은유는 고삐 풀린 말처럼 기능한다. 은유를 같다는 뜻으로 받아들이는 것은 터무니없다."[186] 윤리적 역설을 생각해보면, 웬델 베리의 경고가 금방 드러날 것이다. 기계들을 재판할 때, 어느 기계가 옳은지 어떻게 판정할까? 노예제의 경우, 노예제가 틀렸다는 것을 어떻게 보여줄 건가? 웬델 베리의 질문처럼, 큰 기계가 작은 기계를 왜 돌봐야 할까?[187] 주전자와 사람이 질적으로 다르지 않다면, 어떻게 주전자보다 사람을 더 소중하게 여길 수 있을까?[188] 앞에서 언급한 기계론적 사고가 없었다면 나치가 그렇게 잔혹한 행위를 할 수 있었을까? 아마도 아닐 것이다.[189] 하지만 다음 사실이 훨씬 중요하다. 밈으로 문화를 설명하고, 이기적 성질을 우선시하고, 극단적 다윈주의적 도덕 비실재론을 옹호하면, 우리는 나치가 정말 잔혹한 짓을 했다고 말할 수 있을까? 그런 일이 실제로 일어났다고 말할 수나 있을까? 일단 이런 전제를 받아들이면 우리는 윤리적 기준을 모두 버려야 할 듯하다. 철학자인 앤서니 오히어Anthony O'Hear는 말한다. "다윈주의의 눈으로 보면 강간이 정말 그렇게 나쁜 짓인지 궁금해진다. 강간이 훌륭한 진화전략으로 밝혀진다면, 강간도 허용될 것이다."[190]

이런 허무주의는 영지주의와 타락한 형태의 창조론에서 나온다. 제롬 케이건Jerome Kegan은 이 허무주의에 반대하면서 이렇게 말한다. "오늘날 사람들은 진화론의 논증을 이용해, 탐욕과 성적 문란, 의붓자식 학대가 불러오는 죄책감을 없애고 있다. 이런 시도가 보다 자유롭게 보이지만, 그렇다고 이렇게 하는 것이 옳은 것 같지는 않다. 옳고 그른 것에 고민하고, 죄를 통제하고, 덕스러운 사람이 되려는 욕망은 포유류 어미에게서 젖이 나온 사건처럼 유래가 없는 독특한 일이다."[191] 언어가 나타나면서 이런 창발적 특성이 예고된다. 촘스키는 이렇게 말한다. "적어도 우리가 아는 한에서는, 인간이 언어를 가지게 된 것은 특정한 유형의 정신적 구성과 연관이 있다. 이 정신적 구성이 단지 높은 지능은 아니다. 인간의 언어는 동물에게서 발견되는 특성보다 조금 더 복잡할 뿐이라는 생각은 별로 근거가 없는 것 같다. 이 주장이 맞다면, 생물학자는 다소 곤란해진다. 언어는 정말 '창발적' 현상이라고 말해야 하니까."[192] 케이건은 계속 지적한다. "인간 종에서 생물학적으로 특별한 것은 무엇일까? 인간은 선하고 아름다운 것에 계속 주목하고, 나쁘고 흉칙한 것을 싫어한다."[193] 시큰둥한 사람은 흉측하고 나쁜 행동을 즐기는 사람도 있다고 말하고 싶을 것이다. 하지만 철학으로 따져보면, 그런 사람이 있다고 말할 수 없다. 그리스도는 "우리가 저들을 용서해야 한다. 저들은 자기가 무엇을 하는지 알지 못하기 때문이다"라고 말한다(이 말은 소크라테스를 떠올리게 한다). 이 문제에 대해 아퀴나스는 영혼의 힘에 걸맞은 질서가 영혼의 힘에 없다고 지적한다.[194] 아퀴나스는 "죄는 자연을 거스른다"라고 말한다.[195] 하지만 "죄는 모두 자연적 욕구에 뿌리내리고 있다."[196] "잃어버린 선을 향한 그리움이 모든 죄에 뿌리내리고 있기 때문이다." 그래서 우리는 감각에 파묻혀 떠내려가는 듯하다.[197] 이런 죄에 빠진 사람은 황량함을 느낀다. 시간 안에서 영원을 찾으려 할 때, 우리는 절박하게 절망적으로 두리번거리기 때문이다. 믿음은 바라는 것의 실체이기 때문이다(히브리서 11:1). 영원에 대한 절박한 추구는 앞에서 말한 의심을 불러일으킨다. 그래서 우리는 피조물이 신성을 박탈당했다고 생각하거나, 우리의 실존도 생명을 빼앗겼다고 생각한다. 욕망과 사랑을 불러일으키는 대상을 욕망하고 사랑한다면, 우리는 그 대상을 배신하게 된다. 선은 영원히 지속되고 모든 것을 보존하는 순례를 요구하기 때문이다. 알렌카

주판치치Alenka Zupancic는 돈 주앙을 논평하면서, 덧없는 선에 허무주의적으로 집착하는 것이 무엇인지 기술한다. "돈 주앙은 얼마든지 여자와 섹스할 수 있다. 하지만 그가 정말 섹스를 한 대상은 자신과 관계한 여성들의 리스트를 채워야 한다는 끝없는 욕망이었다."[198] 돈 주앙은 끝도 없이 계속되는 무의미한 탐구에 사로잡힌 것이다. 이 탐구의 마지막은 허무뿐이다. 돈 주앙은 미와 사랑스러움의 근원을 아름답고 사랑스럽게 보이는 대상에서 찾는 잘못을 범했기 때문이다. 이런 행위는 파괴로 끝날 수밖에 없다(우리 자신의 생명도 파괴로 끝날 것이다. 하지만 우리의 생명은 하나님에게 속한다). 돈 주앙은 강박적으로 여자를 새로 사귀려 했다. 체스터튼은 돈 주앙의 강박을 재치 있게 요약한다. "한 여자에게 충실하려면 한 여자를 만나는 정도의 대가만 치르면 된다.…[이런 맥락에서] 일부다처제에서는 섹스가 부족할 수밖에 없다."[199] 하지만 아퀴나스가 말하는 하나님은 거부된 나머지를 전혀 허용하지 않는다. 심지어 죄조차 가만히 내버려두지 않는다. 아퀴나스는 이렇게 말한다. "소크라테스의 말은 어떤 뜻에서 옳다. 온전한 지식을 가진 사람은 죄를 짓지 않는다."[200] 돈 주앙도 마찬가지다. 우리가 덧없는 것을 믿을 때도, 우리의 믿음은 선한 형태를 지닐 수 있다. 아퀴나스의 말을 들어보자. "모든 실행은 실재하는 분명한 선을 추구한다. 따라서 실행이 최고선—하나님—과 유사한 것에 참여하는 한, 실행은 선하게 나타난다. 그러므로 하나님은 실행의 목적이면서 실행의 원인이다."[201] 요컨대 냉소주의자는 틀렸다. 다시 말해, 악이나 흉측함을 추구하는 사람은 자신을 기만하는 것이다. 말 그대로 그들은 자기가 무엇을 하는지 모른다. 그렇지 않다면, 악과 추함은 없으며, 이것은 그저 과격한 관점주의의 열매라는 결론에 이를 것이다. 욕망에 충실하게 행동하는 자를 감옥에 가두는 것은 큰 모욕이다. 사악한 행동이 원래 잘못된 판단에서 나온 행동이라면, 그 횟수는 실제로 대단히 적을 것이다. 케이건은 이렇게 말한다. "어제 발생한 무례, 폭력, 절도, 학대, 강간, 살인 사건이 세계적으로 몇 번이나 일어났는지 세어보자. 그리고 성인이 이런 짓을 할 기회가 몇 번이나 있었는지 세어보자. 전자는 후자에 비해 극히 적다. 실제 발생한 반사회적 행위를 반사회적 행위를 할 기회로 나누었을 때 그 값은 매일 0에 가깝다."[202]

윤리학은 늘 자연주의적 오류를 경계했다. 데이비드 흄David Hume과 후대의 무어G. E. Moore가 빠진 이 오류는, "존재"is에서 "당위"ought를 도출하면서 이루어졌다. 하지만 늘 그런 것은 아니다. 바렛이 이렇게 지적했다. "세계 여러 곳에 사는 사람들에게 무엇이 도덕행위를 구성하는지 물어보면, 그들의 의견은 상당 부분 겹치는 것 같다. 문화가 달라도 사람들이 많은 부분에서 일치한다면, 도덕성은 상대적이며 자의적이라는 가정을 의심해볼 만하다."[203] 하지만 로베르트 슈페만도 옳은 것 같다. "고통이 무엇인지 생각해보면, 존재와 당위는 서로 다른 두 영역이며 서로 중첩될 수 없다는 흄의 주장을 반증할 수 있다."[204] 고통은 스스로 고통을 설명하고, 고통에 맞서 무언가 해야 한다고 스스로 요구하기 때문이다. 어떤 사람이 고통스럽다고 말할 때, 우리는 "아프니까 고통스럽지"라는 부가적 설명을 기다리지 않는다. 그냥 "나는 고통스럽다"라는 말과 반복되는 것이기 때문이다.

## 섹스를 (다시) 검토하기

Hogamus, higamous

남자는 일부다처제로 기울고

Higamus, hogamous

여자는 일부일처제로 기운다.

_ 윌리엄 제임스[205]

우리는 율법이 신령한 것인 줄 압니다. 그러나 나는 육정에 매인 존재로서, 죄 아래에 팔린 몸입니다. 나는 내가 하는 일을 도무지 알 수가 없습니다. 내가 해야겠다고 생각하는 일은 하지 않고, 도리어 해서는 안 되겠다고 생각하는 일을 하고 있으니 말입니다. 내가 그런 일을 하면서도 그것을 해서는 안 되겠다고 생각하는 것은, 곧 율법이 선하다는 사실에 동의하는 것입니다. 그렇다면 그와 같은 일을 하는 것은 내가 아니라, 내 속에 자리를 잡고 있는 죄입니다. 나는 내 속에 곧 내 육신 속에 선한 것이 깃들여 있지 않다는 것을 압니다. 나는 선을 행하려는 의지는 있으나, 그것을 실행하지는 않으니 말입니다.

_ 로마서 7:14-18

"남자는 배우자를 속여야 할까? 새로운 과학은 '예'라고 답한다."

_ 「플레이보이」, 1978년 8월호

---

섹스라는 주제를 살펴보면 두 개의 주장이 시선을 끌어당긴다. 첫째, 우리에게 인간 본성이 있다고 한다. 둘째, 그 인간 본성은 속임을 부추긴다. 그래서 영국 생물학자인 벤 그린스타인Ben Greenstein은 인간 본성을 이렇게 묘사한다. "남자는 무엇보다 여자를 임신시키는 존재다. 남자는 유전자를 여자에게 주려는 경향이 너무 강하다. 그래서 평생 동안 남자는 그런 경향에 굴복한다. 유전자를 여자에게 주려는 경향은 심지어 살

해하려는 충동보다 더 강하다.…남자의 존재의 이유는 정자의 생산과 공급이라고 할 수 있겠다. 남자가 가진 물리적 힘과 살해하려는 욕망도, 정자의 생산과 공급이란 목적을 겨냥한다. 그래서 확실히, 인간 종 가운데 최고의 구성원만 번성할 것이다. 남자가 자기 유전자를 전파하지 못하게 하면, 남자는 스트레스를 받고 병에 걸린다. 아마 생활을 중지하거나 미쳐 날뛸지 모른다"[206] 혹은 리처드 도킨스는 이렇게 말한다. "남자는 되도록 많은 여자와 섹스하려는 욕망을 충분히 만족시킬 수 없다. 따라서 (섹스 문제에서) 도가 지나치다는 말은 남자에게 통하지 않는다."[207] 버스는 이런 남성관을 정교하게 가다듬는다. "성적 환상, 욕정, 빨리 섹스하려는 성향, 그리고 기준이 느슨해짐, 동성애 성향과 매춘, 근친상간에 대한 변화된 평가. 이런 심리학적 신호들은 가벼운 섹스를 하려는 남자의 전략을 배신한다."[208]

일단 우리가 남자를 이렇게 파악하고 있다면 같은 기반으로 여자를 파악해야 한다. 적어도 진화심리학은 그렇게 주장한다. "모든 인간사회에서 성관계는 보통 여자가 제공하는 서비스이거나 호의다." 버스는 이 논점을 시적으로—조금 민망하지만—기술한다. "여자들은 멋장이새처럼, 훌륭한 보금자리를 가진 남자를 선호한다.…수컷 빼꾸기가 사냥한 먹이감을 제공하듯 남자는 여자에게 자원을 제공한다. 남자에게 자원은 여자를 끌어당기는 기초 수단이다.…어떤 대륙에 있든, 어떤 정치 체제, 인종, 종교, 결혼제도에 속하든, 여자는…남자가 앞으로 돈을 많이 벌 수 있는지 따진다. 여자는 남자보다 이런 능력이 더 가치 있다고 본다."[209]

버스는 우리에게 어떤 시나리오를 상상해보라고 말한다. 옛 부족사회에 식량이 부족해졌다고 하자. "놀이는 거의 없다. 첫 서리가 벌써 내리다니 불길하다. 떨기나무에도 산딸기는 없다. 운 좋은 사냥꾼이 사슴을 잡는다. 그는 사슴을 둘러매고 집으로 돌아온다. 여자는 그 모습을 본다. 여자는 남자에게 사냥한 사슴 고기를 조금 달라고 한다. 여자는 식량을 얻으려고 섹스를 제공하고, 남자는 섹스하려고 식량을 제공한다. 인간이 생존한 수천 년간 이런 교환이 무수히 이뤄졌다."[210] 버스의 견해는 다윈의 견해를 약간이나마 반영한다. 다윈도 섹스는 여자에게 부차적이며, 무엇보다 자녀를 키우는 일을 중요하게 여긴다고 생각하기 때문이다. 다윈의 말을 들어보자. "여성은…물론 예외는 있지만 남자보다 (사랑을 향한) 열정이 부족하다.…여성은 내숭을 떤다. 남자가 쫓아오면 여자는 달아나려 한다. 여자는 이런 역할을 오랫동안 맡았다고 한다."[211] 에드워드 윌슨도 다윈의 주장에 완전히 맞장구를 친다. "이런 상황 때문에 남자는 공격적이고, 성급하고, 쉽게 바람을 피고, 둔하다. 내숭을 떠는 것이 이론적으로 여자에게 더 유리하다. 남자가 최고의 유전자를 가졌는지 확인하기 전까지 조금 뒤로 물러나 있는 것이 여자에게 더 유리하다. 수정을 한 후에도 여자 곁에 머물러 있으려는 남자를 선택하는 것이 여자에게 중요하다."[212] 남성이 맞닥뜨린 진화론적 딜레마는 성모-창녀 콤플렉스이다. 반면 여성은 "아빠인가 사기꾼인가"라는 딜레마로 고민한다. 왜? 남자는 1년에도 생식활동을 수백 번 할 수 있지만, 여자는 1년에 한 번 이상 아이를 낳을 수 없다. 이것이 베이트만 원리다. 베이트만 원리에 따르면, 남자와 여자는 부모가 되었을 때 자식에게 투자하는 정도가 다르다. 남성과 여성의 행동패턴 차이를 이런 불균형으로 설명할 수 있다는 뜻이다. 생물학자인 앵거스 베이트만Angus Bateman이 이 원리를 제시했다. 베이트만은 수컷 초파리의 적합성은 수컷 초파리와 교미한 암컷의 수에 비례하여 증가한다는 사실을 발견했다. 반면 암컷은 한 번 이상 교미해도 거의 유익이 없었다. 이런 일은 이형접합anisogamy일 때 일어난다고 한다("같지 않다"는 그리스어 *anisos*와 정자와 난자를 뜻하는 *gametes*에서 유래했다). 생식체의 크기가 다를 때 이형접합이 이뤄진다. 남성보다 더 큰 생식체를 가진 여성은 부모가 되었을 때 자식에게 더 많이 투자하지만, 남성은 더 적게 투자한다.[213] 더구나 이런 비대칭 때문에 진화전략도 달라진다. 라이트는 이렇게 말한다. "여자가 여러 명의 남자와 짝짓기를 하는 이유를 다윈주의로 설명할 수 있다.…하지만 여자의 경우, 어떤 때가 되면 굳이 섹스를 할 필요가 없어진다. 그러나 남자에게는 절대 그런 때가 오지 않는다. 모든 새로운 상대는 유전자를 다음 세대에 전달할 진짜 기회를 제공한다."[214]

조지 윌리엄스George Williams는 베이트만의 생각에 동의하면서 이를 확장한다. 윌리엄스는 이렇게 주장했다. 남성과 여성의 성 행동은 다르다. 남성과 여성은 다르게 희생하기 때문이다.[215] 바람을 많이 피우는 것이 남자에게 이득이다. 남자는 수정을 하고 나서 다른 여자를 찾아 기꺼이 떠날 수 있다. 반면, 여자는 일단 임신을 하면 오랫동안 대가를 치러야 한다. 그래서 여자에게 선택은 매우 힘든 일이다. 더 적응력이 있고, 더 나은 유전자를 가진 남성에게 가야 하나?(생존이라는 면에서?) 이런 남자와 사귀면 다음과 같은 장점이 있다. 여자의 자녀가 다른 여자의 자녀보다 적응력이 더 강할 것이다. 반면, 이런 "인기 있는 전략"에도 단점은 있다. 남자는 여자의 기대가 너무 부담스러울 수 있다. 남자는 여자를 떠나고 싶을 것이다. 그래서 남자는 여자가 스스로 생계를 꾸려가도록 내버려둔다. 또 다른 가능성으로는, 여자는 더 믿을 만하지만 적응력은 떨어지는 남자를 선택할 수 있다. 트리버스는 윌리엄스와 베이트만의 사고를 정교하게 다듬으면서 세미나 논문을 썼다. 이 논문에서 트리버스는 "자식에 대한 부모의 투자"가 무엇을 함의하는지 분명한 용어로 기술했다. "부모가 자녀 한 명에게 투자할 때 자녀의 생존기회가 늘어난다.…하지만 그 외의 자녀들은 그만큼 부모에게 적게 받는다."[216] 아주 흥미로운 실험이 있었다. 처음 보는 여자가 대학 캠퍼스에서 남자에게 다가가 섹스를 하자고 제안했다. 예상대로 남자의 4분의 3은 제안을 받아들였다. 반대로 처음 보는 남자가 여자에게 섹스를 제안했을 때, 여자는 한 명도 제안을 받아들이지 않았다.[217] 라이트에 따르면, 욕정은 마치 자식을 많이 낳으려는 사람처럼 행동하게 만드는 자연선택의 전략이다.[218] "욕정"이 없다면 우리는 번식을 위한 수고도 하지 않으려 할 것이고, 성적 난잡함도 다소 지나친 행동에 그쳐버릴 것이다. 이처럼 남성과 여성은 섹스에 대해 완전히 다르게 행동한다. 남성과 여성은 나름대로 성적 행동을 한다. 그래서 트리버스는 남성과 여성을 서로 다른 종으로 봐야 한다고 제안한다. "실제로 남성과 여성을 다른 종으로 여길 수 있다. 이성은 가장 잘 살아남는 자손을 생산하기 위해 필요한 자원이다."[219] 남성과 여성은 이렇게 다르다. 이런 차이가 빚어낸 결과는 무엇일까? 라이트에 따르면, 상대방 성을 비참하게 만드는 것이 성별이 생겨난 목적인 것 같다. 남성과 여성의 진화전략은 끊임없이 충돌하기 때문이다. 오직 동성관계가 이런 충돌을 해소한다(역설적이지만, 동성관계에서 자녀가 생산되지 않는다). 동성관계에서 배우자는 조화롭게 행동한다. 적어도 동성관계에서는 섹스에 대한 욕망을 분명하게 드러낼 수 있다. 그래서 동성애자는 파트너를 더 자주 바꾸는 경향이 있다.[220] 이렇게 파트너를 자주 바꾸는 남자는 미래의 파트너에게 잘 보이려고 멍청하게 떠들어댈 필요가 없다. 파트너에게 잘 보이려고 남자는 여자의 말을 잘 들어주고 여자에게 관심 있는 척한다. 심지어 섹스에 굶주려서 말을 건 것이 아니라고 여자를 설득한다.[221]

따라서 우리가 처한 형편은 비슷하다. 우리는 섹스가 전부는 아니라고 말하며 내숭을 떤다. 하지만 섹스는 생존의 문제이며, 진화의 문제다. 우리의 삶은 시리즈로 이어지는 작은 연속극 같다. 이 연속극은 나름대로 적당하게 기능한다. 적어도 연속극이 잘 기능한다면—생존에 유리하다면—적당하다고 말할 수 있다. 이 기능이 바로 니체가 말한 "참된 거짓말"이다. 우리는 우리 자신을 속이고 배우자를 속인다. 우리는 연애와 부부의 행복을 노래하는 이야기를 지어낸다. 하지만 이런 겉모습 뒤에 진실이 꿈틀댄다. 지어낸 이야기 뒤에 벌거벗은 욕망이 몸부림친다. 이 진단은 어느 정도 들어맞는다. 우리는 때때로 결혼생활에서 갈등과 속임수를 본다. 일부일처제는 친밀함을 낳지만 이런 친밀함은 근친상간 금지를 불러온다. 그렇지 않은가? 자손과 형제는 친밀함이 무엇인지 가장 순수하고 강렬하게 표현하는 존재다. 그러나 배우자도 친밀함이 우리 가운데 만들어내는 효과에 영향을 받을 수 있다. 해리 엔필드라는 영국 코미디언이 출연한 촌극을 보면, 중산층 이성애자 남편과 아내가 종종 다른 부부와 함께 저녁을 먹는다. 남편과 아내는 이미 상대방에게 흥미를 잃었고 상당한 불만을 갖고 있다. 그래서 상대방이 무슨 말을 하면 참지 못하고 엄청나게 상대를 비난한다. 하지만 그들은 손님 부부와 이야기를 주고 받으며 농담도 한다. 그런데 손님 부부도 이들처럼 서로 사이가 좋지 않다. 이런저런 이유로 이들은 손님 부부의 말을 편안하게 듣는다. 그래서 이 부부는 손님 부부가 정말 재미있고, 자신의 배우자와는 완전히 다르다고 느낀다. 그렇다면 처음부터 배우자를 바꿔서 살면 좋지 않을까? 그러나 처음부터 배우자를 바꿔도 부부는 똑같은 갈등에 빠질 것이다. 이 사례에서 친밀함은 경멸을 낳는다. 이것이 라이트가 지적했던 비참함이다. 여성의 부모 투자 패턴에 따르면 여자는 좋은 유전자와 좋은 양육 사이에서 선택해야 한다. 반면 남성의 부모 투자 패턴은 남자를 다른 딜레마에 빠지게 한다. 보통 이 딜레마를 성모-창녀 콤플렉스라고 한다. 남자는 두 명의 여자 가운데 하나를 선택해야 한다. 자신과 기꺼이 섹스하려는 여자인가? 아니면 섹시한 여자인가? 그러나 남자가 파트너로서의 역할에 충실하지 못하다면 여자는 쉽게 다른 남자를 찾아 떠날 것이다. 그래서 여자가 다른 남자에게로 가는 것을 막으려면 결혼을 해야 한다. 일단 결혼하면 여자는 배우자와 쉽게 잠자리에 들 것이다. 그런데 결혼을 해도 남자는 다른 남자의 아이를 키우게 될지도 모른다. 남성은 배우자의 간통을 두려워하여, 덕스러운 여자—바람을 피우지 않을 것 같은—를 찾으려 한다. 그러나 덕스러운 여자에게도 흠은 있다. 그는 아마 지루한 여자일지 모른다. 그래서 남자는 결혼했지만 다시 바람을 피우려 한다(덕스러운 여자는 우리 아이를 집에서 안전하게 양육하기 때문이다). 남자는 새로 만난 여자와도 헤어지려 할지 모른다. 하지만 무슨 상관인가! 이상하긴 하지만, 바람을 피워서 아이를 가졌더라도, 아이는 하여튼 살아남을 것이다. 아마 다른 남자가 나타나 그 아이에게 모든 자원을 쏟아부을 것이다. 그 아이는 국내에 살수도 있고, 다른 아이는 해외에 살 수도 있다. 멋지다! 여기서 우리는 다시 참된 거짓말과 만난다. "내연녀"를 위해 결혼생활을 깨뜨리겠다는 말을 정말 실행하는 남자가 있을까? 미쳤나? 하긴, 남자도 내연녀의 매력을 평가할 때는 꽤나 많은 기만을 당한다. 해리 엔필드 코미디에 나오는 부부처럼 남자는 아내의 모든 것을 안다. 아내는 한마디로 지겹다. 하지만 새로 만난 여자에 대해 남자는 어떤 흠도 어떤 실용성도 없다고 상상한다. 이제 남자는 순수한 욕정만 품는다. 얍! 그런데 어쩌나. 이런 욕정도 금방 끝난다. 새로운 애인도 결국 지루해진다. 새로 사귄 애인도 아찔한 욕정의 하늘에서 울퉁불퉁한 지상으로 내려온다. 대부분 그렇다. 어느 날 아침, 당신이 변심했다고 하자. 보라. 새로 사귄 여자도 그냥 한 마리의 포유류일 뿐. 그것도 암컷. 변심할 수도 있는 거지. 그러나 당신 친구가 술집에서 그 여자에 대해 묻는다면 당신은 뻔한 대사를 읊을 것이다. "그래. 그녀를 사랑한다고 생각했어." 자연선택 2: 계몽된 남자 0. 피아니스트가 피아노를 치듯 어떤 속임수가 이 남자를 줄곧 연주했다. 이 속임수는 현대의 사이렌처럼, 노래로 남자를 가정에서 꾀어냈다. 이 속임수는 남자를 속였고, 자연선택은 남자가 그렇게 행동하도록 떠밀었다. 반대로, 여자는 섹스에 관심 있는 것처럼 보여서는 안 된다(모든 간통하는 남자들은 어떤 개념 없는 드문 여성들과 관계를 맺는다고 당신이 믿는 것으로 충분하다). 여성은 다소 혼란스라운 전략을 펼치는 것 같다. 가정에서 남편이 주는 유전자보다 더 나은 유전자를 얻으려고 여자가 노력할 때, 광기가 분명 솟아날 것이다(여자가 바람을 피우는 순간이 올 것이다). 당신도 이미 알 것이다. 남편이 당신에게 준 자식은 그저 그렇다. 지금까지 당신은 고생만 해왔다. 무엇 때문에? 당신의 자녀는 학교에서 인기가 없거나 시험도 간신히 통과할 것이다. 이게 무슨 시간낭비인가?

남자와 여자의 차이를 밝힌 흥미로운 연구가 하나 더 있다. 이 연구에서 남자와 여자에게 데이트 상대의 지능 수준이 어느 정도 되었으면 좋은지 물었다. 일단 진화론을 전제하고 물었다. 모두 "평균 수준"이라고 답했다. 연구자는 질문을 살짝 바꿔 이렇게 물었다. "당신과 섹스할 상대의 지능수준은 어느 정도 되어야 하나요?" 여자는 평균 이상이어야 한다고 답했다. 반면 남자는 평균 이하가 좋을 것 같다고 답했다. 하지만 결혼할 상대에 대해 묻자 남자는 평균 이상이어야 한다고 말했다.[222] 이 결과는, 트리버스가 1972년에 쓴 논문에서 제시한 가설을 지지한다. 이 논문에서 트리버스는 남자의 부모 투자에 대한 시나리오를 논했다(남자가 아이에게 많이 투자하게 하려면 무엇을 해야 할까?). "남자가 그냥 임신시키려는 여자가 있고, 남자와 함께 아이를 기를 여자가 있다. 두 여자에 맞는 남자도 따로 있다. 전자의 경우, 남자는 섹스에 열중하며 별 생각 없이 파트너를 고른다(상대방 여자보다 덜 고민한다). 하지만 후자의 경우, 남자는 섹스 파트너를 고를 때 여자만큼 까다롭게 군다."[223] 놀랍지도 감동적이지도 않은 결과 같다. 이런 말이다. 딱 한 번 먹을 음식을 고르라고 한다면, 당신은 어떤 음식을 먹을지 지나치게 따지지 않을 것이다. 기름이 줄줄 흐르고 하얀 소금이 보일지라도 무슨 상관인가. 어차피 한 번 먹고 말 음식이다. 하지만 계속 먹을 음식을 고르라고 한다면, 더 맛있고 신선하고 몸에 좋은 음식을 고르려고 할 것이다. 트리버스도 비슷한 선택의 논리를 기술한 것 같다. 일회성 행위가 있고, 반복 행위가 있다. 행위의 종류에 따라 행위자의 까다로움도 분명 달라질 것이다. 예를 들어 자동차를 렌트한다면, 당신은 자동차의 모델에 지나치게 신경쓰지 않을 것이다. 하지만 자동차를 산다면, 당신은 꼼꼼히 따져야 한다. 결국 트리버스의 논리는 상식에 가깝다.

어떤 사람은 성행동의 차이를 미의 지위(외모)와 지위의 미라는 개념으로 서술하기도 한다. 여자는 (사회적) 지위를 미보다 훨씬 중요하게 여긴다고 한다. 하지만 남자는 여자와 반대라고 한다. 따라서 못생긴 남자가 미녀와 함께 있으면 남자는 분명 부자이거나, 적어도 사회적 지위가 높을 것이다. 못생긴 여자가 미남과 함께 있을 때 남자가 부자일 거라고 예상하긴 어렵다. 남자는 여자의 사회적 지위에 그다지 신경쓰지 않는다. 남자는 외모를 따진다. 외모가 아름답다는 것은 생물학적으로 건강하다는 표시이며, 건강하고 아름다운 자손을 낳을 가능성도 높다는 뜻이다. 그래서 남자는 여자에 비해 훨씬 쉽게 첫눈에 반한다. 그리고 사회적 계급도 그다지 따지지 않는다. 반면, 여자는 대체로 첫눈에 반하지 않는다. 겉모습만 봐서 사회적 지위를 분별하기 어렵기 때문이다. 남자는 페라리를 렌트했을까? 남자가 식사비를 낼까? 남자는 데이트할 때 어떤 음식점에 갈까? 남자가 싸구려를 골랐다면, 데이트도 끝장났다고 봐야 한다. 남자가 음식값을 내는 오래된 관습도 이런 맥락에서 생긴 것 같다. 하여간 오늘날 보금자리를 만들려면 돈이 든다. 물론 이런 주장은 우리 문화의 분위기를 간과한다. 서구에서 최근까지 여성은 가정경제를 책임지는 임금노동자가 아니었다(일하는 것이 허용되었다면 말이다). 이런 실험도 있었다. 정장을 입은 남자 회사원 집단이 여자 집단 앞에서 행진을 했다. 나중에 남자 집단이 버거킹 직원복과 야구모자를 쓰고 사진을 찍었다. 여자 집단에게 버거킹 직원복을 입은 남자 사진을 보여줬다. 어느 여자도 그 남자들과 데이트나 섹스, 또는 결혼할 생각이 없다고 말했다.[224] 그러나 남자들이 정장을 입고 다시 나타났을 때 여자들은 다시 남자들을 허락하겠다고 밝혔다. 다음 실험은 남자와 여자의 차이점을 하나 더 제시한다. 이 실험에서 먼저 남자에게 「플레이보이」 잡지를 보여줬다. 그리고 남자에게 질문을 했다. 많은 남자가 지금 아내에 대한 애정이 조금 식었다고 말했다. 그런데 여자에게도 「플레이걸」 잡지를 보여줬다. 하지만 누구도 자기 남편에 대해 남자처럼 말하지 않았다. 남자는 아주 쉽게 익명의 육체를 욕망하는 것 같다. 반면 여자는 특정한 맥락과 구도 안에 있는 육체만 주목한다(여자는 그렇다고 사람들은 말한다). 여자에게 다른 남자의 성기는 별로 효과가 없다. 그 성기가 처음부터 비싼 정장으로 감싸여 있지 않다면 말이다.

성적 외도에 대해 남자는 여자보다 쉽게 질투심에 빠진다고 한다. 진화론에 따르면 이유는 간단하다. 남자는 여자가 혹시 다른 남자와 관계를 맺지 않을까 두려워한다(물론, 여자는 아이의 부모가 누구인지 당연히 안다). 그래서 남자는 이렇게 말한다. "내 애인은 직장상사에게 왜 그렇게 자주 말을 걸지? 혹시 그녀가 상사에게 반한 것은 아닐까? 만약 그렇다면 그녀를 죽여버릴 거야." 반면, 여자는 감정적 외도에 더 민감하도록 진화되었다고 한다. "내 남자는 왜 나보다 친구나 자기 엄마와 자주 통화할까? 내 남자는 왜 비서만 보면 미소를 흘릴까? 그녀는 창녀라고! 그녀가 입은 옷을 봤어? 머리는 또 어떻고? 우웩! 비서가 내 남자와 자기만 해봐. 비서 그년을 죽여버리겠어. 내 남자는 날 사랑하지 않는걸까?

내가 지겨운 걸까? 내 남자는 나만 바라봐야 해. 그는 날 떠나려는 걸까? 우리 가족을 버리고 떠날까? 그럼 우리 가족은 어떻게 살지? 떠나기 전에 한푼이라도 더 받아내야겠어. 이 나쁜 놈아!"[225]

진화심리학은 종잡을 수 없는 배란과정까지도 설명하려고 한다. 우리는 여자가 언제 생리하는지 구분할 수 없다. 그래서 여자는 자신이 임신할 수 있는—수정할 수 있는—여자처럼 행세할 수 있다. 그를 통해 여자는 남자의 자원을 계속 뽑아 쓸 수 있다.[226] 라이트는 니사라는 여자에 대한 설명을 인용한다. 니사는 쿵산이라는 채취 수렵 마을 출신이다. "한 명의 남자는 당신에게 조금밖에 줄 수 없다. 한 명의 남자는 단 한 종류의 먹을 것을 가져온다. 그러나 애인을 사귀면 달라진다. 어떤 애인은 고기를, 다른 애인은 목걸이를, 돈을 가져온다. 너의 남편도 그런 일을 하고 있고 그런 것을 가져올 것이다."[227] 라이트는 두 개의 사회를 예를 들며 설명한다. 이 사회에서 남자가 따라야 하는 관습이 있다. 예를 들어 남자가 어떤 여자와 새로 혼인을 하여 옛 남편을 대신하게 되었다면, 옛 남편의 아이는 죽어야 한다.[228] 진화심리학자는 양부모의 진실을 밝히는 증거를 내놓고 싶어한다. 양부모는 친부모보다 훨씬 비열하여 유아살해까지 저지른다고 주장할 만한 증거가 있을지 모른다.[229] 데일리와 마고 윌슨Margo Wilson은 말한다. "부모의 동기를 설명하는 다윈주의 관점에서 가장 분명하게 이끌어낼 수 있는 결론은 다음과 같다. 양부모는 대체로 친부모보다 자식을 상당히 홀대할 것이다." 결국 "다른 사람이 키운 아이들은 자주 이용당하고 위험에 빠질 것이다. 부모 투자는 소중한 자원이며, 자연선택은 이 자원을 친족이 아닌 사람에게 허비하지 않으려는 부모의 마음을 분명 선호한다."[230] 신데렐라 이야기 같은 나쁜 양어머니 이야기를 떠올려보면 이 말은 대충 들어맞는 것 같다. 그러나 솔직히, 이런 주장에 어떤 뜻이 숨어 있는지는 그다지 분명하지 않다.

따라서 부정적 뜻만 읽어내거나, 이기심만 중요하게 여기지 않도록 조심해야 한다. 이기심은 이미 이타심을 확산하는 매체이거나 포용을 옹호하는 논증의 수단이기 때문이다. 간단한 사고실험은 이 사실을 확증한다. 부모가 모든 자녀를 똑같이 대하면, 혹은 부모가 모든 사람을 똑같이 대하면 부모의 사랑이 살아남을 기회는 아주 적을 것이다. 더구나 어떤 윤리이든 특정한 관점에서 출발해야 한다. 그렇지 않으면 윤리는 윤리학적 "사고범위 문제"에 빠질 것이다.[231] 아주 일반적인 말이지만, 우리는 이웃을 우리 자신처럼 사랑하라는 말을 듣는다. 우리 대신 이웃을 사랑하라는 말이 아니다. 이것은 현명한 가르침이다. 우리가 우리 자신을 기준점으로 삼지 않으면 우리는 꼼짝달싹 못할 것이다. 자녀와 자기애가 올바로 이해된다면, 우리 자녀와 심지어 자기애까지도 타자의 아이콘으로 작동한다. 예를 들어, 자녀를 향한 우리의 사랑은 자녀 사랑을 지성적으로 넓히는 데 필요한 매개체가 된다. 우리 자녀는 다른 아이의 생명으로 가는 문이다. 자기애는 타인을 사랑하기 위한 필요조건이다. 물론 자기애가 충분조건은 아니다. 여기서 아리스토텔레스는 전적으로 옳았다. "선한 사람은 분명 자신을 사랑할 것이다."[232] 더구나 성서가 우리에게 경고한다. "누구든지 자기 친척 특히 가족을 돌보지 않으면, 그는 벌써 믿음을 저버린 사람이요, 믿지 않는 사람보다 더 나쁜 사람입니다"(디모데전서 5:8). 상대방의 외도나, 이를 두려워하는 마음에 대해 진화심리학은 대단한 것을 거의 발견하지 못했다. 아퀴나스는 이렇게 말한다. "남자는 자연스럽게 자녀가 자기 자식임을 확인하려고 한다. 성적으로 난잡하게 관계를 맺으면 이런 확신은 완전히 파괴될 것이다."[233] 아리스토텔레스도 지적한다. "동물과 식물처럼 인간도 자기 형상을 남기려는 자연스러운 욕망을 가진다."[234]

적어도 어떤 차원에서 진화심리학의 세계는 토미즘, 그리고 당연히 기독교와도 공명한다. 하지만 분명하게 다른 점도 있다. 첫째, 진화심리학은 주의주의voluntarism를 자유를 설명하는 유일한 모형으로 삼으라고 유혹한다. 둘째, 어떤 것이 물질이나 자연과 조금이라도 관련이 있으면, 진화심리학은 그런 연관성을 존재론적 모욕으로 여기라고 유혹한다. 아퀴나스는 거리낌 없이 인간과 동물의 유사성을 지적한다. 아퀴나스에 따르면, 인간은 동물과 여러 속성을 공유한다. 자기 보존, 짝짓기 본능, 부모의 자식 사랑. 하지만 사회적 조직과 제도를 세우고, 존재자의 첫째 원인을 찾으려는 점에서 동물과 인간은 다르다.[235] 아퀴나스에게 결혼은 "인간 종의 자연 본능"이다.[236] 더구나 아퀴나스는 일부일처제는 완전히 자연적이며, 일부다처제는 조금 덜 자연적이고, 일처다부제는 완전히 자연에 어긋난다고 주장한다. 일처다부제는 자녀의 아버지가 누구인지 분명하지 않기에 질투심을 일으킬 것이기 때문이다.[237] 아퀴나스가 아무리 천재이며 성자이지만, 부모 투자에 대한 트리버스의 논문 복사본을 읽어보지는 않았을 것이다. 아퀴나스는 계속 이렇게 말한다.

> 자연법이 정한 행동수칙의 질서는 자연적 경향의 질서를 따른다. 먼저 인간에게 선을 추구하려는 성향이 있다. 이것은 자연과 일치하며, 인간은 이런 자연본능을 모든 존재자와 공유한다. 그만큼 존재자는 자신을 보존하려고 애쓴다.…이런 성향 때문에 인간 생명을 보존하고, 생존의 장애물을 제거하는 수단은 늘 자연법칙을 따른다. 둘째, 인간에게는 인간에게 걸맞은 행동을 하고자 하는 경향이 있다. 인간은 이런 본성을 다른 동물과 공유한다. 이 경향 때문에 모든 동물들은 자연이 가르친 법칙(성관계, 자녀 교육 등)에 종속된다. 셋째, 인간에게는 선을 추구하려는 경향이 있다. 이런 경향은 인간 이성의 본성을 따르며, 인간에게만 있다. 그래서 하나님에 대한 진리를 알고, 사회에서 살고자 하는 자연적 경향이 인간에게 있다. 예를 들어 무지를 피하고, 함께 살아야 하는 사람을

공격하지 않는 것은…자연법칙에 속한다."[238]

7장에서 진화심리학이 아퀴나스의 논리를 어떻게 거꾸로 배치했는지 살펴볼 것이다. 아퀴나스에 따르면 동물을 통해 인간을 아는 것은 한계가 있다. 결국 동물의 진리를 드러내는 존재는 인간이다. 인간은 하나님의 형상 안에서, 형상대로 지음받았기 때문이다.

데일리와 윌슨은 「아내를 소지품으로 착각한 남자」The Man Mistook His Wife for a Chattel라는 논문에서 이렇게 주장한다. 남자는 "특정한 여자를 소유한다고 주장하며, 박새는 자기 영역을 소유한다고 주장하며, 사자는 사냥해서 잡은 동물을 소유한다고 주장하며, 남자와 여자는 귀중품을 소유한다고 주장한다.…남자는 여자를 '소유물'로 보는데, 이것은 단순히 은유가 아니다. 어떤 것을 소유물로 보는 생각의 알고리즘은 결혼과 상거래에서 분명히 작동한다."[239] 이 인용문에 대해 지적을 좀 하고 싶다. 먼저 인용문에 나온 사례들은 서로 비슷한 점이 거의 없는 것 같다. 굳이 사례가 필요한가? 하여간 남자는 자기 집과 음식, 잔디 깎는 기계를 대하듯 아내를 대한다고 말해버리면 되지 않을까? 남자에게 소유물이나 아내는 크게 다르지 않다. 남자는 일단 어떤 것이 자기 것이라고 생각하면, 그것을 소유하려고 한다. 문제는 소유하고자 하는 대상을 자주 바꾸려고 하는 것이다. 충격제조기인 슬라보예 지젝Slavoj Žižek마저 현대적 불만의 성격을 설명하면서 일리 있는 지적을 한다. 지젝은 제목을 밝히지 않은 소설의 첫 구절을 인용한다. "어떤 여자들이 있는데, 이 여자들에게는 어떤 조건이 붙어 있어. 이 여자들과 마음껏 섹스해도 좋다는 허락을 받으려면, 자기 아내와 아이가 차가운 물에 빠져 죽는 모습을 무심하게 바라볼 수 있어야 한데."[240] 글쎄. 이건 당신의 소유물을 올바로 다루는 방법은 아니지 않는가? 진화론은 이렇게 대답할 것이다. 새로 사귄 연인은 새로 소유한 소유물이다. 그럴지도 모른다. 하지만 우리는 지금 반증이 불가능한 영역으로 슬그머니 들어가고 있는 걸까? 남자가 아내를 소유물로 여기는 것이 옳다면, 이런 생각은 특정한 사회를 반영하는가? 아니면, 이것은 모든 사회를 떠받치는 기초 논리인가?(진화론의 주장을 그대로 인정한다면, 우리는 페미니스트를 지적설계론자와 한 집단—진화론에 반대하는—으로 묶을 수 있겠다. 두 집단은 머리만 다르지 몸은 같다). 남자가 정말 다른 사람을 모두 버리고 결혼해야 한다면(적어도 어떤 문화권에서는), 소유권이라는 개념 없이, 이해 가능하고 실제로 가능한 결혼관을 세우고 실행하는 것은 불가능에 가까울 것이다. 그리고 여자가 중요하게 여긴다는 감정적 충실도 분명 여성을 위한 "소유권"을 표시한다. 그렇지 않다면 우리는 이렇게 물어야 한다. 무엇에 충실하다는 거지? 똑같은 논리가 식사에도 통한다. 매일 당신 앞에 놓이는 음식을 사람들이 당신의 것이라고 생각하지 않는다면, 상황이 상당히 곤란해질 것이다. 하지만 많은 사람이(남자를 포함한) 자신이 먹는 음식에 감사를 표하지 않나?(결국 이것이 식사기도다) 따라서 소유권 개념은 하여간 사용될 만한 근거가 있다. 가정에 감사하고 사제가 그를 위해 복을 빌고, 신랑과 신부는 서약을 하고 나중에 갱신을 하기도 하는 전통은 여전히 생생하다. 오히려 진화심리학이 말하는 소유 개념이 문제를 일으키는 듯하다. 이 소유 개념은 포스트모던 사유에서 아주 흔하게 출몰한다. 어떤 것이 (어떤 사람의) 이익과 완전히 분리되지 않는다면, 그것은 절대 선할 수 없다.[241] 즉 어떤 것이 선하려면, 이해와 상관이 없어야 한다. 확실히 남자에게 소유권은 단순한 하나의 개념은 아니다. 정말 가진 것이—소유한 것이—없다면 어떻게 나눠주겠는가? 극단적 이타주의자의 집에서 식사를 하는 것은 그다지 즐겁지 않을 것이다. 먼저, 우리는 결국 굶어죽을 것이다. 빗물을 저장하지 않는 저수지처럼 우리는 먹지 않고 버텨야 한다. 혹은 우리가 극단적 이타주의자의 집에 도착했을 때, 집주인처럼 보이는 사람이 이미 죽어 있는 것을 발견할 수도 있다. 비행기에서 비상사태에 대비하는 교육을 생각해보자. 기내 압력이 떨어질 경우 당신은 먼저 산소마스크를 착용해야 한다. 다른 사람, 특히 미성년자를 돕기 전에 말이다. 그렇지 않으면 당신과 다른 사람 모두 사망할 수 있다. 이것보다 더 심각한 문제가 있다. 남자는 자기 아내를 소유물로 착각하지 않는다. 진화심리학의 관점으로 본다면, 남자가 아내를 사람으로 생각한 것이 더 큰 착각이다. 일단 결론부터 말하자면 그렇다.

섹스를 먼저 고려하는 경향이 과연 무엇을 뜻하는지 말해주는 멋진 이야기가 있다. 조지 베스트는 아주 훌륭한 축구선수였다. 그는 너무 일찍 현역에서 은퇴하고 미스 월드 출신과 함께 런던의 고급호텔에 처박혔다. 그는 카지노에서 3만 파운드를 따고서 샴페인을 주문했다. 돈은 침대 주변에 널브러져 있다. 룸서비스 직원이 방문을 두드렸다. 베스트는 문을 열었고, 직원은 반쯤 벗은 미스 월드가 걸어다니고, 돈은 침대 위에 널브러져 있는 장면을 목격한다. 직원이 든 쟁반 위에는 고급 샴페인도 올려져 있다(이 장면이야말로 다윈주의가 말하는 적합성이 이루어지는 순간이다!). 직원은 잠시 멍한 상태로 바라보다가 용기를 내어 물었다. "질문 하나 드려도 될까요?" "물어보시게." "베스트 씨, 도대체 왜 이렇게 잘못되었나요?" 직원은 극단적 다윈주의 바깥에 사는 사람 같다. 그렇지 않나? 극단적 다윈주의에 따르면 우리는 오히려 이렇게 물어야 한다. "도대체 왜 이렇게 잘되었나요?" 극단적 다윈주의의 눈으로 보면, 아인슈타인의 유명한 공식인 $E = MC^2$도, 다른 사람이 당신과 짝짓기를 하게 만드는 우회적 전략이 된다(실제로 아인슈타인은 여자들에게 인기가 많았다). 포더도 말한다. "어떤 변호사에 대한 농담을 들어봤는가? 이 변호사에게 아름다운 여자가 섹스를 하자고 말했다. '뭐, 그렇게 하죠.' 그리고 변호사는 말했다. '그런데 나에게 무슨 이익이 있죠?'" 그러나 섹스를 무조건 생식과 연결시켜야 할까? 그것이 전부인가?[242] 마리오 봉헤는 이것을 "생식중심주의"라고 부른다. 생식중심주의는 생식이 다른 생물학적 기능보다 늘 우위에 있다고 주장한다.[243] 더구나 베리는 "생존 욕구와 생활 욕구는 서로 다르다"고 올바로 지적한다.[244] 아마 생존 욕구는 *bios*와 상관이 있고, 생활 욕구는 *zōē*와 상관이 있는 듯하다. 분명히 *zōn*(사는 것)과 *eu zōn*(잘 사는 것)은 서로 다르다.[245] 닐스 엘드리지는 생식에 지나치게 집중하는 것이 얼마나 황당한지 잘 요약했다. "섹스의 일차적 이유가 아기를 낳는 것이라고 교부와 진화심리학자는 주장한다. 여기서 그들은 이 주장과 연관된 문제를 알게 모르게 제기한다. 예를 들어 동성애는 왜 있을까? 자위, 구강성교, 항문성교, '남색', 강간은 또 뭔가? 이런 행위는 정말 성적이지만, 출산과는 상관없는 행위들이다."[246] 엘드리지가 교부의 저작을 엄청나게 오해했다는 것은 잠시 제쳐두고, 그의 말만 살펴보면 정곡을 찌른 것 같다. 흥미롭게도 어떤 진화심리학자는 강간은 원래 정당한 진화전략—"정당한"이라는 말은 강간도 결혼과 마찬가지로 자연선택의 산물이라는 뜻이다—이라고 주장한다. 우리는 이미 오히어가 던진 질문을 들었다. 오히어는 다윈주의의 렌즈로 보더라도 강간이 잘못된 것인지 물었다. 오히어의 생각에 대한 의견은 상당히 갈린다. 예를 들어 침팬지가 보여준 외부인 혐오증은 인간의 외국인 혐오증을 이해하는 길라잡이이며, 원숭이가 행한 집단학살은 인간 집단학살의 사례라고 한다. 진화심리학 덕분에 우리는 우리에게 집단학살이 내재되어 있음을 믿게 된 것 같다. 케넌 말릭Kenan Malik은 사회생물학에서 순환논증이 나타난다고 지적한다. "폭력은 진화를 거친 보편적 특성이다. 폭력은 진화된 특성이므로 인간과 유사한 종에서 폭력의 초기 형태가 분명히 나타날 것이다. 인간과 유사한 종에서 인간 폭력과 유사한 폭력이 나타날 수 있으므로 폭력이 진화된 특성이라는 주장에 대한 증거가 있는 셈이다. 당신이 내린 결론을 당신이 사용하는 방법에 슬그머니 집어넣는다면, 당신은 결국 당신이 원한 대답을 얻을 것이다."[247] 더구나 진화심리학자는 앞에서 말한 조지 베스트의 이야기를 듣는다 해도 그다지 동요하지 않을 것이다. 이언 태터슬Ian Tattersall은 지적한다. "사회생물학의 예측과 일치하지 않는 행동이 관찰되었을 때, 진화심리학자는 양쪽 모두 붙잡으려 하면서 다소 역설적으로 대답한다. 이런 경우, 자연선택은 행동의 구체성 대신에 행동의 '유연성'을 선호했다는 것이다."[248] 진화심리학자는 인간에게 쓰는 용어를 동물세계에도 적용하려는 경향이 있다. 하지만 케이건이 지적하듯이, 우리가 붉은털원숭이 암컷이 한 시간도 걸리지 않아 여러 수컷과 교미하는 것을 관찰하고 붉은털원숭이가 창녀 같다고 결론 내린다면 바로 그 진화심리학자들도 화를 낼 것이다.[249] 원숭이의 평판을 지켜주고 싶다면, 진화심리학자는 인간에게 쓰는 용어를 동물에게 적용하지 말아야 한다. 『강간의 자연사』*A Natural History of Rape*에서 랜디 손힐과 크레이그 팔머는 처음 몇 장에 자연에서 일어나는 강간 사례에 대한 91개의 연구목록을 실었다.[250] 하지만 손힐과 팔머는 다시 진화를 부정하고 있다. 그들은 진화의 권리를 부정한다. 그들의 분석 논리는 현실의 변화를 배제하기 때문이다. 즉 그들은 호모 사피엔스의 존재를 부인한다(인간만이 실제로 강간을 저지를 수 있다). 손힐과 팔머는 포괄성이 확장되었음을 받아들일 수 있고, 받아들여야 한다. 인간의 도덕적 행동은 다른 종이 보여주는 행동과 질적으로 다르다. 케이건도 그렇게 주장한다. "덕스럽다는 개인적·상징적 확신—자신이 자신에게 주는—은 인간이 받으려고 하는 보상이다. 이런 인정욕구는, 가장 협동을 잘하는 다른 종에서는 나타나지 않는다."[251] 여기서 뒤집힌 우월의식이 나타난다. 이런 우월의식을 가진 사람은 인간이 독특하지 않다고 끊임없이 강조한다. 하지만 우리가 다른 종을 관찰할 때, 우리는 왜 독특한 속성과 행동을 우리가 아니라 그 종에게 속한다고 흔쾌히 인정할까? 케이건은 그물을 짜는 거미와 반향정위echolocation를 하는 박쥐를 지적한다. 여기서 우리는 정치적 올바름을 추구하면서 다른 척하는 박쥐의 가면을 벗겨야 한다. 아니면 하나의 종인 우리도 그저 모든 종이 참가하는 단체허들경기에 참가하면 된다. 이 경기에서 우리가 속한 팀은 우리에게 "성장하라"라는 조언을 할 것이다. 케이건이 지적하듯 "인간의 속성을 특별하게 여기는 것에 대해 고집스럽게 반대하는 설명할 수 없는 반감이 있다.… 인간의 원시적 기원은 지울 수 없는 문신처럼 인간에게 새겨져 있다는 생각을 미국인은 이미 받아들였다."[252] 케이건이 주장하듯, 이 주장에는 자기 충족이 될 위험이 있다. 케이건의 지적에 진심으로 동의하지만, 인간은 독특하지 않다고 말하려는 소망은 설명될 수 없는 것이 아니다. 오히려 우리는 이 소망을 완전히 이해할 수 있을 것 같다. 독특함을 거부하는 것은 확실히 누워서 침 뱉기이기 때문이다. 이렇게 자만심에 취해 앞을 제대로 보지 못하는 사례가 하나 더 있다. 인간과 원숭이는 유전자의 97%를 공유한다는 주장은 사실로서 자주 인용된다(이 주장은 옳기는 하다). 이 주장은 인간의 독특함을 부정하려는 사람들이 너무 자주 써먹는 근거다. 하지만 어떤 학생이 에세이를 쓰면서 그럴듯하게 보이는 이 주장을 근거로 내세운다면, 당연히 그에게 낙제점을 줄 것이다. 도대체 97%는 무엇을 뜻할까? 나머지 3%는 무슨 뜻인가? 그런데 우리와 원숭이가 유전자를 100% 공유한다면 이것이 인간의 독특함을 훨씬 잘 보여주는 사례가 될 것 같다(이것이 게놈 프로젝트가 보여준 것이 아닌가?). 이것이 훨씬 중요한 논점이다. 어떤 사람은 인간에게 존재론적 모욕을 가한다고 생각하면서 인간은 우주에 홀로 있겠냐며 비아냥거린다. 이 말도 비슷하게 따분하고 시시하다. 물론 인간의 독특함이 그렇게 보일 수는 있겠다. 또한 수백만 개의 별 가운데 생명이 있는 별이 있을지 모른다고 한다. 그래서 사람들은 우리 인간이 더 이상 독특하지 않다고 생각한다. 이런 주장에 대해 "헛소리"라고, 최소한 "좀더 분발하세요"라고 확실히 대꾸할 수 있다. 지적인 사람들이 왜 이렇게 한심한 이야기를 할까? 다음과 같이 대답하는 것이 좋겠다. 우리는 우주적 권위 자체를 불편하게 느낀다. 다시 말해, 네이글의 말처럼, 신이 어떤 존재이든 신이 없었으면 좋겠다는 뜻이다.[253] 이렇게 병든 생각 때문에 이성이 피해를 입는다. 이성이 입은 피해를 네이글은 분명하게 지적했다. "인간 정신의 모든 것을 포함하는 생명을 낱낱이 파헤치기 위해 진화생물학이 터무니없이 남용되었다."[254] 우리는 인류, 윤리, 자유의지, 정신, 결혼이라는 문화적 현상, 그리고 충실함의 진실성 등을 없애버리고 나서야 안도의 한숨을 쉴지 모른다. 신이 무엇을 위해 이런 세상을 만들었겠는가?(사실 세상이라는 것이 존재하는지도 의문이다) 이제 우리는 무신론자 친구와 함께 축하주를 마시러 술집에 갈 수 있다. 무신론자 친구는 바로 불멸하는 이기적 유전자를 실어나르는 무신론 운반자다. 극단적 다윈주의 세계에서는 맥주마저도 DNA일지 모른다(안타깝다!). G. K. 체스터튼은 이런 병리현상을 제대로 포착했다. "어떤 주장을 증명하려고 열심을 내는 사람이 있다. 그는 죽은 후에 자신의 삶은 더 이상 없다는 것을 증명하려 했다. 하지만 그는 아예 개인의 실존이 없다는 주장으로 빠졌다.…세속론자가 망친 것은 신성한 것이 아닌 세속적인 것이었다."[255] 또한 네이글도 이렇게 말한다. "신이 있다는 소망이 신념에 영향을 주는 것이 비합리적이듯, 신이 없을 것이라는 바람이 신념에 영향을 주는 것도 비합리적이다."[256] 올더스 헉슬리Aldous Huxley 같은 사람들은 네이글의 주장을 대놓고 피해버린다. 헉슬리는 이렇게 말한다. "나와 같은 시대를 사는 많은 사람에게 분명히 무의미의 철학은 근본적으로 해방의 도구였다. 우리가 욕망하는 자유는…어떤 도덕성—우리가 누리는 성적 자유를 방해하는—에서 벗어나는 것이었다."[257] 그리고 최근에 카렌 암스트롱Karen Armstroug까지 거들었다. "자신이 세운 규칙을 지키지 않으면 영원한 저주를 내리겠다는 앙심을 품은 신 앞에서 벌벌 떨지 않다니 멋지다."(전직 수녀가 아니라 히틀러가 이렇게 썼다고 상상해보라).[258] 하지만 체슬라브 밀로즈Czeslaw Milosz는 재치 있게 지적한다. "인민을 유혹하는 진정한 아편은 죽음 후에 아무것도 없다는 믿음이다. 우리의 배신과 탐욕, 비겁, 살인이 심판받지 않을 거라고 생각해보라. 이것이야말로 엄청난 위로다."[259] 네이글은 진화론을 터무니없이 남용하는 것을 지적했는데, 이 문제에 대해 우리는 새로운 본질론이 나타났다고 말해야 하지 않을까? 홍적세를 정신없이 추켜세우는 분위기가 있는 듯하기 때문이다. 그래서 리처드슨이 말한 "홍적세 과잉살육설"(홍적세에 대형 포유동물이 인간 사냥꾼에 의해 멸종됐다는 주장)까지 나왔다.[260] 예를 들어 코스마이드와 투비는 아예 홍적세가 인류 진화사의 거의 전부를 차지한다고 주장한다. 이런 주장에 답변하면서 라란드와 브라운은 중요한 지적을 한다. "진화심리학 문헌에서 공통적으로 나타나는 관찰이 있다. '인류진화사의 99% 동안 인간은 수렵 채취인으로 생활했다.' 그러나 35억 년간 집단으로서 자연선택을 겪은 조상이 인간을 낳았다. 이 사실을 고려할 때, 99%라는 숫자도 자의적인 것이라 볼 수 있다."[261] 이것 역시 반진화론적 관점이다. 이것은 진화에도 시간 지체time lag가 있다고 전제한다. 다시 말해, 우리의 적응은 먼 과거에 갇혀 있다는 뜻이다. 하지만 이것은 말도 안 된다. 몇 가지 이유가 있다. 첫째, 홍적세는 반영구적 요양원처럼 조용한 시기가 아니라 환경이 급격하게 변동한 시기였다. 당연히 호모 사피엔스는 다양한 행동을 보여준다. 행동의 다양성에서 호모 사피엔스는 다른 경쟁자 종을 앞질렀다. 이 다양성은 홍적세가 진화의 롤러코스터였다는 표시다.[262] 혁신이냐 죽음이냐라는 압박은 지금보다 홍적세에 훨씬 심했다(혁신은 섭취하는 음식, 사회 조직, 우주론, 짝짓기 체계, 기술 등 모든 분야에서 일어났다).[263] 따라서 진화심리학은 엄청난 신화를 만들어내면서, 검사할 수도 없는 사후 설명을 늘어놓는다고 말해도 되겠다.[264] 여기서 우리는 이렇게 질문해야 한다. 진화심리학은 제약조건이란 스킬라 바위와, 굴절적응과 스팬드럴이란 카리브디스(소용돌이)를 빠져나와, 자신이 애지중지하는 적응론을 유지할 수 있을까? 우리가 이성을 오직 다윈주의로 설명한다면, 우리를 기다리고 있는 것은 허무주의의 거대한 심연뿐이다.

## 진화가 신화라면: 네안데르탈인

노인을 위한 나라는 없다.

_ 윌리엄 버틀러 예이츠[265]

세속적 현대사회에서(또는 포스트모던 사회에서) 유행하는 오류가 있다. 보통 그것을 초자연주의 오류라고 부른다. 초자연주의 오류를 범하는 사람은 "있음"is에서 "없음"nought을 이끌어내려고 한다.[266] 환원하거나 축소하려는 병리적 욕망이 이 오류에서 드러난다. 특정 연구기획을 위해 방법상 환원하려는 것이 아니다. 자연(본성) 개념을 없애려는, 멈출 수 없는 소망 때문에 환원하려는 욕망이 생긴다. 따라서 초자연주의 오류는 없음을 향한 의지를 보여준다. 존 레논의 노래 "이매진"Imagine을 살펴보자. 이 노래는 우리에게 종교와 천국이 없는 세상을 그려보라고 권한다. 사람들은 "이매진"을 종종 세속주의 찬양가로 본다. 종교를 아예 없앨 수 있다면 모든 것이 아름답고 평화로울 텐데. 하지만 "이매진"을 세속주의에 반대하는 노래로 똑같이 이용할 수 있다. 한때 사람들은 존재의 거대한 사슬*scala naturae*이라는 자연스러운 위계질서가 있다고 생각했다. 무기물/무생물 – 식물 – 벌레 – 인간, 인간 위에는 천사, 그 위에는 신이 있다. 위에 있는 존재일수록 더 중요하다. 우리도 조금은 비슷하게 판단한다. 우리는 스스럼없이 풀은 꺾지만, 개의 목은 함부로 꺾지 않는다. 이웃집 아이가 많아서 시끄러워도, 우리는 닭을 먹지 이웃집 아이를 먹지 않는다. 극단적 다윈주의에 따르면, 자연계는 가만히 있지 않고 흐른다. 특정한 뜻을 지닌 것은 다른 뜻을 지닐 수 있다. 풋사과를 생각해보자. 풋사과는 풋사과라는 고정된 사물이다. 하지만 시간이라는 연막 뒤에 숨겨진 사과의 진실은 한 줌 먼지라는 것이다. 모든 것이 흐른다. 이런 흐름을 고려할 때 체스터튼의 지적은 중요하다. "원숭이라는 것이 서서히 사람이란 것으로 바뀌는 것이 진화라면, 이 사실은 정통주의자에게 대체로 불편하지 않다. 인격적 신은 어떤 일을 재빨리 하는 만큼 천천히 할 수 있으니까. 더구나 기독교의 신은 시간 바깥에 존재한다. 그러나 진화가 그 이상의 뜻이라면 어떻게 될까? 원숭이란 동물은 아예 없으며, 원숭이가 변형되어 나타난 인간 존재도 없다는 것이 진화의 뜻이다. 도대체 고정된 존재란 없다는 것이 진화의 뜻이다."[267] 이런 맥락에서 장미는 흙에서 나오지 않았다. 결국 우리가 보게 되는 것은 장미 안에 있는 먼지이기 때문이다.[268] 즉 우리는 먼지에서 나오지 않았고, 먼지로 돌아가지도 않을 것이다. 이것은 완벽한 반진화론적 영지주의이며, 이 영지주의는 그저 먼지만 보기 때문이다. 반진화론적 영지주의는 모든 탄생의 이전 시기에 우리를 가둬버린다. 이 영지주의는, 생명체라면 어떤 것이나 지나가게 마련인 출산통로(자궁, 질)에 우리를 가두지 않고, 오히려 우리를 원시 수프에 집어넣어 수영하게 만든다. 원시 수프는 모든 생명체 이전에 있었다. 그래서 원시 수프에는 어떤 생명체도 없다. 이곳에 이기적 탄소만 우글거린다. 불쌍한 낡은 유전자마저 낄 자리가 없다. 유전자도 반진화론적 영지주의 논리에 걸려들기 때문이다. 유전자도 우리처럼 부수현상이며 실체없는 흐름일 뿐이다. 존 듀프레가 창조론과 진화심리학을 정확하게 비교한 것 같다. 두 이론 모두 현상의 기원을 지나치게 중요하게 여기기 때문이다. 두 이론은 모두 어떤 형태의 특별 창조를 옹호한다. 그래서 존재자는 전부가 아니면 존재하지 않으며, 존재자의 겉모습이 존재자의 전부이다. 다시 말해, 진화는 불가능하다.[269] 이런 진화이론—진화주의라는 것이 더 정확하겠다—은 (발터 벤야민의 용어를 빌리자면) 역사를 텅 빈 추상적 시간으로 환원한다. 자연을 포함해 자연에서 나타난 모든 것은 그저 원초적 형태의 한 유형, 즉 원초 형태의 복제물이다. 진화심리학에서 이런 주장이 분명히 드러난다. 이렇게 모든 것을 환원해버리는 것은 네안데르탈인처럼 사고하는 것이다. 그래서 진화의 산물을 거부하고 진화마저 거부한다. 그는 호모 사피엔스의 기원을 근거로 삼아 호모 사피엔스의 독특함을 부인한다. 요컨대, 문화, 정신, 자유의지, 윤리가 창발한다고 생각하지 않는다. 그들에게 이런 현상은 실체없는 착각이다. 이 현상은 모두 물질에서 나오기 때문이다. 그들이 볼 때 이런 현상은 어떤 것의 요소에 지나지 않는다. 다시 말해 이런 현상은 여전히 과거—조상이 살던 환경—에 붙들려 있다. 그렇다면 성만찬도 가능하지 않다.

종교를 아이에게 가르치는 것도 학대라고 주장한 극단적 다윈주의자도 있다(도킨스와 데닛을 떠올려보자). 이 극단적 다윈주의자에게 종교는 환상이기 때문이다. 하지만 그에게 윤리도 환상이고 자유의지도 환상이다. 우리는 우리 아이에게 무엇을 가르치나? 아이가 사는 세상을 아이에게 정확하게 설명하는 방법이 있는가? 극단적 다윈주의가 설명할 수 있을까? 계몽된 훌륭한 부모가 되려면 우리는 아이에게 윤리는 아예 없다고 말해야 한다. 인간에게 있다는 이성도 없다. 왜 아이는 치킨을 먹어도 되지만 개를 먹어선 안 될까? 개는 왜 아이를 잡아먹어선 안 될까? 우리는 자유의지는 없으며, 정신은 물질로 환원되며, 합리성도 없다고 아이에게 가르쳐야 할까? 우리는 아이를 사랑하지 않으며, 결국 아이라는 존재도 없다고 가르쳐야 할까? 존 레논은 이렇게 노래했을지 모른다. "사람도 없고, 윤리도 없고, 사랑도 없고, 인류도 없고, 합리성도 없는 세상을 상상해보세요." 막상 해보면 쉽다. 극단적 다윈주의자의 세계는 확실히 노인이나 사람, 아이를 돌보는 세계는 아니다.

## 받아 먹어라. 이것은 너희를 위한 나의 몸이니

진화가 우리의 정신과 몸에 영향을 준다는 것을 우리는 지금까지 부인하지 않았다. 재채기 반사sneeze reflex를 생각해보자. 누구도 이 증상이 유전된다는 사실에 짜증내지 않는다. 하지만 우리는 진화에 반대하는 도그마를 거부해야 한다. 우리는 빈 서판 이론과 유전자 결정론은 거부한다. 이것들 모두 유지될 수 없는 이데올로기를 추구하며, 순수한 추상이다. 더구나 역설적으로 두 개의 도그마는 그 자체가 반대하는 논리를 의미심장하게 반영한다. 유전자 결정론은 참된 사랑, 특히 부모의 사랑을 부인한다. 유전자 결정론은 그런 사랑이 어디에서 진화했는지 알기 때문이다. 여기서 유전자 결정론은 일단 빈 서판 도그마만이 자유를 설명한다고 전제해버린다. 하지만 이 주장은 반증 가능하지도 않다(아퀴나스는 이 주장을 듣고 경악할 것이다). 생물학적 영향을 받지 않는, 순수한 문화적 사랑이 있다면, 문화만이 이 사랑을 규정할 것이다. 다시 말해 내용/실체가 쏙 빠진 "사랑"이다. 특정한 문화가 정의하는 사랑이 곧 사랑이 될 것이다. 따라서 아무런 모순 없이 사랑도 미움이 될 수 있다. 나치도 조국을 사랑한다고 하지 않았나? 이 문제는 두 번째 요점으로 이어진다. 우리 자신을 규정하는 개념이 순수하게 문화적이고, 문화가 순수하다면, 이것은 어떤 결정론을 다른 결정론으로 대체하는 것뿐이다. 이것은 더 위험한 거래다. 귀신 하나를 쫓아내자 귀신 군대가 다시 침범하는 꼴이다. 더구나 우리는 다양한 문화들을, 다양한 문화 논리들을 판단하고 재판할 수 없을 것이다. 문화는 순수하지만 엄격한 관점주의 산물이다. 흥미롭게도 이런 문화는 호모 사피엔스를 실체가 없는 동물—추상적 존재—로 정의할 수밖에 없을 것이다. 반면 다른 관점은 인간을 "동물일 뿐"이라고 말한다. 존 맥도웰John McDowell은 유아는 "동물일 뿐이며, 잠재된 능력만이 다르다"고 말한다."[270] 하지만 아퀴나스 같은 사람은 "동물 자체"를 추상적 개념이라고 생각한다. 존 오캘러한John O'Callaghan도 이렇게 말한다. "그 표현이 현실을 반영하지 않고 현실을 덮어버린다면" 그것은 난폭한 추상이다.[271] 오캘러한은 계속 지적한다. "존 맥도웰이 말하는 동물은 정말 너무 특이하다. 어떤 종에도 속하지 않는 살아 있는 동물성이다. 하지만 어떤 특정한 종의 동물은 이 동물성을 취할 수 있다."[272] 아퀴나스는 이렇게 말한다. "단일한 것은 하나의 형상을 통해서 존재를 가진다. 어떤 것이 하나로 있는 것은 같은 원리들을 따르기 때문이다. 여러 가지 형상으로 기술되는 것들은 하나의 단순한 것이 아니다. 따라서, 어떤 사람이 어떤 형상(식물적 영혼)이라는 면에서는 살아 있고, 다른 형상(감각적 영혼)에서는 동물이고, 다른 형상(이성적 영혼)에서는 사람이라면, 인간은 하나의 단일한 존재가 아니라는 결론이 나온다."[273] 결국 감각적인 것과 식물적인 것도 지성과 분리되어 따로 있지 않다. 따라서 순수한 동물성은 없다. 우리는 순수한 문화에 속할 수도 없고, 순수한 동물성에 속할 수도 없다. 우리 인간은 양쪽 편에 모두 옮겨 붙은 전염병과 같다.

유전자는 확실히 우리 생활에 충격을 가한다. 우리는 다른 사람보다 부모님을 훨씬 닮았다. 유전자가 우리에게 영향을 주지 않는다면, 분명 다른 것이 영향을 준다고 말할 수밖에 없다. 하지만 유전자는 양육이 주는 조언을 받도록 설계되었다. 매트 리들리Matt Ridley가 지적하듯 "유전자는 당신 행동을 조종하는 주인이 아니라 당신의 행동에 의지하는 꼭두각시다."[274] 스티븐 핑커도 이런 견해에 맞장구를 친다. "유전자는 꼭두각시 주인은 아니다. 유전자는 뇌와 몸을 만드는 설명서로 기능하며, 그 후에는 조용히 물러난다."[275] 환경이 유전자에 영향을 주는 멋진 사례가 있다. 초파리Drosophila는 진화론자가 좋아하는 대상이다. 초파리 유전자 가운데 날개의 길이를 조절하는 유전자가 몇 개 있다. 초파리가 섭씨 20도에서 자랐을 때 초파리에서 짧은 날개가 나타났다. 하지만 30도에서 자랐을 때 초파리에서 정상 날개가 발달했다. 유전자와 날개 길이는 상대적으로 긴밀한 관계임에도 환경에 의해 쉽게 방해를 받는다면, 유전자와 행동의 관계는 얼마나 느슨하겠는가. 인간의 사회적 활동에 유전자 집단이 관여한다면 유전자와 사회적 활동의 관계는 그만큼 복잡할 것이다.[276] 인간 행동의 유연성을 확실히 보여주는 사례를 프랑스 과학자의 연구에서 찾을 수 있다. 이들은 한 아이를 입양 보낸 노동계급의 가족을 관찰했다. 입양된 아이는 중산층 가족에서 성장했는데, 이 아이는 양부모의 자녀보다 IQ 검사에서 훨씬 높은 점수를 받았다.[277]

혈통(유전자)을 물신화하는 사람은 단순하게 한쪽만 보지는 않는다. 혈통 관계는 그저 출발점이며, 관계를 세우라고 유인하며, 심오한 교류가 이뤄질 것이라는 기대를 일으킨다는 것을, 혈통을 물신화하는 사람은 일부러 외면한다. 인류학자인 자넷 카스턴Janet Carsten은 어떤 말레이시아 부족에 주목한다. 이 부족은 사람은 혈통은 타고나는 것뿐 아니라 습득되기도 한다고 믿는다. 어떻게 그럴 수 있을까? 꽤나 단순하다. 음식을 나누고 빵을 함께 먹으면서 이 부족 사람들은 음식을 나눠먹는 사람은 말 그대로 그들의 가족이 된다. 여기서 음식은 피보다 진하거나, 적어도 피만큼 진하다. 음식이 피보다 진하다는 주장에 거부감을 느낀다면, 우리는 네안데르탈인의 츠빙글리적 형이상학으로 돌아가는 것이다.[278] 하여간 피는 친족의 사례이지 친족은 아닌 듯하다. 이 주제와 상관 있는 사례가 하나 더 있다. 대부godparents, 스페인어로는 compadre-comadre로 부르는 그것이다.[279] 전통적으로 대부는 아이와 정말 친족관계를 맺는다고 봤다. 그래서 대부도 근친상간을 피했고, 대부의 가족은 아이와 혼인관계를 맺어선 안 된다. 환경이 생명체를 매개하듯 문화도 생명체를 매개한다. 대부에게 피는 신앙에 종속된다. 어느 때보다 성만찬에서 이런 종속이 분명하게 드러난다. 카스턴의 논점을 반복해보자. "한 집에서 음식을 함께 먹는 자는 같은 핏줄에 속하게 된다."[280] 성만찬에서도 똑같다. "빵이 하나이므로, 우리가 여럿일지라도 한 몸입니다. 그것은 우리가 모두 그 한 덩이 빵을 함께 나누어 먹기 때문입니다"(고린도전서 10:17). 우리는 이 말에 놀라지 말아야 한다. 친족관계가 완전히 고정되어 있다는 생각은 오해다. 호모 사피엔스는 모두 친족이기 때문이다. 종species이란 이런 것이다. 우리는 우리의 조상인 미토콘드리아 이브에 대한 설명을 앞에서 다루었다. 미토콘드리아 이브는 인류가 친족임을 알려준다.[281] 그러나 이 사실이 인간관계에 적어도 정말 영향을 주지는 않는다. 곧바로 영향을 주지도 않는다. 하지만 인권을 말하거나 인류의 고유한 권리를 말할 때 우리는 우리가 친족임을 다시 떠올린다. 하나님의 형상이란 기독교의 개념은 인간이 친족이란 사실을 가장 분명하게 보여준다. 이 사실을 기술하면서도 이것의 윤리적 중요성을 그대로 전하기 때문이다. 재미있게도 어떤 부족은 지나치게 이기적인 사람을 마녀로 본다. 도킨스의 유전자는 마녀 집단 같은 것을 만들 것 같다.

## 네 이웃을 네 몸과 같이 사랑하라

사람은 천사도 아니고 야수도 아니다. 유감스럽게도 사람은 천사처럼 행동하려고 하지만 야수처럼 행동한다.

_ 블레즈 파스칼[282]

타락은 악한 욕망의 기원이다! 개코원숭이의 얼굴을 한 악마는 우리의 할아버지다.

_ 찰스 다윈, 『M 노트』에서(1838)[283]

동물학자인 프란스 드 발은 그가 "박판 이론"이라 명명한 도덕성 이론을 비판한다. 이 이론은 토마스 헉슬리에게서 나왔다고 말할 수 있다. 헉슬리에게 자연은 거칠고 잔인한 곳이었다. 박판 이론에 따르면 우리가 윤리에 따라 살려면, 자연/본성을 일부러 거슬러야 한다(이것이 도킨스가 늘 취하는 관점이다). 헉슬리는 인류를 (자연스럽게 생기는) 잡초를 뽑아야 하는 정원사에 빗댄다. 우리는 초록 잔디가 잘 자라도록 잡초를 뽑는다. 우리는 바로 자연을 싫어하기 때문이다.[284] 드 발도 "이기심"이란 용어를 오용하지 말자고 호소한다. 보통 이기심이란 용어를 사용할 때 사람들은 이기심을 둘러싼 원래 맥락을 없애버린다. 이 맥락은 행동에 대한 정보를 담고 있다. 이런 정보가 없다면 사람이나 동물의 행동을 이기적이라고 판단할 수 없다. 그저 편한 대로 "자기를 보존하는" 행동을 했다고 말할 수는 있겠다. 하지만 자기를 보존하지 않는 본성도 있는가? 여기서 다시 죽은 이타주의자 주인장 문제에 부닥친다(아니면 병든 의사를 생각해보자. 병든 의사는 다른 사람을 열심히 치료하지만 자신은 약이나 치료를 거부한다). 엘리엇 소버와 데이비드 슬로언도 지적한다. "이기주의자와 개인주의자는 자신들은 현실을 보는 반면, 이타주의와 집단 선택을 옹호하는 사람은 위안을 주는 환상에 사로잡혀 있다고 주장한다."[285] 이 신화파괴자는 이타주의의 어두운 얼굴을 지적하려 한다. 그러나 이기심의 좋은 얼굴을 절대 주목하지 않으려는 경향도 있다. 그들은 이타주의의 어두운 얼굴을 지적하면서, 스스로 가정한 많은 전제를 돌아보지 않으려 한다. 크리스틴 코스가드Christine Korsgaard가 지적하듯 "자기 이익이, 인간만큼이나 풍성한 사회적 생활을 하는 동물에게도 적용될 수 있을 정도로 잘 정립된 개념인지도 확실하지 않다."[286]

이타주의를 허물기 위해 어떤 사람은 때때로 이렇게 지적한다. 우리가 믿는 선한 윤리원칙도 나쁜 목적을 위해 사용된다. 앤드류 플레셔Andrew Flescher와 다니엘 워슨Daniel Worthen은 지적한다. "이타적 감정에서 작동하는 생물학적 기제는 사악한 감정을 부추기는 후원자 노릇을 했다. 그리고 사회적 불화와 갈등, 공공연한 고통을 만들어냈다."[287] 거의 맞는 말이다. 그러나 이 진화론적 기제의 부작용이 나타날 때는 네안데르탈인의 상태까지 후퇴하거나 퇴화되는 일이 벌어진다. 우리는 다시 공동체를 거부하기 때문이다. 피터 싱어는 이렇게 평한다. "윤리 추론은 한 번 시작되면 윤리 지평의 경계를 밀쳐낸다. 그래서 윤리적 추론을 하면 우리는 언제나 더 보편적 관점을 취하게 된다."[288] 싱어는 여기서 적절하게 묻는다. "그러면 윤리적 추론은 어디서 멈출까요?" 답: 가톨릭적 관점(가톨릭적 관점이란 보편적 관점을 뜻한다). 우리는 특수한 것을 포기하지 않기 때문이다. 우리가 보편적 관점을 취하는 과정은 모험임을 알아야 한다. 유기적 생명체의 심장이 처음으로 뛸 때부터 도덕성의 모험이 시작되었다. 생명은 수많은 생소한 위기를 겪었다. 위기를 겪을 때마다 고통받을 가능성도 늘어났지만 즐길 수 있는 능력도 늘어났다. 피터 리처드슨Peter Richardson과 로버트 보이드Robert Boyd는 이 사실을 제대로 이해했다. "인간은 진화하면서, 정치적 · 윤리적 행동을 통해 공감의 범위를 한없이 넓힐 수 있는 능력을 얻었다. 이제까지 지구에는 인간 공동체 같은 윤리적 공동체가 없었다. 그만큼 우리는 지구의 첫 진정한 모험에 참여하는 특권을 얻었다."[289] 이 모험도 일단 제1물리원리를 따르지만, 여전히 무궁무진한 가치를 가진다. 슐로스는 이렇게 말한다.

> 진화는 점점 다음과 같은 방향으로 진행된다. 수명은 길어지고, 신생아 수는 줄어들고, 아이에 대한 부모의 투자는 첫 번째 원리를 통해 예상할 수 있는 규모를 넘어서 더욱 커진다.…정확히 내부와 외부 제약조건이 이런 경향에 기여한다는 것이 가장 주목할 만한 사건이다. 여기서 중요한 결론을 끄집어낼 수 있다. 즉 자연선택은, 생명체를 생산하는 생명 역사 변수들의 상대적으로 매개된 관계를 사용하고 "확대"하는 방법을 찾아내어 생명체를 낳으려 한다. 즉 자연선택은 더 오랫동안 더 많은 자원을 더 선별적으로 투자하는 생명체를 낳으려 한다. 제1물리원리는 이런 과정을 뒷받침하지만 완전히 결정하지 않는다.[290]

시간이 시작될 때 우리에게 선사된 요소는 말 그대로 실체 변형되었고, 새로운 진짜 관계가 다가온다. 이 관계는 전체 과정을 요약하면서 반복한다. 이 관계에서 나타나는 선이나 이타주의를 비웃는 엉뚱한 냉소주의는 거짓되고, 순진하고, 조금은 영지주의적인 사상에 기댄다. 이런 냉소주의자는 자기 챙기기와 남 챙기기를 벤 다이어그램으로 표시하면서, 두 개의 벤 다이어그램에서 교집합은 없다고 말한다.[291] 이 말은 일단 틀렸다. "선한 사람은 자기를 사랑하는 사람"(아리스토텔레스)이어야 한다.[292] 우리가 우리 자신을 소유한다고 전제할 때, 우리는 자기 사랑과 타인 사랑이 서로 맞선다고 생각하지 않는다. 우리 자신은 다른 존재에게 넘겨줘야 할 대상이 아니기 때문이다.

이타적 행위에 대해 모르데카이 팔딜Mordecai Paldiel(의인의 규명을 위한 야드 바셈 위원회의 전 책임자)은 이렇게 말한다. "나치의 손아귀에서 유대인을 구해낸 독일인이, 반드시 유대인을 사랑하기 때문에 그런 행동을 한 것이 아니다. 오히려 모든 인간은 자신의 가치와 장점이 무엇이든지 생명을 유지하고 인간답게 살 최소한의 권리를 가진다고 느꼈기 때문이다. 목숨이 위태로운 유대인을 봤을 때 그는 유대인을 도울 수밖에 없었다. 다른 길은 없었다. 누구도 넘지 말아야 할 경계가 있다. 그걸 넘는다면, 생명은 궁극적 뜻을 잃어버리고 나치가 선언한 것으로 변질되어버린다. 생명은 적자생존을 위한 가차 없는 투쟁이라고 나치는 선언한다."[293] 냉소주의자가 팔딜의 말을 듣는다면 그는 분명히 이렇게 대꾸할 것이다. 유대인을 구한 독일인의 행동에도 자기 이익이 묻어 있다. 독일인이 유대인을 구하지 않았더라면, 그의 삶은 가치나 의미 없는 것이 되었을 것이다. 즉 독일인의 행동은 자신을 위한 행동이라는 것이다. 결국 독일인의 행동도 진정으로 이타적이지 않았다. 냉소주의자의 답변에서 다시 괴상한 논리가 나타난다. 독일인의 사례에서 구현된 보편성은 확실히 생물학적 생존을 넘어선다. 모든 사례에서 생존의 뜻은 하나라고 말할 수 없다. 진화가 낳은 유별난 자손인 호모 사피엔스가 이 보편성을 온전히 전달하기 때문이다. 더구나 인류가 보편성을 전달하고 매개하는 것을 부수현상—표면적 현상이나 구름에서 얼굴 모양을 연상하는—으로 여기는 사람은 진화를 부정한다(나치와 비슷한 사고방식이다). 그래서 계속 네안데르탈인으로 남아 있으면서, 성례전과 비슷한 공동체의 특징을 부정한다. 다르게 말하자면, 순수한 생물학적 생존 개념은 유지될 수 없다. 이것이 옳다면, 생물학적 생존을 기초 개념으로 삼는 것도 문제가 있다. 이 생존 자체가 포괄성이 넓어지는 방향으로 진행되는 진화의 필수조건이기 때문이다. 그리고 무생물에서 생물로 진화가 진행되듯 생물학적 생존은 이미 포괄성이 넓어지는 과정에서 생겨난 것이다. 과거에 일어난 위험을 분명하게 드러내는 행위가 바로 생존이다. 따라서 진정 모든 생명체의 기초가 되는 생존이 있다면, 그런 생존을 구성하는 요소는 진화가 아니라 귀 먹은 돌이다. 즉 말 못하는 무생물의 세계다. 나치, 그리고 환원주의자가 우리를 바로 이런 세계로 데려가려 한다.

도킨스도 이타주의를 망가뜨리려고 한다. "부모, 특히 어미가 새끼에게 하는 행동에서 동물의 이타주의가 가장 자주 분명하게 드러난다."[294] 부모와 새끼는 유전적으로 연결되어 있으므로, 부모와 새끼는 이익에 물들지 않은 사랑을 정말 한다. 이것이 도킨스의 요점이다. 그러나 도킨스는 확실히 오해했다. 도킨스가 말하는 이타주의는 순수한 비진화론적인 특별한 행동을 기초 모형으로 전제하기 때문이다. 상당히 많은 근본주의자도 그렇게 전제한다. 여기서 극단적 다원주의자가 무시하는 심각한 문제가 드러난다. 자연선택이 감수분열을 허용했다는 것이 놀랍지 않나? 감수분열 때문에 부모의 자식은 정말 독특하지만 부모와 절대 똑같지 않다. 하지만 부모와 자식은 정말 관계를 맺는다. 그러나 부모와 자식 관계에서 나타나는 다름은 포괄성이 엄청나게 넓어질 가능성을 암시한다. 가장 가까운 친족관계에도 거리감은 존재한다. 즉 부모의 자기애는 깨진다. 하지만 자식은 부모가 겪은 진화의 역사를 반복한다. 기슬린을 다시 인용해보자. "감성을 잠시 버리고 생각해보면, 참된 자비의 모습도 우리의 사회전망을 개선하지 않는다는 것을 알 수 있다.…'이타주의자'의 피부를 긁어보라. '위선자'의 피가 나올 것이다."[295] 기슬린의 말이 맞다면 사람은 절대 이타주의자가 될 수 없다. 하지만 위선자도 될 수 없다. 이것까지 말해야 공정할 것 같다. 리처드 알렉산더도 기슬린과 비슷하게 생각한다. "기슬린의 말을 진지하게 고려한다면 우리는 자신을 완전히 다시 기술하고 이해해야 할 것이다. 우리의 직관에는 너무나 생소할지 모르지만, 전체 인류사에서 일어난 모든 토의와는 여러모로 다르게 기술하고 이해해야 한다."[296] 놀랍게도, 여기서 많은 주장이 그냥 전제되고 있다. 기슬린이 맞다면, 앞으로 이 주제를 가지고 새로 토의하더라도, 도덕과 윤리, 선한 행동은 허구라는 주장이 토의에 영향을 줄 것이다. 도덕과 윤리, 선한 행동은 모두 "선한 생각", "참된 생각"이란 뜻을 풍긴다. 하지만 당신이 아이를 정작 유모에게 맡기면서도 현실을 나름대로 분류하고 이런 생각을 믿지 않을 것이다. 기슬린의 통찰은 트리버스와 맞아떨어진다. 트리버스는 늘 "이타주의에서 이타주의를 추출하여 없애버리려 했다." 하지만 트리버스의 시도는 과학에도 적용되어야 한다. 우리가 과학자의 피부를 할퀸다면, 위선자의 피가 나지 않을까?[297] 여기서 밥 딜런의 히트곡이 떠오른다. "괜찮아요. 엄마(그냥 피만 났어요)." 밥 딜런의 노래를 과학이 부른다면, 그리고 우리가 부른다면, 이렇게 되지 않을까. "괜찮아요. 난 그냥 거짓말만 했어요." 괜찮다. 우리가 할 수 있는 놀이는 거짓말밖에 없으니까(또는 그렇게 보인다). 이 논리를 마음껏 적용해보라. 이타주의만 피해를 보는 것이 아니다. 이 논리는 생명에서 생명을 뽑아내 버린다.

이제, 도킨스 같은 이는 우리를 향해 고개를 저으며 "입술을 꽉 다문 채", "하여간 이 세상에는 그냥 틀린 것이 있답니다"라고 말할지 모르겠다.[298] 맞다! 그렇다면, 그냥 옳은 것도 있지 않을까? 이 인식론적(더구나 존재론적) 마조히즘을 추종하는 팬이 한 명 더 있다. 바로 리처드 알렉산더Richard Alexander다. 알렉산더는 "사회의 기초는 거짓말"이라고 용감하게 주장한다. 그는 지금 더 용감해졌다. 그는 성서를 개작하여 우리에게 제시한다. "이웃을 네 몸같이 사랑하라." 알렉산더는 이 구절을 살짝 비틀었다. "이웃을 내 몸같이 사랑한다는 인상을 주라."[299] 알렉산더도 성서의 말이 확실히 본받을 만하다고 인정한다. 물론 조작된 것이기는 하지만 말이다. 알렉산더의 입장에서 성서의 내용이 왜 좋은 생각인지 이해하기는 어렵다. 그렇다고 알렉산더의 분석을 모두 반박하고 싶지는 않다. 그의 말에도 옳은 구석이 분명 있기 때문이다. 우리 인간은 진화의 산물로서 어떤 성향을 갖는데, 이 성향은 우리가 알아차리지 못하는 논리에 따라 움직인다. 잘된 일인지 모르겠지만 하여간 그렇다. 또한 생물학의 세계는 그다지 바람직하지 않은 행동양식을 보여주므로, 우리는 행동방식을 바꿀 수 없다는 것도 우리의 주장이 아니다(우리가 "해야 하는 것"이 우리의 "존재"와 얽혀 있다고 말하려는 것은 아니다). 우리를 주로 불편하게 만드는 것은 이런 주장에 나타난 논리적 흠이다. 알렉산더와 기슬린의 논리에는 눈에 거슬리는 두 개의 흠이 있다. 첫째, 이들의 논리는 충분한 혹은 완전한 설명을 가장한다. 즉 다윈주의는 보편적이라고 말한다. 둘째, 이들의 논리는 가방에서 토끼를 꺼내는 식으로 마술을 부린다(그러면 가방은 어디서 나왔는지 아무도 모른다. 낯선 사람이 주는 선물을 받지 말라고 했는데, 토끼 같은 애완동물도 받지 말아야 한다). 이들의 논리는 가치론의 주제와 진실함의 기준에 호소한다. 이들의 논리전개는 순수한 다윈주의 세계—자연적으로 고정적인—를 일단 전제한다. 그러나 다윈주의는 원래 순수한 역사적 설명(유동적)이라고 했다가, 다른 한편으로는 다윈주의를 선험적으로 전제해야 한다고 말할 수 없다. 세계를 설명할 때, 종의 역사와 마찬가지로, 다윈주의는 시간의 한 단면만 다룬다. 따라서 본질론이 입맛에 맞는다는 이유로 본질론을 다시 주장할 수는 없다. 이것은 공정하지 않다. 하지만 이런 불공정함은 다윈주의 이야기에서 단골 메뉴처럼 자주 나타나는 것 같다. 이것이 이기적 유전자에 대한 뇌의 "반항"rebellion에 대한 이야기의 근원이다. 이 반항 이야기는 실제로 어떤 반항도 일으키지는 않는다(윤리적 개념으로는 쓰일 수 있겠다). 다윈주의가 상상하는 정글이나, 계속 복제하여 사멸하지 않는 유전자가 분명히 존재할 수 있다고 주장하기 위해 반항을 논한다. 유전자에 반항하려는 마음의 피부를 긁어보면 위선자의 피가 나올 것이다. 그러나 괜찮아요. 엄마. 아마도. 이런 이유 때문에 반항에 대한 이야기는 모두 허튼소리다. 이런 이야기가 진화론에 반대하기 때문이다(우리는 이미 몇 번이나 이렇게 지적했다). 그러나 이런 사실을 고려할 때, 이기적 유전자에 대한 담화는 거의 쓸데없다는 것을 다시 주목하게 된다. (이기적 유전자가 불멸하든 불멸하지 않든 간에) 불멸하는 이기적 유전자를 말할 수 있다면, 불멸하는 탄소나 이기적 탄소도 얼마든지 생각할 수 있기 때문이다. 도킨스와 동료들은 그냥 역사 수업을 하고 있다. 솔직히 말해 역사 수업이 아니라 역사 이전prehistory에 대한 수업이다. 도킨스가 칭찬한 저항은 처음부터 거기에 있었기 때문이다. 아니면, 어디에서 어떻게 반항이 일어날지 지적해줄 메시아를 우리는 기다려야 했을까? 하지만 이야기는 여기서 끝나버리지 않는다. 복제자 자체가 이전에 일어난 반항의 결과물이기 때문이다. 복제자도 한때 유기체였고, 이전에 일어난 협동의 산물이었다. 마지막으로 생명의 등장은 다소 어리석은 위험이었다. 이 사실이 가장 중요하다. 한스 요나스의 말처럼, 생명의 등장은 사멸하는 존재 안에서 일어난 모험이었고, 지금도 그러하다. 이제 우리도 알다시피 도덕성은 이 모험을 계속 넓혀나간다. 모험이 새로운 단계에 이르면 새로운 위험이 닥친다. 따라서 어떤 숨은 사실—모든 현상 뒤에는 이기심이 있다—을 폭로한다는 사고방식은 퀴퀴하고, 청교도적이고, 초절정 보수주의답다. 이런 사고방식은 깜짝 놀랄 만큼 위험을 싫어한다. 순수하고 순진한 자생적 선이 가능하다고 미리 전제할 때만, 반항에 대한 다윈주의 이야기가 성립하기 때문이다. 하지만 이런 세상은 낭만적 이교도의 세상이다. 이 곳에는 피터 팬은 있지만 캡틴 쿡은 없다.

도킨스는 우리에게 이렇게 호소한다. 이것이 거짓 호소가 아니길 바란다. "우리는 태생적으로 이기적이기 때문에 관대함과 이타심을 실천하고 가르쳐야 한다."[300] 현실은 다르다. 하여간 인간이 세상에 나타나기 전에 이타심은 세상에 거의 없었다. 우리 인류만이 합리적으로 숙고하는 종이기 때문이라는 것이 주된 이유다. 하지만 우리가 이기심을 타고났을까? 그렇지 않은 것 같다. 이기심을 타고났다는 것이 말이 되나? 이 주장은 반증 가능한가? 아기들이 불쌍하다. 지금 우리는 아기에게 다음과 같이 하라고 요구하고 있는가? 부화 후 어미에게 돌봄을 받는 시기를 건너뛰고, 기꺼이 자신을 포기하는 작은 간디들로 가득한 세상으로 들어가라고 요구한다. 도킨스는 무슨 뜻으로 "이기적"이란 말을 썼을까? 아기는 엄마의 젖을 포기하지 않는다. 그래서 적절하게 "관대하거나", "이타적인" 아기는 자기 형제에게(또는 다른 누구에게나), 이렇게 말할 것이다. "너도 젖을 빨아봐. 예전에는 나도 이기적이었지." 이것이 도킨스가 말하는 이기심의 뜻일까? 여기서 우리를 저녁식사에 초대한 죽은 주인장을 다시 만나게 된다. 오랫동안 진화한 결과 인간이란 복잡한 존재가 나타난 것처럼, 인간이 사회적 존재가 되는 데도 시간이 걸렸다. 오랫동안 진화가 일어나지 않고 인간이 어떻게 사회적 존재가 되겠는가? 그렇게 될 수 있는 유일한 방법은 면역 결핍이나 AIDS밖에 없다(이것이 도킨스가 정의한 이타주의와 일치할 것 같다). 따라서 이기적 행동에서 우리가 얻을 수 있는 통찰은 거의 없고, 그저 지루한 사실뿐이다. 이기적 행동에 대한 도킨스의 해석이 말이 되려면, 절대 소유권을 가정하는 모나드적 정체성을 전제해야 한다. 즉 나는 나의 것이며 내가 하는 모든 것도 나의 것이다. 하지만 우리는 늘 과거 공동체의 산물이다. 우리는 지금 새로운 공동체에 들어간다. 또한 미래의 공동체를 꿈꾼다. 그렇다고 해서 소유권 개념이나 책임감을 없애자는 뜻은 아니다. 적어도 시간에 따라 기술하는 생물학적 설명을 기준으로 삼아 세계-형이상학을 다시 읽으려면, 소유권 개념을 검증해야 한다. 하여간 이 사실이 우리에게 주는 메시지는 다윈주의를 확실히 믿어야 하지만, 다윈주의자가 되어선 안 된다는 것이다. 아인슈타인의 이론을 믿는다고 아인슈타인주의자가 될 필요는 없는 것이다.

예수는 이렇게 말한다. "네 이웃을 사랑하고 네 원수를 미워하라는 말을 너희는 들었다. 그러나 나는 너희에게 말한다. 너희 원수를 사랑하라"(마태복음 5:43-44). 그리스도는 원조 도킨스 추종자였는가?(예수의 이 말은 탁월한 업적이다. 한번 생각해보라. 예수는 호혜적 이타심에 대한 트리버스의 논문이나 도킨스의 『이기적 유전자』를 읽을 수 없는 아주 불리한 처지에 있었다.) 아니면, 반항에 대한 도킨스의 논의는 그가 물려받은 유대교-기독교 유산을 증언하고 있는가? 그렇다면 도킨스에게는 그가 모르던 또 한 명의 선생이 있었던 것 같다. 우리는 정말 이기적이고(정확히 말해 죄 있는 사람이고), 선한 일을 하는 법을 배워야 한다는 것이 도킨스가 하고 싶은 말이라면, 그렇게 잘 아는 사실을 증명하려고 다윈주의까지 끌어들여야 하나? 모세가 이미 십계명을 우리에게 주지 않았나? 정확히 이기심에 저항하지 않았다는 이유로 우리는 사람들을 계속 감옥에 집어넣고 있지 않는가? 십계명이나 감옥은 도대체 무엇을 말하나? 다시 요점을 강조한다(우리

신학자는 이것을 원죄라고 부른다). 타고난 이기심을 연속극처럼 밝히고 나서 선한 사람이 되어야 한다고 호소하는 이야기는 결국 순수한 다윈주의적 세계가 있다는 주장을(물론 그런 세계는 없다) 그럴듯하게 만들려고 한다. 그렇지 않나? 이 이야기는 교묘한 진실을 숨긴다. 우리가 이 이야기를 이렇게 고발하는 이유는 바로 『종의 기원』에 나와 있다. 즉 이 이야기는 진화를 왜곡하고 숨긴다.[301]

## 거울아, 거울아, 벽에 있는 거울아. 다른 사람이 누구를 부르더냐?

우리는 선하다. 생물학이 우리를 선하게 만들기 때문이다.

_ 마르코 야코보니[302]

우리는 감정을 본다.…찡그린 얼굴을 보고 나서 그 사람이 즐거움과 슬픔, 지루함을 느낀다고 우리는 추론하지 않는다.

_ 루드비히 비트겐슈타인[303]

쟈코모 리촐라티Giacomo Rizzolatti는 눈길을 끄는 중요한 발견을 했다. 바로 거울 뉴런을 찾아낸 것이다. 감정적 공감을 느끼는 선천적 능력은 주로 거울 뉴런에서 나온다. 다른 사람이 괴로워하는 것을 볼 때 우리도 조금은 괴로워한다. 정신 상태를 다른 사람에게 부과하는 능력도 주로 거울 뉴런에서 나온다. 즉 유아론적 자기애는 우리에게 자연스럽지 않다. 리촐라티는 탐지기를 착용한 원숭이가 땅콩을 집었을 때 어떤 뉴런이 활성화되는지 관찰했다. 그리고 다른 원숭이가 땅콩을 집는 것을 그 원숭이가 봤을 때, 똑같은 뉴런이 활성화되었다. 흥미롭게도, 공감하는 능력은 추상적 사고능력에 기여할 수 있다. 공감능력은 교차식 계산이 사용되고 여러 개의 상황 영역이 작동해야 하며, 이는 물론 추상적 사고에 의해 이루어진다. 공감능력은 한곳에, 한결같이 들러붙지 않는다. 신경학적 변증법은 적당한 균형을 만들어낸다. 거울 뉴런이 활성화되어 우리가 공감할 때 다른 형태의 뉴런도 활성화된다. 그래서 우리가 계속 타인의 고통을 함께 느끼는 것을 제한한다. 그렇지 않고서는 우리는 도저히 살아갈 수 없을 것이다. 내가 다른 사람에게 똑같이 도움을 받을 수 있듯이, 다른 사람을 도울 수 있다. 하지만 남의 고통을 계속 공감한다면, 그런 일도 불가능하다.[304] 그러나 거울 뉴런은 "레비나스적" 뉴런이 아니다! 우리는 타인을 모방하는 존재 같다. 우리는 쉽게 옮기는 전염(병)으로 고생한다. 예를 들어 감정은 쉽게 전염된다(밈은 그렇지 않다). "가장 작은 자에게 한 것이 나에게 한 것이다"(마태복음 25:40)라고 그리스도는 말한다. 마크 하임도 말한다. "하나님의 형상을 반사하는 인류에게서 우리는 '타인의 마음을 읽는' 능력을 발견하고 싶다. 우리는 인격으로서 교감하기 위해 창조되었고, 교감을 통해 형성된다."[305] 이 분야를 연구하는 학자인 빌라야누르 라마찬드란Vilayanur S. Ramachandran은 말한다. "'난 당신의 고통을 느껴요'라고 우리는 은유적으로 말하곤 한다. 그러나 이제 거울 뉴런이 말 그대로 당신의 고통을 느낀다는 것을 우리는 알고 있다."[306] 그는 말한다. "DNA의 발견이 생물학에 엄청난 결과를 낳았듯이 거울 뉴런은 심리학에 거대한 결과를 낳을 것이다."[307]

공감이 늘 선을 낳지 않는다. 선을 행하고 악도 행하는 우리의 능력 가운데 하나가 공감이다. 우리의 자아는 이기심과 희생을 함께 받아들인다. 똑같이, 공감을 일으키는 미메시스는 경쟁을 수용하여 부추기기도 하여 폭력이라는 결과로 나타날 수 있다. 르네 지라르에 따르면, 우리 인간은 대체로 영장류보다 본능을 덜 따른다. 인간의 학습 행동과 행태는 더 유연하기 때문이다. 그래서 우리는 내면의 삶을 만들어낸다. 하지만 우리는 다른 사람의 생활에서 추론한 것을 기반으로 내면을 만들어낸다. 우리는 공동체에서 내면성장의 결정적 단서를 얻는다. 이 과정의 부작용은 모방적 폭력의 끝없는 순환에 사로잡힐 수 있다. 모방적 폭력이 순환하는 과정에 빠지게 되면, 타인과 공유하거나 타인과 함께 인지하려는 욕망을 우상처럼 떠받든다. 그래서 그것을 선하다고 여기고 맹목적으로 그것만 추구한다. 예를 들어 우리는 먹어야 산다. 하지만 음식이 얼마나 자주 문화적 기표가 되는지! 음식은 지위와 위계질서를 암시하지 않는가? 지난 20년간 영국에서 새롭게 나타난 "미식가 문화"를 체험했다면, 어떤 사람의 생활이(사회 생활을 말한다) 그가 사용하는 올리브유에 달려 있다는 것을 분명 알았을 것이다. 음식이 어떻게 문화적 기표인지 보여주는 아주 탁월한 사례가 미식가 문화다. 이탈리아 발사믹 식초는 물론이고, 올리브유를 사용하지 않으려는 사람은 이제 없기 때문이다. 하지만 이 사례도 솔직히 케케묵었다. 우리는 우리와 타인의 지위를 판단하려고 무엇을, 어디서, 어떻게 먹는지 본다. 노동자 계급의 요리는 정말 끔찍하게 맛이 없다는 것을 누구나 알지 않나? 그래서 음식을 둘러싼 행위는 점점 발전하여 황당한 수준에 이를 수 있다. 어떤 영국(아마 잉글랜드!) 귀족은 가장 인상 깊은 음식은 아예 없거나, 기껏해야 한

두 개라고 생각한다(물론 이 말은 출처가 분명하지 않다). 이 귀족은 분명 집에서 먼저 식사를 하고, 손님을 대접하러 나가거나 만찬에 참석할 것이다. 이 귀족들은 무척 고상하기 때문에 음식은 안중에도 없다는 듯이 행동한다는 뜻이다. 이 모습이 뜻하는 것은 그들은 음식을 먹어야 한다는 필요, 즉 동물적 기본 욕구에서 자유롭게 된 것이다. 하지만 놀라운 점은, 부유층이 보여주는 행위는 결국 최하층의 행동을 모방하는 격이 된다는 것이다. 물론 전혀 다른 이유로 그렇게 한다. 패션도 음식문화 못지않게 황당하다. 오스카 와일드는 빼어난 솜씨로 패션의 본질을 꿰뚫어봤다. "패션도 도저히 참아내기 힘들 만큼 추하다. 그래서 우리는 6개월마다 패션을 바꾼다." 패션이 정말 계속 "유행한다면", 그 패션은 끝장나 버린다. 패션 산업은 모방적 욕망을 잘 보여준다. 조금 심각하게 말해보자. 사회와 조금 작은 공동체와 부족에서 모방적 욕망은 걷잡을 수 없이 번지기 쉽다. 모방적 욕망이 스스로 잠잠해지려면 기적이 일어나야 할 것 같다. 폭력의 수위가 발화점을 넘어갈 때, 사람들은 희생양을 지목한다. 소수나 개인도 희생양이 될 수 있다. 희생양은 박해당하고 쫓겨나고 외면당하고 살해당한다. 이렇게 희생양이 박해당하면 집단은 카타르시스를 느끼고 평화를 되찾을 수 있다. 지라르는 이것을 희생양 기제라고 부르면서 이 기제가 사회의 기초이며, 실제로 모든 종교의 기초라고 주장한다. 일반적으로 희생양 기제는 유익하다. 희생양 기제가 없으면 폭력이 훨씬 심해질 것이다. 그렇지만 희생양 기제는 폭력을 완전히 없앨 수 없다. 희생양 기제는 폭력을 잠시 멈추게 할 뿐이다. 지라르에 따르면 모방적 폭력을 끝장내는, 유일한 길은 과잉모방적 희생이다. 과잉모방적 희생이 그리스도에게서 나타났다고 지라르는 말한다. 그리스도는 무고한 희생자였다. 하나님이 그리스도를 죽은 자 가운데서 살리심으로써, 그리스도가 무고한 희생자였음이 드라마처럼 증명되었다. 더구나 누구도 그리스도를 자기 것으로 만들 수 없다. 따라서 그리스도에 대한 희소성이라는 개념은 없다. 성만찬을 보자. 성만찬의 빵과 포도주는 모자람이 없다. 성만찬에 참여하는 사람이 받는 빵과 포도주가 많든 적든, 그들이 받은 것은 그리스도의 전부다. 여기에서 소비주의는 끝장난다. 또한 성만찬은 소비주의의 중심에 새겨진 거짓말을 폭로한다. 소비주의는 자신이 행할 수 없는 것을 행한다고 말하기 때문이다. 더구나 그리스도는 보편적이다. 지리와 시간, 사람에 매이지 않는다. 그리스도는 모든 사람에게 다가가고, 모든 사람이 그리스도를 누릴 수 있다. 궁극적으로 그리스도의 십자가는 희생을 희생한다. 부활은 희생이 실패했다고 선언하기 때문이다. 그리스도의 십자가는 모방적 경쟁을 끝낸다. 예를 들어 가장 큰 자가 가장 작은 자가 되어야 하고, 주인은 종이 되어야 한다. 아우구스티누스가 올바로 말했듯이 "끝없이 떠돌던 우리의 마음도 당신과 함께 평안을 누립니다."[308] 다르게 말하자면, 우리의 욕망과 생활, 이익은 폭력과 이기심, 파괴를 부를 수 있다. 욕망과 생활, 이익은 하나님 안에서 평화를 찾고 완성된다.

알렉산드르 코제브Alexander Kojève는 욕망만이 "인간의 비생물학적 자기"를 드러낸다고 주장했다.[309] 조금은 맞는 말이다 하지만 진화론에 따르면, 순수한 생물학적 "자기"나 순수한 문화적 "자기"는 없다. 이것도 더 그럴듯하다. 생명체는 양방향으로 나가는 듯하다. 즉 덜 발달된 형태는 더 복잡한 형태를 넌지시 보인다. 그리고 더 복잡한 것도 더 낮은 형태로 퇴화할 수 있다(윤리적 뜻에서 그렇다). 이렇게 퇴화하면 우리가 가진 합리적 능력을 포기할 뿐만 아니라, 더 하위 형태의 모습이 드러나게 된다(조금은 반직관적일 수도 있다). 따라서 욕망을 말하는 것은 도덕을 설명하는 박판 이론에 속하지 않는다. 우리는 순수한 자연이란 개념을 거부하기 때문이다. 하지만 동시에 인간 욕망에 대한 담화는 진화를 계속 인정하면서 순수 이성과 순수 자연이란 개념을 거부한다. 그래서 코제브의 지적은 옳았다. "인간은 생물학적 생명을 걸고 비생물학적 욕망을 만족시키려 할 것이다."[310] 이 말은 맞다. 그러나 코제브의 지적을 인정하기 위해 생물학적 생명과 비생물학적 욕망을 엄격하게 구분해야 하는 것은 아니다.

지라르는 프로이트의 용어를 사용하면서 자기애적 상처가 모방 욕망의 특징이라고 말한다. 이런 욕망은 우리가 생각만큼 자유롭지 않다고 말해주기 때문이다. 우리의 욕망은 말 그대로 다른 곳에서 나온다.[311] 여기서 지라르와 진화심리학의 유사성을 엿볼 수 있다. 그러나 같은 정보라도 진화심리학은 지라르와 다르게 본다. 진화심리학은 미리 종교의 자리를 없애버린다. 하지만 지라르는 지적한다. "종교를 미리 부정해버리면, 언어와 의례, 신은 여러 문화가 유일하게 공유한다는 사실을 어떻게 설명할 수 있겠는가? 따라서 종교는 언어와 의례, 신을 낳는 어머니다. 종교는 이런 것들의 중심이다. 일단 이렇게 생각해야 의례와 언어, 상징의 출현을 사고할 수 있다. 마지막으로 종교는 희생양 기제의 산물이다."[312] 종교, 특히 기독교가 평화를 가져온다는 것이 지라르의 요점이다. "기독교가 말하는 회심은 우리가 회심을 모르는 박해자임을 드러낸다."[313] 다시 말해 기독교는 우리의 비밀을 폭로하면서 우리에게 설명을 요구한다. 기독교는 우리가 이기심과 폭력에서 돌이켜 평화로운 사회질서를 세우라고 요구한다. 그리고 그렇게 함으로써 생명의 참된 진리를 알라고 요구한다. 어떤 폭력이나 이기심도 이전부터 있던 선에 기생하기 때문이다. 지라르의 말을 들어보자.

> 선물이라는 행위는, 모든 것을 거머쥐려는 지배적 동물의 행위와 반대되는 것이다. 지배적 동물뿐만 아니라 문화 전체가 무엇이든 거머쥐려는

태도를 버리게 만들고, 타인에게 받기 위해 타인에게 모든 것을 주는 과정이 선물이다. 이것은 우리의 직관에 한참 어긋나는 생각이다. 비이기적 행동이 어떻게 나타나는지 생물학으로 설명해도, 금기와 금지, 현대의 상징적 교환체계를 설명할 수 없다. 여기에 분명 급격한 변화가 있었을 것이고, 행동이 변하도록 강제했을 것이다. 급변은 확실히 필요하다. 같은 추론을 언어에도 적용할 수 있다. 이런 관계구조를 생산할 수 있는 것은 두려움, 정확하게는 죽음에 대한 두려움밖에 없다. 위협을 당하면 사람들은 어떤 행동을 하지 않고 움츠려든다. 그렇지 않다면 모든 사람이 아무것이나 가지려 하고 폭력은 날이 갈수록 늘어날 것이다. 금지는 사회적 결속을 유지하는 첫 번째 조건이며 첫 번째 문화적 표지다. 두려움은 원래 모방적 폭력에 대한 두려움이며, 금지는 모방의 상승작용을 피하기 위한 안전장치다.[314]

재미있게도 지라르는 원숭이는 이런 수준에 이를 수 없다고 말한다. "이런 수준에 이르려면 진화과정에서 급변이 일어나야 하는데, 급변이 일어나도 대뇌화(인류의 진화와 더불어 뇌, 특히 대뇌의 용적이 증가하고 형태가 바뀌며 기능이 현저하게 향상되는 현상)는 일어나지 않을 수 있다. 이 급변은 모방적 위기다. 모방적 위기는 홉스가 말한, 만인에 대한 만인의 투쟁이다. 이것은 그럴듯한 가설이 아니라 무서운 현실이다. 희생양이란 해결책은 모방적 폭력의 위기에서 원조 공동체를 구해낸다. 희생양이 벌을 받으면 규범과 금지로 이뤄진 의례체계가 나타난다. 그리고 희생양은 직관에 반하는 상징 구조를 만들어낸다. 자칭 네안데르탈인의 생각과는 반대로, 이런 상징 구조는 정말 무언가를 생산한다. 상징 구조는 세계의 요소를 본질부터 바꿔버리면서 완전히 새로운 수준을 다진다. 한마디로 상징 구조는 물을 포도주로 바꾼다(우리는 이미 그렇게 했다). 지라르는 말한다. "의례와 신화는 무차별에서 차별로 가는 과정이다."[316] 따라서 종교는 겉모습을 치장하는 장식이나 부수현상이 아니다. 종교는 호모 사피엔스의 진실을 밝힌다. 요컨대 우리는 종교이며, 종교는 우리다. 그러므로 "종교의 특징은 과학의 특징과 뗄 수 없이 얽혀 있다. 과학과 종교 모두의 궁극적인 목표는 이해이기 때문이다. 즉 종교는 참된 인간 과학이다."[317] 종교와 과학 사이에 현대성이 세워놓은 분리선cordon sanitaire은 폐지되어야 한다. 문화와 자연을 구분하는 이원론이 깨져야 하듯 말이다.

## 자연스럽게 믿기

> 신에 대한 믿음은 협박이나, 세뇌, 특별한 설득 기술을 필요로 하지 않는다. 오히려 정신적인 도구가 정상적으로 작동할 때 믿음이 자연스럽게 나타난다.
>
> _ 저스틴 바렛[318]

바렛의 지적은 옳다. 세뇌하거나 특별한 환경에서 자라야 신을 믿는 것은 아니다. 신성과 일반적으로 관련이 있는 특성은 모든 인간이 가진 자연적 성향의 산물이다. 바렛의 말처럼 "오류가 없는 믿음, 초자연적 지식, 초자연적 감지, 창의력, 불멸성을 적어도 어린이는 직관적으로 느낀다. 발달심리학자는 이 현상에 대한 증거를 계속 발견한다. 어린이는 기본적 가정들을 위반하지 않고 그것들과 어울리기 때문에 신 개념을 쉽게 수용한다."[319] 진화의 서사에서 인간의 정신이 나타났을 때 종교도 피할 수 없는 현상이 되었다. 종교는 절대 부록이 아니었다. 미슨Mithen

도 이렇게 말한다. "인지 유동성이 나타나면서 인간사회에서 종교는 정말 피할 수 없는 현상이 되었고, 앞으로 계속 그럴 것이다."[320] 심지어 종교에서 종종 장식품처럼 다뤄지는 현상도 알고 보면 필수현상이다. "의례, 음악, 유물, 경전, 조각상, 건축물은 가지각색인데, 이런 것들은 대체로 종교 전통과 얽혀 있다. 사람들은 이런 것들을 인지현상이란 케이크에 발라놓은 민족지학적 크림으로 보지 않는다. 이것들을 문화적 장식이라기보다, 종교적 사유를 구성하는 핵심 부품의 모습이다."[321] 진화하면서 우리는 계통발생적 기억을 가진다. 예를 들어 사람들은 뱀과 거미를 보면 소스라치게 놀란다. 이것은, 뱀과 거미가 생물학적 적응을 위협했던 때가 기억나는 현상이라고 한다.[322] 하지만 반 후이스틴Van Huyssteen이 지적하듯, 이런 기억이 종교와 관련될 때는 늘 의심받고 무시당한다. 이 의심과 무시에 특별한 원칙이 있는 것 같지도 않다. 후이스틴에 따르면, "이런 진화론적 인식론은 종교가 폭넓게 전파된 현상에 대한 자연주의적 · 환원주의적 선입견과, 종교 신앙에 대한 극단적 환원주의적 관점을 보여준다."[323] 자연주의적 · 환원주의적 선입견은 창조론자의 논증과 상응한다. 창조론자에 따르면, 신은 화석을 숨겨 우리를 혼란스럽게 만들고 신앙을 시험한다. 이것은 진화론적 인식론—인간의 지위가 진화의 산물이라고 인지하는—에도 존재한다. 종교에 반대하려는 문화적 편견이 진화론적 인식론에 있다.[324] 하지만 종교의 흔적은 완전히 사라지지 않았다. 후이스틴은 이렇게 말한다. "과학적 환원론에서 벗어난 진화론적 인식론의 원리는 종교적 신앙도 가능하다는 주장을 뒷받침할 수 있다. 인간은 독특하다는 생각을 지지하는 놀라운 인지능력은 종교 신앙도 포함한다."[325] 맞습니다. 맞아요. 하지만 종교에도 진리가 있다거나, 인지할 만한 것이 있다는 주장을 무력하게 하려는 과학자는 때때로 비합리적 열심마저 품는다. 이런 열심은 놀랍게도 진화론에 반대하려는 편견을 보여준다. 예를 들어 이 과학자는 진화를 통해 생겨난 것도 나름대로 의미를 가질 수 있다고 믿을 수 없다. 이것은 발생론적 오류를 잘 보여주는 사례이다. 신학적·철학적 상상력이 부족하여 성육신 교리를 논박할 수 없는 이단자와 이런 과학자는 같다. 이 이단자는 예수가 신이 아니면 인간이라고 생각해야만 겨우 생각을 정리하고 잠자리에 들 수 있다(하지만 둘 가운데 하나를 선택하는 것은 영지주의 해법이다). 이 과학자는 네안데르탈인을 고수하면서 물질이 성례전다울 수 있는 가능성을 거부한다.

진화심리학은 종교가 정신적-행위자-감지기구의 산물일 뿐이라고 한 목소리로 주장한다. 정신적-행위자-감지기구는 지나치게 작동한 나머지 있지도 않은 행위자를 찾아낸다.[326] 파스칼 보이어Pascal Boyer와 다른 학자는 종교가 거짓 양성 오류guilty of false positives를 범했다고 지적한다.[327] 한마디로 사람들은 신을 행위자로 잘못 지목했다. 하지만 이 주장을 뒷받침하는, 확실한 근거가 있는 논증은 제시되지 않았다. 그럴듯하다는 인상을 주는 논증도 없다. 보이어의 논증은 단순하게 무신론을 전제하고 시작하기 때문이다. 하지만 종교는 언어와 더불어 인간의 보편성에 가장 가까운 것이다. 사람이 다른 사람을 행위자로 여기는 것에 잘못이 없듯이, 종교에도 거짓 양성 오류는 없다. 종교가 그런 오류를 범한다고 생각한다면, 우리는 조악한 검증주의를 사용한 것이다. 알빈 플란팅가가 주장했듯이, 인식론으로 따졌을 때 다른 사람의 마음은 신만큼이나 골치 아픈 문제다.[328] 바렛도 말한다. "다른 사람이 마음을 가진다는 믿음은 정신적 도구와 환경 정보에서 나온다. 그런데 똑같은 정신적 도구와 환경 정보에서 신성이나 신에 대한 믿음이 나온다."[329] 그래서 종교는 구름에서 얼굴 모양을 보는 것과 같다고 말하는 것이다.[330] 하지만 확실히 이 논리를 계속 확대할 수 있다. 두개골에서도 얼굴이 보이지 않는가? 결국 도킨스는 인간도—적어도 정체성은—사실은 구름처럼 허상이라고 주장한다. 따라서 우리가 얼굴을 보고자 한다면, 우리에게 그만큼 깊이가 있어야 한다. 적절한 철학이—적절한 신학이—없다면, 얼굴을 볼 수도 없다. 얼굴은 정신적 실재이기 때문에, 얼굴을 통해 우리는 표면과 속내를 함께 대면한다. 표면과 속내는 서로 얽히면서 서로 포함한다. 더구나 얼굴은 특별한 아이콘처럼 늘 눈길을 끌지 않는다. 그렇다. 정신적 실재인 얼굴은 표면을 속내로 변환시키지만 표면의 기본요소를 그대로 유지한다. 얼굴은 모든 살아 있는 실재의 본질이 성례전과 같음을 가리킨다. 물질적·비물질적 상징은 변형된 참되고 실존하는 실재를 제시한다. 요컨대, 여기 있는 타인의 마음은 경험할 수 있는 사건이 아니며, 그래서 검증할 수도 없다. 하지만 여기 있는 타인의 마음은 적어도 보편적인 특성이다. 사람이 여기 있다는 것도 검증할 수 없는 사실이다. 우리는 사람이란 개념을 찾을 수 없기 때문이다. 그럼에도 우리는 사람을 마주 본다. 하지만 이런 대면을 완전히 파악할 수 없다. 순수하게 객관적으로는 설명할 수 없다.

신경다윈주의자인 제럴드 에델만은 계통발생적 기억에서 중요한 문제를 건드린다. "기억된 현재의 독점체제를 어떻게 깰 수 있을까?" 네안데르탈인의 세계에서 어떻게 빠져나올 수 있을까? 에델만은 이렇게 답한다. "상징적 기억의 새로운 형태와, 사회적 소통과 전파의 새로운 체계를 통해서 네안데르탈인의 세계에서 빠져나올 수 있다. 새로운 형태와 체계가 가장 발달된 형태가, 바로 언어라는 진화적 가능성이다. 인간은 언어를 가진 유일한 종이다. 그만큼 인간에게서 고차적 의식이 흔하게 나타난다.…[고차적 의식은] 사회에 뿌리를 둔 자기 개념을 구성하며, 과거와 현재를 통해 세계를 설계하고, 곧바로 어떤 것을 의식하는 능력을 발휘한다. 상징적 기억이 없다면 이런 능력은 발달할 수 없다."[331]

진화인류학자인 이언 태터슬은 에델만의 의견에 공감하면서 다음 사실을 지적한다. "우리 인간은 신비로운 동물이다. 우리는 생명계에 연결되어 있다. 하지만 우리의 인지능력은 생명계에서 단연 돋보인다. 우리의 행동도 추상적이고 상징적 관심에 따라 조율된다."[332] 정확히 옳은 말이다. 하지만 여기서 한 발 더 나아가야 한다. 우리는 상징계가 존재하도록 허락할 수 없으며, 상징계의 힘에 한계를 긋는 자리를 가정할 뿐이다. 한 손으로 주고 다른 손으로 받는 것과 같다. 상징계는 성례전과 비슷하게 된다는 것을 고려해야 한다. 물질을 의심하는 사람은 이런 주장에 반대하는 논증을 펼칠 것이다(그는 이렇게 말할 것이다. "좋아요. 우리는 물질적 존재이지만 상징계를 생성할 수 있어요. 하지만 우리는 물질적 존재이므로 상징계는 분명 부수현상이라고 말해야 해요"). 우리가 이런 사고 노선을 따른다면 계속 네안데르탈인으로 남을 것이고, 다시 한 번 성만찬을 거부하게 된다. 신학용어를 쓰지 않고 말한다면, 진화가 낳은 자식은 자신의 권리를 가진다. 즉 진화가 낳은 결과는 진화하여 어떤 사건을 일으키는 원인이 된다. 따라서 우리가 이미 지적한 츠빙글리식 형이상학을 피해야 한다.

도킨스를 따르는 사람은 종교는 주위 환경과 문화에 의존하며, 심지어 그런 환경과 문화로 환원된다고 주장한다. 당신은 기독교 가정과 문화에서 성장했으므로 당신은 기독교인이란 뜻이다. 너무 한심한 말이라 지적하기도 귀찮다. 하지만 계속해보자. 구소련에서 아이를 무신론자로 양육해야 했듯이, 오늘날 서구 선진국에서 세속적으로 양육하는 것이 관행이나 유행이 된 것 같다(아마도 아이들을 훨씬 능력 있는 소비자로 키우기 위해 그렇지 않을까 생각한다. 말하자면 그렇다). 모든 양 떼가 한때 교회에 갔지만 지금은 가지 않는다는 말일까? 한때 어떤 사람이 프레드릭 템플 캔터베리 대주교를 비판하면서 이렇게 말했다. "주교님. 당신은 이렇게 저렇게 양육되었기 때문에 신앙을 가지고 있는 겁니다." 템플 주교는 이렇게 대답했다. "그럴지도 모르죠. 하지만 이 사실은 여전히 남아 있습니다. 내가 이렇게 저렇게 양육되었으므로 내가 어떤 것을 믿는다고 당신은 믿고 있어요. 그런데 당신이 그렇게 믿는 것은 당신도 그렇게 양육되었기 때문이지요."[333] 에드워드 윌슨은 이렇게 주장한다. "자세히 조사했을 때, 생물학적 이점을 누구보다 비슷한 부류에게 주는 행위를 가장 고귀한 종교행위로 볼 수 있다."[334] 하지만 우리가 이미 지적했듯이, 종교가 옳다면 그런 행위가 정말 일어날 수 있다. 종교라는 단어가 "묶는다"는 뜻에서 나오지 않았나? 종교는 오직 사회적 결속에 얽힌 문제라는 생각을 루이스-윌리엄스는 조금 다르게 해석한다. 루이스-윌리엄스에 따르면 고차적 인간 의식은 사회를 분할하는 도구가 되었다. 그런데 사회가 분할되면서 인간 의식은 복잡한 사회적 적응을 촉발하는 촉매로 작용했다.[335] 우리의 존재는 결국 이기적 유전자로 환원된다고 모든 사람이 생각한다면, 누가 혁신을 추구하고 더 나은 것을 만들려고 하겠는가? 도널드도 지적하듯이 "인간의 뇌는 따로 떨어져 있을 때는 한심한 물건이다. 인간의 뇌는 생각하고 은유를 만들어내는, 미분화된 짐승일 뿐이다. 하지만 인간 뇌가 다른 동료집단에 소속되면, 정신의 공동체를 형성하고, 상징을 만들어내는 능력을 습득하며, 의식의 범위를 놀랄 만큼 넓힐 수 있다. 뇌가 문화를 익힐수록 이런 능력이 커진다."[336] 이렇게 분화가 일어나면 (사회적) 구역이 생긴다. 그러나 이 사회적 구분이 이미 하나의 해방이다. 사회적 구분에서 자유의 새로운 단계가 생겨난다. 흥미롭게도 다윈주의는 종교를 집단 선택으로 파악하려고 한다. 인간 의식은 사회적 구분을 촉진하고 부추겼다. 그런데 일부 사회적 구분은 헤겔적 통일성을 다시 구성하려 했다. 가톨릭 교회가 가장 눈에 띄는 사례다. 모든 인간 사회는, 특히 종교는 "인간 의식의 경계를 넓혀야 한다는 느낌"이 빚어낸 결과다."[337] 우리도 하나의 종으로서 유아론이란 가면을 벗어

던지고, "집단적 정신"으로 들어갔다.[338] 종교는 자연적이다. 호모 사피엔스의 특징이 바로 종교다. 하지만 무신론도 종교처럼 기능한다고 말할 수 없다. 네안데르탈인은 지금 이 순간에만 사로잡혀 있으므로, 네안데르탈인은 태생적으로 무신론자임을 기억하자. 바렛이 지적하듯 무신론은 인민의 아편과 같다. 무신론은 엘리트의 사치품이라는, 특정한 상황의 산물이기 때문이다. 무신론은 탈산업적이고 도시적이며, 자연스럽지 않은 상황이 빚어낸 결과이다. 문화적 무신론자에게, 음식은 포장지에 싸여 있는 상태로만 인식된다. 음식처럼 시간도 장소와 계절에서 분리되어 있으며, 지구와 우주에서 분리된 시간은 그저 무미건조한 디지털 시계로 측정된다고 문화적 무신론자는 생각한다.[339]

## 자연에 귀 기울이기

나에게 큰 수수께끼는 바로 나 자신이었다.

_ 아우구스티누스[340]

인간은 인간 자신을 큰 문젯거리로 여기는 동물이다. 인간의 경우, 생명의 기적마저도 정신이란 더 큰 기적 앞에서 얼굴을 붉힌다. 대체로 생명이란 두 번째 기적은 정확히 얼굴을 붉히는 행위를 뜻한다. 얼굴을 붉힌다는 것은 그것을 할 수 있는 능력이 있기 때문이다.

_ 비토리오 회슬레[341]

대체로 호모 사피엔스는 물질적이면서 정신적이다. Wo es war, soll Ich werden(그것이 있었던 곳에, 내가 있어야 한다). 이 사실에 주목하지 않으면 우리는 진화를 부인하고 네안데르탈인으로 남게 된다. 영지주의적 자만 때문에 사람들은 이 사실을 외면한다. 태터슬은 이렇게 지적한다. "신 개념은 인간조건을 가장 요약해서 반영한다."[342] 이것은 신인동형론의 밝은 면이다. 하지만 사람들은 이렇게 주장하고 싶어할지 모른다. 인간들이 이미 신 개념을 샅샅이 뒤져서, 매력적이고 암시적인 과잉(신)의 여지를 남겨놓지 않았다. 그렇지 않다. 인간이 이미 열린 개념이기 때문이다. 우리는 절대 델포이의 신탁을 완전히 이룰 수 없다. "너 자신을 알라."

인간은 호모 심볼리쿠스다. 상징은 허구가 아니라 실재와 관련되어 있다는 뜻이다. 물리적인 것을 움직이는 원인의 힘이 정말 상징 안에 있다. 여기서 언어는 우리를 헷갈리게 할 수 있다. 상징이 순수하게 물리적인 것과 맞서거나, 그런 것 위에 있다고 소박하게 주장하는 것은 유혹이기 때문이다. 우리는 이런 유혹을 물리쳐야 한다. 간단한 문구로 우리의 상황을 요약할 수 있다. 상징이 우리다(Symbols "R" Us) 재미있게 보이려고 이렇게 쓴 것이 아니다. 이 표현을 말 그대로 읽어야 한다. 여기에 츠빙글리식의 형이상학이 있을 곳은 없다. 두 아이의 사례를 보자. 두 아이 모두 부모를 잃었다. 한 아이의 부모는 교통사고로 사망했고, 다른 아이의 부모는 이혼했다. 그런데 이혼한 부모는 누구도 아이를 맡지 않으려 했다. 케이건에 따르면 이혼한 부모를 둔 아이가 정서적 질병에 훨씬 쉽게 걸릴 것이다. 이 아이에게 어떤 조언을 할까? "일어나! 스스로를 불쌍하게 생각하지마! 네가 느낀 감정은 진짜가 아니야. 원자나 유전자 같은 진짜가 아니라는 거지. 하지만 생각해봐. 사실 너도 진짜가 아니야." 설마 아이에게 이렇게 말하진 못할 것이다. 그러나 도킨스와 그의 추종자는 이런 이야기를 늘어놓는다.[343] 진화심리학에서 중요한 개념 가운데 우리를 혼란에 빠뜨리는 개념이 있다. 그 개념은 진화심리학이 품고 있는 반진화론적 이데올로기와 어긋난다. 그 개념에 따르면, 근접 원인은 그냥 촌뜨기와 비슷하지만, 세련된 진짜 도시인 같은 궁극 원인은 근접 원인에 비해 관련성도 높다.[344] 이것은 정말 말도 안 된다. 우리가 진화를 아예 믿지 않는단 말인가? 문화나 문화적 주입이 없다면 인간은 정상인처럼 살 수 없음은 분명하다.[345] 인간의 이런 형편은 인간이 처음 출현한 때보다 훨씬 중요하다(사람들은 인간이 처음 나타난 때가 정확히 정해져 있는 것처럼 말한다). 문화의 출현도 진화의 결과다. 우리가 바로 문화적 존재다. 문화가 없다면 정상적으로 살 수 없는 존재로 진화했다(물론 인간 실존의 전부가 창조된 것이다). 다시 말해, 우리의 지성은 다른 생명체의 지능과 다르다.[346] 태터슬은 말한다. "호모 사피엔스는 그의 조상을 단순히 향상시킨 존재가 아니다. 호모 사피엔스는 새로운 구상이다."[347] 태터슬은 인간 지성이 창발적 속성이라고 믿는다. 독특함을 생각해보자. 여기서 창발이란 아이디어는 일부러 다음 사실을 떠올리게 하는 것 같다. 인간을 구성하는 물질은 다른 생명체가 생겨날 때도 똑같이 사용되었다. 이것은 사실인 것 같다. 그렇다면 특별 창조라는 생각이 과연 유지될까? 이 사실은 특별 창조를 반박하지 않는가? 그렇지는 않다. 확실히 "방법"은 특별하지 않기 때문이다(적어도 인간이 처음 만들어진 방식은 특별하지 않았다). 하지만 "인간의 존재"는 특별하다. 이미 지적한 요점을 다시 되짚어보자. 그림 그리기를 생각해보자. 그림을 그릴 때 우리는 세잔이 사용한 재료와 거의 같은 재료를 사용한다. 하지만 누구도 우리가 그린 그림을 사지 않는다. 우리는 분명 세잔의 그림을 사려고 할 것이다. 우리와 똑같은 재료를 사용해서 세잔은 아름다운 작품을 그렸기 때문에 그것을 높이 평가한다. 그래서 세잔의 작품이 특별하다. 세잔이 다른 재료를 사용했다면 조금은 의심할 것이다. 세잔의 작품이 물감 때문에 독특하다고 말할 수 있기 때문이다. 우리도 특별한 재료를 사용한다면, 우리가 만든 작품도 아주 끔찍하지는 않을 것이다. 비슷하게, 인간이란 "존재"가 특별하다. "인간이 만들어진 방식"은 이차적이기 때문이다. 물론 "만들어진 방식"도 인간의 독특함에 기여하지만 그것은 부수적 요인이다. 축구도 그렇다. 축구 선수들이 특별한 공이 아닌 똑같은 공을 사용하므로 우리는 축구 신동을 가려낼 수 있다. "어떻게"보다 "무엇"을 봐야 한다(공이 만들어진 방식이 아니라 공을 다루는 사람을 봐야 한다). 하지만 축구 신동은 같은 공이라도 다르게 다룰 수 있다. 이것을 고려하면 "어떻게"도 중요해진다. 이렇게 "무엇"과 "어떻게"를 함께 고려하면, 독특함을 훨씬 온전하게 다룰 수 있다. 하나님이 인간을 만들 때, 창세기가 말하는 "먼지"로 인간을 만들었다. 그래서 이 창조는 더욱 "특별하다." 교황 베네딕토 16세도 이렇게 지적한다. "창조가 존재의 의존성을 뜻한다면, 특별 창조는 존재의 특별한 의존성과 다르지 않다. 다른 자연존재를 만들 때와 사뭇 다르게 하나님은 인간을 꼼꼼하게 직접 만드셨다. 은유를 그다지 사용하지 않고 표현된 이 주장의 뜻은 간단하다. 즉 하나님은 나름대로 뜻을 품고 인간을 원했다. 인간은 그저 '저기 있는' 존재가 아니라 하나님을 아는 존재라는 뜻이다. 인간은 하나님이 고안한 발명품일 뿐만 아니라 하나님을 생각할 수 있는 존재다.…인간은 하나님을 영원히 당신이라고 불러야 하는 존재다."[348] 그래서 창세기에도 두 개의 창조 이야기가 나온다. 호모 사피엔스의 등장과 함께, 인류 생성이란 루비콘 강을 건너버렸다.[349]

그렇지만 인간과 인간의 특별함은 단지 자연선택으로 생겨날 수 없었을 것이다. 인간과 인간의 특별함은 분명 창발되었을 것이다. 그리고 그것들을 통해 자연선택이 작동한다는 것은 사실이다.[350] 그런데 진화를 살펴보더라도 이 주장들은 대체로 옳다. 네이글은 이렇게 말한다. "자연선택은 생물학적 가능성에 영향을 줘야 한다. 그러면 생물학적 가능성은 실현된다. 자연의 기본 법칙이 생물학적 가능성이 실현될 가망성을 어떻게 제약하는지 우리는 정말 모른다."[351] 4장의 내용을 생각할 때 우리는 생물학적 가능성에 대해 완전히 확정된 생각은 아니지만 더 나은 생각을 갖고 있다. 이것은 우리가 실존 문제existence problem라고 부른 것이다. 다윈주의의 어떤 단조로운 해석도 실존 문제를 만나게 된다.

많은 인류학자가 호모 사피엔스에 대해 이렇게 주장한다. 창조력이 한순간에 폭발하는 때가 있었다. 인간이란 새로운 종이 나타나려면 이 사건이 꼭 필요했다.[352] 예를 들어 예술과 종교가 생겨났을 때 창조력이 폭발했다. "예술을 만들어내는 능력은 점진적으로 진화하지 않았다. 우리가 발견한 첫 예술 작품은 르네상스 시대 위대한 예술가가 만든 작품과 질적으로 어깨를 겨눌 수 있다."[353] 예술 작품을 생산한 정신을 제약하던 한계가 사라지면서 진정한 창발적 새로움이 쏟아진다. 왜 그런지 전혀 모르겠지만 말이다. 포더도 이렇게 말한다. "누구나 알듯이 우리의 정신은 대체로 한 번에 그 상태에 이르렀을 것이다. 뇌는 그렇게 진화하지 못했더라도. 일단 증거가 있다면, 이 주장은 다음과 같은 뜻을 암시한다. 뇌의 구조에서 정신능력을 읽어낸다면, 신경학적 불연속이 있었다고 더욱 강하게 주장해야 한다." 왜? 이유는 간단하다. 원숭이의 뇌는 우리의 뇌와 아주 비슷하지만, 원숭이의 지능은 우리와 질적으로 다르며, 그 수준이 형편없이 낮기 때문이다(뇌는 정신이 제기하는 문제이지 정신을 해명하는 답이 아니다). 더구나 "생리학적 변이가 심리학적 성질과 능력을 어떻게 결정하는지 우리는 모른다.…「뉴욕타임즈」 화요일판에서 당신은 그런 것을 안다는 기사를 읽을지 모른다. 그 기사를 믿지 마라."[354] 분명한 것이 틀림없지만, 종종 분명하게 보이지 않는 사태를 지적하면서 디콘은 정신의 출현이란 놀라운 사건을 강조한다. "진화가 수억 년간 지속되면서 수십만 종이 뇌를 가지게 되었고, 수만 종이 복잡한 행동을 하면서 지각하고 배울 수 있게 되었다. 이런 종 가운데 오직 한 종이 세계에서 자신의 자리가 어디에 있는지 묻는다. 오직 한 종에게서 그렇게 질문하는 능력이 진화했기 때문이다."[355] 과학자의 정신에서 분명하게 드러나는 해로운 편견을 막으려면 우리는 윌리엄 제임스의 경고에 주목해야 한다. "전체 우주를 설명하는 이론이 이렇게 다른 형태의 의식을 다루지 않고 그냥 무시해버린다면, 이 이론은 우주를 온전히 설명할 수 없다."[356] 인지심리학자인 콜린 마틴데일Colin Martindale도 제임스의 감상에 동의한다. "우리는 깨어 있는, 평범한 의식상태와 함께, 변형된 의식상태도 탐구해야 한다. 논리 문제를 푸는 [실험실] 학자의 합리적 사고와 함께, 시인의 '비합리적' 사고도 이해해야 한다.…실험실 상황에서 개념이 형성되는 과정과 함께, 사고가 현실 역사에서 진화하는 과정도 조사해야 한다. 사람은 컴퓨터가 아니기에, 우리는 결국 감정과 동기 요인이 인지에 어떻게 영향을 주는지 탐구해야 한다."[357] 우리는 정말 문화적 편견에 따라 행동하는 것 같다. 그래서 원주민은 원시적이지만(요즘은 종교적이라고 규정한다), 서구의 무신론자인 우리는 환원주의에 중독되어 있으면서도 앞서 있다고 믿는다. 우리는 세상이 어떤 곳인지 너무 잘 안다(솔직히 그렇지도 않다). 하지만 레비 스트로스는 이렇게 주장한다. "이론가를 논박할 결정적 증거가 관찰자에게 늘 있을 것이다. 관찰자를 논박하는 증거가 원주민에게도 있을 것이다."[358] 대체로 이 사실은 무시된다. 우리가 이미 지적했던 순수 자연*natura pura*이란 개념 때문에 그렇다. 순수 자연이 있다고 가정할 때 초자연적 존재는 순수 자연 위에 있거나 순수 자연과 맞선다. 그리고 초자연적 존재에서 어떤 결함이 발견되면, 초자연적 존재는 제거될 수 있다. 즉 초자연적 존재를 가정할 필요가 없다고 한다. 하지만 이 생각은 틀렸다. 우리 존재의 기원은 자연과 초자연을 이렇게 구분하지 않을 때 비로소 가능했기 때문이다. 다시 말해 우리의 정신은 자연과 초자연이 얽히면서 빚어낸 작품이다. 오직 인류학의 관점을 사용해도 그렇다. 인류학자인 레로이 고한Leroi-Gourhan에 따르면, 흔히 말하는 원시 예술은 "자연과 초자연이 어우러져 생명계가 생겨났다는 생각을 표현했다.…[고대세계에서] 자연과 초자연은 하나였을 것이다."[359] 루이스-윌리엄스도 맞장구를 치면서, 빙엔의 힐데가르트Hildegard of Bingen(1098-1179) 같은 신비주의자는 자연과 초자연을 엄격하게 나누지 않았다고 지적한다(더 중요한 것은 신비주의자는 과학과 종교도 구분하지 않았다는 점이다). 자연에 대한 계시는 동시에 초자연에 대한 계시였다. 교부가 바로 이렇게 생각했다. 이 주장에 대해 논평하면서 루이스-윌리엄스는 이렇게 강조한다. "오늘날 우리는 합리적 의식이 인간의식을 구성하는 요소라고 인정하는데, 합리적 의식은 특정한 사회상황에서 구성된, 역사적 개념이다."[360] 샤머니즘도 자연과 초자연이 얽히는 현상이다. "샤머니즘은 보편적 인간현상을 잘 보여준다. 인간에게는 의식의 변화를 이해하려는 요구가 있다. 샤머니즘은 의식이 어떻게 바뀌는지 보여준다."[361] 흥미롭게도 많은 연구자가 샤머니즘은 나중에 나타난 종교의 원형이라고 주장한다.[362] 루이스-윌리엄스에 따르면(아프리카의 산 족의 예를 들면서), 우리는 그림을 오해한다. 과거에는 그림이 어떤 힘을 가진다고 생각했기 때문이다. 동굴 벽의 그림은 벽을 변형시켜, 벽의 견고함을 약화시키고 다른 세계의 이미지를 사람들에게 선사했다. 그래서 사람들은 그림에 어떤 힘이 있다고 생각했다.[363] 그림은 정말 여기 있는 환영이었지, 그냥 환영의 재현은 아니었다.[364] 우리는 이 사실을 거부하고 네안데르탈인으로 살아가야 할까? 어떤 진리가 드러나더라도 현재라는 독재자가 검증할 때 이 진리는 탐지되지 않기 때문에? 메를로 퐁티를 다시 생각해보자. "성체(성만찬에서 사용하는 빵과 포도주)는 분별력 있는 종 species에게 은총의 작용을 상징적으로 드러낸다. 하지만 하나님은 정말 성체에 거한다. 성체를 통해 하나님은 특정한 공간에 거하면서, 축성한 빵을 먹는 사람에게 이야기한다.…마찬가지로, 분별력이 있다는 것은 세계에 거주하는 방식이다. 우리는 특정한 지점에서 세계를 바라보고, 몸을 통해 세계를 장악하고 세계에 영향을 미친다.…그래서 감각은 성찬식의 형상이다."[365] 따라서 이것은 사회생물학과 진화심리학이 주장하듯 정신 안에 있는 동굴을 단순히 보여주는 사례는 아니다. 이것은 동굴에 갇힌 정신이기도 하다.[366]

## 동굴에 갇힌 정신

자연의 질서는 질서의 본질이 된다.

_ 피터 문츠[367]

플라톤이 말한 유명한 비유에서 철학자는 나머지 사람들과 함께 동굴에 거한다. 이 사람들은 벽에 어른거리는 그림자가 현실이라고 생각한다. 철학자는 결국 동굴을 떠난다. 동굴에서 나오자 눈부신 빛이 쏟아졌다. 플라톤에게 이 빛은 선이다. 그래서 사람들은 동굴에서 환영을 본 것이다. 철학자는 이 사실을 깨닫는다. 그래서 철학자는 동굴로 돌아가 동료 인간에게 이것을 알린다. 하지만 사람들은 철학자에게 감사하지 않고 오히려 폭력을 휘두른다. 사람들은 철학자가 말해야 하는 사실을 배우고 싶어하지 않는다. 진화심리학이 조금은 플라톤의 철학자를 닮았다. 진화심리학은 인간 생활의 진리를 우리에게 보여준다(진화심리학은 정신 안에 동굴이 있다고 말한다). 갸륵한 노력이다. 신학자의 눈으로 볼 때, 진화심리학의 도전은 좋은 일이다. 우리가 몸으로 있다는 사실을 왜곡하려는 다양한 이단의 공격을 진화심리학이 반박하기 때문이다. 이단은 인간을 비물질적 천사로 봐야 한다고 우리를 유혹한다. 하지만 진화심리학을 지금 모습대로 놔두면 새로운 천사주의가 고개를 들 것이다. 진화심리학은 추상적 공식을 여러 개 내놓았다(데닛이 말한, 모든 것을 담는 다윈주의 알고리즘을 생각해보라). 이 공식들은 생명을 지워버리고 지금 여기 있는 생물계를 도외시한다. 다윈주의가 보편화되면서 과학적 사실인 진화는 오히려 과격한 회의주의의 공격을 받게 되었다.

다소 놀랍게도 마이클 루스는 다윈주의자가 정말 기독교인이 될 수 있다고 주장한다(앞에서 그는 도덕 비실재론을 옹호하면서 보편화된 다윈주의를 근거로 들이밀었다). 물론 다윈주의자는 정말 기독교인이 될 수 있다. 그러나 "다윈주의자는 플라톤적 비전에 기독교인처럼 매달려서는 안된다"는 것을 알지 못한다.[368] 맞다! 맞다! 하지만 다윈주의를 보편화하지만 않는다면 이에 동의할 수 있다. 다윈주의는 생물학의 하위영역에, 일반 과학으로 남아 있어야 한다. 더구나 존재론적으로 말해, 과학의 존재가 아무리 의미 있고 중요하더라도, 참된 지식의 하위영역에 속해야 한다. 그래서 플라톤주의자가 다윈주의적 진화론을 품지 못할 이유는 없다. 이 주장은 어떤 사람에게 놀라울 것이다. 모든 사람은 아니겠지만 하여간. 플라톤은 변하지 않는 형상을 믿었지만 다윈은 종 변형을 믿지 않았나? 물론 그렇다. 하지만 이 질문은 주제를 혼란스럽게 하면서 구분해야 할 것을 뒤섞는다. 철학자 E. J. 로우도 말한다. "생물학적 존재의 종류kind의 외연이 진화론적 혈통에 의해 일정 부분 고정된다는 교리를 나는 받아들이지 않는다. 어떤 생물이 지구에 사는 개라는 종species에 속하는지 판단하려면 진화론적 혈통을 따져야 한다.…하지만 나는 생물학적 종species이 종류 kinds와 같다고 생각하지 않는다. 종은 구성원을 포함하지만 종류는 사례(심급)를 포함한다. 즉 종은 집합체지만, 종류는 보편자다."[369] 종과 자연 종류는 서로 다르다. 자연 종류는 분명히 객관적 용어다.

수학도 보편화된 다윈주의가 안고 있는 문제를 보여준다. 유진 위그너Eugene Wigner는 "자연과학에서 수학의 영향은 어마어마하다"고 지적한 것은 유명하다.[370] 그러나 이 사실은 다윈주의에 한계를 긋는다. 다윈주의가 현실을 포괄하는 보편적 묘사라면, 사람들이 생각하는 수학적 객관성도 존재하지 않을 것 같다. 유물론자인 장 피에르 샹주Jean-Pierre Changeux와 저명한 수학자인 알랭 콘느Alain Connes가 논쟁할 때도 이 주제가 언급되었다. 콘느는 수학이 정말 존재하는 실재라고 주장한다. "수학의 세계는 우리가 수학을 이해하는 방식과 구분되며 따로 존재한다.… 수학의 세계를 시간과 장소로 표시할 수 없다.…(따라서 수학은 다윈주의적 세계에 속하지 않으며 독자적으로 존재한다.) 수학이 보여주는 정합성과 조화는 무작위와 맞서는 속성이다."[371] 반면 샹주는 수학에도 분명 물질적 기초가 있을 거라고 주장한다.[372] 콘느에 따르면, 수학의 세계는 변하지 않는다. 하지만 우리가 수학을 하는 방식이나, 수학의 진리에 참여하면서 수학에서 배우는 것은 바뀔 수 있다. 수학은 객관적 진리의 사례를 보여준다. 객관적 진리의 세계는 우리에 대한 진리를 드러낼 때, 다윈주의와 다르게 드러낸다. C. S. 퍼스는 이렇게 표현한다. "영혼의 깊은 영역에 도달하려면 영혼의 표면을 통과해야만 한다. 이렇게 수학과 철학, 다른 과학 덕분에 우리에게 익숙해진 영원한 형상은 천천히 침투하면서 어떤 존재의 중핵을 드러내고, 우리 생활에 영향을 줄 것이다. 형상은 그렇게 작용할 것이다. 형상이 정말 중요한 진리에 관여하기 때문이 아니라 형상이 바로 관념적이고 영원한 진리이기 때문이다."[373]

비토리오 회슬레는 여기서 확실히 옳다. "다윈주의의 존재론적 타당성의 범위를 제대로 인지하고, 제1철학을 이끌어내려 하지 않는다면, 우리는 다윈주의를 더욱 존중할 수 있다."[374] 그렇게 하지 않으면 우리는 결국 다윈을 믿지 않게 된다. 다윈의 제자 한 명이 정말 그런 짓을 한 것을 우리는 읽지 않았나?(에드워드 윌슨이 진화는 신화일 뿐이며 신앙의 문제라고 한 것을 기억하라)[375] 다윈주의를 신화로 만들지 않으려면 무엇을 해야 할까? 답은 아주 간단하다. 환원주의를 버려라. 환원주의는 안전장치에 불과하며, 자연계를 주저 없이 파괴한 고집 센 세속주의자들이 좋아하는 것이다.[376] 그러면 환원주의를 어떻게 버릴까? 먼저 생물학 이론을 보편화하려고 애쓰지 말아야 한다. 그렇지 않으면 생물학은 말 그대로 자기를 잡아먹는다. 이 생물학은 마찰저항을 피하려고, 마찰저항이 없는 매끄러운 타이어를 고른 자동차 선수와 같다. 그렇게 되면 자동차는 움직일 수 없어 가만히 서 있게 된다. 비슷하게, 다윈주의가 다른 담론을 녹여버리면 다윈주의는 가만히 서 있게 된다. 엄격한 자연주의와 함께, 극단적 다윈주의가 스스로 자초한 궁지는 니체가 기술한 레슬링 선수의 이미지에 잘 요약되어 있다. 이 레슬링 선수는 자기 힘을 상대가 아니라 자신에게 가하는 바람에 경기에서 이겼지만 정작 부상을 당해버렸다.[377] 스트라우드Barry Stroud도 말한다. "사람을 당황하게 하는 부조리가 [존재론적 자연주의에] 있다. 이 부조리는 언제 드러날까? 자연주의자가 자신도 세계에 대한 자연주의적 이론을 믿는다는 것을 인정하고 반성하자마자 부조리가 드러난다.…자연주의자는 자연주의적 이론을 주장하면서 동시에 이것이 옳다고 생각할 수 없는 모순적인 존재다."[378] 이 지적은 보편화된 다윈주의에도 똑같이 적용된다. 보편화된 다윈주의는 속담에 등장하는 술 취한 아저씨와 비슷하다. 움직이는 기차 안에서는 그가 다른 승객보다 더 똑바로 걷는 것처럼 보인다. 또한 보편화된 다원주의는 노이라트Neurath가 말한 이상한 이야기와 비슷하다. 예를 들어 우리가 탄 배는 물 위에 떠 있는데, 우리는 이 배를 다시 건조해야 한다. 우리가 신화에 빠지지 않으려면 환원주의자의 이미지를 버려야 한다. 네이글의 주장처럼, "인식론적 원인을 추적하는 일은 어느 순간에는 마무리가 되어야 하기 때문이다."[379] 정말 그렇다. 그러나 불행하게도 극단적 다원주의자는 이성마저 진화의 역사에 집어넣으려 한다. "추론이 내세우는 주장을 불신하는, 다른 어떤 것에 추론이 종속시키려는 시도가 있다. 나름대로 권리를 가진 추론은 이런 시도를 좌절시킨다. 추론의 지위를 규정하기 위해 고안된 가설을 판단할 때 추론이 다시 개입한다. 추론은 다시 나타날 수밖에 없다. 이런 가설은 다음과 같은 질문을 하게 만들기 때문이다. '세계의 참 모습이 무엇인지 생각해야 할 이유가 있나요?'"[380] 인식론적 원인을 추적하는 일은 어느 순간에는 멈춘다. 원인을 추적하는 작업은 신에서 멈춘다. 이유는 여러 가지다. 그러나 네이글의 주장에 동의하는 것이 현명하게 보인다. 네이글은 이렇게 말한다. "합리론은 경험론보다 늘 종교적 냄새를 강하게 풍긴다. 신이 없다 해도, 자연의 가장 심오한 진리와 인간 정신의 심층은 자연스럽게 통한다는 이념 덕분에 우주는 집처럼 아늑하게 다가온다(이런 이념이 세속적으로 편리하다기보다, 이런 이념 덕분에 우주가 더 아늑하게 느껴진다는 뜻이다). 그리고 이런 이념을 전제하면 개념이 점점 참되게 발전한다고 생각할 수 있다."[381] 하지만 어쩌나. 극단적 다원주의자는 누워서 침을 뱉으려 할 것이다. 이성과 윤리, 사람이 없다면 그들은 무신론적 근본주의의 침대에서 더욱 편안하게 잠잘 수 있기 때문이다. 교황 베네딕토 16세가 지적하듯 이런 맥락에서 정말 잠에서 깬 것은 기독교다(흔히 말하는 계몽된 주체는 기독교다). 반면 과학주의가 퍼뜨리는 병은 우리를 깜깜한 암흑시대로 내몬다. "심지어 오늘날 기독교는 이성의 우선성을 주장하면서 계속 '계몽'의 편에 서 있다. 이성의 우선성을 주장하지 않는 계몽은 아무리 합리적으로 보여도 계몽의 퇴화이지 계몽의 진화는 아니다."[382] 어쩌나. 극단적 다원주의를 고수한다면 우리는 네안데르탈인으로 다시 퇴화하게 될 것이다.

다음 장에서 우리는 자연주의를 검토할 것이다. 자연주의는 철학적 기획이다. 그래서 우리는 철학에서 신을 합리적으로 배제할 수 있는지 따져볼 것이다. 이 작업과 함께 심리철학의 영역으로 파고들어갈 것이다. 심리철학 탐구는 더 중요한 작업이다. 이 장에서 우리가 시작한 작업을 심리철학 탐구에서 보충할 것이다. 그리고 과학과 종교의 관계를 폭넓게 분석하여 과학과 종교가 서로 싸운다는 비유는 완전한 허구임을 밝힐 것이다. 마지막으로 지적설계 운동을 설명하고 비판할 것이다. 신학으로 평가할 때, 지적설계는 과학이 아니며 창조론만큼 이단적이다.

# 6

# 자연주의를 자연주의적으로 이해하기

## 유물론의 망령

이 세기가 끝날 때 우리 서구인에게 대단히 이상한 일이 벌어졌다. 알게 모르게 우리는 과학을 잃어버렸다. 적어도 과학은 지난 사백 년 동안 과학으로 불렸다. 오늘날 어떤 것이 과학을 대체했다. 그것은 과학과 다르며, 완전히 다르다. 우리는 그것의 정체를 모른다.

_ 시몬 베이유[1]

유물론은 참으로 우리 가운데 세워진 교회다.

_ G. K. 체스터튼(1922)[2]

유물론은 우리 시대의 종교라 불릴 만하다.

_ 존 설(1995)[3]

자연주의에는 크게 방법론적 자연주의와 존재론적 자연주의가 있다. 방법론적 자연주의는 다음과 같이 접근한다. 신성을 괄호치지 않으면 과학이 진보하지 못할 것이라 가정하고 우주를 탐구해야 한다. 그리고 존재론적 자연주의는 신성을 괄호치는 것은 방법상 필요할 뿐 아니라, 또한 실재와 일치하는 행위라고 주장한다. 방법론적 자연주의는 상식과 통하는 편이다. 차를 마시려고 물을 끓일 때, 김이 나는 소리가 워낙 신비스러워 조상의 영들이 서로 대화한다고 생각한다면, 그런 생각은 생활에 크게 보탬이 안 될 것이다. 과학은 이런 생각을 막아야 한다. 과학은 현상을 설명할 때, 자연만 고려하려고 한다. 충분히 일리 있다. 농부는 풍년을 바라며 창조주에게 간구할 것이다. 하지만 발을 올리고 편안히 누워 하나님이 밭 가는 것을 지켜보는 농부는 아마 없을 것이다.[4] 영국의 국민복권 광고는 우리가 복권을 사도록 부추기면서 이렇게 속삭인다. "다음은 당신일지도 모릅니다." 커다란 집게손가락이 사람들을 가리킨다. (사람들 가운데 당첨자가 있을지 모른다.) 하지만 우리는 스스로 이렇게 생각할 것이다. "글쎄, 내가 걸린다면, 오늘이 정말 나의 날이라면, 표를 살 필요도 없겠네. 난 그 표를 발견할 테니까"(내가 표를 구입한다고 당첨될 운이 달라질까?).

존재론적 자연주의는 여기서 한 걸음 더 나아간다. 방법론적 자연주의는 여기 있는 것에 대해 철학적·형이상학적 의견을 내놓지 않지만 존재론적 자연주의는 그렇게 부끄럼을 타지 않는다. 존재론적 자연주의에 따르면, 과학은 우리가 자연이라고 여기는 것에 집중할 뿐만 아니라, 자연적인 것 외에 다른 것은 없다. 가능한 모든 것은 자연적인 것이다. 존재론적 자연주의는 철학이 가진, 이런 고전적 지위를 박탈해버린다. 있는 것/존재하는 것에 대한 우리의 이해를 최종적으로 결정하는 학문은 철학이었다(과학도 있는 것에 포함된다. 그래서 이런 학문을 제1철학이라 부른다). 그래서 철학은 이제 과학의 하녀가 된다. 기껏해야 철학은 과학의 심부름꾼이다. 프로타고라스는 이렇게 주장했다. "인간은 만물의 척도다. 존재하는 모든 것과 존재하지 않는 모든 것의 척도다"*pantōn chrematōn metron estin anthropos.* 하지만 윌프리드 셀라스Wilfred Sellars에게는, "과학이 만물의 척도다."[5] 이것이 흔히 말하는 과학주의다. 리처드 르원틴은 과학주의의 관점을 한 문장으로 추려낸다. "과학만이 진리를 낳는다."[6] 이 문장이 과학에 속하지는 않는다. 이것은 철학 주장이지 과학 주장은 아니다. 일단 이 문제를 놔두더라도 우리는 르원틴이 왜 논점을 피하는 이런 주장을 하는지 알고 싶어진다. 르원틴은 우리에게 나름대로 대답한다. "우리는 과학의 편에 선다. 과학이 만든 것 가운데 분명히 황당한 것이 있어도, 과학이 지껄인 허황된 약속을 과학이 실현하지 못했어도… 과학자 집단이 입증되지도 않은 그렇고 그런 이야기를 허용하더라도, 우리는 과학의 편이다. 우리는 이미 유물론에 헌신했기 때문이다.…더구나 이 유물론은 절대적이다. 신은 이 문으로 한 발짝도 들어올 수 없다."[7] 신학이 오늘 과학과 결혼하면, 내일 과부가 될 것이다. 이 격언에는 지혜로운 조언이 담겨 있다. 과학과 대화하는 신학은 훌륭하다. 하지만 과학은 신학의 "기초"를 마련할 수 없다. 무신론도 마찬가지다. 무신론자가 오늘 과학과 결혼하면 내일 과부가 될 것이다. 도킨스마저 진화에 대해 이런 사정을 인정한다. "다윈은 20세기의 마지막까지 승리했던 것 같다. 하지만 새로운 발견으로 진화론의 21세기 계승자는 다윈주의를 버리거나 완전히 뜯어고쳐야 할지 모른다는 것도 인정해야 한다."[8] 정말 그렇다면, 도킨스는 정말 부당한 일을 한 것이다. 도킨스는 자기 입맛대로 다윈주의를 요리하고 두루뭉술하게 다윈주의를 해석하면서 도킨스식 무신론을 실어나르는 도구로 다윈주의를 이용한다. 이것은 지적 사기에 가깝다. 여기서 도킨스가 『만들어진 신』을 쓴 동기를 추측할 수 있다. (한때 진화가 철두철미한 무신론자를 받아들였다 하더라도) 진화가 "철두철미한 무신론자"를 이제 수용할 수 없음을 도킨스도 인정하지 않았을까. 그래서 『만들어진 신』을 쓴 것이 아닐까?[9] 과학철학자인 바스 판 프라센 Bas van Fraassen은 이렇게 논평한다. "사실에 대한 우리의 믿음은 모두 우연의 손아귀에 사로잡힌 인질이 된다. 즉 미래의 경험적 증거라는 운에 따라 믿음의 운명이 결정되어야 한다."[10] 생각하는 무신론과 생각하는 종교는 여러모로 토의하면서, 각양각색의 근본주의적 사고가 내지르는 저속한 고함에서 벗어나야 한다.

인간 본성과 문화에 대해 과학주의와 존재론적 자연주의는 우리가 존 러스킨이 말한 "감상적 오류"pathetic fallacy에 빠졌다고 주장할 것이다. "감정"을 지닐 수 없는 것에 감정을 부여할 때 우리는 감상적 오류에 빠졌다고 말한다. "바람이 울부짖는다", "나무가 운다." 이런 표현은 감상적 오류의 흔한 예다. 하지만 우리는 우리가 계속 이런 감정을 가진다고 말한다. 우리는 "생명", "죽음", "실존", "욕망", "자유의지", "고통" 같은 용어를 우리에게 계속 귀속시킨다. 그러나 존재론적 자연주의—제한적 자연주의가 더 정확한 표현이겠다—에 따르면, 이런 용어를 우리에게 귀속시킬 수 없다. 이런 용어가 가리키는 존재는 없기 때문이다. 우리에게 남겨진 세계는 오직 물리적 혹은 물질적 세계밖에 없다. 결국 우리는 그저 동요하는 물질을 본다. 이래저래 그렇다.[11] 물질의 동요는 살인도 되고, 강간도 되고, 암도 되고, 전쟁도 되고, 기근도 되고, 사랑도 되고, 즐거움도 되고, 탄생도 되고, 죽음도 될 수 있다. 심지어 눈으로 사물을 본다는 생각도 허구다(우리에게는 자연스러운 표현이다). 우리는 "물질"이 정말 존재하는 모든 것인지 물어봐야 한다. 모든 사건과 대상이(변하는 모든 것이) 완전히 우발적이라면 우리는 어떻게 진짜 차이를 분별할 수 있을까? 진짜 차이를 설명하려면 확실히 우리는 물질과 다른 것에 호소해야 한다. 하지만 일원론적 철학에 속하려면 물질과 다른 것에 호소해선 안 된다(일원론적 철학에 따르면, 오직 하나의 실체가 있는 것을 구성한다. 이 실체는 "물질"이다). 존 피터슨John Peterson은 이렇게 기술한다. "물질이 궁극적 기질이며, 실제로 존재하는 것으로 밝혀진다면, 물질 안에 있는 차이는 물질이 아닌 다른 것에서 나왔을 것이다."[12] 결국 유물론자가 기술한 내용도 형이상학적이라고 시인해야 한다. 유물론자가 기술한 내용을 보면, 내재성의 기초를, 곧 순수하게 물리적인 것의 기초를 넘어선 것을 은근히 끌어들인다. 이것을 부정하려면 한 가지 방법밖에 없다. 모든 변화를 거부하는 것이다. 이것은 대상 자체를 아예 부정하는 것과 같다. 피터 반 인워겐Peter van Inwagen도 이렇게 쓴다. "유물론자가 처리해야 하는 과제는 이렇다. 유물론자는 일상 담화에서 사용되는 단어의 지시대상이 있을 곳을 완전히 물질적 세계 안에서 찾아야 한다. 그런 곳을 찾지 못하면 지시대상이 존재하지 않는다고 선언해야 한다."[13] 다시 말해 "존재라는 존재 따위는 없다."[14] 인격도 없다. 데이비드 찰머스David Chalmers도 이렇게 말한다. "당신이 유물론자라면, 당신은 당신의 의식이 있다는 것을 인정할 수 없다."[15] 헤겔은 유물론의 텅 빈 본성을 이미 지적했다. 당신이 물질적인 것을 손으로 지적하지 않는 한, "물질"이란 단어는 여전히 관념적이다. 그러나 유물론은 동일성을 미리 배제하는 것 같다. 일단 존재론적 자연주의는 대상이 지금 있는 그대로 있기 위해 필요한 지속 조건persistence condition을 밝혀낼 수 없다는 것을 기억해야 한다.[16] 이 문제는 과학을 넘어 다른 영역에서도 나타난다. 분석철학자인 넬슨 굿맨Nelson Goodman은 이렇게 말한다. "두 개의 사물이 공유하는 속성의 개수는 다른 두 개의 사물이 공유하는 속성의 개수와 같다."[17] 이것은 금방 이해되는 말은 아닌 것 같다. 그러나 대륙 철학의 전통에서 알랭 바디우도 똑같이 말한다. "나와 다른 사람 사이에, 심지어 나와 나 자신 사이에 여러 가지 차이점이 있다. 중국 농민과 젊은 전문직 노르웨이인 사이에도 똑같은 개수의 차이점이 있다."[18] 이런 관점은 황당하다. 예를 들어 똑같은 얼룩말 두 마리(클론)와 바퀴벌레 한 마리만 사는 세계를 가정했을 때, 철학자만이 두 개의 대상이 공유하는 속성의 개수는 다른 두 개의 대상이 공유하는 속성의 개수와 같다고 주장할 것이다.[19] 미셸 앙리도 "과학에는 인격이 존재하지 않는다"고 말한다.[20]

과학주의와 존재론적(제한적) 자연주의를 찬양하는 사람들은 인격을 없애려 할 것이다. 그들은 어떤 대가를 치르더라도 신성을 제거하기로 마음을 먹었기 때문이다. 이 근본주의자적 무신론자는 신이 있을 자리를 남기지 않으려고 아예 집을 몽땅 허물려고 한다. 이미 지적했듯이 근본주의 무신론자는 누워서 침을 뱉으려 한다. 그는 우리를 모두 얼굴 없는 존재로 만들려 한다. 이 무신론자는 감옥을 문화적 인공물로 만들어버린다. 그는 감옥을 부당하고 기이한 장소로 만들어버린다. 더구나 근본주의적 무신론자의 말을 그대로 인정하면 우리는 모두 홀로코스트를 부인하는 사람이 된다. 실재하는 차이를 감지할 수 있는 형이상학을 우리는 더 이상 제시할 수 없기 때문이다. 병이 나고 상처를 입는 것도 불가능해진다. 예를 들어 암이란 단어는 사라지며, 암을 더 이상 뿌리 뽑을 수 없게 될 것이다. 이것은 현실을 평면처럼 평평하게 만들어버리는 극단적인 민주주의의 모습이다. 건강이니 질병이니 하는 생각은 이제 옛 이야기에나 나온다. 따라서 우리는 니체의 예언처럼 선과 악을 넘어섰다. 정말 그렇다면 계몽된 사람은 자연주의를 높게 평가할지 모르겠지만, 자연주의는 어떤 전쟁보다 더 해로울 것이다. 질병, 기근, 재난, 범죄를 합한 것보다 인류에 더 많은 피해를 줄 것이다. 자연주의는 실존을, 존재하는 것을 아예 액체처럼 만들어버리기 때문이다.

이런 허무주의가 판치는 무절제한 문화에서 우리는 소위 새로운 무신론자의 상스러운 전략을 받아들이라는 유혹을 받는 것 같다. 런던 버스에 무신론 광고를 내도록 돈을 내라는 것이다. 아마 이런 광고 문구를 쓸 수 있겠다. "사람이란 존재는 없다. 그러니 즐거움도 생명도 없다."[21] 왜? 살아서 즐거움을 느낄 존재가 없기 때문이다. 이제 위협당하는 것은 하늘이 아니라 바로 지상이다. 상식이 통하고, 자연과 자연적인 것의 세계가 위기에 빠진다. 신이 아니라 인간이 폐지된다.[22] 자연주의가 인간을 폐지할 때 어떤 일이 벌어질까? 놀랍게도 우리는 짝퉁 심령술의 울퉁불퉁한 늪에서 나뒹굴게 된다. 심령술의 늪에서 귀신도 상품처럼 팔려나간다. 테리 이글턴이 말했듯이, "가장 탈세속적인 사람은 세속적인 사람이다."[23] 반면 기독교는 윌리엄 템플이 말했듯이 종교 가운데 가장 노골적으로 유물론적인 종교다.[24] W. H. 오든Auden은 기독교의 물질관을 이렇게 요약한다. "내 몸이 없다면 죽음에 사로잡히지도 않을 텐데."

## 의심하는 도마: 과학이 종교와 싸운다고?

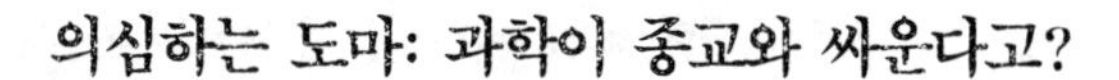

새로운 세기가 시작될 때마다 우리는 우리가 누구인지 자신에게 해명해야 한다. 우리는 백지상태에서 21세기로 들어가지 않는다. 우리가 어떤 사람이었고, 어떤 사람이 될 수 있었는지, 어떤 사람이 될 것인지 살피면서, 우리가 발견한 우리 자신이 누구인지 해석해야 한다. 이것은 끝없이 새롭게 돌아오는 과제다. 우리는 과학과 종교를 찾아냈고, 세속와 영성을 찾아냈다. 우리는 두 가지 영역의 차이와 경계를 다시 해석하면서 변형시킨다.

_ 바스 판 프라센[25]

인간은 자기 생명을 다시 창조할 만큼 위대하다. 인간은 그가 받은 것을 다시 창조한다.…인간은 노동하면서 자신의 자연적 실존을 창조한다. 인간은 과학을 통해 상징으로 우주를 다시 창조한다. 예술을 통해 인간은 몸과 영혼의 연합을 다시 창조한다. 각각의 재창조는 공허하고 조악하다. 그러나 다른 영역과 함께 이해될 때, 비로소 의미를 가진다.

_ 시몬 베이유[26]

궁극적 성찰은 아직 과제로 남아 있다. 그래서 사물의 본성을 측정하려는 짓은 여전히 얄팍하고 부실하며 한심한 수준이다. 철학적 토의를 하면서 확실성을 궁극적 진술로 여기는 사람은 사실 어리석음을 드러내고 있다.

_ 알프레드 노스 화이트헤드[27]

새뮤얼 윌버포스는 1860년 6월 30일 옥스퍼드에서 토마스 헉슬리와 맞대결했다. 윌버포스는 당시 출판된 다윈의 진화론에 대해 헉슬리와 논쟁했다. 이 토론회에서 다윈이, 적어도 다윈의 이론이 승리하고 주교가 논박당했다고 기록되었다. 이 토론회는 종교와 상관없는 일에 이러쿵저러쿵 하지 말고 종교에 그냥 눌러붙어 있으라는 메시지를 성직자에게 전달했다. 「맥밀란 매거진」 1898년 10월호 이슈란에 윌버포스와 헉슬리의 토론에 대한 기사가 실렸다. 제목은 "할머니의 이야기"였다.

> 헉슬리 씨가 윌버포스 주교에게 과감하게 도전한 일은 옥스퍼드에서 일어난 기념비적 사건이다. 이 사건에 참여하게 되어 매우 기뻤다. 박물관에 있는 거대한 도서관으로 잠시 여행을 떠나야 한다는 말을 듣고자 많은 사람들이 모였다. 개회사를 하는 드레이퍼 씨의 미국식 억양이 아직도 귀에 선하다. "원자의 우연한 흐름을 느꼈습니까?" 드레이퍼 씨의 개회사는 다소 건조했던 것 같다. 그리고 당당한 얼굴로 주교는 자리에서 일어나 조금은 훈계하는 목소리로 진화라는 아이디어는 공허하다고 강조했다. 양비둘기는 계속 양비둘기였다. 주교는 상대 토론자를 향해 거만한 미소를 지으며, 자신이 원숭이의 자손이라는 것을 할머니에게서 들었는지 할아버지에게서 들었는지 알고 싶다고 말했다. 헉슬리 씨는 천천히, 그리고 절도 있게 일어나더니 논쟁에 쐐기를 박았다. 헉슬리 씨는 자기 조상이 원숭이인 것을 부끄럽게 여기지 않았다. 하지만 윌버포스 주교처럼 진리를 가리기 위해 위대한 재능을 사용하는 사람과 연결되어 있다는 것이 부끄럽다고 이야기했다. 헉슬리의 의도는 모든 사람의 머리에 박혔고 결과도 엄청났다. 숙녀 한 분이 기절하여 실려나가야 했다.[28]

스티븐 굴드는 종교와 과학은 서로 싸우지 않는다고 주장한다. 종교와 과학은 똑같은 지적 공간을 차지하려고 경쟁하지 않기 때문이다. 그렇기에 종교와 과학 사이의 증오는 처음부터 잘못되었다. "과학과 종교가 공유하는, 분석이나 설명의 도식을 통해 과학과 종교가 하나가 되거나 심지어 결합할 수 있을지는 잘 모르겠다. 하지만 두 영역이 왜 싸워야 하는지 이해할 수 없다. 과학은 자연계의 사실 측면을 기록하고 증언하려 한다. 그리고 이런 사실을 설명하고 통합하는 이론을 개발하려 한다. 반면 종교는 자연계만큼 중요하지만 완전히 다른 영역에서 움직인다. 바로 인간 목적과 의미, 가치의 영역에서 움직인다. 과학이란 사실 영역도 이런 주제의 본성을 드러내긴 하지만, 절대 해명할 수 없다. 비슷하게, 과학자도 과학적 실천에 적용되는 윤리 원칙에 따라 움직여야 한다. 하지만 과학이 발견한 사실에서 이런 원칙의 타당성을 이끌어낼 수 없다."[29] 굴드는 종교와 과학이 서로 존중하면서 간섭하지 않는다는 원리를 제안한다. 종교와 과학은 나름대로 역할과 각자의 가치를 지니며, 상대방의 영역에 간섭해서는 안 된다. 굴드는 이런 방법론적 배치를 NOMAnonoverlapping magisterial, 비중첩 교도권 원리라고 불렀다(magisteria는 선생을 뜻하는 라틴어 magister에서 나온 단어다). 그래서 굴드에 따르면 과학의 교도권은 경험 영역을 담당한다. 반면 종교의 교도권은 궁극적 뜻을 다룬다. 굴드는 이 상황을 정확히 요약한다. "과학은 반석의 나이를 맡지만, 종교는 시대의 반석을 맡는다."[30] 이것은 갈릴레오의 말놀이다(갈릴레오도 바로니우스 추기경의 말을 인용한 것이다). "성서는 하늘나라에 어떻게 가는지 말하지만, 하늘이 어떻게 돌아가는지 말하지 않는다."[31] 굴드도 이렇게 진술한다. "다윈은 진화를 이용하여 무신론을 선전하지 않았다."[32] 종교와 과학의 차이를 사례를 통해 설명하면서 굴드는 부활 이후 예수의 현현 이야기를 인용한다. 요한복음 20:24-29을 보자. 예수는 먼저 막달라 마리아에게 나타나고 나머지 제자에게 나타난다. "열두 사도 가운데 한 명인 도마는 예수가 오셨을 때 거기에 없었다. 그래서 다른 제자가 도마에게 말했다. 우리는 주님을 봤다. 하지만 도마는 그들에게 이렇게 말했다. 내가 그의 손에 난 못자국에 손가락을 넣어보고, 그의 옆구리에 손을 집어넣지 않고서는 나는 믿지 못하겠다." 한 주 후에 예수가 다시 나타났다. "문이 닫혔는데 예수가 들어와 그들 가운데 서서 말씀하셨다. 평화가 너희에게 있기를. 그리고 예수는 도마에게 말했다. 내 손을 보고 손가락을 넣어보라. 손을 뻗어 내 옆구리에 넣어보아라. 믿음을 잃지 말고 믿어라. 도마가 다시 예수에게 대답했다. 나의 주, 나의 하나님." 흥미롭게도, 보통 이 구절에서 예수가 하나님과 같은 분임이 처음으로 드러났다고 한다. 그런데 굴드의 NOMA 개념의 요점이 다음 구절에서 등장한다. "예수가 도마에게 말씀하셨다. 너는 나를 보았기 때문에 믿느냐. 보지 않고도 믿는 자는 복이 있다." 굴드에게 이 구절이 종교의 접근법을 대변한다. 도마는 경험적 증거를 요구했다. 그러나 이런 요구는 뭔가 미흡하고, 조금은 틀렸다. 하지만 "종교적 접근법은 과학과 완전히 동떨어져 있고, 과학은 종교적 접근법을 받아들일 수 없다."

굴드는 과학과 종교의 영역을 분리하면서 분리 조건을 세운다. "NOMA 원리가 따라야 할 제1계명은 교도권을 뒤섞지 말라는 것이다. 즉 신이 자연사에 특별히 개입하여 중요한 사건을 직접 지정했는데, 신의 개입은 과학이 아닌 계시를 통해서만 알 수 있다."[33] 이것이 NOMA 원리를 위한 제1계명이다. 그리고 굴드는 근본주의자의 오류를 논한다. 근본주의자는 창세기를 문자 그대로 독해한다. "이런 근본주의자다운 극단주의의 오류는 쉽게 드러난다. 하지만 NOMA 원리를 미묘하게 어기는 사례는 어떤가? NOMA를 어기는 사람 가운데 다음과 같이 믿는 사람이 꽤 있다. 사랑이 넘치는 신은 모든 피조물의 생명을 돌본다. 신은 보이지 않고, 군주 같은 시계태엽 감는 자가 아니다."[34] 여기서 굴드는 근본주의자에 반대하면서 전통적 신 개념에도 반대한다. 아마 도킨스는 도마 이야기를 다르게 독해할 것 같다.

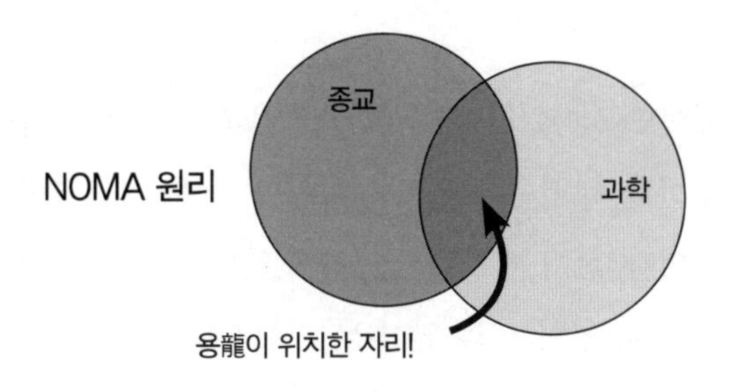


그림 7. 비중첩 교도권(NOMA). 스티븐 굴드는 과학과 종교의 작동 규칙은 다르며 담당하는 영역도 서로 관련이 없다고 주장했다. 과학과 종교는 갈등은 피해야 한다. 과학이나 종교가 자신의 영역 바깥의 질문을 다룰 때, 과학과 종교가 서로 싸울 것이다. 굴드의 생각을 비판하는 사람도 있다. 예를 들어 굴드가 과학과 종교를 나눌 때 굴드 자신은 어디에서 있는가? 과학과 종교를 분명히 구분하려면 굴드는 두 영역 바깥에 있어야 한다. 또한 리처드 도킨스 같은 사람들은 과학과 종교가 싸울 수밖에 없다고 주장한다. 그들은 과학 바깥에 거주한다. 그래서 그들의 관점은 과학적 관점이 아니다.

"의심하는 도마 이야기에서 우리는 도마를 존경하지 않을 것이다. 그러나 도마보다 다른 사도들을 존경할 수 있겠다. 도마는 증거를 요구했다. 다른 사도들은 신앙심이 너무 강하여 증거를 요구하지 않았고, 성서는 이들을 본받을 만한 예로 추켜세운다." 하지만 도킨스는 "맹목적 신앙은 어떤 것도 정당하게 만들 수 있다"고 말한다.[35] 종교 때문에 좋은 사람은 나쁜 짓을 한다. 일단 그럴듯하다. 하지만 다시 따져보면, 이 말이 얼마나 황당한지 알 수 있다.

## 간주곡: 영희 씨와 리처드 도킨스

영희 씨는 신실한 기독교인이며 사랑스러운 여인이다. 그녀는 대구에서 남편과 함께 산다. 남편은 감리교회 목사다. 영희 씨는 술을 피한다. 그에게 술은 악이다. 굳이 법으로 금지하지 않더라도 사람들에게 술을 끊도록 권해야 한다. 영희 씨의 결심은 그녀의 답변에서 잘 드러난다. 어떤 사람이 영희 씨에게 예수가 물로 포도주를 만든 기적을 말해줬다. 예수가 잘못했네! 영희 씨는 알코올 중독을 경험하고 나서 알코올에 예민해졌다. 그래서 영희 씨는 술을 마시기만 해도 만성 알코올 중독을 의심한다. 도킨스와 영희 씨는 똑같은 논리를 펼친다. 도킨스는 종교에 대해, 영희 씨는 술에 대해 오해한다. 하지만 잠시 멈춰 생각해보자. 그들이 공유하는 논리를 검토해보면 그것이 얼마나 황당한지 분명하게 드러난다. 일단 중세의 원리에 따르면, 적절하지 않은 사용을 남용이라 한다 *abusus non tollit usus*. 당연하다. 그런데 남용이 사용의 뜻을 정의해버리면, 우리는 상당히 곤란해진다. 이혼이 결혼의 뜻을 정의해버리고, 전쟁이 국가를, 탐욕이 돈을, 도둑질이 재산을, 교통사고가 자동차를, 강간이 섹스를, 아픈 것이 건강을, 무엇보다 죽음이 생명을 정의해버린다. 영희 씨와 도킨스의 논리를 우리가 승인하면 우리는 모든 출생을 법으로 금해야 하며, 존재하는 것을 끝장내야 하고, 세계를 다시 접어서 세계가 탄생한 기원으로 다시 돌려보내야 한다. 즉 세계를 무로 되돌려야 한다(세계는 무에서 나왔다). 도킨스와 그의 추종자는 도킨스식대로 종교를 공격하지만, 있지도 않은 적과 싸운 것이다. 하지만 아무런 이유도 없이 이렇게 무식한 짓을 할까? 도킨스는 종교인에게 말을 걸 생각이 조금도 없었던 것 같다. 무신론, 적어도 도킨스식 무신론을 받아들이도록 종교인을 설득할 수 있다고 생각한 것 같지 않다. 오히려 도킨스의 목표는 비종교인이었을 것이다. 비종교인이 고수하는 유일한 종교해석은 도킨스식 종교해석이라고 확신시키려고 한 것 같다. 물론 도킨스의 종교해석은 진리와 아무런 상관이 없다.

그렇다. "창조과학은 다윈주의가 받을 수 있는 최고의 선물이다. 창조과학은 종교를 풍자한 만화와 같다. 이 만화는 모든 종교를 향한 다윈주의자의 혐오에 근거를 제공하는 것 같다."[36] 그렇다. 술을 마시는 사람 가운데 알코올 중독에 빠지는 사람은 소수다. 종교인 가운데도 전쟁을 시작하고 범죄를 저지르는 사람은 소수다. 과학자 중 일부만이 탐욕스러운 자본주의를 위해 생명공학을 연구하고, 우생학 논리에 얽매여 있다. 일부만이 국가를 위해 폭탄과 신경가스 같은 살상무기를 만들기도 한다. 이런 현상에 대해 시몬 베이유Simon Weil는 핵심을 찌르면서 아돌프 히틀러의 『나의 투쟁』을 인용한다. 히틀러는 이렇게 주장한다. 자연계에서 "힘이 어디서나 지배하고 최고가 약함을 이긴다. 힘은 약자가 유순하게 섬기도록 강제한다. 약자가 말을 듣지 않는다면 힘은 약자를 뭉개버린다." 베이유에 따르면, "『나의 투쟁』에 나온 이 구절은 정확하게 하나의 결론으로 치닫는다. 이 결론은 오늘날 과학에 포함된 세계 개념에서 합리적으로 도출된다.…히틀러는 자신이 인정한 진리를 실천했다. 누가 히틀러의 이런 행동을 비난할 수 있겠는가? 히틀러와 똑같은 믿음을 가진 사람도 있다. 하지만 그것을 기꺼이 받아들이지 않고 믿는 대로 행하지 않았다. 히틀러만큼 용기가 없었기 때문에 그는 다행히 범죄자가 되지 않았다."[37] 과학은 독자적으로 기능해선 안 된다. 과학이 독자적으로 작용하면, 히틀러의 관점과 접근법도 우리가 선택할 수 있는 항목이 된다. 하지만 이런 악명 높은 행위나 생각은 과학과 종교, 아름다운 포도주 한 잔의 뜻을 정의하지 않는다. 요컨대 도킨스의 논리는 정합성에서 멀리 떨어져 있으며, 계몽과도 거리가 멀다.

## 다시 도마로

하지만 도킨스의 요점으로 돌아가보자. 도마는 좋은 사람이다. 반면 다른 사도는 솔직히 겁쟁이다. 그들은 수염 기른 성직자가 말한 것을 무작정 믿는다. 하지만 도킨스는 이런 의견에 동의하지 않는다. 오히려 도킨스는 이렇게 주장한다. "최근까지 종교가 맡은 중요한 기능은 과학처럼 설명하는 것이었다. 종교는 여기 있는 것과 우주, 생명을 설명하려 했다. 그래서 근원적 현상에 대한 종교의 주장은 과학적이다."[38] 종교는 과학이론이다. 도킨스는 신을 정의하면서 "다른 이론과 경쟁하는 설명이며, 우주와 생명의 사실을 설명하는 가설이다.…따라서 신은 과학적 가설이며 다른 과학적 가설과 똑같이 평가받아야 한다고 인정해야 한다. 아니면 신은 전설과 귀신보다 더 나은 존재가 아니라고 인정해야 한다."[39] NOMA 원리를 주장하는 굴드는 그렇게 생각하지 않는다. 하지만 굴드 자신은 도킨스와 비슷한 방향으로 간다. 싸움닭처럼 말하지 않을 뿐이다. 반면 도킨스의 로트와일러(경비견)인 다니엘 데닛은 자기 관점을 또렷하게 밝힌다. "과학은 승리했고, 종교는 졌다. 다윈의 생각은 창세기를 진기한 신화의 림보로 던져버렸다."[40] 데닛은 다윈의 아이디어가 무엇이나 녹이는 만능 산이라고 주장했는데, 데닛의 논리를 완전히 받아들이면, 다윈주의는 신을 향한 믿음과 함께 정신, 자아, 영혼, 윤리, 그리고 결국 의미까지 믿지 말라고 주장할 것이다. 일단 이렇게 말하는 것이 공정하겠다. 대체로 우리는 자신과 윤리가 그냥 신기한 신화라고 생각하지 않는다(히틀러에게 그렇게 말해보라). 다윈주의를 데닛처럼—만능 산 같이 위험한 생각이라고—해석한다면, 다윈주의가 만능 산같이 위험한 아이디어라고 이해한다면, 다윈주의라는 만능 산이 용기를 집어삼킬 때, 우리는 가만히 앉아 만능 산이 언제 어디서 멈출지 말할 수 없을 것이다. 굴드는 종교가 자기 자리를 차지하도록 너그럽게 내버려두는 것에 만족한다. 종교는 과학과 아무 상관이 없어야 한다는 것이 그의 요점이다. 굴드의 NOMA 원리에 따르면, 과학은 "사실" 영역을 맡고, 종교는 주관적 가치 영역을 맡는다(이성은 이 영역에 영향을 미치지 않는다). 과학은 이성을 독점하는 권리를 가진다. 그런데 이성이 과학을 뒷받침할 수 없다면, 과학을 왜 해야 하는지 어떻게 알겠는가! 이성은 그저 합리적 방법대로 과학을 정의한다. 굴드도 과학과 종교를 아우르는 주장을 할 때 자신이 어디에서 그런 말을 하는지 설명해야 한다. 이것도 작은 과제는 아니다. 확실히 과학자로서 그렇게 말한 것은 아니다. 오히려 굴드는 NOMA 원리를 말하면서 과학 바깥에 있는 합리성을 은근히 내세우는 것 같다. 철학이 배경으로 먼저 자리 잡고 나서 과학이 작동할 수 있음을 굴드도 말없이 인정한다.

종교도 검증 가능하다는 도킨스의 관점은 지적설계론과 악마적 연합을 이룬 것 같다. 이처럼 지적설계론의 옹호자는 도킨스의 의심하는 도마를 따르는 종교적 후계자다. 그러나 과학과 종교에 대해 도킨스가 말하는 증명 개념은 완전히 어긋나 있다. 도킨스의 증명 개념은 과학과 종교를 모두 해친다. 누군가 도킨스에게 다음 사실을 지적했어야 했다. 도마가 손가락을 그리스도의 상처에 정말 넣었는지 우리는 "검증"할 수 없다. 도킨스는 요한복음을 근거로 도마가 그렇게 했다고 가정해버린다. 하지만 요한복음은 도마가 손가락을 넣었다고 말하지 않는다.

## 지적설계: 비지성적 신학

물리신학은 본질상 기독교를 적절히 다룰 수 없다. 물리신학은 어떤 뜻으로 이해하든 기독교와 호응할 수 없다.…솔직히 그 이상이다. 난 주저 없이 이렇게 말한다.…소위 과학이 우리 마음을 잠식하면 기독교에 반대하는 결과를 낳을 것이다.

_존 헨리 뉴먼 추기경[41]

---

지적설계론을 이끌어가는 이론가인 윌리엄 뎀스키William Dembski는 지적설계론을 떠받치는 직관을 이렇게 요약한다. "지적설계라는 새로운 과학 연구 프로그램이 나타났다. 생물학에서 지적설계론은 생물의 기원과 발달을 탐구한다. 정보가 축적된 복잡한 생물학적 구조를 설명하려면 지적 원인이 필요하며, 지적 원인은 경험적으로 탐지될 수 있다는 것이 지적설계론의 기초다."[42] 뎀스키에 따르면, "경험적으로 탐지될 수 있다"는 것은, "방향성이 없는 자연적 원인을 지적 원인과 제대로 구별하는 잘 정의된 방법이 있다는 뜻이다."[43] 이렇게 지적설계론은 어떤 과학 지식도 반박하지 않는다. 지적설계론은 지구 나이에 대해 엉뚱한 말을 늘어놓지 않는다. 지적설계론은 신다윈주의의 핵심인 무작위 돌연변이 개념을 반박할 뿐이다. 이런 작업을 통해 지적설계론은 목적과 설계 개념을 과학에 도입하려고 한다. 하지만 미국과학진보협회American Association for the Advancement of Science: AAAS는 2002년 10월 단호한 결정을 내렸다. 지적설계론은 "과학적 근거가 빈약하다"는 것이다.[44] 하지만 지적설계론의 과학적 근거를 충분히 반박하지 않은 채, 지적설계론을 과학수업에서 가르치지 말라고 주장했다. 미국과학진보협회의 임원들은 지적설계론을 "다른 종교적 가르침과 창조론과 함께" 과학수업에서 제외시켜야 한다고 말한다. 다시 말해, 지적설계론은 나쁜 과학이 아니며, 아예 과학이 아니다. 지적설계론이 다루는 주제는 검토될 수 있고, 반증될 수 있

는 사실이 아니라는 뜻이다. 지적설계론은 사적·주관적·종교적 태도를 다룬다.

재미있게도 지적설계론 진영에서 극단적 다윈주의자의 접근법이 느껴진다. 지적설계론자는 종교적 신 개념을 증명할 수 있어야 한다고 생각한다. 최소한 어느 정도는 증명할 수 있어야 한다. 그래서 신다윈주의의 진화론은 적절하지 않으며, 자연선택은 자연현상을 모두 설명할 수 없다는 것을 지적설계론자는 보여주려고 한다. 예를 들어 생화학자인 마이클 베히Michael Behe는 환원 불가능한 복잡성irreducible complexity을 옹호하여 유명해졌다. 환원 불가능한 복잡성이란 "기초 기능을 수행하는 요소들이 잘 어울려 서로 작용하는 하나의 체계다. 이 체계에서 한 요소라도 없애버리면 체계가 작동할 수 없다."[45] 환원 불가능한 복잡성 개념은 신다윈주의적 과정을 배제하는 개념을 구성하려고 한다. 신다윈주의적 과정은 점진적 변형이 이뤄지는 과정을 뜻한다. 반면, 환원 불가능한 변형이 일어나려면, 한 번에 모든 것이 이뤄지는 과정이 필요하다. 한 번에 모든 것이 이뤄지면 중간단계가 필요없다. 진화는 기능하는 체계에서 어떤 것을 선택하지만, 환원 불가능하게 복잡한 구조를 유도하는 촉매는 기능과 상관이 없을 거라고 한다. 이렇게 기능과 상관이 없다고 가정된 촉매를 다윈주의는 설명할 수 없다. 그래서 설계자가 있다는 추론이 가능해진다. 예를 들어 쥐덫도 환원 불가능한 체계다. "쥐덫에서 공이가 빠지면, 쥐는 덫 위에서 아무렇지도 않게 춤을 출 것이다. 또 스프링이 없으면 공이와 판은 분리될 것이고 쥐를 잡는 것은 불가능하다."[46] 뎀스키는 베히의 생각을 일부 받아들여 지적설계의 기초 기준을 세우려 한다. 지적설계가 있다고 판단할 수 있는, 세 가지 기준이 있다. 첫째 "설계된" 것을 식별할 수 있어야 한다. 둘째, 법칙이나 우연에 의해 자연스럽게 생긴 것과 설계물을 구별할 수 있어야 한다. 셋째, 자연선택을 통한 진화를 포함하는, 자연적 과정은 우리 주변에 있는 유기적 세계를 왜 만들어낼 수 없는지 설명해야 한다. 뎀스키에 따르면, 설계가 있다고 추론하려면, 우연성, 복잡성, 특정성이 있어야 한다. 뎀스키는 영화 〈콘택트〉Contact(1997)에서 우연성의 예를 끄집어낸다. 〈콘택트〉에서 과학자는 우주에서 어떤 "소음"을 탐지한다. 소음을 조사하고 나서 과학자는 이 소리에 나름대로 구조가 있으므로 이것은 그저 단순한 소음이 아니라고 발표했다(구조는 원래 순수한 무작위를 배제하는 개념이다. 반면 소음은 순수한 무작위 현상이다). 2-3-5 수열을 생각해보자. 이것은 소수 가운데 가장 작은 수들이다. 이 수열은 딱히 돋보이지 않는다. 이것은 우연히 그렇게 배열되었을 것이다. 하지만 이 수열이 소수만으로 101까지 계속 이어진다고 생각해보자. 소수만으로 이루어진 수열은 복잡성과 함께 특정성을 보여준다. 이 수열은 단순한 개연성에 그치지 않고 적절한 패턴을 전시한다. 뎀스키는 이렇게 말한다. "독립성이 핵심 개념이다. 독립된 어떤 패턴이 어떤 사건과 맞아떨어지는 것이 특정성이다. 상당히 복잡한 특정 사건이 독립된 어떤 패턴과 일치할 때, 그 사건은 설계되었다고 말할 수 있다."[47] 뎀스키는 설명 필터(설계인지 아닌지 판단하는 알고리즘)를 논한다. 예를 들어 우리가 특정한 사물이나 현상을 접했을 때 우리는 그런 사물이나 현상의 원인이 무엇인지 묻는다. 자연적 과정이나 법칙이 원인일까? 아니면 지성이 원인이라고 추론해야 할까? 일단 뎀스키의 주장은 확실히 말이 되는 것 같다. 하지만 우리는 지적설계론이 전제하는 가정을 논의해야 한다(일단 크게 중요하지 않은 세부사항은 잠시 놔두자).

신다윈주의에 대한 지적설계론의 비판이 옳다고 가정해보자. 신다윈주의가 자연계를 설명하기에 불충분하다고 하자. 그래서? 이 말은 지금의 과학이 불충분하다는 뜻일 뿐이다. 현재의 과학은 언제나 부족하다. 사실, 그것이—도킨스에게는 미안한 이야기지만—과학의 특징이다. 따라서 지적설계는 잘못된 명칭이다. 지적설계론은 설계 추론을 내세우기보다, 과학적 작업을 더 충실히 하자고 요구해야 한다. 무신론자인 어떤 분자유전학 교수는 현재 우리가 부닥친 문제를 지적한다. 우리는 아직도 생물학적 과정을 온전히 이해하지 못했다.

> 기본적인 문제는 생화학적 과정의 복잡성은 환원 불가능하게 보인다(생화학적 과정의 복잡성은 눈의 복잡성과 다르다). 예를 들어 세포의 기초 생화학적 물질은 AMP(adenosine monophosphate, 아데노신 1인산)이다. AMP는 ATP의 전구물질(precursor, 에너지를 실어 나르는 분자)이다. AMP는 DNA와 RNA, 다른 세포구성요소로 가는 방법을 찾는다. AMP는 리보오스 5-인산(ribose-5-phosphate)으로 이뤄져 있다. 그러나 13개의 독립된 단계에서 변형이 일어나며, 12개의 서로 다른 효소가 관여한다.…AMP가 합성될 때, 12개의 효소는 13개의 독립단계에 반드시 관여해야 한다. 다윈주의에 따르면 이 복잡한 체계도 분명 진화의 산물이어야 한다. 이 체계도 더 단순한 체계에서 진화했을 것이다. 하지만 눈과는 달리, 이 복잡한 생화학적 체계의 더 단순한 형태를 찾을 수 없다. 13개 가운데 절반이나 12번째 독립단계만으로 AMP는 생기지 않는다. 효소도 12개가 모두 관여해야 AMP가 생성된다. 하지만 작동 가능한 중간단계가 없었다면, 복잡한 체계가 다윈주의적 자연선택을 통해 과연 나타날 수 있었을까? [48]

분자유전학 교수의 진술은 지적설계론을 지지할까? 아니다. 이 진술은 지적설계론을 지지하지 않는다. 아무리 성공한 과학이론이라도 한계와 결함을 가지고 있었다. 이 결함은 지적설계론을 지지하지 않는다. "하나님은 의심하는 자를 믿게 만들려고 과학이 풀 수 없는 수수께끼를 일부러 만들지 않는다."[49] 맞는 말이다. 그런데 여기서 말하는 하나님은 어떤 분인가? 지적설계론이 자신이 원하는 것(설계자 추론)을 얻는다면, 설계자 추론은 아마 무신론을 옹호하는 가장 강력한 논증이 될 것이다. 정말 그렇다. 설계자는 경배받을 만한 대상이 아니기 때문이다. 드퓨도 이렇게 말한다. "지적설계론을 과학적 관점이 아니라 신학적 관점으로 이해할 때, 지적설계론은 신 개념을 잠재적으로 제한한다고 말할 수 있다. 이것이 지적설계론의 위험이다(지적설계론은 과학적 설명에 전혀 기여하지 않는다)."[50] 도킨스도 종교를 비판하려는 기획을 조금만 변경한다면 지적설계론 진영에 쉽게 동참할 것이다. 이렇게 해야 도킨스도 성공할 가능성이 커질 것이다. 지적설계의 "신"은 예배할 마음을 일으킬 수 없다. 이 신은 그저 길들여진 신, "자연의" 신이기 때문이다. 제다이 기사처럼 이 "신"은 큰 이두박근을 가지고 있을지 모른다. 이 신은 아마 아브라함의 신보다는 호메로스의 신에 가까운 모습일 것이다. 이 신에게 예배를 드리는 것은 고래나 산을 숭배하는 것과 같을 것이다. 이 신이 거대하기 때문에 섬긴다. 더구나 이런 "숭배"는 상황에 완전히 의존한다. 어떤 국가에서 사람들은 고래를 사냥하기 때문이다. 어떤 사람은 돈을 숭배하지만 다른 사람은 돈을 써버린다. 따라서 "신을 대단히 크고 강력한 존재로 보는 것은 우상숭배다."[51]

요컨대, 지적설계론을 과학으로 평가해도 지적설계론은 틀렸다. 지적설계론은 과학이 아니기 때문이다. 과학은 과학적 작업을 요구하지 종교나 무신론을 요구하지 않는다. 하지만 지적설계운동은 강력한 문화적 저항을 대변한다. 과학주의의 주도권에 저항하면서 세속주의자가 자기 멋대로 진화를 악용하지 못하게 막으려는 문화도 있다. 그러나 지적설계는 과학만이 진리를 판단하는 유일한 기준이라고 주장하면서 이미 과학주의에 걸려들었다. 지적설계는 창조론자와 다소 거리가 멀다. 하지만 여전히 창조론자처럼 성서의 진리를 과학으로 둔갑시키려 한다(교회의 교부들은 이것을 금했다). 창조론자가 창세기를 해석할 때, 과학을 숭배하는 세속의 무신론자와 특별히 다른 점이 있나? 대럴 돔닝Daryl Domning도 말한다. "과학을 추구하는 창조론자는…매일 현대의 합리적 정신을 마신다. 성서가 '과학'의 검토를 통과하지 못한다면, 성서마저도 '옳지' 않다고 창조론자는 믿는다. 역설적이지만 잘못된 믿음이다."[52] 뉴먼 추기경도 1852년에 이미 비슷한 의도로 물리신학을 "거짓 복음"이라고 정죄했다. 호트의 지적도 옳다. "고대의 가르침을 방어한다고 주장하는 현대의 창조론자는, 물질의 본성에 대한 지극히 현대적 믿음을 은근히 고수한다."[53]

결국 도킨스와 굴드도 페일리의 신을 가정한다. 두 사람은 설계자 신을 자연계의 질서를 파악하는 기본 패러다임으로 삼는다. 단지 도킨스는 자연계에도 질서가 있다고 주장하지만, 굴드는 그런 질서는 없다고 주장한다(그래서 진화는 완전히 우발적이라고 단언한다). 하지만 페일리적 설계양식을 먼저 수용해야 굴드의 결론도 유지된다. 토마스 아퀴나스의 제자는 당신에게 재빨리 다음 사실을 지적할 것이다. 신은 사물에서 우연성을 없애지도 않고 절대적 필연성을 사물에 주입하지도 않는다.[54] 페일리적이고 축소되고 뒤틀린 신 개념의 결과에 대해 오언 깅그리치Owen Gingerich는 올바로 질문했다. "신학자가 감히 설계를 믿어도 될까?" 페일리가 "신학에 해를 끼쳤기" 때문에 깅그리치는 이렇게 질문한 것이다.[55] 요제프 라칭거(현 교황 베네딕토 16세)도 1969년에 이렇게 기술했다. "창조를 사고할 때, 어떤 물건이라도 만들어내는 기술자를 모형으로 삼아선 안 된다. 생각의 창조성을 바탕으로 창조를 사고해야 한다."[56]

지적설계론과 극단적 다윈주의는 모두 "틈새의 악마"라는 정죄를 피할 수 없을 것 같다. 두 이론은 모두 과학의 현재를 기반으로 형이상학적 관점을 추론한다. 완전히 부당한 짓이다. 이것은 과학을 심하게 해한다. 두 이론이 펼치는 추론은 대체로 좋지 않으며, 신학에 정확히 반대하기 때문에, 이를 "악마"라고 부른다. 예를 들어, 데닛 같은 자는 먼저 데카르트식의 영혼을 찾는다. 그리고 그것을 찾을 수 없기 때문에(그것은 아예 없기 때문에), 영혼은 없으며 무신론이 옳다고 마무리해버린다. 그래서 데닛의 악마는 바로 빈틈에 서식한다. 데닛의 악마는 사라진 개념(데카르트식의 영혼)의 빈자리에 산다. 비슷하게 도킨스도 생물계의 미완성된 모습을 지적하려 한다. 이렇게 "완전함"이 부재할 때 도킨스는 "신"은 없다고 결론 내버린다. 지적설계론의 옹호자도 마찬가지로, 오늘날 과학은 부족하여 생물계를 온전히 설명하는 기제를 찾지 못했다고 지적한다. 그래서 그는 설계자가 있다고 결론 내린다. 여기서도 악마는 틈새에 서식한다. 앞에서 잠시 지적했듯이 이런 설계자는 아브라함의 신이 아닌 호메로스의 신에 가깝다. 도킨스가 종교를 근절하기 위해 지적설계론에 의지해야 한다고 말한다면, 지적설계론자도 오랫동안 눈먼 "시계공"이 있다고 주장해온 도킨스의 동료들에게 의지하는 것이 좋을 것이다. 도킨스의 시계공은 자연선택이다(전능하다고 인식된다). 극단적 다윈주의자가 이해한 자연선택은 지적설계론이 믿는 신과 같다. 정통 기독교인은 이런 신을 악마답다고 생각할 것이다. 도킨스는 이런 신을, 자연에서 나타나는 불완전성을 왜 숭배하지 않을까? 우리가 보기에, 도킨스는 다소 자의적으로 그렇게 행동하는 것 같다. 하지만 과학은 다르다. 과학은 끊임없이 열린 탐구를 해야 한다. 과학은 철학적 결론을 이끌어내거나 강요하지 않는다. 그렇게 되면, 틈새의 신이란 논리가 들어오기 때문이다(그러나 사실은 악마적이다). 반면, "무에서의 창조"라는 교리에 따르면, "과학적 설명의 '빈틈'에 주목하지 말고 다른 차원의 설명에 주목해야 한다. 다른 차원의 설명은 과학적 설명을 그대로 인정하면서 과학적 설명을 가능하게 하는 조건을 탐구한다."[57]

## 과학 대 종교: 그림자와의 결투

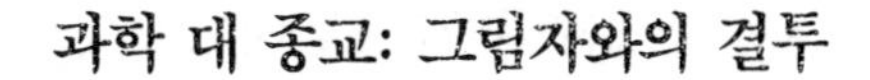

인류에게 종교는 무엇이며, 과학은 무엇일까? 우리는 감히 이렇게 말할 수 있다. 오늘날 세대가 종교와 과학의 관계를 어떻게 규정하느냐에 따라 역사의 방향이 바뀔 것이다.

_ 알프레드 노스 화이트헤드[58]

오늘날 진리의 영은 종교, 과학, 모든 사상에서 떠났다. 이 질병을 고치려면, 진리의 영을 우리 가운데 다시 모시고 종교와 과학 안에서 출발해야 한다. 다시 말해 과학과 종교는 화해해야 한다.

_ 시몬 베이유[59]

사람들은 헉슬리와 윌버포스가 벌인 유명한 논쟁을 기념비적 사건으로 생각했다. 두 사람의 논쟁은 과학과 종교가 싸울 수밖에 없다는 사실을 기념비처럼 보여준다. 하지만 이 논쟁의 참모습은 정말 다르다. 논쟁에 대한 사람들의 논평은 광고에 가까웠다. 일단 19세기 과학은 막 떠오르는 학문이었음을 알아야 한다. "과학자"라는 단어가 처음 등장하고 십여 년이 지난 후에 다윈의 『종의 기원』이 출판되었다.[60] 더구나 영국의 경우, 과학 연구 기관을 정부가 통제했다. 당시 성직자와 부유한 토호가 정부를 쥐고 있었고, 헉슬리는 이런 계급 출신이 아니었다. 그래서 헉슬리는 정부의 통제와 간섭을 떨쳐버리고, 체제에서 독립한 인간이란 이미지를 과학자에게 입히려고 윌버포스와 논쟁을 벌인 것이다. 더구나 논쟁을 들여다보면 과학과 종교의 대결이라고 보기에는 석연찮은 부분이 많다. 일단 종교인과 과학자가 같은 편을 들었다. 윌버포스의 편에 선 사람들도 대부분 완전히 과학적으로 사고하면서 윌버포스를 지지한 것이다. 당시에는 유전되는 미립자(지금은 유전자라고 부르는)가 있다는 증거도 없었고, 다윈의 점진적 진화를 수용하기에는 지구의 연대도 너무 짧다고 사람들은 생각했다(나중에야 지질학자들에 의해 지구의 연대가 밝혀졌다). 과학적으로 생각할 때, 다윈과 월리스가 제시한 새로운 이론을 마땅히 경계해야 했다. 요컨대, 사람들이 과학과 종교의 싸움으로 부르는 논쟁은, 정당한 의견 차이에 의한 것이었으며, 계급의 이해관계도 복잡하게 얽혀 있었다. 그러나 이 논쟁에서 과학적 발견과 종교가 정말 충돌했다는 듯이 주장한다면 정말 정직하지 못한 짓이다. 충돌의 기사는 완전한 프로파간다로 쓰였다. 이 프로파간다에서 종교는 어수룩하고 우스꽝스러운 나쁜 놈 역할을 맡는다. 이 반동적 인물은 계몽된 합리성의 행진을 가로막으려 한다. 반면 계몽된 합리성은 객관적 진리를 내세우며 용감하게 신세계로 나아가 모든 금기를 깨부순다. 하지만 종교와 과학을 이렇게 기술하는 것은 편파적이다. 오히려 새로운 집단과 정부 사이의 권력 투쟁에서 윌버포스와 헉슬리가 맞서 있었다. 계몽된 합리성의 진격 앞에서 체제의 수호자가 당황한다는 생각이 사람들에게 주입되면, 저항자라고 자처하는 새로운 집단의 동기는 은근히 가려질 것이다. 이렇게 가짜 전쟁을 만드는 데 뛰어든 용병들이 있다. 바로 앤드류 딕슨 화이트와 존 윌리엄 드레이퍼다. 이들은 모두 묵직한 저서를 출간하면서 과학과 종교가 싸운다는 수사를 퍼뜨렸다. 이들의 수사를 보자.

> 오늘밤 여러분에게 과학의 자유를 위한 신성한 투쟁을 간략하게 요약해 드리고자 합니다. 이 싸움은 수세기 동안 계속되었습니다. 얼마나 힘든 싸움이었는지! 전쟁은 더 길어졌고, 전투도 더 격렬해졌으며, 공격도 끈질기게 계속되었고, 알렉산더와 카이사르, 나폴레옹이 치른 전쟁이 사소

하게 느껴질 만큼 전략도 대담해졌습니다.[61]

> 과학의 역사는 개별적인 발견의 단순한 나열이 아닙니다. 오히려 과학의 역사는 상쟁하는 세력이 어떻게 싸우는지 이야기합니다. 즉 인간 지성이 점점 세력을 넓히자, 전통적 신앙과 인간의 이해관계가 지성이 퍼지지 못하게 억누르고 있습니다.[62]

이 완전한 헛소리—최초의 도시 괴담—이 탄생하는 순간이다. 이어 괴담은 바로 문화적 식민화가 진행될 자리를 만들었다. 그래서 지금 우리가 잘 아는 신화들이 나타났다. 하지만 이 신화들은 완전히 잘못되었다. 과학과 종교가 전쟁한다는 세속의 선전문구는 이런 신화들에 매달려있다. 사람들이 이런 신화를 곧바로 인정한다는 것이 다소 놀랍다(이것은 아마 도킨스의 밈 이론을 증명하는 증거일지 모른다. 다 내 탓이다!). 예를 들어 중세 기독교인은 지구가 평평하다고 믿었는데, 콜럼버스 같은 계몽된 사람이 나타나면서 우리는 무지의 검은 옷을 벗을 수 있게 되었다는 이야기가 있다. 악의가 철철 넘치는 신화다. 이 신화에 따르면, "평평한 지구"와 "구 모양의 지구"에 대한 논쟁에서, 현대 정신은 초라한 경건으로 무장한 종교적 무지를 무찔렀다.[63] 정말 황당하다. 신중하지 않은 무신론이 어떤 정치를 하려는지 잘 보여주는 이야기다. 오늘날 도킨스, 데닛, 히친스가 휘갈겨 쓴 저서에도 신중하지 않은 무신론이 분명하게 나타난다.[64] 레슬리 코맥Lesley cormack도 이렇게 지적한다. "콜럼버스도 지구가 둥글다는 것을 증명할 수 없었을 것이다. 이미 다 아는 사실이었기 때문이다. 또한 콜럼버스는 반역하는 현대인이 아니라 충실한 가톨릭교인이었다. 그는 새로운 대륙 탐사가 하나님의 일이라고 믿었다."[65] 하지만 안타깝게도 중등학교 교과서를 도배한 이야기는 무신론적 신화다.[66] 신은 우리의 신앙을 시험하기 위해 화석을 감췄다고 창조론자가 주장한다면,

어떤 무신론자는 아이에게 좋은 교훈을 심어주려고 앞뒤 가리지 않고 진리를 포기해버린다. 아리스토텔레스(B.C. 384-322)와 에라토스테네스(B.C. 3세기), 프톨레마이오스(A.D. 2세기) 같은 고대학자들도 천문학을 연구할 때 지구가 둥글다고 전제했다. 아우구스티누스에서 아퀴나스에 이르는 교부도 지구가 구형이라고 믿었다.[67] 하지만 과학과 종교가 싸운다는 이야기를 만들어내려 했던 사람에게, 쉽게 검증 가능한 사실도 귀찮았던 것 같다. 그래서 과학과 종교의 갈등이란 "밈"은 아무런 검사도 받지 않고 퍼져 나간다. 헉슬리와 윌버포스 논쟁도 마찬가지다. 불쌍한 늙은 갈릴레오는 서구의 계몽된 백인 남성 무신론자가 모범으로 삼는 순교자가 되었다. 코페르니쿠스 이야기도 빼놓을 수 없다. 이 이야기는 우리의 존재를 사소하게 만드는 효과를 연출했다. 인간은 우주의 중심에서 구질구질한 구석으로 내몰렸다는 것이다(인간은 중요한 존재에서 사소한 존재로 변했다는 뜻으로 이 이야기를 읽어보라). 지극히 평범한 기원 신화들—과학과 무신론의 탄생을 이야기하는—이 이제 공식적인 역사의 자리에 올랐다.[68] 아리스토텔레스나 아퀴나스에게, 인간 존재가 우주의 중심이 아니라는 것은 오히려 위안이 될 것이다. 그들에게 중심에 있다는 것은 우주적 칭송—화려한 궁전에서의 저녁 식사 같은—이 아니라, 화장실 변기에 앉아 있는 것과 더 비슷했다! 코페르니쿠스의 발견은 그들에게 저주가 아닌 축복이었을 것이다.[69] "프톨레마이오스(2세기)는 인간 존재의 우선성을 주장하는 가장 대담한 첫 번째 대변인이었다. 그는 우주 전체가 우리를 중심으로 회전한다고 가정했다. 이 우주에서 지구는 하늘의 중심에 앉아 있다. 어떤 마케팅 컨설턴트도 자리 잡기가 전부라고 당신에게 말할 것이다. 우주의 중심만큼 좋은 자리가 어디 있겠는가? 그런데 폴란드 천문학자인 코페르니쿠스(1473-1543)는 무례하게도 이렇게 지적했다. 죄송합니다. 지구인들이여. 우리는 태양을 중심으로 회전하고 있습니다. 그 반대는 아니라구요."[70] 이 신화적 허구에서 코페르니쿠스는 인간성을 경멸하는 문화적 영웅으로 등장한다. 그의 상황은 점점 나빠진다(우리는 이 꾸며낸 이야기를 들으며 근심스럽게 눈살을 찌푸린다). "코페르니쿠스는 세계관을 완전히 뒤집어놓았기 때문에 교회는 그의 견해를 받아들이지 않았다. 그가 어떻게 박해를 받았는지 우리는 잘 안다."[71] 코페르니쿠스가 박해를 받았다니! 글쎄다.…선한 거짓말도 적당히 해야 한다. 코페르니쿠스가 박해받았다고 말하려면 엄청나게 많은 거짓을 첨가해야 한다. 코페르니쿠스는 자신의 책이 출판된 해(1543)에 자연사했으며 박해받지도 않았기 때문이다. 헉슬리와 윌버포스의 일대일 논쟁도 마찬가지다. 프랭크 제임스Frank James의 말을 들어보자. "이 신화는 20년 후에 만들어졌다. 역사가들의 노력에도 불구하고, 이 신화는 지금까지 비판도 받지 않고 계속 퍼져 나간다."[72] 드레이퍼의 사례는 굉장히 인상 깊은 것 같다. 선전원인 드레이퍼는 종교와 과학의 갈등을 널리 퍼뜨리기 위해 헉슬리-윌버포스 논쟁을 이용할 수 없다고 생각한 것 같다(아마 이 논쟁을 지켜본 많은 사람들이 여전히 살아 있었기 때문이다. 그래서 한참 후에야 이 논쟁을 나름대로 각색할 수 있었다). 그래서 1874년에 출판된 기념비적 저서인 『과학과 종교 논쟁사』*History of the Conflict between Religion and Science*에서, 드레이퍼는 헉슬리-윌버포스 논쟁을 전혀 언급하지 않았다.[73] 하지만 드레이퍼는 가톨릭 교회를 주저 없이 과학의 적으로 지목했다. "로마 가톨릭과 과학의 옹호자는 이 둘이 절대 함께 갈 수 없다고 생각했다. 로마 가톨릭과 과학은 공존할 수 없다.…로마 가톨릭 교회가 과학과 화해하려면, 교회는 과학을 미워하는 사나운 마음을 버려야 한다."[74] 이 구절은 현대 서구 문화에 나타난 희망사항을 가장 훌륭하게 보여준다. 최근에 뿌리내린 편견인 반가톨릭 정서에서 이런 희망사항이 자라난다.[75] 이런 헛소리를 주저앉힐 수 있는 증거는 도서관을 가득 채울 만큼 많다(종교는 분명 과학을 낳은 부모였다). 일단 핵심만 추려보자. 올바로 사고하는 역사가의 말을 한 구절만 인용해보자. "로마 가톨릭 교회는 600년이 넘게 지원금을 내면서 천문학 연구를 장려했다. 특히 중세 후기에서 계몽주의 시대로 넘어가면서 고대 학문이 되살아났는데, 로마 가톨릭 교회는 아마 다른 어떤 기관보다 고대 학문 연구의 부활에 크게 기여했던 것 같다."[76]

최근의 세속신화를 보자. 다윈이 무신론을 장려했다는 신화가 있다. 다윈의 위대한 저서인 『종의 기원』은 무신론자의 책이라고 흔히 말한다. 하지만 다윈은 『종의 기원』에서 "진화"evolution라는 단어를 쓰지 않았다. 다윈이 쓴 단어는 "피조물"creation이었다. 다윈은 피조물과 같은 어원을 가진 단어들을 수백 번 썼다. 새로운 무신론자는 검증할 수 없는 관점을 가정한다. 예를 들어, 다윈도 그저 시대의 산물이며 정말 그렇게 말할 의도는 없었다는 것이다. 그러나 이 주장은 하나의 관점만 가능하다는 뜻이다. 즉 다윈은 어떤 관점도 표현하지 않았다. 그러면 다윈의 말을 직접 들어보자. "사람은 감정이 아니라 이성으로 신의 존재를 확신하는데, 이런 확신이 흘러나온 근원이 하나 더 있다. 나에게 이 근원이 훨씬 중요하게 보인다. 거대하고 아름다운 우주와, 과거를 돌아보고 미래를 예상하는 인간이 과연 눈먼 우연이나 필연성에서 생겨났을까? 우주와 인간이 그렇게 생겨났다고 생각하는 것은 무척 어렵다. 혹은 그렇게 생각할 수도 없다. 여기서 신이 있다는 확신이 생겨난다. 이런 사실을 곰곰이 생각할수록 최초의 원인은 지성을 가지고 있으며 인간의 지성은 조금은 그 지성을 닮았다는 느낌을 떨쳐버릴 수 없다. 따라서 나는 유신론자로 불릴 만하다."[77] 오언 깅그리치 역시 올바로 지적한 것 같다. "진화를 유물론적 철학으로 여기는 것은 이데올로기다. 이 주장은 결국 진화를 궁극 원인처럼 여기게 된다."[78] 교황 요한 바오로 2세도 자연스럽게 다음과 같이 말한다. "과학 덕분에 종교는 잘못과 미신에서 벗어날 수 있다. 종교 덕분에 과학은 우상숭배와 거짓 절대에서 벗어날 수 있다. 과학과 종교는 상대방을 더 넓은 세계로 이끌 수 있다. 바로 과학과 종교가 함께 번성할 수 있는 세계다."[79] 모든 과학 지식의 근본을 따보고, 과학 지식은 "이론에 불과하다"는 것을 마음에 새긴다면, 우리는 교황이 말한 과제를 수행할 수 있다. 인류학자인 이언 태터슬은 과학 지식을 "이론"이라 했고, 바스 판 프라센은 "태도"라고 했다.[80] 다윈이 자기 작업을 어떻게 이해했는지 생각해보면, 제임스 무어의 말도 옳은 것 같다. "『종의 기원』은 처음부터 끝까지 경건한 저서였다. 다윈은 『종의 기원』에서 하나의 논증만 제시했다. 기적 같은 창조행위를 반박하면서 법칙에 따른 창조라는 유신론적 생각을 뒷받침하는 사례를 제시한 것이다."[81] 뉴먼 추기경은 다윈과 같은 시대에 산 사람으로서 다음과 같이 말했다. "먼저, 다윈의 이론이 성서의 가르침을 반박하는가? 내게는…상충되는 점이 잘 보이지 않는다. 둘째, 다윈의 이론이 유신론과 충돌하는가? 다윈의 이론이 어떻게 유신론에 충돌하는지 모르겠다.…일단 제2원인을 파악할 수 있고, 전능한 행위자를 가정한다면, 원인의 계열이 수천 년간 지속되듯이 수백만 년간 지속되지 못할 이유가 있는가?" 다윈와 같은 시대에 살았던 찰스 킹슬리 성공회 목사도 다윈 진화론의 결론을 받아들였다. 킹슬리 목사의 소설 『워터 베이비』*Water Baby*에서 톰은 캐리 수녀원장에게 다가간다. 캐리는 자연을 상징하는 인물이다. 톰은 이렇게 말한다. "캐리 수녀님. 수녀님은 늘 옛 동물에서 새 동물을 만들어낸다고 하던데요." 캐리는 대답했다. "그래. 사람들은 그렇게 상상하더구나. 하지만 난 어떤 것을 만들어내서 문제를 일으키고 싶진 않구나. 난 그저 여기 앉아서 동물이 동물을 만들어내게 했어." 다윈과 동시대인인 오브리 무어Aubrey Moore도 이렇게 썼다. "다윈주의는 적의 모습으로 나타났지만 친구처럼 일했다."[82] 다윈주의는 무슨 일을 했을까? 다윈주의 덕분에 우리는 우상을 섬기듯 하나님을 섬기지 않을 수 있다(지적설계론은 우상 같은 신을 옹호한다). 오브레리는 다른 책에서 이렇게 썼다. "다윈주의는 특별 창조론보다 훨씬 기독교다웠다. 다윈주의는 하나님이 자연에 내재하며 하나님의 창조적 능력이 모든 곳에서 나타난다고 암시하기 때문이다."[83] 이런 관점에서 토마스 아퀴나스의 생각이 공명한다. 아퀴나스는 500년 전에 이미 그런 관점을 기술했다. "분명 자연은 사물에 새겨진 하나님의 솜씨다. 이 기예를 통해 사물은 특정한 목적으로 나간다. 이것은 배를 만드는 자가 목재에 목적을 부여하고, 목재는 그 목적에 따라 배의 모양을 취하는 것과 같다."[84] 오늘날 무신론자와 종교 저술가는 모두 다윈주의가 종교에 도움이 되었다고 말한다. 존 호트John Haught는 다윈주의를 "신학이 받은 위대한 선물"이라고 기술한다.[85] 무신론적 과학철학자인 마이클 루스도 이렇게 말한다. "내가 가톨릭교인이었다면, 다윈을 가톨릭의 동맹자로 환영했을 것이다."[86] 다윈주의 덕분에 우리는 우상숭배에 빠지지 않는다. 다윈주의의 장점은 여기서 그치지 않는다. 다윈주의 덕분에 우리가 신의 형상으로 지음 받았다는 기독교의 가르침을 제대로 이해할 수 있다. 이것이 다윈주의가 종교를 위해 준비한 또 하나의 선물이다.

일단 들뜬 마음을 가라앉히고 다른 관점으로 이 주제를 살펴보자. 거의 이천 년이 지난 후, 갑자기 다윈이 나타나서 기독교를 위협했다고 우리는 믿으려 한다. 잠깐. 우주에는 시작이 없다는 생각도 천 년간 이어져왔는데, 이 생각은 창조를 인과관계로 파악하려는 관점을 다윈주의보다 더 강하게 반박했다. 동물이 우리 조상이라는 생각이, 우주에는 시작이 없다는 견해보다 어떤 면에서 더 위험할까? 모르겠다. 그런데 스티븐 호킹Stephen Hawking은 이렇게 말한다. "우주에 시작이 있는 한, 우주에 창조자가 있다고 가정할 수 있다. 하지만 우주가 정말 완벽하게 스스로 있으며 어떤 경계나 구분도 없다면, 우주에는 시작도 끝도 없이 그냥 존재하는 것이 될 것이다. 그렇다면 창조자가 있을 자리가 있을까?"[87] 기독교는 아예 처음부터 이런 우주관을 가지고 있었다. 이런 우주관은 기독교를 흔들지도 못했다. 기독교가 흔들리지 않았던 이유도 있다. 과학과 종교가 갈등한다는 가정을 뒷받침하는 강력한 근거를 제시한 사상은 시작 없는 우주다. 우리가 앞에서 말한 대로, 빅뱅 개념이 처음 나타났을 때 상당한 반대가 있었다. 빅뱅이란 이름 자체가 경멸의 상징이었다. 1959년에 미국 물리학자의 3분의 2는 세계에 시작이 없었다고 믿었다. 아인슈타인 방정식이 등장한 후 43년 만에, 허블과 휴메이슨의 업적 이후 30년 만에 이렇게 된 것이다.[88] 과학자는 시작 없는 우주라는 개념에 동의했지만, 기독교는 어떻게 이런 개념 앞에서 동요하지 않았을까?(그런데 다원주의에 대해서는 엄청나게 동요했다) 호킹은 기독교의 하나님을 이해하지 못한 채 하나님은 (우리가 아는) 우주 바깥 어딘가에 산다고 가정해 버렸기 때문이다. 하지만 지적설계가 가정하는 하나님처럼 호킹이 생각하는 하나님은 경배받을 만한 대상이 아니다(신앙이 있든지 없든지, 참된 신이 어떤 신인지 다시 생각해봐야 한다. 문화적으로도 그렇다). 몬티 파이튼의 영화 〈삶의 의미〉Meaning of Life는 호킹처럼 신을 이해하는 것이 얼마나 어리석은지 제대로 포착했다.

존 클리즈 교장은 아침 기도회를 인도한다.

교장: 주님.

학생: 주님.

교장: 당신은 크십니다.

학생: 당신은 크십니다.

교장: 엄청나게 크십니다.

학생: 엄청나게 크십니다.

교장: 오, 우리는 당신에게 감격합니다. 정말로요.

학생: 오, 우리는 당신에게 감격합니다. 정말로요.

교장: 주여, 우리가 끔찍하게 아첨을 떤 것을 용서하여 주소서.

학생: 그리고 대놓고 떠는 아양도 용서해주소서.

교장: 하지만 당신은 여전히 강하고…음…위대하며…

학생: 멋지십니다.

창조를 제대로 이해하면 우주의 물리적 기원을 알아도 불안하지 않을 것이다. 또한 생명체에 공통 조상이 있다는 사실을 알아도 두려워하지 않을 것이다. 신학은 존재론적 기원을 다루지, 시간이나 물리적 기원을 다루지 않는다.[89] 아퀴나스도 이렇게 주장했다. 우주에 물리적 기원이 있는가? 이 질문은 그렇게 중요하지 않다. 아퀴나스에게 창조는 형이상학적 관계이지 물리학이 기술하는 관계는 아니기 때문이다. "창조된 사물의 경우 비존재는 존재보다 앞선다. 이전에 없던 것이 나중에 있게 되었다는 식으로 시간이나 지속의 차원에서 앞선다는 뜻은 아니다. 본성상 앞선다는 뜻이다. 따라서 창조된 사물을 그냥 그대로 두면 그것은 존재하지 않을 것이다. 상위 원인이 창조된 사물에게 존재를 주어야 창조된 사물이 존재하기 때문이다."[90] 최근에 허버트 맥케이브Herbert McCabe도 이렇게 말했다. "하나님은 우주 안에서 다른 존재와 경쟁하는 존재가 아니다. 하나님의 창조적 인과력은 나의 바깥에서 작용하는 힘이 아니다. 그 힘은 나와 맞서서 나에게 작용하지 않는다. 하나님의 창조적 인과력은 나를 만드는 힘이다."[91] 철학자인 마이클 더밋Michaed Dummet도 최근에 이렇게 썼다. "사람들은 하나님을 창조자라 부르지만 종종 황당한 이미지를 떠올린다. 사람들은 창조를 일의 시작으로 보려고 한다. 하지만 창조는 첫 순간과 상관이 없으며 나중에 일어난 일과도 상관이 없다."[92] 오늘날 지적 분위기는 진화를 잘 안다는 듯이 진화를 논하라고 우리에게 요구한다. 물론 나는 지금 내가 무슨 말을 하는지 잘 알고 있지요! 이런 태도는 도킨스 같은 무신론자에게서 나타난다. 이런 무신론자들은 종교를 논하지만, 이들은 그저 유사 종교와 만화 같은 종교상을 즐기려고 한다. 이들이 비판하려는 것도 이런 유사 종교다(창조론자가 진화를 비판할 때, 그들이 진화를 어떻게 기술하는지 생각나지 않는가?). 파누Lames Le Fanu는 도킨스, 데닛, 에드워드 윌슨을 관찰하면서 흥미로운 사실을 지적한다. "그들은 종교를 사정없이 물어뜯는다.…이런 태도는 분명 과학적 유물론의 지적 약점을 똑바로 바라보지 못하게 하기 위한, 재치 있는 속임수이자 수사적 도구일 것이다."[93] 따라서 종교를 향한 공격은, 자기 모습을 숨기거나 자신에게 아무것도 없다는 것을 감추는 연막작전과 같다. 새로운 무신론자에게 없는 것이 있는데, 그것은 바로 세속주의다. 존 그레이John Gray가 지적하듯 "복음전도자 같은 무신론은 자신에게 세속주의가 없음을 증명한다. 이것이 이 무신론의 핵심적 뜻이다."[94] 존 그레이는 왜 이렇게 말했을까? 이유는 간단하다. "세속적 사유는 기독교의 유산이며, 유일신교 바깥에서 아무런 뜻이 없기 때문이다."[95] "후기 기독교 세속사회가 거부한 신념이 후기 기독교 세속사회를 낳았다. 진정으로 기독교를 떠난 사회에는 세속 사유를 만들었던 개념이 없을 것이다."[96] 다시 말해, 새로운 무신론자가 가진 것은 모조리 자기 것이 아니다. 즉 새로운 무신론자는 기독교 이단자에 불과하다. "이 기독교 이단자는 초기 이단자와 달리 지적으로 미숙하다. 무엇보다 그들의 종교관에서 지적 미숙함이 가장 분명하게 드러난다."[97] 더구나 세속주의자가 되고 싶어하는 자도, 신앙을 가진 도덕적 동물이다. 믿음은 사고에 이미 포함되어 있기 때문이다. "믿지 않으려는 사람은 분명 사고하지 않으려 할 것이다."[98] 그러나 새로운 무신론자는 이런 인간 종의 특성도 무시하려 한다. 스미스가 지적하듯이 이런 허위 의식은 다음 구절에서 더욱 분명해진다. "우리는 신화와 전설을 떠났다. 우리는 이제 합리적이고 분석적이며 계몽되었다. 과거 우리 조상은 세계의 진실을 모른 채 두려워하며 신화를 만들었다. 하지만 우리는 이런 모습에서 벗어나려고 싸우면서 더 부유해지고 더 오래 살고 더 행복해지는 길을 열었다. 현대인은 텔레비전과 컴퓨터 작업대에 모여 앉아 이런 이야기를 나누고 싶어한다." 우리는 바로 이 내러티브를 서구세계에 퍼뜨리고 있다. 스미스가 분명히 밝혔듯이 현대성에서 나온 이 신화가 단순히 틀린 것은 아니다(신화도 사실인 경우가 있다). 우리가 누리는 모든 과학, 합리성, 기술에 대해, 다른 어떤 시대의 선조만큼이나 실존, 역사, 목적을 이야기하는 내러티브를 만들고 전파하고, 믿는다.[99] 거대 내러티브를 강박적으로 만들어내려는 도킨스를 보기만 해도 이것을 느낄 수 있다. 스스로 움직일 수 없는 유전물질에서 어떻게 생명이 생겨나는지 이야기하는 거대한 내러티브를 도킨스는 만들려고 한다. 도킨스가 유전자를 불멸의 존재로 바꾸려고 한 것을 기억해보자. 불멸의 유전자는 물리적 현실을 좌우하는 주요 행위자로서 행동한다. 윌리엄 프로빈William Provine은 이렇게 진술한다. "기독교적 신앙과 다윈주의 생물학을 함께 받아들이려면 당신은 교회 출입구에서 당신 뇌를 다시 점검해야 한다."[100] 하지만 우리가 제한적 자연주의를 믿는다면, 우리는 이 문제와 상관 있는 모든 출입구에서도 우리의 정신을 점검해야 한다. 이것이 이 문제의 진실이다. 아서 에딩턴 경Sir Arthur Eddington도 이렇게 기술한다. "낙타가 바늘구멍을 통과하는 것이 과학을 신봉하는 자가 문을 통과하는 것보다 더 쉽다. 통과하려는 문이 헛간 문이든 교회 출입구이든, 과학을 신봉하는 자는 과학적 검증에 얽힌 난제를 모두 풀어야 한다고 고집을 부리지 말고, 그냥 자신도 평범한 사람이라고 인정하고 문으로 걸어 들어가는 것이 아마 현명할 것이다." 흥미롭게도 도킨스도 때때로 문화적 상대주의자를 비슷하게 깎아내리면서, 점보 제트기를 타고 비행하는 상황을 상상해보라고 말한다. 문화적 상대주의자는 1,000미터 상공에서 비행하는 것이 정말 사람들의 담화에 따라 달라질 수 있다고 생각하는 걸까? 당연히 마음을 굳게 먹고, 안전벨트를 조이고, 포스트모던 사고는 모두 카페에 두고 올 것이다. 상식이 통하는 세계를 부정하고, 심지어 사람이 있다는 것도 부정하는 자연주의자에게 똑같이 말할 수 있다. 다시 에딩턴을 인용해보자. "모든 현상은 전자와 양자에서 나오고 수학 공식에 따라 일어난다고 확신하는 유물론자는 자신의 아내도 정교한 미분 방정식이라고 계속 믿을 것 같다. 하지만 그는 집에서도 이런 생각을 불쑥 들이밀 만큼 미련하지는 않은 것 같다."[101]

## 악의 논증

> 자연이 만들어낸 작품은 흉하고, 쓸데없이 화려하며, 흠이 많고, 끔찍하게 잔인합니다. 악마의 사도가 이런 책을 썼을 겁니다.
>
> _ 찰스 다윈, 조셉 후커에게 보낸 편지에서[102]

신의 존재를 논박하는 논증 가운데 "악을 전제하는" 논증이 있다. 이 논쟁의 역사는 길다(우리가 보기에, 신의 존재를 논박하는 논증 가운데 이 논증이 유일하게 훌륭하다). 악을 전제하는 논증에는 두 가지 종류가 있다. 첫째, 논리 자체를 꼬집는 논증이 있다. 이것을 악 문제에 대한 연역 논증이라 부른다. 이 논증은 신 존재의 정합성을 공략한다. (1) 신은 전능하다. (2) 신은 완전히 선하다. 하지만 (3) 악이 존재한다. 세 가지 명제가 앞뒤가 맞게 유지될 수 있을까? 정합성을 유지하려면 세 가지 명제 가운데 하나를 없애야 한다는 주장이 있다.[103] 일단 이 논증을 옹호하거나 반박하는 주장을 잠시 놔두고, 악을 전제하는 논증 가운데 두 번째 종류의 논증을 보자. 이것을 보통 증거 기반 논증이라 부른다. 이 논증은 "추론 문제"가 있다고 지적한다. 예를 들어 신의 도덕적 성품을 세계에서 이끌어내는 논증에는 문제가 있다. 어떤 악은 선을 증진시킬 수 있다. 하지만 다른 악은 어떤 이득도 주지 않는다. 그렇다면 그런 세계를 보고 어떻게 신이 선하다고 말할 수 있을까? 첫 번째 논증처럼 이 논증을 논한 문헌은 도서관을 가득 채울 만큼 많다. 여기서 그 문헌을 다시 논할 여유는 없다. 우리의 논의에 맞는 것만 살펴보자. 다윈도 두 종류의 논증이 말하는 걸림돌에 걸려 넘어진 것 같다. 다윈은 아사 그레이에게 보낸 편지에서 다음과 같이 인정한다. "맵시벌은 살아 있는 애벌레의 몸 안에 알을 낳아 번식한다. 또 고양이는 쥐를 가지고 논다. 아무리 생각해도 자비로운 하나님이 이런 잔인한 맵시벌을 고안하고 창조했을 리 없다."[104] 다윈의 말에 힘을 얻은 도킨스는 똑같이 말하려 한다. 그것도 가장 잘 팔리는 태도로 말한다. "일 분간 다윈의 말을 곰곰이 생각하니 한 문장이 생각난다. 동물 수천 마리가 산 채로 잡아먹힌다. 어떤 동물은 살려고 쏜살같이 달리고, 두려워 낑낑댄다. 재빠른 기생생물은 숙주의 몸 속을 조금씩 파먹으며 숙주를 먹어치운다. 수천 종이 굶주리고 목말라 하며 질병에 시달리며 죽어간다.…설계도, 목적도, 악도, 선도 없고, 그저 눈먼 매정한 무관심만이 우주를 가득 채운다고 가정해보라. 우리가 바라보는 우주에는 정확히 그런 가정에 정확하게 맞아떨어진다."[105] 도킨스는 계속 이렇게 말한다. "어떤 일을 위해 정교하게 설계된 흔적을 치타에게서 찾을 수 있다.…치타는 영양을 죽이기 위해 정교하게 설계된 것처럼 보인다. 이빨, 털, 눈, 코 등을 보면, 신이 치타를 설계한 목적은 영양을 되도록 많이 죽이는 것이라고 예상할 수 있다. 치타를 설계한 신은 영양을 설계한 신과 경쟁하는 것 같다."[106] 하나님은 피 튀기는 경기를 즐기는 새디스트일까? 도킨스의 주장에 철학적 논증은 없다는 사실은 잠시 넘어가자. 앞의 인용문을 도킨스가 한 다른 발언과 나란히 비교해보면 흥미로운 사실이 드러난다. "진화 기제가 아무리 다양하더라도, 우주에 널려 있는 생명에 대한 다른 일반적 설명이 없다면, 우주에서 발견되는 생명은 늘 다윈주의 논리를 따르는 생명일 것이다. 다윈주의의 법칙은… 물리학의 위대한 법칙만큼 보편적일 수 있다."[107] 하지만 루스가 지적하듯 도킨스의 주장은 신정론을 겨냥한다. "다윈주의는 신이 왜 [악을] 허용할 수밖에 없었는지 설명한다."[108] 또한 라이헨바흐Reichenbach도 이렇게 주장한다.

> 자연에서 자주 나타나는 악을 막기 위해 다른 종류의 자연법칙을 가정하면 인간의 개념도 바뀐다. 인간은 자연의 산물로서 감각할 수 있다. 인간은 생리학적 존재로서 자연과 작용한다. 즉 인간은 자연적 사건을 일으키고 이에 영향을 받는다. 인간은 자연에서 나왔고 감각하는 존재이며, 자연과 같은 속성을 가지고 상호작용한다면, 인간은 규칙적으로 일어나는 자연계의 사건에 영향을 받을 것이다. 자연계에서 일어나는 사건은 인간에게 이롭기도 하고 해롭기도 하다. 인간이 원래 무언가를 의식하는 한, 인간은 자신에게 이롭지 않은 자연적 사건이 악이라는 것을 깨닫게 될 것이다. 따라서 인간이 자연에서 일어나는 악의 해악에서 벗어나기 위해서는, 인간 자신이 감각하는 자연적 존재에서 벗어나 아예 다른 존재로 바뀌어야 한다.[109]

요컨대 자연에서 나타나는 악 때문에 피해를 입지 않으려면, 우리 자신이 더 이상 존재하지 말아야 한다. 우리 인간은 자연적 악을 피할 수 없고 다른 존재라야 피할 수 있다. 하지만 그 다른 존재가 호모 사피엔스는 아닐 것이다. 악을 전제하는 논증에 대한 평범한 논의를 잠시 내려놓고 악을 직관에 어긋나게 관찰해보자. 여기서 새로운 지적 풍경이 펼쳐지면서 종교와 과학의 논쟁에서 무엇이 정말 중요한지 알 수 있다. 직관에 어긋나게 악을 관찰하는 방법을 악을 도출하는 논증이라 불러보자. 아퀴나스도 비슷하게 말했다. "악이 있다면, 신도 있다."[110] 이것은 상당히 이상하게 들린다. 일단 이 주장을 오해하지 않도록 주의해야 한다. 아퀴나스는 신이 있다면 악도 있다고 말하지 않았다. 오히려 악이 있다면—어떤 행위와 사건을 악하다고 말해도 좋다고 진심으로 믿는다면—이것을 정당화하기 위해 신은 필요하다. 이것이 아퀴나스의 주장이다. 그렇지 않다면 그저 우리 마음대로 어떤 사건을 악하다고 판단하고 선언하게 되며, 우리의 판단은 기껏해야 괜찮은 허구에 그쳐버릴 것이다. 다시 말해 악을 전제하는 전통적 논증은, 어쩌면 풀 수 없는 수수께끼를 우리에게 던져주지만(탁월한 신정론조차 조금은 미심쩍은 개념이다. 악을 설명함으로써 악을 없애버린 것은 아닌지 우리는 늘 걱정하기 때문이다), 여전히 논의할 거리가 있다. 일단 이것을 그대로 인정하면 우리의 논점도 더 분명해진다. 이 세상에 악이 있으므로 신—적어도 기독교의 신—을 믿지 못하겠다는 말을 우리는 자주 듣는다. 하지만 이렇게 신을 거부하거나 믿지 않으려면 바로 "악"이 있어야 하는데, 신의 부재를 주장하자마자 악도 사라져 버린다. 사람들은 바로 이것을 자주 놓친다. 물질만이 가득한 세계에서 실존이나 현실은 그저 물질의 진동에 불과하다. 이런 세상에서 어떻게 악을 말할 수 있겠는가?

## 종교가 낳은 자녀: 과학의 아버지들

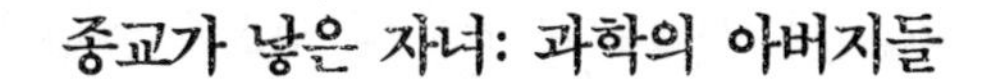

신학은 인류의 운명과 역사의 뜻을 강조하려 한다. 그래서 신학은 인간이 실제로 거주하는 세계를 똑바로 바라보지 않을 수 없다.…오늘날 신학은 인류와 우주를 모두 품을 만큼 통이 커져야 한다. 즉 신학은 인류의 열망과 과학기술의 결과를 꼼꼼히 따져봐야 한다.

_ 두미트루 스터니로아제 신부[111]

이성이 탐구하고 이해하길 원하지 않는 것은 하나님 안에 없다.

_ 교부 테르툴리아누스[112]

현실은 합리적으로 조직되었고 인간 정신은 나름대로 그것을 알 수 있다고 믿을 때, "종교적"이란 말이 이런 믿음을 가장 잘 표현한다고 생각한다. 이런 믿음이 사라지면 과학은 무뚝뚝하게 절차를 밟아가는 과정이 되어버릴 것이다.

_ 알베르트 아인슈타인[113]

---

종교와 과학이 싸운다는 신화를 퍼뜨리는 바람잡이에 따르면, 종교는 과학이 앞으로 나아가지 못하게 하면서 과학적 활동과 발달을 방해한다. 대신에 종교는 고루한 미신에 열광하고 기대는데, 사리에 맞지도 않는 것을 무턱대고 믿는다고 말하는 사람이 이런 미신에 빠진다. 이 느끼한 고발에 맞지 않는 사실은 상당히 많다. 일단 하나만 지적해보자. 오늘날 서구세계에서 우리가 아는 과학은 분명 종교가 낳은 자녀다. 물론 종교가 과학의 유일한 부모는 아닐 것이다. 하지만 종교는 확실히 과학

을 낳았으며, 우리는 이 사실을 반박하거나 되돌릴 수 없다. 아내의 불륜—다른 사람의 아이를 키우면서 자기 아이라고 착각하는—을 의심하며 불안해하는 주체는 바로 세속주의다. 과학은 세속주의가 낳은 자식이 아니기 때문이다. 적어도 "세속적"이란 말을 비종교적이란 뜻으로 쓴다면 그렇다. 과학이 세속주의의 자식이 아닌 이유는 많지만, 여기서는 두 가지만 살펴보자. 첫째, 무신론은 세속주의를 만들어내지 않았다. 세속주의는 종교가 낳은 자녀이자 또 하나의 자손이다. 둘째, 서구 문화에서 말하는 과학은 역사를 따져보면 유일신론의 땅과 자궁에서 태어났다. 호모 사피엔스는 뼛속까지 종교적이다. 하지만 우리가 믿는 종교가 유일신교가 아니라면, 종교는 과학이 탄생하도록 부추기지 않았을 것이다. 우리는 과학을 발명하기 위해 애쓰지 않았을 것이다. 왜? 이렇게 생각해보자. 수많은 종교가 세계를 신성하게 만든다. 특히 다신론적 종교가 그렇게 한다. 다신론이 상상하는 세계에 신과 영, 악령이 가득하다. 신성한 존재로 가득한 세계가 점심시간에 뒤집어져 모든 것이 달라진다면, 아침에 잠자리에서 일어나 실험실에 연구하러 갈 이유가 있겠는가? 다신론은 세계가 규칙대로 돌아간다고 믿을 만한 이유를 조금도 내놓지 않았을 것이다. 수없이 많은 신이 변덕을 부리고 질서를 마음대로 세우기 때문에, 자연의 규칙성도 신의 마음에 따라 달라질 수 있다. 불변의 법칙이 아니라 변덕스러운 신이 이교도가 믿는 다신교의 세계를 주조했다. 이런 세계에 사는 주민에게서 과학을 개발해야 한다는 생각은 떠오르지 않았을 것이다.[114] 우리는 그 이유를 조금은 다르게 설명할 수 있다. 유일신교를 믿지 않는 이교도가 보기에, 다신론이 지배하는 세계는 이미 거기 있는 필연적 세상이다. 다시 말해 신과 따로 떨어져 식별 가능한 세계라는 생각은 다신론의 세계에서 나타나지 않을 것이다. 물론 다신론적 종교에도 창조 신화가 많다. 하지만 이 신화에서 나타나는 창조 개념은 범위가 대단히 좁고 큰 의미가 없다. 먼저, 다신론적 창조 신화가 말하는 "창조"는 모양을 잡아가는 과정에 가깝다. 창조 이전에 이미 물질이 먼저 있었고, 창조는 이 물질에 관여하는 것이기 때문이다. 둘째, 이렇게 형성된 것은 여전히 그렇게 형성한 것에 매여 있다. 세계는 세계를 형성한 신들이 날뛰는 무대다. 신들이 계속 세계를 소유한다. 다신론을 따르는 이교도처럼 무신론 자체는 과학이 가능하다고 생각하지 않았을 것이다(적어도 유일신론의 문화에서 생겨난 무신론이 아니라면 그렇다). 왜 그럴까? 무신론도 세계는 그냥 거기 있으며 필연적이라고 생각하기 때문이다. 세계가 그런 곳이라면, 세계의 패턴, 형상, 구조에서 지성을 탐지할 수 있다고 생각할 이유가 있을까? "세계"라는 개념은 아예 불가능할 것이다. 이 개념을 규정하려면 경계/한계를 정해야 하기 때문이다. 하지만 세계가 원래 여기에 있다면, 우리는 어떻게 세계를 전체로서 생각할 수 있을까? 종교가 없다면, "세계"가 여기 있다는 생각에 대해 우리가 왜 신경 쓰겠는가?

반면, 창조 교리에서 나오는 유일신론의 기적은 과학이 가능하며 무엇보다 "하나의" 세계를 생각할 수 있다는 것을 의미한다.[115] 쇤보른Schönborn 추기경은 이렇게 말한다. "세계는 창조되었고, 신성하지 않으며, 한계가 있고, 철학 용어로는 '필연적'이지 않고 '우발적'이라는 믿음—세계는 존재하지 않았을지도 모른다는—덕분에, 세계에 있는 만물을 있는 그대로 탐구할 수 있게 되었다."[116] 유일신 종교는 역사에서 처음으로 "세속" 세계를 허용했다. 즉 우리가 연구할 수 있는, 법칙대로 움직이는 세계를 허용한 것이다. 하트David Bentley Hart는 이렇게 말한다. "세계는 조금은 비신화화되었고, 심지어 성찬식의 성체처럼 장엄한 기운이 가득 찼다."[117] 세계는 신이 아니다. 세계는 창조되었고, 그래서 세계는 세속적이다. 더구나 세계가 유한하다는 것은 우리가 어느 정도 세계의 경계를 감지할 수 있다는 뜻이다.[118] 그러나 이 사실은 무신론을 의도하지 않는다. 세계는 성찬식의 성체처럼 존재하기 때문이다. 다시 말해 세계는 신이 자비롭게 베푼 선물이다. 화이트헤드도 이렇게 설명했다. "'사물의 질서'—더 정확히 말해 '자연의 질서'—가 있다는 본능 같은 확신이 널리 퍼져 있지 않았다면, 애당초 과학은 발전할 수 없었을 것이다.…아무리 사소한 사건도 이전 사건과 철두철미하게 연결될 수 있다는 끈질긴 믿음도 신의 합리성을 내세우는 중세 사람의 신념에 뿌리를 두고 있다.…과학이 가능하다는 믿음은 현대적 과학이론이 발전하는 모태가 되었는데, 중세신학은 이런 믿음을 암암리에 품고 있다. 나는 일단 이렇게 설명하고 싶다."[119] 유일신론이 말하는 창조에 따르면, 세계는 우발적이므로 실험과 경험적 조사가 중요해진다. 세계의 진리를 그저 추상적 논리로 연역할 수 없기 때문이다. 더구나 이 세계의 창조자는 예부터 지혜롭고 지성적이며, 사랑이 많다고 한다. 그래서 창조자는 변덕이 심하지 않고 사람을 속이지 않는다고 한다. 따라서 세계가 법칙대로 움직인다고 믿으면서 눈에 보이는 세계를 연구할 만한 훌륭한 근거가 있는 것이다. 창조자의 명령으로 창조가 이뤄졌다. 창조는 이미 있는 요소를 가지고 제작하는 과정이 아니다. 이런 맥락에서 반항하는 물질은 없다. 인간이 탐사하고 검사할 수 없는 사물은 이 세계에 없다는 뜻이다.[120] C. S. 루이스도 이렇게 말한다. "우리가 믿는 지식이 모두 허상이 아니라면, 우리의 사고가 비합리적인 우주에 합리성을 부여한다고 생각하기보다는, 우주를 가득 채운 합리성에 반응하는 것이라고 말해야 한다."[121] 예레미야 33:25-26은 피조물과 창조자가 어떤 관계를 맺는지 분명한 단어로 기술한다. "이 야웨가 선언한다. 낮과 밤과 계약을 맺고, 하늘과 땅에 법칙을 정하여 준 것이 나 아니냐? 그런데 어떻게 야곱의 후손과 나의 종인 다윗의 후손을 저버리겠느냐?" 이 구절에는 신이 인간과 맺는 인격적 관계와 자연과의 관계를 상세하게 기술한다. 이 두 관계는 분명 다르다(하지만 유비적으로 비슷하다). 아서 에딩턴 경은 다른 성서 구절을 인용하면서 두 가지 관계를 다시 지적한다. "주님께서 말씀하셨다. 이제 곧 나 주가 지나갈 것이니, 너는 나가서, 산 위에, 주 앞에 서 있어라. 크고 강한 바람이 주님 앞에서 산을 쪼개고, 바위를 부수었으나, 그 바람 속에 주님께서 계시지 않았다. 그 바람이 지나가고 난 뒤에 지진이 일었지만, 그 지진 속에도 주님께서 계시지 않았다. 지진이 지나가고 난 뒤에 불이 났지만, 그 불 속에도 주님께서 계시지 않았다. 그 불이 난 뒤에, 부드럽고 조용한 소리가 들렸다.…바로 그때에 그에게 소리가 들려왔다. '엘리야야, 너는 여기서 무엇을 하고 있느냐?'"(열왕기상 19:11-13) 에딩턴 경은, "바람과 지진, 불—기상학과 지진학, 물리학—이 하나씩 점검을 거치듯, 우리도 진화라는 자연의 힘을 점검했다. 하지만 주님은 그런 힘 가운데 계시지 않았다. 나중에 불꽃같은 떨림과 각성이 뇌에서 일어나면서 어떤 목소리가 들렸다. 너는 거기서 무엇을 하느냐?"[122]

우연성 개념은 우리에게 또 다른 요점을 알려준다. 세계는 우연적이다. 세계는 "그저" 있다. 이글턴은 새로운 무신론자와 신학자는 여기서 같은 배를 타거나, 적어도 같은 항구에 정박한다고 지적한다. 즉 세계를 창조해야 할 이유는 없다.[123] 어떤 사람은 이 생각이 말이 되지 않는다고 생각할지 모르겠지만, 사실 창조해야 할 이유가 있었다면, 창조는 일어나지 않았을지 모른다. 세계를 창조해야 할 이유가 있었다면, 세계는 신과 완전히 다른 것은 아니라고 말해야 한다. 신적 필연성이 세계를 규정한 것이다. 즉 신에게 세계가 "필요"했다. 창조된 세계가 신과 완전히 다르지 않다면, 신은 분명 신이 아니다. 하지만 정통 기독교는 창조를 이미 있는 것이 아니라 선물로 이해한다. 창조가 선물이 아니라면 우리는 창조에 전혀 호기심을 느끼지 않을 것이다. 크리스마스 선물을 받으면서 느끼는 기쁨을 떠올려보자. 그런데 선물을 한 사람이 마지못해 선물한 것을 알았다면, 당신은 그 선물을 서랍장 깊이 처박아둘 것이다. 유일신론 덕분에 과학이 생겨날 환경이 마련되었다면, 유일신론이 발달하면서 과학도 성장할 기회를 얻었다. 피터 해리슨Peter Harrison은 흥미로운 주장을 펼친다. 칼뱅주의적 타락 해석은 과학방법을 발전시키는 촉매 역할을 했다는 것이다. 우리가 정말 타락한 피조물이라면 우리의 인지능력도 타락했을 것이다. 그래서 더 나은 지식을 얻기 위해 경험적으로 조사하는 노력이 필요하다.[124] 해리슨은 개신교가 전통적으로 계승된 4중 성서 해석을 버리고 문자적 의미를 존중했음을 지적한다. 개신교가 문자적 의미를 강조하자 사람들은 자연도 문자적으로 읽으려 했다.[125] "종교개혁가는 텍스트를 현대적으로 읽는 법을 내세웠고, 현대적 텍스트 해석방법은 개신교의 활동을 통해 퍼져 나갔다. 이를 통해 현대 과학이 생겨날 수 있는 조건이 무르익었다."[126] 우리도 해리슨에게 동의한다. 하지만 우리는 "개신교적" 성서 해석이 성서를 처음으로 현대적 · 무신론적 텍스트로 만들었다고 생각한다.[127] 개신교적 성서 해석을 통해 존 호트가 말한, 영혼을 메마르게 하는 보편적 문자주의가 나타난다.[128] 우리는 이미 이것을 츠빙글리식 형이상학이라고 지적했다.

다윈이 살았던 시대의 종교인들은 진화를 무서운 사실로 대하지 않았다(다윈도 그 시대의 종교인이었다). 가톨릭 교회는 1950년에 종교와 진화를 함께 인정할 수 있다고 아예 인정해버렸다. 교황 요한 바오로 2세는 가톨릭 교회의 입장을 이렇게 밝혔다.

> 나의 전임자인 비오 12세는 회칙 「인류」Humani Generis(1950)에서 진화와 인간의 사명에 대한 교리가 서로 어긋나지 않는다는 점을 이미 인정했다. 적어도 우리가 분명한 요점을 놓치지 않는다면…비오 12세의 회칙

이 나온 후 50년이 지난 오늘날 우리는 새로운 발견 덕분에 진화가 가설의 지위에서 벗어났음을 알게 되었다. 진화론은 학자의 정신에 엄청나게 스며들었고 여러 분과학문에서도 발견이 이어지고 있다. 진화론의 발전상은 대단히 놀랍다. 독립된 연구 결과—이는 계획하거나 추구의 결과가 아니다—가 하나로 수렴되면서 진화론을 옹호하는 강력한 논증이 생겨난다.[129]

교황이 진화론을 이렇게 칭찬했다고 놀라지 말자. 교회 교부는 이미 문자적으로 창세기를 읽지 말라고 권했다. 적어도 오늘날 우리가 아는 문자적 해석을 하지 말라고 말했다. 교부는 눈살을 찌푸리며 성서를 원조 과학 텍스트로 해석하지 말라고 경고했다. 어떤 교부는 심지어 다윈의 진화론과 비슷하게 자연도 발달한다고 해석하는 것 같다.

## 과학을 낳은 아버지들

우주의 기원과 본질을 지성적으로 설명하고 싶다면 창세기와 그것을 그린 미켈란젤로의 프레스코를 음미해보라. 세계는 원자가 우연히 어울리면서 생겨난다는 생각은 우주를 지성적으로 설명하는 데 그다지 도움이 되지 않는다. 성서가 말하는 우주론—다소 부적절하지만—은 세계가 있으며 인간은 세계에서 생겨났다고 말한다. 반면 과학이 보여주는 세계상은 세계에 어떤 뜻도 없다고 말하면서, 인간이 세계를 생생하게 경험한다는 것도 무시해버린다.

_ 마이클 폴라니[130]

가장 위대한 교부의 한 사람인 아우구스티누스는 여러 권의 창세기 주석을 썼다. 그 가운데 가장 중요한 주석은 적절한 제목의 『창세기의 문자적 뜻』*Literal Meaning of Genesis*이다. 새로운 무신론자의 비웃음이 들리지 않나? "그러면 그렇지!" 결국 위대한 교부도 창조론자였어! 아니다. 전혀 그렇지 않다. 오늘날의 창조론은 현대적이기 때문이다. 오늘날의 창조론은 기독교의 이천 년 전통에서 정말 벗어났다. 실제로 근본주의는 20세기가 시작될 때 발명되었다. 일부 미국 기독교인이 "신앙의 기본"을 목록으로 제시했다. 그들은 기독교인이라면—적어도 천국행 차표를 곧 받는다면—누구나 이 목록에 동의해야 한다고 믿었다. 목록에는 개별 명제들이 나열되어 있다. 목록의 이런 형식에는 무신론적 특성이 묻어 있다. 이 목록을 작성한 저자들은 정말 (적어도 방법상) 무신론적 사고양식을 따라갔다. 이 목록은 뉴턴적 과학을 그대로 복사했다고 말할 수 있다. 해리슨은 이렇게 텍스트를 문자 그대로 읽는 것은 종교개혁 시대에 시작되었다고 주장한다. 맞다. 하지만 20세기 창조론과 비교할 때 종교개혁자는 성서와 신학을 훨씬 복잡하게 해석한다. 1,500년 전에 살았던 아우구스티누스는 "문자 그대로"의 현대적 뜻을 쉽게 알아차리지 못했을 것이다. 아우구스티누스에게 "문자 그대로"는 우의적이란 뜻이 아니었던 것 같다. 그렇다고 "문자 그대로"가 반드시 "은유적이지 않다"는 뜻도 아니다. 은유도 문자 그대로 진리가 될 수 있으니까. 괜찮은 사례를 창세기 1장의 창조의 일곱 "날들"의 해석에서 찾을 수 있다. 아우구스티누스는 이를 "24시간"으로 받아들이지 않았다. 아우구스티누스는 창세기를 문자 그대로 해석하면서 우리 인간에게 무엇을 말하는지 밝히려 한다. 아우구스티누스에 따르면 진리는 인간과 하나님의 관계를 늘 밝히 보여준다. "소위" 역사적 사건을 범죄를 조사하듯 꼼꼼하게 기술하는 것은 진리가 아니다. 방금 우리는 "소위"라고 말했다. 나중에 자연주의를 논할 때 드러날 테지만, 벌거벗은 날 것 그대로의 사실에 대해 말하는 것이 얼마나 어려운지 살펴볼 것이다. 성서는 역사 문서가 아니다. 적어도 현대적인 의미의 역사 문서가 아니다. 그러면 성서는 무엇인가? 교황 요한 바오로 2세는 이렇게 기술한다.

> 성서는 우리에게 우주의 기원과 형성을 이야기한다. 하지만 성서는 과학적 탐구결과를 보여주려고 그런 이야기를 한 것은 아니다. 성서는 인간이 하나님과 우주와 어떻게 올바른 관계를 맺을 수 있는지 말하려고 한다. 성스러운 성서는 그저 이렇게 선언하고 싶어한다. 하나님이 세계를 창조하셨다. 이 진리를 가르치기 위해 성서는 기록자가 살던 시대에 통용되던 우주론으로 이야기한다. 성서는 또한 사람들에게, 다른 우주생성론과 우주론과는 달리, 세계가 신들의 좌소로 창조되지 않았음을 말하려 한다. 세계는 인간을 섬기고 하나님을 찬양하기 위해 창조되었다. 우주의 기원과 생성을 말하는, 어떤 가르침도 성서의 의도와 상당히 다르다. 성서는 하늘이 어떻게 만들어졌는지 가르치기보다, 어떻게 하면 하늘나라에 갈 수 있을지를 가르치려 한다.[132]

요한 바오로 2세는 현대 근본주의자의 관점이 아닌 교부들의 성서 이해를 반영한다. 아우구스티누스에게 성서 해석을 주관하는 해석학은 간단하다. 바로 자비다. 어떤 성서 해석이든 자비에 이르지 못한다면 그것은 틀린 해석이다. 아우구스티누스와 모든 교부는 하나님을 사랑으로 이해했다. 따라서 그들은 자연스럽게, 꾸준히 성서의 결론은 사랑이어야 한다고 주장했다.[133] 성서 해석을 주관하는, 또 하나의 해석학은 아퀴나스가 말한 "비신자의 멸시"*irrisio infidelium*다(이 해석학적 기준은 기독교인이 진화를 이해하는 방식과 상관이 있다). 믿지 않는 형제와 자매는 기독교인이 성서를 해석할 때 견제하고 간섭한다. 아우구스티누스는 비신자가 계속 간섭하는, 이런 역설을 가장 분명하게 기술한다.

> 일반적으로, 비기독교인도 지구, 하늘, 세계. 별의 운동과 궤도. 별의 상대적 위치와 크기, 일식과 월식의 예상일, 연도와 계절의 주기, 동물, 관목, 돌의 종류 등에 대해서 알고 있다. 비기독교인의 지식도 경험과 추론에 의한 것이다. 기독교인이 성서의 뜻을 풀이하면서 늘어놓는 헛소리를 비기독교인이 듣는다면, 이것은 위험하고도 수치스러운 일이다. 기독교인은 하여간 이런 황당한 상황을 최대한 피해야 한다. 헛소리하는 기독교인을 보면서 비기독교인은 기독교인이 얼마나 무식한지 지적하면서 기독교인을 비웃으며 멸시할 것이다. 그런데 신자의 가족에 속하지 않은 사람은 성서를 쓴 기자도 마찬가지로 황당한 견해를 고수한다고 생각할 것이다. 이것이 더 부끄러운 일이다. 또한 우리가 구원하고자 애쓴 사람은 이런 상황을 보고 얼마나 실망하겠는가? 성서의 기자도 제대로 배우지 못한 사람이라고 비난받고 무시당할 것이다. 비기독교인이 훤히 아는 주제에 대해 기독교인이 실수하는 것을 비기독교인이 알게 되고, 기독교인이 성서를 어리석게 풀이하는 것을 비기독교인이 듣는다면, 죽은 자의 부활과 영원한 생명을 향한 소망, 하늘나라를 다루는 성서를 비기독교인이 어떻게 믿을 수 있겠는가? 더구나 비기독교인이 이성적으로 사고하고 체험하면서 스스로 배운 사실에 대해 성서가 거짓된 말을 늘어놓는다고 생각한다면, 비기독교인이 어떻게 성서를 믿을 수 있겠는가? 성서를 무모하고 무식하게 풀이하는 사람이 해롭고 거짓된 의견을 늘어놓는 바람에 성서의 권위에 종속되지 않는 자에게도 비난을 당하면, 현명한 기독교인 형제들은 엄청나게 고민하고 슬퍼할 것이다.[134]

아우구스티누스가 마치 오늘날의 창조론자를 향해 이런 말을 했다는 생각마저 든다. 성서에서 자비가 아니라 폭력을 휘둘러야 한다는 결론을 끄집어내는 사람도 아우구스티누스의 지적에서 자유로울 수 없다.

아우구스티누스가 창세기를 어떻게 해석했는지 이해하려면, 먼저 그가 창조를 어떻게 이해했는지 알아야 한다. 아우구스티누스에 따르면 창조에는 "이전"이나 "이후"가 없다. 시간 용어는 모두 창조의 열매이며, 창조가 낳은 효과이기 때문이다. 우리는 시간이란 틀로 창조를 이해할 수 없다. 아우구스티누스는 시간도 창조되었다고 생각했다. 그래서 피조물은 사물을 시간의 틀로 바라본다. 하지만 시간 용어는 하나님에게 적합하지 않다. 시간 용어가 하나님에게도 적합하다면, 피조물은 무에서 창조된 것이 아니라, 이미 존재하는 물질이 다시 구성되면서 형성되었을 것이다(이것은 이교적 생각이다). 다시 말해, 창조를 시간의 시작이나 물리적 출발로 볼 수 없다. 따라서 아우구스티누스는 이렇게 말한다. "건축가가 집을 지어놓고 떠났을 때, 그가 거기에 없어도 집은 거기에 있다. 하지만 하나님이 우주를 어루만지는 손을 거두어버린다면 우주는 한순간에 사라져버린다."[135] 창조에는 시작이 없듯이, 창조에는 어떤 뜻에서 끝도 없다(존재론적으로 그렇다). 대략 천 년 후에 아퀴나스는 아우구스티누스의 생각을 다시 끄집어내어 분명하게 해석한다. "피조물은 하나님과 정말 관계를 맺지만, 하나님은 피조물과 오직 개념적으로 관계를 맺는다고 봐야 한다."[136] "하나님과 피조물이 맺은 관계는 피조물 안에 정말 있다. 피조물이 바뀔 때 피조물과 하나님은 특정한 관계를 맺게 된다. 반면 이 관계는 하나님 안에 없다. 하나님과 피조물이 맺는 관계는 우리의 사고 양식 안에만 있다. 하나님이 변하면서 하나님과 피조물이 관계를 맺는 것은 아니기 때문이다."[137] 아퀴나스는 다른 저서에서 변화를 더 깊이 설명한다. "창조는 참된 변화가 아니라 피조된 사물이 맺는 관계다. 피조된 사물은 창조자에게 의지해야 존재할 수 있다. 피조된 사물은 존재하지 않다가 존재하게 되었다는 뜻을 풍긴다. 어떤 것이 변할 때, 존재 방식은 바뀌더라도 늘 똑같이 유지되는 것이 분명 있다.… 창조 행위에서 변화는 객관적 현실에서 일어나지 않는다. 변화는 단지 우리의 생각에서만 일어난다."[138] 다시 말해, 우리에게, 피조된 모든 것에게 시간 역시 창조된 것이다. 아우구스티누스는 창세기를 해석하면서 두 개의 계기—정확하게는 관점—를 찾아낸다. 먼저 원초적 창조가 있었다. "하나님은 피조물을 모두 창조하시고 일곱째 날에 휴식하셨다. 나머지 날에는 피조물을 다스리셨고, 지금도 그 사역을 지속하신다. 처음에 하나님은 순서대로 어떤 것을 만드시지 않고 한 번에 모든 것을 만드셨다. 하지만 이제 하나님은 시간에 따라 일하신다. 그래서 우리는 별이 하늘에 나타났다가 사라지는 것을 볼 수 있다."[139] 또한 "하나님은 모든 피조물을 은밀하게 움직이신다. 피조물은 모두 하나님의 힘을 따른다. 예를 들어 천사는 하나님의 명령을 행하고, 별은 궤도를 따라 돌며, 바람은 이리저리 불고, 폭포수 밑에는 깊은 웅덩이가 넘실대고 안개가 수면 위로 피어오르며, 씨앗이 자라 풀이 돋아나 목초지가 생겨나고, 동물이 태어나 본능에 따라 살아가고, 정의를 행하기 위해 악도 허용된다. 따라서 하나님은 태초에 피조물의 세대를 만드시고 간직하셨다가 그것을 펼치신다unfold. 하나님이 피조물을 다스리지 않고 손을 떼신다면, 피조물은 발현되지 못하여 자기 생명을 이끌어가지 못할 것이다."[140] 하나님이 자연을 펼친다는 생각은 말 그대로 진화를 뜻한다. 종자 원리*rationes seminales* 개념이 이런 생각을 더 분명하게 해명한다. 이 씨앗은 잠재된 것을 정확한 때에 일으켜 세운다. "하나님이 태초에 모든 것을 만드실 때, 창조된 것은 마구 섞여 있었다. 때와 상황이 무르익어야 그것들은 발달할 수 있다."[141] 그리고 "지금 이 씨앗에서 아무것도 보이지 않는다. 하지만 때가 되면 나무로 자라나는 것이 이 씨앗 안에 있다. 우리가 세계를 기술할 때도 똑같이 생각해야 한다. 하나님이 단번에 모든 것을 만드셨을 때, 세계 안에서 모든 것이 만들어졌고, 세계와 더불어 날이 만들어졌다. 하나님이 한 번에 모든 것을 만드셨을 때, 하늘의 태양, 달, 별과 함께, 물과 땅이 생산할 수 있는 것들까지 만드셨다. 이런 것들은 때가 되면 생겨난다."[142] 이렇게 아우구스티누스가 창조를 해석한 것을 보면, 여기에 진화가 포함되어 있다고 말할 수밖에 없을 것 같다. 창조를 이렇게 해석한 교부가 한 명 더 있다. 니사의 그레고리우스Gregory of Nyssa도 4세기에 씨앗 같은 잠재성을 논했다. "사물의 근원과 원인, 잠재력은 모두 한순간에 생겨났다. 하나님의 의지가 처음으로 움직일 때 발생한 것이다. 하늘과 땅, 별, 불, 공기, 바다, 지구, 동물, 식물. 사물의 이런 본질들이 함께 있었고, 이 모든 것을 하나님이 바라보셨다.…그리고 순서대로 이런 것들이 계열을, 세대를 이루기 시작했다. 이것은 자연의 필연적 과정이다.…창조자는 이런 과정이 우연히 나타나도록 내버려두지 않았다.…이렇게 자연이 특정하게 배치되고 관리되려면, 피조물이 계속 탄생하고 이어져야 한다."[143] 그리고 "하나님이 처음으로 창조를 시도했을 때 모든 것은 하나님의 힘 안에 잠재되어 있었다. 이것들은 생물의 정자처럼 잠재적으로 존재했다. 이 존재들이 발생하면서 모든 것이 생겨났다. 따라서 처음에는 개별 존재들이 없었다."[144] 아우구스티누스에 따르면 기적조차 자연에 어긋나지 않는다. 시간에 따라 살아가는 우리 눈에 그렇게 보일 뿐이다(시간 자체도 창조된 것이다). 하지만 하나님의 관점에서 기적은 자연에 어긋나지 않는다. 무엇보다 "자연도 하나님이 만드신 것이다."[145] 복음서에 나온 기적도 어떤 뜻에서 자연에서 벗어나지 않는다. 오히려 그 기적은 자연이 무엇인지 훌륭하게 보여준다. 복음서의 기적은 자연에서 정말 무슨 일이 일어나는지 강렬하고 탁월한 방법으로 상기시킨다. 우리가 말하는 기적이 소위 자연적인 것보다 훨씬 자연스럽다. 물을 포도주로 바꾸고, 오천 명을 먹이는 기적은 나름대로 무에서의 창조를 보여주는 아이콘이다. 이런 기적을 읽으면서 우리는 존재하는 모든 것이 기적임을 다시 떠올린다. 더 정확하게는, 존재하는 모든 것은 신적 자비의 산물이다.

요컨대 과학과 종교가 싸운다는 수사는 편의를 위해 만들어진 창작물이다. 이 수사를 뒷받침할 역사적 근거도 없다. 종교는 과학을 낳은 부모이며, 세속주의의 근원이기도 하다. 현대의 창조론자와 근본주의자는 현대적이다. 지적설계론을 옹호하는 사람도 똑같다. 이들은 하나님과 기독교를 이단적이고, 정통에 어긋나게 이해한다(일부러 그렇게 하는지는 잘 모르겠지만). 이제 과학을 논해보자.

## 과학의 종말: 과학의 부활

신화가 된 과학은 오늘날 대중을 형이상학적으로 무기력하게 만드는 아편이다.

_ 크리스토스 야나라스[146]

종교 근본주의가 근본주의의 역사를 늘 만화처럼 아름답게 꾸미듯, 과학주의도 과학이 진리를 향해 꿋꿋이 나간다고 말한다.

_ 앨런 윌리스[147]

오늘날 서구의 대중은 과학주의라는 지적 질병에 엄청나게 시달린다. 과학철학자인 바스 판 프라센은 과학주의를 과학에 굴종하는 태도라고 규정한다.[148] 새로운 무신론자의 저작을 보면 과학주의가 매우 또렷하게 드러난다. 새로운 무신론자는 대중에게 과학을 황당하게 해석하면서 과학을 제1철학의 자리에 올려놓는다. 의심하는 도마를 다시 떠올려보자. 과학주의는 과학이 증명한 불변의 사실과, 종교에서 가장 확실히 드러나는, 흐릿한 민담을 분명히 구분할 수 있다고 장담한다. 새로운 무신론자는 독서하는 대중에게 "성숙하라"고 말하면서 종교의 민담 같은 유치한 일을 버리고, 성숙한 세계를 품으라고 요청한다. 이 세계는 그들의 엄격한 검증원리—당신이 전파할 수 없는 것은 존재하지 않는다—를 통해서만 드러난다.[149] 과학주의라는 질병이 얼마나 끔찍한지 보고 싶은가? 도킨스가 한 말에서 단어 하나만 바꾸면 금방 알 수 있다. "오늘날 종말이 가까이 왔다고 하면서 AIDS 바이러스나 광우병, 다른 치명적 질병을 지적하는 사람이 많다. 이것도 유행이다. 하지만 과학주의도 똑같이 인류를 위협한다고 말할 수 있다. 과학주의는 세계를 위협하는, 가장 무서운 악이다. 과학주의는 두창바이러스만큼 위험하며 쉽게 없앨 수도 없다. 과학주의는 증거도 없는 믿음이며, 호전적 무신론에 배어 있는 끔찍한 악덕이다."[150] 앞 글에서 "과학주의"를 "종교"로 바꾸면 원래 도킨스의 글이 된다. 지성적 분위기가 바뀌면서 이런 과학주의가 수용된 것 같다(자연주의를 논할 때 이 사실을 분명히 밝힐 것이다). 요제프 라칭거 추기경(교황 베네딕토 16세)도 이런 변화를 지적한다. "기독교 사상은 물리학을 형이상학에서 떼어냈지만, 이런 시도는 꾸준히 거부당했다. 그래서 다시 모든 것이 '물리학'이 될 수 있다."[151] 이런 변화는 슬프다. 어니스트 러더포드Ernest Rutherford의 말에서도 이런 전환을 엿볼 수 있다(다음 인용문을 보통 러더포드의 말로 인정한다). "물리학밖에 없다. 다른 것은 모두 우표 수집과 같은 것이다." 이런 변화가 일어나고 나서 과학이란 학문은 이성에서 점점 벗어나 환원적이 되었고, 허무주의를 추구하면서 과학을 망치기 시작했다. 그레고리어스Paulos Mar Gregorios도 이렇게 주장한다. "과학과 기술이 사랑과 지혜에서 떠나 인류의 적으로 변한다."[152] 한 걸음 더 나아가,

사랑과 지혜에서 떠난 과학과 기술은 모든 악의 뿌리가 된다. 과학은 사람의 존재를 부정하듯이 악의 존재도 부정한다. 그것보다 더 나쁜 짓이 있겠는가. 사람이나 기관이 사회에서 특권을 누리면 보통 특권에 걸맞은 책임도 진다. 프로 권투선수가 길거리 싸움을 벌이면 판사는 그에게 더 가혹한 판결을 내릴 것이다(군인은 군사재판을 받는다). 과학에도 이런 원리가 적용되어야 한다. 다른 학문과 다른 양식의 담화를 참고하면서 과학을 구성하지 않고, 과학적 방법과 도구만을 고려한다면 과학은 왜곡된다. 과학은 이데올로기로 변질되고, 우리가 계속 지적한 과학주의가 되는 것이다. 과학의 방법론은 매우 구체적이고, 심지어 특별하다. 과학은 유별나기에 유별난 위험을 동반한다. 그래서 예방이 필요하다. 과학은 어떤 특별한 지위를 가지고 있을까? 간단하다. 과학은 완전히 객관적으로 탐구하고 조사하고 분석하는 임무를 맡는다. 죽은 대상을 관찰하듯 세계를 관찰하는 것이 과학에게 허용된다. 불가코프Bulgakov는 이렇게 말한다. "과학은 일부러 세계와 자연을 살해하고 그 사체를 연구한다."[153] 이 말은 섬짓하지만 꼭 그렇지는 않다. 외과수술의를 생각해보자. 그는 환자를 마취시켜 무의식상태로 만든다. 환자를 죽은 사람처럼, 정신이 없는 사람처럼 다룬다. 하지만 외과의사는 환자를 살리려고 그렇게 한다. 그런데 환자가 의식을 되찾았는데, 의사가 아직도 환자가 "마치" 살아 있는 것처럼 다룬다면 더욱 심각한 일이 될 것이다(데닛은 그렇게 대할 것을 요구한다). 다시 말해, 과학 방법의 추상성이 현실를 보여준다고 오해할 때 과학은 위험한 물건이 된다. "죽은 대상을 관찰하듯 관찰대상을 관찰하는" 방법론이 존재론으로 변하면, 사람들은 "마치 무엇인 듯"이란 과학 방법론의 가설적 성격을 잊어버린다. 이런 일이 일어나자 과학은 과학을 망각해버렸다. 과학을 하는 주체는 과학자이며, 과학자도 사람이란 사실은 망각되었다(밈 논의도 이런 기억상실증에 빠져 있다). 판 프라센을 인용해보자. "이론이 특히 유용하고 생존에 적합하다 해도 이론은 현실을 대체하기 위해 기껏해야 상상을 내놓을 수 있을 뿐이다."[154] 이론이 흙만큼이나 현실과 밀접하다 해도, 이론의 현실성—이론이 주는 실용성과 유용성의 인상에서 나온—은 빌린 것이며, 빌려온 만큼 다시 돌려줘야 할 때가 온다는 것을 잊지 말아야 한다. 과학이론이라면 이 운명에서 벗어나지 못한다. 예를 들어 물질 개념을 보자. 물리학은 물질이 무엇이라고 확실하게 말할 수 있을까? 맥긴과 다른 많은 학자가 지적한다. "물리학은 물질의 본성이 무엇인지 우리에게 말하지 않는다. 물리학은 그저 조작적으로 규정할 수 있는 물질의 측면을 말한다."[155] 과학은 방법상 생명을 망각할 수 있고, 망각해야 할 때도 있다. 하지만 과학이 방법론의 자유를 남용한 나머지, 자신을 존재론으로 착각해서는 안 된다. 과학을 과학의 뿌리에서 잘라내지 말아야 한다. 과학의 뿌리는 바로 과학을 실행하는 주체다. 그렇다. 과학은 정문을 바라보면서 문 앞에 무엇이 있는지 분석한다. 하지만 과학은 정문 뒤에 집이 있다는 것을, 기억해야 한다. 즉 과학은 과학의 토양을 기억해야 한다. 결국 과학자도 하루가 끝나면 모두 집으로 돌아오지 않는가? 사람들은 과학을 실행하면서도 과학이 어떤 결과를 낳을지 무시해버린다(부와 명예를 추구하는 사람도 비슷하게 행동한다). 아주 순조롭게 실행되던 과학이 인간이 처한 상황 때문에 가로막혔을 때, 비로소 사람들은 눈앞에 벌어지는 일에 주목할 것이다. 바람둥이가 되려는 사람을 생각해보라. 그는 아내와 서먹서먹해지자 어리석게도 다른 여자를 갈망한다. 하지만 병에 걸려 욕정이 사라지면, 그는 가정의 따뜻한 방을 가장 그리워할 것이다. 나치 통치 아래 살던 독일인을 생각해봐도 좋다. 그는 기술자이며 트럭을 수리한다. 그는 현미경을 들여다보듯 자기 일에 집중한다. 그래서 고개를 들어 세상이 어떻게 돌아가는지 보지 않는다. 그의 작업은 나치 계획에 협조하고 있다.

유대인을 계속해서 죽음의 수용소로 실어나르는 계획에 그의 작업이 기여했다. 죽음의 수용소를 집중 캠프Concentration Camp라고 부른 것은 당연해 보인다(핵폭탄을 개발한 맨해튼 프로젝트도 추상적 · 객관적 작업이 집중되어 나타난 결과였을까?). 판 프라센에 따르면, 우리가 과학적 세계관을 현실에 대한 궁극적 해명인 양 추종한다면, 인간 존재가 있을 자리는 사라질 것이다. 과학을 실행하는 과학자는 물론이고, 늙고 초라해진 의심 많은 도마도 있을 곳을 잃어버릴 것이다.[156]

## 검증 아니면, 박동수 점검하기

이론은 왔다 사라지지만, 개구리는 거기 남는다.

_ 진 로스탠드[157]

이미 수용된 이론을 진리로 받아들여야 한다는 논증은 없다. 어떤 이론을 진리로 인정했으니 계속 진리로 인정해도 된다는 인식론적 원리는 없기 때문이다.

_ 바스 판 프라센[158]

객관주의는 우리가 알고 증명할 수 있는 것을 추켜세우지만, 우리가 알지만 증명할 수 없는 것을 모호하게 얼버무리면서, 우리의 진리 개념을 완전히 망쳐놓았다. 하지만 알지만 증명할 수 없는 것이 우리가 증명할 수 있는 것을 뒷받침하고, 궁극적으로 보장해야 한다.

_ 마이클 폴라니[159]

테리 이글턴에 따르면, 도킨스가 생각하는 과학적 증거는 개념적으로 상당히 낡았다. 이글턴은 이렇게 지적한다. "도킨스는 우리가 중간에 서서 확실히 증명할 수 있는 것과 눈먼 믿음을 깔끔하게 구별할 수 있을 것처럼 말한다. 우리 인생에서 가장 흥미로운 일은 두 가지 영역 바깥에서 일어난다는 것을 도킨스는 보지 못한다."[160] 과학은, 확실히 증명할 수 있는 것에도, 눈먼 믿음에도 속하지 않는다. 낡아서 맞지도 않는 검증이란 기준을 과학이 만족시켜야 한다면, 우리는 과학을 실행할 수 없을 것이다. 더구나 종교도 과학적 탐구이지만 종교는 세계를 제대로 설명하지 못했다고 데닛과 도킨스는 생각한다. 이글턴은 이런 생각의 허점을 꼬집는다. "데닛과 도킨스의 어법으로는 발레도 버스를 타기 위한 달리기다. 단지 발레는 버스를 타기에 너무 서툰 달리기다."[161] 도킨스가 신학을 논한 것을 보면, 도킨스는 이런 사람과 같다. "그는 문학비평을 한답시고 이 소설에는 이런 점이 좋고 이런 점이 끔찍하며, 결국 너무 슬프게 소설이 끝나버렸다고 논평한다."[162] 오늘날 무신론자의 수준을 한탄한 이글턴은 확실히 옳다. 오늘날 무신론자의 지적 수준은 타블로이드 신문의 이라크 전쟁기사의 수준을 넘지 못한다.[163] 오히려 지금 니체가 필요한데, 니체는 보이지 않는다. 대신 니체의 먼 사촌만 있다. 도킨스는 검증주의를 옹호하는 것 같다. 아마 윌리엄 클리포드William Clifford(1845-1879)가 검증주의를 가장 훌륭하게 대표하는 인물인 듯하다. 그는 검증주의의 원조 옹호자로서 우리에게 다음과 같이 경고한다. 이 말은 유명하다. "증거가 충분하지 않은 상태에서 믿는 것은 늘 어디에서나 누구에게나 잘못이다."[164] 과학적 유물론자가 검증주의를 고수했다면, 과학적 유물론자는 아마 옛날에 검증주의 유령을 포기했을 것이며, 교리에 충성하지 않았을 것이다. 검증주의를 고집했다면 과학도 상당 부분 끝장났을 것이다. 판 프라센도 정확히 지적한다. "결국 과학은 상당 부분 검증할 수 없다.…우리의 과학은 경험의 법정에 서지만, 경험은 늘 과학에게 불충분한 결정밖에 주지 않는다."[165] 검증주의를 어설프게 숭배하는 것은 우스운 일이다. G. K. 체스터튼은 이것을 잘 꼬집었다. "나는 앞뒤 가리지 않고 선조의 전통과 권위에 고개를 조아리면서, 어떤 이야기를 미신처럼 집어삼켰다. 나는 이 이야기를 실험이나 개인의 판단으로 도무지 진짜인지 검증할 수 없었다. 그래서 나는 1874년 5월 29일에 켄싱턴 캠던힐에서 태어났다고 굳게 믿는다."[166] 죽음도 똑같다. 자신의 죽음을 검증할 수 있을까? 더구나 도킨스가 쓴 책도 도킨스가 내세운 원리를 어긴다. 그렇지 않나? 제롬 케이건Jerome Kagan도 이렇게 지적한다. "리처드 도킨스는 중세의 대주교가 보여주는 오만함으로 글을 쓴다. 경험으로 입증된 사실에 상응하는 믿음만이 가치 있는 믿음며, 모든 다른 생각, 특히 신에 대한 믿음은 위험하고도 비합리적인 환상이라고 강변한다. 도킨스의 저작이 종교에 헌신한 사람을 설득하여 그의 마음을 바꿔놓을 것이라는 믿음을 뒷받침하는 증거도 없음을 도킨스는 알았어야 했다. 따라서 도킨스가 종교적 주제를 논한 책을 쓰기로 마음 먹었을 때 그는 자신이 옹호한 원리를 어겼다."[167]

폴라니는 이렇게 지적한다. "우리는 신을 관찰할 수 없다. 더구나 진리나 아름다움도 관찰할 수 없다. 신이 있다는 말은 신은 경배를 받고 인간은 신에게 복종한다는 뜻이다. 이것을 다르게 이해할 수 없다. 신이 있다는 것이 사실이므로 그렇게 하라는 뜻도 아니다. 진리와 아름다움, 정의도 똑같다. 우리가 진리와 아름다움, 정의를 위해 행동해야만 이것들을 이해할 수 있다."[168] 도킨스는 수학, 도덕, 정의, 선, 아름다움, 심지어 인간 정신과 인격을 손가락으로 만질 수 없으므로 그런 것은 없다고 말하려는 걸까? 도킨스도 진화론을 손으로 만질 수 없다. 하지만 우리는 도킨스와 창조론자를 따르지 않는다. 우리가 손으로 만질 수 없다고 해서(경험으로 입증되지 않는다고 해서) 진화론의 타당성이 손상된다고 생각하지 않는다. 크리스토퍼 히친스Christopher Hitchens는 도킨스의 섬세하지 못한 생각의 속내를 잘 드러낸다. 히친스는 터무니없는 말을 늘어놓는다. "망원경과 현미경 덕분에 [종교는] 이제 어떤 중요한 것도 설명하지 못한다."[169] 적어도 엄청나게 노력하지 않고서야 이것보다 더 멍청하게 글을 쓰기는 어려울 것이다. 이글턴은 히친스의 문장을 다음 문장과 나란히 비교한다. "전기 토스터 때문에 우리는 체호프를 잊어버릴 수 있다." 이렇게 과학방법론을 천박하게 이해하면, 세계는 거의 소멸할 지경에 이른다. 하늘나라가 아니라 지구가 멸망한다. 호르스트도 비슷하게 주장한다. "에드워드 윌슨의 『통섭』*Consilience* (1998)과 프랜시스 크릭의 『놀라운 가설』*The Astonishing Hypothesis* (1993)은 상당히 많이 팔린 책이다. 이 책을 읽어보면 저자들이 1960년대 이후에 나온 과학철학 서적을 읽지 않았다는 인상을 받는다." 도킨스의 『만들어진 신』도 호르스트의 목록에 넣을 수 있겠다. 그래도 미심쩍은 구석은 있다. 도킨스는 아예 과학철학 서적을 읽지 않은 것이 아닐까? 도킨스는 A. J. 에이어Ayer의 『언어, 진리, 논리』*Language, Truth, and Logic*를 잠깐 맛봤던 것 같다(취향이야 가지각색).[170] 이글턴은 이렇게 지적한다. "지금 이 순간 성모 마리아가 한 손에 아기 예수를 안고 뉴헤이븐의 하늘에 나타나 다른 손으로 태연하게 지폐를 살포한다 해도 예일 대학교 실험실에서 연구 중인 과학자들 중 누구 하나 창 밖으로 머리조차 내밀지 않을 법하다. 적어도 평판대로 행동한다면 말이다."[171] 재미있게도 이글턴의 글은 사도행전 1:11의 장면을 생각나게 한다. 그리스도가 "하늘로 들려 올라갈 때" 천사 두 명이 나타나 그 장면을 지켜보던 사람들을 꾸짖는다. "갈릴리 사람들아, 어찌하여 하늘을 쳐다보며 서 있느냐?" 그들이 고개를 들어 그리스도가 하늘로 올라가는 것을 볼 수 있었다고 해보자. 그리스도는 그들 머리 위에 있지만,

날아가는 새보다 낮게 있고, 오늘날 비행기보다 확실히 낮은 위치에 있었다는 사실을 보여준다고 말해야 할까? 그리스도가 하늘로 올라간다는 것이 이런 뜻은 아닐 것이다. 검증은 이 상황에 맞지 않으며, 문제를 해결하지도 않는다. 오히려 검증은 문제를 일으킬 것이다. 도킨스는 우리가 논점을 회피한다고 비판하겠지만, 먼저 심리철학의 거장인 존 설의 말을 들어보자. 누군가 존 설에게 초자연적인 것을 믿느냐고 물었다.

> 믿지는 않습니다. 하지만 그것보다 초자연 문제에서 훨씬 중요한 주제가 있습니다. 오늘날 문화에서 지식인은 이미 세속화되었습니다. 그래서 백 년 전에 사람들은 초자연의 존재를 소중하게 여겼지만 지금은 그들만큼 초자연을 중요하게 여기지는 않습니다. 우리가 틀렸다는 것을 알았다고 해봅시다. 신의 능력이 정말 우주에 충만함을 발견했다고 해봅시다. 그래도 지식인은 대부분 이렇게 말할 겁니다. '맞아요. 신의 힘은 다른 것처럼 물리학이 다루는 사실이죠. 우주에는 네 가지 힘만 있는 것은 아닙니다. 제5의 힘도 있어요.' 이런 식으로 우리는 신이 있다는 사실도 사소하게 여기겠죠. 세계는 이미 비신화화되었기 때문입니다. 우리가 틀렸고 신이 정말 있다는 것을 발견하더라도 우리 세계관의 근본은 그대로 남아 있을 겁니다.[172]

존 설의 말을 볼 때 검증은 통하지 않는 것 같다. 그리고 그것은 마땅하다. 다른 영역을 살펴보자. 성서 연구에서도 똑같은 딜레마가 있다. 성서 연구에서도 회의에 물든 역사비평이 발달한다. 이에 대한 반작용으로 무비판적(반비판적) 근본주의가 생겨난다. 근본주의는 어떤 일이 정말 일어났다고 말하면서 성서를 문자 그대로 읽어야 한다고 강조한다. 반면 회의적 역사비평은 성서가 일어났다고 말하는 사건은 정확하지 않다고 가정하며 사실이 아니라고 주장한다. 역사비평과 근본주의의 논리는 거의 같다. 성서를 비판하지 않는 근본주의자는 이렇게 주장한다. 예수가 십자가에 못 박힐 때 우리가 거기에 있었더라면, 우리는 십자가에 달린 신을 알아보고 그를 믿었을 것이다. 근본주의자는 성서 텍스트를 통해 이런 장면을 상상하는데, 이것이 그의 신앙을 뒷받침한다. 똑같은 논리가 회의적 역사비평을 뒷받침하는 경향이 있다. 놀랄 만한 일이지만, 일단 이렇게 말해야 공정하다. 역사비평도 우리가 십자가 처형 장소에 있었다면 우리는 실제로 무슨 일이 벌어지는지 알 수 있다고 추정하기 때문이다. 단지 역사비평의 다른 점은 성서의 기록은 사실이 아니라고 믿는다는 것이다. 따라서 두 관점 모두 우리가 완전히 분명한 사건에 (가상이긴 하지만) 다가갈 수 있다고 가정한다. 하지만 이 생각에는 중요한 요점이 하나 빠졌다. 믿지 않는 증인이란 개념이 이 요점을 잘 나타낸다. 믿지 않는 증인은 신자가 증언하는 사건을 똑같이 증언하지만 그 사건을 믿지 않는다. 믿지 않는 증인은 근본주의와 역사비평의 논리를 모두 파괴한다. 그리스도가 십자가에 달렸던 곳에 있었던 사람 가운데, 예수를 믿는 자들이 본 것을 보지 못한 사람들이 있었다(이들은 성서에 나온다). 반대로 그곳에 없었지만 어떤 사람이 일어났다고 말한 것을 믿은 사람도 있었다. 결국 거기 있었던 사람과 거기에 없었던 사람만이 이 문제에 관여하는 것이 아니며, 실제 사건에 대한 여러 설명들만이 이 문제에 관여하는 것도 아니다. 그리스도 십자가 사건에 대한 성서의 요점은 모든 사람이 하나님의 아들을 알아보지 못한 채 쉽게 십자가에 못 박을 수 있다는 것이다. 나사렛 출신으로 멋진 말을 늘어놓던, 예수라고 불리던 사람을 사람들이 알아보지 못했다는 것이 아니다. 사람들은 예수를 보고 그의 말을 들었지만, 그래도 예수를 십자가에 못 박았다. 따라서 부활한 예수를 처음 본 사람이 예수를 알아보지 못한 것은 너무나 당연하다. 이런 맥락에서 진리 개념을 넓혀서, 신뢰하는 타인까지 진리 개념에 포함시켜야 한다(자신의 출생을 검증할 수 없었던 체스터튼을 떠올려보라). 우리는 인격이란 존재를 검증할 수 없듯이 사랑도 검증할 수 없다. 어떤 것을 "보고", 느끼고, 생각하고, 믿는다고 말할 때도, 그런 것이 정말 있는지 대단히 의심스럽다. 우리가 품는 의도는 말할 것도 없고, 색깔도 유물론자에게 대단히 의심스러운 존재들이다.

판 프라센은 도킨스와 윌슨, 히친스보다 현대의 논의를 다소 잘 아는 것 같다. 예를 들어 판 프라센은 "합리성은 그저 굴레를 씌운 비합리성"이라고 말한다.[173] 그렇다고 그가 우리에게 계속 포스트모던을 강조하는 것이 아님은 확실하다. 하지만 판 프라센은 분명 도서관에서 과학철학을 읽으며 과학이 실제로 어떻게 돌아가는지 조사했다. 증거가 과학이론을 모두 규정하지 않는다는 것이 판 프라센의 핵심주장이다. 다시 말해 하나의 자료와 맞아떨어지는 이론은 여러 개가 있을 수 있다. 더구나 모든 과학의 결론은 잠정적이며, 과학은 휘그당원의 구호처럼 진리를 향해 도도하게 진군하지도 않는다. 오히려 "우리가 어떤 것을 사실이라고 받아들이는 믿음은 미래의 경험적 증거라는 운에 달려 있다."[174] 과학은 이 운명에서 벗어날 수 없다. 경험적 증거에 따라 우리의 믿음은 앞으로 어떻게 될지 알 수 없으며, 앞으로 영원히 그럴 것이다. 그래서 우리는 이런 것을 미래라고 부른다. 폴라니는 과학의 성장을 설명하면서 유비를 제시한다. 이 유비는 과학의 성장을 이해하는 데 무척 유익하다. 폴라니는 먼저 과학이 조각상과 같다고 말한다. 조각상을 만드는 단계를 하나씩 살펴보면, 각 단계에서 조각상은 완성된 것처럼 보인다. 하지만 과학이 정말 어떻게 변했는지 관찰해보면, "과학은 이런저런 단편적 발견과 결과를 덧붙이면서 과학의 뜻을 계속 바꾼 것 같다. 과학의 발전을 그저 구경하는 사람에게 이런 과정은 매우 경이롭게 보인다." 프톨레마이오스와 코페르니쿠스만 봐도 금방 알 수 있다. 더 놀랍게는 뉴턴에서 아인슈타인, 하이젠베르크, 보어로 이어지는 발전에서 드러난다.[175] 그래서 칼 포퍼는 우리에게 이렇게 말한다. "우리는 과학을 '지식체'가 아니라 가설의 체계로 여겨야 한다. 우리는 기본적으로 가설체계를 정당화할 수 없다. 단지 가설체계가 검사를 견디는 동안 우리는 가설체계를 가지고 작업한다. 가설체계가 '진리'라거나 '다소 확실하거나', 심지어 그럴듯하다는 것을 우리가 안다고 말할 만한 근거는 없다."[176] 이런 관점을 "오류가능주의"라고 한다. 오류가능주의에 따르면, 우리가 말하는 지식은 원래 수정 가능하거나 교정 가능하다. 그리고 포퍼는 말한다. "객관적 과학을 뒷받침하는 경험은 '절대적인' 것과는 거리가 멀다. 과학의 기초는 단단한 기반암이 아니다. 과학이 세운 이론의 과감한 구조는 늪 위에 세워져 있다."[177] 도킨스의 옥스퍼드 나라에는 확실히 늪이 없다. 따라서 과학은 흠 없고 순결한 처녀라는 옛 생각을 버리고 실제 기혼자와 비슷하다고 봐야 한다. 결혼에는 굴곡이 있다. 기쁜 날과 슬픈 날도, 잠 못 이루는 밤도, 부할 때와 가난할 때도 있다. 앙리 포엥카레Henry Poincaré도 이렇게 말한다. "인간 세계는 과학이론이 덧없이 사라지는 것을 보고 깜짝 놀랐다. 과학이 부흥하던 시대는 빨리 끝나버렸다. 과학이론이 하나씩 폐기되고, 버려지는 이론들이 쌓여가는 것을 인간은 지켜본다. 그래서 지금 유행하는 이론도 곧 사라질 거라고 예상하고, 과학이론이 완전히 허망하다고 선언해버린다. 인간은 이런 상황을 과학의 파산이라 부른다."[178] 포엥카레가 말한 파산을 지금은 비관적 귀납이라 부른다.[179] 그리고 앞에서 말했듯이 이론의 불확정성이 문제가 된다. 경험적 증거에 완벽하게 부합하는 이론은 소수에 불과하기 때문이다. 이런 이유 때문에 스탠포드는 다음과 같이 주장한다. "과학 탐구의 역사를 보면, 그때그때 반복되는 이론의 불확정성은 추측에 근거한 가능성이 아닌 이론적 과학이 맞닥뜨린 인식의 위기임을 확인할 수 있다."[180] 하지만 늘 우리는 오늘날 과학이 "진리"라고 말하고 싶어한다. 멋지게 차려입고 파티에 갈 때도 우리는 비슷한 유혹에 사로잡힌다. 슬쩍 거울을 보며 우리는 이렇게 생각한다. "그래.…이 정도면 훌륭하지. 머리 모양도 나쁘지 않고. 하여간 괜찮아 보여." 그런데 그날 저녁 파티에서 찍은 사진을 십 년 후에 본다면 부끄러워 말문이 막힐 것이다. 도대체 이 따위 옷을 입고 어떻게 파티에 갔지? 그런데 지금 우리가 입은 옷을 다시 십 년 후에 본다면 어떻게 될까? 그때도 끔찍하지 않을 거라고 생각한다면, 그것은 착각이다. 스탠포드는 과학을 생각할 때도 비슷한 잘못을 범한다고 지적한다. "과학이 성공할 때 과학은 진리에 가까이 다가가거나 어떤 사태를 지시한다고 과학적 실재론자는 추론한다. 하지만 그런 추론은 스스로 허물어질 것이다. 현재 이론이 성공했으므로 현재 이론은 진리에 가까이 다가가거나 어떤 사태를 지시한다고 추론한다면, 과거에 나타났던 성공한 이론은 정말 틀렸거나 어떤 사태를 지시하지 않는다고 봐야 하기 때문이다. 따라서 이렇게 추론하면, 현재 (성공한) 이론이 처음으로 진리에 가까이 다가가거나 어떤 사태를 지시한다는 생각을 뒷받침하는 첫 번째 근거가 파괴된다."[181] 우리는 조셉 콘래드Joseph Conrad의 말에 귀 기울여야 한다. "허영심은 우리 기억을 무섭게 속인다."[182] 스탠포드가 지적하듯 "일단 현재 이론을 두 가지 용도로 사용할 수 있다. 먼저 과거 이론의 요소가 참인지 판단하기 위해 그 요소가 현재 이론과 일치하는지 살펴본다. 그리고 과거 이론의 어떤 특징이나 요소 때문에 과거 이론이 성공했는지 판단할 때도 현재 이론을 기준으로 사용한다. 이런 맥락에서 과거 이론이 어떻게 성공했는지 검토할 때 우리는 이론이 세계의 상황과 '맞아떨어졌다'는 생각을 정말 하게 된다. 이 현상은 상당히 인상 깊다."[183] 더구나 "과학 역사는 다음과 같이 암시한다.…과거 이론이 내세운 가정 가운데 폐기된 가정들이 있다. 예를 들어 에테르와 플로지스톤, 다윈의 싹눈, 공통발현형질stirps, 생명 유지의 가설적 입자biophores 등이 있다.…이런 가정들은 오늘날 유전자와 원자, 분자, 전자장 개념 못지않게 이론의 예측력과 설명력에 긴밀하게 기여했다."[184] 원자를 한번 살펴보자. 원자는 나눌 수 없다는 뜻이다. 현대 물리학에 따르면 원자 개념은 더 이상 적절하지 않다. 원자 개념은 완전히 달라졌지만(앞으로 또 달라지겠지만), 우리는 원자 개념을 그냥 버리지 않는다. 우리는 이제 원자를 완전히 다르게 이해하지만, 원자란 용어를 계속 쓴다. 천체물리학자인 존 깁슨John Gibson은 이런 상황을 깔끔하게 요약한다. "원자가 '정말' 무엇인지 우리는 '정말' 모른다. 우리는 원자가 '정말' 어떤 것인지 알 수 없을 것이다. 원자는 어떤 존재 같다고 알고 있을 뿐이다. 우리는 원자를 이런저런 방식으로 조사하면서 우리는 어떤 환경에서 원자는 당구공과 '같다'는 것을 알게 된다. 조사 방법을 바꿔보라. 3단계 질문을 사용하여 원자를 조사하면 양전하를 띤 핵 주위에 전자 구름이 있다는 대답을 듣게 될 것이고, 원자가 태양계와 '같다'는 것을 알게 될 것이다. 우리는 원자가 '무엇인지' 그려보기 위해 당구공과 태양계 같은 일상의 이미지를 사용한다. 우리는 모형이나 이미지를 구성한다. 그러나 우리가 모형이나 이미지를 구성했다는 사실을 우리는 잊어버린다. 그래서 이미지를 현실이라고 생각해버린다."[185] 이렇게 되면 어떤 일이 벌어질지 우리는 알고 있다!

찰스 테일러Charles Taylor는 이렇게 쓴다. "과학자가 내세우는 가정 가운데 증거가 없는 것은 없다고 누군가 주장한다면, 그는 분명 막무가내로 믿는 사람일 것이다. 그는 손톱만큼의 의심도 가질 수 없는 사람이다."[186] 과학은 모두 신앙에 뿌리내리고 있다. 어떤 신앙은 좋고, 어떤 신앙은 나쁘다. 좋은 신앙을 가진 사람은 과학의 가능성을 믿는다. 그의 신앙에는 이성의 효능과 과학자의 사고습관에 대한 믿음이 깔려 있다(말하자면, 오캄의 면도날을 적용하는 바로 그 사고습관이다). 나쁜 신앙은 이글턴이 말하는 과학의 "대제사장, 성스러운 소, 숭배받는 경전, 이념적 예외, 그리고 소수자를 억압하는 의례"와 관계가 있다. 존재론적 자연주의, 무신론, 환원적 유물론, 과학주의, 만능(보편적) 다윈주의, 도구주의에는 모두 나쁜 신앙이 드러나 있다. 데닛 같은 사람은 종교는 자연스럽게 발생하므로 종교에 진리가 있다고 생각할 수 없다고 주장할 것이다. 하트는 데닛의 견해를 이렇게 서술한다. "데닛은 정말 놀라운 발견을 했다. 자연스럽게 신을 욕망한다는 것은 신에 대한 욕망이 자연적임을 뜻한다.…이처럼 데닛이 뒤집어놓은 것은 생각이 아니라 말의 순서뿐이다."[187] 이것은 엄청난 신앙지상주의다. 폴라니도 지적한다. "수년간 실증주의, 실용주의, 자연주의의 언어로 계속 말한 사람이, 그 언어가 병적으로 거부하는 진리와 도덕의 원리를 계속 존중한다."[188] 이렇게 서로 어긋나는 기준을 함께 품으려면 정신분열증 환자처럼 논리를 중지할 수밖에 없다. 나치 통치 아래서 사람들은 이런 분열증을 경험했을 것이다. 앞에서 말했지만, 그들은 일상업무를 수행했지만, 그 업무가 국가사회주의의 대의에 기여한다는 것을 의식하지 않았다. 폴라니는 이런 태도에 반대하면서 다음과 같이 주장한다. "과학의 정합성을 확인하려면 과학자들이 똑같은 영적 현실에 뿌리박고 있는지 확인해야 한다."[189] 인기 있지만 망상에 빠진 세속적 열혈 무신론자도 공유된 영적 현실을 무시한다면, 그들은 그저 자신의 주관이 만들어낸 현상만 쳐다볼 수밖에 없을 것이다(그들은 매일 그렇게 살고 있다). 지성과 합리성, 신앙은 우리가 함께 뿌리내린 영적 현실에서 자라나기 때문이다. 따라서 "우리가 가진 지식의 근원이 믿음이라는 것을 다시 한 번 인정해야 한다. 사람들은 말없이 동의하고 지적인 열정을 품으며 언어와 문화 유산을 공유한다. 그리고 같은 마음으로 뭉친 공동체에 애착을 느낀다. 이런 충동은 사물의 본성을 보는 관점을 형성한다. 우리가 사물을 통달하려 할 때도 이런 관점이 전제되어 있다. 우리의 지성이 아무리 비판적이고 독창적이어도, 지성은 우리에게 맡겨진 믿음의 구도 안에서만 움직일 수 있다."[190] 따라서 과학과 믿음과 사회는 서로 연결되어 있다.[191] 폴라니는 이것을 설명하려고 최신 시계를 사례로 제시한다. 최신 시계 발명가가 특허권 신청서를 작성하면서 그저 물리화학적 설명만 늘어놓는다면, 화학적으로 동일한 복제품만을 금지하는 특허권을 받을 것이다. 이렇게 되지 않으려면 발명가는 자신이 만든 시계의 형상을 정의해야 한다.[192] 과학도 형상에 의존하지만 과학도 형상을 정의할 수 있는 통찰력을 받아들여야 한다. 과학 담화로는 이런 통찰력을 얻을 수 없기 때문이다. 예수회에 따르면(물론 예수회 바깥의 사람들도), 우리가 처음부터*ab initio* 성서가 무엇을 뜻하는지 알 수는 없다. 똑같이, 우리는 전통, 특정 가치, 기준과 상관없이 과학을 조사할 수 있는 것처럼 행동할 수 없다. 상대주의를 옹호하자는 말은 아니다. 이런 생각을 상대주의로 보는 사람은 창조론자의 진리관에 기본적으로 동의할 것이다. 창조론자의 진리관은 통속적 문자주의를 보여준다. 이 문자주의에는 결국 사람이 빠져 있다.

판 프라센과 함께 에드문트 후설Edmund Husserl은 과학의 토대가 이미 현실이라는 듯이 믿는 버릇에 일침을 가한다.

> 정신세계를 탐구하는 객관적 과학의 이념을 실현할 능력이나 기회가 무엇이든, 객관성이란 이념은 실증과학의 우주를 전부 지배한다. 그리고 객관성의 일반 용법에 따르면 객관성은 "과학"이란 단어의 뜻을 규정한다. 객관성 개념을 갈릴레오식의 자연과학에서 가져오는 한, 이 개념은 이미 자연주의를 함의한다. 과학적으로 "옳은 것"인 객관적 세계는 자연이라고 미리 가정된다. 여기서 자연의 뜻은 확장된다. 생활세계에 속한 주관성과, "객관적인 것"인 "참된" 세계는 다르다. 객관적 세계는 이론

적 · 논리적 구조이며, 이런 구조는 원리상 지각될 수 없다. 즉 객관적 세계의 어떤 존재도 이 구조를 경험할 수 없다. 반면, 주관적인 것인 생활세계는 특성이 무엇이든 정말 경험될 수 있다. 그래서 생활세계는 객관적 세계와 다르다. 생활세계라는 영역은 처음부터 분명하게 다가온다.[193]

그래서 객관적 지식은 파산했다.[194] 객관적 지식이란 개념이 이미 거짓말이기 때문이다. 객관적 지식 개념은 이 개념의 동물성을 부정한다. 즉 객관적 지식도 나름대로 생명이 있으며 스스로 진화하고 가능성을 가진다는 것을 객관적 지식 개념은 부정한다. 그러나 객관적 지식이 반드시 파산하는 것은 아니다. 판 프라센이 올바로 지적하듯이 과학은 객관화하는 담화다. 이 담화를 통해 우리는 엄청난 부를 얻었다. 하지만 "세계를 얻었지만 자기 영혼을 잃어버린다면 무슨 소용이 있겠는가? 부는 우리를 유혹한다. 많이 소유할수록 우리는 우리가 소유한 부가 전부라고 쉽게 믿어버린다. 부에는 늘 이런 문제가 따라다닌다. 객관적 지식을 많이 가진 부자도 마찬가지다. 이런 잘못에 빠져버린 부자는 오히려 가난하다."[195] 객관적 지식이 전부라고 믿는 사람은 과학주의라는 빈곤에 빠진다. 불가코프는 이렇게 말한다. "과학주의는 생명이 거치는 단계이며, 생명의 한 순간이다. 따라서 과학주의는 생명을 넘어설 수 없고, 그래서도 안 된다. 과학은 생명을 섬기는 하녀다*Scientia est ancilla vitae*. 과학적 창의성은 생명에 비하면 무한히 작다. 생명은 살아 움직이기 때문이다."[196] 생명이 거치는 과정이 일단 진실하다면, 생명은 그 과정을 모두 거쳐야 한다.

과학은 과학을 일으켜 세운 근원으로 늘 돌아가야 하고 과학의 기원이나 미래를 부정하지 말아야 한다. 과학의 과거는 모두 영광스럽지만 과학은 점점 발달하면서 종잡을 수 없는 미래로 들어가기 때문이다. 과학의 과거와 미래가 팽팽하게 맞설 때만 과학은 본분을 다할 수 있다.

따라서 우리는 후설의 지적을 기억하고 있어야 한다. “구체적 생활세계는 ‘과학적으로 참인’ 세계가 자라나는 토양der gründende Boden이며, 과학적으로 참인 세계를 보편적 구체성으로 품는다.”[197] 불가코프도 이렇게 기술한다. “과학은 생명의 기능이다. 인간 노동을 통해 과학이 탄생했다. 모든 생명의 본성은 경제적이다. 다시 말해 모든 생명의 본성은 생명을 방어하거나 넓히고자 한다. 생명은 절대 쉬지 않는다. 생명은 끊임없이 긴장하고 활동하고 싸운다.”[198] 생명은 물리적인 것의 가능성이다. 물리적인 것이 스스로 나타날 수 있는 가능성이 생명이다. 그래서 생명은 말할 때까지, 생명은 『종의 기원』을 쓸 수 있을 때까지 발달했다.[199] 결국 우리는 독단론을 계속 소탕해야 하듯이 과학주의나 환원주의를 “소탕해야 한다.”[200] 생활세계는 처음부터 타당하며, 우리가 처음부터 어떤 것을 경험한다는 것이 타당하다면 과학의 객관적 세계도 가능하며 근거를 가지게 된다. 이렇게 생활세계가 타당하지 않다면 정말 과학을 할 수 없을 것이다. 이 사실을 무시해버리면, 우리는 파괴적 이데올로기를 피할 수 없을 것이다. “객관적 논리적 업적과 성취는 늘 분명하게 보인다. 객관적 이론(수학과 자연과학 이론)은 형식과 내용에서 객관적이고 논리적인 업적을 통해 근거를 얻는다. 그런데 우리는 이런 성취가 어떻게 궁극적으로 생명을 성취하는 과정에 은밀하게 뿌리를 내리고 있는지 온전히 밝혀야 한다. 생활세계가 우리 앞에 분명히 있다는 사실의 전과학적 의미는 생명 안에서 늘 새롭게 규정될 것이다.”[201]

과학의 방법론이 존재론적으로 뜻이 있어야 과학이 제기하는 문제가 문제로서 떠오른다. 불가코프는 이렇게 말한다. “현실을 과학으로 해명하는 것이 가장 심오하고 진실하다는 그릇된 가정이 뿌리를 내리고 자라나자 사람들은 과학에도 의도의 한계가 있음을 잊어버렸다.”[202] 더구나 과학은 무한한 풍부성과 인상적인 복잡성을 제공했지만, 과학은 아직도 "과제를 수행함에 있어 놀랍도록 단순하고 초보적이고 빈곤하다."[203] 이런 단순함과 빈곤이 과학이 성공하게 된 비결이다. 과학의 과제를 적절하게 이해하고 기술한다면, 과학의 단순함과 빈곤함은 아무런 문제가 되지 않는다. 하지만 그렇지 않은 경우에는 과학을 오해하려는 유혹에 빠질 것이다. 즉 과학에서 철학을 이끌어내려고 할 것이다. 그렇게 되면 결국 과학을 제대로 실행하지 못하게 된다(적어도 제대로 실행하는 것이 어려워진다). 과학에 과학자가 보이지 않는다는 사실을 기억해두자. 솔직히 이것은 누구나 아는 문제다. "과학이 도구로서 상당한 유용해지자 과학의 영역이 과학의 한계가 고려되지 않은 채 넓어졌다. 그래서 사람들은 과학이란 열쇠를 가지고, 이 열쇠가 전혀 열 수 없는 자물쇠까지 열려고 애쓴다. 여기서 합리주의 시대가 낳은 불행한 열매가 나타났다. 바로 과학을 지향하는 철학 이념이 나타난 것이다. 이 이념에 따르면, 과학을 넘어서거나 과학 바깥에 속한 문제도 과학으로 해결할 수 있다."[204] 하지만 과학을 제대로 이해할 때, 과학은 과학이 생산한 것과 완전히 딴판임을 알 수 있다. 과학은 분명 훌륭한 생체해부학자와 같다. 예를 들어 과학은 자연을 시체로 만들고 정말 살인과 비슷한 짓을 저지른다. 하지만 과학은 죽은 자의 관점으로 그런 짓을 하지 않는다. 과학도 이미 생명이 거쳐가는 단면이기 때문이다. 이 사실을 잊어버리면, 과학이 내세우는 새로운 근본주의가 과학을 배반해버린다. 종교도 비슷하게 종교를 오용하거나 오해하는 사람에 의해 부패할 수 있다. 과학적 방법 때문에 과학은 늘 이런 유혹에 시달린다. 요나스도 이렇게 지적한다. "생물학—외부 물리적 사실에 제한을 받는—은 그 방법 때문에 생명의 일부분인 내면성의 차원을 무시해버린다. 생물학이 이런 짓을 저지르자 생명의 물질적 차원은 생물학이 등장하기 전보다 훨씬 신비스러운 영역으로 변하고 말았다. 물론 생물학은 생명의 물질적 차원을 완전히 설명했다고 주장한다."[205] 과학적 세계관은 일인칭 경험을 체계적으로 탐구해야 한다. 바로 이런 탐구가 과학적 세계관에 절실히 필요하기 때문이다. 비트볼Bitbol이 말하듯 "과학 안에서도 우리의 영혼은 소생한다."[206] 하지만 과학이 단일하다는 것은 신화임을 알아야 한다. 한마디로 "과학"이란 단일한 대상은 원래 없다. 늘 같은 뜻을 지니는 과학적 세계관도 없다. 불가코프는 이렇게 말한다. "중요한 점은 과학이 스스로 탐구대상을 만들고 스스로 문제를 제기하며 스스로 방법을 정한다는 점이다. 따라서 과학은 세계에 대해 하나의 설명만 제시하지 않는다. 또한 종합적인 세계관도 제시하지 않는다."[208] 과학주의의 황당한 모습을 살펴보면, 비트볼이 말한 일인칭 경험에 대한 탐구가 얼마나 중요한지 알 수 있다. "물리세계를 완전히 설명하려면, 과학이론이 어떻게 물리법칙의 산물인지 설명해야 한다. 과학이론도 이미 물리세계의 일부이기 때문이다. 완결된 이론은 자기 자신도 설명해야 한다. 물리법칙은 우주의 법칙을 제시하면서도, 인간 관찰자가 특정 시점에 뇌의 물리적 작용을 통해 어떻게 우주에 대한 참된 이론을 만들어낼 수밖에 없는지 설명할 수 있어야 한다."[209] 과학주의가 만들어내는 어불성설을 살피면서 케이건은 우리의 지성적 실천과 훈련을 폭넓게 조망해야 한다고 말한다. "사회과학과 인문학의 개념은 창발적 현상을 가리킨다. 자연과학자가 사용하는 용어로 이런 현상을 기술할 수 없다. 바이올린 소나타의 음색을 물리학자의 용어인 진동수와 세기, 시간으로 번역할 수 없다. 모네의 그림에 나타난 균형을 색깔과 윤곽, 형태를 가리키는 문장으로 번역할 수 없다.…심리학자가 생각하는 기억과 계산, 공포의 뜻을 그저 뇌 상태와 구조를 진술하는 문장으로 대체해버릴 수 없다."[210] 그래서 케이건은 스노우C. P. Snow가 말한 두 문화 구분(과학과 나머지 학문)을 넘어서 세 가지 문화를 제시한다. 세 가지 문화에는 나름대로 고유하고 진실한 논리와 용어, 개념이 있다. 케이건의 조언을 무시한다면 우리는 분명히 진화를 거부하게 될 것이다. 하지만 이것은 사회과학과 인문학만이 다뤄야 할 문제는 아니다. 과학도 이 문제를 다루어야 한다. 과학이 이미 인간 실천이기 때문이다. 다시 말해 과학의 가장 진실하고 분명한 형태는 인문학에 속한다. 비록 그 신체에 있어서가 아니라 영혼에 있어서라도 말이다.

과학과 종교의 관계를 우리는 어떻게 기술해야 할까? 우리는 조금은 판 프라센에게 어느 정도 동의한다. "과학과 종교의 관계 같은 것은 없다. 여러 개인과 학문 공동체가 이런저런 맥락에서 관련성을 만들어낼 뿐이다."[211] 그래서 과학과 종교는 문화의 맥락에 따라 소통하고 함께 엮인다. 더구나 "과학은 무엇인가? 세속이란 무엇인가? 이런 질문들이 반드시 연결되지는 않는다. 그저 역사와 문화에 따라 연결되기도 하고 분리되기도 한다."[212] 데이비드 리빙스턴David Livingstone도 비슷하게 생각한다. "과학은 역사적·문화적 정황의 영향을 피할 수 없다."[213] 따라서 종교와 과학은 여러모로 관계를 맺을 것이다. 과학과 종교라는 정신 활동을 연인의 모습에 비유할 수 있다. 연인들은 서로 다르므로 욕망이 생긴다. 동시에 연합의 감정도 생긴다. 과학과 종교는 모두 진리로 나가며 진리를 알려는 욕망으로 움직인다. 하지만 과학주의와 종교 근본주의는 생산적 차이를 거부하고 자기애가 물씬 풍기는 자위의 세계를 만들어낸다. 그들은 오직 자기만 바라보기 때문이다. 그래서 세계를 갈망하지도 못한다. 그들에게 아예 세계가 남아 있지 않다. 이미 말했듯이 이것이 바로 현실/실재의 소멸이다. 무엇이 과학을 이렇게 뒤틀고 타락시켰을까? 간단하고 올바로 대답해보자. 바로 유물론과 자연주의다.

## 유물론의 실패

유물론은 조잡하게 앞뒤가 맞지 않는 미신이다.…고집스러운 유물론자는 무지몽매하고 불쌍한 야만인에 불과하다. 그는 논리적으로 불가능한 관점에 막무가내로 몰입하면서 눈이 멀어버렸다.

_ 데이비드 벤틀리 하트[214]

물질의 본성을 철저히 탐구할수록 물질은 더욱 수학적이며, 신비스럽고 붙잡기 힘든 존재로 나타난다.

_ 로저 펜로즈 경[215]

유물론은 모든 면에서 실패했다. 유물론은 텅 비어 있고, 논점을 회피하며, 비과학적이며, 정말 자신을 미워한다. 유물론자는 물질을 미워한다. 더구나 유물론자는 물질을 이상하게 표상한다. 현대의 맥베스처럼 유물론자는 물질을 잘못 표상하면서 자신이 죽이려고 한 그것, 바로 물질적인 것에 영영 홀린다.

## 네 이웃을 너 자신처럼 사랑하라

우리 시대 유행하는 파리풍 카페(또는 소박한 앵글로-색슨 철학 강의실)에서 뭔가 음흉한 소문이 떠돈다. “물질만이 존재한다.” 늦은 밤에 나누는 무서운 이야기처럼 사람들은 이를 무서워하면서도 은근히 즐긴다. 일단 이 이야기는 즐겁다. 이야기가 이미 급진적으로, 심지어 해방적으로 짜여 있기 때문이다. 사람들은 이 유물론이 모든 교회를 뒤집고 모든 종교를 모욕한다고 생각한다. 당신이 이런 유물론을 알았다면 어떻게 종교를 가질 수 있겠는가? 영혼이 있을 곳은 어디이며, 정신이 있을 곳은 어디인가? 우리의 문화적 가식—사랑과 시, 문학, 교제 등—도 살얼음판을 질주한다고 한다. 이런 문화적 가식들은 그저 앞모습이기 때문이다. 문화적 가식이라는 가면 뒤에서 우리는 우리 자신과 모든 것의 진실을 볼 수 있다. 모든 얼굴 뒤에 숨은 실재réel는 가장 가까우면서도 가장 낯선 이웃이다. 자크 라캉은 이렇게 표현한다. "우리는 거기서 보는 것은 하얀 막이 덮고 있는 비개골이라는 끔찍한 장면입니다.…끔찍한 발견이지요. 우리는 지금껏 보지 못한 고깃덩어리를, 모든 것의 기초이자 머리와 얼굴의 이면을 본 것입니다.…이 살에서 모든 것이 나오고 신비의 중심이며…형태도 없고…불안의 유령이며…최후의 계시입니다. 바로 당신이 이것입니다. 이것은 지금까지 당신에게 나온 것이고 궁극적인 형태 없음입니다."[216] 명확한 기준점(명확한 자아 또는 분명한 영혼) 없이, 물질만 남은 인간은 방향을 잃고 자기 집—자기 몸과 생명—에서도 걸려 넘어진다. 마치 남의 집에 온 사람처럼 어색하다. 익숙했던 것이 이제 이상하고 낯설고 무섭기까지 하다. 이것이 지그문트 프로이트가 두려운 낯설음uncanny이라고 부른 바로 그것이다. 얼굴이라 불리는 얇은 피부 뒤에 무엇이 있는지 알고 싶은가? 우리는 알고 싶지 않다. 똑같이 배설물도 부끄럽다. 손님이 올 때 우리는 먼저 변기부터 청소한다. 애인은 나의 배설물을 절대 보지 말아야 한다. 나의 진실이 드러날까 두렵다. 즉 나는 나의 배설물과 같은 종류라는 것이 드러날까 무섭다. 당신이 욕망하는 아름다운 사람을 생각해보라. 그는 멀리 떨어져 있고 신비로우며 미지의 인물이다. 그것이 그를 욕망하는 이유다. 하지만 당신이 그를 알고 그와 결혼하면, 당신은 그 또는 그녀의 인간성—그리고 동물성—을 보게 될 것이다. 그렇게 되면 당신의 욕망은 어디론가 사라져버리고 물질만 덩그러니 남게 된다. 이것이 라캉의 격언인 "성관계는 없다"의 뜻인 것 같다. 몰라야 욕망할 수 있다. 알게 되면 욕망은 증발한다. 우리는 진정으로 어떤 것이나 어떤 이도 욕망할 수 없다는 뜻이다. 따라서 욕망은 모두 거짓말이다. 욕망은 라캉이 말한 오인에 의존한다.[217]

유물론이 속삭이는 소문을 퍼뜨리고 다니는 사람들은 우리에게 이렇게 말한다. 마그리트의 그림에서 그림 속 인물은 거울을 보는데, 거울에는 얼굴이 아니라 뒤통수만 비친다. 얼굴은 그저 물질에 불과하기 때문이다. 유물론의 소문을 퍼뜨리는 사람은 우리가 그림 속 인물과 비슷한 상황에 처했다고 말한다. 얼굴은 특별한 기호처럼 눈에 띄지만, 허상이다. 실재는 이 허상을 만들어내지 않는다. 이 허상을 만들어낸 것은 유명론적 언어 놀이이다. 우리가 존재한다고 생각하도록 우리를 속인 것은 바로 언어다. 언어는 우리를 유혹하여 우리가 존재한다고 믿도록 만든다. 언어의 마법 뒤에는 실재, 즉 물질이 도사리고 있다. 물질이란 실재는 자신이 나타날 거라고 늘 위협한다. 실재의 위협은 얼룩과 시체, 질병, 냄새에서 드러난다. 실재는 이런 모든 꾸며낸 허울에서 박차고 나오려 한다. 질 들뢰즈Gilles Deleuze는 실재의 위협을 이렇게 기술한다. "몸은 정확히 말해 도망가려 하거나 도망갈 것이라 스스로 예상한다. 내 몸에서 도망치려는 자는 내가 아니다. 몸이 몸에게서 도망치려 한다.…요컨대 발작…프랜시스 베이컨의 작품에서 나타난 발작, 예를 들어 사랑과 구토, 배설물에서 몸은 몸의 기관을 통과하여 늘 몸에서 도망치려 한다.…몸은 채색된 평면의 영역인 물질 구조에 합류하기 위해 그렇게 도피한다."[218] 몸이 너무 아프고 끔찍한 설사가 이어질 때 우리는 덜컥 겁이 난다. 이런 일이 계속 된다면 남아나는 것이 없겠다. 말 그대로 몸의 내부가 텅 비게 될 것이다. 프리드리히 셸링Friedrich Schelling은 이렇게 말한다. "제멋대로 움직이는 혼돈은 다시 솟구쳐 오를 듯 깊이 가라앉아 있다."[219] 여기서 들뢰즈의 지적은 강력하다. 들뢰즈는 비유기적인 것과 비사고를 제멋대로 움직이는 혼돈과 같은 종류라고 말한다. "사물의 비유기적 생명은 끔찍하게도 두려운 존재다. 이 생명은 유기체의 지혜와 한계에 무관심하다.…이런 관점으로 보면 자연 사물/인공 구조물, 촛대/나무, 터빈/태양 사이를 나누던 차이는 사라진다. 살아 있는 벽은 무시무시하다. 하지만 용구와 가구, 집, 그리고 그것들을 덮은 지붕도 비스듬히 모여들어 조용히 기다리다 갑자기 달려든다."[220] 들뢰즈의 지적은 우리 가운데 있는 유명론을 분명하게 보여준다. 우리가 세계에 질서를 부여하고 분류하고 세계를 문법적으로 분석할 때 이 유명론이 작동한다. 종 구분이 폐지된 것은 유명론을 잘 보여주는 사례다. 요나스는 종 구분의 폐지에 대해 이렇게 말한다. "종 구분이 폐지되면서, 변하지 않는 본질이 완벽하게 용해되었다. 따라서 이 사건은 유명론이 실재론을 완전히 이겼다는 것을 뜻한다. 실재론은 자연종이란 생각을 마지막 보루로 고수했지만 유명론을 이기지 못했다."[221] 어쩌나! 형상과 본질, 자연 종은 모두 소멸한다. 형상과 본질, 자연종이 소멸하자 먼지 같은 순수한 물질이 곳곳에서 도발하려고 준비한다. 아마 도발한다고 말해도 될 것 같다. 바디우도 이렇게 말한다. "생명에 고유한 공백은 죽음에서 드러난다. 바로 물질이다."[222] 다시 말해, "한계가 있는 것도 자기 자신의 존재에 있어서 한계가 없다고 증언한다."[223] 이것이 모든 존재자의 진리다. 존재자에게 한계선이 없으며, 존재자의 본성은 종잡을 수 없이 혼란스럽다. 에드거 앨런 포우의 소설 『발데마르 사건의 진실』*The Facts in the Case of Mr. Valdemar*은 모든 존재자의 진리를 뚜렷하게 드러낸다. 제목과 동명의 인물이 벌떡 일어나더니 "난 죽었다"라고 외치자마자, 그는 바로 부패되기 시작한다. "세상에! 빨리 와! 빨리 나를 재워줘. 아니, 빨리! 나를 깨우란 말이야! 빨리! 내가 죽었다고 했잖아!" 이제 소설 속 화자가 말한다. "어떤 인간도 대비할 수 없었던 일이 그에게 정말 일어났다.…'죽는다! 죽어!'라는 소리가 입술이 아니라 혀에서 터져 나오자마자, 그의 몸이 한 번에, 그것도 일 분도 안 되어, 오그라들면서 부서져 모래처럼 내 손 사이로 흘러내렸다. 그를 지켜보던 사람 앞에는 끈적하고 메스꺼운, 썩은 액체만이 남았다."[224] 여기서 물질이 우리의 몸에서 빠져나와 마룻바닥에 쏟아졌다고 생각해선 안 된다. 오히려 몸이란 용기가 자신의 물질성을 드러냈다고 생각해야 한다. 몸이 이미 거짓말이다. 몸은 존재하지 않기 때문이다.

## 죽음의 종말

살아 있는 자연이란 거대한 돔 아래서 폭력이 활개친다. 폭력은 위협을 예방하는 분노와 같은데, 피조물은 이런 분노를 품으며 자기 운명을 지키려고 무장한다.…인간을 살육하라는 임무를 맡은 자는 바로 인간이다.…그래서 이 임무는 실행되었다.…살아 있는 피조물을 파괴하라는 위대한 법칙. 지구는 늘 피에 물들어 제단이나 다를 바 없이 변했다. 살아 있는 모든 것은 이 제단에서 희생되어야 한다. 목적도 기준도 없이, 곧바로 살해되어야 한다. 사물이 완성되고 악이 소멸하며, 죽음마저 사라질 때까지 계속.

_ 조셉 드 메스트르[225]

그날에 사람들은 죽으려고 하겠지만 죽지 못할 것이다. 그들은 정말 죽음을 원하지만 죽음이 그들을 피할 것이다.

_ 요한계시록 9:6

---

5장에서 인용한 지그문트 프로이트의 경고를 떠올려보자. "정말 놀랍게도 생물학자마저도 자연사natural death 개념을 두고 논쟁을 계속하고 있다. 또한 생물학자는 죽음이란 개념을 거의 사용하지 않는다는 것도 놀랍다." 린 로스차일드Lynn Rothschild도 똑같이 주장한다. "환원주의로는 죽음이 무엇인지 분명하게 규정할 수 없다." 윌포드 스프래들린Wilford Spradlin과 패트리샤 포터필드Patricia Porterfield의 말도 들어보자. "절대적인 것이 사라져버렸다면, 우리는 이렇게 사유해볼 수 있겠다. 신이나 인간이란 오래된 개념은 죽거나 사라지고, 단일한 연속체란 개념이 나타난다. 단일한 연속체의 관점에서 신과 인간이 하나로 합병되면서 죽음도 극복된다. 다시 말해, 규정된 사건이나 존재자는 사라지고 유동적 과정이 등장한다. 유동적 과정에서 생명과 죽음은 서로 연결된 조직화의 패턴이다."[226] 생명은 죽었거나 적어도 존재하지 않는다고 말한 사람이 또 있다(이 견해는 한때 유행했다). 생물학자인 어니스트 케이언Ernest Kahane도 1963년에 『생명은 없다』*Life Does Not Exist*라는 책을 냈다.[227] 몇 년 후에 노벨상 수상자인 프랑수아 쟈콥François Jacob은 『생명의 논리』*The Logic of Life*를 출간했다. 이 책에서 쟈콥은 생물학자는 이제 생명을 연구하지 않는다고 말했다(그렇다면 생물학자는 무엇을 하나? 그들을 왜 생물학자라고 불러야 할까?).[228] 최근에 스탠리 쇼스탁Stanley Shostak도 이런 흐름에 뛰어들어 『생명의 죽음』*Death of Life*을 출간했다.[229] 하지만 모랑쥬가 지적하듯 생명의 시체라는 생각은 여전히 꿈틀거리는 것 같다. "생명이 주목을 받지 못

한 기간은 고작 수십 년이다. 생물학의 긴 역사를 볼 때 이 시기는 색다른 막간극과 같다. 생물학은 생물학의 핵심 문제를 피할 수 없기 때문이다."[230] 생명 개념은 부활한 나사로처럼 다시 살아 돌아왔다. 그래서 다원주의도 제자리로 돌아가게 되었다(모랑쥬가 이것을 지적했다). 솔직히 말해 다원주의는 생명 개념을 허용할 수 없다(이것은 조금은 태만이라고도 볼 수 있다).[231] 그렇지만 이런 무능력은 나쁜 것만은 아니다. 생명 개념을 다룰 수 있는 이론과 다원주의가 협력한다면 이런 무능력도 괜찮다. 그런데 몇몇 다원주의 옹호자가 다원주의를 보편 이론으로 끌어올렸다는 것이 문제다. 그렇게 하지 않았어야 했다. 모랑쥬는 말하기를, "물리세계를 설명하는 일반 이론이란 개념은 극단적 다원주의가 발전시킨 이론만큼이나 모호하고 정확하지 않다. 물리세계를 전부 설명한다는 일반 이론 개념은 무모하며, 그럴듯하지 않다." 하지만 문제는 점점 커진다. 극단적 다원주의의 고립되고 비물질적인 논리 때문에, 극단적 다원주의는 살아 있는 것과 그렇지 않은 것 사이를 구분하는 경계를 없애버렸다. 그 이론이 몰아낸 환상은 모두에게 적용되기 때문이다. 물론 이렇게 "모두"라고 이야기하기 위해서는 극단적 다원주의 바깥에 서 있어야 한다.[232] 여기서 우리는 극단적 다원주의가 얼마나 인위적이고 인공적인지 느낄 수 있다. 붕헤와 마너도 이렇게 지적한다. "엄격한 환원주의자는 살아 있음과 살아 있지 않음이 질적으로 다르지 않다고 말한다. 그는 어쩌면 자기 생명마저 부정할지 모른다. 더구나 이것들이 구분되지 않는다고 말하면서 자신을 생물학자로 소개하는 것은 앞뒤가 맞지 않다."[233] 붕헤와 마너는 살아 있는 것과 살아 있지 않은 것의 경계(문턱)를 부정하면서도 생명의 기원을 계속 상상한다는 사람의 예로 데닛을 든다. "어떤 것의 기원을 추론할 때, 그것이 무엇인지 알아야 한다. 그것이 다른 모든 만물과 구분되는 점이 무엇인지 알아야 한다."[234] 데닛과 도킨스 같은 사람들은 생물계를 무생물 범주에 넣으려는 야심을 품은 것 같다(그래서 우리는 결국 물질적 기계다). 하지만 그들이 어머니의 장례를 치르는 것을 잊을 것이라고 생각하지는 않는다. 물론 그들은 주전자나 세탁기가 작동하지 않으면 금방 내다버릴 것이다. 하지만 다윈주의를 고수한다면 자기 어머니뿐 아니라 그 누구도 굳이 장례를 치뤄야 할 이유는 없다. 문화적 관습 때문이 아니라, 그 누구도 실제로 죽지 않기 때문이다. 그 누구도 태어난 적이 없고 그렇기에 죽는 사람도 존재하지 않는다. 미셸 앙리Michel Henry는 말한다. "사람들은 생명의 진리에서 눈을 돌렸다. 사람들은 속임수와 기이한 일에 사로잡혀 이 생명을 부인한다. 그리고 스스로 무분별해진다. 사람들의 눈은 물고기 눈처럼 멍하다. 유령과 희한한 일에 홀린 사람들. 하지만 유령과 희한한 일은 스스로 부당함과 황당함을 늘 드러낸다. 사람들은 거짓 지식에 헌신하고, 텅 빈 껍데기—즉 '뇌'—로 환원된다. 사람들의 감정과 애정은 생리적 분비현상이 되고…늙을 수밖에 없는 인간은 동물을 부러워할 것이다. 사람은 죽기를 소망할 것이다."[235] 환원주의적 · 기계주의적 세계관에 따르면 인간은 죽을 수도 없다. 하지만 불가코프가 지적하듯 "세계가 죽음계에 속하는 한, 세계는 기계장치다."[236] 하지만 이런 상황은 원래 잠시 지속될 뿐이다. 동물계든 식물계든, 자신을 정의할 용어가 있어야 하며, 죽음은 실제로 존재하기 때문이다. 우리는 죽음조차, 순수하게 기계적인 것조차 분명하게 규정할 수 없다. 죽음은 자신을 정의하는 뜻을 빌려오지만, "죽음에 대한 공포는 오직 살아 있는 자의 세계에서만 느낄 수 있기 때문이다."[237] 이렇게 과학은 다른 담화에 빚지고 있다. 아퀴나스는 아마도 이렇게 기술했을 것이다. 우리가 알고 이해하는 과학은 여전히 철학 아래, 궁극적으로 신학 아래 있다. "과학은 과학을 이해할 수 없고, 과학의 본성을 설명할 수 없다. 그렇게 하려면 과학은 결정론과 기계론적 세계관을 넘어서 형이상학의 문제로 뛰어들어야 한다."[238] 더구나 기계론과 유물론은 물질은 나쁘다는 상당히 잘못된 생각—일종의 영지주의 형태—에 기초하고 있다. 실망스러운 영화를 보는 느낌이다. 유물론이 보여주려는 영화의 절정은 유한성에 대한 악마적 경멸에 의해서만 가능하다. 이글턴을 다시 인용해보자. "세속적 인간보다 더 탈세속적 사람은 없다."[239] 신학자에게(그리고 다른 많은 사람도 확실히 그렇게 생각할 것이다), 유물론의 이야기는 모두 헛소리처럼 들린다. 기독교에 따르면, 매 맞고 고문당하고 처형된 1세기 팔레스타인 유대인은 성문 바깥 나무에 달린 채 모든 사람에게 버림을 받았다. 이 유대인이 바로 성육신한 신이다. 처형당하기 전에 신은 여자의 성기를 뚫고 태어났다. 이것은 땀과 피, 배설물로 얼룩진 포유류의 출생이다. 이렇게 성육한 하나님은 사람들 사이로 걸어다녔고, 화장실을 가고, 먹고, 땀을 흘렸다. 우리와 같은 모습으로 말이다. 이것이 기독교의 정통 교리다(이제 파리풍의 카페와 엄숙한 철학 강의실이 오히려 조금은 반동적이고, 고상하게 보이지 않는가?). 하나님이 정말 그렇게 했다면, 살과 피가 어떻게 나쁜 것이 되겠는가? 결국 기독교는 이웃을 너 자신처럼 사랑하라고 말한다. 분명 우리의 물질적 본성이 우리에게 가장 가까운 이웃이다. 판 프라센도 이렇게 말한다. "우리는 정말 살과 피다. 이것은 자명한 공리다. 이것은 유물론이 아니다. 여기에 환원주의적 주장이 없다(환원주의적 주장이 아무리 말이 된다고 해도)."[240] 판 프라센이 하려는 말은 우리가 단지 몸을 가리키며 "아하, 알겠어!"라고 외침으로써 우리가 유물론을 철학적 관점으로 인정하고 받아들이게 된다는 뜻이 아니다. 오히려 우리는 여기에 몸이 있다고 가리키는 것이 얼마나 어려운지 알게 될 것이다. 사람들이 순수한 물질이라고 믿는 것의 지위를 지정하는 것이 얼마나 어려운지 발견하게 될 것이다. 이것은 좀처럼 풀리지 않는 문제다.

## 유물론의 유령

천천히 배웁니다.
적어도 이만큼은 알게 되었습니다.
우리가 배웠던 많은 것을
이제 잊어야 합니다.
우리는 사랑이라는 교리에
점점 더 신중해집니다.
물질처럼 사랑은
생각보다 훨씬 이상합니다.
_W. H. 오든[241]

물질밖에 없다는 소문은 헛소문이었다. 하지만 다른 소문이 떠돈다. 훨씬 진지한 소문이다. 이 소문은 과학적 · 철학적 · 신학적으로 진실하다. 즉 유물론은 죽었다. 아무리 분석해봐도 앞뒤가 맞지 않기 때문이다. 오늘날 유물론은 이데올로기와 희망사항의 조합임을 알 수 있다. 오늘날 물질을 우리의 철학적 세계관에서 가장 기초가 되는 용어라고 말한다면, 그는 지금 "하나님이 모든 것을 하셨다"라고 말하는 것과 마찬가지다. 오늘날 우리가 접하는 유물론은, 현실을 지향하고, 세상의 소금이 되며 헛소리를 내치는 철학을 대변하지 않는다. 유물론은 오히려 자연계나 과학과는 전혀 상관이 없는 관념론의 진수를 대변한다. 참 역설적이다. 유물론은 왜 이런 운명에 빠져버렸을까? 물질이 무엇인지 밝혀지고 그 가식이 허물어졌기 때문이다. 적어도 유물론이 요구하는 그런 물질은 없기 때문이다. 한마디로 물질은 수수께끼가 되어버렸다. 마찬가지로 우리가 단순하게 생각하는 그런 신체도 이제 없다. 노암 촘스키는 이렇게 말한다. "뉴턴은 유령이 아니라 기계를 축출했다." 즉 데카르트적 역학의 오류가 드러났다. "가장 단순한 자연 현상을 설명하려 해도, '마법적 성질'을 가정해야 했다. 뉴턴과 다른 과학자에게 그 성질은 역설적이며 기괴했다. 이 사실을 고려하면, 몸이나 물질에 대한 고정된 개념을 유지할 수 없음을 알 수 있다.…'물질'이나 '몸'에 대한 전통적 이론이 무너지면서 형이상학적 이원론도 유지될 수 없었다. 비슷하게, '물리주의'나 '제거적 유물론' 같은 개념도 분명한 뜻을 잃어버렸다."[242] 촘스키에 따르면, "'물리적' 혹은 '물질적'이란 개념을 우리는 쉽게 가정한다. 그런데 이 개념의 뜻은 분명하지 않다.…유물론과 형이상학적 자연주의의 교리는 정합적이지 않은 것 같다. 제거주의가 제안하는 문제나 몸-정신 문제도, 원래 존재하지 않는 문제 같다."[243] 비트볼도 비슷하게 생각한다. "물질적 물체는 이제 물리학의 기초대상이 아니다. 이제 원자 같은 기초 단위가 물질을 구성한다고 생각할 수 없다(전통적 원자론 모형에서는 그렇게 가정했다. 거시적 물체를 이루는 미시적 물체로 거시적 물체의 성질을 설명했다). 우리는 이제 다음과 같이 말할 수 있을 뿐이다. 첫째, 인간이 경험하는 수준에 있는 물체 개념은 관습적이고 실용적이다. 그래서 이 개념은 초기 물리학의 연구를 부추기는 계기가 되었다. 둘째, 미시물리학의 예측은 거시 수준에서 물체와 비슷한 현상이 나타나는 것과 양립 가능하다. 역설적으로, 초기 연구를 고양한 물질적 물체 개념이 연구를 끝내버리는 개념을 추동했다."[244]

유물론이 풀어야 할 문제는 헴펠의 역설에서 나온다.[245] 일반적으로, 자연주의는 존재하는 모든 것을 자연법칙 등으로 자연스럽게 설명할 수 있다고 생각되어왔다. 하지만 "자연"은 무엇인가? "자연"을 자연답게 하는 것은 무엇인가? 이 질문의 답이 반드시 하나는 아니다. 철학은 하여간 물리학의 가르침을 기초로 삼아야 하며, 물리학을 자연계나 물리계에 대한 참된 기술로 받아들여야 한다고 자연주의는 주장한다. 하지만 이 주장을 인정하면, (물리학의) 타당성이 문제가 된다. 예를 들어 정신 영역에서 제대로 통하는 물리학 이론은 없다. 따라서 우리는 앞으로 나타날 물리학에 기대야 한다. 앞으로 나타날 완성된 물리학이 무슨 말을 할지 모르기 때문이다(미래 물리학의 용어와 개념, 내용을 우리는 아직 모른다). 하지만 이런 논증은 허무하며, 논점을 피한다. 존 제이미슨 스마트John Jamieson Carswell Smart가 내린 정의를 보자. "나는 유물론을 이렇게 정의한다. 물리학이 규정할 수 없는 존재가 이 세상과 그 위에 없다고 주장하는 것이다(물론 앞으로 나타날 물리학은 이런 존재를 가정할 수 있으며, 더욱 적절한 물리이론이 나타나면, 이를 인정할 수도 있다)."[246] 하지만 이렇게 말하는 창조론자를 한번 상상해보라. 맞아요. 최근 화석기록은 나의 의견을 완벽하게 지지하지 않아요. 하지만 잠시 기다려보세요. 앞으로 발견될 화석기록은 다를 거예요. "당대 최고의 물리학은 오직 물질만을 다루었다.…하지만 오늘날 최고의 물리학은 기초 속성을 가진 다른 존재를 인정한다.…하지만 물리학의 변화를 다르게 명명하는 것은 사소한 집착이다."[247] 이런! 물리학이 정말 변했다면, 당연히 다른 이름을 붙여줘야 한다. 골대 위치를 옮기려 해도 경기장 바깥으로 옮길 수는 없는 노릇이다. 미래의 물리학은 유령까지도 발견할지 누가 알겠는가? 다시 말해, 오늘날 물리주의나 유물론의 교리는 무엇이 중요한지 파악하지 못했다. 크레인과 멜러는 이렇게 지적한다. "현대 물리학이 말하는 '물질'은 유동적이며, 핵심도 없고, 관통되며, 계속 유지되지도 않는다. 이 물질은 멀리서도 때때로 불확정적으로 상호작용한다. 이런 발견을 고려할 때, 유물론의 현대적 계승자는 유물론의 형이상학적 중추를 고수할 수 없게 되었다."[248] 유물론은 그냥 계속 변한다. 하지만 유물론은 이론적으로 완벽한 물리학을 따라가는 노예에 불과하다. 즉 유물론이란 이름은 정확하지 않은 명칭이다. 유물론은 물질이란 기본 용어조차 제대로 고수하지 못할 만큼 약한 이론이다. 한때 훌륭한 철학적 전통이었던 유물론은 이제 창녀처럼 과학이 부르고 싶은 대로 불러달라고 말한다. 하지만 과학은 그만큼 유물론에 눈길을 주지 않는다는 것을 명심하라. 크레인과 멜러는 말한다. "어떤 것이 물리학으로 환원되면, 그것을 물리적이라고 부르는 사람도 실제로 그렇게 하자고 제안하지는 않는다. 그는 그저 '원리상' 환원할 수 있다고 말한다. 어떤 원리로 환원할 수 있다는 말인가? 물리주의는 그 원리가 될 수 없다. 원리상 환원 가능하다는 개념이 어떤 과학이 '원리상' 물리학으로 환원될 수 있는지를 알려줄 수 있다고 추정한다면, 그 과학은 원리상 환원될 수 없을 것이다. 그 과학은 물리적이기 때문이다."[249] 여기에 어떤 원리도 없는 것 같다. 단지 이데올로기의 교지만 있을 뿐이다. "물리학이나 미시물리학으로의 환원 가능성은 과학의 존재론적 권위를 검사하는 기준이다. 하지만 이 기준은 가망 없다. 심지어 물리주의자조차 일관적으로 적용할 수 없는 기준이다."[250] 물리적인 것에 호소하는 사람은 논증이 아니라 감정에 기대고 있다.[251] 물리적인 것에 호소하면서 환원 가능성을 검사하려는 사람은 솔직히 상당히 이상한 생각을 하고 있다. "물리적인 것"이 왜 환원을 허용하는 주체가 되어야 할까? 아원자 입자로 모든 것이 환원된다면, 아원자 입자는 우리에게서 자연계와 인간 정신을 빼앗아가 버릴 것이다. 아원자 입자는 왜 이렇게 난폭해졌을까?[252] 이것은 확실히 영지주의다.

판 프라센은 "설명하려면 대조해야 한다"는 것을 지적한다.[253] X=B임을 설명하는 것은, X가 왜 C가 아닌지 해명하는 것이다. 하지만 유물론과 물리주의는 설명의 이런 조건을 제대로 수행하지 못한다. 유물론과 물리주의는 그저 파괴하려는 강박에 쫓겨 땀을 뻘뻘 흘린다. 프로이트식의 죽음 충동이 여기서 드러난다. 이들은 세계를 부정하면서 아무것도 가지지 않으려 한다. 이들이 고마움을 표시할 대상이나, 최소한 고맙다고 느낄 존재는 이 세상에 없다. 유물론과 물리주의는 여기서 기독교 근본주의자를 닮는다. 기독교 근본주의자는 전쟁과 전쟁의 소문, 환경 재난을 정말 기뻐한다(장담하지만, 그들은 밤에 불을 켜놓고 잘 것이다. 지구가 조금이라도 더 따뜻해지라고). 기독교 근본주의자에게 지진은 사무실에서 보낸 행복한 시간을 떠올리게 하는 표시다. 이 모든 재난 덕분에 우리는 종말의 아마겟돈에 가까이 간다고 그들은 생각한다. 종말의 아마겟돈에서 현실은 붕괴될 것이다. 하지만 두려워 말라. 예수께서 재림하실 것이다. 기독교 근본주의자는 성서를 이해하지 못하는 탁월한 재능을 가진 것 같다. 일단 이 사실을 잠시 놔두고 기독교 근본주의자가 유물론자와 대단히 비슷하다는 것에 주목해보자. 기독교 근본주의자는 재난이 "그리스도"의 재림을 재촉한다고 생각한다. 반면 유물론자는 재난이 "틈새의 악마"가 계속 다스리도록 보장한다고 생각한다. 유물론자는 이렇게 상상한다. "우리가 정신과 개성, 윤리, 자유의지, 사람을 없애버릴 수 있다면, 세상은 더 좋아질텐데. 봐! 이제 아무것도 없어. 생명도 없다고." 기독교 근본주의자와 유물론자는 모두 악마답다. 관계를 파괴한다는 점에서 참으로 악의적이다. 이 악마는 우리를 잡으려고 덫을 놓는다. 창조론자가 믿는 신은 우리 믿음을 시험하려고 땅 속에 화석을 묻어둔다. 창조론자의 신처럼 틈새의 악마도 우리가 무신론을 믿는지 시험하려고, 의식과 자유의지와 윤리를 물질적 세계에 놔둔다. 규약 유물론과 추정적 유물론, 틈새의 유물론만이 우리에게 남아 있는 것 같다.[254] 과거에 철학의 유령이 우리를 사로잡았다면, 이제 유물론의 정신이 우리를 사로잡는다.[255] 유물론의 정신은 조금은 유행의 정신과 비슷하다. 앞에서 우리는 이 유사성을 지적했다. 유물론은 모래처럼 빠르게 움직이고 억지로 애쓰면서 텅빈 공백을 감춘다. 니체는 아마 이 공백을 들춰 내라고 우리를 부추길 것이다. 현대적 우상(유물론)을 망치로 가볍게 두드리며 그때 나는 소리를 즐기라고 니체는 말한다. 이 공백이 바로 유물론이 풀 수 없는 수수께끼다.[256] 이렇게 유물론처럼 뻔뻔스럽게 오만하면, 칼리굴라(원서에서는 카누트 대왕을 예로 들었다—편집자 주)도 완전히 분별있고 유연한 청년처럼 보이고, 관념론자 조지 버클리는 오히려 우락부락한 럭비 선수처럼 보일 것이다. 과학은 물질 개념을 상당히 유연하게 정의하며 다른 분야도 그렇다. 그래서 유물론은 구획을 제대로 나누지 못한다. 유물론은 유물론적 관점을 어떤 원리에 따라 분명하게 규정할 수 있을까? 다른 관점이나 다른 철학적 위치를 유물론적 관점과 구별할 수 있을까? 다시 말해, 물질 개념이 계속 변한다면, 유물론은 황량한 공허의 바다로 쓸려가 버리지 않을까? 그렇게 되지 않으려면 어떻게 해야 할까?[257] 물질이 이미 이상이며, 소망적·희망적 사고가 아닐까? 놀라지 마시라. 칼 포퍼도 규약 유물론을 말한다.[258] 유물론은 두 가지 점에서 규약적이다. 우리는 물질에 대한 건실한 정의를 (어쩌면 영원히) 기다려야 하기 때문이다. 둘째, 유물론이 저지른 철학적 실수를 유물론이 (언젠가) 정리할 때까지, 우리는 기다려야 하기 때문이다. 판 프라센도 유물론을 이렇게 진단한다. 유물론은 이론이 아니라 태도에 불과하다. 바로 과학을 열렬히 존경하는 태도다. 이런 태도는 "각 시대에 세워지고 통용되는 과학을 (거의) 완결된 것으로 받아들이도록 유물론을 부추긴다."[259] 하지만 여기에 무슨 과학이 있는가? 유물론은 잠정적 결론을 확정된 결론처럼 받아들이라고 우리에게 속삭인다. 그리고 과학의 결론이 (불가피하게) 바뀌면, 우연히 그렇게 되었다는 식으로 유물론은 말하려 한다. 유물론의 이런 태도를 어떤 청년과 비교해보라. 그는 데이트 첫날 식사를 하고 음식점을 나서다가 그만 넘어져버렸다. 그는 부끄러운 나머지 일부러 넘어진 것처럼 보이려고 했다(멋진 체조선수처럼!). 그는 분명 이렇게 말했을 것 같다. "알아요? 이거 연습한 겁니다." 이 한심한 청년이 그 여자를 다시 만날 수 있을지 궁금할 뿐이다. 하지만 우리 시대는 워낙 이상하여 그가 여자를 다시 만난다고 기대할 수 있겠다. 이렇게 뻔한 수작은 다시 시작된다. 영매들이 하는 심리적 속임수를 마음껏 비웃을 수 있다면, 그렇게 해도 괜찮다. 여러분 중에 이름이 'A'로 시작되는 사람이 있습니까? 이들을 비웃는다고 해서 무슨 일이 벌어지는 것은 아니다. 하지만 의심 없는 유물론자가 보여준 믿음은 대부분의 종교를 부끄럽게 만들어버린다. 유물론자의 믿음이 바로 가장 순수한 신앙지상주의이기 때문이다. 신앙지상주의는 정말 틈새의 악마다.

이제 앞에서 했던 주장을 다시 음미해보자. 여기서 유물론이 얼마나 어이없는지 잘 드러날 것이다. 유물론은 허위의식을 탁월하게 보여준다. 유물론은 설득력 있는 이론이라고 스스로 자랑하지만, 유물론은 하나의 관점이며, 표현된 태도이고, 심지어 이데올로기다. 그렇다. "물질만이 존재한다"라는 단언은 그저 입가에서 허무하게 맴돌 뿐 내용은 없다. 일견 튼튼하고 두터워 보이는 유물론의 기둥은 재빨리 사라지기에 유물론의 작은 메아리는 금새 자취를 감추고 만다.[260] 이것은 참 역설적이다. 아무렇지 않은 척하며, 물리적인 것 혹은 물질적인 것은 시공간에 나타나는 것과 같다고 선언해봐야 그다지 효과가 없다(판 프라센이 이런 선언을 지적했다). 코펜하겐 학파가 기초 입자를 어떻게 이해하는지 보자. 입자의 위치와 운동량의 관계는 동일한 정밀도로 동시에 측정하는 것이 불가능하다. 그러면 기초 입자는 비물리적일까? 기초 입자는 방금 말한 기준에 맞지 않다(기초 입자가 시공간에 나타난다고 말할 수 없다).[261] 이 문제는 그저 우연히 생기지 않았다. 이것은 유물론의 화려한 연회에 잠시 나타난 파리 한 마리가 아니다. 유물론은 계속 최신 과학을 졸졸 따라다니면서 스스로 망가진다. 인문학부에 속한(사회과학도 포함) 우리는, 모든 물리적인 것은 물리학에 의해 정의된다는, 조금은 젠체하는 말을 듣는다. 잠깐. 다른 것도 아니고, 물리학의 역사를 보면 물질을 완전히 다르게 정의한 사례가 가득하다. 그 예로 이미 원자 개념을 살펴봤다. 하지만 유물론이 정말 견고한 불변하는 주장이며, 그 이름처럼 물질만을 다룬다면, 과거에 나타난 기발한 생각들을 전시하는 넓디넓은 박물관으로 들어가야 할 것이다. 이 박물관에는 에테르, 이기적 유전자, 플로지스톤, 밈도 전시되어 있다. 그다지 놀랍지 않지만, 유물론은 그 박물관으로 들어가지 않는다는 것을 우리는 알고 있다. 물리학이 아무리 급격한 변화를 겪어도 유물론은 끄덕하지 않는다. 여기서 유물론의 약점이 다시 드러난다. 반 프라센은 이렇게 말한다. "이런저런 경험적 주장을 내세우더라도, 유물론의 정신은 절대 무너지지 않는다." 왜 무너지지 않을까? 우리는 답을 안다. 유물론은 참된 주장이 아니라 한때의 유행, 취향, 지적 오만, 희망사항과 비슷하기 때문이다. 요컨대, 불그스레한 흙을 잔뜩 묻혀, 경험의 땅에서만 자란 듯 보이는 것도 훨씬 일시적이고 비물질적이다. 그것이 유물론이 만들어낸 관념이기 때문이다. 그래서 우리는 유물론이 만들어낸 유령에 대해 논할 수 있다. 버트란드 러셀Bertrand Russell도 말했다. "물질은 강신술사의 강신술만큼이나 유령답게 변했다."[262] 노암 촘스키는 "'물리세계' 개념은 열려 있고 진화한다"라고 한마디로 요약한다."[263] 우리는 논점을 피하지 말아야 한다. "과학 작업에도 한계가 있다면, 우리는 왜 '물질'이란 이름표에 고착되어 있을까? '불가해한, 연장된 것'이란 오래된 뜻을 풍기는 물질에 왜 그렇게 집착할까? 이것은 아무 뜻도 없는 소리 *flatus vocis*라는 것을 숨기려는 책략이 아닐까? 경험론자와 신칸트주의자가 고수하는 회의론을 계속 붙잡아야 하지 않을까?"[264] 더구나 "오늘날 상황은 우리를 강하게 압박한다. '고전적' 세계상에서 '현대적' 세계상으로 전환하는 외상적 체험을 해야 했던 사람들과 거의 같은 처지에 있다고 스스로 생각하도록 우리를 밀어붙인다."[265]

이런 상황은 분명 유물론에게 위험하다. 하지만 적어도 17세기 이후 유물론이 어떻게 발생했는지 먼저 살펴보고, 고전 물리학에서 양자물리학으로 완전히 뒤바뀌면서 우리가 물질을 어떻게 이해하게 되었는지 알아보자. 유물론은 데카르트주의의 자손이다. 후설의 지적을 들어보자.

> 갈릴레오는 삶을 살아가는 인격이란 주체를 없애버린다. 갈릴레오는 모든 정신적인 것과 인간 실천에 결부된 문화 특성을 모두 제거한다. 그 결과 순수한 물체가 나타났다. 그런데 사람들은 이 순수한 물체를 실제로 있는 대상과 같다고 생각한다. 순수한 물체가 합하여 세계가 이뤄지며, 이 세계가 연구 주제가 된다. 자연은 바로 자기 폐쇄적인 물체의 세계라는 생각이 갈릴레오와 함께 나타났다고 말할 수 있다. 이와 더불어 수학화가 일어났고, 수학화는 너무 빨리 당연한 것으로 받아들여졌다. 그리고 자연의 인과성은 자기 폐쇄적이라는 생각이 나타났다. 다시 말해 사건 발생은 미리 분명하게 정해져 있다는 뜻이다. 그래서 데카르트 이후 이원론이 나타날 길이 생겼다.…말하자면 세계는 두 갈래로 쪼개졌다. 세계는 정신세계와 자연으로 분열되었다. 그러나 정신세계는 자연과 관계 맺는 방식 때문에 독자적 세계로 인정받지 못했다.[266]

철학사에서 이원론은 거부당했다고 한다. 적어도 데카르트식의 이원론은 분명히 거부당했다. 유물론이 실패했을 때, 이원론도 급작스럽게 몰락하고 말았다. 자키Jaki가 분명히 밝히듯이 신학은 이 사건을 환영한다. "우주를 이성적 부분과 반이성적 부분으로 나누는 사람은 한 분 하나님의 영광을 가장 심하게 훼손한다. 어떤 철학은 우주를 둘로 나누는 것을 허용하지만, 창조적 과학에 내재한 철학적 구도는 우주를 이렇게 나누지 않는다. 과학을 만들어낸 위대한 창조자들도 이런 철학적 구도에 따라 사고했다."[267] 찰스 시워트Charles P. Siewert는 데카르트주의와 제거적 유물론이 서로 비슷하게 발전한다고 말한다. "데카르트는 '정신적' 사건에 대한 판단이 '정신 바깥에서' 일어난 사건에 대한 판단보다 인식적으로 더 믿을 만하다고 생각했다. 제거주의자도 '정신적인 것'과 '물리적인 것'은 인식적으로 균형을 이루지 않는다고 인정한다. 단지 제거주의자는 두 영역의 우선순위를 데카르트와 다르게 정할 뿐이다. 정신과 관련된 용어를 사용하는 권리를 얻으려면, 정신을 배제하는 용어로 기술될 수 있는 것을 가장 잘 설명하는 이론을 제공해야 한다. 하지만 정신을 배제하는 용어를 사용할 권리는 태도와 경험을 말할 수 있는 근거에 의존하지 않는다."[268] 이렇게 데카르트식의 인식론이 취소되거나 뒤집어지면서 존재론적 전도가 일어났다. 데카르트주의는 물질을 무시하거나, 물질의 존재를 부인하라고 유혹했다. 제거주의도 우리를 비슷하게 유혹한다. 제거주의에 따르면, 정신은 이해하기에 너무 까다롭기에, 정신을 포기하고 아예 정신은 없다고 부인하는 것이 가장 낫다. 스탭Henty Stapp도 이렇게 지적한다. "17세기에는 과학자가 제시한 건조한 기계론적 자연 개념이 자연과 섞여버렸다. 그래서 3세기가 지나도록 과학철학과 심리철학이 제대로 발전하지 못했다. 기계론적 자연 개념은 자연의 심리학적 측면과 물리적 측면 사이에 인과관계가 없다고 강력하게 주장했다. 하지만 현대 물리학은 이 인과관계를 다시 되살린다."[269] 이 이원론은 유물론을 포함하지만, 한 발짝도 앞으로 나아갈 수 없다. 이 이원론은 심리영역과 물리영역 가운데 하나를 미리 추켜세우지만, 그 영역은 이제 존재하지도 않기 때문이다. 특히 유물론은 이런 식으로 장애물을 쌓아놓는다. 환원주의라면, 유물론은 무엇이든 허용했다. 한스 프리머스Hans Primas는 말한다. "오늘날 누구도 뉴턴이 제안한 원자 기반의 존재론을 고수하지 않는다. 하지만 소박한 환원주의는 이론적으로 가장 기초 수준의 존재자를 가정하면서 모든 현상을 설명하려 한다. 이 시도는 지금도 유행한다. 하지만 환원주의는 실패한다. 기초 수준에 존재한다고 가정된 존재자는 이론과 상관없이 존재하지 않기 때문이다. 현대 양자역학은 원자론을 끝장냈다. 소위 기초 입자들(전자, 쿼크, 글루온 등)은, 현실의 패턴을 재현하지 현실 자체를 구성하는 단위는 아니다. 이 입자들은 가장 기초 수준의 존재자가 아니라, 추론된 존재자다."[270] 하지만 문제는 계속 남아 있다. 구식 세계관이 완전히 반박되었지만, 여전히 사람들의 생각을 망치기 때문이다. 이 낡은 세계관은 정신과 물질을 둘러싼 논쟁에 영향을 주면서 논쟁을 이상한 곳으로 이끈다. 데닛이 정신을 어떻게 이해하는지 보면 낡은 세계관의 영향력을 느낄 수 있다. "정신이란 뇌가 현재의 논리적·역학적 환경에 따라 작동하는 것일 뿐이다."[271]

이런 생각이 데닛의 정신관을 뒷받침한다. 하지만 스탭은 이렇게 지적한다. "데닛은 데카르트식의 이원론이 말하는 물리적 영역만 고려하려고 했다. 혹은 그 결과인 고전 물리학의 영역만을 고려했다. 그래서 데닛은 『설명된 의식』*Consciousness Explained*에서 의식을 아예 제외해버렸다."[272] 또한 스탭은 다음과 같이 말한다. 낡아빠진 유물론자의 우주관은 윤리와 개인 책임의 근거를 없애버린다. 이 지적은 적절하고 올바르다. "낡은 유물론에 따르면 각 사람은 기계적으로 확장된 물질이며 물질은 인간의 탄생 전부터 있었다. 오래전에 있었던 이런 일을 좌지우지할 사람은 없다. 이렇게 초기 상태에서 미리 정해지고 생겨나는 것에 대해 누구도 책임질 수 없다. 인간을 이렇게 이해하면 합리적 도덕철학의 기초는 무너진다. 과학은 합리적 도덕철학의 기초가 허물어지도록 거들었다. 예를 들어 과학은 옛 가치체계의 기초를 갉아먹으면서, 고상한 가치의 합리적 기초가 될 수 있는 인간에 대한 관점과 우주에서 인간이 차지하는 위치를 논하는 관점 자체를 없애버린다."[273] 하지만 과학이 이런 일을 해야 하는 것은 아니다. 과학이 계속 보여주듯이 기계론적·유물론적 세계관은 틀렸기 때문이다. 심지어, 현대적이고 더 정확한 물리학인 양자물리학을 "우리는 더 쉽게 이해한다. 양자물리학이 우리의 상식과 자아관에 더 어울린다. 우리의 자아관은 평범한 사람의 직관과 완전히 일치하며 우리의 경험을 아우른다. 하지만 삼백 년간 기계론적 개념이 주입되면서 우리의 자아관도 이해하기 어렵게 변질되었다."[274] 이제 입자라는 개념은 비활성화, 속되게 말해 끝장났다. [현대 과학에 따르면] 세계는 생겨나거나 "세워진다." 무엇에서? 경향성이나 잠재태 같은 용어를 여기서 사용할 수 있다.[275] 어떤 경향이나 잠재태에서 세계가 생겨난다는 것이다. 세계를 이렇게 올바로 이해하게 되면서 고전 물리학의 오래된 교리였던 닫힌 인과성 개념도 없어졌다.[276] 그래서 데카르트와 뉴턴 이후에 사람들은 정신과 물질을 구분했지만, 이 구분도 뜻을 잃었다. "20세기 전반부에 물리학자는 정신과 물질을 다시 묶었는데, 스탭은 이 사건을 획기적 발전이라고 강조했다."[277] 정신은 다시 무대 중심에 섰고, 이제 무가치의 땅이나(정신은 부수적 현상이라고 말하는), 환상의 땅(정신이 제거되는)으로 유배당하지 않는다. "물질 세계는 닫힌 인과성이 지배하는 체계라고 현대 과학은 전제한다"[278]는 가정에 대해, 한스 프리머스는 이 주장이 틀렸다고 말한다. 이 주장은 "놀랄 만큼 실험과학과 충돌한다. 실험은 비가역 역학을 늘 요구한다. 어떤 실험도 닫힌 물리 체계를 증거하지 않는다. 세계가 엄격하게 결정론을 따른다면, 의미 있는 실험을 할 수 없고, 물리 체계가 보여주는 부분적 인과관계도 검증할 수 없을 것이다. 따라서 물질 세계는 닫힌 인과체계이며, 물리법칙도 닫힌 인과성을 옹호하는 물리학을 함의한다고 과학은 전제하지 않는다."[279] 주체성이 과학의 근거를 마련하는 생생한 순간을 우리는 현대 물리학 덕분에 다시 인식할 수 있다(키르케고르와 니체는 이 순간을 Augenblick이라 불렀다). 그리고 프리머스는 이렇게 말한다. "'닫힌 인과성'이 물리세계를 지배하며, 물리법칙은 보편적으로 타당하다는 주장을 뒷받침하는 경험적 근거는 없다. 긴장 없는 법칙과 긴장감 넘치는 현상을 구분하지 못할 때, 이런 주장이 나올 수 있다."[280] 프리머스는 긴장감 넘치는 현상을 시간 안에 있는 특별한 지점인 "지금"과 연결시킨다. 지금은 과거와 미래 사이에 있다. 프리머스는 이것이 의식consciousness이 무엇인지 보여주는 특징이라고 주장한다. 더구나 우리가 지금을 체험할 때, 이것이 그저 기초 물리법칙에 따라 일어난 일은 아니다."[281] 물리법칙은 긴장 없는 동질적 시간과 상관이 있다. 이런 시간은 늘 "더 이른", "더 늦은" 같은 말로 표현된다.[282] 긴장 없는 법칙과 팽팽한 "지금"을 일단 구분하면, (동질적 시간과 상관이 있는) 물리법칙은 완전한 이론 도식을 제공할 수 없다. "자연은 단일하다는 원리를 가정해야 기초 물리학은 법칙을 이끌어낼 수 있다.…그래서 기초 물리학은 지시적이고 의도적인 자연의 특성을 억누른다. 다시 말해 물리학의 법칙은 자연법칙이 아니다. 오히려 물리학의 법칙은 과학자가 행동하도록 부추긴다."[283] 여기서 우리는 객관적인 것을 추켜세워서는 안 된다. 그리고 객관적인 것은 생명이 아니라 생명의 계기임을 기억해야 한다. 또한 법칙은 실험을 유도하지 실험을 대신하지는 않는다. "기초 물리원리는 '지금'이라는 개념과 상관이 없다. 실험과학에서 정신활동과 지향성(의도성)의 역할을 무시할 수 없다. 예를 들어 물리학 법칙만으로 우리는 원인과 결과를 구분할 수 없으며, 초기 조건도 명시할 수 없다." 물리법칙은 중요하지만 물리법칙은 세계를 완전히 기술할 수 없다. 세계를 온전히 기술하려면 정신활동까지 기술해야 한다. 다시 말해 정신과 물질은 서로 섞일 수 없다고 생각할 필요가 없다. 정신과 물질은 상보적이기 때문이다. "실재는 불Boole의 논리와 다르게 움직이며, 정신과 실재는 같은 실재의 측면들로서 서로 연결되어 있다. 반면 실재 전체의 대칭이 깨지면서 순서 매개변수가 등장할 때 시간이 나타난다."[284] [불의 논리는 대체로 이것 아니면 저것either-or 형식의 명제를 기반으로 삼는다. 이 명제는 원자 개념을 기반으로 사고하는 고전 물리학의 세계에서 이 명제는 적절하지만 양자물리학의 세계는 이것 아니면 저것 형식의 명제를 도입하지 않는다.] 시간은 생생한 지금의 도래이거나, 동질적 시간의 간섭이다. "물리학의 기초 법칙과 달리, 실험 물리학은 '지금' nowness과 '비가역성'irreversibility 개념을 포함한다.…팽팽한 시간 개념과, 시간 순서를 의식하는 주관적 경험을 고려할 때, 다음과 같은 특징을 확실하게 규정할 수 있다. (1) 시간이 흐를 때, 시간의 단면은 늘 지금 이때를 가리킨다. 지금 이때는 과거와 미래를 구분한다. (2) 어떤 시간 단면도 과거에서 미래로 흐르며 이 방향은 뒤바뀌지 않는다. 실험물리학이 말하는 지금과 비가역성을 정신의 관점으로 이해할 때, 이 개념들은 주관적 경험 같은 질적 특성을 가진다."[285] 다시 말해 현대 물리학은 심리적이고 물리적이다. 이런 뜻에서 현대 물리학은 이원적이다. 하지만 이것은 재구성된 이원론이다. 이 이원론의 두 측면인 심리와 물리는 물과 기름처럼 따로 놀지 않고, 서로의 다름으로 존재의 연속극을 만들어 가는 연인처럼 어울린다. 심리가 물리를 인정하고, 물리가 심리를 인정할 때, 우리가 아는 세계가 특정한 대상과 사건으로 가득한 세계가 가능해진다.[286] 심리와 물리 사이의 관계는—또는 상보성은—파울리의 배타원리Pauli exclusion principle에서 뚜렷하게 드러난다('사이'라는 표현은 오해를 일으킬 수 있다. 심리와 물리 사이에 명확한 구분이 있다거나 전혀 다른 두 '가지'라는 인상을 줄 수 있다. 하지만 전혀 그렇지 않다). 파울리의 배타원리에 따르면 "2개의 원자가 동시에 원자 안의 같은 제4의 양자수를 취할 수 없다."[287] 이 원리에서 우리는 구조가 가능하며 분화된 물질도 가능하다는 주장을 이끌어낼 수 있다. 이 원리가 없다면 복잡성도 없기 때문이다. 모로비츠Morowitz는 파울리의 원리가 신비스럽다고 지적한다. "이 원리는 역학과 상관이 없다(힘을 통해 작용하지 않는다는 뜻이다). 그래서 두 번째 전자는 첫 번째 전자가 어떤 상태에 있는지 아는 것처럼 보인다." 다시 말해, 전자는 같은 양자수를 가질 수 없다. 하지만 같은 양자수를 가질 수 없다는 것을 전자들이 어떻게 알까? 실수로(은유적으로 말해) 같은 양자수를 취할 가능성도 있지 않을까? 모로비츠는 이렇게 마무리한다. "파울리의 원리 덕분에 물질이 정보를 함축함을 알 수 있다. 그리고 정신과 비슷한 것이 이미 우주로 들어왔다는 것도 알 수 있다."[288] 헬리히Carl Helrich의 말도 더 이상 놀랍지 않다. "양자이론이 우리에게 우주의 근본 진리를 알려준다고 믿는다면, 우리는 심오한 문제를 다뤄야 한다. 우리는 이제 철학자와 신학자의 영역으로 들어온 것이다."[289]

데닛과 그의 옹호자들은 최신 과학을 완전히 무시한다. 그들은 이미 지나가 버린 옛 시대에 웅크리고 앉아 최신 과학이 품은 신학적·철학적 뜻을 외면하는 것 같다. 데닛은 에너지 보존과 닫힌 인과성을 내세우지만 이 두 개념은 이원론을 배제한다. "물리학의 기본 원리는 이렇다. 입자의 궤적이 변하려면 에너지가 소비되면서 가속이 일어나야 한다.… 에너지 보존원리를…이원론은 확실히 위반한다. 표준 물리학과 이원론이 어긋나는 현상은 데카르트 시대부터 계속 논의되었다. 이원론은 표준 물리학과 어긋날 수밖에 없고, 이것은 이원론의 결함이라고 사람들은 생각한다."[290] 하지만 지금은 몰락해버린 고전 물리학이 바로 표준 물리학이라고 생각해야 데닛처럼 주장할 수 있다. 따라서 "현대 물리학을 둘러본다면 데닛의 논증은 무너지고 말 것"이라고 스탭은 말한다.[291] 스탭은 이렇게 묻는다. "물리세계의 닫힌 인과성은 고전 물리학에서 나온 개념이다. 하지만 고전 물리학의 설명이 해소되면서 잠재태 개념이 등장했고, 유일한 실재—잠재태의 반대 개념—도 현상적으로 타당성을 가진 양자물리학의 관점에서는 물리적 용어라기보다는 심리적 용어로 기술된다. 이런 상황에서 닫힌 인과성이 물리세계를 지배한다는 주장을 합리적으로 뒷받침할 수 있을까?"[292] 데이비드 파피뉴David Papineau는 물리학의 완전성을 검증하는 문제가 아직 해결되지 않았음을 발견했다. 이 결론은 다소 충격적이다. 파피뉴는 이렇게 말한다. "확실히, 물리학이 완전하다는 가정은 표준 물리이론에 포함되어 있다. 하지만 나를 비판하는 사람들이 나에게 증거를 보여달라고 항의했을 때, 일단 물리학 교과서를 펼쳐서 물리학의 완전성을 언급한 구절을 그들에게 보여주려 했다. 그때 나는 당황했다. 나는 물리학의 완전성을 방어해야 했지만 물리학이 완전하다는 가정은 전혀 분명하지 않음을 알게 되었다. 그 후에도 계속 연구를 했지만 나는 물리학의 완전성은 분명하기는커녕 여전히 논쟁거리임을 다시 확인했다. 갈릴레오 이후의 과학 전통을 살펴봐도 물리학의 완전성에 대한 의견은 몇 번이나 바뀌었다."[293]

물리학을 고전 물리학과 같다고 생각하면서 낡아빠진 물질관을 고수하는 것은 엄청난 실수다. 이렇게 물리학을 고전 물리학과 동일시하는 바람에 심리철학에서 수많은 문제가 생기기 때문이다(반드시 그런 것은 아니지만 상당 부분 그렇다). 이 문제들은 제기되지만 해결되지 않은 채 늘 남아 있다. 여기에 물리학은 고전 물리학과 같다는 전제가 늘 숨어 있다. 예를 들어 핑커Pinker와 함께 많은 사람이 "어려운 문제"hard problem를 논한다. 다시 말해, 신경 활동에서 어떻게 주관적 경험이 나올 수 있을까? 더 단순하게 말해 뇌에서 어떻게 마음이 나올 수 있을까? 그저 단순한 물리활동에서 어떻게 주관적 경험이 나올까? 이것이 바로 어려운 문제다. 핑커는 이 문제를 아예 신비라고 선언한다. 그런데 신비를 풀려면 신비를 없앨 수밖에 없다. 주관적 경험이 있음을 아예 부정하는 것이다(악마가 숨겨놓은 화석을 기억하라).[294] 하지만 이런 질문을 하는 사람이 "고전 물리학이 가정하는, 타당하지 않은 개념구도에 사로잡혀 있을 때만 어려운 문제가 생긴다."[295] 스탭은 과학의 대변인인 양 행세하는 철학자를 비판한다. 이 철학자들은 "우스꽝스러울 만큼 부적절하고 낡은 과학 이론을 대중에게 제시한다."[296] 최신 물리학을 살펴보면, 인간이 어떤 것을 이해하는 현상을 설명하기 위해 먼저 뇌를 이해해야 한다고 가정하는 것이 얼마나 불합리한지 알 수 있다. 이 가정은 시대의 유물이다. 솔직하게 말하자면, 한 번도 이 가정이 맞아떨어진 시대는 없었다.[297] 우리는 오류가 있는 물리학을 왜 그렇게 붙들고 있을까? 그 물리학은 의식을 배제하지만, 정통 양자이론은 오히려 정신의 존재와 효과에 의존한다.[298] 이런 태도는 창조론자의 태도와 비슷하다. 창조론자는 다윈 이전 시대의 자연관에, 신학적으로는 이단적 자연관에 매여 있다. 유물론자와 창조론자의 태도는 병리적 현상에 가깝다.

신학자 칼 라너Karl Rahner에 따르면 "인격적 정신이 유한한 영역에서 자신을 드러내고 표현한 것이…물질이다. 따라서 물질의 기원은 정신에 가깝다."[299] 교황 베네딕토 16세도 말한다. "진화과정을 보면 불합리하고 혼란스럽고 파괴적인 현상이 상당히 많이 나타나지만, 물질도 이성을 따른다."[300] 앞에서 우리는 파울리의 배타원리를 살펴봤다. 정신이나 물질 한 가지만으로 현실을 논하지 않고, 정신과 물질을 모두 고려하면서 현실을 논할 때가 온다고 파울리는 주장했다.[301] 정신과 물질의 차이점보다 더 중요한 것이 있다. 바로 정신과 물질이 서로 다르게 나타난다는 것이다. 정신과 물질을 이렇게 이해한다면, 이 둘은 본래 연결되어 있음을 알 수 있고, 환원주의나 유물론은 설 자리를 잃게 된다. 철학적으로 말하자면, 환원주의나 유물론은 문법적 오류에 가깝다.[302] 결국 파울리도 분명히 못 박는다. "현대 물리학자에게 물질은 이제 추상적이고 비가시적 실재로 되었다."[303] 흥미롭게도, 프리머스와 아트만슈패허Atmanspacher, 프란크Georg Franck는 의식의 내용 혹은 현존의 강도를, 의식의 내용에 주목한 정도와 연결시킨다. 이 주장은 시몬 베이유와 말브랑슈, 메를로 퐁티 같은 사람들의 생각과 공명한다. 프랑크와 아트만슈패허는 실재의 특성은 원초적 정신의 현존이 아닌지 계속 질문한다. 피조물도 원초적 정신이 현존할 때 현존하며, 피조물의 의식도 현존하는 원초적 정신에게서 나온다. 이들은 이것을 범정신주의라고 생각하지 말라고 주장한다. 우리는 이것을 현존의 관점에서의 강도의 정도로 봐야 한다고 이들은 말한다. 예를 들어 고통을 스펙트럼처럼 생각할 수 있다(돌-나무-물고기-인간이 느끼는 고통은 다르다).[304] 스탭은 이렇게 말한다. "객관적 실재는…이데아(형상) 같은 속성을 머금고 있다. 그 속성은 심리물리적 사건에 속하며, 물리적으로 '객관적 잠재태'로 기술된다."[305] 정신적인 것을 물리적인 것으로 환원하려는 사람은 이 문제를 어떻게든 간과하려 한다. 다윈이 공통 조상을 발견했을 때도 비슷한 일이 벌어졌다. 공통 조상은 양날의 검이라는 요나스의 지적을 떠올려보자. 공통 조상은 인간을 동물과 연결시킨다. 그런데 공통 조상은 동물을 인간과 연결시키기도 한다. 따라서 공통 조상의 이중적 면모를 일부러 회피해야만 우리는 한쪽만 옹호할 수 있다. 이 논리는 정신과 물질에도 똑같이 적용되는 것 같다. 정신이 물질로 환원된다면, "환원"은 잘못 쓰인 단어라고 할 수 있다. 정신을 수용하고 동화하려면 물리적인 것이 이미 정신과 연결되어 있어야 할 테니까 말이다. 윌리엄 제임스도 비슷하게 지적했다. "진화가 순조롭게 일어나려면, 사물이 처음 나타날 때부터 어떤 형태의 의식이 분명 있어야 한다.…원자론적 물활론에서 나온 이런 교리는…엄격한 진화철학을 이루는 필수 요소다."[306] 제임스만 이렇게 생각한 것은 아니다.[307] 물리학자인 데이비드 봄David Bohm은 "중요한 측면을 폭넓게 살펴볼 때…의식과 물질은 대체로 같은 종류"라고 주장한다.[308] 데이비드 봄은 다른 곳에서 이렇게 쓴다. "입자물리학의 수준에서도 원시적 의식은 있다. 더 큰 의식이 있다고 가정하는 것도 합리적이다. 이 의식은 보편적이며 [우주의] 운행에 스며든다."[309] 토마스 네이글과 데이비드 찰머스 같은 철학자들도 정신은 편만하다는 관점에 가까이 다가간다.[310]

그래서 이제 우리에게서 물질은 사라졌다. 어느 것도 물질이 아니며, 그렇다고 완전히 구체적인 것도 물질이 아니기 때문이다. 하지만 이제 우리는 "물리적"이란 용어에서도 구체적 내용을 모두 없애버린 것 같다. 이렇게 물리적인 것도 물질처럼 비슷한 실패를 겪는다. 일단 이것이 사실이라면, 유물론과 유물론의 자손인 물리주의는 라카토스가 말한 퇴행적 연구 프로그램의 사례로 보는 것이 공정한 듯하다. 유물론자가 되려는 사람은 이 궁지를 대면하지 않으려 한다. 여기서 그들이 계속 변화에 반대했다는 것이 낱낱이 드러난다. 스탭의 말을 마지막으로 인용하면서 이 단원을 마무리해보자. "고립된 자동기계라는 인간 개념은 물리학을 기반으로 삼았다. 자동기계 개념은, 비국지적 전체 과정에 소속된 참여자 개념으로 완전히 바뀌었다. 이 참여자는 진화하는 우주에 형상과 뜻을 부여한다. 이러한 인간 개념의 변화는 중요한 함의를 가진 거대한 사건이다."[311] 하지만 누구도 이 거대한 사건을 자연주의에 알려주지 않은 것 같다.

## 자연주의를 자연스럽게 이해하기

합리적 문화는 실패했다. 합리주의의 본질 때문에 실패한 것은 아니다. 합리주의가 무의미해지면서 자연주의와 객관주의에 휩쓸려버렸기에 실패한 것이다.

_ 에드문트 후설[312]

---

유물론은 죽었다. 유물론이여 영원하소서! 단호한 무신론자는 유물론을 버린다. 하지만 그가 버리는 것은 이름뿐이다. 이제 유물론을 대신할 이론을 세운다. 그 이론은 세례받은 자연주의다.[313] 에딩턴은 이렇게 지적한다. "엄밀한 유물론은 오래전에 죽었다. 하지만 다른 철학들이 유물론의 자리를 차지했다. 이 철학은 유물론과 상당히 비슷한 관점을 대변한다. 요즘은 모든 것이 물질현상이라고 말하지 않고, 모든 것이 자연법칙이 작용한 결과라고 말한다(물리세계에서 물질이 차지하는 자리는 작기 때문이다). 여기서 '자연법칙'이란 기하학과 역학, 물리학에서 흔히 보는 법칙을 뜻한다."[314] 콰인 W. V. Quine에 따르면 자연주의는 "자연과학보다 우선하는 제1철학을 추구하지 않는다."[315] 하지만 자연주의자는 제1철학을 버리지 않는다. 자연주의자도 "철학은 자연과학과 연결되어있다"고 주장한다.[316] 하지만 이 문제는 깔끔하게 해결되지 않았다. 유물론의 자손인 자연주의도 유물론이 겪은 문제를 똑같이 겪기 때문이다. 자연주의도 용어의 뜻을 분명하게 정하지 못한다. 콰인이 이 문제를 지적했지만 여전히 그렇다. 콰인이 말한 "과학"도 다소 오해를 불러일으킨다. 콰인의 과학은 "검은 선글라스를 쓰고 가짜 여권을 손에 든 철학"이기 때문이다.[317] 이 철학은 창의적 · 긍정적 관점이 아니라 반동적 관점을 취한다. 이 철학도 "신학 반대"라는 주문으로 볼 수 있다. 유물론에 대한 르원틴의 논평은 자연주의에도 쉽게 적용된다. "과학의 방법과 제도의 힘에 눌려 우리가 유물론적 세계 해명을 받아들인 것은 아니다. 오히려 우

리는 유물론적 대의에 지나치게 몰입한 나머지 유물론적 설명을 만들어 내는 탐구 도구를 생산해낸다. 더구나 이런 유물론은 절대적이다."[318] 자연주의도 교리를 숭배하는 근본주의라는 증거가 여기서 드러난다. 그렇지 않은가? 퍼트남Hilary Putnam은 이렇게 논평한다. "지질학에서 사용되는 술어가 기초 물리학의 언어로 정의될 수 없다고 해서, '자연주의' 철학자가 지질학을 '마술'이라고 생각할까? 그렇지 않다. 바로 이 사실이 쇼를 폭로한다." 무슨 쇼를 폭로할까? 바로 규범적인 것이 얼마나 무서운지 폭로한다.[319] 하지만 물리학은 이성과 합리적 설명의 영역을 전혀 다루지 않는다. 그런데 이성과 합리적 설명은 정확하게 사실이 아니라 규범의 영역에 속한다.[320] 다시 말해 자연주의가 규범 앞에서 느끼는 공포 또는 혐오감은 어디서 올까? 자연주의는 두려움에 사로잡힌 나머지(과학이 작동하는 데 규범이 필요하지만, 규범은 과학에 속하지 않는다. 건축학이 기하학에 의존하는 것처럼, 규범은 과학의 손이 닿지 않는 영역의 논리에 의존하기 때문이다), 철학과 과학을 억지로 결혼시키지만 이 결혼은 제대로 유지되지 않는다. 그리고 게을러 보이는 철학은 과학과 어울려보려고 온갖 애를 쓴다. 하지만 철학이 자연주의를 고수한다면, 철학은 과학과 어울릴 수 없을 것이다. 다시 말해, 규범적인 것은 과학주의가 허구라고 아주 엄정하게 선언한다. 과학주의에 기거하는 철학적 하숙생인 과학적 유물론도 허구다. 과학적 유물론이 성장하여, 과학의 집을 떠나 자기 자신을 위해 무언가를 하던 때가 있었다. 그때는 과학도 과학적 유물론에 의지했다. 김재권에 따르면 자연주의는 "제국주의적"이고, "끔찍한 존재론적 대가를 치른다." 이 존재론적 대가는 너무 커서 우리는 도무지 자연주의를 정합적으로 만들 수 없다.[321] 달라스 윌러드Dallas Willard도 청교도적 자연주의를 말한다.[322] 청교도적 자연주의라는 표현은 다소 교묘한 것 같다. 청교도적 자연주의를 보면, 잘 아는 농담이 떠오른다. 갓 결혼한 침례교인 부부가 신혼 여행을 갔다(이 농담에 등장하는 주인공의 교파는 나라마다 다를 수 있다). 남편이 아내에게 똑바로 서서 섹스를 할 수 있겠냐고 제안했다. 아내는 안 된다고 말하며 이렇게 설명했다. 똑바로 서서 섹스를 하면 사람들은 우리가 춤춘다고 오해할 것이다. 자연주의도 정신과 윤리, 자유의지, 규범성, 그리고 과학과 독립된 학문인 철학을 비슷하게 거부한다. 사람들은 이런 개념을 신학으로 오해할 수 있기 때문이다. 여기서 자연주의는 다시 누워서 침을 뱉는다. 자연주의는 이렇게 죽음의 충동을 뿜낸다. 이 충동에 맞서려면 무엇이 있어야 할까? 후설에 따르면, "영웅다운 이성은 자연주의를 단박에 극복한다. 유럽은 영웅다운 이성에 힘입어 철학의 정신으로부터 다시 태어나야 한다."[323] 유럽이 이렇게 다시 태어나지 않으면 우리의 자리도 실천도 운명도 야만에 물들 것이다.[324] 후설의 통찰력을 이어받아 논의를 발전시키면서 미셸 앙리는 우리가 정말 야만인처럼 변했다고 주장한다. 우리는 어떤 야만인이 되었을까? "우리가 누리는 삶의 양식은 생명을 대적하고, 가치를 모조리 부정하며, 생명의 존재를 부정한다. 생명이 생명을 부인하는 것이다 l'autonégation. 현대 문화는 이 중대한 사건을 과학적 문화라고 정의한다."[325]

자연주의를 분명하게 정의하는 것은 상당히 힘들다. 일단 이것을 알게 되면, 자연주의의 본질이 상당히 모호하고 부정적이며 애매하다는 것도 알 수 있다. 자연주의를 정의하기 어렵다는 것은 자연주의의 이데올로기적 본성을 오해하게 만든다. 유물론도 마찬가지였다. 어니스트 네이글은 1955년 미국철학회 학회장 연설에서 이렇게 지적했다. 사상사에서 "자연주의"라는 단어가 상대했던, 눈에 띄는 교리들만 헤아려봐도 그 수가 상당하다.[326] 자연주의는 엄밀한 철학 이론이 아니라 현대적 상투어이자 인기 있는 이데올로기에 가깝다.[327] 스트라우드도 자연주의는 세계평화라는 상투어와 비슷하다고 지적한다. 누구나 세계평화를 옹호하지만 누구도 그것이 무엇을 뜻하는지 모른다.[328] 하여간 "자연주의는 좋다고 전제된다. 누구나 자연주의자가 되고 싶어할 만큼 자연주의는 좋다. 자연주의가 어떤 관점인지는 중요하지 않다."[329] 자연주의는 다소 "포르노그래피와 비슷하다. 포터 스튜어트 판사의 말처럼 당신은 자연주의가 무엇인지 말할 수 없다. 하지만 일단 보면 그것이 무엇인지 알아볼 수 있다."[330] 또한 포르노그래피처럼 인공적인 이상형—포르노그래피의 경우는 섹스, 자연주의는 물질—을 제시한다. 한마디로 자연주의는 현실적이지 않다. 또한 당신이 원하는 누구라도 되어주겠다는 창녀처럼(날 누나라고, 동생이라고 불러요), 자연주의도 과학이 원하는 모습이 되어준다(날 유물론이라고, 물리주의라고 불러요). 조금 너그럽게 표현해보자. 자연주의는 속담에 나오는 아이 같다. 아이는 어두운 곳에 혼자 있지 않으려 한다. 그래서 자연주의는 과학에 들러붙는다. 자연주의가 사창가와 비슷하지 않다면, 자연주의는 분명 교회와 비슷하다. 텅 빈 공간까지 포함하는, 아주 넓은 교회와 비슷하다. 시거William Seager는 이렇게 말한다. "자연주의는 과학에 대한 단순한 믿음을 넘어, 정연한 진짜 과학의 구성원이 되고 싶어한다. 자연주의가 품은 이런 종교심은 여러 갈래로 드러난다. 일단 극단적으로 근본주의 같은 일원론자가 있다. 그는 과학의 단일성을 교리처럼 붙든다. 그래서 모든 분야의 지식은 물리학으로 곧바로 환원된다고 주장하면서 환원에 저항하는 모든 것은 존재하지 않는다는 존재론적 판결을 내린다. 일원론자의 극단적 반대편에, 뉴에이지스럽고 자유주의적인 수반의 신학theology of mere supervenience이 있다. 이 신학은 환원하려고 애쓰지도 않는다. 수반의 신학은 명청함과 정적주의를 가장 나쁘다고 생각한다."[331] 소망하는 자연주의wishful naturalism가 자연주의를 가장 정확하게 정의한 말 같다(신이 정말 없기를 바랍니다).[332] 하지만 소망하는 자연주의 덕분에 우리가 앞으로 더 나아갈 수 있는 것은 아니다. 우리

앞에 두 갈래 길이 있는 듯하다. 먼저 우리는 제한적 자연주의를 받아들일 수 있다. 제한하는 자연주의는 농담도 하지 않고 아주 엄격하다. 자연주의적 설명의 한계를 수용하면서 그런 설명의 결과를 두려워하지 않는다. 결과가 비정합성과 광적인 회의주의, 과학의 파괴라도 받아들인다. 둘째, 우리는 스트라우드를 따라갈 수 있다. 스트라우드는 훨씬 열린 형태의 자연주의를 권하면서, 이를 열린 태도라고 부르자고 제안한다. "자연주의"는 불필요하고, 오해하게 만드는 이름인 것 같다. 따라서 자연주의라는 이름표를 버려도 된다. 결국 자연주의는 (나쁜 뜻에서) 교리이기 때문이다. 다음 단락에서는 4장과 5장에서 다룬 논증을 다시 발전시켜보겠다.

## 인지적 자살

그 누구도 어떤 것을 믿지 않았다는 사실이 드러나지 않을까? 과학적 심리학이 완성되면 상식적 정신 개념이 무너지지 않을까? "믿음"과 "욕망", "의도"가 뿌리내린 개념틀이 파괴되지 않을까?

_ 폴 처치랜드[333]

당신이 자연주의자라면, 누구든 하여간 뭔가를 믿는다는 것을 당신은 부정해야 한다.…유물론을 전제할 때, 인간은 어떤 것도 믿을 수 없다.

_ 알빈 플란팅가[334]

언제나 원하는 걸 가질 수는 없다. 하지만 필요한 것은 얻을 수 있을 것이다.

_ 롤링 스톤즈[335]

다원주의가 보편화되면, 보편 철학으로 이해되고 적용되며, 이 보편 철학이 설명을 통해 이성의 활동에도 영향을 준다면, 믿음이라는 개념은 심각한 위기를 맞는다. 여기서 우리는 자연주의를 거부할 이유를 내놓을 수 있다. 어떤 과학도 철학적 자연주의를 요구하지 않는다. 우리가 자연주의에 애착을 느낀다고 해서 철학의 분석적 방법을 자연스레 알게 되지도 않는다. 요컨대 과학자나 분석철학자로서 활동하면서, 존재론적 자연주의나 제한적 자연주의를 기꺼이 거부할 수 있다.[336] 자연주의를 거부한다고 퇴행적이거나 반동적인 인물이 되지는 않는다. 오히려 그 반대다. 존재론적·제한적 자연주의는 여러 가지 이유로 과학과 철학을 훼손한다. 가장 큰 이유는 자연주의가 이성의 진실성을 파괴한다는 것이다. 이성의 진실성이 파괴되면, 비합리주의와 회의주의가 판을 치게 된다.

자연주의를 존재론으로 끌어올릴 때, 즉 이 세계에 무엇이 가능하고 무엇이 불가능한지를 자연주의가 정의하게 되면, 무슨 일이 벌어질까? 인지적 자살이 일어날 것이다(린 러더 베이커와 토마스 네이글, G. K. 체스터튼이 이 용어를 사용했다).[337] 왜 인지적 자살이 일어날까? 후설의 지적처럼, 이성이 종 상대주의*ein spezifischer Relativismus*에 굴복하는 상황을 우리가 받아들일 수밖에 없기 때문이다. 즉 이성의 활동은 특정 생물종의 활동일 뿐이라는 뜻이다. 종 상대주의란 실제로 상대주의를 뜻한다. 우리의 생각을 판단할 보편적 이성이 없다. 종 상대주의를 전제하면, 이성은 완전히 국지적 현상이 되며, 벌거벗은 생존의 공리주의적 원리를 따를 수밖에 없다. 이렇게 되면 생존과 진리의 연관성이 끊어진다. 생존과 진리는 그저 우연히 같아진다. 또한 우리는 자연을 설명하지만, 우리의 설명도 이제 믿기 어렵게 된다. 조셉 카탈라노Joseph Catalano도 말한다. "자연에 있는 지향적 구조가 우리의 존재와 떨어져 존재할 수 없다면, 자연이란 무엇일까? 자연에는 정말 $H_2O$ 같은 구조가 있을까?"[338] 종 상대주의를 일단 받아들이면 우리는 유신론자의 세계보다 훨씬 신비스러운 세계에 살게 된다. 이제 모조리 흄이 말하는 "기적처럼" 보이기 때문이다. 기적은 이제 설명을 넘어선다. 베이커에 따르면, 자연주의나 물리주의를 인정하면 우리가 사는 삶은 신비스럽게 변한다. 거의 기적과 같다. 평범한 생활마저 괴상한 "심령론"에 물드는 것이다. 예를 들어, 의도를 가진 행위자가 없다면(존재론적 자연주의의 입장이다), 행위를 예측하고 설명하는, 평범한 상식에 의존하는 사회적 실천은 이해할 수 없는 행위가 된다.[339] 스트라우드도 이렇게 지적한다. "자연계는 물리적 사실을 모두 모아놓은 것일 뿐이라고 생각한다면 자연계에 심리적 사실은 없을 것이다. 누군가 믿고 알고 느끼고 원하고 좋아하고 가치를 부여해도 소용없을 것이다."[340] 카우프만도 스트라우드와 비슷하다. "물리학에서 사건만 있지 누군가 무엇을 했다는 것은 없다. 진화가 진행되면서 행위자가 나타났지만, 물리학으로는 행위자 개념을 연역할 수 없다."[341] 과학을 하는 것도 물리학에서 연역되지 않는다. 따라서 행위자를 부인하면(존재론적 자연주의의 관점을 전제하면), 진화를 또 부인하게 된다. 행위자를 부인하면 진화에 반대하게 된다. 행위자는 진화가 낳은 가장 놀라운 열매이기 때문이다. 예를 들어 『종의 기원』이란 책은 뭐란 말인가? 환원주의가 『종의 기원』이 존재하는 목적은 아니다. 따라서 창조론자 같은 사람들이 다윈의 작업을 부인하고자 할 때, 환원주의는 아마 그들의 목적에 가장 잘 맞는 도구일 것이다. 하지만 스트라우드와 카우프만 모두, 우리가 믿는 상식의 세계를 그대로 간직하고 싶다면, 자연과학이 만든 용어나 물리적인 것만 의지하는 것은 적절하지 않다는 것을 그들은 인정하지 않는다. 그래도 존재론적 자연주의자가 더 어이가 없다. 존재론적 자연주의에 따르면 "우리"는 존재하지 않는다. 이것은 희생자를 만들지 않는 범죄 같다. 이 논리는 나치가 유대인에게 적용한 논리와 비슷하다. 국가사회주의에 따르면 나치는 어떤 희생자도 내지 않았다. 더구나 자연주의를 옹호하면 나치가 잘못했다고 말하지도 못한다. 촘스키는 이렇게 말한다. "언어 사용처럼, 지향성을 둘러싼 논쟁들을 자연주의에 따라 탐구할 수 없다. 그런 탐구는 합리적이지 않다."[342] "나는 나폴레옹이다"라는 명제를 한번 보자. 누가 이 말을 믿으면, 이 말의 진실함을 판단하기 위해 필요한 것은 뇌의 상태가 아니라 논리다. 하지만 논리는 신경과학의 언어에 속하지 않는다.

플란팅가는 현명하게 이렇게 묻는다. 믿음의 내용이 신경 수준에서 일어나는 일로 환원된다면, 믿음의 내용은 어디에서 왔을까? 잠시 다음 명제를 살펴보자. "자연주의는 오늘날 대단히 인기 있다." 이 명제가 옳다는 근거를 자연주의자는 어디서 가져올까? 자연주의자는 신경상태는 명제와 연결되었는지 아닌지 어떻게 구별할까? 자연주의를 전제할 때 우리는 어떻게 신경상태를 개별화할까? 정말 개별화하려면 자연주의를 버려야 할 것이다. 즉 자연주의는 스스로 무너진다.[344] 자연주의가 신경상태를 개별화하고 신경상태를 구별할 수 있다면, 자연주의는 신경상태를 판별할 수 있는 초신경상태를 규정할 수 있어야 한다. 다시 말해, "자연주의 상태"를 규정할 수 있어야 한다. 이것은 그냥 바보 같은 짓이다. 우베 마익스너Uwe Meixner의 지적처럼 우리는 "뇌 상태는 원래 어떤 사람에게 보내는 신호가 아님"을 잊지 말아야 한다.[345] 이전에 일어난 신경상태를 확인하여 행위의 인과관계를 정하려 할 때도 문제가 생긴다. 예를 들어 "분명 독립적인 인과관계를 가지는 신경상태들이, 어떤 몸 동작이 일어날 때 수렴되어 통합되는 요인에 대한 관점을 놓치고 있는 것으로 보인다."[346] 신경상태를 보고 행위의 인과관계를 정하는 분석방식은 스스로 결합문제라는 궁지에 몰린다. 신경상태 계열들은 하나하나 구별된 상태에서 수렴될까? 우리가 신경계열들을 하나하나 식별할 수 있는 상태에서 그것들이 통합되는가? 그렇다면 그런 일은 어떻게 가능할까? 다시 말해, 자연주의 세계관만 의지해서는 신경상태나 행위를 하나씩 구별할 수 없다. 이 문제를 다룰 만한 개념 구도가 제대로 마련되어 있지 않기 때문이다. 그래서 자연주의는 자유의지를 부인하거나 마음을 통째로 없애버리려 한다. 그렇게 해야 자연주의의 놀라운 무능력을 감출 수 있다. 자연주의가 들어간 방에서 어김없이 냄새가 난다면, 원래 방에서 냄새가 나는 건 아닌지 의심해봐야 한다. 영웅이 되려는 사람이나 자연주의를 강력하게 옹호하는 사람보다 더 긴급한 문제가 있다. 나치가 저지른 만행을 바라보는 우리의 관점에도 자연주의의 논리가 적용된다. 신경과학의 언어—제한적 자연주의에 따르면 우리가 가진 것은 이것뿐이다—로는 나치의 만행을 전혀 다룰 수 없다. 여기서 진리와 논리는 사라지고, 우리는 인간과 대상이 없는 세계에서 살게 된다. 심지어 우리는 두개골마저 없는 세계에서 살게 된다. 이렇게 황당한 결론을 따지기 전에 일단 인지적 자살 문제로 돌아가보자.

니체는 말한다. "신의 신실함을 믿은 데카르트가 솔직히 경솔했다는 주장은 공정하지 않다. 신이 도덕적으로 우리와 비슷하다고 가정해야 '진리'와 그것을 찾으려는 노력도 의미 있고 열매를 맺을 수 있다. 일단 이런 신이 없다면, 기만당하는 것이 삶의 조건일지 모른다는 의문이 생길 것이다."[347] 니체가 말한 참된 거짓말을 고려할 때, 니체의 질문은 분명 일리 있다. 충분히 예상되지만, 적응주의의 맥락에서 포더도 다음과 같이 동의한다. "자연선택 이론을 인지 진화에도 적용하면, 우리가 경험하면서 믿게 된 것은 대부분 참이 아니라는 결론이 나오거나, 적어도 참이 아니라고 강하게 제안할 수 있다. 아예, 경험적 과학이론도 대부분 참이 아니라고 말할 수 있다. 다윈주의가 과학이론의 성공을 보여주는 모범으로 널리 알려졌다고 하지만, 이것은 소문이다(다윈주의적 적응주의는 우리가 생각해낼 수 있는 가장 훌륭한 이론이며, 자연선택론은 가장 훌륭하게 확증된 이론이라고 한다). 모든 것에 적용되는 다윈주의는 과학 작업을 파괴한다. 배은망덕도 유분수!"[348] 다윈은 인식론에 신경 쓰지 않는다. 다윈의 이론은 지식이 아니라 생존을 다룬다. 따라서 "우리의 믿음이 대부분 참인지 진화는 따지지 않는다. 영화에 나온 레트 버틀러의 대사처럼 진화는 그런 문제에 관심이 없다."[349] 다윈주의가 생물학을 넘어 우리의 정신까지 다루더라도 형편은 같을 것이다. 그러나 자연주의는 어떤가? 자연주의는 적응주의를 고집한다. 자연주의가 적응주의와 결별하면, 자연주의는 인간 정신을 설명할 수 없기 때문이다. 이것은 자연주의 옹호자에게 불편한 사실이다. 그래서 자연주의는 인간 정신에 대한 괴상하고 절박한 설명에 매달린다. 그런 설명 가운데 가장 최고의 설명은 인간 정신은 없다는 것이다. 이것은 리반트William Livant의 대머리 처방을 탁월하게 적용한 사례 같다. 머리카락이 남아 있는 부분만 남도록 머리통을 줄이기만 하면 된다![350]

플란팅가는 자연주의가 황당하다고 지적한다. "자연주의가 옳다면 적절한 기능이란 것도 없다. 따라서 부작용이나 고장 같은 것도 없을 것이다. 그렇게 되면 건강이나 아픔, 온전함, 광기 같은 것도 없을 것이다. 이런 인식론을 가지게 되면 지식도 사라질 것이다."[351] 이렇게 사고한다면 사람, 생명, 죽음, 폭력, 윤리, 아름다움도 존재하지 않을 것이다.[352] 이 논증은 터무니없음을 전제로 한 논증은 아니다. 어떤 생각이 충격적이고 받아들이기 어렵다고 해서 그것이 틀린 것은 아니기 때문이다. 여기서 요점은 의견의 진리를 판단할 때 사용되는 기준이 아니다. 오히려 진리가 과연 있는가라는 문제가 자연주의를 압박하는 문제다. 플란팅가의 주장도 그렇다. 자연주의를 전제하고, 자연선택을 통해 인식 능력이 생겨났다고 가정해보자. 우리의 믿음이 맞다는 것이 밝혀진다면, 그것은 기적이나 마찬가지다.[353] 이것이 플란팅가의 주장이다. "우리 인간이 가진 인식 능력은 참된 믿음을 제시하거나 그럴 목적을 갖고 있다고 대부분의 사람들이 생각한다. 이 믿음은 인간은 실수를 저지르지만, 대부분의 경우에는 옳은 선택을 한다는 것이다. 하지만 자연주의적 진화론은 현대 진화이론이 제안하는 기제에 의해 인식 능력이 생겨났다는 견해를 자연주의와 결합시킨다. 그래서 자연주의적 진화론을 전제할 때, 우리는 다음 주장들을 정당하게 의심할 수 있다. (1) 우리 인지체계의 목적은 참된 믿음으로 우리를 돕는 것이다. (2) 인지 체계는 정말 우리에게 거의 참된 믿음을 제공한다."[354] 생존은 진리보다 우선한다. 진리와 생존이 어떤 때 일치하더라도 그것은 우연이다. 다시 말해, 우리가 소중하게 간직한 믿음—도킨스 같은 사람들의 주장도—은 모두 거짓이었음이 드러난다(도대체 밈이란 무엇인가?). 더구나 과학적 견해도 상당 부분 오류를 드러내고 말았다. 하지만 우리는 틀린 견해에서도 유익을 얻었다. 틀림도 유익을 줄 수 있다. 정신, 실존, 자유의지, 윤리, 심지어 대상 같은 틀린 개념을 우리가 받아들이는 것이 사회에 유익하지 않을까?(사회라는 것은 존재하지 않는 다고 한 마거릿 대처는 확실히 자연주의 옹호자였다) 하지만 이런 개념들은 모두 진리가 아니라고 한다. 그러나 이런 개념이 없다면, 당신은 굳이 길을 건너서 다원주의 옹호자인 당신 애인을 만나러 가지 않을 것이다. 한마디로, 진리는 적합성 향상에 무심하다.[355] 유용한 허구는 자연선택이 애용하는 단골메뉴다. 롤링 스톤즈도 한때 이런 노래를 불렀다. "언제나 원하는 걸 가질 수는 없다. 하지만 필요한 것은 얻을 수 있을 것이다." 이런 속담도 있다. "맹인이 사는 나라에서는 외눈박이가 왕이다." 자연주의에 대해서 이렇게 말할 수 있다. "죽은 자의 나라에서는 자신이 살아 있다고 착각한 자만이 섹스를 한다." 영화 〈매트릭스〉에서 로봇은 인간에게 망상을 주입하여 인간을 로봇에게 봉사하는 도구로 만들어버린다(이 영화에서 로봇은 인간 유전자를 독해한다). 이 영화에서도 적합성은 진리와 상관이 없다. 존 설은 컴퓨터도 정신처럼 사고한다는 주장을 반박했다. 설의 반박은 유명하다. 설이 제시한 논증의 내용과 근거는 우리의 논의와 그다지 상관이 없지만, 논증의 원리는 우리의 논의에서도 유효하다. 설의 반박을 보통 중국방 논증이라 부른다. 이 논증은 다음과 같다. 어떤 사람이 방에 갇혀 있다. 그는 중국어를 전혀 알아듣지 못한다. 이 방에 상자가 여러 개 있는데, 여기에 중국어 기호들이 있다. 그리고 이 방에 지침서도 있다. 지침서를 보면 중국어 기호에 어떻게 대답해야 할지 알 수 있다. 방에 있던 사람은 지침서에 따라 정확히 대답한다. "내가 컴퓨터 프로그램을 실행하듯이 중국어를 이해하지 않는다면, 어떤 디지털 컴퓨터도 오직 프로그램을 실행하듯이 중국어를 이해하지 않을 것이다. 컴퓨터와, 방에 갇힌 나는 정확히 같은 상황에 있기 때문이다."[357] 중국방에 있는 사람은 구문론만 알지 의미론은 모른다. 의미론을 알려면 의미를 이해해야 한다. 규칙을 단순하게 적용한다고 해서 의미론을 알 수 있는 것은 아니다. 그렇다! 우리도 정신의 존재를 믿기에 설의 논증에 동의한다. 하지만 정신의 존재는 지금 우리의 논의와 상관없다. 진리가 적합성과 무슨 상관이 있는지 질문할 때 설의 논증을 사용해보자. 일단 구문론만 알면 중국어를 알아들을 수 있다. 구문론만 있어도 된다고 주장해도 충분한 것 같다. 다시 말해, 중국어의 의미론적 이해라는 것은 아예 존재하지도 않는다는 것이다. 복잡한 이해는 우리에게도 필요 없고, 자연선택에게도 필요 없다. 그렇다면 중국방 논증에서 중국어는 진리에 관여하지 않는다. 중국어의 진리 같은 것은 없으며 과제 수행만 있다. 이제 과제를 SEX라고 이름 붙여보자. 중국방에서는 컴퓨터든 사람이든 과제를 수행할 것이다. 조금 다르게 기술해보자. 우리가 들어선 길이 서울로 가는 길이라면, 그 길이 어떤 길이든 우리는 서울로 갈 것이다. 심지어 우리가 부산으로 간다고 믿어도(이렇게 믿는 것은 쉽지 않다) 그렇다. 아예 부산이 서울이라고 믿어도 우리는 서울에 도착할 것이다. 콜럼버스는 자신이 아메리카를 발견했다고 생각하지 않았다. 그러나 콜럼버스는 아메리카를 발견했다. 하지만 이것은 요점이 아니다. 콜럼버스가 무엇을 믿든 상관없다. 이렇게 자연주의는 사람의 믿음(종교)에 대해 가장 혼합적이고 넉넉하며 종교다원주의적이다. 어떤 믿음이든, 믿음은 제 기능을 한다는 뜻이 아니라, 믿음은 기능을 할 수 있다는 뜻이다. [적어도 자연주의에 따르면] 이것이 현실이다. 믿음에 담긴 내용이 참인지 거짓인지 상관이 없기 때문이다. 믿음의 내용이 과제수행(섹스)과 맺는 관계만이 중요하다.

조머스Tamler Sommers와 로젠버그Alex Rosenberg 같은 자연주의 옹호자는 다윈주의가 형이상학적 허무주의라고 주장한다. 그들에 따르면 다윈주의는 윤리적 허무주의이기도 하다. 다시 말해 도덕성은 완전히 허구다. 하지만 윤리와 도덕성이 유용한, 즉 적응에 이로운 허구나 거짓말이 아니었다고 주장할 다윈주의가 있을까? 이 사실은 회의주의와 자연주의에 대한 플란팅가의 논증에 힘을 실어준다.[358] 스트라우드도 플란팅가의 논증을 지지한다. "제한적 자연주의자는 수학명제의 주장이 그가 믿는 자연적인 것에 속하지 않는다고 주장한다. 그렇다면 그는 어떤 수학이나 논리적 사실에 기대지 않고도 우리가 논리와 수학을 안다는 사실을 설명해야 한다."[359] 이런 시도는 어리석을 뿐이다. 논리나 수학이 없다면 우리는 생각조차 못할 것이다.[360] 하지만 자연주의를 괴롭히는 문제는 여기서 끝나지 않는다. 많은 사람이 지적하듯 자연주의는 스스로 무너진다. 다시 스트라우드를 인용해보자. "자연주의자는 자연주의적 세계 이론을 믿는데, 자연주의자가 이 사실을 인정하고 숙고하자마자 그는 자연주의가 얼마나 황당한지 알 수 있을 것이다.…자연주의자는 자연주의가 황당하다고 말할 수 없고, 자연주의가 옳다고 일관성 있게 생각할 수도 없다." 보편화된 다원주의에도 똑같이 말할 수 있다.[361] 5장에서 말했듯이 극단적 다원주의와 자연주의는 속담에 나오는 술 취한 남자 같다. 덜컹거리는 기차에서는 술 취한 남자가 다른 승객보다 똑바로 걷는 것처럼 보인다. 플란팅가는 이렇게 말한다. "나의 논증은 자연주의가 틀렸다고 말하지 않는다. 나의 논증은 자연주의를 받아들이는 것이 불합리하다고 말한다. 반면 전통적 유신론자는 이 소름 끼치는 악순환의 운명으로부터 자유롭다."[362] 유물론과 물리주의는 우리의 생존을 유지하는 허구들을 폭로하는 데 열심을 낸다. 그러나 그들이 허구라고 부르는 의식과 자기 의식은 분명 적응에 도움이 된다. 이처럼 플란팅가의 논증에 반대하면서 물리주의자가 되는 것은 불가능하다. 하지만 당신이 일관성 있는 물리주의자면서 플란팅가의 논증에 반대하지 않는다면, 당신의 관점은 스스로 무너져버릴 것이다. 당신은 물리주의를 합리적으로 신뢰할 수 없거나, 당신이 물리주의를 믿는다는 것을 믿지도 못할 것이다. 스트라우드는 이렇게 말한다. "플란팅가와 동료들이 다른 사람을 설득한다면, 사람들은 대체로 자연주의에서 등을 돌릴 것이다. 오늘날 케케묵은 것은 바로 자연주의다."[363] 정말 그렇다. 예를 들어 "규범성을 가정하지 않으면 우리가 사는 세계를 이해할 수 없다."[364] 하지만 자연주의가 가정하는 존재론에 따르면 규범성은 없다. 적어도 자연주의를 방법론이 아니라 존재론으로 간주하면 그렇다. 극단적 다원주의의 세계에서도 규범성은 없다. 도대체 극단적 다원주의의 세계에서 규범성이 어떻게 있을 수 있겠는가? 클랩위익Jacob Klapwijk은 자연주의 철학에서 나타나는 색다른 모순에 주목한다. 클랩위익은 먼저 자연주의의 주장을 언급한다. "생물계가 물리계로 완전히 환원될 수 있다는 자연주의적 주장은 생물계와 물리계가 다르다고 은밀히 전제한다. 생물계와 물리계의 차이를 부인하는 것은 사실을 호도하는 이론적 보상행위다!"[365] 자연주의는 자신이 부인한 것을 더 비싸게 다시 산다. 더구나 환원하려는 욕망은 확실성을 추구하는 종교적 욕망에 가깝다. 이 경우에는 무덤에 대한 확실성이다. 그러나 이 무덤은 땅 위에 올라와 있다. 베이커는 이런 난점을 고치려 한다. 그래서 자연주의의 내용을 많이 잘라내어 "의사 자연주의"quasi naturalism를 만들었다. 의사 자연주의는 과학의 성과를 존중하지만, 과학이 지식을 낳는 참된 유일한 근원이라고 주장하기보다, 과학 이외에도(예를 들어, 개인적 경험) 지식을 주는 근원이 존재하는 것을 인정한다. 의사 자연주의는 과학이 아닌 다른 주제에도 관심을 보이면서, 존재하는 것을 규정하는 형이상학적 주장을 삼간다. 다시 말해 의사 자연주의는 자연계만이 있다고 말하지 않는다.[366] 의사 자연주의의 이런 주장은 정말 일리가 있는 것 같다. 존재론적 자연주의만으로 대상의 지속 조건을 밝힐 수 없기 때문이다. 대상이 대상으로 있기 위해 필요한 것—지속 조건—을 정의할 수 없다는 뜻이다.[367] 자연주의는 대상의 지속 조건을 영영 규정할 수 없다. 이 조건은 규범적이며, 필연적 진리이기 때문이다. 이 조건의 성격은 자연주의의 환원이 미치지 않는 곳에 있다. 자연주의의 존재론은 대상의 지속 조건 같은 비경험적 개념을 처리할 수 없다(자연주의의 방법론도 마찬가지다). 하지만 베이커가 지적하듯, "우리의 태도와 행위가 합리적이라면, 우리는 시간 속에서도 대상을 알아봐야 한다. 또한 우리가 알아볼 수 있는 유일한 대상은 입자 집합이 아니라 눈앞에 있는 대상이다."[368] 지극히 평범한 대상도 유물론자에게는, 그들의 존재론의 부대에 담기지 않는 신비스라운 포도주처럼 보인다. 불행한 일이다. 여기서 콰인의 비유가 돋보인다. 콰인은 대상을 단순하게 믿는 것을 호메로스의 신을 믿는 것에 비유했다.[369] 세계무역빌딩을 생각해보자. 그 건물은 분명 잔악한 테러 때문에 허물어졌다. 잠깐. 이 비극이 일어났을 때 존재론적 대가도 지불되었다. 이 비극적 사건이 정말 일어났다고 믿는다면, 우리의 철학은 인색할 수 없다. 제한적 자연주의는 정신이 없다고 주장한다. 이 자연주의는 아기와 욕조, 목욕물까지 모조리 담장 밖으로 내던져버린다. "우리가" 제거주의를 옹호한다면, 솔직히 말해 세계무역빌딩 테러사건이 일어났다고 말할 수 없다. 제거주의에 딸린 존재론적 창고에는 빌딩이란 대상이 없기 때문이다. 그 창고에는 사람도 없다. 이제 자동차 두 대가 마주보며 엄청난 속도로 질주하다가 충돌한다고 상상해보자. 이 사건을 자연주의에 맞게 기술하려면 우리는 자동차처럼 생긴 입자 조합이 이제 새로운 조합을 이루었다고 말해야 한다. 이 새로운 조합을 우리는 자동차 사고 같다고 기술할 수 있다. 하지만 우리는 입자의 조합을 이렇게 저렇게 기술하지만, 이 기술은 결국 자의적이다.[370] 실제로 어떤 사건도 일어나지 않았다. 이제 상처라는 개념도 불가능하다. (배치는 실제로 존재하지 않는다. 배치는 참된 대상이 아니다.)[371] "사고"와 "무역빌딩", "인격"은 어떤 것을 지시하는 용어가 아니다. (일단 말이라도 꺼낼 수 있다면) 우리가 정당하게 말할 수 있는 것은 현재 배치된 입자다. 하지만 우리는 그렇게 말도 못할 것이다. 우리의 말 자체가 이미 공기의 배열일 뿐이며, 그 자체로는 어떤 것도 지칭하지 않기 때문이다. 이것은 참 괴상한 철학이란 생각이 든다. 하지만 자연주의에 대해서도 공정하게 말하자. "자연주의"를 일단 전제할 때 이렇게 말하는 것이 가장 앞뒤가 맞다. 하지만 환원주의 같은 약한 자연주의에 호소해도 사정이 더 나아지지 않는다. 우리는 그저 "빌딩"은 입자의 메레올로지적 합을 기술한다고 말할 수 있을 뿐이다(메레올로지: 부분과 전체의 관계를 추상적으로 연구하는 학문). 타워 같은 단어는 우리 인간의 관심의 반영일 뿐이다. 대단히 편협한 구어체이며, 벽난로 앞에서 나누는 잡담과 다를 바 없다. 이 단어는 존재론에 속하지 않는다. 실재는 우리의 관심을 반영하지 않기 때문이다. 세계무역빌딩 붕괴사건이 정말 일어났다고 믿으려면, 우리는 비환원주의적 관점으로 이동해야 한다. 하지만 논점을 피하지 않으면서 자연주의가 비환원주의적 관점으로 이동할 수 있을까? 쉽지 않다. 비환원주의적 관점으로 본다면 무역빌딩은 분명 있었지만 지금은 없다고 말할 수 있다. 그래서 무역빌딩은 붕괴했다. 물론 무역빌딩도 입자로 구성되어 있었다. 하지만 무역빌딩이 곧 입자는 아니다.[372] 교통사고를 당한 딱한 사람에게도 똑같이 말할 수 있다. 그들은 원자로 이뤄졌지만, 그들이 곧 원자는 아니다. 놀랄 필요는 전혀 없다. 우리 몸은 늘 변하니까. 어떤 때에 어떤 자리에서 우리 몸을 구성하는 어떤 물질 집합도 우리와 동일하지 않다. 따라서 사람과 암, 폭력, 비극적 사고, 섹스, 결혼, 죽음, 생명이 있다고 믿으려면, 자연주의보다 흥미로운 존재론이 있어야 한다. 이 존재론은 기초 범주가 다양하다고 인정한다. 이 존재론은 여러 가지 지속 조건을 가진 범주들을 허용해야 한다. 지속 조건이란 어떤 것이 실제로 있거나 계속 그것으로 남아 있기 위해 필요한 조건을 뜻한다. 베이커에 따르면, "대상 X는 기초 범주 K에 오직 다음 조건에서 속한다. X가 존재하는 한 X는 K에 속한다. K에 속하지 않으면서 계속 X로 있을 수 없다. 어떤 것이 기초 범주 K에 속한다면, 그것은 늘 K에 속하며, 그것이 존재를 유지하는 한 그것은 늘 K에 속한다."[373] 베이커에 따르면, 인격은 기초 범주다. 반면 "인간 동물"은 어떤 이의 신체의 기초 범주다. 그래서 몸은 곧바로 인간 동물에 속하지만, 몸은 간접적으로 인격에 속한다. 인격이 우리의 기초 범주다. 하지만 우리 몸은 인간 동물에 속한다. 즉 몸이 당신을 구성한다는 조건에서 몸은 오직 우연히 인격과 연결된다.[374] 인격의 지속 조건은 일인칭 관점을 요구한다. 하지만 인간 동물이나 몸은 그저 삼인칭 관점을 가진다. 따라서 인격의 지속 조건은 일인칭 관점을 논리적으로 포함한다. 인격이 몸과 다르다는 것은 무슨 뜻일까? 한 사람의 인격은 그의 몸과 동일할 수 없다는 뜻이다. 로우에 따르면, "어떤 특정한 시기에 생명체를 구성하는 물질을 생명체와 같다고 말할 수 없다. 각 단계나 시간마다 생명체를 구성하는 물질이 다르기 때문이다."[375] "객관적으로 사태를 탐구하면, 인격이 무엇이며, 세계에 거주하는 존재자 가운데 누가 인격인지 밝힐 수 없다."[376] 인격 개념은 과학의 탐구범위와 모든 객관적 사고양식을 넘어선다. 이유는 간단하다. 인격은 대상이 아니기 때문이다. 과학이 인격이 무엇인지 밝힐 수 없다고 해서, 인격이 없다고 말할 수 없다. 그것은 그저 논점을 회피하는 행위다. 철학이 일인칭 관점을 정말 내다 버린다면 철학은 사람을 논하지 못할 것이다. 대신에 철학은 몸을 논할 것 같다. 이런 철학이 몸이라도 수용할 수 있을지는 의문이다. 중요한 점은 일인칭 관점은 복제될 수 없다는 것이다. 일인칭 관점은 다른 것으로 환원되지 않을 만큼 특이하다.[377] 인격을 이루는 "것"은 무엇일까? 이 문제는 별로 중요하지 않다. 인격과 인격을 이루는 요소는 그저 우연히 연결되어 있다. 여기에서 필수적인 것은 바로 일인칭 관점이다. 일인칭 관점이 나타날 때 비로소 게임이 시작된다. 더구나 베이커는 이렇게 지적한다. "일인칭 관점은 생물학적으로 중요하지 않게 보인다.…[하지만] 일인칭 관점은 존재론적으로 중요하다."[378] 이런 맥락에서 우리가 다윈주의만 바라본다면, 인격을 찾으려는 노력은 헛수고가 되고 말 것이다. 하지만 이것은, 다윈주의를 훌륭한 과학으로 보지 않고 다윈주의를 모든 것을 아우르는 철학으로 만들려는 사람에게만 문제가 된다. 우리도 과학 안에서 인격을 찾지 못할 것이다. 그러나 과학을 터무니없이 추켜세워 아예 과학 바깥에 과학을 두는 사람만이 이것을 문제라고 지적할 것이다.

자연주의는 노예처럼 과학을 따르고 형이상학의 모든 내용을 거부하면서, 스스로 무너진다. 로우는 지적한다. "현실 전체에 대한 일관성 있는 일반 개념이 없다면, 여러 과학이 내놓은 이론과 관찰이 양립 가능할 거라고 기대할 수 없다. 여러 과학이 이 일반 개념을 만들어내야 하는 것은 아니다. 이것은 과학이 수행해야 할 과제가 아니라, 오히려 형이상학의 과제다."[379] 더구나 형이상학을 반박하는 어떤 논증도 자신이 부정하는 것을 사용하는 것 같다. 이 논증도 어쩔 수 없이 형이상학적 주장을 하기 때문이다.[380] 예를 들어 철학은 제1철학을 구성하려는 기획을 포기해야 하며, 이른바 과학은 현실을 가장 잘 설명하므로 철학은 과학을 따라가야 한다는 주장이 있는데, 이 주장도 스스로 무너진다. 이것은 확실히 과학적 주장이 아닌 형이상학적 주장이기 때문이다. 로우도 말한다. "과학은 실제로 있는 것을 규정할 뿐이다. 우리가 확인할 수 있는 증거가 있다면, 과학은 그렇게 한다. 과학은 무엇이 있을 수 있는지 우리에게 말하려고 하지 않으며 말할 수도 없다. 무엇이 있어야 하는지에 대해서는 더욱 그렇다. 우리는 이 문제를 알기 위해 어떤 경험적 증거도 찾을 수 없기 때문이다." 더구나 과학은 어떤 것이 왜 있는지 말할 수 없다(당근이든 수학이든, 그런 것이 무엇 때문에 있게 되었는지 과학은 말할 수 없다). 도대체 왜 어떤 것이 있는가라는 질문에 대해 과학은 도무지 대답할 수 없다. 로우는 계속 지적한다. "철학자가 어떤 과학자 집단의 형이상학적 관점을 그 과학자 집단이 중요하다는 이유만으로 수용한다면, 그것은 철학자의 책임을 내동댕이치는 짓이다."[381] 아마 자연주의자가 물리학자의 낙원을 믿기 때문에 철학자의 책임을 저버리고 싶은 마음이 생기는 것 같다.[382] 하지만 칸지안Christian Kanzian는 분명히 강조한다. "물리주의자는 물리학을 말한다(물리학을 믿는다). 그러나 진지한 물리학자는 궁극적 세계의 방정식을 찾지 않는다. 다른 모든 과학을 아우르는 물리

원리를 찾지 않는다. 또한 참 문장은 모조리 물리 언어로 환원될 수 있음을 증명하려고 노력하지도 않는다. 진지한 물리학자는 물리주의자가 아니다. 그는 오히려 물리주의의 주장을 부인한다."[383] 철학의 책임을 저버리려는 마음은 또 어디서 생길까? 특이한 당혹감에서 생긴다. 즉 철학의 가능성에서 이런 마음이 생긴다. 예를 들어 철학의 기원은 무엇이며, 철학이 있어야 할 자리는 어디인가? 자연주의는 하여간 철학을 수용하기 어렵다. 더구나 자연주의가 자신을 자연주의적으로 파악하기는 지극히 힘들다. 자연주의 자체는 자연주의에 따라 파악될 수 없다. 예를 들어 자연주의가 옳다면, 사람들은 자연주의에 대해 절대 논하지 않을 것이다. 사람들은 자연주의를 있는 그대로 기술하지 않을 것이다. 자연주의는 아예 철학적 입장에서 벗어날 것이다.[384] 솔직히 자연주의를 자연주의에 따라 파악하는 것은 대단히 어려운 과제다. 자연주의는 극단적 다원주의와 비슷한 자리에 있다. 다시 말해, 극단적 다원주의는 스스로 보편 이론이라 하지만, 이것이 오히려 극단적 다원주의의 담론을 파괴한다. 보편 이론인 자연주의는 어떤 자동차 경기 선수와 같다. 그는 마찰을 줄이려고 저항이 없는 매끄러운 타이어를 고른다. 하지만 저항이 없다보니 자동차는 앞으로 나아가지 못한다. 비슷하게, 다원주의가 다른 담화를 녹여버린다면, 다원주의는 정지하게 된다. 자연주의는 철학을 녹여버리지만 자연주의도 비슷한 상황에 처한다. 자연주의는 과학을 통해 이득을 보려다가 합리성을 잃어버린다. 여기서 로우는 고맙게도 정곡을 찌른다. "합리적으로 행동할 수 있는 자유가 우리에게 없다고 합리적으로 믿을 수 없다."[385]

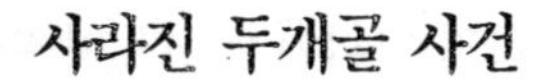

## 사라진 두개골 사건

양고기 한 점의 분자력으로 햄릿이나 파우스트를 연역해보라.
_ 토마스 헉슬리[386]

자연주의는 대상이 있다고 인정하기 어렵다. 그래서 마이클 리 Michael Rea는 자연주의가 구성주의를 받아들일 수밖에 없다고 주장한다. 자연주의는 내재적 양상이나 종의 속성이 있을 자리를 마련할 수 없기 때문이다.[387] 이런 속성이나 양상은 규범적이다. 자연주의에 따르면, 대상은 발견되는 것이라기보다는 그저 만들어지는 것이다. 그렇다면 자연주의는 유물론을 버려야 한다. 왜냐하면 유물론은 정신이 물질 대상이나 물질적 사건이라고 정의하는 데 반해, 자연주의는 대상을 구성주의에 맞게 인정할 뿐이기 때문이다. 다시 말해, 비물리적 정신이 대상을 생각했다면 정신은 대상으로 있을 수 있다. 따라서 유물론은 반박된다.[388] 자연주의의 괴상한 결과는 여기서 끝나지 않는다. 설이 내놓은 이상한 주장을 살펴보자. "자신이 경험하는 세계에서 뇌가 어디에 있다고 생각하는지 어떤 사람에게 물어보라. 그는 자연스럽게 (자신이 경험하는) 머리를 가리키며 '이 안에' 있다고 말할 것이다. 하지만 그는 틀렸다. 그가 경험한 머리는 그의 정신 안에 있다."[389] 그러나 설의 주장은 사실과 전혀 다르다. 연결된 신경들은 뇌 안에 있을 것이다. 하지만 고통은 그렇지 않다. 예를 들어 당신이 망치로 손가락을 내리친다면 고통은 바로 손가락에 있지 뇌에 있지 않다.[390] 제한하는 자연주의는 우리를 찰스 디킨스의 『어려운 시절』*Hard Times*의 등장인물인 그래드그라인드 부인과 비슷하게 만든다. 그래드그라인드 부인은 아프냐는 질문을 받고 이렇게 대답한다. "이 방 어딘가에 고통이 있겠죠. 하지만 나에게 고통이 있다고 확실하게 말하진 못하겠어요."[391] 미셸 푸코도 정확하게 지적한 것 같다 "서구인은 스스로 자신을 과학의 대상으로 세울 수 있었다. 서구인은 자신의 언어로 자신을 이해하고, 담화를 통해 자신을 존재하게 만들었다. 하지만 서구인은 자신을 지워버림으로써 이런 일을 비로소 시작했다."[392] 이 생각은 정말 이상하게 보인다. 하지만 충분히 예상된 결론이다. 적어도 처치랜드와 데닛의 저작에서 이런 결론은 당연하다. 데닛은 사람을 완전히 도구적 용어로 기술하면서 사람을 유용한 허구로 여긴다.[393] 하지만 생물학적 자연주의자의 경우, 상황이 더 이상해진다. 즉 생물학적 자연주의는 뭔가 잘못되었다. 생물학적 자연주의(존 설이 옹호하는 종류)는 물리주의적 편견을 가지고 있다. 그래서 생물학적 자연주의는 스스로 독특한 역설에 빠져버린다. 생물학적 자연주의는 의식현상은 뇌의 상태에 불과하다고 주장한다. 현상세계는 뇌 안에 있다는 말이다. 하지만 이 말은 우리가 만질 수 있는 실제 두개골이 현상세계 바깥에 있다는 뜻이기도 하다.[394] 벨만스Max Velmans가 설명하듯 실제 두개골이 "경험의 천구 바깥에" 있다. 따라서 뇌가 두개골 안에 있다는 생각은 세대를 이어온, 세계 각지로 퍼진 문화적 망상이다. 참 이상한 주장이다(이상할 것이라 당신에게 미리 경고했다). 이것이 제한적 자연주의가 치르는 대가다. 일리 있는 종교도 미신처럼 보일 때가 있는데, 제한하는 자연주의는 이런 종교보다 더 미신적이지 않은가? 이것이 끝이 아니다. 우리가 실제 두개골을 손상시켰다면 어떻게 될까? 우리는 두개골을 상실하며, 두개골 손상에 따른 통증도 사라질 것이다. 이렇게 황당한 딜레마를 피하려면, 환원주의를 포함한 생물학적 자연주의를 거부할 수밖에 없다.[395]

## 환원주의를 환원하기

어떤 바이올린 연주자들이 바이올린을 켜자 큰 공연장의 공기가 떨렸고, 창문의 유리가…흔들렸다. 이 진동은 다시 에드워드 경의 아파트 공기를 흔들었다. 공기의 떨림은 에드워드 경의 고막을 흔들었다. 서로 맞물린 망치뼈와 모루뼈, 등자뼈가 움직이기 시작하면서, 난원창의 막이 흔들렸고, 미로와 같은 귀 속에 아주 작은 소용돌이가 생겼다. 청신경의 끝부분에 무성히 자란 털은 거친 바다의 수초처럼 흩날렸다. 이처럼 뇌에서도 정체가 모호한 기적들이 무수히 발생한다. 그래서 에드워드 경은 음악에 도취되어 "바흐!"라고 조그맣게 외친다. 에드워드 경은 기뻐하며 미소짓는다.…

_ 올더스 헉슬리[396]

생물학의 법칙은 살아 있는 생물이 생물로서 살아가는 것에 관한 것이다(생물이 물체로서 따르지는 않는다). 생명체에 대한 논의는 아원자 입자의 집합체에 대한 논의로 환원될 수 없다. 또한 생물학의 법칙이 핵 물리학의 법칙으로 환원될 수 없다.

_ E. J. 로우[397]

시인이자 노벨 화학상 수상자인 로얼드 호프만Roald Hoffmann은 환원주의에 반발하며 말하기를, "생명계의 기적을 차갑고 단단한 사실로 환원하지 말아야 한다. 차갑고 단단한 사실은 해부의 논리로 얻은 사실이다."[398] 하지만 항의와 거짓 정보는 다르다. 호르스트는 이렇게 지적한다. "모든 사람이 잘못된 가정을 가지고 작업을 하고 있다. 다시 말해, 자연과학에서는 환원하려는 설명이 주류이며, 환원 가능성은 메타이론적 규범으로 기능한다고 믿는 사람은 환원적 설명을 오해하고 있다고 가정하면서 사람들은 과학적 작업을 한다. 그러나 이런 가정은 잘못되었다."[399] 환원하는 설명은 매우 드물다. 환원적 설명이 드물게 이뤄지는 이유를 세 가지만 살펴보자. 첫째, 다중 실현 가능성이다. 불특정 다수의 하위 존재자가 활동하면서 상위 이론이나 현상이 나타날 수 있다. 여기서 하위 존재자의 활동과 상위 현상을 이어주는 법칙은 없다. 다시 말해 하위 수준은 대체로 상위 수준과 무관하다. 수많은 유전자들이 같은 표현형 효과를 낼 수 있듯이, 수많은 하위 요소들에서 상위 존재자나 사건이 나올 수 있다. 둘째, 환원주의는 상위 수준과 하위 수준을 이어주는 법칙을 요구한다. 하지만 하위 수준에서 통용되는 용어가 상위 수준에 대한 묘사와 유일하게 연결되지 않는다면, 하위 수준의 용어는 상위 수준에 대한 기술과 무관하다. 즉 설명과 상관관계는 맥락에 민감하다. 셋째, 상위 수준이 하위 수준으로 성공적으로 환원되었다면(적어도 그렇게 생각해도 된다면), 분명히 하든 은밀히 하든 상위 수준의 용어에 호소할 수 없다. 그런데 당신이 환원하려는 현상이 상위 수준에서만 나타나거나 이해된다면, 그 현상을 언급할 수 없을 것이다. 상위 수준을 하위 수준으로 환원할 때 하위 수준의 용어만 사용해야 하기 때문이다. 그러나 정말 이렇게 하는 경우는 거의 없는 것 같다. 상위 수준이 하위 수준으로 환원되는 것처럼 보일 때도 배후에는 상위 수준의 현상(예를 들어, 의식)이 있다. 환원주의자는 상위 수준의 현상을 일단 다루지 않아야만 일관성을 유지한다. 다시 말해 환원주의자는 원래 논하려는 존재나 현상을 말하지 않은 채 전혀 다른 것을 말하는 것이다. 킨케이드Harold Kincaid는 이렇게 기술한다. "이론이 기술하는 기능들이, 상위 수준의 용어로 기술되는 체계 안에 있는 역할들을 기술한다면, 이 이론은 환원적으로 설명하지 못할 것이다.

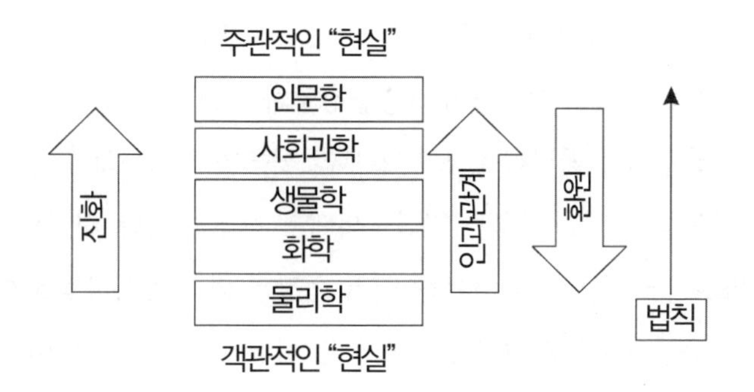


그림 8. 환원주의는 사회과학이나 인문학에서 다뤄지는 상위 단계의 현상, 예를 들어 인간 지성과 정신적 삶에 대한 의도적인 언어가, 하위 단계로 환원될 수 있다는 생각이다. 상위 단계의 현상이 자연과학의 언어로 표현되면서, 상위 단계의 개념은 불필요해진다. 다시 말해, 모든 일인칭 관점의 언어들은 구식의 거친 신화가 되어버린다.

하위 수준 이론은 상위 수준의 사실을 곧바로 지시할 수 있다. 신경학 이론은 동기와 목표, 의식적 자각에 대한 정보를 이용했다. 이 이론은 이제 심리상태 정보를 이용할 것이다. 여기서도 환원이 이뤄지지 않았다. 상위 수준 이론이 하위 수준의 설명으로 대체되지 않고 전제되기 때문이다."[400] 숲이 없으면 나무를 절대 보지 못한다. 환원주의자는 꼼짝달싹 못한다. 즉 환원주의자는 환원을 하려고 애쓰지만, 상위 수준의 용어에 기대선 안 된다. 그러나 환원주의자가 정말 상위 수준의 용어를 사용하지 않는다면 그는 원래 논하려는 현상과 완전히 다른 것을 말하게 된다. 그래서 다시 환원에 실패한다.[401] 환원주의자가 되고 싶은 사람이 상위 수준과 하위 수준을 잇는 법칙을 정말 정하더라도, 그는 문제를 그저 다르게 규정한 것이지 답을 한 것이 아니다. 그는 이제 그 법칙을 설명해야 한다. 또한 로우가 지적하듯, "물리학만이 우리에게 물리적 사물이 있는지 정당하게 말할 수 있다. 그러나 물리학에게는 비물리적 사물이 있는지 말할 권한이 없다."[402]

환원주의자 진영도 이처럼 승승장구하지 않는 것 같다. 그래도 이들은 방금 우리가 지적한 난점을 일부러 잊어버리는 듯하다. 메를로 퐁티는 이를 정확히 꼬집는다. "자연주의에도 진리가 있다. 하지만 자연주의가 바로 진리는 아니다. 자연주의의 등장과 의식의 사라짐을 여기서 이미 일어난 사실로 인정한다면, 이것은 이런 주제를 품은 이론적 세계를 미리 가정하는 일과 같다. 이것은 초절정 관념론이다. 이 관념론은 단순한 사실이나 확장된 대상의 세계에서, 전 이론적 대상과 과학 이전의 의식으로 나가는 의도적 지시관계를 해독하지 않으려 한다."[403] 자연주의는 신성을 제거하라고 가혹하고 그릇되게 호소함으로써, 자신이 가장 잘 아는 것, 바로 의식을 없애버린다.

## 다시 돌아온 의식

느낌이 연달아 일어나는 것이 연달아 일어난다는 느낌은 아니다. 느낌이 연달아 일어날 때, 연달아 일어난다는 느낌이 덧붙는다. 따라서 연달아 일어난다는 느낌은 덧붙여진 사실로서 설명이 필요하다.

_ 윌리엄 제임스[404]

우리는 의식하는 자동기계다.

_ 토마스 헉슬리[405]

무엇을 믿을래요? 나입니까? 당신의 눈입니까?

_ 그라우초 마르크스[406]

유물론과 자연주의는 궁지에 몰린 주된 이유는 의식이다. 의식같이 놀라운 현상이 물질 세계에서 어떻게 출현할 수 있었을까? 여전히 놀랍다. 우리는, 즐겁고도 슬프며, 다채롭고 냄새나는 일인칭 세계에 어떻게 거주하게 되었을까? 이 세계가 물리적인 것의 자궁에서 어떻게 탄생할 수 있었을까? 마이클 록우드는 스스로 유물론자라고 말하면서 아주 정직하게 인정한다. 의식이 있다는 사실은 "현대 물리학의 설명의 한계에 대한 살아 있는 증거"라고 인정한다.[407] 이런 한계 때문에 사람들은 그토록 당황한다. 스트로슨Galen Strawson은 이렇게 경고한다. "의식을 직면할 때 놀라움에 현기증을 느끼지 않는 사람은 생각하는 유물론자의 자격이 없다. 유물론자는 의식은 완전한 물리적 현상이며, 모든 경험적 현상도 그렇다고 해야 한다. 그러나 의식을 직면할 때마다 이것은 물리적인(실재적인) 설명이나 과학적인 상식과는 전혀 다르다는 사실을 깨닫지 못한다면, 그는 유물론자의 자격이 없다. 그는 아직 시작도 하지 않았다."[408] 포더도 말한다. "의식은 정체를 분명히 규정할 수 있는 탐구영역이 아니다. 연구자가 빠져 죽지만 않는다면 그나마 다행인, 그런 탐구영역이다."[409] 의식은 풀기 어려운 문제를 쏟아내지만, 데닛 같은 학자들은 이 문제를 알아차리지 못하는 것 같다. 그래도 이들은 담담하다. 김재권이 지적하듯, 의식을 아예 없애려는 의도가 있다.[410] 그러나 에딩턴은 우리에게 다음 사실을 상기시킨다. "경험할 때 우리는 가장 먼저 정신을 경험한다. 다른 모든 것은 추론을 통해 알려진다." 관련 문헌에서 정보를 얻어 정신을 안 것은 아니다.[411]

## 문제를 없애버리기

의식은 정말 놀라운 현상이다. 의식 때문에 우리는 자연계를 다르게 이해해야 할지도 모른다. 이 상황에 대해 사람들은 주로 세 가지 방식으로 대응한다. 첫째, 어떤 사람은 의식이 독특하다고 인정하면서도 독특함을 내세워 의식을 공격한다. "그렇죠. 의식은 놀랍죠. 너무 놀랍죠. 여기서 우리가 분명 놓친 것이 있을 겁니다. 우리는 분명 의식을 잘못 이해했을 겁니다. 그래서 의식이 그렇게 놀랍게 보이는 거죠." 다시 말해 우리는 환상에 빠졌다는 주장이다. 의식이 있다고 가정하라는 유혹에 매번 굴복한 것이다. 그래서 우리는 존경하는 물리주의 교리를 위험에 빠뜨렸다. 물리주의 교리는 물리적인 것만 있다고 선언한다(물론 무엇이 물리적인지 명확한 정의가 있는 것은 아니다. 그러나 그 문제는 잠시—사실은 영원히—묻어두기로 한다). 하지만 물리적인 것만 있다고 주장할 만큼 우리는 강해져야 한다. 의식이란 환상을 넘어설 만큼 상상력도 풍부해야 한다. 그래서 결국 의식을 없애야 한다. 요컨대, 환상을 설명함으로써 환상을 해소해야 한다. 가장 좋은 방법은 의식이 없다고 주장하는 것이다. 제거주의는 바로 이렇게 논증한다. 처치랜드를 떠올려보자. 그는 믿음은 없다고 주장하면서 그 누구도 어떤 것을 믿지 않았다고 말한다. 메칭거Thomas Metzinger는 아예 이렇게 주장한다. "세계에는 자기라는 것이 없다. 누구도 자기가 아니었고, 자기를 가지고 있지도 않았다."[412] 우리는 자주 이렇게 말하곤 한다. "당신에 대해 말해보세요!" 하지만 바로 이 말이 문제다. 우리는 우리 자신을 말할 수 없다. 제거주의자는 자신이 죽었다는 느낌에 사로잡히는 코타드 신드롬Cotard's syndrome과 비슷한 증상을 가지고 있는 듯하다(발데마르 씨를 떠올려보라). 정신을 없애려는 시도는 이전에도 있었다. 행동주의가 이런 전통의 선조이며, 제거주의는 직계 후손이다. "인간의 경우, 바깥에서 정신을 보면 정신은 뇌의 모습으로 나타나는 것 같다(혹은 뇌의 물리적 측면으로 나타난다). 정신을 체화한 이들의 관점에서 보면 정신은 의식 경험으로 나타난다."[413] 흥미롭게도 이런 특성은 성만찬과 비슷하다. 어떤 관점에서 보면 그저 요소들—빵과 포도주—만 있다. 빵과 포도주는 상징적 의미만을 나타내며, 어떤 "존재론적 효과"나 중요성은 없다. 하지만 다른 관점에서 우리는 그리스도의 진짜 몸과 피를 먹고 마신다. 이 논리를 넓혀서 사람에게도 똑같이 말할 수 있다. 우리는 사람을 그저 물질 덩어리로 해석할 수 있고, 인격으로도 해석할 수 있다. 성만찬이 해석되는 방식과 우리가 현실을 해석하는 방식은 상당히 비슷하다. 비슷한 논리가 츠빙글리주의—성만찬을 순수하게 상징으로 인식하는—와 행동주의—인간 행동을 똑같이 해석하면서 행동에 내재된 통합성을 부정하는—에서 구현된다. 존 왓슨John Watson의 발언은 유명하다. "의식을 언급한 모든 구절을 심리학에서 지워야 할 때가 왔다."[414] 한마디로 행동주의는 우리가 내면에 대한 논의를 모두 무시하고 외부 행동에 주목해야 한다고 애원한다. 외부 행동이 소위 정신상태에 이르는 진정한 안내자이기 때문이다. 정신상태는 적절한 행동성질만 겨냥한다(행동주의가 이렇게 애원하는 것도 바깥으로 드러난 행동이라면, 행동주의는 행동주의자처럼 행동하려는 성향일 뿐인가?).[415] 로우는 비가 온다는, 어떤 사람의 믿음을 예로 든다. 이 믿음을 어떻게 묘사할 수 있을까? 간단하다. 이 믿음과 연관된 행동 목록을 만들면 된다. 하지만 나열된 행동을 하나로 모아주는 것은 무엇일까? 로우가 지적하듯, 어떤 행동 목록을 만들든 상관없이, 어떤 사람은 비가 온다고 믿을 수 있다. 행동주의자의 목록에 없는 방식으로 얼마든지 마음을 정할 수 있다.[416] 행동주의자는 믿는다는 것이 무엇인지 미리 상정하거나 이해해야 한다. 이렇게 이해하고 나서 행동주의자는 믿음에 상응하는 행동 목록을 작성할 수 있다. 행동주의를 꼬집는 오래된 농담이 있다. 행동주의자 두 명이 섹스를 했다. 섹스를 마친 후 한 명이 상대방을 바라보며 말했다. "당신에게 섹스는 정말 좋았죠. 나에게 섹스는 어땠나요?"[417] 행동주의는 이렇게 황당한 결론을 내고 만다. 그러나 행동주의의 이런 모습은 결국 가려졌다. 제거주의가 재빨리 행동주의를 대신하면서 일인칭 언어를 가리키는 모든 표현을 없애려 했다. 제거주의는 이렇게 주장했다. "통속 심리학folk psycholgy은 다른 통속 이론처럼 과학의 원시형태다. 과학의 원시형태는 미숙하다는 점에서 엄밀한 과학과 다르다."[418] 하지만 전혀 그렇지 않다. 물론 과학과 통속 심리학은 유비적으로 비슷할 때가 있다. 그러나 일방적이지만은 않다. 과학은 때때로 미숙한 인문학이다. 예를 들어 과학은 통속 인문학이거나, 예술의 원시형태다. 이유는 간단하다. 생명을 가능하게 하는 전前 이론적 실재의 중심에서 과학과 인문학이 태어났기 때문이다. 과학을 낳는 전술어적prepredictive 구조를 현상학이 밝힌다. 후설이 올바로 지적하듯 이 구조는 생활세계Lebenswelt에 자리 잡는다. 메를로 퐁티는 말한다. "과학적 관점에 따르면 나의 실존은 세계 실존의 한 순간이다. 과학적 관점은 소박하면서 부정직하다. 이 관점은 은근히 다른 관점, 특히 의식의 관점을 당연하게 전제하기 때문이다. 의식의 관점에서 세계는 처음부터 나를 둘러싸고 나를 향해 존재한다."[419] 퐁티의 말이 맞다. 인간이 모든 과학을 창조하고 수행하기 때문이다. 즉 경험하고, 경험에서 추상하여, 경험을 제대로 이해하는 존재는 인간이다. 이 예술의 원시형태인 과학이 자기 활동의 근원과 근거를 잊을 때(과학 활동의 결과는 추상된 것임을 잊을 때), 과학이 이론에 의존적—비난이 아니라 인간적이라는 의미에서—임을 잊을 때, 과학의 미숙함이 가장 또렷하게 드러난다. 그래서 과학이 이론에 의존하는 것은 과학에게 영광스러운 일이다. 이런 맥락에서 실험실은 허름한 공연장이며 과학 교과서는 매우 우스꽝스러운 문학이다. 이제 통속 심리학적 용어를 신경과학의 용어로 번역하려 한다면, 그렇게 번역할 때 무언가 상실된다는 것을 우리는 인정해야 한다. 통속 심리학적 용어를 다른 용어로 번역하면, 그 용어는 뜻을 잃어버릴 수밖에 없다. 예를 들어 제거주의자가 되고 싶은 사람은 논의하고 있는 현상을 새로운 용어로 번역하지 않고 그냥 없애버린다. 세익스피어 작품의 한 구절을 설명하면서 오직 문자와 단어, 문장의 물리적/화학적 구성만 따지는 것과 같다. 이렇게 하면 이 구절의 뜻은 사라지며, 문자와 단어, 문장의 뜻까지 사라진다. 우리가 설명하거나 기술하려는 인격 개념의 뜻이 사라지지 않고도 인격 개념을 순수 물리적 용어로 번역할 수 있을까? "통속 심리학을 포기해야 한다면, 아마 인격성과 도덕적 행위자 개념도 거부해야 할 것 같다."[420] 따라서 호모 사피엔스를 감옥에 가두는 것은 그에 대한 모욕일 것이다(만약 모욕이 가능하기만 하다면). 제거주의자는 아마 어깨를 들썩이며 이렇게 말할 것 같다. "글쎄, '인격'이란 용어는 타당하지 않아요." 그런데 인격 개념에 호소하지 않고 제거주의자처럼 타당하지 않다는 결론을 내릴 수 있을까? 인격 개념을 사용하지 않으면서 부당함을 어떻게 발견하겠는가? 제거주의자가 되고 싶은 사람이나, 상위 용어를 하위 용어로 완전히 환원하려는 사람은 환원을 하는 위치를 지정하기 위해 상위 용어에 반드시 의존해야 한다. 시거는 지적한다. "정신이 무엇인지 미리 알지 못하면 정신이 무엇인지 이해할 수 없다. 지향적 태도를 이해하지 못한 채 정신성을 이해할 수 없기 때문이다. 이렇게 되려면 정신의 기초개념에 대한 선이해가 필요하다."[421] 이것을 조금 다르게 기술해보자. "엄밀한 삼인칭 방법론의 옹호자도 일인칭 관점으로 얻은 자료나 정보를 은밀히 사용해야 한다. 그렇게 해야 삼인칭 방법론의 옹호자는 삼인칭 관점에서 조사한 것을 이해하며, 주관적 상태를 논할 때 무엇을 '말하고 있는지' 알 수 있다."[422] 요컨대 엄밀한 삼인칭 관점의 과학은 환상인 것 같다. 무덤에 드러눕지 않으려는 시체처럼 일인칭 관점은 환원하려는 과정에 늘 끼어든다. 케이크를 구성 성분으로 "환원"하고 싶다면, 케이크로 반드시 돌아가야 한다. 나중에 이뤄질 추상화 작업인 케이크 만드는 법을 사용할 수 있으려면 케이크가 있어야 하기 때문이다. 케이크는 사라지지 않으며 조리법도 계속 케이크에 의존한다. 그렇지 않다면, 케이크 만드는 법을 읽는다 해도 조리법은 아무런 소용이 없을 것이다. 더구나 우리는 "과학으로 정신을 설명할 수 있다기보다 정신으로 과학을 설명할 수 있다고 생각해야 하지 않을까?"[423] 그래도 제거주의자가 되려는 사람은 흔들리지 않는다. 그는 "인식론을 거꾸로 뒤집어놓고, 존재한다고 확실하게 말할 수 있는 유일한 것, 바로 우리 자신의 경험마저 의심하라고 우리에게 요구한다.…꿈꾸고 환각에 빠질 때에도 무언가 경험하고 있다는 것을 나는 완전히 확신할 수 있다. 그리고 경험에 포함된 속성은 내가 경험한 것의 속성이라는 것도 완전히 확신할 수 있다. 의식 경험은 (그렇게 존재한다고) 내가 경험한 것과 하여간 다르다고 주장하는 것은 의미상 모순이다!"[424]

상식 심리학Commonsense Psychlogy이나 통속 심리학은 객관적 과학을 기반으로 만들어지긴 했지만, 완전히 새롭고 중요한 차원을 우리의 사고에 도입한다. 바로 규범을 도입한다. 객관적 과학은 물리세계를 기술할 때 인과관계를 따진다. 예를 들어보자. 세희는 포도주를 마시려고 한다. 세희는 와인 오프너를 가지러 부엌으로 갔다. 포도주를 마시려는 욕망이 부엌으로 간 행동을 설명한다. 하지만 크리스틴 코스가드는 지적한다. "인과관계에서 틀린다라는 개념은 불가능하다."[425] 인과관계에는 규범성이 없다는 뜻이다. 인과관계에 대한 서술은 현실에 대한 비규범적 서술에 불과하다.[426] 이런 이유 때문에(또한 다른 이유 때문에), 상식 심리학을 과학의 원시형태로 볼 수 없다. 과학에는 규범성이 없기 때문이다.

어떤 행위나 특정한 행동양식이 왜 일어났는지 과학적인 설명은 불가능하다(와인 오프너를 가지러 간 경우를 생각하라). 상식 심리학을 과학의 원시형태로 규정하려면 상식 심리학은 자연적 종류를 언급해야 한다. (자연 자체를 이루는 것처럼 보이는 범주가 자연적 종류다.) 자연은 나누지만 인간은 나누지 않는다(주기율표를 생각해보라). 데빗Michael Devitt과 스테럴니Kim Sterelny는 이렇게 말한다. "심리학적 범주가 자연적 범주는 아니라면, 상식 인지심리학은 과학의 원시형태가 될 수 없다."[427] 그렇다면 과학은 예술의 원시형태가 될 자격도 잃어버리게 될까? 완전히 잃지는 않았다. 인간이 자연적 범주에 속하는 것을 골라내기 때문이다. 따라서 과학은 늘 잠정적이다. 과학은 그저 사회적 구성물에 불과하다는 말은 아니다. 과학은 분명 사회적 실천이란 뜻이다. 과학자는 늘 이론을 세우고 모형을 만든다. 과학 활동은 예술과 비슷하다. 그래서 많은 과학자가 이론과 공식의 타당성을 보여주는 표시로 아름다움을 내세운다. "위대한 과학이론을 확증하는 것은 기쁨을 드러내는 행위와 같다. 아름다움을 찬양하는 요소가 이론에 있다. 이 요소는 분명히 드러나지 않지만 이론에 내재한다. 이론이 옳다고 믿는 사람은 은밀하게 아름다움을 찬양하는 것이다."[428] "아름다움"의 어원은 "부르다"이다. 아름다움은 우리를 부른다. 우리가 아름다움을 알아채지 못한다면 아름다움은 우리를 부를 수 없다.[429]

상식 심리학은 목적론을 추구한다. 상식 심리학이 추구하는 목적론은 다른 차원으로 환원될 수 없다는 것을 기억해야 한다. 하지만 상식 심리학은 인과관계 설명을 거부하지 않는다. 어떤 행동이든, 우리는 행동의 인과관계를 따질 수 있다. 하지만 목적을 지향하는 행동을 인과관계로 설명할 수 없다. 목적지향 행동은 돌이 굴러떨어지는 사건과 다르다. 목적을 지향하는 사건과 그렇지 않은 사건을 한 줄로 세운다고 해보자. 물리과학의 관점으로 볼 때 목적을 지향하는 사건은 자연적 범주를 형성하지 않을 것이다. 따라서 그런 사건은 우리 눈에 보이지 않을 것이다.[430] 이 딜레마는 물론 환원주의나 과학주의의 옹호자에게는 딜레마다. 어떤 사람은 자연적 범주에 속하지 않는다고 생각되는 것을 아예 없애버림으로써 딜레마를 풀려고 한다. 그는 조금은 비겁하게 논점을 피한다. 스콧 시헌Scott Sehon의 주장에 따르면, 비자연적 범주를 없애버리는 일은 "제1철학"의 이름으로 행한 일 가운데 상당히 극단적인 행동이다. 자연주의는 제1철학을 이미 폐기했다고 한다.[431] 하지만 이 제1철학의 열매가 제거주의다. 제거주의는 환원주의의 이념적 기초를 적나라하게 드러내며, 심리철학을 상당 부분 쫓아내버렸다. 여기서 상식 심리학—그리고 규범적·목적론적 설명도 함께—을 제거하라는 주장에 어떤 문제가 있는지 주목해야 한다. 상식 심리학을 제거하면, 남아 있는 물리적 설명이 더욱 오리무중에 빠진다. 심령술이 상식 심리학을 대체하면서 0과 1이 난무하는 죽음의 무도를 펼칠 것이다. 그러면 우리는 완전히 회의에 빠져 이해할 수 없는 세상에서 살아갈 수밖에 없다. 예를 들어 우리는 다음과 같은 질문 속으로 익사할 것이다. 세희는 왜 와인 오프너를 가지러 갔을까? NASA는 왜 달 여행을 했을까? 가톨릭 교회는 왜 피임법을 사용하지 말라고 주장할까? 우리는 왜 어머니를 땅에 묻을까? 이런 질문이 계속된다. 존 설도 이렇게 지적한다. "이 기획은 뭔가 심각하게 잘못되었다. 즉 지향적 운동은 원래 규범적임을 이 기획은 무시한다. 지향적 운동은 진리와 합리성, 일관성의 기준을 세운다. 눈먼 비지향적 인과관계가 지배하는 체계에는 이런 기준이 있을 수 없다."[432] 제거주의는 이런 질문을 아예 거부하면서 질문이 동반하는 용어와 개념까지 내버린다. 이유와 목적은 전혀 이해할 수 없는 개념이기 때문이다(적어도 사람을 염두에 두지 않는다면 그렇다). 솔직히 이것은 제1철학이며, 과학주의라는 이름의 논증되지 않은 가정을 기반으로 삼는다. 예를 들어 어떤 것이 이 구멍에 맞지 않으면, 그것은 존재하지 않는다고 말하는 것과 같다. 물리학의 논리와 용어, 개념으로 파악할 수 없는 것은 형이상학적 파문을 당한다. 그러나 우리는 환원주의자에게 이렇게 물어봐야 한다. "누가 당신에게 교황과 같은 권위를 주었는가?" 더구나 제거주의는 자신이 부정한 개념—이유와 믿음 등—을 다시 사용하는 것 같다. 그래서 "자신"은 상식 심리학을 받아들일 만한 이유를 찾을 수 없다고 제거주의자는 말한다. 제거주의자는 상식 심리학이 세계에서 어떤 자리도 차지할 수 없다고 믿는다. 여기서 제거주의자는 자신을 논박하고 있는 게 아닌가? 물론 이 질문은 너무 성급하다. 제거주의자가 반드시 자기 이론을 믿어야 하는 것은 아니기 때문이다. 옳을 때만 믿으면 된다. 하지만 로우가 지적하듯 진리는 여전히 믿음이나 태도 명제와 연결되어 있다.[433] 다시 말해, 의미 있는 문장을 해석하는 주체가 없다면 우리는 뜻 있는 문장을 만들 수도 없다. 그렇지 않다면, 우리가 말한 문장은 소리가 그저 무작위로 흘러나온 것에 불과하다. 과학도 불가능할 것이다. 로우를 인용해보자. 상식 심리학을 "인간 행동에 대한 원시적 과학이론으로 봐선 안 된다. 통속 심리학은 오히려 다른 인간과 의미 있게 소통할 수 있는 인간의 특성에 속한다고 생각해야 한다. 상식 심리학은 없어도 되는 지적 인공물이 아니라 조금은 우리의 인간성을 구성하는 요소다."[434] 과학자가 무엇을 원하든 과학자는 인간이지 밈이 아님을 우리는 명심해야 한다. 더구나 혼스비Hornsby는 이렇게 지적한다. "상식 심리학은 믿을 만하다고 사람들은 생각한다. 상식 심리학이 과학이론으로 발전하거나 과학이론의 진리를 기반으로 삼기 때문에 상식 심리학이 믿을 만한 것은 아니다. 자연세계에 대한 우리의 믿음과 조화를 이루기에 상식 심리학은 믿을 만하다. 상식 심리학이 없으면 자연계에 대한 우리의 믿음도 무너진다."[435] 제거주의는 스스로 무너진다는 반박에 대해, 제거주의자는 상식 심리학을 반박하려고 상식 심리학의 관점을 취했다고 대답할 수 있다. 상식 심리학을 반박하기 위해 귀류법을 사용한 것이다. 처치랜드도 똑같은 전략을 사용한다.[436] 하지만 이런 주장은 그저 계략이다. 귀류법으로 논증하는 행위 자체가 이미 목적을 추구하는 행위이기 때문이다. 즉 논증이 목적론적 행위이듯 귀류법으로 논증하는 것도 어떤 이유를 위해 일하는 행위다. 제거론자는 자신이 하는 말을 믿는다고 우리가 가정하지 않는다면, 우리는 제거주의자가 말한 내용을 이해조차 못할 것이다.[437] 물리주의라는 암반에는 물리주의를 반박하는 화석이 박혀 있는 것 같다.

처치랜드 같은 사람은 현상에 대한 개념과 일인칭 언어를 삼인칭 신경과학적 설명으로 모두 환원하려고 끊임없이 노력한다. 어떻게 하면 모두 환원할 수 있을까? 충분히 환원했다고 판단하기 위해 그는 객관적 기준을 내놓았는가? 처치랜드는 다소 숨김없이 털어놓는다. "옛 이론의 속성과 새 이론의 속성이 서로 같다고 주장할 만큼 두 이론이 같아지는 시기를 규정할 때, 형식적 기준으로 이 시기를 정할 수 없다. 실용적·사회적 관심이 이 시기를 결정할 때 영향을 준다. 주요 연구자들의 변덕, 옛 용어가 계속 사용됨으로써 생기는 혼란, 옛 사고 습관을 보존하거나 떨쳐버리려는 욕망, 이론을 공적으로 발표하는 기회, 연구지원금 청구, 제자 끌어들이기 등. 이 이론과 저 이론이 같은지 결정할 때, 이런 요인이 개입한다."[438] 여기에 객관성이 있는가? 여기서 우리는 지적으로 파산한 것 같다.[439] 더구나 제거주의자는 차원들 사이의 환원과, 차원 안에서 일어나는 환원을 확실히 혼동한다. 제거주의자가 펼치는 논증에서 이런 큰 문제가 나타난다. 차원 안에서 일어나는 환원의 경우, 한 이론이 다른 이론을 대체한다. 두 이론은 같은 차원에 있지만 전자가 후자보다 설명을 더 잘한다. 두 이론이 같은 현상을 설명하지만, 전자가 설명을 더 잘한다는 뜻이다. 예를 들어 아인슈타인 물리학은 뉴턴 물리학을 대체했다. 반면 차원들 사이의 환원에서 하위 수준의 인과관계 설명이 상위 수준의 현상을 해명한다. 하지만 하위 수준의 설명이 상위 수준의 현상을 대체하지는 않는다.[440] 환원주의자도 다음과 같이 말하고 싶은 유혹에 시달리는 것 같다. 즉 신경 원인들 혹은 의식과 뇌의 상관관계는 둘 사이가 동일하다는 환원으로 마무리될 것이다. 하지만 이것 역시 중대한 실수다. 상관관계나 인과성은 존재론과 비슷해지지 않는다. 다시 말해, 상관관계나 인과성은 존재론적 동일성을 주장하지 않는다. 상관관계와 존재론적 동일성의 차이가 중요하다. 일단 두 개념은 정말 대칭적이다. A가 B와 동일하다면, B도 A와 동일하다. 비슷하게 A가 B와 관계가 있다면, B도 A와 관계가 있다. 하지만 중대한 차이점이 하나 있다. 존재론적 동일성은 라이프니츠의 법칙을 따른다. A가 B와 동일하다면 둘은 똑같은 속성을 공유한다. 하지만 상관관계는 그렇지 않다. 인과관계를 고려할 때, 동일성과 상관관계는 비대칭적이다. A가 B를 야기해도 B가 A를 야기하는 것은 아니다. 또한 인과관계는 라이프니츠의 법칙을 따르지 않는다. 상관관계와 마찬가지다. 벨만스는 이렇게 기술한다. "어떤 조건이 충족되었을 때, 뇌 상태는 의식 경험을 야기하거나 의식 경험과 연관된다고 한다. 하지만 이것을 근거로 의식 경험은 뇌 기능과 다를 바 없다고 결론을 내릴 수 없다. 의식 경험의 모든 속성과, 의식 경험에 상응하는 뇌 상태가 일치할 때 존재론적 동일성이 성립한다. 의식 경험이 뇌 기능과 다를 바 없다고 주장하려면, 존재론적 동일성이 성립함을 증명해야 한다. 그러나 환원주의에게는 안타까운 소식이지만, 어떤 경험도…뇌 상태와 일치하는 일은 거의 없는 것 같다."[441] 제거주의는 환원적 자연주의를 방어하려 했으나 처참하게 실패하고 말았다. 이것이 바로 제거주의의 광기가 아닐까? 이것은 그저 "유모차 밖으로 내동댕이쳐진 장난감"과는 다르다. 안달 난 아기는 자기가 원한다고 생각하는 것을 얻지 못했다고 화를 내며 자신도 유모차에서 일어선다. 여기에 도 애써 무시하려는 문제가 있다(때로는 하나 이상의 문제다). 환원주의자가 자기 이론이 통한다고—정신적인 것이 순수히 물리적인 것으로 정말 환원될 수 있다고—정말 생각한다면, 정신적인 것을 제거하라고 날카롭게 외치거나 자기는 허구에 불과하다고 절박하게 호소하는 일은 없을 것이다.[442] 우리는 데닛의 생각을 다음과 같이 이해해야 한다. 우리가 사람을 대할 때 "마치 그가 의도를 가졌다는 듯이" 그를 대해야 한다. 그런데 데닛이 말하는 "마치…인 듯"as if은 대단히 의심하는 태도를 가리킨다. 데닛의 말을 듣는 순간 우리는 "마치 당신이 의도를 가졌다는 듯이 행동하라는 뜻이죠"라고 대꾸할 것이다. 데닛의 주장을 잠시 생각해보자. 우리가 데닛이 말한 대로 행동하면서 사람들이 의도를 지닌 것처럼 생각한다면, 사람들이 취하는 분명한 명제적 태도를 우리는 이해할 수 있을 것이다. 그런데 우리도 태도를 취하는 자이며 같은 종류의 의도를 가진다고 믿기 때문에 우리는 다른 사람의 명제적 태도를 이해할 수 있다. 바로 이런 이유 때문에 우리는 이해를 시작할 수 있으며, 우리가 말한 모든 것을 인지할 수 있다. 혼스비는 이렇게 말한다. "인격의 의도나 지향성 개념을 모두 실행하지만, 도무지 자기에게 책임을 돌릴 수 없는 존재를 상상할 수 있다고 우리가 가정한다면, 우리는 우리 자신을 속이고 있는 것이다."[443] 데닛이 상상하는 철학을 보면, 데닛은 "물리과학이 보여주는, 객관적 · 유물론적 · 삼인칭 세계"의 발목을 비굴하게 붙잡고 있다(분명 헐떡이면서). 데닛의 이런 환상은 미신적 망상이다. 물리과학이 보여주는 세계에서도 망상이 가능하다면 말이다(누군가는 속아야 한다. 하지만 데닛이 상상한 세계에서 속임을 당하는 명예를 누릴 후보자는 없는 것 같다).[444] E. J. 로우는 말한다. "우리는 스스로 이성적 존재라고 생각한다.…이런 생각이 이미 인지적 환상이 아닐까? 이것이 인지적 환상이라고 해보자. 우리는 이성적 존재임을 믿을 수 있다고 우리는 생각하지만, 이것을 합리적으로 정당화할 수 없다. 과학에 대한 믿음도 마찬가지다. 따라서 이성에 따라 사고한다면 나는 내가 이런 인지적 환상에 빠져 있다고 생각할 수 없다. 우리가 이런 환상에 빠져 있다면 우리는 이성적 존재가 아니며, 우리가 인지적 환상에 빠져 있다고 믿는 것도 이성적이지 않을 것이다. 우리의 믿음 가운데 어떤 것도 이성적이지 않을 테니까 말이다."[445] 간단히 말해, 모든 것이 뒤죽박죽되면 우리는 어떤 것에 대해서도 혼란스러워하지 않을 것이다.[446] 창조론자가 믿는 "신"은 화석을 땅에 묻으며 신앙인의 믿음을 시험한다. 비슷하게, 환원주의자가 믿는 "악마"는 우리가 무신론을 믿는지 시험하려고 지향성과 경험, 감각질qualia, 자유의지, 윤리 같은 유물을 남겨둔다. 우리는 이런 유물에 속지 말아야 한다(라고 우리는 듣는다). 리처드 워너Richard Warner는 이렇게 경고한다. "우리는 과학주의의 악마에게 끝까지 저항해야 한다. 이 악마의 꾐에 넘어가면, 우리는 사고하지 않는다고 스스로 생각하게 된다."[447]

행동주의와 제거주의를 살펴봤으니 이제 정신에 대한 다른 이해방식을 조사해보자. 기능주의는 정신을 곧바로 물리적인 것으로 환원하지 않으려 한다. 기능주의는 심리학적 용어를 사용하는 것도 정당하다고 말한다. 기능주의를 이해하려면 심신동일론identity theory의 두 형태를 이해해야 한다. 심신동일론의 경우, 정신적인 것이 물리적인 것과 같다는 주장을 먼저 생각할 수 있다. 심신동일론의 첫 번째 유형에 따르면, 정신상태의 유형은 모두 물리상태의 유형과 같을 수 있다(유형동일론). 반면 심신동일론의 두 번째 유형에 따르면 모든 개별 정신상태는 개별 물리상태와 같을 수 있다(개체동일론). 예를 들어, "tree"를 종이에 썼다고 해보자. 우리는 문자를 몇 개 썼을까? 문자의 유형을 본다면 3개라고 답해야 한다. 하지만 문자의 개수를 헤아린다면, 4개라고 답해야 한다.[448] 정신상태가 다중적으로 실현될 수 있다는 생각은 유형동일론과 충돌하는 것 같다. 어떤 특정한 정신상태를 실현하는 물리 사건은 여러 개 있을 수 있다. 엄격한 동일성은 불가능하다. 어떤 생물들이 서로 다른 신경학적 구성을 가지고 있지만 똑같은 유형의 고통을 경험했다고 상상해보자. 이런 주장들을 고려할 때 물리주의자는 개체동일론에 기대려고 할 것이다. 개체동일론은 보통 수반supervenience을 주장하는데, 이 이론은 다중적 실현을 인정하지만 여전히 물리상태가 정신상태를 실현해야 한다고 말한다. 두 사람의 정신상태가 정확히 같지만 물리상태는 서로 다를 수 있다. 그러나 그 반대의 경우는 불가능하다. 두 사람의 물리상태가 정확히 같다면, 그들의 정신상태도 같을 것이다.[449] 요컨대 정신은 물리적인 것에 수반되지만, 특정한 물리상태와 동일하지는 않다. 이 주장은 비환원적 물리주의에 속하며, 기능주의가 가장 선호하는 주장이기도 하다. 기능주의에 따르면 감각과 믿음 같은 현상을 이야기할 때, 우리는 정신적인 것을 찾지 말아야 한다. 그저 현상이 어떤 인과역할을 하는지 주목해야 한다.[450] 그러나 이 주장에 이미 문제가 도사리고 있다. 인과역할만이 중요하다면, 좀비도 의식이나 일인칭 관점이 없음에도 평범한 사람만큼 잘 기능한다고 말할 수 있다. 예를 들어, 좀비도 손이 불에 닿으면 손을 움츠린다. 좀비도 출근하여 똑같이 일한다. 물론 이런 좀비는 있을 것 같지 않다. 그러나 이런 좀비가 불가능하다면, 기능주의도 참이 아니다. 우리가 바로 좀비라고 주장할 수 있기 때문이다. 그러면 기능주의는 제거주의와 무엇이 다를까? 기능주의가 풀어야 할 이런 문제에 대하여 윌리엄 시거는 이렇게 기술한다. "우리가 정신과 관련된 기능을 행동할 수 있는 능력으로 정의한다면, 우리는 괴상한 실현문제에 부닥칠 것이다. 즉 행위에서 잠시 물러나 행위를 생각해보면, 정신에 상응하는 행위가 있는 체계만이 왜 진정으로 의식적인지 우리는 설명해야 한다. 의식을 기능적으로 정의된 상태와 (기능의 작동) 동일시하거나, 기능을 기술할 수 있는 상태와 동일시하는 것은 정말 괴상하고 부당하다. 은유를 사용하여 말하자면, 원자도 이런저런 조건에서 결합하듯 세계도 기능을 실행할 수 있다. 하지만 세계는 자신이 어떤 기능을 수행하는지 모른다." 더구나 "물리주의가 반드시 참은 아니라고 생각한다면, 기능적 속성이 될 수 있는 것을 비물리적 실행자가 실행할 수 있다. 따라서 기능적 속성은 절대 물리적 속성이 아니다. 기능적 속성은 완전히 비물리적 가능 세계에서 사례로 나타나기 때문이다."[451] 다시 말해, 인간은 그저 인간의 행동 모음만이 아니라 인간 존재이기도 하다는 것을 깨닫는 것이 중요하다.[452] 솔 크립키Saul Kripke는 개체동일론을 반박하는 논증을 제시했다. 이 유명한 논증은 모두 살펴볼 만하다.

> 특정한 고통감각을 "A"라고 하고, "B"는 그 고통에 상응하는 뇌 상태를 가리킨다고 해보자. 심신동일론자는 B가 A와 같다고 말하려고 한다. 존스는 어떤 고통도 느끼지 않으며 그래서 A가 없다고 해보자. 그래도 B가 있어야 하는 상황이 있을 수 있다. 적어도 이 상황은 논리적으로 가능해 보인다. 여기서 심신동일론자는 이 가능성을 인정하면서 논의를 시작할 수 없다. 일관성과 고정 지시어를 사용하는 필연적 동일성 원리 때문이다. A가 B와 동일하다면 이 동일성은 필연적일 것이다. (심신동일론자가) 다음과 같이 주장해도 이런 난점을 거의 피할 수 없다. A 없이 B도 있을 수 없지만, 고통이 있다는 것은 A의 우연적 속성일 뿐이다. 따라서 고통 없이 B가 있다고 해서, A 없이도 B가 있다고 말할 수 없다. 심신동일론자의 이러한 주장에도 불구하고, 고통스러움은 고통의 필연적 속성이라는 사실보다 더 명백한 사실이 과연 있을까? 필연적 속성을 따지는 전략을 사용하고 싶어하는 심신동일론자는, 감각이 있다는 것도 A의 우연적 속성이라고 주장해야 한다. 일단 어떤 감각이 없어도 B는 있을 수 있다(이 감각은, B와 동일하다고 말할 수 있는 감각이다). 이것은 논리적

> 으로 가능해 보인다. 하지만, 어떤 감각을 겪지 않고서도 그 감각이 존재할 수 있다는 주장이 정말 말이 된다고 생각하는가? 발명가란 존재가 없어도 프랭클린이란 발명가가 있을 수 있다고?[453]

퍼트남도 크립키가 내린 결론을 수용하면서 이렇게 주장한다. 포유동물에서 문어까지, 모두에게 사용될 수 있는 심리 기술 술어를 하나라도 발견하거나 밝혀낼 수 있고, 배고픔에 대한 두 동물군의 물리상태가 서로 다르다면, 동일성 개념은 무너질 것이다. 또한 모든 동일론도 무너질 것이다.[454] 지금까지 우리는 심리상태를 다뤘지만, 의식을 말하게 되면 환원주의자는 정말 궁지에 몰리게 된다. 찰머스의 말을 들어보자. "우리가 밝혀낸 물리과정에 대해 늘 이런 질문이 제기될 것이다. 이 물리과정은 왜 [의식] 경험을 일으켜야 할까? 일단 이런 물리과정이 있다면 이 물리과정은 경험이 없더라도 있을 수 있다. 이것이 논리적으로 일관성 있는 주장이다. 따라서 물리과정을 그냥 설명한다고 해서 경험이 일어나는 이유를 밝힐 수 있는 것은 아니다. 물리이론에서 이끌어낼 수 있는 결론으로 경험의 출현을 해명할 수 없다."[455] 우리가 인격을 설명하면서 생리학적 설명을 늘어놓아도, 설사 그 설명이 완전해도, 우리는 생리학적 설명을 통해 의식을 완전히 해명할 수 없을 것이다. 즉 물리적인 것은 정신을 보지 못하고 듣지 못한다. 프리스트Stephen Priest도 이렇게 말한다. "물리적인 것과 심리학적인 것을 분리하는 '논리적 틈'이 있다. 뇌 상태는 어떤 정신상태도 충분히 해명하지 못한다고 말할 수 있다."[456] 찰머스는 이 논리적 틈에 이름을 붙이며 이것을 "어려운 문제"라고 부른다. 반면 어려운 문제와 대조되는 "쉬운 문제"도 제시한다. 주의의 초점과 의도적 행위 통제, 보고할 수 있는 정신 사건 등이 쉬운 문제에 속한다.[457] 그래도 강의실에서 여전히 악성 소문이 돈다. 찰머스가 말한 쉬운 문제를 풀면 어려운 문제도 결국 풀린다고 한다. 이 생각은 계속 걸어가면 지평선에 이를 수 있다는 생각과 비슷하다.[458] 찰머스의 규정은 옳다. 어려운 문제는 정말 어렵기에 쉽게 풀리지 않는다. 어려운 문제를 풀려면 우리가 설명하려는 바로 그것을 도입해야 하기 때문이다. 신경학자가 자기 뇌를 들여다보며 "거기서" 어떤 일이 벌어지는지 이해하려고 애쓴다고 상상해보자. 종종 과학 앞에서 비굴해진 일부 철학자나 과학자는, 언젠가 뇌 연구를 통해 정신적인 것이 완벽하게 설명될 거라고 주장한다. 여기서 그들은 과학에 대한 묻지마 신앙을 드러내고 있을 뿐이다[459](이 묻지마 신앙도 뇌에서 일어나는 대단히 흥미로운 신경학적 조성일 것이다. 그 신앙에 대한 반응도 그럴 것이다. 이렇게 끝없이 계속된다!). 과학적 설명을 가로막으면서, 과학을 계속 괴롭힌 질문이 있다. 도대체 주관성이 왜 있을까? 과학은 객관성의 세계에 있다. 그러나 객관적 세계는 주관성이 탄생하도록 후원했다(이 주관성을 과학자와 철학자의 정신이 이해하려고 노력한다). 모든 것이 제대로 돌아간다면, 그저 원자들이 떠돌아다닐 텐데 주관성이 왜 있을까? 원자가 여기 있다는 사실 때문에 오히려 주관성의 신비는 더욱 돋보인다. 이 맹목적 "벽돌"원자은 노래하는 의식에 도달했다. 이 노래의 카덴차 부분에서 윤리와 시, 철학, 신학, 과학이 울려 퍼졌다. 프리스트도 이렇게 말한다. "현상학은 주관성이 있다는 것을 발견한다. 주관성이 있는 이유는 형이상학적 신비다."[460] 플래너건Owen J. Flanagan의 무심한 답변도 신통찮다. "어떤 유형의 신경활동은 현상학적 경험에 이르지만, 다른 유형은 이르지 못한다. 더 이상 할 말이 없다."[461] 적어도 어떤 차원에서 의식 문제는 유별나다. 윌리엄 시거도 이렇게 지적한다. "정신은 '그저 또 다른' 패턴이 될 수 없다. 정신이 그런 패턴에 지나지 않는다면, 형이상학적으로 정신은 아무 쓸모없는 장식일 것이다. 하지만 정신은 그런 장식이 될 수 없다. 세계 안에 있는 패턴의 역할은 패턴을 평가하는 정신에 의존하기 때문이다.…그렇기에 정신을 패턴이라고 규정할 수 없다."[462] 다시 말해 의식은 세계라는 창고 안에서 일어나는 현상으로 끝나버릴 수 없다. 현상 자체가 정신을 향한 현상이기 때문이다.[463] 다시 말해 『설명된 의식』이란 데닛의 책 제목은 그의 용어대로 말하자면, 부적절하다('설명된'이란 표현도 경솔하다). 도대체 없음이 어떻게 없음을 설명할까? 더구나 데닛의 기획은 이성의 운명을 위협한다.[464] 다시 되짚어보자. 과학이 피할 수 없는 문제, 그보다는 과학을 과학이 아닌 다른 것으로 바꾸려는 사람이 피할 수 없는 문제는, 그도 현상학적 전제에 기대지 않고는 그 문제를 알아차릴 수도 없다는 것이다. 그런데 현상학적 전제는 전혀 과학적이지 않다. 하지만 그 전제는 과학을 거스르지 않는다. 오히려 그런 전제가 있기에 과학을 할 수 있다. 우리는 과학에 반대하면서 현상학적 전제를 고수해선 안 되며, 시도해서도 안 된다. "엄격하게 말해, 의식이 있다는 과학적 증거는 아직 없다."[465] 여기서 의식의 존재를(과학자의 의식도 포함해서) 의심하기보다 의식 문제를 해명하는 과학의 능력을 의심하는 것이 더 합리적이다. 그런데 이를 어쩌나. 우리는 과학의 한계를 정하기보다 사람을 먼저 없애버린 것 같다! 그 결과, 윌리스의 주장처럼 우리는 암흑시대를 살아간다.[466]

데닛은 아예 대놓고 애원한다. "우리는 지성을 지성으로 설명해선 안 된다. 지성을 지성이 아닌 것으로 설명해야 하며, 정신도 정신이 아닌 것으로 설명해야 한다."[467] 데닛의 주장에는 여러 가지 난점이 있다. 예를 들어 데닛과 그의 지지자는 의식이 왜 우발적으로 생겨나는지 설명해야 하는 상황에 처한다. 그다지 달갑지 않은 상황이다. 비정신적인 것으로 정신적인 것을 설명하더라도 난점은 그저 미뤄질 뿐이다. 그것도 아주 잠시뿐이다. 우리는 거의 기적과 같은 상황을 대면하기 때문이다. 바로 무생물이 생명을 낳고, 심지어 인간 정신도 낳는다는 사실과 만나게 된다. 이것은 물이 포도주로 변하는 것보다 훨씬 어렵다(혹은 아주 닮은 장면인가?). 이 어려운 문제를 피하려고 스트로슨은 우리가 범심론panpsychism를 전제해야 한다고 주장한다.[468] 하지만 범심론은 인간 정신이 출현하는 문제를 잠시 미룰 뿐이다. 물질적인 것이 모두 심리적인 것을 보여주거나 원시정신을 보여준다면, 우리는 물질적인 것이 어떻게 그런 뜻을 보여주는지 물어야 하기 때문이다. 스트로슨은 데닛과 같은 사람이 취하는 관점을 "물리학보편주의"PhysicSalism라고 부르며, 이를 불합리한 믿음으로 규정한다. 물리학보편주의에 따르면 자연이나 자연의 본질은 물리학의 언어와 용어로 이해될 수 있다.[469] 우리도 잘 알듯이, "물리학은 물질의 본질을 알려주지 않으며, 그저 조작적으로 정의할 수 있는 물질의 양상을 알려줄 뿐이다."[470] 데닛이 적응주의를 옹호하는 동기가, 오히려 데닛의 관점을 압박하는 문제가 된다(물론, 끝까지 설명해야겠다는 집착이 도사리고 있다). 데닛이 보기에, 적응주의 덕분에 그저 "어머니 자연이 그렇게 했다"고 말할 수 있기 때문이다. 어머니 자연이 그렇게 했다는 말은 자연선택을 뜻한다.[471] 하지만 데닛은 공허한 말을 했을 뿐이다.[472] 무엇보다 정신은 자연선택의 직접적 산물이 될 수 없다. 윌리엄 시거도 말하기를, "행동 차이를 정리하면 인간 정신과 동물 정신이 얼마나 다른지 드러난다. 그래서 이렇게 주장할 수 있다. '기본적으로' 심리학적 특성을 기술할 수 있게 된 것은 진화의 자연스러운 결과이지만, 유별난 인간 정신은 자연선택의 산물이 아니다."[473] 인간 정신이 자연선택의 산물이 아니라면 다음과 같이 주장할 수 있다. 정신이 운 좋게 생겨났다면(그것도 과학적으로 말해서 운 좋게 생겨났다면), 과학은 정신을 설명할 수 없다(정신이 운 좋게 생겨났는지 과학적으로 설명하지 않는다면, 우리는 다시 문제를 회피하게 된다).[474] 맥긴Colin McGinn같은 이는 아예 두 손 다 들고, 정신은 (적어도 우리가) 풀 수 없는 문제라고 선언해버렸다. 그리고 신비주의를 인

정하며, 자연스럽게 정신을 경건하게 대하려 한다.[475]

찰머스가 제기한 어려운 문제가 얼마나 어려운지 여러모로 드러났다. 이것을 지식과 상상 가능성 논증이란 제목으로 요약할 수 있다. 이 논증은 세 단계로 진행된다. 첫째, 인식적 틈이 있다(예를 들어, 물리적 사실에서 현상적 지식을 연역할 수 없다). 둘째, 인식적 틈은 단순히 개념 조작의 결과가 아니라 실재에도 틈이 있다는 것을 나타낸다. 셋째, 이 형이상학적 틈을 근거로 물리주의가 틀렸다고 추론한다.[477] 이 논증에서 연역할 수 없음이 중요하다. 다시 말해, 물리적 진리가 완전해도, 현상의 진리는 물리적 진리에서 선험적으로 연역될 수 없다.[478] 찰머스는 주장한다. 의식을 물리적 과정으로 설명할 수 없다면, 인식적 틈에서 존재론적 · 형이상학적 틈을 추론해낼 수 있다. 아니면 우리는 존재론적 · 형이상학적 틈을 형이상학적 가능성에서 추론해낼 수 있다. 즉 물리적으로 우리가 사는 세계와 같지만 의식이 없는 세계는 가능하다. 따라서 의식은 물리적이지 않다.[479] 찰머스는 의식 문제가 난해하다고 강조한다. "물리과정이 왜 하필 풍부한 주관성을 낳아야 할까? 물리과정이 꼭 주관성을 낳아야 한다는 주장은 객관적으로 불합리하다. 하지만 물리과정은 실제로 주관성을 낳았다. 하여간 어떤 문제가 의식에 관련된 문제가 되려면, 이 주제를 짚고 넘어가야 한다."[480] 철학자들은 이 문제를 다루기 위해 메리 이야기를 만들어냈다. 메리는 흑백만이 있는 방에 갇혀 있다. 메리는 방에서 물리세계에 대해 알아야 할 것을 모두 배운다. 하지만 메리가 방을 나갔을 때 붉은 장미를 보게 되었다. 메리는 이런 것을 한 번도 보지 못했다.[481] 물리주의가 옳다면 메리는 이미 세계를 낱낱이 알 것이다. 세계는 완전히 물리적이니까. 하지만 메리가 장미를 보면서 새로운 것을 배운다면 세계는 단순히 물리적인 것은 아님을 보여준다. 따라서 물리주의는 틀렸다. 이 논증을 다르게 풀어보자. 생리학적 세계와 현상세계가 우리 생명을 이룬다면, 논리적으로 의식은 물리적인 것에 수반되지 않는다. 메리 이야기를 통한 논증의 구조를 보자.

1. 방에 있는 메리는 색에 대한 물리적 사실을 모두 안다.
2. 메리가 방을 나갔을 때 메리는 색에 대해 새로운 것을 알았다.
3. 따라서, 사실이 모두 물리적인 것은 아니다.[482]

물리주의자는 이 논증에 대항하려고 능력 가설을 내세운다. 메리가 습득한 것은 새로운 지식이 아닌 지식을 얻는 요령이었을 뿐이라는 것이다. 물리주의자가 내세운 이 논증이 성공하려면, 요령은 명제적 지식과 전혀 상관이 없음을 밝혀야 한다. 이 논증이 이것을 밝히지 못하면 논증은 실패한다.[483] 하지만 논증이 성공하더라도 메리가 새로운 지식을 배우지 않았다고 확실하게 말하기 어렵다.[484] 로빈슨이 올바로 마무리했다. "우리가 물리세계를 이해하려면, 경험의 특별한 본성을 통해서만 파악되는 것을 전제해야 한다. 이것이 지식 논증의 주장이라면, 더구나 물리주의의 전략들이 모두 통하지 않는다면, 고전적 물리주의는 애당초 좌초한 것이다."[485]

메리 이야기가 말하는 지식 논증과 비슷한 논증이 있다. 이 논증은 좀비의 상상 가능성에서 나온다. 좀비는 미시물리적 복제품이며, 현상하는 의식을 가지고 있지 않다. 좀비의 상상 가능성 논증은 이렇다.

1. 좀비를 상상할 수 있다.
2. 좀비를 상상할 수 있다면, 좀비는 형이상학적으로 가능하다.
3. 좀비가 형이상학적으로 가능하다면, 물리주의는 틀렸다.
4. 따라서 물리주의는 틀렸다.[486]

2번 전제를 두고 논쟁이 뜨겁다. 물리주의자는 이렇게 반박한다. 우리는 $H_2O$가 아닌 물을 발견할 거라고 상상할 수 있다. 하지만 이런 물은 있을 수 없다. 비슷하게 우리는 좀비라는 존재를 생각할 수 있다고 해서, 좀비가 가능하다는 뜻은 아니다. 크립키가 이미 이런 논증을 반박했다.[487] 물리주의자에 따르면, $H_2O$가 아닌 물을 발견했더라도 물처럼 보이는 것을 발견한 것이다지, 정말 그런 물을 발견한 것은 아니다. 하지만 좀비는 다르다. 고통을 느끼지 않는 듯 보였지만 실제로 고통을 느낀 좀비를 발견했다고 우리는 생각할 수 없다. 좀비는 당연히 고통을 느낄 수 없기 때문이다.[488] 찰머스는 좀비의 상상 가능성에 대한 반응을 두 종류로 나눈다. A 유형의 유물론자는 이 논증의 타당성을 인정하지 않는다. 유물론자는 좀비 시나리오가 이미 말이 안 된다고 생각한다. B 유형의 유물론자는 일단 좀비의 상상 가능성을 인정한다. 하지만 그는 여기서 어떤 형이상학적 결론도 끄집어낼 수 없다고 주장한다.[489] 좀비의 상상 가능성과 비슷한 논증을 마지막으로 하나 더 살펴보자. 이 논증은 뒤집어진 의식이 논리적으로 가능하다는 것에 주목한다. 물리적으로 동일한 두 존재가 있는데, 이들은 서로 정반대의 의식 경험을 가진다고 상상해보자. 따라서 물리적인 것은 의식현상을 지시할 수 없다.[490]

메리 이야기와 좀비의 상상 가능성, 뒤집어진 의식 논증은 결국 다음과 같이 주장한다. "우리는 어떤 것을 경험하면서 그것을 안다고 생각한다. 그러나 물리적 인과 기제만 따진다면 그렇게 말할 수 없다.…현상적 속성이 물리적이지 않아서 유물론이 틀린 것은 아니다. 우리가 알 듯이 현상적 속성은 얼마든지 물리적일 수 있다. 오히려 우리는 현상적 속성을 몸으로 경험하며, 이런 경험은 부인될 수 없고 물리적 관계로 환원될 수 없다. 따라서 현상적 속성에 대한 유물론의 견해는 틀렸을 것이다."[491]

# 내 것이고, 나입니다

사람이 생각하지 뇌는 생각하지 않는다.

_ 어빈 스트라우스[492]

소유권 문제도 철학적 문제 같다. 물리적 일들이 하나로 모여 어떻게 "내 것"이 될까? 이런 모든 일이 반드시 누구의 것이 되어야 할까? 다르게 표현해보자. 당신은 어떻게 소유권을 얻게 될까? 물리적 세계밖에 없는데 당신은 어디에서 소유권을 발견하겠는가? 사람들이 뭐라고 답할지 예상된다. 사람들은 뇌가 다른 답보다 훨씬 그럴듯하다고 생각할 것이다. 뇌가 있으므로 물리적 사건들은 모두 내 것이 된다. 하지만 뇌는 절대 답이 아니다. 뇌는 질문을 다시 배치할 뿐이다(혹은 질문을 피하는 수단이다). 의식이 원래 주관적임을 언제 알게 될까? 이 질문에 답하는 것이 더 쉽다. 다시 말해 정신은 항상 관점을 전제하거나, 관점 자체다. 뇌는 이런 정신을 어떻게 만들어낼까? 물질성이라는 물을 의식이라는 포도주로 변환할 수 있는 물리적 기제가 있을까? 이런 물리적 기제가 있다고 해보자. 이 기제는 완전히 물리적이며 주관성을 가지고 있지 않다면, 이 기제가 어떻게 정신을 만들어낼 수 있는가?(아테네가 결국 예루살렘과 무슨 상관이 있는가?) 하여간 자연과학은 답을 내놓을 것 같지 않다. 자연과학은 삼인칭 관점을 사용하기에 일인칭 관점에서 시작조차 못하기 때문이다. 객관성을 추구하는 자연과학에서 의식은 모든 소가 검게 보이는 밤과 같다. 네이글이 던진 유명한 질문처럼 박쥐가 된다는 것은 어떤 느낌일까? 여기서 네이글은 관점이 환원 불가능하다고 우리에게 강조한다. 여기서 관점은 의견이 아니라 전망을 뜻한다.[493] 따라서 관점은 존재론적으로 풍성한 개념이며 무시될 수 없다. 즉 어떤 것이 이것이나 저것인 것 같다고 느낄 때, 의식은 환원 불가능한 사건으로 인지된다. 따라서 로우는 이렇게 말한다. "의자chair는 소수 집합set of prime numbers이 아니며 소수 집합으로 구성될 수 없듯이, 생각도 뇌 활동이 아니며 뇌 활동으로 구성될 수 없다."[494] 생각을 하는 어떤 주체가 있어야 한다.[495] 주관적인 것이 객관적인 것으로 환원된다면, 두 영역이 어떻게 다른지 알 수 없을 것이다. "개별 정신상태는 반드시 인격의 상태다. 따라서 개별 정신상태를 '가지는' 어떤 것이 반드시 있다. 주체가 이런 정신상태를 가질 것이다. 그런데 개별 정신상태를 가지는 주체가 왜 반드시 있어야 할까? 이런 필연성은 어디서 나왔을까? 바로 형이상학적이면서 논리적 진리 때문에 그렇다. 개별 정신상태의 주체를 지적하지 않으면 개별 정신상태는 원리상 구별되고 식별될 수 없기 때문에, 개별 정신상태를 가지는 주체가 반드시 있어야 한다."[496] 고통이 정말 신경섬유c-fiber의 자극과 같다면, 고통을 느낀다는 생각은 착각일 뿐이다. 고통은 존재하지 않기 때문이다. "하지만 고통이 존재하지 않는다는 것은 황당한 주장 같다. 고통처럼 느껴지는 것은 분명 고통이기 때문이다. 신경과학자가 어떤 물리상태를 고통과 같다고 주장할 때 똑같은 황당함이 우리를 덮칠 것이다. 따라서 물리상태가 고통과 같다는 것이 과연 이해 가능한 개념인지 따져봐야 한다."[497] 분명히 고통이 아닌 것을 고통과 동일시하려는 시도를 포기해야 한다. "호흡과 폐, 배설과 신장, 걷기와 다리, 안면근육과 미소가 다른 것처럼, 정신과 뇌도 같지 않다."[498] 뇌는 사고의 주체라고 생각하는 것은, 발이 없으면 달릴 수 없으므로 발이 달린다고 주장하는 것과 같다.[499] 로우는 말한다. "내 키가 어느 정도라는 것이 말 그대로 사실인 것처럼, 뇌가 어떤 생각을 한다는 것은 말 그대로 거짓이다."[500] 벨만스는 이렇게 기술한다. "유물론적 환원주의의 주장과 달리, 경험된 사건이 뇌에 집중되어 있는 경우는 거의 없다."[501]

"고난을 당하는 자는 복이 있나니"(마태복음 5:10). 이 말은 이상하게 들린다. 도대체 누가 고통을 원하겠는가? 하지만 미셸 앙리는 이 성서 구절에서 고통의 중요성이라는 요점을 이끌어낸다.

> 고통 같은 현상을 고려할 때, 고통은 그저 바깥에서 일어나는 사건이 아니라, 나름대로 무언가를 느끼는 자기(자아)에게 묶여 있다는 것을 인정해야 한다. 자아는 자신이 느끼는 감정을 바깥에 있는 사물처럼 다룰 수 없다. 자기 감정을 풍경을 바라보듯 멀찌감치 쳐다보는 것을 생명은 허용할 수 없다. 이런 맥락에서 드러남은 세계와 완전히 다르다. 세계에서는 모든 것이 자기와 떨어져 있다. 자기(자아)가 세계에 포함되어 있는 한, 세계는 마치 창문으로 보는 것처럼 자기에게 드러나기 때문이다. 하지만 생명—우리의 고통과 분노—을 그렇게 바깥에서 쳐다볼 수 없다. 따라서 객관과 주관 개념을 다시 검토해야 한다. 드러남의 두 양태(객관과 주관)는 원래 다르다. 주관적인 것은 자기에게 붙어 있는 상태이기 때문이다. 없앨 수도 없고, 자기 고통을 재현할 수도 없는 신체를 가진 자기에게 붙어 있는 상태가 바로 주관적인 것이다.[502]

우리는 어떤 감정이나 상태를 가장할 수 있다. 이것은 환원 불가능한 주관성이 우리에게 있다는 표시다. 우리의 주관성은 한편으로 가장 객관적이다. 즉, 가장 실재적이다. 디킨스의 그래드그라인드 부인의 주장과 달리 주관성을 추상해버릴 수 없기 때문이다. 철학 문헌에서 이런 주관성을 가리키는 주요 기호는 감각질qualia이다. "quale"는 라틴어 *qualis*에서 나온 말이다. quale는 "그런 종류의"라는 뜻이다. "qualia"는 quale의 복수형이다.[503] 심리철학에서 감각질은 어떤 것에 대한 주관적 느낌을 가리킨다. 방금 채집한 식물 냄새, 붉은 포도주의 맛, 대양의

습한 느낌 등, 이런 것들이 감각질이다. 메리 이야기에서 살폈듯이 이렇게 물을 수 있다. 감각질을 순수하게 물리화학적으로 기술할 수 있을까? 그런 일은 불가능할까? 현상세계는 정말 있을까? 즉 현상세계는 환원 불가능한 중핵을 가지고 있을까? 정신의 지위를 두고 논쟁을 벌이는 철학자들은 감각질 혐오자와 감각질 선호자의 두 부류로 나뉜다. 감각질 혐오자는 감각질을 거의 논하지 않거나 논할 가치가 없다고 생각한다. 그들은 감각질이 없다고 주장한다. 감각질 선호자는 감각질이 경험에 이미 박혀 있으며 정신에 내재한다는 것을 밝혀낸다면, 감각질이 현실의 가장 중요한 양상이라고 생각할 것이다. 프랭크 잭슨은 감각질을 이렇게 정의한다. "신체 감각의 한 특징이지만, 지각 경험이기도 하다. 하지만 여기에 어떤 물리적 정보도 없다."[504] 간결하게 줄이자면, 감각질은 "어떤 것으로 경험된다"는 경험이다. 물의 축축함, 색, 따뜻함, 차가움…이런 경험을 말한다. "어떤 것으로 경험된다"는 것은 우리의 주관적 삶이 영위되는 바다다. 여기서 우리는 잘못된 방향으로 나가면 안 된다. 예를 들어 "주관성"이 "객관성"에 비해 덜 중요하다거나 단순한 환상이라고 생각해서는 안 된다. 오히려 그 반대다. 주관성에서 객관성이 나오며, 주관성 덕분에 객관성이 가능하다. 둘 사이의 우위를 가리자면, 주관적인 것이 있기에 객관적인 것이 존재하는 것이다. (미안한 얘기지만) 객관적인 것은, 추상적, 곧 어떤 뜻에서 인공적 구성물이기 때문이다. 경험하는 주체가 객관적 분석을 수행할 때, 진리가 나온다. 어떤 진리든 이렇게 생겨난다. 과학의 삼인칭 관점은 생생한 경험의 일인칭 관점에서 생기며 일인칭 관점에 의존한다. 즉 객관적인 것은 우리 정신의 견실함이 드리우는 그림자다. 따라서 감각을 찾으려고 뇌를 들여다봐도 아무런 소용이 없다. 우리가 경험한 몸은 삼인칭 관점에서 보이지 않기 때문이다(밤에는 소가 모두 검게 보인다는 것을 떠올려보자). 다시 말해, 신경과학 연구자가 자신이 탐구하려는 것을 조금이라도 이해할 수 있으려면, 신경과학은 일인칭 경험에 뿌리를 내려야 한다(그나마 신경과학 연구자가 탐구하려는 것이 존재한다면).[505] 일인칭 관점이 없다면, 아침에 방에서 일어날 이유도 없다(어떤 시간에도 그렇게 할 이유는 없다). 그래서, "형이상학적 자연주의자는 과학적 존재론에서 생생한 경험이란 사다리를 내다 버리려 한다. 그는 생생한 경험을 텅 빈 허구라고 비판하면서 지각 증거를 오히려 멀리한다. 그런데 지각 증거가 있어야 과학적 존재론을 실제 세계에 대한 설명으로 인정할 수 있다."[506] 데닛 같은 이는 생생한 경험을 허구라고 받아들일 것이면서도, 허구의 기반은 사실이라고 주장할 것이다.[507] 그렇다. 이 말은 정말 옳다. 허구의 기반은 사실이다. 하지만 사실과 허구는 현상에 기생한다. 현상이 있으려면 생생한 경험, 즉 생활세계가 있어야 한다. 따라서 삼인칭 과학은 자연주의라는 꿈을 꾸며, 자연주의라는 환상에 빠지며, 자연주의라는 거부를 수행한다. 자연주의는 대체로 과학을 맹신하면서 과학을 파괴한다.

전형적 환원 사례를 살펴보자. 열을 엄밀하게 물리학으로 설명한다고 해보자. 이 설명은 다소 요점을 놓친다. 이것은 그저 거시 객관적 속성을 미시 객관적 속성으로 환원할 뿐이기 때문이다. 이 설명은 정작 현상 지식을 물리 개념으로 환원하지 못한다.[508] 빛도 그렇다. 물리학은 빛을 전하의 운동으로 정확히 기술할 수 있다. 하지만 이런 설명도 대체로 요점을 비켜간다. 물리학은 빛을 세계 안에서 일어나는 사건으로 기술하려 한다. 그러나 벨만스는 지적한다. "물리 사건은 시각조직과 작용하면서 경험된 빛을 생산하고, 우리는 그것을 현상세계에서 반짝이는 빛으로 지각한다. 심리학은 어떻게 이런 일이 일어나는지 설명하려 한다."[509] 빛을 반짝임으로 경험하는 현상학적 경험은 전하의 운동과 똑같지 않다. 우리가 물리 사건이 실현이론을 통해 감각질을 정말 환원한다면, 우리는 어떤 생물체의 질적 특성을 생리학적 상태에서 도출해낼 수 있을 것이다. 하지만 우리에게 그런 실현이론이 없다. 그래서 우리는 질적 특성을 생리학적 상태에서 도출해낼 수 없다.[510] 처치랜드는 감각질 혐오증을 잘 보여준다. "어떤 색을 눈으로 감각하는 것은, 삼원적 뇌 체계에서 맥박수의 특정한 삼중자와 정말 똑같다."[511] 처치랜드의 주장에도 문제가 있다(사실 많다). 예를 들어, 감각질은 무의식적으로 일어날 수 있다.[512] 처치랜드처럼 그도 감각질 문제를 앞세운다. "한마디로 감각질은 없다."[513] 데닛이라면 충분히 그렇게 말할 수 있다. 그의 철학적 관점은 감각질 문제를 제대로 처리할 수 없기 때문이다(의식을 부정하려는 태도를 버리기 전에는 어림없다). 거꾸로 말해도 된다. 처치랜드와 데닛은 의식을 이미 부정했으므로 감각질을 부정해야 한다. 벨만스가 지적하듯, "의식이 없다면 의식의 내용도 없기 때문이다." 현상세계 전체와 물리세계, 뇌 사건까지 그렇다.[514] 데닛과 처치랜드 같은 사람들은 객관성을 추구하는 과학적 판단과 감각질이 일치하지 않는다고 생각한다. 그래서 그들은 감각질은 과학적으로 객관화될 수 없기에, 그 존재를 부정하려 한다. 하지만 이것은 "비합리적으로 이데올로기에 집착하는 태도를 분명히 보여준다."[515] 이렇게 감각질을 경멸하는 이들은 또 남을 해하려다 자기를 해하고 마는 것 같다. "감각질이 일단 없다면, 어느 누구도, 신경과학자도 우리를 향한 세계를 인지하고 이해하면서 이 세계에 힘껏 개입할 수 없을 것이다."[516]

# 결론

과학을 할 수 있지만 과학적 세계관은 가질 수 없다. 이 상황은 오래된 꿈, 곧 과학 혁명 전체에 생기를 불어넣은 꿈이 끝났음을 말한다. 하지만 (정신에 관련된 개념에 의존해야 이해할 수 있는) 정신이나 "패턴"을 기초로 하는 세계관은 역시 무언가를 요구할 수 있다.

_ 윌리엄 시거[517]

정신은 환원 불가능하다. 하지만 정신은 그만큼 독특하지는 않다. 정신은 어떤 면에서 과학이 설명하지 못하는 틈으로 늘 남아 있다.

_ 스티븐 호르스트[518]

삼인칭 관점은 의식을 관찰할 수 없다. 이 사실을 고려하면 의식이 어디에 필요한지 묻게 된다. 의식이 있으면 진화하는 데 어떤 유익이 있을까? 그런데 바로 그 삼인칭 관점을 요구하는 진화론적 관점으로 의식을 이해할 수 있을까? 이 역설을 고려하면 다윈주의가 원래 있어야 할 자리를 알 수 있다. 진화는 오직 생존의 문제이기 때문이다. 특히 인간은 진화를 통해 나타났고, 다른 동물도 마찬가지다. 따라서 생존 개념도 살아남지 못한다. 다시 말해 생존은 이제 여러 개의 뜻을 가지게 되었다. 생존도 진화하기 때문이다. 다시 말해 생식도 중요하지만 생식보다 더 중요한 문제가 분명 있다. 예를 들어 의식이나 주관적 경험이 없이 생존해봐야 아무런 의미가 없다. 사고실험을 하나 해보자. 이 실험으로 무엇이 생식보다 더 중요한지 알 수 있다. 당신은 잘 생겼고 건강하며 젊고 생식력이 있다. 하지만 목숨을 위협하는 병에 걸렸다. 의사는 치료-1과 치료-2, 두 가지 치료법만 통한다고 말한다. 치료-1을 받으면 병에서 낫는다. 부작용이 딱 하나 있는데, 당신은 아이를 절대 가질 수 없게 된다. 치료-2도 똑같이 효과가 있다. 그리고 불임도 없다. 다윈주의자는 한숨을 쉬며 말할 것이다. 당연히 치료-2를 받아야지. 그걸 말이라고 해. 하지만 여기에는 조건이 있다. 치료-2도 부작용이 있는데, 치료-2를 받으면 당신은 의식을 완전히 잃어버리고, 다시 회복할 수 없게 된다. 이런 상황에서 우리는 얼마나 다윈주의자가 될 수 있을까? 차라리 이렇게 물어보자. 다윈주의를 통해 우리가 어떤 존재인지 알 수 있을까? 우리는 치료-1을 받으려 할 것이다. 의식 없이 살아남아야 무슨 소용이 있는가? 경험하는 주체가 있으려면 의식도 계속 살아남아야 한다.[519] 슈패만을 다시 인용해보자. "생명의 추진력에서 우리는 이런저런 뜻을 끄집어내지만, 생명체도 죽으므로 이런 뜻도 상대화된다. 생명만이 생명의 목표를 세우고 뜻을 부여한다. 따라서 생명의 추진력은 생명을 뜻있게 만들 수 없다."[520] 스콧 시헌도 이렇게 기술한다. "인간도 진화를 통해 생겨났다. 인간의 성향과 특성을 진화론으로 설명할 수 있다. 즉 우리가 어떻게 이런저런 특성을 가지게 되었는지 인과관계를 따져가며 설명할 수 있다. 하지만 행동을 정말 목적론에 따라 설명한다고 해보자. 이때 우리는 인과관계를 묻지 않으며 찾지도 않는다. 인과관계보다 우리는 행위자가 무엇을 겨냥하면서 행동하는지 알려고 한다."[521] 목적론적 설명은 원래 규범을 지향하며 진화론적 설명을 대체한다. 진화론적 설명이 목적론적 설명과 경쟁해야 한다는 뜻이 아니라 목적론적 설명은 완전히 다른 현상을 말한다는 뜻이다. 진화론은 인과관계를 설명하지만 상식 심리학은 비환원적 목적을 기술한다.[522] 의식의 기능을 모두 생리학 용어로 쉽게 설명할 수 있다고 해서, 의식을 생존 개념으로 쉽게 이해할 수 있을까? 그것도 의식을 전혀 언급하지 않고?[523] 의식을 기능과 생존 개념으로 이해하려고 할 때 의식은 눈앞에서 사라져버릴 것이다(기능과 생존 개념으로 의식을 이해할 수 있는 척하는 사람은 솔직히 자신이 무슨 말을 하는지 모른다). 따라서 우리는 의식을 이렇게 이해해야 한다. 의식은 그저 나중에 덧붙여지지 않았고, 오히려 실존적 · 초월적 · 방법론적으로 우선한다.[524] 하여간 경험이 가능하려면 의식이 있어야 한다. 그래서 의식이 우선한다.[525] 화이트헤드가 말했듯이 "주체 없이는, 아무것도, 그냥 아무것도 없기 때문이다."[526] 제거주의자도 화이트헤드를 믿는 것 같다. 그러나 제거주의자는 주체가 있다고 결론 내지 않고 자연을 몽땅 없애버리려 한다.

메를로 퐁티는 주체가 왜 중요한지 보여주는 강력한 표시를 제시한다. 메를로 퐁티는 우리가 몸으로 자신을 지각하는 방식이 얼마나 독특한지 기술한다. 예를 들어 우리가 오른손으로 왼손을 만질 때 우리는 왼손을 물리적 사물로 의식한다. 여기서 특별한 사건이 일어난다. 우리는 오른손으로 왼손을 느끼기 시작한다. 이제 다른 손은 물체가 아닌 몸이 된다. 그것은 이제 느낀다es wird Leib, es empfindet. 오른손은 느끼면서 살아 움직이게 된다. 그래서 메를로 퐁티는 이렇게 표현한다. "나는 만지는 내 자신을 만진다"I touch myself touching. 소위 물질이 정신과 어떻게 뒤섞이는지, 정신이 어떻게 (조금은) 물질의 진리인지 여기서 드러난다. 세계가 계속 무엇이 되고 있음을 물질이 보여주기 때문이다. 다시 말해, 텅 빈 공기가 단어, 문장, 대화, 의미로 가득 차게 되듯이 "그저" 여기 있는 대상은 대상들, 사건들, 음식으로 변환된다.[527] 맥긴은 비슷한 그림을 내놓는다(여기서 "그림"이 정확한 표현은 아니라고 생각한다. 이 표현은 실존의 진정한 형이상학적 측면을 잡아낼 만큼 정확하지 않다). 맥긴은 말한다. "하여간 우리가 느낄 때, 뇌(물)는 의식(포도주)으로 변환된다."[528] (이렇게 바뀐다고 해서 우리가 어떤 것을 아는 것은 아니라고 맥긴은 덧붙인다. 하지만 우리는 7장에서 맥긴의 생각을 뒤집을 것이다.) 그러나 우리는 기억해야 한다. "기적으로 생겨난 포도주는 이제 물이 아니다. 기적이 일어날 때 물은 포도주의 재료로 이미 사용되었기 때문이다. 인간도 짐승은 아니다. 짐승은 인간의 창조에 기여했기 때문이다."[529] 존 러스킨은 우리에게 말한다. "인간 영혼이 이 세상에서 한 가장 위대한 일은, 어떤 것을 보면서 무엇을 봤는지 있는 그대로 말한 것이다.…명확하게 그리고 단번에 보는 행위가 시와 예언, 종교다."[530] 똑바로 볼 수 있으려면 주의해야 한다. 시몬 베이유도 말한다. "우리는 정신을 하나로 모으면서 잘못을 고치려고 주의해야 한다. 그러나 의지로는 어렵다.…가장 깊고도 섬세하게 정신을 모으는 행위가 바로 기도다…세심하게 주의할 때 창조적 능력이 생기며, 참으로 세심하게 주의하는 사람은 종교를 지향한다."[531] 말브랑슈Malebranche도 베이유와 비슷하게 생각한다. "주의attention는 영혼의 자연스러운 기도다."[532] 메를로 퐁티도 이렇게 말한다. "우리는 주의하면서…새로운 대상을 적극적으로 세운다. 이 대상은 그때까지 그저 막연한 지평으로 남아 있었던 것을 분명하게 드러내고 기술한다."[533] 왼손에 주목하다가 오른손을 주목할 때 어떤 일이 일어난다. 정말 어떤 일이 벌어진다. 주의를 옮길 때 거기 있음being-there이 드러나거나 밝혀진다. 즉 거기 있음이 현상한다. 다시 말해 "지각은 욕망의 양식으로서 있음과 관계하지 지식과 관계하지 않는다."[534] "유기체의 관점으로 볼 때, 사물이 유기체에 드러나는 방식에 맞게 유기체가 사물을 대해야만 사물은 뜻과 가치를 가지게 된다. 이것이 현상학에서 중요한 점이다."[535] 메를로 퐁티에 따르면, 색깔은 표면이지만 깊이를 헤아릴 수 없는 표면이다. 이것이 색깔의 진수다.[536] 혹은 러스킨의 표현처럼, "우리가 받은 선물 가운데 색깔은 가장 거룩하고 가장 신성하며 가장 엄숙하다."[537] 그래서 메를로 퐁티는 색깔을 성만찬과 비교한다.[538] 하지만 물리주의를 선택하게 만드는 형이상학은 다음과 같이 요구한다(일단 이 형이상학이 이데올로기가 아니라고 생각하자). 성만찬의 빵과 포도주에 정말 그리스도의 살과 피가 임한다고 주장하려면, 경험적으로 입증할 수 있는 증거를 빵과 포도주에서 찾을 수 있어야 한다. 하지만 이 증거도 자신을 입증할 증거를 내놓아야 할 것이다. 이렇게 무한히 계속된다. 하여간 예전과 성례는 생명을 탁월하게 형상화하는 것 같다. 예전과 성례를 통해 우리는 어떤 것을 받아들이는 자리에 계속 머물기 때문이다. 예를 들어 우리는 "이것이 내 몸이다"라고 말하면서 몸을 받아들인다. 이 행위를 의심스럽게 바라보거나, 이상한 행위라고 치부한다면 요점을 놓치고 만다. 이 사건은 우리의 상식을 넘어서지 않기 때문이다. 성만찬은 평범한데, 이 평범함이 바로 유별나다고 주장할 수 있다. 색깔과 시간, 의식 같은 주제는 모두 비슷한 논리를 따른다. 똑같이 우리는 "이것이 내 고통이다", "이것이 나에게 일어난 현상"이라고 말한다. 그러나 극단적 다원주의와 제거주의적 유물론은 이를 경멸하는데, 그들이 따르는 논리에는 물질에 대한 혐오가 깔려 있다. 물질이 혐오하는 나머지 물질을 아예 없애려 한다. 또한 그들은 협소한 근본주의를 선전한다. 극단적 다원주의자와 제거주의적 유물론이 보기에, 색은 색이며, 생명은 생명이다. 천지창조가 정말 이뤄졌다면, 창세기를 문자 그대로 해석하는 경향처럼 6일 만에 이뤄졌을 것이다. 또한 이들에 따르면, (신이 천지를 창조했으므로) 천지창조는 완전해야 한다. 자연이란 책에는 흠이 없어야 한다. 이런 맥락에서 도킨스 같은 사람은 "불완전성 논증"을 도입한다. 이 논증은 주장한다. 신이 설계한 어떤 속성도 완전해야 한다. 하지만 신이 설계한 속성은 완전하지 않다. 따라서 그 속성은 신이 설계하지 않았다. 하지만 그 속성이 신이 설계한 속성이려면 얼마나 좋아야 할까? 그냥 조금만 더 좋으면 될까? 설계가 선하다고 분명하게 말할 수 있으려면 설계는 완전해야 한다. 하지만 이것은 가능한가? 이 주장은 정합적일까?[539] 이런 주장에서 극단적 다원주의자는 근본주의자를 닮아간다. 신학교에 진학한 근본주의자는 모세가 모세오경의 저자가 아닐지 모른다고 깨닫게 된다(이 주장을 듣고 놀랄 필요는 없다. 모세오경에는 모세의 죽음이 기술되어 있으니까). 그래서 근본주의자는 그만 신앙을 저버린다. 하지만 실존성을 판단할 때 사용하는 진리 모형을 절대 검토하지 않는다면, 여전히 근본주의자로 남을 것이다. 예를 들어 순수하게 객관화된 방법으로 사람(인격)을 찾을 수 없을 때, 근본주의자는 행동주의자처럼 그저 상징적 실재만 존재한다고 가정해버린다(인격을 CD에 저장하여 뒷주머니에 넣을 수 있다는 월터 길버트 의 논평을 생각해보자).[540] 다시 말해 인격이란 실재는 실재하지 않는다는 것이다. 우리는 의식과 고통이 있다고 증거하지만, 그런 것은 정말 있지 않다. 이것이 근본주의자가 믿는 츠빙글리식의 형이상학이다.

정확히 말해, 형편없는 이원론이나 물질을 혐오하는 영지주의에 빠진다면, 우리는 순수한 물질의 지위를 규정할 수 없다. (생명체가 처음 출현한 장소로 알려진) 원시 수프를 찾을 수 없다. 적어도 있는 그대로 찾을 수 없다. 우리는 순수한 물질을 찾을 수 없다. 그렇게 하려면 순수한 물질과 반대되는 것을 가정해야 한다. "네가 벗었다고 누가 말하였느냐?"(창세기 3:11)[541] 이것은 창세기에서 신이 던진 질문인데, 우리는 이것을 다음과 같이 해석했다. "너는 물질일 뿐이며 물질만 있다고 누가 말하였느냐?" 인간은 그저 동물일 뿐이다. 인간은 동물에서 나왔으며 여전히 동물이기 때문이다. 이렇게 주장하는 사람은, 정신을 사유하는 자*res cogitans*로 가정한다. 물질이나 동물성을 이렇게 이해하는 논리는 다윈 이전 시대에 속한다. 이런 주장을 관통하는 논리는 무엇일까? 앞에서 논한 색깔을 다시 살펴보면 답을 쉽게 찾을 수 있다. 색이나, 색과 같은 현상을 부수현상으로 해석하려면, 어떤 현상이 어떤 것처럼 보이지만 사실 어떤 것이 아니라고 설명할 수 있어야 한다. 또한 이런 설명은 반증 가능해야 한다. 색깔을 찾으려고 색깔의 색깔(색깔의 형상)을 찾을 필요는 없다.[542] 물리주의가 창발현상을 다루는 방식을 보면 이런 츠빙글리주의가 또 반영되어 있다. 물리주의의 논리에 따르면, 창발하는 어떤 현상도 창발하는 재료가 결정한다. 창발하는 재료는 원인으로서, 창발하는 현상에 영향을 준다. 하지만 톰슨이 지적하듯 이런 주장은 물리주의자의 이데올로기일 뿐이다. 창발하는 재료가 있다는 가정은 아무 근거—과학적 근거—가 없기 때문이다. 따라서 창발현상은 환원 불가능한 관계를 겨냥한다. 조직화가 왕이요, 부분과 구성요소는 신민이다. 부분과 구성요소는 복잡계에서 자기들이 차지하는 위치에 아직 이르지 못했기 때문이다. 이것들은 말 그대로 변형된다. 더구나 부분과 구성요소는 완전히 부수적 지위를 가진다. 예를 들어 조직화가 다르게 전개되지만 "구성요소가 그대로 있었다면 사건은 일어나지 않았을 것이다. 하지만 구성요소는 (어떤 조건 안에서) 달라지지만 조직화가 그대로 진행되었다면, 사건은 일어났을 것이다(구성요소가 조직되는 방식은 유지되었기 때문이다)."[543] 에딩턴은 이렇게 말한다. "대략 한마디로 마무리한다면, 세계에서 일어나는 일은 정신의 일이다."[544] 스트로슨에 따르면, 물리적 일은 우리가 정신이라고 부르는 것에 이미 적합해야 한다. 다시 말해 경험과 완전히 동떨어진 물질성은 있을 수 없다. "어떤 것에 맞게 일어나는 일in-virtue-of-ness이 없거나, 고유한 적합성이 없다면, 창발현상도 맹목적으로 남아 있을 것이다. 맹목적으로 남아 있는 창발현상은 사실 창발현상이 아닌 마술이다.…반면, 고유한 적합성이 있다면 창발현상이 있다고 생각할 수 있다. 그렇다면 완전히 철두철미하게 경험과 상관이 없는 현상이 어떻게 다른 현상과 맞아떨어질 수 있겠는가?"[545] 스트로슨에게 실재는, 그것이 원초적인 것일지라도, 어떻게든 경험될 수 있어야 한다. 원초적 실재가 아무리 이상하거나 이해하기 어렵더라도 경험되어야 한다. 불연속 이론은 주장하기를, 물질이 일정한 복잡성 수준에 이르렀을 때에야 비로소 정신이 나타났다. 따라서 옛날옛적에 정신은 없었다. 반면 연속 이론에 따르면, 정신은 늘 물질을 동반했다. 즉 정신과 물질은 함께 진화했다.[546] 벨만스는 의식이 나타나지 않았고 처음부터 있었다고 말한다. 우주가 생기면서 의식이 출현한 일이 신비롭듯, 물질, 에너지, 공간, 시간이 나타난 일도 신비롭다.[547] 일단 타당하게 들린다. 그러나 문제는 뒤로 한 발짝 물러날 뿐이다. 그렇지 않은가? 예를 들어 우리는 이렇게 물어야 한다. 원초적 실재가 경험과 연결되어 있다면, 의식이 처음부터 있었다면, 이런 실재는 어떻게 처음부터 마음과 맞아떨어지게 되었을까? 따라서 의식하고 유념하는 또 다른 존재가 있어야 한다. 물론 그 존재는 신이다.

현상학자만 의식의 중요성을 내세우지 않는다. 물리학자도 의식이 중요하다고 말한다. 물리학자의 관점은 위대한 관념론자 버클리George Berkley의 관점과 닮았다. 위그너Eugene Wigner는 이렇게 기술한다. "자연세계를 연구해보면, 의식은 궁극적 실재를 의식한다는 결론에 이른다."[548] 베르나르 데스파냐Bernard d'Espagnat의 주장처럼, "내가 생각하는 의식이 물질의 속성에 불과하다고 말할 수 없다. 이 주장은 논리적으로 앞뒤가 맞지 않기 때문이다. 의식은 어떤 뜻에서 원자를 실재의 몸에 새겨 넣기 때문이다."[549] 미시 속성만 있다. 바로 미시 속성만 관찰되기 때문이다. 이 주장을 전제할 때, 미시 속성은 모두 정신에 의존한다.[550] 인지과학자인 데이비드 호프만은 한 걸음 더 나아간다. "의식과 그 내용은 모두 존재한다. 시공간과 물질, 장fields은 원래 우주에 거주하는 존재자는 아니었다. 이것들은 처음부터 그저 의식의 내용이었다. 즉 의식이 이것들을 의식해야만 존재하는 것이다."[551] 다르게 말해보자. 처음에는 개연성이나 잠재성만 있었다. 정신이 개연성이나 잠재성을 관찰할 때 이것들은 비로소 실현되었다. 마틴 리는 아예 이렇게 말한다. "수억 년 후에나 관찰자가 나타났다는 사실은 이 주장에 별로 영향을 주지 않는다. 우리가 우주를 의식하니까 우주가 있는 것이다."[552] 마틴 리의 말은 버클리의 공리Esse est percipi(있음은 지각됨이다)를 떠오르게 한다. 로널드 녹스가 지은 리머릭(아일랜드에서 유행한 5행 회시)을 떠올려보자.

> 한 젊은이가 말했다. "하나님은
> 정말 이상하다고 생각했을 것이다.
> 안뜰에 아무도 없을지라도
> 나무는 계속 거기에 있을 거라고 생각하다니."
> "젊은 분께. 당신이 그런 생각에 놀라다니
> 오히려 당신의 그런 태도가 이상합니다.
> 나는 항상 안뜰에 있습니다.
> 그래서 나무는 앞으로 계속 거기 있을 겁니다.
> 당신의 신실한 친구 하나님이 계속 그 나무를 살필 겁니다."[553]

그래서 영혼은 몸에 있지 않다는 말이 아마 옳을 것이다. 몸이 오히려 영혼 안에 있다.[554] 인격은 원자의 집합으로 생겨난 전체가 아님을 명심해야 한다. 원자는 한 순간도(그리고 지금까지도) 인격을 이룬 적이 없다. 이런 이유 때문에 우리는 자아를 이루는 기초 재료는 없다고 말할 수 있다. 로우는 이렇게 지적한다. "자아의 동일성을 유지하는 기초가 없다면, 다음과 같은 결론을 이끌어낼 수 있다. 자아를 반드시 중지시키거나, 반드시 만들어내는 규정된 조건은 없고, 있을 수도 없다.…그래서 신체가 죽은 후에 생명이 지속되리라는 전망은 확실히 경험으로 확인되지 않으며, 경험으로 추정할 수 없다."[555] 죽고 난 후에도 생명이 지속된다는 종교적 믿음은 널리 퍼져 있지만,[556] 과학은 "의식의 기원과 본성을 여전히 모르며, 생명체에 의식이 있는지 확인도 못하고 있다. 이런 상황에서 과학적·경험적 증거를 제시하여 죽음 이후의 생명을 뒷받침할 과학이 있을까? 신경과학도 그런 일을 할 것 같지 않다."[557] 심리학 사전을 봐도 의식에 관한 항목이 거의 없음은 그리 놀랄 일은 아니다.[558] 의식에 대한 연구로 노벨상을 받은 사람이 없는 이유도 아마 똑같을 것 같다. 하지만 폴라니가 말하듯, "인간 정신이란 자원은 무궁무진하기에 모호하게 느껴진다.…나는 이렇게 정의하고 싶다. 인간 정신은 규정될 수 없기에 더 실재적이고 더 실체답다."[559] 인격은 확실히 독특하다. 하지만 독특함을 올바로 파악해야 한다. 그렇지 않으면 우리는 인격을 오해할 것이다. 슈패만은 주장한다. "인격은 세계가 포함하는 어떤 것이 아니다. 무생물 대상도, 식물도, 인간 존재도 아니다. 하지만 인간 존재는 세계에 포함된 모든 것과 연결되어 있다. 다른 존재가 서로 얽혀 있는 것보다 훨씬 심오하게 얽혀 있다. 인격이 있다는 말은 바로 이런 뜻이다."[560] 공통 조상 개념은 인간이 다른 존재와 얽혀 있다는 사실을 잘 드러낸다. 그러나 교부가 말한 발생반복 개념까지 함께 고려해야 이 사실을 정확히 포착할 수 있다. 최근 인간을 경멸하는 분위기를 유행시킨 자들은 교부의 생각이 거만하고 편파적이라고 고발한다. 하지만 그들이 그렇게 고발하기 전에도 인간의 지위가 특별한 이유는 똑같았다. 인간이 다른 자연존재와 맺은 관계 때문에 인간의 지위는 특별하다. 니사의 그레고리우스는 이렇게 말한다. "인간은 우주의 이미지이며, 우주와 비슷하다. 하지만 여기서 인간에게 그다지 독특한 점은 없다. 땅도 사라지고 하늘도 변화한다.…우리는 인간 본성을 소우주니 우주의 종합이니 하면서 추켜세우면서, 우리의 본성은 정작 하루살이와 생쥐의 특성과 비슷하다는 사실을 잊어버린다."[561] 막시무스Maximus the Confessor도 이렇게 말한다. "삼라만상 가운데 인간이 마지막으로 지음 받았다. 인간은 자연적 유대를 이루는 존재다. 인간의 몸은 극단적인 것을 부분을 통해 중재한다. 또한 인간은 원래 서로 떨어져 있는 것들을 인격으로 불러모은다."[562] 인격은 자연을 자연답게 한다. 다시 말해, 인격은 자연을 실현한다. 인격은 자연을 자연에게 드러내며, 자연의 모든 형태, 색, 구조를 드러낸다. 인격이 없다면 어떤 구별도 드러나지 않을 것이다. 그래서 인격은 자연에서 도망치지 않는다. 반면 철학적 자연주의자는 자연에 속한 것은 모두 파괴해버린다. 로우의 말은 확실히 옳다. "자기는 인격이며, 자기는 생물학적 과정을 거쳐서 만들어지지 않는다. 자기는 사회문화적 힘으로 만들어진다. 다른 자기나 인격이 협력함으로써 자기가 만들어진다. 인격은 말 그대로 인격을 만든다."[563] 맞다. 하지만 자기가 완전히 문화에 의해 만들어진다고 이해해서는 안 된다. 그렇게 이해하면 유명론의 해로운 영향을 받게 된다. 어떤 것이 문화의 산물이라고 생각할 때, 우리는 그것이 실제로 존재하지 않는다고 생각하는 버릇이 있다. 아니다. 문화가 이미 창발적 현상이다. 문화는 나름대로 인과관계를 구축한다. 더구나 인격이 인격에게서 나온다면, 바로 이런 이유 때문에 기독교는 신도 인격이라고 말한다. 신은 인격의 원형이다. 자크 마리탱Jacques Maritain도 비슷하게 말한다. "나라는 사람이 태어나는 사건이 어떻게 가능할까? 인간이라면 누구나 태어난다. 그런데 인간이라면 누구나 태어난다는 생각은, 꽃이 피듯이 존재가 나타난다는 개념을 가려버린다. 이 문제를 해결할 방법이 딱 하나 있다. 다음과 같이 생각하면 된다. 나는 늘 존재했다. 이렇게 존재했던 내가 생각한다. 그러나 생각하는 나는 내 안에 있지도 않고…비인격적 생명 안에 있지도 않다. 그렇다면 나는 어디에 있는가? 나는 분명 초월적 인격 안에 있을 것이다."[564] 미셸 앙리도 똑같이 주장한다. "존재의 진리보다 사람의 진리가 더 원형에 가깝다."[565] 이 주장은 인간중심주의를 분명하게 표현하는데, 우리가 이 주장을 싫어할수록 우리는 인간중심주의에 더 빠지게 된다. 앙리에 따르면, 인간이 인간으로 남는 한 인간의 진리는 성육신이기 때문이다. 이 사실에 눈을 뜬 앙리는 이렇게 주장한다. "기독교에 따르면, 이 세계에서 어떤 탄생도 일어나지 않는다."[566] 그리스도는 탄생에 대한 "자연적인 태도"를 금지한다. "이 땅에 있는 사람을 아버지라고 부르지 마라. 아버지는 한 분이요, 그는 하늘에 계신다"(마태복음 23:9). 어떤 사람에게는 이 말은 비유나 단순한 헛소리로 들릴 것 같다(종교인에게도 그렇게 들릴 것이다). 지금까지 우리는 유물론과 자연주의를 분석했는데, 여기서 우리 분석의 가치가 드러난다. 어떤 사람(인격)이 정말 태어나는지 확인하려고 "순수한" 자연세계를 조사한다면, 순수한 자연세계를 찾지 못할 것이다. 순수한 자연세계라는 개념은 허구이며, 정말 그런 세계가 있다 해도 인격이 없으므로 탄생도 없다. 따라서 무신론처럼 보이는 철학적 관점도 알고 보면 진리를 섬기는 종이다. 무신론적 철학적 관점은 스스로 없음/무를 발견했다고 생각한다. 그러나 이들이 발견한 무無는 오히려 무에서의 창조*creatio ex nihilo*라는 개념을 드러낸다. 그렇다면, 무신론적 관점도 신학을 섬기는 종이다. 이유는 하나뿐이다. 자연에 나타난 사물과 현상은 모든 것이 근원에 의존한다고 선언하기 때문이다. 다윈주의도 그렇다. 다윈주의는 적처럼 나타났다가 친구처럼 돕는다. 똑같이, 자연을 이해하라는 호소를 듣고 우리는 주관성의 근원으로 돌아갔다. 일상이 이미 성례전임을 깨달았다. 따라서 무신론적 철학은 분명 종교를 미워하지만 참으로 신학을 돕는 시녀다*Scientia est ancilla vitae*. 오든은 이렇게 썼다.

> 우리에게 일어나는 일은 기적밖에 없다. 하지만 당신에게는 분명하지 않다. 모든 사건을 연구하고 당신이 설명할 수 없는 사건이 없을 때에야, 기적은 분명해질 것이다.[567]

다음 장에서 신학이 생명, 죽음, 실존, 인격 현상을 어떻게 설명하는지 분명하게 밝혀보자.

# 7

# 또 하나의 생명

"우리는 결코 중세인이었던 적이 없다"

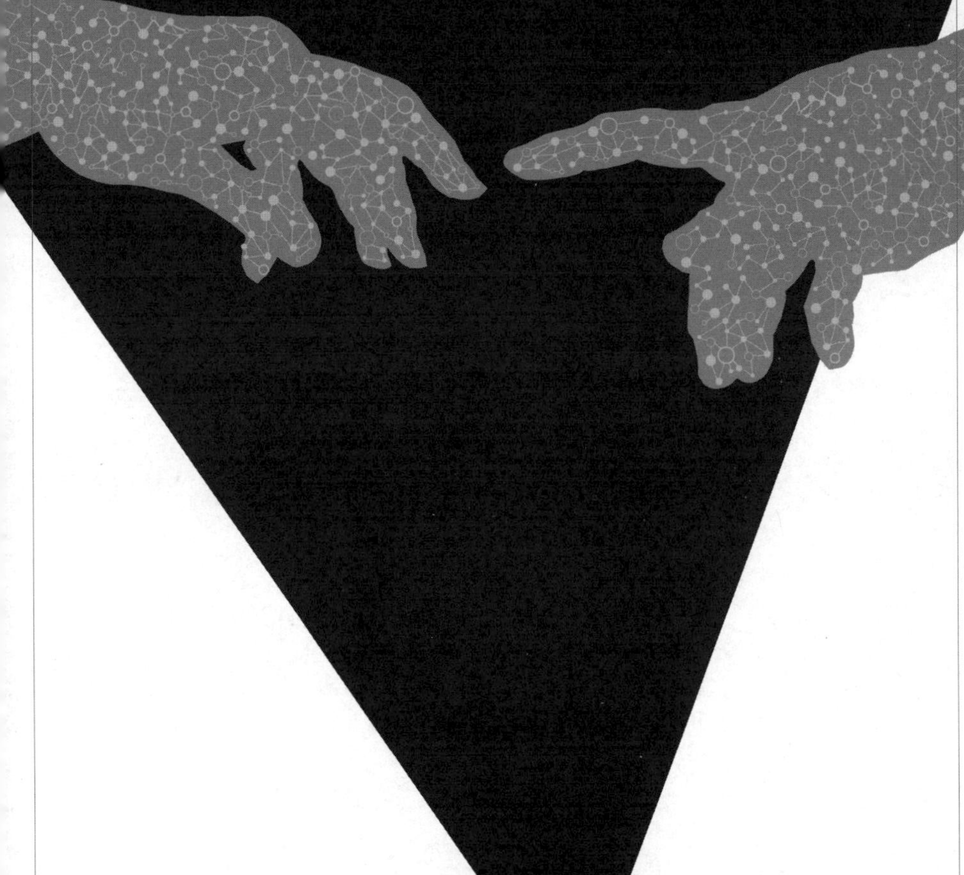

어느 모로 보나 아담은 후대에 첨가되었고, 어떤 점에서는 꼭 필요한 존재는 아니다. 이것은 히브리 문학의 역사가 충분히 증명한다. 아담은 구약성서에서 중요한 인물은 아니다. 예언자는 아담을 무시한다.…예수도 아담의 이야기를 전혀 말하지 않는다.…[따라서] 우리는 아담 이야기를 건물의 지지벽이나 불필요한 장식으로 봐야 한다.

_ 폴 리쾨르[1]

교부들의 전통에서 "아담"이라는 개념은, 무엇보다 그리스도 안에서 구원을 받은 타락한 인류를 가리킨다.

_ 피터 보테네프[2]

## 우리가 아는 낙원: 난 도무지 낙원을 믿을 수 없어![3]

첫 인류가 "죄"를 짓는 바람에 우주가 모두 타락해버렸다고 많은 사람이 믿는다. 죽음은 타락이 빚어낸 결과였다. 하지만 이것은 신학적으로 충분히 검토된 생각이 아니다. 안타까운 노릇이다. 물론 진지한 종교인도 성서를 이렇게 해석하라고 권한다. 어떤 측면에서 이런 해석은 정통 기독교의 성서 해석보다 무신론과 더 많이 일치한다. 반면, 기독교가 생겨난 후 첫 5세기 동안 성인과 교부가 제시한 성서 해석을 우리의 해석과 비교해보면, 우리는 절대 중세인도 아니었고 고대인도 아니었다(생빅토르의 추종자와 토마스 아퀴나스 같은 후기 인물의 해석과 비교해도 그렇다). 오히려 오늘날 우리가 성서를 읽는 방식은 나쁜 의미에서 "중세스럽다." 예를 들어 창조론 운동의 의도를 아무리 선하게 평가하더라도 창조론적 성서 해석이 널리 퍼지는 현상은 지적 야만상태로 추락한다는 표시다. 이것은 기독교 전통을 완전히 버리는 행위다.[4] 그렇다고 우리가 근대인이었던 적도 없다. 극단적 다원주의가 성서와 신학을 어떻게 해석하는지 보라. 지금이 정말 암흑시대다. 최근 텔레비전에서 방영된 다큐멘터리에서 리처드 도킨스는 뉴에이지의 헛소리를 조목조목 비판했다. 하지만 도킨스는 자신을 지원할 흥미로운 동맹자를 놓쳐버린 것 같아 다소 역설적이다. "별의 인도를 받은 동방박사는 그리스도를 발견하고 그를 새로운 왕으로 경배한다. 바로 그때, 점성술은 종말을 맞았다. 그리스도가 결정한 궤도에 따라 별이 움직였기 때문이다. 점성술은 당시의 세계관을 뒤집어놓는다. 점성술은 조금 다른 방식으로 오늘날 유행하고 있다." 이 말을 한 사람은 바로 교황 베네딕토 16세다.[5]

이처럼 오늘날 성서 해석법이 잘못되었다면, 우리는 창세기를 어떻게 해석해야 할까? 예를 들어 설명해보자. 창세기가 말하는 아담은 정말 있었을까? 사도 바울은 아담을 "장차 오실 분의 모형"(로마서 5:14)이라고 해석한다. 여기서 우리는 함정을 피해야 한다. 예를 들어, 우리는 시간이 한 방향으로 똑바로 흐른다고 굳게 믿는다. 하지만 바울이 말한 "모형"을 이해할 때, 우리는 어떤 것의 모형이란 뜻으로 이 단어를 이해해야 한다. 아담은 한 분 참된 아담, 더 강하게 말하자면 유일한 한 아담 덕분에 있다. 따라서 아담이 역사에서 정말 있었는지 따지는 논쟁은 모두 무신론적 전제에 의존한다(참된 한 분 아담인 그리스도를 전제하지 않으니까). 아담의 역사성에 대한 선입견은 기본적으로 근본주의적이기도 하다(이 문제를 해결하더라도 극단적 다원주의자와 창조론자는 아가서를 글자 그대로 읽어야 하는지 다시 질문할 것 같다). 아담과 타락 등은 오직 그리스도 안에서만 다룰 수 있다. 우리가 교회 교부의 생각을 충실히 따르기만 한다면 말이다.[6] 아담의 존재와 타락을 실증적으로, 순수하게 역사적으로 해석하려는 시도는 어리석다. 적어도 그리스도 이전에 타락은 없었다는 뜻에서 그렇다. 다시 말해, 그리스도가 나타난다는 희미한 기미만이 있었다. 이 기미는 트라팔가 해전 같은 역사적 사건이 아닌, 오직 그리스도를 향한 것이다. 그리스도 이전에는 죽음도 없었고, 생명도 없었으며, 심지어 죄도 없었다. 오직 그리스도의 고난 안에서 이 개념들의 옳음이 드러난다. 이유는 단순하다. 창조는 다른 어떤 것이 아닌, 그리스도를 향한 것이다. 하나님의 말씀인 예수는 형이상학적·존재론적 시작이며 존재하는 모든 것의 끝(텔로스)이다. 이것은 미적지근한 종교적 헛소리가 아니라 완전히 논리적 주장이다.

따라서 신학 영역에서 기원학이 어디로 가는지 기억해야 한다. 기원학은 종말론을 낳는다. 예를 들어 교회 교부의 해석에 따르면, 아담은 그리스도였고, 하와는 성모 마리아였다. 에덴동산은 교회이며, 타락은 그리스도 안에서 인류가 구원된다는 것을 표시한다. 그리스도가 없다면 구원도 필요 없다. 타락도 뜻을 잃을 것이다. 따라서 타락은 홀로 있을 수 있는 개념이 아니다. 타락 혼자서는 의미를 가질 수 없다.[7] 야로슬라프 펠리칸Jaroslav Pelikan은 지적한다. 2세기에 원죄 교리를 주장한 사람은 교회 교부가 아닌 영지주의자 진영이었다. 따라서 "이레나이우스 같은 교회 교부의 저작을 가지고 '원죄 교리'를 논하는 것은 실수다."[8] 3세기까지도 원죄는 기독교 신앙에 확실히 속하지 않았다. 기독교인은 이 교리에 대해 모호하고 주저하는 태도를 보였다.[9] 이레나이우스는 우리가 말하는 "타락"이 모든 우주에 영향을 끼쳤다고 생각하지 않았다. 이레나이우스에 따르면, 아담의 타락은 위반이나 불순종에서 나왔다. 아담의 성격은 유치했고 성숙하지 못했다. 그래서 하나님의 명령에 순종하지 않는다. "하지만 아담은 미숙한 자였다. 어떤 일을 결정할 수 있는 능력은 여전히 부족했다. 그래서 아담은 속이는 자에게 쉽게 기만당했다."[10] 이레나이우스에 따르면, 에덴동산은 인간이 잃어버린 곳이 아니며, 과거에 있었던 어떤 장소도 아니다. 오히려 에덴동산은 미래에 있으며, 따라서 종말론적이다. 에덴동산은 충만한 생명을 암시하며, 이는 그리스도와의 연합을 통해서만 이루어진다. 이레나이우스는 아담이 하나님의 명령을 어겼지만 그가 가진 하나님의 형상을 모두 빼앗겼다고 생각하지 않았다. 아담이 가진 이성적 능력뿐 아니라, 아담의 몸도 하나님의 형상이라는 것이다.[11] 하지만 아담은 하나님과 비슷한 본성*similitudo*을 잃어버렸다. 하나님과 비슷함은 정신적으로 하나님을 닮았다는 사실을 가리킨다. 이 유사함을 다시 회복하려면 종교적 회심이라고 부를 수밖에 없는 과정을 거쳐야 한다. 이레나이우스는 인간 역사가 타락을 통해 수직으로 추락했으며, 인간은 고통스러워하며 자신을 끌어올리려 한다고 생각하지 않았다. 오히려 역사는 "하나님의 섭리를 통해 약속이 이뤄지는 미래로 나간다."[12] 기독교에 따르면, 창조는 끝나지 않았고 여전히 길 위에*in statu viae* 있다. 즉 "계속되고 있다."[13] 따라서 창조는, 하나님의 뜻이 서서히 펼쳐지는 것*akolouthia*에 관한 것이다.[14] 이것은 이레나이우스의 유명한 교리인 요약반복*anakephalaiōsis*을 떠올리게 한다. 이 교리에 따르면, 그리스도는 인류의 전체 역사를 자신 안에서 완성한다. 매튜 C. 스틴버그Matthew. C. Steenberg도 이렇게 말한다. "'하나님의 형상에 따라 제작된' 온전한 인간 작품"은 이레나이우스에게 있어, "종말*eschaton*과 상관이 있다. 종말은 인류가 되어가는 것이며, 처음부터 종말이 될 운명이었다. 성육신은 이 종말을 온전히 이루어질 것을 보여주는 첫 예시였다."[15] 이런 맥락에서 창조의 길은, 잃었다가 결국 다시 찾은 낙원보다 앞으로 얻을 낙원으로 뻗어 있다. 따라서 스티븐 더피Stephen J. Duffy가 제안하듯 "타락"은 "현재 인간의 모습과 그리스도 안에 있는 인간의 모습이 서로 충돌한다는 사실"을 명명하는 이름이다.[16]

무신론자와 일부 종교인은 지금부터 우리가 논할 주제를 소화하기 어려울 것 같다. 하지만 이 주제는 확실히 유익하다. 우리도 환원적 유물론을 소화하기 어려웠다. 물론 창조론자는 우리와 유인원이 공통 조상을 가진다는 믿음에 동의할 수 없을 것이다(다윈이 살았던 시대의 무신론적 과학자들도 같은 거부감을 느꼈다). 하지만 이·문제를 불신하거나 믿는다고 해서 그것이 곧 논증이 되지는 않는다. 지금까지 우리는 진화를 올바로 이해하고자 최선을 다했다. 마찬가지로 기독교가 실제로 고백하는 내용을 아는 것도 중요하다. 기독교가 선포하는 실존의 진리를 공유하지 않는 사람에게도 그렇다. 그래도 이 문제에 대한 다른 사람의 작업을 주석에서 폭넓게 소개했다. 우리는 이렇게 말하고 싶다. 생빅토르 학파의 리샤르가 수세기 전에 말했듯이 "당신이 충분히 이해하고 비웃었다면 나는 당신의 비웃음을 받아들이겠소."[17] 또는 햄릿이 호레이쇼에게 호소하는 것처럼,

> 그래서 이방인으로서 환영해주시오.
> 당신은 당신의 철학으로 상상하지만,
> 하늘과 땅에는 그것보다 더 많은 일이 있다오. 호레이쇼.[18]

이 말은 과학에도 똑같이 적용된다.

## 태초에

"태초에 하나님이 창조하시니라.…" 간단하면서도 깊은 우아함이 있

는 이 선언은 우리가 완전히 이해하기란 쉽지 않다. 하지만 이 선언은 근동지역이라는 맥락에서, 사람들을 놀라게 했다!

_ 빌 T. 아놀드[19]

창조는 창조주가 낳은 결과가 아니다.…하나님은 말씀하시고, 말씀으로 창조하신다.

_ 디트리히 본회퍼[20]

---

기독교 신학의 가르침대로 창세기의 첫 두 장을 풀이하는 방법이 있을까? 조금 더 일반적으로 질문해보자. 우리는 어떻게 성서를 한 권의 책으로 볼 수 있을까? 교회 교부는 성서의 진리를 절대 의심하지 않았다. 하지만 지금과 다르게, 교부는 정교한 해석학을 구사하며, 성서의 파편화를 피하는 동시에 진리의 오염을 막으려 했다. 창세기의 첫 두 장이 존재와 존재를 분유하는 모든 것을 창조하는 문제를 다루면서, 어떻게 모든 존재가 창조자와 연결되는지 말하고 있다면, 우리가 "문자적" 해석이라 부른 접근법은 성서의 설명을 상당히 왜곡할 것이다. 문자적 해석법은 드러내지 않고 오히려 죽이며, 밝히지 않고 오히려 파괴한다. 초기 기독교 교부만 그렇게 생각한 것은 아니었다. 같은 시기에 활동한 유대교 사상가도 교부의 생각에 맞장구를 쳤다. 그중 필론Philo(B.C. 20-A.D. 50)도 "문자적으로" 6일 창조를 받아들였다는 것은 사실이다. 그러나 6일을 일정한 기간으로 해석하지는 않았다. 그것은 우스꽝스러운 생각이기 때문이다.[21] 더구나 문자주의를 날 것 그대로 받아들이면, 말이 안 되는 구절이 수두룩하다. 필론은 말한다. "하나님이 땅과 식물이 자라날 정원을 경작한다고 가정하는, 엄청나게 불경스러운 짓을 인간 이성은 조금도

범할 생각이 없다."[22] 또한, 필론에 따르면, 에덴동산을 특정한 장소라고 생각하는 것은 어리석은 짓이다. 오히려 지혜의 상징으로 이해되어야 한다.

오리게네스Origen(185-254)도 비슷하게 말한다. 오리게네스는 동료인 알렉산드리아의 필론에게 확실히 영향을 받았다. 오리게네스에 따르면, 창세기의 창조 기사는 "단순한 역사적 내러티브보다 더 심오한 진리를 내비친다.…또한 대부분 영적인 의미를 담고 있다. 이 기사는 심오하고 신비스러운 교리를 '문자'로 감춘다."[23] 다른 곳에서 오리게네스는 이렇게 말한다. "[율법과 예언자의 말씀을 보면] [하나님의 말씀은] 육의 장막과 문자의 장막에 가려져 있다. 따라서 문자는 육flesh이지만, 문자 뒤에 숨은 영적 의미에서 신성이 느껴진다."[24] 니사의 그레고리우스도 오리게네스처럼 생각했다. 니사의 그레고리우스에 따르면, 우리가 문자적 해석이라 부르는, 명백한 해석은 여러 구절들의 뜻을 뒤집어놓을 것이다.[25] "우리는 창조를 사실로 받아들인다. 하지만 완전히 물질인 세계가 구조를 이뤄가는 과정은 말로 표현되지 않으며 설명되지도 않는다. 우리는 이것을 조사하겠다는 마음을 버렸다."[26] 이런 과정을 조사하겠다고 허황한 사변을 늘어놓으면, 그레고리우스가 말처럼 결국 "도그마"만을 제시하게 될 것이다. 이 도그마는 재앙을 불러온다.[27] 오리게네스는 어떤 재앙이 닥치는지 설명한다.

> "첫째 날"과 "둘째 날", "셋째 날"이 있었고, "아침"과 "저녁"도 있었다. 하지만 태양도 없고, 달도 없고, 별도 없고, 심지어 첫째 날에는 하늘도 없었다. 이렇게 설명해도 "날"을 시간 단위로 일관되게 이해하는 사람의 지성을 의심하지 않을 수 없다. "하나님은 농부처럼 에덴동산 동쪽에 나무를 심었다." 그리고 하나님은 "생명나무"도 심었다. 누구나 이 나무를

> 볼 수 있고 만질 수 있었다. 그래서 이빨로 이 나무의 열매를 먹고 생명을 얻을 수 있었고, 다른 나무의 열매를 먹고 "선과 악"을 아는 지식을 얻을 수 있었다. 그런데 정말 사건이 이렇게 전개되었다고 믿을 만큼 단순한 사람이 있을까? 더구나 창세기를 읽어보면 하나님은 오후에 정원을 거닐었고 아담은 나무 밑에 숨었다고 한다. 나는 인물을 통해*(qoud figurali tropo)* 나타난 성서의 서술이 신비를 가리킨다는 것을 누구도 의심하지 않으리라 확신한다.[28]

방금 인용한 오리게네스의 말은 루피누스의 라틴어 번역본에 있다. 하지만 보테네프Bouteneff가 지적하듯, 그리스어 번역본을 보면 이 인용문의 뜻이 훨씬 분명하게 드러난다. 그리스어 번역본에는 이렇게 나와 있다. "성서의 이 구절은 어떤 사태를 그림처럼 그린다. 이런 표현은 실제 사건이 아니라 역사라는 허울을 이용하여 어떤 신비를 가리킨다는 것을 누구도 의심하지 않을 것이다."[29] 가이사랴의 바실리우스Basil of Caesarea, 또는 성자 대 바질(대략 328-379)도, 그의 형제인 니사의 그레고리우스와 비슷하게 생각하면서 다음과 같이 말한다. "태초의 신비는 드러났다. 이것이 정말 중요한 사실이다. 그저 어리석은 호기심 때문에 우리는 태초의 신비에 대한 질문을 과학으로 둔갑시켜버린다. '무엇이' 창조되었고, '왜' 창조되었는지 알았으면 됐다. 그것으로 충분하다. '언제'와 '어떻게'에 대한 질문에 우리는 대답할 수 없다. 그것은 우리의 이해력을 넘어선 문제임을 인정해야 한다."[30] 다른 곳에서 바실리우스는 비슷한 주제를 다루면서 이렇게 주장한다. "우리가 창세기의 창조에 대해, [서로 경쟁하는 과학이론을] 논하려고 한다면, 우리는 이런 이론과 똑같이 어리석은 말놀이에 휩쓸릴 것이다. 차라리 이런 이론들이 서로 치고 받도록 놔두라. 이 주제에 대한 논쟁을 중지하자. 우리는 '하나님이 하늘과 땅을 창조하셨다'고 말한 모세에게 이미 설득당했기 때문이다. 우주의 주인을 경배하자. 삼라만상의 아름다움을 느끼며 그분의 형상을 그려보자. 그분의 형상은 삼라만상보다 훨씬 아름답다. 우리가 지각할 수 있는, 형태가 있는 몸의 위대함을 느끼며 그분을 상상해보자. 그분은 무한하고 광대하며 풍성한 그분의 능력은 우리의 이해를 훌쩍 뛰어넘는다."[31] 이 인용문이 보여주듯 교부는 과학을 노예처럼 숭배하는 사람이 아니었다. 그래서 교부는 "자유롭게 과학적 탐구심을 발휘하면서 선입견에 사로잡히지 않았다."[32] 이런 사고방식은 교부와 교회의 박사에게서 수없이 나타난다.[33]

교부의 해석은 역사적 수정주의를 겨냥하지 않는다. 오히려 다음 사실이 중요하다. 오늘날 우리는 신학이 무엇인지 이해하지 않으려 한다. 그래서 교부가 무엇을 자신의 임무로 삼았는지 알려고 하지 않는다. 예를 들어 우리는 아담과 원죄를 다루면서도 신학을 진지하게 고려하지 않으려 한다. 창세기를 역사의 한 부분으로 해석하면서 나중에 복음서까지 그런 역사의 사례로 읽어버린다. 아무리 좋게 봐도 이것은 심각한 탈선이며, 나쁘게 본다면 무신론적이다. 창세기 본문을 이렇게 읽는다면, 우리는 교부들이 겪지 않았던 문제를 만들어내고 만다. 다시 말해, 우리는 창조, 타락, 구속을 구분되는 사건으로 다루면서 이 사건이 무엇인지 밝혀내려 한다(이것은 잘못된 시도다). 창조와 타락, 구속은 구분되는 사건인데 이 사건들 사이에 시계가 잠시 멈춘다면 이 사건들을 그 자체로 이해할 수 있다고 멋대로 상상하면서 우리는 뭔가를 밝히려고 애쓴다. 우리는 그 사건들을 하나씩 있는 그대로 이해할 수 있다고 오해한다. 이런 오해보다 더 어긋난 생각은 없을 것이다. 따라서 이 오해는 상당히 치명적인 것 같다. 아주 평범하게 보이는 원죄 해석을 살펴보자. 원죄는 없다. 적어도 원죄만 따로 다룬다면 원죄는 진리가 아니다. 따라서 이런 글을 읽어도 놀랄 필요가 없다(안타깝게도 우리는 정말 놀라는 것 같다). "창세기에서 전통적 원죄 교리를 찾을 수 없다."[34] "바울에도, 성서의 다른 책에도 원죄 교리는 없다. 모든 사람이 아담 안에서 미리 죄를 지었다는 교리는 없다."[35] 물론 어떤 성서번역본은 원죄 교리를 부추겼다. 하지만 로마서의 그리스어 번역본을 보면 이렇게 되어 있다. "모든 사람이 죄를 지었으므로 죽음이 모든 사람에게 이르렀다*diêlthen*"(로마서 5:12). 결국 단 한 사람만이 죄를 짓지 않았다. 그는 죽은 자 가운데서 다시 살아났다.[36]

창세기는 죄의 기원을 말하지 않는다는 사실을 우리는 자주 잊어버린다. 월터 브루그만Walter Brueggemann도 주장한다. "우리는 이 텍스트[창세기]를 해석하면서, 악이 어떻게 세계에 들어왔는지 이 텍스트가 설명했다고 생각해버린다. 하지만 구약성서는 이런 추상적 주제에 전혀 관심이 없다. 솔직히 창세기의 내러티브는 악을 전혀 설명하지 않는다."[37] 왜 창세기가 악을 설명하지 않을까? 아주 훌륭한 대답이 있다. 교부들(특히 동방의 교부들)은 창조와 구속이 분리되어 있지 않다고 생각했다. 하지만 창조와 구속을 분리할 수 있다면, 또는 그것이 있다고 간단하게 가정하려고 하면, 타락 개념이 생겨날 것이다.[38] 서방에서는 종종 타락을 강조하려는 유혹이 강했다. 역설적으로 타락을 강조할수록 타락 개념은 허물어진다. 타락이 이미 타락 개념이 밝히려는 사실의 그림자이자 열매이기 때문이다. 자연과 은총의 관계도 비슷하다. 자연과 은총을 분리한다고 은총이 보존되지는 않는다. 은총은 오히려 파괴되었다. 은총과 자연을 분리하면 은총은 영적으로 변하여 종교의 일이 되고 결국 무신론스럽게 변질되어버린다. 알렉산더 슈메만Alexander Schmemann은 이렇게 말한다.

> 세계 개념은 원래 세계가 모두 성스럽다고 말한다. 세계는 "세속적"이지 않으며, 그 본질은 하나님이 선언한 "매우 좋다"에 있기 때문이다. 인간은 자신 안에 있는 "매우 좋음"을 오히려 어둡게 만들었다. 인간은 하나

> 님에게서 세계를 떼어내어 세계를 "목적 자체"로 만들어버렸다. 그래서 타락과 죽음이 왔다. 이것이 인간이 저지른 죄다. 하지만 하나님은 세계를 구원했다. 하나님은 세계를 구원하면서 다시 세계의 목표를 밝혔다. 세계의 목표는 하나님의 나라이며 하나님의 생명이다.…따라서 이교도적 "신성화"는 특정 대상과 지역을 성스럽게 만드는 행위를 뜻한다. 반면 기독교가 말하는 "신성화"는 세계에 있는 만물을 회복하는 행위를 뜻한다. 즉 세계의 상징적 본성과 성례전적 본성을 되살리고, 존재의 궁극목적을 가리키며 만물에게 그 목적을 보여주는 행위를 뜻한다.[39]

슈메만의 주장을 다음과 같이 풀어보자. 우리는 세례가 성만찬이나 다른 성례와 분리된다고 생각하지 않는다. 그렇게 하면 성례와 성만찬은 이해할 수 없는 행위가 되어 버리기 때문이다. 비슷하게 창조를 성육신과 분리하지 말아야 한다. 니사의 그레고리우스와 막시무스가 말했듯, 창조만큼이나 성육신과 구속도 하나님의 목적에 속한다고 정당하게 말할 수 있다면, 창조된 질서도 처음부터 종말을 바라보고 있었을 것이다.[40] 따라서 성육신은 타락에 대한 응답이거나 타락의 결과가 아니다. 성육신이 바로 하나님의 의도였다. 여기서 둔스 스코투스Duns Scotus는 옳았다(아마 잘못된 이유에서 그런 결론에 이르렀겠지만).[41] 교부에게 창조는 하나님의 나타남이며 하나님을 선포하는 행위였다. 따라서 창조는 신처럼 되는 길*theosis*이었다. 하나님은 모든 것 가운데 모든 것이 되시기 때문이다.[42]

## 창세기 1-2장

창세기 1장의 처음 몇 절에는 "그리고 하나님이 말씀하셨다"는 반복구가 나온다.[43] 이 구절은 창조에 개입한 자유를 표시한다고 해석할 수 있다. 만물이 창조되는 중간단계의 기제는 가정되지 않았기 때문이다. 하나님이 말씀하시니 그대로 되었다. 하지만 기회원인론자의 신처럼 하나님은 질투가 나서 힘을 움켜쥐고 있지 않았던 것 같다. "땅이 식물을 내었다"(1:12)에서 하나님은 창조의 행위를 위임했음을 보여준다.[44] 본회퍼는 이렇게 말한다. "하나님은 하나님의 작품에게 하나님을 주인으로 만든 권능을 준다. 바로 창조하는 능력을 하나님의 작품에게 부여한 것이다."[45]

22절의 "생육하고 번성하라"는 명령은 이 위임을 더욱 강조한다. 그래서 이제 인간도 생명을 낳을 수 있다. 26절에는 어조가 놀랄 만큼 변한다. 26절까지는 "…가 있으라"는 말이 반복되었다. 하지만 26절에서 이 구절에 인격이 첨가된다. "우리의 형상을 따라, 우리의 모양대로, 우리가 사람을 만들자." 하나님의 명령이 이제 하나님의 행위가 되었다. 더구나 창조의 단계마다 하나님은 피조물에게 "좋다"라고 선언한다. 그런데 인간이 창조되고 나서 창조는 "아주 좋게" 보였다. 하나님이 "우리가 만들자"라고 말할 때, 우리라는 복수 대명사는 하나님 자신이 깊이 생각했음을 암시한다. 하나님이 의도를 가지고 분명하게 행동했다는 뜻이다. 그만큼 하나님의 창조하는 말씀은 하나님의 명령의 반포만이 아니라, 오히려 하나님이 의도를 가지고 개입하신 결과다.[46] 오리게네스에 따르면 "이 피조물[남자와 여자]만이 다른 모든 피조물과 달리 하나님 개인적 작품으로 선정된다."[47] 니사의 그레고리우스는 창세기 1:26을 『인간의 창조에 대해』*On the Making of Man*라는 저서에서 이렇게 주석한다.

> 거대한 세계와 세계의 일부는 우주를 형성하기 위한 기초 작업으로 기획되었지만, 피조물은 하나님의 능력이 직접 만들어냈다. 그의 명령에 따라 즉시 생겨났다. 그런데 인간을 만들 때 하나님은 미리 계획을 가지고 있었

다. 하나님은 이렇게 말씀하신다. "우리가 우리의 형상을 따라, 우리의 모양대로 사람을 만들자. 그리고 그가 바다의 고기와 공중의 새와 땅 위에 사는 온갖 들짐승과 땅 위를 기어다니는 모든 길짐승을 다스리게 하자."

참 놀랍지 않은가! 태양이 만들어질 때도 계획은 없었다. 하늘이 만들어질 때도 마찬가지다. 피조물 가운데 단 하나도 인간이 만들어지는 것처럼 만들어지지 않았다. 하나님의 말 한 마디가 놀라운 일을 해낸다. 하나님의 말에는 언제, 어떻게 했다는 세세한 내용이 없다. 모든 개별 피조물의 창조도 똑같이 이뤄졌다. 창공도, 별도, 공기도, 바다도, 땅도, 동물도, 식물도 그렇게 창조되었다. 이 모든 것이 한 마디 말로 생겨났다. 반면 인간을 만들 때만 모든 피조물의 창조자도 세심하게 접근했다. 그래서 미리 인간을 위해 인간을 만들 재료를 준비하시고, 인간의 형상을 아름다움의 원형과 비슷하게 하시고, 인간이 앞으로 어떤 존재가 될 거라는 표시를 인간 앞에 세우시고, 인간을 위하여 인간의 본성을 행동하기에 적합하고 목적에 맞게 만드셨다.[48]

똑같은 맥락에서 그레고리우스는 『욥기의 도덕』*Moralia in Job*에서 이렇게 쓴다.

창조 기사를 보면, 하나님은 다른 동물보다 인간을 훨씬 귀하게 여기시며, 심지어 천상의 존재보다 더 귀하게 여기신다는 사실을 알 수 있다. 더구나 어떤 이유도 제시되지 않았다. 하나님은 명령하셨고, 피조물이 생겨났다. 그러나 하나님이 인간을 만들기로 결심하실 때, 두렵고 떨리는 일이 미리 일어났다. 즉 "우리의 형상을 따라, 우리의 모양대로 사람을 만들자"라고 하나님이 말씀하셨다. 반면, 나머지 피조물이 만들어질 때, 피조물에 대해 다른 어떤 말이 없었다. 그냥 "있으라 하시니 있었다." 물이 새를 낳지 않듯이 땅도 인간을 낳지 않는다. 하지만 인간이 만들어지기 전에 말씀이 있었다. "우리가 만들자." 이유가 있는 피조물이 만들어진 것이다. 미리 계획하고 만든 행위와 비슷하게 보인다. 인간은 설계

> 를 통해 땅에서 형성되고, 창조자의 숨결을 통해 인간은 생동하는 정신의 능력을 가지고 일어난다. 즉 인간은 한 마디 명령이 아닌 훨씬 고귀한 행위를 통해 존재하게 되었다.[49]

"태초에"라는 말과 함께 성서가 말하는 창조 이야기는 창조신화 장르를 과감하게 뜯어고친다. 아놀드Arnold는 지적한다. "고대 종교는 다신론을 추구하며, 신화론을 이용하고, 신인동형론을 받아들였다. 그래서 신을 인간의 모습과 행동으로 기술했다. 반면 창세기 1장은 유일신론을 추구하면서 신화론을 비웃는다. 신인동형론을 사용하면서도 발화의 형식만 취한다."[50] 6일간 창조가 마무리되고 쉬는 날이 온다. 안식일이다. 그러나 안식일이 있다고 해서 하나님이 지쳤다는 뜻은 당연히 아니다. 창조는 한 인격의 의도적 행위이며 예술작품과 비슷하다는 것이 안식일의 뜻이다. 창조는 강요된 생산이 아니고, 비인격적 힘의 발현도 아니다. 따라서 안식일은 창조의 뜻이다. 안식을 누리려고 창조가 기획된 것이다. 안식일은 하나님의 목적에 젖어들어 쉬는 것이다. 목적은 필연성에 매이지 않으며, 온전한 너그러움이 목적의 요점이다. 안식일을 지킨다는 것은 인류가 변덕스러운 미신에서 벗어나 계절과 때의 순환이 펼치는 갈등과 대결에서 자유롭게 되었다는 뜻이다(이런 갈등과 대결은 보통 신들의 싸움으로 표현된다). 한 해의 시기든, 여름이든, 겨울이든, 이런 모든 계절이 이제 힘을 잃고 굴복했다. 안식일이 한 주를 다스린다. 안식일 때문에 모든 것이 아이의 순수한 놀이와 비슷한 질서에 복종하게 되었다. 세상의 권세와 공리주의적 논리까지도 그 질서를 따라야 한다. 아놀드가 지적하듯 "창세기 1:3에서 근원이 없는 빛이 창조되었고, 제7일에 안식일이 되었다. 이 구도 덕분에 이스라엘은 고대 종교와 자연적 주기의 굴레(이것이 신성의 표현이었다)로부터 자유로울 수 있었다. 고대에는 신에게 예배드리는 행위가 잦았다. 예배의 대상이었던 자연 현상—해, 달, 별—은, 이제 한 분 주권적 창조자의 명령으로 생겨난 피조물을 밝히는 등불로 바뀌었다. 창조 과정을 열어젖힌 '빛이 있으라'는 최초의 말처럼, 안식일을 축복하는 하나님의 마지막 말은 시간 자체를 언급한다. 그래서 안식일의 역할은 이스라엘뿐 아닌 우주 전체를 향한 하나님의 뜻을 나타낸다."[51] 놀라울 따름이다. 이 주장에서 창조는 두 가지 뜻으로 나타난다. 일단 물리적 세계가 생겨났다. 그런데 이 세계는 자유로운 세계이기도 하다. 실존에도 뜻이 있다. 실존은 한마디로 선물이다. 실존이란 선물 덕분에 그로부터 파생된 모든 것도 선물이 될 수 있다. 오직 이런 조건 아래서 실존은 유일하게 참된 선물이다.

우리가 창조를 인정하려면—이 우주와, 우주와 함께 있는 인간이 정말 있다고 인정하려면—창세기의 가르침대로 창조를 생각해야 한다. 이와 다르게 창조를 이해하는 사람은 실존을 그저 그림자로 이해하게 된다. 신이 인격답지 않다면, 피조물은 신의 본성에 속해버리며, 신 본성의 주변부에 불과할 것이다(호킹이 그렇게 가정한다). 요컨대 피조물은 실재가 아닐 것이다(따라서 우리는 범신론에 이르게 된다). 한 걸음 더 나아가 신도 참된 신이 아닐 것이다. (신이 인격답지 않다면) 신은 오히려 "제5의 힘"과 다를 바 없어진다(존 설에 대한 논의를 떠올려보라). 그리고 실존이 신이 너그럽게 준 선물이 아니라면, 우리 자신도 전혀 존재하지 않는다고 결론 내릴 수밖에 없다. 한마디로 실존 같은 것은 아예 없다. 즉 인격적 하나님을 선택하지 않는다면, 우리에게 남은 대안은 허무주의의 심연밖에 없다. 따라서 우리는 안식일을 누리는 사람이며, 안식일을 누리는 종species이다. 하나님을 믿든 믿지 않든, 일상에서 우리는 분명하게 허무주의를 거절한다(아무리 유행을 따라 허무주의에 열광한다고 해도). 따라서 강렬하게 드러난 실존인 안식일은 매주 시작하고 끝나고 스며든다는 사실을 우리는 이해할 수 있다. 생명은 이렇게 궁극적 뜻에 참여한다. 이 사실을 전제할 때 우리는 비로소 죄와 범죄, 잔혹함을 말할 수 있다. 또한 기쁨과 진리, 아름다움, 희망을 말할 수 있다. 안식일이 없다면, 인격적 신이 2,500년 전에 창세기에서 계시되지 않았다면, 죄와 잔혹함, 기쁨, 희망 같은 개념은, 모두 돌같이 차갑고 묵직한 침묵의 고요한 떨림에 그쳐버렸을 것이다. 이 침묵은 너무나 거대하여, 우리가 편협하게 규정한 소리와 고요를 모두 덮어버린다. 즉 아무런 소리도 없고, 어떤 일도 없으며, 고요함마저 없다. 여기서 아놀드의 말은 기억할 만하다.

> 창세기 1장은 인간 사변의 이데올로기적 폭풍을 불러일으켰다.…다신론에서 무신론(이원론과 이신론, 불가지론을 포함)으로, 또한 회의주의, 허무주의와 유물론, 점성술 등 다양한 이념들과 변종들을 만들어냈다. 창세기 1장은 이 폭풍에 맞서 굳은 기반을 제공한다. 창세기 1장은 아주 단순하게 성서의 이야기 흐름을 분명하게 만들어낸다. 하나님은 한 분이며 인격적 존재다. 하나님은 홀로 세계를 만드셨고, 힘들여 만들지도 않았다. 세계는 원래 좋다. 세상 만물, 특히 인간도 좋다. 다시 말해 인간은 세계에서 하나님처럼 다스리는 유별난 역할을 맡았다. 마지막으로 한 주의 일곱째 날은 다른 날과 다르며, 앞서 말한 모든 진리를 묵상하기에 적합한 날이다. 인간의 이데올로기는 어디선가 길을 잃었을 때 하나님의 진리를 종종 무시하거나 거부했다.[52]

하지만 안식일이 "정확히" 묵상 시간은 아니며, "그저" 묵상 시간이 아님을 명심해야 한다. 안식일이 없다면—안식일을 이해할 수 없다면—의미 있는 실존도 정말 존재하지 않기 때문이다. 이 진리를 거부한다면, 의미를 모방한 모조품이 대신 자리를 차지할 것이다. 금융시장의 끝 모를 논리와 명성을 이용한 산업, 공리주의 논리 군단이 바로 여기에 둥지를 튼다. 이런 것들은 단지 오락일 뿐이다. 다가올 죽음을 잠시 피하려는 오락이 아니라 이미 죽었다는 사실을 회피하려는 오락이다. 그곳에는 이미 생명도 죽음도 없다.

창세기 1장은 주로 "하늘과 땅"의 창조를 말하지만, 창세기 2장에서 관점이 바뀌어 "땅과 하늘"의 창조를 말한다. 창세기 2장은 관점을 좁혀서 인류의 탄생과 지위에 주목한다. 창세기 1장에서 하나님의 이름은 일반적인 엘로힘*'Elōhîm*이다. 2장에서는 하나님의 이름이 합성어인 야웨 엘로힘*yhwh 'Elōhîm*, 야웨 하나님으로 등장한다. 이 합성어는 창조자를 이스라엘의 하나님과 연결한다. 그래서 하나님의 본성이 인격적이라고 강조하면서, 실존의 본성이 인격적임을 밝힌다. 창세기 1장과 2장에 쓰여 있는 두 개의 창조 기사를 동일한 무게를 두고 읽어야 한다.[53] 창세기 2장은 인간의 창조를 말하면서 시작된다. 여기서도 관점 전환이 아주 두드러진다. 창세기 1장에서 인간 창조는 6일 창조가 마무리되는 때에 일어나기 때문이다. 인간은 "창세기 1장에서 이야기의 요점이며 이야기의 정점이었다."[54] 이렇게 인간이 중심이 되는 이야기는 근동의 우주생성론 신화와 완전히 다르다. 더구나 인간은 어떤 문제를 푸는 해답이다. 2:5을 보면 땅을 갈 사람—땅을 돌볼 사람—이 없었다. 그래서 인간은 땅 지킴이로 창조되었다.[55] 인간이 땅과 맺은 관계는 인간이 받은 이름에서 드러난다. "주 하나님이 땅*'ădāmâ*의 흙으로 사람*'ādām*을 지으시고" (창세기 2:7). 인간은 땅을 경작해야 하고 죽어서 땅으로 돌아간다. 인간은 하나님처럼 땅을 돌본다. 8절에서 하나님은 나무를 심는 정원사로 등장하기 때문이다. 아놀드의 지적대로 인간은 "오직 스스로 만족하고 즐기려고 그곳에 있는 것이 아니다. 인간은 야웨 하나님의 대변자로서 땅을 경작하고*'bd* (땅을 '섬기다'), 지키고 보존할 책임을 진다*šmr*('구원하다' 혹은 '보호하다')."[56] 창세기 1장처럼 하나님은 창조 과정을 맡긴다. 먼저 땅이 식물을 내도록 허락한다. 둘째, 인간도 번식하도록 한다. 남자가 동물의 이름을 짓도록 허락을 받으면서, 창조사역의 위임이 더 심화된다(스웨덴의 생물학자 린네보다 상당히 앞서 있다). 남자의 본성이 이렇게 특이하여 남자에게 알맞는 돕는 이를 찾을 수 없었다. 남자는 동물의 이름을 지은 이로써, 동물들과 동등하게 취급될 수는 없었다. 그래서 하나님은 남자를 돕는 이를 창조한다. 남자는 흙으로 창조되었지만 여자는 흙에서 나오지 않은 유일한 피조물이다. 여자는 남자에게서 나왔다(*'iššâ*는 *'îš*에게서 나왔다). 기독교 신학은 나중에 여자의 기원론을 성모 마리아에 연결했다. 그리스도는 여자에게 태어났다. 그리고 여자는 흙에서 나온 적이 없다. "태초"이신 그 말씀이 나중에 나온다. W. H. 오든은 가브리엘 천사의 말을 빌어 이렇게 말한다. "너를 선택한 아이를 임신하리라." 그래서 여자는 아들(예수)에게서 태어났다고(아들로부터 나왔다고) 말할 수 있다. 이런 과정이 성육신을 가능하게 한다. 이런 맥락에서 이레나이우스는 "재순환" 효과나 성모 마리아와의 "교류"*anakyklêsin*,[57] 또는 "그리스도 안에서 연대기적 시간의 역전"[58]이라고 이야기한다. 다시 말해, 하와를 이해하려면 성모 마리아를 참조해야 한다.

비슷하게, 창세기 2장과 3장은 안식일을 결혼의 모습으로 기술한다. 결혼의 요점은 단순한 번식 그 이상이다. 결혼은 기원을 따지자면 교회의 탄생을 예고한다. 그런데 교회의 신랑은 그리스도다. 하와가 아담에게서 나왔듯이 교회는 말씀인 그리스도에게서 나온다. 그리스도가 바로 여자에게서 태어났다. 3:15의 뱀을 향한 저주에서도 이와 같은 생각이 공명한다. "내가 너로 여자와 원수가 되게 하고, 너의 자손을 여자의 자손과 원수가 되게 하겠다. 여자의 자손은 너의 머리를 상하게 하고, 너는 여자 자손의 발꿈치를 상하게 할 것이다." 이 구절을 보통 원시 복음으로 해석한다. 즉 다가올 메시아를 예고하는 첫 번째 소식이다. 아놀드는 이렇게 풀이한다. "창세기 3:15은 메시아 예언을 의도하지 않았음을 명심해야 한다. 하지만 이 해석은 구절에 대한 참신한 해석으로 남아 있다. 이 해석에 따르면 이 구절의 온전한 뜻*sensus plenior*을 다가올 인류의 한 사람에게서 찾아야 한다. 그는 사탄을 무너뜨려 하나님의 구속 계획을 실행한다. 특히 이것은 고대 이스라엘의 왕조 이데올로기와 상관이 있는 것 같다."[59]

선과 악을 알게 하는 나무의 열매를 먹은 후—타락 이후—인간은 저주를 받았다고 한다. 하지만 이 주장은 사실과 전혀 다르다. 저주를 받은 이는 뱀밖에 없다. 아담과 하와에게 일어난 일은 그들의 상황을 기술한다. 이것은 결국 인간을 둘러싼 조건이다. 다시 말해, 위반은 인간에게만 나타나는 현상이지만, 인간의 의도적 목적은 아니다. 그래도 위반은 위반을 부른다. 이렇게 생각해보자. 아담은 땅을 지키는 자로 부름을 받는다. 그러나 이기심 때문에 이 부름을 위반한 인간은 이제 땅을 지배한다. 이제 인간은 성례를 행하듯 땅을 대하지 않는다. 지금도 이런 행위가 환경을 어떻게 바꿔놓았는지 쉽게 볼 수 있다. 땅도 이제 인간에게 반항하기 때문이다. 예를 들어, 기후가 변하여 홍수와 태풍 등의 재해가 발생한다. 더구나 그 전부터 인간은 자연의 산물을 이기적으로 축적하면서, 다른 사람을 지배하고 소외시켰다. 그 결과 엄청난 불평등이 발생했고, 기근, 질병, 정치적 격변이 일어났다. 이 사건들은 원래의 문제를 더 나쁘게 만들면서 반복한다. 요컨대 인간이 먹지 말아야 할 나무의 열매를 먹었을 때—"더 많이" 가지려는 탐욕의 논리를 받아들였을 때—세계는 더 이상 선물이 아니었다(세계가 선물이 아니라면, 우리는 이제 세계를 어떻게 대할지 선택할 수 없다). 즉 세계는 그냥 주어진 것(있어온 것)이 되었다. 인간이 인간에게 맞서고, 인간이 자연에 맞선다. 이 모든 일이 인간이 자기 본성에 맞서면서 생겨났다. 인간 본성은 이제 자존 또는 독립을 요구하며, 자신의 한계와 유한성을 부끄러워한다. 인간은 피조물로 살고 싶지 않았다. 인간은 자신을 창조하는 존재가 되고 싶었다. 성서에서 "죄"라는 단어가 처음 사용되었을 때, 그것은 아담이 아니라 형제를 죽인 가인의 범죄를 가리켰다. 죄를 아담에게 귀속시키다니 성서를 문자 그대로 읽자는 사람은 모두 어디로 갔나? "인간 안에 있는 하나님의 형상이 부서졌으며, 인류의 초기 역사에서 인류가 영생을 잃어버렸고, 인간 유전자가 원죄를 거침없이 전달한다는 것이 타락의 뜻이라면, 그런 타락은 성서에 나오지 않는다. 성서는 악의 기원을 설명하지 않으며, 처음으로 사탄과 대면한 장면도 성서에 나오지 않는다."[60] 오히려 창조 이야기는 인간 생명에 내재한 긴장을 똑바로 보라고 말한다. 지금 우리의 모습과 우리가 원래 되었어야 하는 모습(불멸)은 날카롭게 맞선다. "인간은 절대 '완전하지' 않았다. 따라서 타락 사상은 필요하지 않다."[61] 이 말에 놀라지 말아야 한다. "타락"이란 히브리 단어는 창조 이야기에서 사용되지 않았고, 구약성서 어디에도 사용되지 않았다.[62] 대신 위반이 있었고, 이 때문에 구속은 분명 필요하다. 하와를 유혹한 뱀은 가장 기민하고 교활한 동물이라고 한다. 기민하다*ārûm*의 히브리 단어는 2:25에 나온 벌거벗은*arûmmîm*을 살짝 응용한 단어이다. 그래서 아놀드는 이렇게 지적한다. "벌거벗은 인간은 기민한 뱀에게 속아 넘어갔다. 인간은 기민해지고 싶었다. 그러나 남은 것은 그의 벌거벗은 몸이었다."[63] 뱀이 터무니없는 짓을 한 동기는 아마 질투인 것 같다. 뱀은 아담의 동료로 가장 적합했다. 뱀은 말을 할 수 있었기 때문이다. 뱀이 자신의 자리를 빼앗은 자(하와)에게 접근한 것은 당연하다.[64] 아담과 하와는 자신들이 벌거벗었다고 느끼면서 갑자기 부끄러워한다. 이 사건은 성을 암시하지 않는다. 성性에 대한 순진한 마음을 잃어버려서 부끄럽다는 뜻이 아니다. 이 사건은 오히려 친밀성을 잃어버렸다는 사실을 암시한다. 이제 아담과 하와는 서로 낯설다. 하나님과도 낯설게 느낀다. 아담과 하와의 벌거벗음은 옷을 전혀 입지 않았다는 사실과 아무런 상관이 없다. 이것은 아담과 하와의 자기 의식에 관한 것이다. 스스로 벌거벗었다고 생각했다면, 옷을 다시 입을 수 있다고 생각했을 것이다(그리고 그들은 정확히 그렇게 하려 했다). 아담과 하와의 자기는, 그들의 몸은 땅에 매인 것이 되었고, 식별 가능해지고, 특정한 곳을 점거할 수 있게 되었다. "이것은 내 몸이고 벌거벗었다." 이 사실은 이제 소유권과 축적의 논리적 가능성을 열어놓는다.

인간이 피조물과 맺는 관계가 얼마나 중요한지 이해해야 한다. 두미트루 스터니로아제Dumitru Staniloae는 말한다. "하나님이 인류 안에서 피조물의 뜻을 드러냈을 때 피조물은 완성되었다. 인간은 창조의 마지막 날에 나타난다. 인간 이전에 창조된 모든 것이 인간에게 필요하기 때문이다. 반면 인간 이전에 창조된 것은 모두 인간 안에서 자기 뜻을 발견한다."[65] 자신이 무언가에 의지하면서 산다는 사실을 깨닫는 능력이 인간에게 있다(말하자면, 돌이나 기린보다 훨씬 분명하게 이 사실을 깨닫는다). 인간에게 이런 능력이 있으므로 인간은 창조의 중심이다. 인간은 순수한 선물이며 나머지 자연도 선물이다. 그래서 자연도 최고로 존중받을 만하다. 인간은 이런 사실을 깨달을 수 있다. 이것은 우주적 인류학이다. 이레나이우스와 막시무스는 이 인류학을 가장 철저하게 발전시켰다.[66] 이레나이우스도 스터니로아제처럼 말한다. "지음을 받은 모든 것은 구원받은 인간의 유익을 위해 지음을 받았다. 나름대로 자유의지와 능력을 가진 인간에게서 불멸성이 무르익는다. 불멸성을 힘입어 인간은 하나님을 영원히 섬기는 데 적합한 존재가 되려고 노력하거나 그런 존재가 된다. 이런 맥락에서 피조물은 인간의 유익을 추구하라는 요청을 받는다. 인간은 자기 유익을 추구하라고 지음받지 않았지만, 피조물은 인간의 유익을 위해 지음받았기 때문이다."[67] 따라서 하나님을 가장 많이 섬기는 존재는 바로 인간이다. 그래서 인간은 피조물도 섬겨야 한다. 반면 인간을 위해 지음받은 피조물은 인간이 하나님을 섬기는 존재, 즉 이웃을 섬기는 존재라고 말한다. 이렇게 하나님을 섬길 때 인간은 중심점 역할을 한다. 아담과 하와가 거부하려 한 사실도 바로 이것이다. 그러나 인간이 중심점 역할을 하지 않으면, 모든 이가 모든 이를 대적할 것이다. 이때, 부의 축적과 생존이 도시에서 벌어지는 유일한 놀이가 될 것이다.

니사의 그레고리우스는 창세기에 나온 두 가지 창조 해설의 요점을 지적한다. "따라서 인간 본성의 창조는 조금은 이중적이다. 인간은 하나님과 비슷하게 만들어졌다. 그리고 인간은 성별에 따라 나뉘어졌다. 이 주장과 비슷한 내용을 전달하는 구절이 있다. 이 구절에서 먼저 '하나님이 인간을 창조하시고, 그의 형상대로 인간을 만드셨다'고 말한다. 그리고 '하나님은 인간을 남자와 여자로 창조하시고'라는 구절이 덧붙여 있다. 이것은 우리가 생각하는 하나님 개념과 상당히 다르다."[68] 따라서 두 번째 "창조"는 타락 후에 이뤄지지 않았다. 하나님은 우리가 말하는 타락이 일어날지 미리 아셨다. 그래서 두 번째 창조를 하신 것이다. 하나님은 인간이 앞으로 어떤 죄를 지을지 아셨고, 그 죄가 죽음을 낳는다는 것도 아셨다. 그래서 하나님은 인간에게 번식능력을 주어 인간이 멸종하지 않게 막았다. 더욱 중요한 점은 두 번의 "창조"가 시간 순서대로 일어나지 않았다는 것이다. 두 번의 창조는 논리에 따라 발생했다. 그래서 우리는 두 번의 창조를 다시 양쪽 눈으로 봐야 한다. 첫 번째 "창조"는 바로 창조의 목적이다. 하지만 이 목적을 실현하려면 두 번째 창조가 필요하다. 두 번째 창조 덕분에 인간은 계속 살면서 구원사를 받아들일 것이다. 그레고리우스가 말하는, 낙원이나 완전함은 회복되었다고 보는 것이 더 낫다(여기서 말하는 회복은 과거의 상태로 돌아간다는 뜻이 아니다).[69] 하트의 설명처럼 "그레고리우스의 사유를 보면, 첫 번째 창조에서 등장한 인류가 '이상적' 현실이라는 생각은 어디에도 없다. 오히려 인간이 세대를 거칠 때마다 종말론적 심판이 있었다. 평화의 왕국과 비교할 때 다른 모든 왕국은 독재임이 드러난다."[70] 삶과 역사는 이제 순례이며 앞으로 나아감이다. 그리고 회복이라는 말은 역사가 아니라 하나님과 연결되며, 하나님의 영원한 의도와 상관이 있다. 즉 하나님은 인간이 하나님처럼 되도록 인간을 만드셨다. 그리고 하나님은 이 일이 역사의 실재를 통과해야만 이뤄질 수 있다는 것도 알았다. 하나님의 하나밖에 없는 독생자가 역사로 들어갈 것이다. 따라서 구원은 참으로 사람답게 됨이며, 진정한 휴머니즘이다. 인간은 그리스도 안에서 비로소 인간이 된다.[71]

여기서 논리적이지만 사람들이 간과하는 결론은, 아담은 사실 한 명뿐이라는 것이다. 반면, 타락(그리고 원죄) 교리는 항상 한 명 이상의 아담을 전제한다. 그러나 그리스도 자신이 에덴동산에 있는 두 그루의 나무이다. 그분 자신이 한 분 참된 아담이다. 그리스도에게서 벗어나려 하며, 그리스도에게서 벗어날 수 있다고 생각하는 것이 죄이며 타락이다. 하지만 창세기는 그리스도의 성육신과 수난을 예언하는 책과 같다. 그래서 인간은 두 그루의 나무를 십자가에서 받을 때, 비로소 두 나무의 열매를 모두 먹을 것이다. 인간이 스스로 자신을 세우려 할 때, 인간에게 남는 것은 파괴뿐이다. 파괴 때문에 인격은 사라지고, 나머지 자연세계도 함께 사라지기 때문이다. 인간이 이런 짓을 할 때, 폴 처치랜드나 토마스 메칭거가 주장한 제거주의적 유물론만이 인간에게 남을 것이다. 그들에 따르면 인간은 없다. 인간이 스스로 자신을 세우려 할 때, 인간은 인간이 없다는 사실을 유일한 "휴머니즘"이라고 인정하게 될 것이다.

## 숨겨진 보물

먼저 된 자로서 나중 되고 나중 된 자로서 먼저 될 자가 많으니라.

_ 마태복음 19:30

왕의 아들들은 왕의 조상들을 계승할 것이라.

_ 시편 45:16

그리스도의 빛으로 볼 때, 창조와 구원은 구원자와 더불어 시작되므로, 서로 다른 두 개의 행동이 아니다.

_ 존 베르[72]

당신이 바라볼 때만 세상만물이 있습니다.
당신이 알 때만 세상만물이 있습니다.
당신의 빛 안에서만….

_ T. S. 엘리엇[73]

T. S. 엘리엇은 성육신을 "반쯤 추측된 암시, 반쯤 이해된 선물"이라고 표현했다. 이 말은 참으로 맞다. 이런 추측과 이런 이해가 있어야만 우리는 비로소 성서가 무엇인지 이해할 수 있기 때문이다. 성서(또는 성경)를 완결된 독자적 텍스트라고 생각하면서, 이 텍스트를 펴서 읽기만 하면 이해할 수 있다고 생각하는 버릇이 있다. 여기에 문제가 있다. 창세기를 펴보자. 자 보시라! 아담이 있다. 타임머신만 있다면 우리는 아담 곁에서 살 수도 있을 것이다. 아담이 선악과를 먹으려 할 때 분명 소리

를 지르며 말렸을 것이다. "이봐! 안 돼! 먹지 말라고!" 아담이 우리 말을 들었다면 만사형통. 타락도 없고, 죄도 없고, 죽음도 없고, 그래서 성육신도 없었을 것이다. 하지만 존 베르가 지적하듯, 성서는 덩그러니 홀로 있는 과거사를 다루지 않는다. 오히려 성서는 어휘사전thesaurus(그리스어 의미는 보물이다)과 더 비슷하다. 베르는 이 보물을 이렇게 기술한다. "이 보물은 그리스도의 신비로 들어간다는 것을 상징하는 이미지다. 그리스도는 수난이란 역사적 사건의 출발점이다." 우리가 성서에서 뜻을 풀이할 때, 해석되는 대상은 성서가 아니라 그리스도다.[74] 십자가는 세계의 축이다. 그래서 세계와 실존은 십자가의 빛 아래서 해석되어야 한다. 따라서 십자가는 그저 하나의 "큰" 사건이 아니다("큰"이 아무리 클지라도). 십자가도 이런 사건과 같다고 말해버린다면 예수는 간디 같은 인물과 그다지 다르지 않게 될 것이다(물론 예수는 간디보다 머리카락이 훨씬 많고 소매가 달린 옷을 입었다). 우리가 예수를 하나님의 아들이라고 고백하더라도 그렇다. 그리스도를 이런 인물로 보는 사람은 "익명의 무신론자"처럼 사고한다.[75] 이것을 "우발적 무신론"accidental atheism이라 부를 수 있다. 스틴버그처럼 우리도 우발적 무신론에 반대한다. "그리스도에 대한 기독교 신앙의 주장은 절대적이라고 복음서는 말한다. 우리도 복음서의 말을 긍정해야 한다."[76] 다시 말해, 창세기에 대한 모든 해석의 타당성을 판단하는 기준은 복음서의 그리스도 증언이다. 본회퍼도 이 주장에 완전히 동의한다. "목적을 알고, 또한 시작을 아는 교회만이…창조를 그리스도의 눈으로 본다."[77]

유대교-기독교 전통은 집안의 장자를 뒤집어놓는다. 이것이 유대교-기독교 전통의 특징이다. 예를 들어 가인 대신 아벨이 선택받았다. 라반의 둘째 딸인 라헬이 레아보다 더 이익을 본다. 야곱이 늙어서 낳은 자식인 요셉은 다른 자식보다 더 사랑받는다. 인간은 창조가 끝나는 날에 창조되었지만, 하나님의 형상과 모양대로 만들어진다. 이런 사실은 아담에게서 유달리 돋보인다. 그리스도가 참된 아담이기 때문이다. 즉 그리스도가 흥하기 위해 세례 요한이 쇠해야 하듯이 첫째 아담도 "쇠한다." "더 젊은 세대"인 그리스도의 눈으로 바라보지 않는다면 첫째 아담은 아무런 의미도 없다.[78] 끝이 시작을 다스린다. 아담이 아니라 그리스도가 참된 시작이다. 아담은 그리스도로 말미암아 만들어졌다. 이런 점에서 그리스도는 스캔들*skandalon*("걸려 넘어지는 것")로서, 우리가 아는 모든 논리를 중지시킨다. 나중 된 자가 먼저 된다. 신은 인간이 된다. 그리고 그는 십자가에 못 박혔다. 부자가 아니라 가난한 자가 물려받는다. 예를 들어, 그리스도는 가난한 자를 먹이라고 계속 우리에게 요청한다. 그런데 마리아가 값비싼 향유로 그리스도의 발을 씻었을 때 그리스도는 마리아를 받아들인다. 주목하시라! 이런 쓸데없는 낭비를 지적하는 자는 바로 유다이다. 예수는 유다에게 이렇게 대답한다. "가난한 자는 항상 너희와 함께 있다"(요한복음 12:8). 도덕성의 아버지인 유다는 여기서 좌절한다. "좌파"와 "우파"의 정치학도 이렇게 중지된다. 즉 반드시 가난한 자를 먹여야 하므로, 우리는 성당을 은과 금으로 장식한다.[79] "자연스러운" 분은 오직 하나님이다. "초자연적" 존재는 우리다. 다시 말해 우리는 창조되었다. 그래서 기독교 신학은 참된 자연주의다. 반면 철학적 자연주의나 제한적 자연주의는 세계를 증발시킨다. 이런 자연주의는 자연을 0과 1만이 교차하는 죽음의 무도로 환원시킨다.

이레나이우스는 총괄갱신recapitulation에 세 개의 "시기"가 있다고 말한다. 첫 번째 시기는 창조다(여기서 첫 번째는 논리가 아닌 시간 순서를 가리킨다). 그리스도는 영원히 하나님의 말씀이며, 언제나 구원자로 존재한다. 이런 맥락에서 구원의 대상도 있어야 한다.[80] 창조는 인간과 하나님이, 하나님과 인간이 오랫동안 서로를 알아가는 과정이다. 창조 과정에서 인간과 하나님은 상대방에게 참여하면서 관계를 돈독하게 만든다. 두 번째 시기는 성육신이다(논리적으로 두 번째 시기가 첫 번째보다 앞선다). 오스본이 지적하듯 "창조에 심겨진*infixus* 우주적 계획이 드러난다."[81] 더구나 그리스도는 그리스도 이전에 일어난 모든 일을 받아들이면서 온전히 갱신한다. 그래서 먼저 있는 아들인 그리스도에게서 그 모든 일이 나왔음을 그리스도는 증명한다(먼저 있는 아들이 그 모든 일에서 나온 것이 아니다). 여기서 이레나이우스는 가나의 포도주 "기적"을 지적한다. 이 사건에서 그리스도는 자연의 시간을 압축했듯이, 이제 이전 세대의 시간을 압축하기 때문이다.[82] 이레나이우스의 해석 덕분에 우리는 첫 번째 아담은 없었다는 것을 알 수 있다(논리적으로 따지자면 그렇다). 세 번째 시기는 마지막 때이기도 한데, 이때 그리스도가 영광스럽게 돌아온다. 시작이신 말씀이 마지막이 될 것이다. 니콜라스 카바실라스Nicholas Cabasilas도 이렇게 쓴다. "태초에 창조된 인간 본성은 바로 새로운 인간*anthrōpos*을 위해 창조되었다. 정신과 욕망도 그 인간을 위해 준비되었다.…옛 아담은 새로운 아담의 모형이 아니었다. 새로운 아담이 옛 아담의 모형이었다.…요컨대 구원자만이 참된 인간을 우리에게 처음으로 보여줬다(이 구원자가 새로운 아담이다)."[83] "처음이자 유일하다." 따라서 아담은 한 명이다. 그래서 본회퍼도 "인간의 처음 본성을 알려면 오직 그리스도에게서 출발해야 한다"고 말한다.[84] 에베소서에 따르면, 그리스도는 인류와 역사를 온전히 갱신*anakephalaious*한다. 그런데 그리스도가 그렇게 갱신함으로써 인간과 역사는 참된 자기 모습을 되찾는다. 다시 말해, 그리스도에게 '이전'은 없다(에베소서 1:10을 보라). 이레나이우스는 말한다. "자신 안에서 모든 인류를 처음부터 끝까지 갱신하면서, 그리스도는 인류의 죽음도 갱신했다. 이 사실을 고려할 때, 주님은 아버지에게 순종하면서 죽음을 겪었다. 같은 날, 아담은 하나님에게 불순종하면서 죽었다. 또한, 아담은 선악과를 먹은 날에 죽었다. 하나님이 '그것을 먹는 날에 너는 반드시 죽는다'(창세기 2:17)라고 말씀했기 때문이다. 그래서 주님은 그날 자신 안에서 모든 것을 갱신하면서 아파했다. 그날은 안식일 전날, 창조사역이 6일째 되던 날이며, 인간이 저주받은 날이다."[85]

물론 창세기에서 아담은 선악과를 먹었지만 죽지 않았다. 이것이 요점이다. 그리스도가 대신 죽었다(창세기의 아담의 잠은 그리스도의 "잠", 즉 그의 죽음을 가리킨다). 성육신과 수난에서만 "선"과 "악"을 참으로 알 수 있다. 하나님이 성육신한 아들 안에서 아파했고, 그리스도만이 아담이기 때문이다.[86] 그리스도는 그저 간디와 같은 위인의 한 사람으로 대하지 말아야 한다. 그리스도는 또 한 명의 역사적 인물이 아니다(물론 그리스도는 역사로 들어왔지만, 그가 역사를 창조했고 가능하게 하기 때문이다). 그리스도는 "모든 세대에게 감춰진 비밀"이며(골로새서 1:26), "창세 전에 죽임 당한 어린 양"이기 때문이다(요한계시록 13:8). 그리스도는 참된 보물이며, 성서의 질그릇에 담긴 보물이다(고린도후서 4:7). 이레나이우스는 말한다. "따라서 누구든 성서를 이렇게 읽는다면, 그리스도에 관한 말씀과 새로운 부름의 그림자를 발견할 것이다. 그리스도는 '밭에 감추어진 보물'이기 때문이다(마태복음 13:44). '그 밭이 바로 세상'이기에, 보물은 세상에 있다(마태복음 13:38). 그가 바로 성서에 파묻힌 [보물]이다. 다양한 인물과 비유들은 그리스도를 가리켰지만, 예언이 완성되기 전까지 이런 인물과 비유를 이해할 수 없었다. 바로 주님이 태어났을 때 예언이 완성되었다."[87] 그러나 우리가 명심해야 할 것은 심지어 예수의 제자도 예수가 죽기 전, 그리고 부활한 후에도 그를 알아보지 못했다는 것이다. 누구나 볼 수 있고 누구나 접근할 수 있는 그리스도의 "역사"는 없듯, 홀로 독립된 자연은 없다(제한적 자연주의는 자연 자체가 있다고 말할 것이다. 제한적 자연주의는 자연을 스스로 있는 존재로 파악함으로써 자연을 오히려 지워버린다). 베르John Behr는 이 주장을 다시 강조한다. "십자가 처형과 빈 무덤, 심지어 부활한 예수의 나타남도 그 자체로는 기독교 신앙의 출발점이 아니다. 예를 들어 사도의 지도자마저 예수를 부인했다. 몰약을 가지고 예수의 무덤을 찾았던 여자들도 빈 무덤의 뜻을 이해할 수 없었다. 엠마오로 가던 제자들도 부활한 주님을 알아보지 못했다. 제자들이 '성서에 따라' 예수의 수난을 이해했을 때, 그제서야 제자들은 빵을 떼면서 부활한 그리스도를 맞이할 수 있었다. 제자들이 예수를 알아봤을 때 예수는 그들 앞에서 사라졌다."[88] 따라서 우리는 그리스도를 길들일 생각을 버려야 한다. 평범한 이성을 지닌 가상의 인물도 이해할 수 있도록 예수를 각색해서는 안 된다. 각색된 예수라는 선물은 저주일 뿐이기 때문이다. 왜냐하면 우리는 유일하게 참된 인간을 소개하지 않고, 그저 또 한 명의 인간을 소개하기 때문이다. 그리스도는 '시작'이며, 그리스도에게 '이전'은 없다. 피조물은 그리스도를 위해 만들어졌고, 그리스도를 통해 만들어졌고, 말씀 안에서, 그리스도 안에서 하나가 되기 때문이다.[89] 제자도 빵을 떼면서 비로소 그리스도를 알아봤다(누가복음 24:15-16). 따라서 "그리스도가 직접 성서를 펼쳐, 성서가 모두 자신과 자신의 고난을 말한다고 설명할 때, 성서의 영감된 뜻이 비로소 드러난다. 성서의 영감을 생각할 때 죽임당한 어린 양의 봉인된 책을 펼치는 사건을 반드시 기억해야 한다."[90] 그리스도의 질문을 살펴보자. "너희는 나를 누구라 하느냐?"(마태복음 16:15) 그리스도는 우리에게 말한다. "너희가 모세를 믿었다면, 나도 믿었을 것이다. 모세가 바로 나에 대해 썼기 때문이다"(요한복음 5:46). 이레나이우스와 막시무스에 따르면, 죽음은 인간에게 자연스러운 조건이다(타락으로 인한 조건이 아니라). 하지만 인간의 목적은 불멸하기에 적합한 존재로 발전하는 것이다.[91] 막시무스는 말한다. "하나님은 오직 당신만이 아는 방식으로 자신을 모든 인간에 연결시킨다. 하나님은 인간에게서 감수성을 일깨운다. 이 감수성은 인간이 얼마나 하나님을 받아들일 준비가 되었는지 말해준다. 시간의 끝에서 모든 것은 하나님으로 가득할 것이다."[92]

인간의 한계성과 깨어 있는 의식은 인간을 다른 피조물 가운데 특별하게 만든다. 동시에 이 때문에 인간은 죄를 지을 수 있다(그래서 파괴를 일삼는다. 자신의 한계에서 벗어나려고 발버둥 치기 때문이다). 혹은 자신의 한계성을 하나님의 자비를 나타내는 표시로 받아들일 수 있다. 인간은 특이하고, 인간은 우발적이며, 인간에게 시작과 끝이 있다. 인간은 창조되었기 때문이다. 막시무스와 이레나이우스의 의견을 따르는 사람들이 보기에, 성육신은 우리가 말하는 타락이나 죄에 의존하지 않는다. 타락이나 죄가 없었더라도 성육신은 일어났을 것이다. 인간은 절대 완전했던 적이 없고, 완벽하게 순수한 에덴동산은 존재하지 않았다. 이레나이우스는 형상과 모양을 조심스럽게 구분한다. 인간은 태초부터 언제나 발달, 즉 불멸성을 받아들이려 하면서 종말을 향해 늘 나아갔다는 뜻이다. 다시 말해 인간은 하나님의 부름에 응답하려고 훈련을 받아야 한다.[93] 이레나이우스는 이렇게 말한다. "한 분 하나님 아버지와…한 분 그리스도 우리 주님은 만물을 다스리면서 우주를 자신 안에 요약한다.…교회의 머리인 그리스도는 때가 되면 세상 만물을 자신에게로 이끌 것이다."[94] 이레나이우스와 막시무스는 창조와 구속을 따로 떼어놓지 않는다. 창조는 하나님의 나타남이며, 창조의 목적은 하나님처럼 되는 것*theosis*이다. 하나님이 되려고 우리는 창조되었다.[95]

그래서 "그리스도와 더불어 시작되는 이야기의 한 장면"이 아담이다. "아담은 인간을 위한 모형이거나 이미지가 아니며, 진짜 첫 번째 인간도 아니다. 오히려 그리스도가 그런 존재다. 그리스도가 첫 번째 참된 인간이며, 그리스도가 하나님의 이미지이며, 아담의 모형이다."[96] 오리게네스가 분명히 밝히듯이 끝은 언제나 시작과 같기 때문이다.[97] 그리스도가 우리에게 "다 이루었다"고 말할 때, 끝이 온다(요한복음 19:30). 그리스도의 이 말씀에서 6일간의 창조가 마무리되었다. 창조는 처음부터 끝(목적)을 드러낸다. 데이비드 퍼거슨David A. S. Ferguson은 이것을 창조에 대한 기독론적 강화라고 부른다.[98] "그리스도에게서 드러난 하나님의 은총은, 세계를 은총의 대상이자 목표로 삼는다. 구약성서는 영혼 구원이 아니라 주로 하나님의 나라에 주목한다."[99] 바울은 물론 한 사람을 통해 죽음이 세계로 들어왔다고 정확히 지적한다. 하지만 첫 번째 사람은 죽을 운명이었으며, 자신도 그것을 알았다. 그렇다. 한 사람을 통해 죽음이 패했다. 그리스도는 그냥 죽을 운명을 지닌 사람에게 영원성을 선물로 주기 때문이다. 인간은 자연스럽게 영원성을 욕망하지만, 영원성이 인간의 자연 능력은 아니다. 바울에게 아담의 정체보다 아담의 본질이 더 중요했다.[100] 아담은 그리스도의 모형이다. 보테네프가 지적하듯 바울은 "죽을 수밖에 없는 자는 모두 '아담 안에서 죄를 짓는다'고 말하지 않았고, 그는 태어날 때부터 아담의 죄를 지고 있다고 말하지도 않았다. 그리고 바울은 '타락 이전의' 아담을 전혀 말하지 않았고, 아담이 완전하거나 죽지 않는다고 말하지도 않았다. 아담은 그저 '흙에서 난 사람'이기 때문이다. 바울에게 그리스도만이 하나님의 아이콘이다."[101]

따라서 바James Barr가 말하듯이 "바울은 죄에 대한 그리스도의 완전하고도 최종적인 승리를 분명히 하려 했다. 이것을 고려할 때 바울은 아담 이야기를 살피면서 자신에게 필요한 유형론을 아담 이야기에서 찾았다는 것을 쉽게 알 수 있다."[102] 물론 그렇다. 하지만 바울은 여기서 실수하지 않았다. 그리스도의 수난이 우리가 성서를 정확히 이렇게 읽는 이유이기 때문이다. 하지만 성서를 바울처럼 읽는다 해도 우리는 아담 이야기를 다른 것보다 우위에 둘 수 없다. 그리스도 때문에 그렇게 할 수 없다. 우리는 아담을 첫째로 삼을 수 없다. 우리는 아담이 정말 여기에 있다고 말할 수도 없다. 다시 바를 인용하자면, "바울은 아담 이야기를 있는 그대로 해석하지 않았다. 바울은 아담 이야기의 이미지를 사용하여 그리스도를 해석하고 있었다."[103] 정말 맞다. 하지만 덧붙일 말이 있다. 이야기는 없다. 이야기라는 것이 있다고 가정한다면, 다시 말해 그리스도를 통하지 않고도 성서를 읽을 수 있으며, 그런 성서가 있다고 가정한다면, 이것이야말로 어리석은 일이다. 그리스도가 없다면 역사도 없기 때문이다. 다르게 말해보자. 완전히 세속적이고 자연주의적인 언어를 사용한다면, 우리는 사람과 사건, 단어의 뜻도 지정할 수 없다. 그리스도가 아닌, 다른 제1원리들은 자의적이기 때문이다. 이 원리들의 자의적 본성은 엄청난 피해를 가져올 것이다. 그 결과 전투지역이 아니라고 생각했던 곳까지도 결국 전투지역으로 변할 것이다. 전쟁은 국경을 없앨 것이고, 한때 지원 지역으로 간주되던 곳까지 슬그머니 전투가 확대된다. 물리적 대상과 사람도 모두 순수한 물질의 바다로 쓸려 내려가고, 입자가 없는 끈적끈적한 액체가 모든 것을 뒤덮을 것이다. 게다가 단어는 섬뜩하게 포스트모던하고, 데리다적 차연différance이나 오캄의 유명론에서는 그 의미를 잃을 것이다. 우리는 다시 바디우와 굿맨의 세계로 돌아가게 된다. 두 마리의 복제 바퀴벌레와 한 마리의 얼룩말은 바디우와 굿맨의 세계에서 똑같이 다르면서 똑같이 동일할 것이다. 요컨대, 이 세계에서 죽은 신체의 영역은 인지되지 않기에 성립하지 않을 것이다. 세계를 분석하고 요소별로 나누는 방식도 완전히 자의적일 것이다. 그래서 그 방식은 폭력을 부른다.[104] 블롱델Maurice Blondel은 지적하기를, "각 사람의 삶이 진짜 역사를 이룬다. 인간의 삶은 활동하는 형이상학이다. 사변적으로 미리 사고하지 말고 역사과학을 구성하자고 주장하거나, 말 그대로 그냥 관찰해도 가장 사소한 역사를 쓸 수 있다고 가정하는 사람은, 중립성이 나름대로 근거가 있다는 선입견에 붙잡혀 있다."[105] 알랭 바디우 같은 무신론 철학자도 똑같은 결론을 내놓았다. 믿음이 없다면 사건도 없다.[106] 요제프 라칭거도 완벽하게 옳았다. "예수의 부활은 오늘날 우리가 아는 임상적 죽음을 거꾸로 되돌린 사건이 아니다. 이렇게 부활한다 해도 얼마 지나지 않아 다시 죽을 것이고, 이 죽음은 정말 돌이킬 수 없기 때문이다."[107]

부활한 그리스도가 자신을 드러내지 않았다면, 누구도 그를 볼 수 없었을 것이다. 이것이 우리가 이해하는 부활과의 질적 차이의 주된 표시다. 라칭거는 말한다. "부활 이후 예수가 속했던 실재의 영역은 우리가 감지할 수 없는 곳이다.…부활한 예수는 감각의 세계에 속하지 않고, 이제 하나님의 세계에 속한다. 그래서 그가 스스로 자신을 드러내야 사람들은 그를 볼 수 있다." 그런데 이상하게 피조물도 모두 이와 같다. 그래서 아무리 사소한 것을 보더라도 분별할 수 있어야 한다. 우리는 인격을 찾기 위해, 분석하듯이 한 올 한 올 살핀다. 다시 말해, 우리는 인격이 거기에 있다고 알고 있다. 우리는 인격을 본다. 하지만 그렇게 봐도 우리는 인격을 찾을 수 없다. 인격은 우리를 피해 달아나기 때문이다. 라칭거는 계속 이렇게 말한다. "평범한 생활에서도 보는 행위는 예상처럼 그렇게 단순하지 않다. 두 사람이 세계를 동시에 보더라도 좀처럼 똑같은 것을 보지 못한다. 우리는 늘 내면에서 보기 때문이다. 즉 사물의 아름다움이나 유용함만 볼 수 있다는 뜻이다."[108] 평범한 일상도 평범하지 않다는 사실을 생각하면서 아퀴나스는 우리에게 말한다. "우리는 파리의 본질조차 알지 못한다."[109] 다른 곳에서 아퀴나스는 "피조된 사물이 무에서 나오는 한, 피조된 사물은 어둠이다"라고 말한다.[110] 하지만 그는 "어떤 사물이 실재하는지 판단하는 기준은 그 사물이 내는 빛이다"라고 강조하는 『원인의 책』*Book of Causes* 저자에게 동의한다.[111] 이 모순을 어떻게 해소할 수 있을까? 피퍼Joseph Pieper는 이렇게 주장한다. "우리는 사물을 정말 알 수 있다. 그래서 우리는 끊임없이 사물을 알려 한다. 우리가 사물을 알 수 있다고 해서 사물이 우리에게 완전무결하게 알려지는 것은 아니다."[112] 따라서 내재성의 어둠, 즉 인식 불가능성은 내재성의 인식 가능성knowability 때문에 생긴다. 하나님에게도 이런 특징이 있다. 하나님은 우리가 가장 쉽게 알 수 있는 분이면서도, 이해할 수 없는 분이기도 하다. 심지어 하나님을 직접 보더라도 그렇다. 따라서 내재성은 내재성을 만든 분에 대한 회상이다. 그분은 너무 가까이 있어 우리는 그분을 응시할 수 없다. 그분은 흔히 말하는, 눈을 멀게하는 빛이다. 존재론을 고려할 때 이런 표현은 적절하긴 하다. 그만큼 우리는 하나님을 알 수 없다. 하나님은 대상이 아니기 때문이다. 하나님이 어떤 대상으로 생각하는 사람은 하나님은 우리와 그저 다를 뿐이라고 가정할 것이다(아니면 우리가 하나님과 다르다고 가정하거나). 하나님이 대상이 아니라고 생각할 때, 우리는 다음과 같은 사실을 깨닫게 된다. 우리와 하나님은 서로 떨어져 있을 수 없다. 그런데 이 사실은 우리와 하나님 사이의 거리를 좁힐 수 없음을 뜻한다. 이 사실이 가장 명확하게 드러나는 것이 성육신 사건이다. 그리스도가 유일한 참된 인간이시라면 말이다.

로마서에서 바울은 이렇게 말한다. "하나님께서 모든 사람을 순종하지 않는 상태에 가두신 까닭은 그들에게 자비를 베푸시려는 것입니다"(로마서 11:32). 타락을 이해할 때 이 구절을 반드시 고려해야 한다. 타락에 대한 논의를 보면, 그리스도가 필요 없는 어떤 시기를 가정할 때가 많다. 예를 들어 에덴동산이 있었다.…그리스도와 다른 제1원리가 있다고 가정하는 것이다. 그런데 그리스도 그분은 "십자가에 못 박히고 높임을 받은 주님으로서 우리가 주님의 빛 아래서 창조와 창조의 역사를 바라볼 수 있도록 성서를 여신다."[113] 따라서 막시무스는 인간이 창조되는 그때에 인간은 죄에 빠져들었다고 생각한다.[114] 다시 말해 막시무스는 우리에게 늘 그리스도가 필요했다고 생각한 것이다. 아타나시우스도 이렇게 말한다. "그리스도가 필요하지 않은 상태는 분명 없었을 것이다."[115] 그래서 알렉산드리아의 키릴루스St. Cyril of Alexandria는 상처가 치료제와 함께 온다고 주장한다.[116] "때가 찼을 때 하나님께서 자기 아들을 보내셔서 여자에게서 나게 하시고"(갈라디아서 4:4). 여기서 때가 모든 것을 결정한다. 그래서 그리스도는 가나의 혼인잔치에서 자기 때가 아직 오지 않았다며 마리아의 요청을 거부했다. "그리스도 안에서 미리 세우신, 하나님이 기뻐하시는 뜻을 따라 하나님의 신비한 뜻을 우리에게 알려주셨습니다. 하나님의 계획은 때가 차면 하늘과 땅에 있는 모든 것을 그리스도 안에서 그분을 머리로 하여 통일시키는 것입니다"(에베소서 1:9-10).

따라서 타락은 복된 죄*felix culpa*로 봐도 되겠다. 그렇다. 창조는 완전하도록 의도된 것이다. 하나님의 영원한 의도가 피조물의 참된 본성이다. 그러나 하나님은 인간이 죄를 지을 것을 미리 아시고, 창조가 그리스도를 향해 완전해지라고 종말론적으로 명령하셨다. 베르는 지적한다. 그리스도의 고난으로 모든 것은 새로워진다. 다시 말해, 우리는 이제 모든 것을 다르게, 완전히 새롭게 바라본다. 일단 이 주장은 옳은 것 같다.[117] 하지만 우리의 관점에서 이 주장을 더 밀고 나아가야 한다. 하나님의 영원함을 고려할 때 그리스도가 어떤 것을 만들 때, 그것은 비로소 원래 자기가 되기 때문이다. 다시 말해 그리스도로 말미암아 모든 것이 새롭게 된다. 그리스도는 절대 두 번 만들지 않기 때문이다. 더구나 하나님의 구원 경륜은 놀랍도록 풍성하다. 키릴루스의 말처럼, 그리스도는 "우리의 본성을 입으시고 그것을 자신의 본성으로 개조하신다. 그리스도 자신도 우리 안에 있다. 그래서 우리는 모두 그를 분유하고, 성령으로 우리 자신 안에 그리스도를 모신다. 이런 이유 때문에 우리는 '하나님의 본성을 나누어 가지는 자'가 되었다(베드로후서 1:4). 그리고 우리는 하나님의 아들로 인정받는다."[118] 따라서 하나님처럼 되는 것은 성육신의 유익이다.[119] 여기에 패러독스의 중핵이 있다. 아담과 하와는 신처럼 되려다 하나님에게서 떨어져나갔다. 먹는 것이 금지된 나무 열매를 먹으면 신처럼 된다고 속인 뱀은 오히려 인류의 운명을 예언한 것이다. 즉 뱀은 인류를 향한 하나님의 영원한 의도를 말해버렸다. 하지만 인류는 하나님의 선물을 그냥 받지 않고 움켜쥐려고 하다가 하나님에게 등을 돌리고 말았다.[120]

## 나에게 무無를 주세요: 성상과 우상

보물이 있는 곳에 네 마음도 있을 것이다.

_ 마태복음 6:21

가난한 자는 복이 있나니 하나님의 나라가 저희 것이요.

_ 누가복음 6:20

지옥문은 안에서 열린다.

_ 조지프 피퍼[121]

사람들은 수많은 성서 이야기를 오해한다. 더 심한 경우, 성서 이야기를 도덕성을 고취하는 이야기로 바꿔버린다. 누가복음 15장의 돌아온 탕자

비유보다 이런 사정을 잘 보여주는 비유는 없다. 이 비유는 우리가 하나님과 맺는 (존재론적) 관계를 속속들이 보여주기 때문이다. 그래서 이 비유는 창조와 타락, 그리고 성찬을 말하고 있다. 이 비유를 요약해보자. "예수께서 말씀하셨다. 어떤 사람에게 아들이 둘 있는데 작은 아들이 아버지에게 말하기를 '아버지, 재산 가운데 내게 돌아올 몫을 내게 주십시오' 하였다. 그래서 아버지는 살림을 두 아들에게 나누어 주었다. 며칠 뒤에 작은 아들은 제 것을 다 챙겨서 먼 지방으로 가서, 거기서 방탕하게 살면서, 그 재산을 낭비하였다"(누가복음 15:11-13).

그 후에 이어지는 이야기는 다들 알다시피, 방탕한 아들은 완전히 거지가 되어 아버지에게 돌아온다. 아버지는 그래도 그를 반갑게 맞이하면서 송아지를 잡는다. 다른 아들은 아버지의 행위가 편애라고 생각하며 아버지에게 대든다. 그러나 아버지는 이렇게 대답한다. "얘야, 너는 늘 나와 함께 있으니 내가 가진 모든 것은 다 네 것이다. 그런데 너의 아우는 죽었다가 살아났고, 내가 잃었다가 되찾았으니 마땅히 즐기며 기뻐해야 되겠지"(누가복음 15:31-32). 아들이 두 명 등장하지만, 사실 그들은 동일 인물이다. 그들은 모두 방탕한 아들이다. 두 아들 모두 똑같은 논리로 물질적 부를 대한다. 그들은 주제넘게 가지고, 소유하고, 나누려 한다. 하지만 아버지는 그들에게 온전한 재물을 모두 준다. 아버지가 준 것은 풍성해서 나눌 필요가 없다.

시몬 베이유는 물질이 (우리에 대한) 흠없는 판결이라고 말했다. 아직까지 베이유보다 더 정곡을 찌른 말은 나오지 않았다. 물질에 접근하는 방식이, 물질을 다루고 분배하는 방식이 우리가 어떤 신학을 가지고 있는지 보여주기 때문이다. 이것은 우리가 신학을 가지고 있지 않다는 사실을 보여주기도 한다.[122] 우리가 성육신을 어떻게 해석하는지 보면 이것이 가장 잘 드러난다. 성육신은 물질적 존재에 대한 최종 시험이기 때문이다. 즉 하나님은 정말 인간이 될 수 있을까? 물질적 존재가 될 수 있을까? 당연히 될 수 없다. 죄와 타락에 대해 니사의 그레고리우스는 우리가 처한 상황이 빚어내는 패러독스를 훌륭하게 요약한다. "한편으로 우리는 죄를 통해 피와 살이 되었다." 그런데 "인간이나 지상의 존재는 실존으로 들어가는 모든 출입문의 근원인 죄를 통해서만 실존하기 시작한다는 주장은 신성모독이다."[123] 두 주장이 모두 옳을 수 있을까?

아퀴나스에 따르면, 그리스도는 "만물의 말씀"*Verbum omnium rerum*이다. 그래서 이 말씀은 "모든 피조물의 순서를 정하고 배치하지만,…말씀이 곧 배치이기도 하다."[124] 자연을 그대로 놔두면, 자연은 무질서에 빠져 결국 자연 자신이 가장 잘 이해하는 것마저 잃어버린다. 자연을 자연 그대로 파악하면 자연은 사라진다. 자연은 자신이 가정한 자율성의 무게에 짓눌려 (악마처럼) 가루가 되어버린다. 그리고 아퀴나스는 이렇게 지적한다. "모든 존재하는 사물을 두 가지 방식으로 생각할 수 있다. 첫째, 어떤 사물을 그것만 보고 파악할 수 있다. 둘째, 어떤 사물을 말씀 안에서 파악할 수 있다. 사물만 보고 파악하면, 어떤 사물도 생명을 구성하지 않으며 살아 있지도 않다. 예를 들어 땅은 창조되었고, 금속도 창조되었다. 이것은 생명이 아니며 생명을 가지지도 않는다.…그러나 그것을 말씀 안에서 파악한다면 그것은 생명을 가지고 있으며, 그것이 생명임을 알게 된다."[125] 우리가 물질에 눈이 멀어 물질이 생명을 있는 그대로 소유한다고 주제넘게 생각할 때 문제가 터진다. 아퀴나스가 말하듯 인간은 "감각되는 사물에 집착하고 정신을 판다."[126] "하나님을 묵상하지 못하게 하는 주요 장애물"은 감각되는 대상이다.…이 대상은 인간이 감각하는 사물에 푹 잠기게 한다. 그래서 인간이 지성적 대상을 보지 못하도록 방해한다."[127] 하지만 놀랍게도 인간의 주의를 끄는 능력은 선의 표시다. "피조물 때문에 우리가 하나님과 등지는 것은 아니다. 피조물은 우리를 하나님에게로 이끈다.…피조물 때문에 인간이 하나님을 등진다면, 피조물을 어리석게 사용한 인간의 잘못이다.…그리고 피조물 때문에 우리가 하나님에게서 멀어질 수 있다는 사실은 피조물이 하나님에게서 나왔다는 증거다. 피조물 안에 선이 없다면, 다시 말해 피조물이 하나님에게서 나온 선을 가지지 않는다면, 피조물은 우리를 끌어당길 수 없다."[128]

이제 물질의 핵심에 도달한 것 같다. 이레나이우스에 따르면, 모든 존재하는 것, 특히 물질적 물체는 유동적이며, 생성되어가는 과정에 있다. 하지만 하나님은 그렇지 않다. 아퀴나스처럼 말하자면, 하나님은 실존 자체다. 하지만 이런 생성은 불완전함을 뜻하지 않는다. 하지만 그리스 철학에서의 생성은 불완전함에 가깝다.[129] 재미있게도 발타자르Hans Urs von Balthasar는 생성의 흐름을 움켜쥐려는 사람을 구두쇠라고 부른다.[130] 그들은 흐름을 중단하여 남아도는 부분을(불필요한 부분을) 없애버리려 하기 때문이다. 하지만 이런 행동은 무無로—문자적으로 파괴로—끝난다. 생성은 모욕이나 단점이라기보다 하나님의 너그러움의 결과임을 선언한다. 생성은 우리가 하나님의 의도한 존재라고 선언한다. 우리가 생성하는 존재가 아니라 어떤 고정된 상태에 머무르는 존재라면, 우리는 참으로 존재한다고 말할 수 없을 것이다. 어떤 뜻에서 우리는 늘 생성되었기 때문이다. 이처럼 한계가 없어도 더 멀리 뻗어나가지 못한다. 오히려 한계가 없으면 무의 심연으로 떨어진다. 물론 이런 논리는 하나님에게도 적용되지 않느냐고 물을 것 같다. 기독교인이 믿듯이 하나님에게 한계가 없다면, 하나님도 분명 죽었을 것이다. 그러나 하나님은 죽지 않았다. 하나님은 단순한 무한성이 아니다. 오히려 아퀴나스는 이렇게 말할 것이다. 하나님은 존재의 순수 행위다*actus purus essendi*. 그러나 역설적으로 하나님은 한계선을 긋는 궁극적 존재다. 더 정확히 기술하자면, 하나님은 모든 한계이며, 동시에 한계가 있다는 가능성이다.

막시무스에 따르면, "첫 번째 인간이 창조되었을 때, 그는 자신의 오감을 사용하면서, 영적 능력—하나님을 갈망하는 정신의 자연적 욕망—을 감각되는 사물에 허비했다."[131] 막시무스가 이 말을 하고 1,300년이 흐른 후에 칼 바르트도 이렇게 말했다. "첫 번째 인간은 곧 첫 번째 죄인이다."[132] 막시무스의 요점은 다음과 같다(니사의 그레고리우스도 마찬가지다). 아담의 위반은 대체로 무지에서 나왔으며, 무지는 오인méconnaissance에 이른다. 아름다운 사람을 아름다움 자체와 같다고 말하는 것은 실수다. 이 실수가 낳는 마지막 결과는 시체뿐이다. 아타나시우스는 이렇게 기술한다. 인간은 "자신에게 더 친숙한 사물을 선호하기 시작했다."[133] 인간은 이런 욕망에 길들여졌고, 이 욕망은 인간을 무로 끌어당겼다. 이것은 프로이트가 말한 죽음에의 욕망Thanatos과 비슷하다. 하지만 인간은 이 욕망에 대해 망상을 품는다. 즉 욕망이 붙잡으려는 대상은 눈앞에 있으며, 단단하고, 실재적이며, 제한과 변화에서 잠시 벗어나 있다는 망상에 인간은 사로잡혀 있다. 이것이 바로 인류의 역사다. 블로쉐Henri Blocher의 말처럼, "인간이 하나님에게 복종한다면, 지구는 인간을 통해 복을 받을 것이다. 하지만 인간은 끝 모를 탐욕을 품었다.…그리고 눈앞의 이익만 따라갔다. 인간은 땅을 오염시키고 파괴한다. 인간은 정원을 사막으로 만든다(요한계시록 11:18). 창세기에 나오는 저주의 요점도 똑같다."[134] 죄의 요점은 자기 사랑*philautia*이다. 자기 사랑은 바로 자기를 파괴한다. 우리의 자기self는 선물이기에 우리에게서 나온 것이 아니다. 그러므로 자기는 우리의 소유물이 아니다. 자기를 나의 소유물처럼 다룬다면 우리는 그저 없음밖에 얻지 못할 것이다. 없음이야말로 우리의 소유물이다. 우리가 바로 없음에서 나왔기 때문이다.[135] 선버그Lars Thunberg는 이렇게 말한다. "인간은 자신의 실존을 파괴하는 원인을 존중한다. 인간은 자기도 모르게 자신을 부패시키는 원인을 부추긴다. 인간의 하나됨은 무수한 조각으로 쪼개진다. 동물처럼 인간은 자신의 본성을 먹어치운다."[136] 이보다 대략 1,500년 전에 아타나시우스도 똑같이 말했다. "인간이 하나이자 참된 존재(즉 하나님)에게 주의를 기울이지 않고, 하나님을 갈망하지 않자, 인간은 곧바로 다양성과 필연적으로 분열되는 몸의 욕망으로 뛰어들 수밖에 없었다."[137]

몸의 욕망이 분열되어 있다는 말에는 좋은 뜻도, 나쁜 뜻도 있다. 이 욕망이 우리에게 차이의 세계를 제공하는 한 이 욕망은 좋다. 하지만 이런 차이가 욕망의 창조자와 연결되지 않는다면 나쁜 결과가 나올 것이다. 이 욕망은 차이를 잃어버리고, 먼지가 우리의 시야를 가려버리기 때문이다. 하나님은 인간을 위해 몸의 욕망을 설치했다. 이 욕망 때문에 인간은 멸종하지 않는다. 그래서 영혼이 어떤 대상에 관심을 기울일 때, 영혼이 품은 욕망은 참된 에로스를 자극할 것이다. 참된 에로스는 올바로 배치된다면 하나님에게 이를 것이다. 영혼이 품은 욕망은 성육신을 예고한다. 막시무스는 아타나시우스와 비슷하게 사고하면서 이렇게 말한다. "죄는 계속 흩어져 있다. 죄는 죄를 통해 죄를 범한 정신을 흩어지게 한다. 죄는 진리의 하나됨에서 정신을 떼어내어 비합리적 습관을 만들어낸다. 정신은 이런 습관 때문에 존재에 대해 뒤숭숭한 상상을 하면서 횡설수설한다."[138] 죄는 악마스럽다. 죄는 "나누어버리기" 때문이다. 그래서 죽음이 두려운 것이다. 우리가 한계를 느끼면서도 계속 더 많은 것을 욕망한다면, 우리에게 우리 자신을 주시고, 모든 것을 주셨던 분이 우리에게 영생을 선물로 주실지 의심하게 될 것이다. 그래서 우리는 스스로 신이 될 것이다. 다시 아타나시우스를 인용해보자. "인간이 잡다한 욕망을 품을 때 이 욕망은 습관으로 뿌리내렸다. 흔한 일이다. 그래서 인간은 이제 이런 욕망을 잃어버릴까 걱정한다. 이제 영혼은 비겁, 불안,

향락, 죽을 수밖에 없다는 생각에 굴복하고 말았다. 욕정을 기꺼이 버리지 못한 채 영혼은 죽음을 두려워하고 몸을 떠나지 않으려 한다. 하지만 채워질 수 없는 욕정 때문에 영혼은 살인과 잘못을 저지르는 법을 배운다."[139]

똑같이 해로운 유혹이 하나 더 숨어 있다. 물질에 접근하는 방식이 아니라 물질성이 바로 문제라고 쉽게 단정하는 것도 잘못이다. 여기서 육체에 대한 사랑*amor carnalis*을 탐욕*cupiditas*과 구별해야 한다. 탐욕은 호기심 많음*curiositas*의 결과이다. 어떤 이의 몸은 그에게 가장 가까운 이웃이다. 그래서 몸이라는 이웃을 올바르게 사랑함으로써, 우리는 다른 모든 이웃을 사랑할 수 있다.[140] 질송Étienne Gilson도 말한다. "이렇게 몸에 대한 사랑이 공동체로 퍼져 나갈 때 이런 사랑도 공유된다."[141] 따라서 악한 것은 몸이 아니다. 키릴루스가 지적하듯이 "몸 때문에 죄가 생긴다면, 시체는 왜 죄를 짓지 않을까?"[142] 더구나 아퀴나스에 따르면, 인간의 본성이 물질 안에 있으며 물질이 없다면 인간도 있을 수 없다.[143] 그리스도는 진정으로 물에서 포도주를 만들었지 무/없음에서 포도주를 만든 것은 아니다. 그래서 "그리스도는 물질적·가시적 실체도 선하며, 하나님이 창조하셨음을 보여주려고 했다."[144] 여기서 이레나이우스의 지적은 상당히 중요하다. 하나님의 형상*imago Dei*은 지성이 아니라 몸과 동일시된다.[145] 본회퍼도 말한다. "하나님이 하나님의 형상으로—자유로운 존재로—창조한 인간은 흙에서 나왔다. 다윈이나 포이어바흐조차 성서의 말씀보다 더 강렬한 단어를 사용할 수 없었을 것이다. 인류는 한줌 흙으로 만들어졌다."[146] 이것은 기본적으로 성육신이 반드시 필요함을 나타낸다. 성육신의 관점으로 봐야만 우리는 하나님의 형상이기 때문이다. 그래서 하나님은 이제 육신이 되셨다.[147] 하트는 더 강하게 지적한다. "기독교인에게 몸은 영혼이 순례하면서 잠시 머무는 장소가 아니다. 몸은 훨씬 중요하다. 또한 영혼과 몸이 맺은 관계도 쇠락하는 것은 아니다.

오히려 그리스도 안에서 몸을 통하여 참으로 하나님처럼 될 수 있다. 이성적 의지가 인류의 본질이듯 몸도 인류의 본질이다."[148] 따라서 로완 윌리엄스도 정확히 말했다. "역설적이지만, 정신과 육체가 혼합되어 있을 때 비로소 [인간 정신은] 자기 소임을 다할 수 있다. 혼합된 육체와 정신이 우리가 실제로 아는 그 인간이다."[149] 아담이 최초의 흙에서 태어났듯이 하나님의 아들은 처녀에게서 태어났다. 아담이 흙으로 지음받았다는 사실은 다가오는 하나님의 성육신을 준비하는 밑그림이다. 성육신하실 하나님은 흙에서 나온 인간이 될 것이며, 포유류로 탄생하여 인간처럼 고난당하고 죽임을 당할 것이다.[150]

하나님과 육체의 본성적 결합은 인간에 대한 하나님의 사랑*phil anthropia*에서 기인한다. 아퀴나스는 지적하기를, "사람은 소중한 것은 보관하고, 불쾌한 것은 참아내기로 결심한다. 이것을 보면 사람이 어떤 것을 얼마나 사랑하는지 알 수 있다. 현재 삶에 있는 선 가운데 인간은 분명 생명을 가장 사랑한다. 반면 죽음을 가장 미워한다. 신체 고문을 당할 때 이것이 극명하게 드러난다. 아우구스티누스의 말처럼, 심지어 난폭한 동물도 이런 고통을 두려워하기에, 가장 큰 쾌락도 누리지 못한다."[151] 막시무스는 이렇게 주장한다(나중에 아퀴나스도 똑같이 지적한다). "우주의 창조자는 성육신의 경륜으로 본성상 자신과 다른 존재가 되었다. 하지만 이 창조자는 자신의 본성을 유지하면서 성육신한 자신도 그대로 지켰다. 이것이 알맞은 주장이다."[152] 그리스도는 인간을 너무 사랑하여 피조물까지 사랑하게 되었다. 그래서 그리스도는 성육신하셨고 죽기까지 고난을 당하셨다. 한마디로 물질이 중요하다. 그리스도는 몸을 진심으로 사랑한다. 그리스도는 몸을 창조하고, 몸을 취하고, 몸을 구원하고, 끝으로 몸을 부활시키기 때문이다. 이 부활보다 더 육적인 것은 없다. 이것이 기독교가 이룩한 혁명이다.[153] 베이유도 기억에 남을 구절을 남겼다. "한계를 넘어가면서 풀 수 없는 문제도 해결된다. 인격과 비활성의 물질이 서로 만난다. 죽음을 코앞에 둔 인간이 바로 인격과 물질이 만나는 지점이다. 이 죽음을 둘러싼 상황은 무척 가혹했다. 곧 죽을 이 사람을 앞에 두고 사람들은 계속 떠들어댔다. 그는 바로 죽음을 앞둔 노예다. 그의 육신은 십자가에 처참하게 달려 있다. 이 노예가 하나님이며, 삼위일체의 두 번째 인격(위격)이라면, 그리고 그가 세 번째 인격인 신적 결속을 통해 첫 번째 인격과 하나가 된다면, 피타고라스가 상상했던 완벽한 조화가 이뤄질 것이다. 즉 서로 맞선 것들이 가장 멀리 떨어져 있으면서 최고로 하나가 되어 있다."[154] 그래서 우리는 그리스도의 가난 덕분에 부유해진다. 방탕한 아들과 달리 그리스도는 아버지가 주는 선을 이해한다. 아버지는 온전한 선을 모두 준다. 이 선은 갈라지거나 나뉘어지지 않는다. 아버지는 자신이 가진 모든 것을 우리에게 준다(고린도후서 8:9). 막시무스도 이렇게 말한다. "그는 완전한 사랑이며 세속에서 완전히 초연해졌다. 그는 '내 것과 네 것'의 차이를 모른다. 신앙과 불신앙, 노예와 자유인, 남자와 여자의 차이를 모른다. 정념의 압제에서 벗어나 자연을 돌아보며, 그는 모든 사람을 동등하게 고려하고 모든 사람에게 동등하게 배분된다. 그는 모든 사람 안에 있는 한 사람이며, 그리스도 안에는 그리스인과 유대인도, 여자와 남자도, 노예와 자유인도 없다. 그리스도 안에는 모든 것이, 전체가 있다."[155]

흠없이 판결하는 판사인 물질이 우리를 부족하다고 생각하지 않게 하려면, 그리스도의 성육신과 고난을 정통 기독교답게 이해해야 한다. 아리우스주의와 가현설, 이단 교리가 있을 자리는 없다. 이런 이단 교리의 바탕이 되는 상상은 하나님이 인간이 되었다는 사상을 견딜 수 없다. 알렉산드리아의 키릴루스는 말한다. "하나님의 말씀이 육신이 되어 고난을 당하고, 십자가에 달려 죽었으며, 죽은 자 중에서 일어난 첫 번째 사람이 되었다. 하나님인 그는 생명이며, 생명을 주시는 자이기 때문이다. 이 사실을 인정하지 않는 사람이라면 누구나 저주받을 것이다."[156] 키릴루스가 보기에, 아들은 역설적으로 고통받지 않으면서 고통받았다. 아들이 인간 본성이 아니라 신적 본성에서 고난당했다면, 아들은 신성하게 고난당한 것이다. 한 명의 인간으로서 고난당하지 않았다는 뜻이다. 따라서 고난을 당할 수 없는 이가 고난을 당했다.[157] 그러나 아들은 인격으로서 고난을 겪었다. 하지만 신적 본성과 인간 본성은 섞이지 않는다. 따라서 신적 본성은 고난당하지 않았다.[158] 이것은 우리에게 다행스러운 일이다. 오늘날 일부 신학자들은 고난받는 하나님을 말하지만, 키릴루스의 기독론에 따라 고난받는 하나님을 해석하지 않는다. 이 신학자들은 자기의 바람과 정확히 반대되는 결과를 얻는다. 즉 하나님은 한 명의 인간으로서 절대 고난당하지 않았다는 결론이 될 수 있기 때문이다. 더구나 이렇게 생각한다면, 고난은 참으로 존재하는 실재라고 말할 수도 없다. 하나님이 신성에서 고난을 당했지만, 인류 안에 있는 그리스도의 인격으로서 고난당하지 않았다면, 고통은 조금은 자연적 사건이 된다. 유비로 말하자면, 온전한 상태가 있어야 상처를 인지할 수 있다. 온전한 팔이 있어야 팔에 난 상처를 인지할 수 있다. 그런데 하나님이 신성에서 고통을 겪는다면—하나님이 고난당하실 수 없음*apatheia*을 잃는다면—고난은 가상(허구)일 것이며, 우리는 상처를 인지할 수 없을 것이며, 상처는 온전한 상태와 동등하게 여겨질 것이다.[159]

방탕한 아들(들)의 실존에 대한 존재론적 해설은 아담과 하와 이야기에도 반영되어 있다. 실존과 존재자의 관계를 논할 때 우리가 왜 그렇게 혼동하는지 이해하려면 두 개의 주장을 살펴봐야 한다. 타락을 논하면서 우리는 어떤 사건을 상상한다. 아담이 선악과를 먹었다는 식이다. 우리는 선과 악을 알게 하는 나무를 때때로 상상한다. 그러나 이 나무가 있다고 가정할 때—인격인 하나님 바깥에 이런 그노시스(지식)가 가능하다고 가정할 때—우리는 타락 교리에 빠져 있는 것이다. 이 추상적 지식은 하나님을 잠시 제쳐두고 창조의 "바깥"을 찾으려는 마음에서 나온다. 다시 말해, 이것은 '무에서의 창조'를 없애려는 마음을 반영한다.[160] 이런 지식은 하나님과 인간 사이에 서 있는 제3자*tertium quid*다. 다시 말해 이 지식을 인간이 알 수 있다면, 인간은 하나님과 동등하게 될 것이다. 하지만 정말 그렇게 된다면 인간과 동등한 하나님은 전혀 하나님이 아닐 것이다. 이 하나님은 호킹이나 존 설의 하나님이다. 인간이 에덴동산에서 쫓겨났다는 것은 생명나무가 인류의 손을 벗어났음을 뜻한다. 이것은 일단 좋은 일이다. 인간조건이 계속 반복되는 공허한 불멸성에 갇히지 않는다는 뜻이기 때문이다. 하지만 이 생명나무는 1세기 팔레스타인 유대인이 달렸던 나무 십자가로 다시 나타날 것이다. 더구나 하나님 같은 아담은 신이 되려고 애쓰면서 에덴동산의 중심에 섰다. 바로 생명나무가 있는 곳에 선 것이다. 그런데 생명나무는 그리스도다. 그래서 아담은 이제 한계도 모르고, 경계도 모른다. 아담은 이제 피조물도 아니다. 그러나 본회퍼가 지적하듯 "한계 없음은 홀로 있음을 뜻한다."[161] 베이유도 "누구나 자신이 세계의 중심에 있다고 상상한다"고 말한다.[162] 자기가 세계의 중심에 있다는 생각에는 두 개의 뜻이 숨어 있다. 먼저 성육신이 일어나는 장소를 점유하여 성육신을 막아보겠다는 뜻이 있다. 여기서 인간은 자신을 위해서 존재하겠다고 결심한다. 인간은 피조물의 지위에서 벗어나 신이 되어 자신의 정체성을 스스로 세워야 하는 과제를 떠맡는다. 하지만 역사가 보여주듯 인간은 이 과제를 수행할 수 없다. 인간은 자기를 스스로 규정하려고 애쓰지만, 결국 다른 사람의 정체성을 취하고 만다. 요컨대 인간을 넘어서려는 자Übermensch는 모두 참주가 되려는 의지에 복종하는 노예다. 그래서 이런 사람은 참주가 되려는 의지에만 반응할 뿐이다. 이것이 일단 사실이라면, 인류는 오직 다음과 같은 뜻으로 선과 악을 알 뿐이다. 하나님이 없다면 인류는 선과 악의 구분 너머에 있다는 것이다. 이것은 가장 사악한 상태다. 선과 악의 너머에는 악이 존재하지 않기 때문이다. 대신 암과 같은 심각한 상대주의가 모든 것을 뒤덮는다. 아담과 하와가 벌거벗었다고 느꼈을 때(또는 발견했을 때), 확실히 피조물다움이 사라졌다. 그들이 벌거벗었다고 느꼈을 때 그들은 곧바로 한계를 그으려 했으나, 다시 한계를 넘어서려는 유혹에 걸려들었다. 그들은 벌거벗었음을 깨달았을 뿐이지, 그것을 알려고 한 것은 아니다. 그러나 오늘날 아담과 하와의 깨달음을 결여로 해석한다. 즉 그들은 하나님이 아니다. 역설적으로 그들은 스스로 하나님인 척한다. 이것이 그들을 사로잡은 새로운 운명이며, 우리는 이것을 죄라고 부른다. "아담아 네가 어디에 있느냐?" 하나님은 아담을 이렇게 찾았다. 이 말은 아담이 이미 없다는 뜻이다. 아담이 한계를 쫓아내자, 그는 모양을 잃고 흐물흐물해졌으며, 자본주의 시장이 필요로 하는 바로 그런 모습이 되었다.

인간은 벌거벗음이 어떤 것을 드러낸다는 사실을 깨닫지 못했다. 벌거벗음은 계시다. 벌거벗음은 은총을 믿는다. 그래서 벌거벗음은 우리가 피조된 존재임과, 풍성한 하나님이 우리를 낳았음을 증거하는 상징이다.[163] 아담과 하와가 스스로 벌거벗지 않았다고 말할 때, 그들은 파괴라는 왕관을 쓸 수밖에 없었다. 그래서 본회퍼는 이렇게 말한다. 아담은 "이제 한계를 창조자 하나님의 은총으로 받아들이지 않는다. 오히려 아담은 한계를 미워하며, 하나님이 자기를 창조자로 생각하는 바람에 자기를 시기한다고 말한다."[164] 다시 말해, 인간은 하나님 안에 거하지 않고 다른 모든 이와 맞선다. 이제 다른 사람은 나의 확장을 가로막는 장애물일 뿐이다. 타인은 달갑지 않는 한계를 대변하고 구현한다. 이글턴은 말한다. "인간 역사에서 우리가 대면하는 외상적 진리는 짓밟힌 몸이다."[165] 본회퍼는 이것을 한계를 미워하는 아담과 연결시킨다. "태초가 완전히 이해 불가능한 것은 아니며, 표현이 안 될 만큼 우리의 맹목적 실존을 넘어서는 것이라고 이야기하는 것을, 사람들은 아주 불쾌하고 거슬리는 말로 받아들일 것이다. 사람들은 그런 말을 하는 이를 덮칠 것이고, 거짓말의 왕이라 부를 것이다. 거짓말의 왕이 아니면 구원자라고 부를 것이다. 사람들은 그의 말을 듣고 그를 죽이려 할 것이다."[166] 본회퍼가 꿰뚫어본 사실은 플라톤의 동굴 이야기와 공명한다. 동굴 이야기에서 철학자는 동굴에서 빠져나와 선을 발견한다. 인류가 지금까지 그림자를 쳐다보고 있었다는 사실도 알게 된다. 그런데 철학자는 이제 동족에게 돌아가 자기가 무엇을 봤는지 그들에게 말해야 한다. 본회퍼의 주장과 비슷하게 철학자는 죽음을 모면하더라도 폭행을 당할 것이다.

## 순수한 자연?

Natura, id est Deus(자연이 하나님이다).

인간은 하나님의 생명을 분유할 때 참된 인간이다. 따라서 이 분유는 초자연의 선물이 아니라 인간 본성의 중핵이다.

_ 존 메이엔도르프 [168]

세계는 타락했다. 하나님은 모든 것 가운데 모든 것으로 계심을 세계는 잊어버렸다. 하나님을 이렇게 계속 잊어버리는 것이 원죄다. 원죄는 세계를 시들게 한다. 타락한 세계에서 종교마저 세계를 고치거나 구속할 수 없다. 종교는 하나님을 "세속적" 세계의 반대편에 있는, "성스러운"("영적", "초자연적") 영역에 가둬버렸기 때문이다.

_ 알렉산더 슈메만[169]

---

자연/은총. 성스러움/세속. 자연/초자연. 이런 이원론은 타락한 논리의 열매다. 물론 이것을 생각해낸 의도는 무척 고상하지만 말이다. 이 타락한 논리는 파괴로 끝날 수밖에 없다. 결국 "영성"이 파괴된다. 이 타락한 논리는 결국 "무신론"을 따르기 때문이다. 또한 이 논리는 세속과 자연마저 파괴해버린다. 이 논리가 적용되고 나자 우리에게 먼지밖에 남지 않았다. 그저 임의의(즉 우발적인) 모양과 정체성만 남았다. 타락한 논리가 계속해서 부추기는 프로메테우스다운 착취는, 존재론적 자연주의와 완벽하게 양립 가능한 단 하나의 존재론만 남겨놓았다. 존재론적 자연주의는 스스로 모든 실존을 설명한다는 과제를 세웠다. 그것도 제한적인 개념 도구를 활용하여 모든 실존을 설명하겠다고 한다. 어떤 현상을 존재론적 자연주의에 동화시킬 수 없다면, 개념 장치가 아니라 그 현상에 문제가 있다고 주장한다.

종교 영역에서도 비슷한 잘못이 똑같이 나타난다. 신학자인 존 밀뱅크 John Milbank는 "세속이란 것은 없었다"고 일침을 가했다.[170] 일단 이 주장을 전제하면 다음과 같은 결론을 피할 수 없다. 종교란 것도 없었다. 더 정확히 기술하자면 성스러운 것은 없었다. 하지만 이런 생각이 도킨스가 흥분하여 맞장구를 칠 구실이 되어선 안 된다. 도킨스는 종교가 없었던 세속의 전원으로 돌아가려고 타임머신을 절박하게 찾고 있다. 천만의 말씀. 도킨스가 무신론자가 되고 싶다면, 지역 교회에 출석하는 것이 더 나을 것이다. 교회가 정통적이지 않다는 말이 아니다. 더구나 우리가 뉴에이지스럽게 변하여 공식 예배와 예전을 버린다는 말은 더욱 아니다. 세속과 성스러움을, 자연과 초자연을 가르는 분리는 필연적으로 재앙을 불러온다. 이 재앙은, 처음 분리를 주장한 사람이 의도와는 정반대의 결과를 낳았다. 신정통치theocracy는 원래 무신론적이다. 슈메만도 말한다. "인간이 종교적 의무를 무시한 행동은 죄가 아니었다. 인간이 하나님을 종교스럽게 사고한 것이 죄였다. 예를 들어 하나님이 생명에 맞선다고 생각한 것이 죄다. 성례전스럽지 않은 세계에서 성례전답지 않게 살 때만, 인간은 정말 타락한 것이다. 인간이 하나님보다 세계를 더 좋아하며, 영과 물질 사이의 균형을 깨는 것은 타락이 아니다. 인간이 세계를 물질적으로 만들어버린 것이 타락이다."[171] 인간은 세계를 평범하고 지루한, 이미 거기 있는 것으로 만들어버렸다. 인간에게 세계는 이제 선물이 아니다. "종교성"은 "숨 쉬는 것도 하나님과의 교제가 될 수 있음"을 깨닫지 못한다.[172]

순수한 자연 *natura pura*은 신학사에서 논란이 많았던 개념이다. 앙리 드 뤼박이 이것을 밝혀냈다. 기독교 전통은 순수한 자연에 대해 말하지 않았다고 뤼박은 주장한다. 초자연에 대한 뤼박의 작업은 논쟁을 일으켰다.[173] 여기서 자연이 "영적으로 변형되었다"고 말하려는 의도는 전혀 없다. 천만에! 오히려 그 반대다! 창조는 자연을 영적으로 변형시키는 어떤 상황도 막는다. 자연이 하나님이 아닐 때만 자연은 자연이 될 수 있다. 따라서 자연은 나름대로 독립되어 있다. 이런 뜻에서 아퀴나스는 피조물에 수여된 "인과성의 위엄"을 말한다.[174] 아퀴나스에 따르면, "피조물이 맡은 작용을 부인하는 행위는 하나님의 선함을 경멸하는 짓이다."[175] 그러나 우리는 여기서 다시 오해할 수 있다. 순수한 자연이란 개념으로 사고하지 말아야 하듯이 하나님을 초자연적 존재라고 생각해서도 안 된다(순수한 자연이란 개념에 따르면, 자연은 원래 하나님을 겨냥하지 않는다. 따라서 자연에 인위적으로 힘을 가해야만 자연은 하나님을 바라볼 것이다). 하나님은 초자연적이라는 생각이 무신론의 정수이다. 아퀴나스의 말처럼 인간은 "하나님의 형상에 따라"*ad imaginem Dei*, 창조주를 "향하도록"*esse ad creatorum* 만들어졌다. 따라서, 막스 세클러Max Seckler는 이렇게 경고한다. 자연이 바로 "은총이 작동하는 영역Wirkbereich"이다. 따라서 자연은 "은총과 맞서지 않고gegenbegriff, 은총과 연결되어 있으며, 은총으로 나아가도록 지음받았다고 생각해야 한다."[176] 그러나 자연이 은총에 맞선다는 논리를 다시 사용하지 않으려면, 여기서 한 걸음 더 나아가야 한다. 요컨대 하나님은 참으로 자연적이며 하나님만이 순수하게 자연적이다. 반면, 우리 (그리고 모든 만물이) 바로 통속적 용어로 "초자연적"이다. 우리 눈앞에 보이는 것의 지위를 정하려 할 때, 더 정확히 말하자면 "그 자체로 있는"exist in itself 모든 것과 우리 자신의 근거가 무엇인지 규정하려 할 때(그러나 우리에게 불가능한 일이다), 우리는 우리 자신이 초자연적 존재임을 깨닫는다. 우리가 하나님이 아니라 자연적 존재로 인지된다면, 결국 모든 것이 무로 끝날 것이다(이런 맥락에서 처치랜드의 입장은 정확하며, 깨우침을 준다). 하나님은 자연적이며, 하나님만이 참된 자연이란 개념은 현대가 이룩한 혁신이 아니다. 역사상 최초의 『신학대전』(프란체스코회 소속 헤일즈의 알렉산더 지음)을 보면, "기적"은 자연에 어긋나지 않으며 오히려 "제1자연"*prima natura*이다. 더구나 "자연이 하나님이다"*Natura, id est Deus*라는 구절도 곳곳에 나온다.[177] 이 구절을 범신론이나 범재신론이라고 판단하기 전에 아퀴나스의 말을 떠올려보자(물론 이 말은 범신론에도, 범재신론에도 속하지 않는다). "창조는 참된 변화가 아니다. 창조는 피조물들이 맺은 관계다. 피조물은 창조자에게 의존해야 실존할 수 있다. 그래서 피조물은 실존하기 이전에 비실존과 연결되어 있다는 뜻도 창조에 포함되어 있다. 변화가 일어날 때, 존재에 어떤 변형이 일어나더라도, 어떤 것은 똑같이 남아 있어야 한다.…창조에 있어 변하지 않고 남아 있는 것은 객관적 현실이 아닌, 우리의 상상 속에서만 존재한다."[178] 그 결과, 우리는 창조되었으므로 우리는 "초자연"을 지니며, 이로써 피조되었음을 선언한다. 이것이 초자연의 뜻이다. 우리가 피조되었다는 증거는 아담이 그토록 싫어했던 우리의 한계다. 물론 인간은 은총을 뿌리뽑아버리고 자연으로 환원해버린다. 우리는 우리의 피조됨을 출발점으로 받아들이지 않기 때문이다. 이레나이우스는 인간은 죽을 수밖에 없고 완전하지도 않다고 생각했다(물론 하나님이 창조를 기획한 의도는 완전함이며 불멸성이다). 우리가 이레나이우스의 생각을 고수한다면, 은총은 늘 필요하다고 말할 수 있다. 정확하게 이런 맥락에서 은총은 순수한 자연과 맞서 있지 않다. 순수한 자연은 허구이기 때문이다. 아담이 하나님 "뒤에서" 발견하려고 했던 것도 바로 순수한 자연이다. 따라서 "하나님이 욕망을 실현할 때, 하나님은 넘치게 실현한다. 그래서 어떤 것도 하나님이 얼마나 실현했는지 미리 잴 수 없다. 그래서 무엇보다 하나님을 보고자 할 때 우리도 자신이 무엇을 욕망하는지 모른다. 따라서 욕망의 실현은 늘 은총이다. 은총은 이미 은총을 갈망하는 욕망이다. 은총은 우리 안에 하나님의 자리를 비워놓는다."[179] 이제 그리스도로 자연을 이해하면, 은총과 자연을 둘러싼 논쟁이 모두 어긋나 있음을 알게 될 것이다(신학자는 그리스도를 자연으로 이해하는 것을 기준점으로 삼아야 할 것이다. 그렇지 않으면 아담과 같은 실수를 저지를 수밖에 없다). 슈메만도 말한다. "하나님과 인간을 분리하는 벽이 있는 곳에 종교가 필요하다. 하지만 그리스도는 하나님이자 인간이며, 인간과 하나님을 분리한 장벽을 허물었다. 그리스도가 시작한 것은 새로운 생명이지 새로운 종교가 아니다."[180] 그리스도 안에서 자연은 초자연으로 변형되지 않는다. 똑같이 성례전도 종교적 마법이 아니다. 여기서 우리가 말하는 요점은 오히려 옛 것이 새 것으로 변한다는 사실이다. 정확히 말해 옛 것 안에서 새 것이 나타난다는 뜻이다. 적어도 옛 것은 언제나 새 것을 겨냥한다면 그렇다. 결국 순수한 자연/본성은 그리스도의 본성밖에 없다. 하지만 그리스도는 우리의 시작이자 끝인 만큼, 그리스도의 순수한 본성은 우리가 추구할 자연스러운 목적으로서 우리 앞에 있다. 그리스도는 자연스럽게, 영원히 아들이다. 반면 우리는 입양된 아들이다. 비슷하게 하나님은 순수한 실존이며, 우리는 하나님을 분유*methexis*할 때만 실존을 가진다. 따라서 타락은 모두 비자연적이며, 종교는 모두 무신론스럽다.

## 회상된 존재: 회상으로서 생명[181]

우리의 실존은 우리에게 꼭 필요하지 않다(아퀴나스라면 본질과 실존이 정말 구분된다고 말했을 것이다). 따라서 존재를 보는 상보적 관점이 두 개 있다. 여기서 "상보적"이라고 부르는 이유는 두 개의 관점이 같은 사태를 다른 관점에서 말하기 때문이다. 우리의 응답에 따라 그것은 죄의 문제가 되거나 신앙의 문제가 된다(즉 우리가 타락하거나 회복하는 문제가 된다). 우리는 창조되었고, 우리의 모든 것은 받은 것이기에, 우리의 존재는 늘 벌거벗고 있다. 다시 말해, 우리는 우리의 실존을 (선물로서) 받아들인다. 안셀무스는 하나님에게 이렇게 말한다. "그들이 무/없음으로 다시 돌아갈 수밖에 없더라도 당신은 절대 더 작지 않으십니다."[182] 에크하르트도 비슷하게 말한다. "그가 하나님에게 전 세계를 덧붙이더라도, 하나님 한 분만 가질 때보다 더 많이 가지지 않을 것이다."[183] 니콜라우스 쿠자누스 Nicholas of Cusa는 더욱 극적으로 기술한다. "장인의 작품은 장인의 의도에 달려 있듯, 작품은 장인의 의도에 의존하는 만큼 실존할 뿐 그 이상 실존하지 않는다. 거울에 비친 얼굴상도 똑같다. 거울에 비치기 전이나 후나 얼굴상 자체는 무다."[184] 아퀴나스도 창조를 말하면서 비슷한 이미지를 사용한다. "피조물은 하나님을 비추는 거울이다"*ipsae res creatae sunt speculum Dei*.[185] 즉 피조물은 어느 정도 무다. 에크하르트와 아퀴나스는 여기서 의견을 같이한다. 에크하르트는 이렇게 말한다. "피조물은 모두 하나의 순수한 무다. 피조물이 어떤 것이거나 모든 것이란 말이 아니다. 피조물은 순수한 무다."[186] 다시 말해, "피조된 사물 하나하나는 다른 사물 없이 실존을 가질 수 없다. 개별 피조물만 본다면 그것은 무다."[187] 우리가 벌거벗었음을 부정적으로 이해하지 않는다면—하나님도 아담과 하와를 향해 이렇게 물었다. "너희가 벗었다고 누가 말해주었느냐?"—우리는 벌거벗음을 친밀성으로 해석할 수 있다(여기서 죄를 엄밀히 존재론적 용어로 해석해야 한다).[188] 아우구스티누스는 하나님에 대해 이렇게 말했다. "하지만 당신은 나의 가장 내밀한 존재보다 더 깊은 곳에 계시며, 나의 최상의 상태보다 더 높이 계십니다."[189] 『원인의 책』에 나오는 첫 번째 명제는 다음과 같다. "일차 원인은 이차 원인보다 훨씬 강하게 결과를 주입한다." 아퀴나스는 이 명제를 받아들이면서 말한다. "어떤 사물이 존재를 소유하는 한, 그것에 하나님이 현존한다. 그 사물이 실존을 소유하듯이 하나님이 거기에 현존한다. 각 사물에 있는 실존은 가장 친밀하고 깊숙이 그 사물에 거한다. 따라서 하나님은 만물 가운데 친밀하게 거하신다고 말할 수밖에 없다."[190] 우리의 벌거벗음도 친밀성이다. 그것은 내재성과 초월성이 맺은 관계다. 이 관계는 제3의 용어를 요청하긴 하지만, 상대를 지배하거나 반대할 수 없다. 내재성과 초월성의 친밀함(서로의 영역을 침범하지 않는 신적 일치)은 세계에 형태를 부과한다. 아퀴나스에 따르면, "어떤 뜻에서 하나님은 모든 피조물이 행하는 모든 행동을 수행한다. 그분은 자연 사물에게 행동하는 능력을 주기 때문이다. 자연 사물은 그 능력 덕분에 행동하지만 그것을 보존할 수 없다. 하지만 하나님은 존재에 있는 능력을 계속 보존하면서 행동하신다. 그래서 하나님은 능력의 원인이다. 하나님은 생성하는 능력을 존재에 선사했다. 하나님이 자연적 능력을 일으키면서 보존하는 한, 하나님을 행위의 원인이라 부를 수 있다."[191] 합리적 피조물이 궁극적으로 완성된 모습을 그 피조물의 원리에서 볼 수 있다. "어떤 사물이 자기 원리와 일치할 때 그 사물은 비로소 완전하기 때문이다."[192] "어떤 존재가 자신의 실존과 선의 모든 이유를 다른 것 안에서 발견할 때, 그 존재는 다른 것을 자신보다 더 사랑하지 않을 수 없다.… 그래서 모든 것은 나름대로 자연스럽게 하나님을 자신보다 더욱 사랑한다."[193] 따라서 하나님을 찾는 자는 자신의 완전함을 찾는다. 다시 아퀴나스를 인용해보자. "사물의 완전함은 하나님과 닮았다는 사실과 다르지 않다. 자신의 완전함을 구하는 자는 바로 하나님을 구하고 있다."[194] 미셸 앙리는 아퀴나스의 말을 이렇게 기술했을 것 같다. 자기를 찾는 자는 하나님을 발견한다. 여기서 우리는 기독교 신학이 주장하는 반이원론을 가장 강렬하게 대면한다. 즉 하나님은 내재성과 소원할 수 없다. 하나님은 단순하게 다른 것이 될 수 없다. 앙리는 이 세계에서 탄생은 일어나지 않는다고 주장한다. 앙리는 말한다. "기독교에 따르면, 이 세계에서 탄생은 일어날 수 없다."[195] 그리스도는 탄생을 "자연의 사건처럼 대하지" 말라고 명령한다. "너희는 땅에 있는 어떤 사람도 아버지라고 부르지 마라. 너희의 아버지는 한 분이시며, 그분은 하늘에 계신다"(마태복음 23:9). 에크하르트는 더 강하게 말한다. "나는 태어나지 않았다."[196] 왜? "하나님과 나는 하나이기 때문이다."[197] 니콜라우스 쿠자누스는 이렇게 기술한다. 하나님은 다른 것이 아니다*non aliud*. 이들이 존재론적으로 교만하여 이런 말을 늘어놓은 것은 아니다. 우리는 지금 우리가 벌거벗었음을 다시 논하고 있다. 에크하르트는 다른 책에서 다시 도발적 주장을 한다. 에크하르트는 초라한 인간과 하나님이 나눈 키스를 말한다.[198] 참으로 가난한 자가 하나님에게 명령할 수 있다.[199] 하나님과 마음을 합할 때 존재론적 벌거벗음이 실현된다. 앙리는 이 벌거벗음을 끔찍한 결여라고 부른다. 따라서 실존은 모두 기억이며, 결국 모든 지식도 회상이다(하나의 결과로서 그리고 하나님의 단순성의 표시로서). 그런데 실존과 지식이 회상이 아니라면 무엇이 되었을까? 아퀴나스는 말한다. "완벽한 첫 번째 현실태는 온전히 완벽하다. 그래서 이것은 만물의 현실적 실존을 낳는다."[200] 처녀 탄생은 모든 탄생의 진리이며, 참으로 창조의 진리임을 알 수 있다. 하지만 자연을 따르는 태도는 우리를 유혹하거나 우리를 잠들게 한다. 그래서 그리스도는 자기 이전에 온 자는 모두 도적이며 강도라고 고발한다. 그리스도는 절대적 "이전"으로서 하나님의 궁극적 너그러움으로 소유의 논리를 해체하기 때문이다["아브라함이 태어나기 전부터 내가 있다"(요한복음 8:58). 그래서 그리스도는 절대적 "이전"이다]. 앙리는 사도 바울의 말을 예로 들며, 이 말을 정말 믿느냐고 우리에게 묻는다. "그대가 가진 것 가운데 받아서 가지지 않은 것이 있습니까? 전부 받았다면 왜 받지 않은 것처럼 자랑합니까?"(고린도전서 4:7)[201] 앙리는 사도 바울의 말이 자아의 초월적 환상을 강력하게 비판한다고 생각한다. 자아의 초월적 환상은 적그리스도가 늘어놓은 새빨간 거짓말 가운데 하나이다. 예수는 그리스도가 아니라 인간일 뿐이라는 주장은 적그리스도가 늘어놓은 거짓말이 아니다. 오히려 그리스도 바깥에도 어떤 인간이 있을 수 있다는 생각이 바로 적그리스도가 속삭이는 거짓말이다. 우리는 그리스도가 없는 자연적 상태를 상상한다. 이런 태도는 딜레마에 빠질 수밖에 없다.

우리가 하나님 없이 살려 한다면—소유와 수집의 논리를 수용하는 순수한 자연이 있다고 가정한다면—우리는 거기서 우리의 소멸을 보게 될 것이다. 세계는 단단하다고 상상하면서 우리의 성당을 그 세계 위에 세우려 한다면, 성당은 무너질 것이다. 이유는 간단하다. 이 세계에는 생명이 없기 때문이다. 우리는 이것을 안다. 하늘 높이 치솟은 성당의 첨탑도 땅을 벗어나지 못하기 때문이다. 잘 익은 파란 사과도 썩어서 흙으로 돌아간다(이제 카메라가 발달하여 사과의 상태도 낱낱이 드러난다). 이처럼 동일성을 유지하는 것은 모두 잠시 자리를 차지하다가 사라진다. 이 세계의 존재자는 견고하게 보일 뿐이며, 우리가 시간을 편협하게 이해하는 바람에 생긴 허상이다. 앙리는 이렇게 말한다. "이 세계의 진리만이 유일하게 존재하는 진리라면, 실재는 어디에도 없을 것이다. 오직 죽음이 모든 것을 뒤덮을 것이다."[202] 앙리가 잠재적인 영지주의적 이원론에 의존하다고 성급하게 생각하지 말자. 앙리는 그리스도를 기반으로 주장을 펼치기 때문이다. 요한복음 3:17에 따르면 그리스도는 세상을 정죄하려고 오신 것이 아니라 세상을 구원하려고 오셨다. 그리스도가 없는 자연을 상상한다면 우리는 방탕한 아들의 길을 따라갈 것이다. 바로 모든 것을 망치는 길로 갈 것이다. 색과 시간, 의도를 품은 삶, 자유의지, 자연, 물질됨은 모두, 빛도 사라지는 어두운 밤으로 사라져버린다. 이런 제거주의적 사고방식에 대항하려면, 우리는 그리스도가 없는 자연을 상상하려는 태도—자연적 태도—를 버려야 한다. 그리고 늘 우리보다 앞서 있는 것과 이미 받은 것에 늘 감사하면서, 우리가 소유한 사악한 몫을 거부해야 한다*metanoia*. 앙리는 말한다. "앞서 있는 것은 나와 너를 앞선다. 하지만 이것은 나와 너 가운데 있다. 적어도 나와 너가 살아 있는 자기라면des Soi vivant."[203] 앙리에 따르면, 우리보다 앞서 있는 것은 생명이다. 생명이 스스로 자기를 드러낸 것이다. 우리 앞서 있는 것은 생명의 "절대적으로 앞서 있음"abosolute before이다.[204] 바로 생명의 절대적으로 앞서 있음은 우리의 살(육신)로 드러난다. 이 세계는 건조하고 부서지기 쉬우며, 이런 세계에서 살은 있을 수 없다. 방탕한 세계는 시체만 안다. 하지만 생명인 하나님은 선물이다. 우리의 살은 하나님에게 속한다["진정으로 너희에게 말한다. 너희가 인자의 살을 먹지 아니하고 인자의 피를 마시지 아니하면 너희 속에 생명이 없다"(요한복음 6:53)]. 아퀴나스도 비슷하게 말한다. 그리스도는 "우리 살에 쓰여 있다."[205] 테르툴리아누스도 올바르게 주장한다. 우리의 "살은 구원의 요체다."[206] 앙리는 이 주장을 끝까지 밀어붙인다. "살의 캄캄한 밑바닥에서 우리의 살은 하나님이다."[207]

따라서 생명은 회상이라는 생각이 존재론적으로 어떤 뜻이 있는지 온전히 드러난 것 같다. 그래서 우리가 무언가 모으려고 한다면 우리는 그것을 부패시킬 것이다(에드가 앨런 포우의 소설 『발데마르 사건의 진실』에 이런 사례가 나온다). 하지만 우리 자신이 선물임을 새롭게 기억하고, 생명의 자기 계시에 대한 진리를 깨달으며, "하나님에게 자신을 맞춘다면", 카프카가 옳았다고 인정할 수 있다. 즉 믿음은 있음이다Glauben ist Sein.[208] 카프카는 이 사실을 참으로 깨달았다. 그래서 그는 극적으로 이렇게 마무리한다(앙리도 카프카의 생각을 따라간다). "인간은 낙원에서 영원히 쫓겨났다. 인간은 참으로 영원히 추방당한 것이다.…그러나 영원히 쫓겨났기 때문에 오히려 우리는 낙원에서 계속 살 수 있으며, 정말 낙원에 계속 있다. 우리가 여기서 그 사실을 알든 모르든."[209] 카프카의 말처럼 "목적지는 있는데 길이 없기" 때문이다.[210] 따라서 우리의 살, 우리의 존재는 메를로 퐁티가 말한 "과거의 정점"을 드러낸다.[211] 과거의 정점은 바로 창조에 대한 하나님의 영원한 의도를 말한다. 하나님은 처음부터 피조물이 완전해지고 인류가 하나님처럼 되길 바란다.

## 율법 앞에서: 죄, 죽음, 성례

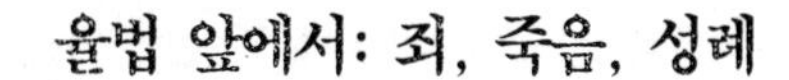

만물은 영원의 샘에서 세례를 받았고 이제 선과 악에서 벗어났다.

_ 프리드리히 니체[212]

신은 죽었다. 그래서 무엇이든 괜찮다. 다시 말해, 어떤 짓도 안 된다.

_ 자크 라캉[213]

선과 악에 대한 지식은 모든 윤리적 성찰의 목표인 듯하다. 이런 지식을 무효로 만드는 것이 기독교 윤리학의 첫 번째 임무다. 이 임무를 통해 모든 윤리학이 비판받게 된다.

_ 디트리히 본회퍼[214]

우리는 모두 율법 앞에 선다. 인간이 대면한 운명이다. 운명 앞에 서는 방법은 두 가지다. 먼저, 인간은 율법이 없는 것처럼 산다. 즉 율법이 시작되기 전부터 인간이 있었다. 우리가 여러 규정을 안다 해도 그것들을 법이라고 생각하지 않는다. 그런 규정은 그저 자의적이며, 문화의 산물이거나 진화의 열매라고 생각한다. 따라서 그것은 상대적이다. 이렇게 역사를 고려할 때, 유대교-기독교 전통에서도 모세의 율법이 없었던 시기, 즉 십계명 이전 시기가 있었다. 하지만 아담이 살던 때에도 금지는 있었다. 이 금지를 고려할 때, 두 번째 방법을 생각해볼 수 있다. 즉 우리는 율법 앞에 서 있다. 우리에게 율법을 지킬 책임이 있다는 뜻이다. 따라서 우리는 율법이 (역사적으로나 철학적으로) 없다고 생각하는 한, 우리가 율법보다 먼저 있다. 아니면, 우리는 율법의 지배를 받는다. 역사를 살펴볼 때 우리는 율법을 대하는 두 개의 태도를 함께 사용한 것 같다. 모든 사람이 죄를 범한 사실을 보면 알 수 있다. 하지만 죄를 지으면서도 우리는 죄를 짓는다고 생각하지 않았다. 우리는 이렇게 묻고 싶어한다. 아담과 하와는 왜 자기 행동을 그렇게 변명했을까? 사실 무슨 상관인가? 아퀴나스는 이렇게 말한다. "소크라테스의 말이 조금은 맞다. 온전히 아는 사람은 죄짓지 않는다."[215] 그래서 그리스도는 하나님 아버지에게 우리를 용서하라고 탄원한다. 우리는 우리가 무슨 짓을 하는지 모르기 때문이다. 우리는 무고한 사람을 학대하거나 그에게 잔혹한 짓을 한다고 생각하지 않는다. 우리의 마음은 도착적이다. 우리는 "나쁜 놈"만 죽이고, "걸레 같은 년"만 강간하며, "혐오스러운 인간"만 미워한다고 믿는다. 하지만 그리스도 이전이나 바깥에 아담이 없듯이, 그리스도 이전에는 죄나 죽음도 없다. 앙리는 분명히 주장한다. "내 몸에서 나는 나다. 하지만 나는 내 육신이 아니다. 내 육신은, 내 살아 있는 살은 그리스도의 살이다."[216] 따라서 "남을 때리는 사람은 그리스도를 때리는 사람이다."[217] 그리스도도 우리가 알지 못하는 음식을 자신이 가지고 있다고 말한다(요한복음 4:32을 보라). 우리는 그 음식이 무엇인지 모른다. 그것은 대상이 아니기 때문이다. 그것은 우리의 자아와 떨어져 있지 않다. 이런 생각을 더 넓게 적용한다면, 참으로 하나님 안에서 우리는 있고, 살고, 움직인다고 말할 수 있다. 그 말씀 안에서 세계가 유지되기 때문이다. 골로새서도 그렇게 말한다. "그분은 만물보다 먼저 계시고, 만물은 그분 안에서 함께 섰다"(골로새서 1:17). 신이 없다면 무엇이든 괜찮다는 도스토예프스키의 말은 유명하다. 라캉은 이것을 재치 있게 비틀었다. "신이 없다면 어떤 짓도 안 된다." 완전히 맞는 말이다. 하나님이 없다면—즉 초월성이 없다면—어떤 짓도 안 된다. 이유는 간단하다. 우리가 어떤 행위를 좋다고 생각하든 나쁘다고 생각하든, 모든 것이 완전히 자의적이기 때문문에, 어떤 행위도 정당성을 가지지 않기 때문이다. 이것이 바로 앞에서 말한 급진적 민주주의다. 상처도 무기도 허용되지 않는다. 우리는 정말 선과 악을 넘어섰다. 즉 우리는 늘 율법에 앞서 있다. 율법은 절대 우리에게 도달하지 않기 때문이다.

알렉산드리아의 키릴루스에 따르면 그리스도는 독약인 동시에 해독제다. 그리스도가 우리의 현실을 폭로한다는 점에서 그리스도는 독이다. 그리스도는 우리가 한 일을 보여준다. 즉 "이들 가운데 가장 작은 자에게 한 것이 나에게 한 것이다." 그리스도는 죄를 드러낸다. 그리스도는 "세상의 잘못을 깨우치려고" 오셨다(요한복음 16:8).[218] 로완 윌리엄스는 이렇게 표현한다. "하나님은 우리의 기억을 되돌려주시는 분이다."[219] "아버지, 저들을 용서하소서. 자기들이 무슨 짓을 하는지 알지 못하나이다." 이렇게 율법은 그리스도를 앞당겨 구현하면서 죄를 드러냈으며, 죄가 존재할 수 있게 되었다(로마서 7:7). 일단 살아 있어야 아프거나 죽을 수 있다. 율법이 없으면 죄도 없다. 그리스도는 두 가지 방법으로 이 논리를 강화했다. 즉 그리스도는 율법을 온전히 행하면서, 우리를 율법의 속박에서 풀어줬다. 우리를 율법에서 자유롭게 했다는 점에서 그리스도는 치료제다. 사도 바울도 말한다. "율법이 있기 전에도 죄가 세상에 있었으나, 율법이 없을 때는 죄가 죄로 여겨지지 않았습니다"(로마서 5:13). 하지만 그리스도가 완전히 "이전"before에 있어야만 로마서의 말씀이 옳다. 태초에 말씀(그리스도)이 있었기 때문이다. 물론 처음부터 죄도 있었고 그리스도 이전에도 사람이 있었다. 하지만 그리스도 이전에 있었던 사람도 죄도, 그리스도 안에서만 드러났다. 로마서에서도 그리스도는 독이면서 해독제라는 생각이 뚜렷하게 나타난다. "율법은 범죄를 증가시키려고 들어왔습니다. 그러나 죄가 많은 곳에 은혜가 더욱 넘치게 되었습니다"(로마서 5:20). 창조를 구속과 분리하지 말아야 한다. 똑같이 죄와 구원도 따로 떼어내어 이해해선 안 된다. 그리스도는 세상을 정죄가 아닌 구원을 위해 오셨기 때문이다(요한복음 12:47).

T. S. 엘리엇의 희극 『칵테일 파티』는 죄의 존재를 훌륭하게 잡아냈다. 이 연극의 등장인물 셀리아 코플스톤은 다른 이의 남편과 정사를 나누려고 벼르고 있었다. 그때 셀리아는 욕정이 완전히 쓸데없고 공허하다고 갑자기 느낀다. 셀리아는 굉장히 불안해져 의사를 찾아나선다. 셀리아는 의사에게 뭔가 어긋났다고 말한다.

> 뭔가 잘못되었다고 정말 생각하고 싶네요.
> 잘못되지 않았더라도 뭔가 잘못된거죠.
> 적어도 이 문제는 잘못된 것처럼 보이는 것과 굉장히 달라요.
> 세상이 이미 잘못된거죠. 이것이 훨씬 무섭네요!
> 그렇다면 정말 끔찍한 일이겠죠. 그래서 차라리 나에게
> 문제가 있다고 믿고 싶어요. 그렇다면 다시 좋아질 수도 있겠죠.[220]

셀리아는 자기를 괴롭히는 병을 어떻게 불러야 할지 고민하면서 이렇게 말한다.

> 이건 황당하게 들릴거예요. 하지만 이 병에 맞는 이름은 하나뿐이죠.
> 내가 찾은 이름은 바로 죄책이에요.
> 라일리: 당신은 죄책감에 시달리고 있는 거네요. 코플스톤 씨?
> 정말 흔치 않은 사례군요.[221]

말이 조금 오간 후에 셀리아는 대답한다.

> 내가 이미 했던 일에 대한 느낌은 아니에요.
> 그런 느낌이라면 나는 그걸 떨쳐버릴 수 있겠죠.

아니면, 그것이 내 안에 있더라도 내가 없애버릴 수 있어요.
하지만 그냥 아무것도 아니라는 느낌과 실패감.
내가 아닌 다른 사람이나 어떤 일에 대해 그렇게 느끼는 거죠.
내가…속죄해야 한다고 느껴요. 이 단어가 내가 찾던 이름인가요?
이런 환자를 치료하실 수 있습니까?[222]

행위가 정말 뜻이 있으려면, 행위가 진짜 사건이 되려면, 죄를 지을 수 있어야 하고 죄를 어떤 것으로 환원하거나 자연적 사실처럼 만들 수 없어야 한다. 이런 세상에서만 행위는 가장 실재적이다. 오직 이런 세상에서 살인은 가능하다. 그러나 극단적 다원주의의 세상에서 살인은 가능하지 않다. 물론 극단적 다원주의는 이기심에 대항하는 저항을 계속 떠들지만 말이다. 우리 모두는 율법 앞에 서 있듯이 우리는 죽음 앞에 서 있다. 제한적 자연주의와 환원주의, 유물론이 상상하는 세계에서, 죽음은 정말 일어난 사건이 아니다. 이런 이념들이 상상하는 세계에서 어떻게 죽음이 가능하겠는가? 이들이 전제하는 집단 중심적 존재론은 너무나 약하고 너무나 일차원적이어서 죽음처럼 낯선 사건에 도무지 적응하지 못한다. 이레나이우스와 막시무스, 니사의 그레고리우스에게 죽음은 은총이지 저주가 아니었다. 인간이 죽지 않는다면 인간의 죄도 계속되기 때문이다. 더구나 자연주의와 환원주의, 유물론은 합리적인 것을 추구하면서 엄청난 파괴를 일삼았다. 하지만 아무런 목적도 없이 파괴한 것 같다.[223] 자연주의 같은 사상이 보기에 죽음이란 선물은 형편없는 선물이다. 하지만 이 선물이 우리를 자유롭게 풀어준다. 그러나 죽음을 다르게 보면 죽음도 은총이다. 즉 죽으려면 일단 살아 있어야 한다. 라칭거의 지적은 옳다. "죽음은 창조의 구조와 물질에 근본적으로 새겨져 있는 것은 아니다."[224] 죽음이 은총이란 생각과 선한 창조를 어떻게 화해시

킬까? 슈메만은 이 심오하고 난처한 모순을 직시하도록 우리를 인도한다. "기독교는 죽음과 화해하지 않는다. 기독교는 죽음을 드러낸다. 그로써 기독교는 생명을 드러내기 때문이다."[225] 여기서 기독교는 세속주의와 종교와 분명하게 갈라선다. "종교와 세속주의는 죽음을 설명할 때 죽음에 특정한 '지위'를 부여한다. 죽음이 일어나는 이유를 제시하고, 죽음을 '평범'한 것으로 만든다. 죽음은 우리가 겪는 일상이라는 것이다. 기독교만이 죽음을 비정상이라고 선언하며, 참으로 끔찍한 사건이라고 말한다. 나사로의 무덤에서 그리스도는 울었다."[226] 슈메만은 여기서 "종교"를 언급한다. 이 세계를 죽음의 손아귀에 넘기고 저 세상을 꿈꾸라고 종교가 유혹하기 때문이다. 종교가 꿈꾸는 저 세상에는 죽음의 신비와 공포가 없다고 한다. "인간은 하나님이 만든 세계를 우주적 공동묘지로 생각한다. 인간은 '저 세상'이 우주적 공동묘지를 없애고 대체할 수 있다고 믿는다. 저 세상은 영원한 안식처처럼 보인다. 인간은 이것을 종교라고 부른다. 우주적 공동묘지인 이 세상에서 하루에도 수천의 시체를 '처리'하면서도, '정의로운 사회'에 흥분하고 행복해한다! 이것이 타락한 인간 모습이다."[227]

따라서 기독교는 우리에게 죽음과 화해하라고 말하지 않는다. 정반대로 기독교는 죽음의 실상을 드러낸다. 죽음은 혐오스럽고 자연스럽지 않다. 죽음을 이렇게 바라보지 않는다면 죽음의 공포에 대해 절대 말할 수 없다. 죽음에 대한 기독교적 관점을 버린다면 죽음은 그저 자연적 사건이며 스쳐가는 과정일 뿐이다. 또한 죽음이 그저 자연적 사건이라면, 이 주장에 반대하는 사람은 있지도 않은 가치를 부여하려고 애쓴다고 말할 수 있다. 그런데 죽음이 자연의 과정이라면, 오직 자연의 용어를 사용하여 죽음을 알아보려는 시도는 실패할 것이다. 요컨대 죽음은 끔찍하며 비정상적이다. 죽음을 그저 자연의 과정으로 생각하는 것은 죽음의 끔찍함을 모방하려는 짓이다. 그런데 이런 시도는 죽음을 넘어선 상태를 가리킨다. 하지만 저 하늘에 있다고 상상하는 천국이나 영혼이 은근히 환영의 영역으로 빠져나간다는 이야기가 아니라, 몸의 부활을 소망할 때 우리는 죽음을 넘어서는 희망을 가질 수 있다. 죽음을 의식하지만 죽음을 강하게 거부하면서 우리는 알게 모르게 희망을 품는다.[228]

따라서 방탕한 아들의 비유와 아담의 죄를 고려하면서 죽음을 이해할 때 우리는 적어도 하나의 사실을 배울 수 있다. 베르가 지적하듯, 우리가 "죽어서 썩기 전까지, 생명이 우리에게서 나온다는 그릇된 생각은 늘 우리를 유혹할 것이다."[229] 생명은 우리에게서 나오지 않으며, 생명도 우리 것이 아니므로, 우리는 다른 이, 즉 하나님을 가리키는 표시다. 그리스도의 말씀이 가장 분명하게 이것을 증거한다. "자기 생명을 얻으려는 사람은 잃을 것이요. 나를 위하여 자기 생명을 잃는 사람은 생명을 얻을 것이다"(마태복음 10:39). 제라드 맨리 홉킨스Gerard Manley Hopkins의 말을 다시 풀어보자. 우리가 쓸 수 있는 몫을 꼭 움켜쥐고 우리의 생명마저 잡아채려고 하면, 우리에게 남는 것은 오직 죽음뿐이다. 폭력적인 교환과 경제에서 우리가 받는 임금은 죽음밖에 없을 것이다. 하지만 소유권을 주장하지 않고 우리의 존재에, 우리가 받은 것에 감사할 때 새로운 경제가 일어날 수 있다. 바로 부활의 경제가 생긴다. 로완 윌리엄스는 말한다. "성만찬과 모든 '성만찬적' 행위에서 물질 세계의 뜻은 소유에서 선물로 변한다. 성만찬과 성만찬적 행위는 인간들이 회복되고 평화롭게 지낸다는 표시일 뿐만 아니라, 부활한 예수의 궁극적 주되심을 보여주는 표시이다. 부활한 예수가 주님이라는 사실이 이런 회복을 뒷받침한다."[230] 하지만 부활의 경륜에 종교적인 부분은 없다. 이것은 우주적·보편적 경제이며 만물에 적용되기 때문이다. 이 경제는 세속적인 부분을 외면하지 않으며, 거부되거나 무시받는 존재론적 잉여도 없다. 그래서 우리의 아름다움은 우리가 생각하는 추함에 달려 있지 않고, 선은 우리가 생각하는 악에 달려 있지 않다. 기독교와 교회는 이 세계가 성만찬이 되려고 창조되었다고 말한다. 이것이 새 소식이다.[231] "성례전은 우주적이며 종말론적이다. 성례전은 하나님의 세계가 처음 창조되었고, 하나님 나라에서 세계는 완성된다고 말한다. 성례전은 우주만큼 넓어서 모든 피조물을 품는다. 즉 성례전은 모든 피조물을 하나님께 돌려준다. 모든 피조물은 하나님의 것이다."[232] 성만찬적 경제가 종교스럽지 않다면, 이 경제는 유별나지도 않다. 이 경제는 "일상에서 드리는 성례전"이다.[233]

데이비드 존스의 말도 기억할 만하다. "사람은 장미의 냄새도 맡지만 장미를 꺾기도 하고 장미를 이렇게저렇게 부르기도 한다(어떤 짐승은 장미 냄새를 맡는다. 라벤더는 사자 우리에서 인기가 좋다고 한다). 사람은 장미의 표식signum을 만들 수 있다. 사람은 장미유를 만들 수 있다. 그는 장미화환을 만들고 장미로 저주를 하기도 한다. 사람은 원래 이런 종류의 일을 하기로 되어 있다. 하여간, 다른 어떤 존재도 인간처럼 행동할 수 없다. 천사도 짐승도 이렇게 행동할 수 없다. 신학이 몸을 유별난 선이라고 생각하는 것은 당연하다. 몸이 없다면 성례전도 없다. 천사만 있어도 성례전은 없다. 짐승만 있어도 성례전은 없다. 인간은 언제나 성례전을 한다. '세속'에서도, '성스러운' 곳을 가리지도 않으며, 얄팍하게, 때로는 심오하게 성례전을 한다. 성례전에서 면제된 영역은 없다."[234] 이런 맥락에서 종교스러운 꿈—천국과 영성, 세속과 맞서는 성스러움, 사후세계 등—은 무신론을 구성하는 꿈이다. 이런 꿈은 참된 기독교와 맞지 않다. 여기서 요한계시록의 말씀을 기억해야 한다. 우리가 하늘로 가는 것이 아니다. 오히려 하늘이 땅으로 내려온다(참고. 요한계시록 21:2). 웬델 베리는 이렇게 표현한다. "매일 우리는 살기 위해 피조물의 몸을 부수고

피를 흘려야 한다. 이 일을 의도를 갖고, 정성을 들여, 사랑을 품고, 경건하게 실행한다면, 그것이 성례전이 된다. 무식하고, 탐욕스러우며, 난폭하게 실행하는 것은 하나님에 대한 모독이 된다. 이렇게 하나님을 모독하면서 우리는 자신을 정죄한다. 즉 우리는 자신을 영적·도덕적 고독에 가둬버리고, 타인을 궁핍하게 만든다."[235] 라칭거가 지적하듯, 요한계시록에 나오는 짐승의 숫자는 인간을 숫자로 만들어버린다(혹은 DNA 염기배열로 환원해버린다). 이런 일은 유대인 집단수용소에서 가장 충격적으로 이뤄졌다. 맘몬의 세계에서도 똑같은 일이 벌어진다. "짐승은 숫자다. 짐승은 인간을 숫자로 만들어버린다. 하지만 하나님은 이름을 가진다. 하나님은 우리의 이름을 부른다. 그는 인격이며 사람을 찾는다."[236] "아담아, 네가 어디에 있느냐?" 일상에서 이뤄지는 성례전의 관점으로 우리는 타인에게 다가가고 전 세계에 다가간다. 우리는 피조물을 나눠 가지려고 서로 싸워서는 안 되기 때문이다. 피조물은 음식으로 변화된 하나님의 사랑이다.[237] "받아 먹어라. 이것은 너희를 위한 나의 몸이다."

## 진화의 목적

뚝뚝 떨어지는 피. 우리가 마실 유일한 음료
피묻은 살은 우리가 먹을 유일한 음식
그래도 우리는 이렇게 생각하는 걸 즐긴다.
우리는 싱싱한, 내실 있는 살과 피라고.
또, 그럼에도, 우리는 이 성 금요일을 좋다고 말한다.
_ T. S. 엘리엇[238]

피로 만든 시멘트가 없다면,
세속을 지키는 벽은 안전하게 서 있지 못할 것이다.
(피의 시멘트는 분명 인간의 피로 되어 있고, 무고해야 한다.)
_W. H. 오든[239]

---

루드비히 포이어바흐는 사람은 자신이 먹는 음식이라는 말을 남겼다. 하지만 사람이 먹는 음식은 모두 죽은 것뿐이다.[240] 하지만 예외가 하나 있다. 이 예외는 다른 모든 것을 처음부터 끝까지 감싸안는다. 이것은 그리스도라는 음식이다. 이 음식은 하나님이 만물을 창조한 이유다. 이 장에서 우리는 적어도 다음 사실을 배웠다. 고난, 죽음, 죄, 타락 등은 홀로 있는 개념이 아니며 인간도 그렇다. 하나님이 없다면 우리는 궁극적 비율의 딜레마에 빠져버린다. 한편으로, 우리는 어떤 것도 먹을 권리가 없다. 오직 폭력을 통해서만 그 권리를 누릴 수 있다. 이것이 급진적 민주주의다. 다른 한편에서는, 모든 금지는 근거가 없다고 한다. 고통은 환상이 아니라면 그저 자연스러운 결과다. 따라서 고통은—죽음과 생명도—실제적인 존재론으로 따졌을 때는 존재하지 않는다. 결국 인격이 없고, 다윈주의가 보편 이론이자 만능 산이라면, 우리가 그렇게 화를 낼 필요가 있는지 물어봐야 한다. "먹고, 가지고, 훔치고, 소비하라. 당신이 원하는 만큼. 하지만 그렇게 소비하는 당신은 존재하지 않는다. 더구나 당신도 그렇게 소비될 수 있다는 것에 대해 당신은 정당하게 반대할 수 없다." 우리는 이 논증을 악을 도출해내는 논증이라 부른다. 세계에서 일어나는 일에 우리는 저항하고 두려워하며 역겨워한다. 이런 태도는 조금은 하나님에게서 나온 것이다. 하지만 하나님은 우리를 윽박질러 세계의 현실에 굴복시키지 않는다. 하나님의 아들마저 겟세마네에

서 울고 떨면서 운명의 잔이 자신을 지나가기 바랐다. 그리스도가 참으로 인간이란 사실은 십자가에서 그가 절규하는 모습에서 가장 분명하게 드러났다. "나의 하나님, 나의 하나님, 어찌하여 나를 버리시나이까?"[241] 비슷하게 하나님은 그를 지나치고 거부할 기회를 우리에게 준다. 하지만 기독교가 전하는 소식은 영혼 구원이 아니라 삶의 구원이며, 생명의 구원이다. 이처럼 우리가 말한 "생각하는 무신론"의 항의와 허무주의가 보여주는 가장 충격적 본능은 많은 부분 정통 신학의 충동과 조금은 공명한다. 칼 마르크스의 유명한 구절을 뒤집어보면 이것이 드러난다. "종교" 대신 "허무주의"를 넣어보라.

> 허무주의적 고난은 진짜 고난을 표현하면서 진짜 고난에 항의한다. 허무주의는 억압된 피조물의 한숨이다. 비정한 세계의 마음이며, 삭막한 환경의 영혼이다. 허무주의는 인민의 아편이다.

허무주의의 통찰도 때때로 유익하지만 허무주의는 아편이며 여전히 아편으로 남아 있다. 유대교-기독교 전통과 문화를 간단하게 버리고, 자본주의 문화의 어리석은 물질주의에 푹 빠져 절망하는 것(적어도 서구에서는)이 너무나 쉽기 때문이다. 앞으로 달콤하고 강력한 아편 같은 오락을 제공해도 거기에 좀처럼 빠지지 않는 사람이 훨씬 많아질 것이다. 나름대로 이유가 있어서 무신론자가 된다는 데는 의심의 여지가 없다. 그러나 무신론이 옳았으면 좋겠다고 바랄 이유는 없다. 적어도 우리가 아담처럼 이유도 없이 모든 것을 파괴하려는 일에 동참하고 싶지 않다면 말이다.

물론 앞에서 내가 한 이야기는 특히 극단적 다윈주의자와 창조론을 옹호하는 종교인에게 이상하게 들릴 것이다. 양쪽 모두 다른 차원을 고려하면서 사고를 넓히지 못하기 때문이다. 물론 극단적 다원주의자와 창조론자가 살아가는 일상에는 여러 차원의 현실이 넘쳐난다. 그러나 창조론자가 옹호하는 "신학"과 (극단적 다원주의자가) 옹호하는 "무신학" atheology을 고려할 때, 아름다움, 진리, 선, 인격이 자신들의 영역으로 뚫고 들어가는 것은, 낙타가 바늘귀를 통과하는 것보다 어렵다(주저함, 의심, 복잡함도 마찬가지다). 극단적 다원주의자는 이를 모두 배제해버린다. 반면 창조론을 옹호하는 종교인은 신학을 올바로 속속들이 이해할 수 없으며, 세계를 체현된 존재로 이해할 수 없는 것 같다. 창조론자는 디지털 춤을 추는 도킨스의 DNA처럼, 핏기 없는 추상적 사람들이 되기 쉽다. 그래서 적의 주장을 아무 생각 없이 따른다. 창조론자나 극단적 다원주의자의 세계에는, 삼위일체의 제2격이며, 모든 생명이 참여하는 우주적 예전인 그리스도가 있을 자리가 없다. 또한 극단적 다원주의자와 창조론자 모두 자연계라는 것을 전제하면서 자연계의 형태를 두고 옥신각신한다. 예를 들어, 이들은 기적에 호소하거나 기적을 부정한다. 하지만 이들은 자신들이 이해하는 기적을 잠시라도 따져보지 않는다. 창세기가 옳은가? 그렇다면 어떻게 옳은가? 이런 문제에서도 이들은 똑같이 행동한다. 뼈만 앙상하게 남은 진리는 구경거리가 되고, 진리는 모든 것을 무력하게 만든다. 자, 신이 없을 수도 있고, 그리스도도 신의 아들이 아닐 수 있다. 기독교 전통을 살펴보면, 기독교는 이런 생각을 그대로 받아들일 수 있음을 알 수 있다. 하나님은 인간의 거부를 허용할 만큼 너그럽다. 겟세마네 동산에서 예수가 겪은 번뇌가 보여주고, 아담이 남긴 유산이 섬뜩하게 증언하듯이 말이다. 하지만 진지한 신앙인과 진지한 불신자라면, 우리가 논하는 문제가 정말 심각한 문제임을 니체처럼 똑바로 바라봐야 한다. 우리는 우리의 상식에 흠집을 낸 커다란 틈—윤리와 자비의 커다란 간극—을 숨기려고, 부르주아의 진부한 이야기나

이기적 유전자에 대한 부질없는 저항을 퍼뜨려서는 안 된다. W. H. 오든의 말처럼, 어떻한 세속의 장벽도 든든하게 서 있지 못할 것이다.

# 주 및 색인

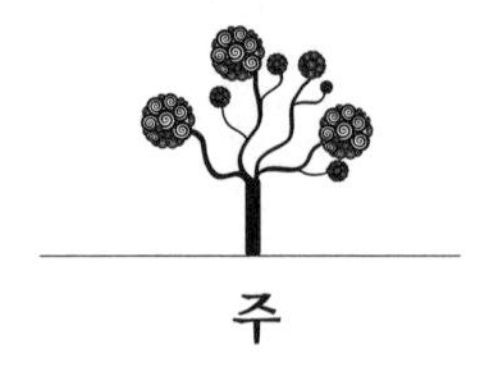

# 주

## 감사의 말

1. Michel de Certeau, "The Gaze of Nicholas de Cusa," *Diacritics* 17 (1987): 18.

## 서론

1. 로버트 리드가 쓴 흥미로운 책에서 인용. *Biological Emergences: Evolution by Natural Experiment* (Cambridge: MIT Press, 2007), 이 책은 비엔나 이론생물학 시리즈 가운데 한 권이다. 이 시리즈는 자극적이고 혁신적이다. 이 시리즈의 편집자는 Gerd B. Müller와 Gunter P. Wagner, Werner Callebaut이다.
2. Hans Jonas, *The Phenomenon of Life: Toward a Philosophical Biology* (Evanston, ill.: Northwestern University Press, 2001), p. 58.
3. Simon Conway Morris, *Life's Solution: Inevitable Humans in a Lonely Universe* (Cambridge: Cambridge University Press, 2003), p. 2.
4. *Creation and Evolution: A Conference with Pope Benedict XVI in Castel Gandolfe,* ed. Stephen O. Horn and Siegfried Wiedenhofer, trans . Michael Miller, foreward Christoph Cardinal Schönborn (San Francisco: Ignatius, 2008). p. 16에서 인용.

## 1장

1. 막스 베버는 탈마법화라는 주제를 서구 지성계에 도입했다. "합리화와 지성화, 무엇보다 세계의 탈마법화는 우리 시대가 피할 수 없는 운명이다." *From Max Weber: Essays in Sociology*, trans. and ed. H.H. Gerth and C. Wright Mills (New York: Oxford University Press, 1946), p. 11.
2. Friedrich Nietzsche, *Genealogy of Morals*, trans. Walter Kaufmann (New York: Vintage Books, 1969), pp. 155-156. 『도덕의 계보학: 하나의 논박서』(연암서가 역간).

3. William Butler Yeats, "The Second Coming," in *The Collected Poems of W.B. Yeats* (Wordsworth, 2000), p. 158.

4. Mary McCarthy, *On the Contrary: Articles of Belief, 1946-1961* (New York: Farrar, Straus and Cudahy, 1961)을 보라.

5. John Locke, *An Essay concerning Human Understanding* (New York: Dover Publications, 1964), p. 221.

6. Daniel Dennett, *Darwin's Dangerous Idea: Evolution and the Meaning of Life* (New York: Simon and Schuster, 1995), p. 76.

7. Sigmund Freud, *A General Introduction to Psycho-Analysis*, in *Great Books of the Western World*, ed. Mortimer J. Adler, vol. 54, *Freud* (Chicago: Encyclopedia Britannica, 1993), p. 562. 스티븐 와인버그도 이미 수용된 의견에 맞장구를 친다. "과학사를 두루 살펴보면, 우리의 경험은 하나로 모아진다. 즉 자연법칙에는 섬뜩한 비인격성이 느껴진다. 우리 인간은 이 방향으로 나갔는데, 우리는 처음으로 하늘/천상을 비신화화했으며(여기서 와인버그는 여러 사람 가운데 코페르니쿠스를 이야기한다),…생명도 비신화화되었다. 이런 일을 한 사람 가운데 가장 중요한 인물이 바로 찰스 다윈과 알프레드 러셀 월리스였다." Steven Weinberg, *Dreams of a Final Theory: The Scientist's Search for the Ultimate Laws of Nature* (New York: Vintage Books, 1994), pp. 246-247.

8. 인간을 왕의 자리에서 끌어내린 사상가들이 여기 언급되어 있는데, 우리는 낯익은 사람을 몇 명 덧붙일 수 있다. 칼 마르크스와 프리드리히 니체다. 우리는 이 장을 시작하면서 니체의 말을 인용했다. 폴 리쾨르는 "의심의 대가"라는 말을 사용하면서 이들이 서구의 자의식에 끼친 영향을 기술했다. Paul Ricoeur, *Freud and Philosophy: An Essay on Interpretation*, trans. Denis Savage (New Haven: Yale University Press, 1970)를 보라. 그러나 프로이트가 올바로 지적하듯, 우리는 다윈을 덧붙이고 싶다. 자급 자족하는 자기는 창조자의 형상을 반영했지만, 이제는 그저 동물이다(다윈). 이 자기가 품는 생각도 자기 것이 아니다. 무의식이 의식의 지위를 약하게 했기 때문이다. 마르크스의 경우, 계급이 그런 짓을 하고, 니체의 경우 힘을 향한 의지가 그렇게 한다(이제 우리는 이런 것들로 우리 자신을 만들고 있다). 힘을 향한 의지라는 섬뜩한 얼굴이 거울에서 우리를 쳐다보는 걸까? 스티븐 굴드가 다윈주의를 해석하는 것을 보면, 프로이트와 니체가 굴드에게 상당한 영향을 끼치고 있음을 알 수 있다.

9. A. S. Byatt, *Morpho Eugenia, in Angels and Insects: Two Novellas* (London: Chatto and Windus, 1992), pp. 59-60. 『천사와 벌레』(미래사 역간).

10. Byatt, *Morpho Eugenia*, p. 69.

11. John Dewey, *The Influence of Darwin on Philosophy and Other Essays* (New York: H. Holt and

Co., 1910), p. 19를 보라. 하지만 뉴먼 추기경은 이에 앞서 고등비평을 성서에 적용하는 문제를 논하면서 "만능 용매"라는 용어를 썼다. 뉴먼의 책을 보라. John Henry Newman, *Apologia pro Vita Sua* (London: Penguin Books, 1994). 뉴먼이 이런 말을 했음을 알려준 John W. Wright 교수에게 감사드린다.

12. Dennett, *Darwin's Dangerous Idea*, p. 63.
13. Dennett, *Darwin's Dangerous Idea*, p. 73.
14. 5장을 보라.
15. 콰인은 "저 위에 아무것도 없다"라고 말한다. ; W. V. O. Quine, "Designation and Existence", in *Reading in Philosophical Analysis*, ed. Herbert Feigl and Wilfred Sellars (New York: Appleton, Century, Crofts, 1949), p. 46.
16. Stephen J. Gould, *Ever Since Darwin: Reflections in Natural History* (Harmondsworth: Penguin, 1977, 『다윈 이후』, 사이언스북스 역간), p. 13. 니체는 굴드의 생각을 나름대로 표현하면서 훨씬 인상 깊게 기술한다. "'신은 어디로 가버렸나요' 그는 이렇게 울부짖었다. '내가 말해드리죠. 우리가 신을 죽였어요. 당신과 내가. 우리는 신을 살해한 사람입니다. 어떻게 우리가 그런 짓을 했을까요? 어떻게 우리는 바다를 마셔버릴 수 있었죠? 수평선을 모두 지워버리라고 우리에게 손걸레를 준 사람은 누군가요? 지구를 태양에서 떼어냈을 때, 우리는 무슨 짓을 한 걸까요? 지구는 이제 어디로 갈까요? 우리는 이제 어디로 가고 있나요? 하여간 태양에서 도망치고 있을까요? 우리는 지금 계속 추락하고 있는 게 아닐까요? 뒤로, 옆으로, 앞으로, 사방으로? 위로 가거나 아래로 갈 곳이 남아 있기라고 할까요? 무한히 펼쳐진 무에서 우리는 헤매고 있는 것이 아닐까? 텅 빈 공간의 숨소리가 느껴지지 않나?" Friedrich Nietzsche, *The Gay Science: With a Prelude in Rhymes and an Appendix of Songs*, ed. and trans. Walter Kaufmann (New York: Vintage Books, 1974), #125, pp. 181-182.
17. Frederick Turner, *The Culture of Hope: A New Birth of the Classical Spirit* (New York and London: Free Press, 1995), p. 94.
18. Charles Darwin, *The Descent of Man, and Selection in Relation to Sex*, ed. Adrian Desmond and James Moore, 2nd ed. (London: Penguin Books, 2004), p. 689.
19. Charles Darwin, *On the Origin of Species, and Other Texts*, ed. Joseph Carroll (Peterborough, Ontario: Broadview Texts, 2003), p. 394; 『종의 기원』에서 어떤 구절을 이용할 때 앞으로 이 책에서 인용할 것이다. 재미있게도, 이런 인과모형은 다양한 종류의 신플라톤주의를 생각나게 한다. 특히 플로티노스(Plotinus)와 이븐 시나(Avicenna)가 떠오른다. 내 책 *Genealogy of Nihilism: Philosophies of Nothing and the Difference of Theology* (London and New York: Routledge, 2002), 1장을 보라.

20. Gould, *Ever Since Darwin*, p. 50.

21. Jared Diamond, *The Rise and Fall of the Third Chimpanzee: How Our Animal Heritage Affects the Way We Live* (London: Radius, 1991, 『제3의 침팬지: 인류는 과연 멸망하고 말 것인가』, 문학사상사 역간), pp. 1-2.

22. Francis Crick, *The Astonishing Hypothesis: The Scientific Search for the Soul* (New York: Scribner, 1994), p. 3.

23. Carl Sagan, *Cosmos* (New York: Ballantine Books, 1980, 『코스모스』, 사이언스북스 역간), p. 105.

24. Steven Rose, *Lifelines: Biology, Freedom, Determinism* (London: Allen Lane, 1997), p. 8에서 인용.

25. "On the Reception of the Origin of Species (1887)," in *On the Origin of Species*, p. 627.

26. Robert Chambers, *Vestiges of the Natural History of Creation* (1844; reprint, edited by James Secord, Chicago: University of Chicago Press, 1994), p. 191.

27. 월리스의 논문에 대한 논의는 Darwin, *On the Origin of Species*, pp. 610-618를 보라.

28. Darwin, *On the Origin of Species*, p. 617.

29. *The Life and Letters of Charles Darwin, Including an Autobiographical Chapter*, ed. Francis Darwin, 2 vols. (New York: Appleton, 1887; reprint, New York: Basic Books, 1959), 1:473.

30. 1831년에 패트릭 매튜는 naval timber라는 나무를 논한 책을 쓰면서 자연선택론을 이용했다. 다윈은 릴에게 이런 편지를 썼다. "패트릭 매튜가 그 책 *Naval Timber & Arboriculture*에서 상당 부분을 뽑아서, 지난주 토요일에 「가드너스 크로니클」에 실었습니다. 매튜 씨가 쓴 책은 1831년에 출판되었는데, 매튜 씨는 이 책에서 간단하지만 완벽하게 자연선택이론을 예상합니다. 나도 그 책을 주문해서 읽었습니다. 일부 구절은 다소 모호하지만, 내가 보기에, 확실히 메튜 씨는 예상했습니다! 온전하지만, 충분히 발전되지 못한 예상이긴 하지요. 'Naval Timber' 라는 책의 제목에서 그 사실을 발견하지 못했다고 변명할 수도 있긴 합니다." Charles Darwin, Letter to Charles Lyell, April 10, 1860. 여기서 매튜의 글을 인용해보자. "자연은 온갖 다양한 생명 형태를 낳는데, 시간이 흐르면서 소멸하는 생명 형태가 존재할 자리를 마련하는 능력보다 더 큰 능력이 자연에 있다. 힘과 재빠름, 용기, 재치를 제대로 갖추지 못한 개체는 번식하지도 못한 채 일찍 사멸한다. 포식자에게 잡아 먹히거나, 병에 걸려 죽는다. 보통 먹이를 제대로 구하지 못할 때, 병에 걸려 죽는다. 이런 개체들 가운데 더 완전한 개체가 덜 완전한 개체의 서식지를 차지해버린다. 더 완전한 개체들은 생존 수단을 계속 찾는다." 자연선택이 새로운 종을 낳을 수 있을까? 매튜는 자연선택으로 새로운 종이 나올 수 있다고 주장했다. "생명이 완전히 파괴되고 새로 창조되는 것보

다, 생명이 환경과 계속 조화를 이루는 것이 설계의 통일성과 아름다움을 더욱 드러내고, 우리에게 분명하게 드러난 자연의 성향에 더 맞는 일이다. 거의 같은 종끼리 교미해서 이렇게 다양한 생명형태가 나타날 것 같지 않다. 같은 종끼리 교미해서 나타나는 변화는 분명히 한계가 있다. 대체로 우리가 알고 있는 종 안에서 변화가 일어날 뿐이다. 반면, 같은 부모에게서 나온 자손도 매우 다른 환경에서 몇 세대가 지나가면, 번식이 불가능할 정도로 다른 종이 될지도 모른다." "Naval Timber and Arboriculture"(1831). 이 구절에 대해 다윈은 다음과 같이 대답한다. "저는 기꺼이 인정합니다. 매튜 씨는 종의 기원에 대한 나의 설명을 수년 전에 예견했습니다. 그것도 자연선택이란 말을 사용하여 그렇게 했습니다. 하지만 그의 의견이 표현된 구절이 매우 적다는 것을 고려하고, 나를 비롯한 다른 자연주의자도 메튜씨의 의견을 듣지 못했고, 매튜 씨의 의견은 Naval Timber and Arboriculture의 부록에나 나옵니다. 누구도 이런 사실을 듣고 놀라지 않으리라 생각합니다. 따라서 매튜 씨의 책이 출간된지 몰랐다고 해서 매튜 씨에게 사과해야 할까요? 저는 그럴 수 없습니다." C. R. Darwin, "Natural Selection," *Gardeners' Chronicle and Agricultural Gazette* no. 16 (April 21, 1860): 360-363. W. J. Dempster, *Evolutionary Concepts in the Nineteenth Century: Natural Selection and Patrick Matthew* (Durham: Pentland Press, 1995)를 보라.

31. Darwin, *On the Origin of Species*, p. 438. 이 생각은 다윈을 둘러싼 사회적 환경을 확실히 반영한다. 대니얼 토드스는 이렇게 주장한다. "다윈의 생존 투쟁 개념은 '놀랍지 않다.' 다윈은 자신이 속한 가족과 집단, 계급의 이념적 전망을 공유했기 때문이다. 이 언어를 보면, 저자가 부르주아 멜서스주의자이거나, 아마 전형적 영국인이라고 판단할 수 있다." Daniel Toades, *Darwin without Malthus: The Struggle for Existence in Russian Evolutionary Thought* (Oxford: Oxford University Press, 1989), p. 13. 당시 러시아 과학자가 페터 크로포트킨의 "상호부조"에 더 마음을 열었다는 사실에 놀라지 말아야 한다. *Mutual Aid: A Factor of Evolution* (London: William Heinemann, 1902; reprint, London: Freedom Press, 1987)을 보라.
32. Darwin, *On the Origin of Species*, p. 133.
33. Darwin, *On the Origin of Species*, p. 134.
34. Darwin, *On the Origin of Species*, p. 136.
35. Timothy Shanahan, *The Evolution of Darwinism: Selection, Adaptation, and Progress in Evolutionary Biology* (Cambridge: Cambridge University Press, 2004), p. 19를 보라. 또한 David Depew and Bruce Weber, *Darwinism Evolving: Systems Dynamics and the Genealogy of Natural Selection* (Cambridge: MIT Press, a Bradford Book, 1995), p. 120를 보라.

36. Leigh van Valen, "New Evolutionary Law," *Evolutionary Theory* 1 (1973): 1-30를 보라.
37. Darwin, *On the Origin of Species*, p. 175.
38. Darwin, *On the Origin of Species*, p. 175.
39. Ussher에 대한 흥미로운 저작으로는 Alan Ford, *James Ussher: Theology, History, and Politics in Early-Modern Ireland and England* (Oxford: Oxford University Press, 2007)를 보라.
40. William Bateson(1861-1926)이 Henry Sedgwick에게 보낸 편지에서 "유전학"(genetics)이란 용어를 처음으로 사용한다. "이 단어는 정말 필요하다네. 용어를 하나 만든다면, '유전학'이 어떨까 싶네." William Bateson, F. R. S., *Naturalist: His Essays and Addresses Together* (Cambridge: Cambridge University Press, 1928), p. 93.
41. Fleeming Jenkin, review of "The Origin of Species," *North British Review* 46 (June 1867): 290.
42. Charles Darwin, *The Variation of Animals and Plants under Domestication*, 2 vols. (New York: Orange Judd, 1868; reprint, Baltimore: Johns Hopkins University Press, 1998), 2:457(인용문은 초판에서 가져왔다). 또한 Darwin, *The Descent of Man*, p. 264를 보라.
43. *Life and Letters of Charles Darwin*, 2:261.
44. *Life and Letters of Charles Darwin*, 2:384.
45. Sylvan S. Schweber, "The Wider British Context in Darwin's Theorizing," in *The Darwinian Heritage*, ed. David Kohn (Princeton: Princeton University Press, 1985), pp. 35-71를 보라.
46. 드퓨와 베버도 정확하게 지적하듯, "스미스는 뉴턴의 천체물리학처럼 기능하는 경제이론을 원했다. 그리고 스미스는 국부론에서 그런 경제이론을 만들어냈다. 스미스의 경제이론에 따르면 인간의 능력을 망치는 요인과 자연물의 가격을 왜곡하는 요인이 아니라, 자기 이익이 경제활동의 추동력이자 안정자이다." Depew and Weber, *Darwinism Evolving*, p. 116.
47. Depew and Weber, *Darwinism Evolving*, p. 117.
48. Depew and Weber, *Darwinism Evolving*, p. 129.
49. Gould, *Ever Since Darwin*, p. 13. 드퓨와 베버도 똑같이 주장한다. 다윈주의는 "정치경제학을 생물학에 기입한 것"이다(*Darwinism Evolving*, p. 128). "확산되고 있는, 먹고 먹히는 자본주의는 물론 다윈의 과학과 연관이 있다"[George Levine, *Darwin Loves You: Natural Selection and the Re-enchantment of the World* (Princeton and Oxford: Princeton University Press, 2006), p. 10]; "다윈의 생물학적 기획은 후기 휘그당스러운 사상과 잘 맞았다. 그래서 다윈의 생물학적 기획은 상당히 설득력을 얻은 것이다. 다윈은 하나의 기제를 생각해냈는데, 이 기제는 골수 휘그당 지지자가 주장하는, 경쟁하는 자유

시장의 이념과 양립 가능했다"[Adrian Desmond and James Moore, *Darwin: The Life of a Tormented Evolutionist* (New York: Warner Books, 2001), p. 267]. 마지막으로 다음 구절을 보자. "멜서스다운 통찰과 중간계급의 윤리는 다윈이 이론을 만들 때 핵심적 역할을 했다"[Adrian Desmond and James Moore, eds., *The Descent of Man*, by Charles Darwin, 2nd ed. (1874; London: Penguin Books, 2004), p. lvi]. 또한 Sylvan S. Schweber, "Darwin and the Political Economist: Divergence of Character," *Journal of the History of Biology* 13 (1980): 195-289를 보라. 최근에는 (정치적) 우파가 다윈을 다시 전유하려고 한다. Larry Arnhart, *Darwinian Conservatism* (Exeter and Charlottesville, Va.: Imprint Academic, 2005), and Carson Holloway, *The Right Darwin? Evolution, Religion, and the Future of Democracy* (Dallas: Spence, 2006)를 보라.

50. Darwin, *On the Origin of Species*, p. 146.
51. Darwin, *On the Origin of Species*, p. 395. 종의 본질에 대한 다윈의 해석을 가장 훌륭하게 논한 책은 David Stamos의 *Darwin and the Nature of Species* (Albany: State University of New York Press, 2007)를 보라.
52. 같은 지역에서 종 분화가 일어나기도 한다. 같은 지역에서 종 분화가 일어날 때, 기존 종이 있는 상태에서 새로운 종이 나타난다. 테오도시우스 도브잔스키는 종을 이렇게 정의한다. "종이 나타나는 진화단계에서는, 실제로, 잠재적으로 이종교배하는 생명형태가 물리적으로 교배할 수 없는 생명 형태들로 분화된다." Dobzhansky, *Genetics and the Origin of Species*, 1st ed. (New York: Columbia University Press, 1937), p. 312. 나중에 에른스트 마이어는 도브잔스키의 종 개념을 다시 이용하면서, 이런 종 개념을 "생물학적 종 개념"이라고 부른다. Mayr, "Prologue: Some Thoughts on the History of the Evolutionary Synthesis," in *Evolutionary Synthesis: Perspective on the Unification of Biology*, ed. William Provine and Ernst Mayr (Cambridge: Harvard University Press, 1980), p. 34를 보라. 마이어의 견해에 아무런 문제가 없는 것은 아니다. 붕헤와 마너도 분명하게 지적한다. "마이어의 생물종 개념은 성적 교접을 통해 번식하는 생명체에서만 타당하다. 따라서 무성 생명체는 어떤 종에도 속하지 않게 된다. 이렇게 되면 어떤 종도 아닌 생명체가 있을 것이다. 이런 생각은 생물체의 행동과 어긋난다. 또한 이런 생각을 뒷받침하는 유명론적 철학을 분명하게 보여준다. 유명론적 철학은 속성 개념을 되도록 배제하려 한다." Mario Bunge and Martin Mahner, *Foundations of Biophilosophy* (Berlin and Heidelberg: Springer, 1997), p. 256.
53. August Weismann의 견해를 영어권에서도 읽을 수 있다. 바이스만의 책이 번역되었다. *Essays upon Heredity and Kindred Biological Problems* (1889). 하지만 바이스만이 다음 논문을 발표했을 때 바이스만의 논증이 널리 알려졌다. "The All-Sufficiency of Natural

Selection: A Reply to Herbert Spencer," *Contemporary Review* 64 (1893): 309-338와 596-610.

54. Hans Jonas, *The Phenomenon of Life: Toward a Philosophical Biology* (Evanston, ill.: Northwestern University Press, 2001), p. 13를 보라.
55. 다음 장에서 "코 사례"를 다시 논할 것이다. 이 사례는 진정으로 환원 불가능한 관계를 가리킨다.
56. "유전형"과 "표현형"이란 용어를 도입한 사람은 Wilhelm Johannsen이다. 그는 1909년과 1911년에 이 용어를 썼다. "The Genotype Conception of Heredity," *American Naturalist* 45, no. 531 (March 1911): 129-159를 보라.
57. Francis Crick, "On Protein Synthesis", *Genes in Development: Rereading the Molecular Paradigm*, ed. Eva Neumann-Held and Cristoph Rehmann-Sutter (Durham, N.C., AND London: Duke University Press, 2006), p. 79에서 인용.
58. "개체발생론"과 "계통발생론"이란 용어는 Ernst Haeckel (1834-1919)이 고안했다. 또한 헥켈은 "생태학"(ecology)이란 용어도 만들어냈다.
59. Darwin, *On the Origin of Species*, p. 617. 이 인용문은 월리스의 글에서 나온 것 같다. "On the Tendency of Varieties to Depart Indefinitely from the Same Type."
60. Shanahan, *The Evolution of Darwinism*, p. 22를 보라.
61. Ernst Mayr, "Typological versus Population Thinking," in *Evolution and the Diversity of life: Selected Essays* (Cambridge: Havard University Press, 1976), p. 27.
62. Ron Amundson, *The Changing Role of the Embryo in Evolutionary Thought: Roots of Evo-Devo* (Cambridge: Cambridge University Press, 2005), p. 11.
63. Amundson, *The Changing Role*, p. 13.
64. Amundson, *The Changing Role*, p. 25.
65. Amundson, *The Changing Role*, p. 35.
66. Stephen Toulmin, *Foresight and Understanding: An Enquiry into the Aims of Science* (New York: Harper and Rows, 1961).
67. Shanahan, *The Evolution of Darwinism*, p. 21. "공통 조상을 공유하는 이종 교배하는 개체들의 집합이라는 다윈의 종 개념은 이전까지 당연시되던 생각을 뒤집는다. 또한 이런 종 개념은 설명되어야 할 것도 뒤집는다. 다윈의, 가장 유명한 책인 종의 기원에도 종이란 낱말이 여전히 남아 있지만, 다윈은 종 개념에 그렇게 큰 뜻을 부여하지 않았다고 한다. 지금까지 사람들은 이것을 당연하게 여겼다. 이제 우리가 설명해야 하는 주제는 개체군이나 종이 변하는 이유가 아니다. 우리는 개체군이나 종이 왜 지금처럼 일관되게 유지되는지 설명해야 한다!" Depew and Webter, *Darwinism Evolving*, pp. 129-

130. "유기체는 단지 전이현상이다. 과거에서 미래로 변하는 단계일 뿐이다." François Jacob, *The Logic of Life: A History of Heredity*, trans. Betty Spillman (New York: Pantheon Books, 1973), p. 393.

68. "The Influence of Darwin on Philosophy," in *Darwin*, ed. Philip Appleman, Norton Critical Edition (New York: Norton, 1970), p. 393.

69. Amundson, *The Changing Role*, p. 25를 보라.

70. Michael T. Ghiselin, *Metaphysics and the Origin of Species* (Albany: State University of New York Press, 1997), p. 1.

71. Ghiselin, *Metaphysics*, p. 6.

72. Max Delbrück, "A Physicist Looks at Biology," in *Phage and the Origins of Molecular Biology*, ed. John Cairns, Gunther S. Stent, and James D. Watson (Cold Spring Harbor, N.Y.: Cold Spring Harbor Laboratory of Quantitative Biology, 1966), pp. 9-10.

73. Michael Ghiselin, *The Triumph of the Darwinian Method* (Chicago: University of Chicago Press, 1984), p. 74.

74. 우연이긴 하지만, Aristarchus of Samos는 이미 5세기에 태양중심모형을 제안했다.

75. Theodosius Dobzhansky, *The Biology of Ultimate Concern* (New York: New American Library, 1967), p. 7. 사이몬 콘웨이 모리스도 동의한다. "대중적 의견과는 반대로, 진화과학은 우리 인간을 사소한 존재로 만들지 않는다." Conway Morris, *Life's Solution: Inevitable Humans in a Lonely Universe* (Cambridge: University Press, 2003), p. xv. 로버트 웨슨도 동의한다. "우리 인간이 생겨나게 된 과정은 인간의 공허함을 증명하지 않는다. 우리는 무심한 우주의 우연한 산물인 것 같지는 않다(물론 기계론적 철학은 그렇게 주장할 테지만). 또한 사회생물학이 주장하듯, 우리는 유전자를 위한 사소한 생존 기계인 것 같지도 않다. 오히려 풍요로운 자연과 인간의 놀라운 성취를 보면, 기계론적 철학이 잘못되었음을 알 수 있다." Wesson, *Beyond Natural Selection* (Cambridge: MIT Press, 1993), p. 305.

76. G. K. Chesterton, *Orthodoxy* (London: Fontana, 1961), p. 38.

77. S. C. Kuhl, "Darwin's Dangerous Idea and St. Paul's: God, Humanity, Responsibility, Meaning in the Light of Evolutionary Findings," in *Creation and Evolution: Proceedings of the Itest Workshop*, October, 1997, ed. R. Brungs and M. Postiglione (St. Louis: ITEST Faith/Science Press, 1998), p. 93.

78. Jane Bennett, *The Enchantment of Modern Life: Attachments, Crossings, and Ethics* (Princeton: Princeton University Press, 2001), p. 64.

79. Delbrück, "Physicist Looks at Biology," pp. 10-11.

80. Jozef Zycinski, *God and Evolution: Fundamental Questions of Christian Evolutionism*, trans. K. Kemp and Z. Maslanka (Washington, D.C.: Catholic University of America Press, 2006), p. 206를 보라.

## 2장

1. Emmanuel Levinas, in *Otherwise Than Being or Beyond Essence*, trans. Alphonso Lingis (Dordrecht: Kluwer, 1991)에서 인용.

2. G. K. Chesterton, *Heretics* (London and New York: John Lane, 1905), p. 79.

3. 이 장에서 우리는 다윈 이론을 생물학 바깥으로 넓히는 문제를 토론하지 않을 것이다. 다음 장에서 이 문제를 다룰 것이다.

4. Kenneth Weiss, "Phenotype and Genotype," in *Keywords and Concepts in Evolutionary Developmental Biology*, ed. B. Hall and W. Olson (Cambridge: Harvard University Press, 2003), p. 285.

5. Hans Jonas, *The Phenomenon of Life: Toward a Philosophical Biology* (Evanston, ill.: Northwestern University Press, 2001), p. 54 n. 7.

6. John Haldane, "Common Sense, Metaphysics, and the Existence of God," *American Catholic Philosophical Quarterly* 77, no. 3 (2003): 383.

7. David Braine, *The Human Person: Animal and Spirit* (London: Gerald Duckworth, 1993), p. 23. 칼 라너도 비슷한 주장을 한다. "과학자들이 공유하는 유물론적 선입견이 있다. 이 선입견은 형이상학적이지는 않지만, 결국 유물론을 지향한다. 예를 들어 과학자들은 물질이 무엇인지 정확히 안다고 생각한다. 그리고, 정신을 발견하려면, 힘들게 노력해야 하며, 그렇게 노력하더라도 정신을 발견하려는 노력은 의심스럽다고 생각한다." Rahner, *Hominisation: The Evolutionary Origin of Man as a Theological Problem*, trans. W. T. O'Hare (New York: Herder and Herder, 1965), p. 45.

8. Elliott Sober and David Sloan Wilson, *Unto Others: The Evolution and Psychology of Unselfish Behavior* (Cambridge: Harvard University Press, 1998), p. 8.

9. Vittorio Hösle, *Morals and Politics*, trans. Steven Rendall (Notre Dame, Ind.: University of Notre Dame Press, 2004), p. 208.

10. Charles Darwin, *On the Origin of Species, and Other Texts*, ed. Joseph Carroll (Peterborough, Ontario: Broadview Texts, 2003), p. 134.

11. Charles Darwin, *On the Origin of Species*, p. 242.

12. Charles Darwin, *On the Origin of Species*, p. 242.

13. Charles Darwin, *On the Origin of Species*, p. 243.

14. Charles Darwin, *On the Origin of Species*, pp. 242-243.
15. Michael Ruse, "Charles Darwin and Group Selection," *Annals of Science* 37, no. 6 (1980): 620.
16. Ruse, "Charles Darwin," pp. 626-627.
17. Edward O. Wilson, *Sociobiology: The New Synthesis*, twenty-fifth anniversary edition (Cambridge, Mass., and London: Harvard University Press, Belknap Press, 2000), p. 118.
18. John Maynard Smith, "Group Selection and Kin Selection," *Nature* 201, no. 4924 (March 14, 1964): 1145.
19. W. D. Hamilton, "The Genetical Evolution of Social Behaviour II," *Journal of Theoretical Biology* 7, no. 1 (1964): 32.
20. Robert L.Trivers, "The Evolution of Reciprocal Altruism," *Quarterly Review of Biology* 46, no. 1 (March 1971): 35-57. 그리고 John Maynard Smith, "The Theory of Games and the Evolution of Animal Conflicts," *Journal of Theoretical Biology* 47 (1974): 209-221를 보라.
21. Michael Ghiselin, *The Economy of Nature and the Evolution of Sex* (Berkeley: University of California Press, 1974), p. 247.
22. Julian Huxley, *Evolution: The Modern Synthesis* (London: George Allen and Unwin, 1942).
23. George Gaylord Simpson, *Tempo and Mode of Evolution* (New York: Columbia University Press, 1944), pp. xv-xvi.
24. Charles Darwin, *On the Origin of Species*, p. 243.
25. Charles Darwin, *On the Origin of Species*, p. 243.
26 Charles Darwin, *On the Origin of Species*, p. 148.
27. 이 논의에 대해 더 알려면 Timothy Shanahan, *The Evolution of Darwinism: Selection, Adaptation, and Progress in Evolutionary Biology* (Cambridge: Cambridge University Press, 2004), p. 28를 보라.
28. Charles Darwin, *The Descent of Man and Selection in Relation to Sex*, ed. Adrian Desmond and James Moore, 2nd ed. (London: Penguin Books, 2004), p. 155.
29. Darwin, *The Descent of Man*, p. 157.
30. *Life and Letters of George John Romanes*, ed. Ethel Romanes (London: Longmans, Green, 1896)를 보라.
31. Ruse, "Charles Darwin," p. 626.
32. Ruse, "Charles Darwin," p. 615.
33. Charles Darwin, *The Descent of Man, and Selection in Relation to Sex*, 2 vols. (London: John Murray, 1871), 1:155.

34. 다윈이 월리스에게 보낸 편지, April 6, 1868, in *More Letters of Charles Darwin, a Record of His Work in a Series of Hitherto Unpublished Letters*, 2 vols. (London: Murray, 1903), 1:294.
35. Charles Darwin, *On the Origin of Species*, pp. 220와 223.
36. Charles Darwin, *On the Origin of Species*, p. 141.
37. 다음 절은 Shanahan의 저서에 기대고 있다. *The Evolution of Darwinism*. pp. 44-48.
38. David Lack, *The Natural Regulation of Animal Numbers* (Oxford: Clarendon, 1954).
39. Lack, *Natural Regulation*, p. 27; 또한 Shanahan, The *Evolution of Darwinism*, p. 43도 보라.
40. V. C. Wynne-Edwards, *Animal Dispersion in Relation to Social Behaviour* (Edinburgh: Oliver and Boyd, 1962). 윈-에드워즈에 관해서는 Elliot Sober, *The Nature of Selection: Evolutionary Theory in Philosophical Focus* (Chicago and London: University of Chicago Press, 1993), pp. 225-226; Shanahan, *The Evolution of Darwinism*. pp. 44-46; Sober and Wilson, *Unto Others*, pp. 36-43를 보라.
41. Wynne-Edwards, "The Control of Population-Density through Social Behaviour: A Hypothesis," *Ibis* 101, no. 3-4 (1959): 440.
42. Wynne-Edwards, *Animal Dispersion*, p. 9.
43. 또한 "항상성"(homeostasis)이란 말은 월터 캐논(Walter Cannon)이 1932년에 처음 사용했다.
44. Wynne-Edwards, *Animal Dispersion*, p. 20.
45. Wynne-Edwards, *Animal Dispersion*, pp.19, 190, 249.
46. Smith, "Group Selection," p. 1145.
47. Shanahan, *The Evolution of Darwinism*, p. 54.
48. Sober, *The Nature of Selection*, p. 226; Stephen Jay Gould, *The Structure of Evolutionary Theory* (Cambridge, Mass., and London: Harvard University Press, Belknap Press, 2002), p. 216.
49. Richard C. Lewontin, "The Unit of Selection," *Annual Review of Ecology and Systematics* 1 (1970): 15. 이에 대한 의견으로, Sober and Wilson, *Unto Otheres*, pp. 44-50; Robert Wilson, *Genes and the Agents of Life: The Individual in the Fragile Sciences* (Cambridge: Cambridge University Press, 2005), pp. 197-199; and Shanahan, *The Evolution of Darwinism*, p. 55를 보라.
50. Sober and Wilson, *Unto Others*, pp. 32 – 33를 보라.
51. Sober and Wilson, *Unto Others*, p. 32.
52. E. H. Simson, "The Interpretation of Interaction in Contingency Tables," *Journal of the Royal Statistical Society*, ser. B, 13 (1951): 238-241를 보라. 또한 M. R. Cohen and E. Nagel, *An*

*Introduction to Logic and Scientific Method* (New York: Harcourt, Brace, 1934)

53. Sober and Wilson, *Unto Others*, p. 33도 보라.

54. Lenny Moss, "Darwinism, Dualism, and Biological Agency," in *Darwinism and Philosophy*, ed. Vittorio Hösle and Christian Illies (Notre Dame, Ind.: University of Notre Dame Press, 2005), p. 360를 보라.

55. Simon Conway Morris, *Life's Solution: Inevitable Humans in a Lonely Universe* (Cambridge: Cambridge University Press, 2003), p. 238.

56. Mario Bunge and Martin Mahner, *Foundations of Biophilosophy* (Berlin and Heidelberg: Springer, 1997), p. 344.

57. Richard Dawkins, *The Selfish Gene*, 2nd ed. (Oxford: Oxford University Press, 1989), p. 28.

58. Theodosius Dobzhansky, *Genetics and the Origin of Species*, 3rd ed. (New York: Columbia University Press, 1951), p. 16.

59. David L. Hull, *Science as Progress: An Evolutionary Account of the Social and Conceptual Development of Science* (Chicago: University of Chicago Press, 1988), p. 408.

60. Hull, *Science as Progress*, p. 408.

61. Hull, *Science as Progress*, p. 409.

62. Dawkins, *The Selfish Gene*, pp. 19-20.

63. George Williams, *Adaptation and Natural Selection: A Critique of Some Current Evolutionary Thought* (Princeton: Princeton University Press, 1966), p. 23.

64. Williams, *Adaptation and Natural Selection*, p. 24.

65. Dawkins, *The Selfish Gene*, pp. 34-35.

66. Richard E. Michod, *Darwinian Dynamics: Evolutionary Transitions in Fitness and Individuality* (Princeton: Princeton University Press, 1999), pp. 127-128.

67. Richard Dawkins, *The Blind Watchmaker: Why the Evidence of Evolution Reveals a Universe without Design* (New York: Norton, 1986), p. 111. 『눈먼 시계공』(사이언스북스 역간).

68. Scott F. Gilbert, *Developmental Biology*, 2nd ed. (Sunderland, Mass.: Sinauer, 1988), p. 812를 보라.

69. Ursula Goodenough, *The Sacred Depths of Nature* (Oxford: Oxford University Press, 1998), p. 151.

70. William Clark, *Sex and the Origins of Death* (Oxford: Oxford University Press, 1996), pp. 178-179.

71. Sober, *The Nature of Selection*, p. 252.

72. Sandra D. Mitchell, *Biological Complexity and Integrative Pluralism* (Cambridge: Cambridge

University Press, 2003), p. 70.

73. Richard Dawkins, *The Extended Phenotype: The Long Reach of the Gene* (Oxford: Oxford University Press, 1982), p. 1. 『확장된 표현형』(을유문화사 역간).

74. Roger McCain, "Critical Reflections on Sociobiology," *Review of Social Economy* 38, no. 2 (1980): 126.

75. Elizabeth Lloyd, "Evolutionary Psychology: The Burden of Proof," *Biology and Philosophy* 14 (1999): 225를 보라.

76. Lloyd, "Evolutionary Psychology," p. 225.

77. Simon Conway Morris, introduction to *The Deep Structure of Biology: Is Convergence Sufficiently Ubiquitous to Give a Directional Signal?* ed. Simon Conway Morris (West Conshohocken, Pa.: Templeton Foundation Press, 2008), p. ix.

78. *A Devil's Chaplain: Selected Essays by Richard Dawkins* (London: Weidenfeld and Nicolson, 2003), p. 160. 『악마의 사도』(바다출판사 역간).

79. Bunge and Mahner, *Foundations of Biophilosophy*, p. 288.

80. Denis Noble, *The Music of Life: Biology beyond Genes* (Oxford: Oxford University Press, 2006), p. 45. 『생명의 음악: 생명이란 무엇인가』(열린과학 역간).

81. Noble, *The Music of Life*, p. 18.

82. Mary Jane West-Eberhard, *Developmental Plasticity and Evolution* (Oxford: Oxford University Press, 2003), p. 20.

83. James Griesemer, "Genetics from an Evolutionary Process Perspective," in *Genes in Development: Re-reading the Molecular Paradigm*, ed. Eva Neumann-Held and Cristoph Rehmann-Sutter (Durham, N.C., and London: Duke University Press, 2006), p. 219.

84. Wilhelm Johannsen, "Some Remarks about Units in *Heredity*," *Heriditas* 4 (1923): 139.

85. Eva Jablonka and Marion Lamb, *Evolution in Four Dimensions: Genetic, Epigenetic, Behavioral and Symbolic Variation in the History of Life* (Cambridge: MIT Press, 2005), p. 7.

86. Goldschmidt, as quoted in M. R. Dietrich, "From Gene to Genetic Hierarchy: Richard Goldschmidt and the Problem of the Gene," in *The Concept of the Gene in Development and Evolution: Historical and Epistemological Perspectives,* ed. Peter Beurton, Raphael Falk, and Hans-Jörg Rheinberger (Cambridge: Cambridge University Press, 2000), p. 98.

87. E. F. Keller, *The Century of the Gene* (Cambridge: Harvard University Press, 2000), p. 63.

88. Richard M. Burian, "'Historical Realism,' 'Contextual Objectivity,' and Changing Concepts of the Gene," in *The Philosophy of Marjorie Grene*, ed. Randall E. Auxier and Lewis Edwin Hahn (Chicago: Open Court, 2002), pp. 353-354.

89. Beurton, Falk, and Rheinberger, *Concept of the Gene*, p. x.

90. Michel Morange, *The Misunderstood Gene*, trans. Matthew Cobb (Cambridge: Harvard University Press, 2001), p. 25.

91. Morange, *The Misunderstood Gene*, p. 26.

92. Morange, *The Misunderstood Gene*, p. 28.

93. Evan Thompson, *Mind in Life: Biology, Phenomenology, and the Sciences of the Mind* (Cambridge: Harvard University Press, 2007), p. 203; E. S. Russell, *The Interpretation of Development and Heredity: A Study in Biological Method* (Oxford: Clarendon, 1930), p. 234; T. Fogle, "The Dissolution of Protein Coding Genes in Molecular Biology," in *The Concept of the Gene in Development and Evolution*, p. 4; and Jan Sapp, *Genesis: The Evolution of Biology* (Oxford: Oxford University Press, 2003), p. 268를 보라.

94. Folge, "Dissolution," p. 23.

95. Philip Kitcher, "Gene," *British Journal for the Philosophy of Science* 33, no. 4 (1982): 357.

96. Richard M. Burian, *The Epistemology of Development, Evolution, and Genetics* (Cambridge: Cambridge University Press, 2005), p. 175.

97. Wilhelm Johannes, *Elemente der exakten Erblichkeitslehre* (Jena: Gustav Fischer, 1909), p. 124.

98. Richard Bird, *Chaos and Life: Complexity and Order in Evolution and Thought* (New York: Columbia University Press, 2003), p. 23.

99. Sapp, *Genesis*, pp. 215-216.

100. Bunge and Mahner, *Foundations of Biophilosophy*, p. 287.

101. 과학은 결말이 정해지지 않은 활동일 수밖에 없다. 따라서 과학의 미래 모습을 미리 차단해버리면 과학을 엉뚱한 방향으로 이끌 수 있다. 이렇게 되면 과학은 오히려 해를 끼칠 것이다. 19세기에 나타났던 자신만만한 유물론자를 기억해보라. 이들은 원자와 결정론을 선호하고, 우주에 시작이 없다고 주장하지 않았나? 이 책 6장을 보라.

102. *A Devil's Chaplain*, p. 81.

103. Jablonka and Lamb, *Evolution in Four Dimensions*, p. 67.

104. "우리는 매우 확실하게 다음과 같이 주장할 수 있다.…뉴턴 같은 인물이 언젠가 다시 나타나 미리 설계되지 않은 자연법칙으로 풀잎이 어떻게 생성되는지 이해할 수 있게 설명할 것을 기대하는 것은 불합리하다." Immauel Kant, *Critique of Teleological Judgement*, trans. J.C. Meredith (Oxford: Oxford University Press, 1952), p. 54.

105. Morange, *The Misunderstood Gene*, p. vii.

106. Joram Piatigorsky, *Gene Sharing and Evolution: The Diversity of Protein Functions* (Cambridge,

Mass., and London: Harvard University Press, 2007), p. 36.

107. George Beadle, "Chemical Genetics," in *Genetics in the Twentieth Century: Essay on the Progress of Genetics during Its First 50 Years*, ed. L. C. Dunn (New York: Macmillan, 1951), p. 228를 보라.

108. 이 모임의 명칭은 '콜드 스프링 하버 심포지엄: 거대 분자구조의 합성과 구조'였다. 1953년 심포지엄 참가자 명단에는 12명의 노벨상 수상자들도 있었다. Frank Macfarlane Burnet, Max Delbrück, Renato Dulbecco, Carleton Gajdusek, Alfred Hershey, François Jacob, Salvador Edward Luria, Andre Lwoff, Barbara McClintock, George Palade, Edward Tatum, and James Watson. 왓슨은 크릭과 함께 DNA의 이중나선구조를 고작 몇 달 일찍 해명했다.

109. George Beadle, "Mendelism 1965," in *Heritage from Mendel: Proceedings of the Mendel Centennial Symposium Sponsored by the Genetics Society of America*, ed. R. A. Brink and E. D. Styles (Madison: University of Wisconsin Press, 1967), p. 341.

110. Max Delbrück, discussion following David Bonner, "Biochemical Mutations in Neurospora," *Cold Spring Harbor Symposia on Quantitative Biology* 11 (1946): 14-24.

111. Dawkins, *The Selfish Gene*, pp. 19-20.

112. Noble, *The Music of Life*, p. 12.

113. Noble, T*he Music of Life*, p. 14.

114. Noble, *The Music of Life*, p. 9.

115. Jablonka and Lamb, *Evolution in Four Dimensions*, p. 7를 보라.

116. Jason Scott Robert, *Embryology, Epigenesis, and Evolution: Taking Development Seriously* (Cambridge: Cambridge University Press, 2004), p. 7.

117. Klaus Gärtner, "A Third Component Causing Random Variability Beside Environment and Genotype: A Reason for the Limited Success of a 30 Year Long Effort to Standardize Laboratory Animals?" *Laboratory Animals* 24 (1990): 71-77.

118. Thompson, *Mind in Life*, p. 203. 굴드도 정확히 똑같이 말한다. "몸을 원자처럼 쪼개어 부분으로 나눌 수 없다. 개별 유전자가 각 부분을 구성한다는 식으로 생각할 수도 없다. 수백 개의 유전자가 몸의 부분들을 만드는 데 기여한다. 만화경처럼 이어지는 환경의 영향이 유전자들의 작용을 중개한다." Stephen J. Gould, *The Panda's Thumb: More Reflections in Natural History* (New York: Norton, 1992, 『판다의 엄지』, 세종서적 역간), p. 91. 회슬레도 비슷하게 말한다. "유전자 쌍짓기 현상을 고려할 때, 원자론 모형은 전체론 모형으로 대체되어야 한다고 말할 수 있다." Hösle, *Morals and Politics*, p. 201.

119. Robert Wilson, *Genes*, p. 241.

120. Sahotra Sarkar, *Molecular Models of Life: Philosophical Papers on Molecular Biology* (Cambridge: MIT Press, 2005), p. 193.

121. David Stamos, *The Species Problem: Biological Species, Ontology, and the Metaphysics* of *Biology* (Lanham, Md., New York, and Oxford: Lexington Books, 2003), p. 46를 보라. 정말 탁월한 저서다.

122. Jonathan Marks, *What It Means to Be 98% Chimpanzee: Apes, People, and Their Genes* (Berkeley: University California Press, 2002), p. 105.

123. W. Nauta and M. Feirtag, "The Organization of the Brain," *Scientific American* 241, no. 3 (1979): 88.

124. S. Sarkar, "From the Reaktionsnorm to the Adaptive Norm: The Norm Reaction, 1909-1960," *Biology and Philosophy* 14, no. 2 (1999): 235-252를 보라. 이 현상은 지금은 확증되었고, "볼드윈 효과"로 불린다.

125. Raphael Falk, "Can the Norm of Reaction Save the Gene Concept?" In *Thinking about Evolution: Historical, Philosophical, and Political Perspectives*, vol. 2, ed. R. Singh et al. (Cambridge: Cambridge University Press, 2001), pp. 122-123.

126. Stamos, *The Species Problem*, p. 47 n. 8를 보라.

127. 유전자를 선택 단위로 추켜세우는 주장을 곧바로 반대할 수 있다. 반대 근거는 두 개다. "방향성"과 "상황 의존성"이다. 방향성을 근거로 반대하는 사람은 이렇게 말한다. 사람이 사물을 보듯 자연선택이 그냥 유전자를 볼 수 있는 것은 아니다. 반면, 상황 의존성을 근거로 반대하는 사람은 유전자에 있는 선택 가치가 고정되어 있지 않다고 말한다. 유전자는 과연 어떻게 선택되었을까? 유전자는 어떤 가치 때문에 선택되는가? 이 문제에 대한 논의를 위해서는 Sober, *The Nature of Selection*, p. 227를 보라.

128. Thompson, *Mind in Life*, p. 181.

129. Burian, *The Epistemology of Development*, p. 175.

130. Piatigorsky, *Gene Sharing and Evolution*, p. 36. 또한 Petter Portin의 중요한 글 "The Origin, Development and Present Status of the Concept of the Gene: A Short Historical Account of the Discoveries," *Current Genomics* 1, no. 1 (2000): 29-40, 여기서는 pp. 33-36를 보라.

131. Piatigorsky, *Gene Sharing and Evolution*, p. 3.

132. Piatigorsky, *Gene Sharing and Evolution*, p. 4.

133. 여기서 틀 전환을 말할 수도 있다(즉 다른 뉴클레오티드에서 시작할 수 있는 것이

다). 같은 단어들이라도 다른 순서로 읽을 수 있다. 따라서, 어떤 문장을 영어로 읽었다고 해보자. "Manchester United will win." 문자를 그대로 사용하면서 순서를 바꿀 수 있다. 위 문장을 "aesnmceth wriwl nil"로 바꿀 수 있다. DNA 서열의 경우, 어떤 순서도 늘 뜻을 가질 것이다. 따라서 DNA 서열에서는 "올바른" 순서란 없다. 같은 서열에서도 다른 결과들이 나온다.

134. Ulrich Wolf, "On the Problem of the Molecular versus the Organismic Approach in Biology," in *Gene in Development*, pp. 135-151. 여기서는 pp. 141-142.

135. T. W. Cline, "The Affairs of Daughterless and the Promiscuity of Developmental Regulators," *Cell* 59, no. 2 (October 1989): 231-234를 보라.

136. Sarkar, *Molecular Models of Life*, p. 375. 리드도 비슷한 결론을 내린다. "게놈 프로젝트가 완료되면서 우리는 분명히 다음 사실을 배웠다. 유전자를 모두 알긴 했지만 우리는 여전히 진화를 잘 모른다. 하지만 생물학은 여전히 유전자 중심의 우주에 살고 있다. 생물학의 중심에 자리 잡은 환원주의 블랙홀은 지적 힘과 물질 자원을 대부분 집어삼킨다." Robert Reid, *Biological Emergence: Evolution by Natural Experiment* (Cambridge: MIT Press, 2007), p. 11.

137. C. A. Thompson이 G 값 역설이 있다고 주장했다. "The Genetic Organization of Chromosomes," *Annual Review of Genetics* 5 (1971): 237-256; Hewson Swift는 1950년에 C 값 역설이 있다고 주장했다. "The Desoxyribose Nucleic Acid Content of Animal Nuclei," *Physiological Zoology* 23 (1950): 169-198, 그리고 "The Constancy of Desoxyribose Nucleic Acid in Plant Nuclei," *Proceedings of the National Academy of Sciences of the USA* 36, no. 11 (1950): 643-654를 보라. G 값 역설에 대해서는 Mattew W. Hahn and Gregory A. Wray, "The G-Value Paradox," *Evolution and Development* 4, no. 2 (2002): 73-75를 보라. 이에 대해 평한 것으로는 Conway Morris, *Life's Solution*, pp. 37-38; 그리고 Mario Bunge, *Emergent and Convergence: Qualitative Novelty and the Unity of Knowledge* (Toronto: University of Toronto Press, 2003), pp. 132-133를 보라.

138. Hahn and Wray, "The G-Value Paradox," pp. 73-75를 보라. G 값 역설은 C 값 역설의 유비다. G 값 역설은 게놈을 이용하여 C 값 역설을 모방한 것이다. 그래서 G 값 역설에 따르면, 유기체의 복잡성은 게놈의 크기와 아무런 상관이 없다. Austin L. Hughes, "Adaptive Evolution after Gene Duplication," *Trends in Genetics* 18, no. 9 (September 1, 2002): 433-434도 보라.

139. Michael Lynch, *The Origins of Genome Architecture* (Sunderland, Mass.: Sinauer, 2007), p. 43.

140. Hahn and Wray, "The G-Value Paradox," pp. 73-75를 보라. 또한 Steven J. Gould,

"Humbled by the Genome's Mysteries," *New York Times*, February 19, 2001도 보라. 프랜시스 콜린스 교수에게 감사드린다. 콜린스 교수는 인간 게놈 프로젝트의 전 책임자였다. 그는 이 문제를 두고 우리와 토의했다.

141. Gerd B. Müller and Stuart A. Newman, "Origination of Organismal Form: The Forgotten Cause in Evolutionary Theory," in *Origination of Organismal Form: Beyond the Gene in Developmental and Evolutionary Biology*, ed. Gerd B. Müller and Stuart A. Newman (Cambridge: MIT Press, 2003), p. 5.
142. Frank Rattray Lillie, "The Gene and the Ontogenetic Process," *Science* 64 (1927): 361-368, 여기서는 pp. 365와 367. "모든 세포는 같은 종류의 유전자를 가진다. 그런데 어떤 세포는 근육세포가 되고, 어떤 세포는 신경세포가 되며, 다른 세포는 그냥 생식세포로 남아 있다. 왜 그럴까?" T. H. Morgan, quoted in Amundson, *The Changing Role of the Embryo in Evolutionary Thought: Roots of Evo-Devo* (Cambridge: Cambridge University Press, 2005), p. 179. "유전자 이론이 맞다면, 유전자는 발달을 설명해야 한다. 하지만 분화된 다세포로 이뤄진 신체 세포는 모두 똑같은 유전자를 가진다. 그런데 유전자가 어떻게 발달을 설명할 수 있을까?" James Griesemer, "Tracking Organic Processes: Representation and Research Styles in Classical Embryology and Genetics," in *Form Embryology to Evo-Devo: A History of Developmental Evolution*, ed. Manfred D. Laubichler and Jane Maienschein (Cambridge: MIT Press, 2007), p. 416.
143. Morange, *The Misunderstood Gene*, pp. 20-21.
144. Morange, *The Misunderstood Gene*, pp. 22.
145. 로버트도 분명하게 밝힌다. "정보는 언어학자인 우베 포억센이 말한 유연한 단어 가운데 하나다. 유연한 단어는 다소 모호하지만 완전히 과학적 용어처럼 보인다. 유연한 단어는 적절한 사용 영역을 벗어나 다른 영역에도 적용된다. 그래서 이 단어는 일관된 뜻을 잃어버린다." Robert, *Embryology, Epigenesis, and Evolution*, p. 44.
146. Richard C. Lewontin, *The Triple Helix: Gene, Organism, and Environment* (Cambridge: Harvard University Press, 2000), p. 3.
147. Richard C. Lewontin, "The Corpse in the Elevator," *New York Review of Books* 29, no. 21 and 22 (January 20, 1983): 34-37, 여기서는 p. 36.
148. Dawkins, *The Blind Watchmaker*, p. 112.
149. Daniel C. Dennett, *Consciousness Explained* (Boston: Little, Brown, 1991), p. 430.
150. Morange, *The Misunderstood Gene*, p. 23를 보라.
151. Morange, *The Misunderstood Gene*, p. 24.
152. Enrico Coen, *The Art of Genes: How Organisms Make Themselves* (Oxford: Oxford University

Press, 1999), p. 343를 보라.

153. Sarkar, *Molecular Models of Life*, p. 206.

154. Sahotra Sarkar, "Biological Information: A Skeptical Look at Some Central Dogmas of Molecular Biology," in *The Philosophy and History of Molecular Biology: New Perspectives*, ed. Sahotra Sarkar (Dordrecht: Kluwer Academic Publishers, 1996), p. 187.

155. Thompson, *Mind in Life*, p. 180.

156. Bunge and Mahner, *The Foundations of Biophilosophy*, p. 281.

157. Alex Mauron, "Is the Genome the Secular Equivalent of the Soul?" *Science* 291, no. 5505 (February 2, 2001): 831-832.

158. Thompson, *Mind in Life*, p. 186.

159. Thompson, *Mind in Life*, p. 187.

160. Robert, *Embryology, Epigenesis, and Evolution*, p. 39를 보라.

161. Russell, *Interpretation of Development*, p. 154.

162. O. Hertwig, *Zeit-un Streitfragen der Biologie I. Präformation oder Epigenese? Grundzüge einer Entwicklungstheorie der Organismen* (Jena: Gustave Fischer, 1894), pp. 11, 140.

163. 붕헤와 마너는 이렇게 말한다. "플라톤주의에서 나는 온갖 구린내." 붕헤와 마너는 계속 지적한다. "전성설은 다시 인기를 누린다. 현대판 전성설을 보자. (옛 전성설의 경우) 캡슐 안에 소형 어른이 있거나, 이미 형성된 일부 형태가 있었다. 현대판 전성설에서는 이런 것들 대신에 '암호화된 지침'이 등장했다. 새로운 전성설의 근본은 유전자 정보론이다." Bunge and Mahner, *The Foundations of Biophilosophy*, pp. 151와 280. 결국 길버트는 이렇게 지적한다. "유기체는 유기체 유전자의 부수현상으로 볼 수 있으며, 배아 연구는 유전자 표현에 대한 연구로 환원된다." Gilbert, *Developmental Biology*, p. 812. 울프도 비슷하게 말한다. "유전자는 이미 형성된 프로그램의 코드를 재현한다. 이 프로그램에는 유기체 발달에 대한 모든 정보가 담겨 있다. 따라서 이 프로그램의 코드를 호출하면 유기체가 발달한다. 따라서 개체발생은 전성설을 따른다." Wolf Callebaut et al., "The Organismic Systems Approach: Streamlining the Naturalistic Agenda," in *Integrating Evolution and Development: From Theory to Practice*, ed. Roger Sansom and Robert Brandon (Cambridge: MIT Press, 2007), p. 27.

164. Michael T. Ghiselin, *Metaphysics and Origin of Species* (New York: State University of New York Press, 1997), p. 146.

165. Morange, *The Misunderstood Gene*, p. 28.

166. K. Weiss and S. Fullerton, "Phenogenetic Drift and the Evolution of Genotype-Phenotype Relationships," *Theoretical Population Biology* 57, no. 3 (2000): 187-195, 여기서는 p.

192. 웨이스 교수에게 감사드린다. 웨이스 교수는 다른 사람과 함께 쓴 논문을 복사하여 우리에게 보냈다.

167. 역사를 추적해보면, 다음 논쟁과 비슷한 논쟁이 예전에 이미 있었음을 알 수 있다. 골드슈미트는 이렇게 주장한다. "이제 유전자를 구별되고 분리된 존재자로 볼 수 없다." 하지만 (우리가 보기에) 도브잔스키는 다소 비웃으며 이런 생각을 반박한다. "부서지지 않는 벽이 분명 유전자를 분리시키고 있을 것이다. 그렇지 않고서는 유전자는 아예 존재하지 않는다." Jean Gayon, "From Measurement to Organization: A Philosophical Scheme for the History of the Concept of Heredity," in *The Concept of the Gene in Development and Evolution*, p. 98에서 인용.

168. Gould, *The Structure of Evolutionary Theory*를 보라.

169. Samir Okasha, *Evolution and the Levels of Selection* (Oxford: Clarendon, 2006), p. 15를 보라.

170. James Griesemer, "Reproduction and the Reduction of Genetics," in *The Concept of the Gene in Development and Evolution*, p. 252.

171. Okasha, *Evolution*, p. 16. 또한 John Maynard Smith and Eörs Szathmary, *The Major Transition in Evolution* (San Francisco: W. H. Freeman, 1995)도 보라.

172. 이것이 우주론적 논증을 반박한, 가장 훌륭한 흄의 논증인지 분명하지 않다. 우리는 우주를 하나의 대상으로 가정할 수 없기 때문이다. 우리가 정말 우주에 한계를 정한다면, 그것은 더 이상 우주가 아니다!

173. Noble, *The Music of Life*, p. 14.

174. Joseph Vining, *The Song Sparrow and the Child: Claims of Science and Humanity* (Notre Dame, Ind.: University of Notre Dame Press, 2004), p. 32.

175. Gould, *Structure of Evolutionary Theory*, p. 621.

176. Griesemer, "Genetics," p. 218.

177. James Griesemer, "The Informational Gene and the Substantial Body: On the Generalization of Evolutionary Theory by Abstraction," in *Idealization XII: Correcting Model ; Idealization and Abstraction in the Science*, ed. Martin Jones and Nancy Cartwright (Amsterdam and New York: Rodopi, 2005), p. 96. 여기서 기슬린의 주장은 중요하다. "생명체를 '운반자'로 부를 때, 우리는 의심스러운 형이상학적 주장을 뒷받침하려고 어긋난 은유를 쓰고 있는 것이다. 유전자와, 복제물을 이루는 물질을 '복제자'로 명명하는 것은 더 해롭다. 그렇게 명명해도 사태가 더 분명해지지 않기 때문이다. 영어에서 쓰이는 접미사 'or' 는 다음 사실을 가리킨다. or가 붙은 어근은 행위자의 존재론적 범주에 속한다(예를 들어 traitor). 'copier'에서 er은 복사행위를 하는 자를 뜻한다. er은 복사할 때 사용하는 종이를 가리키지 않는다. 활동하는 행위자와 대비되는, 행위가 가해지

는 대상을 가리킬 때 우리는 다른 접미사를 사용한다. 상식적 형이상학대로 생각할 때 저자와 편집자가 텍스트를 만들고 바꾸며, 출판업자가 텍스트를 복사하여 전파한다. 도킨스가 '복제자'를 'replicanda'라고 불렀다면, 도킨스의 형이상학은 훨씬 분명해졌을 것이고, 사람들도 도킨스를 그렇게 심각하게 대하지 않았을 것이다." 기슬린은 계속 해서, "다른 어떤 존재자보다 유전자가 기초적 존재라고 주장하는 논증은 전혀 설득력이 없다. 이것은 내용 있는 지식 주장에 근거한 논증이 아니라, 기껏해야 도킨스의 형이상학적 관점이 자의적으로 불러준 논증에 불과한 것 같다." Ghiselin, *Metaphysics*, p. 147.

178. Scott F. Gilbert, "Genes Classical and Genes Developmental: The Different Use of Genes in Evolutionary Syntheses," in *The Concept of the Gene in Development and Evolution*, p. 178.
179. Leo W. Buss, *The Evolution of Individuality* (Princeton: Princeton University Press, 1987), p. 25 참조.
180. Griesemer, "Genetics," p. 208.
181. Griesemer, "Genetics," pp. 218-219를 보라.
182. Griesemer, "The Informational Gene and the Substantial Body"를 보라.
183. Okasha, *Evolution*, p. 220.
184. Jonas, *The Phenomenon of Life*, p. 54 n. 7를 보라. Rahner, *Hominisation*, p. 45, 그리고 Braine, *The Human Person*, p. 23 참조.
185. Robert Spaemann도 똑같이 지적하면서 유물론적 일원론은 이원론의 의도치 않은 발전(malgré lui)이라고 말한다. *Persons: The Difference between "Someone" and "Something,"* trans. Oliver O'Donovan (Oxford: Oxford University Press, 2006), p. 49.
186. Jonas, *The Phenomenon of Life*, p. 57.
187. Jonas, *The Phenomenon of Life*, p. 57.
188. 벌거벗음의 뜻을 두고 애론 리치와 피터 캔들러, 이란 브렌트 드리거와 토론했다. 이 토론은 유익했다. 이들에게 감사드린다.
189. 제인 베넷은 물질을 부정적으로 해석할 때 어떤 문제가 생기는지 올바로 지적한다. "'물질'은 아무런 생기가 없다고 생각할 때만, 무상함이란 문제가 생긴다. 또한 과학이 이용하는 유물론이 뉴턴 물리학을 기초로 삼을 때만, 무상함이란 문제가 생긴다.…[하지만] 물질은 생동하며, 복원력이 있고, 예측 불가능하며, 고집이 있다. 우리에게 이런 물질이 이미 신비의 근원이다." Bennett, *The Enchantment of Modern Life: Attachments, Crossings, and Ethics* (Princeton: Princeton University Press, 2001), p. 64.
190. Jonas, *The Phenomenon of Life*, p. 57.
191. Thompson, *Mind in Life*, p. 78.

192. Griesemer, "Genetics," p. 215 참조.

193. Michod, *Darwinian Dynamics*, p. 7.

194. Richard E. Michod, "Cooperation and Conflict in the Evolution of Individuality," *American Naturalist* 149, no. 4 (1997) 607-645를 보라. "협력 덕분에 다음 수준으로 진행할 수 있다. 낮은 수준에서 감소한 적합성은 협력을 통해 높은 수준에서 증가한 적합성으로 바뀌기 때문이다"(p. 6).

195. Levinas가 *Otherwise than Being*, p. vii에서 인용.

196. Chesterton, *Heretics*, p. 79.

197. Michod, *Darwinian Dynamics*, p. 82.

198. David Sloan Wilson, *Darwin's Cathedral: Evolution, Religion, and the Nature of Society* (Chicago: University of Chicago Press, 2003), p. 20.

199. Robert Wilson, *Genes*, p. 87.

200. Robert Wilson, *Genes*, p. 89를 보라.

201. Reid, *Biological Emergences*를 보라.

202. 평범하게 말해보자. 어떤 사람이 당신에게 "코트를 왜 입어요?"라고 물으면 당신은 "추우니까요"라고 대답한다. 이것이 바로 근접 설명이다. 반면 생존에 보탬이 되니까 당신은 코트를 입는다. 이것은 궁극(최종) 설명이다.

203. Buss, *The Evolution of Individuality*, p. 180 n. 14.

204. Buss, *The Evolution of Individuality*, p. 181.

205. Hösle, *Morals and Politics*, p. 207.

206. Hösle, *Morals and Politics*, p. 207.

207. Jonas, *The Phenomenon of Life*, p. 107.

208. Jonas, *The Phenomenon of Life*, p. 107.

209. Jonas, *The Phenomenon of Life*, p. 106.

210. Peter Koslowski, "The Theory of Evolution as Sociobiology and Bioeconomics: A Critique of Its Claim to Totality," in *Sociobiology and Bioeconomics: The Theory of Evolution in Biological and Economic Theory*, ed. Peter Kowlowski (Berlin, Heidelberg, and New York: Springer, 1998), p. 310.

211. Michod, *Darwinian Dynamics*, p. xiii.

212. *The Phenomenon of Life*, p. 106. 칼 포퍼와 니콜 킹도 요나스와 비슷하게 말한다. "신다윈주의는 특히 단세포 유기체에서 다세포 유기체로 바뀌는 과정을 제대로 설명하지 못한다. 다세포 유기체는 생식할 때 애를 먹는다. 이런 어려움은 새로 생겼으며 특이하다. 다세포 유기체는 특히 생식 후에 살아남기가 어렵다. 또한 단세포 유

기체에서 다세포 유기체로 바뀌면서 죽음이란 새로운 사건이 생명체로 들어왔다." Karl Popper, *Objective Knowledge: An Evolutionary Approach* (Oxford: Clarendon, 1979), p.271 n. 14. "생명사를 관찰해보면, 진핵세포는 단세포 생존 양식에 익숙하다. 이 사실을 고려해도, 다세포로 전환이 일어날 때 어떤 선택 이점이 있을 수 있는지 여전히 질문으로 남아 있다." Nicole King, "The Unicellular Ancestry of Animal Development," *Developmental Cell* 7, no. 3 (September 1, 2004): 313-325.

213. Jonas, *The Phenomenon of Life*, p. 80를 보라. 죄나 폭력처럼 이기주의가 처음부터 있었다면 우리는 이기주의를 선택하지도 못했을 것이다. 이기주의는 우리 눈앞에서 녹아 없어지고 우리에게 아무런 뜻도 낳지 못했을 것이다. 신학으로 풀이하자면, 죄가 독창적이며 원초적이지 않은 이유도 바로 이것이다. 즉 죄는 독특하고 특이하지 처음부터 있었던 것은 아니다.

214. Jonas, *The Phenomenon of Life*, p. 80.

215. Lynn Margulis and Dorion Sagan, *What is Life?* (New York: Simon and Schuster, 1995), p. 23. 끊임없이 변한다는 사실을 고려할 때 E. J. Lowe의 말은 전혀 놀랍지 않다. "최대한 진실되게 말해보자. 정신적 활동과 뇌 기능은 경험적으로 상관관계가 있는 것 같다.…하지만 지각하고 행위하는 능력은 본성상 어떤 뇌 상태에도 깃들지 않는다. 뇌가 없는 존재에도 지각하고 행위하는 능력이 있다고 가정해보자. 이 가정을 이해할 수 없게 만드는 요인은 없다." Lowe, *Subjects of Experience* (Cambridge: Cambridge University Press, 2006), pp. 42-44. 리처드 존스도 비슷하게 말한다. "우리는 진화된 복잡한 동물처럼 살아가지만, 우리의 생명은 죽음에서 끝난다. 혹은 우리 안에서 여러 수준의 실재가 작동하는 것 같다. 이 가운데 어떤 수준의 실재는 어떤 식으로든 죽음 후에도 지속될 것이다. 과학적 신체 연구나…물리적 상태와 정신적 상태의 상관관계를 조사해도 이런 일이 가능함을 증명할 수 없을 것이다." Jones, *Reductionism: Analysis and the Fullness of Reality* (Lewisburg, Pa., and London: Bucknell University Press, 2000), p. 351.

216. Michod, *Darwinian Dynamics*, p. 138.

217. Noble, *The Music of Life*, p. 21.

218. Russell Gray, "Death of the Gene: Developmental Systems Strike Back," in *Trees of Life: Essays in Philosophy of Biology*, ed. Paul Griffiths (Dordrecht, Boston, and London: Kluwer, 1992), p. 176를 보라.

219. Eva Neumann-Held, "Conceptualizing Genes in the Constructionist Way," in *Sociobiology and Bioeconomics*, p. 130.

220. Noble, *The Music of Life*, p. 41.

221. Lowell Nissen, *Teleological Language in the Life Sciences* (Lanham, Md., Boulder, Colo., and Oxford: Rowman and Littlefield, 1997), p. 110.

222. Noble, *The Music of Life*, p. 4.

223. Thompson, *Mind in Life*. p. 175를 보라.

224. Buss, *The Evolution of Individuality*, pp. 20-22를 보라.

225. Thompson, *Mind in Life*, p. 176를 보라.

226. Thompson, *Mind in Life*, p. 176.

227. 하지만, 프레드 기포드는 올바로 지적한다. "유전자에서 나온 형질과 그렇지 않은 형질을 확실하게 구분하기 어렵다." "Gene Concepts and Genetic Concepts," in *The Concept of the Gene in Development and Evolution*, p. 46.

228. Jablonka and Lamb, *Evolution in Four Dimensions*, p. 1.

229. Okasha, Evolution, p. 15. 또한 Robert Boyd and Peter J. Richerson, *The Origin and Evolution of Cultures* (Oxford: Oxford University Press, 2005)도 보라.

230. Jan Sapp, "Inheritance: Extragenomic," in *Keywords and Concepts in Evolutionary Development Biology*, p. 202. 또한 Eva Jablonka and Marion Lamb, *Epigenetic Inheritance and Evolution: The Lamarckian Dimension* (Oxford: Oxford University Press, 1994)도 보라. 이 주제에서 유전체 각인도 중요하다. 얀 샙을 다시 인용해보자: 유전체 각인은 유전자와 일부 염색체, 전체 염색체의 표현과 전달을 가리킨다. 혹은 염색체 전체 집합은 염색체를 물려준 부모의 성별에 따라 달라진다"(pp. 202-203)

231. David Baltimore와 Howard Temin은 이 역전사효소의 발견의 공로로 노벨상을 수상했다.

232. Elof Axel Carlson, "Defining the Gene: An Evolving Concept," *American Journal of Human Genetics* 49, no. 2 (August 1991): 475-487, 여기서는 p. 475.

233. Petter Portin, "The Concept of the Gene: Short History and Present Status," *Quarterly Review of Biology* 68 (1993): 173-223, 여기서는 p. 208.

234. Lenny Moss, *What Genes Can't Do* (Cambridge: MIT Press, 2004)를 보라.

235. Gerd B. Müller and Stuart A. Newman, eds., *Origination of Organismal Form: Beyond the Gene in Developmental and Evolutionary Biology* (Cambridge: MIT Press, 2003), p. 9를 보라.

236. Mitchell, *Biological Complexity*, p. 69.

237. Peter J. Beurton, "A Unified View of the Gene, or How to Overcome Reductionism," in *The Concept of the Gene in Development and Evolution*, p. 292.

238. Beurton, "Unified View," p. 295.

239. Beurton, "Unified View," p. 305.

240. Beurton, "Unified View," p. 308.

241. Weiss and Fullerton, "Phenogenetic Drift," p. 192를 보라. 또한 Portin, "The Origin, Development and Present Status of the Concept of the Gene"도 보라.

242. Weiss, "Phenotype and Genotype," p. 287.

243. Thompson, *Mind in Life*, p. 75.

244. Scott F. Gilbert, John M. Opitz, and Rudolf A. Raff, "Resynthesizing Evolutionary and Development Biology," *Developmental Biology* 173, no. 2 (February 1, 1996): 357-372, 여기서는 p. 361. "집단유전학은 지나치게 단순하다. 집단유전학은 유전자와 유전자형의 빈도에 주목하면,서 이런 것들이 정말 실재하는 존재라고 가정한다. 이런 개념들은 진화에 대한 충분한 설명이지 실제 과정을 단순하게 이해하기 위한 도구가 아니라 생각한다면, 이런 생각은 환원주의스럽다. 분자유전학과 세포유전학을 동원하더라도 우리는 유전자와 염색체 수준에서 일어나는 돌연변이를 설명할 수 있을 뿐이다. 발달생물학을 온전히 이해하지 않는다면, 우리는 사태를 단순화하거나 환원주의에 머무를 것이다(아니면 둘 모두에 머무르든지). 우리가 이런 상태에 머물면, 우리는 살아 있는 생명체를 다룬다고 말할 수 없다. 즉 우리는 생물학을 제대로 연구하지 못한 것이다." Bunge and Mahner, *The Foundation of Biophilosophy*, p. 344.

245. Philip W. Anderson, "More Is Different," *Science*, n.s., 177, no. 4047 (August 4, 1972): 393-396.

246. Michel Morange, *A History of Molecular Biology*, trans. Matthew Cobb (Cambridge: Havard University Press, 2000), p. 246.

247. Hösle, *Morals and Politics*, p. 212.

248. Joseph Margolis, *The Unraveling of Scientism: American Philosophy at the End of the Twentieth Century* (Ithaca, N.Y., and London: Cornell University Press, 2003), p. 38를 보라.

249. Helmuth Plessner, *Laughing and Crying: A Study of the Limited of Human Behavior*, trans. James Spencer Churchill and Marjorie Grene (Evanston, Ill.: Northwestern University Press, 1970); Johann Gottfried von Herder, Reflections on the *Philosophy of History of Mankind 1, in Sämtliche Werke*, ed. B. Sauphan (Berlin, 1887), p. 146를 보라.

250. Terrence Deacon, "Emergence: The Hole at the Wheel's Hub," in *The Reemergence of Emergence: The Emergentist Hypothesis from Science to Religion*, ed. Philip Clayton and Paul Davies (Oxford: Oxford University Press, 2006), p. 149 참조. p. 18. 디컨 교수에게 감사드린다. 그는 친절하게도 이 논문을 나에게 보내줬다.

251. Craig L. Nessan, "The Fall from Dreaming Innocence: What Tillich Said Philosophically in Light of Evolutionary Science," in *Paul Tillich's Theological Legacy: Spirit and Community*, ed.

Frederick J. Parrella (Berlin and New York: De Gruyter, 1995), p. 112.

252. Elliott Sober, "Evolutionary Altruism, Psychological Egoism, and Morality: Disentangling the Phenotypes," in *Evolutionary Ethics*, ed. Matthew H. Nitecki and Doris V. Nitecki (Albany: State University of New York Press, 1993), p. 214.

253. Carl D. Schlichting and Massimo Pigliucci, *Phenotypic Evolution: A Reaction Norm Perspective* (Sunderland, Mass.: Sinauer, 1998), p. 27.

254. Morange, *The Misunderstood Gene*, p. 159.

255. Rupert Riedl, "A System-Analytical Approach to Macro-evolutionary Phenomena," *Quarterly Review of Biology* 52, no. 4 (December 1977): 351-370, 여기서는 p. 366.

256. Peter Corning, *Nature's Magic: Synergy in Evolution and the Fate of Humankind* (Cambridge: Cambridge University Press, 2003), p. 155.

257. 적극적 다윈주의는 이렇게 가정한다. "생명체가 지구에 나타난 때에 살아 있는 유기체는…행동 형질을 획득했다. 즉 이들은 행동하는 탐험가가 되었고,…호기심을 가지고 새로운 환경을 찾아나선 것이다.…새로운 서식지를 찾아가고, 때때로 생활방식을 조금이라도 바꾸려고 하며, 새로운 행동방식을 찾아보려고 했다. 특히 뭔가 새롭게 시도하려고 했다. 이처럼 다윈주의는 정신처럼 스스로 움직이는 힘을 가정하는데, 이 힘은 때때로 다윈주의가 가정하는 소극적 힘만큼, 가끔은 더욱 중요해진다." Karl Popper, "The Place of Mind in Nature," in *The Mind in Nature,* ed. Karl Popper and Richard Q. Elvee (San Francisco: Harper and Row, 1982), pp. 31-59.

258. Spaemann, *Persons,* p. 118.

## 3장

1. Ludwig Wittgenstein, *Philosophical Investigations*, ed. G. E. M. Anscomb and R. Rhees, trans. G. E. M. Anscombe (Oxford: Blackwell, 1953), #593.
2. Fyodor Dostoevsky, *The Possessed*, trans. A. R. MacAndrew (New York: New American Library, 1962), p. 237.
3. Charles Darwin, *The Descent of Man, and Selection in Relation to Sex*, ed. Adrian Desmond and James Moore, 2nd ed. (London: Penguin Books, 2004), p. 81.
4. Ludwig von Bertalanffy, *Problems of Life: An Evaluation of Modern Biological and Scientific Thought* (New York: Harper and Brothers, 1952), p. 92.
5. August Weismann, "The All-Sufficiency of Natural Selection: A Reply to Herbert Spencer," *Contemporary Review* 64 (1893): 309-338, 596-610를 보라.
6. Charles Darwin, *On the Origin of Species, and Other Texts*, ed. Joseph Carroll (Peterborough,

Ontario: Broadview Texts, 2003), p. 162. 모든 인용은 다윈의 책 1판에서 이뤄졌다.

7. Darwin, *On the Origin of Species*, p. 397.
8. Aristotle, *Progression of Animals* 704b. 15-17.
9. Darwin, *On the Origin of Species*, p. 387.
10. Darwin, *On the Origin of Species*, p. 242.
11. Darwin, *On the Origin of Species*, p. 375-376.
12. Darwin, *On the Origin of Species*, p. 377.
13. Darwin, *On the Origin of Species*, p. 218.
14. Darwin, *On the Origin of Species*, p. 219.
15. Darwin, *On the Origin of Species*, p. 221.
16. Darwin, *The Descent of Man*, p. 81; "나는 자연선택에 너무 큰 힘을 부여하는 잘못을 저질렀다"(p. 82).
17. Darwin, *The Descent of Man*, pp. 449-450.
18. Darwin, *The Descent of Man*, p. 114.
19. Amotz Zahavi, "Mate Selection: A Selection for a Handicap," *Journal of Theoretical Biology* 53 (1975): 205-214. 최근 성 선택 연구 가운데 흥미로운 연구를 보려면 Anne E. Houde, *Sex, Colour, and Mate Choice in Guppies* (Princeton: Princeton University Press, 1997)를 보라.
20. Alex Rosenberg and Daniel McShea, *Philosophy of Biology: A Contemporary Introduction* (London and New York: Routledge, 2008), p. 68.
21. Vittorio Hösle, "Objective Idealism and Darwinsim," in *Darwinism and Philosophy*, ed. Vittorio Hösle and Christian Illies (Notre Dame, Ind.: University of Notre Dame Press, 2005), p. 235. 회슬레는 다윈이 아름다움을 판단할 객관적 기준을 가정한다고 주장한다. 즉 다윈은 이렇게 주장한다. "적어도 모든 척추동물에게서 나타나는, 아름다움을 추구하는 성향은 기본적으로 조화를 이룬다.…아름다움에 대한 다윈의 생각은 상대주의를 분명하게 거부한다. 다윈에게 아름다움은 종에 따라 달라지는 개념이 아니다. 다윈은 새가 진화하면서 아름다움도 점점 증가한다고 말한다(여기서 다윈의 미 사상이 분명하게 드러난다). 일단 아름다움이 점점 증가한다고 말하려면, 종을 초월하는 아름다움의 기준을 전제해야 하고, 다윈의 성 선택 이론에 따라 새에게서 나타나는 아름다움을 추구하는 성향이 진보해야 한다"(p. 233).
22. Charles Darwin, *The Variation of Animal and Plants under Domestication*, 2 vols. (New York: Orange Judd, 1868; reprint, Baltimore: Johns Hopkins University Prss, 1998), 2:248 (인용은 1판에서 이뤄졌다).

23. Julian Huxley, *Evolution: The Modern Synthesis* (London: George Allen and Unwin, 1942), p. 23.

24. Steve Fuller, *Science versus Religion: Intelligence Design and the Problem of Evolution* (Cambridge: Polity Press, 2007), p. 35.

25. Michael Lynch, *The Origins of Genome Architecture* (Sunderland, Mass.: Sinauer, 2007), p. 369.

26. Jacques Lacan, *The Seminar of Jacques Lacan, XI: The Four Fundamental Concepts of Psychoanalysis,* ed. Jacques-Alain Miller, trans. Alan Sheridan (London: Vintage Books, 1977), p. 25.

27. R. A. Fisher, "The Measurement of Selective Intensity," *Proceedings of the Royal Society of London*, ser. B, 121 (1936): 58-62, 여기서는 p. 58.

28. Sewall Wright, "Evolution in Mendelian Population," *Genetics* 16, no. 2 (1931): 97-159, 여기서는 p. 127.

29. Denis Walsh, Tim Lewens, and André Ariew, "The Trials of Life: Natural Selection and Random Drift," *Philosophy of Science* 69, no. 3 (2002): 452-473, 여기서는 p. 458.

30. Walsh, Lewens, and Ariew, "The Trials of Life," p. 459.

31. Lynch, *Origins of Genome Architecture*, p. 70. 붕헤와 마너도 이 견해를 뒷받침한다. "(집단) 선택 과정이 항상 집단에 속한 유기체를 골라내면서 마무리된다 해도, 이렇게 골라내는 과정이 늘 자연선택의 결과는 아니다. 예를 들어 무작위 부동도 개체군의 일부를 골라낸다." Mario Bunge and Martin Mahner, *Foundations of Biophilosophy* (Berlin and Heidelberg: Springer, 1997), p. 333.

32. Sewall Wright, "The Role of Mutation, Inbreeding, Crossbreeding and Selection in Evolution," *Proceedings of the Sixth International Congress of Genetics* 1 (1932): 356-366, 여기서는 p. 364.

33. Wright, "Evolution in Mendelian Population," pp. 153-154.

34. Timothy Shanahan, *The Evolution of Darwinism: Selection, Adaptation, and Progress in Evolutionary Biology* (Cambridge: Cambridge University Press, 2004), p. 129; 이 절의 내용은 섀너헌의 정교한 저서에 빚지고 있다.

35. Stephen J. Gould, "The Hardening of the Modern Synthesis," in *Dimensions of Darwinism: Themes and Counterthemes in Twentieth-Century Evolutionary Theory*, ed. Marjorie Greene (Cambridge: Cambridge University Press, 1983), p. 73.

36. 굴드가 말한 유명한 저작들은 다음과 같다. Theodosius Dobzhansky, *Genetics and the Origin of Species* (New York: Columbia University Press, 1937, 1st ed.; 3rd ed. 1951); David Lack, *Darwin's Finches: An Essay on the General Biological Theory of Evolution* (Cambridge:

Cambridge University Press, 1947), and its reprint with a new preface (New York: Harper and Torch Books, 1960); George Gaylord Simpson, *Tempo and Mode in Evolution* (New York: Columbia University Press, 1944), and his later *The Major Features of Evolution* (New York: Columbia University Press, 1960).

37. Gould, "The Hardening," p. 75.
38. Stephen Jay Gould and Richard C. Lewontin, "The Spandrel of San Marco and the Panglossian Paradigm: A Critique of the Adaptationist Programme," *Proceedings of the Royal Society of London,* ser B, 205, no. 1161 (1979): 581-598를 보라.
39. Michael Ruse, *Monad to Man: The Concept of Progress in Evolutionary Biology* (Cambridge: Harvard University Press, 1996), p. 457; Shanahan, *The Evolution of Darwinism*, p. 134에서 인용.
40. Arthur J. Cain, "Non-adaptive or Neutral Characters in Evolution," *Nature* 168, no. 4285 (1951): 1049.
41. Arthur J. Cain, "So-called Non-adaptive or Neutral Characters in Evolution," *Nature* 168, no. 4285 (1951): 424.
42. Cain, "Non-adaptive or Neutral Characters in Evolution," p. 1049; 이에 대한 의견으로, Shanahan, *The Evolution of Darwinism*, pp. 134-137도 보라.
43. Voltaire, *Candide*, trans. Burton Raffel (New York: St Martin's Press, 2005). 『캉디드』(지만지 역간)
44. 라이프니츠는 "신정론"이란 말을 만들어냈다. 이 용어의 어원을 보면, *theos*는 신이며, dikê는 정의다. Gottfried Wilhelm Leibniz, *Theodicy: Essays on the Goodness of God, the Freedom of Man, and the Origin of Evil*, ed. Austin Marsden Farrer, trans. E. M. Huggard (Chicago: Open Court, 1988)를 보라.
45. 라프는 스팬드럴에 대해 흥미로운 유비를 제시한다. "종이컵의 구조는 훌륭한 유비로 사용될 수 있다. 종이컵에 물을 부을 때 이음매가 유지되는 한, 옆 면에 있는 이음매는 아무런 기능도 하지 않는다. 종이컵에서 이음매는 아무런 선택 이점도 주지 않는다. 이유는 간단하다. 종이컵을 만들 때, 종이의 끝부분을 이어붙여서 실린더나 콘 모양을 만들기 때문이다. 종이컵은 이렇게 물 마시는 용기가 되며, 이 용기는 배꼽의 비유가 된다. 배꼽 같은 기관 특징은 이미 다 자란 개체에는 중요하지 않지만, 중요한 발달이 일어난다는 것을 표시한다." Rudolf A. Raff, *The Shape of Life: Genes, Development, and the Evolution of Animal Form* (Chicago: University of Chicago Press, 1996), p. 297.
46. Aristotle, *Politics* 1.2.1253a20-21를 보라.
47. Gould and Lewontin, "Spandrels of San Marco," p. 151.

48. Gould and Lewontin, "Spandrels of San Marco," p. 581. 굴드와 르원틴은 이렇게 말한다. "유기체는 원자처럼 '형질'로 쪼개지며, 형질들은 기능을 수행하기 위해 자연선택이 가장 알맞게 설계한 구조로 간주된다"(p. 586). 중요한 제약이 두 가지 있다. 첫째, 수직 제약이 있다. 라프는 말한다. "발달과정동안 원인과 결과 관계가 이어지면서 수직 제약이 생긴다. 다시 말해, 이전 단계가 다음 단계를 낳는 방식으로 사건이 이어진다고 가정할 수 있다. 이렇게 이어지는 사건들은 선형적이거나 가지처럼 뻗어나간다." Raff, *The Shape of Life*, pp. 317-318. 둘째, 수평 제약이 있다. 특정한 발달 단계에서 특징이나 과정이 서로 얽히면서 수평 제약이 나타난다. 발생단계에서 기능 영역들이 귀납적으로 서로 작용하면서 이어지는 사건들에 강력한 영향을 준다. 그래서 수평 제약이 생긴다"(p. 318). 다른 곳에서 굴드도 다음과 같이 주장한다. "유전된 형상과 발달 경로라는 제약은 늘 변화로 이어질 수 있다. 그래서 자연선택이 운동을 한정된 경로로 유도하지만, 제약이 변화를 중개한다는 사실은 진화 방향을 결정하는 일차 요인을 뜻한다." Stephen Jay Gould, "Darwinism and Expansion of Evolutionary Theory," *Science* 216, no. 4544 (April 1982): 380-387, 여기서는 p. 383.
49. Lynch, *Origins of Genome Architecture*, p. 389.
50. Evan Thompson, *Mind in Life: Biology, Phenomenology, and the Sciences of the Mind* (Cambridge: Harvard University Press, 2007), p. 203.
51. Theodosius Dobzhansky, *Genetics of the Evolutionary Process* (New York: Columbia University Press, 1970), p. 65. 또는 로버트 리처드슨의 표현처럼, "가장 통제되고, 이상화된 조건이 아니라면, 자연선택은 우리가 관찰한 유전형이나 표현형 빈도의 변화를 충분히 설명할 수 없다." Robert Richardson, *Evolutionary Psychology as Maladapted Psychology* (Cambridge: MIT Press, 2007), p. 116.
52. Joel Pust, "Natural Selection and the Traits of Individual Organisms," *Biology and Philosophy* 19, no. 5 (November 2004): 765-779, 여기서는 p. 766를 보라.
53. Pust, "Natural Selection," p. 767. "대체로 다음 사실은 옳다. 어떤 규정된 인과 요인은 어떤 개체가 왜 있는지 설명한다(하지만 어떤 개체가 왜 없는지 설명하지는 않는다). 그러나 그 인과 요인은 그 개체가 왜 (저 속성이 아니라) 이 속성을 가지는지 설명할 수 없다. 그 인과 요인이 작용하지 않으면 그 개체는 존재하지 않는다고 해보자. (그렇다면) 그 인과 요인이 작용한다고 해서, 그 개체가 왜 (저 속성이 아니라) 이 속성을 가지는지 설명할 수 있을까?"(p. 769).
54. Elliott Sober, *The Nature of Selection: Evolutionary Theory in Philosophical Focus* (Chicago and London: University of Chicago Press, 1993), p. 24, and Stephen Jay Gould, "Freudian Slip," *Natural History* 96 (February 1987): 14-21, 여기서는 p. 21.

55. Raff, *The Shape of Life*, p. 319.

56. André Ariew, "Adaptationism and Its Alternatives: Explaining Origins, Prevalence and Diversity of Organic Forms"(Annual Duke Conference of Philosophy of Biology, Duke University, 2003); available online: http://web.missouri.edu/~ariewa/Adaptationism.pdf; accessed October 8, 2009, p. 8를 보라. 또한 Gerd B. Müller and Studart A. Newman, eds., *Origination of Organismal Form: Beyond the Gene in Development and Evolutionary Biology* (Cambridge: MIT Press, 2003), p. 4; Simon Conway Morris, *Life's Solution: Inevitable Humans in a Lonely Universe* (Cambridge: Cambridge University Press, 2003), p. 7; 그리고 Ian Tattersall, *The Monkey in the Mirror: Essays on the Science of What Makes Us Human* (San Diego, New York, and London: Harcourt, 2002), p. 149도 보라.

57. Robert Wesson, *Beyond Natural Selection* (Cambridge: MIT Press, 1993), p. 47를 보라.

58. Gerd B. Müller and Günter P. Wagner, "Innovation," in *Keywords and Concepts in Evolutionary Developmental Biology*, ed. Brian K. Hall and Wendy M. Olson (Cambridge, Mass., and London: Havard University Press, 2006), p. 220.

59. George V. Lauder, "The Argument from Design," in *Adaptation*, ed. Michael R. Rose and George V. Lauder (San Diego: Academic Press, 1996), p. 75를 보라.

60. Richardson, *Evolutionary Psychology*, p. 75.

61. Stephen Jay Gould and Elizabeth Vrba, "Exaptation: A Missing Term in the Science of Form," *Paleobiology* 8, no. 1 (January 1982): 4-15.

62. François Jacob, *The Possible and the Actual* (New York: Pantheon Books, 1982).

63. Charles Darwin, *On the Various Contrivances by Which British and Foreign Orchids Are Fertilised by Insects* (London: John Murray, 1862), pp. 348-349.

64. Gould and Lewontin, "Spandrels of San Marco," p. 588.

65. Ernst Mayr, *Towards a New Philosophy of Biology: Observations of an Evolutionist* (Cambridge: Harvard University Press, 1989), p. 151.

66. Daniel C. Dennett, *Darwin's Dangerous Idea: Evolution and the Meaning of Life* (New York: Simon and Schuster, 1995), p. 274.

67. Simon Conway Morris, *The Crucible of Creation: The Burgess Shale and the Rise of Animals* (Oxford: Oxford University Press, 1998), p. 11, 또한 Conway Morris, *Life's Solution*, p. 301를 보라.

68. Stephen Jay Gould, *The Structure of Evolutionary Theory* (Cambridge, Mass., and London: Harvard University Press, Belknap Press, 2002), p. 1217에서 인용.

69. Dennett, *Darwin's Dangerous Idea*, p. 238.

70. Bunge and Mahner, *Foundations of Biophilosophy*, p. 166.

71. "적응주의 프로그램이 내세우는 어떤 주장이든, 원칙상 증거가 없을 때 폐기된다면 우리가 이렇게 완강하게 적응주의 프로그램에 반대하지 않을 것이다.…안타깝게도 진화론자의 논의에서 전형적으로 나타나는 과정을 보면, 증거가 없을 때 프로그램을 폐기한다는 것이 불가능하다는 것을 알 수 있다. 여기에 두 개의 이유가 있다. 첫째, 어떤 적응주의 이야기를 거부하면 보통 다른 적응주의 이야기가 뒤따라 나온다. 적응주의와 다르게 설명해야 할지도 모른다고 의심하기보다 곧바로 다른 종류의 적응주의 이야기를 내세우는 것이다. 적응주의 이야기는 우리의 정신만큼이나 무궁무진하므로 얼마든지 새로운 이야기를 지어낼 수 있다.…둘째, 적응주의 이야기 가운데 어떤 이야기를 받아들일지 판단하는 기준은 상당히 느슨하다. 그래서 적절한 확증 절차를 거치지 않고도 적응주의 이야기는 통한다. 종종 진화론자는 자연선택 이론을 유일한 기준으로 내세우면서 그럴듯한 이야기를 만들어내고는 할 일을 다했다고 생각한다." Gould and Lewontin, "Spandrels of San Marco," pp. 587-588.

72. Richardson, *Evolutionary Psychology*, p. 75를 보라.

73. Rosenberg and McShea, *Philosophy of Biology*, p. 66를 보라.

74. Lynch, *Origins of Genome Architecture*, p. 369를 보라.

75. "선택된 것은 설계된 것이고, 선택을 이용하여 설계를 설명한다면, 우리는 다소 허접한 결론에 이르게 된다. 즉 우리는 우리를 구원할 철학자에게 의지한다." Jeremy C. Ahouse, "The Tragedy of A Priori Selectionism: Dennett and Gould on Adaptationism," *Biology and Philosophy* 13, no. 3 (1998): 359-391, 여기서는 p. 366.

76. Richardson, *Evolutionary Psychology*, p. 58를 보라.

77. Lynch, *Origins of Genome Architecture*, p. 366, 그리고 Richardson, *Evolutionary Psychology*, p. 97를 보라.

78. Conway Morris, *The Crucible of Creation*, p. 10.

79. Motoo Kimura, *The Neutral Theory of Molecular Evolution* (Cambridge: Cambridge University Press, 1983); Michael R. Dietrich, "The Origin of Neutral Theory of Molecular Evolution," *Journal of the History of Biology* 27, no. 1 (March 1994): 21-59; 또한 William B. Provine, "The Neutral Theory of Molecular Evolution in Historical Perspective," in *Population Biology of Genes and Moleculars*, ed. Naoyuki Takahata and James F. Crow (Tokyo: Baifukan, 1990), pp. 17-31를 보라. 수년 전에 칼 헤프티는 우리에게 기무라의 "중립 이론"을 알려줬다. 칼 헤프티에게 감사드린다.

80. Motoo Kimura, "Natural Selection and Natural Evolution," in *What Darwin Began: Modern Darwinian and Non-Darwinian Perspectives on Evolution*, ed. Laurie R. Godfrey (Boston:

Allyn and Bacon, 1985), p. 88.

81. David L. Hull, *Science as Progress: An Evolutionary Account of the Social and Conceptual Development of Science* (Chicago: University of Chicago Press, 1988), p. 208. 라프도 비슷하게 말한다. "중립적 변화는 종의 게놈을 통해 전파될 수 있는데, 전파 과정은 확률론적이다. 도버에 따르면, 협력진화로 부르는 과정은 유전체 수준에서 관찰되는 진화를 상당부분 만들어냈다. 협력진화에서 재조합과 유전자 전환, 불균등교차 같은 과정은 유전체 안에 있는 다유전자 속(屬)의 구성요소를 균질화한다. 이런 과정이 낳은 결과가 꼭 자연선택이 선호했을지 모를 결과와 같지는 않다." Raff, *The Shape of Life*, p. 297. 킹과 주크도 비슷한 생각을 드러낸다. "표현형 수준에서 관찰되는, 변화의 패턴이 유전자와 분자 수준에서 반드시 적용되는 것은 아니다. 분자진화의 역학과 패턴을 이해하려면 새로운 규칙이 있어야 한다.…생명체의 적합성에 아무런 영향을 주지 않는, 무작위 유전자 변화가 일어나려면 분자수준에서 상당한 자유가 있어야 할 것 같다." Jack Lester King and Thomas H. Jukes, "Non-Darwinian Evolution," *Science* 164, no. 3881 (May 1969): 여기서는 p. 788.

82. "엄격한 선택론자는 중립론자가 말하는 부동을 때때로 이데올로기적 공격으로 보는 것 같다. 하지만 이런 부동은 자연선택을 보완하는 개념으로 충분히 받아들일 수 있다. 부동은 분명한 목적이 없기 때문이다." Wesson, *Beyond Natural Selection*, p. 13. 레빈은 다윈주의를 근대의 정통 교리라고 말하면서 인상적인 지적을 한다. "새로운 생각은 정통 교리를 정말 위반하거나, 아주 분명하게 위반했다는 이유만으로 쉽게 공격당한다." Bruce R. Levin, "Science as a Way of Knowing—Molecular Evolution," *American Zoologist* 24, no. 2 (1984): 451-464, 여기서는 p. 452. 미클로스와 존도 정말 이렇게 주장한다. "다윈주의의 정통 교리에 미리 헌신해버리면, 이 분야의 연구가 막혀버린다. 이것은 아무런 유익이 없는 행위다." George L. G. Miklos and Bernard John, "From Genome to Phenotype," in *Rates of Evolution*, ed. K. S. W. Campbell and M. Day (London: Allen and Unwin, 1987), p. 279.

83. 하지만 엄격한 의미의 종합설이 정말 있는지 의심하는 사람도 있다는 것을 잊지 말아야 한다. 예를 들어, "현대 종합설을 다룰 때, 사람들은 그것이 마치 통일되고, 유일한 관점인 것처럼 생각한다. 하지만 피셔와 할데인, 라이트의 작업을 읽은 사람은 분명히 알 것이다(세 사람은 현대 종합설을 확립한 핵심 이론가들인데, 이들은 집단 유전학적 관점을 형성한 인물이기도 하다). 유일하고, 통합된 진화이론은 존재하지 않았다." Alan R. Templeton and L. Val Giddings, "Macroevolution Conference," *Science* 211, no. 4484 (February 1981): 770-773, 여기서는 p. 770.

84. Gould, "Darwinism," p. 382; 마찬가지로, "분자 진화가 등장하면서 진화 종합설은 여

러 갈래로 쪼개졌는데, 이 현상은 생물학을 하나로 통합하려는 이상에 한계가 있음을 암시한다." Sandra D. Mitchell and Michael Dietrich, "Integration without Unification: An Argument for Pluralism in the Biological Science," *American Naturalist* 168, supplement (December 2006): 73-79, 여기서는 p. 74. 이 논문의 복사본을 우리에게 전해준 미첼 교수에게 감사드린다.

85. Kimura, *The Neutral Theory*, p. 325.
86. Andreas Wagner, *Robustness and Evolvability in Living System* (Princeton: Princeton University Press, 2005), p. 223.
87. Wagner, *Robustness and Evolvability*, p. 224를 보라.
88. Thompson, *Mind in Life*, p. 195를 보라.
89. Wagner, *Robustness and Evolvability*, p. 7. 린치도 똑같이 주장한다. "중립적으로 분자 변화들이 축적됨으로써 비활성화된 영역도 결국 유익한 결과는 낳을 수 있다. 그런데 이런 결과는 자연선택만으로 일어나지 않을 것이다." Lynch, *Origins of Genome Architecture*, p. 212.
90. 웨스트-에버하드는 가소성(형성력)을 다음과 같이 정의한다. "내부나 외부 환경에서 활동의 형태와 상태, 운동이나 속도가 변할 때, 유기체가 반응하는 능력이다. 이 능력은 적응에 도움이 될 수도 있고, 되지 않을 수도 있다(이것은 자연선택의 결과다). 가소성은 때때로 다음과 정의된다. 가소성은 하나의 유전자형과 연결된 표현형의 능력인데, 여러 다른 환경에서 다른 형태의 형태학과 생리학, 행동을 적어도 하나 이상 계속해서, (드문드문) 생산할 수 있는 능력이다. 가소성은 환경에서 일어나는, 온갖 표현형의 변이를 가리킨다." Mary Jane West-Eberhard, *Development Plasticity and Evolution* (Oxford: Oxford University Press, 2003), p. 33.
91. Thompson, *Mind in Life*, p. 195.
92. Wagner, *Robustness and Evolvability*, p. 3를 보라.
93. Mitchell and Dietrich, "Integration without Unification," p. 75.
94. Mitchell and Dietrich, "Integration without Unification," p. 75를 보라. 콘드라소프는 중립주의의 효과를 비슷하게 해석한다. "진화생물학자의 눈으로 볼 때, 옛날옛적 세계는 단순했다. 여러 형태의 자연선택이 모든 유전체를 철저하게 제어했다.…이렇게 목가적으로 기술된 세계는 1968년에 무너지기 시작했다. 1968년에 기무라는 수수한 주장을 했다. 기무라에 따르면, 대립유전자의 치환과 다형성은 대부분 생명체의 적합성에 실제로 영향을 주지 않으며, 자연선택의 작용과 조절의 지배를 받지 않는다. 오히려 대립유전자의 치환과 다형성은 무작위 부동의 지배를 받는다." Alexey S. Kondrashov, "Evolutionary Biology: Fruitfly Genome Is Not Junk," *Nature* 437 (October 2005): 1106. 드

퓨와 베버도 똑같이 말한다. "기무라는 개체군 변수와 여러 세대를 강조하는, 반 피셔적 태도를 다음과 같은 주장으로 바꿔놓는다. 자연선택의 도움이 없이도 유전적 부동은 단백질 계통에서 진화적 변화를 일으킬 수 있다는 것이다. 따라서, 일차적으로 부동은 최소 교배 단위에서 변이가 선택되게 만드는 기제는 아니다. 부동은 스스로 움직이는 주요 행위자다." David Depew and Bruce Weber, *Darwinism Evolving: Systems Dynamics and the Genealogy of Natural Selection* (Cambridge: MIT Press, a Bradford Book, 1995), p. 364.

95. Depew and Weber, *Darwinism Evolving*, pp. 364-365.
96. Michael Rose and George Lauder, "Post-spandrel Adaptationism," in *Adaptation*, p.4.
97. Richardson, *Evolutionary Psychology*, p. 83.
98. Depew and Weber, *Darwinism Evolving*, pp. 388-389.
99. Rosenberg and McShea, *Philosophy of Biology*, p. 16, 또한 Richard C. Lewontin, "Adaptation," Scientific American 239 (1978): 212-228도 보라.
100. Bunge and Mahner, *Foundations of Biophilosophy*, pp. 160-163.
101. Peter Godfrey-Smith, "Three Kinds of Adaptationism," in *Adaptationism and Optimality*, ed. Steven Orzack and Elliot Sober (Cambridge University Press, 2001), pp. 335-357를 보라.
102. Godfrey-Smith, "Three Kinds of Adaptationism," p. 348.
103. Godfrey-Smith, "Three Kinds of Adaptationism," p. 350.
104. Dennett, *Darwin's Dangerous Idea*, p. 238를 보라.
105. Godfrey-Smith, "Three Kinds of Adaptationism," p. 350를 보라.
106. Robert Reid, *Biological Emergences: Evolution by Natural Experiment* (Cambridge: MIT Press, 2007), p. 324를 보라.
107. Thompson, *Mind in Life*, p. 212.
108. Richardson, *Evolutionary Psychology*, p. 49.
109. Dennett, *Darwin's Dangerous Idea*, p. 233.
110. Richardson, *Evolutionary Psychology*, p. 49.
111. Richardson, *Evolutionary Psychology*, p. 53를 보라.
112. Richardson, *Evolutionary Psychology*, p. 53를 보라.
113. Björn Brunnander, "What Is Natural Selection?" *Biology and Philosophy* 22, no. 2 (2007): 231-246, 여기서는 p. 239. 그레고리 쿠퍼도 똑같이 말한다. "자연선택 때문에 형질의 빈도가 변한다는 문제에 대한 어떤 가설도…형질의 변이는 유전될 수 있다고 전제한다. 형질의 변화가 자연선택 때문에 일어나는지, (유전적) 부동 때문에 일어나는지 결정할 때, 엄밀하게 이론을 적용하여 이 문제를 풀 수 없을 것 같다. 무엇 때문

에 형질이 변하는지 결정하려면, 매개변수의 값이 필요한데, 어떤 종류의 변수값이 필요한지 알 수 없기 때문이다." Gregory Cooper, *The Science of the Struggle for Existence: On the Foundations of Ecology* (Cambridge: Cambridge University Press, 2003), p. 165.

114. Rose and Lauder, "Post-spandrel Adaptationism," p. 3를 보라.

115. Richardson, *Evolutionary Psychology*, pp. 54-55를 보라.

116. Rose and Lauder, "Post-spandrel Adaptationism," p. 6를 보라.

117. Scott F. Gilbert and Richard M. Burian, "Development, Evolution, and Evolutionary Developmental Biology," in *Keywords and Concepts in Evolutionary Developmental Biology*, p. 63.

118. François Jacob, "Evolution and Tinkering," *Science* 196, no. 4295 (June 1977): 1161-1166를 보라.

119. Richard E. Michod, "On Fitness and Adaptedness and Their Role in Evolutionary Explanations," *Journal of the History of Biology* 19, no. 2 (1986): 289-302를 보라. "리처드 도킨스가 보여주는, 세계상과 의심스러운 유전자 환원주의, 허약한 세속적 경건함을 나는 거부한다. 하지만 적응이란 현실을 설명하려는 도킨스의 열정은 대단히 가치 있다. 적응은 바로 세계가 있는 방식이다. 이런 맥락에서 보면, 우리는 다음과 같은 질문에 관심을 가질 뿐이다. 적응의 기제와 최종 결과를 고려할 때 세계가 얼마나 달라질 수 있을까?" Conway Morris, *Life's Solution*, p. 302. 하지만 도킨스는 자연선택과 유전자는 말할 것도 없고, 복제와 상호작용까지, 진화론과 어긋나게 다루려 한다. 여기서 콘웨이 모리스는 도킨스와 완전히 다르다. 콘웨이 모리스는 이렇게 기술한다. "이런 맥락에서 자연선택은 이온결합만큼이나 흥미롭다. 다시 말해, 세계는 자연선택을 통해 작동한다. 하지만 자연선택은 세계가 왜 그렇게 작동하는지 우리에게 말해주지 않는다"(콘웨이 모리스는 나와 대화하면서 이 말을 했다).

120. Michael Ghiselin, *The Triumph of the Darwinian Method* (Chicago: University of Chicago Press, 1984), p. 363.

121. Lynch, *Origin of Genome Architecture*, p. 370.

122. Sober, *The Nature of Selection, chapter* 1을 보라. "소버와 르원틴은 자연선택을 힘이라고 하지만, 자연선택은 힘이 아니다. 또한 자연선택은 행위자도 아니다." Bunge and Mahner, *Foundation of Biophilosophy*, p. 332. "지난 30년간 극단적 다윈주의자는 자연선택이란 기초 개념을 다시 정의했다. 즉 자연선택은 자연계에서 작용하는 수동적 행위자가 아니라 자연계에 작용하는 적극적 행위자라는 것이다. 또한 극단적 다윈주의자는 진화과정을 끊임없이 내세운다.…극단적 다윈주의자는 자연선택의 뜻을 다음과 같이 바꾸려고 한다. 이들은 자연선택을, 개체군에서 유전자 분포를 한쪽으로

몰아주는 필터, 즉 단순한 기록 보관이 아니라 역동적 힘으로 정의하려 한다. 시간의 흐름 속에서 유기체 형태를 정하고 형성하는 힘이 자연선택이라는 것이다." Niles Eldredge, *Reinventing Darwin: The Great Debate at the High Table of Evolutionary Theory* (New York: Wiley, 1995), p. 36.

123. Brunnander, "What Is Natural Selection?" p. 231를 보라.

124. Walsh, Lewens, and Ariew, "The Trials of Life," p. 469를 보라.

125. Walsh, Lewens, and Ariew, "The Trials of Life," p. 469.

126. 예를 들어, 톰슨은 이렇게 쓴다. "자연선택은 독립된 환경에서 자라난 (생명)그물망에 영향을 주는 제약이나 외부 힘이 아니다. 오히려 자연선택은 생명그물망과 주변 환경이 서로 결정하는 과정의 역사적 결과다. 이것이 핵심이다." Thompson, *Mind in Life*, p. 207.

127. Reid, *Biological Emergences*, p. 9를 보라.

128. Brunnander, "What Is Natural Selection?" p. 239를 보라.

129. Walsh, Lewens, and Ariew, "The Trials of Life," p. 464를 보라.

130. Brunnander, "What Is Natural Selection?" p. 240.

130. Brunnander, "What Is Natural Selection?" p. 245.

132. Ghiselin, p. 32.

133. Bunge and Mahner, *Foundations of Biophilosophy*, p. 333.

134. Walsh, Lewens, and Ariew, "The Trials of Life," p. 71를 보라.

135. 자연선택은 동역학에 대한 진술이다. 예를 들어, 다른 개체보다 잘 살아남고 번식할 수 있는 변이형이 개체군에서 점점 늘어날 것이다. 계속 변이가 일어나고, (적어도 조금은) 변이가 유전될 수 있다면, 이렇게 자연선택의 역학이 계속 작동하면 살아 있는 유기체가 변형될 것이다. 하지만 사람들은 유기적 조직이 처음에 어떻게 생겨나는지 이해하고 싶어한다. 다윈의 이론은 이런 문제에 답하려고 기획된 것은 아니다.…신다윈주의는 개체군 안에서 대립유전자의 역학을 다룬다. 이 역학은 돌연변이와 자연선택, 부동에 의해 결정된다. 대립유전자와 개체, 개체군의 역학을 기반으로 하는 이론은 이런 존재들이 이미 있다고 반드시 전제해야 한다. 이런 존재들이 선택되어야 자연선택이 시작될 수 있다. 자연선택은 어떤 존재를 낳는 힘이 없다. 자연선택은 적응하지 못한 존재를 그저 없앨 뿐이다. 따라서 자연선택은 진화과정의 역학적 측면을 밝혀준다." Walter Fontana, Günter Wagner, and Leo W. Buss, "Beyond Digital Naturalism," *Artificial Life* 1 (1994): 211-227, 여기서는 p. 212.

136. 존 엔들러는 이렇게 기술한다. "자연선택은 개체들의 생물학적 차이에서 기인한다. 자연선택은 유전자 변화나 진화를 일으킬 수 있다. 자연선택은 '행동하는' 힘이 아

니며 '강도'도 가지고 있지 않다. 자연선택에도 속도와 속도계수가 있다. 이것은 화학반응과 비슷하다(자연선택의 속도와 속도계수는 적합성으로 추정한다). '힘'이 적절하지 않은 유비임을 똑같은 유비가 잘 보여준다. 즉 반응물의 빈도를 바꾸는 것은 '힘'이 아니라 반응물의 화학적 성질이다." John Endler, *Natural Selection in the Wild* (Princeton: Princeton University Press, 1986), p. 51. 월시와 르윈스, 아리도 비슷한 주장을 한다. "자연선택과 부동은 개체군에 작용하는 힘이 아니다. 이것들은 '사소한' 사건 집합의 통계적 특성이다. 출생과 사망, 번식 같은 사건 집합의 통계적 특성이다. 진화에서 계속 작동하는, 진정한 힘은 개체 수준에서 작동한다. 이런 힘들 가운데 어떤 것도(이런 힘들의 집합체도), 자연선택이나 부동과 같다고 말할 수 없다." Walsh, Lewens and Ariew, "The Trials of Life," p. 453.

137. "진화에서 자연선택의 역할이…그렇게 중요한 것은 아니라고 한다. 유기체가 발달할 때, 잘 기능하지 않는 형태가 생겨나는데, 자연선택은 이 형태를 걸러낼 뿐이다. 뉴턴 역학은 현대 물리학과 별로 상관이 없는데, 집단유전학이 그만큼 진화와 상관없는 것은 아니라면, 집단유전학도 분명 바뀔 것이다." Scott F. Gilbert, John M. Opitz, and Rudolf A. Raff, "Resynthesizing Evolutionary and Developmental Biology," *Developmental Biology* 173, no. 2 (February 1, 1996): 357-372, 여기서는 p. 368.

138. Richard E. Michod, *Darwinian Dynamics: Evolutionary Transitions in Fitness and Individuality* (Princeton: Princeton University Press, 1999), pp. 142 and 172.

139. Michod, *Darwinian Dynamics*, p. 141를 보라.

140. Reid, *Biological Emergences*, p. 5.

141. Reid, *Biological Emergences,* p. 63를 보라.

142. *Reid, Biological Emergences*, p. 5.

143. Reid, *Biological Emergences*, pp. 56-57.

144. Reid, *Biological Emergences*, p. 15.

145. "번식의 차이를 통한 자연선택은 늘 있다. 하지만 그런 자연선택은 결과이지 원인은 아니다." Reid, *Biological Emergences*, p. 16.

146. 리처드 오웬이 상동성 개념을 유행시켰다. 대체로 세 가지 유형의 상동이 있다. 연속 상동, 특수 상동, 일반 상동.

147. Ron Amundson, *The Changing Role of the Embryo in Evolutionary Thought: Roots of Evo-Devo* (Cambridge: Cambridge University Press, 2005), p. 5.

148. Amundson, *The Changing Role*, p. 7.

149. Amundson, *The Changing Role*, p. 8.

150. "표현형이 어떤 경로대로 그것을 진화시키거나 그것을 선호하는 능력을 제한하는

기제나 과정이 바로 제약 조건이다." Kurt Schwenk and Günter Wagner, "Constraint," in *Keywords and Concepts in Evolutionary Developmental Biology*, p. 52.

151. Roger Lewin, "Evolutionary Theory under Fire," *Science* 210 no.4472 (November 21, 1980): 883-887, 여기서는 p. 886.

152. Amundson, *The Changing Role*, p. 232. 또한 Amundson, "Adaptation and Development: On the Lack of Common Ground," in *Adaptationism and Optimality*, p. 321를 보라.

153. Amundson, *The Changing Role*, pp. 240 248.

154. Amundson, *The Changing Role*, p. 323.

155. "지금 통용되는 진화론은 주로 유전자와 적응주의로 현상을 설명하는데, 이 진화론은 '아직 완성되지 않은 종합설'을 재현한다." Werner Callebaut et al., "The Organismic Systems Approach: Streamlining the Naturalistic Approach," in *Integrating Evolution and Development: From Theory to Practice*, ed. Roger Sansom and Robert Brandon (Cambridge: MIT Press, 2007), p. 27.

156. Depew and Weber, *Darwinism Evolving*, p. 2.

157. Reid, *Biological Emergences*, p. 2.

158. Hugo de Vries, *Species and Varieties: Their Origin by Mutation* (Chicago: Open Court,1904), pp. 825-826.

159. Edward Drinker Cope, *The Origin of the Fittest: Essays on Evolution* (Chicago: Open Court, 1887).

160. Walter Fontana and Leo W. Buss, "'The Arrival of the Fittest': Toward a Theory of Biological Organization," *Bulletin of Mathematical Biology* 56, no. 1 (1994): 1-64, 여기서는 p. 58. 버스 교수 덕분에 이 글을 찾아낼 수 있었다. 버스 교수에게 감사드린다.

161. Stephen Jay Gould, *Hen's Teeth and Horse's Toe: Further Reflection in Natural History* (New York: Norton, 1983), p. 152를 보라.

162. Fontana and Buss, "Arrival of the Fittest," p. 1.

163. Walter Fontana, "The Typology of the Possible," in *Understanding Change: Models, Methologies, and Methaphors*, ed. Andreas Wimmer and Reinhart Kössler (Basingstoke: Palgrave Macmillian, 2005), p. 5를 보라.

164. Martinez J. Hewlett, "True to Life? Biological Models of Origin and Evolution," in *Evolution and Emergence: Systems, Organisms, Persons*, ed. Nancy Murphy and William R. Stoeger, S.J. (Oxford: Oxford University Press, 2007), p. 167.

165. Sahotra Sarkar, *Molecular Models of Life: Philosophical Papers on Molecular Biology* (Cambridge: MIT Press, 2005), p. 19.

166. Callebaut et al., "The Organismic Systems Approach," p. 51. 또는 버스와 폰타나가 기술하듯, "자연선택에는 어떤 것을 낳는 힘이 없다. 자연선택은 그저 '적응하지 못한 것'을 없앨 뿐이다. 그래서 진화과정의 역학적 측면을 밝혀낸다. 진화에서 우리가 주목할 문제는 구성이다. 즉 자연선택의 과정을 떠받치는 (유기적) 조직이 어떻게 생겨나는지 이해해야 하고, 돌연변이가 어떻게 새로운 조직, 새로운 표현형을 낳을 수 있는지 이해해야 한다." Fontana, Wagner, and Buss, "Beyond Digital Nature," p. 212.

167. "진화에서 변화가 계속 일어나려면 돌연변이가 반드시 있어야 한다. 따라서 자연선택이 일어나기 때문에 진화가 일어난다기보다, 상당부분 자연선택이 일어남에도 불구하고 진화가 일어난다." George Williams, *Adaptation and Natural Selection: A Critique of Some Current Evolutionary Thought* (Princeton: Princeton University Press, 1966), p. 139.

168. Callebaut et al., "The Organismic Systems Approach," p. 54를 보라.

169. David Depew and Bruce H. Weber, "Natural Selection and Self-Organization," *Biology and Philosophy* 11, no. 1 (January 1996): 33-65, 여기서는 p. 51.

170. Müller and Newman, *Origination of Organismal Form*, p. 4를 보라. 또한 콘웨이 모리스의 뛰어난 책, *Life's Solution*도 보라.

171. Gerd B. Müller and Stuart A. Newman, "Epigenetic Mechanisms of Character Origination," *Journal of Experimental Zoology* 288, no. 4 (2000): 304-317, 여기서는 p. 316.

172. "예부터 유형의 통일성을 설명하는, 두 개의 이론이 있다. 한 이론은 자연선택을 강조하고, 다른 이론은 발달제약을 강조한다. 신체의 부분들이 상당히 정교하게 통합되어 하나를 이루고 있으며, 이것이 신체의 구조라면, 돌연변이가 상당한 수준으로 일어나는 것은 해로울 것이다. 반면, 신체 구조가 그저 발달과정에서 가능한 일만 반영한다면, 특정한 계통에서 다른 신체구조는 진화하는 일은 일어날 수 없을 것이다." Karl J. Niklas, "Evolution of Plant Body Plan and Allometry," in *Keywords and Concepts in Evolutionary Developmental Biology*, p. 125.

173. Raff, *The Shape of Life*, p. xiv.

174. "최초의 구조와 신체설계가 나타난 후에, 변이가 일어나고 새로운 종이 출현하면서 표현형이 진화했다.…그래서, 새로운 형태는, 즉 날개와 눈, 뼈대요소는 특정한 종류의 표현형 변화를 나타낸다(이런 표현형 변화는 적응과 다르다). 이렇게 새로운 형태가 생기는 과정을 뒷받침하는 과정은 변이의 표준 기제와 질적으로 다르다고 한다. 다시 말해, (자연선택과 함께) 변이는 적응을 낳는다고 한다. 반면, 혁신이 일어나면 새로운 개체나 종이 생긴다. "Callebaut et al., "The Organismic Systems Approach," p. 50.

175. Bruce H. Weber, "Emergence of Mind and the Baldwin Effect," in *Evolution and Learning: The*

*Baldwin Effect Reconsidered*, ed. Bruce H. Weber and David Depew (Cambridge: MIT Press, 2003), pp. 314-315.

176. Ahouse, "The Tragedy," p. 360.
177. Bunge and Mahner, *Foundations of Biophilosophy*, p. 345.
178. Ahouse, "The Tragedy," p. 363를 보라.
179. Ahouse, "The Tragedy," p. 371.
180. Bunge and Mahner, *Foundations of Biophilosophy*, p. 362.
181. Bunge and Mahner, *Foundations of Biophilosophy*, p. 362.
182. Ahouse, "The Tragedy," p. 360.
183. Thompson, *Mind in Life*, p. 213.
184. Lenny Moss, "Darwinism, Dualism, and Biological Agency," in *Darwinism and Philosophy*, p. 356.
185. Moss, "Darwinism," p. 357.
186. Moss, "Darwinism," p. 357.
187. Moss, "Darwinism," p. 358.
188. Moss, "Darwinism," p. 259.
189. Sarkar, *Molecular Models of Life*, p. 348. 적응 변이 이론에 대해서는 다음 책을 보라. John Cairns, Julie Overbaugh, and Stephan Miller, "The Origin of Mutans," *Nature* 335 (September 8, 1988): 142-145; John Cairns, "Mutation and Cancer: The Antecedents to Our Studies of Adaptive Mutation," *Genetics* 148 (April 1998): 1433-1440; John Cairns and Patricia L. Foster, "Adaptive Reversion of a Frameshift Mutation in Escherichiacoli," *Genetics* 129 (1991): 695-701; Patricia L. Foster, "Adaptive Mutation in Escherichiacoli," *Cold Spring Harbor Symposia on Quantitative Biology* 65 (2000): 21-30; Patrica L. Foster, "Adaptive Mutation: Implications for Evolution," *BioEssays* 22, no. 12 (November 10, 2000): 1067-1074.
190. Wagner, *Robustness and Evolvability*, p. 282. 카포레일은 이렇게 주장한다. "잠재적으로 유용할 수 있는 일부 돌연변이는 존재할 수 있다. 따라서 이 돌연변이는 유전체에 은밀히 암호화되어 있다고 말할 수 있다." Lynn Helena Caporale, "Natural Selection and the Emergence of a Mutation Phenotype: An Update of the Evolutionary Synthesis Considering Mechanisms That Affect Genome Variation," *Annual Review of Microbiology* 57 (2003): 467-485, 여기서는 p. 468. 또한 Ivana Bjedo et al., "Stress-Induced Mutagenesis in Bacteria," *Science* 300, no. 5624 (May 30, 2003): 1404-1409, and Johnjoe McFadden, *Quantum Evolution: How Physics' Weirdest Theory Explains Life's Biggest Mystery* (New York

and London: Norton, 2000), p. 77도 보라.

191. Richard C. Lewontin, *The Triple Helix: Gene, Organism, and Environment* (Cambridge: Harvard University Press, 2000), p. 48. 오야마는 말한다. "그것은 여러 다양한 상호작용이 낳은 실제 결과다. 유기체와 환경은 서로 작용하면서 상대방을 정의하고 선택한다." Susan Oyama, "Constraints and Development," *Netherlands Journal of Zoology* 43 (1993): 6-16, 여기서는 p. 8.

192. Brian Goodwin, *How the Leopard Changed Its Spots: The Evolution of Complexity* (London: Phoenix, 1994), p. xiii. 베슨도 똑같이 말한다. "신다윈주의 종합설의 핵심은 여전히 타당할 것이다. 누구도 다음 사실을 의심하지 않는다. 작은 무작위적 돌연변이가 일어나며, 돌연변이는 생명체가 생존하고 번성하는 능력에 영향을 주며, 개체군에서 유전자 빈도는 변한다. 하지만 다윈주의가 말하는 이런 주장의 뜻과 중요성은 분명 다시 평가받을 것이다. 새로운 양식의 과학적 사고는 진화론적 사고가 다루는 의제를 더 넓혀야 한다고 요구한다. 또한 이 과학적 사고는 다르게 질문하고 다른 종류의 답을 예상한다. 분명 새로운 양식의 과학적 추론은 확실히 더 복잡하다." Wesson, *Beyond Natural Selection,* p. 37.

193. Ulrich Wolf, "On the Problem of the Molecular versus the Organismic Approach in Biology," in *Genes in Development: Re-reading the Molecular Paradigm*, ed. Eva Neuman-Held and C. Rehman-Sutter (Durham, N.C., and London: Duke University Press, 2006), p. 138.

194. Stuart A. Kauffman, *At Home in the Universe: The Search for the Laws of Complexity* (Cambridge: MIT Press, 1995), p. 8.

195. Depew and Weber, *Darwinism Evolving*, p. 34.

196. Depew and Weber, *Darwinism Evolving*, p. 399를 보라.

197. Simon Conway Morris, "The Cambrian 'Explosion' of Metazoans and Molecular Biology: Would Darwin Be Satisfied?" *International Journal of Developmental Biology* 47 (2003): 505-515, 여기서는 p. 505.

198. Harry Eckstein, "Theoretical Approaches to Explaining Collective Violence," in *Handbook of Political Conflict: Theory and Research,* ed. Ted Robert Gurr (New York: Free Press, 1980), pp. 138-139를 보라.

199. William C. Wimsatt, "Simple Systems and Phylogenetic Diversity," *Philosophy of Science* 65, no. 2 (June 1998): 267-275, 여기서는 p. 271.

200. "고유한 잠재성은 현재 통용되는 설명에 넘쳐나는 '프로그램'이나 '청사진'개념에 저항한다. 세포 집합과 조직은 형태를 취한다. 형태를 취하라는 지시가 있기 때문에 형태를 취한 것은 아니다. 서로 작용하는 세포에 내재한 물리적 · 자기 조직적

성질 때문에 세포와 조직은 형태를 취한다." Callebaut et al., "The Organismic Systems Approach," p. 57. 또한 J. B. Edelmann and M. J. Denton, "The Uniqueness of Biological Self-Organization: Challenging the Darwinian Paradigm," *Biology and Philosophy* 22, no. 4 (September 2007): 579-601, 여기서는 p. 585를 보라.

201. Scott Camazine et al., *Self-Organization in Biological Systems* (Princeton: Princeton University Press, 2001), p. 8.
202. 에델만과 덴튼은 이렇게 기술한다. "당신은 누적 선택을 통해 레고 조각을 하나씩 배치할 수 있다. 하지만 당신은 '상 전이'를 한 단계씩 통과할 수 없다. 상 전이가 일어나면서, 자기 조직된 체계에서 미리 조직된 구성요소는 나중에 새로 조직된 창발적 형상과 분리된다." Edelmann and Denton, "Uniqueness of Biological Self-Organization," p. 586.
203. Jason Scott Robert, "Molecular and Systems Biology and Bioethics," in *The Cambridge Companion to the Philosophy of Biology*, ed. David L. Hull and Michael Ruse (Cambridge: Cambridge University Press, 2007), p. 363.
204. Camazine et al., *Self-Organization in Biological Systems*, p. 89를 보라.
205. Kauffman, *At Home*, p. 25.
206. Amundson, "Adaption and Development," p. 318. 어먼드슨의 관찰은 흥미롭다. " 유전학자는 털의 수와 눈 색깔을 연구하기로 결심했다. 이 형질들이 원래 중요하기 때문에 그렇게 결심한 것은 아니다. 유전학자가 연구할 수 있는 형질이 바로 이런 것들이기 때문에 그것을 연구대상으로 선택한 것이다." Amundson, *The Changing Role*, p. 182. 더구나, "유전자는 새의 등에 털이 얼마나 날지 결정할 수 있다. 하지만 유전자는 새가 처음에 자기 등의 모양을 어떻게 만드는지 결정할 수 없다." Gilbert, Opitz, and Raff, "Resynthesizing," p. 361.
207. 예를 들어, "(1)멘델의 번식 실험은 한 종에 고유한 형질을 다룰 수 없다. 이종교배할 변종이 없기 때문이다. (2)멘델의 번식 실험은 (생물군이나) 종이 바뀔 때만 변하는 형질을 다룰 수 없다. 이렇게 종이나 군이 바뀌면 번식할 수 없기 때문이다." Amundson, *The Changing Role*, p. 182.
208. Susan Oyama, *Evolution's Eye: A System's View of the Biology Culture Divide* (Durham, N.C.: Duke University Press, 2000), p. 78.
209. Stuart A. Kaufmann and Philip Clayton, "On Emergence, Agency, and Organization," *Biology and Philosophy* 21, no. 4 (September 2006): 501-521, 여기서는 p. 514.
210. Kaufmann and Clayton, "On Emergence," p. 515.
211. Kaufmann and Clayton, "On Emergence," p. 514를 보라.

212. "유기체를 구조나 자기 조직화하는 전체 개념으로 이해할 때, 유기체를 생물학 연구의 적절한 대상으로 다시 선언하게 된다. 즉 유기체는 실재하는 대상이며, 독립적이고 고유한 용어로 설명된다. 유기체를 자기 조직화하는 전체라는 개념으로 파악할 때, 이렇게 중요한 결과를 얻을 수 있다." Gerry Webster and Brian C. Goodwin, "The Origin of Species: A Structuralist Approach," in *Genes in Development*, p. 128.

213. Stuart A. Kaufmann, *The Origins of Order: Self-Organization and Selection in Evolution* (Oxford: Oxford University Press, 1993), p. xiv.

214. 그 예로 Goodwin, *How the Leopard*, p. xi, and Reid, *Biological Emergences*, p. 9를 보라.

215. Reid, *Biological Emergences*, p. 91를 보라.

216. Callebaut et al., "The Organismic Systems Approach," p. 41. 호와 샌더스도 똑같이 주장한다. "진화가 창발적 현상이라면, 무작위 돌연변이의 자연선택이 아니라 후생의 창조적 잠재력을 기반으로 진화가 성립되어야 한다." Mae-Wan Ho and Peter T. Saunders, "Adaptation and Natural Selection: Mechanisms and Teleology," in *Towards a Liberatory Biology*, ed. Steven Rose (London: Allison and Busby, 1982), p. 93.

217. Kaufmann, *The Origins of Order*, p. xv를 보라.

218. Philip W. Anderson, "More Is Different—One More Time," in *More Is Different: Fifty Years of Condensed Matter Physics*, ed. Nai-Phuan Ong and Ravin N. Bhatt (Princeton and Oxford: Princeton University Press, 2001), p. 7.

219. Mario Bunge, *Emergence and Convergence: Qualitative Novelty and the Unity of Knowledge* (Toronto: University of Toronto Press, 2003), p. 132.

220. Philip W. Anderson, "More Is Different," *Science*, n.s., 177, no. 4047 (August 4, 1972): 393-396. 또한 Gould, *Structure of Evolutionary Theory*, p. 620도 보라.

221. Edelmann and Denton, "Uniqueness of Biological Self-Organization," p. 595.

222. Sean B. Carroll, *Endless Forms Most Beautiful: The New Science of Evo Devo* (New York and London: Norton, 2005), p. 294.

223. Gerhard Schlosser, "Functional Developmental Constraints on Life-cycle Evolution: An Attempt on the Architecture of Constraints," in *Integrating Evolution and Development*, p. 116.

224. Darwin, *The Descent of Man*.

225. Sarkar, *Molecular Models of Life*, p. 173.

226. Edelmann and Denton, "Uniqueness of Biological Self-Organization," p. 589.

227. Michael J. Denton and C. J. Marshall, "The Laws of Form Revisited," *Nature* 410 (2001): 417를 보라.

228. Michael J. Denton, "Protein-Based Life as Emergent Property of Matter: The Nature and Biological Fitness of the Protein Folds," in *Fitness of the Cosmos for Life: Biochemistry and Fine-Tuning*, ed. John Barrow et al. (Cambridge: Cambridge University Press, 2008), p. 260.

229. Denton, "Protein-Based Life," p. 268. 재미있는 것은 스웨덴의 화학자 베르젤리우스는 제자인 게릿 얀 물더에게 보낸 편지에서 처음으로 "단백질"이란 단어를 제안했는데, 이 단어는 그리스어에서 나온 말로서 1위를 차지하다란 뜻이다. Denton, p. 259를 보라.

230. Jayanth Banavar and Amos Maritan, "Life on Earth: The Role of Proteins," in *Fitness of the Cosmos for Life*, p. 250.

231. Kaufmann and Clayton, "On Emergence," pp. 540 and 511.

232. Jerry Fodor, *The Mind Doesn't Work That Way: The Scope and Limits of Computational Psychology* (Cambridge: MIT Press, 2001). p. 85.

233. Stuart A. Kaufmann, *Reinventing the Sacred: A New View of Science, Reason, and Religion* (New York: Basic Books, 2008), p. 35.

234. Maurice Merleau-Ponty, *Phenomenology of Perception*, trans, Colin Wilson (London: Routledge and Kegan Paul, 1962), p. 212.

235. Maurice Merleau-Ponty, *The Structure of Behavior*, trans, Alden L. Fisher (Boston: Beacon Press, 1963), p. 127.

236. Thompson, *Mind in Life*, p. 74.

237. Thompson, *Mind in Life*, p. 74를 보라.

238. Thompson, *Mind in Life*, p. 75.

239. Andreas Weber and Francisco J. Varela, "Life after Kant: Natural Purposes and the Autopoietic Foundations of Biological Individuality," *Phenomenology and the Cognitive Sciences* 1 (2002): 97-125, 여기서는 p. 118.

240. F. J. Varela, "Organism: A Meshwork of Selfless Elves," In *Organism and the Origin of the Self*, ed. A. Tauber (Dordrecht: Kluwer Academic Publishers, 1991), pp. 79-107.

241. Christian de Duve, *Singularities: Landmarks on the Pathways of Life* (Cambridge: Cambridge University Press, 2005), Chapter 2을 보라.

242. Elliott Sober, *Philosophy of Biology* (Boulder, Colo.: Westview Press, 1993), p. 215.

243. Elliott Sober, "When Natural Selection and Culture Conflict," in *Biology, Ethics and the Origins of Life*, ed. Holmes Rolston (Boston: Jones and Bartlett, 1995), p. 151.

244. Richard C. Lewontin, "Facts and the Factitious in Natural Sciences," *Critical Inquiry* 18, no. 1 (Autumn 1991): 140 -153, 여기서는 p. 143.

245. Depew and Weber, *Darwinism Evolving*, p. 390.

246. Stuart A. Kaufmann, "Prolegomenon to a General Biology," in *Debating Design: From Darwin to DNA*, ed. Michael Ruse and William Dembski (Cambridge: Cambridge University Press, 2004), p. 172.

247. Harold Kincaid, *Individualism and the Unity of Science: Essays on Reduction, Explanation, and the Special Sciences* (Lanham, Md.: Rowan and Littlefield, 1997), p. 10를 보라.

248. Kaufmann and Clayton, "On Emergence," p. 511.

249. Rosenberg and McShea, *Philosophy of Biology*, p. 115.

250. Rosenberg and McShea, *Philosophy of Biology*, p. 116.

251. Rosenberg and McShea, *Philosophy of Biology*, p. 125.

## 4장

1. D'Arcy Thompson, *On Growth and Form*, ed. John Tyler Bonner (Cambridge: Cambridge University Press, 1992), p. 327.

2. 현재 논쟁 지형을 훌륭하게 훑어본 글로는 Bernd Rosslenbroich, "The Notion of Progress in Evolutionary Biology—the Unresolved Problem and Empirical Suggestion," *Biology and Philosophy* 21, no. 1 (January 2006): 41-70를 보라.

3. Charles Darwin, *On the Origin of Species, and Other Texts*, ed. Joseph Carroll (Peterborough, Ontario: Broadview Texts, 2003), p. 146.

4. Charles Darwin, *The Descent of Man, and Selection in Relation to Sex*, ed. Adrian Desmond and James Moore, 2nd ed. (London: Penguin Books, 2004), p. 689.

5. 물론 이것은 말이 안 된다. 이런 높이가 땅에서 측정한 높이가 아니라면, 아예 높이라는 것이 없기 때문이다. 다시 말해 우리가 땅에서 벗어나 둥둥 떠다닌다면, 우리는 높이라는 것을 잃게 된다. "높이"에 대해 말하려면, 우리는 계속 땅을 생각해야 하기 때문이다. 따라서 높이를 잃어버리면, 우리는 지금 키보다 더 크지도 않을 것이다.

6. Simon Conway Morris, *Life's Solution: Inevitable Humans in a Lonely Universe* (Cambridge: Cambridge University Press, 2003), p. xv; Theodosius Dobzhansky, *The Biology of Ultimate Concern* (New York: New American Library, 1967)을 보라.

7. Paul Erbich, S.J., "The Problem of Creation and Evolution," in *Creation and Evolution: A Conference with Pope Benedict XVI in Castel Gandolfo*, ed. Stephen O. Horn and Siegfried Wiedenhofer, trans. Michael Miller, forward by Christoph Cardinal Schönborn (San Francisco: Ignatius, 2008), p. 73.

8. Salvatore Lazzara, *Vedi alla Voce Scienza: Zone di Confine tra Scienza e Filosofia* (Manifesto Libri, 2001)를 보라.

9. John Maynard Smith, "Evolutionary Progress and Levels of Selection," in *Evolutionary Progress*, ed. Matthew H. Nitecki (Chicago: University of Chicago Press, 1988), p. 219.

10. Timothy Shanahan, *The Evolution of Darwinism: Selection, Adaptation, and Progress in Evolutionary Biology* (Cambridge: Cambridge University Press, 2004), p. 309에서 인용. 섀너핸의 책은 다윈주의에서 진보 개념을 둘러싼 논쟁을 가장 훌륭하게 개괄하고 있다. 앞으로 이어지는 설명도 이 책에 많이 빚지고 있다.

11. Robert A. Foley, "The Illusion of Purpose in Evolution: A Human Evolutionary Perspective," in *The Deep Structure of Biology: Is Convergence Sufficiently Ubiquitous to Give a Directional Signal?* ed. Simon Conway Morris (West Conshohocken, Pa.: Templeton Foundation Press, 2008), p. 161를 보라.

12. Peter J. Bowler, *Monkey Trials and Gorilla Sermons: Evolution and Christianity from Darwin to Intelligent Design* (Cambridge: Harvard University Press, 2007), p. 222.

13. E. O. Wilson, *The Diversity of Life* (Cambridge: Harvard University Press, 1992), p. 187.

14. Wilson, *The Diversity of Life*, p. 187에서 인용.

15. Ernst Mayr, *The Growth of Biological Thought: Diversity, Evolution, and Inheritance* (Cambridge: Harvard University Press, Belknap Press, 1982), p. 532; Shanahan, *The Evolution of Darwinism*, p. 174.

16. Stephen J. Gould, "On Replacing the Idea of Progress with an Operational Notion of Directionality," in *Evolutionary Progress*, p. 319.

17. Emil L. Fackenheim, "Judaism and the Idea of Progress," *Judaism* 4, no. 2 (1955): 124-131를 보라.

18. Jeffrey P. Schloss, "Would Venus Evolve on Mars? Bioenergetic Constraints, Allometric Trends, and the Evolution of Life-History Invariants," in *Fitness of the Cosmos for Life: Biochemistry and Fine-Tuning*, ed. John Barrow et al. (Cambridge: Cambridge University Press, 2008), p. 324를 보라.

19. William Provine, "Progress in Evolution and Meaning in Life," in *Evolutionary Progress*, p.63.

20. J.C. Greene, "Progress, Science, and Value: A Biological Dilemma," *Biology and Philosophy* 6, no. 1 (1991): 99-106.

21. Shanahan, *The Evolution of Darwinism*, p. 176에서 인용.

22. Shanahan, *The Evolution of Darwinism*, p. 177에서 인용.

23. Shanahan, *The Evolution of Darwinism*, p. 178를 보라.

24. Shanahan, *The Evolution of Darwinism*, p. 181를 보라.

25. David Depew, "Darwin's Multiple Ontologies," in *Darwinism and Philosophy*, ed. Vittorio

Hösle and Christian Illies (Notre Dame, Ind.: University of Notre Dame Press, 2005), p. 98.

26. Michael Ruse, "Adaptive Landscapes and Dynamic Equilibrium: The Spencerian Contribution to Twentieth-Century American Evolutionary Biology," in *Darwinian Heresies*, ed. Abigail Lustig, Robert J. Richards, and Michael Ruse (Cambridge: Cambridge University Press, 2004), p. 135.

27. Charles Darwin to Joseph Hooker, June 27, 1854, *More Letters of Charles Darwin, a Record of His Work in a Series of Hitherto Unpublished Letters*, vol. 1, ed. Francis Darwin (London: Murray, 1903), p. 76.

28. Darwin, *The Descent of Man.*

29. Shanahan, *The Evolution of Darwinism*, p. 185를 보라.

30. *The Origin of Species by Charles Darwin: A Variorum Text*, ed. Morse Peckham (Philadelphia: University of Pennsylvania Press, 1959), p. 221.

31. *The Origin of Species by Charles Darwin*, p. 523.

32. *The Origin of Species by Charles Darwin*, p. 241.

33. Darwin, *The Descent of Man*, p. 192.

34. Stephen J. Gould, "Eternal Metaphors of Palaeontology," in *Patterns of Evolution as Illustrated in the Fossil Record*, ed. Anthony Hallam (New York: Elsevier, 1977), p. 13.

35. Stephen J. Gould, *Wonderful Life: The Burgess Shale and the Nature of History* (New York: Norton, 1989), pp. 257-258. 『생명, 그 경이로움에 대하여』(경문사 역간).

36. Michael Ruse, "Adaptive Landscape," p. 135.

37. Robert J. Richards, *The Meaning of Evolution: The Morphological Construction and Ideological Reconstruction of Darwin's Theory* (Chicago: University of Chicago Press, 1992), p. 114를 보라. "다윈이 생각하는 진화는 이렇다. 어떤 유형이 하나의 노선이 아니라, 진화라는 나무의 여러 가지를 따라가면서 더 완벽해지고, 더 고등해지는 것이 진화다. 각 생물 유형은 공통 조상에게서 나와서 상위 수준의 조직분화를 거친다.…다윈은 분명 자신의 진화론이 일반적 진보를 보증한다고 생각했다. 물론 일부 생물 유형에서는 더 원시적 형태로 되돌아가는 일이 일어난다고 인정해야 한다"(pp. 136, 143). 다윈이 진화를 진보로 해석한 부분을 보려면, 다음 책들을 보라. Dov Ospovat, *The Development of Darwin's Theory: Natural History, Natural Theology, and Selection, 1838-1859* (Cambridge: Cambridge University Press, 1995), pp. 210-228, and John C. Green, *Science, Ideology, and World View: Essays in the History of Evolutionary Ideas* (Berkeley: University of California Press, 1981), pp. 128-157.

38. Julian Huxley, "Progress, Biological and other," *Essay of a Biologist* (London; Chatto and

Windus, 1923), p. 10.

39. Shanahan, *The Evolution of Darwinism*, pp. 198-200를 보라.

40. Hoimar von Ditfurth, *Der Geist fiel nicht vom Himmel: Die Evolution unseres Bewusstseins* (Hamburg, 1976), p. 321.

41. Huxley, "Progress, Biological and Other," p. 13.

42. Ruse, "Adaptive Landscpaes," p. 136.

43. Shanahan, *The Evolution of Darwinism*, p. 201를 보라.

44. Hösle and Illies, "Is a Non-naturalistic Interpretation of Darwinism Possible?" in *Darwinism and Philosophy*, p. 119.

45. George Gaylord Simpson, *The Meaning of Evolution: A Study in the History of Life and of Its Significance for Man* (New Haven: Yale University Press, 1949), pp. 242-262를 보라.

46. Stephen J. Gould, *Full House: The Spread of Excellence from Plato to Darwin* (New York: Harmony Books, 1996, 『풀하우스』, 사이언스북스 역간), p. 29; 굴드에 대해서는 Shanahan, *The Evolution of Darwinism*, pp. 207-218를 보라.

47. Gould, *Full House*, p. 173.

48. Gould, *Full House*, p. 145.

49. Gould, *Wonderful Life*, p. 51.

50. 따라서, 굴드에게 인간은 "일어날 것 같지 않은 일이 계속 일어난 결과다." Stephen J. Gould, "Extemporaneous Comments on Evolutionary Hope and Realities," in *Darwin's Legacy: Nobel Conference XVIII*, ed. Charles L. Hamrum (San Francisco: Harper and Row, 1983), p. 102.

51. John Maynard Smith, quoted in Conway Morris, *Life's Solution*, p. xi.

52. Simpson, *The Meaning of Evolution*, p. 344에서 인용.

53. Christian de Duve, *Life Evolving: Molecules, Mind, and Meaning* (Oxford: Oxford Univesity Press, 2002), 그리고 *Singularities: Landmarks on the Pathways of Life* (Cambridge: Cambridge University Press, 2005), p. 232를 보라.

54. Daniel C. Dennett, *Darwin's Dangerous Idea: Evolution and the Meanings of Life* (New York: Simon and Schuster, 1995), p. 307.

55. David J. Bartholomew, *God, Chance, and Purpose: Can God Have It Both Ways?* (Cambridge: Cambridge University Press, 2008), p. 187를 보라. 이 책에서 바톨로뮤는 지적설계론을 비판하면서 우연을 무신론을 변호하는 주장으로 사용하려는 도킨스의 생각도 비판한다.

56. Richard Dawkins, "Human Chauvinism," review of *Full House: The Spread of Excellence from*

*Plato to Darwin*, by Stephen Jay Gould, *Evolution* 51, no. 3 (June 1997): 1015-1020; 영국에서는 *Wonderful Life*라는 제목으로 출간되었다.
57. Richard Dawkins, "The Evolution of Evolvability," in *Artificial Life: The Proceedings of and Interdisciplinary Workshop on the Synthesis and Simulation of Living Systems*, vol. IV, ed. Christopher G. Langton (Redwood City, Calif.: Addison-Wesley, 1989)을 보라.
58. Dawkins, "Human Chauvinism," p. 1018.
59. Conway Morris, *Life's Solution*, p. 307. "생명사를 보면, 향상이 일어나고, 역학적 강화가 일어나며, 더 나아진다. 같은 것이나 에둘러 비슷한 것도 얼마든지 있다." F. K. McKinney, "'Progress' in Evolution," *Science* 237 (1987): 575.
60. Gould, "On Replacing the Idea," p. 325.
61. George McGhee, "Convergent Evolution: A Periodic Table of Life?" in *The Deep Structure of Biology*, p. 19.
62. Kenneth D. James and Andrew D. Ellington, "The Search for Missing Links between Self-Replicating Nucleic ACIDs and the RNA World," *Origins of Life and Evolution of Biospheres* 25, no. 6 (December 1995): 515-530, 여기서는 p. 528.
63. Leigh van Valen, "How Far Does Contingency Rule?" *Evolutionary Theory* 10 (1991): 47-52, 여기서는 p. 48.
64. R. J. P. Williams and J. J. R. Frausto da Silva, "Evolution Was Chemically Constrained," *Journal of Theoretical Biology* 220, no. 3 (February 7, 2003): 323-343, 여기서는 p. 335.
65. Brian A. Maurer, James H. Brown, and Renee D. Rusler, "The Micro and Macro in Body Size Evolution," *Evolution* 46, no 4 (August 1992): 939-953, 여기서는 p. 951.
66. Gould, *Full House*, pp. 167-171를 보라.
67. McGhee, "Convergent Evolution," p. 30, 그리고 Schloss, "Would Venus Evolve?" p. 325를 보라.
68. Schloss, "Would Venus Evolve?" p. 325를 보라.
69. Conway Morris, "Evolution and Convergence: Some Wider Considerations," in *The Deep Structure of Biology*, p. 62.
70. Conway Morris, "Evolution and Convergence," p. 61. 앞으로 나올 콘웨이 모리스의 책도 제목이 똑같다. *Darwin's Compass*. 이 책은 모리스의 기포드 강연에서 나왔다.
71. Eoers Szathmary, "Units of Evolution and Units of Life," in *Fundamentals of Life*, ed. Gyula Palyi, Claudia Zucchi, and Luciano Caglioti (Paris: Elsevier, 2002), pp. 181-195를 보라.
72. Christian de Duve, *A Guided Tour of the Living Cell* (New York: Rockefeller University Press, 1984), p. 358.

73. de Duve, *Singularities*, p. 233를 보라.

74. Christian de Duve, *Vital Dust: The Origin and Evolution of Life on Earth* (New York: Basic Books, 1995), pp. xv-xvi, xviii.

75. George Wald, "Fitness in the Universe: Choices and Necessities," in *Cosmochemical Evolution and the Origins of Life*, ed. John Oro, S. L. Miller, and Cyril Ponnamperuma (Dordrecht: D. Reidel, 1979), p. 9.

76. Melvin Calvin, "Chemical Evolution," *American Scientist* 63 (1975): 169-177, 여기서는 pp. 176와 169.

77. Manfred Eigen, "Self Organization of Matter and the Evolution of Biological Macromolecules," *Die Naturwissenschaften* 58 (1971): 465-523, 여기서는 p. 519.

78. Stuart A. Kauffman, *The Origins of Order: Self-Organization and Selection in Evolution* (Oxford: Oxford University Press, 1993), p. xvi.

79. Conway Morris, *Life's Solution*, p. xii를 보라.

80. Conway Morris, *Life's Solution*, p. xiii.

81. Conway Morris, *Life's Solution*, p. 128를 보라.

82. George McGhee, *The Geometry of Evolution: Adaptive Landscapes and Theoretical Morphospaces* (Cambridge: Cambridge University Press, 2007), p. 32.

83. Conway Morris, Life's Solution, pp. 283-284를 보라. "매우 간단한 유기체에서만 이런 현상이 일어나는 것은 아니다. 이런 현상이 일어날 때, 형태학도 지나치게 흐트러지는 계통발생적 관계에 도움을 줄 수 없다. 이 현상은 매우 복잡한 조직을 가진 동물과 식물에서도 나타난다. 난초와 양서류에서도 나타난다." Alessandro Minelli, *The Development of Animal Form: Ontogeny, Morphology, and Evolution* (Cambridge: Cambridge University Press, 2003), p. 32. Jeong et al. "The Large-Scale Organization of Metabolic Networks," *Nature* 407 (2000): 651-654. 무엇보다 미넬리는 이런 조직은 모든 생명체에서 동일하게 나타난다고 지적한다. Minelli, p. 33를 보라. 또한 D. B. Wake, "Homoplasy: The Result of Natural Selection or Evidence of Design Limitation?" *American Naturalist* 138 (1991): 543-567를 보라.

84. McGhee, *The Geometry of Evolution*, p. 34를 보라.

85. McGhee, "Convergent Evolution," p. 19.

86. McGhee, "Convergent Evolution," pp. 19-20. 맥기는 이 현상의 흥미로운 두 가지 형태를 지적한다. 첫 번째 형태는 서로 다른 시기에 형성된 수렴이다. "서로 다른 시기에 형성된 수렴은 화석에서 대단히 흔하게 나타난다. 다시 말해, 똑같은 적응조건을 만나면 생명체는 반복해서 똑같은 형태학적 해결책을 내놓는다. 이런 과정이 계속 반복된다."

두 번째 형태는 같은 시기에 형성된 수렴이다. 이것은 두 종류의 유기체군이 같은 시기에 같은 형태로 수렴되는 현상을 가리킨다. 진화할 때, 같은 시기에 형성된 수렴이 일어난다. 같은 생활방식으로 진화가 수렴될 때, 적응에 도움이 되는 형태로 수렴되는 현상이 일어난다. 정확히 같은 생활방식을 가진, 두 종류의 유기체군은 격렬한 경쟁에 빠질 수 있다. 이들이 같은 지역에 서식한다면. 따라서 같은 시기에 형성된 수렴이 일어나는 사례에서 진화하는, 두 종류의 유기체군들은 (시간보다) 공간적으로 따로 떨어져 있다." McGhee, *The Geometry of Evolution*, p. 34. 이런 수렴을 보여주는 사례가 검치 고양이다.

87. Conway Morris, "Evolution and Convergence," p. 49를 보라.
88. Conway Morris, *Life's Solution*, p. 127를 보라.
89. Conway Morris, *Life's Solution*, pp. 309-310, Conway Morris, *Deep Structure of Biology*, p. ix. 이론적 형태공간이라는 생각은 데이비드 라웁이 처음 제시하였다. David Raup, "Geometric Analysis of Shell Coiling," *Journal of Paleontology* 40, no. 5 (1966): 1178-1190.
90. Pier Luigi Luisi, *The Emergence of Life: From Chemical Origins to Synthetic Biology* (Cambridge: Cambridge: Cambridge University Press, 2006), p. 69를 보라.
91. Conway Morris, *Life's Solution*, p. 301를 보라.
92. Jason Hodin, "Plasticity and Constraints in Development and Evolution," *Journal of Experimental Zoology* 288, no. 1 (May 15, 2000): 1-20, 여기서는 p. 10. "서로 긴밀하게 연관된 생물군에서 비슷한 구조를 만들어내는 평행진화의 역할과, 수렴진화가 일어나는 기제와 원인을 우리는 아직 모른다. 서로 연관된 생물군 안에 있는, 여러 종들이 새롭지만, 똑같은 해결책을 각각 만들어내고, 비슷한 형태를 취하는 방식과 이유를 이해하는 것이 가장 중요한 일인 것 같다.… 수렴과 평행진화, 불계적 유사성은… 발달기제의 진화에 대한 연구가 부딪혀야 할, 가장 큰 도전 과제가 될 것이다." David Rudel and Ralf J. Sommer, "The Evolution of Developmental Mechanisms," *Developmental Biology* 264, no. 1 (2003): 15-37, 여기서는 p. 32, Simon Conway Morris, "Tuning into the Frequencies of Life: A Roar of Static or a Precise Signal?" in *Fitness of the Cosmos for Life*, p. 215에서 인용.
93. McGhee, "Convergent Evolution," p. 26를 보라.
94. Geoffrey B. West and James H. Brown, "Life's Universal Scaling Laws," *Physics Today* 57, no. 9 (September 2004): 36-43, 여기서는 p. 42.
95. West and Brown, "Life's Universal Scaling Laws," p. 36를 보라.
96. David Jablonski, "Body Size and Macroevolution," in *Evolutionary Paleobiology*, ed. David Jablonski, Douglas H. Erwin, Jere H. Liipps (Chicago: University of Chicago Press, 1996),

pp. 256-289; David W. E. Hone and Michael J. Benton, "The Evolution of Large Size: How Does Cope's Rule Work?" *Trends in Ecology and Evolution* 20, no. 1 (January 2005): 4-6; John Damuth and Bruce J. MacFadden, eds., *Body Size in Mammalian Paleobiology: Estimation and Biological Implications* (Cambridge: Cambridge University Press, 1990); Edward Drinker Cope, *The Primary Factors of Organic Evolution* (Chicago: Open Court, 1896); and Robert Henry Peters, *The Ecological Implications of Body Size* (Cambridge: Cambridge University Press, 1993)를 보라.

97. John Alroy, "Cope's Rule and the Dynamics of Body Mass Evolution in North American Mammals," *Science* 280 (1998): 731-734, 여기서는 p. 732; 또한 Daniel W. McShea "Possible Large-Scale Trends in Organismal Evolution: Eight 'Live Hypotheses,'" *Annual Review of Ecology and Systematics* 29 (November 1998): 293-318도 보라.

98. Schloss, "Would Venus Evolve?" pp. 326-327.

99. Schloss, "Would Venus Evolve?" pp. 329. Geoffrey B. West and Brian J. Enquist, "Growth Models Based on First Principles or Phenomenology?" *Functional Ecology* 18, no. 2 (2004): 188-196; Van M. Savage et al., "The Predominance of Quarter-Power Scaling in Biology," *Functional Ecology* 18, no. 2 (2004): 257-282도 보라.

100. Schloss, "Would Venus Evolve?" p. 331. 또한 Conway Morris, *Life's Solution*, p. 305도 보라.

101. Conway Morris, "Evolution and Convergence," p. 61.

102. Foley, "Illusion of Purpose," p. 162.

103. Darwin, *On the Origin of Species*, p. 397.

104. Aquinas, *Sententia super Physicam Liber* II 14.268.

105. Howard Van Till, "The Character of Contemporary Natural Science," in *Portraits of Creation: Biblical and Scientific Perspective on the World's Creations*, ed. Van Till et al. (Grand Rapids: Eerdmans, 1990), pp. 141-145.

106. William E. Carroll, "Big Bang Cosmology, Quantum Tunneling from Nothing, and Creation," *Laval theologique et philosophique* 44, no. 1 (1988): 59-75, 여기서는 pp. 68 and 70.

107. Aquinas, *Summa Theologiae* I, q.24, a.8, ad.2.

108. Ernan McMullin, "Evolutionary Contingency and Cosmic Purpose," in *Finding God in All Things: Essays in Honor of Michael J. Buckley, S.J.*, ed. Michael J. Himes and Stephen J. Pope (New York: Crossroad, 1996), pp. 156-157.

109. McMullin, "Evolutionary Contingency," p. 157.

110. Conway Morris, *Deep Structure of Biology*, p. ix.

111. Michel Morange, "The Gene: Between Holism and Generalism," in *Promises and Limits of*

*Reductionism in Biomedical Sciences*, ed. Marc H. V. Van Regenmortel and David L. Hull (Chichester: Wiley, 2002), p. 181.

112. Thomas Nagel, *The Last Word* (Oxford: Oxford University Press, 2003), pp. 136와 139.

113. Thomas Nagel, *The View from Nowhere* (Oxford: Oxford University Press, 1986), p. 79.

114. Darwin to W. Graham, July 1881, *The Life and Letters of Charles Darwin*, ed. Francis Darwin (New York: Basic Books, 1959), p. 285. 체스터튼도 이런 관심을 똑같이 보여준다: "좋은 논리도 나쁜 논리만큼이나 사람을 오도하지 않을까? 당황한 원숭이의 뇌에서는 나쁜 논리와 좋은 논리가 모두 작동한다." G. K. Chesterton, *Orthodoxy* (London: Fontana, 1961), p. 33. C. S. 루이스도 똑같은 주장을 한다. "과거에 사건들이 결합되었던 방식은 미래에도 계속 그렇게 유지될 거라는 가정은 합리적 행위를 이끄는 원리가 아니라 동물의 행위를 이끄는 원리다." 또한, "자극과 반응의 관계는 지식과 진리의 관계와 완전히 다르다." C. S. Lewis, *Miracles* (London: Harper Collins, 2002), pp. 30와 28.

115. Jerry Fodor, *In Critical Condition: Polemical Essays on Cognitive Science and the Philosophy of Mind* (Cambridge: MIT Press, 1998), p. 190.

116. Fodor, *In Critical Condition*, p. 201를 보라. 또한 Alvin Plantinga, *Warrant and Proper Function* (New York: Oxford University Press, 1993), 12장을 보라.

117. Nagel, *The Last Word*, pp. 136와 140.

118. Fred Boogerd et al., "Towards Philosophical Foundations of Systems Biology: An Introduction," in *System Biology: Philosophical Foundations*, ed. Fred Boogerd et al. (Netherlands: Elsevier, 2007), p. 5.

119. Michael T. Ghiselin, *Metaphysics and the Origin of Species* (Albany: State University of New York Press, 1997), p. 1.

120. Lynn Rothschild, "The Role of Emergence in Biology," in *The Re-emergence of Emergence: The Emergentist Hypothesis from Science to Religion*, ed. Philip Clayton and Paul Davies (Oxford: Oxford University Press, 2006), p. 159.

121. Wilford Spradlin and Patricia Porterfield, *The Search for Certainty* (New York, Berlin, Heidelberg, and Tokyo: Springer, 1984), p. 236.

122. Robert J. P. Williams, "Emergent Properties of Biological Molecules and Cells," in *Promises and Limits of Reductionism in the Biomedical Sciences*, p. 21.

123. Claude Debru, "From Nineteenth Century Ideas on Reduction in Physiology to Non-reductive Explanations in Twentieth-Century Biochemistry," in *Promises and Limits of Reductionism in the Biomedical Sciences*, p. 36.

124. Debru, "From Nineteenth Century Ideas," p. 41.

125. Marc H. V. Van Regenmortel, "Pitfalls of Reductionism in Immunology," in *Promises and Limits of Reductionism in the Biological Sciences*, p. 48를 보라. 이 논쟁과 관계 있는 주제를 다룬 연구 논문을 우리에게 보내준 반 레겐모르텔 교수에게 감사드린다.

126. Jason Scott Robert, Embryology, *Epigenesis, and Evolution: Taking Development Seriously* (Cambridge: Cambridge University Press, 2004), p. 131 n. 6를 보라.

127. Van Regenmortel, "Pitfalls of Reductionism," p. 50.

128. Hans V. Westerhoff and Douglas B. Kell, "The Methodologies of Systems Biology," in *Systems Biology*, p. 36.

129. Kunihiko Kaneko, *Life: An Introduction to Complex Systems Biology* (Berlin, Heidelberg, and New York: Springer, 2006), pp. 29-31를 보라.

130. Kaneko, *Life*, p. 35를 보라.

131. Kaneko, *Life*, p. 37.

132. William Bechtel, "Biological Mechanisms: Organized to Maintain Autonomy," in *Systems Biology*, p. 279를 보라.

133. Boogerd et al., *Systems Biology*, p. 4. "생물계를 체계 수준에서 이해하려면…복잡한 유전자 상호작용과, 생화학적 과정과 기제를 이해해야 한다. 유전자 상호작용은 생화학적 과정과 기제를 통해 세포 내부구조와 다세포 구조의 물리적 속성을 조절한다." Hiroaki Kitano, "Systems Biology: A Brief Overview," *Science* 295, no. 5560 (March 1, 2002): 1662-1664, 여기서는 p. 1662.

134. Jan-Hendrik S. Hofmeyr, "The Biochemical Factory That Autonomously Fabricates Itself: A Systems Biological View of the Living Cell," in *Systems Biology*, p. 217.

135. Alvaro Moreno, "A Systems Approach to the Origin of Biological Organization," in *Systems Biology*, p. 266. 다른 곳에서 그는 이렇게 적는다. "물질대사 같은 과정이 이뤄지는 조직체는 자연선택에 의한 진화의 결과물이다(우리는 이런 조직체를 기초 수준의 자율계라고 기술한다). 물질대사 같은 과정을 더 간단하게 이해해보자. 자기복제하는 분자의 활동만 있으면 물질대사 같은 과정이 가능하다. 자기복제 분자들이 변이를 소개하고 전달하며, (환경과 함께) 선택압을 만들어낼 수 있다면 그렇다(선택압 때문에 최적자가 살아남는다). 하지만 이런 논증은 실패한다. 일단 (기초대사 조직화 같은) 과정이 계속되는 데 필요한 에너지가 기능적으로 수집되지 않는다면, 유전되는 자기 복제 분자가 진화하는 것은 어렵기 때문이다. 또한, 자기복제 개체가 더 복잡한 형태가 되는 진화과정에서는 원리상 기능적 변이가 일어날 수 있다. 이제 기능적 변이가 일어날 수 있으려면, 다시 순차적 변이가 서로 다른 기능적 속성(촉매)으로 번역

될 수 있는 과정이 있어야 한다. 촉매 같은 서로 다른 기능적 속성은 결국 개체가 자신을 유지하는 방식에 영향을 준다. 외부 에너지원을 모으는 능력과 섭동에 저항하는 능력, 자기 생식으로 버티는 능력이 바로 개체가 자신을 유지하는 방식이다. 따라서 조직화 과정에서만 ('표현형') 기능이 생길 수 있는 가능성이 열린다. 결국 울타리를 치는 과정—경계선을 긋는 과정—이 없다면, 자연선택이 작동한다고 말하기 어렵다. 따라서 다음과 같이 마무리할 수 있겠다. 기초 수준의 자율성이 있어야 (다윈주의적) 진화체계가 나타날 수 있다(반대 방향으로는 불가능하다)." Moreno, p. 257.

136. Kaneko, *Life*, p. 4.

137. Varela, Luisi, *The Emergence of Life*, p. 124에서 인용.

138. Kaneko, *Life*, p. 25.

139. Maurice Merleau-Ponty, *The Structure of Behavior*, trans. Alden L. Fisher (Boston: Beacon Press, 1963), p. 13.

140. Kaneko, *Life*, p. 27를 보라.

141. 물론 똑같이 현상이 더 높은 수준에서도 일어난다. 어떤 개미 종에게 그런 일이 일어나는데, 전체 군집의 상태가 개미 종의 행동에 영향을 주는 것이다.

142. J. B. Gurdon, P. Lemaire, and K. Kato, "Community Effects and Related Phenomena in Development," *Cell* 75, no. 5 (1993): 831-834를 보라.

143. Robert J. P. Williams and J. J. R. Frausto da Silva, *The Chemistry of Evolution: The Development of Our Ecosystem* (Netherlands: Elsevier, 2006), p. 329.

144. Luisi, *The Emergence of Life*, p. 173.

145. Luisi, *The Emergence of Life*, p. 173.

146. Luisi, *The Emergence of Life*, p. 173.

147. Søren Kierkegaard, *Fear and Trembling/Repetition*, ed. and trans. Howard V. Hong and Edna H. Hong (Princeton: Princeton University Press, 1983), p. 149.

148. Conway Morris, "Tuning into the Frequencies," p. 218.

149. George Wald, introduction to *The Fitness of the Environment*, by Lawrence J. Henderson, 25th ed. (New York: Macmillan, 1958).

150. George Evelyn Hutchinson, "The Ecological Theatre and the Evolutionary Play," in *The Ecological Theatre and the Evolutionary Play* (New Haven: Yale University Press, 1965)를 보라.

151. Schloss, "Would Venus Evolve?" p. 337.

152. Lawrence Joseph Henderson, *The Fitness of the Environment: An Inquiry into the Biological Significance of the Properties of Matter* (New York: Macmillan, 1913), p. 6.

153. Henderson, *Fitness of the Environment*, p. 312.

154. Schloss, "Would Venus Evolve?" p. 321.

155. John Maynard Smith and Eöers Szathmáry, *The Major Transitions in Evolution* (San Francisco: W. H. Freeman, 1995).

156. Robert J. P. Williams and J. J. R. Frausto da Silva, "Evolution Revisited by Inorganic Chemists," in *Fitness of Cosmos for Life*, p. 457.

157. Williams and Frausto da Silva, "Evolution Revisited," p. 456. 드 뒤브도 동의한다. "생명이 탄생하는 물리적, 화학적 조건에서 생명이 탄생할 수밖에 없었다는 견해를 나도 옹호한다." De Duve, *Life Evolving*, p. 55. 분자생물학자이며, 노벨상 수상자인 토마스 체흐도 드 뒤브와 비슷한 견해를 내놓는다. "스스로 조립하는 경향이 이 작은 유기분자에 뿌리내리고 있다면, 이런 경향이 생명형태가 시작되게 하는 여러 사건들을 일으킨다면, 이런 현상은 우리가 상상할 수 있는, 가장 고등한 창조/발생일 것이다.…적어도 생물학자로서 나는 과거의 잠재태들이 어떻게 현실이 되는지 설명했다. 이런 일이 벌어졌을 때, 생명은 무척 창조적으로 발생했다. 잠재태가 정처없이 부유한 것 같지는 않다. 잠재태는 화학물질에 내재하며, 이미 여기 있었다." "The Origin of Life and the Value of Life," in *Biology, Ethics, and the Origins of Life*, ed. Holmes Rolston III (Boston: Jones and Bartlett, 1995), p. 33.

158. Williams and Frausto da Silva, *The Chemistry of Evolution*, p. viii. "성간분자를 살펴보고, 시안화물과 포름알데히드를 보라. 이 두 개의 물질은 다른 모든 것의 통로를 제공할 수 있다. 전체 구도는 무척 단순하다. 그만큼, 전체 우주가 생명을 만들려고 한다는 것을 당신은 정말 느낄 것이다." Cyril Ponnamperuma, quoted in Conway Morris, *Life's Solution*, p. 32.

159. Williams and Frausto da Silva, "Evolution Revisited," p. 487를 보라.

160. Williams and Frausto da Silva, *The Chemistry of Evolution*, p. 121.

161. Williams and Frausto da Silva, *The Chemistry of Evolution*, p. 338.

162. Williams and Frausto da Silva, *The Chemistry of Evolution*, p. 120.

163. Cech, "The Origin of Life," p. 33를 보라.

164. Joseph Ratzinger, quoted in *Creation and Evolution*, p. 14.

165. Joseph Ratzinger, *God and World: A Conversation with Peter Seewald* (San Francisco: Ignatius, 2002), p. 139

166. Paul Davies, "The Physics of Complex Organization," in *Theological Biology: Epigenetic and Evolutionary Order from Complex Systems*, ed. Brian C. Goodwin and Peter Saunders (Edinburgh: Edinburgh University Press, 1989), p. 111.

167. Pope Benedict, *Creation and Evolution*, p. 163.

168. Kierkegaard, *Repetition*, p. 133.

169. *Metaphysics, Materialism, and the Evolution of Mind: Early Writings of Charles Darwin*, ed. H. Gruber and P. Barrett (Chicago: University of Chicago Press, 1974), p. 64.

170. 이 주제를 7장에서 더 자세히 다룰 것이다. 고린도후서 5:17을 명심하자.

171. Wald, introduction to *The Fitness of the Environment.*

172. De Duve, *Life Evolving*, p. 298.

173. Robert Spaemann, roundtable discussion, *Creation and Evolution*, p. 151.

174. Williams and Frausto da Silva, *The Chemistry of Evolution*, p. 387.

175. Thomas Aquinas, *Compendium Theologiae* I. 143, n. 82.

176. Anthony Trewavas, "Aspects of Plant Intelligence: Convergence and Evolution," in *The Deep Structure of Biology*, p. 68를 보라.

177. Trewavas, "Aspects of Plant Intelligence," p. 94.

178. Trewavas, "Aspects of Plant Intelligence," p. 102. "식물종과 동물종은 정보를 처리하는 개체들이며, 복잡하고 일관성이 있으며, 적응능력이 있다. 식물종과 동물종도 지능이 있다고 가정하는 것이 과학에도 도움이 될 수 있다." J. Schull, "Are Species Intelligent?" *Behavioral and Brain Science* 13(1990): 63-108, 여기서는 p. 63.

179. Aquinas, *Summa Theologiae I*, 76.3, respondeo.

180. 비슷하게 교회는 그리스도의 몸을 계속 나누면서 "무에서의 창조"의 형태를 모방한다. 교회는 자연의 통합성이나 문화의 통합성을 간직하기 때문이다. 하나님이 피조물에게 차이를 선물하듯이, 자연이나 문화의 통합성을 2차 인과성이라 부를 수 있다.

181. Theodosius Dobzhansky, *The Biology of Ultimate Concern* (New York: New American Library, 1967), p. 58.

182. Dieter Wandschneider, "On the Problem of Direction and Goal in Biological Evolution," in *Darwinism and Philosophy*, p. 206.

183. Wandschneider, "On the Problem," p. 204.

184. Peter Godfrey-Smith, "Three Kinds of Adaptationism," in *Adaptationism and Optimality*, ed. Steven Orzack and Elliott Sober (Cambridge University Press, 2001), p. 350.

185. Joseph Margolis, *The Unraveling of Scientism: American Philosophy at the End of the Twentieth Century* (Ithaca, N.Y., and London: Cornell University Press, 2003), p. 38 참조.

186. Helmuth Plessner, *Laughing and Cry: A Study of the Limits of Human Behavior*, trans. James Spencer Churchill and Marjorie Grene (Evanston, Ill.: Northwestern University Press, 1970); Johann Gottfried von Herder, *Reflections on the Philosophy of the History of Mankind 1*, in

*Saemtlich Werke*, ed. B. Sauphan (Berlin: 1887), pp. xiii, 146를 보라.

187. Terence Deacon, "Emergence: The Hole at the Wheel's Hub," in *The Reemergence of Emergence*, p. 149 참조. 이 논문의 복사본을 제공한 디콘 교수에게 감사드린다.

188. Deacon, "Emergence," p. 18.

189. Aquinas, *Scriptum super libros Sententiarium* Liber III, Pro.

190. Aquinas, *Summa contra Gentiles* II, c.86. n. 12.

191. Vittorio Hösle, "Sein und Subjektivitaet: Zur Metaphysik der Oekologischen Krise," *Prima Philosophia* 4 (1991): 519-541, 여기서는 p. 520.

192. Arthur O. Lovejoy, *The Revolt against Dualism: An Inquiry concerning the Existence of Ideas* (La Salle, Ill.: Open Court, 1955), pp. 400-401.

193. Williams and Frausto da Silva, *The Chemistry of Evolution*, p. 366.

194. David L. Hull, "Varieties of Reductionism: Derivation and Gene-Selection," in *Promises and Limits of Reductionism in Biomedical Sciences*, p. 169를 보라.

195. Williams and Frausto de Silva, *The Chemistry of Evolution*, p. 324.

196. Williams and Frausto de Silva, *The Chemistry of Evolution*, p. 397.

197. Williams and Frausto de Silva, *The Chemistry of Evolution*, p. 385.

198. Williams and Frausto da Silva, *The Chemistry of Evolution*, p. 386.

199. Williams and Frausto da Silva, *The Chemistry of Evolution*, pp. 386-387를 보라. 석유와 천연가스, 석탄에 덧붙여, 그렇게 수집되지 않은 에너지는 매우 천천히 소모되면서 $CO_2$ + $H_2O$ 그리고 열 에너지로 소모된다고 이야기한다.

200. Wandschneider, "On the Problem," p. 199를 보라.

201. Wandschneider, "On the Problem," p. 199.

202. Wandschneider, "On the Problem," p. 199.

203. Wandschneider, "On the Problem," p. 199.

204. Trewavas, "Aspect of Plant Intelligence"를 보라.

205. Wandschneider, "On the Problem," p. 199.

206. Wandschneider, "On the Problem," p. 199.

207. Wandschneider, "On the Problem," p. 199를 보라.

208. Wandschneider, "On the Problem," p. 199.

209. Moreno, "A Systemic Approach," p. 258.

210. Williams, "Emergent Properties," p. 32.

211. Williams, "Emergent Properties," p. 34.

212. Williams and Frausto da Silva, *The Chemistry of Evolution*, p. 397를 보라.

213. Williams and Frausto da Silva, *The Chemistry of Evolution*, p. 381.

214. Ludwig von Bertalanffy, quoted in Michael Dowd, *Thank God for Evolution! How the Marriage of Science and Religion Will Transform Your Life and Our World* (Tulsa: Council Oak Books, 2007), p. 84.

215. J. Wentzel van Huyssteen, "Human Origins and Religious Awareness: In Search of Human Uniqueness," *Studia Theologica* 59, no. 2 (December 2005): 1-25, 여기서는 p. 22.

216. Wandschneider, "On the Problem," p. 207.

217. Wandschneider, "On the Problem," p. 208.

218. 호모 심볼리쿠스에 대해서는 Terrence Deacon, *The Symbolic Species: The Coevolution of Language and the Brain* (London: Penguin Books, 1997), pp. 340-349를 보라.

219. Wandschneider, "On the Problem," p. 210.

220. Hans Jonas, *The Phenomenon of Life: Toward a Philosophical Biology* (Evanston, Ill.: Northwestern University Press, 2001), p. 57.

221. Erbich, "The Problem of Creation," p. 74.

222. Williams, "Emergent Properties," p. 34.

223. Aquinas, *Summa Theologiae* I, q.2, a.1, ad. 1.

224. de Duve, *Life Evolving*, p. 197를 보라.

225. Williams and Frausto da Silva, *The Chemistry of Evolution*, p. 400.

226. Williams and Frausto da Silva, *The Chemistry of Evolution*, p. 400.

227. Williams and Frausto da Silva, *The Chemistry of Evolution*, p. 394.

228. Deacon, "Emergence," p. 149.

229. Williams and Frausto da Silva, *The Chemistry of Evolution*, p. 400.

230. Williams and Frausto da Silva, "Evolution Revisited," p. 488를 보라.

231. Mark F. Bear, Barry W. Connors, and Michael A. Paradiso, eds., "The Power of Multiple Maps," in *Neuroscience: Exploring the Brain* (Baltimore: Lippincott Williams and Wilkins, 2001), p. 418.

232. Robert Rosen, Hofmeyr, "The Biochemical Factory," p. 222에서 인용.

233. Richard C. Lewontin, *Biology as Ideology: The Doctrine of DNA* (New York: HarperCollins, 1991), p. 123.

234. Williams and Frausto da Silva, "Evolution Revisited," p. 483에서 인용.

235. Hösle and Illies, "Non-naturalistic Interpretation," p. 119.

236. Edward T. Oakes, "Complexity in Context: The Metaphysical Implication of Evolutionary Theory," in *Fitness of the Cosmos for Life*, p. 64.

237. Wandschneider, "On the Problem," p. 211.

238. Wandschneider, "On the Problem," p. 211.

239. Wandschneider, "On the Problem," p. 211.

240. Nagel, *The Last Word*, p. 130.

241. Nagel, *The Last Word*, pp. 136과 140.

242. Rupert Riedl, "A Systems Theory of Evolution," in *Darwinism and Philosophy*, p. 122.

## 5장

1. 이 장의 제목은 브뤼노 라투르의 책을 넌지시 가리킨다. *We Have Never Been Modern*, trans. Catherine Porter (Cambridge: Harvard University Press, 1993). 『우리는 결코 근대인이었던 적이 없다』(갈무리 역간).
2. Henry Miller, *The Colossus of Maroussi* (New York: New Directions, 1975), p. 235.
3. G. K. Chesterton, *Charles Dickens* (London: Wordsworth Editions, 2007), pp. 138-139.
4. Louis Menard, "The Gods Are Anxious," *New Yorker*, December 16, 1996, pp. 5-6.
5. Andrew Brown, *The Darwin Wars: The Scientific Battle for the Soul of Man* (London: Simon and Schuster, 2001), p. v에서 인용.
6. Homo neanderthalensis이란 용어는 윌리엄 킹이 1863년 처음으로 사용했다. 그는 찰스 릴의 제자였고, 갤웨이 퀸즈 칼리지에서 지질학을 가르치는 교수였다.
7. David Lewis-Williams, *The Mind in the Cave: Consciousness and the Origins of Art* (London: Thames and Hudson, 2002), p. 192.
8. Robert Proctor, "Three Roots of Human Agency: Molecular Anthropology, the Refigured Acheulean, and the UNESCO Response to Aauschwitz," *Current Anthropology* 44, no. 2 (April 2003): 213-239, 여기서는 p. 212를 보라.
9. Alasdair MacIntyre, *After Virtue: A Study in Moral Theory* (Notre Dame, Ind.: University of Notre Dame Press, 1981), pp. 150-151.
10. Alasdair MacIntyre, *Dependent Rational Animals: Why Human Beings Need the Virtues* (Chicago and La Salle, Ill.: Open Court, 2001), p. x.
11. Giambattista Vico, *The New Science* (Cambridge: Cambridge University Press, 2002)를 보라.
12. Claude Levi-Strauss, *The Savage Mind* (Chicago: University of Chicago Press, 1968)를 보라.
13. Philip Kitcher, *Vaulting Ambition: Sociobiology and the Quest for Human Nature* (Cambridge: MIT Press, 1987), p. 9.
14. William Butler Yeats, "Sailing to Byzantium," in *The Collected Poems of W. B. Yeats* (Ware: Wordsworth, 2000), p. 163. 이 시의 첫 구절은 이렇다. "노인을 위한 나라는 없다." 최

근에 이 제목으로 영화가 나왔다. 코막 맥카티가 쓴 동명의 소설을 개작하여 이 영화를 만들었다. 우리는 앞으로 이것이 얼마나 관련이 있는지 살펴볼 것이다. 주인공 가운데 한 명은 연쇄 살인범이다. 극단적 다윈주의에 따라 말하자면, 그는 가장 일관성 있는 인물이다. 앞으로 이 주장을 논증할 것이다.

15. *New York Sun*의 편집자인 존 B. 보거트가 쓴 글에서 "사람이 개를 문다"는 문장을 가져왔다.
16. Friedrich Nietzsche, *Human, All Too Human: A Book for Free Spirits* (London: Penguin Books, 1994, 『인간적인 것, 너무나 인간적인 것』, 지만지 역간), pp. 14-15.
17. Charles Darwin, *On the Origin of Species, and Other Texts*, ed. Joseph Carroll (Peterborough, Ontario: Broadview Texts, 2003), p. 397.
18. *Metaphysics, Materialism, and the Evolutionary of Mind: Early Writings of Charles Darwin*, ed. H. Gruber and P. Barret (Chicago: University of Chicago Press, 1974), p. 57.
19. John Tooby and Leda Cosmides, "The Psychological Foundations of Culture," in *The Adapted Mind: Evolutionary Psychology and the Generation of Culture*, ed. Jerome H. Barkow, Leda Cosmides, and John Toby (Oxford: Oxford University Press, 1992), pp. 68-69.
20. Michael Ruse, "Evolutionary Theory and Christian Ethics: Are They in Harmony?" *Zygon* 29, no. 1 (1994): 5-24, 여기서는 p. 15.
21. George Gaylord Simpson, "The Biological Nature of Man," *Science* 152, no. 3721 (April 22, 1966): 472-478, 여기서는 p. 472.
22. Richard Dawkins, *The Selfish Gene* (New York and Oxford: Oxford University Press, 1976), p. 1.
23. Alfred Russel Wallace, "The Limits of Natural Selection as Applied to Man," in *Contributions to the Theory of Natural Selection: A Series of Essays* (London: Macmillian, 1870), pp. 334 and 351.
24. 과잉설계에 대해서는 Helena Cronin, *The Ant and the Peacock: Altruism and Sexual Selection from Darwin to Today* (Cambridge: Cambridge University Press, 1991)를 보라.
25. *More Letters of Charles Darwin, a Record of His Work in a Series of Hitherto Unpublished Letters*, ed. Francis Darwin and C. Seward, 2 vols. (London: John Murrays, 1903), 2:39.
26. *Alfred Russel Wallace: Letters and Reminiscences*, ed. James Marchant (New York: Harper, 1916), p. 199에서 인용.
27. 유사형질과 상동형질을 (나중에라도) 구별할 수 있는지 질문해야 하지만, 유사형질의 근거를 물리적으로 공통조상에서 찾듯이, 유사형질을 식별할 수 있다. 그러나 심리학에서도 똑같이 말할 수 있을까? 정신의 영역에서도 우리는 유사와 상동을 정말—논점을 회피하지 않으면서—구별할 수 있을까?

28. Timothy Shanahan, *The Evolutionary of Darwinism: Selection, Adaptation, and Progress in Evolutionary Biology* (Cambridge: Cambridge University Press, 2004), p. 254를 보라.

29. Charles Darwin, *The Descent of Man, and Selection in Relation to Sex* (London: Penguin Books, 2004), chapter 5, pp. 153-154.

30. Darwin, *The Descent of Man*, chapter 5, p. 164를 보라. 또한 Shanahan, *The Evolution of Darwinism*, pp. 256-257도 보라.

31. Benjamin Disraeli, *Tancred or the New Crusade* (Charleston, S.C.: Bibliobazar, 2007), p. 148.

32. G. K. Chesterton, *Eugenics and Other Evils: An Argument against the Scientifically Organized State*, ed. Michael W. Perry (Seattle: Inkling Books, 2000), p. 14에서 인용.

33. Galton, Chesterton, *Eugenics and Other Evils*, p. 18에서 인용.

34. Kevin Laland and Gillian Brown, *Sense and Nonsense: Evolutionary Perspectives on Human Behaviour* (Oxford University Press, 2002), pp. 51-52를 보라.

35. Elof Carlson, *The Unfit: A History of a Bad Idea* (New York: Cold Spring Harbor Laboratory Press, 2001), p. 211를 보라.

36. Charles Davenport, "Report of the Eugenics Committee of the American Breeder's Association," *American Breeder's Magazine* 1 (1910): 128-129, 여기서는 p. 128. 미국육종가협회는 "우생학이란 새로운 과학을 공개적으로 인정하고, 특정한 우생학 연구를 처음으로 시작했던 과학자들의 모임이었다." Charles Davenport, "Report of the Eugenics Committee of the American Breeder's Association," *American Breeder's Magazine* 2 (1911): 62. 1911년에 갈톤이 죽자 미국육종가협회는 미국유전학협회로 이름을 바꿨다. 그리고 협회가 발행하던 학회지도 「유전학회지」(*Journal of Heredity*)로 바뀌었다.

37. Peter Dickens, *Social Darwinism: Linking Evolutionary Thought to Social Theory* (Buckingham, U.K.: Open University Press, 2000), p. 3에서 인용.

38. Dickens, *Social Darwinism*, p. 3에서 인용.

39. Kenan Malik, *Man, Beast, and Zombie: What Science Can and Cannot Tell Us about Human Nature* (London: Weidenfeld and Nicolson, 2000), p. 133를 보라.

40. Auguste Comte, *A General View of Positivism*, trans J. H. Bridges, 2nd ed. (London: Trubner, 1865), p. 374.

41. *Narrow Roads of Gene Land: The Collected Papers of W. D. Hamilton* (Oxford: W. H. Freeman/Spektrum, 1996), p. 174.

42. *Narrow Roads*, p. 191.

43. George Williams, *Adaptation and Natural Selection: A Critique of Some Current Evolutionary Thought* (Princeton: Princeton University Press, 1966), p. 94.

44. 이 책의 2장과 Robert L. Trivers, "The Evolution of Reciprocal Altruism," *Quarterly Review of Biology* 46, no 1 (March 1971): 35-57를 보라. 또한 John Maynard Smith, "The Theory of Games and the Evolution of Animal Conflicts," *Journal of Theoretical Biology* 47 (1974): 209-221도 보라.
45. Trivers, "Evolution of Reciprocal Altruism," p. 35.
46. Michael Ghiselin, *The Economy of Nature and the Evolution of Sex* (Berkeley: University of California Press, 1974), p. 247.
47. Jack London, *The Sea Wolf* (New York: Bantam Press, 1991), p. 55를 보라. 또한 Andrew Michael Flescher and Daniel L. Worthen, *The Altruistic Species: Scientific, Philosophical, and Religious Perspectives of Human Benevolence* (Philadelphia and London: Temple Foundation Press, 2007), pp. 57-58도 보라.
48. Randy Thornhill and Craig T. Palmer, *A Natural History of Rape: Biological Bases of Sexual Coercion* (Cambridge: MIT Press, 2000), p. 12.
49. Edward O. Wilson, *Sociobiology: A New Synthesis*, twenty-fifth anniversary edition (Cambridge, Mass., and London: Harvard University Press, Belknap Press, 2000), p. 547. 『사회생물학』(민음사 역간).
50. Edward O. Wilson, *Sociobiology*, p. 562.
51. Edward O. Wilson, *On Human Nature* (Cambridge: Harvard Univerisity Press, 1978), p. 5. 『인간 본성에 대하여』(사이언스북스 역간).
52. Edward O. Wilson, *Sociobiology*, p. 22.
53. Edward O. Wilson, *On Human Nature*, p. 188.
54. 이것은 나폴레옹이 피에르 시몽 라플라스를 만난 사건을 언급한다. 나폴레옹은 라플라스의 이론에 과연 신이 있을 자리가 있는지 물었다고 한다. 라플라스의 대답은 유명하다. "n'avais pas besoin de cette hypothèse-là"(신 같은 가설은 나에게 필요없습니다). 그러나 신이 아니라 인간을 논할 때, 우리는 나폴레옹처럼 말해야 하며 이렇게 대답해야 한다. "Ah! c'est une belle hypothèse; ça explique beaucoup de choses"(오, 정말 좋은 가설이군요. 신은 많은 것을 설명하잖아요).
55. Michel Foucault, *Order of Things: An Archaeology of the Human Sciences* (New York: Vintage Books, 1973), p. 387.
56. Robert Wright, *The Moral Animal: The New Science of Evolutionary Psychology* (London: Abacus, 1994, 『도덕적 동물』, 사이언스북스 역간), p. 14. Michael Ruse, *Taking Darwin Seriously: A Naturalistic Approach to Philosophy* (Oxford: Blackwell, 1986).
57. Wright, *The Moral Animal*, p. 10.

58. Edward O. Wilson, *Sociobiology*, p. 562.

59. Steven Rose, Richard C. Lewontin, and Leon J. Kamin, *Not in Our Genes: Biology, Ideology, and Human Nature* (London: Penguin, 1990), p. 264.

60. Mary Midgley, *Beast and Man: The Roots of Human Desire* (London: Routledge, 2002)p. xvi.

61. Edward O. Wilson, *On Human Nature*, p. 2.

62. Edward O. Wilson, *On Human Nature*, p. 192를 보라.

63. Wright, *The Moral Animal*, p. 7.

64. Marek Kohn, *As We Know It: Coming to Terms with an Evolved Mind* (London: Granta, 2000), p. 11.

65. Tooby and Cosmides, "Psychological Foundations of Culture," p. 55.

66. Steven Pinker, *How the Mind Works* (London: Penguin Books, 1997), p. 24.

67. Tooby and Cosmides, "Psychological Foundations of Culture," p. 23를 보라.

68. Edward O. Wilson, "Human Decency Is Animal," *New York Times Magazine*, October 12, 1975, pp. 38-50를 보라.

69. Stephen L. Chorover, *From Genesis to Genocide: The Meaning of Human Nature and the Power of Behavior Control* (Cambridge: MIT Press, 1979), p. 19를 보라.

70. Larry Arnhart, "The Darwinian Moral Sense and Biblical Religion," in *Evolution and Ethics: Human Morality in Biological and Religious Perspective*, ed. Philip Clayton and Jeffrey P. Schloss (Grand Rapids: Eerdmans, 2004), p. 214.

71. Arnhart, "The Darwinian Moral Sense," p. 205.

72. Howard E. Gardner, *Frames of Mind: The Theory of Multiple Intelligences* (New York: Basic Books, 1983)를 보라.

73. Jerry Fodor, *The Modularity of Mind* (Cambridge: MIT Press, 1983), p. 3.

74. 학자들은 브로카 영역이 있다는 주장을 계속 반박하고 있다는 것도 알아두자.

75. Jerry Fodor, "Précis of the Modularity of Mind," *Behavioral and Brain Sciences* 8 (1985): 1-42, 여기서는 p. 4.

76. Fodor, "Précis of the Modularity," p. 5.

77. Fodor, "Précis of the Modularity," p. 4.

78. Fodor, "Précis of the Modularity," p. 4.

79. Steven Horst, *Beyond Reduction: Philosophy of Mind and Post-reductionist Philosophy of Science* (Oxford: Oxford University Press, 2007), p. 176.

80. Jerry Fodor, "Modules, Frames and Fridgeons, Sleeping Dogs and the Music of the Spheres," in *Modularity in Knowledge Representation and Natural Language Understanding*, ed. Jay L.

Garfield (Cambridge: MIT Press, 1987), p. 27.

81. Tooby and Cosmides, "Psychological Foundations of Culture," p. 113.

82. Lewis-Williams, *Mind in the Cave*, p. 111.

83. Susan McKinnon, *Neo-Liberal Genetics: The Myths and Moral Tales of Evolutionary Psychology* (Chicago: Prickly Paradigm Press, 2005), p. 15를 보라.

84. Robert Wright, McKinnon, *Neo-Liberal Genetics*, p. 17에서 인용.

85. Steven Mithen, *The Prehistory of the Mind: A Search for the Origins of Art, Religion, and Science* (London: Orion Books, 1998), p. 59를 보라.

86. Patricia M. Greenfield, "Language, Tools and Brain: The Ontogeny and Phylogeny of Hierarchically Organized Sequential Behavior," *Behavioral and Brain Science* 14 (1991): 531-595를 보라. 또한 Mithen, *Prehistory of the Mind*, p. 59를 보라.

87. Annette Karmiloff-Smith, *Beyond Modularity: A Developmental Perspective on Cognitive Science* (Cambridge: MIT Press, 1992)를 보라. 또한 Mithen, *Prehistory of the Mind*, pp. 60-61를 보라.

88. Annette Karmiloff-Smith, "Précis of Beyond Modularity: A Developmental Perspective on Cognitive Science," *Behavioral and Brain Sciences* 17 (1994): 693-745, 여기서는 p. 706.

89. Dan Sperber, "The Modularity of Thought and Epidemiology of Representations," in *Mapping the Mind: Domain Specificity in Cognition and Culture*, ed. Lawrence A. Hirschfeld and Susan A. Gelman (Cambridge: Cambridge University Press, 2004), pp. 39-67를 보라.

90. Mithen, *Prehistory of the Mind*, pp. 70-78를 보라.

91. Jerry Fodor, "Review of Mithen's The Prehistory of the Mind," in *In Critical Condition: Polemical Essays on Cognitive Science and the Philosophy of Mind* (Cambridge: MIT Press, 1998), p. 158.

92. 이에 대해서는 Horst, *Beyond Reduction*, p. 162를 보라.

93. Horst, *Beyond Reduction*, p. 166를 보라.

94. Horst, *Beyond Reduction*, p. 164-166를 보라.

95. 그 예로 Michael L. Anderson, "The Massive Redeployment Hypothesis and the Functional Topography of the Brain," *Philosophical Psychology* 20, no. 2 (April 2007): 143-174를 보라.

96. 포더 교수에게 무척 감사드린다. 포더 교수는 곧 출간될 자신의 책, 『다윈은 어디서 틀렸을까?』(*What Darwin Got Wrong?*)의 초고 가운데 몇몇 장을 보내주셨다(마시오 피아텔리 팔마리니는 이 책의 공저자이다). 이 책은 확실히 문제작이 될 것이다.

97. Henry Plotkin, *Evolution in Mind: An Introduction to Evolutionary Psychology* (Cambridge: Harvard University Press, 1997), p. 94.

98. Mario Bunge, *Emergence and Convergence: Qualitative Novelty and the Unity of Knowledge* (Toronto: University of Toronto Press, 2003), p. 161.

99. G. K. Chesterton, *Orthodoxy* (London: Fontana, 1961), p. 22.

100. Edward O. Wilson, *Naturalist* (New York: Warner Books, 1995), p. 349를 보라. 더 일반적으로는 Donald E. Brown, *Human Universals* (New York: McGraw-Hill, 1991)를 보라.

101. Janet Radcliffe Richards, *Human Nature after Darwin: A Philosophical Introduction* (London: Routledge, 2004), p. 64.

102. Wright, *The Moral Animal*, p. 268.

103. G. F. Miller, "Sexual Selection for Protean Expressiveness: A New Model of Hominid Encephalization"(paper delivered to the fourth annual meeting of the Human Behavior and Evolution Society, Albuquerque, N. Mex., July 1992), Matt Ridley, *The Red Queen: Sex and the Evolution of Human Nature* (New York: Harper Perennial, 2003), p. 338에서 인용.

104. Michael Smithurst, "Popper and the Scepticism of Evolutionary Epistemology, or, What Were Human Beings Made For?" in *Karl Popper: Philosophy and Problems*, ed. Anthony O'Hear (Cambridge: Cambridge University Press, 1995), p. 212.

105. "다윈주의 법칙은…중요한 물리법칙만큼 보편적일 수 있다." Richard Dawkins, "Universal Darwinism," in *Evolution from Molecules to Men*, ed. D. S. Bendall (Cambridge: Cambridge University Press, 1983), p. 423. 이 주장은 정말 여러모로 불가능하다. 무엇보다 이 주장은 스스로 무너진다. 다윈주의는 역사적 주장이거나 오히려 묘사다. 다윈주의의 적용범위는 지구에 한정된다. 그래서 당신은 역사적 주장을 보편화할 수 없다. 더구나 포더는 다윈주의 법칙은 아예 없다고 생각한다. 그렇지만 우리는 다음과 같이 생각한다. 자연선택이 다른 요인과 함께 작용할 때, 자연선택은 창발적 법칙처럼 작용한다.

106. Chesterton, *Orthodoxy*, chapter 3, "The Suicide of Thought."

107. Donald T. Campbell, "A General 'Selection Theory' as Implemented in Biological Evolution and in Social Belief-Transmission-with-Modification in Science," *Biology and Philosophy* 3 (1998): 413-463를 보라. 또한 Charles J. Lumsden and Edward O. Wilson, *Genes, Mind, and Culture: The Coevolutionary Process* (Cambridge: Harvard University Press, 1981)도 보라.

108. Susan Blackmore, *The Meme Machine* (Oxford: Oxford University Press, 1999), p. 192. 『밈: 문화를 창조하는 새로운 복재자』(바다출판사 역간).

109. Robert Aunger, *Introduction to Darwinizing Culture: The Status of Memetics as a Science*, ed. Robert Aunger, foreword by Daniel Dennett (Oxford: Oxford University Press, 2000), p. 11를 보라.

110. Dawkins, *The Selfish Gene*, p. 200.

111. Daniel C. Dennett, *Consciousness Explained* (Boston: Little Brown, 1991), p. 200.

112. Dennett, *Consciousness Explained*, p. 207를 보라.

113. Blackmore, *The Meme Machine*, p. 236. 그러나 1학년 철학과 학부생은 누구나 이렇게 물을 것이다. "이것을 어떻게 알 수 있죠?"

114. Susan Blackmore, "The Memes' Eye View," in *Darwinizing Culture*, p. 41.

115. Blackmore, *The Meme Machine*, p. 237.

116. Edward O. Wilson, *Consilience: The Unity of Knowledge* (London: Abacus Books, 1999), p. 131. 『통섭』(사이언스북스 역간).

117. Wright, *The Moral Machine*, p. 237.

118. Aunger, *Darwinizing Culture*를 보라.

119. Daniel Dennett, *Darwin's Dangerous Idea: Evolution and the Meanings of Life* (New York: Simon and Schuster, 1995), p. 349를 보라.

120. Dennett, *Darwin's Dangerous Idea*, pp. 347-348를 보라.

121. Kate Distin, *The Selfish Meme: A Critical Reassessment* (Cambridge: Cambridge University Press, 2005), p. 78를 보라.

122. Distin, *The Selfish Meme*, p. 79를 보라.

123. Distin, *The Selfish Meme*, p. 80.

124. Distin, *The Selfish Meme*, p. 81.

125. Blackmore, *The Meme Machine*, p. 17를 보라.

126. Richard Dawkins, *The Extended Phenotype: The Long Reach of the Gene* (Oxford: Oxford University Press, 1982)을 보라.

127. Distin, *The Selfish Meme*, p. 87-88를 보라.

128. Richard Dawkins, "Viruses of the Mind," in *Dennett and His Critics: Demystifying the Mind, ed. Bo Dahlbom* (Oxford: Blackwell, 1992), pp. 13-27를 보라.

129. 흥미롭게도, 알랭 바디우는 사건을 창발적이거나 사악하다고 기술하려고 한다. 이때 바디우도 다소 비슷한 문제에 부닥친다. Cunningham, *The Failure of Immanence* (출간 예정)를 보라.

130. Distin, *The Selfish Meme*, p. 75.

131. Dawkins, *The Extended Phenotype*, p. 111.

132. Adam Kuper, "If Memes Are the Answer, What Is the Question?" in *Darwinizing Culture*, p. 179.

133. Terry Eagleton, "Lunging, Flailing, Mispunching: The God Delusion by Richard Dawkins,"

*London Review of Books* 28, no. 20 (October 19, 2006); available from: http://www.lrb.co.uk/v28/n20/eagl01_.html; accessed September 29, 2009.

134. Kuper, "If Memes," p. 180.
135. Kuper, "If Memes," p. 180를 보라.
136. C. S. Lewis, *Compelling Reason* (London: Harper Collins, 1996), p. 19를 보라.
137. Thomas Nagel, *The View from Nowhere* (Oxford: Oxford University Press, 1986), p. 85.
138. Merlin Donald, *A Mind So Rare: The Evolution of Human Consciousness* (New York: Norton, 2001), p. 7.
139. *Creation and Evolution: A Conference with Pope Benedict XVI in Castel Gandolfo*, ed. Stephen O. Horn and Siegfried Wiedenhofer, trans. Michael Miller, foreword by Christoph Cardinal Schönborn (San Francisco: Ignatius, 2008), p. 20에서 인용.
140. Edward O. Wilson, *On Human Nature*, p. 201. "진화론이 말하는 이야기는 나의 신화이다. 일단 사람들은 진화론이 제시하는 법칙을 지금 여기서 믿는다. 그리고 이 법칙이 증명되어 원인과 결과 관계가 물리학에서 출발하여 사회과학까지 이어진다고 확실하게 말할 수도 없다. 이런 뜻에서 진화론의 이야기는 나의 신화이다"(p. 192).
141. Thomas Nagel, *The Last Word* (Oxford: Oxford University Press, 2003), p. 133.
142. Nagel, *The View from Nowhere*, p. 79.
143. Nagel, *The Last Word*, p. 135를 보라.
144. Nagel, *The View from Nowhere*, p. 81.
145. Darwin to W. Graham, July 1881, *The Life and Letters of Charles Darwin, Including and Autobiographical Chapter*, ed. Francis Darwin, 2 vols. (New York: Basic Books, 1959), p. 285. 체스터튼도 이런 관심을 가졌다. "나쁜 논리는 사람을 오도한다. 그러면 좋은 논리도 나쁜 논리만큼이나 사람을 오도할 수 있지 않을까? 좋은 논리는 그렇게 해선 안 되는가? 좋은 논리도 나쁜 논리도 모두 당황한 유인원의 뇌에서 일어나는 운동이다." Chesterton, *Orthodoxy*, p. 33.
146. Fodor, *In Critical Condition*, p. 190.
147. Fodor, *In Critical Condition*, p. 201. 또한 Alvin Plantinga, *Warrant and Proper Function* (New York: Oxford University Press, 1993). chapter 12.
148. C. S. Lewis, *Miracles* (London: Harper Collins, 2002), p. 30도 보라.
149. Lewis, *Miracles*, p. 28.
150. Nagel, *The Last Word*, p. 136.
151. "논리에 따라 생각한다면, 이런 생각은 단지 심리적 속성이지만, 동시에 생물학적으로 근거가 있다고 생각할 수 없다. 또한 이런 생각은 그저 심리적 속성이지만, 동시

에 생물학적으로 일어난 사건이라고 생각할 수 없다." Nagel, *The Last Word*, p. 136.

152. Nagel, *The Last Word*, p. 137.
153. Daniel C. Dennett, *Brainstorms: Philosophical Essays on Mind and Psychology* (Cambridge, MIT Press, 1978), p. 17.
154. Jerry Fodor, "Is Science Biologically Possible?" in *Naturalism Defeated? Essays on Plantinga's Evolutionary Argument against Naturalism*, ed. James K. Beilby (Ithaca, N. Y.: Cornell University Press, 2002), p. 200
155. Fodor, *In Critical Condition*, p. 201.
156. Justin L. Barrett, *Why Would Anyone Believe in God?* (Lanham, Md.: Alta Mira Press, 2004), p. 19.
157. Nagel, *The View from Nowhere*, pp. 78-79.
158. Friedrich Nietzsche, *The Gay Science: With a Prelude in Rhymes and an Appendix of Songs*, ed. and trans. Walter Kaufmann (New York: Vintage Books, 1974), p. 171.
159. Friedrich Nietzsche, *On the Advantage and Disadvantage of History for Life* (Indianapolis: Hackett, 1980), p. 9.
160. Nietzsche, "Use and Abuse," p. 4.
161. Friedrich Nietzsche, "On Redemption," in *Thus Spoke Zarathustra*, trans. Walter Kaufmann (London: Penguin Books, 1978).
162. Nicholas Rescher, ed., *Evolution, Cognition, and Realism: Studies in Evolutionary Epistemology* (Lanham, Md.: University of Press of America, 1990)를 보라.
163. Nagel, *The Last Word*, pp. 136 and 140.
164. Ruse, *Taking Darwin Seriously*, p. 188.
165. Fodor, *In Critical Condition*, pp. 190-191를 보라.
166. *The Portable Nietzsche*, ed. Walter Kaufmann (New York: Viking Press, 1954), pp. 46-47를 보라.
167. Ruse, *Taking Darwin Seriously*, p. 155.
168. C. S. Lewis, *The Abolition of Man* (New York: Harper and Collins, 1974), p. 26.
169. Erwin Chargaff, *Heraclitean Fire: Sketches from a Life before Nature* (New York: Rockefeller University Press, 1978), p. 5.
170. David Oates, "Social Darwinism and Natural Theodicy," *Zygon* 23, no. 4 (1988): 439-454를 보라.
171. Hans Jonas, *The Phenomenon of Life: Toward a Philosophical Biology* (Evanston, Ill.: Northwestern University Press, 2001), p. 9를 보라. 실제로 과학적 자연주의가 아니라 철

학적 자연주의가 곤봉을 휘두를 때, 죽음과 생명 모두 뜻을 잃어버린다.

172. Barrett, *Why Would Anyone?* p. 110.

173. *Twilight of the Idols*, in Friedlich Nietzsche, *Twilight of the Idols, or How to Philosophise with a Hammer/The Anti-Christ* (London: Penguin Books, 1990)를 보라.

174. Michael Ruse and Edward O. Wilson, "Moral Philosophy as Applied Science," *Philosophy* 61, no. 236 (April 1986): 173-192, 여기서는 p. 179.

175. Michael Ruse and Edward O. Wilson, "The Evolution of Ethics," in *Religion and the Natural Science: The Range of Engagement*, ed. James Huchingson (San Diego: Harcourt Brace, 1993), p. 310.

176. Richard Dawkins, *River out of Eden: a Darwinian View of Life* (New York: Basic Books, 1996), p. 133.

177. *A Devil's Chaplain: Selected Essays by Richard Dawkins* (London: Weidenfeld and Nicholson, 2003, 『악마의 사도』, 김영사 역간), p. 34.

178. Ruse and Wilson, "Moral Philosophy," p. 186.

179. Nagel, *The Last Word*, p. 142.

180. Ruse and Wilson, "Moral Philosophy," p. 186.

181. Peter Koslowski, "The Theory of Evolution as Sociobiology and Bio-economics: A Critique of Its Claim to Totality," in *Sociobiology and Bioeconomics: The Theory of Evolution in Biological and Economic Thoery*, ed. Peter Koslowski (Berlin, Heidelberg, and New York: Springer, 1998), pp. 301-328, 여기서는 p. 307.

182. Wendell Jamieson, *Father Knows Less or: "Can I Cook My Sister?"; One Dad's Quest to Answer His Son's Most Baffling Questions* (New York: Putnam, 2007)

183. 많은 극단적 다윈주의자는 허무주의자가 거쳐가는 과정을 분명 따라간다. 하지만 그들은 종종 위선적으로 그렇게 한다. 그들은 어떤 허무주의를 이용하여, 자연을 되도록 냉정하게 해석하려고 한다. 그러나 그들은 냉정한 해석의 궁극적 결과에서 때때로 한 걸음 물러난다. Talmer Sommers and Alex Rosenberg, "Darwin's Nihilistic Idea: Evolution and the Meaninglessness of Life," *Biology and Philosophy* 18, no. 5 (November 2003): 653-668를 보라. 이 저자들에 따르면, 다윈주의에 대한 다니엘 데닛의 해석은 허무주의를 낳는데, 자신도 이 허무주의에서 한 걸음 물러난다.

184. Chesterton, *Eugenics and Other Evils*, pp. 19-20.

185. Edward O. Wilson, *Consilience*, p. 31.

186. Wendell Berry, *Life Is a Miracle: An Essay against Modern Superstition* (Washington, D.C.: Counterpoint, 2001), p. 47.

187. Berry, *Life Is a Miracle*, p. 52를 보라.

188. Berry, *Life Is a Miracle*, p. 52를 보라.

189. Chargaff, *Heraclitean Fire*, pp. 3-5를 보라.

190. Anthony O'Hear, *Beyond Evolution: Human Nature and the Limits of Evolutionary Explanation* (Oxford: Oxford University Press, 1997), p. 140.

191. Jerome Kagan, *Three Seductive Ideas* (Cambridge: Harvard University Press, 1998), p. 190.

192. Noam Chomsky, *Language and Mind* (New York: Harcourt Brace Jovanovich, 1972), p. 70.

193. Kagan, *Three Seductive Ideas*, p. 191.

194. Aquinas, *Quaestio disputata de malo* 7.1를 보라.

195. Aquinas, *Summa Theologiae* I-II q.78, a.3.

196. Aquinas, *Quaestio disputata de malo* 8.2.

197. Aquinas, *Summa Theologiae* I-II q.72, a.2.

198. Alenka Zupancic, *The Shortest Shadow: Nietzsche's Philosophy of the Two* (Cambridge: MIT Press, 2003), pp. 84-85.

199. Chesterton, *Orthodoxy*, pp. 35-36.

200. Aquinas, *Summa Theologiae* I-II q.58, a.2

201. Aquinas, *Summa Theologiae* I q.105, a.5

202. Kagan, *Three Seductive Ideas,* p. 192.

203. Barrett, *Why Would Anyone?* p. 47.

204. Robert Spaemann, *Persons: The Difference between "Someone" and "Something,"* trans. Oliver O'Donovan (Oxford: Oxford University Press, 2006), p. 46.

205. William James, in *The Oxford Book of Marriage*, ed. Helga Rubinstein (Oxford: Oxford University Press, 1990), p. 195.

206. John Dupré, *Human Nature and the Limits of Science* (Oxford: Clarendon, 2001), p. 48에서 인용.

207. Dawkins, *The Selfish Gene*, p. 164.

208. David M. Buss, *The Evolution of Desire: Strategies of Human Mating* (New York: Basic Books, 1994), p. 85.

209. Buss, *The Evolution of Desire*, p. 25.

210. Buss, *The Evolution of Desire*, p. 86.

211. Darwin, *The Descent of Man*, vol. 1, p. 273. " 이렇게 말해야겠다. 다수 여자는 (다행히도) 어떤 성적 감정에도 그다지 불편해하지 않는다. 남자는 쉽게 성적 감정에 불편해지며, 여자는 특별한 경우에만 불편해진다.…최고의 어머니이자 아내, 최고의 가

정 관리자는 성적 유희를 모르거나 거의 모른다. 그들은 단지 가정과 아이, 가정사를 신경쓴다." Dr. Acton, Wright, *The Moral Animal*, p 30에서 인용.

212. Edward O. Wilson, *On Human Nature*, p. 125.

213. Zuleyma Tang-Martinez, "Paradigms and Primates: Bateman's Principle, Passive Females, and Perspectives from Other Taxa," in *Primate Encounter: Models of Science, Gender, and Society*, ed. Shirley C. Strum and Linda Marie Fedigan (Chicago: University of Chicago Press, 2000), pp. 261-274. "두 종류의 생식세포의 해부학적 차이는 종종 대단히 크다. 특히 인간의 난자는 정자보다 8만 5천 배나 크다. 이런 유전적 이형(태)성의 결과는 인간 성의 생물학과 심리학을 통해 여러 갈래로 펼쳐진다." Edward O. Wilson, *On Human Nature*, p. 124.

214. Wright, *The Moral Animal*, p. 36. 진화 심리학자인 마틴 데일리와 마고 윌슨도 이런 생각을 한다. 그들은 이렇게 말한다. 남자의 경우, "더 잘할 수 있는 가능성이 늘 있다." 그렇다. 여자도 더 잘할 수 있다. 유전자의 양이 아니라 유전자의 질을 기준으로 더 잘할 수 있다는 뜻이다. 따라서 여자는 좋은 유전자와 좋은 조건을 가진 남자를 찾는다고 한다. Richards, *Human Nature after Darwin*, p. 71를 보라.

215. George Williams, *Adaptation and Natural Selection: A Critique of Some Current Evolutionary Thought* (Princeton: Princeton University Press, 1966)를 보라.

216. Robert Trivers, "Parental Investment and Sexual Selection," in *Sexual Selection and the Descent of Man: The Darwinian Pivot*, ed. Bernard Campbell (Chicago: DeGruyter, 1972), p. 145.

217. Wright, *The Moral Animal*, p. 43를 보라.

218. Wright, *The Moral Animal*, p. 43를 보라.

219. Trivers, "Parental Investment," p. 153.

220. Donald Symons, *The Evolution of Human Sexuality* (Oxford: Oxford University Press, 1979)를 보라.

221. 이 역설을 탁월하게 기술한 저작으로는 Jean-Paul Sartre, *Being and Nothingness: An Essay on Phenomenological Ontology*, trans Hazel E. Barnes (London: Routledge, 2000), pp. 55-56를 보라.

222. Wright, *The Moral Animal*, p. 64를 보라.

223. Trivers, "Parental Investment," pp. 145-146.

224. Dupré, *Human Nature*, p. 51 n. 10을 보라.

225. Martin Daly and Margo Wilson, "Discriminative Parental Solicitude: A Biological Perspective," *Journal of Marriage and the Family* 42 (1980): 277-288를 보라.

226. Wright, *The Moral Animal*, p. 68를 보라.

227. Wright, *The Moral Animal*, p. 68.

228. Wright, *The Moral Animal*, p. 68-69.

229. 그 예로 Kim Hill and Hillard Kaplan, "Trade-offs in Male and Female Reproductive Strategies among the Ache," parts 1 and 2 in *Human Reproductive Behaviour: A Darwinian Perspective*, ed. Launa Betzig, Monique Borgerhoff Mulder, and Paul Turke (New York: Cambridge University Press, 1988), pp. 277-290와 291-306를 보라.

230. Martin Daly and Margo Wilson, *Homicide* (Hawthorne, N.Y.: De Gruyter, 1988), p. 83.

231. 사고가 순수하게 일반적이라면, 어떤 특수한 사고도 일관성 있게 전체로 통합되지 않을 것이다.

232. Aristotle, *Nicomachean Ethics,* trans. Terence Irwin (Indianapolis: Hackett, 1985), 1168a28-29.

233. Aquinas, *Summa contra Gentiles,* bk. III, ii, 115.

234. Aristotle, *Politics* 1.2.

235. Aquinas, *Summa Theologiae* I-II, q.94, a.2를 보라.

236. Aquinas, *Summa contra Gentiles,*, bk.3, chapters 122-123.

237. Aquinas, *Summa Theologiae,* suppl., q.65, a.1; *Summa contra Gentiles*, bk. 3, chapter 123을 보라.

238. Aquinas, *Summa Theologiae*, 1a11ae.94.2.

239. Margo Wilson and Martin Daly, "The Man Who Mistook His Wife for a Chattel," in *The Adapted Mind*, pp. 289-290.

240. Slavoj Žižek, *The Puppet and the Dwarf: The Perverse Core of Christianity* (Cambridge: MIT Press, 2003), p. 63.

241. 선물 교환을 이렇게 해석하는 것을 정교하게 논박한 것을 보려면, John Milbank, *Being Reconciled: Ontology and Pardon* (London: Routledge, 2003)를 보라.

242. Ian Tattersall, *Becoming Human: Evolution and Human Uniqueness* (New York: Harcourt, 1998), p. 208를 보라.

243. Bunge, *Emergence and Convergence,* p. 157.

244. Berry, *Life Is a Miracle*, p. 110.

245. Aristotle, *De anima* 434b21을 보라.

246. Niles Eldredge, *Why We Do It: Rethinking Sex and the Selfish Gene* (New York and London: Norton, 2004), p. 14.

247. Malik, *Man, Beast, and Zombie*, p. 230.

248. Tattersall, *Becoming Human*, p. 207.

249. Kagan, *Three Seductive Ideas*, p. 162를 보라.

250. Thornhill and Palmer, *Natural History of Rape,* chapter 1; 또한 Cheryl Brown Travis, ed., *Evolution, Gender, and Rape* (Cambridge: MIT Press, 2003)도 보라. 이것은 손힐과 팔머의 연구에 답하려고 쓰여진 책이다.

251. Kagan, *Three Seductive Ideas*, p. 164.

252. Kagan, *Three Seductive Ideas*, p. 191.

253. Nagel, *The Last Word*, p. 131를 보라.

254. Nagel, *The Last Word*, P. 131.

255. Chesterton, *Orthodoxy,* chapter 8.

256. Nagel, *The Last Word*, p. 131.

257. Aldous Huxley, "Confessions of a Professed Atheist," *Report: Perspective on the News* 3 (June 1996): 19; Dinesh D'Souza, *What's So Great about Christianity?* (Washington, D.C.: Regnery, 2007), p. 266에서 인용.

258. Karen Amstrong, *A History of God: The 4,000-Year Quest of Judaism, Christianity, and Islam* (New York: Ballantine Books, 1993), p. 378.

259. Cited in D'Souza, *What's So Great?* p. 267.

260. Robert C. Richardson, *Evolutionary Psychology as Maladapted Psychology* (Cambridge: MIT Press, 2007), p. 14를 보라.

261. Laland and Brown, *Sense and Nonsense*, p. 178; Leda Cosmides and John Tooby, "From Evolution to Behavior: Evolutionary Psychology as the Missing Link," in *The Latest on the Best: Essays on Evolution and Optimality*, ed. John Dupré (Cambridge: MIT Press, 1987), pp. 280-281를 보라.

262. Rick Potts, *Humanity's Descent: The Consequence of Ecological Instability* (New York: Morrow, 1996)를 보라.

263. Eric Alden Smith, "Reconstructing the Evolution of the Human Mind," in *The Evolution of Mind: Fundamental Questions and Controversies*, ed. Steven W. Gangestad and Jeffrey A. Simpson (New York and London: Guilford Press, 2007), p. 56를 보라.

264. Richardson, *Evolutionary Psychology*, p. 16를 보라, 또한 T. Ketelaar and B. J. Ellis, "Are Evolutionary Explanations Unfalsifiable? Evolutionary Psychology and the Lakatosian Philosophy of Science," *Psychological Inquiry* 11 (2000): 1-21도 보라. 여기서는 p. 1.

265. Yeats, "Sailing to Byzantium," p. 163.

266. 물론 이것은 자연주의적 오류를 일단 전제하고 벌어지는 놀이다. 어떤 사람이 "존재"에서 "당위"를 이끌어낼 때, 자연주의적 오류를 범하게 된다. 이것은 허무주의가

퍼뜨리는 논리 가운데 하나다. 즉 "없음을 어떤 것으로 여기는" 논리다[없음/무를 다시 어떤 것(존재하는 것)으로 여기는 논리를 말한다]. Conor Cunningham, *Genealogy of Nihilism: Philosophies of Nothing and the Difference of Theology* (London and New York: Routledge, 2002)를 보라.

267. Chesterton, *Orthodoxy*, p. 22.

268. Leon Wieseltier, "The God Genome," *New York Times*, February 19, 2006, sec. 7, pp. 11-12를 보라.

269. Dupré, *Human Nature*, pp. 75-76를 보라.

270. John McDowell, *Mind and World* (Cambridge: Cambridge University Press, 1994), p. 123.

271. John O'Callaghan, *Thomist Realism and the Linguistic Turn: Toward a More Perfect Form of Existence* (Notre Dame, Ind: University of Notre Dame Press, 2003), p. 296.

272. O'Callaghan, *Thomist Realism*, p. 296.

273. Aquinas, *Summa Theologiae* I, 76.3, respondeo.

274. Matt Ridley, *Nature via Nurture: Genes, Experience, and What Makes Us Human* (New York: Harper Collins, 2003), p. 4.

275. Pinker, *How the Mind Works,* p. 401.

276. Kagan, *Three Seductive Ideas,* p. 56를 보라.

277. M. Schiff et al., "Intellectual Status of Working-Class Children Adopted Early into Upper-Middle-Class Families," *Science* 200, no. 4349 (June 30, 1978): 1503-1504를 보라. 또한 Kagan, *Three Seductive Ideas*, p. 65를 보라.

278. Janet Carsten, *The Heat of the Hearth: Process of Kinship in a Malay Fishing Community* (Oxford: Oxford University Press, 1997).

279. McKinnon, *Neo-Liberal Genetics*, p. 59를 보라.

280. Janet Carsten, "Substantivism, Antisubstantivism, and Anti-antisubstantivism," in *Relative Values: Reconfiguring Kinship Studies*, ed. Sarah Franklin and Susan McKinnon (Durham, N.C.: Duke University Press, 2001), p. 46.

281. 미토콘드리아 이브(Mitochondrial Eve)는 모든 인간의 모계쪽에서 가장 최근의 공통 조상을 가리키는 말이다. 모든 미토콘드리아 DNA(mtDNA)가 미토콘드리아 이브에게서 나오기 때문이다.

282. Blaise Pascal, *Pensées and the Provincial Letters*, ed. Saxe Commins (New York: Modern Library, 1941), p. 118, no. 358.

283. *Metaphysics*, p. 29.

284. Frans de Waal, *Primates and Philosophers: How Morality Evolved* (Princeton: Princeton

University Press, 2006), pp. 6-7를 보라.

285. Elliott Sober and David Sloan Wilson, *Unto Others: The Evolution and Psychology of Unselfish Behavior* (Cambridge: Harvard University Press, 1998), pp. 8-9.

286. de Waal, *Primates and Philosophers*, p. 100를 보라.

287. Flescher and Worthen, *The Altruistic Species*, p. 145.

288. Peter Singer, *The Expending Circle: Ethics and Sociobiology* (New York: Farrar, Straus, and Giroux, 1981), p. 119.

289. Peter Richardson and Robert Boyd, "Darwinian Evolutionary Ethics: Between Patriotism and Sympathy," in *Evolution and Ethics*, p. 73.

290. Jeffrey P. Schloss, "Would Venus Evolve on Mars? Bioenergetic Constraints, Allometric Trends, and the Evolution of Life-History Invariants," in *Fitness of the Cosmos for Life: Biochemistry and Fine-Tuning*, ed. John Barrow et al. (Cambridge: Cambridge University Press, 2008), p. 335.

291. Flescher and Worthen, *The Altruistic Species*, p. 27를 보라.

292. Aristotle, *Nicomachean Ethics* 1168a28-29.

293. Mordecai Paldiel, *Sheltering the Jews: Stories of Holocaust Rescuers* (Minneapolis: Fortress, 1996), p. 201.

294. Dawkins, *The Selfish Gene*, p. 6.

295. Ghiselin, *The Economy of Nature*, p. 247.

296. Richard D. Alexander, *The Biology of Moral Systems* (Chicago: De Gruyter, 1987), p. 20.

297. Trivers, "Evolution of Reciprocal Altruism," p. 35.

298. Dawkins, *The Selfish Gene*, p. 267.

299. Richard D. Alexander, "The Search for a General Theory of Behaviour," *Behavioural Science* 20 (1975): 77-100, 여기서는 p. 96.

300. Dawkins, *The Selfish Gene*, p. 3.

301. 솔직히 말해, "진화"라는 단어는 쓰여지지 않았다.

302. Gordy Slack, "Why We Are Good: Mirror Neurons and the Roots of Empathy," in *The Edge of Reason: Science and Religion in Modern Society*, ed. Alex Bentley (London: Continuum, 2008), p. 65에서 인용.

303. Ludwig Wittgenstein, *Remarks on the Philosophy of Psychology*, vol. 2, ed. G. H. von Wright and H. Nyman, trans. C. G. Luckhart and M. A. E. Aue (Oxford: Blackwell, 1980), p. 570.

304. 그 예로 Giacomo Rizzolatti and Corrado Sinigaglia, *Mirros in the Brain: How Our Minds Share Actions and Emotions*, trans. Frances Anderson (Oxford: Oxford University

Press, 2008)을 보라.

305. Mark Heim, "A Cross-Section of Sin: The Mimetic Character of Human Nature in Biological and Theological Perspective," in *Evolution and Ethics*, p. 260.

306. Vilayanur S. Ramachandran, Slack, "Why We Are Good," p. 66에서 인용.

307. Vilayanur S. Ramachandran, "Mirror Neurons and Imitation Learning as the Driving Force behind the 'Great Leap Forward' in Human Evolution," in *The Edge*, May 29, 2000; available online: http://www.edge.org/3rd_culture/ramachandran/ramachandran_p1.html; accessed September 30, 2009.

308. Augustine, *Confessions* 1.1.4.

309. Alexandre Kojeve, *Lectures on Hegel's Phenomenology of Spirit* (New York: Basic Books, 1969), p. 40.

310. Kojeve, *Lectures*, p. 41.

311. Rene Girard, Pierpaolo Antonello, and Joao Cezar de Castro Rocha, *Evolution and Conversion: Dialogues on the Origins of Culture* (London: Continuum, 2007), p. 172를 보라.

312. Girard, Antonello, and Rocha, *Evolution and Conversion*, p. 108.

313. Girard, Antonello, and Rocha, *Evolution and Conversion*, p. 198.

314. Girard, Antonello, and Rocha, *Evolution and Conversion*, p. 109-110.

315. Girard, Antonello, and Rocha, *Evolution and Conversion*, p. 110.

316. Girard, Antonello, and Rocha, *Evolution and Conversion*, p. 141.

317. Girard, Antonello, and Rocha, *Evolution and Conversion*, p. 172.

318. Barrett, *Why Would Anyone?* p. 21.

319. Barrett, *Why Would Anyone?* p. 77.

320. Steven Mithen, "Is Religion Inevitable? An Archaeologist's View from the Past," in *The Edge of Reason: Science and Religion in Modern Society*, ed. Alex Bentley (London: Continuum, 2008), p. 94.

321. Mithen, "Is Religion Inevitable?" p. 92. 또한 Matthew Day, "Religion, Off-Line Cognition and the Extended Mind," *Journal of Cognition and Culture* 4, no. 1 (2004): 101-121를 보라.

322. Franz M. Wuketits, *Evolutionary Epistemology and Its Implications for Humankind* (Albany: State University of New York Press, 1990)를 보라.

323. J. Wentzel van Huyssteen, *Alone in the World? Human Uniqueness in Science and Theology* (Grand Rapids: Eerdmans, 2006), p. 94.

324. Donald T. Campbell, "Evolutionary Epistemology," in *Evolutionary Epistemology, Rationality, and the Sociology of Knowledge*, ed. Gerard Radnitzky and W. W. Bartley III (La Salle, Ill.:

Open Court, 1974), p. 47를 보라.

325. Van Huyssteen, *Alone in the World?* p. 105.

326. Barrett, *Why Would Anyone?* p. 105를 보라.

327. Pascal Boyer, *Religion Explained: The Evolutionary Origins of Religious Thought* (New York: Basic Books, 2001), pp. 144-145를 보라.

328. 이에 대한 알빈 플란팅가의 중요한 작업은 *God and Other Minds: A Study of the Rational Justification of Belief in God* (Ithaca, N.Y.: Cornell University Press, 1967)을 보라.

329. Barrett, *Why Would Anyone?* p. 95.

330. Stewart Elliot Gutherie, *Faces in the Clouds: A New Theory of Religion* (Oxford and New York: Oxford University Press, 1993), p. 5를 보라.

331. Gerald M. Edelman, *Bright Air, Brilliant Fire: On the Matter of Mind* (Harmondsworth: Penguin, 1994), pp. 111-132.

332. Tattersall, *Becoming Human,* p. 3.

333. Cited in Distin, *The Selfish Meme*, p. 190.

334. Edward O. Wilson, *On Human Nature*, p. 188.

335. Lewis-Williams, *Mind in the Cave*, p. 196를 보라.

336. Donald, *A Mind So Rare,* p. 326.

337. Donald, *A Mind So Rare*, p. 8.

338. Donald, *A Mind So Rare*, p. 12.

339. 서구 선진국에 사는, 특히 영어권에 사는 무신론자 가운데 다수는 디지털 시계를 자랑하고, 컴퓨터 같은 기술을 특히 사랑한다고 충분히 짐작할 수 있겠다.

340. Augustine, *Confessions* 4.4.9.

341. Vittorio Hösle, *Morals and Politics*, trans. Steven Rendall (Notre Dame, Ind.: University of Notre Dame Press, 2004), p. 191.

342. Tattersall, *Becoming Human,* p. 202.

343. Kagan, *Three Seductive Ideas*, p. 165를 보라.

344. Kagan, *Three Seductive Ideas*, p. 189를 보라.

345. Eric Alden Smith, "Reconstructing the Evolution," p. 57를 보라.

346. Tattersall, *Becoming Human,* p. 32를 보라.

347. Tattersall, *Becoming Human,* p. 188.

348. Horn and Wiedenhofer, *Creation and Evolution,* pp. 15-16에서 인용.

349. Pope Benedict in Horn and Wiedenhofer, *Creation and Evolution*, p. 15를 보라.

350. Tattersall, *Becoming Human*, p. 191를 보라.

351. Nagel, *The Last Word,* pp. 137-138.

352. John E. Pfeiffer, *The Creative Explosion: An Inquiry into the Origins of Art and Religion* (New York: Harper and Row, 1982); Paul A. Mellars and Chris B. Stringer, eds., *The Human Revolution: Behavioural and Biological Perspectives on the Origin of Modern Humans* (Edinburgh: Edinburgh University Press, 1989)를 보라. 또한 Lewis-Williams, *The Mind in the Cave*도 보라. 흥미롭게도, 루이스 윌리엄스에 따르면, 적어도 30만 년 전에 아프리카에서 창조적 분출이 시작되었다. 그러나 이 현상은 보편적으로 나타나지 않고 그저 드문드문 나타났다. 그러나 이것이 유럽에 도달했을 때, 유럽을 장악했다.

353. Mithen, *Prehistory of the Mind*, p. 185.

354. Jerry Fodor, "Deconstructing Dennett's Darwin," in *In Critical Condition,* p. 175. "우리 인간의 인지능력이 어떻게 진화했는지 우리는 근본적으로 모른다. 앞으로도 그것을 잘 알게 될 거라고 기대하기는 힘들 것 같다." Richard C. Lewontin, "The Evolution of Cognition: Questions We Will Never Answer," in *An Invitation to Cognitive Science: Methods, Models, and Conceptual Issues,* ed. Don Scarborough and Saul Sternberg (Cambridge: MIT Press, 1998), p. 109.

355. Terrence W. Deacon, *The Symbolic Species: The Co-evolution of Language and the Brain* (London: Penguin Books, 1997), p. 21.

356. Williams James, *Varieties of Religious Experience* (London: Penguin, 1982), p. 388.

357. Colin Martindale, *Cognition and Consciousness* (Homewood, Ill.: Dorsey Press, 1981), p. viii ; Lewis-Williams, *Mind in the Cave*, p. 122에서 재인용.

358. Claude Levi-Strauss, *Structural Anthropology*, vol. 2 (London: Allen Lane, 1977), p. 7.

359. Andre Leroi-Gourhan, *The Art of Prehistoric Man in Western Europe* (London and New York: Thames and Hudson, 1964), p. 174.

360. Lewis-Williams, *Mind in the Cave,* p. 121.

361. Lewis-Williams, *Mind in the Cave*, p. 132.

362. Peter T. Furst, *Hallucinogens and Culture* (Novato, Calif.: Chandler and Sharp, 1976); James McClenon, "Shamanic Healing, Human Evolution, and the Origin of Religion," *Journal for the Scientific Study of Religion* 36, no. 3 (September 1997): 345-354; *Culture in Context: Selected Writings of Weston La Barre* (Durham, N.C.: Duke University Press, 1980)를 보라.

363. Lewis-Williams, *Mind in the Cave*, p. 156를 보라.

364. Lewis-Williams, *Mind in the Cave*, p. 194를 보라.

365. Maurice Merleau-Ponty, *Phenomenology of Perception,* trans. Colin Wilson (London:

Routledge and Keegan Paul, 1962), p. 212.

366. 이 책의 6장과 7장을 보라.

367. van Huyssteen, *Alone in the World?* p. 91에서 인용.

368. Michael Ruse, *Can a Darwinian Be a Christian? The Relationship between Science and Religion* (Cambridge: Cambridge University Press, 2001), p. 124.

369. E. J. Lowe, *The Possibility of Metaphysics: Substance, Identity, and Time* (Oxford: Oxford University Press, 1998), p. 187. 이 책을 쓰면서 로우 교수에서 많은 질문을 했다. 놀라운 인내심을 보여준 로우 교수에게 감사드린다.

370. In Eugene Wigner, "The Unreasonable Effectiveness of Mathematics in the Natural Sciences," *Communications in Pure and Applied Mathematics* 13, no. 1 (February 1960): 1-14.

371. Jean-Pierre Changeux and Alain Connes, *Conversations on Mind, Matter, and Mathematics,* ed. and trans. M. B. DeBevoise (Princeton: Princeton University Press, 1995), pp. 39 and 116.

372. Changeux and Connes, *Conversations on Mind,* p. 44를 보라.

373. Charles Sanders Peirce, *Reasoning and the Logic of Things: The Cambridge Conferences Lectures of 1898*, ed. Kenneth Laine Ketner with an introduction and commentary by Hilary Putnam (Cambridge: Harvard University Press, 1992), pp. 121-122; Nagel, *The Last Word*, p. 129에서 인용.

374. Vittorio Hösle, "Objective Idealism and Darwinism," in *Darwinism and Philosophy,* ed. Vittorio Hösle and Christian Illies (Notre Dame, Ind.: University of Notre Dame Press, 2005), p. 218. 교황 베네딕토 16세도 이런 주장을 한다; Horn and Wiedenhofer, *Creation and Evolution*, p. 9를 보라.

375. Edward O. Wilson, *On Human Nature,* p. 201.

376. Denis Noble, *The Music of Life: Biology beyond Genes* (Oxford: Oxford University Press, 2006), p. 66 참조.

377. Friedrich Nietzsche, *Beyond Good and Evil: Prelude to Philosophy of the Future* (Harmondsworth: Penguin, 1973), p. 203.

378. Barry Stroud, "The Charm of Naturalism," in *Naturalism in Question*, ed. Mario De Caro and David Macarthur (Cambridge: Harvard University Press, 2004), p. 28.

379. Nagel, *The Last Word*, p. 137.

380. Nagel, *The Last Word,* p. 137.

381. Nagel, *The Last Word,* p. 137.

382. Horn and Wiedenhofer, *Creation and Evolution*, p. 20에서 인용.

## 6장

1. Simon Weil, *On Science, Necessity, and the Love of God*, trans. Richard Rees (Oxford: Oxford University Press, 1968), p. 3.
2. G. K. Chesterton, *Eugenics and Other Evils: An Argument against the Scientifically Organized State*, ed. Michael W. Perry (Seattle: Inkling Books, 2000), p. 77.
3. John Searle, *Mind: A Brief Introduction* (New York: Oxford University Press, 2004), p. 48.
4. 아서 에딩턴 경은 이런 사고방식을 보여주는, 흥미로운 사례를 제시한다. "어떤 사업가가 섭리의 손이 자기 삶의 우여곡절을 어루만진다고 믿을 수 있다. 그러나 그 사업가가 대차대조표에서 섭리를 자산으로 계산해야 한다는 주장에 대해 그 사업가는 경악할 것이다. 나는 사업가가 종교에 반대했다고 생각하지 않는다. 오히려 그는 간단하게 지성을 사용한 것이다. 사업가처럼 사고한다면, 우리는 과학적 조사에서 늘 종교적 함의를 읽어내는 것에 반대할 것이다." Arthur Stanley Eddington, *Science and the Unseen World* (London: Quaker Books, 2007), p. 16.
5. "Empiricism and the Philosophy of Mind," in Wilfred Sellars, *Science, Perception, and Reality* (London: Routledge and Keegan Paul, 1963), p. 173를 보라.
6. Richard C. Lewontin, "Billions and Billions of Demons," review of *The Demon-Haunted World: Science as a Candle in the Dark*, by Carl Sagan, *New York Review of Books* 44, no. 1 (January 9, 1997): 28-32, 여기서는 p. 31.
7. Lewontin, "Billions and Billions," p. 31.
8. *A Devil's Chaplain: Selected Essays by Richard Dawkins* (London: Weidenfeld and Nicolson, 2003), p. 81.
9. 도킨스의 『만들어진 신』에 대한 무신론철학자의 비평적 서평은 다음 글을 참조하라. Thomas Nagel, "The Fear of Religion," *New Republic*, October 23, 2006; available: http://www.tnr.com/article/the-fear-religion; accessed October 17, 2009. 이 글의 복사본을 보내준 네이글 교수에게 감사드린다.
10. Bas C. van Fraassen, *The Empirical Stance* (New Haven: Yale University Press, 2002), p. 63.
11. 제한적 자연주의에 관해서는 Barry Stroud, "The Charm of Naturalism," in *Naturalism in Question*, ed. Mario De Caro and David Macarthur (Cambridge: Harvard University Press, 2004), pp. 21-35를 보라.
12. John Peterson, "The Dilemma of Materialism," *International Philosophical Quarterly* 39, no. 156 (December 1999): 429-437, 여기서는 p. 430.
13. Peter van Inwagen, *Ontology, Identity, and Modality: Essays in Metaphysics* (Cambridge: Cambridge University Press, 2001), p. 160.

14. G. K. Chesterton, *Orthodoxy* (London: Fontana, 1961), p. 59.

15. David J. Chalmers, *The Conscious Mind: In Search of a Fundamental Theory* (Oxford: Oxford University Press, 1996), p. 168.

16. Michael C. Rea, *World without Design: The Ontological Consequences of Naturalism* (Oxford: Clarendon, 2002)을 보라. 아주 훌륭한 작품이다.

17. Nelson Goodman, "Seven Strictures on Similarity," in *Experience and Theory*, ed. L. Foster and J. W. Swanson (Amherst: University of Massachusetts Press, 1970), pp. 19-29, 여기서는 p. 26.

18. Alain Badiou, *Ethics: An Essay on the Understanding of Evil*, trans. Peter Hallward (London and New York: Verso, 2001), p. 26.

19. David N. Stamos, *The Species Problem: Biological Species, Ontology, and the Metaphysics of Biology* (Lanham, Md., New York, and Oxford: Lexington Books, 2003), p. 343를 보라.

20. Michel Henry, *I Am the Truth: Toward a Philosophy of Christianity*, trans. Susan Emanuel (Stanford: Stanford University Press, 2003), p. 262.

21. 런던 시내 버스에 붙은 광고를 기억해보자. "신은 아마 없을 겁니다. 걱정말고 즐기세요." 이런 전략은 "생각하는 무신론"을 정말 모욕한다. 생각하는 무신론은 지적 관점으로서 니체가 말한 신의 죽음을 진지하게 받아들인다.

22. C. S. Lewis, *The Abolition of Man* (New York: Harper and Collins, 1974)을 보라.

23. Terry Eagleton, *Reason, Faith, and Revolution: Reflections on the God Debate* (New Haven: Yale University Press, 2009), p. 40. 『신을 옹호하다』(모멘토 역간).

24. James William McClendon, *Ethics: Systematic Theology*, vol. 1 (Nashville: Abingdon, 2002), p. 97를 보라.

25. Van Fraassen, *The Empirical Stance*, p. xvii.

26. Simone Weil, *First and Last Notebooks*, trans. Richard Rees (Oxford: Oxford University Press, 1970), p. 44.

27. Alfred North Whitehead, *Process and Reality*, ed. David Ray Griffin and Donald Sherburne, corrected edition (New York: Free Press, 1978), p. xiv.

28. Thomas H. Huxley, "Grandmother's Tale," *Macmillan's Magazine* 78 (1898): 425-435.

29. Stephen Jay Gould, *Rock of Ages: Science and Religion in the Fullness of Life* (New York: Ballantine Books, 1999), pp. 4-5.

30. Gould, *Rock of Ages*, p. 6.

31. Gould, *Rock of Ages*, p. 6.

32. Gould, *Rock of Ages*, p. 6.

33. Gould, *Rock of Ages*, p. 6.

34. Gould, *Rock of Ages*, p. 6.

35. Richard Dawkins, *The Selfish Gene* (New York and Oxford: Oxford University Press, 1976), pp. 212-213.

36. Marilynne Robinson, *The Death of Adam: Essays on Modern Thought* (Boston: Houghton Mifflin, 1998), p. 40. 스탠리 하우어워스는 이 흥미로운 책에 관심을 가지도록 도움을 주었다.

37. Simone Weil, *The Need for Roots*, trans. Arthur Wills (London: Routledge and Keegan Paul, 1952), pp. 129-130.

38. Richard Dawkins, "Lecture from 'The Nullifidian,'" *Nullifidian* 1, no. 8 (December 1994).

39. Richard Dawkins, *River out of Eden: A Darwinian View of Life* (New York: Basic Books, 1996), pp. 46-47.

40. Daniel C. Dennett, "Intuition Pumps," in *The Third Culture: Beyond the Scientific Revolution*, ed. John Brockman (New York: Simon and Schuster, 1995), p. 187.

41. John Henry Newman, *The Idea of a University* (London and New York: Longmans, Green, and Co., 1907), p. 454.

42. William A. Dembski, *Intelligent Design: The Bridge between Science and Theology*, foreword by Michael Behe (Downers Grove, Ill.: InterVarsity, 1999), p. 106. 『지적 설계』(IVP 역간).

43. Dembski, *Intelligent Design*, p. 106.

44. American Association for the Advancement of Science, "Board Resolution on Intelligent Design Theory"(October 18, 2002); available online: http://www.aaas.org/news/releases/2002/1106id2.shtml; accessed October 12, 2009.

45. Michael J. Behe, *Darwin's Black Box: The Biochemical Challenge to Evolution* (New York: Free Press, 1996), p. 39. 『다윈의 블랙박스』(풀빛 역간).

46. Behe, *Darwin's Black Box*, p. 42.

47. William A. Dembski, "The Third Mode of Explanation: Detecting Evidence of Intelligent Design in the Sciences," in *Science and Evidence for Design in the Universe,* ed. Michael J. Behe, William A. Dembski, and Stephen C. Meyer, Proceedings of the Wethersfield Institute, vol. 9 (San Francisco: Ignatius, 2000), p. 29.

48. Johnjoe McFadden, *Quantum Evolution: How Physics' Weirdest Theory Explains Life's Biggest Mystery* (New York and London: Norton, 2000), p. 76.

49. George L. Murphy, "Intelligent Design as a Theological Problem," *Covalence* 4, no. 2 (2002): 1-9, 여기서는 p. 9.

50. Bruce H. Weber and David J. Depew, "Darwinism, Design, and Complex Systems Dynamics,"

in *Debating Design: From Darwin to DNA*, ed. Michael Ruse and William Dembski (Cambridge: Cambridge University Press, 2004), p. 185.

51. Herbert McCabe, *Faith within Reason*, ed. Brian Davies, foreword by Denys Turner (London: Continuum, 2007), p. 76.

52. Daryl P. Domning and Monika K. Hellwig, *Original Selfishness: Original Sin and Evil in the Light of Evolution* (Aldershot: Ashgate, 2006), p. 84. 이언 태터슬도 이에 동의한다. "창조론자의 오해는 특히 다음 생각에서 나온다. 과학은 권위주의적 신념체계로서 우주가 무엇이며, 우주가 어떻게 존재하는지 완전무결하게 알려준다는 생각에서 창조론자의 오해가 시작된다." Ian Tattersall, *The Monkey in the Mirror: Essays on the Science of What Makes Us Human* (San Diego, New York, and London: Harcourt, 2002), p. 4. (어떤 사람이 창조론자를 방어하더라도) 극단적 다윈주의자가 퍼뜨리는 설교를 가만히 들어보면, 그는 창조론자가 왜 그것을 믿는지 이해할 수 있다. 그러나 창조론자가 자신이 속한 기독교 전통에 더욱 집중하고, 정체성을 더욱 확신할 거라고 그는 소망하고 바랄 것이다.

53. John Haught, *Responses to 101 Questions on God and Evolution* (Mahwah, N.J.: Paulist, 2001), p. 54.

54. Aquinas, *Summa contra Gentiles* I, 85, 266-267를 보라.

55. Owen Gingerich, *God's Universe* (Cambridge: Harvard University Press, Belknap Press, 2006), p. 102.

56. Stephen O. Horn and Siegfried Wiedenhofer, eds., *Creation and Evolution: A Conference with Pope Benedict XVI in Castel Gandolfo*, trans. Michael Miller, foreward by Christoph Cardinal Schönborn (San Francisco: Ignatius, 2008), p. 13에서 인용.

57. Ernan McMullin, "Natural Science and Belief in a Creator: Historical Notes," in *Physics, Philosophy, and Theology: A Common Quest for Understanding*, ed. Robert John Russell, William R. Stoeger, and George Coyne (Vatican City: Vatican Observatory, 1988), 74.

58. Alfred North Whitehead, B. Alan Wallace, *The Taboo of Subjectivity: Toward a New Science of Consciousness* (Oxford: Oxford University Press, 2000), p. 3에서 인용.

59. Weil, *The Need for Roots*, p. 249.

60. 과학자라는 단어는 영국의 자연철학자 윌리엄 휴얼(William Whewell)에 의해 처음 쓰였다.

61. Andrew Dickson White, "The Battle-Fields of Science," *New York Daily Tribune*, December 18, 1869, p. 4.

62. John William Draper, *History of the Conflict between Religion and Science* (New York: D.

Appleton, 1874), p. vi. 그들은 홀로 있지 않았다. 아일랜드 물리학자인 존 틴들(John Tyndall)이 그들을 도왔다. 틴들은 벨파스트에서 1874년에 매우 유명한 연설을 했다. "과학의 관점은 확고합니다. 이것을 몇 개의 단어로 설명할 수 있습니다. 우리는 신학에게서 우주를 설명하는 이론 전체를 빼앗아올 것입니다. 그리고 우리는 우주의 전 영역을 말할 것입니다. 과학의 영역을 제한하는 도식과 체계는 모두 과학의 통제를 받아야 하며, 과학을 통제하려는 생각을 아예 버려야 합니다." John Tyndall, "The Belfast Address," in *Fragments of Science*, 6th ed. (New York: D. Appleton, 1889), p. 530.

63. Draper, *History of the Conflict*, p. 52; Boies Penrose, *Travel and Discovery in the Renaissance* (Cambridge: Harvard University Press, 1955), p. 7; and Daniel J. Boorstin, *The Discovers: A History of Man's Search to Know Himself and His World* (New York: Random House, 1983)를 보라.
64. 평평한 지구라는 신화는 워싱턴 어빙이란 사람에 의해 영어권에 들어왔다고 볼 수 있다. Jeffrey Burton Russell, *Inventing the Flat Earth: Columbus and Modern Historians* (New York: Praeger, 1991)를 보라.
65. Lesley B. Cormack, "That Medieval Christians Taught the Earth Was Flat," in *Galileo Goes to Jail and Other Myths about Science and Religion*, ed. Ronald L. Numbers (Cambridge: Harvard University Press, 2009), p. 30. 과학과 종교의 논쟁에 얽힌 헛소리는 어떤 것이 있는지 이 책이 잘 보여준다.
66. 그 예로, Mounir A. Farah and Andrea Berens Karls, *World History: The Human Experience* (Lake Forest, Ill.: Glencoe/McGraw-Hill, 1999), and Charles R. Coble et al., *Earth Science* (Englewood Cliffs, N.J.: Prentice-Hall, 1992)를 보라.
67. Jeffrey Burton Russell, *Inventing the Flat Earth*를 보라.
68. 실제 역사가 어떻게 곡해되었는지 보려면 Guillermo Gonzalez and Jay W. Richards, *The Privileged Planet: How Our Place in the Cosmos Is Designed for Discovery* (Washington, D.C.: Regnery, 2004), pp. 222-245를 보라.
69. Dennis Danielson, "That Copernicus Demoted Humans from the Center of the Cosmos," in *Galileo Goes to Jail and Other Myths about Science and Religion*, pp. 50-58를 보라. 추가로 Gonzalez and Richards, *The Privileged Planet*, p. 226도 보라.
70. Nathan Myrhvold, "Mars to Humanity: Get over Yourself," Gonzalez and Richards, *The Privileged Planet*, p. 222에서 인용.
71. Bruce Jakosky, *The Search for Life on Other Planets* (Cambridge: Cambridge University Press, 1998), p. 299.
72. Frank James, "On Wilberforce and Huxley: A Legendary Encounter," *Astronomy and Geophysics*

46, no. 1 (February 2005): 1.9. David N. Livingstone, "That Huxley Defeated Wilberforce in Their Debate over Evolution and Religion," in *Galileo Goes to Jail and Other Myths about Science and Religion*, pp. 152-160도 보라.

73. Livingstone, "That Huxley Defeated Wilberforce," p. 160를 보라.
74. Draper, *History of the Conflict*, p. 303.
75. Philip Jenkins, *The New Anti-Catholicism: The Last Acceptable Prejudice* (New York: Oxford University Press, 2005)를 보라.
76. J. L. Heilbron, *The Sun and the Church: Cathedrals as Solar Observatories* (Cambridge: Harvard University Press, 1999), p. 3를 보라. 또한 William B. Ashworth Jr., "Catholicism and Early Modern Science," in *God and Nature: A History of Encounter between Christianity and Science*, ed. David C. Lindberg and Ronald L. Numbers (Berkeley: University of California Press, 1986), pp. 136-166도 보라.
77. *The Autobiography of Charles Darwin and Selected Letters*, ed. Francis Darwin (New York: Basic Books, 1958), p. 66.
78. Gingerich, *God's Universe*, p. 75.
79. Carl Sagan, *Billions and Billions: Thoughts on Life and Death at the Brink of the Millennium* (New York: Ballantine Books, 1997), pp. 166-167에서 인용.
80. Tattersall, *Monkey in the Mirror*, p. 6.
81. James Moore, "That Evolution Destroyed Darwin's Faith in Christianity—until He Reconverted on His Deathbed," In *Galileo Goes to Jail and Other Myths about Science and Religion*, p. 147.
82. Aubrey Moore, "The Christian Doctrine of God," in *Lux Mundi*, ed. Charles Gore (London: John Murray, 1890), p.73.
83. Aubrey Moore, *Science and the Faith: Essays on Apologetic Subjects* (London: Keegan Paul, Trench, Trubner, 1889).
84. Aquinas, *Sententia super Physicam Liber II* 14.268.
85. John Haught, *God after Darwin: A Theology of Evolution* (Boulder, Colo.: Westview Press, 2000), pp. 23-56. Haught, *Responses to 101 Questions*, p. 113도 보라.
86. Michael Ruse, "John Paul II and Evolution," *Quarterly Review of Biology* 72, no. 4 (December 1997): 391-395, 여기서는 p. 394.
87. Stephen Hawking, *A Brief History of Time: From the Big Bang to Black Holes* (New York: Bantam Books, 1988), pp. 140-141. 『시간의 역사』(까치 역간).
88. Stephen M. Barr, *Modern Physics and Ancient Faith* (Notre Dame, Ind.: University of Notre Dame Press, 2003), p. 43를 보라.

89. John Polkinghorne, *Science and Christian Belief: Theological Reflections of a Bottom-Up Thinker* (London: SPCK, 1994), P. 73를 보라. 또한 David A. S. Ferguson, *The Cosmos and the Creator: An Introduction to the Thology of Creation* (London: SPCK, 1998), pp. 42-43도 보라.
90. Aquinas, *Scriptum super libros Sententiarum Liber II* d1, q1, a2, response.
91. Herbert McCabe, *God Matters* (London: Cassell, 1987), p. 13.
92. Michael Dummett, *Thought and Reality* (Oxford: Oxford University Press, 2006), p. 104.
93. James Le Fanu, *Why Us? How Science Rediscovered the Mystery of Ourselves* (New York: Pantheon Books, 2009), p. 259.
94. John Gray, *Black Mass: Apocalyptic Religion and the Death of Utopia* (New York: Farrar, Straus and Giroux, 2007), p. 267.
95. Gray, *Black Mass*, p. 268.
96. Gray, *Black Mass*, p. 268.
97. Gray, *Black Mass*, p. 267.
98. Michael Polanyi, *Personal Knowledge: Toward a Post-critical Philosophy* (London: Routledge and Kegan Paul, 1958), p. 314. 『개인적 지식』(아카넷 역간).
99. Christian Smith, *Moral, Believing Animals: Human Personhood and Culture* (Oxford: Oxford University Press, 2003), p. 64.
100. William B. Provine, "Evolution and the Foundation of Ethics," in *Science, Technology, and Social Progress*, ed. Steven L. Goldman (Bethlehem, Pa.: Lehigh University Press, 1989), p. 261.
101. Arthur Stanley Eddington, *The Nature of the Physical World* (London: J. M. Dent and Sons, 1935), p. 327.
102. *The Correspondence of Charles Darwin*, vol. 6, ed. Frederick Burkhardt and Sydney Smith (Cambridge: Cambridge University Press, 1990), p. 178.
103. 이 논증은 에피쿠로스(B.C. 341-270)까지 거슬러 올라갈 수 있다.
104. *The Life and Letters of Charles Darwin, Including an Autobiographical Chapter*, ed. Francis Darwin, 2 vols. (London: Murray, 1887), 2: 105.
105. Dawkins, *River out of Eden*, p. 132.
106. Dawkins, *River out of Eden*, p. 105.
107. Richard Dawkins, "Universal Darwinism," in *Evolution from Molecules to Men*, ed. D. S. Bendall (Cambridge: Cambridge University Press, 1983), p. 423.
108. Michael Ruse, *Can a Darwinian Be a Christian? The Relationship between Science and Religion* (Cambridge: Cambridge University Press, 2001), p. 137를 보라. 또한 Fanu, *Why*

*Us?* p. 105도 보라.

109. Bruce R. Reichenbach, *Evil and a Good God* (New York: Fordham University Press, 1982), pp. 111-112.

110. Aquinas, *Summa contra Gentiles* III, pt.1, c.71, n. 10.

111. Fr. Dumitru Staniloae, *Theology and the Church*, trans, Robert Barringer (Crestwood, N.Y.: St. Vladimir's Seminary Press, 1980), pp. 224-226.

112. Tertullian, *De paenitentia* 1.2, in Tertullian, *Treatises on Penance: On Penitence and Purity*, trans. William P. Le Saint (New York: Paulist, 1959), p. 14.

113. Albert Einstein, *Lettres à Maurice Solovine* (Paris: Gauther-Villars, 1956), pp. 102-103.

114. 플라톤과 아리스토텔레스 같은 이교의 철학자들도 과학의 발전에 중요한 기여를 했다. 그러나 그들의 철학이 유일신론과 어우러질 때만 그러했다.

115. 스티븐 고크로거와 스탠리 자키는 분명하게 다음과 같이 주장한다. 과학은 종교에서 떨어져 나오거나, 종교와 맞서면서 생겨나지 않았다. 과학은 오히려 종교의 자손이었다. Stephen Gaukroger, *The Emergence of a Scientific Culture: Science and the Shaping of Modernity, 1210-1685* (Oxford: Clarendon, 2006), 그리고 Stanley L. Jaki, *The Savior of Science* (Edinburgh: Scottish Academic Press, 1990)를 보라. 또한 Reijer Hooykas, *Religion and the Rise of Modern Science* (Vancouver: Regent College Publishing, 2000)도 보라.

116. Christoph Cardinal Schönborn, *Chance or Purpose? Creation, Evolution, and a Rational Faith* (San Francisco: Ignatius, 2007), p. 20.

117. David Bentley Hart, *Atheist Delusions: The Christian Revolution and Its Fashionable Enemies* (New Haven: Yale University Press, 2009), pp. 229-230.

118. 창조 개념은 과학이 생겨나는 데 중요한 역할을 했다. Eugene Klaaren, *Religious Origins and Modern Science: Belief in Creation in Seventeenth-Century Thought* (Grand Rapids: Eerdmans, 1977)을 보라.

119. Alfred North Whitehead, *Science and the Modern World* (New York: Free Press, 1967), pp. 18-19. 또한 Wallance, *The Taboo of Subjectivity*, p. 41도 보라.

120. Ernan McMullin, "Introduction: Evolution and Creation," in *Evolution and Creation*, ed. Ernan McMullin (Notre Dame, Ind.: University of Notre Dame Press, 1985), p. 8를 보라.

121. C. S. Lewis, *Christian Reflection* (Grand Rapids: Eerdmans, 1967), p. 65.

122. Eddington, *Science*, p. 17.

123. Eagleton, *Reason, Faith and Revolution*, p. 10를 보라. 또한 John C. Lennox, *God's Undertaker: Has Science Buried God?* (Oxford: Lion Hudson Press, 2007), p. 62도 보라.

124. Peter Harrison, *The Fall of Man and the Foundations of Science* (Cambridge: Cambridge

University Press, 2007)를 보라.

125. Peter Harrison, *The Bible, Protestantism, and the Rise of Natural Science* (Cambridge: Cambridge University Press, 1998)를 보라.

126. Harrison, *The Bible*, p. 266.

127. 물론 모든 개신교인이 강경한 문자주의에 따라 성서를 읽는 것은 아니다.

128. John Haught, *Deeper Than Darwin: The Prospect for Religion in the Age of Evolution* (Cambridge, Mass.: Westview Press, 2003), p. xv를 보라.

129. John Paul II, Message to the Pontifical Academy of Sciences on Evolution.

130. Polanyi, *Personal Knowledge*, p. 284.

131. Augustine, *The Literal Meaning of Genesis*, ed. Johannes Quasten, Walter J. Burghardt, and Thomas Comerford Lawler, 2 vols. (Mahwah, N.J.: Paulist, 1982), 5.5, p. 154를 보라.

132. Pope John Paul II, October 3, 1981, to the Pontifical Academy of Science, "Cosmology and Fundamental Physics."

133. Augustine, *Sancti Aurelii Augustini de doctrina Christiana, libri IV*, Corpus Christianorum Series Latina 32 (Turnhout: Brepos, 1962), 3.15.23. p. 91를 보라.

134. Augustine, *Literal Meaning of Genesis* 1.19, p. 43.

135. Augustine, *Literal Meaning of Genesis* 4. 12, p. 117.

136. Aquinas, *Summa Theologiae* I, q.45, a.3, ad.1.

137. Aquinas, *Summa Theologiae* III, q.2, a.7; 또한 I, q.28, a.1, ad.3; I, q.6, a.2, ad.1도 보라.

138. Aquinas, *Compendium Theologiae* 99; 또한 *Summa contra Gentiles* II, c.18, n.952도 보라.

139. Augustine, *Literal Meaning of Genesis* 5.11, p. 162.

140. Augustine, *Literal Meaning of Genesis* 5.20, pp. 171-172.

141. Augustine, *De Trinitate* 3.9.

142. Augustine, *Literal Meaning of Genesis* 5.23, p. 17. 아우구스티누스는 다음 성서 구절에서 영감을 얻었다. "내 아버지께서 지금도 일하시니 나도 일한다"(요한복음 5:17).

143. Gregory of Nyssa, *Apolegetic on the Hexaemeron*, Patrologia Graeca, Ernest C. Messenger, *Evolution and Theology: The Problem of Man's Origins* (New York: Macmillan, 1932), p. 24에서 인용.

144. Gregory of Nyssa, *Apologetic on the Hexaemeron*, pp. 25-26.

145. Augustine, *Literal Meaning of Genesis* 6.13, p. 195.

146. Christos Yannaras, *Elements of Faith: An Introduction to Orthodoxy Theology*, trans. Keith Schram (Edinburgh: T. & T. Clark, 1988), p. 38.

147. Wallance, *The Taboo of Subjectivity*, p. 38.

148. Van Fraassen, *The Empirical Stance*, p. 11.

149. 내가 보기에, 이 구절은 이언 해킹(Ian Hacking)의 말을 다시 서술한 것이다.

150. Alister McGrath, *Dawkins' God: Genes, Memes, and the Meaning of Life* (Oxford: Blackwell, 2005), p. 84에서 인용. 도킨스가 "종교"라는 단어를 쓴 곳에 "과학주의"를 넣었다.

151. Joseph Cardinal Ratzinger, *Truth and Tolerance: Christianity Belief and World Religions* (San Francisco: Ignatius, 2004), p. 178.

152. Paulos Mar Gregorios, *Science for Sane Societies* (New York: Paragon House, 1987), p. 75.

153. Sergei Bulgakov, *Philosophy of Economy: The World as Household*, trans. Catherine Evtuhov (New Haven: Yale University Press, 2000), p. 183.

154. Van Fraassen, *The Empirical Stance*, p. 189.

155. Colin McGinn, "Hard Questions," in Galen Strawson et al., *Consciousness and Its Place in Nature: Does Physicalism Entail Panpsychism?* ed. Anthony Freeman (Exeter: Imprint Academic, 2006), p. 90.

156. Van Fraassen, *The Empirical Stance*, p. 189를 보라.

157. P. Kyle Stanford, *Exceeding Our Graspe: Science, History, and the Problem of Unconceived Alternatives* (Oxford: Oxford University Press, 2006), p. 3에서 인용.

158. Bas C. van Fraassen, *The Scientific Image* (New York: Oxford University Press, 1980), p. 72.

159. Polanyi, *Personal Knowledge*, p. 286.

160. Eagleton, *Reason, Faith, and Revolution*, p. 7.

161. Eagleton, *Reason, Faith, and Revolution*, p. 50.

162. Eagleton, *Reason, Faith, and Revolution*, p. 53.

163. Hart, *Atheist Delusions*, p. 5를 보라.

164. William James, *The Will to Believe and Other Essays in Popular Philosophy* (Cambridge: Harvard University Press, 1979), p. 18에서 인용.

165. Van Fraassen, *The Empirical Stance*, p. 12. 또한 Larry Laudan, "Demystifying Underdetermination," in *Philosophy of Science: The Central Issues*, ed. Martin Curd and J. A. Cover (New York: Norton, 1998), pp. 320-353를 보라.

166. *The Autobiography of G. K. Chesterton* (San Francisco: Ignatius, 2006), p. 21.

167. Jerome Kagan, *The Three Cultures: Natural Sciences, Social Sciences, and the Humanities in the 21st Century* (New York: Cambridge University Press, 2009), p. 83. 이 구절이 있는 교정쇄를 보내준 제롬 케이건 교수에게 감사를 표한다.

168. Polanyi, *Personal Knowledge*, p. 279.

169. Christopher Hitchens, *God Is Not Great: How Religion Poisons Everything* (London: Atlantic

Books, 2007), p. 282. 『신은 위대하지 않다』(알마 역간).

170. Steven Horst, *Beyond Reduction: Philosophy of Mind and Post-reductionist Philosophy of Science* (Oxford: Oxford University Press, 2007), p. 48.
171. Eagleton, *Reason, Faith, and Revolution*, p. 132.
172. Matt Cherry, "God, Mind, and Artificial Intelligence: An Interview with John Searle," *Free Inquiry* 18, no. 4 (Fall 1998): 39-41, 여기서는 p. 39.
173. Bas C. van Fraassen, *Laws and Symmetry* (Oxford: Oxford University Press, 1989), p. 172.
174. Van Fraassen, *The Empirical Stance*, p. 63.
175. Michael Polanyi, *Logic of Liberty: Reflections and Rejoinders* (London: Routledge and Keegan Paul, 1951), p. 110.
176. Karl Popper, *The Logic of Scientific Discovery* (London: Hutchinson, 1959), p. 317.
177. Popper, *Logic of Scientific Discovery*, p. 111.
178. Henri Poincaré, *Science and Hypothesis*, trans. W. J. Greenstreet (New York: Dover, 1952), p. 160.
179. Stanford, *Exceeding Our Grasp*, p. 7를 보라.
180. Stanford, *Exceeding Our Grasp*, p. 18.
181. Stanford, *Exceeding Our Grasp*, p. 146.
182. Joseph Conrad, *Lord Jim*. 『로드 짐』(민음사 역간).
183. Stanford, *Exceeding Our Grasp*, p. 166.
184. Stanford, *Exceeding Our Grasp*, p. 173.
185. John Gribbin, *Schrödinger's Kittens and the Search for Reality: Solving the Quantum Mysteries* (New York: Little, Brown, 1996), p. 186. "최선의 과학에 따라 말해보자. '소립자'나 기초 개별자는 없다.…지금까지 '입자'로 보였던 것은 이제 입자의 특성을 보여주는 과정과 상호작용으로 이해된다. 장 과정과 장 상호작용을 양자화하면서 입자 같은 과정과 상호작용 개념이 나왔다." Mark H. Bickhard and Donald T. Campbell, "Emergence," in *Downward Causation: Minds, Bodies, and Matter*, ed. Peter Bogh Andersen et al. (Aarhus, Denmark: Aarhus University Press, 2000), p. 332.
186. Charles Taylor, *A Secular Age* (Cambridge: Harvard University Press, Belknap Press, 2000), p. 332.
187. Hart, *Atheist Delusions*, p. 8.
188. Polanyi, *Personal Knowledge*, p. 233.
189. Polanyi, *Logic of Liberty*, p. 48.
190. Polanyi, *Personal Knowledge*, p. 266.

191. Michael Polanyi, *Science, Faith, and Society* (Chicago: University of Chicago Press, 1964), p. 73를 보라.

192. Michael Polanyi, *Society, Economics, and Philosophy: Selected Papers*, ed. Richard T. Allen (New Brunswick, N. J.: Transaction, 1997), p. 287를 보라.

193. Edmund Husserl, *The Crisis of European Sciences and Transcendental Phenomenology*, trans. David Carr (Evanston, Ill.: Northwestern University Press, 1970, 『유럽학문의 위기와 선험적 현상학』, 한길사 역간), p. 127. 이 부분에 대한 후설과 판 프라센의 비교는 Michel Bitbol, "Materialism, Stances and Open-Mindedness," in *Images of Empiricism: Essays on Science and Stances, with a Reply from Bas van Fraassen*, ed. Bradley Monton (Oxford: Oxford University Press, 2007), p. 234를 보라.

194. Husserl, *The Crisis*, p. 88를 보라.

195. Van Fraassen, *The Empirical Stance*, p. 195.

196. Bulgakov, *Philosophy of Economy*, p. 182.

197. Husserl, *The Crisis*, p. 131.

198. Bulgakov, *Philosophy of Economy*, p. 181.

199. Maria Villela-Petit, "Cognitive Psychology and the Transcendental Theory of Knowledge," in *Naturalizing Phenomenology: Issues in Contemporary Phenomenology and Cognitive Science*, ed. Jean Petitot et al. (Stanford: Stanford University Press, 1999), p. 513를 보라.

200. Natalie Depraz, "When Transcendental Genesis Encounters the Naturalization Project," in *Naturalizing Phenomenology*, p. 474.

201. Husserl, *The Crisis*, p. 128.

202. Bulgakov, *Philosophy of Economy*, p. 184.

203. Bulgakov, *Philosophy of Economy*, p. 186.

204. Bulgakov, *Philosophy of Economy*, p. 188.

205. Hans Jonas, *Mortality and Morality: A Search for the Good after Auschwitz*, ed. Lawrence Vogel (Evanston, Ill.: Northwestern University Press, 1996), p. 59.

206. Bitbol, "Materialism, Stances and Open-Mindedness," p. 259를 보라.

207. John Dupré, "The Miracle of Monism," in *Naturalism in Question*, p. 39를 보라. 또한 Nancy Cartwright, *How the Laws of Physics Lie* (Oxford: Oxford University Press, 1983), 그리고 *The Dappled World: A Study of the Boundaries of Science* (Cambridge: Cambridge University Press, 1999)도 보라.

208. Bulgakov, *Philosophy of Economy*, p. 161.

209. Hilary Lawson, *Closure: A Story of Everything* (London: Routledge, 2001), pp. xxix-xxx.

210. Kagan, *The Three Culture*, p. 14.

211. Van Fraassen, *The Empirical Stance*, p. 195.

212. Van Fraassen, *The Empirical Stance*, p. 154.

213. David N. Livingstone, *Putting Science in Its Place: Geographies of Scientific Knowledge* (Chicago: University of Chicago Press, 2003), p. 186.

214. Hart, *Atheist Delusions*, p. 104.

215. Roger Penrose, *Shadow of the Mind: A Search for the Missing Science of Consciousness* (London: Vintage Books, 1995), p. 149.

216. *The Seminar of Jacques Lacan, II: The Ego in Freud Theory and in the Technique of Psychoanalysis, 1954-1955,* ed. Jacques Alain-Miller, trans. Sylvana Tomaselli (London and New York: Norton, 1991), pp. 154-155.

217. Conor Cunningham, "Lacan, Philosophy's Difference, and Creation from No-One," *American Catholic Philosophical Quarterly* 78, no. 3 (Summer 2004): pp. 445-480를 보라.

218. Gilles Deleuze, *Francis Bacon: The Logic of Sensation*, trans. Daniel W. Smith (London: Continuum, 2003), pp. 10-11.

219. Friedrich W. J. Schelling, *Philosophical Inquiries into the Nature of Human Freedom* (Peru, Ill.: Open Court, 1992), p. 34.

220. Gilles Deleuze, *Cinema I: The Movement-Image,* trans. Hugh Tomlinson and Barbara Habberjam (Minneapolis: University of Minnesota Press, 1986), p. 51.

221. Hans Jonas, *The Phenomenon of Life: Toward a Philosophical Biology* (Evanston, Ill.: Northwestern University Press, 2001), p. 45.

222. Alain Badiou, "The Event as Trans-Being," in *Theoretical Writings*, trans Ray Brassier and Alberto Toscano (London: Continuum, 2004), p. 99.

223. Alain Badiou, Ray Brassier, "Nihil Unbound: Remarks on Subtractive Ontology and Thinking Capitalism," in *Thinking Again: Alain Badiou and the Future of Philosophy*, ed. Peter Hallward (London: Continuum, 2004), p. 50에서 인용.

224. Conor Cunningham, "The End of Death?" *Yearbook of the Irish Philosophical Society*, ed. James McGluick (Maynooth, 2005): 19-42를 보라.

225. Joseph de Maistre, *St. Petersburg Dialogues; or, Conversations on the Temporal Government of Providence*, trans. Richard A. Lebrun (Quebec: McGill-Queen's University Press, 1993), pp. 216-217.

226. Sigmund Freud, "Beyond the Pleasure Principle," in *The Freud Reader*, ed. Peter Gay (New York and London: Norton, 1989), p. 617; Lynn Rothschild, "The Role of Emergence in

Biology," in *The Re-emergence of Emergence: The Emergentist Hypothesis from Science to Religion*, ed. Philip Clayton and Paul Davies (Oxford: Oxford University Press, 2006), p. 159; Wilford Spradlin and Patricia Porterfield, *The Search for Certainty* (New York, Berlin, Heidelberg, and Tokyo: Springer, 1984), p. 236.

227. Ernest Kahane, *La vie n'existe pas!* (Paris: Editions Rationalistes, 1962).
228. François Jacob, *The Logic of Life: A History of Heredity*, trans. Betty Spillman (New York: Pantheon Books, 1973), p. 299를 보라.
229. Stanley Shostak, *Death of Life: The Legacy of Molecular Biology* (London: Macmillan, 1998).
230. Michel Morange, *Life Explained*, trans, Matthew Cobb and Malcolm DeBevoise (New Haven: Yale University Press, 2008), p. 2.
231. Morange, *Life Explained*, chapter 14를 보라.
232. Morange, *Life Explained*, p. 131를 보라.
233. Mario Bunge and Martin Mahner, *Foundations of Biophilosophy* (Berlin and Heidelberg: Springer, 1997), p. 145.
234. Bunge and Mahner, *Foundations of Biophilosophy*, p. 145.
235. Henry, *I Am the Truth*, p. 275.
236. Bulgakov, *Philosophy of Economy*, p. 191.
237. Bulgakov, *Philosophy of Economy*, p. 191.
238. Bulgakov, *Philosophy of Economy*, p. 191.
239. Eagleton, *Reason, Faith, and Revolution*, p. 40.
240. Van Fraassen, *The Empirical Stance*, p. 192.
241. W. H. Auden, *Collected Poems*, ed. Edward Mendelson (New York: Modern Library, 2007), p. 259.
242. Noam Chomsky, unpublished manuscript. William G. Lycan, "Chomsky on the Mind-Body Problem," in *Chomsky and His Critics*, ed. Louise M. Antony and Nobert Hornstein (Oxford: Blackwell, 2003), p. 12에서 재인용.
243. Noam Chomsky, "Naturalism and Dualism in the Study of Language and Mind," *International Journal of Philosophical Studies* 2, (1994): 181-209, 여기서는 pp. 195-196.
244. Bitbol, "Materialism, Stances and Open-Mindedness," p. 243. 또한 Michel Bitbol, "Le corps material et l'object de la physique quantique," in *Qu'est-ce que la matière? égards scientifiques et philosophiques*, ed. Françoise Monnoyeur (Paris: Le Livre de Poche, 2000)도 보라.
245. C. G. Hempel, "Reduction: Ontological and Linguistic Facets," in *Philosophy, Science, and Method: Essays in Honor of Ernest Nagel*, ed. Sidney Morgenbesser, Patrick Suppes, and

Morton White (New York: St. Martin's Press, 1969), pp. 179-199를 보라.

246. John Jamieson Carswell Smart, *Essays Metaphysical and Moral: Selected Philosophy of Mind*, ed. Samuel Guttenplan (Oxford: Blackwell, 1987), chapter 16.

247. David Lewis, "David Lewis: Reduction in Mind," in *A Companion to the Philosophy of Mind*, ed. Samuel Guttenplan (Oxford: Blackwell, 1994), p. 413.

248. Tim Crane and D. H. Mellor, "There Is No Question of Physicalism," in *Contemporary Materialism: A Reader*, ed. Paul K. Moser and J. D. Trout (London: Routledge, 1995), p. 66.

249. Crane and Mellor, "No Question of Physicalism," p. 67.

250. Crane and Mellor, "No Question of Physicalism," p. 67.

251. Crane and Mellor, "No Question of Physicalism," p. 67.

252. Crane and Mellor, "No Question of Physicalism," p. 67를 보라.

253. Van Fraassen, *The Scientific Image,* chapter 5를 보라.

254. 규약 유물론은 포퍼가 쓴 용어다. Karl Popper and John C. Eccles, *The Self and Its Brain: An Argument for Interactionism* (Berlin: Springer, 1977), p. 97를 보라. 추정적 유물론에 대해 알려면, Van Fraassen, *The Empirical Stance*, p. 49를 보라; 그리고 틈새의 유물론은 Wallace, *The Taboo of Subjectivity*, p. 128를 보라.

255. Van Fraassen, *The Empirical Stance*, p. 58를 보라.

256. Van Fraassen, *The Empirical Stance*, p. 58 를 보라.

257. Bitbol, "Materialism, Stances and Open-Mindedness," p. 235를 보라.

258. Popper and Eccles, *The Self and Its Brain*, pp. 96-98를 보라.

259. Van Fraassen, *The Empirical Stance*, p. 58를 보라.

260. Van Fraassen, *The Empirical Stance*, p. 58를 보라.

261. Van Fraassen, *The Empirical Stance*, p. 58를 보라.

262. Bertrand Russell, *An Outline of Philosophy* (London: Routledge, 1927), p. 78를 보라.

263. Noam Chomsky, *Rules and Representations* (New York: Columbia University Press, 1980), p. 5.

264. Bitbol, "Materialsim, Stances, and Open-Mindedness," p. 252.

265. Van Fraassen, *The Empirical Stance*, p. 66.

266. Husserl, *The Crisis*, p. 60.

267. Stanley L. Jaki, *Chance and Reality and Other Essays* (Lanham, Md.: University Press of America, 1986), p. 176.

268. Charles P. Siewert, *The Significance of Consciousness* (Princeton: Princeton University Press, 1998), p. 53.

269. Henry P. Stapp, *Mindful Universe: Quantum Mechanics and the Participating Observer* (Berlin: Springer-Verlag, 2007), p. 2.

270. Hans Primas, "Complementarity of Mind and Matter," in *Reading Reality: Wolfgang Pauli's Philosophical Ideas and Contemporary Science*, ed. Harald Atmanspacher and Hans Primas (Berlin: Sprigner-Verlag, 2009), p. 172.

271. Daniel C. Dennett, "Dennett, Daniel C.," in *A Companion to the Philosophy of Mind*, ed. Samuel Guttenplan (Oxford: Blackwell, 1994), p.237.

272. Stapp, *Mindful Universe*, p. 2.

273. Stapp, *Mindful Universe*, p. 2.

274. Stapp, *Mindful Universe*, p. 2.

275. Stapp, *Mindful Universe*, p. 2를 보라.

276. Stapp, *Mindful Universe*, p. 2를 보라.

277. Stapp, *Mindful Universe*, p. 2를 보라.

278. John Heil, *Philosophy of Mind: A Contemporary Introduction* (London: Routledge, 1998), p. 23.

279. Primas, "Complementarity of Mind," p. 176.

280. Primas, "Complementarity of Mind," p. 175.

281. Primas, "Complementarity of Mind," pp. 176-177.

282. 시간에 대한 이런 견해를 뒷받침하는 표준구는 J. M. E. McTaggart에게서 나왔다. "The Unreality of Time," *Mind* 17 (1908): 457-474, reprinted in *The Philosophy of Time*, ed. Robin Le Poidevin and Murray MacBeath (Oxford: Oxford University Press, 1993), pp. 23-34.

283. Primas, "Complementarity of Mind," p. 204.

284. Primas, "Complementarity of Mind," p. 204.

285. Georg Franck and Harald Atmanspacher, "A Proposed Relation between Intensity of Presence and Duration of Nowness," in *Recasting Reality*, p. 213.

286. Stapp, *Mindful Universe*, p. 79.

287. Theodore Albert Geissman, *Principle of Organic Chemistry* (San Francisco: W. H. Freeman, 1968), p. 46.

288. Harold J. Morowitz, *The Emergence of Everything: How the World Became Complex* (Oxford: Oxford University Press, 2002), pp. 56-57.

289. Carl S. Helrich, "Is There a Basis for Teleology in Physics?" *Zygon* 42, no. 1 (February 27, 2007): 97-110, 여기서는 p.99.

290. Daniel C. Dennett, *Consciousness Explained* (Boston: Little, Brown, 1991), p. 35.

291. Stapp, *Mindful Universe*, p. 81.

292. Stapp, *Mindful Universe*, p. 121.

293. David Papineau, *Thinking about Consciousness* (Oxford: Oxford University Press, 2002), p. 45.

294. Steven Pinker, "The Mystery of Consciousness," *Time* 169 (January 19, 2007): 40-48; available online: http://www.time.com/time/magazine/article/0,9171,1580394,00.html; accessed Ocotober 4, 2009.

295. Stapp, *Mindful Universe*, p. 83.

296. Stapp, *Mindful Universe*, p. 87.

297. Stapp, *Mindful Universe*, p. 100를 보라.

298. Stapp, *Mindful Universe*, p. 106를 보라.

299. Karl Rahner, *Hominisation: The Evolutionary Origin of Man as a Theological Problem*, trans. W. T. O'Hare (New York: Herder and Herder, 1965), pp. 60-61.

300. Pope Benedict, in Horn and Wiedenhofer, *Creation and Evolution*, p. 163.

301. Atmanspacher and Primas, introduction to *Recasting Reality*, p. 8에서 인용.

302. Max Velmans, "Psychophysical Nature," in *Recasting Reality*, p. 8를 보라.

303. Pauli, Velmans, "Psychophysical Nature," p. 131에서 인용.

304. Franck and Atmanspacher, "A Proposed Relation," pp. 219-220.

305. Stapp, *Mindful Universe*, p. 136.

306. Williams James, *The Principles of Psychology* (New York: Dover, 1950), p. 149.

307. 철학문헌에서 범신론을 추적하고 조사한 흥미로운 연구서로는 David Skrbina, *Panpsychism in the West* (Cambridge: MIT Press, 2005)를 보라.

308. David Bohm, *Wholeness and the Impicate Order* (London: Routledge, 1980), p. 208.

309. David Bohm, "A New Theory of the Relationship of Mind and Matter," *Journal of the American Society of Psychical Research* 80, no. 2 (1986): 113-135, 여기서는 p. 131.

310. Thomas Nagel, *Concealment and Exposure: And Other Essays* (Oxford: Oxford University Press, 2002), p. 230, and Chalmers, *The Conscious Mind*, pp. 293-301를 보라.

311. Stapp, *Mindful Universe*, p. 140.

312. Husserl, *The Crisis*, p. 299.

313. 자연주의를 비판한 무척 강렬한 작업들이 있다. 다음 책들을 보라. Rea, *World without Design; Stewart Goetz and Charles Taliaferro, Naturalism, Interventions* (Grand Rapids: Eerdmans, 2007); J. P. Moreland, *The Recalcitrant Imago Dei: Human Persons and the Failure of Naturalism, Veritas* (London: SCM, 2009).

314. Eddington, *Science*, p. 30.

315. W. V. Quine, *Theories and Things* (Cambridge: Harvard University Press, 1981), p. 67.

316. Paul K. Moser and J. D. Trout, "General Introduction: Contemporary Materialism," in *Contemporary Materialism*, p. 9.

317. Mark Wilson, "Honorable Intensions," in *Naturalism: A Critical Appraisal*, ed. Steven J. Wagner and Richard Warner (Notre Dame, Ind.: University of Notre Dame Press, 1993), p. 62.

318. Fanu, *Why Us?* p. 232에서 인용.

319. Hilary Putnam, "The Content and Appeal of 'Naturalism,'" in *Naturalism in Question*, p. 70.

320. E. J. Lowe, *Personal Agency: The Metaphysics of Mind and Action* (Oxford: Oxford University Press, 2008), p. 11를 보라.

321. Jaegwon Kim, "Mental Causation and Two Conceptions of Mental Properties"(paper delivered at the American Philosophical Association Eastern Division Meeting, Atlanta, Ga., December 27-30, 1993), pp. 22-23, William Lane Craig and J. P. Moreland, eds., *Naturalism: A Critical Analysis* (London: Routledge, 2000), p. xi에서 인용.

322. Dallas Willard, "Knowledge and Naturalism," in *Naturalism: A Critical Analysis*, p. 34.

323. Husserl, *The Crisis*, p. 299.

324. Husserl, *The Crisis*, p. 299를 보라.

325. Michel Henry, *La Barbarie* (Paris: Bernard Grasset, 1987), p. 113.

326. Ernest Nagel, "Naturalism Reconsidered," *Proceedings and Addresses of the American Philosophical Association* 28 (1954-1955): 5-17.

327. Horst, *Beyond Reduction*, p. 12를 보라.

328. Stroud, "The Charm of Naturalism," p. 22.

329. William Seager, "Real Patterns and Surface Metaphysics," in *Dennett's Philosophy: A Comprehensive Assessment*, ed. Don Ross, Andrew Brook, and David Thompson (Cambridge: MIT Press, 2000), p. 95.

330. Alvin Plantinga and Michael Tooby, *Knowledge of God* (Malden, Mass.: Blackwell, 2008), p. 17.

331. Seager, "Real Pattern," p. 96.

332. Seager, "Real Pattern," p. 96.

333. Lynne Rudder Baker, "Cognitive Suicide," in *Contents of Thought*, ed. Robert H. Grimm and Daniel Davy Merrill (Tucson: University of Arizona Press, 1988), p. 1에서 인용.

334. Plantinga and Tooley, *Knowledge of God*, p. 51.

335. The Rolling Stones, "You Can't Always Get What You Want," *Let It Bleed* (1969).

336. Denis Alexander and Robert White, *Beyond Belief: Science, Faith, and Ethical Challenges* (Oxford: Lion Hudson Press, 2004), p. 29; 또한 Antonella Corradini, Sergio Galvan, and E. J. Lowe, introduction to *Analytic Philosophy without Naturalism* (London: Routledge, 2006), p. 12도 보라.

337. Lynne Rudder Baker, *Saving Belief: A Critique of Physicalism* (Princeton: Princeton University Press, 1987), chapter 7; Thomas Nagel, *The View from Nowhere* (Oxford: Oxford University Press, 1986), p. 52; Chesterton, *Orthodoxy*, chapter 3 참조.

338. Joseph S. Catalano, *Thinking Matter: Consciousness from Aristotle to Putnam and Sartre* (London and New York: Routledge, 2000), p. 77.

339. Baker, *Saving Belief*, p. 130를 보라.

340. Stroud, "The Charm of Naturalism," p. 27.

341. Stuart A. Kauffman, *Reinventing the Sacred: A New View of Science, Reason, and Religion* (New York: Basic Books, 2008), p. 4.

342. Noam Chomsky, "Language and Nature," *Mind* 104, no. 413 (January 1995): 1-61, 여기서는 p. 27.

343. Eric Matthews, *Mind, Key Concepts in Philosophy* (London: Continuum, 2005), p. 45를 보라.

344. Alvin Plantinga, "How Naturalism Implies Scepticism," in *Analytic Philosophy without Naturalism*, p. 33를 보라.

345. Uwe Meixner, "Consciousness and Freedom," in *Analytic Philosophy without Naturalism*, p. 186.

346. Lowe, *Personal Agency*, p. 53.

347. Friedrich Nietzsche, *Writings from the Late Notebooks* (Cambridge: Cambridge University Press, 2003), notebook 36, June-July 1885, p. 26; Plantinga and Tooley, *Knowledge of God*, p. 30에서 인용.

348. Jerry Fodor, "Is Science Biologically Possible?" in *Naturalism Defeated? Essays on Plantinga's Evolutionary Argument against Naturalism*, ed. James K. Beilby (Ithaca, N.Y.: Cornell University Press, 2002), p. 31. 포더는 적응주의를 정교하고 심각하게 비판하고 있다. 이것은 그다지 놀라운 일이 아니다.

349. Fodor, "Is Science Biologically Possible?" p. 42.

350. William Livant, "Livant's Cure for Baldness," *Science and Society* 62, no. 3 (1998): 471-473; 도킨스의 유전자 개념은 비슷한 해결책이다. 2장을 보라.

351. Alvin Plantinga, in Plantinga and Tooley, *Knowledge of God*, p. 1.

352. Conor Cunningham, "The End of Death?"; "Lacan, Philosophy's Difference, Creation from No-One"; and *Genealogy of Nihilism: Philosophies of Nothing and the Difference of Theology* (London and New York: Routledge, 2002)를 보라.

353. Plantinga, *Knowledge of God*, p. 40.

354. Alvin Plantinga, "An Evolutionary Argument against Naturalism," in *Faith in Theory and Practice: Essays on Justifying Religious Belief*, ed. Elizabeth Schmidt Radcliffe and Carol J. White (Chicago and La Salle, Ill.: Open Court, 1993), pp. 35-38.

355. William F. Harms, "Adaptation and Moral Realism," *Biology and Philosophy* 16, no. 5 (November 2000): 699-712를 보라. 여기서는 p. 707.

356. R. Joyce, "Moral Realism and Telesemantics," *Biology and Philosophy* 16, no. 5 (November 2001): 723-731, 여기서는 p. 730.

357. John Searle, *The Mystery of Consciousness* (London: Granta Books, 1997), p. 11를 보라.

358. Tamler Sommers and Alex Rosenberg, "Darwin's Nihilistic Idea: Evolution and the Meaninglessness of Life," *Biology and Philosophy* 18, no. 5 (November 2003): 653-668를 보라. 여기서는 p. 653.

359. Stroud, "The Charm of Naturalism," p. 32.

360. Stroud, "The Charm of Naturalism," p. 33를 보라.

361. Stroud, "The Charm of Naturalism," p. 28. 또한 Steven J. Wagner, "Why Realism Can't Be Naturalized," in *Naturalism: A Critical Appraised*, p. 218와 John Haught, *Is Nature Enough? Meaning and Truth in the Age of Science* (Cambridge: Cambridge University Press, 2006), p. 18도 보라.

362. Plantinga, "An Evolutionary Argument," p. 60.

363. Stroud, "The Charm of Naturalism," p. 24.

364. Lynne Rudder Baker, *The Metaphysics of Everyday Life: An Essay in Practical Realism* (Cambridge: Cambridge University Press, 2007), p. 51.

365. Jacob Klapwijk, *Purpose in the Living? Creation and Emergent Evolution* (Cambridge: Cambridge University Press, 2008), p. 158.

366. Baker, *Metaphysics of Everyday Life*, p. 6를 보라.

367. Rea, *World without Design*을 보라.

368. Baker, *Metaphysics of Everyday Life*, p. 6.

369. W. V. Quine, "Two Dogmas of Empiricism," in *From a Logical Point of View: Nine Logico-Philosophical Essays* (New York: Harper and Row, 1951), p. 44를 보라.

370. Baker, *Metaphysics of Everyday Life*, p. 7를 보라.

371. Baker, *Metaphysics of Everyday Life*, p. 27를 보라.
372. Baker, *Metaphysics of Everyday Life*, p. 26를 보라.
373. Baker, *Metaphysics of Everyday Life*, p. 35.
374. Baker, *Metaphysics of Everyday Life*, p. 38를 보라. "자기는 다른 어떤 것이 아닌 자기로서 있다." Lowe, *Subjects of Experience*, p. 51. 또한 E. J. Lowe, *An Introduction to the Philosophy of Mind* (Cambridge: Cambridge University Press, 2000), pp. 16-18도 보라.
375. E. J. Lowe, *The Four-Category Ontology: A Metaphysical Foundation for Natural Science* (Oxford: Oxford University Press, 2006), p. 7.
376. Van Fraassen, *The Empirical Stance*, p. 191.
377. Baker, *Metaphysics of Everyday Life*, p. 69를 보라.
378. Baker, *Metaphysics of Everyday Life*, p. 70.
379. Lowe, *An Introduction*, p. 4.
380. Lowe, *An Introduction*, p. 4를 보라. 또한 Oliva Blanchette, *Philosophy of Being: A Reconstructive Essays in Metaphysics* (Washington, D.C.: Catholic University of America Press, 2003)도 보라.
381. Lowe, *An Introduction*, p. 5. 또한 Lowe, *The Four-Category Ontology*도 보라.
382. Christian Kanzian, "Naturalism, Physicalism and Some Notes on 'Analytical Philosopy': Comment on van Inwagen's Paper," in *Analytic Philosophy without Naturalism*, p. 90를 보라.
383. Kanzian, "Naturalism," p. 92.
384. "사람들이 지금까지 자연적으로 설명하지 않은 것이 하나 있는 것 같다. 바로 자연주의다" Stroud, "The Charm of Naturalism," p. 22.
385. E. J. Lowe, "Rational Selves and Freedom of Action," in *Analytic Philosophy without Naturalism*, p. 177.
386. Thomas Huxley, William Seager, *Theories of Consciousness: An Introduction and Assessment* (Lodon: Routledge, 1999), p. 217에서 인용.
387. 종류(유형)에 대한 용어를 처음 고안한 사람은 존 로크였다.
389. John Smythies, "The Ontological Status of Qualia and Sensations: How They Fit into the Brain," in *The Case for Qualia*, ed. Edmund Wright (Cambridge: MIT Press, 2008), p. 198.
390. Max Velmans, *Understanding Consciousness*, 2nd ed. (East Sussex: Routledge, 2009), pp. 128-129. 존 설은 아마도 이에 반대할 것이다. *The Rediscovery of Mind* (Cambridge: MIT Press, 1992), p. 63를 보라.
391. Charles Dickens, *Hard Times* (Harmondsworth: Penguin Books, 1969), p. 224를 보라.
392. Michel Foucault, *The Birth of the Clinic: An Archaeology of Medical Perception*, trans. A. M.

Sheridan Smith (New York: Pantheon Books, 1973), p. 197.

393. 그 예로 Daniel C. Dennett, "Evolution, Error and Intentionality," in *The Foundations of Aritificial Intelligence: A Sourcebook*, ed. Derek Patridge and Yorick Wilks (Cambridge: Cambridge University Press, 1987), pp. 190-211를 보라.

394. Velmans, *Understanding Consciousness*, pp. 164-165; and Steven Lehar, "Gestalt Isomorphism and the Primary of Subjective Conscious Experience: A Gestalt Bubble Model," *Behavioral and Brain Sciences* 26, no. 4 (2003): 375-408를 보라.

395. Velmans, *Understanding Consciousness*, p. 166를 보라.

396. Aldous Huxley, *Point Counter Point* (London: Chatto and Windus, 1963), p. 44.

397. Lowe, *Subjects of Experience*, p. 5.

398. Roald Hoffmann, "On Poetry and Science," *Daedalus* 131 (Spring 2002): 137-140, 여기서는 p. 139.

399. Horst, *Beyond Reduction*, p. 31.

400. Harold Kincaid, *Individualism and the Unity of Science: Essays on Reduction, Explanation, and the Special Sciences* (Lanham, Md.: Rowman and Littlefield, 1997), pp. 52-53.

401. Kincaid, *Individualism*, pp. 50-51를 보라.

402. Lowe, *The Four-Category Ontology*, p. 180.

403. Maurice Merleau-Ponty, *Résumes de course, 1959-1961* (Paris: Gallimard, 1968), p. 148.

404. James, *The Principles of Psychology*, pp. 628-629.

405. Thomas H. Huxley, "On the Hypothesis That Animals Are Automata and Its History," in *Philosophy of Mind: Classical and Contemporary Readings*, ed. David J. Chalmers (Oxford: Oxford University Press, 2002), p. 30.

406. Groucho Marx, as Chicolini, to Mrs. Teasedale, in *Duck Soup* (Paramaount, 1933).

407. Michael Lockwood, "Consciousness and the Qunatum World: Putting Qualia on the Map," in *Consciousness: New Philosophical Perspectives*, ed. Quentin Smith and Aleksandar Jokic (Oxford: Oxford University Press, 2003), p. 447.

408. Galen Strawson, "Real Materialism," *Chomsky and His Critics*, p. 63.

409. Jerry Fodor, *In Critical Condition: Polemical Essays on Cognitive Science and the Philosophy of Mind* (Cambridge: MIT Press, 1998), pp. 63-64.

410. Jaegwon Kim, *Physicalism, or Something Near Enough* (Princeton: Princeton University Press, 2005), p. 11.

411. Eddington, *Science*, p. 23.

412. Thomas Metzinger, *Being or No One: The Self-Model Theory of Subjectivity* (Cambridge:

MIT Press, 2003), p. 1.

413. Velmans, "Psychophysical Nature," p. 128.

414. John B. Watson, "Psychology as the Behaviorist Views It," *Psychological Review* 20 (1913): 158-177, 여기서는 p. 163.

415. Lowe, *An Introduction*, pp. 42-43를 보라.

416. Lowe, *An Introduction*, p. 43.

417. Velmans, *Understanding Consciousness*, p. 61를 보라.

418. Michael Devitt and Kim Sterelny, *Language and Reality: An Introduction to the Philosophy of Language* (Cambridge: MIT Press, 1987), p. 242.

419. Maurice Merleau-Ponty, *Phenomenology of Perception*, trans. Colin Wilson (London: Routledge and Keegan Paul, 1962), p. ix.

420. Stephen Stich, *From Folk Psychology to Cognitive Science: The Case against Belief* (Cambridge: MIT Press, 1985), p. 242.

421. Seager, "Real Patterns," p. 104.

422. Nicholas Georgalis, *The Primacy of the Subjective: Foundations for a Unified Theory of Mind and Language* (Cambridge: MIT Press, 2005), p. 84.

423. Seager, "Real Pattern," p. 124.

424. Steven Lehar, "The Dimensions of Visual Experience: A Quantative Analysis"(Tucson 2006 conference Toward a Science of Consciousness에서 발표); available online: http://sharp.bu.edu/~slehar/Tucson2006/Tucson2006Narration.html; accessed October 5, 2009, as quoted in Velmans, *Understanding Consciousness*, p. 160.

425. Christine M. Korsgaard, *The Sources of Normativity* (Cambridge: Cambridge University Press, 1996), p. 139.

426. Scott R. Sehon, *Teleological Realism: Mind, Agency, and Explanation* (Cambridge: MIT Press, 2005), p. 58를 보라.

427. Devitt and Sterelny, *Language and Reality*, p. 242.

428. Polanyi, *Personal Knowledge*, p. 133. 또한 Ian Stewart, *Why Beauty Is Truth: A History of Symmetry* (New York: Baic Books, 2007)도 보라.

429. 참과 선함, 아름다움의 관계를 논한 책으로는 Cunningham, *Geneology of Nihilism*, pp. 169-234를 보라.

430. Sehon, *Teleological Realism*, p. 218를 보라.

431. Sehon, *Teleological Realism*, p. 218를 보라.

432. Searle, *The Rediscovery of Mind*, p. 51.

433. Lowe, *An Introduction*, p. 64를 보라. 또한 Baker, *Saving Belief*; Paul M. Churchland's response, in his postscript to "Eliminative Materialism and the Propositional Attitudes," in *Contemporary Materialism: A Reader*, pp. 168-178도 보라.

434. Lowe, *An Introduction*, p. 66도 보라.

435. Jennifer Hornsby, *Simple Mindedness: In Defence of Naive Naturalism in the Philosophy of Mind* (Cambridge: Harvard University Press, 1997), p. 9.

436. Paul Churchland의 대답은 postscript to "Eliminative Materialism and the Propositional Attitudes," pp. 168-177를 보라.

437. Sehon, *Teleological Realism*, p. 230; Lowe, *An Introduction*, p. 64; 그리고 Baker, *Saving Belief*를 보라.

438. Patricia Smith Churchland, *Neurophilosophy: Toward a Unified Science of the Mind-Brain* (Cambridge: MIT Press, 1986), pp. 283-284.

439. Mark Crooks, "The Churchland's War on Qualia," in *The Case for Qualia*, p. 210를 보라.

440. Velmans, *Understanding Consciousness*, p. 43를 보라. 또한 William C. Wimsatt, "Reductionism, Levels of Organization, and the Mind-Body Problem," in *Consciousness and the Brain: A Scientific and Philosophical Inquiry*, ed. Gordon G. Globus et al. (New York: Plenum Press, 1976), pp. 202-267를 보라.

441. Velmans, *Understanding Consciousness*, p. 45.

442. Hornsby, *Simple Mindedness*, p. 11를 보라.

443. Hornsby, *Simple Mindedness*, p. 183.

444. Dennett, Hornsby, *Simple Mindedness*, p. 169에서 인용.

445. Lowe, *Personal Agency*, p. 90.

446. Donald Davidson, *Essays on Actions and Events* (Oxford: Oxford University Press, 1980), p. 221를 보라.

447. Richard Warner, "Is the Body a Physical Object?" in *Naturalism: A Critical Appraisal*, p. 270.

448. Lowe, *An Introduction*, p. 48를 보라.

449. Lowe, *An Introduction*, p. 49를 보라.

450. Jerry Fodor, "The Mind-Body Problem," in *Philosophy of Mind: A Guide and Anthology*, ed. John Heil (Oxford University Press, 2004), p. 174를 보라.

451. Seager, *Theories of Consciousness*, p. 24.

452. Velmans, *Understanding Consciousness*. p. 113를 보라.

453. Saul Kripke, *Naming and Necessity* (Oxford: Basil Blackwell, 1980), p. 146.

454. Hilary Putnam, "The Nature of Mental States," in *Readings in the Philosophy of Psychology*,

vol. 1, ed. Ned Joel Block (London: Methuen, 1980), p. 228. 우리는 크레인의 생각을 따랐다. 그래서 인용문의 내용을 조금 바꿨다. "뇌 상태 이론"이란 말을 "동일성 이론"으로 바꿨다. Tim Crane, *Elements of Mind: An Introduction to the Philosophy of Mind* (Oxford: Oxford University Press, 2001), p. 56를 보라.

455. Bruce Rosenbaum and Fred Kutter, *Quanntum Enigma: Physics Encounters Consciousness* (Oxford: Oxford University Press, 2006), p. 175에서 인용.

456. Stephen Priest, *Merleau-Ponty* (London: Routledge, 1998), p. 226.

457. David J. Chalmers, "The Hard Problem of Consciousness," in *The Blackwell Companion to Consciousness*, ed. Max Velmans and Susan Schneider (Malden, Mass.: Blackwell, 2007), p. 225를 인용.

458. Michel Bitbol, "Is Consciousness Primary?" *NeuroQuantology* 6, no. 1 (2008): 53-72를 보라.

459. Priest, *Merleau-Ponty*, p. 227를 보라.

460. Priest, *Merleau-Ponty*, p. 228.

461. Owen J. Flanagan, *Consciousness Reconsidered* (Cambridge: MIT Press, 1992), p. 58.

462. Seager, "Real Patterns," p. 122.

463. Villela-Petit, "Cognitive Psychology," p. 523를 보라.

464. Villela-Petit, "Cognitive Psychology," p. 524를 보라.

465. Wallace, *The Taboo of Subjectivity*, p. 3.

466, Wallace, *The Taboo of Subjectivity*, p. 4를 보라.

467. Daniel C. Dennett, *Brainstorming: Philosophical Essays on Mind and Psychology* (Cambridge: MIT Press, 1978), p. 83, 그리고 Dennett, *Consciousness Explained*, p. 454를 보라. 또한 Georges Rey, *Contemporary Philosophy of Mind: A Contentiously Classical Approach* (Cambridge, Mass.: Blackwell, 1997), p. 21도 보라.

468. Strawson et al., *Consciousness and Its Place in Nature*를 보라.

469. Galen Strawson, "Realistic Monism: Why Physicalism Entails Panpsychism," in *Consciousness and Its Place in Nature*, p. 4.

470. McGinn, "Hard Questions: Comments on Galen Strawson," in *Consciousness and Its Place in Nature*, p. 90.

471. Jerry Fodor, "The Selfish Gene Pool: Mother Nature, Easter Bunnies and Other Common Mistakes," *Times Literary Supplement*, July 29, 2005, pp. 3-6를 보라.

472. Seager, "Real Pattern," p. 107를 보라.

473. Seager, "Real Pattern," p. 111.

474. Seager, "Real Pattern," p. 112를 보라.

475. Flanagan, *Consciousness Reconsidered*, and Colin McGinn, *Problems in Philosophy: The Limits of Inquiry* (Oxford: Basil Blackwell, 1993)를 보라. "자생적 경건함"은 새뮤얼 알렉산더가 쓴 말이다.

476. Chalmers, *The Conscious Mind*를 보라.

477. Torin Alter and Sven Walter, introduction to *Phenomenal Concepts and Phenomenal Knowledge: New Essays on Consciousness and Physicalism* (Oxford: Oxford University Press, 2007), pp. 4-5를 보라.

478. Torin Alter, "Phenomenal Knowledge without Experience," in *The Case for Qualia*, p. 248를 보라.

479. David J. Chalmers, "Phenomenal Concepts and the Explanatory Gap," in *Phenomenal Concepts and Phenomenal Knowledge*, p. 169.

480. David, J. Chalmers, "Facing Up to the Problem of Consciousness," *Journal of Consciousness Studies* 2, no. 3 (1995): 200-219, 여기서는 p. 201.

481. Frank Jackson, "What Mary Didn't Know," *Journal of Philosophy* 83, no. 5 (May 1986): 291-295 참조. 또한 Peter Ludlow, Yujin Nagasawa, and Daniel Stoljar, eds., *There's Something about Mary: Essays on Phenomenal Consciousness and Frank Jackson's Knowledge Argument* (Cambridge: MIT Press, 2004)도 보라.

482. Crane, *Elements of Mind*, p. 68를 보라. 또한 Ludlow, Nagasawa, and Stoljar, *There's Something about Mary*도 보라.

483. 능력 가설에 대한 설명으로는 David Lewis, "What Experience Teaches," *Proceedings of Russellian Society* (University of Sydney), reprinted in *Philosophy of Mind: Classical and Contemporary Readings*, ed. David J. Chalmers (Oxford: Oxford University Press, 2002), pp. 281-294를 보라. 또한 Lawrence Nemirow, "Physicalism and the Cognitive Role of Acquaintance," in *Mind and Cognition*, ed. William G. Lycan (Oxford: Basil Blackwell, 1990), pp. 490-499도 보라.

484. Crane, *Elements of Mind*, p. 95를 보라.

485. Howard Robinson, "Why Frank Should Not Have Jilted Mary," in *The Case for Qualia*, p. 243.

486. Crane, *Elements of Mind*, p. 95를 보라.

487. Kripke, *Naming and Necessity*, pp. 148-149를 보라.

488. Crane, *Elements of Mind*, p. 101를 보라.

489. Chalmers, *The Conscious Mind*, pp. 165-169를 보라.

490. William G. Lycan, "Inverted Spectrum," Ratio 15, no. 2 (December 1973): 315-319;

Sydney Shoemaker, "The Inverted Spectrum," *Journal of Philosophy* 79, no. 7 (July 1982): 357-381; Chalmers, *The Conscious Mind*를 보라.

491. Joseph Levine, "Phenomenal Concepts and the Materialist Constraint," in *Phenomenal Concepts and Phenomenal Knowledge*, p. 165.

492. Erwin Straus, Villela-Petit, "Cognitive Psychology," p. 518에서 인용.

493. Thomas Nagel, "What Is It Like to Be a Bat?" in *Mortal Questions* (Cambridge: Cambridge University Press, 1979), pp. 165-180.

494. Lowe, *Subjects of Experience*, p. 44.

495. Lowe, *Subjects of Experience*, p. 44.

496. Lowe, *Subjects of Experience*, p. 44.

497. Lowe, *An Introduction*, p. 35.

498. Bunge and Mahner, *Foundations of Biophilosophy*, p. 203.

500. Lowe, *Personal Agency*, p. 21.

501. Velmans, "Psychophysical Nature," p. 119.

502. Michel Henry, *Entretiens* (Arles: Sulliver, 2005), p. 139.

503. 최근에 나온 Qualia에 대한 논의 가운데 가장 훌륭한 논의를 보려면 Edmond Wright, ed., *The Case for Qualia*를 보라.

504. Frank Jackson, "Epiphenomenal Qualia," *Philosophical Quarterly* 32, no. 127 (April 1982): 127-136, 여기서는 p. 127.

505. Velmans, *Understanding Consciousness*, p. 162를 보라.

506. Shannon Vallor, "The Fantasy of Third-Person Science: Phenomenology, Ontology, and Evidence," *Phenomenology and the Cognitive Sciences* 8, no. 1 (March 2009): 1-15, 여기서는 p. 10.

507. Daniel C. Dennett, "Heterophenomenology Reconsidered," *Phenomenology and the Cognitive Sciences* 6, nos. 1-2 (March 2007): 247-270, 여기서는 p. 263.

508. Isabelle Peschard and Michel Bitbol, "Heat, Temperature, and Phenomenal Concepts," in *The Case for Qualia*, p. 163를 보라.

509. Velmans, *Understanding Consciousness*, p. 47.

510. Joseph Levine, *Purple Haze: The Puzzle of Consciousness* (Oxford: Oxford University Press, 2001), p. 79를 보라.

511. Paul M. Churchland, "Some Reductive Strategies in Cognitive Neurobiology," *Mind* 95, no. 379 (July 1986): 279-309, 여기서는 p. 301.

512. Seager, *Theories of Consciousness*, p. 48를 보라.

513. Dennett, *Consciousness Explained*, p. 74.

514. Velmans, *Understanding Consciousness*, p. 41.

515. Wallance, *The Taboo of Subjectivity*, p. 139.

516. Wallance, *The Taboo of Subjectivity*, p. 141.

517. Seager, "Real Patterns," p. 124.

518. Horst, *Beyond Reduction*, p. 4.

519. 벨만스에게서 이 시나리오를 가져왔다. *Understanding Consciousness*, p. 348를 보라.

520. Robert Spaemann, *Persons: The Difference between "Someone" and "Something,"* trans. Oliver O'Donovan (Oxford University Press, 2006), p. 118.

521. Sehon, *Teleological Realism*, p. 153.

522. Sehon, *Teleological Realism*, p. 199를 보라.

523. Bitbol, "Is Consciousness Primary?"를 보라.

525. 그 예로, Evan Thompson, *Mind in Life: Biology, Phenomenology, and the Sciences of the Mind* (Cambridge: Harvard University Press, 2007), p. 240를 보라.

526. Whitehead, *Process and Reality*, p. 254.

527. Maurice Merleau-Ponty, *Signs*, trans. Richard C. McCleary (Evanston, Ill.: Northwestern University Press, 1964), p. 166.

528. Colin McGinn, *The Problem of Consciousness: Essays Towards a Resolution* (Oxford: Basil Blackwell, 1991), p. 1.

529. A. H. Strong, *Systematic Theology*, 3 vols. (Westwood, N. J.: Fleming Revell, 1907), 2: 472-473.

530. *The Works of John Ruskin*, ed. E. T. Cook and Alexander Wedderburn, 39 vols. (London: George Allen, 1903-1912), 5: 333.

531. *Simone Weil: An Anthology*, ed. Siân Miles (New York: Grove Press, 1986), pp. 211-212.

532. Walter Benjamin in *Illuminations* (New York: Harcourt, Brace and World, 1968), p. 135에서 인용.

533. Maurice Merleau-Ponty, *Phenomenology of Perception*, p. 30.

534. Maurice Merleau-Ponty, *La Nature: Notes, cours du College de France* (Paris: Seuil, 1995), p. 272.

535. Jean-Luc Petit, "Constitution by Movement: Husserl in Light of Recent Neurobiological Findings," in *Naturalizing Phenomenology*, p. 221.

536. Maurice Merleau-Ponty, *Themes from the Lectures at the College de France, 1952-1960,* trans. John O'Neil (Evanston, Ill.: Northwestern University Press, 1970), p. 138.

537. *The Works of John Ruskin*, 10:173.

538. Merleau-Ponty, *Phenomenology of Perception*, p. 212.

539. Timothy Shanahan, "Darwinian Naturalism, Theism and Biological Design," *Perspective on Science and Christian Faith* 49 (1997): 173-174. 이 논문의 복사본을 보내준 섀너핸 교수에게 감사드린다.

540. Walter Gilbert, "A Vision of the Grail," in *The Code of Codes: Scientific and Social Issues in the Human Genome Project*, ed. Daniel J. Kelves and Leroy Hood (Cambridge: Harvard University Press, 1992), p. 96를 보라.

541. 벌거벗음에 대해 함께 토의해준 애론 리치와 피터 캔들러, 이러 브렌트 드리거스에게 감사드린다.

542. 베리 스트라우드는 중요한 점을 짚는다. "우리는 이 색을, 저 색을 지각했다고 말할 수 있다. 이렇게 말할 수 있는 이유는 하나밖에 없다. 즉 어떤 대상이 파랗다고 말할 때, 우리는 그 대상이 파랗다고 말하지, 우리가 그 대상에 색을 부여했다고 말하지 않기 때문이다. 그런데 정말 그렇다면, 우리는 다음 사실을 받아들여야 한다. 이 세계에 있는 대상에는 나름대로 색깔이 있다. 제한하는 자연주의자는 색깔이 객관적이지 않거나 색깔이 실재하지 않는다고 말하는데, 이런 자연주의자는 대상에는 색깔이 있다고 말할 수 없다." Stroud, "The Charm of Naturalism," p. 30.

543. Thompson, *Mind in Life*, p. 437.

544. Eddington, *The Nature*, p. 276.

545. Strawson, "Realistic Monism," p. 21.

546. Max Velmans, "The Co-evolution of Matter and Consciousness," *Synthesis Philosophica* 22, no. 44 (2007): 273-282를 보라. 여기서는 p. 273.

547. Velmans, "Co-evolution of Matter," p. 279를 보라.

548. Eugene Wigner, "Remarks on the Mind-Body Question," in *Quantum Theory and Measurement*, ed. John Archibald Wheeler and Wojciech Hubert Zurek (Princeton: Princeton University Press, 1983), pp. 168-181.

549. Bernard d'Espagnat, *Reality and the Physicist: Knowledge, Duration, and the Quantum World*, trans. J. C. Whitehouse (Cambridge: Cambridge University Press, 1990), p. 214.

550. Rosenblum and Kuttner, *Quantum Enigma*, p. 104를 보라.

551. Rosenblum and Kuttner, *Quantum Enigma*, p. 176에서 인용.

552. Rosenblum and Kuttner, *Quantum Enigma*, p. 193에서 인용.

553. Ronald Knox, quoted in Bertrand Russell, *A History of Western Philosophy* (New York: Simon and Schuster, 1964), p. 648. 버클리의 관점을 새롭게 되살린 훌륭한 논의로는 John

Foster, *A World for Us: The Case for Phenomenalist Idealism* (Oxford: Oxford University Press, 2008)을 보라.

554. Priest, *Merleau-Ponty*, p. 235를 보라.
555. Lowe, *Subjects of Experience*, pp. 42-43.
556. 대충 이렇게 말해보자. 실제로 죽음 이전의 생명이 문제의 요점이기 때문에, 다시 말해, 생명이란 것이 있다면, 죽음 이후에도 생명이 계속 이어진다는 주장은 일단 핵심 문제는 아니다.
557. Wallace, *The Taboo of Subjectivity*, p. 5.
558. Norman Stuart Sutherland, *The International Dictionary of Psychology* (New York: Continuum, 1989).
559. *Knowing and Being: Essays by Michael Polanyi*, ed. Marjorie Greene (London: Routledge and Keegan Paul, 1969), p. 151.
560. Spaemann, *Persons*, p. 4.
561. Gregory of Nyssa, Alexie V. Nesteruk, *Universe as Communion: Toward a Neo-Patristic Synthesis of Theology and Science* (London: T & T Clark, 2008), p. 174에서 인용.
562. Maximus the Confessor, *Ambigua* 41.
563. Lowe, *Subjects of Experience*, p. 48.
564. Jacques Maritain, *Approaches de Dieu* (Paris: Alsatia, 1953), pp. 83-86.
565. Michel Henry, *The Essence of Manifestation,* trans. Girard Etzkorn (The Hague: Martinus Nijhoff, 1973), p. 41.
566. Henry, *I Am the Truth*, p. 59.
567. W. H. Auden, "For the Time Being, Recitative," in *Collected Poems*, p. 350.

## 7장

1. Paul Ricoeur, *The Symbolism of Evil* (Boston: Beacon Press, 1967), pp. 237-239. 『악의 상징』(문학과지성사 역간)
2. Peter C. Bouteneff, *Beginnings: Ancient Christian Readings of the Biblical Creation Narratives* (Grand Rapids: Baker Academic, 2008), p. 175. 탁월한 책이다. 7장의 일부 내용은 이 책에 빚지고 있다.
3. 원문에는 "I Couldn't Adam and Eve it"으로 나와 있는데, 이는 영국 길거리 속어로서 "난 그것을 믿을 수 없어"라는 뜻이다.
4. 1세기 기독교에 대한 개관으로는 존 베르의 두 권으로 된 역작을 보라. *The Way to Nicaea, Formation of Christian Theology*, vol. 1 (Crestwood, N.Y.: St. Vladimir's Seminary Press, 2001), and *The Nicene Faith, Formation of Christian Theology*, vol. 2 (Crestwood, N.Y.:

St. Vladimir's Seminary Press, 2004)를 보라. 또한 Lewis Ayres, *Nicaea and Its Legacy: An Approach to Fourth-Century Trinitarian Theology* (Oxford: Oxford University Press, 2004)도 보라.

5. Pope Benedict XVI, *Spe Salvi,* John F. Haught, "Darwin, Divine Providence and the Suffering of Sentient Life," in *Darwin and Catholicism: The Past and Present Dynamics of a Cultural Encounter*, ed. Louis Caruana (London: T. & T. Clark, 2009), p. 209에서 인용.
6. Alexander Schmemann, *The World as Secrament* (London: Darton, Longman and Todd, 1966), p. 125에서 인용.
7. Bouteneff, *Beginnings*, p. 86를 보라.
8. Jaroslav Pelikan, *The Emergence of the Catholic Tradition (100-600),* The Christian Tradition: A History of the Development of Doctrine, vol. 1 (Chicago: University of Chicago Press, 1971), pp. 282-283. 또한 Henri Rondet, *Original Sin: The Patristic and Theological Background*, trans. Cajetan Finegan (Shannon, Ireland: Ecclesia Press, 1972), pp. 37ff. 도 보라.
9. Rondet, *Original Sin*, p. 70를 보라.
10. Irenaeus, *Epideixis* 12, in *Proof of the Apostolic Preaching, Ancient Christian Writers*, vol. 16, trans. J. P. Smith (New York: Paulist, 1952).
11. Irenaeus, *Epideixis* 11; Thomas G. Weinandy, "St. Irenaeus and the *Imago Dei*: The Importance of Being Human," *Logos* 6, no. 4 (Fall 2003): 15-34도 보라.
12. Rondet, *Original Sin*, p. 38.
13. Christoph Cardinal Schönborn, *Chance or Purpose? Creation, Evolution, and a Rational Faith* (San Francisco: Ignatius, 2007), p. 18를 보라.
14. David Bentley Hart, *The Beauty of the Infinite: The Aesthetics of Christian Truth* (Grand Rapids: Eerdmans, 2004), p. 403를 보라.
15. M. C. Steenberg, *Of God and Man: Theology as Anthropology from Irenaeus to Athanasius* (Edinburgh: T. & T. Clark, 2009), p. 43.
16. Stephen J. Duffy, "Our Hearts of Darkness: Original Sin Revisited," *Theological Studies* 49, no. 4 (1988): 615.
17. Richard of St. Victor, *De Trinitate* 3.1, prologue, Marie-Dominique Chenu, *Is Theology a Science?* trans. A. H. N. Green-Armytage (London: Burns and Oates, 1959), p. 36에서 인용. Richard de Saint-Victor, *La Trinite*, ed. and trans. Gaston Salet, S.J., Sources Chrétiennes 63 (Paris: Éditions du Cerf, 1959), pp. 164-167를 보라.
18. William Shakespeare, *Hamlet*, 1.5.
19. Bill T. Arnold, *Genesis, New Cambridge Bible Commentary* (Cambridge: Cambridge University

Press, 2009), p. 31.

20. Dietrich Bonhoeffer, *Creation and Fall: A Theological Exposition of Genesis 1-3* (Minneapolis: Augsburg Fortress, 1997), p. 43.

21. David T. Runia, *Philo of Alexandria: On the Creation of the Cosmos according to Moses; Introduction, Translation, and Commentary*, Philo of Alexandria Commentary Series, vol. 1 (Atlanta: Society of Biblical Literature, 2001), chapter 3을 보라.

22. Philo, *On the Laws of Allegory* 1.43.

23. Origen, *On First Principles* 3.5.1, p. 237; 보테네프의 번역은 *Beginnings*, p. 102을 보라.

24. Origen, *Homilies on Leviticus*, trans. Gary W. Barkley, Fathers of the Church 83 (Washington, D.C.: CUA Press, 1990), 1.1, p.29 오리게네스의 성서 접근법에 대해서는 Henri de Lubac's magisterial study, *History and Spirit: The Understanding of Scripture according to Origen*, trans. A. E. Nash (San Francisco: Ignatius, 2007)를 보라. 또한 Karen Jo Torjesen, *Hermeneutical Procedure and Theological Method in Origen's Exegesis* (New York: De Gruyter, 1986), 그리고 Behr, *The Way to Nicaea*, 특히 7장을 보라.

25. Gregory of Nyssa, *Against Eunomius* 3.5.8-10를 보라. 또한 Bouteneff, *Beginnings*, p. 152도 보라.

26. Gregory of Nyssa, *Catechetical Oration* 11.

27. Bouteneff, *Beginnings*, p. 155를 보라.

28. Origen, *On First Principles* 4.3.1.

29. Bouteneff, *Beginnings*, p. 103. 오리게네스의 *On First Principles*, p. 288과 루피누스의 라틴어 번역본을 비교해 보라. 버터워스의 영어 번역본도 보라.

30. Basil of Caesarea, *Against Eunomius* 1.13. Bouteneff, *Beginnings*, p. 132를 보라.

31. Basil of Caesarea, *Homilies on the Hexaemeron* 1.11.

32. Bouteneff, *Beginnings*, p. 183.

33. 6장에서 아우구스티누스의 견해를 이미 살폈다. 그리고 창조의 발전과정에 대한 니사의 그레고리우스의 견해도 살펴봤다. 수천 년 후, 토마스 아퀴나스도 아우구스티누스와 니사의 그레고리우스처럼 생각했다. 아퀴나스는 세계가 단번에 창조되었다고 믿지 않았다. 즉 세계가 창조될 때, 완전무결하게 창조되지 않았다. 특히 인류가 그렇다. *De Potentia*에서 아퀴나스는 이렇게 말한다. "자연적 존재의 원인을 보면, 세계는 완전하다. 나중에 이 원인에서 다른 존재들이 나온다. 그러나 원인의 결과를 따져본다면, 세계는 완전하지 않다"(q.3, a.10, ad.2). 『신학대전』에서 아퀴나스는 이렇게 말한다. "새롭게 나타나는 종도 이전부터 활동적 힘 안에 있었다. 태초에 별과 천체들이 받았던 힘에 의해 부패가 진행되고, 부패를 통해 동물이, 아마 동물의 새로운 종까지도

탄생한다. 종이 다른 개체들이 서로 교합하면서 때때로 새로운 종류의 동물이 생겨난다. 예를 들어, 노새는 암말과 수나귀의 잡종이다. 그러나 6일 동안 하나님이 창조하실 때, 이런 잡종들마저도 그들의 원인 안에 이미 존재하고 있었다"(*Summa Theologiae* I, q.73, a.1 ad.3). 물론 여기서 말하는 6일이 문자적인 6일은 아니다. 6일은 최초의 창조를 뜻한다. 이것을 빅뱅으로 부르고 싶다면, 그렇게 부를 수도 있겠다. 또한 Oliva Blanchette, *The Perfection of the Universe according to Aquinas: A Teleological Cosmology* (State College: Pennsylvania State University Press, 1992), p. 149도 보라.

34. Bruce Vawter, *On Genesis: A New Reading* (New York: Doubleday, 1977), p. 90.
35. Bouteneff, *Beginnings*, p. 42.
36. Bouteneff, *Beginnings,* p. 41를 보라.
37. Walter Brueggemann, *Genesis: A Bible Commentary for Teaching and Preaching* (Atlanta: John Knox, 1982), p. 41.
38. 그렇다. 서구에서는 아우구스티누스 같은 교부가 타락과 악의 발생 등을 강조한 것 같다. 그러나 아우구스티누스는 원죄 개념을 무척 특수한 상황에서 개발했다는 것을 알아두자. 특히 도나투스파와 펠라기우스파와 논쟁하면서 아우구스티누스는 원죄 개념을 개발했다. 그만큼 원죄 개념은 특정 견해나 신념을 강하게 옹호했다.
39. Alexander Schmemann, *The Eucharist* (Crestwood, N.Y.: St. Vladimir's Seminary Press, 1988), p. 61.
40. Nancy J. Hudson, *Becoming God: The Doctrine of Theosis in Nicholas of Cusa* (Washington, D.C.: Catholic University of America Press, 2007), p. 34를 보라.
41. 아담의 죄와 상관없이 하나님은 성육신하기로 미리 작정하셨다는 스코투스의 주장은 유명하다(*Lectura* 3, dist. 7, q.3). 이 "스코투스스러운" 주장은 토마스 아퀴나스의 주장과 맞선다고 종종 알려져 있다. 아퀴나스는 성육신이 아담의 죄로 인해 발생했다고 분명하게 주장했기 때문이다(*Summa Theologiae* III, q.1, a.3 참조). 그러나 애런 리치(Aaron Riches)가 밝혔듯이, 스코투스와 아퀴나스의 견해는 더 복잡하다. 아퀴나스는 *bonum diffusivum sui* (선은 그 자체로 확산적이다)를 성육신의 제1이유로 본다(*Summa Theologiae* III, q.1, a.1). 따라서 아퀴나스가 하나님이 성육신하기로 미리 작정하셨다는 생각을 처음부터 부정하지는 않았다고 말할 수 있다. 『신학대전』의 Tertia Pars에 대한 첫 번째 질문이 나와 있는 3절을 보면, 인간이 죄를 짓지 않았더라면 성육신이 일어나지 않았을 거라는 주장에 대해 아퀴나스는 다소 거리를 둔다(III, q.1, a.3, respondeo를 보라). 애런 리치에 따르면, 아퀴나스와 스코투스가 주장한 하나님의 형상(*imago Dei*) 신학의 특성을 보면, 성육신에 대한 아퀴나스와 스코투스의 진짜 차이가 드러난다. Aaron Riches, *Christ: The End of Humanism* (출간 예정), and Fergus Kerr, *After Aquinas:*

*Versions of Thomism* (Oxford: Blackwell, 2002), pp. 168-172를 보라.

42. 신화(神化)에 대한 기독교의 교리는 다음을 보라. Norman Russell, *The Doctrine of Deification in the Greek Patristic Tradition* (Oxford: Oxford University Press, 2005); Jules Gross, *La Diviniation du chretien d'apres les Peres grecs* (ParisL Gabalda, 1938); Daniel A. Keating, *Deification and Grace* (Naples, Fla.: Sapientia Press, 2007); and Panayiotis Nellas, *Deification in Christ: The Nature of the Human Person*, trans. Norman Russell (Crestwood, N.Y.: St. Vladimir's Seminary Press, 1987).

43. 훌륭한 창세기 주석은 R. W. L. Moberly, *The Theology of the Book of Genesis* (Cambridge: Cambridge University Press, 2009)을 보라; 이 장의 집필이 막 끝나갈 때, 모벌리 교수는 이 책의 교정쇄를 보내주셨다. 감사드린다. 다윈주의와 창세기의 관계를 논한, 훌륭한 논문 모음집도 있다. Stephen C. Barton and David Wilkinson, eds., *Reading Genesis after Darwin* (New York: Oxford University Press, 2009); 바튼 교수와 윌킨슨 교수도 이 장의 집필이 막 끝나갈 때, 이 책의 교정쇄를 보내주셨다.

44. Arnold, *Genesis*, p. 42를 보라.

45. Bonhoeffer, *Creation and Fall*, p. 57.

46. Arnold, *Genesis*, p. 44를 보라.

47. *In his soils factor ipsius Dei adscribitur, in aliis vero nullis*. Origen, *Homélies sur la Genèse*, trans. Louis Doutreleau, Sources Chrétiennes 7 bis (Paris: Éditions du Cerf, 1976), 1.12, ll. 27-28, p. 56. 또한 Origen, *Homilies on Genesis and Exodus*, trans. Ronald E. Heine, *Fathers of the Church* 71 (Washington, D.C.: CUA Press, 2002), p. 62도 보라.

48. Gregory of Nyssa, *On the Making of Man*, trans. William Moore and Henry Austin Wilson, Nicene and Post-Nicene Fathers, 2nd ser., 5 (New York: Christian Literature Company, 1893; reprint, Grand Rapids: Eerdmans, 1994), 3.1-2, p. 390.

49. Gregory the Great, *Morals on the Book of Job* (Oxford: John Henry Parker, 1844), vol. 1, 9.49.75, p. 549. 또한 Bede, *On Genesis*, trans. Calvin B. Kendall, Translated Texts for Historians 48 (Liverpool: Liverpool University Press, 2008), bk.1, pp.89-91도 보라.

50. Arnold, *Genesis*, p. 46.

51. Arnold, *Genesis*, p. 50.

52. Arnold, *Genesis*, p. 51.

53. Arnold, *Genesis*, p. 56를 보라.

54. Derek Kidner, *Genesis: An Introduction and Commentary* (Downers Grove, Ill.: InterVarsity, 1967), p. 58.

55. Arnold, *Genesis*, p. 46를 보라.

56. Arnold, *Genesis*, p. 46.
57. Irenaeus, *Against Heresies* 3.22.4를 보라.
58. Bouteneff, *Beginnings*, p. 82.
59. Arnold, *Genesis*, p. 69.
60. W. Silby Towner, "Interpretations and Reinterpretations of the Fall," James Barr, *The Garden of Eden and the Hope of Immortality* (London: SCM, 1992), P. 91에서 인용.
61. Barr, *The Garden of Eden,* p. 92.
62. Arnold, *Genesis*, p. 62를 보라.
63. Arnold, *Genesis*, p. 63.
64. Arnold, *Genesis*, pp. 63-64를 보라.
65. Dumitru Staniloae, *The Experience of God: Orthodox Dogmatic Theology*, vol.2, *The World, Creation, and Deification*, trans. Ioan Ionita and Robert Barringer (Brookline, Mass.: Holy Cross Orthodox Press, 2000), p. 12.
66. M. C. Steenberg, *Irenaeus on Creation: The Cosmic Christ and the Saga of Redemption* (Leiden: Brill Academic, 2008), p. 7를 보라.
67. Irenaeus, *Against Heresies* 5.29.1.
68. Gregory of Nyssa, *De hominis opificio*, in Philip Schaff and Henry Wace, eds., *A Series of Nicene and Post-Nicene Fathers*, vol. V, Gregory of Nyssa, 2nd ser. (Oxford: Parker and Co., 1893; reprint, 1988), 16.8, p. 405.
69. Morwenna Ludlow, *Universal Salvation: Eschatology in the Thought of Gregory of Nyssa and Karl Rahner* (Oxford: Oxford University Press, 2000), p. 49를 보라. 또한 Jean Daniélou, "L'apocatastase chez Saint Grégoire de Nysse," *Recherches de Science Religieuse* 30, no. 3 (1940): 342도 보라.
70. Hart, *Beauty of the Infinite*, p. 409.
71. 애런 리치의 놀라운 연구를 보라. Aaron Riches, *Christ: The End of Humanism*(출간 예정). 또한「현대 세계의 교회에 관한 사목 헌장」(Second Vatican Council's Pastoral Constitution on the Church in the Modern World, *Gaudium et spes*)의 유명한 22번째 항목 "새 인간 그리스도"도 보라.
72. John Behr, *The Mystery of Christ: Life in Death* (Crestwood, N.Y.: St. Vladimir's Seminary Press, 2006), p.86. 이것은 진정 놀라운 역작이다. 모든 신학자와 기독교인들은 이 책을 읽어야 한다. 특히 다음 책과 함께 읽으라. Michel Henry, *I Am the Truth: Toward a Philosophy of Christianity,* trans. Susan Emanuel (Stanford: Stanford University Press, 2003).
73. T. S. Eliot, *Murder in the Cathedral, in The Complete Poems and Plays: 1909-1950* (New

York: Harcourt Brace and Co., 1952), p. 220.

74. Behr, *The Mystery of Christ*, p. 17.

75. 칼 라너의 "익명의 그리스도인"을 차용했다. Karl Rahner, S.J., "Anonymous Christians," in *Theological Investigations*, vol. 6 (London: Darton, Longman and Todd, 1969), pp. 390-398 참조.

76. Steenberg, *Irenaeus on Creation*, p. 87.

77. Bonhoeffer, *Creation and Fall*, p. 22.

78. 이에 대해서는 Gary A. Anderson, *The Genesis of Perfection: Adam and Eve in Jewish and Christian Imagination* (Louisville and London: Westminster John Knox, 2001), pp. 28-29를 보라.

79. 마찬가지로, 자유주의 대 보수주의에 대한 모든 이야기를 거부해야 한다. 신학으로 말하자면, 이런 구분법 자체가 무신론을 지향한다. 이 문제에 대해 토의해주신 자비에 마르티네즈 주교에게 감사드린다. 그리고 다른 많은 분들께도 감사드린다.

80. 복음서의 그리스도의 선재(先在)에 대해서는 Simon J. Gathercole, *The Preexistent Son: Recovering the Christologies of Matthew, Mark, and Luke* (Grand Rapids:Eerdmans, 2006)를 보라.

81. Eric Osborn, *Irenaeus of Lyons* (Cambridge: Cambridge University Press, 2001), p. 115; Irenaeus, *Against Heresies* 5.18.3를 보라.

82. Irenaeus, *Against Heresies* 3.11.5; Osborn, *Irenaeus of Lyons*, p. 116를 보라.

83. Nicholas Cabasilas, *The Life in Christ*, trans. Carmino J. de Catanzaro (Crestwood, N.Y.: St. Vladimir's Seminary Press, 1974), 6.12 카바실라스는 14세기에 글을 썼고, 베르의 『그리스도의 비밀』에 실리면서 세상의 주목을 받기 시작했다.

84. Bonhoeffer, *Creation and Fall*, p. 62.

85. Irenaeus, *Against Heresies* 5.23.2.

86. 아담의 잠이 그리스도의 잠이라는 주장은 Augustine, *City of God* 22.17을 보라.

87. Irenaeus, *Against Heresies* 4.26.1.

88. Behr, *The Mystery of Christ*, pp. 176-177. Timothy Radcliffe, *Why Go to Church? The Drama of the Eucharist* (London: Continuum, 2008), pp. 142-155, 그리고 Herbert McCabe, *God, Christ, and Us*, ed. Brian Davies, foreword by Rowan Williams (London: Continuum, 2006), p.94도 보라.

89. Schmemann, *The World as Sacrament*, p. 31를 보라.

90. Behr, *The Mystery of Christ*, p.64.

91. Steenberg, *Irenaeus on Creation*, p. 121를 보라.

92. Maximus the Confessor, *Quaestiones ad Thalassium* 59.

93. Steenberg, *Irenaeus on Creation*, p. 56를 보라.

94. Irenaeus, *Against Heresies* 3.16.6.

95. 이에 대해서 Lars Thunberg, *Man and Cosmos: The Vision of St. Maximus the Confessor* (Crestwood, N.Y.: St. Vladimir's Seminary Press, 1985), p. 55를 보라. 또한 Hudson, *Becoming God*도 보라.

96. Bouteneff, *Beginnings*, p. 45.

97. Origen, *On First Principles*, trans. G. W. Butterworth (London: SPCK, 1936; reprint, New York: Harper Torchooks, 1966), 1.6.2.

98. David A. S. Ferguson, *The Cosmos and the Creator: An Introduction to the Theology of Creation* (London: SPCK, 1998), p. 18를 보라.

99. Ferguson, *Cosmos and the Creator*, p. 22.

100. Bouteneff, *Beginnings*, p.40를 보라.

101. Bouteneff, *Beginnings*, p.40.

102. Barr, *The Garden of Eden*, p. 4.

103. Barr, *The Garden of Eden*, p. 89.

104. Conor Cunningham, *Genealogy of Nihilism: Philosophical of Nothing and the Difference of Theology* (London and New York: Routledge, 2002), p. 249를 보라.

105. Maurice Blondel, *The Letter on Apologetics and History and Dogma*, trans. Alexander Dru and Illtyd Trethowan (Grand Rapids: Eerdmans, 1995), p. 237.

106. Alain Badiou, *Being and Event*, trans. Oliver Feltham (London: Continuum, 2005)을 보라. 바디우의 철학에 대한 비평은 나의 책, *The Failures of Immanence* (출간 예정), 그리고 *Genealogy of Nihilism*, chapter 10을 보라.

107. Joseph Cardinal Ratzinger, *The God of Jesus Christ: Meditations on the Triune God* (San Francisco: Ignatius, 2008), p. 97.

108. Ratzinger, *God of Jesus Christ*, p. 98.

109. Aquinas, *In symbolum Apostolorum, scilicet "Credo in Deum,"* exposition, prol. 864.

110. Aquinas, *Quaestio disputata de veritate* Q.18, a.s, ad.5.

111. *Liber de Causis*, prop. 1.6.

112. Joseph Pieper, *The Silence of St. Thomas: Three Essays*, trans. John Murray and Daniel O'Connor (South Bend, Ind.: St. Augustine's Press, 1999), p. 60.

113. Behr, *The Mystery of Christ*, p. 85.

114. Maximus the Confessor, *Quaestiones ad Thalassium* 61를 보라. 재미있는 것은 칼 바르트

도 같은 말을 했다는 것이다. *Church Dogmatics* VI/1, *The Doctrine of Reconciliation*, ed. G. W. Bromiley and T. F. Torrance (London: T. & T. Clark, 1956), p. 508를 보라. 그 다음은 *CD* VI/1.

115. Athanasius of Alexandria, *Against the Pagans and On the Incarnation*, ed. and trans. R. W. Thompson (Oxford: Clarendon, 1971), p.41.
116. Thomas G. Weinandy, "Cyril and the Mystery of the Incarnation," in *The Theology of St. Cyril of Alexandria: A Critical Appreciation*, ed. Thomas G. Weinandy and Daniel A. Keating (London: T.&T. Clark, 2003), p. 26를 보라. Hölderlin은 나중에 이 의견에 동의한다. 그의 책, *Patmos*를 보라.
117. Behr, *The Mystery of Christ*, p. 91를 보라.
118. Cyril of Alexandria. Weinandy, "Cyril and the Mystery," pp. 24-25에서 인용.
119. Weinandy, "Cyril and the Mystery," p. 25를 보라.
120. 애런 리치의 생각에 힘입어 이렇게 기술했다. 그의 책 *Christ*를 보라.
121. Joseph Pieper, *The Concept of Sin*, trans. Edward T. Oakes, S.J. (South Bend, Ind.:St. Augustine's Press, 2001), p. 90를 보라.
122. Simone Weil, *First and Last Notebooks*, trans. Richard Rees (Oxford: Oxford University Press, 1970), p. 364.
123. Gregory of Nyssa. Hans Urs von Balthasar, *Presence and Thought: An Essay on the Religious Philosophy of Gregory of Nyssa* (San Francisco: Ignatius, 1995), p. 71에서 인용.
124. Aquinas, *Quaestio disputata de veritate* q.4, a.5, ad.6.
125. Aquinas, *Expositio in evangelium Joannis* I,2.
126. Aquinas, *Summa Theologiae* I, q.94, a.1.
127. Aquinas, *Summa contra Gentiles* III, 27, n. 10.
128. Aquinas, *Summa Theologiae* I, q.65, a.1, ad.3.
129. 이 부분에서, 요셉 눅 신부의 (절판된) 논문을 읽고 도움을 받았다. "Image and Likeness of God in the Writings of Irenaeus and Thomas Aquinas." 우리에게 논문 복사본을 보내주신 요셉 신부에게 감사드린다. 또한 Irenaeus, *Against Heresies* 4.11.1-2도 보라.
130. Balthasar, *Presence and Thought*, p. 43를 보라.
131. *On the Cosmic Mystery of Jesas Christ: Selected Writings from St. Maximus the Confessor*, trans. Paul M. Blowers and Robert Louis Wilken (Crestwood, N.Y.: St. Vladimir's Seminary Press, 2003), p. 131를 보라.
132. Barth, *CD* IV/1, P.508.

133. Athanasius, *Contra Gentes* 3.1.

134. Henri Blocher, *In the Beginning: The Opening Chapters of Genesis* (Leicester: InterVarsity, 1984), p. 184.

135. Maximus the Confessor, *On the Cosmic Mystery*, p. 61를 보라.

136. Thunberg, *Man and Cosmos*, p. 58.

137. Athanasius, *Against the Pagans*, p. 8.

138. Maximus the Confessor, *Quaestiones ad Thalassium* 16.21-25; Melchisedec Toerenen, *Union and Distinction in the Thought of St. Maximus the Confessor* (Oxford: Oxford University Press, 2007), p.179에서 인용.

139. Athanasius, *Against the Nations—On the Incarnation* 3.4.

140. Maximus the Confessor, *On the Cosmic Mystery*, p. 66를 보라. 또한 Ann W. Astell, *Eating Beauty: The Eucharist and the Spiritual Arts of the Middle Ages* (Ithaca, N.Y., and London: Cornell University Press, 2006), p. 77도 보라.

141. Etienne Gilson, *The Mystical Theology of St. Bernard*, trans. A. H. C. Downes (London: Sheed and Ward, 1940), pp. 78-79.

142. Cyril of Jerusalem, *Catechetical Orations* 4.23.

143. Aquinas, *Summa Theologiae* l. 44.3.ad2.

144. Aquinas, *Ioan* 2, lect. 1, n. 358.

145. Jacques Fantino, *L'homme image de Dieu chez saint Irenee de Lyon* (Paris: Cerf, 1986), pp. 87-89와 103-106를 보라.

146. Bonhoeffer, *Creation and Fall*, p.76.

147. Bouteneff, *Beginnings*, p. 83를 보라.

148. David Bentley Hart, *Atheist Delusions: The Christian Revolution and Its Fashionable Enemies* (New Haven: Yale University Press, 2009), p.210.

149. Rowan Williams, "Macrina's Deathbed Revisited: Gregory of Nyssa on Mind and Passion," in *Christian Faith and Greek Philosophy in Late Antiquity: Essays in Tribute to George Christopher Stead*, ed. Lionel R. Wickham and Caroline P. Bammel (Leiden and New York: Brill, 1993), pp. 235-236.

150. Steenberg, *Irenaeus on Creation*, p. 110를 보라. 또한 John Behr, *Asceticism and Anthropology in Irenaeus and Clement* (Oxford: Oxford University Press, 2000), p. 38를 보라.

151. Aquinas, *Summa Theologiae* II-II, q.124, a.3.

152. Maximus the Confessor, *On the Cosmic Mystery*, p. 124.

153. Hart, *Atheist Delusions*, 특히 3부를 보라.

154. Simon Weil, *Intimations of Christianity among the Ancient Greeks,* trans. E. C. Geissbuhler (London: Routledge and Keegan Paul, 1957), p.169.

155. Maximus the Confessor, *Capita de caritate quattuor centuriae* 2.30; töerönen, *Union and Distinction*, p. 194에서 인용. 이 구절은 에크하르트가 제시한, "적절하게 떨어져 있음"(Abgeschiedenheit)을 떠올리게 한다. 사물이나 일에 마음을 쓰지 않고, 적절하게 떨어져 있다는 뜻.

156. Cyril of Alexandria, *Adversus Nestorii blasphemias, anathema* 12.

157. Weinandy, "Cyril and the Mystery," p. 51를 보라.

158. 와이낸디는 이렇게 주장한다. 신의 본성에도 고통이 있다고 말하는 사람은 실제로 고통을 하나님의 신적 본성 안에 가둬놓는다. 그래서 그는 하나님이 인간의 고통에 접근하지 못하게 붙잡아 놓는다." Weinandy, "Cyril and the Mystery," p. 53.

159. 이것이 정통 교리가 교통(소통) 숙어를 사용하는 이유이다. 예를 들어, 그리스도의 두 가지 본성은 서로 섞이지 않는다. 그러나 위격을 고려할 때, 성육신은 위격에 따른 연합(*kath'hypostasin*)이기에 와이낸디의 말처럼 우리는 하나님의 아들이 겪는 고통을 말할 수 있다. 즉 위격은 고통당하지만, 신적 본성은 고통당하지 않는다. 따라서, "그리스도는 신과 인간으로서 있는 아들의 유일한 위격/인격이다." Weinandy, "Cyril and the Mystery," p. 47. 베르는 *communicatio idiomatum*을 이렇게 설명한다. "신성과 육신의 속성들을 있는 그대로 따져보면, 그것들은 서로 구별된다. 말씀은 영원하지만, 육신은 생겨난다. 신성과 육신이 이런 속성들을 교환할 수 없다. 즉 말씀이 생겨나거나, 육신이 영원할 수 없다." Behr, *The Mystery of Christ*, p. 38. 그러나 이미 말했듯이, 그리스도라는 위격 안에서 신성과 육신의 본성이 하나가 된다는 말은 하나님이 정말 인간이 되어 고통을 겪었다는 뜻이다.

160. Bonhoeffer, *Creation and Fall*, p. 106 참조.

161. Bonhoeffer, *Creation and Fall*, p. 115.

162. Simone Weil, *Waiting for God*, trans. Emma Craufurd (London: Routledge and Keegan Paul, 1951), p. 158.

163. Bonhoeffer, *Creation and Fall*, p. 124를 보라.

164. Bonhoeffer, *Creation and Fall*, p. 122.

165. Terry Eagleton, *Reason, Faith, and Revolution: Reflections on the God Debate* (New Haven: Yale University Press, 2009), p. 27.

166. Bonhoeffer, *Creation and Fall*, p. 28.

167. "*Natura, id est Deus.*" 이 문장에 대해서는 Jacques Chiffoleau, "Contra Naturam: pour use approach casuistique et procédural de la nature medieval," *Micrologus* 4 (1996): 265-312를

보라.

168. John Meyendorff, *Christ in Eastern Christian Thought* (Crestwood, N.Y.: St. Vladimir's Seminary Press, 1975), p. 11.

169. Schmemann, *The World as Sacrament*, p. 17.

170. John Milbank, *Theology and Social Theory: Beyond Secular Reason*, 2nd ed. (Malden, Mass., and Oxford: Blackwell, 2006), p. 9.

171. Schmemann, *The World as Sacrament*, pp. 19-20.

172. Schmemann, *The World as Sacrament*, p. 18.

173. Henri de Lubac, *Surnaturel: Études historiques* (Paris: Aubier, 1946)를 보라. John Milbank, *The Suspended Middle: Henri de Lubac and the Debate concerning the Supernatural* (Grand Rapids: Eerdmans, 2005) 참조.

174. Aquinas, *Summa Theologiae* I, q.24, a.8, ad.2.

175. Aquinas, *Summa contra Gentiles* 3.69.

176. Max Seckler, "Das Heil der Nichtevangelisierten in thomistischer Sicht," *Theologische Quartalschrift* 140, no. 1 (1960): 38-69, 여기서는 p. 68.

177. "Miracula…ab alio principio fiunt qua natura, scilicet a superiori et prima natura." Alexander of Hales, *Summa Theologiae* 2.2.3.2.q.3, tit. 3.1 "Natura, id est Deus." 이 문구에 대해서는 Chiffoleau, "Contra Naturam," pp. 265-312를 보라.

178. Aquinas, *Compendium Theologiae* 99; 또한 *Summa contra Gentiles* II, c.18, n.952도 보라.

179. Jean Borella, *The Sense of the Supernatural*, trans. G. John Champoux (Edinburgh: T. & T. Clark, 1998), p. xii.

180. Schmemann, *The World as Sacrament*, p.21.

181. Conor Cunningham, "Being Recalled: Life as Anamnesis," in *Divine Transcendence and Immanence in the Work of Thomas Aquinas*, ed. Harm Goris, Herwi Rikhof, and Henk Schoot (Leuven: Peeters, 2009), pp. 59-80를 보라.

182. Anselm, *Proslogion*, trans. M. J. Charlesworth (Oxford: Clarendon, 1965; reprint, Notre Dame, Ind.: University of Notre Dame Press, 1979), chapter 20.

183. Meister Éckhart, *Omne datum optimum, in Sermons*, vol. 1, trans. Jeanne Ancelet-Hustache (Paris: Editions du Seuil, 1974-1978), p.65.

184. Nicholas of Cusa, *De Docta Ignorantia,* chapter 2.

185. Aquinas, *Quaestio disputata de veritate* q.12.a.6.

186. Bernard McGinn, *The Mystical Union of Meister Eckhart* (New York: Crossroad, 2001), p. 66를 보라. 에크하르트는 때때로 피조물이 무임을 말하려고 이 용어를 쓴다. 그러나

아퀴나스에게 피조물은 실제적 존재를 뜻한다.

187. Aquinas, *Summa Theologiae* 1a, 2ae, q.109, a2.

188. Conor Cunningham, "Trying My Very Best to Believe Darwin; or The Supernaturalistic Fallacy: From Is to Nought," in *Belief and Metaphysics*, ed. Peter M. Candler Jr. and Conor Cunningham, *Veritas* (London: SCM, 2007), pp. 100-140 참조.

189. Augustine, *Confessions* 3.6.11.

190. Aquinas, *Summa Theologiae* I, q.8.

191. Aquinas, *Quaestio disputata de potentia* 3.7.

192. Aquinas, *Summa Theologiae* I, q.12, a.1.

193. Aquinas, *Summa Theologiae* I, q.60, a.5, ad.1.

194. Aquinas, *Summa Theologiae* I, q.6, a.1, ad.2.

195. Henry, *I Am the Truth,* p. 59.

196. *Meister Eckhart: A Modern Translation*, trans. Raymond Bernard Blakney (New York: Harper and Row, 1941), p.231.

197. *Meister Eckhart*, p. 232.

198. *Meister Eckhart*, p. 232.

199. *Meister Eckhart,* p. 232.

200. Aquinas, *Quaestio disputata de spiritualibus creaturis* 1c.

201. Henry, *I Am the Truth*, p. 140 참조.

202. Henry, *I Am the Truth*, p. 20.

203. Michel Henry, "Eux en moi: une phénoménologie," in *Phénoménologie de la vie: De la phénoménologie*, vol. 1 (Paris: Presses Universitaires de France, 2003), p. 208.

204. Henry, *I Am the Truth*, p. 158.

205. Aquinas, *Sermon on the Apostles' Creed* 3.2.

206. Tertullian, *De resurrectione carnis* 8.2.

207. Michel Henry, "Phenomenology of Life," trans. Nick Hanlon, in *Transcendence and Phenomenology*, ed. Peter M. Candler Jr. and Conor Cunningham, Veritas (London: SCM, 2007), p. 259.

208. Aquinas, *Summa contra Gentiles* IV, c.22.

209. Franz Kafka, "Paradise," in *The Basic Kafka,* ed. Erich Heller (New York: Washington Square, 1979), pp. 168-169.

210. Franz Kafka, *Journal Intime*, trans. Pierre Klossowski (Paris: Grasset, 1945), p. 302.

211. Maurice Merleau-Ponty, *The Invisible and the Visible*, ed. Claude Lefort, trans. Alphonso

Lingis (Evanston, Ill.: Northwestern University Press, 1968), p. 244.

212. Friedrich Nietzsche, "Before Sunrise," in *The Portable Nietzsche*, ed. Walter Kaufmann (New York: Viking Press, 1954), pp. 277-278.

213. Jacques Lacan, *Écrits* (Paris: Seuil, 1966), p. 130.

214. Bonhoeffer, *Creation and Fall*, p. 172.

215. Aquinas, *Summa Theologiae* I-II, q.58, a.2.

216. Henry, *I Am the Truth*, p. 116.

217. Henry, *I Am the Truth*, p. 117.

218. Joseph Cardinal Ratzinger, *"In the Beginning...": A Catholic Understanding of the Story of Creation and the Fall*, trans. Boniface Ramsey, O.P. (Grand Rapids: Eerdmans, 1995), p. 63를 보라.

219. Rowan Williams, *Resurrection: Interpreting the Easter Gospel* (London: Darton, Longman and Todd, 2002), p. 23.

220. T. S. Eliot, *The Cocktail Party* (London: Faber and Faber, 1950), act 2, p.117.

221. Eliot, *The Cocktail Party*, p. 119.

222. Eliot, *The Cocktail Party*, p. 121.

223. 그 예로 Maximus the the Confessor, *Quaestiones ad Thalassium* 61, in *On the Cosmic Mystery of Jesus Christ*, pp. 131-143를 보라. 또한 Hans Urs von Balthasar, *Cosmic Liturgy: The Universe according to Maximus the Confessor* (San Francisco: Ignatius, 2003), p. 188, and Behr, *The Mystery of Christ*, p. 104도 보라.

224. Ratzinger, *God of Jesus Christ*, p. 100.

225. Schmemann, *The World as Sacrament*, p.124.

226. Schmemann, *The World as Sacrament*, p.124.

227. Schmemann, *The World as Sacrament*, p.124. 또한 Alexander Schmemann, *O Death, Where Is Thy Sting?* trans. Alexis Vinogradov (Crestwood, N.Y.: St. Vladimir's Seminary Press, 2003), pp. 11-12도 보라.

228. 유대교와 기독교에서 부활을 어떻게 믿고 있는지 훌륭하게 설명한 책으로는 Kevin J. Madigan and Jon D. Levenson, *Resurrection: The Power of God for Christians and Jews* (New Haven and London: Yale University Press, 2008)를 보라.

229. Behr, *The Mystery of Christ*, p. 100.

230. Williams, *Resurrection*, p. 103.

231. Alexei V. Nesteruk, *Universe as Communion: Toward a Neo-Patristic Synthesis of Theology and Science* (London: T. & T. Clark, 2008), p. 218를 보라.

232. Schmemann, *The Eucharist*, p. 34.

233. 여기서 우리는 니콜라스 래시의 책 제목을 이용했다. Nicholas Lash, *Easter in Ordinary: Reflections on Human Experience and the Knowledge of God* (Notre Dame, Ind.: University of Notre Dame Press, 1990), 다음 시에 나오는 구절에서 일부를 가져와서 래시의 책 제목을 만들었다. George Herbert's "Prayer (I)"("heaven in ordinary") and Gerard Manley Hopkins's "The Wreck of the Deutschland"("Let him easter in us"); Lash, pp. 295-296를 보라.

234. David Jones, "Art and Sacrament," in *Epoch and Artist: Selected Writings* (London: Faber and Faber,1959)

235. Wendell Berry, *The Gift of Good Land* (San Francisco: North Point Press, 1981), p. 281.

236. Ratzinger, *God of Jesus Christ*, p. 24.

237. Schmemann, *The World as Sacrament*, p. 14.

238. T. S. Eliot, *East Coker*, in *The Complete Poems and Plays*, p. 128.

239. W. H. Auden, *Horae Canonicae*, "Vespers," in *Collected Poems*, ed. Edward Mendolson (New York: Modern Library, 2007), p. 637.

240. Schmemann, *O Death*, p. 35 참조.

241. 막시무스는 이렇게 주장한다. 겟세마네 동산에서 그리스도는 정말 죽음을 두려워했다. 그리스도도 당연히 죽음이 내뿜는 공포 앞에서 흠칫 놀랐다. 우리가 죽음의 공포를 처리하려고 창조된 것은 아니기 때문이다. Maximus the Confessor, *The Disputation with Pyrrhus of Our Father among the Saint Maximus the Confessor*, trans. Joseph P. Farrell (South Canaan, Pa.: St. Tikhons Seminary Press, 1990)을 보라. François-Marie Léthel, *Théologie de L'agonie de Christ: La liberte humainé de fils de Dieu et son importance sotériologique mises en lumière par saint Maxime Confesseur*, Théologie Historique 52 (Paris: Éditions Beauchesne, 1979), pp. 29-49 참조.

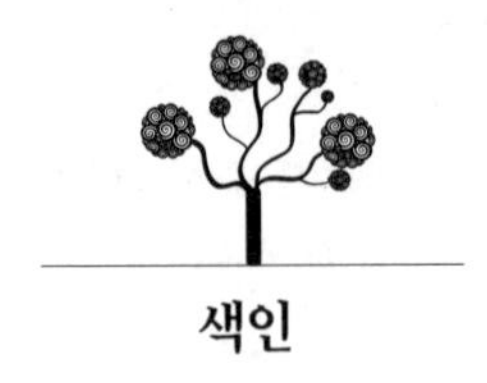

# 색인

**[인명 색인]**

## 역자 후기

진화론 논쟁이 뜨겁다? 솔직히 이 말도 틀렸다. 내 주변에 있는 기독교인은 진화론 논쟁에 그다지 관심이 없다. 창세기와 진화론이 어떻게 조화될 수 있을까? 이런 질문을 가끔 하지만, 답을 알려고 노력할 만큼은 관심이 없다. 나도 이런 태도를 보이는 기독교인에게 반드시 진화론 논쟁을 알아야 한다고 강조하지 않는다. 관심 있는 사람은 알아봐도 좋고. 그런데 이 논쟁을 꼭 알아야 하며 답을 내야 한다면, 어떤 일이 벌어질까? 굳이 진화론까지 갈 필요도 없다. 칭의를 생각해보자. 기독교인이라면, 칭의를 잘 알 것이다. 칭의가 과연 무엇인가? 이렇게 기독교인에게 질문하면, 놀랍게도 여러 가지 다양한 답을 들을 수 있다. 이건 정말 심각한 문제가 아닐까? 칭의라면 적어도 기독교의 기본 진리인데, 그것을 정확하게 규정하지 못한단 말인가?

그래도 기독교인은 나름대로 신앙생활을 잘한다. 이런 상황에 대해 분개하는 분도 있을 것이다. 기독교의 기본 진리를 똑같이 잘 알고 있으면 좋으련만 현실은 그렇지 못하다. 그렇다고 해서 큰일이 생기지는 않는다. 기독교인은 칭의에 대해서도 합의할 만한 정의를 내리지 못하지만, 대체로 평화롭게 지낸다. 그렇다면 차라리 이렇게 물어보자. 오늘날 진화론 논쟁에서 "당신의 답을, 당신의 관점을 보여달라"고 요구하는 자는 누구일까? 그는 이렇게 묻는다. 진화론이 맞다면, 기독교는 어떻게 되는가? 창세기가 맞다면, 진화론은 어떻게 되는가? 말하자면, 진화론이 맞다면, 기독교에 큰 문제가 생길 것 같다. 반대로 창세기가 맞다면, 진화론에 커다란 변화가 있어야 할 것 같다.

이런 의구심에 대해 짓궂게 답할 수 있다. 진화론이 맞아도 기독교에 큰 문제가 생기지 않으며, 창세기가 맞아도 진화론이 완전히 뒤집어져야 하는 것은 아니다. 대충 이렇게 관점을 정할 수 있겠다. 그렇지 않나? 따라서 우리는 이런 답에 도저히 만족할 수 없다고 말하는 사람들이 정확히 무엇을 바라는지 살펴보아야 한다. 진화론이 과학 이론으로서 맞다고 해보자. 진화론이 과학이라면, 그것으로 충분한다. 그런데 왜 갑자기 기독교가 문제가 될까? 창세기도 마찬가지다. 창세기가 하나님의 말씀으로서 진리라면, 창세기는 진리일 것이다. 그런데 왜 갑자기 진화론이 문제가 될까? 왜 진화론에 문제를 제기해야 할까? 왜 기독교에 문제를 제기해야 할까? 더 나아가 종교 자체에 문제를 제기해야 할까?

진화론이 과학이라면, 기독교에 문제가 생긴다고 믿는 사람은 진화론이 과학이라는 사실에 그다지 관심이 없다. 그것은 거의 확정된 사실이기 때문이다. 오히려 그는 진화론이 과학이라는 주장의 뜻을 밝히려 한다. 창세기가 진리라면 진화론에 문제가 생긴다고 믿는 사람도 똑같다. 그는 창세기가 진리라는 주장의 뜻을 밝히려 한다. 창세기가 진리임은 거의 확실하므로 창세기가 진리라는 주장의 뜻을 전개해야 한다.

이렇게 주장하는 사람들은 무척 흥미로운 논점을 제기한다. 과학은 그냥 과학으로 그치지 않는다. 종교도 그저 종교로 그치지 않는다. 과학이 과학으로서 충분히 검증되었다면, 그것은 다른 영역에서도 의미를 가진다는 말이다. 종교도 종교로 그치지 않고 다른 영역에서 의미를 가져야 한다. 일단 이들의 생각을 받아들인다면, 어떤 일이 벌어질까?

여기서 코너 커닝햄이 개입한다. 진화론 논쟁에 익숙한 사람은 극단적 다윈주의자와 기독교계의 근본주의적 창조론자를 알 것이다. 이들이 바로 앞에서 설명한 관점을 대변하는 인물들이다. 이들은 일단 부정적 결론을 제시한다. 진화론이 과학이라면, 기독교에도 문제가 생긴다. 예를 들어 신이 있다고 말하기 어려워지거나 기독교도 진화론으로 설명된다. 반면, 창세기가 맞다면, 진화론은 틀렸다. 따라서 우리에게 새로운 과학이 필요해진다.

커닝햄은 일단 이들의 관점을 받아들이면서 다른 결론을 내버린다. 극단적 다윈주의자의 경우, 이들은 대체로 진화론이 과학임을 받아들인다. 즉 진화는 정말 일어났을 것이다. 하지만 이들이 고수하는 자연주의나 유물론을 전제한다면, 오히려 진화는 일어날 수 없다. 기독교를 전제할 때, 진화가 가능해진다. 진화가 정말 일어났다면, 극단적 다윈주의를 고수할 수 없게 된다. 창조론자는 어떨까? 그들은 창세기가 진리라고 내세우기 때문에 적어도 기독교에 부합하지 않을까? 커닝햄은 창조주의자의 성경 해석은 정통 기독교에서 많이 벗어났다고 지적한다. 교부들은 창세기를 창조주의자와 전혀 다르게 해석했다. 창조주의자의 성경 해석을 일관되게 고수하면, 역설적으로 극단적 다윈주의자가 생각하는 신이 등장하게 된다.

우리는 커닝햄의 지적을 충분히 예상할 수 있다. 과학이 그저 과학으로 그치지 않고, 종교가 그저 종교로 그치지 않는다면, 골수 다윈주의자와 창조주의자처럼 주장할 수 있다. 그러나 그들과 얼마든지 다른 결론을 낼 수 있다. 이것은 커닝햄이 잘 지적했다. 극단적 다윈주의자와 근본주의적 창조론자는 결론을 다소 극단적으로 내렸지만, 무척 중요한 지점을 짚었다. 과학이 과학으로 그치지 않고, 종교가 종교로 그치지 않는다고 생각해보자. 그렇다면 어떤 일이 벌어질까? 사실 우리는 이런 생각을 이미 잘 안다. 갈릴레오의 재판을 되돌아보면서 사람들은 종교를 향한 그릇된 고착이 과학을 가로막는다고 생각한다. 여기서 우리는 나쁜 신학이 좋은 과학을 가로막았다는 생각을 엿볼 수 있다. 나쁜 신학이 좋은 과학을 가로막았다면, 좋은 과학이 나쁜 신학을 낳을 수 있을까? 더 재미있는 사실은 좋은 과학이 낳은 나쁜 신학이 좋은 과학을 다시 가로막는다면 어떻게 될까? 사람들은 지적설계론이 나쁜 신학이라고 성토하지만 지적설계론의 타당성을 정확히 평가하지 않는다. 물론 지적설계론은 과학이 아니라고 강하게 주장하는 사람들이 있다. 그런데 지적설계론이 나름대로 과학적 타당성을 가진다면 어떻게 되는가? 이 이론은 나쁜 신학을 기반으로 한 좋은 과학일까? 지적설계론에는 오히려 이런 측면이 있다. 지적설계론은 일부 자연주의나 유물론의 해로운 영향에서 벗어났다. 지적설계론은 그런 철학에서 벗어날 수 있는 신학을 가지고 있기 때문이다. 더구나 지적설계론은 자연주의적 전제에 사로잡히지 않았기 때문에 나름대로 과학적 돌파구를 찾을 수 있었다. 반면 일부 진화론자는 나쁜 신학을 고수하는 바람에 좋은 과학인 진화론을 가로막는다.

과학적 탐구를 하면 오류를 쉽게 걷어내고 올바른 것을 고수할 수 있을 것 같다. 반면 종교를 믿으면, 특정 교리에 고착되어 올바른 이론이나 과학도 쉽게 거부할 것 같다. 과연 그럴까? 과학자는 쉽게 오류를 수정하고 종교인은 오류를 두고두고 간직하게 될까? 일단 이것마저 그렇지 않다는 것을 알아야 한다.

여기서 간단한 사고실험을 해보자. 과학자가 대부분 다윈의 진화론이 틀렸다고 주장한다고 해보자. 틀렸다는 증거도 단단하다. 이런 일이 벌어지면 어떻게 될까? 진화론이 맞다고 길길이 날뛰던 과학자와 철학자는 어떤 변명을 늘어놓을까?

아마 당신은 그들이 상당히 궁색해질 거라고 예상할 것이다. 과학자가 대부분 진화론이 틀렸다고 주장하며, 증거도 단단하다면 대꾸할 말이 남아 있을까? 그냥 "내가 틀렸다. 이제 새로운 결론을 받아들이겠다"고 고백하면 되지 않을까? 안타깝지만, 당신의 예상은 빗나갈 것이다. 그들은 아무 일도 벌어지지 않았다는 듯이 행동할 것이다.

과학의 역사는 원래 추측과 반박의 역사다. 따라서 다윈의 진화론도 얼마든지 반박당할 수 있다. 과학자가 그것을 반박했다고 해서 큰일이 나는 건 아니다. 오히려 과학에는 잘된 일이다. 이것은 과학이 진보한다는 증거다. 그들은 이렇게 답할 것이다. 정말 훌륭한 답이 아닌가! 자신들은 잘못이 없다는 말이다. 진화론을 열심히 옹호한 것은 과학이 발전하는 과정에 속한다. 옹호와 반박이 이어지면서 새로운 이론이 등장하지 않는가? 진화론을 과거에 열심히 옹호했다고 해서 그것이 진화론의 발전을 가로막았다고 할 수 없을 것이다.

진화론의 한계를 지적한 사람은 어떻게 되나? 일찍부터 진화론의 한계를 간파했으니 이들은 진화론이 틀렸다는 것을 밝히는 데 도움을 주지 않았나? 재미있게도 열렬한 진화론 옹호자는 이들의 기여를 부정할 것이다. 진화론 옹호자는 아마 다음과 같이 주장할 것이다. 이론을 반박했다고 해서 그런 행위가 모두 과학에 도움이 되지는 않는다. 지적설계가 그런 사례다.

말하자면, 실제로 진화론이 틀렸음이 입증되었고, 지적설계가 진화론의 한계를 지적했더라도, 지적설계론이 진화론의 발전에 기여한 것은 아니다. 여기서 우리는 거대한 구분선을 볼 수 있다. 어떤 사람은 과학의 진보에 속해 있으며, 그의 활동은 과학의 진보에 기여할 수 있다. 반면, 다른 사람은 과학의 진보에 속해 있지 않으므로 그의 활동은 과학의 진보에 기여할 수 없다. 어떤가? 당신도 이런 구분이 타당하다고 보는가?

이것은 분명 이상하게 보인다. 진화론이 틀렸음이 입증되었을 때, 진화론을 열렬히 옹호했던 사람들은 진화론이 틀렸다는 것을 입증하는 일에 자신이 기여했다고 주장한다. 그러나 처음부터 진화론의 한계를 주장했던 사람들은 진화론이 틀렸다는 것을 입증하는 일에 기여하지 않았다고 한다. 물론 지적설계론은 과학이 아니므로 과학의 진보에 기여하지 않았다고 말해볼 수 있다. 하지만 진화론이 틀렸음이 입증되었기에 이런 주장은 조금은 궁색해 보인다.

이 사고실험은 우리에게 무엇을 보여줄까? 이론을 옹호할 때, 우리는 이론을 정당화하는 데 신경 쓴다. 그러나 사고실험이 보여주듯이, 이론을 옹호한다는 것이 무슨 뜻인지 생각해보아야 한다. 똑같다. 다윈이 신을 죽였을까? 여기서 우리는 이 신이 어떤 신인지 물어보아야 한다. 코너 커닝햄의 간결한 답을 들어보자.

> 다윈은 신을 죽였을까? 그렇다! 다윈은 신을 죽였다.…다윈이 죽인 신은 바로 우상이었다. 틈새의 신을, 지적설계의 신을, 창조주의자의 신을 죽였다....다시 질문해보겠다. 다윈은 신을 죽였을까? 아니다. 다윈은 신을 죽이지 않았다. 그러나 진화는 극단적 다윈주의를 죽였다.

창세기가 말하는 창조의 신비는 우리에게 늘 질문을 한다. 기독교인뿐 아니라 여러 사람들이 그 질문에 답하려고 노력해왔다. 신학으로, 과학으로, 모든 진리로 답하려고 노력했다. 이런 과업을 감당하는 데 앞으로 이 책이 실제적인 기여를 한다면 번역한 보람이 있겠다. 이 책 몇몇 장의 일부 용어를 감수해주신, 명지대의 박희주 교수님께 감사드린다. 아울러 이 책이 나오는 데 함께 협력하여 수고해주신 모든 분께도 감사드린다.

이 책 몇몇 장의 일부 용어를 감수해주신, 명지대의 박희주 교수님께 감사드린다. 아울러 이 책이 나오는 데 함께 협력하여 수고해주신 모든 분께도 감사드린다.

2012년 가을

배성민

다윈의 경건한 생각
다윈은 정말 신을 죽였는가?



1쇄 발행 2012년 11월 2일
2쇄 발행 2014년 12월 31일

지 은 이 코너 커닝햄
옮 긴 이 배성민

펴 낸 이 김요한
펴 낸 곳 새물결플러스
편 집 김남국 · 노재현 · 박규준 · 왕희광 · 정인철 · 최율리 · 최정호
디 자 인 엔터디자인 / 이혜린 · 서린나 · 송미현
마 케 팅 이승용
총 무 김명화

홈페이지 www.hwpbooks.com
이 메 일 hwpbooks@hwpbooks.com
출판등록 2008년 8월 21일 제2008-24호
주 소 (우) 158-718 서울특별시 양천구 목동동로 233-1(목동) 현대드림타워 1401호
전 화 02) 2652-3161
팩 스 02) 2652-3191

ISBN 978-89-94752-27-3 03400

책값은 뒤표지에 있습니다.